戴云山国家级自然保护区植物群落生态学研究

刘金福　郑世群　徐道炜　著

中国林业出版社

内容简介

本书是福建农林大学刘金福教授团队十几年来以戴云山国家级自然保护区森林生态系统为研究对象所取得的科研成果，运用群落生态学、种群生态学、保护生物学、生物统计学等相关理论与方法，全面系统研究该自然保护区植物区系、植物群落生态、主要植物种群生态、土壤和微生物生态、凋落物分解动态等内容，旨在揭示该自然保护区植物群落生态特征与变化规律，为戴云山国家级自然保护区开展保护生物学研究和生态系统科学管理提供理论依据与技术支撑，也为我国其他自然保护区保护与管理工作提供参考。本书可作为高等院校、相关研究单位和行政管理部门从事林学、生态学、地理学、自然保护学等领域的研究工作者和高校师生的参考用书。

图书在版编目(CIP)数据

戴云山国家级自然保护区植物群落生态学研究/刘金福，郑世群，徐道炜著. —北京：中国林业出版社，2020.11
ISBN 978-7-5219-0569-4

Ⅰ.①戴… Ⅱ.①刘… ②郑… ③徐… Ⅲ.①植物生态学－研究 Ⅳ.①Q948.1

中国版本图书馆CIP数据核字(2020)第085265号

中国林业出版社教育分社

策划编辑：肖基浒　　**责任编辑**：高兴荣　肖基浒
电　　话：(010)83143555　(010)83143611　**传　　真**：(010)83143516

出　版：中国林业出版社(100009　北京市西城区德内大街刘海胡同7号)
E-mail：jiaocaipublic@163.com　**电　话**：(010)83143500
网　址：http://www.forestry.gov.cn/lycb.html
经　销：新华书店
印　刷：河北京平诚乾印刷有限公司
版　次：2020年11月第1版
印　次：2020年11月第1次
开　本：850mm×1168mm　1/16
印　张：38.25　**插　页**：28
字　数：999千字
定　价：298.00元

序

进入21世纪以来，福建省社会经济持续高速发展，人均GDP产值已位居全国各省份前列。与此同时，各项基础设施建设的大力推进占用了大量自然生境，加上自然资源开发利用与全球气候变化，对生态环境造成深刻影响。虽然福建省森林覆盖率目前仍高居大陆各省份首位，达66.8%（全国第九次森林资源清查数据），但如不注意加强生态保护，生态可持续将难以维系。各级政府对此高度重视，习近平总书记提出的“生态资源是福建最宝贵的资源，生态优势是福建最具竞争力的优势，生态文明建设应当是福建最花力气的建设”已成为全省人民的共识，良好的生态环境成为福建发展的新动力。

戴云山脉横亘于福建中心腹地，素有“闽中屋脊”之誉，是台湾海峡西岸第一道天然生态屏障，地理区位独特而重要，生态环境多样而优良。戴云山国家级自然保护区位于泉州市德化县，保护区内动植物种类异常丰富，具有中国东南沿海典型的山地森林生态系统，是东南地区重要的模式标本产地，保存了中国大陆分布最南端、面积最大、保护最完好的大面积原生性黄山松林，具有重要生态保护与科研价值。然而，多年来针对戴云山植物群落生态学研究较为零星且缺乏系统性，加强该方面系统研究是自然保护区建设与发展的一项迫切要求。

福建农林大学刘金福教授团队长期从事自然保护区和森林生态学研究，有丰富的科研实践经验和较高的理论水平，先后创建了“福建省高校生态与资源统计重点实验室”“福建农林大学海峡自然保护区研究中心”“福建农林大学湿地保护研究中心”等高水平科研平台。为了全面系统把握戴云山植物群落生态学特征及其发展规律，自2007年以来刘金福教授团队广泛与戴云山国家级自然保护区管理局密切合作，历时十余载，先后从植物区系、植物群落生态、主要植物种群生态、土壤和微生物生态、凋落物分解动态等方面开展调查研究，完成10多部博、硕士论文，发表30多篇高水平学术论文，揭示了戴云山森林生态系统特征及动态规律，取得一系列有价值的科研成果，《戴云山国家级自然保护区植物群落生态学研究》一书正是这些成果精华的总结。该著作体系完整、结构明晰、内容翔实、论述充分、图文并茂，具有较高的学术水平和应用价值，为了解和研究戴云山国家级自然保护区森林生态系统提供重要的本底资料，也为开展该自然保护区保护与管理工作提供决策依据，对促进自然保护区生物多样性可持续发展具有重要实践意义。该书可为林学、生态学、地理学、自然保护区学等领域的相关从业人员、研究人员和大中专院校师生以及林业爱好者提供参考。

在该书付梓之际，是为序，并期待刘金福教授团队能更加深入开展相关科研工作，收获更多高水平成果。

洪伟

2019年12月

前　言

植物是地球上重要的生命体，是生物圈食物链中的生产者，是人类生存和发展最重要的物质基础。以种类丰富的植物为主体，在地球表面复杂多样的自然条件下形成了各种各样、异彩纷呈的生态系统，为人类社会可持续发展提供必要的环境条件。同时，人类活动也对自然生态系统产生深远影响。尤其是工业革命以来，随着人口急剧增多和社会经济极速发展，人类对自然的干预愈演愈烈，地球上的自然环境产生巨大变化，自然生态系统遭到严重摧残，生物多样性急剧降低，这些对人类社会可持续发展造成巨大障碍。

为此，生态环境问题早已成为全球广泛关注的热点问题，维持生态系统平衡和稳定、保护生物多样性已成为全人类共识。党的十九大报告指明新时代中国特色社会主义思想和基本方略之一是“坚持人与自然和谐共生”。指出“建设生态文明是中华民族永续发展的千年大计。必须树立和践行绿水青山就是金山银山的理念，坚持节约资源和保护环境的基本国策，像对待生命一样对待生态环境，统筹山水林田湖草系统治理，实行最严格的生态环境保护制度，形成绿色发展方式和生活方式，坚定走生产发展、生活富裕、生态良好的文明发展道路，建设美丽中国，为人民创造良好生产生活环境，为全球生态安全作出贡献。”习近平总书记强调指出“加快生态文明体制改革，建设美丽中国”“生态文明建设功在当代、利在千秋。我们要牢固树立社会主义生态文明观，推动形成人与自然和谐发展现代化建设新格局，为保护生态环境作出我们这代人的努力。”

戴云山脉是福建省两大山脉之一，呈东北—西南走向横亘于福建省中部，是台湾海峡西岸第一道天然生态屏障，阻挡了西北寒潮对福建省东南沿海的袭击，同时东南海洋暖湿气流受山体阻挡抬升形成地形雨，使戴云山东南坡成为多雨中心，对全省的气候、植被分布生长及工农业生产有较大影响。戴云山自然保护区位于闽中腹地德化县戴云山主峰及周边区域，森林覆盖率达93.4%，属于森林生态和野生动物类型自然保护区。保护区于1985年建立，是福建省较早建立的自然保护区，2005年升格为国家级自然保护区。保护区地处南亚热带与中亚热带的过渡带，在气候和植被等方面具有过渡性特征。保护区是闽中重要的水源涵养地和发源地，是东南沿海典型的山地森林生态系统和古老孑遗植物的避难所之一，有丰富的珍稀濒危物种，是闽中生物多样性中心，是昆虫和维管束植物等的模式标本产地之一。保护区因其良好的自然生态环境、丰富的生物多样性及地理上的重要性，对闽中自然生态系统平衡与稳定具有特别重要的意义，具有较高的保护和研究价值。

戴云山很早就受到众多专家学者的关注。早在20世纪40年代，鸟类学家黄震(1942)率先报道了戴云山及周边近200种鸟类，植物分类学家钟补勤(1942)、林英(1941—1944)等先后深入戴云山采集植物标本达2个月之久。但由于地处偏远、交通不便，直至20世纪80年代以后，相关的森林生态系统研究才陆续开展。主要研究工作包括：叶友谦等(1988)、罗光坦等(1990)初步研究戴云山植物区系特征；李景熙(1989)开展戴云山杜鹃花属植物调查；熊德礼(2001)研究戴云山区的竹类资源；林鹏(2003)发表《福建戴云山自然保护区综合科学考察报告》；兰思仁等(2005)统计戴云山的观赏植物种类；张晓青等(2011)调查戴云山苔藓植物种类；朱鹤健等(1983)、郭成达(1984；1996)调查戴云山土壤及腐殖质特征。此外，植物分类学者以戴云山采集植物为模式标本，共发表了13个植物新种或新变种。这些多属于本底资源与环境调查，且缺乏系统性，戴云山森林生态系统内在自然规律尚未深入研究。

长期以来，福建农林大学林学院与戴云山自然保护区管理局建立长效合作机制，全面开展科研与教学合作。尤其是2007年迄今10多年来，以刘金福教授为首的课题组全面系统开展戴云山自然保护区森林生态系统综合调查研究工作，取得一系列较高价值的科研成果。申请省级及以上项目5项，完成10多部相关博、硕士论文，发表30多篇学术论文。这些研究对戴云山生物多样性受危现状做了有益探索，揭示了戴云山森林生态系统发展演化客观规律，不仅为保护区生物多样性保护管理策略制定及其永续利用提供科学依据，而且对于福建省建设生态文明和绿色强省，加快建设海峡西岸经济区战略目标的实现，均具有十分重要的战略意义。

在调查研究与撰写过程中，得到福建农林大学洪伟教授、北京林业大学李俊清教授等精心指导与关心，也得到戴云山国家级自然保护区管理局的涂青云局长、黄志森副局长、李文周副局长、徐建国副局长、陈文伟、陈允泰、郑志学、苏伟民、黄雅琼、张荣琮、徐荣地、陈斌、黄兴来等大力支持和协助；同时，课题组的何中声博士、吴则焰博士、苏松锦博士、代立春博士、朱德煌博士、刘艳会博士、冯雪萍博士、黄嘉航博士、付达靓硕士、林珊硕士、任国学硕士、董金相硕士、薛凡硕士、陈志芳硕士、孟芳芳硕士、马建梅硕士、祁丽霞硕士在外业调查、内业试验、数据资料整理、论文撰写等方面做了大量工作，在此表示深深的谢意。

由于调查时间跨度大，研究内容错综复杂，再加上著者学识有限，书中错误在所难免，恳请同行专家、学者和广大读者谅解并提出宝贵意见。

著 者

2020年1月

目 录

第一章　戴云山国家级自然保护区概况

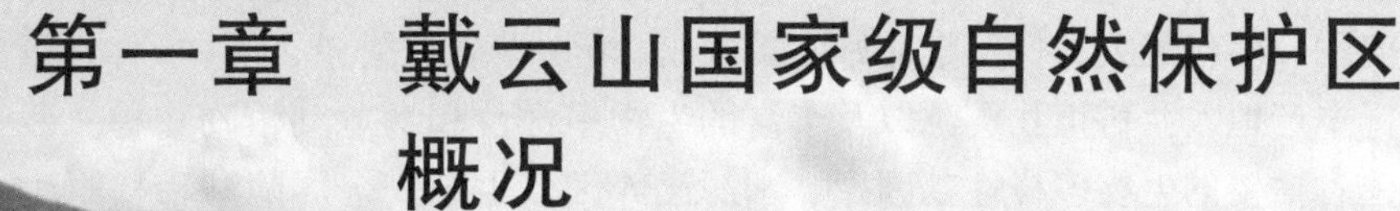

戴云山自然保护区于1985年建立，是福建省较早建立的自然保护区，2005年升格为国家级自然保护区。区内森林覆盖率达93.4%，属于森林生态和野生动物类型自然保护区。主要保护对象为东南沿海典型的山地森林生态系统，重点保护对象是我国大陆东南沿海分布最南端、面积最大、保存最完好的黄山松(植物学名见附录，下同)林，重要的昆虫和植物模式标本产地，兰科植物资源以及丰富的生物多样性和濒危动植物物种。戴云山自然保护区是福建省重要的生物多样性基因库、水源涵养区、生态安全屏障和珍稀野生动植物的生物安全岛屿，对于福建省中部生物多样性保护、生态安全保障、水源涵养、气候调节、净化空气、科研及教学实践等方面具有重要意义(福建戴云山国家级自然保护区管理局，2010)。

第一节　自然地理概况

一、地理位置与面积

戴云山国家级自然保护区地处闽中腹地泉州市德化县境内，位于福建两大山脉之一——戴云山脉中段主峰部位，涉及赤水、雷峰、南埕、桂阳、上涌、大铭6个乡镇22个行政村；东至蟠龙，西达黄山，北及陈溪，南止东里；东西长约25 km，南北宽约10 km；距德化城区40 km。地理坐标介于25°38′07″～25°43′40″N，118°05′22″～118°20′15″E。保护区总面积13 472.4 hm^2，其中核心区5 514.1 hm^2，缓冲区3 515.4 hm^2，实验区4 442.9 hm^2(图1-1、图1-2)。

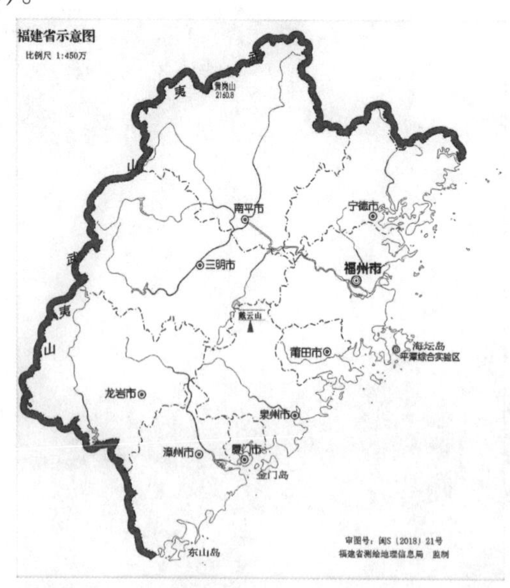

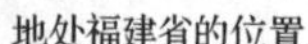
地处福建省的位置

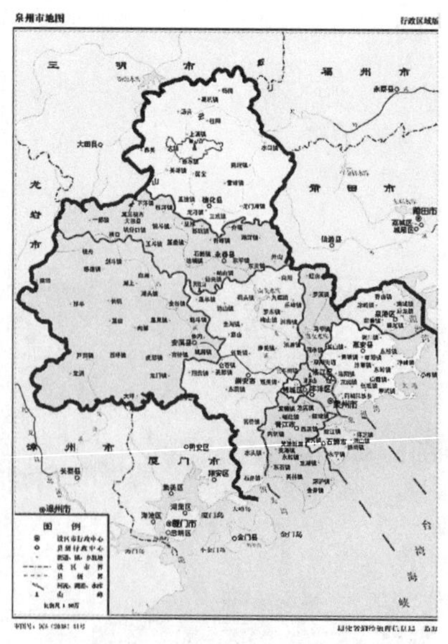

地处泉州市德化县的位置

图1-1　戴云山国家级自然保护区地理位置图(同插页图1-1)

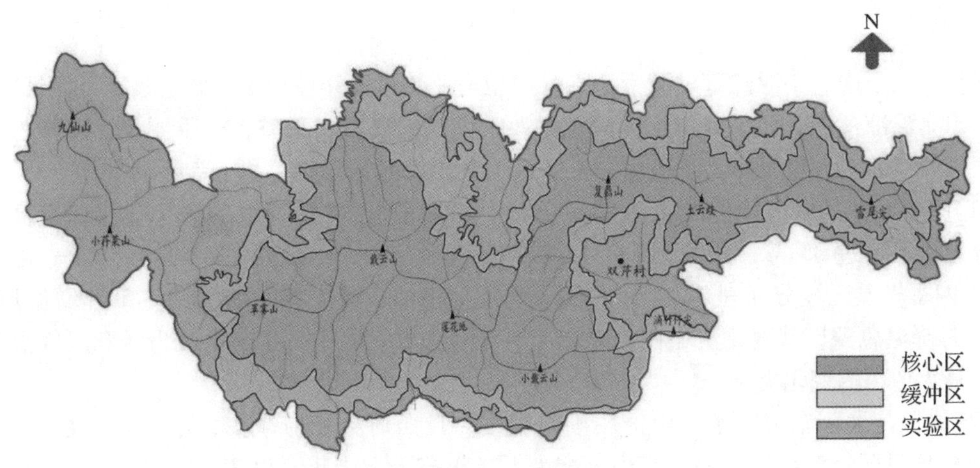

图 1-2　戴云山国家级自然保护区功能区划图

二、地质

保护区位于闽西南拗陷带与闽东火山断拗带交界部位，属寿宁—华安断隆带中段，地质构造属浙闽活化古陆台，自元古界以来，经历了多期次的构造变动、岩浆活动及变质作用。地质构造运动以燕山运动和喜马拉雅运动为主。燕山运动形成大规模的侵入岩；晚第三纪末期以来的新构造运动(喜马拉雅运动)，以间歇性大幅度隆起为总趋势，形成雄伟庞大的戴云山脉主体，奠定了地貌的基本轮廓。区内岩浆活动频繁，火山作用强烈，地质构造复杂，地层发育较全，条件优越，是金、铁、高岭土等矿产的重要成矿区。地层自中元古界至第四系多有出露，其中以侏罗系、白垩系最为发育。侵入岩较为发育，岩石类型主要为酸性花岗岩类，其次为中酸性石英闪长岩、石英二长岩类，少数为中性闪长岩类。结构类型除斑状外，有细粒、中细粒及中粒 3 种。

三、地貌

戴云山脉是福建省境内两大山脉之一，与闽赣交界的武夷山脉近于平行排列，呈东北—西南走向横亘于福建中部，其中主峰戴云山海拔 1 856 m，是闽中最高山峰，素有“闽中屋脊”之称。保护区以中、低山地貌为主，核心区以戴云山主峰为中心，地势向四周倾斜下降，由中山过渡到低山、丘陵，相对高差达 1 200 m，较为悬殊。区内地形复杂，山岭连绵，河谷剧烈下切，以中等切割为主，峡谷十分发育。山岭多于西北坡陡而东南坡较缓，坡度多介于 30°~45°。受戴云山脉影响，保护区成为我国植被区划中的中、南亚热带常绿阔叶林亚地带在福建中部的分界线。

四、水文

区内河流属于闽江水系，以戴云山主峰为中心，向四周分流。主要有东部的梓溪、双芹溪，西部的大张溪，北部的涌溪，南部的浐溪等。其中集雨面积在 50 km^2，长度在 10 km 以上的有浐溪、涌溪、大张溪、小尤溪、双芹溪、梓溪、蕉溪、东坑洋溪、琼溪 9 条，以浐溪、涌溪集雨面积最大，河流最长，流量最大。区内还有丰富的地下水资源，局部区域有温泉分布。

五、气候

保护区位于南、中亚热带过渡带，气候类型为亚热带海洋性季风气候，具有过渡性特征。气候特点是温凉适中、四季分明、垂直变化大、小气候突出；雨季、干季明显，海洋性、大陆性气候特点兼具；雾日多，湿度大；灾害性天气活动频繁。

(1)气温。保护区内年平均气温 12～17 ℃，极端最低气温 -7.0～13 ℃，极端最高气温大部分地区不超过 35 ℃。最冷月(1 月)平均气温 4～8 ℃，最热月(7 月)平均气温 19～26 ℃；四季气温区域分布基本与年平均温度分布相似。月平均气温以 3～5 月增温剧烈，10～12 月降温急骤，其变化值均在 3 ℃以上；全年以 7～8 月气温变化最为缓和。气温直减率属于夏大冬小的变化类型。

(2)光照与太阳辐射。戴云山区阴雨日数多，日照时数相应减少，年日照时数 1 650～1 850 h，日照百分率40%左右。年内分配为下半年多于上半年，以 7 月最多，5 月最少。四季所获太阳辐射不同，春季每月 36.366 kJ/cm^2，夏季每月 46.816 kJ/cm^2，秋季每月 37.202 kJ/cm^2，冬季每月 28.424 kJ/cm^2。

(3)降水。戴云山区由于受季风和地形影响，年降水量 1 700～2 000 mm。年分配不均，一般 3～9 月的降水量占全年降水量的 85% 以上。降水量一般随海拔升高而增加，同一坡向，海拔每升高 100 m，年降水量约增加 32 mm。通常，海拔越高，局部雷阵雨机会越多。南北两侧降水量有明显差异，夏半年(5～9 月)，南侧降水比北侧多出近 300 mm；冬半年(10 月至翌年 4 月)，北侧稍多于南侧，约为 40 mm。总体上，南侧降水比北侧多。

(4)湿度。由于戴云山降水充沛，相对湿度也较大，其年变化规律大致与降水年变化趋势一致，最大平均湿度出现在梅雨连绵的 5～6 月，最小平均湿度出现在 12 月左右，年相对湿度常高于 80%。相对湿度随海拔升高而增大，尤其在海拔 1 500 m 以上，时常云雾笼罩，相对湿度大。

(5)风。戴云山地形复杂，风力分布也较杂乱。区内九仙山年平均风速达 7.0 m/s，年大风日数达 203.6 d，为全国闻名大风区之一。大风日数之多仅次于吉林省的安图天池，居全国第 2 位。

(6)灾害天气。戴云山地处季风气候区，加之海拔较高，恶劣天气较频繁，如夏季台风引发的大风暴雨、雷暴、冬季的霜冻害、雪害、雨雾害、大风等。全年无霜期仅 230～260 d，年罩云雾天气近 300 d，年均雷暴日数达 77.4 d。

六、土壤

(1)母岩与母质。山地成土母岩主要有 5 类：酸性岩，主要为流纹岩、凝灰熔岩、花岗岩；中性岩，主要为英安岩、安山岩、石英闪长岩、粗面岩；基性岩，主要为辉绿岩、辉长岩；泥质岩，主要为粉碎岩、变粒岩、灰绿二云母片岩、石英片岩；砂质岩，主要有砂岩、砾岩。区内山体大部分是火山喷发的凝灰岩，在九仙山有少数花岗岩体球状风化，花岗岩侵入体和超基性岩脉在个别地段也有裸露。基岩坚硬，但因受远古时代造山运动影响，加上气候凉湿，温差大，物理风化作用强烈，成土作用较弱，土层比较浅薄，故山体顶部及部分山坡、山坳岩石较破碎。成土母质由花岗岩风化而成，山地母质多为残积、坡积物，部分为堆积物；水稻土、梯田以坡积物为主；山垅田多为坡积、洪积二元结构；河流沿岸以冲积物为主，部分为坡积、冲积二元结构。

（2）土壤类型及分布。保护区土壤有5个亚类14个土属，以山地红壤面积最大，占林地土壤总面积的84%；山地黄壤次之，占16%；还有赤红壤、山地黄红壤和极少量泥炭沼泽土。土壤在区内随海拔高度呈明显的垂直分布。基带为地带性土壤——花岗岩风化发育而成的赤红壤，自然植被为季风常绿阔叶林；海拔500～800 m为山地红壤分布地带，面积最大，较集中分布于东南部及西北部的低山、丘陵，自然植被为常绿阔叶林和暖性针叶林；800～1 200 m为山地红壤与山地黄红壤过渡地带；1 200～1 350 m为山地黄红壤地带，自然植被为常绿阔叶林、落叶阔叶林、针阔叶混交林；1 350 m以上为山地黄壤分布，自然植被为温性针叶林、苔藓矮曲林和常绿阔叶灌丛；局部有泥炭沼泽土，面积很小，主要分布于山间盆地沼泽中。

（3）土层特点。林地土壤厚，质地疏松，地表枯落物层厚5～20 cm，分解彻底，腐殖质层厚约20 cm，土层层次过渡明显，其肥力除少数山脊外，其他地方均可达1～2级。表土质地为壤土，土壤呈酸性反应，有机质含量高，含水量适宜，质地疏松，理化性状好，但磷、钾含量普遍低或缺乏。

第二节　生物资源概况

一、植被与植物资源

1. 植被资源

戴云山自然保护区植被繁茂，森林覆盖率达93.4%。拥有温性针叶林、暖性针叶林、针阔叶混交林、落叶阔叶林、常绿阔叶林、竹林、灌丛、沼泽、水生植被9个植被类型。主要有黄山松林、长苞铁杉林、柳杉林、福建柏林、马尾松林、马尾松＋黄山松林、马尾松＋杉木林、杉木林、黄山松＋亮叶水青冈林、长苞铁杉＋红淡比林、尖叶假蚊母树＋柳杉林、福建柏＋毛竹林、马尾松＋毛竹林、米槠＋马尾松林、杉木＋毛竹林、硬斗石栎＋杉木林、细枝柃＋杉木林、栓皮栎林、丝栗栲林、丝栗栲＋米槠林、钩栲林、罗浮栲林、罗浮栲＋多脉青冈林、罗浮栲＋云山青冈林、甜槠林、甜槠＋木荷林、甜槠＋米槠林、米槠林、米槠＋毛竹林、黑锥林、鹿角栲林、南岭栲林、青冈林、云山青冈＋罗浮栲林、东南石栎林、水青冈林、木荷林、木荷＋甜槠林、木荷＋细柄蕈树林、木荷＋细枝柃林、红楠＋米槠林、细柄蕈树林、蕈树林、蕈树＋甜槠林、少叶黄杞林、刺毛杜鹃＋木荷林、猴头杜鹃林、鹿角杜鹃林、毛竹林、肿节少穗竹林、映山红灌丛、满山红灌丛、短柱茶灌丛、岩柃灌丛、岗柃＋满山红灌丛、龙师草沼泽、灯心草沼泽、平颖柳叶箬沼泽、球穗扁莎沼泽、短叶茳芏挺水植物群落、睡莲水生植物群落61个群系，含115个群丛。

大部分植被类型原生性强。由于该区地处南、中亚热带的过渡带，东南坡基带的地带性植被类型是南亚热带季风常绿阔叶林，西北坡为常绿阔叶林，海拔500 m以上山地常绿阔叶林面积最大。山体中部为暖性针叶林，上部主要为温性针叶林，保存了我国东南沿海山地最南端、面积最大的原生性黄山松林，近顶部为苔藓矮曲林和山地灌丛。

2. 植物资源

（1）植物种类。保护区野生维管束植物迄今已确定211科821属1 871种（含种下等级），其中蕨类植物41科88属179种，裸子植物7科13属18种，被子植物163科720属1 674种；在被子植物中，双子叶植物135科560属1 335种，单子叶植物28科160属339种。

（2）孑遗、模式和特有植物。戴云山由于未受第四纪大陆冰川直接影响，一些古老孑遗植物繁衍至今，是濒危动植物良好的避难所。保护区内孑遗植物有福建莲座蕨、金毛狗、油杉、长苞铁杉、水松、柳杉、百日青、南方红豆杉、山蜡梅、半枫荷、青钱柳等，其中黄山松、长苞铁杉、杉木、柳杉、福建柏、南方红豆杉等植物自然繁衍成林。作为重要模式标本产地，植物学家以这里采集的植物标本先后命名发表了8个植物新种和1个新变种。保护区特有种类丰富，有德化特有种5种，福建特有种4种。

（3）重点保护珍稀植物。保护区有各类珍稀的重点保护植物共计36科119种（含兰科46种），其中蕨类植物4科5种，裸子植物5科8种，双子叶植物24科56种，单子叶植物3科50种。国家Ⅰ级重点保护植物有2科2种，分别是杉科的水松和红豆杉科的南方红豆杉。国家Ⅱ级重点保护植物有22科81种，其中兰科46种，数量最多。福建省第一批地方重点保护珍贵树木及其他珍稀植物有18科38种，最多的是壳斗科11种，其次是樟科7种。

（4）资源植物。保护区资源植物相当丰富，共有209科776属1 580种，占全部野生维管束植物种类的84.45%，可分为15个植物资源类型。其中药用植物最多，共有1 179种，占全部资源植物种类的74.62%；其次是观赏植物，有899种，占56.90%；其他类型及比例分别是：用材植物占18.48%，芳香植物占15.38%，食用植物占15.32%，油脂植物占13.99%，蜜源植物占13.42%，饲用植物占9.87%，鞣料植物占8.29%，农药植物占7.47%，纤维植物占7.28%，淀粉植物占6.08%，染料植物占2.78%，树脂和树胶植物分别占0.76%和0.70%。

二、动物资源

（1）脊椎动物。保护区有脊椎动物34目99科420种，其中鱼类4目14科68种、两栖类2目7科30种、爬行类3目12科70种、鸟类17目45科194种、兽类8目21科58种。区内属于《濒危野生动植物种国际贸易公约》（CITES）（1995）附录Ⅰ的有8种，包括黑熊（*Selenaretos thibetanus*）、水獭（*Lutra lutra*）、金猫（*Felis termmincki*）、豹（*Panthera pardus*）、云豹（*Neofelis nebulosa*）、鬣羚（*Capricornis sumatraensis*）、游隼（*Falco peregrinus*）和黄腹角雉（*Tragopan caboti*），属于附录Ⅱ的有猕猴（*Macaca mulatta*）、穿山甲（*Manis pentadactyla*）、豺（*Cuon alpinus*）、豹猫（*Felis bengalensis*）等31种；国家Ⅰ级重点保护野生动物（1988）有4种，包括豹、云豹、黄腹角雉、蟒蛇（*Python molurus bivittatus*），国家Ⅱ级重点保护野生动物有36种。在双边国际性协定保护的候鸟中，属于中日两国政府协定保护候鸟有56种，中澳两国政府协定保护候鸟有13种。有2种蛙类的新种模式标本采于此地。

（2）昆虫。保护区特有生态环境为昆虫的栖息繁衍提供了良好条件，已发现昆虫纲（含蛛形纲蜱螨亚纲）30目260科1 645种，其中有52种昆虫的新种模式标本采于此地，51种为福建特有种，40种为德化特有种。

三、微生物资源

（1）大型真菌。保护区已发现大型真菌38科136种。野生食用菌资源十分丰富，有不少是珍稀种类，如松乳菇（*Lactarius deliciosus*）、正红菇（*Russula vinosa*）、梨红菇（*Russula cyanox-*

antha)、银耳(*Tremella fuciformis*)等，均具有较高经济价值。

(2)土壤微生物。保护区土壤微生物 10 目 18 科 35 属 56 种，其中芽孢杆菌属(*Bacillus*)是细菌主要优势属之一，数量为 10^4 ~ 10^5 cfu/g 干土；放线菌优势属为链霉菌属(*Streptomyces*)，分布于 8 个类群中；此外，小单孢菌属(*Micromonospora*)和诺卡氏菌属(*Nocardia*)等稀有放线菌也有一定数量。土壤丝状真菌已查明 30 属，优势种群垂直分布明显，随海拔自下而上由以木霉(*Trichoderma*)、青霉(*Penicillum*)为主过渡到以青霉、毛霉(*Mucor*)为主，具有中亚热带山地气候的分布特点。植物内生真菌中存在丰富的生物活性物质。抗菌测定结果显示，活性菌株主要由拟青霉(*Paecilomyces*)等 7 属(类群)组成，拟青霉属抗菌比率最高，为 42.8%，镰刀菌(*Fusarium*)、头孢霉(*Cephalosporium*)和青霉也具有较高抗菌比率，表明保护区内土壤微生物是天然活性产物的重要资源库。

第三节　社会经济概况

一、社区人口

保护区周边涉及 22 个行政村，约 670 户，总人口 2 600 余人；区内只有 2 个行政村，410 余户，1 700 余人；人口年增长率为 3.5‰，无流动人口。县人民政府出台了保护区村民搬迁工程，鼓励保护区及周边农村人口的转移，在城关征地建房，以优惠价格出售给保护区村民，鼓励保护区村民到城关定居。保护区人口搬迁工程实施以来，区内 50% 以上人口已搬出保护区，区内居民将越来越少。

二、土地资源与权属

保护区土地总面积 13 472.4 hm^2，其中国有林 1 373.5 hm^2(全部划入核心区，占土地总面积的 10.2%，占核心区面积的 24.9%)，集体林 12 098.9 hm^2(占土地总面积的 89.8%)。按功能区划分为：核心区 5 514.1 hm^2(其中国有林 1 015.7 hm^2，集体林 4 498.4 hm^2)，占土地总面积的 40.9%；缓冲区 3 515.4 hm^2(其中国有林 178.3 hm^2，集体林 3 337.1 hm^2)，占土地总面积的 26.1%；实验区 4 442.9 hm^2(其中国有林 179.5 hm^2，集体林 4 263.4 hm^2)，占土地总面积的 33.0%。按地类划分为：林业用地 12 855.9 hm^2(其中国有林 1 373.5 hm^2，集体林 11 482.4 hm^2)，占土地总面积的 95.4%；非林业用地 616.5 hm^2(均属集体所有)，占土地总面积的 4.6%。在林地中，有林地 12 118.5 hm^2，占林地面积的 94.3%；灌木林地467.3 hm^2，占 3.6%；无林地 270.1 hm^2，占 2.1%。在有林地中，林分(特用林)10 785.1 hm^2，占有林地面积的 89.0%；竹林(主要竹种为毛竹)1 327.3 hm^2，占 10.95%，经济林 6.1 hm^2，占 0.05%。保护区土地分布于 56 个林班 418 个大班 1 245 个小班，土地及山林归属 24 个单位，共有 47 个山林权属证号。

三、社会经济发展

保护区建立以来，保护区管理机构一直把合理解决群众生产生活问题作为重点来抓，采取了一系列措施，切实解决了村民生产生活问题，减少了村民对区内森林资源和环境的依赖，促进了社区经济发展。一是大力宣传、推广农村燃料结构改革，据统计，保护区周边乡村已建沼气池120多口，有效减少区内资源消耗，改善农村环境；二是围绕大城关发展战略，积极引导保护区内村民实施搬迁和劳动力就业转移，据不完全统计，保护区内农户搬迁到城郊居住的达110多户，区内及周边村劳动力到县城就业达9 680人，占劳动力总数70%以上，减少对保护区内环境资源的压力；三是积极引导保护区内各村开展生态公益林管护机制改革创新，按照"统一管理，专职管护，均利到户"管护模式，采用"一户一卡"方法，及时全额兑现森林生态效益补偿性经费，增加村集体和村民收入；四是拓展保护区内增收途径，促进资源保护与社区经济和谐发展，与省内外林业科研院校开展合作，积极探索生态公益林非木质化利用，培育特色中草药(黄花倒水莲、阔叶十大功劳、南天竹等)繁育栽培示范基地3 hm^2有余，提高生态林地综合效益。

第二章　调查与试验方法

戴云山国家级自然保护区植物生态学系列研究主要涉及植物群落与种群、土壤与凋落物、土壤微生物等调查与试验，研究范围广、内容多、历程持久(2007—2017)，针对不同研究目的和对象，调查与试验方法多样。

研究所需的森林资源清查数据、行政区分布图、地质地貌图、水文气候数据、土壤分布图、植被分布图等均由戴云山国家级自然保护区管理局提供。

第一节　植物及植物群落调查

一、维管束植物调查

主要采用线路调查法。在调查区内，利用地形图、林相图等基本图纸资料，结合地形特点和生境特征，均匀地布设调查线路，使线路贯穿不同海拔高度，涵盖各种地形条件、主要植被类型及植物群落。沿线路调查两侧遇到的目视可及范围内的维管束植物，记录种类名称及相关情况，采集未知种，带回鉴定。

二、植物群落样地设置

尽量回避人为活动或自然干扰明显地段，选择较为自然完整的植被，根据不同调查目的和对象，分别设置相应调查样地，调查植物群落。

1. 全保护区植物群落样地设置

在线路调查基础上，按不同区域、不同植被类型和不同地形特点依典型取样法布设调查样地，共计111个。样地大小为20 m×20 m，分成4个10 m×10 m的乔木层(起测高度>5 m)样方，依典型取样法选取5个2 m×2 m灌木层(起测高度≤5 m)和层间植物样方，5个1 m×1 m草本层样方。

2. 戴云山主峰南北坡植物群落海拔梯度样地设置

采用垂直梯度格局法，分别在戴云山主峰南北坡按海拔高差每隔约100 m设置1条样带或样方，其中南坡10个、北坡13个。森林群落(海拔1 500 m及以下)设置10 m×60 m样带，矮灌林(海拔1 600 m左右)设置10 m×30 m样带，灌草丛(海拔1 700 m和1 800 m)设置10 m × 10 m样方。每个样带划分为若干个10 m×10 m的乔木层(起测径阶≥3 cm)样方、4个5 m×5 m的灌木层样方和4个2 m×2 m的草本层样方。

3. 黄山松群落常规样地设置

沿海拔梯度采用典型取样法在黄山松群落分布区域设置样地，共计31个，大小为20 m×20 m，每个样地再划分成4个10 m×10 m的样方，对样方内所有植物分乔、灌、草3层进行详细调查(乔木层起测径阶≥2.5 cm)。

4. 黄山松群落固定样地设置

在保护区黄山松分布区域内，以等距抽样方法计算抽取样本单元数。黄山松面积调绘采用遥感影像勾绘、现地确认、室内矢量化并确定面积的方法。根据 2012 年调查数据，保护区内黄山松总面积 34 923.0 亩*，总蓄积量 197 237.0 m^3，每亩的最大、最小蓄积量分别是 18.0 m^3和0.3 m^3，根据变动系数 C 的经验公式：

$$C = \frac{V_{max} - V_{min}}{6V} \tag{2-1}$$

计算得 $C = 0.522$，如果估计精度不低于 90%，概率保证为 90%，则应该抽取的样本数 n 按下式计算：

$$n = \left(\frac{tC}{E}\right)^2 \tag{2-2}$$

计算得 $n = 74$，为保险起见，增加 10% 样地数量(8 个)，则抽取的样本数为 $n = 74 + 8 = 82$。在投影坐标 Beijing_ 1954_ 3_ Degree_ GK_ Zone_ 39(39 610 000，2 836 000) ~ (39 634 000，2 848 000)，以 550 m 间距按着公里坐标数点，如果横、纵坐标交点在黄山松小班内，则该点为样地位置，这样共选出 82 个样地。在实际调查过程中，根据具体情况补充了 4 个样地，最终样地数为 86 个。

样地采用 25.82 m×25.82 m 样方(图 2-1)，在样地中心设置水泥桩(O)，四周打边线保证两两角点通视。在每个样地距离角点 7 m 右上方位置设置 4 m×4 m 灌木样方和 1 m×1 m 草本样方。

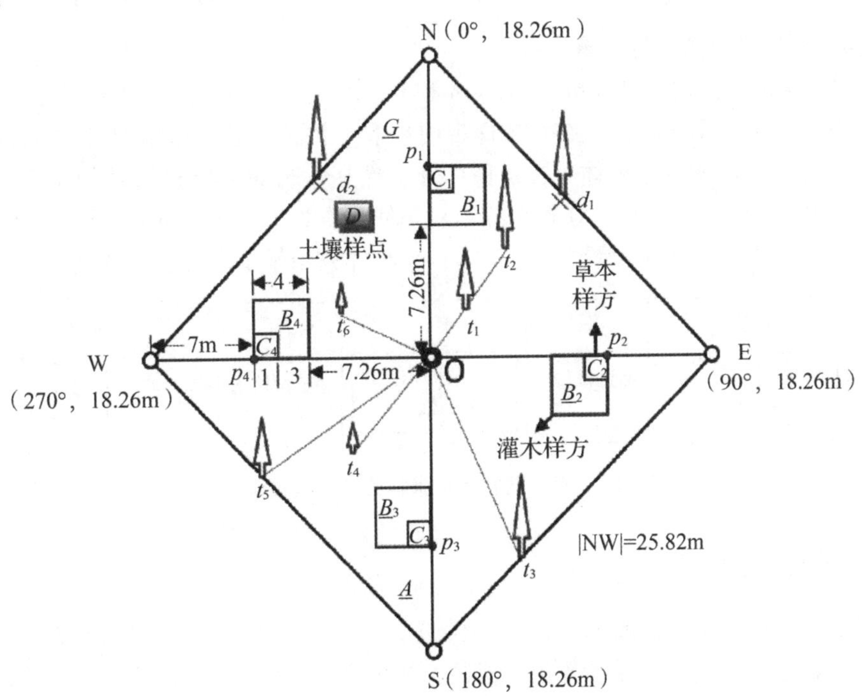

图 2-1　黄山松群落固定样地设置

* 1 亩≈666.7 m^2，下同。

5. 黄山松群落大样地设置

结合地形图与林业基本图，通过实地踏查，在地形相对平缓且黄山松集中分布的核心区内，设置1块面积为1 hm^2(100 m×100 m)大样地，采用规则格网法，将其细分为100个10 m×10 m小样方。以小样方作为植被调查单元(起测胸径≥1 cm)。

6. 罗浮栲群落样地设置

在罗浮栲群落分布代表性区域内随机设置样地，共设置面积400 m^2(20 m×20 m)的样地12个。每块样地再划分成4个10 m×10 m的乔木层(起测胸径≥2 cm)样方，在每个10 m×10 m样方的右下角，各布设1个5 m×5 m的灌木层及层间植物样方，在样地内随机设置4个1 m×1 m草本层样方。

7. 柃属群落样地设置

在戴云山主峰南坡(700～1 800 m)和北坡(600～1 800 m)，以每隔100 m海拔梯度为1个调查区间，在各海拔区间内选取蜜源植物柃属群落分布的代表性区域，随机设置2块20 m×20 m样地(分成8个5 m×5 m小样地)，共设置46个20 m×20 m样地，分184个5 m×5 m小样地，开展群落调查。

8. 红楠种群样地设置

选取保护区内具有不同海拔、坡向、坡度典型代表性的3处(戴云村、双芹村、后宅村)天然红楠林为研究对象，每处设置1块面积为40 m×40 m的样地，采用相邻格子法，将每个样地划分为4块小格子样方，进行每木检尺(胸径起测径阶≥4 cm)和群落调查。

9. 毛竹向杉木林扩张群落样地设置

在戴云山主峰南坡海拔1 000 m、1 100 m和1 200 m、立地条件相近的毛竹向杉木扩张过渡地带，设置3条平行水平样带，在每个样带内选取毛竹林、毛竹杉木混交林(毛竹：杉木的胸高断面积=1:1)、杉木林3种林分，每种林分设置1个20 m×20 m样地用于乔木层树种调查，总共设置9块样地(图2-2)。在每个样地对角线位置设置2个5 m×5 m样方用于灌木层物种调查，在样地中心和四角设置5个1 m×1 m小样方用于草本层物种调查。

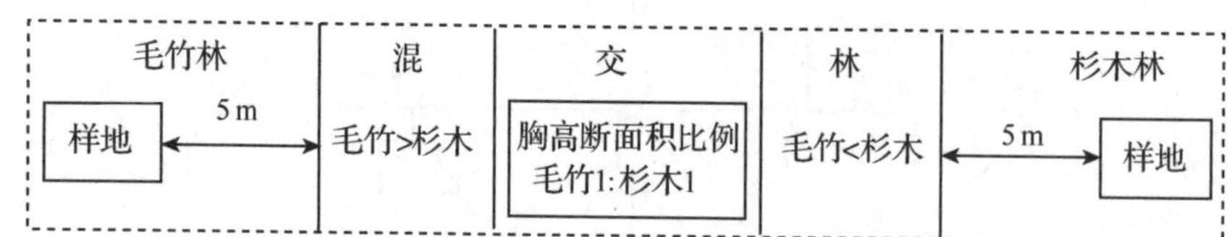

图2-2 毛竹向杉木扩张林分样地设置情况

三、植物群落调查

将植物群落分成乔木层、灌木(含层间植物)层、草本层3个层次分别调查。乔木层调查乔木的种类、数量、高度、胸径、基径、冠幅、枝下高等，灌木层调查灌木(含层间植物)的种类、数量、高度、盖度、基径、冠幅等，草本层调查草本植物的种类、数量、平均高、盖度等。记录样地基本概况、各层植物生长状况等。根据调查对象和研究目的不同，有的还记录乔木或灌木的坐标、划分更新层调查、测定目的树种树龄等。在黄山松大样地中，2 m以下植物均视为更新苗，主要记录其树高和坐标。按树高H，每隔0.5 m为1个等级，将更新苗分为Ⅰ(0，0.5 m]、Ⅱ(0.5，1 m]、Ⅲ(1，1.5 m]、Ⅳ(1.5，2 m]、Ⅴ(2，2.5 m] 等5个级别。

第二节　土壤及凋落物调查取样与试验

一、黄山松固定样地土壤调查与取样

在黄山松固定样地内合适位置D处(图2-1)挖掘土壤剖面用于土壤以及枯枝落叶信息的获取。在布设样点内取土样。采用环刀取样法，分别在0～20 cm和20～40 cm土层取样用于物理性质测定，并在各层分别取土1 kg，用于化学性质测定。

二、黄山松大样地土壤调查与取样

采用插入式温度计WT－1测定土壤表层(3～5 cm)温度，为方便读数，将其略微倾斜。测定日期为2014年4月16～17日和8月25～26日，测定开始时间约为a. m. 10：30。为减少温度日变化造成的误差，土壤温度测定在2 h内完成，测定期间，在林下、林隙内分别设置2个参考温度计，每隔0.5 h读数1次。同时采用植物冠层分析仪(TOP－1000)测定有效光合辐射。土壤分Ⅰ(0～20 cm]、Ⅱ(20～40 cm]2层取样，采用五点混合取样法，每层各取约1.5 kg土样带回，用于化学性质测定；土壤物理性质测定样品采用环刀取样(3次重复)，取样深度为0～10 cm。土壤样品数(含环刀)共计500个。

三、戴云山主峰南北坡土壤及凋落物调查与取样

在戴云山主峰南坡900～1 800 m、北坡600～1 800 m，确定海拔高度、区分阳坡与阴坡，每升高100 m采样1次，定位记录经纬度，设置调查样方。每个海拔选取有代表性的3个样点，每个样点用环刀法取0～20 cm和20～40 cm土样用于后期物理性质分析，每个土层取土1 kg左右，去除根系、石块等，带回风干、研磨、过筛保存，用于化学性质测定。在每个样点附近4个20×20 m区间内用四分法取凋落物。

四、毛竹向杉木扩张林分土壤及凋落物调查与取样

在毛竹向杉木林扩张群落调查样地，分别设置3个土样采集点，按照3个土层0～20 cm、20～40 cm和40～60 cm分别采集土样用于测定土壤化学性质和活性有机碳，用环刀法测定土壤物理性质，用土钻采集法收集原状土，测定土壤团聚体质量分数及化学性质。在海拔1 000 m、1 100 m、1 200 m收集新鲜毛竹和杉木凋落物，毛竹收集毛竹叶，杉木包括杉木叶、小枝，每个分解袋装15 g凋落物，分解袋分为4种类型：①毛竹凋落叶：记为PP15；②毛竹凋落叶∶杉木凋落物＝3∶2，记为PP9CL6；③毛竹凋落叶∶杉木凋落物＝2∶3，记为PP6CL9；④杉木凋落物，记为CL15。在3个海拔分别设置3条毛竹向杉木扩张林分平行样带，在每条样带设置4个20 m×20 m分解样地，每个样地地表毛竹凋落叶与杉木凋落物质量占比分别与已制备4种类型凋落物大致对应，林分样地设置情况如图2-3所示，总共设置12个分解样地。凋落物分解实验历时1年，每隔3月从每个分解样地回收4个凋落物袋，共收回192袋。

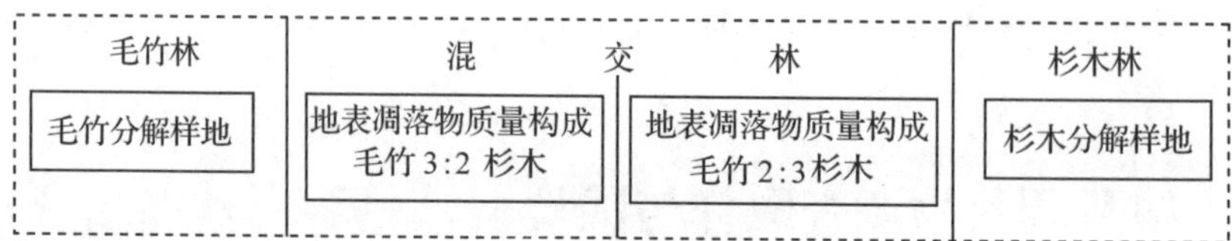

图 2-3 林分样地设置情况

五、土壤及凋落物理化性质测定

土壤和凋落物理化性质采用《中华人民共和国林业行业标准》或《森林土壤分析方法》(张万儒等，2000)方法测定。

(1)物理性质。土壤容重、比重、孔隙度、最小持水量、最大持水量等测定采用环刀法；土壤含水量测定采用烘干法；直径 >2 mm 石砾的体积百分数测定采用电子天平。

(2)化学性质。土壤 pH 值测定采用电位法；土壤全碳(TC)和全氮(TN)测定采用半微量凯氏定氮法或碳氮分析仪；水解性氮(HN)测定采用碱解性扩散法；铵态氮(NH_4^+-N)测定采用氧化镁浸提—扩散法；硝态氮(NO_3^--N)测定采用酚二磺酸比色法；全磷(TP)测定采用碱溶—钼锑抗比色法；速效磷(AP)测定采用氢氧化钠或 HF-HCl、HCl-H_2SO_4 浸提法；全钾(TK)测定采用碱溶—原子吸收分光光度计法；速效钾(AK)测定采用乙酸铵浸提—原子吸收分光光度计法；有机碳、有机质(OM)测定采用重铬酸钾—外加热氧化法或碳氮分析仪。土壤微生物量碳(MBC)测定采用氯仿熏蒸浸提法，土壤水溶性有机碳(WSOC)采用过 0.45 μm 滤膜滤液在总有机碳分析仪测定，土壤易氧化态碳(ROC)测定采用重铬酸钾氧化法。

第三节 黄山松—马尾松针叶性状调查取样与试验

一、马尾松—黄山松针叶及土壤取样

根据黄山松与马尾松在戴云山的海拔分布范围，在戴云山主峰南北坡 9 个不同海拔梯度进行 GPS 定位取样，沿海拔由低到高分别标记为：S0(800 ~ 900 m)、S1(900 ~ 1 000 m)、S2(1 000 ~ 1 100 m)、S3 – N3(1 100 ~ 1 200 m)、S4 – N4(1 200 ~ 1 300 m)、S5 – N5(1 300 ~ 1 400 m)、S6 – N6(1 400 ~ 1 500 m)、S7 – N7(1 500 ~ 1 600 m)、S8 – N8(1 600 ~ 1 700 m)、S9 – N9(1 700 ~ 1 856 m)(黄山松、马尾松在北坡的分布范围集中于 1 100 m 以上)。在每个海拔梯度选取 5 棵胸径大小基本一致的黄山松与马尾松成熟个体，并按东、南、西、北 4 个方向分别采集针叶(无病害、颜色一致)20 束，混合后分为 2 部分，选取 15 束放入自封袋中，用于针叶营养元素的测定；另 5 束立即放入装有冰袋的泡沫盒中，封装后立刻带回，于 4 ℃ 冰箱中保鲜，用于各项生理指标的测定。每个海拔重复采集每株马尾松和黄山松树下 3 个深度为 0 ~ 20 cm 的土壤样本，测定土壤理化性质。

二、马尾松—黄山松针叶性状测定

1. 针叶形态测定

采集后立即用游标卡尺测定针叶长度，用叶面积扫描仪(LI-3000A)扫描针叶面积，并用电子秤称量鲜重，后将针叶装入带有编号的信封内，带回室内烘干至恒重，称重，计算单根平均干重、单根含水量。

2. 针叶抗氧化酶活性及抗逆物质测定

丙二醛(MDA)含量测定采用硫代巴比妥酸TBA比色法；过氧化氢酶(CAT)活性测定采用紫外吸收法；过氧化物酶(POD)活性测定采用愈创木酚法；超氧化物歧化酶(SOD)活性测定采用氮蓝四唑；可溶性糖与淀粉测定采用蒽酮法；脯氨酸含量测定采用茚三酮法；黄酮含量测定采用亚硝酸钠—硝酸铝法(黄守程等，2010；赵洁等，2013；郝文芳等，2013)。

3. 针叶其他性状测定

光合色素测定采用丙酮—乙醇混合法；营养元素测定采用湿灰化法(硝酸—高氯酸消煮法)制备消煮液；全磷测定采用钼锑抗比色法；钾、钙、镁、锌、铜、锰测定均采用原子吸收分光光度计法(Craine et al.，2001)；碳氮元素采用碳氮元素分析仪(elementar，vario MAX-CN)测定。

第四节　土壤微生物群落调查取样与试验

一、土壤微生物群落样地设置

在保护区内，沿海拔梯度选择有代表性的4个植被带类型：常绿阔叶林(EBF，400～900 m)、针叶林(CF，900～1 400 m)、矮林(SDF，1 400～1 700 m)、草甸(AM，1 700～1 856 m)，分别在每个海拔梯度选择典型地段，随机选取设置3个地形、地貌、坡度、坡向等基本一致的20 m×20 m样地。

二、土壤样品采集处理

采用直径2 cm的土壤取样器在每个样地内采集深度分别为0～10 cm、10～20 cm、20～40 cm土芯各20个，混合成对应样地的土壤样品。混匀后分成2份带回，1份过2 mm筛后保存于4 ℃冰箱，用于土壤微生物群落特征及酶活性测定；另1份自然风干后过筛保存，用于土壤理化性质测定。

三、土壤酶活性测定

土壤酶活性采用关松荫(1986)方法，每个土壤样品重复3次取平均值。脲酶(Ure)用苯酚—次氯酸钠比色法，蔗糖酶(Ive)用3，5－二硝基水杨酸比色法，H_2O_2酶(CAT)用$KMnO_4$滴定法，磷酸单酯酶(PMEase)用对硝基苯磷酸盐法，多酚氧化酶(PPO)用重铬酸钾比色法。

四、土壤微生物群落结构及功能多样性测定

土壤微生物群落结构分析参考张秋芳等(2009)方法，采用PLFA生物标记法。采用Varian240 GC-MS检测磷脂脂肪酸(林生等，2013)。土壤微生物群落功能多样性测定采用BIOLOG ECO微平板法。

第三章　植物区系与植物多样性评价

戴云山自然保护区自然生境优良、生物多样性丰富、地理位置独特而重要，对闽中自然生态系统平衡与稳定具有特别重要意义，具有很高的保护和研究价值。全面调查和深入研究戴云山自然保护区植物区系、植物资源、植被特征及植物多样性，并作出科学评价，旨在揭示生物多样性受威胁现状和机制，制定生物多样性保护和管理的正确策略，为生物多样性的永续利用提供科学理论。

第一节　维管束植物区系

植物区系是在自然历史条件综合作用下发展演化而成的某一特定地区生长的全部植物种类的总和，是植物科、属、种的自然综合体(Biswas，1985)。其形成是植物界在一定自然历史环境中发展演化和时空分布的综合反映。一个特定区域的植物区系，不仅反映了该区域中植物与环境的因果关系，而且反映了植物区系在地质历史时期中演化脉络(吴征镒等，2011)。植物区系成分是植物区系研究的核心内容之一，目前研究最多的是其地理成分。植物区系成分可视为构成植物群落的一种基本结构单元，进一步组合构成不同植被和生态系统，而区系成分间的异质性与演化最终形成了植物物种多样性(尹五元，2006)。

一、物种组成

1. 物种基本组成

依据野外调查和历史资料编制《戴云山国家级自然保护区野生维管束植物名录》，统计戴云山自然保护区野生维管束植物共 211 科 821 属 1 871 种(含种下等级，种名主要依据《中国植物志》)，其中蕨类植物 41 科 88 属 179 种，裸子植物 7 科 13 属 18 种，被子植物 163 科 720 属 1 674 种；在被子植物中，双子叶植物 135 科 560 属 1 335 种，单子叶植物 28 科 160 属 339 种(表 3-1)。裸子植物在科、属、种 3 个等级上都是最少的，被子植物中的双子叶植物占绝对优势。

表 3-1　戴云山自然保护区野生维管束植物组成

植物类别		科数	占总科数比例/%	属数	占总属数比例/%	种数	占总种数比例/%
蕨类植物		41	19.43	88	10.72	179	9.57
裸子植物		7	3.32	13	1.58	18	0.96
被子植物	双子叶植物	135	63.98	560	68.21	1 335	71.35
	单子叶植物	28	13.27	160	19.49	339	18.12
合计		211	100	821	100	1 871	100

保护区占福建省野生维管束植物科、属、种(姜必亮等，2000)的比例分别高达84.06%、65.31%和50.15%(表3-2)。

表3-2　戴云山自然保护区野生维管束植物种类占福建省的比例

植物类别	戴云山自然保护区						福建省		
	科数	占福建省比例/%	属数	占福建省比例/%	种数	占福建省比例/%	科数	属数	种数
蕨类植物	41	91.11	88	83.81	179	45.66	45	105	392
裸子植物	7	77.78	13	65.00	18	47.37	9	20	38
被子植物	163	82.74	720	63.60	1 674	50.71	197	1 132	3 301
维管束植物	211	84.06	821	65.31	1 871	50.15	251	1 257	3 731

2. 蕨类植物数量结构

保护区有蕨类植物41科88属179种，其中2个科所含种数≥20，4个科为10~19种，二者占总科数的14.64%；5~9种的有5个科，占12.20%；1~4种的寡种科有30个，占73.17%，而其中单种科就有16个，占39.02%。从各科所含属的数量分析，所含属数10~19种和5~9种的科各有2个，均占总科数的4.88%；含2~4属的有13个科；仅含1属的科达24个，占58.54%。在各属所含种数中，10~19种和5~9种的各有3个属，均占总属数的3.41%，含2~4种的有28个属，而单种属达54个，占61.36%。因此，保护区蕨类植物只有少数科、属含有较多种类，而单种或寡种科、属则占据优势(表3-3)。

表3-3　蕨类植物科、属数量结构

科-种数			科-属数			属-种数		
科所含种数	科数	比例/%	科所含属数	科数	比例/%	属所含种数	属数	比例/%
20~29	2	4.88	20~29	0	0	20~29	0	0
10~19	4	9.76	10~19	2	4.88	10~19	3	3.41
5~9	5	12.20	5~9	2	4.88	5~9	3	3.41
2~4	14	34.15	2~4	13	31.71	2~4	28	31.82
1	16	39.02	1	24	58.54	1	54	61.36

蕨类植物中种数≥10的科和种数≥5的属见表3-4。金星蕨科、鳞毛蕨科、水龙骨科分别以11属25种、4属20种和10属16种占据优势科前3位，凤尾蕨科、卷柏科和蹄盖蕨科所含种数也在10种以上，这6个科(占总科数14.64%)总计含93种，占蕨类植物种数的51.96%，含33属，占总属数的37.50%。所含种数≥10的属分别为鳞毛蕨属13种、卷柏属11种、凤尾蕨属10种，5种以上的也仅有3个属：毛蕨属、铁角蕨属和瘤足蕨属，6个属合计55种，占种数的30.73%。

表3-4　蕨类植物优势科、属组成

序号	优势科			优势属	
	科名	种数	属数	属名	种数
1	金星蕨科 Thelypteridaceae	25	11	鳞毛蕨属 *Dryopteris*	13
2	鳞毛蕨科 Dryopteridaceae	20	4	卷柏属 *Selaginella*	11
3	水龙骨科 Polypodiaceae	16	10	凤尾蕨属 *Pteris*	10

（续）

序号	优势科			优势属	
	科名	种数	属数	属名	种数
4	凤尾蕨科 Pteridaceae	11	2	毛蕨属 *Cyclosorus*	9
5	卷柏科 Selaginellaceae	11	1	铁角蕨属 *Asplenium*	7
6	蹄盖蕨科 Athyriaceae	10	5	瘤足蕨属 *Plagiogyria*	5
合计		93	33		55

3. 裸子植物数量结构

保护区野生裸子植物种类稀少，仅有7科13属18种(表3-5)。以松科(3属4种)和杉科(3属4种)最占优势，占有44.44%的种类；其余5个科各含2种。同样的，各属所含种类也极少，有5个属各含2种，8个属仅含1种。

表3-5 裸子植物科、属组成

科名	属数	种数	属名(属所含种数)
松科 Pinaceae	3	4	松属 *Pinus*(2)，油杉属 *Keteleeria*(1)，铁杉属 *Tsuga*(1)
杉科 Taxodiaceae	3	4	杉木属 *Cunninghamia*(2)，柳杉属 *Cryptomeria*(1)，水松属 *Glyptostrobus*(1)
柏科 Cupressaceae	2	2	福建柏属 *Fokienia*(1)，刺柏属 *Juniperus*(1)
罗汉松科 Podocarpaceae	1	2	罗汉松属 *Podocarpus*(2)
三尖杉科 Cephalotaxaceae	1	2	三尖杉属 *Cephalotaxus*(2)
买麻藤科 Gnetaceae	1	2	买麻藤属 *Gnetum*(2)
红豆杉科 Taxaceae	2	2	红豆杉属 *Taxus*(1)，榧树属 *Torreya*(1)
合计	13	18	

4. 被子植物数量结构

保护区有被子植物163科720属1 674种，占绝对优势，其中双子叶植物135科560属1 335种、单子叶植物28科160属339种。

(1)双子叶植物数量结构。种数≥50的有3个科，种数为30~49和20~29均为7个科，总计17个科，占总科数的12.60%；种数为10~19、5~9、2~4和1的科数相差不大，均介于25~35。属数为30~49、20~29、10~19的科分别有1、4、2个，总计7个科，占总科数的5.18%；属数为5~9和2~4的均有39个科，各占总科数的28.29%；而仅含单个属的科达50个，占37.04%。含30~49、20~29、10~19个种的属分别有1、2、12个，合计15个，占总属数的2.68%；种数为5~9、2~4的属数分别为48和192个，分别占8.57%和34.29%；而单种属达305个，占总属数的54.46%(表3-6)。因此，在双子叶植物中，同样体现出寡种和单种科、属数量多而种数和属数多的大科、大属则很少。

双子叶植物中种数≥20的优势科和种数≥10的优势属见表3-7。菊科以44属86种居首，蔷薇科和蝶形花科分别以21属70种和26属54种居2、3位，其后依次是茜草科、壳斗科、樟科、山茶科、蓼科、唇形科和大戟科等；总计有17个科(占双子叶植物科数的12.59%)所

表 3-6 双子叶植物科、属数量结构

科－种数			科－属数			属－种数		
科所含种数	科数	比例/%	科所含属数	科数	比例/%	属所含种数	属数	比例/%
≥50	3	2. 22	≥50	0	0	≥50	0	0
30～49	7	5. 19	30～49	1	0. 74	30～49	1	0. 18
20～29	7	5. 19	20～29	4	2. 96	20～29	2	0. 36
10～19	28	20. 74	10～19	2	1. 48	10～19	12	2. 14
5～9	30	22. 22	5～9	39	28. 89	5～9	48	8. 57
2～4	35	25. 93	2～4	39	28. 89	2～4	192	34. 29
1	25	18. 52	1	50	37. 04	1	305	54. 46

含种数达 20 个以上，合计 639 种，占双子叶植物种数的 47. 87%；共含有 219 个属，占双子叶植物属数的 39. 11%。在优势属中，蓼属以含 30 种占据首位，其次分别为冬青属 26 种、悬钩子属 22 种等；共有 15 个属(占双子叶植物属数的 2. 68%)所含种数在 10 种以上，合计 235 种，占双子叶植物种数的 17. 60%。

表 3-7 双子叶植物优势科、属组成

序号	优势科			优势属	
	科名	种数	属数	属名	种数
1	菊科 Asteraceae	86	44	蓼属 *Polygonum*	30
2	蔷薇科 Rosaceae	70	21	冬青属 *Ilex*	26
3	蝶形花科 Papilionaceae	54	26	悬钩子属 *Rubus*	22
4	茜草科 Rubiaceae	42	20	山矾属 *Symplocos*	19
5	壳斗科 Fagaceae	42	6	榕属 *Ficus*	18
6	樟科 Lauraceae	40	8	柃木属 *Eurya*	17
7	山茶科 Theaceae	39	8	杜鹃花属 *Rhododendron*	14
8	蓼科 Polygonaceae	37	4	栲属 *Castanopsis*	13
9	唇形科 Lamiaceae	34	20	紫金牛属 *Ardisia*	12
10	大戟科 Euphorbiaceae	31	14	蒿属 *Artemisia*	11
11	桑科 Moraceae	29	7	山茶属 *Camellia*	11
12	玄参科 Scrophulariaceae	28	15	青冈属 *Cyclobalanopsis*	11
13	冬青科 Aquifoliaceae	26	1	堇菜属 *Viola*	11
14	紫金牛科 Myrsinaceae	21	5	石栎属 *Lithocarpus*	10
15	芸香科 Rutaceae	20	9	珍珠菜属 *Lysimachia*	10
16	葡萄科 Vitaceae	20	6		
17	杜鹃花科 Ericaceae	20	5		
合计		639	219		235

（2）单子叶植物数量结构。种数≥50 和 30～49 的均各有 2 科，各占 7.14%，而含 20～29 种的科则没有，含 10～19、5～9、2～4 种的科分别有 4、5、9 个，单种科有 6 个，占 21.43%。含 30～49 和 20～29 个属的科均只有 1 个，仅含单属的科达 14 个，占 50.00%。含 10～19 种的属有 3 个，含 5～9 和 2～4 种的属分别为 13 和 46 个，而单种属达 98 个，占单子叶植物属数比例高达 61.25%（表 3-8）。

表 3-8　单子叶植物科、属数量结构

科－种数			科－属数			属－种数		
科所含种数	科数	比例/%	科所含属数	科数	比例/%	属所含种数	属数	比例/%
≥50	2	7.14	≥50	0	0	≥50	0	0
30～49	2	7.14	30～49	1	3.57	30～49	0	0
20～29	0	0	20～29	1	3.57	20～29	0	0
10～19	4	14.29	10～19	3	10.71	10～19	3	1.88
5～9	5	17.86	5～9	2	7.14	5～9	13	8.13
2～4	9	32.14	2～4	7	25.00	2～4	46	28.75
1	6	21.43	1	14	50.00	1	98	61.25

单子叶植物中种数≥10 的优势科和种数≥6 的优势属见表 3-9。禾本科以 49 属 71 种高居优势科首位，其次是竹科 12 属 56 种、莎草科 14 属 47 种、兰科 25 属 46 种等；含 10 种以上的科共有 8 个（占 28.57%），合计 276 种，占单子叶植物种数的 81.42%，有 129 个属，占单子叶植物属数的 80.63%。优势属依次是刚竹属 19 种、薹草属 15 种、薯蓣属 12 种等；共有 9 个属（占 5.63%）所含种数在 6 种以上，合计 88 种，占 25.96%。可见，在单子叶植物中，少数优势科、属的地位更加突出。

表 3-9　单子叶植物优势科、属组成

序号	优势科			优势属	
	科名	种数	属数	属名	种数
1	禾本科 Poaceae	71	49	刚竹属 *Phyllostachys*	19
2	竹科 Bambusaceae	56	12	薹草属 *Carex*	15
3	莎草科 Cyperaceae	47	14	薯蓣属 *Dioscorea*	12
4	兰科 Orchidaceae	46	25	苦竹属 *Pleioblastus*	8
5	百合科 Liliaceae	17	14	莎草属 *Cyperus*	7
6	天南星科 Araceae	16	8	飘拂草属 *Fimbristylis*	7
7	薯蓣科 Dioscoreaceae	12	1	眼子菜属 *Potamogeton*	7
8	鸭跖草科 Commelinaceae	11	6	菝葜属 *Smilax*	7
9				箣竹属 *Bambusa*	6
合计		276	129		88

二、生活型组成

1. 生活型分类系统

植物生活型是指植物对综合生境条件长期适应而在外貌上表现出来的生长类型，是植物的一种生态分类单位，凡是在外貌上具有相同(似)适应特征的归为同一类生活型。在大尺度划分级别上，这种按植物外貌区分的生活型也常称为生长型。

自19世纪初洪堡(von Humboldt)提出生活型概念并以外貌特征划分生活型至今，已建立多种植物生活型分类系统，其中最广泛应用的是丹麦植物生态学家劳恩凯尔(Raunkiaer C)建立的系统(高贤明等，1998)。他从温度、水分等基本生态因子出发，以植物体度过生活不利时期(冬寒或干旱)的适应方式作为分类基础，即以更新芽(休眠芽)距离土表的位置高低及芽的保护特征为依据，把高等有花植物分为五大生活型类群：高位芽、地上芽、地面芽、地下芽和1年生植物。在各类群基础上，按植物的高度、茎的质地、落叶或常绿等特征，再分为30个较小的类群。我国植物学家吴征镒指出，外国生活型系统“各有其优点，但无论哪一个系统照搬用于我国植被都有一定的困难”，并在《中国植被》(1980)中拟订了符合我国习惯的生活型分类系统。

基于《中国植被》生活型分类系统，根据实际情况作相应的合并和简化，拟订戴云山自然保护区植物生活型分类系统(表3-10、表3-11)。首先将保护区内所有维管束植物分为木本植物和草本植物2大生活型，《中国植被》中所谓的“半木本”(即亚灌木)亦将其并入木本植物一并统计。木本植物生活型下分Ⅰ、Ⅱ、Ⅲ级分类指标：Ⅰ级按形体大小和生长状态等分乔木、灌木、亚灌木、竹类、木质藤本和寄生性层间灌木6类；Ⅱ级主要在各类中按针叶(裸子植物)和阔叶(双子叶植物和少量单子叶植物)再次划分，针对蕨类植物划入树蕨型，针对棕榈科植物归于棕榈型，而竹类则根据地面秆的生长排列分散生型、丛生型和混合型；Ⅲ级按常绿与落叶2种性状划分。草本植物生活型下也分Ⅰ、Ⅱ、Ⅲ级分类指标：Ⅰ级按生长环境分陆生草本和水生草本2类；Ⅱ级按形体状态将陆生草本分为直立草本和草质藤本，水生草本分为挺水、浮叶、漂浮、沉水水生草本；Ⅲ级按生长年限在各类下分多年生(含2年生或以多年生为主)和1年生(或以1年生为主)草本。另外，在草本植物中，附生、寄生和腐生种类虽生长习性和营养方式不同，与其他植物在外在表现上并无重大差异，故未单列其生活型，而仅在讨论具体种类时作附带说明。在实际确定某种植物生活型时，往往遇到不易于准确将其归于某一类情况，一般考虑其在保护区主要生长状态而将其归于最适合的生活型类型。

2. 木本植物生活型组成

保护区木本植物共有916种，占全部种类的48.96%。表3-10统计的木本植物生活型，乔木、灌木、亚灌木、竹类、木质藤本和寄生性层间灌木6类生活型种类分别为324、334、47、56、141和14，故以乔、灌木为主，木质藤本也较丰富。蕨类植物、裸子植物(针叶类型)、双子叶植物(阔叶类型)和单子叶植物中木本植物种数分别为2、18、830、66，因此，双子叶植物构成木本植物的主体。从所占比例分析，裸子植物种类均为木本植物，双子叶植物中木本种类亦达62.17%。常绿与落叶树种分别为662种和254种，分别占72.27%和27.73%，即以常绿种类占优势。从具体生活型类型来看，常绿阔叶灌木以240种居首，其次为常绿阔叶乔木195种、落叶阔叶乔木113种、常绿阔叶木质藤本92种、落叶阔叶灌木89种等，各类型中，均以常绿和阔叶占优势。

表 3-10　戴云山自然保护区木本植物生活型

木本植物生活型			蕨类植物	裸子植物	双子叶植物	单子叶植物
Ⅰ级	Ⅱ级	Ⅲ级				
1 乔木(高度≥5 m)	(1)针叶	a. 常绿		14		
		b. 落叶		1		
	(2)阔叶	a. 常绿			195	
		b. 落叶			113	
	(3)棕榈型	a. 常绿				1
2 灌木(高度<5 m)	(1)针叶	a. 常绿		1		
	(2)阔叶	a. 常绿			240	
		b. 落叶			89	
	(3)树蕨型	a. 常绿	2			
	(4)棕榈型	a. 常绿				2
3 亚灌木	(1)阔叶	a. 常绿			36	
		b. 落叶			11	
4 竹类	(1)散生型	a. 常绿				25
	(2)丛生型	a. 常绿				9
	(3)混合型	a. 常绿				22
5 木质藤本	(1)针叶	a. 常绿		2		
	(2)阔叶	a. 常绿			92	7
		b. 落叶			40	
6 寄生性层间灌木	(1)阔叶	a. 常绿			14	

3. 草本植物生活型组成

保护区草本植物共有 955 种，占全部种类的 51.04%。表 3-11 统计了草本植物生活型，其中陆生草本 903 种，占草本植物种数的 94.55%，水生草本仅 52 种。蕨类植物、双子叶

表 3-11　戴云山自然保护区草本植物生活型

草本植物生活型			蕨类植物	双子叶植物	单子叶植物
Ⅰ级	Ⅱ级	Ⅲ级			
1 陆生草本	(1)直立草本	a. 多年生	167(含附生 32)	259(含寄生 2)	178(含附生 17)
		b. 1 年生		195(含寄生 1)	44(含腐生 1)
	(2)草质藤本	a. 多年生	6	36(含附生 1)	14
		b. 1 年生		4(含寄生 3)	
2 水生草本	(1)挺水草本	a. 多年生			10
		b. 1 年生			7
	(2)浮叶草本	a. 多年生	1	5	3
		b. 1 年生		1	3
	(3)漂浮草本	a. 多年生			1
		b. 1 年生	2		1
	(4)沉水草本	a. 多年生		3	9
		b. 1 年生	1	2	3

植物和单子叶植物中草本植物种数分别为 177 种、505 种、273 种，以双子叶植物居多，占 3 类植物总种数的比例分别为 98. 88%、37. 83%、80. 53%。陆生草本中直立草本占优势，有 843 种，草质藤本 60 种；水生草本中挺水、浮水、漂浮和沉水草本的种数分别为 17、13、4、18。多年生草本 692 种多于 1 年生草本 263 种。其中，附生草本 50 种、寄生草本 6 种、腐生草本 1 种，合计 57 种，均属陆生草本，占草本植物总种数的 5. 97%。从具体的生活型看，多年生陆生直立草本共有 604 种，其次为 1 年生陆生直立草本 239 种，是草本植物优势生活型。

4. 主要植物类群的生活型

由表 3-12 统计保护区种数≥20 种的主要大科植物生活型。木本植物大科主要有蔷薇科(65 种)、竹科(56 种)、壳斗科(42 种)、樟科(40 种)、山茶科(39 种)、蝶形花科(38 种)、茜草科(27 种)、桑科(26 种)和冬青科(26 种)等，其中竹科、壳斗科、樟科、山茶科和冬青科均是全科为木本植物。壳斗科和樟科乔木种类最多，分别为 39 种和 36 种，分别占本科种

表 3-12　戴云山自然保护区主要植物类群的生活型

植物类别	主要科	种数	木本植物						草本植物		
			种数	乔木	灌木	木质藤本	常绿	落叶	种数	多年生	1 年生
蕨类植物	金星蕨科 Thelypteridaceae	25							25	25	
	鳞毛蕨科 Dryopteridaceae	20							20	20	
双子叶植物	菊科 Asteraceae	86	3		2	1	3		81	43	38
	蔷薇科 Rosaceae	70	65	20	43	1	34	31	5	4	1
	蝶形花科 Papilionaceae	54	38	7	7	9	35	3	16	10	6
	茜草科 Rubiaceae	42	27	6	15	6	25	2	15	11	4
	壳斗科 Fagaceae	42	42	39	3		37	5			
	樟科 Lauraceae	40	40	36	4		35	5			
	山茶科 Theaceae	39	39	5	34		39				
	蓼科 Polygonaceae	37	1					1	36	9	27
	唇形科 Lamiaceae	34							34	21	13
	大戟科 Euphorbiaceae	31	23	12	11		8	15	8	1	7
	桑科 Moraceae	29	26	13	11	2	18	8	3	1	2
	玄参科 Scrophulariaceae	28	3	2			1	2	25	7	18
	冬青科 Aquifoliaceae	26	26	19	7		24	2			
	紫金牛科 Myrsinaceae	21	21	1	16	3	20	1			
	杜鹃花科 Ericaceae	20	20		20		15	5			
	芸香科 Rutaceae	20	19	3	13	3	14	5	1	1	
	葡萄科 Vitaceae	20	16			16	7	9	4	4	
单子叶植物	禾本科 Poaceae	71							71	44	27
	竹科 Bambusaceae	56	56				56				
	莎草科 Cyperaceae	47							47	34	13
	兰科 Orchidaceae	46							46	46	

类的92.86%和90.00%；蔷薇科、山茶科、紫金牛科和杜鹃花科等则以灌木种类为主，分别为43种、34种、20种和16种；葡萄科和蝶形花科具有丰富的木质藤本植物，分别为16种(全科)和9种。各科多以常绿种类为主，尤其是壳斗科、樟科和山茶科等的常绿木本占各科种类的比例分别高达88.10%、87.50%、100.00%；落叶树种以蔷薇科(31种)和大戟科(15种)等较多，占各科木本植物种类比例为47.69%、65.22%。

草本植物大科主要有菊科(81种)、禾本科(71种)、莎草科(47种)、兰科(46种)、蓼科(36种)和唇形科(34种)等，除菊科和蓼科极个别种类为木本植物外，其余均是全科为草本植物。除少数科(蓼科、玄参科等)以1年生草本占优势外，多数科以多年生草本为主，如兰科、金星蕨科和鳞毛蕨科均为全科属于多年生草本。此外，兰科多附生草本，有17种，占全科的36.96%。

可见，保护区木本植物与草本植物种类大体相当，乔木与灌木种类也基本接近，常绿、阔叶种类占优势，壳斗科、樟科、山茶科和竹科等为主要木本植物大科，体现了我国南方亚热带森林植被的特点。

三、区系地理成分

分布区类型是指植物类群的分布图式基本一致地再现。分布区类型的划分是植物区系地理学研究的重要方法，划分、分析整理某一地区植物的分布区类型，有助于了解这一地区植物区系各种成分的特征与性质(吴征镒等，2003)。由于属这一分类等级范围划分相对稳定，大小适中，故目前对植物区系地理成分的研究主要是分析属的分布区类型。科由于数量少，分析简易，也常用到。而对于种来说，由于种的范围存在较大不确定性，且数量繁多，工作量浩大，开展分布区类型划分不仅难度大，且精确性也难以保证，故一般研究较少。种子植物作为陆地森林植被的主体，也是植物区系研究的重点内容，它决定了植物区系特点和性质，其他类型的植物区系研究目前尚少。

1. 科的分布区类型

戴云山自然保护区共有种子植物170科，根据吴征镒等(2003)的世界种子植物科的分布区类型系统，个别科参考李锡文(1996)对中国种子植物科的分布区类型的划分，可划分为10个分布区类型，占全国15个类型的2/3(表3-13)。

(1)世界广布。共有50科，占全部科的29.41%，而裸子植物无该类型。其中有不少种类较多的大科，如双子叶植物有菊科、蔷薇科、蝶形花科、茜草科、蓼科、唇形科、桑科、玄参科等，单子叶植物有禾本科、莎草科、兰科等，且这些科中多以草本植物为主，木本种类较少。水生草本植物有很多属于世界广布类型，如金鱼藻科、睡莲科、泽泻科、水鳖科、浮萍科、茨藻科、眼子菜科和香蒲科等。

(2)泛热带分布及变型。共有61科，占非世界广布科的50.83%。本类型是保护区最主要的科分布区类型，而其中泛热带分布达48科，又占据绝对优势。主要科有双子叶植物的樟科、山茶科、大戟科、紫金牛科、芸香科、葡萄科等，单子叶植物有天南星科、鸭跖草科、薯蓣科等。樟科、山茶科、大戟科、紫金牛科等多木本植物，是组成保护区常绿阔叶林乔木层和灌木层的重要组分。在各变型中，属于热带亚洲—大洋洲和热带美洲(南美洲或/和墨西哥)分布的山矾科和属于热带亚洲—热带非洲—热带美洲(南美洲)分布的竹科也是保护区重

表 3-13　戴云山自然保护区种子植物科的分布区类型和变型

科的分布区类型和变型	裸子植物	双子叶植物	单子叶植物	合计	占非世界广布科的比例/%
1. 世界广布		41	9	50	—
2. 泛热带分布		39	9	48	40.00
2－1. 热带亚洲—大洋洲和热带美洲(或墨西哥)分布		1		1	0.83
2－2. 热带亚洲—热带非洲—热带美洲(南美洲)分布	1	2	2	5	4.17
2S. 以南半球为主的泛热带分布	1	5	1	7	5.83
3. 东亚(热带、亚热带)及热带南美间断分布		10		10	8.33
4. 旧世界热带分布		2	1	3	2.50
4－1. 热带亚洲、非洲和大洋洲间断或星散分布			1	1	0.83
5. 热带亚洲至热带大洋洲分布		2	2	4	3.33
6. 热带亚洲至热带非洲分布		1		1	0.83
7. 热带亚洲分布					-
7－4. 越南(或中南半岛)至华南(或西南)分布		1		1	0.83
7c. 东马来分布		1		1	0.83
7d. 全分布区东达新几内亚分布		1		1	0.83
8. 北温带分布	1	4	2	7	5.83
8－4. 北温带和南温带间断分布	3	15	1	19	15.83
8－5. 欧亚和南美洲温带间断分布		1		1	0.83
9. 东亚和北美洲间断分布		7		7	5.83
14. 东亚分布	1	2		3	2.50
合计	7	135	28	170	100

要木本植物大科，尤其竹科在保护区森林植被构建上有重要地位。裸子植物有 2 个科分属 2 种分布变型，分别为买麻藤科和罗汉松科。

(3)东亚(热带、亚热带)及热带南美间断分布。共有 10 科，占非世界广布科的 8.33%。本类型均为双子叶植物，含冬青科、杜英科、安息香科、马鞭草科、五加科等，不少种类为常绿阔叶林中小乔木和灌木的重要成分。

(4)旧世界热带分布及变型。共有 4 科，占非世界广布科的 3.33%。含八角枫科、海桐花科、芭蕉科和水蕹科，种类稀少。

(5)热带亚洲至热带大洋洲分布。共有 4 科，占非世界广布科的 3.33%。分别是交让木科、马钱科、百部科和姜科，包含种类均不多。

(6)热带亚洲至热带非洲分布。仅有 1 科，即杜鹃花科，占非世界广布科的 0.83%。该科在保护区中、高海拔地带是重要森林植被组分，在局部构成优势群丛，均属灌木或小乔木。

(7)热带亚洲分布及变型。共有 3 科，占非世界广布科的 2.50%。分别为大血藤科、肉实树科和清风藤科，分属于 3 个不同的变型。其中仅清风藤科包含若干种类，其余 2 科均只

含1种。

(8)北温带分布及变型。共有27科，占非世界广布科的22.50%。北温带分布有松科、忍冬科、越橘科、百合科等，其中松科是保护区分布面积最大、最重要的裸子植物类群。属于北温带和南温带间断分布变型的最多，有19科，包括裸子植物中的杉科、柏科、红豆杉科，双子叶植物的壳斗科、槭树科、金缕梅科、胡桃科等，单子叶植物的灯心草科。其中壳斗科种类多，是保护区最重要的木本植物大科，多数种类是常绿阔叶林的建群种和优势种。

(9)东亚和北美洲间断分布。共有7科，占非世界广布科的5.83%。分别为木兰科、鼠刺科、五味子科、三白草科、腊梅科、八角科和蓝果树科。

(10)东亚分布。共有3科，占非世界广布科的2.50%。包括裸子植物的三尖杉科和双子叶植物的猕猴桃科、旌节花科。

统计表明，戴云山自然保护区的种子植物中，热带分布科有83科，占非世界分布科的69.17%，温带分布科有37科，占非世界分布科的30.83%，可见，保护区以热带分布科占绝对优势。而热带分布科中以泛热带分布及变型最多，达61科，占非世界分布科的50.83%，占热带分布科的73.49%，充分体现了保护区处于中、南亚热带交界地带的地理特点。同时，也发现保护区与大洋洲和美洲、甚至非洲植物区系均有一定联系。

2. 属的分布区类型

根据吴征镒(1991，1993)对中国种子植物属的分布区类型的划分，戴云山自然保护区种子植物733个属分属14种分布区类型(表3-14)，仅中亚分布类型未见，可见其区系复杂性。

(1)世界分布。共有71属，占全部属的9.69%。种类较多的属有双子叶植物的蓼属、悬钩子属、堇菜属、珍珠菜属、铁线莲属等，单子叶植物的薹草属、莎草属、眼子菜属等，这些属多为草本，稀灌木，是不少地区广布的成分，在草地和灌丛较为常见，也多隶属于世界广布科。

(2)泛热带分布及变型。共有160属，占非世界分布属的24.17%。种类较多的有双子叶植物的冬青属、山矾属、榕属、紫金牛属、紫珠属等，这些属的种类多为小乔木或灌木，是保护区常绿阔叶林的重要组分。此外，单子叶植物有薯蓣属、飘拂草属、菝葜属、箣竹属等，裸子植物有买麻藤属和罗汉松属。该类型中的厚壳桂属、杜英属、乌桕属、黄檀属、红豆树属和安息香属等不少种类也是保护区常见森林树种。

(3)热带亚洲和热带美洲间断分布。共有20属，占非世界分布属的3.02%。这20个属均属于双子叶植物，种类较多的有柃木属、木姜子属、泡花树属等，多为灌木或小乔木，其中柃木属是保护区常绿阔叶林灌木层中最常见最重要的类群之一。

(4)旧世界热带分布及变型。共有54属，占非世界分布属的8.16%。常见的有蒲桃属、野桐属、崖豆藤属、楼梯草属、酸藤子属、杜茎山属、山姜属等。

(5)热带亚洲至热带大洋洲分布及变型。共有34属，占非世界分布属的5.14%。以樟属最重要，是常绿阔叶林乔木层重要成分，其他常见的有山龙眼属、野牡丹属、崖爬藤属、狗骨柴属和兰属等。

(6)热带亚洲至热带非洲分布及变型。共有33属，占非世界分布属的4.98%。本类型中，飞龙掌血属、常春藤属、使君子属等均为常见木质藤本，水团花属、黄瑞木属、土密树属等为小乔木或灌木，而以黄瑞木属种类分布最广和最常见，离瓣寄生属、钝果寄生属是寄生性灌木或亚灌木，禾本科的荩草属、莠竹属、芒属等是常见草本。

表 3-14　戴云山自然保护区种子植物属的分布区类型和变型

属的分布区类型和变型	裸子植物	双子叶植物	单子叶植物	合计	占非世界分布属的比例/%
1. 世界分布		49	22	71	—
2. 泛热带分布	1	109	37	147	22.21
2-1. 热带亚洲、大洋洲和南美洲(墨西哥)间断分布	1	5	1	7	1.06
2-2. 热带亚洲、非洲和南美洲间断分布		5	1	6	0.91
3. 热带亚洲和热带美洲间断分布		20		20	3.02
4. 旧世界热带分布		34	12	46	6.95
4-1. 热带亚洲、非洲和大洋洲间断分布		7	1	8	1.21
5. 热带亚洲至热带大洋洲分布		21	12	33	4.98
5-1. 中国(西南)亚热带和新西兰间断分布		1		1	0.15
6. 热带亚洲至热带非洲分布		21	9	30	4.53
6-2. 热带亚洲和东非间断分布		3		3	0.45
7. 热带亚洲分布		55	21	76	11.48
7-1. 爪哇、喜马拉雅和华南、西南星散分布		9		9	1.36
7-2. 热带印度至华南分布		5		5	0.76
7-3. 缅甸、泰国至华西南分布		1		1	0.15
7-4. 越南(或中南半岛)至华南(或西南)分布	2	4		6	0.91
8. 北温带分布	3	53	14	70	10.57
8-2. 北极—高山分布			1	1	0.15
8-4. 北温带和南温带(全温带)间断分布		17	2	19	2.87
8-5. 欧亚和南美洲温带间断分布			1	1	0.15
9. 东亚和北美洲间断分布	2	36	4	42	6.34
10. 旧世界温带分布		17	2	19	2.87
10-1. 地中海区、西亚和东亚间断分布		4		4	0.60
10-2. 地中海区和喜马拉雅间断分布		2		2	0.30
10-3. 欧亚和南非洲(有时也在大洋洲)间断分布		1	1	2	0.30
11. 温带亚洲分布		3		3	0.45
12. 地中海区、西亚至中亚分布					—
12-3. 地中海区至温带、热带亚洲，大洋洲和南美洲间断分布		1		1	0.15
14. 东亚(东喜马拉雅—日本)分布	2	64	15	81	12.24
15. 中国特有分布	2	13	4	19	2.87
合计	13	560	160	733	100

(7)热带亚洲分布及变型。共有 97 属，占非世界分布属的 14.65%。裸子植物中，油杉属和福建柏属属于此类型。而双子叶植物中则包含了许多阔叶林优势属，如木兰科的木莲属、含笑属、观光木属，樟科的山胡椒属、润楠属、新木姜子属，山茶科的山茶属、木荷属，壳斗科的青冈属、石栎属，金缕梅科的蕈树属、蚊母树属，还有黄杞属、赤杨叶属等，有些种

类为群落建群种和优势种，其他也多为中、下层常见的乔、灌木。寄生性植物也不少，如鞘花属、红花桑寄生属、寄生藤属等。单子叶植物中以兰科多个属为主。

(8)北温带分布及变型。共有91属，占非世界分布属的13.75%。裸子植物属于本类型的有松属、刺柏属、红豆杉属，其中松属是分布最广的裸子植物，构成大面积常绿针叶林和针阔混交林。在双子叶植物中，种类较多的有杜鹃花属、蒿属、槭属、葡萄属、紫堇属、蔷薇属、荚蒾属等。本类型含有许多落叶性或以落叶树种为主的属，如樱属、苹果属、鹅耳枥属、水青冈属、栎属、榆属、槭属等。有些是海拔较高山地矮林灌丛重要组成树种，如杜鹃花属、越橘属。单子叶植物常见的有画眉草属、稗属、野古草属、藜芦属和天南星属等。

(9)东亚和北美洲间断分布。共有40属，占非世界分布属的6.32%。本类型中，栲属种类是保护区常绿阔叶林最重要的群落建群种和优势种，数量多，分布极为广泛。其他常见的有石楠属、鼠刺属、绣球属等灌木或小乔木，山蚂蝗属、胡枝子属则多为灌木或亚灌木，蛇葡萄属、五味子属是常见藤本植物。落叶树种也不少，如漆属、枫香属、鹅掌楸属、檫木属、楤木属等。裸子植物铁杉属和榧树属亦属本类型。

(10)旧世界温带分布及变型。共有27属，占非世界分布属的4.08%。本类型有不少分布广泛的常见草本植物属，如鹅肠菜属、水芹属、天名精属、筋骨草属、益母草属、窃衣属和鹅观草属等，多见于荒草地和林缘路边。木本植物有梨属、榉树属、女贞属等。

(11)温带亚洲分布。共有3属，占非世界分布属的0.45%。为双子叶植物的瓦松属、马兰属和附地菜属，均为草本植物，种类不多。

(12)地中海区、西亚至中亚分布及变型。仅1属，占非世界分布属的0.15%，即黄连木属，含1种，区内少见。

(13)东亚(东喜马拉雅—日本)分布。共有81属，占非世界分布属的12.24%。常见木本植物有裸子植物的柳杉属、三尖杉属，双子叶植物的油桐属、石斑木属、檵木属、南酸枣属、泡桐属，单子叶植物的刚竹属、苦竹属、茶秆竹属等。常见草本植物有蕺菜属、石荠苎属、黄鹌菜属、败酱属、山麦冬属、半夏属和石蒜属等。木通属、防己属、猕猴桃属为常见藤本。

(14)中国特有分布。共有19属，占非世界分布属的2.87%。本类型有不少为珍稀植物，如水松属、拟单性木兰属、半枫荷属、伞花木属和喜树属等，这些也均为木本植物。其他尚有杉木属、大血藤属、血水草属、盾果草属、马铃苣苔属、酸竹属、绿竹属等。杉木属是我国南方、也是保护区最重要的针叶树之一，有广泛的天然分布，形成纯林和混交林，另有大面积人工林。

14个属的分布区类型，除世界分布类型71个属外，可将其余662个属分为热带分布属(第2~7个)与温带分布属(第8~15个)两大类(中国特有分布在许多研究中被划归为温带分布，实际上保护区中国特有属多分布于南方，更具热带性质，有些也兼具温带性质，将其划归为热带或温带分布属均不完全合理，但保护区中国特有分布仅19个属，占非世界分布属2.87%，比例不大，为了与相邻地区植物区系具有可比性，亦将其归并为温带分布属)，其中热带分布属有398个，占60.12%，温带分布属264个，占39.88%。故保护区种子植物以热带分布属占明显优势。在热带分布属中，泛热带分布及变型最多，共160属，占非世界分布属的24.17%，占热带分布属的40.20%。其次为热带亚洲分布及变型97属和旧世界热带分布及变型54属。在温带分布属中，以北温带分布及变型91属为最多，占非世界分布属的13.75%，占温带分布属的34.47%。其次是东亚(东喜马拉雅—日本)分布81属、东亚和北美洲间断分布 42 属等，温带亚洲分布和地中海区、西亚至中亚分布及变型分别仅 3 属和 1 属。因此，保护区种子植物属级区系成分与东亚植物区系联系最为紧密，其次为北美洲，与中美洲、南美洲、大洋洲和非洲也存在一定联系，而与中亚至欧洲则联系极少。

四、珍稀植物

1. 模式植物

保护区植被保存好，植物种类丰富，长期以来为许多植物学家所关注，是福建省著名的模式标本产地之一。自 20 世纪 80 年代以来，植物学家先后以这里采集的植物标本命名了 8 个新种和 1 个新变种(表 3-15，原为 12 个新种和 1 个新变种，其中 4 个种类在《中国植物志》中已作相应归并：密羽鳞毛蕨并入黑足鳞毛蕨，华红盖鳞毛蕨并入红盖鳞毛蕨，戴云山杜鹃并入满山红，戴云山薹草并入长梗薹草)。

表 3-15　戴云山自然保护区模式植物

序号	模式植物种名	科名	发表时间	命名人
1	德化毛蕨 *Cyclosorus dehuaensis* Ching et Hsing	金星蕨科	1981 年	秦仁昌、邢公侠
2	大毛蕨 *Cyclosorus grandissimus* Ching et Hsing	金星蕨科	1981 年	秦仁昌、邢公侠
3	石生毛蕨 *Cyclosorus rupicola* Ching et Hsing	金星蕨科	1981 年	秦仁昌、邢公侠
4	德化鳞毛蕨 *Dryopteris dehuaensis* Ching	鳞毛蕨科	1981 年	秦仁昌
5	长耳玉山竹 *Yushania longiaurita* Q. F. Zheng et K. F. Huang	竹科	1984 年	郑清芳、黄克福
6	毛硬叶冬青 *Ilex ficifolia* C. J. Tseng f. *daiyunshanensis* C. J. Tseng	冬青科	1987 年	曾沧江
7	九仙莓 *Rubus yanyunii* Y. T. Chang et L. Y. Chen	蔷薇科	1995 年	张永田、陈丽云
8	九仙山薹草 *Carex jiuxianshanensis* L. K. Dai et Y. Z. Huang	莎草科	1995 年	戴伦凯、黄以钟
9	德化假卫矛 *Microtropis dehuaensis* Z. S. Huang et Y. Y. Lin	卫矛科	2008 年	黄志森、林彦云

在 9 种模式植物中，蕨类植物 4 种，双子叶植物 3 种，单子叶植物 2 种。草本植物有 5 种，其余 4 种为灌木或亚灌木。在数量分布上，多数种类数量少、分布范围狭小，极偶见。几种蕨类多生于低海拔的林下、沟边、草丛、石缝等地；长耳玉山竹分布于戴云山主峰，生于海拔 1 500 m 的灌丛中；九仙山薹草常分布于海拔 1 200 m 以下的林下阴湿地或溪边；九仙莓主要分布于九仙山，戴云山主峰周边亦可见，局部区域常见，多分布于中海拔的路边灌丛；德化假卫矛(黄志森等，2008)是阔叶林下灌木，分布范围广，但数量不多；毛硬叶冬青具体分布不详。

2. 重点保护植物

保护区有各级保护植物共计 36 科 119 种(含兰科 46 种)(表 3-16)。其中，国家级重点保护植物以国务院 1998 年 8 月 4 日公布的《国家重点保护野生植物名录(第一批)》和中国植物主题数据库(2012)的《国家重点保护野生植物名录(第一批)和(第二批)》为准，福建省重点保护植物以福建省人民政府 2001 年 8 月 16 日公布的《福建省第一批地方重点保护珍贵树木名录》及福建省林业厅(2005)公布的名录为依据。

表 3-16 戴云山自然保护区重点保护植物

序号	种名	科名	保护级别	生活型
1	水松 *Glyptostrobus pensilis*	杉科	国家Ⅰ级(1)	落叶乔木
2	南方红豆杉 *Taxus wallichiana* var. *mairei*	红豆杉科	国家Ⅰ级(1)	常绿乔木
3	蛇足石杉 *Huperzia serrata*	石杉科	国家Ⅱ级(2)	多年生草本
4	金毛狗 *Cibotium barometz*	蚌壳蕨科	国家Ⅱ级(1)	多年生草本
5	粗齿桫椤 *Alsophila denticulata*	桫椤科	国家Ⅱ级(1)	常绿灌木
6	针毛桫椤 *Alsophila metteniana*	桫椤科	国家Ⅱ级(1)	常绿灌木
7	水蕨 *Ceratopteris thalictroides*	水蕨科	国家Ⅱ级(1)	1 年生水生草本
8	福建柏 *Fokienia hodginsii*	柏科	国家Ⅱ级(1)	常绿乔木
9	香榧 *Torreya grandis*	红豆杉科	国家Ⅱ级(1)	常绿乔木
10	鹅掌楸 *Liriodendron chinense*	木兰科	国家Ⅱ级(1)	落叶乔木
11	乐东拟单性木兰 *Parakmeria lutungensis*	木兰科	国家Ⅱ级(2)	常绿乔木
12	观光木 *Tsoongiodendron odorum*	木兰科	国家Ⅱ级(2)	常绿乔木
13	樟树 *Cinnamomum camphora*	樟科	国家Ⅱ级(1)	常绿乔木
14	闽楠 *Phoebe bournei*	樟科	国家Ⅱ级(1)	常绿乔木
15	短萼黄连 *Coptis chinensis* var. *brevisepala*	毛茛科	国家Ⅱ级(2)	多年生草本
16	八角莲 *Dysosma versipellis*	小檗科	国家Ⅱ级(2)	多年生草本
17	金荞麦 *Fagopyrum dibotrys*	蓼科	国家Ⅱ级(1)	多年生草本
18	(野生)茶 *Camellia sinensis*	山茶科	国家Ⅱ级(2)	常绿灌木
19	异色猕猴桃 *Actinidia callosa* var. *discolor*	猕猴桃科	国家Ⅱ级(2)	落叶木质藤本
20	中华猕猴桃 *Actinidia chinensis*	猕猴桃科	国家Ⅱ级(2)	落叶木质藤本
21	毛花猕猴桃 *Actinidia eriantha*	猕猴桃科	国家Ⅱ级(2)	落叶木质藤本
22	黄毛猕猴桃 *Actinidia fulvicoma*	猕猴桃科	国家Ⅱ级(2)	落叶木质藤本
23	长叶猕猴桃 *Actinidia hemsleyana*	猕猴桃科	国家Ⅱ级(2)	落叶木质藤本
24	阔叶猕猴桃 *Actinidia latifolia*	猕猴桃科	国家Ⅱ级(2)	落叶木质藤本
25	安息香叶猕猴桃 *Actinidia styracifolia*	猕猴桃科	国家Ⅱ级(2)	落叶木质藤本
26	花榈木 *Ormosia henryi*	蝶形花科	国家Ⅱ级(1)	常绿乔木
27	红豆树 *Ormosia hosiei*	蝶形花科	国家Ⅱ级(1)	常绿乔木
28	半枫荷 *Semiliquidambar cathayensis* var. *fukienensis*	金缕梅科	国家Ⅱ级(1)	常绿乔木
29	榉树 *Zelkova schneideriana*	榆科	国家Ⅱ级(1)	落叶乔木
30	山橘 *Fortunella hindsii*	芸香科	国家Ⅱ级(2)	常绿灌木
31	伞花木 *Eurycorymbus cavaleriei*	无患子科	国家Ⅱ级(1)	落叶乔木
32	喜树 *Camptotheca acuminata*	蓝果树科	国家Ⅱ级(1)	落叶乔木
33	香果树 *Emmenopterys henryi*	茜草科	国家Ⅱ级(1)	落叶乔木
34	七叶一枝花 *Paris polyphylla*	延龄草科	国家Ⅱ级(2)	多年生草本
35	华重楼 *Paris polyphylla* var. *chinensis*	延龄草科	国家Ⅱ级(2)	多年生草本

（续）

序号	种名	科名	保护级别	生活型
36	兰科 Orchidaceae 野生植物 46 种	兰科	国家Ⅱ级(2)	多年生草本
37	油杉 *Keteleeria fortunei*	松科	省级重点	常绿乔木
38	长苞铁杉 *Tsuga longibracteata*	松科	省级重点	常绿乔木
39	柳杉 *Cryptomeria fortunei*	杉科	省级重点	常绿乔木
40	百日青 *Podocarpus nerifolius*	罗汉松科	省级重点	常绿乔木
41	黄山木兰 *Magnolia cylindrica*	木兰科	省级重点	落叶乔木
42	福建含笑 *Michelia fukienensis*	木兰科	省级重点	常绿乔木
43	华南桂 *Cinnamomum austro-sinense*	樟科	省级重点	常绿乔木
44	浙江桂 *Cinnamomum chekiangense*	樟科	省级重点	常绿乔木
45	沉水樟 *Cinnamomum micranthum*	樟科	省级重点	常绿乔木
46	香桂 *Cinnamomum subavenium*	樟科	省级重点	常绿乔木
47	厚壳桂 *Cryptocarya chinensis*	樟科	省级重点	常绿乔木
48	刨花润楠 *Machilus pauhoi*	樟科	省级重点	常绿乔木
49	红楠 *Machilus thunbergii*	樟科	省级重点	常绿乔木
50	福建细辛 *Asarum fujianensis*	马兜铃科	省级重点	多年生草本
51	绞股蓝 *Gynostemma pentaphyllum*	葫芦科	省级重点	多年生草本
52	红皮糙果茶 *Camellia octopetala*	山茶科	省级重点	常绿乔木
53	密花梭罗 *Reevesia pycantha*	梧桐科	省级重点	常绿乔木
54	福建樱桃 *Prunus fokienensis*	蔷薇科	省级重点	落叶乔木
55	藤槐 *Bowringia callicarpa*	蝶形花科	省级重点	落叶木质藤本
56	闽槐 *Sophora franchetiana*	蝶形花科	省级重点	常绿灌木
57	茅栗 *Castanea seguinii*	壳斗科	省级重点	落叶乔木
58	红锥 *Castanopsis hystrix*	壳斗科	省级重点	常绿乔木
59	格氏栲 *Castanopsis kawakamii*	壳斗科	省级重点	常绿乔木
60	黑锥 *Castanopsis nigrescens*	壳斗科	省级重点	常绿乔木
61	鳞苞锥 *Castanopsis uraiana*	壳斗科	省级重点	常绿乔木
62	福建青冈 *Cyclobalanopsis chungii*	壳斗科	省级重点	常绿乔木
63	突脉青冈 *Cyclobalanopsis elevaticostata*	壳斗科	省级重点	常绿乔木
64	多脉青冈 *Cyclobalanopsis multinervis*	壳斗科	省级重点	常绿乔木
65	亮叶水青冈 *Fagus lucida*	壳斗科	省级重点	落叶乔木
66	漳平石栎 *Lithocarpus chrysocomus* var. *zhangpingensis*	壳斗科	省级重点	常绿乔木
67	乌冈栎 *Quercus phillyraeoides*	壳斗科	省级重点	常绿灌木
68	白桂木 *Artocarpus hypargyreus*	桑科	省级重点	常绿乔木
69	扁担藤 *Tetrastigma planicaule*	葡萄科	省级重点	常绿木质藤本
70	青钱柳 *Cyclocarya paliurus*	胡桃科	省级重点	落叶乔木
71	变叶树参 *Dendropanax brevistylus*	五加科	省级重点	常绿灌木
72	茶绒杜鹃 *Rhododendron rufescens*	杜鹃花科	省级重点	常绿灌木
73	黄甜竹 *Acidosasa edulis*	竹科	省级重点	散生型竹类
74	福建酸竹 *Acidosasa notata*	竹科	省级重点	散生型竹类

注：“保护级别”中，国家Ⅰ、Ⅱ级后的“(1)”指第一批公布，“(2)”指第二批公布。

在36科119种重点保护植物中，蕨类植物4科5种，裸子植物5科8种，双子叶植物24科56种，单子叶植物3科50种。国家Ⅰ级重点保护植物有2科2种，分别是杉科的水松和红豆杉科的南方红豆杉。国家Ⅱ级重点保护植物有22科81种，其中兰科46种，数量最多，其次是猕猴桃科7种，再次是木兰科3种，桫椤科、樟科、蝶形花科、延龄草科各2种，其余15科各1种。福建省级保护植物有18科38种，最多的是壳斗科11种，其次是樟科7种，松科、木兰科、蝶形花科和竹科各2种，其余12科各1种。3类重点保护植物合计，种类较多的依次是兰科46种、壳斗科11种、樟科9种、猕猴桃科7种、木兰科5种、蝶形花科4种，6科共82种，占68.91%；有7个科各含2种，23个科仅含1种。对各级重点保护植物生活型的统计表明，木本植物略多于草本植物，分别为63种和56种。木本植物又以乔木为主，达44种(常绿33种)，其余分别是灌木8种(均为常绿)、木质藤本9种(常绿1种)、散生型竹类2，而常绿与落叶种类分别为44种和19种，以常绿种类占优势。草本植物除1种为1年生水生草本外，其余55种均为陆生多年生草本，主要由于兰科46种均属于此类型。

3. 特有植物

保护区有不少福建省和本地特有种(表3-17)，其中德化特有种5种，福建特有种4种。不少特有植物同时也是模式植物，有的是重点保护植物，如石生毛蕨、九仙莓、毛硬叶冬青、德化假卫矛、长耳玉山竹5种德化特有种同时为保护区模式植物，突脉青冈、漳平石栎列为福建省第一批地方重点保护珍贵树木。

表3-17　戴云山自然保护区特有植物

序号	种名	科名	特有情况
1	石生毛蕨 *Cyclosorus rupicola* Ching et Hsing	金星蕨科	德化特有
2	九仙莓 *Rubus yanyunii* Y. T. Chang et L. Y. Chen	蔷薇科	德化特有
3	毛硬叶冬青 *Ilex ficifolia* C. J. Tseng f. *daiyunshanensis* C. J. Tseng	冬青科	德化特有
4	德化假卫矛 *Microtropis dehuaensis* Z. S. Huang et Y. Y. Lin	卫矛科	德化特有
5	长耳玉山竹 *Yushania longiaurita* Q. F. Zheng et K. F. Huang	竹科	德化特有
6	福建含笑 *Michelia fukienensis* Q. F. Zheng	木兰科	福建特有
7	福建樱桃 *Prunus fokienensis* Yu	蔷薇科	福建特有
8	突脉青冈 *Cyclobalanopsis elevaticostata* Q. F. Zheng	壳斗科	福建特有
9	漳平石栎 *Lithocarpus chrysocomus* Chun et Tsiang var. *zhangpingensis* Q. F. Zheng	壳斗科	福建特有

这些珍稀与特有植物多数分布范围狭小、数量稀少、对生境有特定要求。经济价值较高的物种由于遭受掠夺式采掘利用而进一步陷入濒危境地，目前在保护区内已难觅踪迹。有些物种虽有一定储量，但多数种群仍处于恢复过程中，亦需严加保育。而不同的物种，其利用价值、科研价值、在保护区的数量与分布情况、濒危状况等都有很大不同，对这些物种进行合理正确的保护优先性评价，确定不同物种的优先保护等级，极为紧迫和必要。

五、与不同自然气候带植物区系比较

选择地处不同自然气候带的4个森林生态系统类型国家级自然保护区(安徽鹞落坪、福建武夷山、福建虎伯寮和云南西双版纳)与福建戴云山国家级自然保护区进行植物区系比较。

1. 物种数量比较

比较5个保护区种子植物数量(李珍等，2008；何建源，1994；樊正球，2001；朱华等，2001)(表3-18)，戴云山种子植物科数、属数和种数均居第3位，科数次于云南西双版纳和福建虎伯寮，而高于福建武夷山，属数和种数次于云南西双版纳和福建武夷山，与武夷山较为接近，但面积显著小于武夷山自然保护区。可见戴云山自然保护区种子植物种类极其丰富。

表3-18　5个国家级自然保护区种子植物数量

自然保护区	安徽鹞落坪	福建武夷山	福建戴云山	福建虎伯寮	云南西双版纳
自然气候带	北亚热带	中亚热带	中、南亚热带过渡区	南亚热带	热带
面积/km^2	123	565.3	134.7	30	2 417.8
科数	115	156	170	185	197
属数	445	753	733	731	1 140
种数	888	1 857	1 692	1 589	3 336

2. 区系成分比较

戴云山自然保护区种子植物属的地理成分(热带成分占60.3%，温带成分占39.7%)与安徽鹞落坪(热带33.5%，温带66.5%)、福建武夷山(热带52.3%，温带47.7%)、福建虎伯寮(热带71.6%，温带28.4%)、云南西双版纳(热带83.5%，温带16.5%)自然保护区种子植物区系成分进行比较表明(图3-1)，戴云山植物区系性质介于地处南亚热带的虎伯寮与中亚热带的武夷山之间，与地处北亚热带的安徽鹞落坪和热带的云南西双版纳相差较大，即戴云山植物区系与虎伯寮、武夷山较为接近，兼具我国中亚热带和南亚热带植物区系特征，处于中亚热带向南亚热带过渡区域，与其中亚热带南缘的地理界定是相符的。

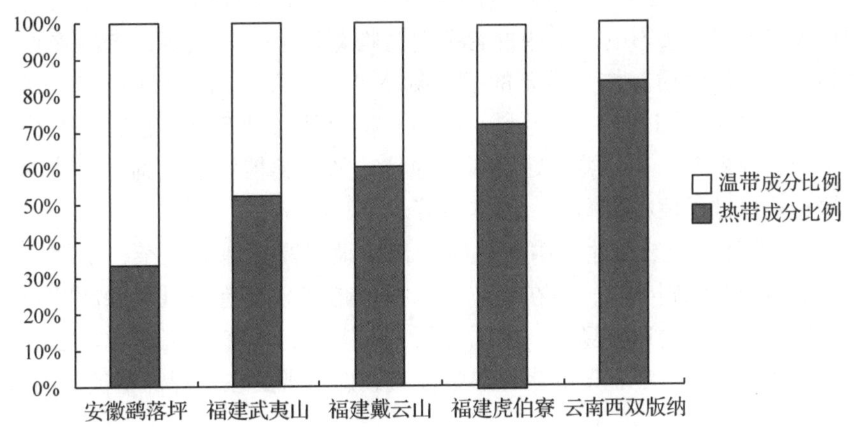

图3-1　5个国家级自然保护区种子植物区系成分

六、植物区系特点

(1)植物种类丰富。戴云山自然保护区已查明野生维管束植物有211科821属1 871种(含种下等级)，其中蕨类植物41科88属179种，裸子植物7科13属18种，被子植物163科720属1 674种，占有福建省半数种类，是闽中生物多样性最丰富的地区。

(2)优势科、属明显，寡种、单种科、属亦多样。主要大科有菊科(44属86种)、禾本科

(49 属 71 种)、蔷薇科(21 属 70 种)、竹科(12 属 56 种)、蝶形花科(26 属 54 种)等，木本植物大科主要有竹科、壳斗科(6 属 42 种)、樟科(8 属 40 种)、山茶科(8 属 39 种)等，2 ~ 4 种的寡种科总计有 65 个，而单种科达 47 个。优势属有蓼属(30 种)、冬青属(26 种)、悬钩子属(22 种)等，单种属总计达 465 个，占全部属数的 56.6%。

(3)生活型谱具亚热带常绿阔叶林特征。保护区植物生活型划分结果表明，木本与草本植物种类约各占一半。木本植物以乔、灌木为主，木质藤本也占一定比例。常绿与落叶树种比例分别为 72.27% 和 27.73%，以常绿种类占优势。针叶树少，阔叶树占绝对优势。草本则以陆生多年生草本占优势。这些充分体现保护区地带性植被——亚热带常绿阔叶林生活型组成特征。

(4)区系热带性质明显，具过渡性，成分复杂，热带、亚热带成分占优势。植物区系带有明显热带性质，充分体现了保护区处于中、南亚热带过渡地带的地理特点，兼具中、南亚热带植物区系性质特点。与大洋洲和美洲、甚至非洲植物区系有一定联系。而属级区系成分与东亚植物区系联系最为紧密，其次为北美洲。种子植物科有 10 种分布区类型，占全国 15 种的 2/3，属有 14 个分布区类型(全国共 15 个)，仅中亚分布未见，可见区系成分多样复杂。在科级分析中，热带分布科：温带分布科大致为 7：3，其中泛热带分布及变型科有 61 个，占非世界广布科的 50.83%，世界广布科有 50 个，占全部科的 29.41%，北温带分布及变型科有 27 个，占非世界广布科的 22.50%。在属级分析中，热带分布属 398 个，占 60.12%，温带分布属 264 个，占 39.88%。在热带分布属中，泛热带分布及变型最多，共 160 属，占非世界分布属的 24.17%。温带分布属以北温带分布及变型有 91 属为最多，占非世界分布属的 13.75%。森林群落植物区系组成中，热带、亚热带科属占明显优势，种类较多，重要的有壳斗科、樟科、茜草科、山茶科、蝶形花科、大戟科、桑科等。

(5)区系起源古老，多孑遗、珍稀、特有植物，有一定数量的单型或寡型属。戴云山由于未受第四纪大陆冰川直接影响，一些古老孑遗植物繁衍至今。众多古老的蕨类植物反映了区系古老性和南亚热带性质。作为重要的模式标本产地，发现植物新种 8 个和新变种 1 个；有各级重点保护植物 36 科 119 种(含兰科 46 种)；德化特有种 5 种，福建特有种 4 种。单型或寡型属有不少起源古老，在分类上处于孤立地位，如蕨类植物金毛狗、福建莲座蕨，裸子植物水松、福建柏，被子植物大血藤、鹅掌楸等。

(6)显著的过渡性。戴云山地处中亚热带南缘，地势高、地形复杂，生境类型多样，地带性植被为中亚热带常绿阔叶林，而在南坡低海拔基带则分布有季风常绿阔叶林，为各种不同区系成分提供发展繁衍的适宜场所。区系分析及与其他地区植物区系比较也说明，区系成分中热带性质较显著，具一定程度的南亚热带性质，即体现其在地理与植被上的过渡性。

第二节　植物资源评价

根据《戴云山国家级自然保护区野生维管束植物名录》，参考《福建植物志》(福建省科学技术委员会《福建植物志》编写组，1982—1995)、《中国植物志》(中国植物志编辑委员会，1959—2004)等植物分类典籍，搜集《野生植物资源学》(戴宝合，2003)、《中国木本淀粉植物》(谢碧霞等，2008)、《福建乡土油料植物》(万泉等，2009)、《中国芳香植物》(王羽梅，2008)、《中国蜜源植物》(徐万林，1983)、《中国油脂植物》(贾良智等，1987)、《中国野生植物开发与加工利用》(高愿君，1995)、《中国蜜粉源植物及其利用》(中国养蜂学会，1993)、《中国饲用植物》(贾慎修，1987)等植物资源论著及相关期刊论文，编制《戴云山国家级自然保护区野生资源植物名录》，划分各种植物资源类别，记录植物资源的各种用途、生活型、区系地理成分等，根据归类结果进行统计分析。

一、植物资源多样性

1. 物种组成多样性

统计表明，保护区野生维管植物211科821属1 871种中，有一定利用价值的资源植物共计209科776属1 580种，占全部种类的84.45%。可见，保护区内资源植物相当丰富(表3-19)。

由科、属统计(表3-20)表明：①蕨类资源植物优势科集中于金星蕨科、水龙骨科和鳞毛蕨科，所含属数占蕨类植物属数的32.05%，所含种数占蕨类植物种数比例高达45.80%，其

表3-19　戴云山自然保护区野生资源植物科、属、种统计

<table>
<tr><th rowspan="2">分类群</th><th rowspan="2">蕨类植物</th><th rowspan="2">裸子植物</th><th colspan="2">被子植物</th><th rowspan="2">总计</th></tr>
<tr><th>双子叶植物</th><th>单子叶植物</th></tr>
<tr><td>科</td><td>41</td><td>7</td><td>133</td><td>28</td><td>209</td></tr>
<tr><td>属</td><td>78</td><td>12</td><td>540</td><td>146</td><td>776</td></tr>
<tr><td>种</td><td>131</td><td>17</td><td>1 168</td><td>264</td><td>1 580</td></tr>
</table>

表3-20　戴云山自然保护区野生资源植物优势科、属组成

<table>
<tr><th colspan="2">分类群</th><th>优势科</th><th>优势科属数(比例/%)</th><th>优势科种数(比例/%)</th><th>优势属</th><th>优势属种数(比例/%)</th></tr>
<tr><td colspan="2" rowspan="3">蕨类植物</td><td>金星蕨科</td><td>11(14.10)</td><td>24(18.32)</td><td>毛蕨属</td><td>8(6.11)</td></tr>
<tr><td>水龙骨科</td><td>10(12.82)</td><td>16(12.21)</td><td>石韦属</td><td>4(3.05)</td></tr>
<tr><td>鳞毛蕨科</td><td>4(5.13)</td><td>20(15.27)</td><td>鳞毛蕨属</td><td>13(9.92)</td></tr>
<tr><td colspan="2" rowspan="2">裸子植物</td><td>松科</td><td>3(25.00)</td><td>4(23.53)</td><td></td><td></td></tr>
<tr><td>杉科</td><td>3(25.00)</td><td>4(23.53)</td><td></td><td></td></tr>
<tr><td rowspan="12">被子植物</td><td rowspan="8">双子叶植物</td><td>菊科</td><td>41(7.59)</td><td>86(7.36)</td><td>蒿属</td><td>11(0.94)</td></tr>
<tr><td>蝶形花科</td><td>26(4.81)</td><td>54(4.62)</td><td>胡枝子属</td><td>7(0.60)</td></tr>
<tr><td>蔷薇科</td><td>21(3.89)</td><td>70(5.99)</td><td>悬钩子属</td><td>21(1.80)</td></tr>
<tr><td>茜草科</td><td>20(3.70)</td><td>42(3.60)</td><td>耳草属</td><td>8(0.68)</td></tr>
<tr><td>大戟科</td><td>14(2.59)</td><td>31(2.65)</td><td>野桐属</td><td>6(0.51)</td></tr>
<tr><td>樟科</td><td>8(1.48)</td><td>40(3.42)</td><td>润楠属</td><td>8(0.68)</td></tr>
<tr><td>山茶科</td><td>8(1.48)</td><td>39(3.34)</td><td>柃木属</td><td>17(1.46)</td></tr>
<tr><td>壳斗科</td><td>6(1.11)</td><td>42(3.60)</td><td>栲属</td><td>13(1.11)</td></tr>
<tr><td rowspan="4">单子叶植物</td><td>禾本科</td><td>48(32.88)</td><td>71(26.89)</td><td>狗尾草属</td><td>5(1.89)</td></tr>
<tr><td>兰科</td><td>24(16.44)</td><td>46(17.42)</td><td>舌唇兰属</td><td>8(3.03)</td></tr>
<tr><td>莎草科</td><td>14(9.59)</td><td>48(18.18)</td><td>薹草属</td><td>16(6.06)</td></tr>
<tr><td>竹科</td><td>12(8.22)</td><td>56(21.21)</td><td>刚竹属</td><td>19(7.20)</td></tr>
</table>

中鳞毛蕨属和毛蕨属所含种数较多，分别为13和8；②裸子植物少，仅7科12属17种，松科与杉科各具3属，占裸子植物属数比例均为25.00%，各具4种，各占种数的23.53%；③双子叶资源植物优势科有菊科、蝶形花科、蔷薇科、茜草科、大戟科、樟科、山茶科和壳斗科，该8科所含属数占双子叶植物属数的26.65%，所含种数占双子叶植物种数的34.58%，而悬钩子属和柃木属所含种数分别达21种和17种；④单子叶资源植物优势科有禾本科、兰科、莎草科和竹科，包含属数占单子叶植物属数的67.13%，包含种数占单子叶植物种数达83.70%，刚竹属和薹草属种数分别达19和16种。

2. 生活型多样性

在资源植物中，木本植物与草本植物大致各占一半(表3-21)。草本植物占47.91%，主要有禾本科、莎草科、兰科和蕨类等；乔木种类所占比例为28.54%，主要有壳斗科、樟科、木兰科、桑科等；灌木种类所占比例为16.08%，主要有山茶科、蔷薇科悬钩子属、冬青科等；藤本植物占7.47%，主要有毛茛科铁线莲属、防己科、葡萄科和薯蓣科等。草本各类型中尚可再划分水生或陆生、1年生或多年生等，木本植物各类型中亦可再划分常绿或落叶等，其比率与维管束植物生活型比率大体相当，不再赘述。

表3-21 戴云山自然保护区野生资源植物生活型组成

生活型	乔木	灌木	草本	藤本	合计
种数	451	254	757	118	1 580
所占比例/%	28.54	16.08	47.91	7.47	100

3. 区系地理成分多样性

按照吴征镒等(2011)中国种子植物属的分布区类型划分标准，保护区资源植物(种子植物部分)共有14种分布区类型(15种类型中，仅中亚分布及其变型未见)(表3-22)。表所列资源植物共有731属，其中泛热带分布及其变型160属，占非世界分布属总和的24.24%，其次为热带亚洲分布及其变型占14.70%、北温带分布及其变型占13.79%、东亚分布及其变型占12.27%等，中国特有分布占2.88%，而温带亚洲分布和地中海区、西亚至中亚分布及其变型分别仅占0.45%、0.15%。热带分布属与温带分布属比率达60.30:39.70，可见保护区资源植物区系具有明显的热带性质，同时兼具部分温带性质。

表3-22 戴云山自然保护区野生资源植物属的分布区类型

分布区类型	裸子植物	被子植物		合计	占总属数比例/%
		双子叶植物	单子叶植物		
1. 世界分布	0	49	22	71	
2. 泛热带分布	2	119	39	160	24.24
3. 热带亚洲和热带美洲间断分布	0	20	0	20	3.03
4. 旧世界热带分布	0	41	13	54	8.18
5. 热带亚洲至热带大洋洲分布	0	22	12	34	5.15
6. 热带亚洲至热带非洲分布	0	24	9	33	5.00
7. 热带亚洲分布	2	74	21	97	14.70
8. 北温带分布	3	70	18	91	13.79

（续）

分布区类型	裸子植物	被子植物		合计	占总属数比例/%
		双子叶植物	单子叶植物		
9. 东亚和北美洲间断分布	1	35	4	40	6.06
10. 旧世界温带分布	0	24	3	27	4.09
11. 温带亚洲分布	0	3	0	3	0.45
12. 地中海区、西亚至中亚分布	0	1	0	1	0.15
13. 中亚分布	0	0	0	0	0
14. 东亚分布	2	64	15	81	12.27
15. 中国特有分布	2	13	4	19	2.88
合计	12	559	160	731	100

4. 价值多样性

将保护区内资源植物分为15个类型(刘胜祥，1994；戴宝合，2003；杨利民，2008)(表3-23)。各类资源植物中，药用植物最多，共有1 179种，所占比例最大，为74.62%，代表植物有短萼黄连、八角莲、何首乌、华重楼、黄花倒水莲等传统名贵药材。其次是观赏植物，有899种，占56.90%，主要有杜鹃花科、兰科、金缕梅科、木兰科、桑科、蔷薇科、樟科、山茶科等，这些科、属植物大多具有较高观赏价值。用材植物占18.48%，主要有壳斗科、樟科、木兰科、山矾科、松科、杉科等。芳香植物占15.38%，开发价值较大的种类有益母草、香附子、乌药、瓜馥木、细柄蕈树、草珊瑚、冬青等。食用植物占15.32%，具较大价

表3-23　戴云山自然保护区野生植物资源类型统计

序号	资源类型	蕨类植物	裸子植物	被子植物		合计	占戴云山资源植物比例/%
				双子叶植物	单子叶植物		
1	药用植物	112	15	882	170	1 179	74.62
2	观赏植物	90	14	660	135	899	56.90
3	用材植物	0	14	245	33	292	18.48
4	芳香植物	0	10	208	25	243	15.38
5	食用植物	6	4	185	47	242	15.32
6	油脂植物	0	12	203	6	221	13.99
7	蜜源植物	0	5	196	11	212	13.42
8	饲用植物	9	1	91	55	156	9.87
9	鞣料植物	0	9	120	2	131	8.29
10	农药植物	2	3	94	19	118	7.47
11	纤维植物	1	3	95	16	115	7.28
12	淀粉植物	12	1	62	21	96	6.08
13	染料植物	4	1	37	2	44	2.78
14	树脂植物	0	3	9	0	12	0.76
15	树胶植物	0	0	10	1	11	0.70

值的主要有毛花猕猴桃、枳椇、杨梅、野山楂、野茼蒿、虎杖、积雪草、竹笋、野百合、马齿苋、鱼腥草、白花败酱等，苋属、莲子草属、十字花科的不少种类亦可食。油脂植物占13.99%，其中油茶及山茶属各种、香榧、水青冈的油是优质食用油；油桐、虎皮楠、蕈树、山苍子、阴香、黑壳楠、乌药、山乌桕、三尖杉、无患子、白檀、黄连木等植物果实和种子都含有丰富油脂，经榨取加工后可供工业上制造肥皂、油漆、油墨等；沉水樟、樟树等种子含油量在20%以上，是工业用油重要资源。蜜源植物占13.42%，以蔷薇科、山茶科、山矾科和漆树科等植物为主。饲用植物占9.87%，主要以禾本科、十字花科、苋科、菊科苦荬菜属、玄参科母草属等植物为主。鞣料植物占8.29%，主要有杉木、水松、香榧、垂柳、青钱柳、钩栲、栓皮栎、酸模、杨梅叶蚊母树、金樱子、满山红、密花树、厚皮香等。农药植物占7.47%，以大戟科、夹竹桃科、萝摩科、罂粟科、桑科、马钱科、天南星科、毛茛科种类居多。纤维植物占7.28%，主要有禾本科芒、芦苇、五节芒，瑞香科北江荛花，荨麻科苎麻，灯心草科灯心草，榆科山黄麻，大戟科白背叶，锦葵科肖梵天花等。淀粉植物占6.08%，主要是壳斗科米槠、甜槠、黑锥、钩栲等。染料植物占2.78%，主要有扁枝石松、乌蕨、青钱柳、栓皮栎、桑树、杜英、黄栀子、艾蒿、金珠柳、荩草等。树脂和树胶植物分别只有12种和11种，所占比例分别是0.76%和0.70%，常见种类有油杉、马尾松、白桂木、疏花卫矛、枫香、乌蔹莓、海芋等。

二、植物资源利用潜力评价

1. 评价方法

植物资源评价是通过大量、全面的资源调查后，在掌握植物资源种类、数量基础上，结合植物资源经济价值和开发利用前景等方面进行的综合评价。植物资源评价是对本地区植物资源较为客观的定量评价，而不是对植物资源特点的一般论述。只有合理的定量评价才能科学地指导实际经营活动，而评价方法选择是进行合理评价的关键。

“指数和法”(董世林，1994；杨利民，2008)是应用广泛的一种简便有效的评价方法，该法首先确定评价指标，对每一指标分等赋值，而后对每一资源植物分别结合评价指标进行评分，再求和得到每一种资源植物的可利用估量值，据此确定每一种经济资源植物评价等级。最终根据每一种资源植物所属等级制定相应经营措施。影响野生经济植物资源利用前景的因素很多，在大量调查与研究基础上，确定价值大小、价值广度、多度、频度、体量、适应性、利用程度7项为评价指标，每项指标又划分5级，分别对应1~5分(表3-24)。

表3-24 戴云山自然保护区野生植物资源利用潜力评价等级标准

序号	指标	等级				
		A(1分)	B(2分)	C(3分)	D(4分)	E(5分)
1	价值大小，根据资源市场价值而定	很小	较小	一般	较大	重大
2	价值广度，根据资源用途多少而定	1~2种用途	3~4种用途	5~6种用途	7~8种用途	9种用途以上

（续）

序号	指标	等级				
		A(1分)	B(2分)	C(3分)	D(4分)	E(5分)
3	多度，根据植物在调查区数量多少而定	极少	稀少	中等	较多	极多
4	频度，根据植物在调查区出现频率而定	极偶见	少见	一般见	常见	极常见
5	体量，根据地上部分生物量多少而定	极小，如小草本	较小，如普通草本	中等，如大草本或藤本、小灌木	较大，如灌木或小乔木	极大，如乔木
6	适应性，根据对生境要求或生态幅度而定	要求极严格，生态幅极窄	要求严格，生态幅略窄	适应性一般	生境多样，生态幅较宽	适应恶劣生境，生态幅极宽
7	利用程度，根据利用状况评定	已过度利用	已充分利用	利用程度一般	少被利用	未被利用

2. 评价结果

首先，从资源市场价值大小角度按表3-24中“价值大小”指标标准对保护区1 580种野生资源植物进行评分，从中筛选出得分为4分和5分价值较大和重大的资源植物共计258种。对筛选的这些具有重要价值野生资源植物再按表中7个评价指标进行评分，每种计算7项得分之和，再根据评分结果将其划分为5级(表3-25)。

表3-25 戴云山自然保护区野生资源植物分级标准及其开发潜力

等级	可利用估量值	植物种数	所占比例/%	开发潜力评估
一	≤18	47	18.22	很小
二	19～21	60	23.26	较小
三	22～25	93	36.05	中等
四	26～29	48	18.60	较大
五	≥30	10	3.88	极大

(1)一级野生资源植物47种。这类野生资源植物或被过度开发利用，或在保护区内很少见，含众多珍稀保护植物，故开发潜力极小，主要应严格加强保护，部分资源量较多的种类可考虑适当人工种植利用。主要有蛇足石杉、福建莲座蕨、金鸡脚、水松、何首乌、阔叶十大功劳、淫羊藿、六角莲、八角莲、短萼黄连、黄花倒水莲、厚壳桂、花榈木、红豆树、榉树、浙江红山茶、绞股蓝、巴豆、球兰、黄甜竹、福建酸竹、姜黄、蘘荷、多花黄精、野百合、天门冬、七叶一枝花、华重楼、半夏、建兰、春兰、寒兰、花叶开唇兰、石仙桃等。

(2)二级野生资源植物60种。这类野生资源植物或已被充分利用，或在研究地内较少见，其中有不少珍稀保护物种，故开发潜力较小，应以资源保护为主，部分种类可人工种植利用。主要有栓皮栎、刺叶栎、大血藤、金叶含笑、福建含笑、观光木、鹅掌楸、乐东拟单性木兰、樟树、沉水樟、闽楠、青钱柳、白桂木、喜树、三角槭、红皮糙果茶、短柱茶、中华猕猴桃、毛瑞香、白蜡、桔梗、雷公藤、疏花卫矛、皂荚、白前、香果树、接骨草、魔芋、薏苡、天名精、菖蒲等。

(3)三级野生资源植物 93 种。这类野生资源植物具有一定经济价值、利用广度一般，在保护区内常见，故有一定开发潜力，主要应保持开发利用现状，但同时要注意对其进行保护与管理，以使之可持续利用。这些资源植物有石松、油杉、福建柏、竹柏、三尖杉、钩栲、细叶青冈、福建青冈、乌冈栎、化香树、枫杨、垂柳、少叶黄杞、柘树、蕺芝、爱玉子、鸡桑、榔榆、杭州榆、光叶山黄麻、亮叶桦、野木瓜、乳源木莲、披针叶茴香、浙江桂、香桂、檫木、细柄蕈树、蕈树、油桐、福建山樱花、多花山竹子、黄檀、南岭黄檀、皂荚、冬青、鹅掌柴、芫花、了哥王、枳椇、飞龙掌血、显齿蛇葡萄、乌饭树、朱砂根、无患子、油柿、忍冬、水团花、玉叶金花、络石、艾蒿等。

(4)四级野生资源植物 48 种。这类野生资源植物具有较大经济价值和利用广度，且在保护区内较常见，但较少被利用，故有较大开发潜力，在维持现状基础上可适度开发利用。主要有柳杉、杨梅、甜槠、米槠、石栎、硬斗石栎、云山青冈、朴树、构树、薜荔、南五味子、紫楠、山胡椒、黑壳楠、乌药、香叶树、红楠、金樱子、山杜英、华杜英、葛藤、枫香、檵木、乌桕、长叶冻绿、映山红、盐肤木、青榨槭、苦楝、南酸枣、白花泡桐、毛竹、菝葜、土茯苓等。

(5)五级野生资源植物 10 种。这 10 种野生资源植物具有极大经济价值和利用广度，且在保护区内极常见，但未被充分利用，故有极大开发潜力，可加大开发利用力度和深度。这 10 种植物是马尾松、黄山松、杉木、青冈、罗浮栲、丝栗栲、山苍子、毛山鸡椒、胡枝子、木荷。

在保护区 258 种主要野生资源植物中，开发潜力为极大、较大、适中的资源植物所占比例分别是 3.88%、18.60% 和 36.05%，共计 58.53%。因此，在戴云山自然保护区野生植物资源可持续开发利用上，把这 3 类(等级为三、四、五)野生资源植物适度加以利用，对保护区植物资源可持续利用及经济发展将有不可估量的贡献。当然，对于等级为一、二的野生资源植物，在种群和生态不遭受破坏和退化前提下可考虑人工培育利用。

第三节　植被类型与主要植物群系

植物群落是指在环境相对均一的地段内，有规律地共同生活在一起的各种植物种类的组合。一地区植物群落的总和统称为植被。国际上植被研究已有近 200 年历史，至今依然没有一个能为植物学家共同接受的统一分类原则和分类系统。根据分类依据不同，目前国际上存在着外貌或外貌—生态分类、结构分类、动态分类、优势度分类、数量分类等分类系统。其中联合国教科文组织(UNESCO)以群落外貌为依据结合植物生活型的分类系统得到较多公认。在植物群落分布规律方面，国际普遍从纬度地带性、经度地带性和山地垂直地带性结合实地水热等条件进行研究。在国内，近代植物群落分类研究始于 20 世纪 30 年代，1960 年侯学煜在《中国的植被》一书中第一次系统地对我国植被进行分类；1980 年在《中国植被》(中国植被编辑委员会，1980)一书中明确提出了中国植被分类原则，即植被群落学原则或植物群落学—生态学原则；周以良在《中国大兴安岭植被》(1991)和《中国小兴安岭植被》(1994)中继承了《中国植被》的分类原则，并结合与优势种(或建群种)作为划分标准的方法对植物群落进行分类。在植物群落分布规律上，侯学煜主张的山地垂直地带性服从水平地带性规律为中国植被分区建立了理论基础。

一、植被分类

1. 植被分类方法

根据《中国植被》(中国植被编辑委员会，1980)分类原则，即采用植物群落学原则，以群落自身特征作为分类依据，在高级分类单位方面侧重于生态外貌，而在中级和中级以下单位则侧重于种类组成和群落结构。按中国植物群落分类系统，采用3个主要植物群落分类等级，即植被型、群系和群丛。高级分类单位依据群落外貌进行分类，具体来说就是根据群落样方外貌特征确定其所属植被型组和植被型。对于中级和中级以下群落单位则采用确定优势度的原则，即对调查的所有群落样方分层计算其重要值，用重要值确定各个群落样方内不同层片内不同植物优势度大小，以确定各层优势种植物(张金屯，2011)。植物群落物种重要值计算方法如下：

乔木层重要值(%)：IV=(相对多度+相对频度+相对显著度)/3　　(3-1)

灌木层和草本层重要值(%)：IV=(相对多度+相对频度+相对盖度)/3　　(3-2)

2. 植被分类结果

根据111个典型植物群落样地调查资料，可将戴云山自然保护区主要植被分为9个植被型，即温性针叶林、暖性针叶林、针阔叶混交林、落叶阔叶林、常绿阔叶林、竹林、灌丛、沼泽、水生植被，结合历史资料，统计了61个群系和115个群丛(表3-26)。

表3-26　戴云山自然保护区植被分类系统

植被型	群系	群丛
Ⅰ. 温性针叶林	一、黄山松林	黄山松-短尾越橘-里白群丛
		黄山松-短尾越橘-芒萁群丛
		黄山松-短尾越橘-五节芒群丛
		黄山松-黑紫藜芦群丛
		黄山松-华丽杜鹃+满山红-莎草群丛
		黄山松-满山红+华丽杜鹃-莎草+薹草群丛
		黄山松-细枝柃-里白群丛
		黄山松-岩柃-里白群丛
		黄山松-窄基红褐柃-芒萁群丛
		黄山松-肿节少穗竹-里白群丛
	二、长苞铁杉林	长苞铁杉-肿节少穗竹-镰羽瘤足蕨群丛
	三、柳杉林	柳杉-黄楠-里白+狗脊蕨群丛
Ⅱ. 暖性针叶林	四、福建柏林	福建柏-溪畔杜鹃-芒萁群丛
	五、马尾松林	马尾松-草珊瑚-狗脊蕨+中华里白群丛
		马尾松-黄瑞木+檵木-狗脊蕨群丛
		马尾松-黄瑞木-芒萁群丛
		马尾松-峨眉鼠刺+箬竹-芒萁+里白群丛
		马尾松-窄基红褐柃-狗脊蕨群丛
		马尾松-肿节少穗竹-狗脊蕨群丛
	六、马尾松+黄山松林	马尾松+黄山松-窄基红褐柃-里白群丛

（续）

植被型	群系	群丛
Ⅱ. 暖性针叶林	七、马尾松 + 杉木林	马尾松 + 杉木-黄瑞木 - 里白群丛
		马尾松 + 杉木-黄瑞木 - 芒萁群丛
		马尾松 + 杉木-映山红 + 乌药 - 里白群丛
	八、杉木林	杉木-黄瑞木 - 芒萁群丛
		杉木-箬竹-狗脊蕨群丛
		杉木-山矾 + 红皮糙果茶-里白群丛
		杉木-溪畔杜鹃-芒萁群丛
		杉木-窄基红褐柃-里白群丛
		杉木-鸭脚茶-里白 + 狗脊蕨群丛
Ⅲ. 针阔叶混交林	九、黄山松 + 亮叶水青冈林	黄山松 + 亮叶水青冈-满山红-芒群丛
	十、长苞铁杉 + 红淡比林	长苞铁杉 + 红淡比 - 紫金牛 - 镰羽瘤足蕨群丛
	十一、尖叶假蚊母树 + 柳杉林	尖叶假蚊母树 + 柳杉-山矾 - 薹草 + 狭叶楼梯草群丛
	十二、福建柏 + 毛竹林	福建柏 + 毛竹-峨眉鼠刺-深绿卷柏群丛
	十三、马尾松 + 毛竹林	马尾松 + 毛竹-杜茎山 + 窄基红褐柃-狗脊蕨群丛
	十四、米槠 + 马尾松林	米槠 + 马尾松-红皮糙果茶-里白 + 狗脊蕨群丛
	十五、杉木 + 毛竹林	杉木 + 毛竹-乌药 + 光叶山矾 - 狗脊蕨 + 扇叶铁线蕨群丛
		杉木 + 毛竹-红皮糙果茶-芒萁 + 里白群丛
	十六、硬斗石栎 + 杉木林	硬斗石栎 + 杉木-红皮糙果茶-里白群丛
	十七、细枝柃 + 杉木林	细枝柃 + 杉木-窄基红褐柃-里白群丛
Ⅳ. 落叶阔叶林	十八、栓皮栎林	栓皮栎 - 弯蒴杜鹃-狗脊蕨群丛
Ⅴ. 常绿阔叶林	十九、丝栗栲林	丝栗栲-红皮糙果茶-里白群丛
		丝栗栲-油茶 + 细枝柃-黑莎草群丛
		丝栗栲-窄基红褐柃-里白群丛
	二十、丝栗栲 + 米槠林	丝栗栲 + 米槠-香港新木姜子 - 狗脊蕨群丛
	二十一、钩栲林	钩栲-瑞木 - 瓦韦 + 赤车群丛
		钩栲-弯蕨杜鹃-狗脊蕨群丛
		钩栲-弯蒴杜鹃-里白 + 淡竹叶群丛
	二十二、罗浮栲林	罗浮栲-草珊瑚 + 红皮糙果茶-里白群丛
		罗浮栲-草珊瑚 - 镰羽瘤足蕨 + 里白群丛
		罗浮栲-黄楠-狗脊蕨 + 镰羽瘤足蕨群丛
		罗浮栲-红皮糙果茶-镰羽瘤足蕨群丛
		罗浮栲-红皮糙果茶-狗脊蕨 + 镰羽瘤足蕨群丛
		罗浮栲-乌药 + 窄基红褐柃-镰羽瘤足蕨 + 狗脊蕨群丛
		罗浮栲-油茶-里白 + 莎草群丛
		罗浮栲-朱砂根 - 镰羽瘤足蕨群丛
	二十三、罗浮栲 + 多脉青冈林	罗浮栲 + 多脉青冈-吊钟花-里白群丛
	二十四、罗浮栲 + 云山青冈林	罗浮栲 + 云山青冈-二列叶柃-狗脊蕨群丛
	二十五、甜槠林	甜槠-黄瑞木 - 里白群丛
		甜槠-峨眉鼠刺-里白群丛
		甜槠-鹿角杜鹃-里白群丛
		甜槠-山矾 - 里白群丛
		甜槠-溪畔杜鹃-芒萁 + 中华里白群丛

（续）

植被型	群系	群丛
V. 常绿阔叶林	二十六、甜槠＋木荷林	甜槠＋木荷-肿节少穗竹-里白群丛
	二十七、甜槠＋米槠林	甜槠＋米槠-微毛柃-里白群丛
	二十八、米槠林	米槠-单耳柃＋杜茎山－里白＋狗脊蕨群丛 米槠-黄楠-狗脊蕨群丛 米槠-越南山矾＋弯蒴杜鹃-狗脊蕨群丛
	二十九、米槠＋毛竹林	米槠＋毛竹-红皮糙果茶-里白群丛
	三十、黑锥林	黑锥－乌药＋朱砂根－花葶薹草＋狗脊蕨群丛 黑锥－光亮山矾－狗脊蕨群丛
	三十一、鹿角栲林	鹿角栲-杜茎山－狗脊蕨群丛
	三十二、南岭栲林	南岭栲-弯蒴杜鹃-狗脊蕨＋淡竹叶群丛
	三十三、青冈林	青冈-连蕊茶＋微毛柃-狗脊蕨群丛
	三十四、云山青冈＋罗浮栲林	云山青冈＋罗浮栲-光叶山矾－花葶薹草群丛
	三十五、东南石栎林	东南石栎－箬竹-狗脊蕨群丛
	三十六、水青冈林	水青冈-肿节少穗竹-黑莎草＋狗脊蕨群丛
	三十七、木荷林	木荷-窄基红褐柃＋肿节少穗竹-狗脊蕨群丛
	三十八、木荷＋甜槠林	木荷＋甜槠-窄基红褐柃＋肿节少穗竹-狗脊蕨群丛
	三十九、木荷＋细柄蕈树林	木荷＋细柄蕈树-朱砂根－里白群丛
	四十、木荷＋细枝柃林	木荷＋细枝柃-窄基红褐柃-镰羽瘤足蕨＋线蕨群丛
	四十一、红楠＋米槠林	红楠＋米槠-肿节少穗竹-狗脊蕨＋莎草群丛
	四十二、细柄蕈树林	细柄蕈树-白果香楠－芒萁群丛 细柄蕈树-乌药－狗脊蕨群丛 细柄蕈树-乌药－狗脊蕨＋刺头复叶耳蕨群丛 细柄蕈树-显脉冬青－里白群丛
	四十三、蕈树林	蕈树-黄楠-里白＋芒萁群丛 蕈树-窄基红褐柃＋弯蒴杜鹃-镰羽瘤足蕨群丛
	四十四、蕈树＋甜槠林	蕈树＋甜槠-草珊瑚－镰羽瘤足蕨群丛
	四十五、少叶黄杞林	少叶黄杞-黄楠-里白＋狗脊蕨群丛
	四十六、刺毛杜鹃＋木荷林	刺毛杜鹃＋木荷-窄基红褐柃-狗脊蕨群丛
	四十七、猴头杜鹃林	猴头杜鹃-德化假卫矛－里白群丛
	四十八、鹿角杜鹃林	鹿角杜鹃-箬竹-红色新月蕨群丛
Ⅵ. 竹林	四十九、毛竹林	毛竹-光叶山矾－黑莎草＋狗脊蕨群丛 毛竹-黄瑞木－芒萁群丛 毛竹-檵木－芒萁群丛 毛竹-红皮糙果茶-芒萁群丛 毛竹-密花树-淡竹叶＋狗脊蕨群丛 毛竹-乌药－狗脊蕨群丛
	五十、肿节少穗竹林	肿节少穗竹-灯心草＋芒群丛 肿节少穗竹-五节芒群丛

（续）

植被型	群系	群丛
Ⅶ. 灌丛	五十一、映山红灌丛	映山红-平颖柳叶箬+薹草群丛
		映山红-野古草群丛
	五十二、满山红灌丛	满山红-平颖柳叶箬群丛
	五十三、短柱茶灌丛	短柱茶-平颖柳叶箬+薹草群丛
	五十四、岩柃灌丛	岩柃-黑紫藜芦+平颖柳叶箬群丛
		岩柃-黑紫藜芦+野古草群丛
		岩柃-平颖柳叶箬+薹草群丛
		岩柃-薹草群丛
	五十五、岗柃+满山红灌丛	岗柃+满山红-地菍群丛
Ⅷ. 沼泽	五十六、灯心草沼泽	灯心草群丛
	五十七、平颖柳叶箬沼泽	平颖柳叶箬群丛
	五十八、龙师草沼泽	龙师草群丛
	五十九、球穗扁莎沼泽	球穗扁莎群丛
Ⅸ. 水生植被	六十、短叶茳芏挺水植物群落	短叶茳芏群丛
	六十一、睡莲水生植物群落	睡莲群丛

二、主要植物群系及特征

调查及系统分类结果表明，戴云山自然保护区以森林植被最占优势，含 6 个植被型 50 个群系 100 个群丛，广布于全区。灌丛植被有 5 个群系 9 个群丛，主要分布于海拔 1 400 m 以上山地。沼泽植被有 4 个群系 4 个群丛，水生植被有 2 个群系 2 个群丛，零星分布于区内小块湿地，海拔在 1 300 ~ 1 600 m。

1. 森林植被

（1）温性针叶林。主要有黄山松林、长苞铁杉林和柳杉林群系。

黄山松林多分布于保护区海拔 1 100 m 以上山地，1 300 m 以上分布广泛，分布面积达 6 400 hm^2，在戴云山和九仙山中、上部形成大面积群落，是中、高海拔最重要的针叶树种。群落郁闭度 30% ~ 70%。在低海拔，黄山松高大，高可达 10 m 以上，多与其他树种混生，如马尾松、木荷、甜槠等，其他伴生树种有鹿角杜鹃、华丽杜鹃等，灌木层种类有肿节少穗竹、窄基红褐柃、细枝柃、短尾越橘、满山红、乌药等，草本层常不发达，层间植物稀少。在高海拔，黄山松矮小，高多为 5 m 以下，渐成灌丛状，混生灌木有岩柃、岗柃、窄基红褐柃、短尾越橘、满山红等。

长苞铁杉林分布于上寨村福枫洋，海拔约 1 300 m，面积约 0.2 hm^2，地处北坡、坡度较缓，郁闭度约 80%，平均树高约 16.5 m。以大树为主，稀见小树幼苗，伴生树种有牛耳枫、细叶青冈、浙江新木姜子、红淡比等。林下灌草较丰富，灌木有肿节少穗竹、紫金牛、乌药等，草本有镰羽瘤足蕨、黑莎草等。

柳杉林多分布于区内一些村落附近，面积小而呈星散分布。调查样地位于后宅村，海拔仅 700 m 左右，位于北坡下坡。仅 3 株柳杉大树，其中 1 株胸径近 1 m，高约 17 m，伴生树种有米槠、闽粤栲等，灌木有黄楠、峨眉鼠刺、沿海紫金牛、黄瑞木等，草本以里白、狗脊蕨等为主。

(2)暖性针叶林。在区内较为常见，主要包括马尾松林、杉木林、福建柏林、马尾松与杉木及马尾松与黄山松的混交林群系等。

马尾松林分布广、面积大，在保护区海拔 1 300 m 以下为针叶林主体。马尾松常生长高大，部分高达 20 m 以上。群落郁闭度常较小，40% ~80%。伴生树种有黄山松、杉木等针叶树，也有甜槠、木荷、罗浮栲等阔叶树，在一些地方与毛竹混生。灌木层与草本层种类繁多，不同地方差异大，主要优势种类有窄基红褐柃、黄瑞木、峨眉鼠刺、肿节少穗竹等灌木，狗脊蕨、中华里白、芒萁等草本。此外，马尾松与杉木及马尾松与黄山松的混交林也较常见。

杉木林在保护区分布也较广泛，在后宅、铭爱、双芹等村均有，面积小于马尾松林，主要分布在海拔 1 300 m 以下，生长环境多为土层肥厚而较为阴湿的中下坡。杉木林物种较单一，多构成单优群落，林相整齐，树高 10 ~20 m，郁闭度 50% ~80%。少量伴生树种有甜槠、罗浮栲、马尾松、毛竹、红楠等，灌草层稀疏，种类少，主要有黄瑞木、短尾越橘、弯蒴杜鹃、峨眉鼠刺、乌药等灌木和狗脊蕨、里白、红色新月蕨等草本。

福建柏林主要分布于戴云村，海拔 900 ~1 100 m 的中坡，面积小，郁闭度15% ~60%。福建柏生长较为稀疏，生长情况不良，平均树高不足 10 m。可能与其地处较为干瘠的生长环境有关。乔木层混生树种有马尾松和杉木，长势均较差。灌木有溪畔杜鹃、云南桤叶树、马醉木等，草本有芒萁、淡竹叶和芒等，以芒萁最占优势。

(3)针阔叶混交林。保护区自然环境条件复杂多样，有利于不同物种生存与发展。因此不同种类混交而成的森林群落在区内广泛分布，针阔叶混交林群系有黄山松 + 亮叶水青冈林、长苞铁杉 + 红淡竹林、尖叶假蚊母树 + 柳杉林、福建柏 + 毛竹林、马尾松 + 毛竹林、米槠 + 马尾松林、杉木 + 毛竹林、硬斗石栎 + 杉木林、细枝柃 + 杉木林等。这些混交林多位于针叶林与阔叶林交接过渡地带，有些则呈斑块状镶嵌，不同类型在不同区域具体情况差异较大。黄山松 + 亮叶水青冈林仅见于戴云山主峰北坡 1 600 m 左右(后宅村)，面积小，占地不到 0.2 hm^2，林冠层均高仅 5 m 左右。长苞铁杉 + 红淡比林位于上寨村长苞铁杉林与旁边阔叶林混交地带，尖叶假蚊母树 + 柳杉林位于后宅村风水林，福建柏 + 毛竹林处于戴云村福建柏林与毛竹林过渡地带，面积均很小。其他几种混交林则分布点较多，面积也较大。

(4)落叶阔叶林。仅有 1 个群系，即栓皮栎林，该林分布于保护区东面水口镇丘坂村，海拔较低，群落郁闭度可达 90%，群落均高为 15 m。栓皮栎以大树为主，幼树少见，密度亦不高，其他树种有红楠、树参、木荷等。灌木层以弯蒴杜鹃最为常见，还有黄瑞木、沿海紫金牛、短尾越橘、毛冬青等。草本层以狗脊蕨、淡竹叶、芒萁等为主。栓皮栎是温带树种，天然分布可达中亚热带，但野外一般数量稀少，呈散生状，分布海拔高，而在低纬度低海拔集中生长，殊为奇异。

(5)常绿阔叶林。有 30 个群系 52 个群丛，类型最为多样，分布也最为广泛，遍布全区中、低海拔地带，是保护区最重要的植被。在这些群系中，有些分布广，有的则仅分布于局部区域，以下为具代表性的部分典型群系。

罗浮栲林在保护区分布广泛，在戴云山主峰及九仙山海拔 800 ~1 300 m 均有成片群落，尤其在九仙山永安岩的群落纯度高，林相整齐，树高可达 15 ~20 m，郁闭度 60% ~90%。伴生树种有多脉青冈、深山含笑、木荷、甜槠、硬斗石栎、鹿角杜鹃、薯豆等，林下灌木有吊钟花、岗柃、乌药、窄基红褐柃、峨眉鼠刺等，草本有镰羽瘤足蕨、狗脊蕨等。

甜槠遍布于中、低海拔，海拔较高处也时可见到，在不少地方构成纯林，更多的是与其他树种形成混交林。后宅村海拔800～1 100 m的戴云山主峰北坡甜槠纯林长势良好，树高达15～25 m，郁闭度65%～90%，主林层大多数为甜槠。少量伴生树种有木荷、米槠、少叶黄杞、丝栗栲、树参、马尾松等，灌草层较复杂，常见灌木有鹿角杜鹃、溪畔杜鹃、短尾越橘、光叶山矾、红叶树、沿海紫金牛、黄瑞木等，草本有里白、狗脊蕨、淡竹叶、芒萁等。

米槠在保护区分布海拔较低，在后宅村东溪有典型群系，样地海拔600～900 m，一般分布在下坡，环境较为阴湿，群落均高达15～30 m，郁闭度75%～90%。乔木层中以米槠占绝对优势，其他种类有虎皮楠、红楠、尖叶假蚊母树、南岭栲等。灌木种类多，盖度大，有单耳柃、梅叶冬青、杜茎山、瑞木、黄楠、峨眉鼠刺、黄瑞木等。草本较少，主要种类有里白、狗脊蕨、深绿卷柏、淡竹叶等。

木荷是保护区分布最为广泛的一个物种，遍布各种地形条件和海拔梯度，多作为伴生树种混生于各种林分中，后宅村海拔1 000～1 100 m和西溪村海拔840 m的木荷林较为典型，树高达15～18 m，郁闭度65%～85%。伴生树种有米槠、甜槠、马尾松、少叶黄杞、红楠、罗浮栲、细柄蕈树等，灌木有窄基红褐柃、细枝柃、肿节少穗竹、薄叶山矾、红叶树等，草本有狗脊蕨、镰羽瘤足蕨、线蕨、里白等。

细柄蕈树是海拔较低处常见的一种阔叶树种，适生于阴湿环境。在西溪村与戴云村海拔800～900 m有成片典型群系，均位于下坡沟谷溪流边，郁闭度75%～85%，树高15～23 m。乔木层其他伴生种有木荷、少叶黄杞、硬斗石栎、甜槠、罗浮栲、显脉冬青、毛竹等，灌木有黄楠、白果香楠、乌药、赤楠、红叶树、窄基红褐柃、溪畔杜鹃等，草本有里白、芒萁、狗脊蕨、淡竹叶等。

其他群系：丝栗栲是保护区常见树种，分布广泛，以中、低海拔多，丝栗栲林调查地分布于后宅村和许厝村，海拔360～910 m，高近20 m，郁闭度80%～85%。钩栲喜阴湿，常见生于较低海拔沟谷地带，区内村落附近较多，调查地位于后宅村，海拔800～900 m，高17～23 m，郁闭度85%～90%。黑锥林不多，分布于九仙山永安岩，海拔1 300～1 500 m，高15～20 m，郁闭度75%～95%。南岭栲生态特性与钩栲较接近，调查地位于西溪村河流边，海拔860 m，高15 m，郁闭度65%。鹿角栲林分布于保护区东面南埕镇许厝村河流边，海拔仅360 m，高达22 m，郁闭度75%。东南石栎纯林较少，调查点位于九仙山铭爱村，海拔1 200～1 300 m，高12 m，郁闭度90%。蕈树是低海拔常见种，调查地位于戴云村和后宅村河谷，海拔700～1 100 m，高16～20 m，郁闭度80%～85%。水青冈林仅见于后宅村牛坪，海拔1 070 m，群落均高16 m，郁闭度95%。少叶黄杞林和青冈林分布于东里村，海拔780 m，高16 m，郁闭度85%。鹿角杜鹃在保护区中、高海拔常见，纯林少，调查地位于后宅村牛坪，海拔1 140 m，均高16.5 m，郁闭度85%。猴头杜鹃林仅见于九仙山铭爱村，海拔1 300～1 400 m，均高仅6.5 m，郁闭度90%。

(6)竹林。有2个群系共8个群丛，即毛竹林和肿节少穗竹林。

毛竹林在区内广泛分布，分布于中、低海拔。野生毛竹林目前已不多见，且多与阔叶树或针叶树混生。低海拔毛竹林多为人工栽培，多数原为野生状态的毛竹林也已经人工抚育，受破坏较严重。调查地分布于戴云村、后宅村和铭爱村，海拔920～1 540 m，毛竹高8～15 m，郁闭度60%～85%。低海拔多毛竹纯林，海拔较高处混生较多树种，常见有杉木、马尾松、罗浮栲、青冈、虎皮楠、少叶黄杞、米槠、红楠等，灌草层常较稀疏，常见灌木有乌药、黄瑞木、格药柃、刺毛杜鹃、红皮糙果茶、毛冬青、鹿角杜鹃、溪畔杜鹃、光叶山矾等，常见草本有芒萁、里白、淡竹叶、狗脊蕨、镰羽瘤足蕨等。

肿节少穗竹是保护区常见的灌木状竹类，在一些地方是林下灌木层主要组成成分，部分地方构成灌丛状纯林。调查地位于铭爱村，九仙山中上部，海拔1 600 m左右，均高仅1.5 m左右，郁闭度达95%以上。灌木种类如鹿角杜鹃、岗柃、短尾越橘、满山红、小果南烛、映山红等混生其中，草本则极不发达，有灯心草、芒等。

2. 灌丛、沼泽和水生植被

(1)灌丛植被。受树木自身特性及环境条件影响，在1 600 m及以上地区几乎不再出现森林植被，而为灌丛所替代，同森林植被一样，灌丛植被在戴云山也占据重要地位。这些灌丛均分布于较高海拔的上坡、山脊和山顶，其分布下限可至1 300 m。保护区灌丛有5个群系9个群丛，分别是映山红灌丛、满山红灌丛、短柱茶灌丛、岩柃灌丛、岗柃+满山红灌丛。调查地分布于戴云村、后宅村、东里村等，主要位于戴云山主峰中、上部，各灌丛均高0.7~1.6 m，盖度20%~70%。一般随海拔升高灌丛高度逐渐变矮。岩柃群系分布海拔跨度最大，分布也最广，海拔1 300~1 856 m均可见，而短柱茶群系则分布狭窄，仅见于东里村大格海拔1 500 m左右。各群系亦有不少混生种类，除上述种类外，还有黄山松、云南桤叶树、小果南烛、短尾越橘等。草本多矮小，有些地方盖度较大，常见种类有平颖柳叶箬、黑紫藜芦、野古草、芒、薹草、华南龙胆等。

(2)沼泽和水生植被。合计有6个群系6个群丛，分别是灯心草沼泽、平颖柳叶箬沼泽、龙师草沼泽、球穗扁莎沼泽、短叶茳芏挺水植物群系、睡莲水生植物群系，星散分布于区内湿地和水体中，以戴云山主峰海拔1 600 m处的莲花池和九仙山海拔1 500 m左右的水库面积较大。

三、主要植物群系分布规律

1. 随海拔的分布规律

选取30个主要植物群系，按其海拔分布统计(以整100 m为分界点，每100 m海拔为1个海拔梯度，见表3-27)，计算各海拔段的分布频度。

各群系分布在海拔梯度上呈现明显不同。森林植被主要分布在海拔1 500 m以下，其中比较典型的：黄山松林、马尾松林、罗浮栲林等，而在海拔1 500 m以上地段则更多分布着灌丛，即映山红灌丛、满山红灌丛和岩柃灌丛等。

温性针叶林中除了柳杉群系分布于700 m海拔外，其他群系普遍分布在1 300 m和1 400 m海拔区间，暖性针叶林群系分散于700~1 300 m海拔区间，落叶阔叶林群落海拔较低，较为特殊，而常绿阔叶林群落由于类型多，习性差异大，故分别分布于600~1 300 m海拔区间，竹林以毛竹群系为主，适应性较强，分布于900~1 500 m海拔区间，灌丛各群系受环境因子影响，出现在1 600~1 800 m海拔区间，而岩柃群系则海拔跨度较大。

植物生存和生长与其生长环境息息相关，水热条件是影响植物群落海拔梯度格局的主要环境因子。在低海拔区域，水分热量通常充分，土层一般也较厚，肥力高，能满足森林植物生长要求，故基本上为森林群落所覆盖，灌丛没有生长空间。在一些阴湿生境，生长着有特定环境要求的群落，如低海拔沟谷阴湿地出现钩栲、细柄蕈树、蕈树等群系。而随海拔升高，环境温度渐低，土层常变薄，肥力降低，风力加大，太阳辐射和更强烈，尤其紫外线强度增加更盛，这些因素使得高大乔木难以生长，而适应性极强的灌丛种类则得以存活。

表 3-27 主要群系在不同海拔出现频率 %

群系	海拔梯度/m												
	600	700	800	900	1 000	1 100	1 200	1 300	1 400	1 500	1 600	1 700	1 800
黄山松林	0	0	0	0	9.09	0	0	18.18	63.64	0	9.09	0	0
长苞铁杉林	0	0	0	0	0	0	0	100	0	0	0	0	0
柳杉林	0	100	0	0	0	0	0	0	0	0	0	0	0
福建柏林	0	0	0	100	0	0	0	0	0	0	0	0	0
马尾松林	0	16.67	16.67	0	33.33	16.67	16.67	0	0	0	0	0	0
杉木林	0	33.33	16.67	16.67	0	0	16.67	16.67	0	0	0	0	0
栓皮栎林	0	100	0	0	0	0	0	0	0	0	0	0	0
丝栗栲林	0	0	33.33	66.67	0	0	0	0	0	0	0	0	0
钩栲林	0	0	100	0	0	0	0	0	0	0	0	0	0
罗浮栲林	0	0	12.5	0	0	37.5	50	0	0	0	0	0	0
甜槠林	0	20	80	0	0	0	0	0	0	0	0	0	0
米槠林	33.33	0	66.67	0	0	0	0	0	0	0	0	0	0
南岭栲林	0	0	100	0	0	0	0	0	0	0	0	0	0
青冈林	0	100	0	0	0	0	0	0	0	0	0	0	0
东南石栎林	0	0	0	0	0	0	100	0	0	0	0	0	0
水青冈林	0	0	0	0	100	0	0	0	0	0	0	0	0
木荷林	0	0	0	0	100	0	0	0	0	0	0	0	0
细柄蕈树林	0	0	100	0	0	0	0	0	0	0	0	0	0
蕈树林	0	100	0	0	0	0	0	0	0	0	0	0	0
少叶黄杞林	0	100	0	0	0	0	0	0	0	0	0	0	0
猴头杜鹃林	0	0	0	0	0	0	0	100	0	0	0	0	0
鹿角杜鹃林	0	0	0	0	0	100	0	0	0	0	0	0	0
毛竹林	0	0	0	16.67	16.67	16.67	33.33	0	0	16.67	0	0	0
肿节少穗竹林	0	0	0	0	0	0	0	0	0	0	100	0	0
映山红灌丛	0	0	0	0	0	0	0	0	0	0	50	50	0
满山红灌丛	0	0	0	0	0	0	0	0	0	0	0	0	100
短柱茶灌丛	0	0	0	0	0	0	0	0	100	0	0	0	0
岩柃灌丛	0	0	0	0	0	0	0	20	0	0	0	40	40

注：各海拔梯度表示以该海拔为起点的 100 m 海拔区间，如 1 000 m 表示 1 000 ~ 1 099 m 海拔区间。

2. 随坡向的分布规律

以南坡为阳坡，东南、西南和西坡为半阳坡，东北、西北和东坡为半阴坡，北坡为阴坡的原则划分各植物群系所属坡向。统计各植物群系在不同坡向上出现的样地数，计算其分布频率(表 3-28)。

表 3-28　主要群系在不同坡向和坡度上出现频率　%

群系	坡向				坡度(区间)				
	阳坡	半阳坡	半阴坡	阴坡	0～10°	10°～20°	20°～30°	30°～40°	40°～50°
黄山松林	36.36	9.09	18.18	36.36	9.09	9.09	45.45	36.36	0
长苞铁杉林	0	0	0	100	0	100	0	0	0
柳杉林	0	0	0	100	0	0	100	0	0
福建柏林	0	0	100	0	0	100	0	0	0
马尾松林	0	33.33	50	16.67	16.67	50	16.67	16.67	0
杉木林	16.67	16.67	66.67	0	33.33	0	16.67	33.33	16.67
栓皮栎林	0	100	0	0	0	0	100	0	0
丝栗栲林	0	66.67	0	33.33	0	0	100	0	0
钩栲林	0	33.33	66.67	0	0	0	33.33	33.33	33.33
罗浮栲林	12.5	37.5	50	0	12.5	0	50	37.5	0
甜槠林	0	40	20	40	0	0	60	40	0
米槠林	0	66.67	0	33.33	0	0	33.33	66.67	0
鹿角栲林	0	0	0	100	0	0	0	100	0
南岭栲林	0	100	0	0	0	0	100	0	0
青冈林	0	100	0	0	0	0	0	100	0
东南石栎林	0	0	0	100	0	100	0	0	0
水青冈林	0	100	0	0	0	100	0	0	0
木荷林	0	0	0	100	0	0	100	0	0
细柄蕈树林	25	75	0	0	0	25	0	50	25
蕈树林	0	0	100	0	0	0	50	50	0
少叶黄杞林	0	100	0	0	0	0	0	100	0
猴头杜鹃林	0	0	0	100	0	0	0	100	0
鹿角杜鹃林	0	100	0	0	100	0	0	0	0
毛竹林	50	37.5	12.5	0	16.67	33.33	33.33	0	16.67
肿节少穗竹林	0	0	100	0	0	0	100	0	0
映山红灌丛	0	50	0	50	0	50	0	50	0
满山红灌丛	0	0	0	100	0	100	0	0	0
短柱茶灌丛	0	100	0	0	0	0	100	0	0
岩柃灌丛	40	20	20	20	60	20	20	0	0

在所有样地中，群系分布最多的是在半阳坡，其次是阴坡和半阴坡，最后才是阳坡，可能与阳坡水分条件稍差而使得其分布类型少。从植被型层面上来看，温性针叶林多分布于阴坡上，可能其更适应阴坡上生长条件。而暖性针叶林和常绿阔叶林普遍分布于各个坡向上，与其所调查群落相对较多有关，也说明其受坡向影响少。灌丛随机分布于各坡向上，虽不同灌丛群系习性各有不同，但总体上其受坡向影响较低。

3. 随坡度的分布规律

将坡度以每 10°设为 1 个坡度区间，设立 5 个坡度区间，分别为 0°～10°、10°～20°、20°～30°、30°～40°、40°～50°，其中每个坡度区间含下限而不含上限(如 20°属于 20°～30°坡度段)。统计 30 种群系在 5 个坡度区间上分布样地数，计算在各坡度区间上出现的频率(表 3-28)。

结果表明，在 20°～30°坡度区间分布着最丰富的植物群系，30°～40°坡度区间上植物群系数量其次，40°～50°坡度区间最少。从植被型层面看，温性针叶林更多出现在 20°～30°坡面上；暖性针叶林相对随机分布于各个坡度上；落叶阔叶林类型单一，主要分布于缓坡；而常绿阔叶林相反，多出现在 20°以上中度偏陡的坡度上；竹林因其自身适应力强，几乎在各个坡度区间均能发现；灌丛由于所处位置多出现在相对高的海拔区域，所以多分布于相对较缓的坡面或山脊、山顶。

第四节　植物群落物种多样性

植物群落物种多样性研究是生态学研究重要内容(马克平等，1995；黄忠良等，2000)。植物群落多样性随环境因子的变化特征是揭示生物多样性与生态因子相互关系的重要方面(贺金生等，1997)，这些因子包括地形(海拔、坡向、坡度等)、土壤(养分、pH、物理性质等)、气候(温度、湿度等)等。地形因子对植物群落分布及多样性特征形成具有长期而重要的影响。海拔变化导致水热条件及其组合在空间上不同分布，常伴随着温度、降水、风速、光照、土壤等许多因子的改变，进而影响植物群落分布与结构及物种多样性，即海拔通常是决定山地生境差异的主导因子，也是易于研究的综合性生态因子梯度(岳明等，2002)，被认为是影响物种多样性格局的决定性因素之一(Brown，2001)。黄世国等(2001)研究表明，海拔对不同生境中杉阔混交林群落乔木层的物种数目、物种多样性和群落均匀度有很大影响，坡向则对个体总数和种类数量影响大，海拔和坡向对生态优势度无明显影响；陈睿等(2004)在对闽北常绿阔叶林研究中发现物种多样性(α 多样性)随海拔梯度变化呈现“中间高度膨胀”现象。探讨戴云山不同地形条件植物群落多样性的分布规律，旨在为戴云山植物保护、综合管理及可持续经营等提供科学依据(马建梅等，2013)。

一、物种多样性测度

1. α 多样性测度

α 多样性指群落或生境内种的多度，是用量大小表示的来源于同一群落样方的多样性(Whittaker，1972)。重要值考虑了频度、盖度和个体等参数，避免了以单一个体数来测度物种多样性指标导致的偏差，因此以重要值作为物种多样性测度依据(Alatalo，1981)，通常用 Margalef 指数、Shannon-Wiener 指数、Simpson 指数和 Pielou 均匀度指数进行 α 多样性测度(马克平等，1995；Magurran，1988)。

Margalef 指数：
$$D_M = (S-1)/\ln N \tag{3-3}$$

Shannon-Wiener 指数：
$$H = -\sum_{i}^{s}[P_i \ln(P_i)] \tag{3-4}$$

Simpson 指数：
$$D = 1 - \sum_{i}^{s}(P_i)^2 \tag{3-5}$$

Pielou 指数：
$$E = H/\ln S \tag{3-6}$$

式中，P_i为群落植物种 i 的重要值占所有种重要值之和的比例；S(丰富度指数)为所计算样地中物种数；N 为样方中所有物种个体数之和。

2. β 多样性测度

β 多样性指数指沿着某一环境梯度物种替代的程度、物种周转率、生物变化速度，主要用于表示群落内或群落间环境异质性大小及其对物种、种多度的影响，反映不同群落间物种组成差异，与 α 多样性一起构成了群落或生态系统总体多样性或一定地段的生物异质性(赵志模等，1990；叶万辉，2000)。它可反映生境变化程度或指示生境被物种分隔程度，用来比较不同地点生境多样性，直观反映不同群落间物种组成差异(Whittaker et al. , 1975)。群落相似性指数(Sorensen 指数、Jaccard 指数，反映群落或样方间物种相似性)和相异性指数(CD 系数、Cody 指数，反映样方物种组成沿环境梯度替代速率)是度量群落物种 β 多样性的常用指标，可用来描述群落或生境差异，反映了群落间异质性(张璐等，2005)。

Sorensen 指数：
$$S_I = 2c/(a+b) \tag{3-7}$$

Jaccard 指数：
$$C_J = c/(a+b-c) \tag{3-8}$$

CD 系数：
$$CD = 1 - 2c/(a+b) \tag{3-9}$$

Cody 指数：
$$\beta_c = [g(H) + l(H)]/2 = (a+b-2c)/2 \tag{3-10}$$

式中，a、b 为两群落物种数；c 为两群落共有物种数；$g(H)$ 为沿生境梯度 H 增加物种数；$l(H)$ 为沿生境梯度 H 失去物种数。

3. 群落总体物种多样性测度

植物群落重要值通常分乔木层、灌木层和草本层计算，故运用多样性公式测度植物群落多样性时分 3 个层次，对于了解和比较整个群落多样性是不够理想的。为此，可考虑用不同层次在植物群落构成中重要性来分配合适的权重，通常根据群落垂直结构，即采用不同生长型的叶层(林冠)相对厚度和相对盖度之和，作为测度群落总体物种多样性指数时对不同生长型多样性指数进行加权的参数(徐远杰等，2010)。

$$W_i = (C_i/C + h_i/h)/2 \tag{3-11}$$

式中，C 为群落总盖度($i=1$ 为乔木层，$i=2$ 为灌木层，$i=3$ 为草本层，下同)；h 为群落各生长型平均高度；W_i为群落第 i 个生长型多样性指数的加权参数；C_i为第 i 个生长型盖度；h_i为第 i 个生长型平均高度。

W_i计算结果为：乔木层加权参数 $W_1 = 0.609$；灌木层加权参数 $W_2 = 0.295$；草本层加权参数 $W_3 = 0.097$。

二、α 多样性变化规律

1. α 多样性随海拔的变化规律

(1)群落总体物种 α 多样性随海拔的变化规律

海拔梯度包含了多种环境因子的梯度效应，研究生物多样性海拔梯度格局对于揭示生物多样性环境梯度变化规律具有重要意义(唐志尧等，2004)。群落物种 α 多样性在海拔梯度上的分布格局(图 3-2)表明，各指数变化趋势大体相同，随海拔升高大体呈现降低趋势。其中，在海拔 1 400 ~ 1 500 m 和 1 500 ~ 1 600 m 间各数值减小幅度较大，Margalef 指数、Simpson 指数、Shannon-Wiener 指数、Pielou 均匀度指数减小值分别为 1. 125、0. 222、0. 662、0. 204。

结合实际调查情况，在海拔 1 500 m 开始出现以黄山松、岩柃、岗柃等物种为优势种的灌丛，群落由常绿阔叶林、针叶混交林过渡为常绿灌丛林以及灌草丛，群落结构单一，出现物种数少。相反，低海拔区域中，群落结构复杂，物种数丰富，群落结构也稳定。

(2)群落各层次物种 α 多样性随海拔的变化规律

群落物种多样性各指数在不同层次的变化规律为：灌木层 > 乔木层 > 草本层(图 3-2)。由于不同海拔段乔木层一些物种占绝对优势，乔木层种类组成相对简单，且乔木层优势种个体集中，其他种类个体数分散，导致乔木层物种多样性低。而灌木层不仅有灌木种类，且包括乔木层优势树种的幼树，因此组成灌木层种类多，各个体数分布也较均匀，即物种多样性较高。在群落内由于乔木层、灌木层植物生长好，其郁闭度及盖度大，植物受到光照强度弱，林地内枯枝落叶层厚，致使草本植物稀疏，种类少。可见，草本植物物种间个体数分配不均，且在群落中零星分布，导致样地间种类组成、个体数量差异大，即草本植物物种多样性最低。

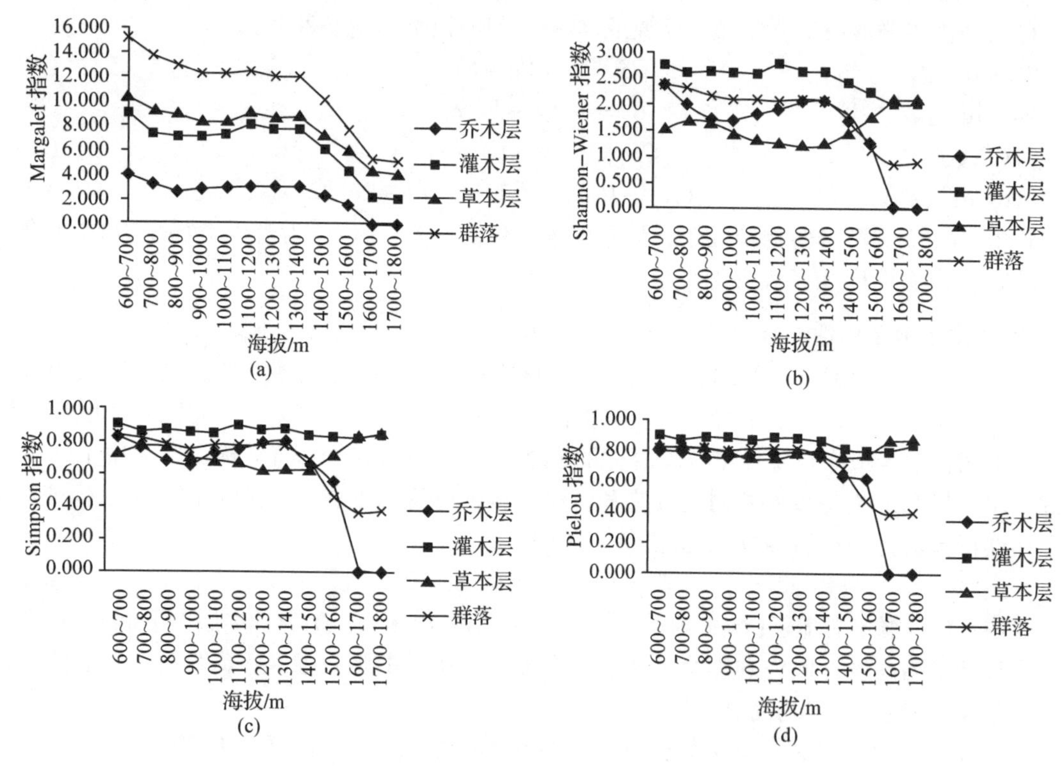

图 3-2 α 多样性指数随海拔梯度变化趋势图

(a) Margalef 指数；(b) Shannon-Wiener 指数；(c) Simpson 指数；(d) Pielou 指数

2. α 多样性随坡向的变化规律

(1)群落总体物种 α 多样性随坡向的变化规律

因太阳辐射强度和日照时数不同，使不同坡向水热状况和土壤理化性质有较大差异(武秀娟等，2010)。根据 α 多样性指数在不同坡向的变化趋势(图 3-3)，西南坡物种丰富度指数最大，为 3. 886，其次是北坡，为 3. 848，最小的为南坡，为 2. 700，其余各指数在不同坡向变化趋势大体一致。西南坡 Shannon-Wiener 指数、Simpson 指数、Pielou 指数分别为 2. 104、

0.783 和 0.773，可能与不同坡向因不同光照强度导致接收热量因素有所差异有关，北坡、西南坡相对其他坡向受到光照时间短，土壤中水分、养分不易散失，其生境条件适合不同类型植物生长。

(2)群落各层次物种 α 多样性随坡向的变化规律

不同坡向灌木层各指数比乔木层、草本层大，西南坡灌木层各多样性指数均最大，其 Margalef 指数、Shannon-Wiener 指数、Simpson 指数、Pielou 指数分别为 7.466、3.146、0.927 和 0.877(图 3-3)。通过比较不同坡向多样性指数可知，乔木层在北坡、草本层在东南坡各指数最大，乔木层 Shannon-Wiener 指数、Simpson 指数、Simpson 指数、Pielou 指数分别为 2.721、1.805、0.775 和 0.766，草本层分别为 1.527、1.620、0.744 和 0.836。

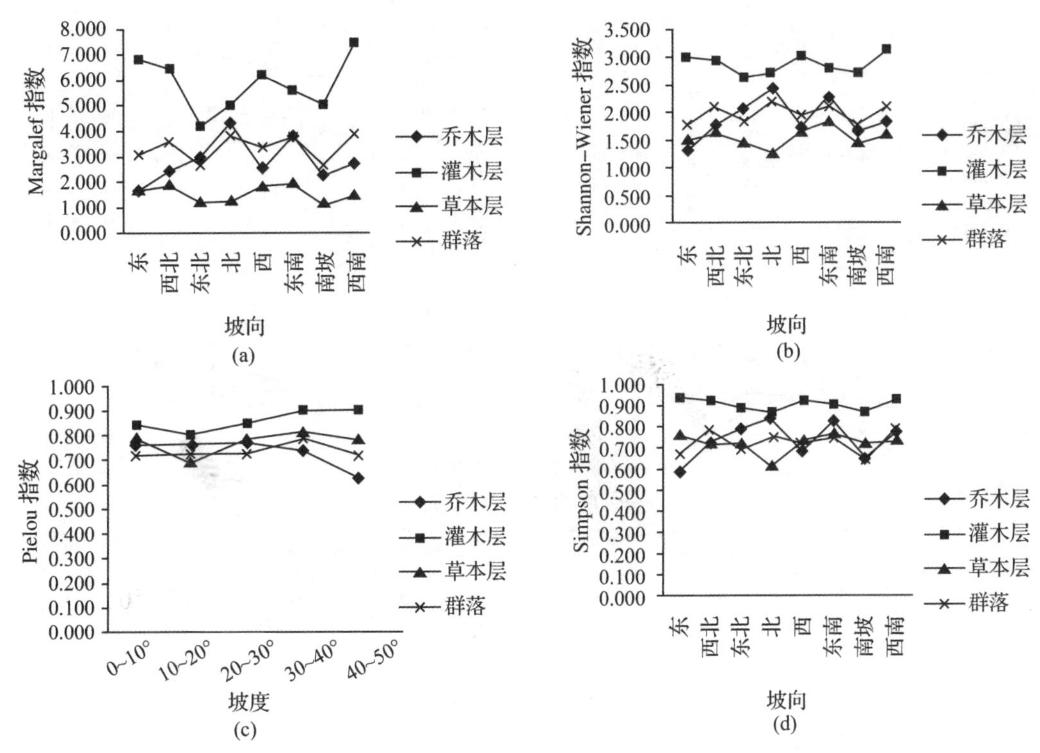

图 3-3　α 多样性指数在不同坡向变化趋势图

(a) Margalef 指数；(b) Shannon-Wiener 指数；(c) Pielou 指数；(d) Simpson 指数

3. α 多样性随坡度的变化规律

(1)群落总体物种 α 多样性随坡度的变化规律

不同坡度山地，因太阳辐射角度不同，其所获得太阳辐射也有所不同，气温、土温及其他生态因子也随着发生变化(罗双等，2011)。根据不同坡度群落物种多样性各指数的变化趋势(图 3-4)，30°～40°坡度上物种丰富度指数最大，为 3.767，其次是坡度 20°～30°，为 3.503，最小的是坡度 40°～50°，为 2.530。其余各指数在不同坡度的变化趋势大体一致，坡度 30°～40°的 Shannon-Wiener 指数、Simpson 指数、Pielou 指数分别为 2.123、0.770 和 0.792。

(2)群落各层次物种 α 多样性随坡度的变化规律

不同坡度灌木层 α 多样性各指数比乔木层、草本层大，且灌木层在 30°～40°坡度上各指

数较大，其 Margalef 指数、Shannon-Wiener 指数、Simpson 指数、Pielou 指数分别为 6.780、3.096、0.942 和 0.909(图 3-4)。通过比较不同坡度 α 多样性指数，乔木层、灌木层及草本层在 30°~40°和 20°~30°坡度上各指数较大，乔木层在 20°~30°坡度上指数分别为 2.998、1.933、0.769 和 0.775，坡度为 30°~40°时，其指数分别为 2.645、1.751、0.693 和 0.740。而草本层在 30°~40°坡度上各指数最大，分别为 1.805、1.625、0.779 和 0.808，坡度为 20°~30°时，其各指数为 1.725、1.607、0.724 和 0.786。

30°~40°、20°~30°坡度上群落及群落不同层次物种多样性各指数较其他坡度都更大，即 20°~40°坡度有利于提高群落多样性，与不同坡度土壤固土保肥能力不同有关，坡度越小，土壤中水分、养分不易流失，有机质积累也较多，则有利于不同类型和种类的植物共同生长。

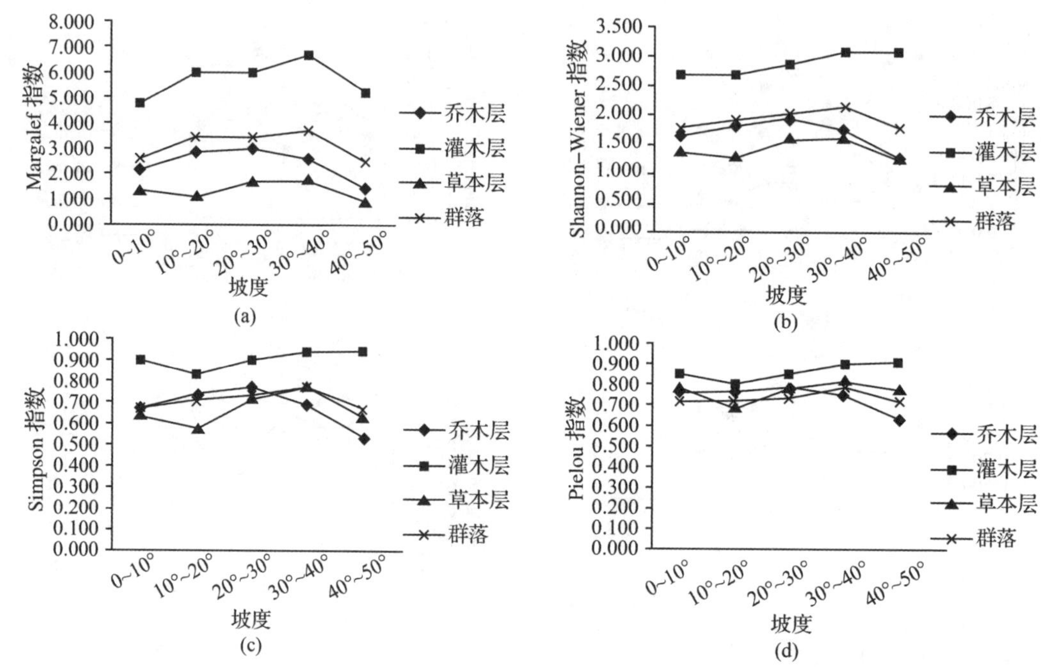

图 3-4 α 多样性指数在不同坡度变化趋势图

(a) Margalef 指数；(b) Shannon-Wiener 指数；(c) Simpson 指数；(d) Pielou 指数

三、β 多样性变化规律

1. 群落总体物种 β 多样性随海拔的变化规律

群落相异性指数和相似性指数变化趋势大体一致(图 3-5)。CD 系数是随海拔上升先降低后上升再下降的趋势，变化频率较高，在海拔 600~700 m、1 200~1 300 m 和 1 500~1 600 m 区间出现最大值，说明相邻海拔段群落生境差异较明显；相反，在海拔 1 300~1 400 m和 1 600~1 700 m 区间最小，表明相邻两群落生境条件较相近。而从 Cody 指数来看，在海拔1 100~1 200 m、1 300~1 400 m 和 1 700~1 800 m 区间均很小，分别为 51.500、39.500 和 89.000。说明这 3 个海拔段相邻海拔间群落差异变化很小，可能是因为在高海拔段区域受人为干扰少，使群落间差异很小。因此，CD 系数和 Cody 指数都呈现相同变化，说明两个指数均能较好地反映群落生境间差异。

从反映群落相似性的 Sorensen 指数、Jaccard 指数可知，Sorensen 指数在海拔 800 ~ 900 m、海拔 1 300 ~ 1 400 m 和 1 600 ~ 1 700 m 区间出现最大值，分别为 0. 682、0. 647 和 0. 607，即这 3 个海拔段间相邻海拔段生境条件较为相近。而从 Jaccard 指数来看，在海拔 800 ~ 900 m、1 300 ~ 1 400 m 和 1 600 ~ 1 700 m 区间出现峰值，为 0. 254、0. 244 和 0. 233。可见，两个指数所呈现结果基本一致，也说明 3 个海拔区间相邻群落共有物种较多。

2. 群落各层次物种 β 多样性随海拔的变化规律

群落乔木层、灌木层和草本层 β 多样性垂直梯度变化趋势如图 3-5 所示。不同层次 β 多样性变化趋势大不相同。从相异性指数 CD 系数和 Cody 指数可知，灌木层和草本层在海拔 900 m 以上变化趋势大体相同，草本层 CD 系数在海拔 900 m 之下呈先上升后降低趋势，而灌木层在海拔 900 m 之下则呈逐渐减小趋势，说明相邻 2 个海拔段间生境差异性逐渐减小。乔木层在海拔 1 600 ~ 1 700 m 区间出现最大值，为 1. 000，说明相邻海拔段间差异性大，而在海拔 1 700 ~ 1 800 m 区间又急剧下降，该海拔段相邻群落生境条件差异性小。从 Cody 指数可知，乔木层、灌木层和草本层变化趋势大致相同，在海拔 800 ~ 900 m 区间出现最大值，分别为 194. 500、397. 500 和 111. 500，在该海拔段相邻群落生境条件差异性大。

从相似性指数 Sorensen 指数、Jaccard 指数可知，乔木层和灌木层 Sorensen 指数在海拔 800 ~ 900 m 区间出现第 1 个峰值，为 0. 807、0. 732。在海拔 1 300 ~ 1 400 m 区间，灌木层和草本层出现最小值，分别为 0. 507 和 0. 204。从 Jaccard 指数可知，乔木层和灌木层在海拔 1 400 m 之上变化幅度较大，说明相邻海拔段间相似性大，而草本层在整个海拔间的 Jaccard 指数变化幅度均较大。

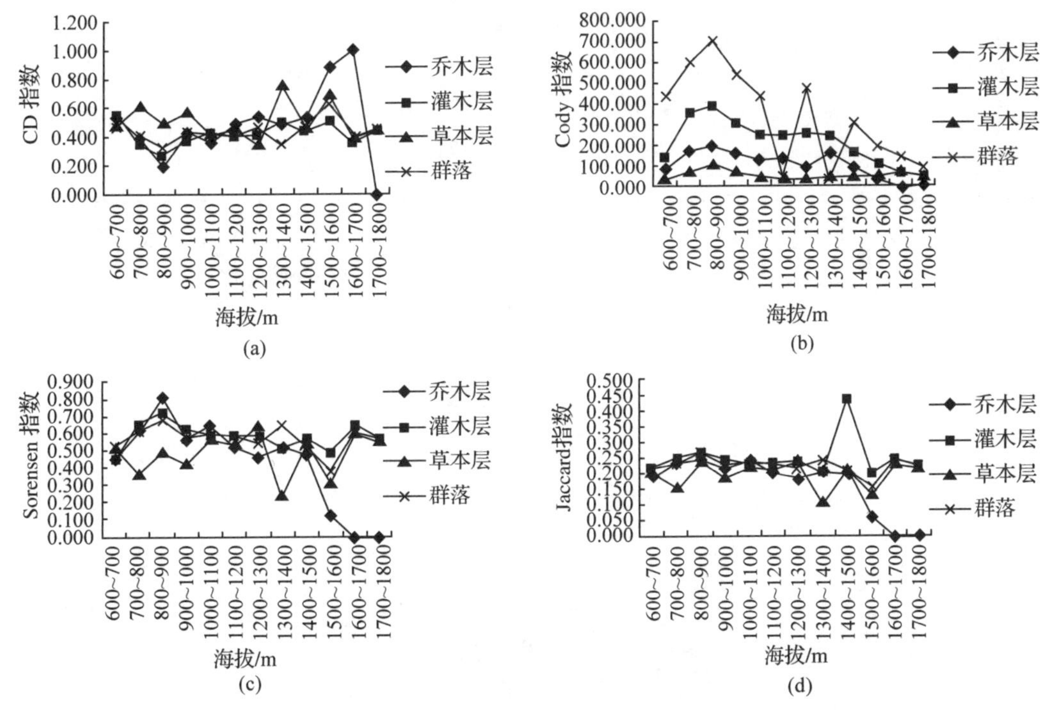

图 3-5　β 多样性指数随海拔梯度变化趋势图

(a) CD 指数；(b) Cody 指数；(c) Sorensen 指数；(d) Jaccard 指数

四、不同植被型物种多样性

由图 3-6 可知，戴云山灌丛群落物种丰富度值和 Margalef 指数最小，说明在该植被类型中出现物种数小，Shannon-Wiener 指数、Simpson 指数和 Pielou 指数均最小。而常绿阔叶林、温性针叶林和落叶阔叶林各种多样性数值均较大，且较为接近。常绿阔叶林 S 值、落叶阔叶林 Margalef 指数最大，说明物种丰富度高。其丰富度值、Margalef 指数、Shannon-Wiener 指数、Simpson 指数和 Pielou 指数变化趋势相同。

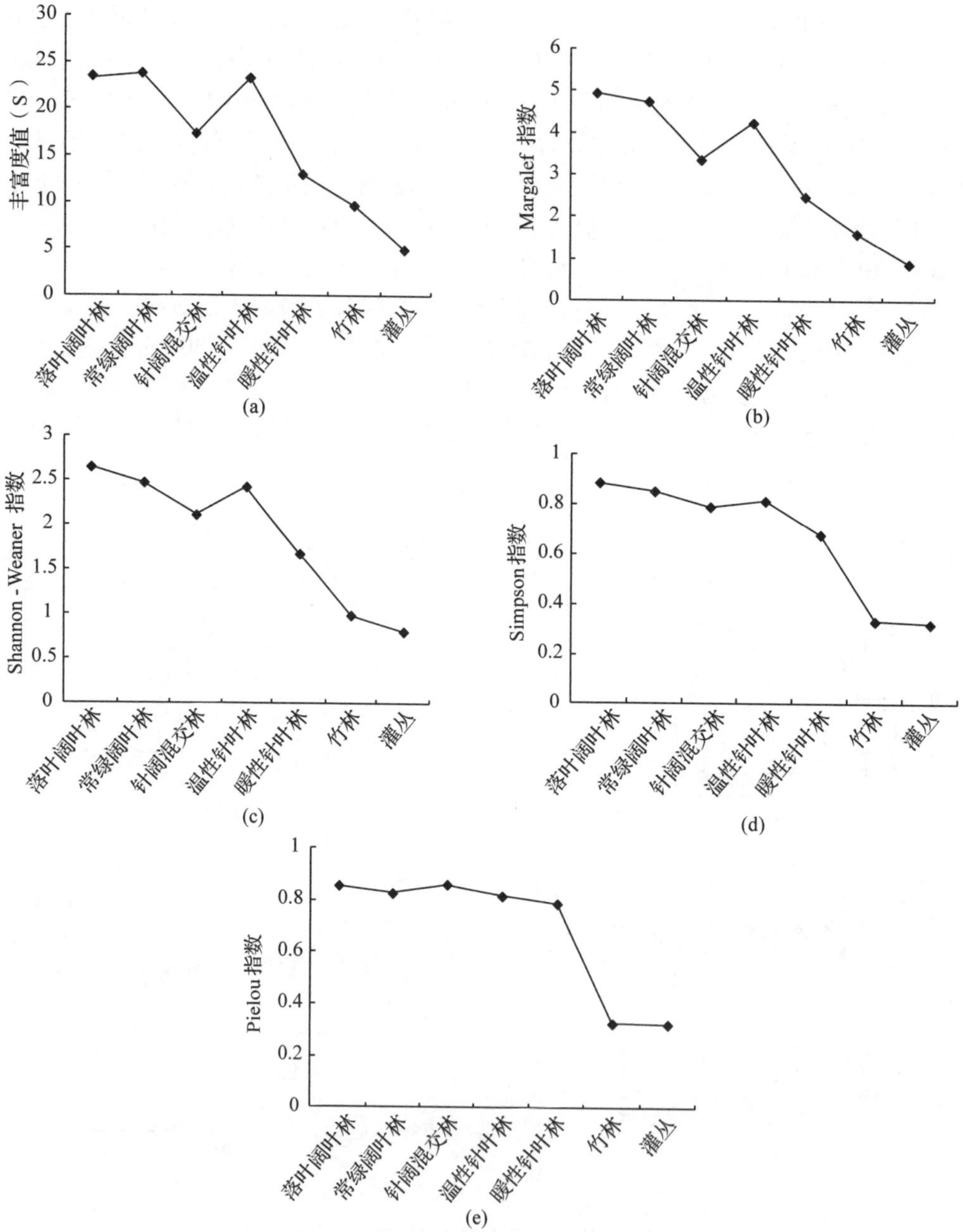

图 3-6　不同植被型群落物种多样性指数比较

(a)丰富度值(S)；(b)Margalef 指数；(c)Shannon-Weaner 指数；(d)Simpson 指数；(e)Pielou 指数

五、不同群落层次物种多样性

由表3-29可知，在这7种植被类型中，乔木层以温性针叶林、落叶阔叶林和常绿阔叶林3种植被类型的物种丰富度较大，分别为21.111、20.000和19.592，主要由于这3种植被类型由较多群落组成。同样，其余各指数变化趋势大体相同，相较其他植被类型更大。其中Shannon-Wiener指数最大为2.517，Simpson指数最大为0.879，Pielou指数最大为0.840。在乔木层中，以暖性针叶林各指数最小，Margalef指数、Shannon-Wiener指数、Simpson指数和Pielou指数分别为1.220、1.207、0.586和0.774。在灌木层中，以常绿阔叶林物种丰富度最大，为38.326，其余指数变化趋势也是大致相同。以灌丛最小，Margalef指数、Shannon-Wiener指数、Simpson指数和Pielou指数分别为2.205、2.020、0.815和0.816。在草本层中，以温性针叶林和灌丛物种丰富度较大，分别为15.250、14.817，其余各指数也相对较大。

比较各植被类型不同层次的多样性指数，在温性针叶林、暖性针叶林、落叶阔叶林、针阔混交林、常绿阔叶林、竹林6种植被类型中，灌木层>乔木层>草本层。而灌丛中则是草本层>灌木层。

表3-29 不同植被型乔、灌、草层物种多样性比较

植被型	层次	S	Margalef	Shannon-Wiener	Simpson	Pielou
温性针叶林	乔木层	21.111	3.945	2.394	0.809	0.802
	灌木层	34.259	5.978	2.964	0.907	0.866
	草本层	15.250	2.705	1.895	0.763	0.797
暖性针叶林	乔木层	6.250	1.220	1.207	0.586	0.774
	灌木层	29.250	5.592	2.854	0.904	0.853
	草本层	5.392	1.054	1.122	0.586	0.687
落叶阔叶林	乔木层	20.000	4.586	2.517	0.879	0.840
	灌木层	36.000	6.677	3.248	0.949	0.906
	草本层	8.000	1.969	1.659	0.741	0.798
针阔混交林	乔木层	11.611	2.382	1.783	0.739	0.836
	灌木层	32.389	5.888	2.966	0.914	0.929
	草本层	8.556	1.830	1.607	0.748	0.803
常绿阔叶林	乔木层	19.592	4.082	2.320	0.837	0.806
	灌木层	38.326	7.215	3.119	0.929	0.865
	草本层	6.751	1.451	1.498	0.710	0.835
竹林	乔木层	15.713	3.243	2.044	0.770	0.812
	灌木层	30.583	4.938	2.784	0.878	0.830
	草本层	8.417	1.664	1.794	0.780	0.858
灌丛	灌木层	12.217	2.205	2.020	0.815	0.816
	草本层	14.817	2.450	2.238	0.856	0.876

第五节 植物群落稳定性

群落稳定性采用 M. Godron 稳定性测定方法计算(Godron, 1972)，首先，把群落中不同种植物相对频度值由大到小顺序排列，按相对频度由大到小顺序逐步累积起来，然后，将群落中植物种类总和取倒数，按照植物种类排列顺序也逐步累积起来，得出百分之多少的种类占有多大的累积相对频度，曲线与直线交点即为所求点(何中声等，2012)。通过 SPSS 17.0 拟合二次方程、对数方程、指数方程、幂函数等模型得出最佳拟合模型，采用 Matlab 软件准确得出曲线与直线的交点坐标。根据 M. Godron 稳定性测定法，种百分数与累积相对频度比值越接近 20/80，群落就越稳定，20/80 这一点是群落的稳定点(郑世群等，2016)。

一、温性针叶林群落稳定性

由表 3-30 可知，温性针叶林有 3 个群系，长苞铁杉林、黄山松林和柳杉林。整体上温性针叶林多数群落处于稳定状态。不同黄山松群落其稳定性存在一定差异，其中黄山松-细枝柃-里白群落乔木层交点坐标值最大，为 21.59/78.41，接近稳定交点坐标，乔木层树种较为丰富，其物种种类和数量较多，群落处于较稳定状态；黄山松-华丽杜鹃 + 满山红-莎草群落乔木层交点坐标值最小，为 1.88/98.12，远离稳定交点坐标，群落中以黄山松为优势种，植物种类及数量较少，群落处于极不稳定状态；黄山松-窄基红褐柃-芒萁灌木层交点坐标值最大，为 25.81/74.19，接近稳定交点坐标，物种种类和数量较多，群落处于较稳定状态；黄山松-肿节少穗竹-里白灌木层交点坐标值最小，为 8.83/91.17，远离稳定交点坐标，植物种类及数量较少，群落处于较不稳定状态。黄山松-满山红 + 华丽杜鹃-莎草 + 薹草群落乔木层交点坐标为 6.76/93.24，远离稳定交点坐标，群落中以黄山松为优势种，植物种类及数量较少，群落处于较不稳定状态；黄山松-肿节少穗竹-里白群落乔木层交点坐标为 8.39/91.61，远离稳定交点坐标，群落中以黄山松为优势种，植物种类及数量较少，群落处于较不稳定状态。因此，当群落中以黄山松为优势种时，群落不稳定性比例较大。

表 3-30 温性针叶林群落稳定性

群落类型	乔木层		灌木层	
	交点坐标	稳定性	交点坐标	稳定性
黄山松-牯岭藜芦	—	—	16.07/83.93	稳定
黄山松-华丽杜鹃 + 满山红-莎草	1.88/98.12	不稳定	14.39/85.61	稳定
黄山松-满山红 + 华丽杜鹃-莎草 + 薹草	6.76/93.24	不稳定	19.16/80.84	稳定
黄山松-细枝柃-里白	21.59/78.41	稳定	24.29/65.71	稳定
黄山松-窄基红褐柃-芒萁	14.02/85.98	稳定	25.81/74.19	稳定
黄山松-肿节少穗竹-里白	8.39/91.61	不稳定	8.83/91.17	不稳定
长苞铁杉-肿节少穗竹-镰羽瘤足蕨	12.89/87.11	稳定	16.80/83.20	稳定
柳杉-黄楠-里白 + 狗脊蕨	15.73/84.26	稳定	24.34/75.66	稳定

二、暖性针叶林群落稳定性

由表 3-31 可知，暖性针叶林有 5 个群系，包括福建柏、马尾松、马尾松 + 黄山松、马尾松 + 杉木、杉木。在整个群落中杉木-溪畔杜鹃-芒萁群落乔木层交点坐标值最大，为 27.93/

72.07，接近稳定交点坐标，乔木层树种较为丰富，其物种种类和数量较多，群落处于较稳定状态；马尾松-峨眉鼠刺+箬竹-芒萁+里白群落乔木层交点坐标值最小，为1.76/98.24，远离稳定交点坐标，群落中以马尾松为优势种，植物种类及数量少，群落处于极不稳定状态；马尾松-黄瑞木+檵木-狗脊蕨灌木层交点坐标值最大，为28.05/71.95，接近稳定交点坐标，物种种类和数量较多，群落处于较稳定状态；马尾松-肿节少穗竹-狗脊蕨灌木层交点坐标值最小，为6.05/93.95，远离稳定交点坐标，植物种类及数量较少，群落处于较不稳定状态。其中马尾松-草珊瑚-狗脊蕨+中华里白群落、马尾松-黄瑞木+檵木-狗脊蕨群落、马尾松+杉木-黄瑞木-芒萁、马尾松+杉木-映山红+乌药-里白、杉木-黄瑞木-芒萁、杉木-窄基红褐柃-里白乔木层树种交点坐标分别为：8.05/91.95、6.44/93.56、1.94/98.06、7.76/92.24、3.35/06.65、7.06/92.94，均远离稳定交点坐标，处于较不稳定状态。因此，当群落中以马尾松、杉木为优势种时，群落大多数处于不稳定状态。

表3-31　暖性针叶林群落稳定性

群落类型	乔木层		灌木层	
	交点坐标	稳定性	交点坐标	稳定性
福建柏-溪畔杜鹃-芒萁	23.01/76.99	稳定	19.32/80.68	稳定
马尾松-草珊瑚-狗脊蕨+中华里白	8.05/91.95	不稳定	19.86/80.14	稳定
马尾松-黄瑞木+檵木-狗脊蕨	6.44/93.56	不稳定	28.05/71.95	稳定
马尾松+黄山松-窄基红褐柃-里白	16.67/83.33	稳定	15.68/84.32	稳定
马尾松-峨眉鼠刺+箬竹-芒萁+里白	1.76/98.24	不稳定	15.63/84.37	稳定
马尾松-肿节少穗竹-狗脊蕨	9.00/91.00	不稳定	6.05/93.95	不稳定
马尾松+杉木-黄瑞木-芒萁	1.94/98.06	不稳定	15.85/84.15	稳定
马尾松+杉木-映山红+乌药-里白	7.76/92.24	不稳定	20.55/79.45	稳定
杉木-黄瑞木-芒萁	3.35/06.65	不稳定	14.67/85.33	稳定
杉木-溪畔杜鹃-芒萁	27.93/72.07	稳定	17.08/82.92	稳定
杉木-窄基红褐柃-里白	7.06/92.94	不稳定	12.45/87.55	稳定

三、针阔混交林群落稳定性

由表3-32可知，针阔混交林有9个群系，长苞铁杉+红淡比、黄山松+水青冈、尖叶假蚊母树+柳杉、福建柏+毛竹、马尾松+毛竹、米槠+马尾松、细枝柃+杉木、硬斗石栎+杉木、杉木+毛竹。黄山松+亮叶水青冈-满山红-芒群落乔木层交点坐标为7.92/92.08，远离稳定交点坐标，群落中以黄山松+亮叶水青冈为优势种，植物种类及数量较少，群落处于相对不稳定状态；尖叶假蚊母树+柳杉-山矾-薹草+狭叶楼梯草群落乔木层交点坐标为8.39/91.61，远离稳定交点坐标，群落中以尖叶假蚊母树+柳杉为优势种，植物种类及数量较少，群落处于较不稳定状态；杉木+毛竹-乌药+光叶山矾-狗脊蕨+扇叶铁线蕨群落乔木层交点坐标为6.59/93.41，远离稳定交点坐标，群落中以杉木+毛竹为优势种，植物种类及数量较少，群落处于较不稳定状态；硬斗石栎+杉木-红皮糙果茶-里白灌木层交点坐标为3.03/96.97，远离稳定交点坐标，植物种类及数量较少，群落处于较不稳定状态。针阔混交林乔木层中针叶树和阔叶树组成共优群落，群落处于较为稳定状态。

表 3-32 针阔混交林群落稳定性

群落类型	乔木层		灌木层	
	交点坐标	稳定性	交点坐标	稳定性
长苞铁杉＋红淡比-紫金牛-镰羽瘤足蕨	10.91/89.09	稳定	14.99/85.01	稳定
黄山松＋水青冈-满山红-芒	7.92/92.08	不稳定	15.21/84.79	稳定
尖叶假蚊母树＋柳杉-山矾-薹草＋狭叶楼梯草	8.39/91.61	不稳定	13.29/86.71	稳定
福建柏＋毛竹-峨眉鼠刺-深绿卷柏	14.55/85.45	稳定	20.33/79.67	稳定
马尾松＋毛竹-杜茎山＋窄基红褐柃-狗脊蕨	14.03/85.97	稳定	15.15/84.85	稳定
米槠＋马尾松-红皮糙果茶-里白＋狗脊蕨	11.65/88.35	稳定	19.75/80.25	稳定
细枝柃＋杉木-窄基红褐柃-里白	28.37/71.62	稳定	13.18/86.82	稳定
硬斗石栎＋杉木-红皮糙果茶-里白	22.13/77.87	稳定	3.03/96.97	不稳定
杉木＋毛竹-乌药＋光叶山矾-狗脊蕨＋扇叶铁线蕨丛	6.59/93.41	不稳定	17.63/82.37	稳定

四、常绿阔叶林群落稳定性

常绿阔叶林群落在戴云山占有重要位置，有 29 个群系，主要以丝栗栲、钩栲、罗浮锥、甜槠、米槠、黑锥、鹿角锥、南岭栲、青冈、东南石栎、水青冈、木荷、细柄蕈树、蕈树、少叶黄杞、猴头杜鹃以及鹿角杜鹃群落为主(表 3-33，列出 18 个主要群系)。整个常绿阔叶林群落的灌木层均处于稳定状态；乔木层中大多数群落处于稳定状态，仅有罗浮锥-草珊瑚＋红皮糙果茶-里白、甜槠-鹿角杜鹃-里白、米槠＋毛竹-红皮糙果茶-里白、米槠-黄楠-狗脊蕨、米槠-越南山矾＋弯蒴杜鹃-狗脊蕨、细柄蕈树-白果香楠-芒萁、蕈树-黄楠-里白＋芒萁处于相对不稳定状态，其交点坐标分别为 7.95/92.05、2.71/97.29、4.39/95.61、3.47/96.53、32.87/67.13、7.50/92.50、37.54/62.46。因此，当罗浮锥、甜槠、米槠、细柄蕈树与蕈树为优势木时，群落处于不稳定状态，其他阔叶树为优势木时，群落均处于稳定状态。

表 3-33 常绿阔叶林群落稳定性

群落类型	乔木层		灌木层	
	交点坐标	稳定性	交点坐标	稳定性
丝栗栲-红皮糙果茶-里白	14.62/85.38	稳定	24.06/75.94	稳定
钩栲-瑞木-瓦韦＋赤车	13.24/86.76	稳定	20.77/79.23	稳定
罗浮锥-草珊瑚＋红皮糙果茶-里白	7.95/92.05	不稳定	21.62/78.38	稳定
甜槠-鹿角杜鹃-里白	2.71/97.29	不稳定	20.65/79.35	稳定
米槠＋毛竹-红皮糙果茶-里白	4.39/95.61	不稳定	20.15/79.85	稳定
米槠-黄楠-狗脊蕨	3.47/96.53	不稳定	24.68/75.32	稳定
米槠-越南山矾＋弯蒴杜鹃-狗脊蕨	32.87/67.13	不稳定	26.30/73.70	稳定
黑锥-光亮山矾-狗脊蕨	13.21/86.79	稳定	13.88/86.12	稳定
鹿角锥-杜茎山-狗脊蕨	13.04/86.96	稳定	17.29/82.71	稳定
南岭栲-弯蒴杜鹃-狗脊蕨＋淡竹叶	25.11/74.89	稳定	23.41/76.59	稳定

（续）

群落类型	乔木层		灌木层	
	交点坐标	稳定性	交点坐标	稳定性
青冈-连蕊茶＋微毛柃-狗脊蕨	16.74/83.26	稳定	20.63/79.37	稳定
东南石栎-箬竹-狗脊蕨	13.79/86.21	稳定	11.33/88.67	稳定
水青冈-肿节少穗竹-黑莎草＋狗脊蕨	25.57/74.43	稳定	16.84/83.16	稳定
木荷＋甜槠-窄基红褐柃＋肿节少穗竹-狗脊蕨	12.56/87.44	稳定	17.94/82.06	稳定
细柄蕈树-白果香楠-芒萁	7.50/92.50	不稳定	24.66/75.34	稳定
蕈树-黄楠-里白＋芒萁	37.54/62.46	不稳定	20.55/79.45	稳定
少叶黄杞-黄楠-里白＋狗脊蕨	11.81/88.19	稳定	22.36/77.64	稳定
猴头杜鹃-德化假卫矛-里白	33.44/66.56	稳定	38.61/61.39	稳定
鹿角杜鹃-箬竹-红色新月蕨	13.00/87.00	稳定	19.02/80.98	稳定

五、竹林群落稳定性

由表3-34可知，竹林有3个群系，包括毛竹＋杉木、毛竹、肿节少穗竹。从整体看，3个灌丛群落及2个乔木群落灌木层均处于稳定状态。毛竹＋杉木-红皮糙果茶-芒萁＋里白乔木层交点坐标为9.86/90.14，远离稳定交点坐标，群落中以毛竹和杉木为优势种，植物种类及数量较少，群落处于相对不稳定状态；毛竹-密花树-淡竹叶＋狗脊蕨乔木层交点坐标为5.90/95.10，远离稳定点坐标，群落中以毛竹为优势种，植物种类及数量较少，群落处于相对不稳定状态。

表3-34　竹林群落稳定性

群落类型	乔木层		灌木层	
	交点坐标	稳定性	交点坐标	稳定性
毛竹＋杉木-红皮糙果茶-芒萁＋里白	9.86/90.14	不稳定	17.46/82.54	稳定
毛竹-檵木-芒萁	—	—	18.11/81.89	稳定
毛竹-密花树-淡竹叶＋狗脊蕨	5.90/95.10	不稳定	23.60/76.40	稳定
肿节少穗竹-灯心草＋芒	—	—	28.81/71.19	稳定
肿节少穗竹-五节芒	—	—	25.27/74.73	稳定

六、灌丛群落稳定性

由表3-35可知，灌丛有5个群系，包括映山红、岗柃＋满山红、短柱茶、岩柃、满山红。从整体看，灌丛群落均处于稳定状态，该群落类型中没有乔木层。其中岗柃＋满山红群落灌木层交点坐标为9.05/90.95，远离稳定交点坐标，植物种类及数量较少，群落处于相对不稳定状态，这与该群落中没有出现乔木层有关，其灌木层植物生长未受乔木层影响。

表 3-35　灌丛群落稳定性

群落类型	灌木层		群落类型	灌木层	
	交点坐标	稳定性		交点坐标	稳定性
映山红-平颖柳叶箬＋薹草	18.33/81.67	稳定	岩柃-平颖柳叶箬＋薹草	17.10/82.90	稳定
岗柃＋满山红-地菍	9.05/90.95	不稳定	岩柃-薹草	20.43/79.57	稳定
短柱茶-平颖柳叶箬＋芒	21.66/78.34	稳定	满山红-平颖柳叶箬	16.92/83.09	稳定

第六节　植物多样性评价与管理对策

生物多样性评价是加强生物多样性保护与管理的基础工作和重要手段。联合国《生物多样性公约(CBD)》指出，充分理解生物多样性功能非常困难，除了对生物多样性和生态系统功能认识的差距原因外，不同利益相关者对相同的生物多样性贡献有不同价值观。开展生物多样性评价可了解生物多样性现状与变化趋势，提出保护和可持续利用措施。欧盟、加拿大、美国、澳大利亚、新西兰、日本等纷纷制定了生物多样性评价指标和方法。2006 年，国家环境保护总局生态司委托南京环境科学研究所详细研究了国际上生物多样性评价指标和方法，制定了我国生物多样性综合评价指标体系，并首先用这套指标体系以省域为单位进行了全国生物多样性评价(薛凡等，2013)。

一、植物多样性评价

层次分析法(analytic hierarchy process，AHP)，是美国匹兹堡大学教授 Salty 在 20 世纪 70 年代提出的一种定性分析与定量分析相结合、系统化、层次化的分析方法，通过建立判断矩阵，逐步分层地将众多复杂因素和个人因素综合起来，进行逻辑思维，而后用定量形式表示出来，使复杂问题由定性分析转化成定量结果(李冰洁等，2006)。自然保护区植物多样性评价是受多因子影响的一个过程，采用层次分析法对其进行生态评价，是可行的，且具有简单、有效、适用的特点。

1. 评价指标体系建立

建立生物多样性评估指标体系是生物多样性评估研究的关键。自然保护区植物种类丰富，组成了多种多样的植物群落类型，植物群落类型多样性是保护区植物多样性的存在形式。自然保护区植物多样性评价指标的选取应综合考虑保护区自身的生物多样性重点保护对象、保护模式、管理机制，并结合当地经济、社会发展现状，以实现保护区植物多样性评价的科学性、代表性和实用性(刘旻霞，2009)。

生物多样性评价指标筛选应遵循下列原则：

①科学性原则。指标选取应建立在对生物多样性充分认识、深入研究基础上。选取指标应目的明确、定义准确，必须能客观、真实反映生物多样性基本特征、变化规律和保护现状。

②代表性原则。选择指标时，应选取最能直接反映生物多样性本质特征的指标，排除一些与主要特征关系不密切的从属指标，使指标体系具有较高代表性。

③实用性原则。包括四层含义：一是所选指标数据容易采集；二是便于更新；三是指标体系简明，综合性强；四是指标体系应用具有较强可操作性(李军玲等，2006；赵军，2009；

朱万泽等，2009）。

戴云山自然保护区植物多样性生态评价体系分为3层，即总目标层（A），对保护区进行植物多样性评价；综合评价层（B），对保护区多样性、稀有性、代表性、自然性、物种威胁的非线性相加以反映总目标价值；指标评价层（C），是综合评价层分解的多项指标的分值计算，在更低层次上反映评价总目标。

依据戴云山自然保护区现状和指标体系建立原则，参考相关文献（王琪等，2010；王亚欣等，2011；刘爽等，2002）选择能反映保护区植物多样性生态现状的9个评价指标：物种多度（保护区内植物群落物种数量，C_1）、物种相对丰度（物种相对于其所在生物地理区域或行政省内物种总数的比例，C_2）、生境类型多样性（保护区内生境或生态系统组成成分与结构的复杂性，C_3）、物种濒危程度（C_4）、物种地区分布（C_5）、生境稀有性（C_6）、代表性（C_7）、直接威胁（C_8）、间接威胁（C_9），建立评价指标体系（图3-7）。

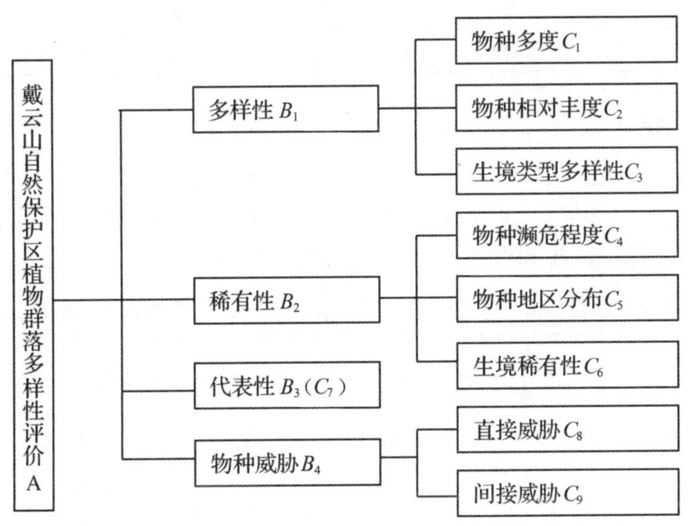

图3-7　戴云山自然保护区植物多样性生态评价指标体系

2. 评价指标权重确定与综合评价指数计算

评价指标体系确立之后，根据1－9标度法（表3-36）确定综合评价层各要素关系，并以归一化分值形式表示，代替专家打分或问卷调查等确定权重的传统方法（王一涵等，2011；孙凡等，2006）。

评价指标权重确定后，得到判断矩阵的最大特征值λ_{max}，并对判断矩阵进行一致性检验。由判断矩阵的一般一致性指标$CI=(\lambda_{max}-n)/(n-1)$，平均随机一致性指标$RI$（表3-37），可得判断矩阵的随机一致性比例$CR=CI/RI$，当$CR<0.1$或$CI=0$时，认为判断矩阵具有满意的一致性，否则需调整判断矩阵中的元素以使其具有满意的一致性。

最后的评价结果由综合评价指数（CEI）反映出来，其公式为：

$$CEI=\sum(I_iW_i) \tag{3-12}$$

式中，I_i为单项评价指标值，分为1～4级，再根据保护区实际情况进行合理赋分；W_i为评价指标权重。

表 3-36　1－9 标度法

标度	含义
1	表示两个因素相比，具有同样重要性
3	表示两个因素相比，一个因素比另一个因素稍微重要
5	表示两个因素相比，一个因素比另一个因素明显重要
7	表示两个因素相比，一个因素比另一个因素强烈重要
9	表示两个因素相比，一个因素比另一个因素极端重要
2，4，6，8	上述两相邻判断的中值
1/2，1/3，1/4，…	因素 i 与 j 比较得判断 b_{ij}，则因素 j 与 i 比较得 $b_{ji}=1/b_{ij}$

表 3-37　1－9 标度法 *RI* 值

阶数	1	2	3	4	5	6	7	8	9
RI	0	0	0.58	0.9	1.12	1.24	1.32	1.41	1.45

3. 植物多样性评价结果

根据评价体系与方法，逐层构建判断矩阵。总目标层(A)对于综合评价层(B)各相关因子的判断矩阵见表 3-38，其中，*W* 表示相关因子的权重，可见多样性(B_1)权重较高，即多样性变化对戴云山自然保护区植物群落具有较大影响。

表 3-38　总目标层(A)对于综合评价层(B_1 ~ B_4)各相关因子的判断矩阵

A	B_1	B_2	B_3	B_4	*W*	一致性检验
B_1	1	3	3	4	0.501	$\lambda_{max}=4$
B_2	1/3	1	1/2	2	0.158	$CI=0$
B_3	1/3	2	1	3	0.247	
B_4	1/4	1/2	1/3	1	0.094	$CR=0$

植物多样性(B_1)、稀有性(B_2)、物种威胁(B_4)对与其相关的指标评价层因子的判断矩阵见表 3-39，多样性(B_1)中物种多度(C_1)权重较高；稀有性(B_2)中生境稀有性(C_6)权重较高；物种威胁(B_4)中直接威胁(C_8)权重较高。

表 3-39　植物多样性(B_1)、稀有性(B_2)、物种威胁(B_4)与其相关因子的判断矩阵

B_1	C_1	C_2	C_3	*W*	一致性检验
C_1	1	2	2	0.491	$\lambda_{max}=3$
C_2	1/2	1	2	0.312	$CR=0$
C_3	1/2	1/2	1	0.198	

B_2	C_4	C_5	C_6	*W*	一致性检验
C_4	1	1/2	1/3	0.170	$\lambda_{max}=3$
C_5	2	1	1	0.387	$CR=0$
C_6	3	1	1	0.443	

B_4	C_8	C_9	*W*	一致性检验
C_8	1	3	0.75	$\lambda_{max}=3$
C_9	1/3	1	0.25	$CR=0$

综合各个判断矩阵，计算植物多样性评价指标对综合评价层、总目标层的权重，并进行排序(表 3-40)。

根据式(3-12)计算戴云山自然保护区植物多样性 *CEI* 指数为 7.4 分，说明戴云山植物多样性处于较好水平。植物群落代表性对多样性的贡献最大，物种多度、相对丰度和生境类型多样性权重也较大，使得多样性成为综合评价层各因子中最重要的影响因素。

表 3-40　各评价因子权重及排序

评价指标	B_1 0.501	B_2 0.158	B_3 0.247	B_4 0.094	评价因子权重	排序
C_1	0.491				0.246	2
C_2	0.312				0.156	3
C_3	0.198				0.099	4
C_4		0.170			0.027	8
C_5		0.387			0.061	7
C_6		0.443			0.070	6
C_7			1		0.247	1
C_8				0.75	0.071	5
C_9				0.25	0.024	9

二、植物多样性现状

1. 植物多样性利用现状

戴云山自然保护区植物资源开发利用尚不充分，利用方式主要有传统的中草药采集、家畜放牧等。尽管人们对野生植物药用价值已有较多了解，但在实践中广泛地应用于临床的并不多见，很多植物医药典籍也无记载，严重遏制了资源有效开发利用。食用植物如竹笋、鱼腥草开发多，蕨、白花败酱等也有较多利用，但鲜见栽培，其他种类则极少开发；观赏植物在园林上也有应用，很大一部分是外地引进的种类，地方性观赏植物开发少；芳香植物可提取芳香油或浸膏，是食品、日用品、化妆品、医药卫生、选矿和环境净化等重要资源，具有很大开发前景；油脂植物如油茶、油桐、樟树等已有较多利用，香榧、山苍子等也有开发，均未形成规模。淀粉植物应用较多的主要有板栗、锥栗、薯蓣等少数种类，有些是曾经收购的种类，其他的利用甚少，基本上仅作为食物来源的补充，大多处于野生状态。这些种类来源广、营养丰富、具天然口感、无污染，具有很好的开发前景；蜜源植物在养蜂业发展下利用率有所提高，但缺乏对蜜源植物保护，如鹅掌柴、山乌桕等野生蜜源植物被大量砍伐，因此目前对野生蜜源植物利用率依然很低；纤维植物富含纤维、质量好，是造纸、纺织、编织制绳原料，除对个别种类如苎麻、五节芒、毛竹、棕榈科、锦葵科、姜科和榆科等植物有所利用外，其余种类均很少被开发利用，多数是民间自采自用，很少用于大工业；有毒植物大多可用作土农药，或在医药上使用，在现代生物农药开发及药学研究过程中具有重要意义，历史上有毒植物利用偏少，人们对其了解不多，不少潜在价值尚待发掘；鞣质植物、染料植物在化工上应用广泛，目前开发较少，开发前景广阔。戴云山家畜放牧较多，饲用植物资源的直接利用广泛，但缺乏对饲料资源再开发，有很大潜力。抗污染植物资源和珍稀濒危植物资源在人们环保意识不断增强过程中逐步被重视，目前应用仍然较少。

2. 植物多样性保护与管理现状

戴云山自然保护区在资源保护上成效显著，管理组织机构逐步健全，管理制度不断加强，但保护体系尚不完善，缺少统一规划、统一管理、有序开发。由于保护珍稀濒危野生植物是一项耗资巨大、长期艰苦的工作，工作中遇到许多问题和困难，成为影响工作成效的因素，主要体现在5个方面：

①保护区群众的保护意识有待进一步提高。随着生态旅游业发展，进入保护区人员逐渐增多，部分人员生态保护意识较为淡薄，乱扔垃圾、随意用火等现象常有发生。

②资金投入不足，基础设施滞后。受体制影响，保护区人员和建设经费主要由县级财政承担，造成保护区建设、管理、科研经费投入严重不足，相应影响工程项目建设进度。

③保护区内自然环境与资源开发利用缺乏统一规划、统一管理、有序开发。区内生态资源开发建设缺乏完整的规划建设方案和合法的申报审批手续，给区内自然环境与资源造成一定破坏和安全隐患。

④保护区管理组织机构有待进一步完善。保护区管理机构现有人员偏少，特别是缺乏高层次专业技术人才，难以适应国家级自然保护区建设和发展需要。

⑤保护区缺乏自营性收入项目，自我发展能力较弱。受资金、体制等影响，保护区还不能对实验区内丰富的生态旅游资源进行统一的产业发展规划，并加以合理开发利用。

3. 植物多样性威胁因素

植物多样性评价结果显示，人类直接威胁在影响戴云山植物多样性的各因素中排名第5位。戴云山自然保护区涉及德化县6个乡镇22个行政村内的27个自然村，保护区内人们生产生活来源主要依赖于周边自然资源与环境，对生态环境造成不同程度破坏。社区居民日常生活必然影响保护区生物多样性，因此应建立健全社区居民参与机制，宣传生态文明教育，从法律和社会责任角度鼓励社区居民参与保护区管理。此外，各种旅游活动开展也对保护区生物多样性尤其是植物多样性产生影响，在管理游客文明游憩的同时，保护区相关部门应定期开展生态文明宣传活动，激发群众生态文明意识，不仅可有效开展生态旅游，而且对当今大力推进生态文明建设有着重要意义。戴云山植物群落的物种间接威胁鲜有报道，可能与戴云山海拔高，资源尚未完全开发，人为因素造成的物种入侵也相对少有关。

戴云山自然保护区植物群落保护总体上较为完整，随着人类干扰强度增加，可能导致景观破碎化和生态破坏，造成一些物种种群数量的减少与消失。应加强对保护区的景观管理保护，维持合理的景观格局，以利于生物多样性保护和资源可持续利用。

三、植物多样性管理对策

(1)建立健全相关法律法规及保护与开发利用有效机制

戴云山野生植物保护管理机构应加强与森林资源林政管理机构、森林公安机关等相关部门协作，及时采取有效措施，加强执法监督，适时组织开展专项行动。依法严厉打击破坏野生植物资源的违法犯罪行为。对破坏和非法经营野生植物资源行为严格依法查处，使野生植物资源保护工作和人工培育经营产业向良性和健康方向发展。

(2)加强宣传教育，提高社会公众保护意识

戴云山自然保护区对泉州乃至周边地区具有涵养水源、保持水土、净化空气等重要的生态服务价值，生态战略地位极为重要，保护和合理利用野生植物，关系到人民长远利益。应不断加强开展各项社会实践宣传活动，使广大群众充分认识保护野生植物的重要性，加强领导，制定切实有效的保护管理措施，使野生植物保护工作落到实处。广泛宣传《森林法》《野生植物保护条例》《福建戴云山自然保护区管理办法》《福建戴云山自然保护区森林消防实施办法》《福建戴云山自然保护区联合保护公约》及其他有关法律法规，开展普法教育，增强群众

法律意识，提高守法自觉性。

(3)加强科研工作和加大资金投入，建立生物多样性种质基因库

戴云山自然保护区生态系统复杂多样，野生植物资源丰富，是我国东南重要的生物多样性基因库。注重应用现代生物技术对野生植物进行新基因发掘，收集处于濒危状态的野生植物，加强对戴云山主要保护对象的保护、科研、利用规划和建设，坚持“保护优先”原则，在保护中合理开发利用，以开发利用促进保护，把戴云山建设成为我国重要的生物多样性种质基因库，以促进野生植物资源保护、发展和可持续利用。

(4)开发自营性收入项目，发展特色产业

要立足保护区优势和地方特色，改变传统农业生产方式，在保护好环境和物种资源原则下，有计划、有目的地发展特色产业，发挥森林内在服务价值，如发展森林绿色食品、原生中草药等项目，发展林下经济，增加村民收入，分享保护发展成果，让当地群众积极参与保护，从保护事业中受益，为生物资源保护和合理利用创造良好的生态环境。抓好农村能源工程建设，提高太阳能、沼气等可再生能源利用率，普及改造节能技术，尽快改变农村能源结构，大力实施农村劳动力转移，减轻人口对生态环境的压力和矛盾。坚持“区内保护，边缘发展”原则，依托保护区生物多样性和生态系统完整性这种资源支撑，开展以自然景观为主的生态旅游活动，形成融房地产、旅游、文化、宗教为一体的新森林经济，达到社会、经济、环境协调发展，实现人与自然和谐共同发展。

(5)合理开发利用野生植物资源要点

野生植物资源并不是取之不尽的，盲目地乱采滥挖，会造成资源枯竭。樟属植物是重要芳香油资源，由于近年来盲目开采，除山苍子油有一定数量外，其余大多已不能列入稳定产量的商品。蕨类植物金毛狗，由于其根茎上鳞片能止刀伤出血，有重要药用价值，另外，其根茎外形美观，适于制作工艺品，因此，近年来大量挖取，导致金毛狗资源严重匮乏，有关部门已采取措施限制采挖。为了保证野生植物资源可持续利用，在利用野生植物时必须注意以下几个方面：①根据资源蕴藏量和生长量要有计划地开采利用；②轮采轮挖，给植物以休养生息机会；③挖大留小，维持一定种群数量，森林采伐避免皆伐，采伐量不能超过生长量；④把分散、面临枯竭的资源相对集中起来，加上繁育和人工培育手段，抚育管理，使之不但能保护分散稀少的资源，同时又能建成原料种植基地，为市场提供数量稳定的优质产品，实现资源可持续利用。

第七节　小结

(1)福建戴云山国家级自然保护区有野生维管束植物 211 科 821 属 1 871 种(含种下等级)。植物区系兼具中、南亚热带植物区系性质和特点，带有较明显热带性质，兼具部分温带性质。植物区系特点：①植物种类丰富；②优势科、属明显，寡种和单种科、属占多数；③生活型谱具亚热带常绿阔叶林特征；④区系成分复杂，热带、亚热带成分占优势；⑤区系起源古老，多孑遗、珍稀、特有植物，有一定数量的单型或寡型属；⑥显著的过渡性。

(2)从 4 个方面分析植物资源多样性，其特点与物种多样性相似，建立评价指标体系，对市场价值较大和重大的 258 种野生经济植物资源进行了开发潜力评价。结果表明，保护区内现有资源植物 209 科 776 属 1 580 种，可划分为 15 种资源类型，约 58.53% 资源植物具有

较大开发潜力。

(3)对戴云山自然保护区植被进行分类，分析植物群落类型多样性，根据分类结果探讨戴云山植被随地形因子分布规律。结果表明，保护区植被可分为9个植被型、61个群系和115个群丛。1 500 m海拔是本区森林植被和灌丛植被分界点，1 500 m及以下以森林植被为主，1 500 m以上则以灌丛为主。不同类型森林植被在坡向分布上呈现不同特点，阳坡上类型少，而灌丛则随机分布于各坡向上。在坡度上，森林植被无明显分布规律，而灌丛则由于所处海拔高的原因更多出现在缓坡上。

(4)分别应用Margalef物种丰富度指数、Simpson多样性指数、Shannon-Wiener优势度指数和Pielou均匀度指数研究戴云山自然保护区群落物种α多样性随地形因子的变化规律，用相异性指数(CD系数、Cody指数)和相似性指数(Sorensen指数、Jaccard指数)测度群落物种β多样性海拔梯度变化。结果表明：①α多样性在600~700 m海拔区间最高，在1 600~1 700 m海拔区间最低；②在不同坡向中，物种多样性在西南坡各指数最大，而在南坡各指数最小；③不同坡度物种多样性各指数存在较小差异；④β多样性变化随海拔梯度呈波状起伏，在森林与灌丛交接地带变化较大，反映相邻海拔群落生境差异较大；⑤森林植被多样性普遍较高，灌丛最小，各层次物种多样性变化规律为：灌木层>乔木层>草本层，灌丛多样性是草本层>灌木层。

(5)采用M. Godron稳定性测定方法研究戴云山自然保护区不同类型植物群落稳定性。结果表明：乔木层中马尾松、黄山松、米槠、毛竹等群落较其他群落相对不稳定，灌丛群落处于稳定状态；总体上，不同类型植物群落基本处于稳定状态，表明保护区植被保护效果较好；从多样性与稳定性关系角度分析，受群落自身性质特点和环境条件影响，同一群落多样性大小与其稳定性并不存在相关关系。

(6)运用层次分析法构建戴云山自然保护区植物多样性评价指标体系，根据1－9标度法确定综合评价层各要素关系，计算出戴云山植物多样性综合评价指数(*CEI*)为7.4，说明戴云山植物多样性处于较高水平。针对评价结果，结合保护区生态、社会、经济现状，分析受威胁因素，提出植物多样性可持续发展策略。

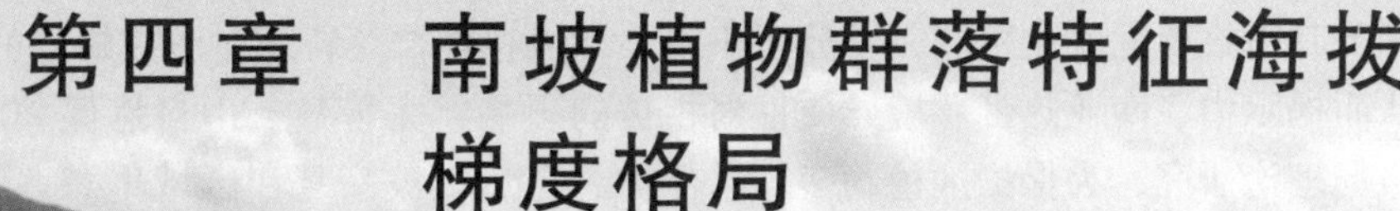

第四章　南坡植物群落特征海拔梯度格局

戴云山主峰地处福建中部中亚热带和南亚热带的地理分界线上，按照主峰取正南、正北方向两侧各22.5°水平角范围内的坡向分别为南坡、北坡，两坡向自然生境差异明显，植物群落特征及其海拔梯度格局变化亦表现不同差异。通过探讨戴云山主峰南、北坡植物群落特征及其海拔梯度变化格局，可分析出南、北坡植物群落特征对海拔梯度的响应机制及其异同，从而揭示中、南亚热带环境异质性对植被的影响，完善戴云山自然保护区山地植被海拔梯度格局理论研究，为保护区植物多样性保护、自然植被恢复和区域生态系统的科学管理提供理论依据。戴云山主峰南坡植物群落10个样地基本情况见表4-1。

表4-1　戴云山主峰南坡植物群落样地基本概况

样地编号	海拔/m	样地面积/m²	经度(E)	纬度(N)	坡向	坡度/°	坡位
S1	908	10×60	118°12′17″	25°38′36″	南	18	下
S2	1 003	10×60	118°12′86″	25°38′70″	南	32	中
S3	1 098	10×60	118°12′21″	25°38′43″	南	42	中
S4	1 201	10×60	118°06′34″	25°41′41″	南	36	中
S5	1 285	10×60	118°12′56″	25°38′57″	南	11	中
S6	1 400	10×60	118°10′57″	25°10′57″	南	14	中
S7	1 500	10×60	118°10′57″	25°39′59″	南	14	上
S8	1 610	10×30	118°12′1″	25°40′19″	南	0	上
S9	1 708	10×10	118°11′32″	25°40′66″	南	2	上
S10	1 809	10×10	118°11′21″	25°40′86″	南	13	上

第一节　南坡植物区系海拔梯度特征

一、植物种类组成

戴云山南坡植被样方共调查维管束植物61科120属191种(表4-2)，其中蕨类植物6科7属7种，分别占9.84%、5.83%和3.66%。裸子植物4科4属6种，分别占6.56%、3.33%和3.14%。被子植物51科109属178种，分别占83.61%、90.83%和93.19%(双子叶植物47科99属167种，分别占77.05%、82.50%和87.43%；单子叶植物4科10属11种，分别占6.56%、8.33%和5.76%)。

表 4-2　戴云山南坡样地植物分类统计

类别	蕨类植物		裸子植物		被子植物						合计
					单子叶植物		双子叶植物		小计		
	数量	比例/%	数量	比例/%	数量	比例/%	数量	比例/%	数量	比例/%	
科	6	9.84	4	6.56	4	6.56	47	77.05	51	83.61	61
属	7	5.83	4	3.33	10	8.33	99	82.50	109	90.83	120
种	7	3.66	6	3.14	11	5.76	167	87.43	178	93.19	191

二、科级区系成分海拔梯度格局

1. 科的区系成分

根据世界种子植物和蕨类植物科、属的分布区类型系统统计区系地理成分(吴征镒，1991；吴征镒，2003；秦仁昌，1978)。在戴云山南坡植物所属科的分布区类型中(表 4-3)，有世界分布 10 科、热带分布 33 科、温带分布 18 科，分别占 16.39%、54.10%和 29.51%。除世界分布科外，戴云山南坡维管束植物科的分布区类型以泛热带、北温带和南温带间断分布科占优势，分别为 31.14%和 16.39%。其中热带分布 33 科中，以泛热带分布科为主，占 57.58%，其次东亚(热带、亚热带)和热带南美洲间断分布，占 24.24%；温带分布 18 科中，以北温带和南温带间断分布科为主，占 55.56%，其次为北温带分布科，占 22.22%。

表 4-3　戴云山南坡维管束植物科的分布区类型和变型

科分布区	总科数		热带分布科		温带分布科	
	科数	比例/%	科数	比例/%	科数	比例/%
1. 世界分布	10	16.39				
2. 泛热带分布	19	31.15	19	57.58		
2-1. 热带亚洲—大洋洲和热带美洲分布	1	1.64	1	3.03		
2S. 以南半球为主的泛热带分布	2	3.28	2	6.06		
3. 东亚(热带、亚热带)和热带南美间断分布	8	13.11	8	24.24		
5. 热带亚洲至热带大洋洲分布	1	1.64	1	3.03		
6d. 南非(主要是好望角)分布	1	1.64	1	3.03		
7d. 分布区东达几内亚分布	1	1.64	1	3.03		
8. 北温带分布	4	6.56			4	22.22
8-4. 北温带和南温带间断分布	10	16.39			10	55.56
8-5. 欧亚和南美洲温带间断分布	1	1.64			1	5.56
9. 东亚及北美间断分布	3	4.92			3	16.67

2. 科的海拔梯度分布特征

戴云山南坡垂直梯度带中，10 种以上的科有山茶科、杜鹃花科、冬青科、壳斗科、蔷薇科和樟科，分别有 17 种、16 种、12 种、10 种、10 种和 10 种，各占总种数的 8.90%、8.38%、6.28%、5.24%、5.24%和 5.24%，成为区系中标志性科。植物科数具有低海拔比高海拔多的特点，在海拔 1 600 m 以上，分布科数变化不大。而各海拔梯度山茶科和杜鹃花科均占较大优势，杜鹃花科在戴云山南坡整个海拔梯度带谱中均有分布；在 1 800 m 海拔上，禾本科占有较大优势，反映出环境条件变化(表 4-4)。

表 4-4　戴云山南坡大于 2 种的科随海拔梯度分布特征

S1			S2			S3			S4			S5		
科名	种数	属数	科名	种数	属数	科名	种数	属数	科名	种数	属数	科名	种数	属数
杜鹃花科	4	4	山茶科	8	5	冬青科	7	1	杜鹃花科	9	2	山茶科	9	5
茜草科	4	3	冬青科	6	1	壳斗科	6	3	山茶科	8	4	杜鹃花科	6	3
山茶科	4	3	樟科	6	4	樟科	6	4	壳斗科	5	3	冬青科	5	1
禾本科	3	3	壳斗科	5	2	杜鹃花科	5	2	樟科	5	4	茜草科	4	3
山矾科	3	1	茜草科	4	4	茜草科	5	4	冬青科	4	1	山矾科	4	1
紫金牛科	3	2	蔷薇科	4	4	山茶科	5	3	山矾科	4	1	樟科	4	4
大戟科	2	2	杜鹃花科	3	2	紫金牛科	5	4	蔷薇科	3	3	禾本科	2	2
蝶形花科	2	2	禾本科	3	3	杜英科	3	2	安息香科	2	1	壳斗科	2	2
冬青科	2	1	金缕梅科	2	1	木兰科	3	2	禾本科	2	2	桃金娘科	2	1
金缕梅科	2	2	桑科	2	2	山矾科	3	1	木兰科	2	1	卫矛科	2	2
壳斗科	2	2	松科	2	1	禾本科	2	2	茜草科	2	2	紫金牛科	2	1
里白科	2	2	紫金牛科	2	2	蔷薇科	2	2						
桃金娘科	2	1				山龙眼科	2	1						
						杉科	2	2						
						桃金娘科	2	1						

S6			S7			S8			S9			S10		
科名	种数	属数	科名	种数	属数	科名	种数	属数	科名	种数	属数	科名	种数	属数
山茶科	8	5	山茶科	6	2	山茶科	4	3	杜鹃花科	4	2	禾本科	3	3
壳斗科	5	4	杜鹃花科	4	3	杜鹃花科	3	2	山茶科	4	1	杜鹃花科	3	2
杜鹃花科	4	3	莎草科	4	1	禾本科	2	2	禾本科	3	3	山茶科	3	2
樟科	3	2							野牡丹科	2	2	蔷薇科	2	2
冬青科	2	1												
茜草科	2	1												
蔷薇科	2	2												
山矾科	2	1												

3. 科级区系成分的海拔梯度分布特征

在各海拔梯度上以热带分布科占主要地位，其次是世界分布科和温带分布科(表 4-5)。热带分布科随海拔升高呈先增后减趋势，温带分布科随海拔变化出现 2 个峰值，与环境条件梯度密切相关；在海拔 900 ~ 1 500 m 区间，温带分布科和世界分布科相当；在海拔 1 600 ~ 1 800 m，世界分布科数量保持稳定；在海拔 1 500 ~ 1 800 m，温带分布科极少，仅有 1 ~ 2 个科；在海拔 900 ~ 1 500 m，热带分布科数量大于世界分布科；在海拔 1 600 ~ 1 800 m，世界分布科数量大于热带分布科(表 4-5、图 4-1)。如图 4-2 所示表明热带分布科和温带分布科数量随海拔梯度变化而呈现一致趋势，即随海拔升高呈现出先增加后渐减少。

表 4-5　戴云山南坡维管束植物科分布区类型与变型的海拔梯度格局

梯度	广布科	热带分布科								温带分布科					合计
	1	2	2-1	2S	3	5	6d	7d	小计	8	8-4	8-5	9	小计	
S1	8	12	1	1	3	0	1	0	18	2	3	0	0	5	31
S2	8	11	0	0	5	0	1	1	18	2	5	0	2	9	35
S3	8	9	1	2	6	1	1	0	20	1	6	1	0	8	36
S4	6	8	1	1	6	1	1	0	18	2	3	0	2	7	31
S5	4	8	1	1	5	0	1	0	16	0	3	0	1	4	24
S6	5	8	1	1	3	0	1	0	14	2	3	0	1	6	25
S7	3	6	1	1	0	0	1	0	9	1	1	0	0	2	14
S8	5	2	0	0	1	0	1	0	4	1	0	0	0	1	10
S9	5	2	0	0	0	0	1	0	3	1	0	1	0	2	10
S10	5	1	0	0	0	0	1	0	2	1	0	0	0	1	8

注：区系代码代表的分布区类型及变型参见表 4-3。

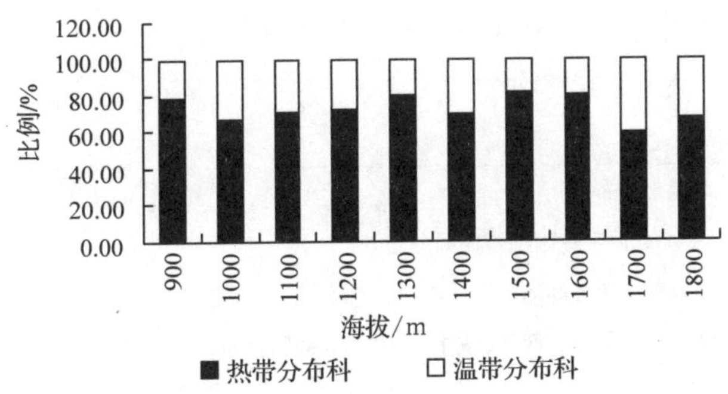

图 4-1　戴云山南坡维管束植物热带分布科与温带分布科比例的海拔梯度格局

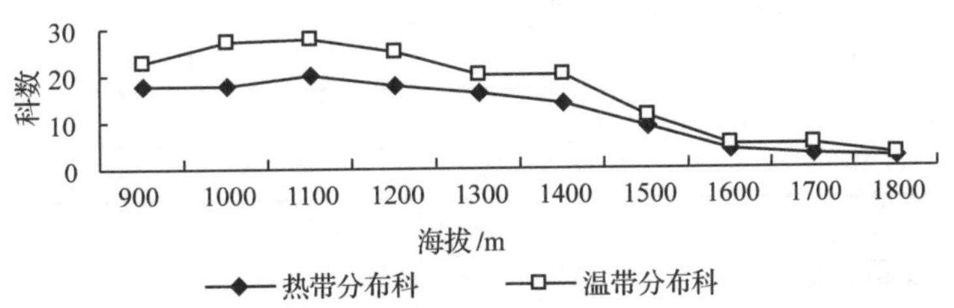

图 4-2　戴云山南坡维管束植物热带分布科和温带分布科的海拔梯度格局

三、属级区系成分海拔梯度格局

1. 属的区系成分

统计戴云山南坡植物属的分布区类型(表 4-6)，按大小排序为热带分布属 > 温带分布属 > 世界分布属 > 中国特有属，分别为 64 属、41 属、12 属和 3 属，说明植物区系以热带成分为绝对优势，其次是温带成分。在热带分布型 64 属中，以泛热带分布为主，有 21 个分布属，占 32.81%，其次为热带亚洲分布，有 13 个分布属，占 20.31%；而在温带分布 41 属中，北温带分布、东亚和北美洲间断分布各占 8 属，为温带分布的 19.51%。

表 4-6　戴云山南坡维管束植物属的分布区类型和变型

属分布区类型和变型及其代码		属数	比例/%
世界分布	1. 世界分布	12	10.00
热带分布	2. 泛热带分布	21	17.50
	2-1. 热带亚洲、大洋洲和南美洲间断分布	1	0.83
	2-2. 热带亚洲、非洲和南美洲间断分布	1	0.83
	3. 热带亚洲和热带美洲间断分布	6	5.00
	4. 旧世界热带分布	7	5.83
	5. 热带亚洲至热带大洋洲分布	7	5.83
	6. 热带亚洲至热带非洲分布	2	1.67
	6-2. 热带亚洲和东非间断分布	1	0.83
	7. 热带亚洲分布	13	10.83
	7-1. 爪哇、喜马拉雅和华南、西南星散分布	3	2.50
	7-4. 越南至华南分布	2	1.67
	小计	64	
温带分布	8. 北温带分布	14	11.67
	8-4. 北温带和南温带间断分布	2	1.67
	9. 东亚和北美洲间断分布	14	11.67
	10-1. 地中海、西亚(或中亚)和东亚间断分布	1	0.83
	14. 东亚分布	7	5.83
	14-1. 中国—喜马拉雅分布(SH)	2	1.67
	14-2. 中国—日本分布(SJ)	1	0.83
	小计	41	
中国特有分布	15. 中国特有分布	3	2.50
总计		120	100

2. 属的海拔梯度分布特征

统计戴云山南坡各海拔梯度维管束植物大于 2 种的优势属及所含种数(表 4-7)可知，处于各梯度前 10 位种子植物分布属，随海拔升高呈明显规律性变化，总的趋势是：①热带、亚热带分布属比例随海拔升高先增加后减小，而温带性质成分总属数总体上随海拔升高而减少；②随海拔升高温带分布属比例增加，反映了气温随海拔梯度的变化情况(图 4-3)。

在海拔 900 ~1 500 m 区间，热带分布属占明显优势，兼有少量世界分布属和温带分布属。属于典型热带分布的山矾属、冬青属、粗叶木属、柃木属、润楠属、蒲桃属等反映出该区强烈的热带性质。中国特有分布型的少穗竹属、拟单性木兰属和杉木属也出现于此。

在海拔 1 600 ~1 800 m 区间，主要是灌丛群落，大于 2 种的属极少，主要是柃木属和杜鹃花属，总体表现为以温带分布属占优势，尤其是杜鹃花属，热带分布的柃木属也占较大比例。

表 4-7　戴云山南坡大于 2 种的属随海拔梯度变化格局

S1		S2		S3		S4		S5	
属名	种数	属名	种数	属名	种数	属名	种数	属名	种数
山矾属	3	冬青属	6	冬青属	7	杜鹃花属	5	冬青属	5
粗叶木属	2	锥属	4	杜鹃花属	3	柃木属	5	柃木属	4
冬青属	2	柃木属	3	柃木属	3	冬青属	4	山矾属	4
柃木属	2	杜鹃花属	2	润楠属	3	山矾属	4	杜鹃花属	3
蒲桃属	2	润楠属	2	山矾属	3	越橘属	4	粗叶木属	2
紫金牛属	2	山胡椒属	2	锥属	3	锥属	3	蒲桃属	2
		松属	2	粗叶木属	2	安息香属	2	杨桐属	2
		蕈树属	2	杜英属	2	含笑属	2	越橘属	2
		杨桐属	2	含笑属	2	润楠属	2	紫金牛属	2
				蒲桃属	2				
				青冈属	2				
				山龙眼属	2				
				越橘属	2				
				紫金牛属	2				

S6		S7		S8		S9		S10	
属名	种数	属名	种数	属名	种数	属名	种数	属名	种数
柃木属	4	柃木属	5	杜鹃花属	2	柃木属	4	杜鹃花属	2
粗叶木属	2	杜鹃花属	2	柃木属	2	杜鹃花属	3	柃木属	2
冬青属	2	薹草属	2						
杜鹃花属	2								
山矾属	2								
山胡椒属	2								
锥属	2								

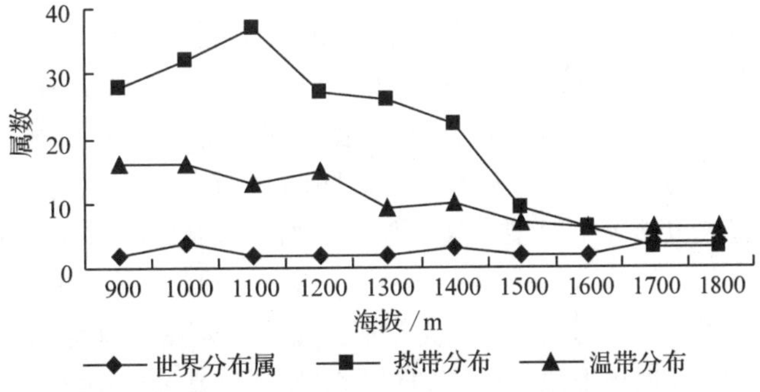

图 4-3　戴云山南坡维管束植物属分布型的海拔梯度格局

统计组成戴云山南坡各海拔群落维管束植物优势属(大于 2 种)，温带分布型 4 属、热带分布型 11 属，热带分布型占大于 2 种以上属的 78.57%；含 3 种的属分别为粗叶木属、紫金牛属、榕属、润楠属、山茶属、山胡椒属和野牡丹属，含 4 种的属分别是含笑属、锥属和青冈属，越橘属和杜鹃花属分别有 5 种和 6 种，含 8 种的属分别是柃木属和山矾属，冬青属有 12 种(表 4-8)。总体分析表明，组成戴云山南坡各海拔群落的植物区系以热带属性为主。

表 4-8　戴云山南坡维管束植物属(大于 2 种)所含种数的海拔梯度格局

属名	分布区类型	S1	S2	S3	S4	S5	S6	S7	S8	S9	S10
冬青属	2	2	6	7	4	5	2				
柃木属	3	2	3	3	5	4	4	5	2	4	2
山矾属	2	3		3	4	4	2				
杜鹃花属	8		2	3	5	3	2	2	2	3	2
越橘属	8－4				3	2					
含笑属	7			2	2						
锥属	9		4	3	3		2				
青冈属	7			2							
粗叶木属	2－2			2		2					
紫金牛属	2	2		2		2					
榕属	2										
润楠属	7			3	2						
山茶属	7										
山胡椒属	9		2				2				
野牡丹属	5										
合计	15	9	17	30	28	22	14	7	4	7	4

3. 属级区系成分分析

为了分析戴云山南坡维管束植物的不同分布区类型，将集中分析 14 个类型 9 个变型的世界分布、热带分布、温带分布和中国特有分布等属的分布型。

①世界分布属。有 10 科 12 属，约为全国世界分布属的 11.65%，其中薹草属为草本层优势植物，针蔺属和鼠尾草属为山顶草甸主要成分。悬钩子属等为灌丛主要成分。

②热带分布属。热带分布属是指分布于南、北两个半球热带地区的属，我国热带分布属约有 1 462 属(吴征镒，1991)。戴云山南坡约有 28 科 64 属，约为全国热带分布属的 4.38%，其中仅有 3 个属为草本属，余下的均为木本属。泛热带分布包括分布遍及东西半球热带地区的属，有不少属分布到亚热带，甚至温带，但共同的分布中心或原生性类型仍在热带范围。泛热带分布属有 22 属，包括 1 个变型，其中草本植物属只有柳叶箬属和里白属，其余皆为木本植物属。

③温带分布属。温带分布属是分布于欧、亚、北美以及南半球温带地区的属。我国温带分布属约 78 科 931 属，是世界上温带分布属最集中地区。戴云山南坡约有 18 科 41 属，相当于全国温带分布属的 4.40%。本类植物由于自身发展历史和自然条件变化，引起其在分部类型上差异，其中北温带分布和东亚分布属在本地区占主要地位。北温带分布有 21 属，占全国的 7.09%。在典型的北温带分布几个科中，含有较少属数，百合科仅含 1 属，松科 2 属。松属、栎属、槭属等代表了北温带主要的种子植物乔木属。北温带典型草本属紫菀属、鹿蹄草属分布

于海拔 1 500 m 以上，黄精属分布于潮湿林下。东亚及北美间断分布约 13 属，全为木本植物属，其中南烛属和石楠属为灌木，其余为乔木。东亚分布有 10 属，全部为木本植物属，占全国 298 属的 3. 36%。其中我国西南部和东喜马拉雅山共有属 2 属，我国东部和日本共有属仅 1 属。

④中国特有分布属。仅 3 属，占戴云山自然保护区 18 属的 16. 67%，分别是少穗竹属、拟单性木兰属和杉木属，在海拔 900 ~1 100 m、1 300 ~1 400 m 区间有分布。

4. 属级区系成分海拔梯度格局

统计属的分布类型(表 4-9)，整个垂直梯度上，地位最重要的植物区系成分是热带成分，占 50. 83%，表明了戴云山南坡植物区系基本性质；其次是温带分布；中国特有属只见于几个梯度。热带分布属在海拔 900 ~1 500 m 区间占较大优势，在海拔 1 600 ~1 800 m 温带分布属占优势。

(1)世界分布属的海拔梯度分布特征

世界分布属在整个海拔梯度内没有太大变化，没有体现明显随海拔变化的规律。世界分布属主要属于草本，也有一些灌木(图 4-3、表 4-9)。

(2)热带分布属的海拔梯度分布特征

热带分布属在整个海拔梯度范围内，随海拔升高而先增后减，在海拔 1 700 ~1 800 m 范围出现最小值，所占比例最小。戴云山地处南亚热带与中亚热带过渡带，因此具较多泛热带分布属，在各梯度中占 29. 73% ~66. 67%。其他热带分布属在整个海拔梯度内分布没有明显规律，热带亚洲—大洋洲和热带美洲分布属在海拔 900 m 处、1 800 m 处出现；热带亚洲—热带非洲—热带美洲分布属出现在海拔 900 ~1 400 m；东亚及热带南美间断分布属没有出现在海拔 1 800 m 处，在海拔 1 300 m 处达到最多属数；旧世界热带分布属出现在海拔 900 ~1 400 m，在海拔 900 m 处有最多属数；热带亚洲与热带大洋洲分布属在整个海拔梯度内有明显断点，在海拔 1 600 m 和海拔 1 800 m 处没有出现，在海拔 1 800 m 处达到最多属数；热带亚洲至热带非洲分布属及其变型、热带亚洲分布及其变型的属在整个海拔梯度内均有明显断点(表 4-9、图 4-4)。

表 4-9　戴云山南坡维管束植物属分布区类型的海拔梯度格局

海拔梯度	广布属	热带分布属										温带分布属							中国特有属	
	1	2	2-1	2-2	3	4	5	6	6-2	7	7-1	7-4	8	8-4	9	10-1	14	14(SH)	14(SJ)	15
S1	2	12	1	1	1	5	2	0	1	4	0	1	2	2	7	1	3	1	0	1
比例/%	0. 260	0. 020	0. 020	0. 020	0. 110	0. 040	0	0. 020	0. 080	0	0. 020	0. 044	0. 044	0. 156	0. 0220	0. 067	0. 022	0	0. 022	
S2	4	10	0	1	4	1	5	1	1	5	2	2	7	1	5	0	3	0	0	2
比例/%	0. 200	0	0. 020	0. 080	0. 020	0. 100	0. 020	0. 020	0. 100	0. 040	0. 040	0. 140	0. 020	0. 100	0	0. 060	0	0	0. 040	
S3	2	11	0	1	4	4	4	2	0	8	2	1	4	1	5	0	2	0	1	3
比例/%	0. 200	0	0. 010	0. 070	0. 070	0. 070	0. 030	0	0. 150	0. 030	0. 010	0. 075	0. 019	0. 094	0	0. 038	0	0. 019	0. 050	
S4	2	11	0	1	3	1	3	0	1	6	1	0	5	1	6	0	3	0	0	0
比例/%	0. 260	0	0. 020	0. 070	0. 020	0. 070	0	0. 020	0. 140	0. 020	0	0. 119	0. 024	0. 143	0	0. 071	0	0	0	
S5	2	8	0	1	5	2	3	0	1	5	1	0	4	1	3	0	1	0	0	1
比例/%	0. 220	0	0. 020	0. 130	0. 050	0. 080	0	0. 020	0. 130	0. 020	0	0. 111	0. 028	0. 083	0	0. 028	0	0	0. 02	

（续）

海拔梯度	广布属	热带分布属										温带分布属							中国特有属	
	1	2	2-1	2-2	3	4	5	6	6-2	7	7-1	7-4	8	8-4	9	10-1	14	14(SH)	14(SJ)	15
S6	3	9	0	1	1	1	1	0	1	7	1	0	4	0	4	0	2	0	0	1
比例/%	0.270	0	0.030	0.030	0.030	0.030	0	0.030	0.210	0.030	0	0.121	0	0.121	0	0.061	0	0	0.030	
S7	2	5	0	0	1	0	1	0	1	1	0	0	4	1	1	0	1	0	0	0
比例/%	0.310	0	0	0.060	0	0.060	0	0.060	0.060	0	0	0.250	0.063	0.063	0	0.063	0	0	0	
S8	2	2	0	0	1	0	0	0	1	1	1	0	3	1	0	0	1	1	0	0
比例/%	0.160	0	0	0.080	0	0	0	0.080	0.080	0.080	0	0.250	0.083	0	0	0.083	0.083	0	0	
S9	4	1	0	0	1	0	1	0	0	0	0	0	3	0	0	1	1	1	0	0
比例/%	0.110	0	0	0.110	0	0.110	0	0	0	0	0	0.333	0	0	0.111	0.111	0.111	0	0	
S10	4	2	1	0	0	0	0	0	0	0	0	0	3	1	0	0	1	1	0	0
比例/%	0.220	0.110	0	0	0	0	0	0	0	0	0	0.333	0.111	0	0	0.111	0.111	0	0	

注：区系代码代表的分布区类型及变型参见表4-6。

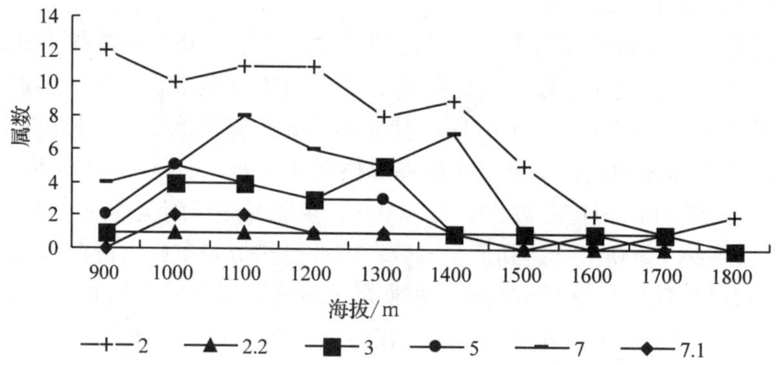

图4-4 戴云山南坡维管束植物各热带分布属的海拔梯度格局

(3)温带分布属的海拔梯度分布特征

整个温带区系成分比例随海拔升高而增加，尽管总体趋势随海拔升高而减少，但温带成分变型的海拔梯度变化不尽相同，其中北温带成分比例总趋势为随海拔升高而提高。东亚和北美洲间断分布及东亚分布比例总趋势是随海拔升高而降低，其中东亚和北美洲间断分布在海拔900 m处达最大值，占43.8%，东亚分布在海拔1 200 m和海拔1 400 m处达最大值，占20%(图4-5、表4-9)。

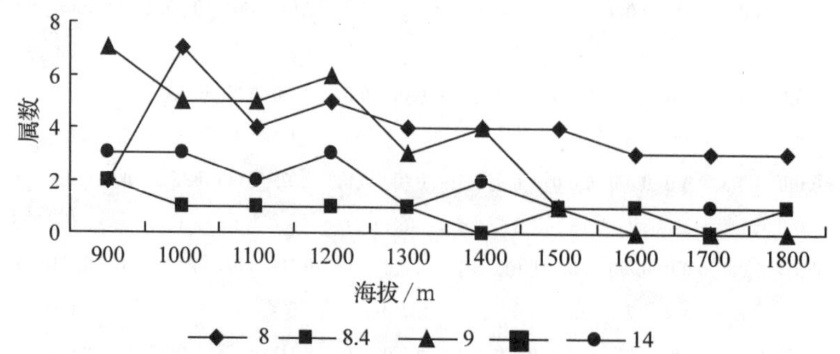

图4-5 戴云山南坡维管束植物各温带分布属的海拔梯度格局

(4)中国特有属的海拔梯度分布特征

在戴云山南坡维管束植物区系中，中国特有属在整个海拔梯度内呈非连续分布，无明显规律，在海拔900～1 100 m和海拔1 300～1 400 m区间有分布(表4-9)。

第二节 南坡植物群落结构海拔梯度特征

植物与植物之间、植物与环境之间的相互关系，这些相互关系的可见标志是群落中各种植物在空间、时间上的配置状况，即为植物群落结构，包括群落的垂直结构、水平结构和群落组成结构(王伯荪，1987；蒋有绪等，1998)。群落结构是其所有组分对生境长期的适应及作用于生境的综合表现，决定群落的一系列特征(王伯荪，1987；黄志森，2010)。

一、群落植物生活型海拔梯度格局

1. 群落植物生活型特征

生活型是植物对环境条件适应后在其生理、结构、尤其是外面形态上的一种具体反应，是群落外面特征的重要参数之一(Whittaker，1970；Mueller-Dombois et al.，1974；张木明等，2001)。相同生活型反映的是植物对环境具有相同或相似的要求和适应能力(高贤明等，1998)。一个地区植物生活型谱的组成与其生态环境的多样性密切相关(郭柯等，1998)。在生物进化过程中物种以相似的方式适应相似的自然地理环境条件，因此，亲缘很差的生物在相似的自然地理环境条件下会很相像，在形态上就表现出相似的外部特征(颜忠诚，2001)。根据C. Raunkiaer (1934)生活型系统，在植物活动处于最低潮季节，按更新芽距地表位置对苗端提供保护的程度划分，把维管束植物分为高芽位植物(Ph)、地上芽位植物(Ch)、地面芽植物(H)、地下芽植物(G)、1年生植物(T)5大类。

在戴云山南坡，植物生活型以高芽位植物为主(表4-10)，占85.56%；地下芽植物为5.76%；地上芽植物占3.66%；1年生植物占3.14%；地面芽植物最少，占1.57%。生活型大小序列为高芽位植物型>地下芽植物型>地上芽植物>1年生植物型>地面芽植物型，这种分布状况也说明，戴云山南坡地带是以森林植被占优势的特点。

在高位芽生活型10个小类群中(图4-6、表4-10)，以常绿小高芽位植物(Emiph)最多，占戴云山南坡全部植物生活型物种的47.12%，占高芽位植物生活型的54.88%；常绿中高芽位植物(Emeph)次之，占戴云山南坡全部植物生活型物种的15.18%，占高芽位植物生活型的17.68%；常绿矮高芽位植物(Enph)居第3，占戴云山南坡全部生活型物种的11.52%，占高芽位植物的13.41%，常绿藤本高芽位植物、落叶中高芽位植物、常绿大高芽位植物、落叶矮高芽位植物、落叶大高芽位植物、落叶小高芽位植物和落叶藤本高芽位植物分别占戴云山南坡全部生活型物种的4.19%、2.09%、1.57%、1.57%、1.05%、1.05%和0.52%，分别占高芽位植物的4.88%、2.44%、1.83%、1.83%、1.22%、1.22%和0.61%。

2. 群落植物生活型的海拔梯度变化

(1)植物生活型类群沿海拔梯度的变化

不同生活型植物对海拔的敏感程度不同，其生活型物种丰富度可能具有不同的海拔梯度格局(Hamilton et al.，1981；Wang et al.，2002)。戴云山南坡所处位置特殊，其生活型物种

表 4-10　戴云山南坡维管束植物生活型组成

生活型及代码		组成	
生活型类群	生活型亚类群	种数	比例/%
高位芽植物(Ph)	常绿大高芽位植物	3	1.57
	落叶大高芽位植物	2	1.05
	常绿中高芽位植物	29	15.18
	落叶中高芽位植物	4	2.09
	常绿小高芽位植物	90	47.12
	落叶小高芽位植物	2	1.05
	常绿矮高芽位植物	22	11.52
	落叶矮高芽位植物	3	1.57
	常绿藤本高芽位植物	8	4.19
	落叶藤本高芽位植物	1	0.52
	合计	164	85.86
地面芽植物(Ch)		3	1.57
地上芽植物(H)		7	3.66
地下芽植物(G)		11	5.76
1 年生植物(T)		6	3.14
总计		191	100

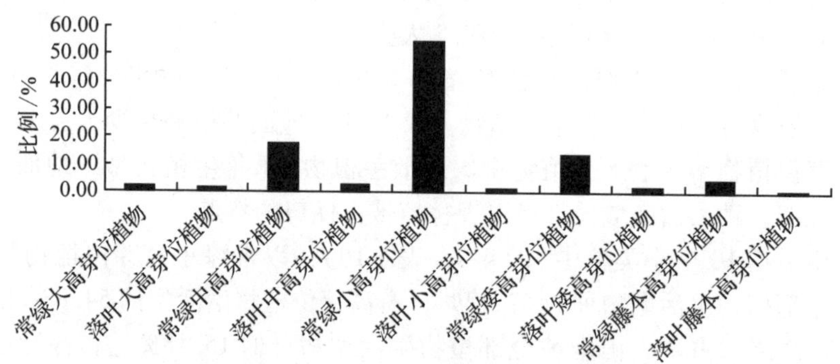

图 4-6　戴云山南坡高芽位植物生活型组成

丰富度对海拔响应也有差异(图 4-7)，其高位芽生活型物种在各个海拔梯度都占重要地位，占戴云山南坡全部生活型物种的56%～91%，随海拔升高先增后降；地下芽植物(G)生活型随海拔升高是先减后增，然后再减少，在整个海拔梯度内比例介于3.03%～12.5%；1 年生植物(Th)随海拔升高先减少后表现为总体增加趋势，在整个海拔梯度内介于 1.52%～13.33%；地上芽植物(Ch)生活型随海拔升高表现为先降后升，然后再降低的趋势，在整个海拔梯度内介于3.64%～18.75%；地面芽生活型物种在整个海拔梯度内呈非连续分布。从海拔 1 700 m 开始，高位芽生活型所占比例小于 50%，表明已不再具有森林特征，植被替换为灌丛群落。

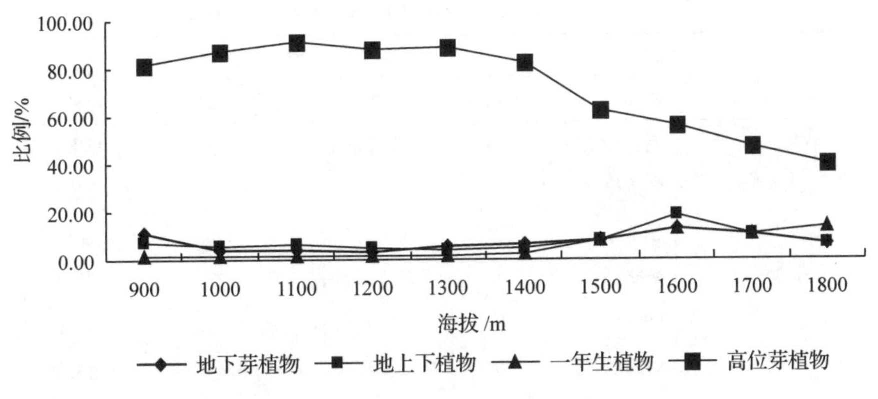

图 4-7　戴云山南坡植物生活型海拔梯度格局

(2)植物生活型谱沿海拔梯度的变化

在戴云山南坡海拔 900～1 200 m 区间，主要以常绿阔叶林为主，高位芽植物占多数，为群落主要组分，地下芽植物次之；海拔 1 300～1 400 m区间的常绿阔叶林与落叶阔叶林混交林，高位芽植物略有增加，地下芽植物与 1 年生植物减少；海拔 1 500～1 600 m 区间的针阔混交林中，高位芽植物减少，地上芽植物增加；海拔1 700～1 800 m 区间的灌丛群落中，高位芽植物明显减少，1 年生植物增加，反映出该高度段趋于冷湿的生境有利于 1 年生植物生长发育。

二、群落物种数量特征海拔梯度格局

由于植物种类不同，群落类型和结构不相同，可根据各个种在群落中作用而划分群落成员类型(赵永华等，2003)，群落种类组成的数量特征是近代群落分析技术的基础。根据植物群落生态学研究方法，对戴云山南坡植物群落物种数量特征进行统计，数量特征包括多度、盖度、频度、重要值等指标。植物群落数量特征反映了各个物种在群落中的地位，其在样地中的数量反映生存状况及所起作用，通常以重要值表达。

乔木层植物重要值计算方法参见第三章第三节。

灌木层和草本层植物重要值：

$$IV = (\text{相对高度} + \text{相对盖度} + \text{相对多度})/3 \tag{4-1}$$

每种植物在群落中重要值等于其在所在层中重要值除以群落层数，如 1 个灌丛群落只有灌木层和草本层，则某种草本植物在群落中重要值等于其在草本层中重要值除以 2。

1. 乔木层物种数量特征及海拔梯度变化

(1)相对密度

由于南坡物种较多，为便于分析，用相对密度在 1.0 以上的组成物种进行分析，研究表明(表 4-11)，除了海拔 900 m 和 1 000 m 处以毛竹为主外，其余各个海拔梯度占主要的物种皆不同，从海拔 1 100 m 到 1 500 m 分别以少叶黄杞、杉木、罗浮栲、多脉青冈和黄山松为主，相对密度分别是 17.9、20、31.2、20.7 和 91；随着海拔升高，物种数先从 4 种增加到 26 种，然后再减少到 6 种；海拔 1 600 m 以上没有乔木分布。

表 4-11 戴云山南坡不同海拔群落乔木层相对密度

S1		S2		S3		S4	
物种	相对密度	物种	相对密度	物种	相对密度	物种	相对密度
毛竹	69.90	毛竹	73.00	少叶黄杞	17.90	杉木	20
杉木	22.60	少叶黄杞	4.73	甜槠	17.90	毛竹	16
红皮糙果茶	6.16	杉木	4.05	大果马蹄荷	6.70	红皮糙果茶	8
马尾松	1.37	米槠	3.38	黄丹木姜子	6.70	甜槠	7
		马尾松	2.03	密花树	5.03	云山青冈	7
		青榨槭	2.03	罗浮栲	3.35	鹿角杜鹃	6
		蕈树	2.03	深山含笑	3.35	罗浮栲	5
		黄山松	2.03	硬斗石栎	3.35	木荷	5
		罗浮栲	2.03	红楠	3.35	硬斗石栎	5
		厚皮香	1.35	鹿角杜鹃	3.35	马银花	4
		吊钟花	1.35	多花山竹子	2.79	虎皮楠	3
				米槠	2.79	红楠	2
				红叶树	1.68	木蜡树	2
				杉木	1.68	罗浮柿	2
				台湾冬青	1.68	大花枇杷	1
				光叶山矾	1.12	光叶山矾	1
				福建柏	1.12	黄丹木姜子	1
				猴欢喜	1.12	马尾松	1
				刺毛杜鹃	1.12	米饭花	1
				峨眉鼠刺	1.12	深山含笑	1
				显脉冬青	1.12	薯豆	1
				青冈	1.12	树参	1
				厚皮香	1.12		
				马银花	1.12		
				薯豆	1.12		
				树参	1.12		

S5		S6		S7	
物种	相对密度	物种	相对密度	物种	相对密度
罗浮栲	31.20	多脉青冈	20.70	黄山松	91.00
马银花	11.30	黄山松	14.10	东方古柯	2.25
杉木	8.06	山茶属 1 种	12.80	大萼杨桐	2.25
薯豆	7.53	马银花	12.30	红楠	2.25
硬斗石栎	6.45	吊钟花	5.73	小果南烛	1.12
黄丹木姜子	5.34	鹿角杜鹃	4.41	羊舌树	1.12

（续）

S5		S6		S7	
物种	相对密度	物种	相对密度	物种	相对密度
红楠	3.23	罗浮栲	4.41		
台湾冬青	3.23	大萼杨桐	3.96		
赤楠	2.69	硬斗石栎	3.08		
乌药	2.69	乌药	3.08		
深山含笑	2.69	木荷	2.64		
树参	2.15	尖叶假蚊母树	2.20		
吊钟花	1.61	巴东栎	2.20		
黄背越橘	1.61	甜槠	1.32		
木荷	1.08	东方古柯	1.32		
槭树属 1 种	1.08				
香叶树	1.08				
樱属 1 种	1.08				
鹿角杜鹃	1.08				

（2）相对频度

用相对频度大于 2.0 的物种进行分析表明（表 4-12），相对频度大于 2.0 的物种数量随海拔升高而变化的总体趋势是先增加后减少，由海拔 900 m 的 4 种增加到海拔 1 200 m 的 22 种，在海拔 1 300 m 减少为 15 种，随后在海拔 1 400 m 是 17 种，在 1 500 m 减少为 6 种。在各个海拔出现频度最大的物种分别是毛竹（33.3）、毛竹（23.1）、大果马蹄荷（6.98）、硬斗石栎（11.4）、罗浮栲（9.68）、多脉青冈（9.52）和黄山松（46.2）。在海拔 1 100 m 到海拔 1 400 m 物种出现的频度相对分散，其中在海拔 1 100 m 时相对频度排在前 5 位的物种分别是大果马蹄荷、少叶黄杞、深山含笑、黄丹木姜子和密花树；在海拔 1 200 m 相对频度排在前 5 位的物种分别是硬斗石栎、红皮糙果茶、杉木、云山青冈和罗浮栲；在海拔 1 300 m 相对频度排在前 5 位的物种分别是罗浮栲、硬斗石栎、杉木、黄丹木姜子和马银花；在海拔 1 400 m 相对频度排在前 6 位的分别是多脉青冈、马银花、山茶属 1 种、鹿角杜鹃、硬斗石栎和黄山松。

表 4-12　戴云山南坡不同海拔群落乔木层相对频度

S1		S2		S3		S4	
物种	相对频度	物种	相对频度	物种	相对频度	物种	相对频度
毛竹	33.30	毛竹	23.10	大果马蹄荷	6.98	硬斗石栎	11.40
杉木	33.30	少叶黄杞	15.40	少叶黄杞	6.98	红皮糙果茶	9.09
红皮糙果茶	22.20	马尾松	7.69	深山含笑	6.98	杉木	9.09
马尾松	11.10	米槠	7.69	黄丹木姜子	5.81	云山青冈	9.09
		青榨槭	7.69	密花树	5.81	罗浮栲	6.82
		杉木	7.69	罗浮栲	4.65	红楠	4.55
		甜槠	3.85	甜槠	4.65	虎皮楠	4.55

（续）

S1		S2		S3		S4	
物种	相对频度	物种	相对频度	物种	相对频度	物种	相对频度
		蕈树	3.85	红楠	4.65	鹿角杜鹃	4.55
		吊钟花	3.85	多花山竹子	3.49	毛竹	4.55
		黄山松	3.85	米槠	3.49	木蜡树	4.55
		罗浮栲	3.85	硬斗石栎	3.49	甜槠	4.55
				红叶树	3.49	罗浮柿	4.55
				台湾冬青	3.49	大花枇杷	2.28
				鹿角杜鹃	3.49	光叶山矾	2.28
				福建柏	2.33	黄丹木姜子	2.28
				猴欢喜	2.33	马尾松	2.28
				刺毛杜鹃	2.33	马银花	2.28
				厚皮香	2.33	米饭花	2.28
				薯豆	2.33	木荷	2.28
				树参	2.33	深山含笑	2.28
						薯豆	2.28
						树参	2.28

S5		S6		S7	
物种	相对频度	物种	相对频度	物种	相对频度
罗浮栲	9.68	多脉青冈	9.52	黄山松	46.20
硬斗石栎	9.68	马银花	9.52	大萼杨桐	15.40
杉木	8.06	山茶属1种	9.52	红楠	15.40
黄丹木姜子	6.45	鹿角杜鹃	6.35	东方古柯	7.69
马银花	6.45	硬斗石栎	6.35	小果南烛	7.59
赤楠	4.84	黄山松	6.35	羊舌树	7.69
薯豆	4.84	大萼杨桐	4.76		
红楠	4.84	吊钟花	4.76		
台湾冬青	4.84	乌药	4.76		
吊钟花	3.23	巴东栎	4.76		
树参	3.23	木荷	4.76		
木荷	3.23	罗浮栲	3.17		
乌药	3.23	甜槠	3.17		
香叶树	3.23	光亮山矾	3.17		
樱属1种	3.23	东方古柯	3.17		
		薯豆	3.17		
		香粉叶	3.17		

(3)重要值

用重要值大于2.0的物种进行分析表明(表4-13)，重要值大于2.0的物种数量在各海拔梯度依次是4种、10种、15种、14种、12种、14种和6种；各海拔梯度重要值最大的物种分别是毛竹、毛竹、少叶黄杞、硬斗石栎、罗浮栲、多脉青冈、黄山松；在海拔900 m重要值大于5.0的物种是毛竹、杉木、红皮糙果茶和马尾松，重要值分别是46.4、36.1、9.98和7.38；在海拔1 000 m重要值大于5.0的物种分别是毛竹、红楠、厚皮香、杉木、少叶黄杞和黄山松，重要值分别是43.6、11.1、7.09、6.94、6.89和5.07；在海拔1 100 m重要值大于5.0的物种分别是少叶黄杞、甜槠、红楠、大果马蹄荷、黄丹木姜子和米槠，重要值分别是10.9、9.98、8.79、8.58、7.2和6.8；在海拔1 200 m重要值大于5.0的物种分别是硬斗石栎、杉木、罗浮栲、云山青冈、毛竹、甜槠和红皮糙果茶，重要值分别是13.0、12.3、12.3、10.5、8.44、8.11和6.14；在海拔1 300 m重要值大于5.0的物种分别是罗浮栲、杉木、硬斗石栎、马银花和台湾冬青，重要值分别是25.6、10.5、9.02、7.68和5.14；在海拔1 400 m重要值大于5.0的物种分别是多脉青冈、黄山松、山茶属1种、罗浮栲、马银花和木荷，重要值分别是16.5、15.1、8.66、8.5、8.31和5.46；在海拔1 500 m重要值大于5.0的物种分别是黄山松、红楠和大萼杨桐，重要值分别是76.5、7.81和6.01。

表4-13　戴云山南坡不同海拔群落乔木层重要值

S1		S2		S3		S4	
物种	重要值	物种	重要值	物种	重要值	物种	重要值
毛竹	46.60	毛竹	43.60	少叶黄杞	10.90	硬斗石栎	13.00
杉木	36.10	红楠	11.10	甜槠	9.98	杉木	12.30
红皮糙果茶	9.98	厚皮香	7.09	红楠	8.79	罗浮栲	12.30
马尾松	7.38	杉木	6.94	大果马蹄荷	8.58	云山青冈	10.50
		少叶黄杞	6.89	黄丹木姜子	7.20	毛竹	8.44
		黄山松	5.07	米槠	6.80	甜槠	8.11
		米槠	3.80	密花树	4.67	红皮糙果茶	6.14
		马尾松	3.35	罗浮栲	4.07	鹿角杜鹃	3.77
		青榨槭	3.29	深山含笑	3.95	木荷	3.66
		罗浮栲	2.06	多花山竹子	3.44	罗浮柿	2.71
				硬斗石栎	2.70	虎皮楠	2.62
				青冈	2.65	木蜡树	2.40
				鹿角杜鹃	2.60	红楠	2.29
				台湾冬青	2.38	马银花	2.27
				杉木	2.06		

S5		S6		S7	
物种	重要值	物种	重要值	物种	重要值
罗浮栲	25.60	多脉青冈	16.50	黄山松	76.5
杉木	10.50	黄山松	15.10	红楠	7.81
硬斗石栎	9.02	山茶属1种	8.66	大萼杨桐	6.01

（续）

S5		S6		S7	
物种	重要值	物种	重要值	物种	重要值
马银花	7.68	罗浮栲	8.50	东方古柯	3.52
台湾冬青	5.14	马银花	8.31	羊舌树	3.17
薯豆	4.80	木荷	5.46	小果南烛	3.01
红楠	4.55	鹿角杜鹃	4.44		
木荷	4.29	吊钟花	4.08		
黄丹木姜子	4.23	硬斗石栎	4.01		
赤楠	2.79	巴东栎	3.38		
树参	2.29	大萼杨桐	3.20		
乌药	2.02	乌药	2.73		
		薯豆	2.58		
		甜槠	2.26		

2. 灌木层物种数量特征及海拔梯度变化

用重要值大于2.0的组成物种进行分析表明(表4-14)，重要值大于2.0的物种数量在中海拔最多，在低海拔和高海拔均较少，即在海拔900 m重要值大于2.0的物种为8种，在海拔1 300 m重要值大于2.0的物种为18种，在较高海拔1 700 m重要值大于2.0的物种为7种；从海拔900 m到海拔1 800 m，各海拔梯度重要值最大的物种分别是红皮糙果茶、肿节少穗竹、肿节少穗竹、朱砂根、罗浮栲、乌药、满山红、满山红、岩柃和岩柃；在海拔900 m重要值大于5.0的物种有红皮糙果茶、毛冬青、檵木和黄瑞木，其重要值分别是52.6、6.27、5.39和5.27；在海拔1 000 m重要值大于5.0的物种有肿节少穗竹和少叶黄杞，其重要值分布是44.1和11.3；在海拔1 100 m重要值大于5.0的物种有肿节少穗竹、少叶黄杞和甜槠，其重要值分别是26.9、11.6和7.92；在海拔1 200 m重要值大于5的物种有朱砂根、红皮糙果茶、杉木、乌药、罗浮栲和木荷，其重要值分别是14.2、10.8、8.07、7.72、5.64和5.37；在海拔1 300 m重要值大于5.0的物种有罗浮栲、油茶、草珊瑚、吊钟花、朱砂根、乌药和窄基红褐柃，其重要值分别是10.8、8.71、6.2、5.85、5.8、5.44和5.11；在海拔1 400 m重要值大于5.0的物种有乌药、肿节少穗竹、岗柃、山茶属1种、吊钟花和大萼杨桐，其重要值分别是12.8、11.9、11.5、11.3、10.8、6.33；在海拔1 500 m重要值大于5.0的物种有满山红、华丽杜鹃、小果南烛、岗柃、鸭脚茶、大萼杨桐和黄山松，其重要值分别是32.2、19.9、9.95、9.33、6.59、5.25和5.16；在海拔1 600 m重要值大于5.0的物种分别是满山红、岩柃、黄山松、岗柃、鸭脚茶，其重要值分别是23.9、22.9、17.6、15.5和14.8；在海拔1 700 m重要值大于5.0的物种分别是岩柃、华丽杜鹃、短尾越橘和岗柃，其重要值分别是42.8、22.8、11.7和6.84；在海拔1 800 m重要值大于5.0的物种分别是岩柃、短尾越橘、华丽杜鹃、满山红和岗柃，其重要值分别是38.8、20.8、15.9、10.4和9.96。

表 4-14　戴云山南坡不同海拔群落灌木层重要值

S1		S2		S3		S4		S5	
物种	重要值	物种	重要值	物种	重要值	物种	重要值	物种	重要值
红皮糙果茶	52.6	肿节少穗竹	44.10	肿节少穗竹	26.90	朱砂根	14.20	罗浮栲	10.80
毛冬青	6.27	少叶黄杞	11.3	少叶黄杞	11.56	红皮糙果茶	10.80	油茶	8.71
檵木	5.39	红皮糙果茶	3.24	甜槠	7.92	杉木	8.07	草珊瑚	6.20
黄瑞木	5.27	木荷	3.10	密花树	4.36	乌药	7.72	吊钟花	5.85
青冈	3.28	密花树	2.86	黄丹木姜子	4.06	罗浮栲	5.64	朱砂根	5.80
杉木	3.13	吊钟花	2.73	罗浮栲	3.31	木荷	5.37	乌药	5.44
沿海紫金牛	3.04	黄丹木姜子	2.34	多花山竹子	2.88	马银花	4.61	窄基红褐柃	5.11
枫香	2.19			粗叶木属 1 种	2.73	甜槠	3.59	梅叶冬青	4.90
				榄绿粗叶木	2.65	黄瑞木	3.24	黄栀子	4.88
				刺毛杜鹃	2.26	短尾越橘	3.18	硬斗石栎	4.43
				草珊瑚	2.20	云山青冈	2.22	紫珠属 1 种	4.28
				厚皮香	2.11	红楠	2.08	肿节少穗竹	3.31
								马银花	3.31
								黄背越橘	3.10
								赤楠	2.63
								红楠	2.5
								黄丹木姜子	2.44
								小叶赤楠	2.25

S6		S7		S8		S9		S10	
物种	重要值	物种	重要值	物种	重要值	物种	重要值	物种	重要值
乌药	12.8	满山红	32.2	满山红	23.9	岩柃	42.8	岩柃	38.8
肿节少穗竹	11.9	华丽杜鹃	19.9	岩柃	22.9	华丽杜鹃	22.8	短尾越橘	20.8
岗柃	11.5	小果南烛	9.95	黄山松	17.6	短尾越橘	11.7	华丽杜鹃	15.9
山茶属 1 种	11.3	岗柃	9.33	岗柃	15.5	岗柃	6.84	满山红	10.4
吊钟花	10.8	鸭脚茶	6.59	鸭脚茶	14.8	格药柃	4.82	岗柃	9.96
大萼杨桐	6.33	大萼杨桐	5.25	三花冬青	2.15	三颗针	2.62		
马银花	4.97	黄山松	5.16			鸭脚茶	2.07		
台湾冬青	3.61	窄基红褐柃	3.41						
香粉叶	3	格药柃	2.72						
多脉青冈	2.98								
刺叶樱	2.65								
窄基红褐柃	2.28								
红楠	2.12								

第三节　南坡植物种群生态位海拔梯度特征

一、生态位测度

以样方作为资源状态，以物种重要值为指标分析戴云山南坡群落主要种群的生态位宽度和生态位重叠。

1. 生态位宽度

生态位宽度是指度量植物种群对资源环境利用状况的尺度，种群生态位宽度越大，它对环境适应能力越强，对资源利用越充分。生态位宽度采用 Levins(1968)和 Hurlbert(1978)的生态位宽度公式计算。

Levins 生态位宽度：

$$B_i = -\sum_{j=1}^{r} P_{ij}\log P_{ij} \tag{4-2}$$

式中，B_i为种 i 的生态位宽度；r 为资源位数量(样地数)；P_{ij}代表种 i 在第 j 资源状态上的重要值占其在所有资源位上重要值的百分比。上述方程具有值域[0，log$r$]。

Hurlbert 生态位宽度：

$$B_a = (B_i - 1)/(r-1) \tag{4-3}$$

式中，$B_i = 1/\sum_{j=1}^{r} P_{ij}^2$；$P_{ij}$和 r 的含义同上式。其值域为[0，1]。

2. 生态位重叠

生态位重叠是指两个种在与生态因子联系上具有相似性，当两个物种利用同一种资源或共同占有某一资源时，就会出现生态位重叠现象(尚玉昌等，1995；刘金福等，1999)。从同类型资源和多类型资源的综合利用两个方面考虑，测定植物群落中种群对资源利用的生态位宽度和种群间生态位重叠，直接以重要值为自变量代入 Levins 式(4-2)所求得的结果能更好地表达群落优势种生态位对比关系的客观情况(彭少麟等，1990；任青山，2002；史作民等，2002)。选取 Pianka 测度指数测度群落主要种群间的生态位重叠。

Pianka 测度指数：

$$O_{ij} = \frac{\sum_{k=1}^{r} P_{ik}P_{jk}}{\sqrt{\sum_{k=1}^{r} P_{ik}{}^2 \sum_{k=1}^{r} P_{jk}{}^2}} \tag{4-4}$$

式中，O_{ij}为物种 i 和物种 j 间的重叠比例；r 为资源位数量(样地数)；P_{ik}代表种 i 在第 k 资源状态上的重要值占其在所有资源位上重要值的百分比；P_{jk}代表种 j 在第 k 资源状态上的重要值占其在所有资源位上重要值的百分比。

3. 生态位相似比例

生态位相似比例是指两个物种利用资源的相似性程度。其计算公式为：

$$C_{ih} = 1 - \frac{1}{2}\sum_{j=1}^{r} |P_{ij} - P_{hj}| = \sum_{j=1}^{r} \min(P_{ij}, P_{hj}) \tag{4-5}$$

式中，C_{ih}为物种 i 与物种 h 的生态位相似程度，且具有 $C_{ih} = C_{hi}$，具有域值[0，1]；P_{ij}、P_{hj}分别为物种 i 和物种 h 在资源位 j 上的重要值百分率。

二、乔木层植物种群生态位海拔梯度格局

1. 乔木层植物重要值

依戴云山南坡7个海拔梯度植物群落样地资料计算乔木层主要植物物种重要值(表4-15)，表明在低海拔以毛竹占优势，高海拔以黄山松占优势，中海拔以常绿阔叶植物占优势；在7个资源位中，毛竹重要值之和为98.7，占所有种群重要值之和的14.1%，其在海拔900 m和1 000 m重要值最大，分别是46.6和43.6；黄山松在海拔1 500 m重要值最大，为76.5。此外，杉木和罗浮栲在7个资源位中占有较大优势，其重要值之和分别为67.8和52.6，分别占全部种群重要值的9.69%和7.5%。而其他种群重要值之和均较小。

表4-15 戴云山南坡乔木层植物重要值海拔梯度格局

物种	海拔梯度							重要值之和
	S1	S2	S3	S4	S5	S6	S7	
毛竹	46.57	43.64		8.44				98.65
黄山松		5.07				15.12	76.48	96.67
杉木	36.07	6.94	2.06	12.28	10.46			67.81
罗浮栲		2.06	4.07	12.28	25.64	8.50		52.55
红楠		11.09	8.79	2.29	4.55	1.55	7.81	36.08
硬斗石栎			2.70	12.98	9.02	4.01		28.71
甜槠		1.53	9.98	8.11		2.26		21.88
马银花			1.28	2.27	7.68	8.31		19.54
少叶黄杞		6.89	10.89					17.78
多脉青冈						16.51		16.51
红皮糙果茶	9.98			6.14				16.12
木荷				3.66	4.29	5.46		13.41
黄丹木姜子			7.21	1.17	4.26			12.64
鹿角杜鹃			2.60	3.77	1.54	4.44		12.35
马尾松	7.38	3.35		1.60				12.33
米槠		3.80	6.80					10.60
云山青冈				10.47				10.47
大萼杨桐					0.85	3.20	6.01	10.06

2. 乔木层植物生态位宽度

统计戴云山南坡乔木层主要植物生态位宽度(表4-16)表明，采用Levins和Hurlbert两种测度生态位宽度方法其结果基本一致。10个优势种群生态位宽度B_i值按大小顺序依次为红楠、罗浮栲、杉木、硬斗石栎、马银花、甜槠、毛竹、少叶黄杞、黄山松和多脉青冈，其生态位宽度B_i值分别为0.699、0.569、0.553、0.530、0.504、0.498、0.402、0.290、0.274和0.000。在戴云山南坡，红楠对资源利用程度最高，其B_i值和B_a值分别是0.699和0.583；紧随其后的是罗浮栲，其B_i值和B_a值分别是0.569和0.344；对资源利用能力最低的是多脉青冈，其B_i值和B_a值皆为0。重要值之和大且在资源位中分布频度越大，其生态位也较大，

而重要值之和大但分布不均匀的种群生态位宽度不一定大，如红楠重要值之和均比毛竹、黄山松、杉木和罗浮栲小，仅为36.1，而红楠生态位宽度 B_i 值为最大，为0.699。种群生态位宽度与资源位重要值分布的均匀程度有关，重要值之和大、在各资源位中分布均匀，其生态位宽度就大，如黄山松在7个资源位中有3个重要值相差较大，其 B_i 值也相当小，仅为0.274。此外，只在1个资源位分布的种群，其生态位宽度最小，B_i 和 B_a 均为0。

表 4-16　戴云山南坡乔木层植物生态位宽度

物种	B_a	B_i	物种	B_a	B_i
毛竹	0.225	0.402	硬斗石栎	0.336	0.530
黄山松	0.089	0.274	甜槠	0.295	0.498
杉木	0.308	0.553	马银花	0.305	0.504
罗浮栲	0.344	0.569	少叶黄杞	0.151	0.290
红楠	0.583	0.699	多脉青冈	0.000	0.000

3. 乔木层植物生态位重叠

由表4-17可知，具有生态位重叠的种对是42对，占总对数的97.7%；硬斗石栎与罗浮栲生态位重叠最大，达0.868，说明两者在戴云山南坡乔木层植物中利用资源模式最相似。杉木和毛竹生态位重叠也较大，达0.802，两物种皆在低海拔出现，说明在低海拔处毛竹与杉木利用资源模式较相似；其他生态位重叠大于0.500的有少叶黄杞与红楠、马银花与硬斗石栎、甜槠与硬斗石栎、少叶黄杞与甜槠、多脉青冈与马银花和甜槠与红楠，其生态位重叠分别是0.713、0.699、0.675、0.666、0.621和0.536，这些物种间存在激烈竞争。另外，多脉青冈与毛竹、杉木和少叶黄杞间生态位重叠为0，说明这些种利用资源方式不同，生存环境差异明显。同时，生态位宽度大的物种，与其他种生态位重叠却不一定大，如生态位宽度较大的红楠与其他种的生态位重叠在0.043～0.868，这是由于生态位宽度仅表示一个种群在资源轴上地占据能力，即表示种对间共存或竞争关系(杨利民等，2002)。重叠值越大生态学特性就越相似，或在同一空间内生态需求互补性越强(Wang，1997)。

表 4-17　戴云山南坡乔木层植物生态位重叠

物种	毛竹	黄山松	杉木	罗浮栲	红楠	硬斗石栎	甜槠	马银花	少叶黄杞	多脉青冈
毛竹	1.000	0.043	0.802	0.098	0.434	0.108	0.168	0.027	0.363	0.000
黄山松		1.000	0.011	0.056	0.444	0.043	0.041	0.131	0.035	0.189
杉木			1.000	0.365	0.245	0.391	0.256	0.241	0.133	0.000
罗浮栲				1.000	0.426	0.868	0.423	0.867	0.145	0.244
红楠					1.000	0.349	0.536	0.330	0.713	0.064
硬斗石栎						1.000	0.675	0.699	0.129	0.204
甜槠							1.000	0.346	0.666	0.159
马银花								1.000	0.098	0.621
少叶黄杞									1.000	0.000
多脉青冈										1.000

4. 乔木层植物生态位相似性比例

统计戴云山南坡乔木层主要植物的生态位相似比例(表4-18)，相似比例在0.5以上的共有7对，占全部对数的7.78%，说明戴云山南坡乔木层主要植物种群间相似性比较值相对小。生态位最宽的红楠与其他乔木层树种生态位相似比例在0.039~0.546，与生态位宽的树种如少叶黄杞、马银花和甜槠生态位相似程度最大，与它们的相似比例分别是0.546、0.307和0.413，而与生态位宽度窄的多脉青冈相似程度小，与其相似比例为0.039。生态位宽度大的种群与其他种群间相似性比例较大，而生态位宽度小的种群与其他种群间相似性比例较小，如马银花与罗浮栲生态位宽度较大，其生态位相似比例达0.744；而多脉青冈由于其生态位宽度最小，其与其他种群生态位相似比例都较小。生态位相似性比例分配格局(图4-8)表明种群的生态位相似性比例值在0~0.8，其中0.1~0.2最多，占全部种对的26.67%。

表4-18　戴云山南坡乔木层植物生态位相似比例

物种	毛竹	黄山松	杉木	罗浮栲	红楠	硬斗石栎	甜槠	马银花	少叶黄杞	多脉青冈
毛竹	1.000	0.052	0.659	0.125	0.366	0.088	0.159	0.088	0.390	0.000
黄山松		1.000	0.052	0.193	0.309	0.136	0.160	0.156	0.052	0.156
杉木			1.000	0.403	0.329	0.366	0.283	0.304	0.132	0.000
罗浮栲				1.000	0.351	0.756	0.456	0.744	0.114	0.162
红楠					1.000	0.328	0.413	0.307	0.546	0.039
硬斗石栎						1.000	0.585	0.634	0.091	0.136
甜槠							1.000	0.297	0.505	0.108
马银花								1.000	0.070	0.418
少叶黄杞									1.000	0.000
多脉青冈										1.000

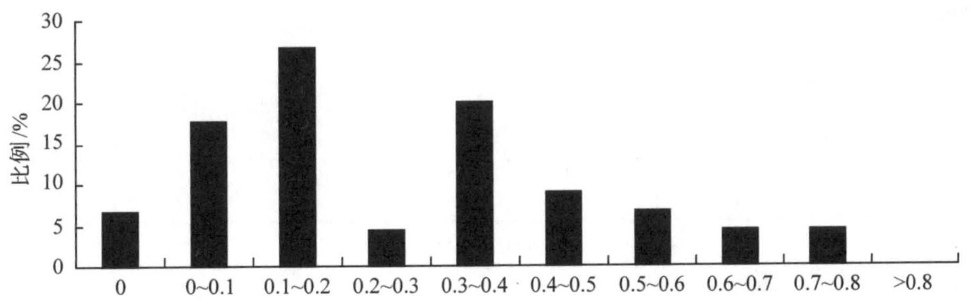

图4-8　戴云山南坡乔木层植物生态位相似比例分配

三、灌木层植物种群生态位海拔梯度格局

1. 灌木层植物重要值

统计戴云山南坡各海拔梯度灌木层主要物种重要值(表4-19)表明，不同海拔梯度灌木层不同物种重要值变化明显不同。重要值之和大于50的有岩柃、肿节少穗竹、满山红、红皮糙果茶、华丽杜鹃和岗柃，其重要值之和分别是106.17、86.23、67.95、66.68、60.77和56.44。岩柃重要值之和是所有植物中最大的，但在低海拔没有分布，在中海拔各梯度也不占

优势，仅在高海拔占优势。岗柃在各海拔梯度出现次数最多，达9次；山茶属1种出现次数最少，仅为1次，其重要值之和为11.34。

表4-19 戴云山南坡灌木层植物重要值海拔梯度格局

物种	海拔梯度										重要值之和
	S1	S2	S3	S4	S5	S6	S7	S8	S9	S10	
岩柃							1.70	22.88	42.75	38.84	106.17
肿节少穗竹		44.06	26.93		3.31	11.93					86.23
满山红							32.19	23.88	1.52	10.36	67.95
红皮糙果茶	52.63	3.24		10.81							66.68
华丽杜鹃	1.07			0.91			19.91	0.22	22.77	15.89	60.77
岗柃		0.32	0.27	1.59	1.12	11.47	9.33	15.54	6.84	9.96	56.44
短尾越橘	1.36			3.18	0.37		1.53	1.61	11.75	20.79	40.59
乌药	0.13	0.67	0.29	7.72	5.44	12.82					27.07
黄山松							5.16	17.61	1.26	1.68	25.71
鸭脚茶	0.84					0.46	6.59	14.84	2.07		24.80
少叶黄杞		11.35	11.55								22.90
罗浮栲		1.72	3.31	5.64	10.83	1.16					22.66
朱砂根	0.18			14.21	5.80						20.19
吊钟花		2.73			5.85	10.80					19.38
窄基红褐柃	0.28	1.09	0.36	0.86	5.11	2.28	3.41		1.24		14.63
大萼杨桐		0.99			0.68	6.33	5.25	0.91			14.16
马银花				4.61	3.31	4.97					12.89
甜槠	0.28	0.53	7.92	3.59							12.32
黄瑞木	5.27	1.70		3.24	1.86						12.07
杉木	3.13	0.16		8.07							11.36
山茶属1种						11.34					11.34
草珊瑚			2.20	1.79	6.20	0.53					10.72
黄丹木姜子		2.34	4.06	1.27	2.44						10.11

2. 灌木层植物生态位宽度

统计戴云山南坡乔木层主要灌木植物生态位宽度(表4-20)表明，采用Levins和Hurlbert两种测度生态位宽度方法，其结果有一定差别。23个物种B_i值按大小顺序排列，前10位依次是岗柃、窄基红褐柃、罗浮栲、短尾越橘、黄丹木姜子、黄瑞木、华丽杜鹃、大萼杨桐、乌药和岩柃，其B_i值分别为0.769、0.752、0.577、0.569、0.569、0.555、0.538、0.537、0.521和0.491；B_a值排列前10位依次是岗柃、窄基红褐柃、黄丹木姜子、黄瑞木、华丽杜鹃、罗浮栲、马银花、岩柃、乌药和大萼杨桐，其B_a值分别是0.469、0.398、0.274、0.251、0.240、0.236、0.213、0.213、0.209和0.207。岗柃在戴云山南坡各海拔梯度群落中分布最广，对各类资源利用能力最强，而对资源利用能力最弱的是山茶属1种。

表 4-20　戴云山南坡灌木层植物生态位宽度

物种	B_a	B_i	物种	B_a	B_i
1 岩柃	0.213	0.491	13 朱砂根	0.081	0.281
2 肿节少穗竹	0.182	0.480	14 吊钟花	0.152	0.418
3 满山红	0.188	0.475	15 窄基红褐柃	0.398	0.752
4 红皮糙果茶	0.059	0.273	16 大萼杨桐	0.207	0.537
5 华丽杜鹃	0.240	0.538	17 马银花	0.213	0.471
6 岗柃	0.469	0.769	18 甜槠	0.111	0.375
7 短尾越橘	0.201	0.569	19 黄瑞木	0.251	0.555
8 乌药	0.209	0.521	20 杉木	0.080	0.286
9 黄山松	0.104	0.393	21 山茶属 1 种	0.000	0.000
10 鸭脚茶	0.143	0.458	22 草珊瑚	0.162	0.473
11 少叶黄杞	0.111	0.301	23 黄丹木姜子	0.274	0.569
12 罗浮栲	0.236	0.577			

3. 灌木层植物生态位重叠

由表 4-21 可知，具有生态位重叠的种对是 194 对，占总对数的 76.7%，生态位重叠为 0 的有 59 对，占总对数的 23.3%，生态位重叠大于 0.500 的有 53 对，占总对数的 20.9%，其中生态位重叠大于 0.800 的有 10 对，占总对数的 4.0%，这 10 对分别是鸭脚茶与黄山松、马银花与乌药、少叶黄杞与肿节少穗竹、草珊瑚与罗浮栲、短尾越橘与岩柃、杉木与朱砂根、吊钟花与乌药、鸭脚茶与满山红、黄瑞木与红皮糙果茶、黄丹木姜子与少叶黄杞，其重叠值分别是 0.980、0.979、0.934、0.962、0.894、0.864、0.848、0.836、0.828 和 0.802，说明这些物种间在戴云山南坡灌木层具有相似的资源利用模式，存在激烈竞争。此外，还有 59 对不重叠种，说明在戴云山南坡，经过长期的生境选择和种间竞争，多数灌木种占据着相对独立的资源状态。与乔木层一样，生态位宽度大的种，与其他种的生态位重叠不一定就大，如生态位宽度最大的岗柃，与其他种重叠值在 0.011 ~ 0.734。

4. 灌木层植物生态位相似性比例

戴云山南坡灌木层主要植物生态位相似比例在 0.5 以上的共有 37 对，占全部对数的 7.31%，说明戴云山南坡灌木层主要植物种群间相似性比较值相对小（表 4-22）。生态位最宽的岗柃与其他灌木层植物生态位相似比例在 0.011 ~ 0.558，与生态位宽的植物如黄山松和鸭脚茶生态位相似程度最大，与它们相似比例分别是 0.558 和 0.547。生态位宽度大的种群与其他种群间相似性比例较大，而生态位宽度小的种群与其他种群间相似性比例较小，如马银花与罗浮栲生态位宽度较大，其生态位相似比例达 0.744。生态位相似性比例分配格局（图 4-9）显示种群的生态位相似性比例在 0 ~ 0.92，其中相似性比例为 0 的最多，占全部种对的 23.23%，其次为 0 ~ 0.1，占全部种对的 22.05%。

表 4-21　戴云山南坡灌木层植物生态位重叠

物种	1	2	3	4	5	6	7	8	9	10	11	12	13	14	15	16	17	18	19	20	21	22	23
1	1.000	0.000	0.419	0.000	0.765	0.665	0.894	0.000	0.455	0.430	0.000	0.000	0.000	0.000	0.134	0.058	0.000	0.000	0.000	0.000	0.000	0.000	0.000
2		1.000	0.000	0.049	0.000	0.115	0.001	0.244	0.000	0.006	0.934	0.316	0.024	0.403	0.270	0.276	0.175	0.503	0.226	0.015	0.203	0.237	0.755
3			1.000	0.000	0.596	0.734	0.319	0.000	0.781	0.836	0.000	0.000	0.000	0.000	0.380	0.550	0.000	0.000	0.000	0.000	0.000	0.000	0.000
4				1.000	0.034	0.011	0.074	0.107	0.000	0.049	0.043	0.092	0.201	0.013	0.064	0.007	0.122	0.122	0.828	0.538	0.000	0.050	0.071
5					1.000	0.584	0.756	0.013	0.248	0.321	0.000	0.011	0.023	0.000	0.408	0.365	0.016	0.012	0.037	0.033	0.000	0.006	0.006
6						1.000	0.530	0.386	0.681	0.713	0.015	0.109	0.063	0.381	0.434	0.627	0.336	0.033	0.044	0.048	0.331	0.089	0.048
7							1.000	0.067	0.187	0.145	0.000	0.066	0.116	0.007	0.140	0.046	0.082	0.054	0.105	0.129	0.000	0.044	0.036
8								1.000	0.000	0.022	0.041	0.606	0.579	0.848	0.588	0.633	0.979	0.229	0.357	0.453	0.687	0.515	0.311
9									1.000	0.980	0.000	0.000	0.000	0.000	0.138	0.273	0.000	0.000	0.000	0.000	0.000	0.000	0.000
10										1.000	0.000	0.003	0.001	0.024	0.221	0.369	0.018	0.002	0.040	0.018	0.026	0.002	0.000
11											1.000	0.274	0.000	0.151	0.136	0.082	0.000	0.685	0.172	0.013	0.000	0.227	0.802
12												1.000	0.704	0.497	0.741	0.161	0.701	0.428	0.479	0.394	0.083	0.962	0.737
13													1.000	0.180	0.368	0.033	0.719	0.396	0.539	0.864	0.000	0.578	0.377
14														1.000	0.636	0.712	0.758	0.013	0.182	0.004	0.784	0.491	0.295
15															1.000	0.631	0.607	0.103	0.336	0.120	0.256	0.722	0.468
16																1.000	0.531	0.007	0.054	0.002	0.662	0.138	0.089
17																	1.000	0.263	0.422	0.561	0.568	0.599	0.344
18																		1.000	0.242	0.414	0.000	0.393	0.775
19																			1.000	0.701	0.000	0.370	0.351
20																				1.000	0.000	0.229	0.222
21																					1.000	0.071	0.000
22																						1.000	0.695
23																							1.000

注:序号代表的物种名,参见表 4-20。

表 4-22　戴云山南坡灌木层植物生态位相似比例

物种	1	2	3	4	5	6	7	8	9	10	11	12	13	14	15	16	17	18	19	20	21	22	23
1	1.000	0.000	0.409	0.000	0.657	0.534	0.710	0.000	0.347	0.317	0.000	0.000	0.000	0.000	0.101	0.080	0.000	0.000	0.000	0.000	0.000	0.000	0.000
2		1.000	0.000	0.050	0.000	0.170	0.009	0.213	0.000	0.018	0.807	0.316	0.039	0.319	0.277	0.248	0.178	0.355	0.179	0.014	0.140	0.294	0.580
3			1.000	0.000	0.507	0.621	0.251	0.000	0.641	0.640	0.000	0.000	0.000	0.000	0.256	0.433	0.000	0.000	0.000	0.000	0.000	0.000	0.000
4				1.000	0.032	0.032	0.106	0.194	0.000	0.034	0.050	0.215	0.175	0.050	0.127	0.050	0.165	0.230	0.652	0.450	0.000	0.160	0.181
5					1.000	0.486	0.619	0.019	0.318	0.370	0.000	0.014	0.024	0.000	0.349	0.331	0.014	0.032	0.032	0.032	0.000	0.014	0.104
6						1.000	0.412	0.254	0.558	0.547	0.011	0.111	0.046	0.223	0.465	0.454	0.244	0.037	0.052	0.032	0.197	0.101	0.057
7							1.000	0.088	0.189	0.192	0.000	0.083	0.092	0.009	0.207	0.085	0.083	0.096	0.115	0.106	0.000	0.083	0.083
8								1.000	0.000	0.023	0.034	0.545	0.505	0.694	0.463	0.521	0.882	0.330	0.451	0.310	0.461	0.429	0.374
9									1.000	0.847	0.000	0.000	0.000	0.000	0.249	0.265	0.000	0.000	0.000	0.000	0.000	0.000	0.000
10										1.000	0.000	0.018	0.009	0.018	0.352	0.348	0.018	0.022	0.034	0.340	0.018	0.018	0.000
11											1.000	0.223	0.000	0.141	0.098	0.070	0.000	0.547	0.141	0.014	0.000	0.205	0.630
12												1.000	0.544	0.428	0.561	0.176	0.556	0.441	0.473	0.262	0.055	0.836	0.593
13													1.000	0.296	0.365	0.051	0.618	0.312	0.432	0.704	0.000	0.456	0.370
14														1.000	0.532	0.567	0.636	0.042	0.294	0.014	0.557	0.352	0.380
15															1.000	0.510	0.470	0.144	0.305	0.091	0.156	0.485	0.396
16																1.000	0.433	0.042	0.121	0.014	0.446	0.101	0.121
17																	1.000	0.303	0.423	0.364	0.382	0.464	0.370
18																		1.000	0.333	0.339	0.000	0.365	0.574
19																			1.000	0.554	0.000	0.313	0.425
20																				1.000	0.000	0.160	0.145
21																					1.000	0.050	0.000
22																						1.000	0.575
23																							1.000

注:序号代表的物种名,参见表4-20。

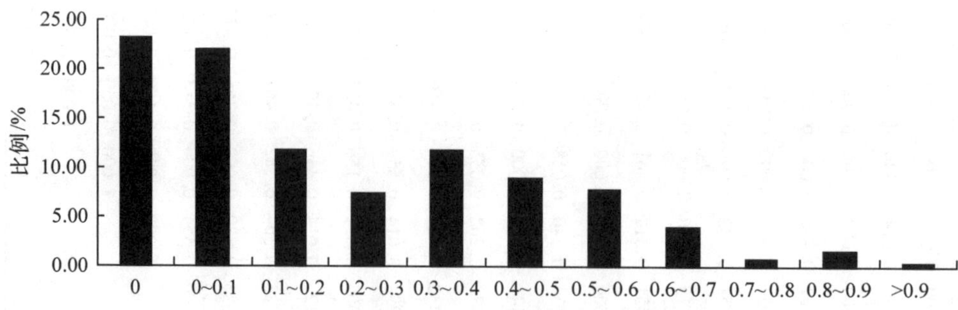

图 4-9　戴云山南坡灌木层植物的生态位相似比例分配

四、草本层植物种群生态位海拔梯度格局

1. 草本层植物重要值

统计戴云山南坡草本层植物重要值(表 4-23)表明，不同海拔梯度草本层不同物种重要值变化明显不同。光里白重要值之和达 177，但在高海拔就没有分布，在中海拔较占优势。禾本科 1 种、薹草属 1 种、龙师草、地苳和地耳草 5 个种仅在 1 个资源位中出现。

表 4-23　戴云山南坡草本层植物重要值海拔梯度格局

物种	海拔梯度									
	S1	S2	S3	S4	S5	S6	S7	S8	S9	S10
光里白	39.01			48.48	42.71	43.78	3.20			
莎草科 1 种		5.35	36.98	3.14	29.54	15.66	39.46			
狗脊蕨	3.63	15.14	30.65	30.39	21.24	18.47	6.48			
淡竹叶	12.67	34.01	21.78	17.99	5.52					
平颖柳叶箬							7.82	29.84	13.60	36.30
芒萁	43.55	26.44								
野青茅									28.54	30.78
牛筋草									26.23	22.00
画眉草								40.76		
三脉紫菀		3.75					10.83	12.59	4.23	3.78
镰羽瘤足蕨		9.12				22.09				
薹草属 1 种							27.64			
龙师草								16.80		
地苳									14.28	
地耳草									11.19	

2. 草本层植物生态位宽度

戴云山南坡草本层主要植物生态位宽度(表 4-24)计算结果表明，采用不同公式计测的生态位宽度基本一致。按 B_i 值大小顺序排列前 10 位分别是：狗脊蕨、莎草科 1 种、淡竹叶、三脉紫菀、光里白、平颖柳叶箬、野青茅、牛筋草、芒萁和镰羽瘤足蕨，其 B_i 值分别是 0.772、

0.665、0.639、0.636、0.629、0.537、0.301、0.299、0.288 和 0.262，按 B_a 值大小排列顺序基本与按 B_i 值大小排列相同。生态位宽度最大的是狗脊蕨，说明其在戴云山南坡草本层中利用资源能力最强，而画眉草、薹草属 1 种、龙师草、地菍和地耳草生态位宽度皆为 0，说明这 5 种分别仅利用 1 个资源位。

表 4-24　戴云山南坡草本层植物生态位宽度

物种	B_a	B_i	物种	B_a	B_i
1 光里白	0.347	0.629	9 画眉草	0.000	0.000
2 莎草科 1 种	0.350	0.665	10 三脉紫菀	0.316	0.636
3 狗脊蕨	0.489	0.772	11 镰羽瘤足蕨	0.078	0.262
4 淡竹叶	0.327	0.639	12 薹草属 1 种	0.000	0.000
5 平颖柳叶箬	0.236	0.537	13 龙师草	0.000	0.000
6 芒萁	0.099	0.288	14 地菍	0.000	0.000
7 野青茅	0.111	0.301	15 地耳草	0.000	0.000
8 牛筋草	0.109	0.299			

3. 草本层植物生态位重叠

戴云山南坡草本层植物生态位重叠（表 4-25）统计表明，具有生态位重叠的种对是 48 对，占总对数的 45.7%，生态位重叠为 0 的有 57 对，占总对数的 54.3%，生态位重叠大于 0.500 的有 17 对，占总对数的 16.2%。生态位重叠最大的是地耳草与地菍，重叠值为 1，其次是牛筋草与野青茅，重叠值为 0.977，说明它们间具有很相似的资源利用模式，存在激烈竞争。生态位不重叠的有 57 对物种，说明在戴云山南坡，经过长期生境选择和种间竞争，多数草本层物种占据着相对独立的资源状态。与乔木层和灌木层一样，生态位宽度大的种，与其他种的生态位重叠不一定就大，如生态位宽度最大的狗脊蕨，与其他种的重叠在 0.000～0.760。

表 4-25　戴云山南坡草本层植物生态位重叠

物种	1	2	3	4	5	6	7	8	9	10	11	12	13	14	15
1	1.000	0.414	0.675	0.405	0.005	0.355	0.000	0.000	0.000	0.023	0.427	0.028	0.000	0.000	0.000
2		1.000	0.713	0.409	0.089	0.040	0.000	0.000	0.000	0.415	0.245	0.484	0.000	0.000	0.000
3			1.000	0.760	0.017	0.175	0.000	0.000	0.000	0.132	0.370	0.086	0.000	0.000	0.000
4				1.000	0.000	0.559	0.000	0.000	0.000	0.145	0.255	0.000	0.000	0.000	0.000
5					1.000	0.000	0.731	0.663	0.512	0.696	0.000	0.125	0.512	0.246	0.246
6						1.000	0.000	0.000	0.000	0.091	0.184	0.000	0.000	0.000	0.000
7							1.000	0.977	0.000	0.279	0.000	0.000	0.000	0.601	0.601
8								1.000	0.000	0.286	0.000	0.000	0.000	0.743	0.743
9									1.000	0.546	0.000	0.000	1.000	0.000	0.000
10										1.000	0.071	0.528	0.546	0.193	0.193
11											1.000	0.000	0.000	0.000	0.000
12												1.000	0.000	0.000	0.000
13													1.000	0.000	0.000
14														1.000	1.000
15															1.000

注：序号代表的物种名，参见表 4-24。

4. 草本层植物生态位相似比例

戴云山南坡草木层主要植物生态位相似比例(表4-26)统计表明，生态位相似比例在0.5以上的共有10对，占全部对数的9.52%，说明主要植物种群间相似性比较值相对小。生态位最宽的狗脊蕨与其他草本层植物生态位相似比例在0.000~0.648，与生态位宽的植物如光里白、莎草科1种和淡竹叶的生态位相似程度最大，与它们的相似比例分别是0.581、0.652和0.648，而与生态位宽度窄的植物相似程度小，如与画眉草、野青茅、牛筋草等相似比例都为0，说明狗脊蕨与光里白、莎草科1种和淡竹叶利用资源相似性较高，而与画眉草、野青茅、牛筋草等利用资源方式完全不同。地耳草与地菍的相似性比例为1，说明它们具有完全相同的资源利用方式。从生态位相似性比例分配格局来看(图4-10)，种群的生态位相似性比例在0~0.97间，其中相似性比例为0的最多，占全部种对的53.33%，其次为0.1~0.2，占全部种对的9.52%。

表4-26 戴云山南坡草本层植物生态位相似比例

物种	1	2	3	4	5	6	7	8	9	10	11	12	13	14	15
1	1.000	0.400	0.581	0.402	0.017	0.216	0.000	0.000	0.000	0.017	0.250	0.017	0.000	0.000	0.000
2		1.000	0.652	0.365	0.083	0.043	0.000	0.000	0.000	0.343	0.168	0.299	0.000	0.000	0.000
3			1.000	0.648	0.051	0.155	0.000	0.000	0.000	0.154	0.275	0.051	0.000	0.000	0.000
4				1.000	0.000	0.498	0.000	0.000	0.000	0.103	0.292	0.000	0.000	0.000	0.000
5					1.000	0.000	0.579	0.579	0.338	0.638	0.000	0.083	0.338	0.162	0.162
6						1.000	0.000	0.000	0.000	0.103	0.292	0.000	0.000	0.000	0.000
7							1.000	0.892	0.000	0.218	0.000	0.000	0.000	0.452	0.452
8								1.000	0.000	0.218	0.000	0.000	0.000	0.560	0.560
9									1.000	0.346	0.000	0.000	0.000	0.000	0.000
10										1.000	0.103	0.334	0.346	0.122	0.122
11											1.000	0.000	0.000	0.000	0.000
12												1.000	0.000	0.000	0.000
13													1.000	0.000	0.000
14														1.000	1.000
15															1.000

注：序号代表的物种名，参见表4-24。

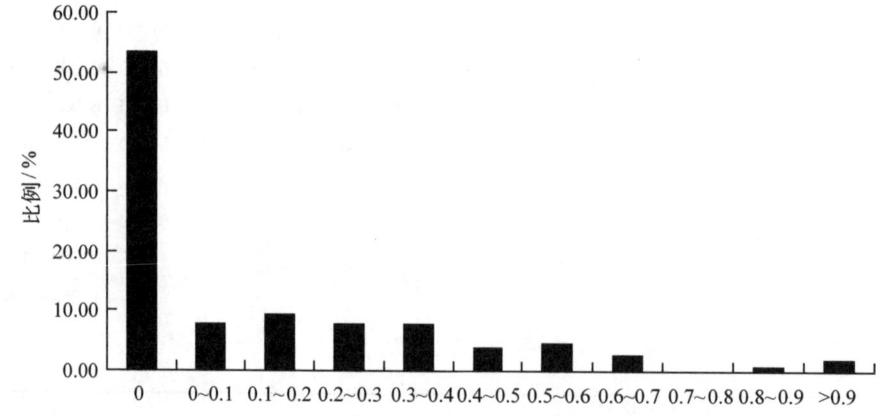

图4-10 戴云山南坡草本层植物生态位相似比例分配

第四节　南坡植物群落物种多样性海拔梯度特征

研究表明，植物群落物种多样性在中海拔高度达最大，也有研究认为物种多样性与海拔梯度间并无特定关系。海拔对物种丰富度垂直格局的影响是随着区域位置和植物分类群的不同而存在较大差异，主要有5种模式(Gentry，1988；贺金生等，1997；岳明等，2002；郭正刚等，2003；张璐等，2005；朱珣之等，2005)。在国内主要由北京大学陆地生态系统研究小组进行的中国山地植物物种多样性调查计划(PKU-PSD计划)开展了大量研究，得到初步结果，但对于物种丰富度的垂直格局，也尚未形成一致结论。不同区域、不同山体及不同分类群物种丰富度分布格局的研究，对阐明物种丰富度与海拔的关系具有重要意义(沈泽昊等，2004)。物种多样性测度计算方法参照第三章第四节。

一、物种丰富度海拔梯度格局

戴云山南坡植物群落及各层次物种丰富度指数见表4-27，其中丰富度指数S为物种数与样地面积的比值。

表4-27　戴云山南坡植物群落及各层次物种丰富度海拔梯度格局

层次和群落	指数	海拔梯度									
		S1	S2	S3	S4	S5	S6	S7	S8	S9	S10
乔木层	S	0.007	0.023	0.060	0.037	0.047	0.038	0.010			
	D_M	0.602	2.601	6.747	4.560	5.226	4.055	1.114			
灌木层	S	0.39	0.55	0.6	0.53	0.38	0.28	0.15	0.06	0.12	0.1
	D_M	6.609	8.862	9.202	8.481	6.691	4.998	2.428	1.526	1.837	1.452
草本层	S	0.438	0.500	0.313	0.250	0.313	0.250	0.438	0.167	0.438	0.313
	D_M	1.116	1.637	1.022	0.677	0.938	0.724	1.255	0.532	0.977	0.705
植物群落	S	0.088	0.117	0.132	0.115	0.092	0.075	0.040	0.200	0.190	0.160
	D_M	8.264	10.980	11.550	10.009	8.585	7.004	3.670	2.946	2.662	2.101

注：S为丰富度指数；D_M为Margalef指数。

1. 乔木层物种丰富度及海拔梯度格局

考虑海拔1 600 m以上没有乔木分布，分析海拔900～1 500 m乔木层物种丰富度变化。乔木层物种丰富度指数和Margalef指数随海拔升高而变化的趋势较一致，在海拔1 100 m以下，乔木层物种随海拔增加而增加，之后呈减少趋势。在海拔1 100 m物种为36种；在海拔900 m处乔木层物种最少，为4种，在海拔1 500 m乔木层物种数为6，说明戴云山南坡乔木层物种数在较低和较高海拔较少，而在中间海拔较多。

2. 灌木层物种丰富度及海拔梯度格局

灌木层物种丰富度指数和Margalef指数随海拔升高而变化的趋势较一致，灌木层物种丰富度随海拔变化而变化。灌木层物种丰富度峰值出现在海拔1 100 m，最低值出现在海拔1 600 m，较低海拔的竹林物种丰富度比较高海拔的矮林和灌丛高；物种丰富度指数范围在0.060～0.600，而Margalef指数出现在1.452～9.202。

3. 草本层物种丰富度及海拔梯度格局

草本层物种丰富度指数和 Margalef 指数随海拔升高而变化的趋势较一致，10 个海拔梯度间丰富度指数在 0.167～0.5，最大值出现在海拔 1 000 m，最低值出现在海拔 1 600 m；Margalef 指数在 0.532～1.637。

4. 植物群落物种丰富度及海拔梯度格局

植物群落物种丰富度指数和 Margalef 指数表现出不同变化趋势，物种丰富度指数随海拔升高，物种数先增加，后减少，然后再增加，再减少，在海拔 1 100 m 和 1 600 m 出现峰值，分别是 0.132 和 0.200；而 Margalef 指数随海拔升高先增加后逐渐减少，在海拔 1 100 m 达最大值，为 11.550。

二、α 多样性海拔梯度格局

Simpson 指数、Shannon-Wiener 指数与样方中每个物种各个体大小有关，而 Pielou 指数即均匀度指数反映的是样方中每个种多度的均匀程度。表 4-28 分析不同海拔梯度群落乔木层、灌木层、草本层及群落维管束植物整体的 α 多样性及其海拔梯度格局。

表 4-28　戴云山南坡植物群落及各层次 α 多样性海拔梯度格局

层次和群落	指数	海拔梯度									
		S1	S2	S3	S4	S5	S6	S7	S8	S9	S10
乔木层	*D*	0.638	0.775	0.897	0.918	0.895	0.914	0.402			
	H	1.146	2.021	3.132	2.723	2.737	2.740	0.906			
	Jws	0.827	0.766	0.874	0.881	0.821	0.874	0.505			
灌木层	*D*	0.708	0.786	0.897	0.94	0.985	0.919	0.826	0.813	0.743	0.759
	H	2.153	2.554	3.053	3.224	3.192	2.801	2.084	1.787	1.689	1.637
	Jws	0.588	0.637	0.746	0.812	0.878	0.84	0.736	0.719	1.735	0.711
草本层	*D*	0.641	0.777	0.715	0.693	0.682	0.701	0.743	0.701	0.796	0.719
	H	1.742	1.711	1.385	1.130	1.258	2.769	1.591	1.287	1.713	1.376
	Jws	0.895	0.823	0.861	0.815	0.782	1.997	0.818	0.929	0.880	0.768
植物群落	*D*	0.916	0.922	0.939	0.942	0.939	0.941	0.886	0.878	0.872	0.870
	H	2.825	2.992	3.733	3.233	3.232	3.135	2.510	2.230	2.210	2.179
	Jws	0.708	0.704	0.854	0.772	0.807	0.824	0.790	0.744	0.821	0.812

注：*D* 为 Simpson 指数；*H* 为 Shannon-Wiener 指数；*Jws* 为 Pielou 指数。

1. 乔木层物种 α 多样性及海拔梯度格局

乔木树种从种子发芽、幼苗存活，最终进入主林层，整个生命过程充满竞争。除了受水热条件制约外，微环境也对树木生存、生长、分布有很大影响。通过不同海拔乔木层植物物种多样性，可更好地了解树木对不同环境的适应性及在不同生境条件下的更新及演替状况。

Simpson 优势度指数随海拔升高分别在海拔 1 200 m 和 1 400 m 出现 2 个峰值；而 Shannon-Wiener 指数在海拔 900～1 100 m 随海拔升高逐渐升高，在海拔 1 200～1 400 m 间比较稳定，差异不明显，在海拔 1 500 m 迅速下落；Pielou 均匀度指数在海拔 900～1 400 m 只有微小波动，差异不大，在海拔 1 500 m 迅速下落(图 4-11)。

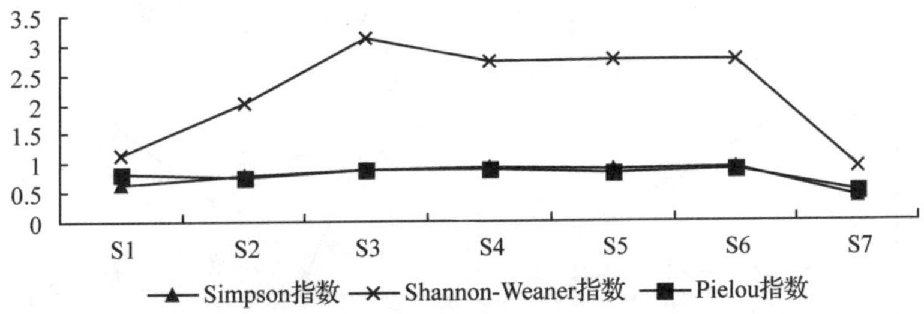

图 4-11　戴云山南坡乔木层物种 α 多样性海拔梯度格局

2. 灌木层物种 α 多样性及海拔梯度格局

对戴云山南坡 10 个海拔梯度灌木层物种 α 多样性的分析表明(图 4-12)，Simpson 优势度指数随海拔升高先升后降，在海拔 1 300 m 出现峰值；Shannon-Wiener 指数也是随海拔升高先升后降，在海拔 1 200 m 出现峰值；Pielou 均匀度指数表现出同样的趋势，峰值出现在海拔 1 300 m，尽管在海拔 1 600～1 800 m 有着微弱波动。

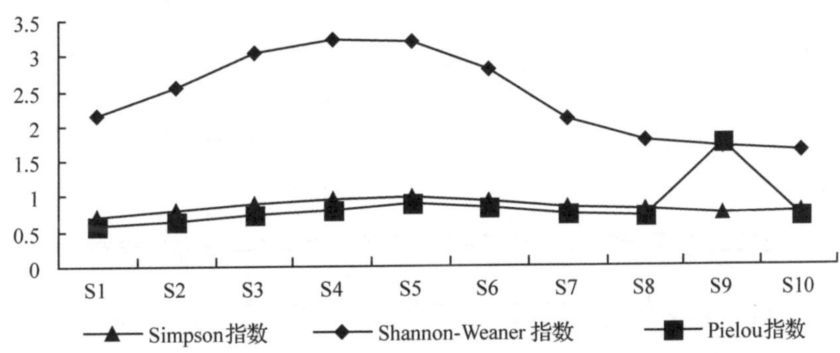

图 4-12　戴云山南坡灌木层物种 α 多样性海拔梯度格局

3. 草本层物种 α 多样性及海拔梯度格局

如图 4-13 所示，Simpson 优势度指数在 10 个海拔梯度间均存在波动，最大值在海拔 1 700 m；Shannon-Wiener 指数随海拔升高先降后升，降低、升高，最后再降低，同 Simpson 优势度指数一样存在波动；Pielou 均匀度指数、Simpson 优势度指数和 Shannon-Wiener 指数一样，在 10 个海拔梯度间均存在波动，在海拔 1 400 m 出现最大值，在其他海拔梯度区间差异不大。

4. 植物群落物种 α 多样性及海拔梯度格局

戴云山南坡 10 个海拔梯度维管束植物物种 α 多样性的分析表明(图 4-14)，Simpson 指数、Shannon-Wiener 指数和 Pielou 指数随海拔变化趋势一致，即随海拔升高，先升高后降低，从海拔 1 600 m 开始趋于平缓。

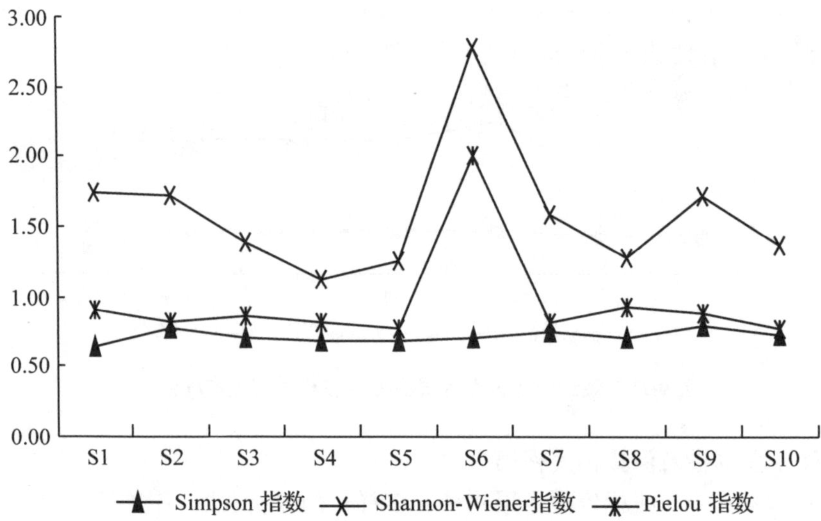

图 4-13　戴云山南坡草本层物种 α 多样性海拔梯度格局

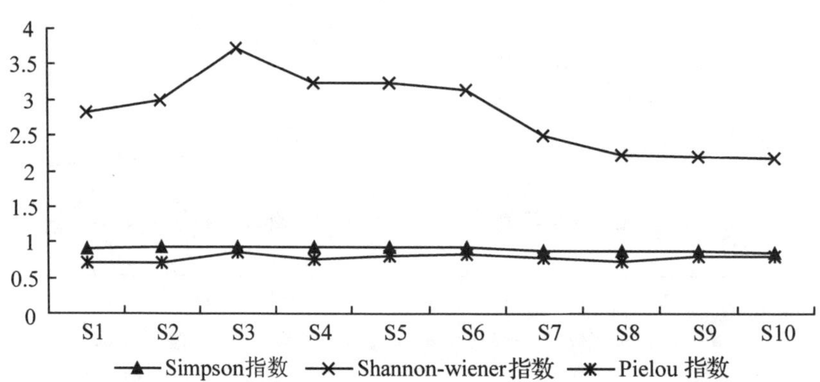

图 4-14　戴云山南坡植物群落物种 α 多样性海拔梯度格局

三、β 多样性海拔梯度格局

植物群落间结构、组成的相似(异)性，可反映群落或生境间的异质性或多样性(刘灿然等，1997；Meiners et al.，1999)。沿海拔梯度植物群落间物种组成的差异，反映了群落间相互关系及沿环境梯度的物种替代规律(Weiher et al.，1999)。戴云山南坡相邻海拔间植物群落及各层次 β 多样性的海拔梯度格局，见表 4-29。

1. 相邻海拔间乔木层物种 β 多样性及海拔梯度格局

在海拔 1 400～1 500 m *CD* 值最大，为 0.724；S_I值和 C_J值最小，分别为 0.276 和 0.121，表明戴云山南坡海拔 1 400～1 500 m 乔木层群落多样性差异最显著。海拔1 000～1 100 mβ_c 值最大，为 17，说明海拔 1 000～1 100 m 物种更替速率最快。随着海拔升高，南坡相邻海拔乔木层间的群落相异性系数和 Cody 指数呈先增后减的趋势，Sorensen 指数和 Jaccard 指数均呈先减后增，再减少趋势。

表 4-29　戴云山南坡相邻海拔间植物群落及各层次 β 多样性海拔梯度格局

层次和群落	指数	相邻海拔/m								
		900～1 000	1 000～1 100	1 100～1 200	1 200～1 300	1 300～1 400	1 400～1 500	1 500～1 600	1 600～1 700	1 700～1 800
乔木层	*CD*	0. 667	0. 680	0. 517	0. 560	0. 529	0. 724			
	β_c	6. 0	17. 0	15. 0	14. 0	13. 5	10. 5			
	S_I	0. 333	0. 320	0. 483	0. 440	0. 471	0. 276			
	C_J	0. 143	0. 138	0. 194	0. 180	0. 190	0. 121			
灌木层	*CD*	0. 787	0. 579	0. 571	0. 562	0. 455	0. 721	0. 407	0. 383	0. 364
	β_c	37. 0	33. 0	32. 0	26. 5	15. 0	15. 5	5. 5	4. 0	4. 0
	S_I	0. 213	0. 421	0. 429	0. 418	0. 545	0. 279	0. 593	0. 667	0. 672
	C_J	0. 096	0. 174	0. 176	0. 178	0. 214	0. 122	0. 229	0. 238	0. 241
草本层	*CD*	0. 600	0. 538	0. 333	0. 111	0. 333	0. 455	0. 636	0. 636	0. 167
	β_c	4. 5	3. 5	1. 5	0. 5	1. 5	2. 5	3. 5	3. 5	1. 0
	S_I	0. 400	0. 462	0. 667	0. 889	0. 667	0. 545	0. 364	0. 364	0. 833
	C_J	0. 167	0. 188	0. 250	0. 308	0. 250	0. 214	0. 154	0. 154	0. 294
植物群落	*CD*	0. 789	0. 584	0. 517	0. 504	0. 500	0. 652	0. 500	0. 429	0. 314
	β_c	48. 5	43. 5	37. 5	30. 5	25. 0	22. 5	10. 0	7. 5	5. 5
	S_I	0. 211	0. 416	0. 483	0. 496	0. 500	0. 348	0. 500	0. 571	0. 686
	C_J	0. 096	0. 172	0. 194	0. 199	0. 200	0. 148	0. 200	0. 222	0. 255

注：*CD* 为群落相异性系数；β_c 为 Cody 指数；S_I为 Sorensen 指数；C_J为 Jaccard 指数。

2. 相邻海拔间灌木层物种 β 多样性及海拔梯度格局

在海拔 900～1 000 m *CD* 值达最大，为 0. 787，随着海拔升高先降低后升高再降低，在海拔 1 400～1 500 m 达到 1 个峰值，为 0. 721；各海拔间 C_J值小于其他 3 个指数，其随海拔升高呈先升高后降低再升高趋势，C_J最小值和最大值出现在海拔 900～1 000 m 和 1 700～1 800 m，分别是 0. 096 和 0. 241；β_c 值随海拔升高总体表现为逐渐降低，在海拔 900～1 000 m最大，为 37. 0，说明海拔 900～1 000 m 灌木层物种替换速率最快；S_I值随海拔升高先升高再降低，而后再升高。

3. 相邻海拔间草本层物种 β 多样性及海拔梯度格局

CD 值随海拔升高的变化是先降低再升高，再降低，并在海拔 1 500～1 600 m 和 1 600～1 700 m达最大值，为 0. 636，在海拔 1 200～1 300 m*CD* 值最小，为 0. 111；β_c 值随海拔变化趋势与 *CD* 值相同；S_I值和 C_J值表现为相同趋势，即随海拔升高先升高后降低，最后再升高，它们最大值都是出现在海拔 1 200～1 300 m。

4. 相邻海拔间植物群落物种 β 多样性及海拔梯度格局

CD 值在海拔 900～1 000 m 达最大，为 0. 789，随海拔升高先降再升，在海拔 1 400～1 500 m达另一峰值，为 0. 652，随后便降低；β_c 值与其他指数表现不同，其随海拔升高始终趋于减小，说明随海拔递增戴云山南坡各海拔间差异性逐渐减小，在海拔 1 600 m 以上差异较小，群落间具有更高相似性；S_I值和 C_J值随海拔升高的变化趋势相同，即随海拔递增先升

高再降低，然后再升高，它们均在海拔 900 ~ 1 000 m 出现最小值，分别是 0.211 和 0.096。

第五节　小结

(1)戴云山南坡调查样地共有维管束植物 61 科 120 属 191 种；有世界分布 10 科、热带分布 33 科、温带分布 18 科；热带分布中以泛热带分布为主，占 57.58%，其次为东亚(热带、亚热带)和热带南美洲间断分布，占 24.24%；温带分布中以北温带和南温带间断分布为主，占 55.56%，其次为北温带分布，占 22.22%。热带分布科随海拔升高具先增后减的趋势，温带分布科随海拔升高出现 2 个峰值，与环境条件梯度变化密切相关。属的分布型按大小排序为热带分布属 > 温带分布属 > 世界分布属 > 中国特有属，分别为 64 属、41 属、12 属和 3 属，以热带成分为优势，其次是温带成分。热带分布型中以泛热带分布为主，有 21 属，占 32.81%，其次为热带亚洲分布，有 13 属，占 20.31%；温带分布属中，北温带分布型和东亚和北美洲间断分布型各占 8 属，为温带分布型的 19.51%。在戴云山南坡植物区系中，维管束植物属的构成变化较复杂，总体趋势是：①热带、亚热带属的比例随海拔上升先增加后减小，而温带性质成分总属数总体上随海拔升高而降低；②随海拔升高温带分布型比例增加，反映了气温变化。

(2)在戴云山南坡，植物生活型以高芽位植物为主，占 85.56%。生活型大小序列为高芽位植物型 > 地下芽植物型 > 地上芽植物 >1 年生植物型 > 地面芽植物型，这种分布状况也说明，戴云山南坡地带以森林植被占优势为特点。在高位芽生活型的 10 个小类群中，以常绿小高芽位植物最多，占戴云山南坡全部植物生活型物种的 47.12%，占高芽位植物生活型的 54.88%。高位芽生活型物种在各个海拔梯度都占重要地位，随海拔升高先增后减；地下芽植物和地上芽生活型随海拔变化趋势呈双峰型；1 年生植物随海拔升高先是减少然后表现为总体增加的趋势；地面芽生活型物种在整个海拔梯度内呈非连续分布。

(3)在戴云山南坡 7 个海拔梯度中，毛竹重要值之和为 98.6，占所有种群重要值之和的 14.1%，其在海拔 900 m 和 1 000 m 重要值最大，分别是 46.6 和 43.6；黄山松在海拔 1 500 m 重要值最大，为 76.5。乔木层主要植物生态位宽度 *Bi* 值按大小排序依次为红楠、罗浮栲、杉木、硬斗石栎、马银花、甜槠、毛竹、少叶黄杞、黄山松和多脉青冈。10 个优势种群中，具有生态位重叠的种对是 42 对，占总对数的 97.7%；硬斗石栎与罗浮栲生态位重叠最大，二者在戴云山南坡乔木层植物中利用资源模式最相似。

(4)戴云山南坡维管束植物物种 α 多样性海拔梯度格局分析表明，Simpson 指数、Shannon-Wiener 指数和 Pielou 指数随海拔变化趋势一致，为单峰型，即随海拔升高先升高后降低。戴云山南坡维管束植物物种 β 多样性海拔梯度格局分析表明，群落相异性系数在海拔 900 ~ 1 000 m达最大，表现为双峰型；Sorensen 指数和 Jaccard 指数随海拔升高变化趋势相同，表现为双峰型；Cody 指数与其他指数表现不同，其随海拔升高均呈减小趋势，说明随海拔升高戴云山南坡各海拔间差异性逐渐减小，在海拔 1 600 m 以上差异最小，群落间具有最高的相似性。

第五章　北坡植物群落特征海拔梯度格局

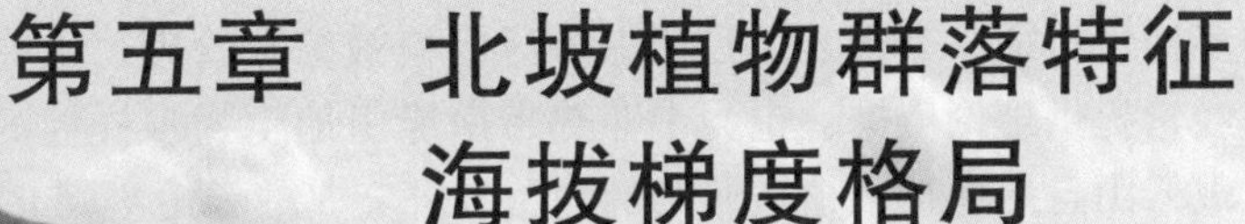

戴云山主峰北坡与南坡在自然生境、植被特征及海拔梯度格局等方面有显著差异，对戴云山主峰北坡植物群落特征及其对海拔梯度响应机制进行研究，旨在掌握戴云山主峰北坡沿海拔梯度变化的植物群落的物种组成、群落结构及数量特征、植物区系特征、主要种群生态位特征和物种多样性特征，为戴云山自然保护区的植被综合管理、生物多样性保护及中亚热带地区的森林经营提供理论依据，也为中亚热带南缘山地生物多样性的垂直格局研究提供科学基础，是对戴云山自然保护区植被研究的完善和补充。戴云山主峰北坡植物群落 13 个样地基本情况见表 5-1。

表 5-1　戴云山主峰北坡植物群落样地基本概况

样地编号	海拔/m	样地面积/m^2	经度	纬度	坡度/°	坡位	坡形	枯枝物厚度/cm
S1	600	10×60	118°12′38″	25°43′24″	30	下	平直	12.5
S2	700	10×60	118°12′35″	25°43′20″	27	下	平直	12.1
S3	803	10×60	118°11′59″	25°42′38″	29	下	复合	11.3
S4	906	10×60	118°11′31″	25°42′10″	30	下	复合	11.5
S5	1 011	10×60	118°11′27″	25°42′13″	29	中	凹	12.5
S6	1 105	10×60	118°12121″	25°42′11″	46	中	凹	12.8
S7	1 200	10×60	118°11′17″	25°42′09″	26	中	凹	13.5
S8	1 305	10×60	118°12′12″	25°41′06″	25	中	凹	13.3
S9	1 402	10×60	118°12′08″	25°41′03″	38	中	凸	13.5
S10	1 500	10×60	118°12′05″	25°40′48″	23	中	复合	15.3
S11	1 608	10×30	118°11′35″	25°40′31″	25	上	复合	10.2
S12	1 700	10×10	118°11′22″	25°40′41″	12	上	凹	7.3
S13	1 800	10×10	118°11′14″	25°40′52″	10	上	复合	6.2

第一节　北坡植物区系海拔梯度特征

一、植物种类组成

群落外貌是认识植物群落的基础，也是区分不同植物类型的主要标志。所调查戴云山主峰北坡植物群落位于海拔 600～1 800 m 区间，群落外貌特征多样，植被类型不同，中高海拔区受人为干扰少，郁闭度在 85% 左右，中低海拔区受人为干扰多，郁闭度相对低一些，特别在海拔 800～850 m 区间有零星居民点分布，受人为干扰频繁。

表 5-2　戴云山北坡样地植物物种分类统计

分类群	科	比例/%	属	比例/%	种	比例/%
蕨类植物	9	15.00	11	9.32	13	5.91
裸子植物	4	6.67	6	5.08	7	3.18
被子植物	47	78.34	101	85.59	200	90.91
双子叶植物	43	71.67	90	76.27	187	85.00
单子叶植物	4	6.67	11	9.32	13	5.91
总计	60		118		220	

任何一个植物群落都由一定的植物种类组成的，植物种类组成是群落最基本特征之一。科属大小及其所含种数多少是群落植物各类结构的具体体现。戴云山北坡群落样地维管束植物统计结果见表5-2，共有220种，隶属60科118属，其中蕨类植物9科11属13种，裸子植物4科6属7种，被子植物47科101属200种；被子植物中，双子叶植物43科90属187种，单子叶植物4科11属13种。植物种类集中在壳斗科、樟科、山茶科、杜鹃花科、冬青科、蔷薇科、茜草科、山矾科等，这些科是北坡群落维管植物主要组成部分。总体上看，较多的科属含有较少的种，较少的科属含有较多的种，体现植物区系复杂性与多样性，反映出戴云山北坡植物群落科属组成和分布比较分散。

分别以科、属为分类单位，对戴云山北坡群落维管束植物进行统计。

根据科下种的数量对科进行分类，将科分为大科(10种以上)、较大科(7~9种)、中等科(4~6种)、较小科(2~3种)、单种科(1种)，并分别统计占科、属、种总数的比例(表5-3)。戴云山北坡群落维管植物中，大科有壳斗科、樟科、山茶科、杜鹃花科、冬青科、蔷薇科，为总科数的10%，包含了44.55%的种，是区系主要组成部分；较大科有茜草科、山矾科、禾本科，占总科数的5%，包含11.36%的种；中等科有紫金牛科、木兰科、里白科、野牡丹科、金缕梅科、杜英科、安息香科，占总科数的11.67%，包含14.09%的种；小科有莎草科、桑科、漆树科、槭树科、木犀科、龙胆科、菊科、豆科、藤黄科、桃金娘科、松科、杉科、交让木科、虎耳草科、红豆杉科，占总科数的25%，包含17.27%的种；单种科有29个，占总科数的48.33%，占总种数的12.73%。通过分析可知，在科一级分类单位上，戴云山北坡群落维管植物分布不均匀，壳斗科、樟科、山茶科、杜鹃花科、冬青科、蔷薇科、茜草科、山矾科、禾本科9个科包含近4成的属和一半以上的种，其余科包含物种数较少，且单种科比例高。

表 5-3　戴云山北坡植物科的组成

科的级别	科数	占总数比例/%	属数	占总数比例/%	种数	占总数比例/%
大科(10种以上)	6	10.00	31	26.27	98	44.55
较大科(7~9种)	3	5.00	13	11.02	25	11.36
中等科(4~6种)	7	11.67	21	17.80	31	14.09
较小科(2~3种)	15	25.00	25	21.19	38	17.27
单种科(1种)	29	48.33	28	23.73	28	12.73

根据属包含的种数，将属分为大属(10种以上)、较大属(7~9种)、中等属(4~6种)、较小属(2~3种)、单种属(1种)，并分别统计占属、种总数的比例(表5-4)。戴云山北坡群

落维管植物中，大属有冬青属，占总属数的0.85%，含有6.82%的种数；较大属有柃属、杜鹃花属、山矾属，占总属数的2.54%，含有11.82%的种数；中等属有石栎属、青冈属、润楠属、石楠属、山胡椒属，占总属数的4.24%，含有11.36%的种数；较小属有锥属、樟属、越橘属、新木姜子属、山茶属、漆属、槭属、女贞属、里白属、栲属、含笑属、杜英属、安息香属、紫金牛属、野牡丹属、悬钩子属等32个，占总属数的27.12%，含有35%的种数；只包含1种的属有77个，总计占群落种数的35%。分析可知，在属一级分类单位上，戴云山北坡群落维管植物集中分布在较小属和单种属，大属、较大属和中等属数量少，包含种数也不多，且均属于大科、较大科或中等科的属。

表5-4　戴云山北坡植物属的组成

属的级别	属数	占总数比例/%	种数	占总数比例/%
大属(10种以上)	1	0.85	15	6.82
较大属(7～9种)	3	2.54	26	11.82
中等属(4～6种)	5	4.24	25	11.36
较小属(2～3种)	32	27.12	77	35.00
单种属科(1种)	77	65.25	77	35.00

二、科级区系成分海拔梯度格局

根据吴征镒(1991)分类系统，对物种数据库中的物种进行区系类型标识。15个植物区系类型分别为世界分布(T1)、泛热带分布(T2)、热带亚洲和热带美洲间断分布(T3)、旧世界热带分布(T4)、热带亚洲至热带大洋洲分布(T5)、热带亚洲和热带非洲分布(T6)、热带亚洲分布(T7)、北温带分布(T8)、东亚和北美洲间断分布(T9)、旧世界温带分布(T10)、温带亚洲分布(T11)、地中海、西亚至中亚分布(T12)、中亚分布(T13)、东亚分布(T14)和中国特有分布(T15)。其中，T2～T15通称为非世界分布类型；T2～T7为热带区系成分(Tr)，T8～T14为温带区系成分(Tw)。

在戴云山北坡物种所属科的分布区类型中，属于世界分布(T1)的有18科，主要是禾本科、蔷薇科、杨梅科、虎耳草科、紫萁科、莎草科等。热带分布(Tr)有泛热带分布(T2)、热带亚洲和热带美洲间断分布(T3)、热带亚洲至热带大洋洲分布(T5)、热带亚洲和热带非洲分布(T6)、热带亚洲分布(T7)5种类型，其中泛热带分布(T2)有21科，主要是山茶科、樟科、漆树科、野牡丹科等；热带亚洲和热带美洲间断分布(T3)有5科，分别是安息香科、冬青科、杜英科、省沽油科、五加科；热带亚洲至热带大洋洲分布(T5)有1科(交让木科)；热带亚洲和热带非洲分布(T6)有1科(杜鹃花科)；热带亚洲分布(T7)有2科，分别是番荔枝科与清风藤科。温带分布(Tw)有北温带分布(T8)及东亚和北美间断分布2种类型(T9)，其中北温带分布(T8)有8科，主要是槭树科、金缕梅科、小檗科、松科等；东亚和北美间断分布(T9)有4科，分别是杉科、腊梅科、木兰科、鼠刺科。

由表5-5可知，从科的分布区类型来看，在整个海拔梯度上，占主要地位的是泛热带分布(T2)成分，显示了本植物区系基本性质，其次是世界分布(T1)，温带区系成分(Tw)以北温带分布(T8)为主。但各区系成分的垂直分布格局有所不同。世界分布(T1)在海拔600～1 500 m区间所占比例有所波动，介于14.3%～29.2%，但在海拔1 600 m以上，其所占比例急剧上升。泛热带分布(T2)在中低海拔区占优势。热带亚洲和热带美洲间断分布(T3)与东亚和北美间断分布(T9)所占比例随海拔升高呈先降后升再降的趋势。热带亚洲至热带大洋洲分布(T5)、热带亚洲和热带非洲分布(T6)及北温带分布(T8)所占比例随海拔升高总体呈上升趋势，其中北温带分布(T8)在高海拔地区所占比例显著增加。热带亚洲分布(T7)仅分布在海拔 700 m 以下。

表 5-5　戴云山北坡各海拔植物科的区系成分构成

海拔/m	分布区类型/%								科数
	T1	T2	T3	T5	T6	T7	T8	T9	
600	24.0	36.8	15.8		5.3	10.5	15.8	15.8	17
700	20.6	51.9	14.8	3.7	3.7	3.7	11.1	11.1	35
800	16.7	55.0	15.0	5.0	5.0		10.0	10.0	24
900	20.7	52.2	17.4	4.3	4.3		8.7	13.0	29
1 000	24.1	40.9	13.6	4.5	4.5		18.2	18.2	29
1 100	19.2	47.6	19.0	4.8	4.8		14.3	9.5	25
1 200	19.2	42.9	19.0	4.8	4.8		19.0	9.5	25
1 300	29.2	52.9	11.8		5.9		23.5	5.9	24
1 400	15.8	43.8	12.5	6.3	6.3		25.0	6.1	19
1 500	14.3	50.1	8.3	8.3	8.3		25.0		14
1 600	42.1	45.5	9.1		9.1		36.3		19
1 700	38.9	45.5	9.1		9.0		36.4		19
1 800	50.0	42.9			14.2		42.9		14

注：T1 为世界分布；T2 为泛热带分布；T3 为热带亚洲和热带美洲间断分布；T4 为旧世界热带分布；T5 为热带亚洲至热带大洋洲分布；T6 为热带亚洲和热带非洲分布；T7 为热带亚洲分布；T8 为北温带分布；T9 为东亚和北美洲间断分布；T10 为旧世界温带分布；T11 为温带亚洲分布；T12 为地中海、西亚至中亚分布；T13 为中亚分布，T14 为东亚分布；T15 为中国特有分布。

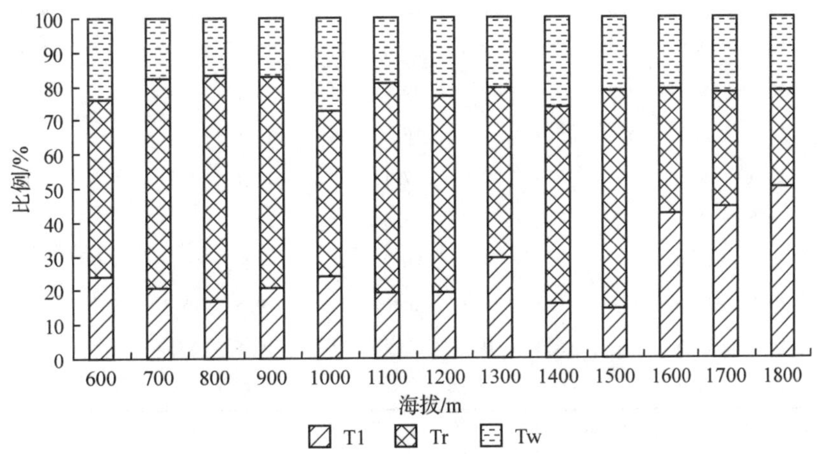

图 5-1　戴云山北坡植物科级区系各成分垂直分布

T1：世界分布区类型；Tr：热带分布区类型；Tw：温带分布区类型

由图5-1分析戴云山北坡群落维管束植物科级区系成分中各地理成分的垂直分布格局，热带区系成分(Tr)比例远大于温带区系成分(Tw)比例。海拔600～1 500 m区间以热带分布科(Tr)占主要地位，世界分布科(T1)与温带分布科(Tw)所占比例相当。海拔1 600～1 800 m区间，世界分布科(T1)比例大于热带分布科，占主要优势。说明科级植物区系成分分布与环境条件的梯度变化密切相关。

三、属级区系成分海拔梯度格局

由表5-6可知，戴云山北坡植物属的分布类型只有13种，缺乏地中海、西亚至中亚分布(T12)与中亚分布(T13)，各个海拔梯度的植物区系组成主要以热带、亚热带属为主，说明戴云山北坡具有中亚热带植物区系基本特征。其中，世界分布(T1)、泛热带分布(T2)、热带亚洲和热带美洲间断分布(T3)、热带亚洲至热带大洋洲分布(T5)、北温带分布(T8)、东亚和北美洲间断分布(T9)见于整个海拔梯度，而剩下的7个分布类型只见于部分海拔梯度。

1. 世界分布成分海拔梯度格局

世界分布属在戴云山北坡维管束植物区系中有11属14种，为所有分布区类型的9.32%，主要为薹草属和狗脊蕨属等。

由表5-6可知，世界分布属在海拔600～1 500 m没有太大变化，随海拔升高没有明显规律性变化，但其所占比例在海拔1 600 m以上急剧上升，从4.3%上升至24%，主要与北坡世界分布属主要物种为草本及部分灌木，而在海拔1 600～1 800 m草本种类增加有关。

表5-6　戴云山北坡各海拔植物属的区系成分构成

海拔/m	分布区类型/%													属数
	T1	T2	T3	T4	T5	T6	T7	T8	T9	T10	T11	T14	T15	
600	7.3	28.9	13.2	2.6	5.3		23.7	5.3	10.5	2.6		5.3	2.6	41
700	1.8	22.2	11.1	9.3	3.7	1.9	20.4	9.3	11.1	1.9		7.4	1.9	55
800	3.0	21.9	6.3	3.1	6.3	3.1	25.0	9.4	15.6			6.3	3.1	33
900	4.3	22.7	6.8	6.8	4.5	2.3	25.0	9.1	11.4	2.3		4.5	4.5	46
1 000	8.7	16.7	7.1	2.4	4.8	2.4	21.4	11.9	19.0	2.4		2.4	9.5	46
1 100	10.3	20.0	8.6	2.9	2.9	2.9	22.9	11.4	17.1	2.9		5.7	2.9	39
1 200	5.1	18.9	10.8	5.4	5.4		16.2	16.2	13.5	2.7		5.4	5.4	39
1 300	2.8	11.4	8.6		2.9	2.9	17.1	20.0	17.1	5.7		8.6	5.7	36
1 400	3.6	18.5	7.4		3.7	3.7	18.5	18.5	22.2			7.4		28
1 500	4.3	9.1	13.6		9.1	4.5	18.2	27.3	4.5		4.5	9.1		23
1 600	24.0	10.5	10.5		5.3	5.3	5.3	31.6	10.5	15.8	5.3			25
1 700	26.9	15.8	10.5		5.3	10.5	5.3	31.6	10.5	5.3		5.3		26
1 800	19.0	11.8	11.8		5.9	11.8		35.3	5.9	5.9		11.8		21

注：各代码表示的分布区类型参见表5-5。

2. 热带区系成分海拔梯度格局

热带区系成分在戴云山北坡维管束植物区系中有58属，为所有分布区类型的49.15%，热带分布有6种类型。其中泛热带分布(T2)最多，有21属，占总属数的17.80%，主要是冬青属、山矾属等，是群落维管植物地理成分重要组成部分；热带亚洲（T7）分布有20属，主要是山茶属、交让木属、润楠属、新木姜子属、青冈属、木荷属等；热带亚洲和热带美洲间断分布（T3）有5属，主要是柃属、木姜子属等；旧世界热带分布（T4）、热带亚洲至热带大洋洲分布（T5）及热带亚洲至热带非洲分布（T6）各有4属，分别为杜茎山属、蒲桃属、五月茶属、酸藤子属，樟属、杜英属、野牡丹属、山龙眼属，芒属、弓果黍属、狗骨柴属、山竹子属。

由表5-6、图5-2可知，各热带区系成分所占比例在海拔梯度上变化速率差异大，热带亚洲分布成分（T7）所占比例从23.7%降低到0，所含属数从9降至0，变化最为剧烈；其次为泛热带分布成分（T2），所占比例最大值在海拔600 m，为28.9%，最小在海拔1 500 m，为9.1%，戴云山北坡地处南、中亚热带过渡带，泛热带分布成分（T2）与热带亚洲分布成分（T7）相当；旧世界热带分布（T4）出现在海拔600～1 200 m区间，并在海拔700 m处达最多属数，为5属，海拔1 300 m以上没有该类型；热带亚洲和热带非洲分布（T6）在海拔600～1 200 m没有分布，但在海拔1 300 m以上，随海拔升高所占比例有升高趋势，主要是因为芒属及弓果黍属等草本植物比例有所增加。热带亚洲和热带美洲间断分布（T3）与热带亚洲至热带大洋洲分布（T5）所占比例变化幅度相对较小。热带区系成分在海拔800 m处所占比例异常，均呈下降趋势，可能是因为低海拔区域人为干扰强烈，生境破坏，导致区系成分异常。

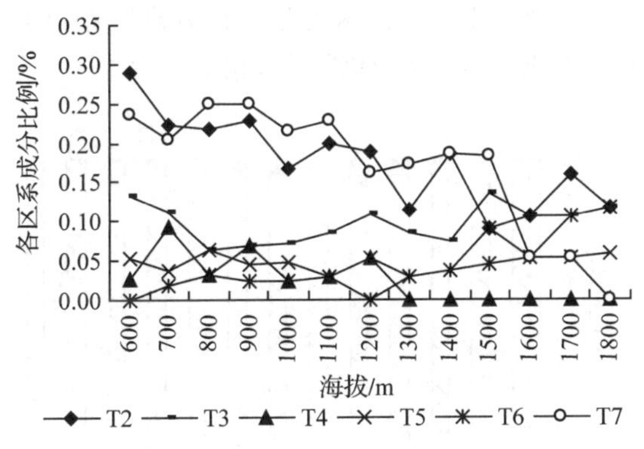

图5-2　戴云山北坡植物属的热带区系成分海拔分布

各代码表示的分布区类型参见表5-5

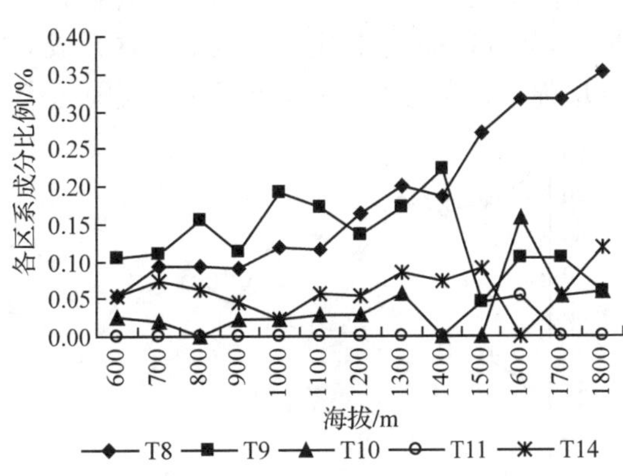

图5-3　戴云山北坡植物属的温带区系成分海拔分布

各代码表示的分布区类型参见表5-5

3. 温带区系成分海拔梯度格局

温带区系成分在戴云山北坡维管束植物区系中有44属，为所有分布区类型的37.29%。温带分布有北温带分布（T8）、东亚和北美洲间断分布（T9）、旧世界温带分布（T10）、温带亚洲分布（T11）、东亚分布（T14）5种类型。其中东亚和北美洲间断分布（T9）最多，有14属，主要是石栎属、南烛属、石楠属、漆属等；北温带分布（T8）其次，主要是槭属、杨梅属、松属、杜鹃花属、越橘属等13属；东亚分布（T14）有12属，主要是野海棠属、四照花属、刚竹属、石斑木属等；旧温带分布（T10）有4属，为女贞属、珍珠菜属、野苦草属、黑莎草属；温带亚洲分布（T11）仅有水青冈属1个。

由表5-6、图5-3可知，各温带区系成分在海拔梯度上变化规律不尽相同，不同温带区系成分所占比例的变化趋势存在一定差异。其中，变化最为显著的是北温带分布成分（T8），随海拔升高北温带分布成分（T8）所占比例明显上升，所占比例从5.3%增加到35.3%。相比之

下，东亚和北美间断成分(T9)所占比例较高，随海拔升高波动较大，略呈增长趋势，在海拔1 400 m达峰值，共有6属，在海拔1 400 m以上所占比例急剧减少；旧世界温带分布(T10)与东亚分布(T14)所占比例随海拔升高变化不明显；温带亚洲分布(T11)仅出现在海拔1 500 ~ 1 600 m区间，均为1属。值得注意的是，地中海、西亚至中亚分布(T12)、中亚分布(T13)在整个海拔梯度上均未发现。调查区域位于中亚热带与南亚热带过渡带，而地中海、西亚至中亚分布(T12)，中亚分布(T13)区系成分的分布中心主要在地中海至中亚地区，与干旱环境具有十分密切联系，多分布在干旱、半干旱地区，在湿润地区较为少见。因此，这也反映出历史上戴云山生境的湿润状况。

4. 中国特有成分海拔梯度格局

中国特有成分(T15)在戴云山北坡维管束植物区系中有5属，分别是杉属、少穗竹属、穗花杉属、唐竹属、腊梅属。其所占比例在整个海拔梯度无明显分布规律，中国特有成分(T15)在不同海拔梯度呈非连续分布，只在海拔600 ~ 1 300 m区间有分布。

5. 热带成分与温带成分变化格局

如图5-4所示，热带成分所占比重之和随海拔升高呈递减趋势，与热带、亚热带区系植物喜温，更适宜分布在低海拔区域的生态特性有关。而温带区系成分所占比重之和随海拔升高呈增加趋势，与温带区系植物耐低温，更适宜分布在高海拔区域有关。在海拔1 400 m区域，热带区系成分比重(Tr)与温带区系成分比重(Tw)趋于相等，意味着随海拔升高区系过渡性增强，在海拔1 500 m出现一定范围起伏，可能与地形上生境异质性明显相关。

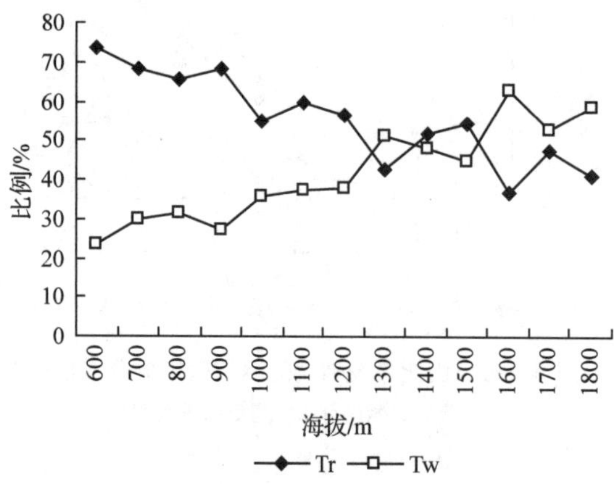

图5-4 戴云山北坡植物属的温带与热带区系成分比例海拔梯度变化

Tr：热带分布区类型；Tw：温带分布区类型

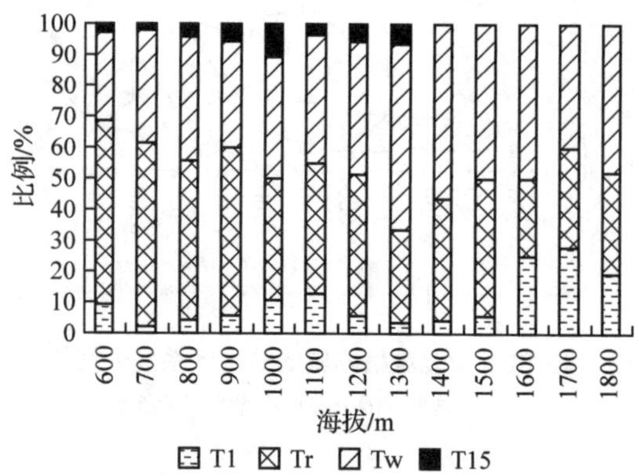

图5-5 戴云山北坡植物属级区系成分垂直分布

T1：世界分布；Tr：热带分布区类型；Tw：温带分布区类型；T15：中国特有分布

6. 属级区系各成分垂直分布格局

将上述13类属级区系地理成分合并成4类，探讨其垂直分布格局(图5-5)，可知热带区系成分(Tr)在海拔600 ~ 900 m处于主导地位，在海拔1 000 ~ 1 200 m与温带区系成分(Tw)势均力敌，热带成分(Tr)在整个区系中的比例随海拔上升而减少；温带区系成分(Tw)在整个区系中的比例随海拔上升总体呈增加趋势；而世界广布成分(T1)随海拔升高开始保持10%以下的比例，在海拔1 000 ~ 1 100 m上升至10%左右，随后又下降，到海拔1 600 m达25%，在海拔1 700 m最高，占约30%的比例；中国特有分布主要见于海拔1 300 m以下地带。

四、基于植物区系成分聚类分析

为综合定量评判各海拔梯度植被带间的植物区系关联程度，利用各分布区类型属数百分比构成数据，对各带进行聚类分析(徐克学，1994)。通过 SPSS 软件，应用欧氏距离平方定义样本间距离，采用类平均法进行聚类分析计算。

在各海拔梯度上，不同类型区系成分所占比重发生明显变化，可能由于海拔梯度上区系成分变化与植被垂直带间存在一定联系。为此，采用各海拔区段的不同分布区类所含属数与同海拔高度段内所有植物属数的比值作为重要值，以各海拔段为单位，对 13 个海拔区段的区系组成进行系统聚类(图 5-6)，结合野外调查数据中的物种分布信息，分析各海拔区段内的优势种和物种组成，以判断群落组成及其植被带类型。

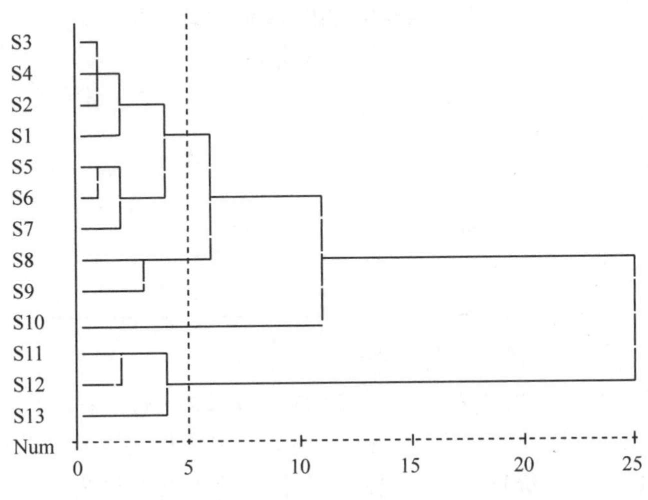

图 5-6　戴云山北坡 13 个海拔植物区系聚类图

由图 5-6 可知，当类平均距离为 5 时，植被类型沿海拔梯度可划分为 4 类，与实际调查情况相吻合。戴云山北坡群落可分为常绿阔叶林、针阔混交林、温性针叶林和山地灌丛等。其中，海拔 600 ~ 1 200 m 为常绿阔叶林，该类型森林群落主要分布在低海拔地段，乔木层主要以壳斗科、山茶科植物种类占优势；海拔 1 300 ~ 1 400 m 为针阔混交林，该类型森林群落乔木层主要以松科植物种类为主；海拔 1 500 m 区域为以黄山松为主的温性针叶林，该类型森林群落乔木层以黄山松占绝对优势；海拔 1 600 ~ 1 800 m 为山地灌丛林，该类型由于主要分布在较高海拔地段，群落结构相对简单，立木主要以杜鹃花科、禾本科植物种类为主。森林群落基本按照海拔从低到高组合，聚类分析结果反映出戴云山北坡森林群落沿海拔梯度的分布。

第二节　北坡植物群落结构海拔梯度特征

一、植物群落生活型海拔梯度格局

1. 植物群落生活型特征

根据 Raunkiaer(1934)生活型系统(参照第四章第二节)对戴云山北坡不同海拔植物群落

表 5-7 戴云山北坡维管束植物生活型组成

生活型类群	生活型亚类群	种数	比例/%
生活型及代码		组成	
高位芽植物(Ph)	常绿大高位芽植物	3	1.36
	落叶大高位芽植物	1	0.45
	常绿中高位芽植物	67	30.45
	落叶中高位芽植物	12	5.45
	常绿小高位芽植物	62	28.18
	落叶小高位芽植物	13	5.91
	常绿矮高位芽植物	13	5.91
	落叶矮高位芽植物	9	4.09
	常绿藤本高位芽植物	1	0.45
	落叶藤本高位芽植物	1	0.45
	合计	182	82.73
地上芽植物(Ch)		14	6.36
地面芽植物(H)		3	1.36
地下芽植物(G)		18	8.18
1年生植物(T)		3	1.36
总计		220	100

维管束植物进行生活型划分，得到群落植物生活型谱(表 5-7)。

戴云山北坡群落以高位芽植物为主，达 182 种，占 82.73%，多为中、小高位芽植物，主要由壳斗科、樟科、木兰科、蔷薇科、山茶科、冬青科、山矾科、杜鹃花科等乔、灌木构成；其次是地下芽植物 18 种，占 8.18%，主要由里白科、禾本科的根茎、块茎类草本植物构成；地上芽植物 14 种，占 6.36%，主要由菊科、蔷薇科等小灌木或半灌木构成；地面芽植物与 1 年生植物最少，各有 3 种，各占 1.36%，地面芽植物主要由莎草科多年生草本植物构成，1 年生植物主要由禾本科植物构成。一个地区植物生活型谱组成与生态环境多样性密切相关，戴云山北坡群落生活型谱组成反映其地带植被以森林植被占优势的特点。

在高位芽植物 10 个生活型亚类群中，以常绿中高位芽植物最多，达 67 种，占北坡所有物种的 30.45%，占高位芽植物的 36.26%；常绿小高位芽植物次之，有 66 种，占北坡所有物种的 28.18%，占高位芽植物的 36.81%；落叶小高位芽植物与常绿矮高位芽植物居第 3，各有 13 种，各占北坡所有物种的 5.91%，占高位芽植物的 7.14%；落叶中高位芽植物居第 4，占北坡所有物种的 5.45%，占高位芽植物的 6.59%；落叶矮高位芽植物居第 5，占北坡所有物种的 4.09%，占高位芽植物的 4.95%；常绿大高位芽植物、落叶大高位芽植物、常绿藤本高位芽植物、落叶藤本高位芽植物分别占北坡所有物种的 1.36%、0.45%、0.45%、0.45%，占高位芽植物的 1.65%、0.55%、0.55%、0.55%。高位芽植物又以常绿树种居多，有 146 种，占高位芽植物的 80.21%，而落叶树种只有 36 种，占高位芽植物的 19.79%。

2. 植物群落生活型海拔梯度变化

(1)植物生活型类群沿海拔梯度的变化

依调查 13 个样带统计不同生活型物种数，将其与海拔做相关性分析。

不同生活型植物，物种数随海拔梯度变化格局不尽相同(图 5-7)。乔木、灌木沿海拔梯度变化趋势比较一致，相关性分析表明，海拔与乔木($r=-0.610$，$P=0.046$)呈负相关关系、与灌木($r=-0.802$，$P=0.001$)亦呈负相关关系，相关性比较显著，即乔木和灌木物种数整体上呈现随海拔上升而逐渐减少趋势。海拔与草本植物相关性不显著($r=0.506$，$P=0.078$)。图5-7(a)表明，乔木层物种数在海拔700 m、1 000 m有2个峰值，呈双峰分布，在海拔1 600 m达最小值；灌木层物种数分布呈双峰分布，在海拔700 m、900 m出现最大值；草本物种数在海拔600～1 500 m区间变化不明显，在海拔1 600 m处出现峰值。可见，人为干扰因素在物种多样性垂直格局中影响不容忽视。乔木、灌木与海拔呈线性负相关($P<0.05$)，草本植物与海拔则不具显著的线性关系($P>0.05$)，可能与水因子对草本植物影响比对木本植物影响强烈有关，也可能与土壤类型、地形甚至人为干扰有关。

从海拔600～1 800 m，戴云山北坡13条样带共有常绿植物146种，落叶植物36种，草本植物35种。图5-7(b)表明，常绿植物在各样带中占优势，主要以壳斗科、樟科、冬青科、山茶科一些种类为主，海拔与常绿植物($r=-0.894$，$P<0.001$)呈明显负相关，且相关性比较显著，虽常绿植物在某些样带有些波动，在海拔700 m、900 m处有2个峰值，呈双峰分布，但随海拔上升，常绿植物总体呈减少趋势，在海拔1 600 m以上常绿植物种数低于草本植物种数。落叶植物种数在海拔1 300 m处达峰值，如槭树科、金缕梅科的一些种类与常绿阔叶树种形成较明显的混交状态。落叶植物与草本植物沿海拔梯度变化不具相关性($P>0.05$)，草本植物可能主要受乔木层林冠郁闭度影响较大，与海拔关系不显著。

从两个生活型类群标准来看，草本植物沿海拔梯度变化都不具显著线性相关关系，而多数木本植物种数均随海拔上升而减少。可能与草本植物常在高海拔地区保持优势地位有关，也可能与按生活型划分植物类别，而不是按植物实际生长状况来划分有关。

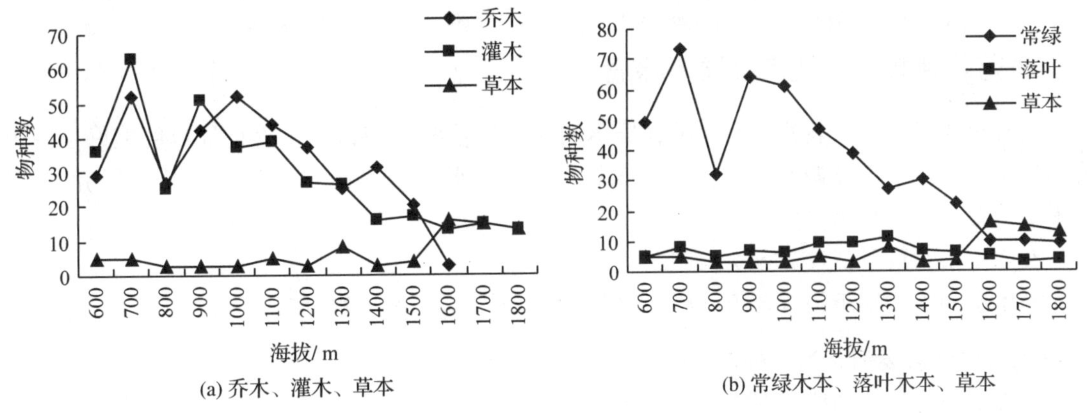

(a) 乔木、灌木、草本　　(b) 常绿木本、落叶木本、草本

图5-7　戴云山北坡各生活型植物种数海拔梯度变化

(2)植物生活型谱沿海拔梯度的变化

从海拔600～1 800 m，各样带植被以高位芽植物为主，高位芽植物种数随海拔增加表现为总体减少趋势，与海拔呈负相关性($r=-0.829$，$P<0.001$)，且负相关性显著；地上芽植物、地面芽植物与海拔呈正相关性(地上芽植物$r=0.581$，$P=0.037$；地面芽植物$r=0.576$，$P=0.040$)，物种数在高海拔区有所增加；而地下芽植物与海拔无显著相关性($r=0.438$，$P=0.134$)；1年生植物在整个海拔梯度内呈非连续性分布，不做相关性分析。由于水、热组合不同，戴云山北坡植物群落生活型谱随海拔变化存在明显垂直分异规律(图5-8)，即不同生活型植物对海拔敏感程度不同，其生活型物种丰富度对海拔响应各有差异。高位芽植物所

占比例在各海拔梯度均占重要地位，在海拔 600 ~ 1 500 m 区段，高位芽植物占绝对优势(80% 以上)，而海拔 1 600 m 以上，其比例迅速降低，最低值在海拔 1 700 m，为 43.3%，即该区段不再具有森林特征，植被为灌丛群落。地上芽植物与地面芽植物比例在海拔 1 600 m 以上区段明显增加。地下芽植物比例随海拔升高变化趋势不明显，在整个海拔梯度内介于 1.3% ~ 19.2%。1 年生植物仅出现在海拔 1 600 ~ 1 800 m 区段。

在高位芽植物中(图 5-9)，大高位芽植物在海拔 1 100 m 处及 1 500 m 以上没有分布，中高位芽植物、小高位芽植物、矮高位芽植物在各海拔区段均有分布。其中，在海拔 600 ~ 1 500 m 区段，中高位芽植物所占比例稍优于小高位芽植物、矮高位芽植物。当海拔继续上升，高位芽植物中小高位芽和矮高位芽植物比例上升，而中高位芽植物比例减少。

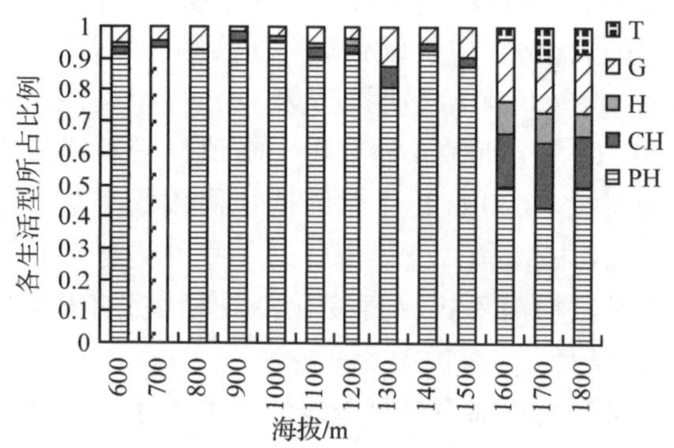

图 5-8　戴云山北坡植物生活型谱海拔梯度变化

PH：高位芽植物；CH：地上芽植物；H：地面芽植物；G：地下芽植物；T：1 年生植物

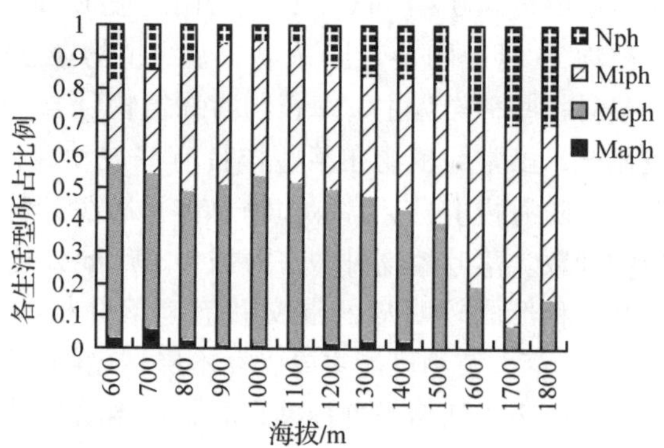

图 5-9　戴云山北坡高位芽植物生活型谱海拔梯度变化

Maph：大高位芽植物；Meph：中高位芽植物；Miph：小高位芽植物；Nph：矮高位芽植物

二、群落物种数量特征海拔梯度格局

物种重要值可全面表达不同物种在群落的功能地位和分布格局，物种优势度能好反映群落物种组成。基于野外调查，根据重要值计算方法，将调查数据进行统计分析，得乔木层、灌木层、草本层物种重要值。

乔木层植物重要值计算方法参照第三章第三节。

灌木层和草本层植物重要值：$IV = (相对密度 + 相对频度 + 相对高度)/3$　　(5-1)

1. 乔木层物种重要值及海拔梯度变化

对戴云山北坡植物群落乔木层所有物种进行相对密度、相对频度、相对优势度及重要值计算，考虑不同海拔梯度乔木种类及重要值差异性，仅列出北坡植物群落乔木层重要值大于 1 的所有物种(表 5-8)。依《三江平原湿地典型植物群落物种多样性研究》(娄彦景等，2006)为标准，即以重要值 >30% 的物种为优势种、10% ~30% 的物种为亚优势种作为判定标准，不同海拔梯度各样地群落均由 2 种或 2 种以上优势种、亚优势种控制样地内群落结构。表 5-8 中群落乔木层主要物种重要值在不同海拔梯度分布序列不尽相同。根据海拔 600 m 样地 9 种主要乔木树种重要值，米槠、瑞木为优势种，重要值均大于 10；海拔 700 m 乔木层以米槠占优势，虎皮楠次之；海拔 800 m 乔木层甜槠占明显优势，为该样地优势种，重要值为 33.53；海拔 900 m 乔木层丝栗栲、毛竹重要值较大，为 17.21、11.52，而甜槠、罗浮栲次之；海拔 1 000 m、1 100 m、1 200 m 乔木层木荷占优势，重要值分别为 16.79、10.01、12.54；海拔

1 300 m 乔木层细枝柃、杉木、马尾松占优势，重要值分别为 16.43、10.44、8.38；海拔 1 400 m、1 500 m 乔木层黄山松与杜鹃花属 1 种重要值较大；海拔 1 600 m 乔木层树种较少，样地内只有 3 个物种，分别为黄山松(55.71)、亮叶水青冈(29.06)、鹿角杜鹃(15.22)。海拔 1 700 m 以上没有乔木分布。植物群落数量特征反映各种在群落中地位，每个种在样地中数量反映其生存状况及所起作用。各海拔梯度群落乔木层物种重要值差异明显，说明戴云山北坡群落结构差异明显，各海拔梯度群落的外貌、结构以及生态环境等方面由许多物种共同决定；海拔 600 ~ 900 m 区间乔木层主要以壳斗科植物米槠、甜槠、丝栗栲占优势；海拔 1 000 ~ 1 200 m 区间乔木层以木荷占明显优势；海拔 1 300 m 乔木层细枝柃及杉木代替木荷成为优势种；而在海拔 1 400 ~ 1 600 m 区间，黄山松重要值最大，与其他物种重要值相差悬殊，说明黄山松在高海拔群落中是明显优势种，对群落各方面因素均有显著作用。

表 5-8　戴云山北坡不同海拔梯度群落乔木层主要物种重要值

物种	海拔/m										
	600	700	800	900	1 000	1 100	1 200	1 300	1 400	1 500	1 600
黄山松									33.68	44.34	55.71
甜槠		2.59	33.53	9.34	6.57	6.98			2.16		
木荷	4.09	3.25	9.17		16.79	10.01	12.54		1.98	1.67	
杜鹃花属 1 种								7.06	14.86	17.15	
丝栗栲	2.57	3.07		17.21		3.83					
细枝柃	2.15					7.8		16.43			
米槠	22.07	10.21									
红楠						7.66	5.22	7.52	2.11		
杉木	4.32		6.99	3.69			2.23	10.44			
峨眉鼠刺	2.62		6.12	1.64	2.39	4.44	4.93				
马尾松					6.21		7.65	8.38			
鹿角杜鹃	2.22						7.26	2.68	3.57	1.88	15.22
罗浮栲				7.04		6.56	2.13				
吊钟花								3.32	7.68		
黄瑞木			1.67	2.64			3.66	3.14			
瑞木	17.7					3.56					
窄基红褐柃						4.8	3.53		2.22	4.04	
格药柃								4.53	2.7	4.79	
青榨槭								4.4	6.53	1.55	
虎皮楠		7.49		2.44	1.88						
毛竹	3.01	3.31		11.52							
毛叶石楠					2.09			7.61	1.76		
映山红								7.46	3.31	1.15	
薄叶山矾				3.1	5.25	2.16					

2. 灌木层物种重要值及海拔梯度变化

依群落物种数量特征统计方法，计算北坡不同海拔梯度灌木层各物种重要值，考虑不同海拔群落灌木物种较多，仅列出北坡植物群落灌木层重要值大于 1 所有物种(表 5-9)。海拔

600 m 灌木中重要值最大的是杜茎山(13.3)，在灌木层中占一定优势；海拔 700 m 灌木仅列出 6 个物种重要值，且重要值均较低，表明该梯度灌木层没有明显优势物种；海拔 800 m 样地甜槠具有明显优势，重要值为 23.1，即该梯度甜槠占绝对优势，林下幼苗较多；海拔 900 m灌木各物种重要值差异不明显，重要值最大的为闽粤栲(6.6)；海拔 1 000 m 灌木占优势的种有窄基红褐柃、肿节少穗竹、唐竹，其重要值均大于 10；海拔 1 000 ~ 1 300 m 灌木层中，窄基红褐柃占明显优势，重要值均位居第 1 位，且均大于 18；海拔 1 400 ~ 1 500 m 灌木层中短尾越橘占优势；海拔 1 500 ~ 1 800 m 灌木层物种种类减少，优势物种有满山红、映山红、短尾越橘、岩柃等。

表 5-9　戴云山北坡不同海拔梯度群落灌木层主要物种重要值

物种	海拔/m												
	600	700	800	900	1 000	1 100	1 200	1 300	1 400	1 500	1 600	1 700	1 800
短尾越橘	1.9		12.1					9.1	29.3	28.1	13.6	9.1	14.0
窄基红褐柃			2.1	5.9	15.1	23.7	27.7	18.2	8.1	12.4			
满山红											27.1	7.7	28.4
映山红								12.0	9.3		1.3	23.7	12.4
岩柃											16.5	16.0	8.9
岗柃								2.9	4.5	7.0	8.7	8.3	5.6
鸭脚茶			3.6					8.3	9.6	4.9		9.4	
细枝柃		6.9		4.4	1.6	3.2	8.6	4.7					
甜槠			23.1		5.5	6.3							
格药柃								9.3	12.0	11.7		2.7	
细齿叶柃											2.1	10.3	8.9
肿节少穗竹					14.2	5.4	3.0						
黄瑞木	2.5	2.9	3.3	3.2			2.9	1.3		4.2			
沿海紫金牛	1.8	5.3	2.6	4.0									
峨眉鼠刺	5.1	4.3	2.5	3.4	1.8								
密花树	4.3			5.2	1.9	3.4							
杜茎山	13.3	3.3											
闽粤栲	4.6			6.6		2.1							
溪畔杜鹃			15.1		1.5	2.6							
罗浮栲					5.4	4.4	1.9		1.1				
乌药				2.8	1.8		8.2						
黄楠	5.5	3.5		2.8									
唐竹					11.7								
鹿角杜鹃								1.2	3.1		5.9		3.8

3. 草本层物种重要值及海拔梯度变化

戴云山北坡不同海拔梯度草本种类及数量差异明显，中低海拔区草本种类 3 ~ 5 种，高海拔区种类较多(表 5-10)。13 个海拔梯度群落草本层中主要构成物种有 35 种，表 5-10 列出了前 15 种，主要有狗脊蕨、里白、花葶薹草、平颖柳叶箬、芒、黑莎草、黑紫藜芦、芒萁、五节芒等。其中狗脊蕨在戴云山北坡草本层占优势，在低海拔至高海拔区均有分布。在海拔 600 ~ 1 500 m 区间，草本种类少，海拔 1 600 ~ 1 800 m 区间草本种类增加且物种组成较均匀。

表 5-10　戴云山北坡不同海拔梯度群落草本层主要物种重要值

物种	海拔/m												
	600	700	800	900	1 000	1 100	1 200	1 300	1 400	1 500	1 600	1 700	1 800
狗脊蕨	36.5	27.5	18.7	35.7	50.3	26.4	71.7	10.8	26.1	13.6	2.3	1.9	
里白	28.2	28.2						41.7	47.7	18.3		4.3	
花葶薹草	8.2				9.8	8.2	12.2				3.4	19.5	20.2
平颖柳叶箬												19.9	19.9
芒											23.2	15.0	17.2
黑莎草	12.3	27.5		56.8		7.4		5.5					
黑紫藜芦												10.1	9.9
芒萁		11.2	46.0					9.8			2.9		
五节芒								13.3	26.2	53.8			
镰羽瘤足蕨					40.0	31.7							
华南龙胆												7.3	5.4
星宿菜											7.9	2.5	5.1
金丝桃											4.4	2.1	5.6
三脉紫菀												1.9	2.9
一枝黄花												3.4	3.7

三、乔木径级与高度级海拔梯度格局

1. 乔木径级与高度级统计分析方法

(1)胸径、高度结构分级

对乔木个体进行径级划分，以 5 cm 为一区段(除最后一级外)划分 7 级，即 <5 cm 为Ⅰ级，5.1 ~ 10 cm 为Ⅱ级，10.1 ~ 15 cm 为Ⅲ级，15.1 ~ 20 cm 为Ⅳ级，20.1 ~ 25 cm 为Ⅴ级，25.1 ~ 30 cm 为Ⅵ级，30.1 cm 以上为Ⅶ级，统计时采用上限排除法。

对乔木个体进行高度级划分，高于 3 m 以上的乔木个体以 2 m 为一区段(除最后一级外)划分 8 级，即 3 ~ 5 m 为Ⅰ级，5 ~ 7 m 为Ⅱ级，7 ~ 9 m 为Ⅲ级，9 ~ 11 m 为Ⅳ级，11 ~ 13 m 为Ⅴ级，13 ~ 15 m 为Ⅵ级，15 ~ 17 m 为Ⅶ级，17 m 以上为Ⅷ级，统计时采用上限排除法。

(2)群落物种对径级与高度级的分享度

物种对径级或高度级的分享度以某一径级或高度级种数(f_i)占群落总物种数(s)的比例表示：

$$H\,issd = \frac{f_i}{S} \times 100 \tag{5-2}$$

而种对群落整体的分享度(C_{ssd})用径级或高度级均值表示：

$$C_{ssd} = \frac{\sum_{n=1}^{K} (H_{nssd})}{K} \tag{5-3}$$

式中，K 表示级数数量。

用 SPSS 软件对乔木胸径级高度数据进行处理，分析海拔对乔木层胸径及高度生长的影响。

(3)群落乔木层高度级结构动态统计

群落高度级个体数结构动态，采用植物群落学观点(王伯荪，1987)，以其优势种群高度级结构动态为代表加以评价。根据种群年龄结构稳定、增长、衰退的概念，仿照龄级死亡率方法，两相邻高度级($N \rightarrow N+1$ 级)间优势种群个体数量失去稳定的速率(V_N)：

$$V_N = \frac{N_{an} - N_{an+1}}{N_{an}} \times 100\% \tag{5-4}$$

式中，N_{an}为第 N 高度级种群个体数，种群整体失去稳定的速率(V)由各级失稳率(V_N)对各级该种个体数 N_{an}加权，因最高级 K 无 V_K，所以除外：

$$V = \frac{\sum_{n=1}^{K-1}(N_{an} \times V_N)}{\sum_{n=1}^{K-1}(N_{an})} \tag{5-5}$$

当分析单优群落时，可认为优势种群结构失稳率(V)即是群落结构失稳率(V_c)，若种群是 j 个优势种群的多优群落时，根据概率学观点，群落整体结构失稳率(V_c)应是所属优势种群结构失稳率(V_i)之连乘积，即：

$$V_c = V_1 \times V_2 \times V_3 \cdots V_i \tag{5-6}$$

并规定，当有 1 个以上的 V_i为负时 V_c取负值，种群与群落稳定率由 1 减去相应失稳率(V 或 V_c)绝对值得到。

2. 不同海拔乔木径级垂直分布格局

(1)不同海拔乔木径级结构

群落稳定性很大程度上取决于乔木层稳定性，而乔木层树种胸径分布是主要群落结构特征，通过对不同海拔梯度群落内乔木树种胸径进行分级划分，划分 7 个等级，统计其个体数、物种数，观察其分布状况。

图 5-10 可显示不同海拔梯度群落乔木各径级分布状况，所分类的 7 级中，各海拔梯度群

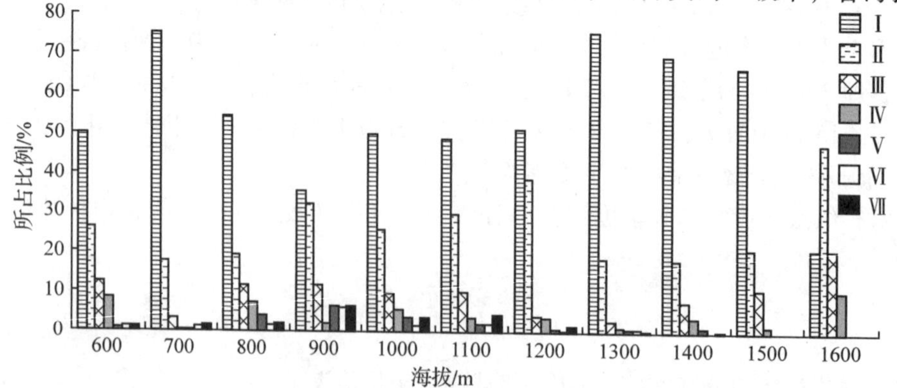

图 5-10 戴云山北坡不同海拔乔木层径级分布

胸径等级：Ⅰ：<5，Ⅱ：5.1~10，Ⅲ：10.1~15，Ⅳ：15.1~20，Ⅴ：20.1~25，Ⅵ：25.1~30，Ⅶ：30.1~，单位：cm

落乔木径级以Ⅰ级个体数量居多，基本规律表现为，随着胸径增大植株数目呈迅速减少趋势，降幅明显，表明其天然更新状况良好。乔木径级结构在各海拔梯度呈现出规律变化，径级分布趋势基本一致，各海拔梯度群落类型乔木径级基本上均呈“L”形分布，Ⅰ到Ⅱ径级乔木占绝对优势，说明幼小个体偏多，大树较少，幼苗储备量最为丰富。随着海拔升高，海拔900～1 200 m的群落乔木个体胸径Ⅱ级比例有所增加，径级结构有向稳定型过渡的趋势。在海拔1 400～1 600 m，各径级均出现较大幅度间断性，连续性差，海拔1 600 m乔木径级分布表现为中部突出的偏峰分布。不同海拔梯度乔木个体胸径径级分布Ⅴ到Ⅶ级差异不大，变化幅度也趋于平缓。

图5-11形象显示不同海拔乔木物种对径级分享度的变化。不同海拔乔木物种对径级的分享度变化趋势较一致，除了海拔1 600 m外，各径级所含物种均为2种，分享度均为66.67%，其他各海拔径级分享度最大的是Ⅰ级，且随径级数增大，分享度减小，不同海拔群落大多数物种径级均处在小径级，说明戴云山北坡植物群落尚未形成较为稳定的群落类型，不同海拔乔木层许多物种在林下均有更新幼苗，且长成了小个体植株，竞争能力强，不同海拔群落内优势种发展不稳定。各海拔乔木层分享度最小的均为Ⅶ级，说明在不同海拔群落中只有部分物种能存活到此径级，可能与物种竞争能力差有关，许多物种未成长到此径级时便自然死亡，还有可能是保护区封山育林以来，北坡由于水热、地形等自然条件原因，乔木层个体生长缓慢，胸径较小。

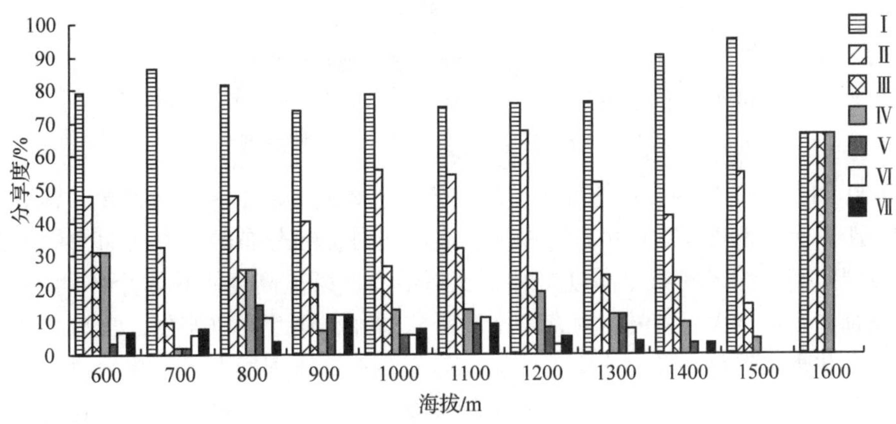

图5-11　戴云山北坡不同海拔乔木层径级分享度

胸径等级：Ⅰ：<5，Ⅱ：5.1～10，Ⅲ：10.1～15，Ⅳ：15.1～20，Ⅴ：20.1～25，Ⅵ：25.1～30，Ⅶ：30.1～，单位：cm

(2)海拔梯度对乔木胸径生长的影响

不同海拔乔木胸径方差分析(表5-11)表明，不同海拔间乔木层胸径差异达到极显著水平。将不同样地乔木胸径与海拔做相关性分析($r=-0.161$，$P<0.001$)，乔木胸径与海拔呈明显负相关，说明海拔梯度是影响乔木层胸径生长的重要环境因子。

表5-11　戴云山北坡不同海拔乔木层胸径方差分析

误差来源	平方和	自由度	均方	F值	P值	显著性
组间	9 399.401	10	939.940	25.165	0.000	**
组内	125 164.488	3 351	37.351			
总和	134 563.888	3 361				

注：*表示显著相关($P<0.05$)；**表示极显著相关($P<0.01$)。

3. 不同海拔乔木高度级垂直分布格局

通过对不同海拔群落乔木树种高度进行分级划分，划分 8 个等级，统计其个体数、物种数，观察其分布状况。

(1)不同海拔乔木高度级内个体数分布

由图 5-12 可知各海拔群落乔木高度级个体数所占比例变化，随高度级增加，个体数大体呈下降趋势，形成基数相对较大的塔形结构。

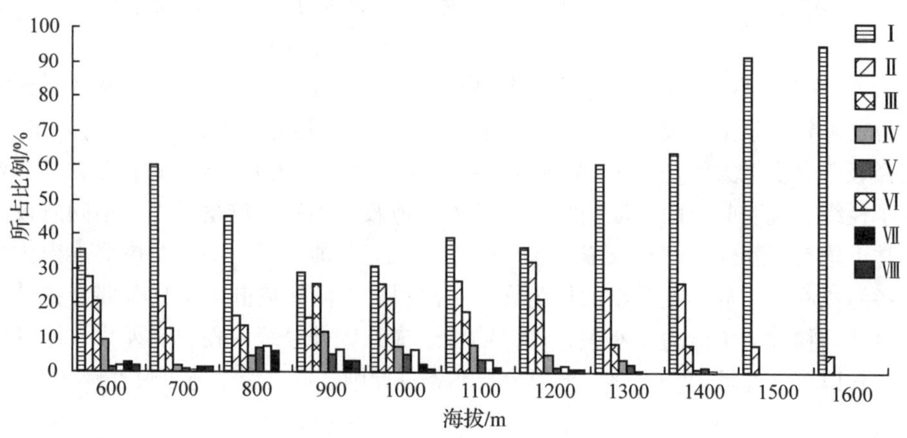

图 5-12　戴云山北坡群落乔木高度级分布

高度等级：Ⅰ：3～5，Ⅱ：5～7，Ⅲ：7～9，Ⅳ：9～11，Ⅴ：11～13，Ⅵ：13～15，Ⅶ：15～17，Ⅷ：17～，单位：m

海拔 600～1 200 m 区间，群落乔木层高度分布主要集中在Ⅰ～Ⅲ级，Ⅳ～Ⅷ级个体数量所占比例差距不大，群落大中成树数量较少，表明相对低频分布的大中成树为中成树发展预留了一定发展空间。该区间第Ⅰ高度级林木比例最大，第Ⅰ高度级林木个体幼小，密度高，随高度级增加，个体增大，各林木对营养空间需求增加，相互竞争剧烈，自疏和他疏作用加强，个体间分化现象严重，导致死亡率增加，群落乔木个体密度下降，高大树木个体数减少更加剧烈，说明该区间群落是处在向上的发展阶段，且向上发展潜在数量充足。其中，海拔 700 m、800 m 区域，Ⅰ、Ⅱ级比例相差悬殊，随高度级增加物种个体数明显减少，究其原因可能是该区间受人为干扰因素比较大。从群落个体在垂直空间上的配置来看，该区间群落具有年轻、增长力强两大特征。海拔 1 300～1 600 m 乔木不同高度级间个体数所占比例相差悬殊，在第Ⅰ高度级个体数占绝对优势，第Ⅱ高度级以后个体数分布较少。其中海拔1 300～1 400 m区间第Ⅰ高度级个体数所占比例均在60%以上，海拔 1 500 m、1 600 m 区域第Ⅰ高度级个体数所占比例均在 90%以上，说明高海拔区乔木个体幼小，可能是受高海拔区生境环境影响。不同海拔梯度群落乔木高度级内个体数分布特征表明群落乔木高度受海拔影响变化明显。

各海拔梯度群落乔木个体数随高度级变化拟合方程见表 5-12，表明各群落不同高度级群落个体数分布可用方程很好地拟合。

(2)不同海拔乔木高度级个体数结构动态评价

失稳率值的正负可反映种群及群落增长、稳定、衰退的动态属性，值的大小程度则表现为增长、稳定、衰退的速率。当失稳率为正值时，表示增长性的金字塔形种群结构，实质为

表 5-12　戴云山北坡群落乔木个体数随高度级拟合方程

海拔/m	拟合方程($n=8$, $P<0.05$)	相关系数(R^2)
600	$y=0.164x^3-0.650x^2-13.291x+68.923$	0.980
700	$y=-1.361x^3+24.155x^2-138.079x+256.286$	0.984
800	$y=-1.571x^3+24.764x^2-125.522x+222.071$	0.970
900	$y=62.646e^{-0.33286}$	0.884
1 000	$y=0.121x^3-0.005x^2-20.174x+104.786$	0.948
1 100	$y=-0.270x^3+6.404x^2-52.374x+148.286$	0.994
1 200	$y=0.465x^3-2.856x^2-23.535x+141.214$	0.958
1 300	$y=-1.962x^3+34.078x^2-191.579x+351.857$	0.992
1 400	$y=-4.424x^3+76.906x^2-429.622x+771.929$	0.995
1 500	$y=-10.621x^3+170.4702-847.766x+1276.357$	0.920
1 600	$y=-0.306x^3+4.881x^2-24.099x+35.857$	0.906

种群结构增长率；当失稳率为零时，表示稳定性的柱形种群结构，实质为种群结构稳定点；当失稳率为负值时，表示衰退性的倒金字塔形种群结构，实质为种群结构衰退率；失稳率也可以反映出群落相应的上述动态关系，由于负值具有衰退的方向含意，所以当 1 个以上的种群失稳率 V_P为负值时，群落失稳率 V_C取负值，失稳率是一个较好的动态量纲。种群稳定性及反馈机制支配群落稳定性，群落优势种群高度级失稳率显示了群落各高度级的发展动态。当群落为单优势群落时，可认为优势种群数量变化动态指数 V_P就是群落数量变化动态指数 V_C，其值大小也能反映出群落增长、稳定、衰退速率的数量差异，此时 $V_P=V_C$。不同海拔梯度群落优势种群通过整个群落的物种重要值计算，并按重要值大小确定。海拔 1 600 m 乔木数量及种类较少，不对该海拔梯度乔木高度级个体数做结构动态评价。

种群稳定性及其反馈机制支配和产生着群落的稳定，群落乔木层优势种群高度级失稳率显示出整个群落各高度级发展趋势。由表 5-13 可知，保护区植被有几种特征：①海拔 900 m 优势种群正朝着破坏现有群落优势种群构成格局方向变化(V_C值为负)，是因缺乏种内大小梯度的种群(丝栗栲)结构造成的；其余海拔梯度 V_C 为正，表明其具有增长性结构优势种群正朝着加强现有群落组成格局方向变化，群落处于未成熟发展阶段。②部分海拔优势种群：600 m(米槠)、700 m(米槠)、1 100 m(细枝柃)、1 300 m(细枝柃、杉木)、1 400 m(杜鹃花属 1 种)、1 500 m(黄山松、杜鹃花属 1 种)，在各高度级上均为正值，说明这些海拔上的优势种群具有很强增长性，其优势地位将被加强。③部分海拔优势种群：600 m(米槠)、700 m(米槠)、1 100 m(细枝柃)、1 300 m(细枝柃)、1 400 m(杜鹃花属 1 种)、1 500 m(黄山松、杜鹃花属 1 种)，均具有较大的 V_P值，表明这些海拔梯度上群落优势种群存在着对干扰的反馈调节机制，1 400 m(杜鹃花属 1 种)及 1 500 m(黄山松、杜鹃花属 1 种)优势种群在 V_P(Ⅰ，Ⅱ)、V_P(Ⅱ，Ⅲ)上均大于 80%，表明株型较小种群在混交时以较多幼小个体提高种群 V_P以加强竞争。④若将负的失稳率 V_C看作负的增长率，则戴云山北坡现阶段模式增长性排序为：海拔 1 300 m > 900 m > 1 000 m > 1 200 m > 1 400 m > 800 m > 1 100 m > 600 m > 700 m > 1 500 m。

表 5-13　戴云山北坡群落乔木高度级个体数结构动态

海拔/m	优势种群	高度级/%							V_P/%	V_C/%
		1	2	3	4	5	6	7		
600	米槠	55. 56	25. 00	100					56. 25	9. 16
	瑞木	-128. 57	18. 75	53. 85	83. 33	100			16. 28	
700	米槠	25. 00	66. 67	100					50. 00	50. 00
800	甜槠	-42. 86	-20. 00	75. 00	-400. 00	6. 67	35. 71	88. 89	8. 57	8. 57
900	丝栗栲				-200. 00	-66. 67	40. 00		-15. 38	-1. 99
	毛竹		-250. 00	14. 29	91. 67	100			12. 90	
1 000	木荷		0. 00	-133. 33	42. 86	-200. 00	75. 00	66. 67	6. 90	6. 90
1 100	细枝柃	41. 67	92. 86	100					61. 54	8. 79
	木荷		0. 00	0. 00	-200. 00	33. 33	50. 00	100	14. 29	
1 200	木荷	100						-100	50. 00	50. 00
1 300	细枝柃	97. 85	100						97. 89	0. 20
	杉木						100		0. 20	
1 400	黄山松	-283. 33	47. 83	-41. 67	80. 39	80. 00	100		9. 68	8. 34
	杜鹃花属 1 种	84. 48	96. 30	100					86. 14	
1 500	黄山松	80. 91	97. 62		100				83. 33	82. 60
	杜鹃花属 1 种	99. 12	100						99. 12	

注：1：Ⅰ~Ⅱ级，2：Ⅱ~Ⅲ级，依此类推。V_P为种群失稳率，V_C为群落失稳率。

(3)不同海拔乔木物种对高度级的分享度

种对高度级分享度不仅反映出群落物种在各高度级的配置状况，而且一定程度上反映了群落高度级种数结构动态。从不同海拔乔木种对高度级分享度分析(表 5-14)，第Ⅰ高度级上的分享度最大，乔木幼树和种类较多，物种分布较集中，但随着树木个体生长，物种间竞争开始加剧，自然稀疏增强，种间分化越来越大，物种数继续减少，种对高度级分享不断降低。从不同海拔总体变化趋势来看，乔木种对高度级分享度随高度级增加逐渐降低。不同海拔梯度群落分享度都不高，但中低海拔群落分享度高于高海拔群落，说明前者较后者具有较多的生态位空隙、较小的排斥力，并具有较大的抗逆稳定性。戴云山北坡现阶段模式分享度排序：海拔 1 200 m >800m >1 000 m >1 100 m >1 300 m >600 m >900 m >1 400 m >700 m >1 500m >1 600 m。

表 5-14　戴云山北坡群落乔木高度级物种分享度

海拔/m	物种对高度级分享度/%								群落分享度/%
	Ⅰ	Ⅱ	Ⅲ	Ⅳ	Ⅴ	Ⅵ	Ⅶ	Ⅷ	
600	68. 97	51. 72	37. 93	20. 69	6. 90	6. 90	10. 34	6. 90	26. 29
700	80. 77	42. 31	21. 15	3. 85	3. 85	1. 92	5. 77	5. 77	20. 67
800	70. 37	55. 56	33. 33	22. 22	11. 11	18. 52	18. 52	0	28. 70
900	66. 67	38. 10	38. 10	14. 29	9. 52	11. 90	4. 76	7. 14	23. 81

（续）

海拔/m	物种对高度级分享度/%								群落分享度/%
	Ⅰ	Ⅱ	Ⅲ	Ⅳ	Ⅴ	Ⅵ	Ⅶ	Ⅷ	
1 000	63.46	51.92	55.77	21.15	19.23	7.69	5.77	3.85	28.61
1 100	59.09	56.82	47.73	22.73	13.64	13.64	6.82	0	27.56
1 200	70.27	54.05	45.95	27.03	8.11	13.51	8.11	5.41	29.05
1 300	68.00	60.00	44.00	28.00	12.00	8.00	0	0	27.50
1 400	80.65	51.61	29.03	3.23	3.23	3.23	0	0	21.37
1 500	100.00	35.00	5.00	5.00	0	0	0	0	18.13
1 600	66.67	66.67	0	0	0	0	0	0	16.67

注：高度等级：Ⅰ：3～5，Ⅱ：5～7，Ⅲ：7～9，Ⅳ：9～11，Ⅴ：11～13，Ⅵ：13～15，Ⅶ：15～17，Ⅷ：17～，单位：m。

第三节　北坡植物种群生态位海拔梯度特征

生态位测度计算方法参照第四章第三节。

一、植物种群生态位宽度

生态位宽度指数是指度量植物种群对资源环境利用状况的尺度，是利用资源多样性的一个测试指标，种群生态位宽度值越大，则对环境适应能力越强。选取重要值较大的乔木层和灌木层树种(参见表5-8和表5-9)作为各层主要树种，计算其生态位宽度。

1. 乔木层植物生态位宽度

由表5-15可知，乔木层主要树种B_a、B_i生态位宽度值降序排列顺序有细小差异，但是总体基本一致，说明这两种生态位宽度指数测算具有良好一致性。不论从何种指数上看，乔木层中宽度值位于前4位的树种均没有变化，木荷生态位宽度最大，其次是峨眉鼠刺、杉木、鹿角杜鹃，宽度较小的种群是黄山松与米槠。重要值最大的前几个物种(表5-8)生态位宽度并不是最大，如黄山松、甜槠等，说明重要值最大的物种其生态位宽度不一定大，与物种对资源利用能力的广度有关。

通常物种生态位宽度大小决定于其对资源利用和对环境适应能力。重要值大且在资源位中分布频度较大，其生态位宽度也较大，如木荷是北坡海拔1 000～1 200 m建群树种(重要值最大)，且在低海拔区至高海拔区均有分布，个体数量多，冠幅面积大，垂直高度上各层均有分布，能充分利用林内空间资源和林地养分资源，固在乔木层中生态位宽度最大。而一些树种重要值大但分布频度较小，其生态位宽度不一定大，如黄山松与米槠等，由于树种本身生理特性，米槠只分布在海拔700 m以下，在2个资源位有分布，黄山松只分布在海拔1 400 m以上，虽其重要值均较大，但在不同海拔梯度乔木层中存在空间有限，生态位宽度较小。

表 5-15 戴云山北坡乔木层植物生态位宽度

树种	B_a	B_i	树种	B_a	B_i
1 木荷	0.487	0.795	7 甜槠	0.205	0.589
2 峨眉鼠刺	0.452	0.737	8 杜鹃花属 1 种	0.189	0.451
3 杉木	0.325	0.642	9 丝栗栲	0.131	0.450
4 鹿角杜鹃	0.314	0.641	10 细枝柃	0.119	0.373
5 红楠	0.272	0.562	11 黄山松	0.107	0.297
6 马尾松	0.217	0.474	12 米槠	0.847	0.271

2. 灌木层植物生态位宽度

由表 5-16 可知，灌木层主要树种中生态宽度最大的是黄瑞木，较大有窄基红褐柃、短尾越橘、岗柃、细枝柃、鸭脚茶、峨眉鼠刺等。生态位宽度较小的有乌药、甜槠、溪畔杜鹃、杜茎山、唐竹。灌木层主要树种的 B_a、B_i降序排列基本一致，与重要值降序排列有差异。灌木层主要树种中，短尾越橘、窄基红褐柃、映山红、岗柃、黄瑞木、鸭脚茶等均是主要种群，对资源利用程度较高，林下幼树、幼苗数量多，充分占据林下空间，生态位宽度大。而杜茎山、唐竹等树种，对资源利用程度较低，杜茎山只分布在海拔 700 m 以下，唐竹见于海拔 1 000 m，固生态位宽度窄，排列较后。只在 1 个资源位中分布的种群，无论重要值之和多大，生态位宽度均最小，如唐竹，B_a和 B_i均为 0。

表 5-16 戴云山北坡灌木层植物生态位宽度

树种	B_a	B_i	树种	B_a	B_i
1 黄瑞木	0.459	0.827	13 罗浮栲	0.173	0.532
2 窄基红褐柃	0.414	0.822	14 岩柃	0.152	0.462
3 短尾越橘	0.405	0.821	15 黄楠	0.147	0.459
4 岗柃	0.366	0.752	16 闽粤栲	0.129	0.436
5 细枝柃	0.326	0.728	17 满山红	0.125	0.426
6 鸭脚茶	0.290	0.672	18 细齿叶柃	0.116	0.411
7 峨眉鼠刺	0.288	0.671	19 肿节少穗竹	0.094	0.392
8 映山红	0.219	0.606	20 乌药	0.091	0.387
9 密花树	0.217	0.577	21 甜槠	0.085	0.379
10 沿海紫金牛	0.205	0.568	22 溪畔杜鹃	0.045	0.283
11 格药柃	0.200	0.555	23 杜茎山	0.039	0.217
12 鹿角杜鹃	0.188	0.549	24 唐竹	0.000	0.000

种群生态度宽度还与重要值在资源位中分布均匀程度有关，重要值之和大且在各资源位中分布均匀，其生态位宽度大。如灌木层的窄基红褐柃与黄瑞木，前者重要值较大且分布于 8 个资源位中，后者重要值较小并只分布于 7 个资源位中，前者在不同资源位中重要值差异大，后者在不同资源位中重要值差异较小(见表 5-9)，故后者生态位宽度比前者大。

二、植物种群生态位重叠

对群落乔木层和灌木层主要树种间生态位重叠进行测量，结果见表 5-17 和表 5-18。生态位重叠是一定资源序列上，两个物种利用同等级资源而相互重叠的情况，重叠值越大生态学特性就越相似。

1. 乔木层植物生态位重叠

对乔木层生态位重叠计算结果表明(表 5-17)，具有生态位重叠的种对数共有 54 对，占总对数的 81.81%，有 45 对重叠值 > 0.1，约占 68.18%，有 35 对重叠值 > 0.2，约占 53.85%，乔木层主要树种间生态位重叠现象较为普遍，反映了乔木层空间资源有限，乔木树种众多，在利用资源方式上存在较大一致性。生态位宽度大的种群间一般能产生较大重叠值，如 1 - 2(木荷-峨眉鼠刺)重叠值为 0.846。而生态位宽度较小的种群间也能产生较大重叠值，如 8 - 11(杜鹃花属 1 种 - 黄山松)，重叠值为 0.953，达最大，比与生态位宽度大的种之间的重叠值还大，黄山松与杜鹃花属 1 种均在戴云山北坡高海拔区域出现，说明二者在乔木层植物中利用资源模式最相似，二者种内由于利用共有资源而产生的竞争最大而必然产生相互制约与排斥。其中，木荷除了与峨眉鼠刺重叠值较大之外，与马尾松、甜槠重叠值也较大，达 0.604、0.538，木荷是北坡海拔 1 000 ~ 1 200 m 乔木层建群种和优势种，且在资源位分布频度较大，在资源和空间利用方面有着较大优势，与其他树种利用方式也比较接近，在生态位重叠方面也更胜一筹。生态位宽度大的物种，与其他种的生态位重叠却不一定大，如生态位宽度较大的木荷与其他种生态位重叠值在 0.095 ~ 0.846，是由于生态位宽度只是表示一个种群在资源轴上地占据能力，即表示种对间共存或竞争关系。生态位重叠值为 0 的种对说明种内利用资源方式不同、竞争不激烈，相互间因利用资源而产生影响很小，生存环境差异明显，有利于此种群发展。

表 5-17　戴云山北坡乔木层植物 Pianka 生态位重叠与生态位相似比例

物种	1	2	3	4	5	6	7	8	9	10	11	12
1		0.710	0.304	0.341	0.412	0.490	0.451	0.061	0.267	0.237	0.061	0.123
2	0.846		0.526	0.341	0.423	0.331	0.572	0.000	0.314	0.282	0.000	0.118
3	0.307	0.518		0.359	0.415	0.457	0.386	0.181	0.229	0.459	0.000	0.156
4	0.478	0.470	0.427		0.478	0.496	0.035	0.461	0.096	0.233	0.309	0.126
5	0.471	0.501	0.533	0.601		0.566	0.149	0.274	0.144	0.630	0.094	0.000
6	0.604	0.413	0.579	0.669	0.657		0.107	0.181	0.000	0.377	0.000	0.000
7	0.538	0.749	0.531	0.024	0.132	0.087		0.035	0.309	0.114	0.035	0.042
8	0.095	0.000	0.222	0.487	0.293	0.192	0.037		0.000	0.181	0.819	0.000
9	0.127	0.292	0.295	0.035	0.134	0.000	0.298	0.000		0.225	0.000	0.211
10	0.185	0.224	0.707	0.296	0.826	0.581	0.082	0.266	0.107		0.000	0.081
11	0.099	0.000	0.000	0.406	0.105	0.000	0.036	0.953	0.000	0.000		0.000
12	0.198	0.242	0.281	0.224	0.000	0.000	0.030	0.000	0.200	0.107	0.000	

注：物种序号代表的物种名参见表 5-15；左下半矩阵：Pianka 测度，右上半矩阵：生态位相似比例。

2. 灌木层植物生态位重叠

由表 5-18 可知，戴云山北坡灌木层主要树种间生态位重叠现象不多，说明灌木层主要树种能充分利用林下空间和资源，在各自相对独立的生态位上生长。生态位重叠值为 0 的有 116 对，占总对数的 42.03%，生态位重叠值大于 0.5 的有 48 对，占总对数的 17.39%。其中

表 5-18 戴云山北坡灌木层植物 Pianka 生态位重叠与生态位相似比例

物种	1	2	3	4	5	6	7	8	9	10	11	12
1		0. 389	0. 389	0. 253	0. 502	0. 302	0. 571	0. 064	0. 281	0. 586	0. 269	0. 064
2	0. 494		0. 276	0. 258	0. 618	0. 360	0. 175	0. 232	0. 390	0. 071	0. 341	0. 159
3	0. 449	0. 345		0. 701	0. 077	0. 643	0. 120	0. 455	0. 016	0. 120	0. 643	0. 531
4	0. 259	0. 237	0. 812		0. 078	0. 561	0. 000	0. 597	0. 000	0. 000	0. 464	0. 586
5	0. 620	0. 731	0. 066	0. 064		0. 159	0. 440	0. 159	0. 312	0. 385	0. 159	0. 088
6	0. 320	0. 380	0. 761	0. 665	0. 174		0. 100	0. 624	0. 000	0. 100	0. 714	0. 306
7	0. 690	0. 139	0. 102	0. 000	0. 443	0. 065		0. 000	0. 591	0. 726	0. 000	0. 000
8	0. 063	0. 205	0. 529	0. 722	0. 137	0. 790	0. 000		0. 000	0. 000	0. 439	0. 480
9	0. 442	0. 389	0. 022	0. 000	0. 356	0. 000	0. 679	0. 000		0. 421	0. 000	0. 000
10	0. 704	0. 086	0. 099	0. 000	0. 556	0. 075	0. 873	0. 000	0. 496		0. 000	0. 000
11	0. 394	0. 458	0. 842	0. 600	0. 170	0. 842	0. 000	0. 482	0. 000	0. 000		0. 306
12	0. 026	0. 131	0. 624	0. 728	0. 056	0. 301	0. 000	0. 410	0. 000	0. 000	0. 320	
13	0. 096	0. 731	0. 092	0. 043	0. 402	0. 086	0. 162	0. 046	0. 443	0. 000	0. 094	0. 060
14	0. 000	0. 000	0. 414	0. 832	0. 000	0. 359	0. 000	0. 673	0. 000	0. 000	0. 091	0. 687
15	0. 585	0. 049	0. 031	0. 000	0. 387	0. 000	0. 917	0. 000	0. 686	0. 755	0. 000	0. 000
16	0. 493	0. 228	0. 022	0. 000	0. 322	0. 000	0. 683	0. 000	0. 945	0. 565	0. 000	0. 000
17	0. 000	0. 000	0. 432	0. 721	0. 000	0. 107	0. 000	0. 463	0. 000	0. 000	0. 027	0. 864
18	0. 000	0. 000	0. 370	0. 702	0. 000	0. 415	0. 000	0. 843	0. 000	0. 000	0. 105	0. 433
19	0. 072	0. 593	0. 000	0. 000	0. 322	0. 000	0. 201	0. 000	0. 374	0. 000	0. 000	0. 000
20	0. 468	0. 660	0. 000	0. 000	0. 733	0. 000	0. 176	0. 000	0. 260	0. 172	0. 000	0. 000
21	0. 387	0. 247	0. 235	0. 000	0. 088	0. 199	0. 339	0. 000	0. 166	0. 335	0. 000	0. 000
22	0. 404	0. 161	0. 246	0. 000	0. 051	0. 208	0. 323	0. 000	0. 096	0. 349	0. 000	0. 000
23	0. 399	0. 000	0. 039	0. 000	0. 125	0. 000	0. 740	0. 000	0. 532	0. 405	0. 000	0. 000
24	0. 000	0. 325	0. 000	0. 000	0. 122	0. 000	0. 219	0. 000	0. 243	0. 000	0. 000	0. 000

物种	13	14	15	16	17	18	19	20	21	22	23	24
1	0. 145	0. 000	0. 425	0. 281	0. 000	0. 000	0. 134	0. 301	0. 162	0. 162	0. 269	0. 000
2	0. 562	0. 000	0. 052	0. 207	0. 000	0. 000	0. 477	0. 430	0. 332	0. 229	0. 000	0. 133
3	0. 087	0. 313	0. 016	0. 016	0. 313	0. 296	0. 000	0. 000	0. 103	0. 103	0. 016	0. 000
4	0. 087	0. 612	0. 000	0. 000	0. 510	0. 476	0. 000	0. 000	0. 000	0. 000	0. 000	0. 000
5	0. 310	0. 000	0. 385	0. 257	0. 000	0. 000	0. 297	0. 499	0. 162	0. 162	0. 199	0. 055
6	0. 087	0. 262	0. 000	0. 000	0. 123	0. 262	0. 000	0. 000	0. 100	0. 100	0. 000	0. 000
7	0. 104	0. 000	0. 750	0. 497	0. 000	0. 000	0. 104	0. 302	0. 250	0. 222	0. 498	0. 104
8	0. 087	0. 619	0. 000	0. 000	0. 356	0. 637	0. 000	0. 000	0. 000	0. 000	0. 000	0. 000
9	0. 358	0. 000	0. 523	0. 797	0. 000	0. 000	0. 358	0. 346	0. 308	0. 210	0. 289	0. 128
10	0. 000	0. 000	0. 661	0. 421	0. 000	0. 000	0. 000	0. 219	0. 191	0. 191	0. 327	0. 000
11	0. 087	0. 076	0. 000	0. 000	0. 076	0. 076	0. 000	0. 000	0. 000	0. 000	0. 000	0. 000
12	0. 087	0. 614	0. 000	0. 000	0. 694	0. 372	0. 000	0. 000	0. 000	0. 000	0. 000	0. 000

（续）

物种	13	14	15	16	17	18	19	20	21	22	23	24
13		0.000	0.000	0.155	0.000	0.000	0.793	0.287	0.338	0.210	0.000	0.422
14	0.000		0.000	0.000	0.736	0.701	0.000	0.000	0.000	0.000	0.000	0.000
15	0.000	0.000		0.582	0.000	0.000	0.000	0.219	0.000	0.000	0.666	0.000
16	0.150	0.000	0.740		0.000	0.000	0.155	0.219	0.155	0.134	0.348	0.000
17	0.000	0.836	0.000	0.000		0.638	0.000	0.000	0.000	0.000	0.000	0.000
18	0.000	0.822	0.000	0.000	0.706		0.000	0.000	0.000	0.000	0.000	0.000
19	0.938	0.000	0.000	0.086	0.000	0.000		0.274	0.338	0.210	0.000	0.628
20	0.389	0.000	0.123	0.250	0.000	0.000	0.366		0.139	0.076	0.000	0.139
21	0.320	0.000	0.000	0.064	0.000	0.000	0.294	0.045		0.872	0.000	0.158
22	0.170	0.000	0.000	0.041	0.000	0.000	0.144	0.019	0.987		0.000	0.076
23	0.000	0.000	0.873	0.540	0.000	0.000	0.000	0.000	0.000	0.000		0.000
24	0.739	0.000	0.000	0.000	0.000	0.000	0.917	0.201	0.224	0.095	0.000	

注：物种序号代表的物种名参见表5-16；左下半矩阵：Pianka 测度，右上半矩阵：生态位相似比例。

生态位重叠值大于0.9的有5对，分别是21－22(甜槠-溪畔杜鹃)，9－16(密花树-闽粤栲)，13－19(罗浮栲-肿节少穗竹)，7－15(峨眉鼠刺-黄楠)，19－24(肿节少穗竹-唐竹)，其生态位重叠值分别是0.987、0.945、0.938、0.917、0.917，说明这些物种间在北坡群落灌木层中资源利用模式较相似，存在激烈竞争。其中与20个以上树种生态位重叠的种有黄瑞木、窄基红褐柃、短尾越橘、细枝柃，这些物种在林下适宜生境内长势良好，在灌木层占较大优势，生态位宽度都较大，对资源利用较充分，均为林下常见植物，故适应性强，利用资源能力强，易与其他灌木层树种在生态位上产生重叠。生态位宽度大的种，与其他种生态位重叠不一定大，与乔木层一致，如生态位宽度最大的黄瑞木，与其他种重叠值在0～0.704。生态位重叠为0的种，经过长期生境选择和种间竞争，多数占据着相对独立的资源状态。

三、植物种群生态位相似比例

生态位相似比例是指两个物种对资源利用的相似程度。戴云山北坡主要植物生态位相似比例参见表5-17、表5-18。

1. 乔木层植物生态位相似比例

由表5-17表明，戴云山北坡乔木层主要植物生态位相似比例值在0.5以上的共6对，占全部对数的9.09%，生态位相似性比例值在0.5以下的共60对，占全部对数的91.01%，即北坡乔木层主要植物种群间相似性比较值相对较小。其中相似性比例最大的是8－11(杜鹃花属1种-黄山松)，为0.953，即二者对资源需求具有很大相似性。相似性为0的物种说明面临来自对方的因利用相似性资源而产生的竞争小。观察结果发现，生态位宽度较大物种间生态位相似性比例往往也较大，如1－2(木荷-峨眉鼠刺)，2－3(峨眉鼠刺-杉木)，相似性比例分别为0.710、0.526，均处于较高相似性水平，生态位最宽的木荷与生态位宽度窄的杜鹃花属1种及黄山松生态位相似比例最小，为0.061。生态位重叠度大的种对间往往相似性也较大，如生态位重叠度最大的种对8－11(杜鹃花属1种-黄山松)与1－2(木荷-峨眉鼠刺)，其生态位相似度比例也最大。

2. 灌木层植物生态位相似比例

由表5-18表明，戴云山北坡灌木层主要植物生态位相似比例值在0.5以上的共34对，占全部对数的12.31%，生态位相似性比例值在0.5以下的共242对，占全部对数的87.69%，说明戴云山北坡灌木层主要植物种群间相似性比较值相对较小。其中相似性比例最大的前4位分别是21－22(甜槠-溪畔杜鹃)，9－16(密花树-闽粤栲)，13－19(罗浮栲-肿节少穗竹)，7－15(峨眉鼠刺-黄楠)，其生态位相似比例分别是0.872、0.797、0.793、0.750，说明这些种对在灌木层中对资源需求具有很大相似性，同时这4个种对生态位重叠度也最大，说明生态位重叠度大的种对间往往相似性也较大。

第四节　北坡植物群落物种多样性海拔梯度特征

物种多样性测度计算方法参照第三章第四节。

一、物种丰富度海拔梯度格局

物种丰富度是指某一生态系统中物种的多少，物种越多，丰富度越大。用物种数目及Margalef指数反映群落物种丰富度。

1. 群落总体物种丰富度及海拔梯度格局

统计戴云山北坡不同海拔梯度维管束植物物种丰富度指数变化情况(表5-19)表明，随着海拔梯度变化，北坡维管束植物物种数(S)和Margalef指数(D_M)变化趋势基本一致，均呈双峰分布，随海拔升高，物种数和Margalef指数先升高后降低，然后再升高，再降低；北坡维管束植物物种丰富度最大值($S=87$，$D_M=13.47$)出现在海拔700 m常绿阔叶林，最低值($S=26$，$D_M=3.79$)出现在海拔1 800 m灌丛林。物种数和Margalef指数在海拔800 m处有个低值($S=40$，$D_M=6.40$)，在该区域内，人为活动频繁，植物生境受人为干扰强烈，导致物种丰富度急剧降低。北坡维管束植物物种数($r=-0.829$，$P<0.001$)及Margalef指数($r=-0.841$，$P<0.001$)与海拔有显著相关性。

表5-19　戴云山北坡植物群落物种丰富度指数

指数	海拔/m												
	600	700	800	900	1 000	1 100	1 200	1 300	1 400	1 500	1 600	1 700	1 800
物种数(S)	59	87	40	74	70	62	52	47	40	32	30	30	26
Margalef指数(D_M)	9.79	13.48	6.40	11.98	10.97	10.04	8.27	7.33	5.78	4.61	4.76	4.35	3.79

2. 群落不同层次物种丰富度及海拔梯度格局

戴云山北坡植物群落各层次物种丰富度指数见表5-20。

(1)不同海拔梯度群落乔木层物种丰富度指数

乔木层物种丰富度随海拔增加总体上呈下降趋势，物种数和Margalef指数变化趋势基本一致，均呈双峰分布，在海拔700 m及1 000 m处有2个较高值，而在海拔800 m处出现1个低值；乔木层物种丰富度最大值($S=52$，$D_M=9.28$)出现在海拔700 m常绿阔叶林，该植被带群落主要由樟科、壳斗科、山茶科、冬青科等组成；最低值($S=3$，$D_M=0.68$)出现在海拔1 600 m灌丛林。自海拔1 000 m起，乔木层物种丰富度随海拔升高下降趋势明显，在海拔1 500 m，乔木层物种单一性逐渐升高降低了物种丰富度，在海拔1 600 m，乔木树种急剧减少，只有 3 种，随着生境条件恶化，物种丰富度表现为急剧降低，在海拔 1 700 m 以上乔木层消失，取而代之的是灌丛和草丛群落。

表 5-20　戴云山北坡植物群落各层次物种丰富度指数

层次	指数	海拔/m												
		600	700	800	900	1 000	1 100	1 200	1 300	1 400	1 500	1 600	1 700	1 800
乔木层	物种数(S)	29	52	27	42	52	44	37	25	31	20	3		
	Margalef 指数(D_M)	5.57	9.28	4.63	8.15	9.12	7.75	6.30	4.15	4.62	2.90	0.68		
灌木层	物种数(S)	36	63	25	51	37	38	27	26	16	17	13	15	13
	Margalef 指数(D_M)	6.77	10.88	4.82	8.93	6.48	7.36	5.10	4.86	2.90	3.47	2.11	2.20	1.91
草本层	物种数(S)	5	5	3	3	3	5	3	8	3	4	16	15	13
	Margalef 指数(D_M)	1.05	1.03	0.63	0.68	0.76	1.24	0.91	2.04	0.78	0.92	3.09	2.60	2.26

(2)不同海拔梯度群落灌木层物种丰富度指数

灌木层物种丰富度随海拔增加总体上也呈下降趋势，物种数和 Margalef 指数变化趋势基本一致，均呈双峰分布，在海拔 700 m 及900 m 处有 2 个较高值，而在海拔 800 m 处出现 1 个低值；灌木层物种丰富度最大值($S=63$，$D_M=10.88$)出现在海拔 700 m 常绿阔叶林，该植被带群落主要由山茶科、冬青科、紫金牛科等组成。自海拔 900 m 起，灌木层物种丰富度随海拔升高而下降，主要由于海拔 1 400 ~ 1 500 m区间乔木层郁闭度较大，“压缩”了灌木生境空间，导致灌木层在单位面积内获得的环境因子减少(主要是光照和温度)，使得灌木层物种丰富度急剧下降。在高海拔区域内，灌丛成为优势群落且相对稳定，物种丰富度也逐渐降低，最低值($S=13$，$D_M=1.91$)出现在海拔1 800 m灌丛林。

(3)不同海拔梯度群落草本层物种丰富度指数

随着海拔梯度变化，草本层物种数和 Margalef 指数变化趋势基本一致。草本层物种丰富度随海拔梯度升高没有明显变化趋势，但在海拔 1 600 m 以上明显增加，可能是因为灌丛、草丛在高海拔地区成为优势群落且相对稳定，使草本层物种丰富度增加，也有可能是因为调查时间、取样面积及地区的不同，与郝占庆等(2002)得出的长白山北坡草本层物种丰富度随海拔升高而下降的结论不同。草本层物种数($r=0.506$，$P=0.078$)及 Margalef 指数($r=0.582$，$P=0.073$)与海拔没有明显相关性。

二、α 多样性海拔梯度格局

1. 群落总体物种 α 多样性及海拔梯度格局

由图 5-13(a)可知群落整体α多样性指数随海拔梯度的变化，Simpson 指数在研究区域内随海拔升高先升后降，后升高，再缓慢降低；在海拔 800 m 区间，外界干扰活动强，Simpson 指数较小，随着海拔升高，外界干扰活动逐渐减少，但由于生境异质性和特殊性，只有特定物种才能生存，物种类型单一，Simpson 指数也随之下降；Simpson 指数与海拔有相关性($r=-0.653$，$P=0.015$)。Shannon-Wiener 指数与 Simpson 指数变化趋势基本一致，随海拔升高先升高后降低，后升高，再降低；Shannon-Wiener 指数同样说明了海拔 800 m 区域人为干扰活动明显，降低了物种多样性，中海拔区间内，人为干扰较小而环境因子适宜，故物种多样性升高，而高海拔群落类型多局限于灌草丛，受环境条件影响，多样性指数逐渐降低；Shannon-Wiener 指数与海拔有显著相关性($r=-0.767$，$P=0.002$)。Pielou 指数变化趋势与其他 2 个指数变化趋势不同，随海拔升高没有明显变化规律，其值在 0.82 ~ 0.94 变动，最大值在海拔1 100 m，最小值在海拔

1 500 m；Pielou 指数与海拔没有相关性($r = -0.397$，$P = 0.179$)。可能是因为物种均匀度更多地受到群落自身特征影响，而对于环境梯度变化不敏感。

2. 群落不同层次物种 α 多样性及海拔梯度格局

乔、灌、草分层多样性指数沿着海拔梯度，变化趋势有所不同(图 5-13)。

(1)乔木、灌木、草本的 Pielou 指数

乔木层 Pielou 指数随海拔升高呈现出先升高后降低，然后再升高，再降低的过程；图 5-13(b)表明，乔木层均匀度在海拔 1 600 m 又升高，因为群落均匀度是指群落中各个种多度或重要值均匀程度，而该区域内乔木数量及种类均较少，固出现此变化。灌木层 Pielou 指数在海拔 700 m 及海拔 900 m 有 2 个峰值，随后出现缓慢下降过程。草本层 Pielou 指数在研究区域内变化幅度较大。在高海拔山顶，由于乔木层逐渐被灌草取代，灌木层和草本层均匀度相差无几。

(2)乔木、灌木、草本的 Simpson 指数

乔木层 Simpson 指数在研究区域内先升高后降低，再升高，然后降低；由图 5-13 c 可知，乔木层 Simpson 指数在海拔 1 300 m 以上迅速降低。灌木层 Simpson 指数变化趋势同乔木层，但变化幅度较乔木层平缓。草本层 Simpson 指数变化幅度大，随海拔升高没有明显变化规律，在高海拔区呈大幅度增加态势，出现最大值。

(3)乔木、灌木、草本的 Shannon-Wiener 指数

乔木层 Shannon-Wiener 指数随海拔升高呈先升高后降低，然后再升高，再降低的趋势，最大值出现在海拔 700 m 处[图 5-13(d)]。灌木层 Shannon-Wiener 指数变化规律与乔木层较为相似。草本层 Shannon-Wiener 指数在中低海拔区一直波动，在海拔 1 600 m 区域出现最大值。

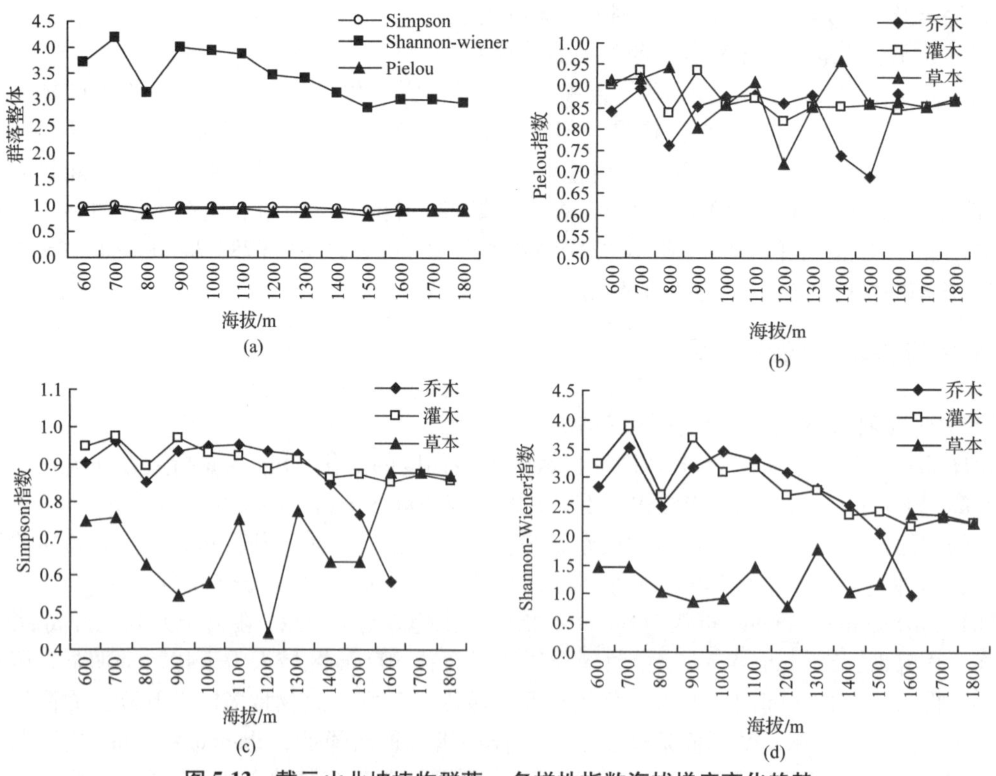

图 5-13　戴云山北坡植物群落 α 多样性指数海拔梯度变化趋势

三、β 多样性海拔梯度格局

β 多样性可分析不同生境间梯度变化，能较直观地反映不同群落间物种组成差异。相异性指数(CD 系数、Cody 指数)和相似性指数(Sorensen 指数、Jaccard 指数)分别从不同角度反映物种多样性沿环境梯度的分布格局及变化规律，均很好地表达了 β 多样性含义。

1. 群落物种 β 多样性及海拔梯度格局

图 5-14 为北坡植物群落以及乔木层、灌木层和草本层 β 多样性垂直梯度变化趋势。从 CD 系数变化趋势看，北坡植物群落物种组成沿环境梯度替代速率在海拔 1 200 ~ 1 300 m、1 500 ~ 1 600 m 出现峰值，表明相邻两群落生境差异较明显，而在海拔 1 000 ~ 1 100 m、1 400 ~ 1 500 m、1 600 ~ 1 700 m 出现低谷，表明相邻 2 群落生境条件比较相近。随海拔升高，Cody 指数呈逐渐下降趋势，反映群落差异随海拔升高而逐渐减小，可能是由于海拔升高，人为干扰强度逐渐减弱，物种更替速率和更替量相应出现降低趋势，研究 Cody 指数需要考虑到群落物种丰富度影响，物种随海拔升高较快减少，物种替换总量也相应较小，即更少的物种导致了更低的物种更替速率；Cody 指数通过对新增加和失去的物种数目进行比较，获得十分直观的物种更替概念，北坡植物群落物种组成沿环境梯度替代速率在海拔 700 ~ 800 m、1 200 ~ 1 300 m、1 500 ~ 1 600 m 出现峰值，表明相邻 2 群落生境差异明显，而在海

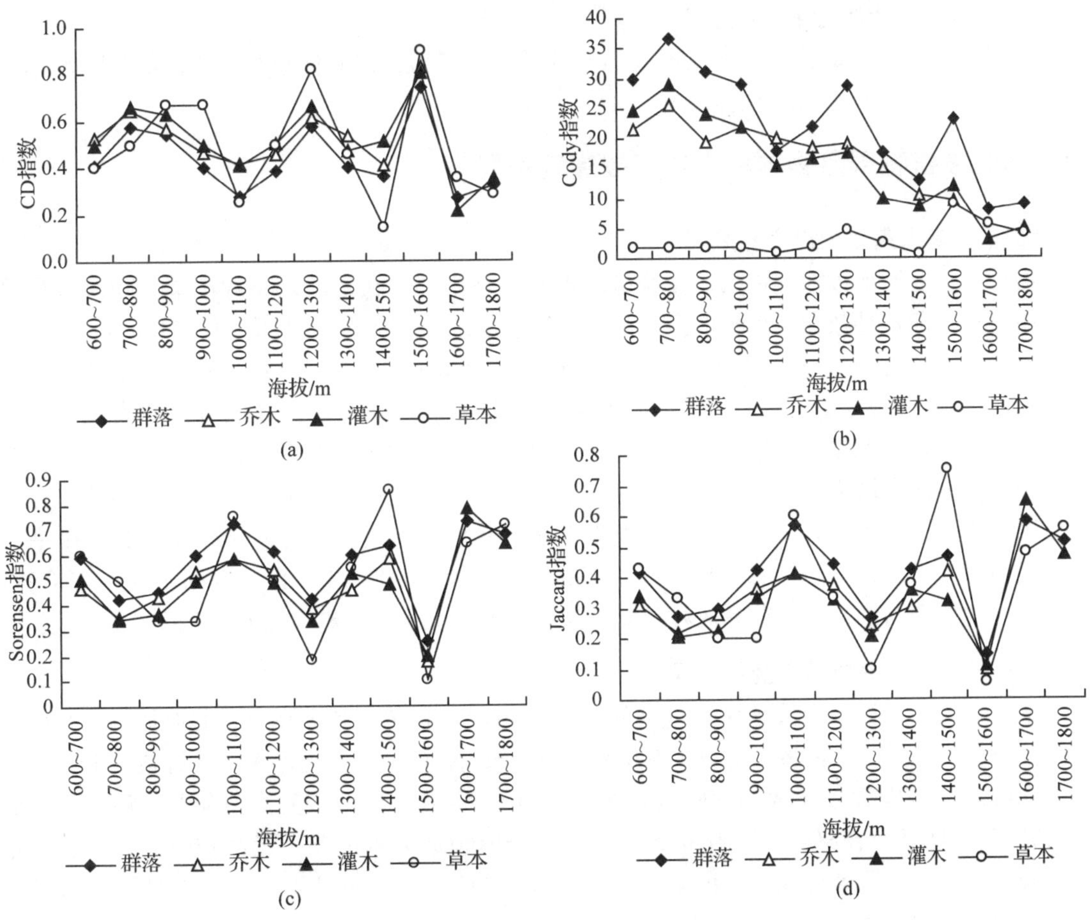

图 5-14　戴云山北坡植物群落 β 多样性指数海拔梯度变化趋势

拔 1 000 ~ 1 100 m、1 400 ~ 1 500 m、1 600 ~ 1 700 m 出现低谷，表明相邻 2 群落生境条件相近。可见 CD 系数和 Cody 指数能较好反映群落生境间差异。

从 Sorensen 指数变化趋势看，随海拔升高呈波浪状波动；海拔 700 ~ 800 m、800 ~ 900 m 常绿阔叶林群落受人为干扰强烈，共有物种减少，相似性减少表现为 Sorensen 指数减小；海拔 1 200 ~ 1 300 m 为常绿阔叶林向针阔混交林转变的转折点，说明群落中物种更替迅速，相似性下降；另一转折点出现在海拔 1 500 ~ 1 600 m，在区域内逐步向山地灌丛林过渡，群落中物种更替更为强烈，Sorensen 指数出现最低值。Jaccard 指数变化趋势与 Sorensen 指数变化趋势基本一致；在海拔 1 000 ~ 1 100 m、1 400 ~ 1 500 m、1 600 ~ 1 700 m，相邻群落物种组成相似性高，说明共有物种多，生境条件相近，在海拔 1 200 ~ 1 300 m、1 500 ~ 1 600 m Jaccard 指数出现低值，说明相邻群落物种组成相似性低，生境差异大。

2. 群落不同层次物种 β 多样性及海拔梯度格局

图 5-14 表明北坡群落乔木层、灌木层和草本层 β 多样性垂直梯度变化趋势。不同层次植物物种多样性变化细节不尽相同。木本植物 CD 系数变化趋势与群落整体变化基本一致，而草本层 CD 系数变化幅度大。木本植物 Cody 指数随海拔升高呈明显线性下降，草本层 Cody 指数随海拔上升变化规律不明显，在海拔 1 500 ~ 1 600 m 迅速上升，说明在这一区域群落生境差异大，是不同群落类型的过渡带，与野外实际调查结果一致，群落在海拔 1 500 ~ 1 600 m由温性针叶林向灌丛林过渡。

不同层次 Sorensen 指数及 Jaccard 指数变化趋势与群落整体变化基本一致，草本层 Sorensen 指数及 Jaccard 指数变化幅度大。

四、南北坡植物群落物种多样性海拔梯度差异

1. 物种丰富度沿海拔梯度变化差异

物种丰富度沿海拔梯度在南、北坡呈现不同分布格局：在南坡，物种丰富度随海拔呈单峰分布格局，即物种数在中海拔地区比高、低海拔地区大，最高值出现在海拔 1 100 m；而在北坡，物种丰富度随海拔呈双峰分布格局，在海拔 700 m 及海拔 900 m 出现 2 个峰值，在 900 m以上，物种数随海拔升高而降低[图 5-15(a)(b)]。物种丰富度垂直递减率在南、北坡有较大差异：在同海拔区南坡物种丰富度垂直递减率比北坡大。在低海拔与高海拔地区，北坡物种丰富度比南坡大；而在中海拔地区，南坡物种丰富度比北坡大。南、北坡物种多样性差异跟其生态因子不同有一定关系，但人为干扰对其差异形成起着更重要作用。戴云山南坡低海拔地区人为活动强烈，海拔 900 m 以下为梯田，海拔 900 ~ 1 000 m 区间主要种植毛竹；在北坡，主要人为活动是采药和放牧，对下层植物有较大影响，特别是在海拔 800 m 区域。

2. α 多样性指数沿海拔梯度变化差异

南、北坡 α 多样性指数呈现不同分布格局。Simpson 优势度指数在南、北坡随海拔升高变化趋势有较大差异，在南坡，海拔 1 400 m 以下，Simpson 指数变化不大，在海拔 1 400 m 以上，Simpson 指数随海拔升高迅速降低；在北坡 Simpson 指数随海拔升高呈先升高后降低，而后再升高，再降低的分布格局[图 5-15(c)(d)]。Shannon-Wiener 指数随海拔升高在南坡呈单峰分布格局，而在北坡呈双峰分布格局[图 5-15(e)(f)]。Pielou 指数在南、北坡随海拔升高均没有明显变化规律[图 5-15(g)(h)]。

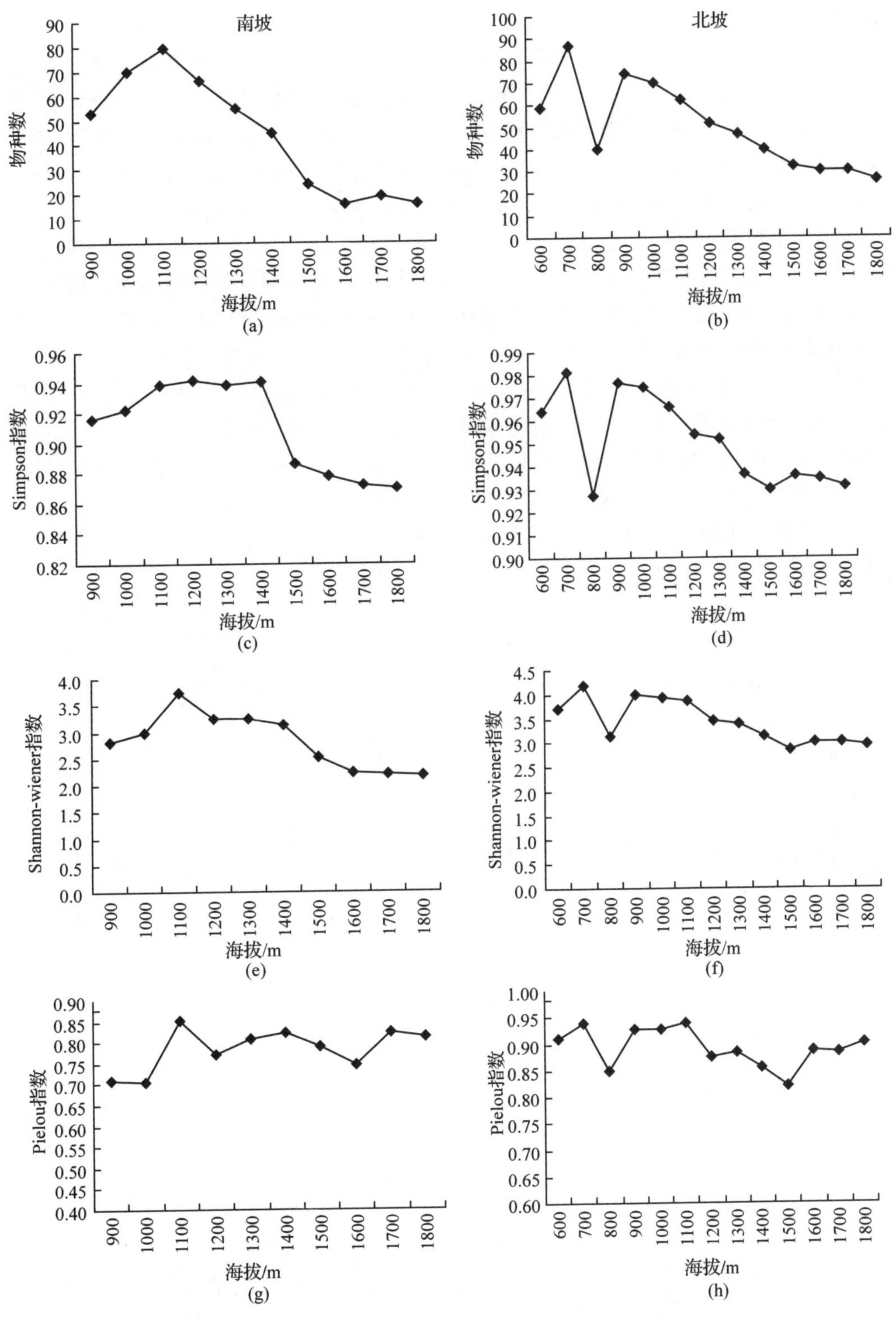

图 5-15　戴云山植物群落物种丰富度、α 多样性指数海拔梯度分布

3. β 多样性指数沿海拔梯度变化差异

南、北坡 β 多样性指数分布格局也呈现不同。Jaccard 指数体现了相邻植物群落间物种更替速率，从而间接指示 β 多样性大小。在南坡，群落 Jaccard 指数最低值出现在海拔 900 ~ 1 000 m、1 400 ~ 1 500 m，说明相邻海拔群落间物种替换速率高；在海拔 1 000 ~ 1 400 m变化不大；在海拔 1 500 m 以上，群落 Jaccard 指数随海拔升高而升高；相邻群落在海拔1 500 ~ 1 800 m Jaccard 指数比邻近海拔高，说明 1 500 m 以上群落生境比低海拔阔叶林更为均一，并且海拔越高，生境均一性程度也就越高。而在北坡，各种不同群落类型间突变带不同于南坡，随着海拔升高，在海拔 1 200 ~ 1 300 m、1 500 ~ 1 600 m，Jaccard 指数出现低值，说明相邻群落物种组成相似性低，生境差异大；在海拔 1 000 ~ 1 100 m、1 400 ~ 1 500 m、1 600 ~ 1 700 m相邻群落物种组成相似性高，生境条件相近，说明在南坡各个物种更趋于连续分布［图 5-16(a)(b)］。Cody 指数体现了物种沿整个海拔梯度的更替量，表现了潜在的 β 多样性。在南坡，Cody 指数随海拔升高直线下降，低海拔地区 Cody 指数较大，由于人为活动剧烈且生境异质性强，增强了生境异质化，从而具有较大 β 多样性。在北坡，Cody 指数随海拔升高总体呈下降趋势，但是群落物种组成沿环境梯度替代速率在海拔 700 ~ 800 m、1 200 ~ 1 300 m、1 500 ~ 1 600 m 出现峰值，表明相邻 2 群落生境差异明显，说明北坡群落更替演化较南坡明显［图 5-16(c)(d)］。

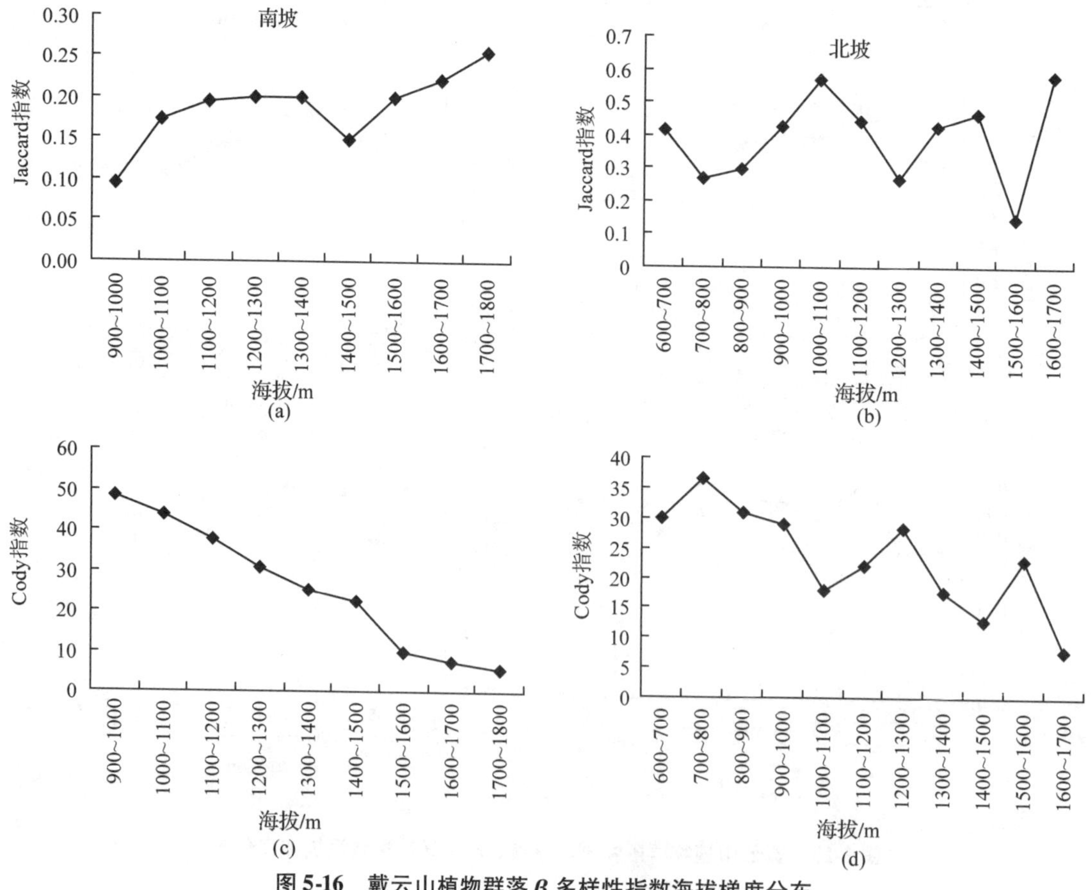

图 5-16　戴云山植物群落 β 多样性指数海拔梯度分布

第五节　小结

(1)戴云山自然保护区主峰北坡群落共有维管植物 60 科 118 属 220 种，其中蕨类植物 9 科 11 属 13 种，裸子植物 4 科 6 属 7 种，被子植物 47 科 101 属 200 种；被子植物中，双子叶植物 43 科 90 属 187 种，单子叶植物 4 科 11 属 13 种。植物种类集中在壳斗科、樟科、山茶科、杜鹃花科、冬青科、蔷薇科、茜草科、山矾科等，这些科是北坡群落维管植物主要组成部分。

(2)在北坡物种所属科的分布区类型中，世界分布(T1)18 科，泛热带分布(T2)21 科，热带亚洲和热带美洲间断分布(T3)5 科，热带亚洲至热带大洋洲分布(T5)1 科，热带亚洲和热带非洲分布(T6)1 科，热带亚洲分布(T7)2 科，北温带分布(T8)8 科，东亚和北美间断分布(T9)4 科；整个垂直梯度上，占主要地位的是泛热带分布(T2)成分，显示了本植物区系基本性质，其次是世界分布(T1)，温带区系成分(Tw)以北温带分布(T8)为主。北坡物种属的分布区类型中，世界分布属 11 属，随海拔升高没有明显规律，但其所占比重在海拔 1 600 m 以上急剧上升；热带、亚热带区系成分 58 属，所占比重随海拔升高而递减；温带区系成分 44 属，所占比重随海拔升高整体呈递增格局。

(3)北坡群落可分为常绿阔叶林(海拔 600 ~ 1 200 m)、针阔混交林(海拔 1 300 ~ 1 400 m)、温性针叶林(海拔 1 500 m)和山地灌丛(海拔 1 600 ~ 1 800 m)。

(4)北坡乔木径级结构在各海拔梯度呈现有规律变化，径级分布趋势基本一致，各海拔梯度群落类型乔木径级基本上均呈“L”形分布，Ⅰ到Ⅱ径级乔木占绝对优势。

(5)北坡不同海拔乔木高度级个体数分布趋势为：随高度级增加，个体数大体呈下降趋势。群落乔木层优势种群高度级失稳率显示出整个群落各高度级发展趋势，其特征为：具有增长性结构优势种群朝着现有群落组成格局方向变化，整个群落处于未成熟的发展阶段。不同海拔乔木种对高度级的分享度，均随高度级增加逐渐降低。

(6)北坡群落以高位芽植物为主，达 182 种，占 82.73%，多为中、小高位芽植物；其次是地下芽植物 18 种，占 8.18%；地上芽植物 14 种，占 6.36%；地面芽植物与 1 年生植物最少，各有 3 种，各占 1.36%。乔木、灌木、常绿植物、高位芽植物皆表现出随海拔增加物种数逐渐减少的趋势($P<0.05$)；地上芽植物、地面芽植物与海拔呈正相关性($P>0.05$)；草本植物、落叶植物、地下芽植物物种数随海拔梯度变化不显著($P>0.05$)。

(7)乔木层中木荷生态位宽度最大，其次是峨眉鼠刺、杉木、鹿角杜鹃，宽度较小种群是黄山松与米槠；灌木层主要树种中生态宽度最大的是黄瑞木，较大还有窄基红褐柃、短尾越橘、岗柃、细枝柃、鸭脚茶、峨眉鼠刺等，较小的有甜槠、溪畔杜鹃、杜茎山、唐竹。乔木层具生态位重叠种对共有 54 对，占总对数的 81.81%，乔木层主要树种间生态位重叠现象较为普遍，反映了乔木层空间资源有限，乔木树种众多，在利用资源方式上存在较大一致性；灌木层主要树种间生态位重叠现象较少，说明灌木层主要树种能充分利用林下空间和资源，在各自相对独立的生态位上生长。

(8)北坡维管束物种丰富度指数、Shannon-Wiener 指数、Simpson 指数变化趋势基本一致，均随海拔梯度先升高后降低，然后再升高，再降低；Pielou 指数随海拔升高没有明显变化规律。β 多样性中，Sorensen 指数、Jaccard 指数和 CD 系数随海拔升高变化趋势基本相同，即随

海拔升高呈波浪状波动；Cody 指数随海拔升高呈逐渐下降趋势，反映群落差异随海拔升高而逐渐减小，群落物种丰富度逐渐下降，更少的物种导致更低的物种更替速率。

(9)对比分析戴云山南、北坡植物群落物种多样性沿海拔梯度变化，结果显示：物种丰富度沿海拔梯度在南、北坡呈现不同分布格局，南坡物种丰富度随海拔呈单峰分布格局，北坡物种丰富度随海拔呈双峰分布格局；南、北坡 α 多样性指数及 β 多样性指数均呈现不同分布格局。

第六章　黄山松种群特征

戴云山脉拥有6 400 hm^2原生性黄山松群落，是目前中国大陆分布最南端、面积最大、分布最集中、保存最完好的天然黄山松群落，是中国最大的黄山松种质基因基地。随着全球气候变暖趋势加剧以及人为干扰影响，戴云山黄山松群落呈现衰退趋势，主要体现在黄山松种群组成单一，年龄结构不合理，种群幼苗数量少，环境因子干扰导致种群个体数量呈现下降趋势，未来群落结构可能演替成以黄山松、鹿角杜鹃、甜槠和木荷等树种为优势种的共优群落，将导致黄山松群落生物基因的缺失，进而改变和破坏黄山松群落生态系统稳定性。因此，保护黄山松种群基因与植被资源，逐步壮大其种群已成为当务之急。为此，通过研究黄山松群落与环境因子之间的关系，探讨黄山松种群生长规律，揭示黄山松群落空间异质性，为黄山松营林和保护提供科学依据，对山地物种多样性保护机制研究、维护生态系统安全、建设生态文明具有重要科研与实践意义。

本章采用戴云山自然保护区31个黄山松常规样地调查资料研究黄山松种群特征。

第一节　黄山松种群生命表编制及生存分析

生命表起源于人口统计，是研究种群数量动态的重要方法。生命表用表格形式记载任一龄级种群生存到下一龄级的数目比例变化，客观反映种群各年龄段实际生存个体数、死亡数、亏损率以及预测种群生命发展趋势，揭示种群数量动态变化(刘金福等，2008)。生命表包括静态生命表和动态生命表。静态生命表是研究在一个特定时间段种群各年龄段的存活状况，根据存活率估计每个年龄组的死亡率编制而成。生命表编制直观表现种群数量动态变化，同时可计算死亡率、损失率等重要参数，进而反映种群数量变化趋势(吴承祯等，2000)。

一、种群生命表与生存分析测度

不同种群生长周期具有不同规律，通过空间代替时间方法推算其种群年龄变动过程(刘金福等，1999)。树种年龄周期主要反映在树木胸径大小上，因此将胸径分级，把树木径级由小到大的顺序作为时间顺序关系，根据戴云山黄山松种群野外调查发现其幼苗和幼树数量较少，故采用上限排外法编制黄山松种群静态生命表。每隔5 cm为一个径级，以0~5 cm为第一径级，对应第Ⅰ龄级，5~10 cm为第二径级，对应第Ⅱ龄级，依此类推，分为8个径级。

采用“空间代替时间”方法，编制静态生命表。特定时间生命表一般包含如下栏目：

$$l_x = a_x/a_0 \times 1\,000; d_x = l_x - l_{x+1}; q_x = d_x/l_x \times 100\%; L_x = (l_x + l_{x+1})/2 \tag{6-1}$$

$$T_x = \sum_x^{\infty} L_x; e_x = T_x/l_x; K_x = \ln l_x - \ln l_{x+1} \tag{6-2}$$

式中，x表示种群年龄等级中值；a_x表示在x龄级内个体存活数；l_x表示自x龄级算起标准化存活个体数(标准化为1 000)；d_x表示从x到$x+1$龄级内标准化死亡个体数；q_x表示从x到$x+1$龄级内标准化后死亡率；L_x表示从x到$x+1$龄级内仍存活个体数；T_x表示大于x径级的个体总数；e_x表示x龄级个体的平均期望寿命；K_x表示损失度(洪伟等，2004)。各式中各项指标是互相联系的，分别根据实测值 a_x 或 d_x 求得。

生存分析在动植物生命过程分析中运用比较广泛。为了更好分析黄山松种群动态变化，引入生存函数 $S_{(i)}$、积累死亡率函数 $F_{(i)}$、死亡密度函数 $f_{(t_i)}$、危险率函数 $\lambda_{(t_i)}$ 四个生存函数，分析黄山松种群生存发展规律。这 4 个函数用公式表达为：

$$\hat{S}_i = \hat{P}_1 \hat{P}_2 \hat{} \hat{P}_i ; \hat{F}_i = 1 - \hat{S}_i ; f(\hat{t}_i) = \hat{S}_{i-1} \hat{q}_i / h_i ; \lambda(\hat{t}_i) = 2\hat{q}_i / [h_i(1 + \hat{p}_i)] \quad (6\text{-}3)$$

式中，$\hat{q}_i$ 为 i 龄级的死亡率，等同于生命表中的 q_x；$\hat{p}_i$ 为 i 龄级的存活率($\hat{p}_i = 1 - \hat{q}_i$)；$h_i$ 为区间长度。

二、种群静态生命表编制

静态生命表是指采用某一时间段植物样地种群数据，根据个体年龄径级编制而成(冯士雍，1983；洪伟等，2004)，但它只能反映某一时间段年龄动态，而不是记录种群全部生活史，由于实际调查存在误差，其生命表的分析可能会存在一些负死亡率现象，Wretten 等(1980)认为这与数据假设技术不吻合，但仍是有用的生态记录，由于每个种群均处在不断变化和发展之中。江洪(1992)采用匀滑(smooth out)技术研究种群生命表，本研究也采用该方法进行数据处理，作法如下：将数据分为Ⅰ～Ⅳ龄级和Ⅵ～Ⅷ龄级两个区段，计算其存活数累积：

$$T_1 = \sum_{i=1}^{4} a_{xi} = 1\,480 ; T_2 = \sum_{i=6}^{8} a_{xi} = 37$$

平均数分别为：$\bar{a}_{x1} = T_1/n = 1\,480/4 = 370 ; \bar{a}_{x2} = T_2/n = 37/3 = 12$

把两个平均数作为区段组中值。根据区段最多存活数(564 - 162 = 402)和最少存活数(27 - 2 = 25)及区段间隔数为 4，确定各相邻龄级间存活数差值为 101 和 9 左右。通过匀滑修正后计算 a_x，可编制黄山松特定时间生命表(表 6-1)。戴云山黄山松种群可分成 8 个龄级，而同处于福建省的龙栖山分为 11 个龄级，屏南县为 9 个龄级，寿宁县为 7 个龄级，武夷山为 8 个龄级。

编制戴云山黄山松种群生命表，根据生存分析计算生存分析函数(表 6-1)及各龄级死亡率、亏损率曲线。

表 6-1　戴云山黄山松种群静态生命表

龄级	DBH/cm	组中值	存活数	$a_{x'}$	l_x	$\ln l_x$	d_x	q_x	L_x	T_x	e_x	K_x
Ⅰ	0～5	2.5	175	519	1 000	6.908	191	0.191	905	2 548	2.548	0.212
Ⅱ	5～10	7.5	568	420	809	6.696	191	0.236	714	1 644	2.031	0.269
Ⅲ	10～15	12.5	483	321	618	6.427	191	0.308	523	930	1.503	0.369
Ⅳ	15～20	17.5	257	222	428	6.059	304	0.712	276	407	0.950	1.244
Ⅴ	20～25	22.5	64	64	123	4.815	85	0.688	81	131	1.063	1.163
Ⅵ	25～30	27.5	26	20	39	3.652	15	0.400	31	50	1.300	0.511
Ⅶ	30～35	32.5	8	12	23	3.141	15	0.667	15	19	0.833	1.099
Ⅷ	35～40	37.5	2	4	8	2.042	—	—	4	2	0.260	2.042

注：DBH 为胸径；$a_{x'}$ 为匀滑修正后存活数；l_x 为存活数标准化；d_x 为死亡量；q_x 为死亡率；L_x 为区间寿命；T_x 为总寿命；e_x 为期望寿命；K_x 为亏损率。

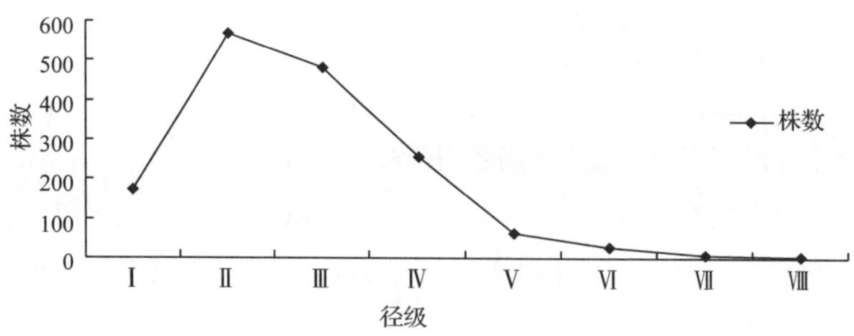

图 6-1 戴云山黄山松种群径级分布

由表 6-1 和图 6-1 可知，戴云山黄山松种群实际存活个体数随龄级增加，除第Ⅰ龄级外总体呈递减趋势。黄山松个体期望寿命 e_x，整体呈单调递减趋势，但有所波动，在第 5、6 龄级由于个体较强生命力，竞争能力较强，因此其期望值比较高，第 7、8 龄级又开始有所下降。个体死亡率 q_x在第 1 ~4 龄级呈递增，在第 4 龄级达最大值，为 0.712，而在第 5 龄级又开始递减，但在第 7 龄级死亡率又逐渐增加，为 66.7% 的高水平，其主要原因可能与人为干扰有关，处于第 7 龄级黄山松个体属于成年个体，但受到人为砍伐破坏程度较大，同时个体死亡率较高还可能与种群衰老有关，种群达到一定程度后，新老个体更新交替，形成自然死亡。

三、种群存活曲线绘制

存活曲线是指依据特定龄级存活个体数量定量描述特定年龄死亡率，通过作图反映特定龄组个体数量。通常有两种方法绘制种群存活曲线，一种是用存活量对龄级作图；另一种是以年龄为横坐标，以存活量对数值 ln*x* 为纵坐标作图。

Deevey(1947)认为存活曲线分成 3 种类型：Ⅰ型是凸曲线，大多数种群早期死亡率较低，但均能达到平均生理寿命，在实现生理寿命时，几乎全部死亡；Ⅱ型是对角线型，表示种群个体各龄级死亡率均相同；Ⅲ型是凹曲线型，个体早期死亡率较高，达到一定龄级死亡率降低并呈现稳定趋势。本研究以龄级为横坐标，以存活量对数为纵坐标。根据 Deevey 划分，戴云山黄山松种群存活曲线与龙栖山自然保护区、屏南县和寿宁县、武夷山一致(蔡小英，2008)，均属于Ⅱ和Ⅲ型之间的过渡类型(表 6-2、图 6-2)。存活曲线整体上反映黄山松种群整体数量动态变化趋势，由于黄山松生物学特性决定黄山松耐寒、抗风强、耐土壤贫瘠，因此黄山松幼年存活率较高，随年龄增长，由于受到环境限制，第 3 ~7 龄级阶段存活率下降，数量趋向减少以完成种群更新，之后趋于平缓，最终达到种群稳定状态。

以龄级为横坐标，以死亡率和亏损率为纵坐标，绘制死亡率曲线(图 6-3)，反映戴云山黄山松种群死亡率和亏损率动态变化规律，结合前人研究的黄山松种群死亡率曲线(蔡小英，2008；刘洋，2010)，发现福建省黄山松种群均有 2 个死亡率高峰期：①近成熟前期；②成年时期。黄山松种群幼年死亡率低主要受其生物学特性以及优越地理环境直接影响。在近成熟时期出现种群第 1 个死亡高峰期，由于黄山松与其他树种争夺阳光、水分等资源以及种内竞争增大。到成年阶段，又出现 1 次死亡高峰，原因可能是种间竞争以及人为干扰破坏。由图 6-3可知，黄山松种群亏损率与死亡率变化基本一致，都是波浪起伏变化。亏损率起伏幅度较死亡率大，在第 7 个龄级亏损率最大，死亡率也最大，可能是由于人为破坏以及种间争夺资源而产生竞争造成。在不同地区死亡率曲线存在明显差异：屏南和寿宁的黄山松种群较早出现死亡率高峰，龙栖山黄山松种群滞后1～2个龄级才出现死亡率高峰，武夷山黄山松种群死亡率高峰大概在第5个龄级。寿宁县黄山松种群生活史比较短，龙栖山黄山松种群生长情况最好，武夷山和戴云山黄山松种群生活史介于两个地区，可能与其所处地理环境和气候条件有关，寿宁县、屏南县海拔较高，气温较低，平均气温较全省平均温低，气候条件特殊。黄山松性喜高海拔、湿润气候，龙栖山黄山松种群自然生长条件优越，其种群生长龄级最长，同时黄山松种群在成年阶段死亡率相对较低，反映黄山松种群成年阶段对生境适应增强，对生物竞争削弱。

表6-2　戴云山黄山松种群生存分析函数估算值

龄级	径级/cm	组中值/cm	存活数	q_x	p_x	$S_{(i)}$	$F_{(i)}$	$f_{(t_i)}$	$\lambda_{(t_i)}$
Ⅰ	0～5	2.5	175	0.191	0.809	0.809	0.191	0.038	0.042
Ⅱ	5～10	7.5	568	0.236	0.764	0.618	0.382	0.038	0.053
Ⅲ	10～15	12.5	483	0.308	0.692	0.428	0.572	0.038	0.073
Ⅳ	15～20	17.5	257	0.712	0.288	0.123	0.877	0.061	0.221
Ⅴ	20～25	22.5	64	0.688	0.313	0.039	0.961	0.017	0.210
Ⅵ	25～30	27.5	26	0.400	0.600	0.023	0.977	0.003	0.100
Ⅶ	30～35	32.5	8	0.667	0.333	0.008	0.992	0.003	0.200
Ⅷ	35～40	37.5	2	—	1	0	1	0.002	0

注：$S_{(i)}$：生存率曲线；$F_{(i)}$：积累死亡率曲线；$f_{(t_i)}$：死亡密度曲线；$\lambda_{(t_i)}$：危险率曲线。

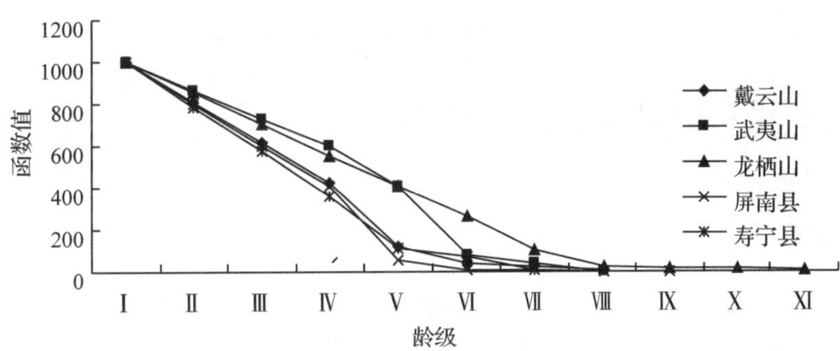

图6-2　黄山松种群生存曲线

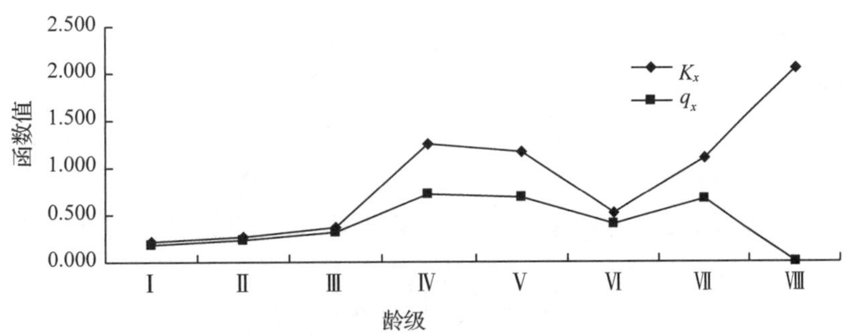

图6-3　戴云山黄山松的亏损率曲线和死亡率曲线

四、种群生存函数曲线绘制

黄山松种群生存分析的4个函数估算值参见表6-3。以龄级为横坐标，函数值为纵坐标，绘制生存函数曲线(图6-4)。生存函数呈单调下降，累积死亡率函数正好相反，呈单调递增，在Ⅲ龄级波动较大，生存函数值从0.809降到0.123，累积死亡率函数值从0.191上升到0.877，在Ⅳ龄级之后，种群趋于平衡稳定，波动较小。由图6-3和图6-4可知，亏损率、死亡率和危险率3曲线基本呈波浪形趋势。黄山松种群在幼苗生长阶段危险率较低，成熟时期危险率明显上升，从第Ⅰ龄级0.042上升到第Ⅳ龄级0.221，随后黄山松危险函数值基本在0.100~0.210波动。主要由于黄山松幼苗个体不断增大，从幼树阶段向成树阶段发展时，对光照、空间等地理环境因子需求增加，个体相互争夺资源和空间，自疏和他疏作用明显，同时动物践踏，人类对其幼体、成株砍伐等都会导致死亡率上升。从黄山松种群死亡密度函数看，曲线呈单调递减，在Ⅳ龄级(0.061)达到峰顶，之后急剧下降，由于黄山松种群种内竞争、种间竞争及人为干扰等原因，此阶段危险率最高。

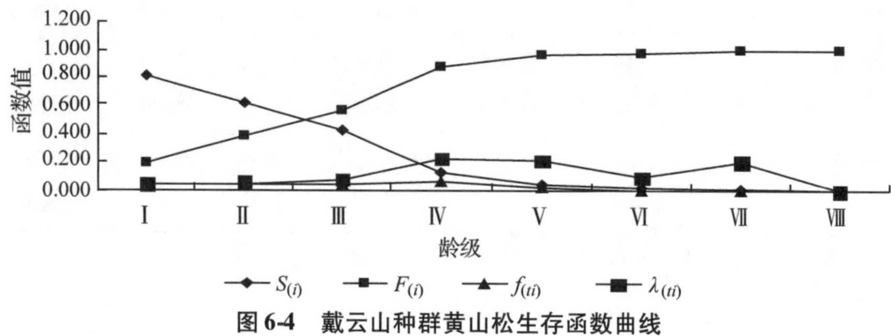

图6-4 戴云山种群黄山松生存函数曲线

第二节 黄山松种群基面积增长模型

一、建立种群增长模型

生物种群的Logistic增长模式是指在空间和资源充足前提下，种群就能凭其内禀增长能力，种群数量呈指数增长规律，即"J"形增长，其公式为：

$$\frac{\mathrm{d}N}{\mathrm{d}t}=rN \tag{6-4}$$

式中，N为种群数量；r为种群内禀增长率。

在自然界中，由于每个种群都有一定生长周期，因此，种群不可能呈几何式无限增长。随着种群数量增加，种群在有限空间和资源内将受到限制，种内种间竞争也将增加，最后影响种群增长，甚至使种群受到制约或停止增长，种群数量下降。Logistic模型是研究在有限空间环境条件下生物种群增长的数学模型，又称为阻滞增长，其公式(张金屯，2011)为：

$$\frac{\mathrm{d}N}{\mathrm{d}t}=rN\left(1-\frac{N}{K}\right) \tag{6-5}$$

式中，N为种群数量；K为环境容纳量；r为种群内禀增长率；t为时间。

通过对戴云山黄山松群落不同林分调查，采用空间代替时间方法研究其优势度增长规律，即对不同林分黄山松种群按照胸径(或地径)分级，揭示黄山松种群动态变化规律，为戴云山黄山松群落演替和保护提供科学依据。采用上限排外法进行分级。每隔 5 cm 为一个径级，即Ⅰ：0～5，Ⅱ：5.1～10，Ⅲ：10.1～15，Ⅳ：15.1～20，Ⅴ：20.1～25，Ⅵ：25.1～30，Ⅶ：30.1～35，Ⅷ：35.1～40，共分 8 个径级，第Ⅰ径级对应 $T=1$，第Ⅱ径级对应 $T=2$，依此类推，以时间为径级年，各样地各径级黄山松底面积之和(各龄级底面积初值)从第 1 龄级到第 i 龄级单位面积初值累加，即：

$$\bar{S}_i = \sum S_k \quad (k = 1,2,3,\cdots,i) \tag{6-6}$$

式中，$\bar{S}_i$ 为种群在第 i 年龄级的底面积总量；S_k 为种群第 i 龄级底面积的初值，研究黄山松优势度增长规律。同时对黄山松种群基面积值与时间 T 进行拟合，并选择最优模型。

二、拟合种群基面积增长模型

黄山松个体胸径随着年龄增长而增大，可用“空间代时间”方法，以黄山松种群基面积作为衡量黄山松种群优势度数量指标，研究其优势度增长规律。

计算戴云山种群各径级基面积实际初值与实际值。如图 6-5 所示，黄山松种群基面积初值呈递减趋势，且在第 4 级种群基面积急剧下降，第 6 级之后变化较平缓，黄山松种群基面积实际初值增长量在第 1 级最大，第 8 级最小。黄山松种群基面积实际值从第 1 级到第 5 级上升比较迅速，之后增长比较慢，整体呈上升趋势。因此，通过对黄山松基面积实际值建立数学模型，可揭示增长的内在规律以及预测值。

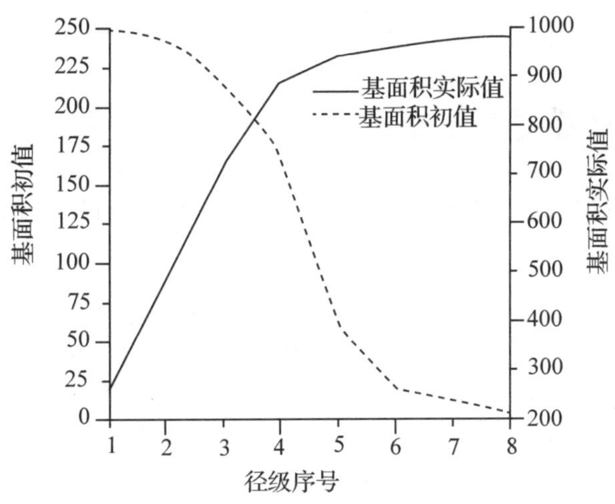

图 6-5　黄山松种群基面积增长趋势图

由表 6-3 可知，采用对数函数、逆函数、二次函数、幂函数和“S”形曲线 5 种模型拟合发现，幂函数和“S”形曲线残差平方和最小，分别为 0.136 和 0.021，且 P 值都在 0.000 1 水平，准确度最高，因此可将两类模型运用于黄山松种群基面积增长预测。由 R^2 值可知，二次函数 R^2 值最大，达 0.992，但残差平方和较大。幂函数和“S”形曲线 R^2 值比二次函数小，但综合残差平方和来看，拟合效果比二次函数好。“S”形曲线 R^2 值为 0.987，较幂函数 R^2 值大。因此，选择“S”形曲线作为黄山松种群基面积增长预测最佳模型。

表 6-3　黄山松种群基面积增长趋势表

经级序号	$\bar{S}_i$ 实际值	拟合值				
		对数函数	逆函数	二次函数	幂函数	"S"形曲线
1	249.639	273.701	183.770	257.229	296.876	241.203
2	493.239	535.816	631.467	502.576	469.601	548.400
3	711.198	689.143	780.699	699.213	614.082	721.111
4	883.914	797.931	855.315	847.139	742.819	826.903
5	943.818	882.313	900.085	946.355	860.986	897.689
6	963.418	951.258	929.932	996.859	971.361	948.215
7	975.274	1 009.550	951.251	998.652	1 075.650	986.037
8	979.258	1 060.046	967.240	951.735	1 174.997	1 015.391
残差平方和		21 903.560	32 849.470	4 069.588	0.136	0.021
曲线		模型			R^2	P 值
对数函数		$S=273.701+378.152\ln t$			0.958	$P<0.001$
逆函数		$S=1\,079.164-895.395/x$			0.936	$P<0.001$
二次函数		$S=-36.830+318.414t-24.355t^2$			0.992	$P<0.001$
幂函数		$S=296.876t^{0.662}$			0.918	$P<0.001$
S 形曲线		$S=e^{7.128-1.643/t}$			0.987	$P<0.001$

第三节　黄山松种群更新生态位

更新生态位是指成年阶段具有相同生态位的树种间种子、幼苗和小树阶段的生态位分化，幼苗库或幼树库存在时间越长，适合树种定居的生境范围也越广(Nakashizuka，2001)。生态位是研究群落物种共存与竞争机制的基本理论，更新生态位主要研究植物在更新过程中对生境生态因子的要求与适应(Grubb，1977)。生态位计算主要采用 Shannon-Wiener 指数和 Pianka 指数，未结合乔灌层物种，无法反映物种更新趋势。为此，结合乔、灌层研究主要物种更新生态位，分析群落演替方向，对植物保护与更新具有重要意义(朱德煌等，2012)。

一、种群更新生态位测度

生态位宽度 B_i 和生态位重叠 a_{ik} 计算公式参照第四章第三节。

改进更新生态位宽度公式：

$$B'_{iB}=\frac{B_{iB}+A_i\cdot B_{iS}}{\sum(B_{iB}+A_j\cdot B_{jS})} \tag{6-7}$$

式中，i，$j=1$，2，…，n，B'_{iB} 为改进的物种 i 更新生态位宽度；B_{iB} 和 B_{iS}、B_{jB} 和 B_{jS} 分别为物种 i、j 在乔木层和灌木层 Shannon-Wiener 生态位宽度值；A_i、A_j 分别代表物种 i、j 重要值占所有灌木重要值百分比。

改进更新生态位重叠公式：

$$a'_{ij} = \frac{1}{2}(a_B + a_S) \tag{6-8}$$

式中，a'_{ij}为改进更新生态位重叠值；a_B、a_S由 Pianka 指数得到，分别为乔木和灌木种间生态位重叠值(王莹莹等，2005)。

二、主要树种更新生态位宽度

采用改进更新生态位计算黄山松群落主要树种的更新生态位宽度(表 6-4)，其结果与用 Shannon-Wiener 指数计算的乔木层更新生态位宽度结果一致，黄山松在整个群落中更新生态位宽度最大(0. 21)，在每个资源位均有出现，表明黄山松生态幅度宽，资源利用能力强。戴云山黄山松主要分布在海拔 1 112 ~ 1 812 m，海拔 1 400 m 以上黄山松在群落中优势地位明显，表明黄山松对海拔适应性强。灌木层中黄山松更新生态位宽度为 0. 02，仅比甜槠、杉木、多脉青冈、吊钟花、短尾越橘大，表明黄山松幼苗和幼树资源利用谱较窄，仅分布于个别资源位，出现断层现象，主要由于黄山松是喜光植物，其他树种与黄山松争夺水热条件，导致灌木层中黄山松生长和发育受到限制，影响其幼苗和幼树生长。

表 6-4　黄山松群落主要树种更新生态位宽度值

物种	1	2	3	4	5	6	7	8	9	10	11	12	13	14	15	16	17	18	19
B_{iB}	0. 16	0. 07	0. 07	0. 06	0. 05	0. 04	0. 04	0. 02	0. 02	0. 02	0. 03	0. 03	0. 03	0. 02	0. 02	0. 02	0. 02	0. 01	0. 00
B_{is}	0. 02	0. 04	0. 01	0. 02	0. 03	0. 02	0. 01	0. 02	0. 02	0. 01	0. 02	0. 04	0. 08	0. 04	0. 10	0. 02	0. 07	0. 05	0. 12
A_i	0. 01	0. 02	0. 01	0. 01	0. 02	0. 01	0. 00	0. 01	0. 01	0. 01	0. 01	0. 02	0. 07	0. 02	0. 09	0. 01	0. 05	0. 04	0. 13
B'_{iB}	0. 21	0. 09	0. 09	0. 08	0. 07	0. 05	0. 05	0. 03	0. 03	0. 02	0. 05	0. 04	0. 04	0. 03	0. 04	0. 02	0. 03	0. 02	0. 02

注：B_{iB}：乔木层生态位宽度；B_{is}：灌木层生态位宽度；A_i：灌木层重要值所占的百分比；B'_{iB}：更新生态位宽度。

树种：1. 黄山松；2. 鹿角杜鹃；3. 甜槠；4. 木荷；5. 华丽杜鹃；6. 云南桤叶树；7. 杉木；8. 大萼杨桐；9. 多脉青冈；10. 吊钟花；11. 硬斗石栎；12. 格药柃；13. 细枝柃；14. 马银花；15. 窄基红褐柃；16. 羊舌树；17. 满山红；18. 乌药；19. 短尾越橘。

三、主要树种更新生态位重叠

采用改进更新生态位宽度和重叠公式，黄山松群落主要树种更新生态位重叠值见表 6-5。黄山松与其他物种更新生态位重叠值主要在 0. 10 ~ 0. 39，而黄山松与满山红、鹿角杜鹃与木荷以及窄基红褐柃、甜槠与木荷以及细枝柃、木荷与细枝柃等更新生态位重叠值均大于 0. 5，表明物种对环境资源均能充分利用。更新生态位宽度较大的种群一般产生较大更新生态位重叠值，如黄山松与鹿角杜鹃、鹿角杜鹃与甜槠、鹿角杜鹃与木荷。更新生态位宽度较低与较大的物种间也有较大更新生态位重叠值，如满山红与黄山松、乌药和鹿角杜鹃、窄基红褐柃与甜槠等；更新生态位宽度较低的乌药与杉木，更新生态位重叠值也较大。黄山松与物种间更新生态位重叠值不同，黄山松与更新生态位宽度较大的鹿角杜鹃、华丽杜鹃、大萼杨桐、满山红有较大重叠值，表明黄山松与鹿角杜鹃、华丽杜鹃等具有相似资源需求，可能导致竞争。目前黄山松群落可利用资源较丰富，黄山松与大萼杨桐、满山红具有明显的资源共享趋势。黄山松与窄基红褐柃和短尾越橘有较大更新生态位重叠值，可能导致种群间激烈竞争，从而限制黄山松种群对空间资源利用，有可能导致黄山松幼苗发育衰退，不利于种群更新和演替。

表 6-5　黄山松群落主要树种更新生态位重叠值

物种	1	2	3	4	5	6	7	8	9	10	11	12	13	14	15	16	17	18	19
1	1.00	0.39	0.17	0.23	0.31	0.08	0.16	0.34	0.30	0.10	0.08	0.08	0.14	0.21	0.22	0.17	0.60	0.22	0.26
2		1.00	0.47	0.55	0.05	0.26	0.27	0.18	0.17	0.23	0.23	0.13	0.49	0.25	0.59	0.19	0.35	0.45	0.20
3			1.00	0.67	0.00	0.16	0.00	0.16	0.02	0.00	0.07	0.04	0.64	0.26	0.45	0.22	0.21	0.18	0.11
4				1.00	0.04	0.23	0.03	0.20	0.07	0.00	0.20	0.04	0.70	0.41	0.66	0.34	0.22	0.26	0.17
5					1.00	0.00	0.00	0.30	0.27	0.01	0.06	0.27	0.02	0.23	0.21	0.11	0.63	0.01	0.07
6						1.00	0.19	0.08	0.00	0.00	0.04	0.00	0.42	0.10	0.33	0.18	0.14	0.29	0.16
7							1.00	0.09	0.00	0.00	0.00	0.00	0.03	0.00	0.05	0.00	0.02	0.52	0.04
8								1.00	0.11	0.20	0.03	0.04	0.22	0.11	0.25	0.22	0.40	0.29	0.05
9									1.00	0.28	0.29	0.47	0.01	0.26	0.31	0.11	0.11	0.30	0.36
10										1.00	0.25	0.15	0.00	0.10	0.07	0.00	0.00	0.08	0.20
11											1.00	0.39	0.18	0.10	0.18	0.34	0.05	0.04	0.30
12												1.00	0.02	0.34	0.20	0.08	0.11	0.08	0.29
13													1.00	0.26	0.56	0.36	0.12	0.18	0.14
14														1.00	0.27	0.38	0.18	0.21	0.21
15															1.00	0.32	0.21	0.41	0.26
16																1.00	0.20	0.26	0.16
17																	1.00	0.08	0.09
18																		1.00	0.08
19																			1.00

注：物种 1 ~ 19 参见表 6-4。

第四节　黄山松种群空间分布格局

种群空间分布格局探讨在水平空间上种群分布状况以及相互关系，可反映其生物学特性、种与种间关联与竞争，既可定量描述种群水平结构，又可阐明种群动态变化以及与环境之间关系，探讨濒危植物群落演替趋势，为物种保护措施提供科学理论依据(Greig-Smith，1952)。

一、种群空间分布格局测度

1. 不同样地种群空间分布格局测度

把每个样地划分成 5 m × 5 m 小样方，通过样地调查分析黄山松种群分布格局，种群空间格局测定方法(Peilou，1985)为：

(1)扩散系数(DI)

$$DI = \frac{S^2}{\bar{x}} \tag{6-9}$$

式中，S^2 为种群多度方差；$\bar{x}$ 是种群多度均值。当 $DI = 1$ 时，种群属于随机分布；当 $DI > 1$ 时，种群为集群分布；$DI < 1$ 时，为均匀分布。为了检验种群分布格局，扩散系数需经过显著性 t 检验，其公式为：

$$t = \frac{DI - 1}{\sqrt{2/n - 1}} \tag{6-10}$$

式中，n 为样方数。

(2)丛生指标(I)

$$I = \left(\frac{S^2}{\bar{x}}\right) - 1 \tag{6-11}$$

当 $I=0$ 时，种群为随机分布；当 $I>0$ 时，种群属于集群分布；当 $I<0$ 时，种群为均匀分布。

(3)Cassie 指标(Ca)

$$Ca = \frac{S^2 - \bar{x}}{\bar{x}^2} \tag{6-12}$$

当 $Ca>0$ 时，种群为集群分布；当 $Ca<0$ 时，为均匀分布；当 $Ca=0$ 时，为随机分布。

(4)平均拥挤度指数(m^*)

$$m^* = \bar{x} + \frac{S^2}{\bar{x}} - 1 \tag{6-13}$$

当 $m^*>1$ 时，种群为集群分布；当 $m^*=1$ 时，为随机分布；当 $m^*<1$ 时，为均匀分布。

(5)聚块性指数(PAI)

$$PAI = \frac{m^*}{\bar{x}} \tag{6-14}$$

当 $PAI=1$ 时，种群为随机分布；当 $PAI>1$ 时，为集群分布；当 $PAI<1$ 时，为均匀分布。

(6)负二项式分布参数(K)

$$K = \frac{\bar{x}^2}{S^2 - \bar{x}} \tag{6-15}$$

其中，K 值与种群密度无关，当 $K<0$ 时，种群为均匀分布；当 $K \to +\infty$ 时，为随机分布；当 $K>0$ 时，为集群分布。

2. 不同年龄种群空间分布格局测度

根据黄山松生物学特性，运用空间代替时间方法对其年龄结构进行分析，结合胸径和高度，将其分为：高度 >0.33 m，胸径(DBH) <2.5 cm 为Ⅰ级幼苗；胸径(2.5 cm≤DBH<7.5 cm)为Ⅱ级幼树；胸径(7.5 cm≤DBH<22.5 cm)为Ⅲ级中树；胸径(DBH≥22.5 cm)为Ⅳ级大树。

3. 不同尺度种群空间分布格局测度

为克服单一尺度格局分析缺陷，采用 Greig-Smith 法和 Kershaw 法(Kershaw et al.，1985)分别在 1 m^2、2 m^2、4 m^2、8 m^2、16 m^2、32 m^2和 64 m^2等尺度下揭示黄山松种群格局强度变化规律及聚块规模大小。在 $2r=2^{j+1}$ 单位组中，Greig-Smith 法的格局强度$(MS)_r$公式为：

$$(MS)_r = \frac{2r(SS)_r}{n} \tag{6-16}$$

$$(SS)_r = \frac{1}{r}\sum_{i=0}^{n/r} x_i^2(r) - \frac{1}{2r}\sum_{i=0}^{n/2r} x_i^2(2r) \tag{6-17}$$

式中，$x_i(r)$为在 r 个单位组中第 i 个组合个体数；n 为单位格子总数。

Kershaw 法各区组格局强度 K_r 计算公式为：

$$K_r = \sqrt{2\,(MS)_r/(NS)_r} \tag{6-18}$$

式中，$(NS)_r$为 r 区组单位组面积。

4. 不同海拔种群空间分布格局测度

根据黄山松在戴云山分布特点，把同一海拔(1 000 ~ 1 100 m、1 100 ~ 1 200 m、1 200 ~ 1 300 m、1 300 ~ 1 400 m、1 400 ~ 1 500 m、1 500 ~ 1 600 m、1 600 ~ 1 700 m、1 700 ~ 1 812 m)样地分别合并，采用 Greig-Smith 法，分析不同海拔黄山松种群空间分布格局强度变化规律及聚块规模。

二、不同样地种群空间分布格局

由表 6-6 可知，不同样地黄山松空间分布有所差异。扩散系数差异较大，最小仅为 0.165，最大是样地 3，为 26.813。由 t 检验可知，样方 12 的 t 值为 −3.235，存在极显著差异，样方 11 和样方 5 存在显著差异。样方 2 和样方 25 黄山松种群为随机分布，样方 5、6、12、13 等为均匀分布，整体以集群分布为主，与野外调查结果一致。样方 3、10、24、26 的种群格局强度明显大于其他样方，主要由于这些区域土壤条件以及自然环境较差，种群呈集群分布。丛生指标、平均拥挤度指数、聚块性指数、Cassie 指标与扩散系数测度结果一致。平均拥挤度表示生物个体在样方内拥挤程度，数值越大，聚集强度越大，种群受其他个体拥挤效应越大。样方 6 黄山松种群拥挤度指数(m^*)仅为 0.800，样方 3、24、30 的 m^* 均大于 40，可能与黄山松数量较多有关。Cassie 指标只有样方 3、10、26 大于 1，说明各样方生境存在空间异质性，黄山松群落主要以混交为主，黄山松种群与其他树种存在资源争夺。负二项式分布参数(K)与种群密度无关，K 值愈小，聚集度愈大。样方 31 的 K 值最小。

表 6-6　不同样地黄山松种群空间分布格局

样地	S^2	$\bar{x}$	DI	t value	Result	I	m^*	PAI	K	CA	Result
1	122.250	23.500	5.202	16.002	C	4.202	4.202	0.179	5.592	0.179	C
2	6	6	1	0	RA	0	6	1	+∞	0	RA
3	643.500	24.000	26.813	98.296	C	25.813	49.813	2.076	0.930	1.076	C
4	27.188	11.750	2.314	5.003	C	1.314	13.064	1.112	8.943	0.112	C
5	8.250	19.500	0.423	−2.197	RE	−0.577	18.923	0.970	−33.800	−0.030	RE
6	0.688	1.250	0.550	−1.714	RE	−0.450	0.800	0.640	−2.778	−0.360	RE
7	93.188	16.250	5.735	18.030	C	4.735	20.985	1.291	3.432	0.291	C
8	25.250	8.500	2.971	7.504	C	1.971	10.471	1.232	4.313	0.232	C
9	14.688	7.250	2.026	3.907	C	1.026	8.276	1.141	7.067	0.141	C
10	153.188	11.750	13.037	45.839	C	12.037	23.787	2.024	0.976	1.024	C
11	6.500	4.000	1.625	2.421	C	0.625	4.625	1.156	6.400	0.156	C
12	1.688	10.250	0.165	−3.235	RE	−0.835	9.415	0.919	−12.270	−0.081	RE
13	8.250	8.500	0.971	−0.114	RE	−0.029	8.471	0.997	−289.000	−0.003	RE
14	5.500	2.000	2.750	6.778	C	1.750	3.750	1.875	1.143	0.875	C
15	33.688	9.250	3.642	10.232	C	2.642	11.892	1.286	3.501	0.286	C
16	3.188	4.750	0.671	−1.274	RE	−0.329	4.421	0.931	−14.440	−0.069	RE

（续）

样地	S^2	$\bar{x}$	*DI*	*t* value	Result	*I*	m^*	*PAI*	*K*	*CA*	Result
17	40.188	8.750	4.593	13.915	C	3.593	12.343	1.411	2.435	0.411	C
18	4.250	14.500	0.293	-2.738	RE	-0.707	13.793	0.951	-20.512	-0.049	RE
19	31.500	12.000	2.625	6.294	C	1.625	13.625	1.135	7.385	0.135	C
20	28.500	14.000	2.036	4.011	C	1.036	15.036	1.074	13.517	0.074	C
21	83.688	10.250	8.165	27.748	C	7.165	17.415	1.699	1.431	0.699	C
22	63.688	10.250	6.213	20.191	C	5.213	15.463	1.509	1.966	0.509	C
23	46.750	9.500	4.921	15.186	C	3.921	13.421	1.413	2.423	0.413	C
24	441.188	31.750	13.896	49.944	C	12.896	44.646	1.406	2.462	0.406	C
25	3	3	1	0	RA	0	3	1	+∞	0	RA
26	115.188	7.750	14.863	53.691	C	13.863	21.613	2.789	0.559	1.789	C
27	2.688	4.250	0.632	-1.424	RE	-0.368	3.882	0.913	-11.560	-0.087	RE
28	21.500	17.100	1.257	0.997	C	0.257	17.357	1.015	66.457	0.015	C
29	30.688	12.750	2.407	5.449	C	1.407	14.157	1.110	9.063	0.110	C
30	28.250	43.500	0.649	-1.358	RE	-0.351	43.149	0.992	-124.082	-0.008	RE
31	24.188	25.750	0.939	-0.235	RE	-0.061	25.689	0.998	-424.360	-0.002	RE

三、不同年龄种群空间分布格局

采用“空间代替时间”方法研究黄山松种群空间格局动态变化，见表6-7。黄山松种群由幼苗—幼树—中树—大树空间分布格局存在明显差异，总体上幼树和中树集群程度较高并呈集群分布，幼苗和大树在很多样地没有分布。黄山松幼苗与其他树种共同争夺空间和环境资源，不利于黄山松种群新老交替，大树可能受人为干扰或自然死亡，因此大树存在较大缺失。黄山松种群幼树仅分布在8个样地中，除了样方15幼苗呈集群分布，其他均为均匀分布，可能与黄山松和其他树种混交有关。集群强度最大为中树，基本为集群分布，幼树次之，大树最小，大多呈均匀分布。聚块性指数(*PAI*)分析种群中个体聚集和扩散趋势。黄山松种群各年龄段聚块性指数差异明显，波浪式起伏，其中样方15值最大，各年龄段幼苗到中树 *PAI* 递减，到大树逐渐递增，转为较强集群趋势。*PAI* 值最小为样方5，幼苗和大树均为0，从幼苗到中树，*PAI* 值递增到0.958，种群表现为微弱聚集趋势，到大树减为0。

表6-7　不同年龄黄山松种群空间分布格局

样地	龄级	S^2	$\bar{x}$	*DI*	*t* value	Result	*I*	m^*	*PAI*	*K*	*CA*	Result
1	幼苗	N	N	N	N		N	N	N	N	N	
	幼树	1.688	3.250	0.519	-1.862	RE	-0.481	2.769	0.852	-6.760	-0.148	RE
	中树	79.688	18.750	4.250	12.587	C	3.250	22.000	1.173	5.769	0.173	C
	大树	1.500	1.100	1.364	1.408	C	0.364	1.464	1.331	3.025	0.331	C
2	幼苗	N	N	N	N		N	N	N	N	N	
	幼树	0.750	0.500	1.500	1.936	C	0.500	1.000	2.000	1.000	1.000	C
	中树	4.688	4.250	1.103	0.399	C	0.103	4.353	1.024	41.286	0.024	C
	大树	0.500	1.000	0.500	-1.936	RE	-0.500	0.500	0.500	-2.000	-0.500	RE

（续）

样地	龄级	S^2	$\bar{x}$	DI	t value	Result	I	m^*	PAI	K	CA	Result
3	幼苗	N	N	N	N		N	N	N	N	N	
	幼树	136. 500	11. 000	12. 409	44. 187	C	11. 409	22. 409	2. 037	0. 964	1. 037	C
	中树	180. 750	12. 500	14. 460	52. 130	C	13. 460	25. 960	2. 077	0. 929	1. 077	C
	大树	N	N	N	N		N	N	N	N	N	
4	幼苗	N	N	N	N		N	N	N	N	N	
	幼树	3. 250	2. 500	1. 300	1. 162	C	0. 300	2. 800	1. 120	8. 333	0. 120	C
	中树	14. 500	8. 000	1. 813	3. 147	C	0. 813	8. 813	1. 102	9. 846	0. 102	C
	大树	0. 000	1. 000	0. 000	-3. 873	RE	-1. 000	0. 000	0. 000	-1. 000	-1. 000	RE
5	幼苗	0. 188	0. 250	0. 750	-0. 968	RE	-0. 250	0. 000	0. 000	-1. 000	-1. 000	RE
	幼树	0. 500	3. 000	0. 167	-3. 227	RE	-0. 833	2. 167	0. 722	-3. 600	-0. 278	RE
	中树	5. 188	16. 250	0. 319	-2. 637	RE	-0. 681	15. 569	0. 958	-23. 870	-0. 042	RE
	大树	0. 188	0. 250	0. 750	-0. 968	RE	-0. 250	0. 000	0. 000	-1. 000	-1. 000	RE
6	幼苗	N	N	N	N		N	N	N	N	N	
	幼树	N	N	N	N		N	N	N	N	N	
	中树	5. 188	3. 750	1. 383	1. 485	C	0. 383	4. 133	1. 102	9. 783	0. 102	C
	大树	1. 500	1. 000	1. 500	1. 936	C	0. 500	1. 500	1. 500	2. 000	0. 500	C
7	幼苗	N	N	N	N		N	N	N	N	N	
	幼树	1. 500	1. 000	1. 500	1. 936	C	0. 500	1. 500	1. 500	2. 000	0. 500	C
	中树	63. 688	12. 750	4. 995	15. 473	C	3. 995	16. 745	1. 313	3. 191	0. 313	C
	大树	0. 250	0. 500	0. 500	-1. 936	RE	-0. 500	0. 000	0. 000	-1. 000	-1. 000	RE
8	幼苗	N	N	N	N		N	N	N	N	N	
	幼树	1. 250	1. 500	0. 833	-0. 645	RE	-0. 167	1. 333	0. 889	-9. 000	-0. 111	RE
	中树	12. 188	6. 250	1. 950	3. 679	C	0. 950	7. 200	1. 152	6. 579	0. 152	C
	大树	N	N	N	N		N	N	N	N	N	
9	幼苗	1. 188	1. 250	0. 950	-0. 194	RE	-0. 050	1. 200	0. 960	-25. 000	-0. 040	RE
	幼树	14. 188	4. 250	3. 338	9. 056	C	2. 338	6. 588	1. 550	1. 818	0. 550	C
	中树	1. 500	1. 000	1. 500	1. 936	C	0. 500	1. 500	1. 500	2. 000	0. 500	C
	大树	N	N	N	N		N	N	N	N	N	
10	幼苗	0. 688	0. 750	0. 917	-0. 323	RE	-0. 083	0. 667	0. 889	-9. 000	-0. 111	RE
	幼树	104. 188	8. 250	12. 629	45. 038	C	11. 629	19. 879	2. 410	0. 709	1. 410	C
	中树	8. 250	2. 500	3. 300	8. 908	C	2. 300	4. 800	1. 920	1. 087	0. 920	C
	大树	N	N	N	N		N	N	N	N	N	
11	幼苗	N	N	N	N		N	N	N	N	N	
	幼树	0. 688	1. 250	0. 550	-1. 743	RE	-0. 450	0. 800	0. 640	-2. 778	-0. 360	RE
	中树	1. 250	1. 500	0. 833	-0. 645	RE	-0. 167	1. 333	0. 889	-9. 000	-0. 111	RE
	大树	0. 688	0. 750	0. 917	-0. 323	RE	-0. 083	0. 667	0. 889	-9. 000	-0. 111	RE

（续）

样地	龄级	S^2	$\bar{x}$	DI	t value	Result	I	m*	PAI	K	CA	Result
12	幼苗	N	N	N	N		N	N	N	N	N	
	幼树	0.688	2.250	0.306	-2.690	RE	-0.694	1.556	0.691	-3.240	-0.309	RE
	中树	3.688	7.750	0.476	-2.030	RE	-0.524	7.226	0.932	-14.785	-0.068	RE
	大树	0.188	0.250	0.750	-0.968	RE	-0.250	0.000	0.000	-1.000	-1.000	RE
13	幼苗	N	N	N	N		N	N	N	N	N	
	幼树	0.500	1.000	0.500	-1.936	RE	-0.500	0.500	0.500	-2.000	-0.500	RE
	中树	2.188	4.750	0.461	-2.089	RE	-0.539	4.211	0.886	-8.805	-0.114	RE
	大树	0.250	0.500	0.500	-1.936	RE	-0.500	0.000	0.000	-1.000	-1.000	RE
14	幼苗	N	N	N	N		N	N	N	N	N	
	幼树	1.688	0.750	2.250	4.841	C	1.250	2.000	2.667	0.600	1.667	C
	中树	0.250	0.500	0.500	-1.936	RE	-0.500	0.000	0.000	-1.000	-1.000	RE
	大树	1.688	0.750	2.250	4.841	C	1.250	2.000	2.667	0.600	1.667	C
15	幼苗	6.750	1.500	4.500	13.555	C	3.500	5.000	3.333	0.429	2.333	C
	幼树	1.688	2.250	0.750	-0.968	RE	-0.250	2.000	0.889	-9.000	-0.111	RE
	中树	0.188	2.750	0.068	-3.609	RE	-0.932	1.818	0.661	-2.951	-0.339	RE
	大树	1.688	0.750	2.250	4.841	C	1.250	2.000	2.667	0.600	1.667	C
16	幼苗	0.188	0.250	0.750	-0.968	RE	-0.250	0.000	0.000	-1.000	-1.000	RE
	幼树	4.688	1.250	3.750	10.651	C	2.750	4.000	3.200	0.455	2.200	C
	中树	3.688	2.750	1.341	1.320	C	0.341	3.091	1.124	8.067	0.124	C
	大树	0.188	0.250	0.750	-0.968	RE	-0.250	0.000	0.000	-1.000	-1.000	RE
17	幼苗	N	N	N	N		N	N	N	N	N	
	幼树	0.688	0.750	0.917	-0.323	RE	-0.083	0.667	0.889	-9.000	-0.111	RE
	中树	32.688	7.750	4.218	12.462	C	3.218	10.968	1.415	2.409	0.415	C
	大树	0.188	0.250	0.750	-0.968	RE	-0.250	0.000	0.000	-1.000	-1.000	RE
18	幼苗	N	N	N	N		N	N	N	N	N	
	幼树	1.188	1.250	0.950	-0.194	RE	-0.050	1.200	0.960	-25.000	-0.040	RE
	中树	5.000	14.000	0.357	-2.490	RE	-0.643	13.357	0.954	-21.778	-0.046	RE
	大树	N	N	N	N		N	N	N	N	N	
19	幼苗	N	N	N	N		N	N	N	N	N	
	幼树	2.500	3.000	0.833	-0.645	RE	-0.167	2.833	0.944	-18.000	-0.056	RE
	中树	18.500	9.000	2.056	4.088	C	1.056	10.056	1.117	8.526	0.117	C
	大树	N	N	N	N		N	N	N	N	N	
20	幼苗	N	N	N	N		N	N	N	N	N	
	幼树	0.688	2.750	0.250	-2.905	RE	-0.750	2.000	0.727	-3.667	-0.273	RE
	中树	29.000	10.000	2.900	7.359	C	1.900	11.900	1.190	5.263	0.190	C
	大树	N	N	N	N		N	N	N	N	N	

（续）

样地	龄级	S^2	$\bar{x}$	DI	t value	Result	I	m^*	PAI	K	CA	Result
21	幼苗	0.188	0.250	0.750	-0.968	RE	-0.250	0.000	0.000	-1.000	-1.000	RE
	幼树	5.000	3.000	1.667	2.582	C	0.667	3.667	1.222	4.500	0.222	C
	中树	42.500	6.000	7.083	23.561	C	6.083	12.083	2.014	0.986	1.014	C
	大树	1.000	1.000	1.000	0.000	RA	0.000	1.000	1.000	+∞	0	RA
22	幼苗	N	N	N	N		N	N	N	N	N	
	幼树	5.000	3.000	1.667	2.582	C	0.667	3.667	1.222	4.500	0.222	C
	中树	34.188	7.250	4.716	14.390	C	3.716	10.966	1.512	1.951	0.512	C
	大树	N	N	N	N		N	N	N	N	N	
23	幼苗	0.188	0.250	0.750	-0.968	RE	-0.250	0.000	0.000	-1.000	-1.000	RE
	幼树	6.750	1.500	4.500	13.555	C	3.500	5.000	3.333	0.429	2.333	C
	中树	20.688	6.750	3.065	7.997	C	2.065	8.815	1.306	3.269	0.306	C
	大树	1.500	1.000	1.500	1.936	C	0.500	1.500	1.500	2.000	0.500	C
24	幼苗	0.688	1.250	0.550	-1.743	RE	-0.450	0.800	0.640	-2.778	-0.360	RE
	幼树	98.188	15.750	6.234	20.272	C	5.234	20.984	1.332	3.009	0.332	C
	中树	117.688	14.750	7.979	27.029	C	6.979	21.729	1.473	2.114	0.473	C
	大树	N	N	N	N		N	N	N	N	N	
25	幼苗	N	N	N	N		N	N	N	N	N	
	幼树	1.000	1.000	1.000	0.000	RA	0.000	1.000	1.000	+∞	0	RA
	中树	2.000	2.000	1.000	0.000	RA	0.000	2.000	1.000	+∞	0	RA
	大树	N	N	N	N		N	N	N	N	N	
26	幼苗	N	N	N	N		N	N	N	N	N	
	幼树	0.188	0.250	0.750	-0.968	RE	-0.250	0.000	0.000	-1.000	-1.000	RE
	中树	106.250	7.500	14.167	50.994	C	13.167	20.667	2.756	0.570	1.756	C
	大树	N	N	N	N		N	N	N	N	N	
27	幼苗	N	N	N	N		N	N	N	N	N	
	幼树	0.188	0.250	0.750	-0.968	RE	-0.250	0.000	0.000	-1.000	-1.000	RE
	中树	2.188	3.750	0.583	-1.614	RE	-0.417	3.333	0.889	-9.000	-0.111	RE
	大树	0.188	0.250	0.750	-0.968	RE	-0.250	0.000	0.000	-1.000	-1.000	RE
28	幼苗	N	N	N	N		N	N	N	N	N	
	幼树	5.188	2.250	2.306	5.056	C	1.306	3.556	1.580	1.723	0.580	C
	中树	15.688	13.750	1.141	0.546	C	0.141	13.891	1.010	97.581	0.010	C
	大树	N	N	N	N		N	N	N	N	N	
29	幼苗	2.688	1.250	2.150	4.454	C	1.150	2.400	1.920	1.087	0.920	C
	幼树	18.188	4.750	3.829	10.956	C	2.829	7.579	1.596	1.679	0.596	C
	中树	41.188	6.750	6.102	19.759	C	5.102	11.852	1.756	1.323	0.756	C
	大树	N	N	N	N		N	N	N	N	N	

（续）

样地	龄级	S^2	$\bar{x}$	DI	t value	Result	I	m*	PAI	K	CA	Result
30	幼苗	N	N	N	N		N	N	N	N	N	
	幼树	26.250	15.500	1.694	2.686	C	0.694	16.194	1.045	22.349	0.045	C
	中树	104.750	27.500	3.809	10.880	C	2.809	30.309	1.102	9.790	0.102	C
	大树	N	N	N	N		N	N	N	N	N	
31	幼苗	N	N	N	N		N	N	N	N	N	
	幼树	4.188	2.750	1.523	2.025	C	0.523	3.273	1.190	5.261	0.190	C
	中树	19.688	22.750	0.865	-0.521	RE	-0.135	22.615	0.994	-169.000	-0.006	RE
	大树	0.188	0.250	0.750	-0.968	RE	-0.250	0.000	0.000	-1.000	-1.000	RE

四、不同尺度种群空间分布格局

采用 Greig-Smith 方法和 Kershaw 方法研究黄山松种群不同尺度下格局强度变化规律和聚块规模，见表6-8。黄山松各种群格局强度介于0.003～5.961。样方2、11、14、22 黄山松种群格局强度在64 m^2达峰值，在32 m^2降到最低，除了样方22，其余3 样方格局强度呈波浪起伏。样方3、9、22 种群格局强度从4 m^2到32 m^2不断降低，在32 m^2降至最低，随后在64 m^2达到峰值。样方8、10、17、28 种群强度在64 m^2达最大，在1 m^2和4 m^2降到最小。其余样方均在不同尺度种群强度存在差异。黄山松种群空间分布格局可能与其所处群落类型有关。样方11 所处群落类型是"黄山松＋多脉青冈-细枝柃-里白"，聚块规模在32 m^2仅为0.003，样方24 所处群落类型是"黄山松＋华丽杜鹃-短尾越橘-里白"，聚块规模在32 m^2达到5.961。Kershaw 法与 Greig-Smith 法结果有所不同，随着取样面积增加，黄山松种群格局强度基本呈下降趋势。在样方2、11、14、18、20、22、23、25、26 中，随尺度增加 Kershaw 值逐渐变小并在32 m^2降到最低，随后上升。样方21 黄山松种群 Kershaw 值在1 m^2达最大，在8 m^2降到最小，之后有所起伏。大多数样方黄山松种群在不同尺度具有不同聚块规模并随着取样面积增大逐渐降低。

运用 Greig-Smith 法和 Kershaw 法研究不同尺度黄山松种群空间格局变化，结果显示 Greig-Smith 法分析不同群落黄山松种群分布格局存在明显差异，而 Kershaw 法得出黄山松种群分布格局基本一致，可能与 Kershaw 法没有经过检验把强度的标准化当做度量强度规模，造成峰值失真。因此，分析黄山松种群格局变化规律时，需多参照 Greig-Smith 法分析结果。

表6-8　不同尺度黄山松种群空间分布格局

样地	测定方法	取样面积/m^2						
		1	2	4	8	16	32	64
1	Greig-Smith	0.292	0.214	0.286	0.333	0.281	1.896	0.880
	Kershaw	0.764	0.462	0.378	0.289	0.188	0.344	0.166
2	Greig-Smith	0.070	0.055	0.076	0.065	0.086	0.018	0.169
	Kershaw	0.375	0.234	0.194	0.128	0.104	0.034	0.073
3	Greig-Smith	0.375	0.438	0.443	0.344	0.302	1.755	1.831
	Kershaw	0.866	0.661	0.470	0.293	0.194	0.331	0.239

（续）

样地	测定方法	取样面积/m²						
		1	2	4	8	16	32	64
4	Greig-Smith	0. 156	0. 117	0. 128	0. 164	0. 216	0. 237	0. 445
	Kershaw	0. 559	0. 342	0. 253	0. 203	0. 164	0. 122	0. 118
5	Greig-Smith	0. 195	0. 237	0. 211	0. 138	0. 221	0. 112	0. 057
	Kershaw	0. 625	0. 487	0. 325	0. 186	0. 166	0. 084	0. 042
6	Greig-Smith	0. 068	0. 070	0. 029	0. 081	0. 107	0. 070	0. 013
	Kershaw	0. 368	0. 265	0. 120	0. 142	0. 116	0. 066	0. 020
7	Greig-Smith	0. 297	0. 271	0. 167	0. 229	0. 443	0. 958	0. 844
	Kershaw	0. 771	0. 520	0. 289	0. 239	0. 235	0. 245	0. 162
8	Greig-Smith	0. 151	0. 172	0. 094	0. 161	0. 125	0. 214	0. 401
	Kershaw	0. 550	0. 415	0. 217	0. 201	0. 125	0. 116	0. 112
9	Greig-Smith	0. 065	0. 065	0. 070	0. 055	0. 055	0. 060	0. 112
	Kershaw	0. 361	0. 255	0. 188	0. 117	0. 083	0. 061	0. 059
10	Greig-Smith	0. 128	0. 143	0. 143	0. 154	0. 268	0. 201	1. 253
	Kershaw	0. 505	0. 378	0. 268	0. 196	0. 183	0. 112	0. 198
11	Greig-Smith	0. 065	0. 055	0. 070	0. 060	0. 096	0. 003	0. 169
	Kershaw	0. 361	0. 234	0. 188	0. 122	0. 110	0. 013	0. 073
12	Greig-Smith	0. 135	0. 133	0. 164	0. 128	0. 174	0. 221	0. 284
	Kershaw	0. 520	0. 364	0. 286	0. 179	0. 148	0. 118	0. 094
13	Greig-Smith	0. 125	0. 130	0. 083	0. 151	0. 151	0. 182	0. 141
	Kershaw	0. 500	0. 361	0. 204	0. 194	0. 137	0. 107	0. 066
14	Greig-Smith	0. 018	0. 018	0. 018	0. 018	0. 008	0. 008	0. 057
	Kershaw	0. 191	0. 135	0. 095	0. 068	0. 031	0. 022	0. 042
15	Greig-Smith	0. 094	0. 078	0. 115	0. 078	0. 099	0. 167	0. 224
	Kershaw	0. 433	0. 280	0. 239	0. 140	0. 111	0. 102	0. 084
16	Greig-Smith	0. 044	0. 049	0. 049	0. 065	0. 049	0. 039	0. 029
	Kershaw	0. 298	0. 222	0. 157	0. 128	0. 079	0. 049	0. 030
17	Greig-Smith	0. 094	0. 091	0. 060	0. 169	0. 081	0. 091	1. 599
	Kershaw	0. 433	0. 302	0. 173	0. 206	0. 100	0. 075	0. 224
18	Greig-Smith	0. 159	0. 154	0. 232	0. 091	0. 211	0. 154	0. 148
	Kershaw	0. 564	0. 392	0. 340	0. 151	0. 162	0. 098	0. 068
19	Greig-Smith	0. 143	0. 206	0. 227	0. 091	0. 013	0. 331	0. 128
	Kershaw	0. 535	0. 454	0. 337	0. 151	0. 040	0. 144	0. 063
20	Greig-Smith	0. 130	0. 120	0. 216	0. 143	0. 066	0. 100	0. 815
	Kershaw	0. 510	0. 346	0. 329	0. 189	0. 091	0. 079	0. 160
21	Greig-Smith	0. 135	0. 104	0. 190	0. 076	0. 482	0. 326	2. 776
	Kershaw	0. 520	0. 323	0. 308	0. 137	0. 245	0. 143	0. 295

（续）

样地	测定方法	取样面积/m²						
		1	2	4	8	16	32	64
22	Greig-Smith	0. 122	0. 143	0. 112	0. 164	0. 117	0. 018	0. 508
	Kershaw	0. 495	0. 378	0. 237	0. 203	0. 121	0. 034	0. 126
23	Greig-Smith	0. 117	0. 122	0. 201	0. 169	0. 221	0. 122	1. 891
	Kershaw	0. 484	0. 350	0. 317	0. 206	0. 166	0. 087	0. 243
24	Greig-Smith	0. 383	0. 669	0. 435	0. 742	0. 935	5. 961	2. 263
	Kershaw	0. 875	0. 818	0. 466	0. 431	0. 342	0. 610	0. 266
25	Greig-Smith	0. 031	0. 026	0. 036	0. 036	0. 026	0. 005	0. 016
	Kershaw	0. 250	0. 161	0. 135	0. 095	0. 057	0. 018	0. 022
26	Greig-Smith	0. 070	0. 091	0. 143	0. 049	0. 055	0. 055	0. 701
	Kershaw	0. 375	0. 302	0. 268	0. 111	0. 083	0. 058	0. 148
27	Greig-Smith	0. 044	0. 044	0. 065	0. 060	0. 029	0. 070	0. 052
	Kershaw	0. 298	0. 210	0. 180	0. 122	0. 060	0. 066	0. 040
28	Greig-Smith	0. 159	0. 180	0. 258	0. 208	0. 380	0. 411	0. 688
	Kershaw	0. 564	0. 424	0. 359	0. 228	0. 218	0. 160	0. 147
29	Greig-Smith	0. 215	0. 260	0. 385	0. 253	0. 516	0. 464	0. 390
	Kershaw	0. 656	0. 509	0. 438	0. 252	0. 254	0. 170	0. 110
30	Greig-Smith	0. 443	0. 555	0. 831	0. 492	1. 138	0. 909	0. 430
	Kershaw	0. 941	0. 745	0. 644	0. 351	0. 377	0. 238	0. 116
31	Greig-Smith	0. 250	0. 302	0. 370	0. 443	0. 333	0. 380	0. 271
	Kershaw	0. 707	0. 550	0. 430	0. 333	0. 204	0. 154	0. 092

五、不同海拔种群空间分布格局

运用 Greig-Smith 法和扩散系数、丛生指标、聚块性指数等指标分析黄山松种群在不同海拔分布格局（图 6-6、表 6-9）。黄山松种群空间分布格局强度基本随尺度增加而增加，在 64 m^2达到峰值，随海拔上升其格局强度也在增强。海拔 1 800 ~ 1 856 m 黄山松种群格局强度在 16 m^2达峰值，随后逐渐减少到 0. 221。海拔 1 600 ~ 1 700 m 种群格局强度值在各尺度普遍较小，在 4 m^2和 8 m^2同时达到峰值。

聚集指标反映黄山松种群分布格局基本一致。黄山松种群沿海拔基本呈集群分布，但在海拔 1 600 ~ 1 700 m 种群呈均匀分布。

黄山松种群存在种间和种内竞争，个体为了争夺水分、光等资源满足其生长需要，从而限制黄山松种群生长。黄山松种群主要表现为集群分布。集群分布种内竞争大于种间竞争，因此会淘汰一些较弱个体，有利于种群演化和更新，同时其余种群可以充分利用其资源，有利于种群持续生长。海拔 1 600 ~ 1 700 m 种群呈均匀分布，由于种群分布在戴云山大格地区风口，影响其生存环境。

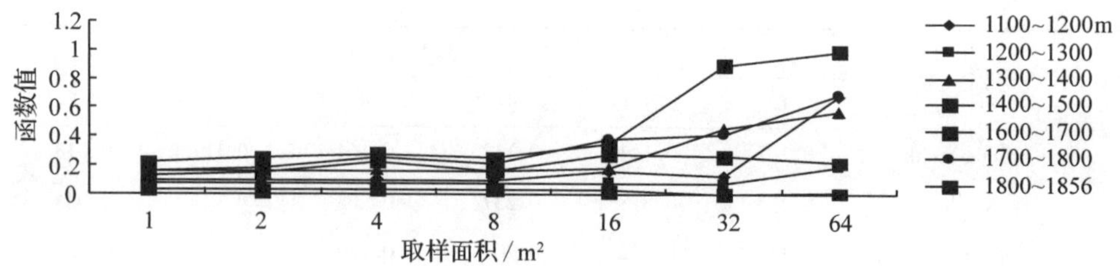

图 6-6　不同海拔黄山松种群空间分布

表 6-9　不同海拔黄山松种群空间分布格局

海拔/m	*DI*	*I*	m^*	*K*	*PAI*	*CA*	Result
1 110 ~ 1 200	8. 836	7. 836	17. 336	1. 212	1. 825	0. 825	C
1 200 ~ 1 300	4. 613	3. 613	8. 970	1. 483	1. 674	0. 674	C
1 300 ~ 1 400	2. 504	1. 504	15. 954	9. 606	1. 104	0. 104	C
1 400 ~ 1 500	6. 755	5. 755	23. 275	3. 044	1. 329	0. 329	C
1 600 ~ 1 700	1	0	3	+ ∞	1	0	RA
1 700 ~ 1 800	1. 257	0. 257	17. 357	66. 457	1. 015	0. 015	C
1 800 ~ 1 856	1. 963	0. 963	9. 463	8. 824	1. 113	0. 113	C

第五节　小结

（1）用“空间序列”代替“时间序列”方法编制黄山松种群生命表，福建省 5 个黄山松种群生存曲线变化趋势一致，存活曲线均为 DeeveyⅡ-Ⅲ型曲线，利用生存分析的生存函数、累积死亡率函数、死亡密度函数及危险率函数，研究种群结构和动态变化。

（2）采用改进更新生态位宽度和更新生态位重叠公式研究黄山松群落主要树种的更新生态位。结果表明，不同物种对空间资源的利用存在差异，不同物种具有不同更新生态位宽度，物种间更新生态位重叠值也不同。乔木层黄山松更新生态位宽度最大，因此，黄山松在群落中占优势地位。黄山松与其他物种更新生态位重叠值主要在 0. 1 ~ 0. 39，表明黄山松与其他树种存在共用资源利用谱。黄山松与窄基红褐柃和短尾越橘更新生态位重叠值较大，与这些物种竞争和排斥作用明显，不利于黄山松幼苗和幼树更新，因此建议采用人工抚育措施并加强保护，提高黄山松幼苗和幼树成活率，使群落处于稳定状态。

（3）戴云山黄山松群落主要分布在九仙山和南坡，北坡有部分分布。黄山松种群随年龄变化其空间格局存在明显差异。黄山松幼苗主要以均匀分布为主，幼树和中树聚集强度比较大，呈集群分布，大树主要以均匀分布为主。通过 Greig-Smith 法和 Kershaw 法分析，黄山松种群在 32 m^2 和 64 m^2 聚块规模最大。黄山松种群随海拔基本呈集群分布。海拔 1 600 ~ 1 700 m 其种群呈均匀分布，主要与黄山松种群所处生存环境有关。

第七章　黄山松群落特征

戴云山自然保护区黄山松林多为黄山松与其他树种形成的混交群落。通过系统的群落调查，采用系统聚类法，以重要值为依据进行分类，研究各群丛结构特征，运用数量生态学方法分析群落中黄山松地位和各种群关系，为进一步研究黄山松顶极群落稳定性机理和群丛稳定性规律奠定基础，服务于黄山松天然林经营和人工林改造(任国学等，2011；郑世群等，2012)。区内黄山松群落分布面积大，范围广，高差接近1 000 m，垂直分布格局明显。研究黄山松群落对不同海拔环境响应和适应机制，尤其作为先锋树种在海拔上升过程中群落内部适应对策，可为生物多样性保护提供基础资料，为黄山松群落合理经营提供科学依据(刘艳会等，2016)。

本章采用戴云山自然保护区黄山松31个常规样地结合86个固定样地调查资料研究其群落结构、种间关系、海拔响应及环境解释。

第一节　黄山松群落数量特征

一、植物种类组成

群落组成是群落最重要特征之一，决定群落外貌和结构。根据样方调查统计结果(表7-1)，戴云山黄山松群落有维管束植物46科81属154种，其中蕨类植物1科1属1种，分别占2. 17%、1. 23%、0. 65%。裸子植物4科4属5种，分别占8. 70%、4. 94%、3. 25%。被子植物41科76属148种，分别占89. 13%、93. 83%、96. 10%，其中双子叶植物39科72属144种，分别占84. 78%、88. 89%、93. 51%，单子叶植物2科4属4种，分别占4. 35%、4. 94%、2. 60%。

表7-1　黄山松群落维管束植物科、属、种统计

类别	蕨类植物		裸子植物		被子植物						合计
					单子叶植物		双子叶植物		小计		
	数量	比例/%	数量	比例/%	数量	比例/%	数量	比例/%	数量	比例/%	
科	1	2. 17	4	8. 70	2	4. 35	39	84. 78	41	89. 13	46
属	1	1. 23	4	4. 94	4	4. 94	72	88. 89	76	93. 83	81
种	1	0. 65	5	3. 25	4	2. 60	144	93. 51	148	96. 10	154

分别以科、属为分类单位，对黄山松群落维管束植物进行统计，见表7-2、表7-3。根据科涵盖种的数量对科进行分类，将科分为较大科(6种以上)、中等科(4～5种)、较小科(2～3种)、单种科(1种)，并分别统计占科、属、种总数比例(表7-4)。黄山松群落维管束植物中，较大科有壳斗科、蔷薇科，占总科数4. 35%，包含16. 88%的种；中等科有杜鹃花科、茜草科、山茶科、樟科，占总科数8. 70%，包含29. 87%的种；较小科有豆科、漆树科、桃

金娘科、五加科、紫金牛科、金缕梅科、杜英科、禾本科，占总科数 17. 39%，含 16. 23% 的种；单种科有 32 个，占总科数 69. 57%，只占总种数 37. 01%；通过分析可知，在科一级分类单位上，黄山松群落维管植物分布不均匀，壳斗科、蔷薇科、杜鹃花科、茜草科、山茶科、樟科 6 个科包含 37. 04% 的属和 46. 7% 的种，其余科包含物种数较少，且单种科比例高。

表 7-2　黄山松群落维管束植物科的组成

科名	属数	科名	属数	科名	属数
壳斗科 Fagaceae	6	大戟科 Euphorbiaceae	1	木犀科 Oleaceae	1
蔷薇科 Rosaceae	6	冬青科 Aquifoliaceae	1	槭树科 Aceraceae	1
茜草科 Rubiaceae	5	古柯科 Erythroxylaceae	1	忍冬科 Caprifoliaceae	1
山茶科 Theaceae	5	海桐科 Pittosporaceae	1	山矾科 Symplocaceae	1
杜鹃花科 Ericaceae	4	胡桃科 Juglandaceae	1	山龙眼科 Proteaceae	1
樟科 Lauraceae	4	虎耳草科 Saxifragaceae	1	杉科 Taxodiaceae	1
禾本科 Gramineae	3	夹竹桃科 Apocynaceae	1	柿科 Ebenaceae	1
金缕梅科 Hamamelidaceae	3	交让木科 Daphniphyllaceae	1	松科 Pinaceae	1
桃金娘科 Myrtaceae	3	金粟兰科 Chloranthaceae	1	卫矛科 Celastraceae	1
豆科 Leguminosae	2	菊科 Asteraceae	1	乌毛蕨科 Blechnaceae	1
杜英科 Elaeocarpaceae	2	蓝果树科 Nyssaceae	1	无患子科 Sapindaceae	1
漆树科 Anacardiaceae	2	里白科 Gleicheniaceae	1	小檗科 Berberidaceae	1
五加科 Araliaceae	2	罗汉松科 Podocarpaceae	1	杨梅科 Myricaceae	1
紫金牛科 Myrsinaceae	2	牻牛儿苗科 Geraniaceae	1	野牡丹科 Melastomataceae	1
安息香科 Styracaceae	1	木兰科 Magnoliaceae	1		
八仙花科 Rosaceae	1	木通科 Lardizabalaceae	1		

表 7-3　黄山松群落维管束植物属的组成

属名	种数	属名	种数	属名	种数
冬青属 *Ilex*	13	小檗属 *Berberis*	2	栎属 *Quercus*	1
柃属 *Eurya*	8	新木姜子属 *Neolitsea*	2	龙眼属 *Dimocarpus*	1
杜鹃花属 *Rhododendron*	7	越橘属 *Vaccinium*	2	罗汉松属 *Podocarpus*	1
山矾属 *Symplocos*	7	紫金牛属 *Ardisia*	2	马醉木属 *Pieris*	1
栲属 *Castanopsis*	5	倒吊笔属 *Wrightia*	1	密花树属 *Rapanea*	1
青冈属 *Cylobalanopsis*	5	胡枝子属 *Lespedeza*	1	木荷属 *Schima*	1
石楠属 *Photinia*	5	野牡丹属 *Melastoma*	1	木通属 *Akebia*	1
桉属 *Eucalypteae*	3	鹅掌柴属 *Schefflera*	1	蒲桃属 *Syzygium*	1
枫香属 *Liquidambar*	3	巴戟天属 *Morinda*	1	漆属 *Toxicodendron*	1
润楠属 *Machilus*	3	草珊瑚属 *Sarcandra*	1	槭属 *Acer*	1
山茶属 *Camellia*	3	赤楠属 *Syzygium*	1	山黄皮属 *Randia*	1
山胡椒属 *Lindera*	3	赤杨叶属 *Alniphyllum*	1	山龙眼属 *Helicia*	1

（续）

属名	种数	属名	种数	属名	种数
石栎属 *Lithocarpus*	3	刚竹属 *Phyllostachys*	1	杉木属 *Cunninghamia*	1
粗叶木属 *Lasianthus*	2	狗脊蕨属 *Woodwardia*	1	少穗竹属 *Oligostachyum*	1
吊钟花属 *Enkianthus*	2	古柯属 *Erythroxylum*	1	蛇根草属 *Ophiorrhiza*	1
杜英属 *Elaeocarpus*	2	海桐花属 *Pittosporopsis*	1	石斑木属 *Rhaphiolepis*	1
含笑属 *Michelia*	2	合欢属 *Albizia*	1	柿属 *Diospyros*	1
厚皮香属 *Ternstroemia*	2	红果树属 *Stranvaesia*	1	树参属 *Dendropanax*	1
黄瑞木属 *Adinandra*	2	猴欢喜属 *Sloanea*	1	算盘子属 *Glochidion*	1
交让木属 *Daphniphyllum*	2	黄栀子属 *Gardenia*	1	天竺葵属 *Pelargonium*	1
木姜子属 *Litsea*	2	檵木属 *Loropetalum*	1	卫矛属 *Euonymus*	1
南烛属 *Lyonia*	2	荚蒾属 *Viburnum*	1	绣球属 *Hydrangea*	1
女贞属 *Ligustrum*	2	假稠李属 *Maddenia*	1	悬钩子属 *Rubus*	1
青钱柳属 *Cyclocarya*	2	蜡瓣花属 *Corylopsis*	1	盐肤木属 *Rhus*	1
鼠刺属 *Itea*	2	蓝果树属 *Nyssa*	1	杨梅属 *Myrica*	1
水青冈属 *Fagus*	2	李属 *Prunus*	1	玉山竹属 *Yushania*	1
松属 *Pinus*	2	里白属 *Hicriopteris*	1	紫菀属 *Aster*	1

表 7-4　黄山松群落科的统计

科的级别	科数	占总科数比例/%	属数	占总属数比例/%	种数	占总种数比例/%
较大科(6 种以上)	2	4.35	12	14.81	26	16.88
中等科(4～5 种)	4	8.70	18	22.22	46	29.87
较小科(2～3 种)	8	17.39	19	23.46	25	16.23
单种科	32	69.57	32	39.51	57	37.01
合计	46	100	81	100	154	100

将属分为中等属(4 种以上)、较小属(2～3 种)、单种属(1 种)，分别统计占属、种总数比例(表 7-5)。黄山松群落维管植物中，中等属有冬青属、杜鹃花属、青冈属、栲属、山龙眼属、柃属、石楠属，占总属数 8.64%，含有 32.47% 的种；较小属有粗叶木属、吊钟花属、越橘属、南烛属、杜英属、黄瑞木属、山茶属、青钱柳属、鼠刺属、厚皮香属、松属、桉属、石栎属、小檗属、水青冈属、含笑属、润楠属、木姜子属、山胡椒属、交让木属、新木姜子属、枫香属、女贞属、紫金牛属，占总属数 29.63%，含 35.06% 的种；单种属 50 个，占总属数 61.73%，含 32.47% 的种。可见在属一级分类单位上，黄山松群落维管束植物集中分布在较小属和单种属，中等属数量少，包含种数不多，均属于较大科或中等科的属。

表 7-5　黄山松群落属的统计

属的级别	属数	占总属数比例/%	种数	占总种数比例/%
中等属(4 种以上)	7	8.64	50	32.47
较小属(2～3 种)	24	29.63	54	35.06
单种属	50	61.73	50	32.47
合计	81	100	154	100

因此可知，黄山松群落维管植物种类集中分布在壳斗科、蔷薇科、杜鹃花科、茜草科、山茶科、樟科等科及科下属，是群落植物主要组成部分，除此以外的种类分布在数量较多的小种科和单种科。

二、群落外貌特征

1. 生活型特征

根据 Raunkiaer C 的生活型系统(1934)(参照第四章第二节)对黄山松群落维管束植物生活型划分，得到群落生活型谱，见表 7-6。黄山松群落中高位芽植物最多，共 68 种，占 44.16%；其次是小高位芽植物，63 种，占 40.91%；矮高位芽植物 16 种，占 10.39%；地上芽植物 4 种，占 2.60%；大高位芽植物最少，有 3 种，占 1.95%。可见，在黄山松群落维管束植物中高位芽植物占优势。

表 7-6　黄山松群落维管束植物生活型谱

生活型及分类		种数	比例/%
高位芽植物	大高位芽植物	3	1.95
	中高位芽植物	68	44.16
	小高位芽植物	63	40.91
	矮高位芽植物	16	10.39
地上芽植物		4	2.60

2. 叶特征

叶特征是群落中植物对环境适应表现，是群落结构重要特征。叶特征包括叶质地、叶大小、叶型、叶缘、叶生活期、叶方位等，本节仅研究黄山松群落植物叶子前 4 项特征。

按照 Paijmans(1970)标准，将叶质地划分为四类：薄叶、草质叶、革质叶和厚革质叶；叶大小按照 Raunkiaer(1934)标准，根据叶面积将叶划分为鳞型叶(0～0.25 cm^2)、微型叶(0.25～2.25 cm^2)、小型叶(2.25～20.25 cm^2)、中型叶(20.25～182.25 cm^2)、大型叶(182.25～1 624.5 cm^2)、巨型叶(>1 624.5 cm^2)；叶型分为单叶和复叶；叶缘分全缘和非全缘。

对黄山松群落维管束植物叶特征进行统计，见表 7-7。黄山松群落叶质地以革质叶与纸质

表 7-7　黄山松群落维管束植物叶特征

特征	类型	种类	比例/%	特征	类型	种类	比例/%
叶质地	纸质和草质叶	39	25.32	叶级	微型叶	1	0.65
	革质叶	106	68.83		小型叶	79	51.30
	厚革质叶	4	2.60		中型叶	73	47.40
	薄叶	5	3.25		大型叶	1	0.65
叶型	单叶	46	29.87		巨型叶	0	0.00
	复叶	108	70.13	叶缘	全缘	60	38.96
					非全缘	96	62.34

和草质为主，各占68.83%、25.32%，厚革质叶最少，只占2.60%；叶型以复叶为主，占70.13%，其余为单叶，占29.87%，可见群落中复叶数量远多于单叶；叶级包含五类，以小型叶为主，占51.30%，中型叶次之，微型叶和大型叶占少数，无巨型叶；叶缘中非全缘叶较全缘叶多。总体上，黄山松群落具有以革质叶与纸质和草质的小型非全缘单叶为主的外貌特征。

三、区系地理成分

种子植物科和属的地理分布划分根据吴征镒等(2003)的《世界种子植物科的分布区类型系统》《世界种子植物科的分布区类型系统的修订》和《世界种子植物属的分布区类型系统》。蕨类植物科和属的地理分布划分参照陆树刚(2007)的方法并结合其现代地理分布。

1. 科的地理成分

黄山松群落46科划分为8个分布区类型，见表7-8。世界广布有8科，占总科数17.39%；泛热带(热带广布)分布及其变型、东亚(热带、亚热带)及热带南美间断分布、北温带和南温带间断分布、东亚及北美间断分布最多，有29个科，占总科数63.05%，是黄山松群落植物区系最丰富的地理成分；其次是北温带分布、北温带和南温带间断分布、欧亚和南美洲温带间断分布和东亚及北美间断分布分别有2、5、1和4个科，共占总科数26.10%。热带亚洲—大洋洲和热带美洲分布、南非(主要是好望角)、越南至我国华南或西南分布、欧亚和南美洲温带间断分布最少，各有1科，占总科数8.70%。由此可见，戴云山黄山松群落植物区系以热带—亚热带分布科所占比例最大，其次是温带分布科，说明该植物区系具有明显热带、温带性质。

表7-8 黄山松群落植物科的分布区类型

分布区类型	科数	占总科数比例/%
1. 广布(世界广布)	8	17.39
2. 泛热带(热带广布)分布	16	34.78
2-1. 热带亚洲—大洋洲和热带美洲分布	1	2.17
2S. 以南半球为主的泛热带分布	3	6.52
3. 东亚(热带、亚热带)及热带南美间断分布	4	8.70
6d. 南非(主要是好望角)分布	1	2.17
7-4. 越南至华南或西南分布	1	2.17
8. 北温带分布	2	4.35
8-4. 北温带和南温带间断分布	5	10.87
8-5. 欧亚和南美洲温带间断分布	1	2.18
9. 东亚及北美间断分布	4	8.70

2. 属的地理成分

从黄山松群落属的分布区类型来看，其所包含81属共分为20个分布区类型，见表7-9。可归并成世界广布、热带—亚热带分布(第2~7类)、温带分布(第8~14类)、中国—喜马拉雅分布和中国特有分布五大类。

在黄山松群落植物属的地理成分中，世界广布有2个属，占植物总属数2.47%；热带—

亚热带分布有43个属，占总属数53.08%；温带分布有29个属，占总属数35.80%，可见热带—亚热带分布属多于温带分布属。中国—喜马拉雅分布、中国特有分布分别有3个和4个属，占总属数3.70%和4.94%。热带—亚热带分布有泛热带(热带广布)、热带亚洲—大洋洲和热带美洲、东亚(热带、亚热带)及热带南美间断、旧世界热带分布、热带亚洲至热带大洋洲、热带亚洲至热带非洲分布、华南、西南到印度和热带非洲间断分布、热带亚洲分布、爪哇(或苏门答腊)、喜马拉雅间断分布或星散分布到华南和西南分布、越南至我国华南分布10个类型。其中泛热带(热带广布)的类型数量最多，有13个属，占总属数16.05%，是群落维管束植物属地理成分重要组成成分；热带亚洲分布、热带亚洲至热带大洋洲、东亚(热带、亚热带)及热带亚洲至热带大洋洲、旧世界热带分布共27个属，占总数33.33%。热带亚洲—大洋洲和热带美洲、华南、西南到印度和热带非洲间断分布、越南至我国华南分布、爪哇(或苏门答腊)，喜马拉雅间断分布或星散分布到华南、西南最少，有5个属，占总属数6.17%；温带分布有北温带分布及其变型、北温带和南温带间断分布、东亚和北美洲间断分布、地中海区、西亚和东亚间断分布、温带亚洲分布、地中海区、西亚至中亚分布、东亚分布等7个类型。其中东亚和北美洲间断分布、北温带分布、东亚分布、北温带和南温带间断分布4个类型最多，有26个属，占总数32.10%。地中海区、西亚和东亚间断分布、温带亚洲分布、地中海区、西亚至中亚分布各为1个属。中国—喜马拉雅分布和中国特有分布共有7个属，占总数8.64 %。

表7-9　黄山松群落植物属的分布区类型

分布区类型	属数	占总属数比例/%
1. 广布(世界广布)	2	2.47
2. 泛热带(热带广布)分布	13	16.05
2-1. 热带亚洲—大洋洲和热带美洲分布	2	2.47
3. 东亚(热带、亚热带)及热带南美间断分布	4	4.94
4. 旧世界热带分布	4	4.94
5. 热带亚洲至热带大洋洲分布	5	6.17
6. 热带亚洲至热带非洲分布	3	3.70
6-1. 华南、西南到印度和热带非洲间断分布	1	1.24
7. 热带亚洲分布	9	11.11
7-1. 爪哇(或苏门答腊)，喜马拉雅间断分布或星散分布到华南、西南	1	1.23
7-4. 越南至华南分布	1	1.23
8. 北温带分布	9	11.11
8-4. 北温带和南温带间断分布	3	3.71
9. 东亚和北美洲间断分布	10	12.35
10-1. 地中海区、西亚和东亚间断分布	1	1.24
11. 温带亚洲分布	1	1.23
12. 地中海区、西亚至中亚分布	1	1.23
14. 东亚分布	4	4.94
14-1. 中国—喜马拉雅分布(SH)	3	3.70
15. 中国特有分布	4	4.94

四、物种重要值

对黄山松群落植物物种数量特征进行统计，包括频度、多度、显著度、盖度，计算群落各层次植物重要值，乔木层：$IV_i = RD_i + RF_i + RC_i$，灌木层：$IV_i = RD_i + RF_i + RH_i$。其中，$IV_i$表示重要值；$RD_i$表示相对多度；$RF_i$表示相对频度；$RC_i$表示相对显著度；$RH_i$表示相对高度。乔木层和灌木层物种各数量特征和重要值见表7-10、表7-11。

表7-10　黄山松群落乔木层物种重要值

种名	相对频度	相对多度	相对显著度	重要值	种名	相对频度	相对多度	相对显著度	重要值
黄山松	7.073	29.688	53.002	89.763	羊舌树	2.439	0.527	0.241	3.207
甜槠	3.659	6.522	13.503	23.683	大萼杨桐	2.195	0.615	0.120	2.930
鹿角杜鹃	4.390	10.430	3.221	18.042	牛耳枫	1.951	0.637	0.283	2.871
木荷	4.390	4.875	6.011	15.276	罗浮栲	1.463	0.461	0.870	2.794
华丽杜鹃	1.463	10.343	0.863	12.669	弯蒴杜鹃	2.195	0.417	0.057	2.669
硬斗石栎	3.171	2.635	3.023	8.829	映山红	1.707	0.725	0.037	2.469
云南桤叶树	2.683	3.799	0.564	7.046	赤楠	1.707	0.549	0.140	2.396
格药柃	2.439	1.735	1.745	5.919	亮叶水青冈	0.244	0.088	1.990	2.322
马银花	3.171	1.713	0.654	5.537	华东润楠	1.707	0.373	0.211	2.292
细枝柃	2.927	1.713	0.515	5.154	细齿叶柃	1.463	0.549	0.200	2.212
马尾松	1.951	0.395	2.243	4.590	红楠	1.463	0.242	0.470	2.175
南岭栲	1.951	1.866	0.631	4.449	杉木	0.488	1.054	0.529	2.071
窄基红褐柃	2.927	1.142	0.162	4.230	甜槠	1.707	0.198	0.040	1.945
多脉青冈	1.220	1.318	1.405	3.942	满山红	1.220	0.615	0.082	1.916
青冈	1.707	0.900	1.066	3.674	岗柃	0.488	1.383	0.042	1.913
吊钟花	0.732	2.437	0.310	3.479	东方古柯	1.220	0.351	0.058	1.629
青榨槭	1.463	1.603	0.341	3.407	其余67种	26.341	7.027	4.281	37.649
杨梅	1.707	0.593	1.026	3.326					

由表7-10可知，乔木层有树种101种，其中重要值大于1.600有34种，其余67种小于1.600。重要值大于25树种只有黄山松，重要值远大于列在第二位的甜槠，说明黄山松种群在群落乔木层占绝对优势；重要值介于15～25有甜槠、鹿角杜鹃和木荷，构成群落乔木层主要伴生树种，其中鹿角杜鹃数量较甜槠多，在群落分布较均匀，但胸径不如甜槠胸径大，盖度明显小于甜槠；重要值介于5～15有华丽杜鹃、硬斗石栎、云南桤叶树、格药柃、马银花和细枝柃等，是群落乔木层常见伴生种，其中云南桤叶树、格药柃、马银花和细枝柃在群落中分布较均匀，鹿角杜鹃数量较多，硬斗石栎以大径级树木为主；重要值介于1.600～5有马尾松、南岭栲、窄基红褐柃、多脉青冈、青冈、吊钟花、青榨槭、杨梅、羊舌树、大萼杨桐、牛耳枫、罗浮栲、弯蒴杜鹃、映山红、赤楠、亮叶水青冈、华东润楠、细齿叶柃、红楠、杉木、甜槠、满山红、岗柃和东方古柯等，是群落乔木层偶见种。

由表7-11可知，灌木层树种113种，其中重要值大于1.600有32种，其余81种重要值小于1.600。重要值大于25树种有肿节少穗竹和窄基红褐柃，其中窄基红褐柃胸径较小，分布较均匀，肿节少穗竹分布较集中，数量占绝对优势，在灌木层占主导地位；重要值介于10～25有细枝柃、短尾越橘、满山红、乌药和鸭脚茶，是群落乔木层常见树种，这5种乔木在重要值上构成灌木层主要树种，说明细枝柃、短尾越橘、满山红、乌药和鸭脚茶在林下有较多幼树幼苗；重要值介于3～10有岗柃、马银花、岩柃、鹿角杜鹃、华丽杜鹃、石斑木、映山红、云南桤叶树、小叶赤楠、黄瑞木和细齿叶柃，这些灌木层较常见树种中，以灌木树种为多，也有马银花、鹿角杜鹃、华丽杜鹃、石斑木等乔木树种的幼树幼苗；重要值介于1.600～3有小果南烛、红楠、木荷、南岭栲、格药柃、罗浮栲、大萼杨桐、羊舌树、乌饭树、赤楠、甜槠、青冈、硬斗石栎、梅叶冬青和草珊瑚等，是灌木层偶见树种。

表7-11　黄山松群落灌木层物种重要值

种名	相对频度	相对多度	相对高度	重要值	种名	相对频度	相对多度	相对高度	重要值
肿节少穗竹	2.259	22.737	45.976	70.972	细齿叶柃	2.259	0.309	0.433	3.001
窄基红褐柃	5.544	11.023	8.710	25.277	小果南烛	2.053	0.509	0.355	2.917
细枝柃	3.080	10.660	11.100	24.840	红楠	1.848	0.700	0.188	2.736
短尾越橘	5.749	9.669	3.819	19.238	木荷	1.848	0.563	0.286	2.697
满山红	2.259	5.771	4.747	12.777	南岭栲	1.643	0.491	0.527	2.661
乌药	3.080	5.553	3.876	12.509	格药柃	1.643	0.491	0.524	2.658
鸭脚茶	3.901	5.398	1.365	10.664	罗浮栲	2.053	0.400	0.124	2.577
岗柃	1.643	3.299	1.773	6.715	羊舌树	1.643	0.454	0.305	2.402
马银花	3.491	1.445	1.261	6.197	乌饭树	0.821	0.645	0.885	2.351
岩柃	0.821	3.535	1.746	6.102	赤楠	1.027	0.718	0.473	2.218
鹿角杜鹃	2.875	1.454	1.419	5.748	甜槠	1.643	0.373	0.194	2.210
华丽杜鹃	1.232	1.209	1.573	4.013	青冈	1.437	0.436	0.221	2.095
石斑木	2.464	0.772	0.456	3.692	硬斗石栎	1.437	0.373	0.181	1.991
映山红	1.848	0.845	0.883	3.576	梅叶冬青	1.437	0.236	0.293	1.966
云南桤叶树	2.259	0.445	0.615	3.319	草珊瑚	1.232	0.345	0.086	1.663
小叶赤楠	1.027	1.227	0.898	3.151	其余81种	28.542	6.779	3.851	39.172
黄瑞木	2.053	0.618	0.384	3.055					

第二节　黄山松群落分类与物种多样性

一、群落数量分类

群落数量分类采用系统聚类法的 Q 型聚类，以各样地物种重要值为指标，计算各样地平方欧式距离系数。如果把 n 个样地(X 中的 n 个行)看成 P 维空间中 N 个点，则两个样地间的相似程度可用 P 维空间中两点的距离来度量，令 D_{ij} 表示两个样地平方欧式距离系数：

$$D_{ij} = \sum_{k=1}^{N} (X_{ik} - X_{jk})^2 \quad (7\text{-}1)$$

式中，X_{ik}、X_{jk} 分别为第 k 种在第 i、j 个样地中重要值；N 为物种数。

测算29个样地乔木层木本植物重要值，选取重要值大于1.600的34种木本植物进行系统聚类分析，利用组间联结聚类方法，在平方欧式距离系数为8.0水平上将黄山松群落划分为8个群丛类型，各类型间差异明显，与群落实际情况一致(图7-1)。根据《中国植被》或《福建植被》的分类系统对黄山松群系以群丛为基本分类单位命名，根据中国植被分类系统标准，具体群丛情况见表7-12。

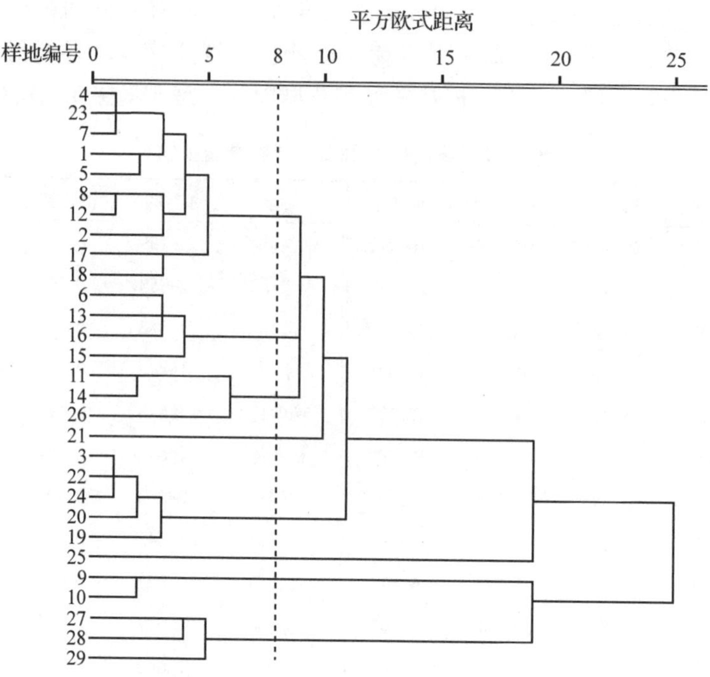

图7-1　戴云山黄山松群落聚类树状图

Ⅰ 黄山松＋杉木-乌药－芒萁群丛：该群丛包括样地9、10。地处九仙山下部，海拔1 118～1 152 m。乔木层优势种为黄山松和杉木，主要伴生种为马尾松和杨梅等。灌木层优势种为乌药，主要伴生种为鹿角杜鹃、小叶赤楠、鸭脚茶和赤楠等。草本层种类稀少，只有芒萁。该群丛坡向东南，坡度16°～30°，坡形复合；郁闭度39%～45%；土壤类型为黄壤，群丛下部布满乌药和芒萁，土壤环境差，岩石和砾石较多。

表7-12　黄山松不同群丛环境因子

序号	群丛名称	海拔/m	坡向	坡度/°	坡形	郁闭度/%	土壤类型
Ⅰ	黄山松＋杉木-乌药－芒萁群丛	1 118～1 152	ES	16～30	复合	39～45	黄壤
Ⅱ	黄山松＋多脉青冈-细枝柃-里白群丛	1 201～1 231	WN	16～28	凹	40～45	黄棕壤
Ⅲ	黄山松＋云南桤叶树-短尾越橘-芒萁群丛	1 246～1 268	W&WN	16～30	平直	30～45	黄棕壤
Ⅳ	黄山松＋甜槠-肿节少穗竹＋窄基红褐柃-里白群丛	1 327～1 413	N、WN、EN、WS&S	3～30	平直或凹	45～72	黄壤和山地褐土

（续）

序号	群丛名称	海拔/m	坡向	坡度/°	坡形	郁闭度/%	土壤类型
Ⅴ	黄山松＋吊钟花-短尾越橘-狗脊蕨群丛	1 402	N	38	凸	62	黄壤
Ⅵ	黄山松＋华丽杜鹃-短尾越橘-里白群丛	1 478～1 502	N	16～30	复合	46～53	山地褐土
Ⅶ	黄山松＋亮叶水青冈-满山红-芒萁群丛	1 608	N	25	复合	38	山地灰褐土
Ⅷ	黄山松-满山红-平颖柳叶箬群丛	1 650～1 812	W&ES	2～13	平直	40～53	山地草甸土

Ⅱ 黄山松＋多脉青冈-细枝柃-里白群丛：该群丛包括样地 11、14、26。地处大戴云中部，海拔 1 201～1 231 m。乔木层优势种为黄山松和多脉青冈，主要伴生种为马银花、青冈、马尾松、硬斗石栎和云南桤叶树等。灌木层优势种为细枝柃，主要伴生种为乌药、茶树、窄基红褐柃、短尾越橘、肿节少穗竹和罗浮栲等。草本层种类较少，有里白、狗脊蕨、镰羽瘤足蕨和芒萁。该群丛坡向西北，坡度 16°～28°，坡形凹；郁闭度 40%～45%；土壤类型为黄棕壤，林下环境较差，人为干扰严重。

Ⅲ 黄山松＋云南桤叶树-短尾越橘-芒萁群丛：该群丛包括样地 6、13、15、16。地处大戴云中部，海拔 1 246～1 268 m。乔木层优势种为黄山松和云南桤叶树，主要伴生种为杨梅、南岭栲、甜槠、华东润楠和木荷等。灌木层优势种为短尾越橘，主要伴生种为细枝柃、映山红、窄基红褐柃、马银花、南岭栲和鸭脚茶等。草本层种类较少，有芒萁、狗脊蕨和里白。该群丛坡向西和西北，坡度 16°～30°，坡形平直；郁闭度 30%～45%；土壤类型为黄棕壤。

Ⅳ 黄山松＋甜槠-肿节少穗竹-里白群丛：该群丛包括样地 1、2、4、5、7、8、12、17、18、23。地处大戴云中部和九仙山中上部，海拔 1 327～1 413 m。乔木层优势种为黄山松、甜槠，亚优势种为鹿角杜鹃、木荷和硬斗石栎，伴生种较多，有细枝柃、马尾松、窄基红褐柃、格药柃和马银花等。灌木层优势种为肿节少穗竹和窄基红褐柃，主要伴生种为细枝柃、短尾越橘、乌药、鹿角杜鹃、细齿叶柃和马银花等。草本层种类较少，有里白、狗脊蕨、五节芒、中华里白。该群丛坡向北、西北、东北、西南和南，坡度 3°～30°，坡形平直或凹；郁闭度 45%～72%；土壤类型为黄壤和山地褐土，林下灌木较密，主要是肿节少穗竹，土壤环境较好，人为干扰较少，黄山松与阔叶树种形成针阔混交林，群丛内部复杂多样，使得群丛处于稳定的演替阶段。

Ⅴ 黄山松＋吊钟花-短尾越橘-狗脊蕨群丛：该群丛仅有样地 21。地处大戴云中上部，海拔 1 402 m。乔木层优势种为黄山松和吊钟花，主要伴生种为格药柃、青榨槭、甜槠、华丽杜鹃和红楠等。灌木层优势种为短尾越橘，主要伴生种为鸭脚茶、映山红和中华野牡丹等。草本层种类较少，有狗脊蕨、里白和芒萁。该群丛坡向北，坡度 38°，坡形凹；郁闭度 62%；土壤类型为黄壤。

Ⅵ 黄山松＋华丽杜鹃-短尾越橘-里白群丛：该群丛包括样地 3、19、20、22、24。地处大戴云中部，海拔 1 478～1 502 m。乔木层优势种为黄山松和华丽杜鹃，主要伴生种为格药柃、青榨槭、窄基红褐柃、牛耳枫和岗柃等。灌木层优势种为短尾越橘，主要伴生种为窄基

红褐柃、格药柃、鸭脚茶、硬斗石栎、华丽杜鹃、齿叶冬青、多脉青冈和巴东栎等。草本层种类较少，有里白、芒萁、狗脊蕨和五节芒。该群丛坡向北，坡度 16°～30°，坡形复合；郁闭度 46%～53%；土壤类型为山地褐土。

Ⅶ 黄山松＋亮叶水青冈-满山红-芒萁群丛：该群丛仅有样地 25。地处大戴云上部，海拔 1 608 m。乔木层优势种为黄山松和亮叶水青冈，伴生种为鹿角杜鹃。灌木层优势种为满山红，主要伴生种为岩柃、短尾越橘和黄山松等。草本层优势种为芒萁，主要伴生种为三脉紫菀、星宿菜、一枝黄花、小二仙草、华南龙胆和薹草等。该群丛坡向北，坡度 25°，坡形复合，郁闭度 38%；土壤类型为山地灰褐土。

Ⅷ 黄山松-满山红-平颖柳叶箬群丛：该群丛包括样地 27、28、29。地处大戴云上部，海拔 1 650～1 812 m。乔木层优势种为黄山松，占绝对优势，主要伴生种为满山红、东方古柯和红楠等。灌木层优势种为满山红，主要伴生种为鹿角杜鹃、岗柃、鸭脚茶、岩柃、小果南烛和大萼杨桐等。草本层优势种为平颖柳叶箬，主要伴生种为光里白、镰羽瘤足蕨、薹草、狗脊蕨、鹿蹄草、三脉紫菀和长尖莎草等。该群丛坡向西和东南，坡度 2°～13°，坡形平直；郁闭度 40%～53%；土壤类型为山地草甸土，林下植物矮密，乱石丛生，土壤环境较差，灌木和草本植物生长在石缝中，风力相对较强，强烈影响着植物的生长。

二、群落类型与物种多样性关系

采用物种丰富度指数、多样性指数和均匀度指数作为描述群落综合特征的指标，由于重要值涵盖频度、多度、盖度和密度等参数，为避免以单一个体数测度物种多样性指标导致的偏差，以重要值作为物种多样性测度依据(Alatalo，1981)。根据各样方物种重要值，分别计算丰富度指数、多样性指数、均匀度指数及群落的总体物种多样性，公式参见第三章第四节。

黄山松 8 个群落物种丰富度指数、多样性指数和均匀度指数见图 7-2、表 7-13。除群丛Ⅰ和Ⅴ外，各群丛 Margalef 指数、Menhinick 指数、Shannon-Wiener 指数与 Hill 多样性指数趋势均随海拔升高而降低。可见，群丛Ⅰ和Ⅴ仅是黄山松群落演替过渡阶段。Simpson 指数主要反映优势种在群落中作用，当海拔升高时，群落结构简单化，导致种群单一，因而该指数(除群丛Ⅰ和Ⅴ)有增加之势。均匀度指数 Pielou 指数、Alatalo 指数分别介于 0.634～0.858 和 0.516～0.763，各群丛波动幅度不明显。群丛Ⅰ是以杉木和黄山松为优势种的针叶林，所处海拔较低，群丛内水热条件较差，群丛结构简单，因而物种丰富度指数和多样性指数较低，但杉木和黄山松在群落中地位高，导致 Simpson 指数较高。群丛Ⅱ～Ⅵ为黄山松与其他树种构成的针阔混交林，处于戴云山中段区域，土壤营养丰富，人为干扰少，群丛结构复杂，因而物种丰富度指数、多样性指数较高，形成各种各样的共优种群丛，使 Simpson 指数较低。群丛Ⅶ仅包含 1 个样地，该群丛处于演替阶段，具有一定稳定性，随着时间的推移，必出现新的群丛结构。群丛Ⅷ是以黄山松占绝对优势的群丛，处于戴云山主峰上段，海拔较高，受风力影响较大，植株矮小，灌木层通常成群聚集，种类单一，导致多样性指数较低。可见，群丛结构、海拔高度、演替阶段、人为干扰及生境条件的差异均是决定群落多样性的因子，而依据系统聚类结果，海拔高度是决定黄山松群落多样性差异的主导因子。

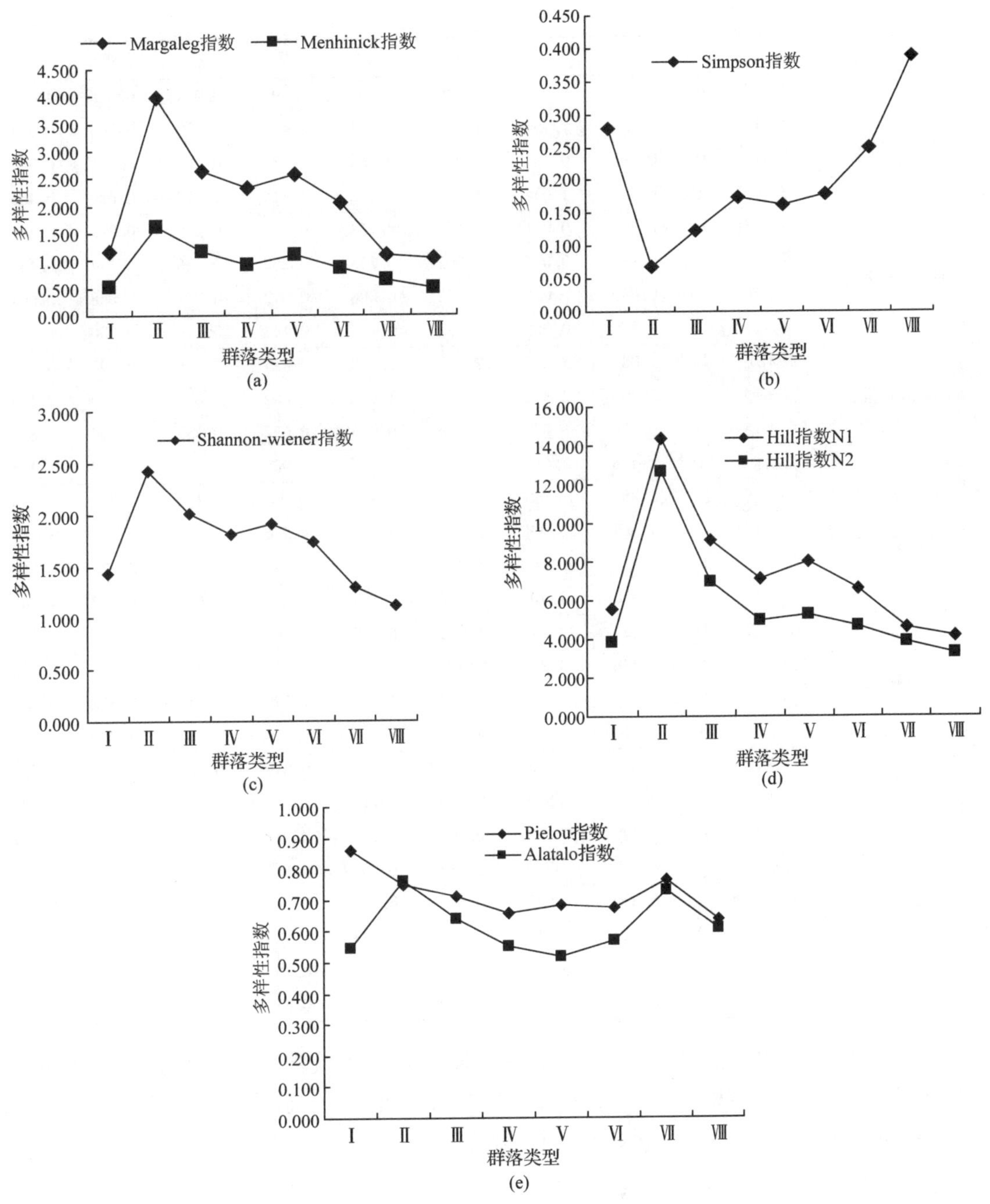

图 7-2　8 个群丛多样性指数

表 7-13　8 个群丛不同层次的多样性指数

名称	层次		Ⅰ	Ⅱ	Ⅲ	Ⅳ	Ⅴ	Ⅵ	Ⅶ	Ⅷ
Margaleg 指数	乔木层	D_1	0.637	4.699	3.160	2.925	3.352	2.506	0.679	0.503
	灌木层	D_2	2.622	4.830	3.133	2.663	2.694	2.336	2.118	1.995
	草本层	D_3	0.260	0.921	0.565	0.313	0.394	0.417	0.567	0.896
	总体	D	1.157	3.983	2.633	2.324	2.563	2.037	1.088	1.029

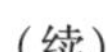
（续）

名称	层次		Ⅰ	Ⅱ	Ⅲ	Ⅳ	Ⅴ	Ⅵ	Ⅶ	Ⅷ
Menhinick 指数	乔木层	D_1	0.478	2.079	1.526	1.193	1.296	0.944	0.688	0.426
	灌木层	D_2	0.756	1.750	1.110	0.893	1.402	1.139	0.765	0.658
	草本层	D_3	0.292	0.345	0.283	0.268	0.237	0.281	0.284	0.371
	总体	D	0.524	1.634	1.153	0.918	1.116	0.870	0.630	0.485
Simpson 指数	乔木层	D_1	0.456	0.081	0.178	0.158	0.132	0.236	0.395	0.661
	灌木层	D_2	0.137	0.075	0.092	0.255	0.259	0.166	0.144	0.152
	草本层	D_3	0.049	0.028	0.032	0.088	0.092	0.058	0.048	0.061
	总体	D	0.279	0.068	0.123	0.173	0.162	0.179	0.250	0.388
Shannon-Wiener 指数	乔木层	D_1	1.081	2.677	2.173	2.172	2.411	1.928	0.996	0.615
	灌木层	D_2	2.390	2.882	2.505	1.952	1.882	2.078	2.172	2.128
	草本层	D_3	0.854	1.072	0.879	0.675	0.672	0.733	0.724	0.851
	总体	D	1.428	2.418	2.014	1.807	1.905	1.734	1.294	1.116
Hill 指数 N_1	乔木层	D_1	2.951	14.999	9.008	8.896	11.146	7.182	2.707	1.894
	灌木层	D_2	10.970	18.430	12.371	7.293	6.570	8.154	8.778	8.411
	草本层	D_3	3.918	6.874	4.341	2.524	2.346	2.879	2.926	3.364
	总体	D	5.550	14.403	9.084	7.141	8.013	6.613	4.572	4.143
Hill 指数 N_2	乔木层	D_1	2.222	14.216	5.915	6.702	7.589	4.489	2.532	1.533
	灌木层	D_2	7.438	14.803	10.915	4.322	3.861	6.550	6.967	6.603
	草本层	D_3	2.657	5.533	3.837	1.491	1.379	2.315	2.322	2.641
	总体	D	3.874	12.656	6.999	4.946	5.229	4.672	3.821	3.276
Pielou 指数	乔木层	D_1	1.096	0.848	0.791	0.785	0.819	0.727	0.906	0.637
	灌木层	D_2	0.836	0.869	0.856	0.713	0.734	0.834	0.847	0.831
	草本层	D_3	0.298	0.323	0.300	0.246	0.262	0.294	0.282	0.332
	总体	D	0.858	0.749	0.712	0.656	0.682	0.673	0.764	0.634
Alatalo 指数	乔木层	D_1	0.620	0.943	0.614	0.713	0.649	0.571	0.898	0.635
	灌木层	D_2	0.642	0.777	0.900	0.523	0.514	0.758	0.767	0.758
	草本层	D_3	0.229	0.290	0.317	0.180	0.183	0.267	0.256	0.303
	总体	D	0.548	0.763	0.640	0.549	0.516	0.566	0.730	0.605

保护区内黄山松群落植物种类多样，结构复杂，且经过系统聚类分析得到不同类型群落，各类型群丛的结构与功能相差较大，这种差异主要由不同物种生态学特性决定。可见，采用反映群丛组织水平的物种多样性指数表达不同群丛生态学特性是可行的。

三、群落结构与物种多样性关系

群落垂直结构是植物生长型表现形式。选择乔木、灌木和草本分析群落内物种多样性，结果见图7-3、表7-13。各群丛乔、灌、草物种丰富度和多样性指数有差异，乔木层和灌木层丰富度和多样性指数波动较大，Shannon-Wiener 指数分别为 0.615 ~ 2.677 和 1.882 ~ 2.882，具有明显差异；草本层波动较小，Shannon-Wiener 指数为 0.672 ~ 1.072，小于乔木层和灌木层（群丛Ⅷ除外），可能与各群丛不同层次间物种种数差异较大有关。群丛Ⅳ和Ⅴ乔木层多样性指数（除 Simpson 指数外）大于灌木层，表明光、热和水等环境条件使得乔木树种能充分利用上层空间并阻碍灌木生长。群丛Ⅶ ~ Ⅷ灌木层丰富度指数和多样性指数（除 Simpson 指数）

大于乔木层，说明海拔 1 584 m 以上，其他乔木树种变少，灌木树种占据优势，黄山松群落逐渐趋近于纯林。

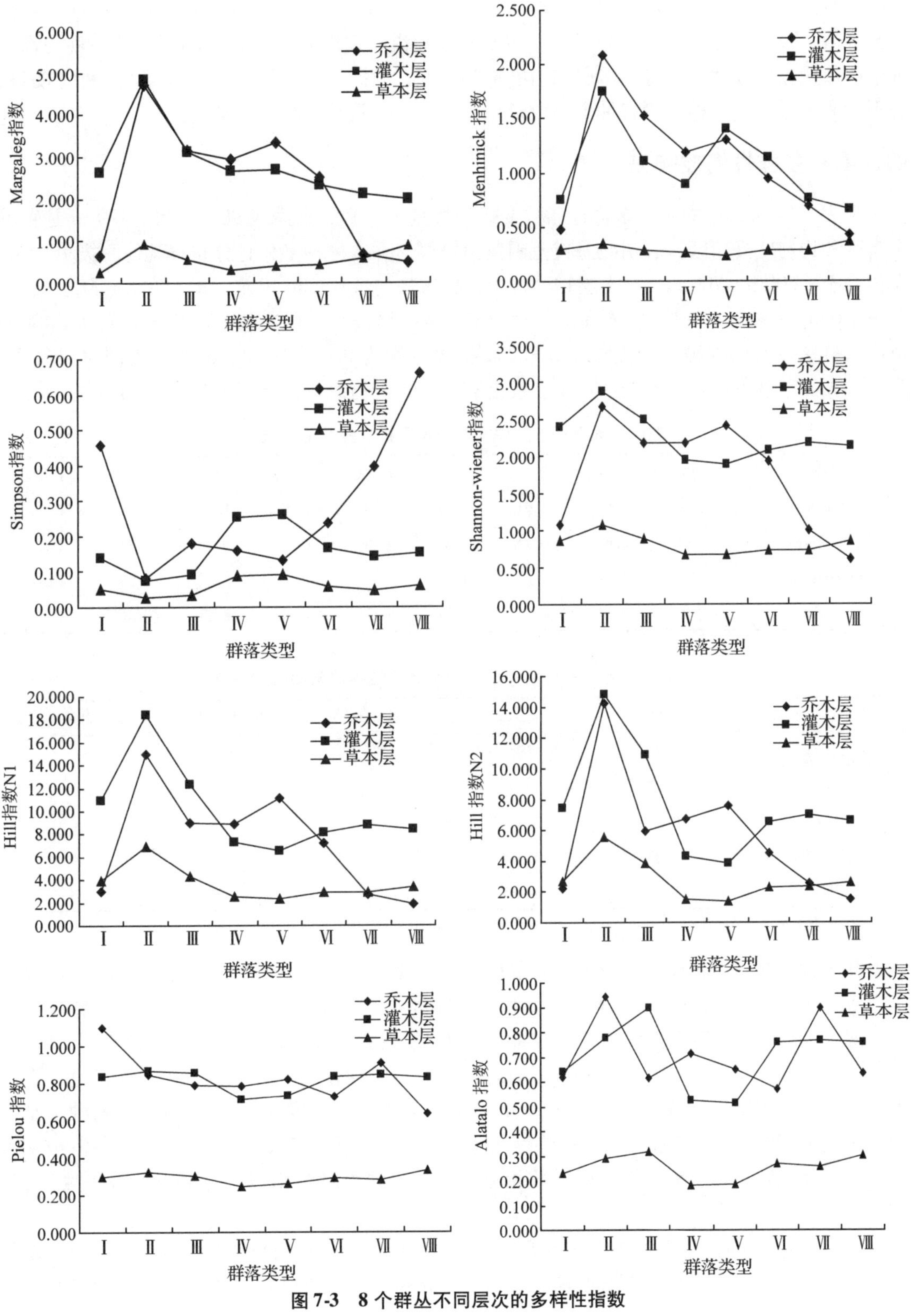

图 7-3　8 个群丛不同层次的多样性指数

各群丛类型间乔木层和灌木层均匀度指数波动大，乔木层和灌木层 Alatalo 指数分别为 0.571～0.943、0.514～0.900，草本层 Alatalo 指数为 0.180～0.317，表明各群丛间草本层均匀度指数波动幅度较小。可能由于各群丛乔木层和灌木层物种个体数量差异程度不同，如群丛Ⅲ、Ⅵ、Ⅷ乔木层优势种较为突出，即云南桤叶树、黄山松和华丽杜鹃等，优势种与稀有种个体数量差异较大，使得乔木层均匀度指数较低，而群丛Ⅱ、Ⅳ、Ⅶ乔木层优势种不明显，表现为乔木层中优势种与稀有种个体数量差异较小，导致其群丛均匀度较大。

四、物种多样性海拔响应

由表 7-14 可知，乔木层多样性指数变化趋势基本一致，即海拔 900 m 和 1 400 m 是物种丰富度和均匀度高值区。表明此海拔范围黄山松群落乔木树种多，且分布较其他海拔更均匀。海拔升至 1 600～1 700 m，乔木层物种减少，分布均匀性比低海拔差，至 1 700 m 降至最低。海拔 1 000～1 300 m 和 1 500 m 乔木层物种丰富度差异较小。海拔 900 m、1 100 m 和 1 400 m 黄山松群落乔木层物种均匀度极高，Pielou 指数分别为 0.93、0.90、0.82。不同海拔气温、降水和光照程度不同，乔木层物种丰富程度和均匀程度与海拔显著相关(表 7-15)。

表 7-14　黄山松群落乔木层物种多样性指数的海拔分布

海拔/m	900	1 000	1 100	1 200	1 300	1 400	1 500	1 600	1 700
Margalef	3.33	1.87	1.91	1.81	2.06	2.73	1.72	0.49	0.20
Simpson	0.91	0.65	0.75	0.67	0.69	0.77	0.48	0.31	0.22
Shannon-Wiener	2.57	1.64	1.83	1.65	1.76	2.07	1.27	0.59	0.31
Pielou	0.93	0.71	0.90	0.71	0.75	0.82	0.51	0.46	0.45

表 7-15　黄山松群落乔木层物种多样性指数与海拔相关性

	海拔	Margalef	Simpson′s	Shannon-Wiener	Pielou
海拔	1				
Margalef	-0.756*	1			
Simpson	-0.858**	0.954**	1		
Shannon-Wiener	-0.833**	0.984**	0.992**	1	
Pielou	-0.836**	0.865**	0.961**	0.930**	1

注：* 表示显著相关($P<0.05$)；** 表示极显著相关($P<0.01$)。

灌木种类多样，不同海拔黄山松群落林下灌木种类不同，数量分布和均匀度都存在差异。由表 7-16 可知，海拔 900 m 灌木丰富度和均匀度最高。海拔 1 700 m 物种丰富度指数降到最低，海拔 1 600 m 丰富度指数和海拔 1 300 m 均匀度指数均降到最低。可见，在海拔 1 600 m 黄山松群落灌木层物种较单一，分布不均匀，物种多样性较低。不同指数在各海拔也存在较大差异。物种丰富度指数 Margalef 和 Shannon-Wiener 指数差异明显，海拔 900 m 物种丰富度约是海拔 1 700 m 的 6 倍和 2 倍。优势度指数差异较小，介于 0.68～0.92。表明各海拔优势树种数量相差较小。各海拔均匀度指数相近，各海拔灌木较为均匀，与海拔显著相关(表 7-17)。

由表 7-18 可知，草本植物 Margalef 指数和 Shannon-Wiener 指数在海拔 1 400 m 丰富度最低，黄山松群落的草本物种丰富度较低。Simpon 指数在海拔 900 m 最大，均匀度也最高，物种丰富度指数 Margalef 指数较高，为 1.27，表明草本在该海拔种类丰富且分布均匀。海拔 1 400 m 物种丰富度指数低于其他海拔，优势草本种数也较少。海拔 1 700 m 优势种个体数最少，均匀度远低于其他海拔。草本层物种多样性分布与海拔显著相关(表 7-19)。

表 7-16 黄山松群落灌木层物种多样性的海拔分布

海拔/m	900	1 000	1 100	1 200	1 300	1 400	1 500	1 600	1 700
Margalef	5.14	2.68	2.57	3.00	2.64	3.11	2.04	1.24	0.87
Simpson	0.92	0.85	0.79	0.82	0.75	0.86	0.77	0.68	0.76
Shannon-Wiener	2.83	2.24	2.01	2.23	1.98	2.30	1.89	1.53	1.54
Pielou	0.90	0.85	0.81	0.82	0.72	0.86	0.78	0.75	0.87

表 7-17 黄山松群落灌木层物种多样性与海拔的相关性

	海拔	Margalef	Simpson's	Shannon-Wiener	Pielou
海拔	1				
Margalef	-0.831**	1			
Simpson	-0.731*	0.851**	1		
Shannon-Wiener	-0.843**	0.978**	0.928**	1	
Pielou	-0.344	0.428	0.797*	0.543	1

注：* 表示显著相关($P<0.05$)；** 表示极显著相关($P<0.01$)。

表 7-18 黄山松群落草本层物种多样性的海拔分布

海拔/m	900	1 000	1 100	1 200	1 300	1 400	1 500	1 600	1 700
Margalef	1.27	0.72	1.08	0.92	0.77	0.63	1.37	1.26	1.28
Simpson	0.73	0.61	0.70	0.55	0.48	0.45	0.47	0.49	0.41
Shannon-Wiener	1.38	1.09	1.42	1.04	0.93	0.80	0.93	0.97	0.96
Pielou	0.96	0.83	0.86	0.66	0.64	0.65	0.59	0.71	0.44

表 7-19 黄山松群落草本层物种多样性与海拔的相关性

	海拔	Margalef	Simpson's	Shannon-Wiener	Pielou
海拔	1				
Margalef	0.313	1			
Simpson	-0.887**	0.054	1		
Shannon-Wiener	-0.712*	0.287	0.934**	1	
Pielou	-0.871**	-0.088	0.935**	0.781*	1

注：* 表示显著相关($P<0.05$)；** 表示极显著相关($P<0.01$)。

由表 7-20 可知，不同海拔乔木层 Cody 替代速率差异较大。海拔 1 400 ~ 1 500 m 和海拔 1 500 ~ 1 600 m 物种代替速率最大，海拔 1 500 ~ 1 600 m 物种相似性最小，表明海拔1 500 ~ 1 600 m物种变异程度大。海拔 1 200 ~ 1 300 m 和 1 300 ~ 1 400 m 物种替代速率较大，低海拔 900 ~ 1 000 m 和高海拔 1 600 ~ 1 700 m 小于其他海拔。Sorensen 和 Jaccard 表明，低海拔 900 ~ 1 000 m 物种相似性最大，高海拔 1 500 ~ 1 600 m 和 1 600 ~ 1 700 m 物种相似性较小。

表 7-20　黄山松群落乔木层物种 β 多样性的海拔分布

海拔/m		900 ~ 1 000	1 000 ~ 1 100	1 100 ~ 1 200	1 200 ~ 1 300	1 300 ~ 1 400	1 400 ~ 1 500	1 500 ~ 1 600	1 600 ~ 1 700
乔木层	Sorensen	0. 69	0. 44	0. 53	0. 55	0. 58	0. 53	0. 18	0. 25
	Jaccard	0. 53	0. 44	0. 36	0. 38	0. 40	0. 36	0. 10	0. 14
	Cody	8	20	24. 5	30. 5	29. 5	32. 5	32	3
灌木层	Sorensen	0. 38	0. 43	0. 51	0. 62	0. 60	0. 24	0. 48	0. 49
	Jaccard	0. 24	0. 27	0. 35	0. 45	0. 42	0. 14	0. 32	0. 32
	Cody	24	26. 5	33	33	34	56. 5	26	9. 5
草本层	Sorensen	0. 30	0. 35	0. 46	0. 46	0. 54	0. 40	0. 53	0. 27
	Jaccard	0. 18	0. 21	0. 30	0. 30	0. 37	0. 25	0. 36	0. 15
	Cody	7	11	14	15. 5	9. 5	15	13. 5	11

灌木层海拔 1 400 ~ 1 500 m 替代率远高于其他海拔。海拔 1 100 ~ 1 200 m、1 200 ~ 1 300 m 和1 300 ~ 1 400 m 替代率相近。高海拔和低海拔物种替代率低于其他海拔。Sorensen 和 Jaccard 表明，物种相似性程度在海拔 1 200 ~ 1 300 m 和 1 300 ~ 1 400 m 达到最大，其次为海拔 1 500 ~ 1 600 m 和 1 600 ~ 1 700 m。海拔 1 400 ~ 1 500 m 和 900 ~ 1 000 m 相似性较低。

草本层在海拔 1 200 ~ 1 300 m 和 1 400 ~ 1 500 m 物种替代率最大，其次为海拔 1 100 ~ 1 200 m 和1 500 ~ 1 600 m。低海拔 900 ~ 1 000 m 物种替代率最低。高海拔 1 600 ~ 1 700 m 和低海拔 900 ~ 1 000 m 物种相似性最低，在 1 300 ~ 1 400 m 和 1 500 ~ 1 600 m 相似性指数最大。

第三节　黄山松群落主要种群生态位

一、生态位测度

根据黄山松群落所处生境情况，选取 29 个样地作为资源位，以重要值作为资源利用参数计算生态位宽度。在森林群落方面，测度生态位宽度常用的是 Levins 指数 B_A 和 Shannon-Wiener 指数 B_i（张金屯，2004）。其计测公式为：

Levins 指数：
$$B_A = \frac{1}{\sum_{j=1}^{r} (P_{ij})^2} \tag{7-2}$$

Shannon-Wiener 指数：
$$B_i = -\sum_{j=1}^{r} P_{ij} \ln P_{ij} \tag{7-3}$$

式中，B_A、B_i 为种 i 的生态位宽度；r 为资源位数量（样方数）；P_{ij} 代表种 i 在第 j 资源状态重要值占所有资源位重要值百分比，即 $P_{ij} = n_{ij}/N$，而 n_{ij} 为种 i 在资源 j 重要值；r 为资源等级数。B_i 具有值域 $[0, \log r]$，B_A 具有值域 $[0, 1]$。

选取 Pianka 指数 O_{ik} 测度群落主要种群间生态位重叠（张金屯，2004；赵永华等，2004）。公式参照第四章第三节。

以上指数表示两个种群间生态位重叠情况，群落中所有种群生态位重叠以 Petraitis 提出的指数（张金屯，2004）表示：

Petraitis 普遍生态位重叠指数：$O = \exp \dfrac{\sum_{i=1}^{s}\sum_{j=1}^{r}[n_{ij}(\ln c_j - \ln P_{ij})]}{N}$　　(7-4)

式中，O 为群落所有种群生态位重叠；$c_j = t_j/N$，t_j是第 j 个群落中所有种的重要值之和，N 为群落中所有种重要值之和；s 为种群数；r 为资源位数量(样地数)，P_{ij}代表种 i 在第 j 资源状态重要值占所有资源位重要值百分比，即 $P_{ij} = n_{ij}/N$，而 n_{ij}为种 i 在资源 j 的重要值，r 为资源等级数。

二、乔木层主要种群生态位

1. 乔木层 22 个主要种群生态位宽度

生态位宽度常表示一个物种在多维空间中利用资源的能力，它不仅与物种本身生物学特性有关，还与处在同一多维空间其他物种有关，即表现为种间竞争，因此，生态位宽度体现种群在群落中竞争地位。生态位越宽，表明物种对环境适应能力越强，对各种资源利用越充分，往往在群落处于优势地位(张峰等，2004)。

计算黄山松群落乔木层各种群重要值，确定前 22 个主要种群(表 7-21)，计算生态位宽度(表 7-22)。由表 7-22 可知，B_i、B_A生态位宽度值变化基本一致。在总群落中，由于黄山松是建群种，在调查样地均有分布，故生态位最宽，B_A、B_i值分别为 23.861 和 3.267。木荷生态位也较宽，B_A、B_i值分别为 12.424 和 2.653，与它分布广泛、能适应多种不同生境有关。鹿角杜鹃分布于 18 个样地，并在 10 个样地为共建种，占据较宽生态位。甜槠在黄山松混交林中是主要树种之一，占 12 个样地，细枝柃、窄基红褐柃和羊舌树分布广泛，均占较宽生态位，表明资源利用能力较强。生态位最窄的是亮叶水青冈，仅分布于 1 个样地，但重要值大，与黄山松形成共建群落。其他树种如杉木、吊钟花，多分布在向风坡和土壤条件差的生境，分布样地少，利用资源能力较小，表明生态位宽度与种群分布范围存在一定程度相关性。

表 7-21　黄山松群落乔木层主要种群重要值

编号	种名	重要值	编号	种名	重要值	编号	种名	重要值
1	黄山松	89.763	9	格药柃	5.919	17	青冈	3.674
2	甜槠	23.683	10	细枝柃	5.154	18	多脉青冈	3.942
3	鹿角杜鹃	18.042	11	马尾松	4.590	19	吊钟花	3.479
4	木荷	15.276	12	马银花	5.537	20	大萼杨桐	2.930
5	华丽杜鹃	12.669	13	南岭栲	4.449	21	羊舌树	3.207
6	云南桤叶树	7.046	14	杨梅	3.326	22	亮叶水青冈	2.322
7	杉木	2.071	15	青榨槭	3.407			
8	硬斗石栎	8.829	16	窄基红褐柃	4.230			

群落树种生态位宽度值排序与重要值(表 7-21)大体相同，但个别树种顺序存在差异，如甜槠、窄基红褐柃和羊舌树等。可见，黄山松群落中树种重要值越大，在群落地位越高、发挥作用越大、利用资源能力越强，一般生态位宽度值越大。但不是重要值大的树种生态位宽度一定大，还与树种对资源利用能力广度有关。

表 7-22　22 个主要种群在 8 个群丛和总群落中的生态位宽度

物种	群丛号																	
	Ⅰ		Ⅱ		Ⅲ		Ⅳ		Ⅴ		Ⅵ		Ⅶ		Ⅷ		总群落	
	B_A	B_i	B_A	B_i	B_A	B_i	B_A	B_i	B_A	B_i	B_A	B_i	B_A	B_i	B_A	B_i	B_A	B_i
1	2.000	0.693	2.766	1.058	3.944	1.031	9.451	2.274	1.940	0.678	4.918	1.601	1.841	0.650	2.990	1.097	23.861	3.267
2	—	—	—	—	1.594	0.560	7.496	2.086	1	0	—	—	—	—	—	—	9.191	2.324
3	—	—	1.694	0.600	—	—	8.895	2.232	1.897	0.666	3.775	1.356	1.998	0.690	—	—	12.362	2.644
4	1	0	1	0	2.203	0.585	8.104	2.179	—	—	1.952	0.681	—	—	—	—	12.424	2.653
5	—	—	—	—	—	—	—	—	1.964	0.684	4.781	1.588	—	—	—	—	5.161	1.695
6	—	—	1.570	0.549	3.278	0.991	3.363	1.289	—	—	—	—	—	—	—	—	5.153	1.889
7	1.928	0.674	—	—	—	—	—	—	—	—	—	—	—	—	—	—	1.928	0.674
8	—	—	1.544	0.537	1.978	0.688	4.602	1.708	—	—	1	0	—	—	—	—	7.964	2.263
9	—	—	—	—	1	0	2.053	0.883	1.206	0.313	3.174	1.272	—	—	—	—	5.821	1.956
10	1	0	—	—	1.946	0.315	5.439	1.738	—	—	2.950	1.090	—	—	—	—	9.127	2.328
11	1	0	1.643	0.580	1	0	3.268	1.259	—	—	—	—	—	—	—	—	5.939	1.913
12	—	—	2.279	0.905	1.716	0.608	2.729	1.180	—	—	2.668	1.030	—	—	—	—	8.214	2.272
13	—	—	1	0	3.215	0.898	1	0	—	—	—	—	—	—	—	—	4.817	1.668
14	1	—	1	0	3.784	0.995	—	—	—	—	1	0	—	—	—	—	5.427	1.778
15	—	—	—	—	1	0	—	—	1.472	0.501	2.908	1.183	—	—	—	—	4.731	1.636
16	—	—	1	0	1	0	4.454	1.543	1	0	3.442	1.302	—	—	—	—	8.875	2.326
17	—	—	1.918	0.672	1.923	0.551	1.508	0.520	—	—	—	—	—	—	—	—	4.777	1.705
18	—	—	1.740	0.757	—	—	—	—	1	0	1	0	—	—	—	—	2.510	1.215
19	—	—	1	0	—	—	—	—	1.753	0.621	1	0	—	—	—	—	1.877	0.816
20	—	—	1	0	—	—	1.956	0.682	1	0	3.303	1.291	—	—	1	0	5.997	1.988
21	1	0	1	0	1	0	3.757	1.453	1	0	—	—	—	—	1	0	8.188	2.191
22	—	—	—	—	—	—	—	—	—	—	—	—	1.717	0.610	—	—	1.000	0.000

注：B_A：Levins 生态位宽度；B_i：Shannon-Wiener 生态位宽度；“—”：物种在样地未出现。编号对应物种参见表 7-21。

测算乔木层不同类型群丛和总群落优势种生态位宽度，见表 7-22。当把所有样地作为一个总群落计算各物种生态位宽度时，其结果比各个群落中物种生态位要大得多，一方面表明取样尺度影响物种生态位宽度；另一方面表明更多物种分布于整个群落，构成一个完整的总群落。因此，当总群落被分成 8 个群丛类型时，由于群丛中包含不同样地数，各物种生态位宽度较窄。Levins 生态位宽度指数和 Shannon-Wiener 生态位宽度指数变化趋势一致，体现相似结果。

黄山松生态位宽度在群丛Ⅴ、Ⅶ中并非最大，可能缘于群丛Ⅴ、Ⅶ所处生境与其他群丛明显不同。群丛Ⅴ中华丽杜鹃、群丛Ⅶ中鹿角杜鹃生态位最大，表明利用资源能力较强，但两群丛中各种群生态位宽度没有明显区别，表明随着演替进行，群丛不论在物种组成还是优势地位都将发生变化。群丛Ⅳ中，除黄山松外，鹿角杜鹃、甜槠和木荷生态位宽度也较大，表明它们在群丛中可利用资源丰富且有很强利用资源能力，从而成为生态幅度较广的种类。

2. 乔木层 22 个主要种群生态位重叠

在群落中，由于各种群生态特性相似或互补，结果导致两个或更多植物种群对某些资源的共同需求，使不同种群生态位间常处于不同程度重叠状态(李军玲等，2006)。生态位重叠使物种间发生联系，重叠值大小可以解释物种间竞争和共存关系。

计算黄山松群落乔木层 22 个优势种生态位重叠值，见表 7-23。各主要种群生态位重叠值除个别种对外，普遍偏低，91.78%种对介于 0~0.5，表明黄山松群落中优势种群对环境资源分享较充分，主要种群间关系较协调，能够相互适应，但共同利用资源能力较差。231 个种对中具有生态位重叠 189 对，占总对数 81.82%；生态位重叠为 0 的种对有 42 对，占总对数 18.18%；云南桤叶树和杨梅生态位重叠最大，达到 0.851，表明两树种在黄山松群落中利用资源模式最相似。生态位重叠值大于 0.5 种对有 19 种对，物种之间生态位重叠大，存在激烈竞争。群落中黄山松与鹿角杜鹃、大萼杨桐、窄基红褐柃生态位重叠值较大，与多脉青冈、吊钟花生态位重叠值较小。生态位宽度大的树种，与其他树种生态位重叠不一定大，如生态位宽度较大的黄山松与其他树种生态位重叠值介于 0~0.5，主要由于生态位宽度表示种群在资源轴中占据能力，而生态位重叠越大表示物种间生态学特性越相似。

表 7-23　黄山松群落乔木层 22 个主要种群间生态位重叠

物种	1	2	3	4	5	6	7	8	9	10	11	12	13	14	15	16	17	18	19	20	21	22
1	1.000																					
2	0.372	1.000																				
3	0.487	0.752	1.000																			
4	0.442	0.824	0.742	1.000																		
5	0.414	0.009	0.094	0.078	1.000																	
6	0.312	0.143	0.067	0.168	0.000	1.000																
7	0.339	0.000	0.000	0.065	0.000	0.000	1.000															
8	0.304	0.603	0.522	0.717	0.047	0.316	0.000	1.000														
9	0.356	0.323	0.314	0.184	0.461	0.035	0.000	0.099	1.000													
10	0.405	0.408	0.583	0.689	0.175	0.188	0.048	0.435	0.088	1.000												
11	0.259	0.255	0.220	0.393	0.000	0.276	0.183	0.405	0.007	0.298	1.000											
12	0.367	0.173	0.262	0.347	0.228	0.214	0.000	0.385	0.070	0.288	0.245	1.000										
13	0.300	0.088	0.101	0.196	0.000	0.759	0.000	0.131	0.018	0.361	0.334	0.114	1.000									
14	0.372	0.092	0.005	0.161	0.028	0.851	0.186	0.187	0.042	0.173	0.244	0.205	0.786	1.000								
15	0.333	0.038	0.092	0.117	0.570	0.170	0.000	0.030	0.416	0.254	0.000	0.138	0.407	0.365	1.000							
16	0.479	0.356	0.387	0.350	0.660	0.142	0.000	0.202	0.378	0.189	0.129	0.296	0.091	0.106	0.394	1.000						
17	0.214	0.064	0.088	0.087	0.000	0.424	0.000	0.369	0.012	0.207	0.568	0.625	0.332	0.391	0.067	0.139	1.000					
18	0.161	0.009	0.116	0.262	0.085	0.044	0.000	0.197	0.100	0.031	0.143	0.681	0.022	0.029	0.146	0.076	0.202	1.000				
19	0.154	0.091	0.112	0.085	0.148	0.000	0.000	0.031	0.701	0.023	0.000	0.168	0.000	0.012	0.462	0.147	0.000	0.365	1.000			
20	0.499	0.042	0.177	0.141	0.308	0.009	0.000	0.013	0.321	0.342	0.109	0.268	0.127	0.009	0.209	0.293	0.125	0.150	0.254	1.000		
21	0.471	0.192	0.300	0.329	0.015	0.183	0.246	0.166	0.140	0.613	0.468	0.294	0.274	0.109	0.063	0.090	0.368	0.065	0.151	0.685	1.000	
22	0.221	0.000	0.321	0.000	0.000	0.000	0.000	0.000	0.000	0.000	0.000	0.000	0.000	0.000	0.000	0.000	0.000	0.000	0.000	0.000	0.000	1.000

注：物种编号参见表 7-21。

由表7-24可知，在群丛Ⅳ中，物种生态位重叠度较高，大部分集中在0.4～1，表明此群丛大多数物种对生态因子有相似要求，导致各物种生态位重叠值较大，但并不足以说明它们之间竞争的激烈程度。群丛中建群种黄山松与鹿角杜鹃生态位重叠最大，为0.942，说明它们之间利用资源相似，当资源不足时，竞争激烈。

表7-24　黄山松群丛Ⅳ乔木层主要种群生态位重叠

物种	1	2	3	4	6	8	9	10	11	12	13	16	17	20	21
1	1.000														
2	0.802	1.000													
3	0.942	0.822	1.000												
4	0.800	0.869	0.817	1.000											
6	0.496	0.475	0.545	0.673	1.000										
8	0.561	0.699	0.609	0.845	0.666	1.000									
9	0.415	0.566	0.580	0.318	0.128	0.270	1.000								
10	0.679	0.397	0.656	0.714	0.628	0.532	0.044	1.000							
11	0.459	0.441	0.392	0.655	0.693	0.559	0.031	0.559	1.000						
12	0.600	0.263	0.353	0.287	0.000	0.139	0.000	0.482	0.119	1.000					
13	0.255	0.081	0.237	0.247	0.255	0.000	0.000	0.476	0.687	0.000	1.000				
16	0.729	0.711	0.644	0.579	0.000	0.369	0.300	0.145	0.205	0.416	0.000	1.000			
17	0.423	0.021	0.233	0.133	0.067	0.000	0.000	0.597	0.181	0.860	0.263	0.000	1.000		
20	0.448	0.048	0.283	0.203	0.152	0.000	0.000	0.676	0.408	0.717	0.594	0.000	0.932	1.000	
21	0.591	0.194	0.469	0.463	0.359	0.291	0.000	0.878	0.515	0.702	0.546	0.100	0.868	0.929	1.000

注：物种编号参见表7-21。

由表7-25可知，在群丛Ⅵ中，物种间生态位重叠较高，绝大部分集中在0.5～1，说明此群丛中多数物种对生态因子有相似要求。杨梅和吊钟花、多脉青冈只存在于一个样地内，故生态位重叠值为1。此外，建群种黄山松与华丽杜鹃也有较大重叠，为0.976，说明在适应环境和利用资源幅度方面有较大共性。

表7-25　黄山松群丛Ⅵ乔木层主要种群生态位重叠

物种	1	3	4	5	8	9	10	12	14	15	16	18	19	20
1	1.000													
3	0.822	1.000												
4	0.547	0.836	1.000											
5	0.976	0.832	0.507	1.000										
8	0.452	0.419	0.000	0.616	1.000									
9	0.818	0.487	0.457	0.710	0.000	1.000								
10	0.701	0.791	0.544	0.798	0.549	0.355	1.000							
12	0.718	0.867	0.651	0.750	0.633	0.334	0.535	1.000						
14	0.334	0.594	0.808	0.366	0.000	0.317	0.673	0.278	1.000					
15	0.684	0.847	0.688	0.784	0.581	0.352	0.957	0.663	0.769	1.000				
16	0.820	0.893	0.633	0.778	0.253	0.504	0.660	0.720	0.303	0.610	1.000			
18	0.334	0.594	0.808	0.366	0.000	0.317	0.673	0.278	1.000	0.769	0.303	1.000		
19	0.334	0.594	0.808	0.366	0.000	0.317	0.673	0.278	1.000	0.769	0.303	1.000	1.000	
20	0.819	0.627	0.421	0.735	0.000	0.768	0.596	0.309	0.291	0.456	0.814	0.291	0.291	1.000

注：物种编号参见表7-21。

3. 不同类型群丛乔木层的生态位普遍重叠

黄山松 8 个不同类型群丛和总群落乔木层生态位普遍重叠值见表 7-26，可知群丛Ⅶ生态位普遍重叠值最高，为 0.949，和它相近的还有群丛Ⅷ，表明两群丛中物种利用资源有较强共性，与两群丛所处海拔较高，群丛类型逐渐过渡到以黄山松占绝对优势的群丛相一致。群丛Ⅱ生态位普遍重叠值最小，说明在群丛中物种共同利用资源能力最差，优势种优势作用明显，强烈排斥其他物种利用相似资源。总群落生态位普遍重叠值明显小于其他群丛，表明在总群落中物种利用资源共性差。

表 7-26　黄山松不同类型群丛乔木层的生态位普遍重叠值

项目	群丛Ⅰ	群丛Ⅱ	群丛Ⅲ	群丛Ⅳ	群丛Ⅴ	群丛Ⅵ	群丛Ⅶ	群丛Ⅷ	总群落
值	0.934	0.680	0.799	0.773	0.867	0.866	0.949	0.948	0.463

三、灌木层主要种群生态位

1. 灌木层 19 个主要种群生态位宽度

黄山松群落灌木层 19 个优势种重要值见表 7-27，计算其生态位宽度见表 7-28。B_i、B_A生态位宽度值变化基本一致，窄基红褐柃生态位最宽，B_A、B_i值分别为 17.210 和 3.038，主要由于窄基红褐柃几乎在所有样方出现，是灌木层常见种。其次短尾越橘，B_A、B_i值分别为 15.660 和 3.000，出现在大多数样方中，能适应多种不同生境。鹿角杜鹃不仅在乔木层占有较大生态位宽度，在灌木层也占据较宽生态位。细枝柃在常绿阔叶或针叶阔叶混交林中常为主要树种，在黄山松混交林中分布于 1 300 ~ 1 420 m，占有 15 个样地，生态位也较宽。细齿叶柃、马银花和石斑木在乔木层和灌木层中布较广泛，占据较宽生态位，说明它们有较强利用资源能力。肿节少穗竹位于群落下层，分布密度较大，生态位宽度大。生态位最窄的是岩柃，只分布于海拔 1 550 m 以上，通常以灌丛形式生长，出现在 27、28 和 29 样地。因此，种群生态位宽度越大，说明该种群在群落中地位越高，分布范围越广。

群落物种生态位宽度值排序与重要值（表 7-27）大体相同，但个别树种顺序存在差异，如肿节少穗竹、满山红等。可见，在黄山群落中灌木层树种重要值越大，群落地位越高、发挥作用越大、利用资源能力越强，一般生态位宽度值越大。

表 7-27　群落中灌木层主要种群重要值

编号	种名	重要值	编号	种名	重要值	编号	种名	重要值
1	肿节少穗竹	70.972	8	岗柃	6.715	15	云南桤叶树	3.319
2	短尾越橘	19.238	9	马银花	6.197	16	小果南烛	2.917
3	窄基红褐柃	25.277	10	华丽杜鹃	4.013	17	黄瑞木	3.055
4	细枝柃	24.840	11	映山红	3.576	18	细齿叶柃	3.001
5	满山红	12.777	12	鹿角杜鹃	5.748	19	小叶赤楠	3.151
6	乌药	12.509	13	岩柃	6.102			
7	鸭脚茶	10.664	14	石斑木	3.692			

灌木层不同类型群丛和总群落优势种生态位宽度见表 7-28。当总群落分成 8 个群丛类型时，由于群丛中包含样地数的不同，各物种表现生态位宽度较窄。Levins 生态位宽度指数和

Shannon-Wiener 生态位宽度指数变化趋势一致，表征了相似结果。

群丛Ⅰ、Ⅱ、Ⅲ、Ⅴ、Ⅶ和Ⅷ内各物种 Levins 生态位宽度变化不大，无生态位宽度大的优势种，说明群丛处于演替之中，随着演替进行，群丛不论在物种组成还是优势地位都将发生较明显变化。在群丛Ⅳ中，短尾越橘生态位宽度最大，说明其利用资源能力强，能够在群丛中占有较大空间，对热量、水分、土壤等生态因子无特殊要求，从而成为生态幅度最广的种类。肿节少穗竹、窄基红褐柃和马银花生态位宽度也较大，说明它们有类似生态习性。小叶赤楠生态位最窄，说明它对资源有较强选择性，因而只分布在一个样地内。在群丛Ⅵ中，短尾越橘生态位最大，与群丛Ⅳ一致，说明其利用资源能力最大，对总群落中短尾越橘地位贡献最大。窄基红褐柃和鸭脚茶生态位宽度大，说明两个种有相近生态习性。其他几个物种生态位宽度接近，说明它们利用资源能力无明显区别。

表 7-28　19 个主要种群在 8 个群丛和总群落中的生态位宽度值

物种	群丛号																总群落	
	Ⅰ		Ⅱ		Ⅲ		Ⅳ		Ⅴ		Ⅵ		Ⅶ		Ⅷ			
	B_A	B_i	B_A	B_i	B_A	B_i	B_A	B_i	B_A	B_i	B_A	B_i	B_A	B_i	B_A	B_i	B_A	B_i
1	—	—	1	0	—	—	7.794	2.117	—	—	—	—	—	—	—	—	8.217	2.188
2	1.911	0.670	1.977	0.687	3.971	1.383	9.165	2.257	1	0	4.222	1.513	1	0	2.274	0.945	15.660	3.000
3	1.933	0.676	2.244	0.942	2.961	1.207	7.708	2.158	1	0	3.796	1.463	—	—	1.771	0.627	17.210	3.038
4	—	—	1.676	0.593	3.447	1.300	5.997	1.902	—	—	—	—	—	—	—	—	10.690	2.502
5	1	0	1	0	—	—	4.553	1.562	—	—	—	—	1	0	2.934	1.087	3.639	2.087
6	1.983	0.689	2.525	0.989	2.344	0.968	6.858	1.935	—	—	—	—	—	—	—	—	6.027	2.172
7	1.536	0.534	2.220	0.936	2.838	1.068	2.663	1.033	1	0	3.654	1.339	—	—	2.540	1.007	13.600	2.740
8	—	—	1	0	—	—	—	—	—	—	2.291	0.935	1	0	2.409	0.960	6.531	1.961
9	—	—	2.500	1	2.942	1.089	7.225	2.080	—	—	1	0	—	—	—	—	9.843	2.504
10	—	—	—	—	—	—	—	—	—	—	2.259	0.937	—	—	2.013	0.774	3.643	1.455
11	—	—	1	0	2.919	1.211	—	—	1	0	1.799	0.636	1	0	—	—	6.705	2.025
12	1.995	0.692	—	—	—	—	6.341	1.997	1	0	1.849	0.652	1	0	—	—	10.950	2.523
13	—	—	—	—	—	—	—	—	—	—	—	—	1	0	1.544	0.656	2.520	1.074
14	1.513	0.522	1.615	0.569	2.185	0.905	4.358	1.522	—	—	—	—	—	—	—	—	8.302	2.283
15	1.367	0.439	1	0	1.934	0.945	3.690	1.436	—	—	—	—	—	—	—	—	6.359	2.142
16	1.951	0.681	—	—	2.609	1.016	3.903	1.374	—	—	—	—	1	0	—	—	7.523	2.131
17	1.695	0.600	—	—	1.635	0.577	—	—	—	—	1.935	0.676	—	—	—	—	5.169	1.807
18	—	—	1	0	1	0	5.919	1.854	—	—	—	—	1	0	1	0	9.320	2.314
19	1.610	0.579	1	0	1	0	1	0	—	—	—	—	—	—	—	—	2.484	1.173

注：B_A：Levins 生态位宽度；B_i：Shannon-Wiener 生态位宽度；“—”：物种在样地未出现。物种编号参见表 7-27。

2. 灌木层 19 个主要种群的生态位重叠

灌木层 19 个主要种群生态位重叠值见表 7-29。85.26% 种对的生态位重叠值介于 0 ~ 0.5，说明该黄山松群落灌木层优势种对群落环境资源分享充分，主要种群间关系较稳定，能够相互适应，但共同利用资源能力差。在 190 个种对中，具有生态位重叠种对有 169 对，占总对数 88. 95%；生态位重叠为 0 种对有 21 对，占总对数 11. 05%；乌药和小叶赤楠生态位重叠最大，达到 0. 888，说明两物种在黄山松群落灌木层中利用资源能力的模式最相似。生态位重叠值大于 0. 5 种对有 28 种对，这些物种间生态位重叠大，存在激烈竞争。肿节少穗竹与细齿叶柃生态位重叠值较大，说明两物种利用资源和适应生境能力较强，相互间竞争较强，与其他物种生态位重叠值普遍较小。

表 7-29　黄山松群丛灌木层 19 个主要种群间生态位重叠

物种	1	2	3	4	5	6	7	8	9	10	11	12	13	14	15	16	17	18	19
1	1. 000																		
2	0. 211	1. 000																	
3	0. 486	0. 524	1. 000																
4	0. 344	0. 333	0. 743	1. 000															
5	0. 041	0. 143	0. 160	0. 066	1. 000														
6	0. 099	0. 155	0. 215	0. 188	0. 121	1. 000													
7	0. 072	0. 660	0. 326	0. 196	0. 450	0. 309	1. 000												
8	0. 024	0. 386	0. 164	0. 017	0. 601	0. 058	0. 559	1. 000											
9	0. 356	0. 411	0. 495	0. 421	0. 022	0. 297	0. 234	0. 070	1. 000										
10	0. 000	0. 150	0. 245	0. 000	0. 650	0. 000	0. 322	0. 421	0. 045	1. 000									
11	0. 000	0. 650	0. 258	0. 256	0. 029	0. 178	0. 401	0. 059	0. 623	0. 033	1. 000								
12	0. 300	0. 361	0. 571	0. 490	0. 299	0. 635	0. 284	0. 122	0. 155	0. 016	0. 174	1. 000							
13	0. 000	0. 126	0. 016	0. 000	0. 722	0. 000	0. 449	0. 645	0. 000	0. 162	0. 030	0. 187	1. 000						
14	0. 274	0. 284	0. 461	0. 379	0. 138	0. 696	0. 196	0. 000	0. 454	0. 000	0. 328	0. 532	0. 000	1. 000					
15	0. 123	0. 300	0. 459	0. 538	0. 052	0. 411	0. 379	0. 000	0. 482	0. 000	0. 332	0. 451	0. 000	0. 407	1. 000				
16	0. 150	0. 300	0. 216	0. 243	0. 306	0. 672	0. 395	0. 121	0. 309	0. 000	0. 279	0. 593	0. 224	0. 575	0. 645	1. 000			
17	0. 045	0. 298	0. 244	0. 098	0. 044	0. 652	0. 433	0. 257	0. 164	0. 117	0. 077	0. 466	0. 000	0. 340	0. 506	0. 582	1. 000		
18	0. 577	0. 266	0. 618	0. 552	0. 319	0. 157	0. 134	0. 161	0. 366	0. 092	0. 145	0. 514	0. 176	0. 330	0. 350	0. 262	0. 000	1. 000	
19	0. 043	0. 073	0. 086	0. 079	0. 141	0. 888	0. 186	0. 000	0. 080	0. 000	0. 057	0. 547	0. 000	0. 000	0. 218	0. 623	0. 503	0. 045	1. 000

注：物种编号参见表 7-27。

由表 7-30 可知，在群丛Ⅳ中，物种间生态位重叠程度高，绝大部分介于 0. 5 ~ 1，说明大多数物种间具有利用资源相似性。群落中窄基红褐柃与鹿角杜鹃生态位重叠最大，为 0. 905，说明它们在适应环境和利用资源方面具有较大共性或相似性。此外，肿节少穗竹、短尾越橘和细枝柃之间生态位重叠较大，说明它们利用资源和生境能力强，相互联系密切。

由表 7-31 可知，在群丛Ⅵ中，除个别种对间重叠值大外，其余种对间重叠不显著，说明大多数种群对群落资源分享较充分，没有形成普遍竞争关系，它们之间关系较稳定、平衡。映山红与鹿角杜鹃生态位重叠最大，为 0. 999，说明它们在适应环境和利用资源具有较大同一性。此外，窄基红褐柃、马银花和华丽杜鹃之间生态位重叠较大，说明它们利用资源和生境要求有一定相似性。

表 7-30　黄山松群丛Ⅳ灌木层主要种群生态位重叠

物种	1	2	3	4	5	6	7	9	12	14	15	16	18	19
1	1.000													
2	0.825	1.000												
3	0.580	0.884	1.000											
4	0.416	0.742	0.898	1.000										
5	0.384	0.795	0.845	0.684	1.000									
6	0.591	0.719	0.810	0.840	0.540	1.000								
7	0.450	0.410	0.402	0.291	0.361	0.546	1.000							
9	0.845	0.839	0.642	0.548	0.411	0.664	0.428	1.000						
12	0.457	0.787	0.905	0.899	0.805	0.772	0.473	0.592	1.000					
14	0.553	0.649	0.718	0.473	0.702	0.409	0.372	0.254	0.549	1.000				
15	0.267	0.641	0.771	0.809	0.842	0.611	0.394	0.244	0.807	0.620	1.000			
16	0.642	0.598	0.514	0.299	0.490	0.277	0.570	0.360	0.397	0.829	0.472	1.000		
18	0.626	0.785	0.773	0.723	0.698	0.611	0.323	0.557	0.707	0.640	0.790	0.550	1.000	
19	0.249	0.257	0.259	0.440	0.000	0.399	0.000	0.302	0.099	0.000	0.158	0.000	0.176	1.000

注：物种编号参见表 7-27。

表 7-31　黄山松群丛Ⅵ灌木层主要种群生态位重叠

物种	2	3	7	8	9	10	11	12	17
2	1.000								
3	0.638	1.000							
7	0.802	0.604	1.000						
8	0.677	0.438	0.748	1.000					
9	0.188	0.792	0.000	0.000	1.000				
10	0.432	0.928	0.320	0.228	0.891	1.000			
11	0.503	0.451	0.758	0.159	0.000	0.187	1.000		
12	0.523	0.448	0.755	0.155	0.000	0.183	0.999	1.000	
17	0.472	0.647	0.400	0.710	0.568	0.506	0.000	0.371	1.000

注：物种编号参见表 7-27。

3. 不同类型群丛灌木层的生态位普遍重叠

黄山松 8 个不同类型群丛和总群落灌木层生态位普遍重叠值见表 7-32。群丛Ⅴ的生态位普遍重叠值最高，为 0.979，群丛中灌木层树种生长茂盛，林下较密，说明群丛中物种利用资源共性较强。群丛Ⅰ具有类似特征，该群丛位于坡麓，侧风大，使得灌木生长较矮且密，具有较高利用资源的共性。群丛Ⅱ生态位普遍重叠值最小，与乔木层生态位普遍重叠相一致，说明群丛中物种利用资源共性最差，优势种的优势作用明显。可见，随着时间推移，群丛中各种群会向着充分利用资源方向发展，以寻求最佳资源利用方式。总群落生态位普遍重叠值明显小于其他各群丛，表明总群落中，物种利用资源共性差，与物种已占有各自资源空间结论一致。

表 7-32　黄山松不同类型群丛灌木层生态位普遍重叠值

项目	群丛Ⅰ	群丛Ⅱ	群丛Ⅲ	群丛Ⅳ	群丛Ⅴ	群丛Ⅵ	群丛Ⅶ	群丛Ⅷ	总群落
O 值	0.919	0.624	0.828	0.776	0.979	0.740	0.880	0.833	0.396

第四节　黄山松群落种间联结性

种间联结指不同物种在空间分布的相互关联性，通常由于群落生境差异影响物种分布而引起。种间联结性研究理论上有助于了解物种间关系，正确认识群落结构特征，探讨环境差异对植物分布影响，实践上为植物物种多样性保护提供种间关系科学数据(胡理乐等，2005)。采用方差比例法(VR)验证整个群落总体关联性，再以χ^2统计量确定物种间联结性，用联结系数 AC、共同出现百分率 JI、Ochiai 指数、Dice 指数等衡量黄山松群落主要种群种间联结关系。

一、群落种间联结性测度

1. 多物种间联结性显著性检验

方差比例法(VR)可同时检验多物种间的联结，可以说明在某地多个物种间是否存在显著联结性。先做零假设 H_0，即种群间无显著联结，按下列公式计算检验统计量。

$$VR = S_T^2/\delta_T^2 \tag{7-5}$$

$$S_T^2 = (1/N)\sum_{j=1}^{N}(T_j - t)^2 \tag{7-6}$$

$$\delta_T^2 = \sum_{I=1}^{S} p_i(1 - p_i), p_i = n_i/N \tag{7-7}$$

式中，S 为总物种数；N 为总样方数；T_j为样方 j 内出现的物种种数；t 为样方中种的平均值；n_i为物种 i 出现的样方数。$VR=1$ 表示多物种联结性是独立的，$VR>1$ 表示多物种间存在净的正联结，$VR<1$ 表示物种间存在净的负联结。采用统计量 $W=N\times(VR)$检验 VR 值偏离零假设显著程度，若物种间无显著联结，则$\chi^2_{0.95\,N} < W < \chi^2_{0.05\,N}$。

2. 成对物种间的联结性测度指标

根据样地调查资料，建立 2×2 联列表，分别计算 a、b、c、d 值。其中，a 为种 A 和种 B 同时出现的样方数；b 为种 A 出现而种 B 不出现的样方数；c 为种 A 不出现而种 B 出现的样方数；d 为种 A 和种 B 都不出现的样方数。

(1)χ^2检验

χ^2统计量用来确定实测值与在几率基础上预期值之间偏差的显著程度。在种间联结测定中，由于取样为非连续取样，自由度为 1，因此，非连续性数据的χ^2值用 Yates 的连续校正公式计算：

$$\chi^2 = \frac{N(|ad - bc| - N/2)^2}{(a+b)(c+d)(b+d)(a+c)} \tag{7-8}$$

式中，N 为取样总数。χ^2值本身是没有负值的，判定正负的方法是：$(ad-bc)\geq 0$ 则为正联结，若$(ad-bc)<0$ 则为负联结。对于正联结，是以低的 P 值指示高的种间联结，经χ^2值

查表，$\chi^2_{0.05}(1)=3.841$，$\chi^2_{0.01}(1)=6.635$，若$0.01\leqslant P\leqslant 0.05$，即当$3.841\leqslant\chi^2\leqslant 6.635$，说明种间有一定的正联结；当$P<0.01$，即$\chi^2>6.635$时，说明种间联结显著；当$P>0.05$，即$\chi^2<3.841$时，说明种群间虽有某些联系，但基本是独立分布的。对于负联结，可以不管负号，结果也是以低的P值指示高的种间联结。

(2)联结系数AC

$$\text{若 } ad\geqslant bc,\text{ 则 } AC=(ad-bc)/[(a+b)(b+d)] \tag{7-9}$$

$$\text{若 } ad<bc \text{ 且 } d\geqslant a,\text{ 则 } AC=(ad-bc)/[(a+b)(a+c)] \tag{7-10}$$

$$\text{若 } ad<bc \text{ 且 } d<a,\text{ 则 } AC=(ad-bc)/[(b+d)(c+d)] \tag{7-11}$$

联结系数AC的值域为$[-1,1]$，AC值越趋近于1，表明种对间正联结性越强；AC值越趋近于-1，表明种对间负联结性越强；AC值为0，表示种间完全独立。

(3)共同出现百分率JI(即PC)

$$JI=a/(a+b+c) \tag{7-12}$$

(4)Dice指数

$$DI=2a/(2a+b+c) \tag{7-13}$$

(5)Ochiai指数

$$OI=a/\sqrt{(a+b)(a+c)} \tag{7-14}$$

共同出现百分率、Ochiai指数、Dice指数均可测定种对间的正联结程度，其值域为[0，1]。JI、OI、DI值愈趋近于1，表明该种对同时出现的几率越大；其值越低，说明种对出现的几率低(余世孝等，1994)。

二、乔木层主要树种种间联结性

1. 乔木层主要树种总体联结性

根据至少在两个样地分布的树种总体相关性的结果，列出表7-33，乔木层$VR=2.146>1$，即总体相关性存在净的正联结，其显著性统计量$W=N\times(VR)=62.230$，不落入$\chi^2_{0.95,N}<W<\chi^2_{0.05,N}$，表明乔木层种群间总体上呈显著正相关水平，说明群落中种间相互影响达到一定水平，一些树种依赖其他树种的存在而存在。

表7-33 群落各层次的总体相关性

层次	方差比例(VR)	检验统计量(W)	$\chi^2_{0.95,N}<W<\chi^2_{0.05,N}$	总体检验结果
乔木层	2.146	62.230	(17.708，42.557)	显著正相关
灌木层	1.224	35.483	(17.708，42.557)	无显著相关

2. 乔木层主要种对间联结关系

(1)χ^2检验

由表7-34可知，乔木层22个主要种群组成231个种对中，正联结129对，占55.84%，负联结102对，占44.16%。通过χ^2检验，种对2－4、5－9、5－15、5－20、6－13、6－17、13－14、13－17、18－19具有显著联结性，种对3－13、3－14、6－11、19－20存在一定的正联结，其余种对间联结显著性均较低。可见，乔木层仅有少数种对联结性较强，而大部分种对联结性较弱或以独立状态存在。在测算黄山松与其他树种的联结性时，由于每个样地均有黄山松存在，使得利用χ^2检验结果无意义，故采用 $ad-bc$ 来说明，测算得 $ad-bc=0$，说明黄山松与其他物种存在一定的正联结，但联结程度需进一步研究。

表 7-34　乔木层 22 个树种种间联结指数和χ^2检验统计量

种对	χ^2	AC	PC	DI	OI	种对	χ^2	AC	PC	DI	OI
1-2	无意义	0.00	0.41	0.59	0.64	2-17	0.12	0.01	0.19	0.32	0.33
1-3	无意义	0.00	0.62	0.77	0.79	2-18	0.32	-0.52	0.06	0.12	0.13
1-4	无意义	0.00	0.59	0.74	0.77	2-19	0.10	-0.19	0.07	0.13	0.17
1-5	无意义	0.00	0.21	0.34	0.45	2-20	1.00	-0.46	0.11	0.19	0.19
1-6	无意义	0.00	0.34	0.51	0.59	2-21	1.17	0.24	0.38	0.55	0.55
1-7	无意义	0.00	0.07	0.13	0.26	2-22	0.03	-1.00	0.00	0.00	0.00
1-8	无意义	0.00	0.41	0.59	0.64	3-4	2.29	0.33	0.59	0.74	0.74
1-9	无意义	0.00	0.31	0.47	0.56	3-5	0.54	0.09	0.26	0.42	0.48
1-10	无意义	0.00	0.41	0.59	0.64	3-6	0.32	-0.19	0.22	0.36	0.37
1-11	无意义	0.00	0.28	0.43	0.53	3-7	1.25	-1.00	0.00	0.00	0.00
1-12	无意义	0.00	0.41	0.59	0.64	3-8	2.54	0.24	0.50	0.67	0.68
1-13	无意义	0.00	0.21	0.34	0.45	3-9	0.57	0.11	0.35	0.52	0.55
1-14	无意义	0.00	0.24	0.39	0.49	3-10	0.67	0.15	0.43	0.60	0.61
1-15	无意义	0.00	0.21	0.34	0.45	3-11	0.16	0.00	0.24	0.38	0.42
1-16	无意义	0.00	0.41	0.59	0.64	3-12	0.67	0.15	0.43	0.60	0.61
1-17	无意义	0.00	0.24	0.39	0.49	3-13	4.42	-0.73	0.04	0.08	0.10
1-18	无意义	0.00	0.17	0.29	0.42	3-14	6.47	-0.77	0.04	0.08	0.09
1-19	无意义	0.00	0.10	0.19	0.32	3-15	0.54	0.09	0.26	0.42	0.48
1-20	无意义	0.00	0.31	0.47	0.56	3-16	2.54	0.24	0.50	0.67	0.68
1-21	无意义	0.00	0.34	0.51	0.59	3-17	0.57	-0.31	0.14	0.24	0.27
1-22	无意义	0.00	0.03	0.07	0.19	3-18	0.16	0.06	0.21	0.35	0.42
2-3	2.54	0.56	0.50	0.67	0.68	3-19	0.64	0.07	0.17	0.29	0.41
2-4	7.04*	0.80	0.61	0.76	0.77	3-20	0.57	0.11	0.35	0.52	0.55
2-5	0.84	-0.60	0.06	0.11	0.12	3-21	0.06	-0.03	0.27	0.43	0.45
2-6	1.17	0.24	0.38	0.55	0.55	3-22	0.06	0.02	0.06	0.11	0.24
2-7	0.24	-1.00	0.00	0.00	0.00	4-5	0.90	-0.43	0.10	0.17	0.20
2-8	3.76	0.43	0.50	0.67	0.67	4-6	0.26	0.10	0.35	0.52	0.54
2-9	0.40	0.15	0.31	0.48	0.48	4-7	0.24	-0.15	0.06	0.11	0.17
2-10	0.17	0.15	0.33	0.50	0.50	4-8	1.26	0.20	0.45	0.62	0.63
2-11	1.01	0.19	0.33	0.50	0.51	4-9	0.03	0.06	0.30	0.46	0.49
2-12	0.13	0.00	0.26	0.42	0.42	4-10	1.26	0.20	0.45	0.62	0.63
2-13	0.00	0.05	0.20	0.33	0.35	4-11	0.47	0.11	0.32	0.48	0.51
2-14	0.12	-0.31	0.12	0.21	0.22	4-12	1.26	0.20	0.45	0.62	0.63
2-15	0.84	-0.60	0.06	0.11	0.12	4-13	0.00	0.04	0.21	0.35	0.40
2-16	0.17	0.15	0.33	0.50	0.50	4-14	0.12	0.07	0.26	0.42	0.46

（续）

种对	χ^2	AC	PC	DI	OI	种对	χ^2	AC	PC	DI	OI
4-15	0.00	-0.15	0.15	0.26	0.30	6-18	0.05	0.03	0.15	0.27	0.28
4-16	0.13	0.00	0.32	0.48	0.49	6-19	0.47	-1.00	0.00	0.00	0.00
4-17	0.12	0.07	0.26	0.42	0.46	6-20	1.83	-0.68	0.06	0.11	0.11
4-18	0.19	-0.32	0.10	0.18	0.22	6-21	0.75	0.24	0.33	0.50	0.50
4-19	0.10	0.02	0.11	0.20	0.28	6-22	0.11	-1.00	0.00	0.00	0.00
4-20	0.03	-0.05	0.24	0.38	0.40	7-8	0.24	-1.00	0.00	0.00	0.00
4-21	0.08	0.01	0.29	0.44	0.46	7-9	0.04	-1.00	0.00	0.00	0.00
4-22	0.03	-1.00	0.00	0.00	0.00	7-10	0.24	0.15	0.08	0.14	0.20
5-6	2.29	-1.00	0.00	0.00	0.00	7-11	0.01	0.31	0.11	0.20	0.25
5-7	0.02	-1.00	0.00	0.00	0.00	7-12	0.24	-1.00	0.00	0.00	0.00
5-8	0.84	-0.60	0.06	0.11	0.12	7-13	0.02	-1.00	0.00	0.00	0.00
5-9	6.83*	0.76	0.50	0.67	0.68	7-14	0.00	0.34	0.13	0.22	0.27
5-10	0.00	0.15	0.20	0.33	0.35	7-15	0.02	-1.00	0.00	0.00	0.00
5-11	1.40	-1.00	0.00	0.00	0.00	7-16	0.24	-1.00	0.00	0.00	0.00
5-12	0.00	0.15	0.20	0.33	0.35	7-17	0.00	-1.00	0.00	0.00	0.00
5-13	0.70	-1.00	0.00	0.00	0.00	7-18	0.09	-1.00	0.00	0.00	0.00
5-14	0.00	-0.31	0.08	0.15	0.15	7-19	0.50	-1.00	0.00	0.00	0.00
5-15	13.60*	0.79	0.71	0.83	0.83	7-20	0.04	-1.00	0.00	0.00	0.00
5-16	3.53	0.72	0.38	0.56	0.59	7-21	0.09	0.24	0.09	0.17	0.22
5-17	1.03	-1.00	0.00	0.00	0.00	7-22	3.00	-1.00	0.00	0.00	0.00
5-18	0.32	0.19	0.22	0.36	0.37	8-9	1.00	-0.46	0.11	0.19	0.19
5-19	1.75	0.26	0.29	0.44	0.47	8-10	0.13	-0.19	0.20	0.33	0.33
5-20	6.83*	0.76	0.50	0.67	0.68	8-11	0.03	0.08	0.25	0.40	0.41
5-21	0.30	-0.52	0.07	0.13	0.13	8-12	1.38	0.29	0.41	0.58	0.58
5-22	0.54	-1.00	0.00	0.00	0.00	8-13	0.00	-0.19	0.13	0.22	0.24
6-7	0.09	-1.00	0.00	0.00	0.00	8-14	0.12	-0.31	0.12	0.21	0.22
6-8	0.08	0.15	0.29	0.45	0.46	8-15	0.84	-0.60	0.06	0.11	0.12
6-9	0.26	-0.36	0.12	0.21	0.21	8-16	1.38	0.29	0.41	0.58	0.58
6-10	1.17	0.32	0.38	0.55	0.55	8-17	0.12	-0.31	0.12	0.21	0.22
6-11	5.74	0.45	0.50	0.67	0.67	8-18	0.19	-0.03	0.13	0.24	0.26
6-12	0.08	-0.03	0.22	0.36	0.37	8-19	0.10	-0.19	0.07	0.13	0.17
6-13	10.95*	0.50	0.60	0.75	0.77	8-20	3.29	-0.73	0.05	0.10	0.10
6-14	3.63	0.34	0.42	0.59	0.60	8-21	0.26	-0.28	0.16	0.27	0.27
6-15	0.30	-0.52	0.07	0.13	0.13	8-22	0.03	-1.00	0.00	0.00	0.00
6-16	1.69	-0.52	0.10	0.18	0.18	9-10	0.03	0.05	0.24	0.38	0.38
6-17	7.94*	0.47	0.55	0.71	0.72	9-11	0.78	-0.60	0.06	0.12	0.12

（续）

种对	χ^2	AC	PC	DI	OI	种对	χ^2	AC	PC	DI	OI
9-12	0.03	-0.19	0.17	0.29	0.29	12-15	0.00	0.05	0.20	0.33	0.35
9-13	0.13	-0.46	0.07	0.13	0.14	12-16	1.38	0.29	0.41	0.58	0.58
9-14	0.09	-0.08	0.14	0.25	0.25	12-17	2.00	0.23	0.36	0.53	0.55
9-15	2.63	0.30	0.36	0.53	0.54	12-18	2.04	0.19	0.31	0.47	0.52
9-16	2.09	0.43	0.40	0.57	0.58	12-19	0.10	0.07	0.15	0.27	0.33
9-17	0.40	-0.54	0.07	0.13	0.13	12-20	0.03	0.03	0.24	0.38	0.38
9-18	0.00	0.06	0.17	0.29	0.30	12-21	0.08	-0.03	0.22	0.36	0.37
9-19	0.56	0.13	0.20	0.33	0.38	12-22	0.03	-1.00	0.00	0.00	0.00
9-20	2.19	0.36	0.38	0.56	0.56	13-14	10.69*	0.78	0.63	0.77	0.77
9-21	0.26	-0.36	0.12	0.21	0.21	13-15	0.09	-0.19	0.09	0.17	0.17
9-22	0.17	-1.00	0.00	0.00	0.00	13-16	0.00	-0.19	0.13	0.22	0.24
10-11	0.03	-0.09	0.18	0.30	0.31	13-17	10.69*	0.78	0.63	0.77	0.77
10-12	0.13	0.00	0.26	0.42	0.42	13-18	0.32	-0.03	0.10	0.18	0.18
10-13	0.00	0.05	0.20	0.33	0.35	13-19	0.03	-1.00	0.00	0.00	0.00
10-14	0.12	0.01	0.19	0.32	0.33	13-20	0.13	-0.46	0.07	0.13	0.14
10-15	0.90	0.16	0.29	0.44	0.47	13-21	0.17	0.24	0.23	0.38	0.39
10-16	0.13	-0.19	0.20	0.33	0.33	13-22	0.54	-1.00	0.00	0.00	0.00
10-17	0.28	0.12	0.27	0.42	0.44	14-15	0.00	0.10	0.18	0.31	0.31
10-18	0.32	-0.52	0.06	0.12	0.13	14-16	0.12	0.03	0.19	0.32	0.33
10-19	0.10	-0.19	0.07	0.13	0.17	14-17	3.37	0.44	0.40	0.57	0.57
10-20	0.03	0.03	0.24	0.38	0.38	14-18	0.11	0.14	0.20	0.33	0.34
10-21	3.51	0.36	0.47	0.64	0.64	14-19	0.10	0.04	0.11	0.20	0.22
10-22	0.03	-1.00	0.00	0.00	0.00	14-20	0.40	-0.54	0.07	0.13	0.13
11-12	0.03	0.15	0.25	0.40	0.41	14-21	0.01	-0.17	0.13	0.24	0.24
11-13	0.75	0.21	0.27	0.43	0.43	14-22	0.38	-1.00	0.00	0.00	0.00
11-14	0.31	0.18	0.25	0.40	0.40	15-16	3.53	0.72	0.38	0.56	0.59
11-15	1.40	-1.00	0.00	0.00	0.00	15-17	0.00	-0.31	0.08	0.15	0.15
11-16	0.47	-0.40	0.11	0.20	0.20	15-18	0.32	0.19	0.22	0.36	0.37
11-17	2.32	0.34	0.36	0.53	0.53	15-19	1.75	0.26	0.29	0.44	0.47
11-18	0.02	0.09	0.18	0.31	0.32	15-20	2.63	0.52	0.36	0.53	0.54
11-19	0.20	-1.00	0.00	0.00	0.00	15-21	0.30	-0.52	0.07	0.13	0.13
11-20	0.78	-0.60	0.06	0.12	0.12	15-22	0.54	-1.00	0.00	0.00	0.00
11-21	0.05	0.05	0.20	0.33	0.34	16-17	1.51	-0.65	0.06	0.11	0.11
11-22	0.26	-1.00	0.00	0.00	0.00	16-18	0.19	0.09	0.21	0.35	0.39
12-13	0.00	0.05	0.20	0.33	0.35	16-19	0.10	0.07	0.15	0.27	0.33
12-14	0.28	0.12	0.27	0.42	0.44	16-20	0.03	0.03	0.24	0.38	0.38

（续）

种对	χ^2	AC	PC	DI	OI
16 – 21	0.26	–0.28	0.16	0.27	0.27
16 – 22	0.03	–1.00	0.00	0.00	0.00
17 – 18	0.11	0.14	0.20	0.33	0.34
17 – 19	0.10	–1.00	0.00	0.00	0.00
17 – 20	0.09	–0.08	0.14	0.25	0.25
17 – 21	0.98	0.35	0.31	0.47	0.48
17 – 22	0.38	–1.00	0.00	0.00	0.00
18 – 19	10.24 *	0.55	0.60	0.75	0.77
18 – 20	1.02	0.42	0.27	0.43	0.45
18 – 21	0.05	0.08	0.15	0.27	0.28
18 – 22	0.78	–1.00	0.00	0.00	0.00
19 – 20	4.28	1.00	0.33	0.50	0.58
19 – 21	0.36	–0.03	0.08	0.15	0.18
19 – 22	1.76	–1.00	0.00	0.00	0.00
20 – 21	0.11	0.15	0.27	0.42	0.42
20 – 22	0.17	–1.00	0.00	0.00	0.00
21 – 22	0.11	–1.00	0.00	0.00	0.00

注：* 联结性显著。

(2)联结系数 AC

由图7-4可知，乔木层231个种对中有74个种对 | AC | ≥0.50，占所有种对32.03%，其中 | AC | =1.00联结性极强的种对有43对，占所有种对18.61%，可知黄山松与其他21个种联结性较强，而其余67.97%种对的 | AC | <0.50。

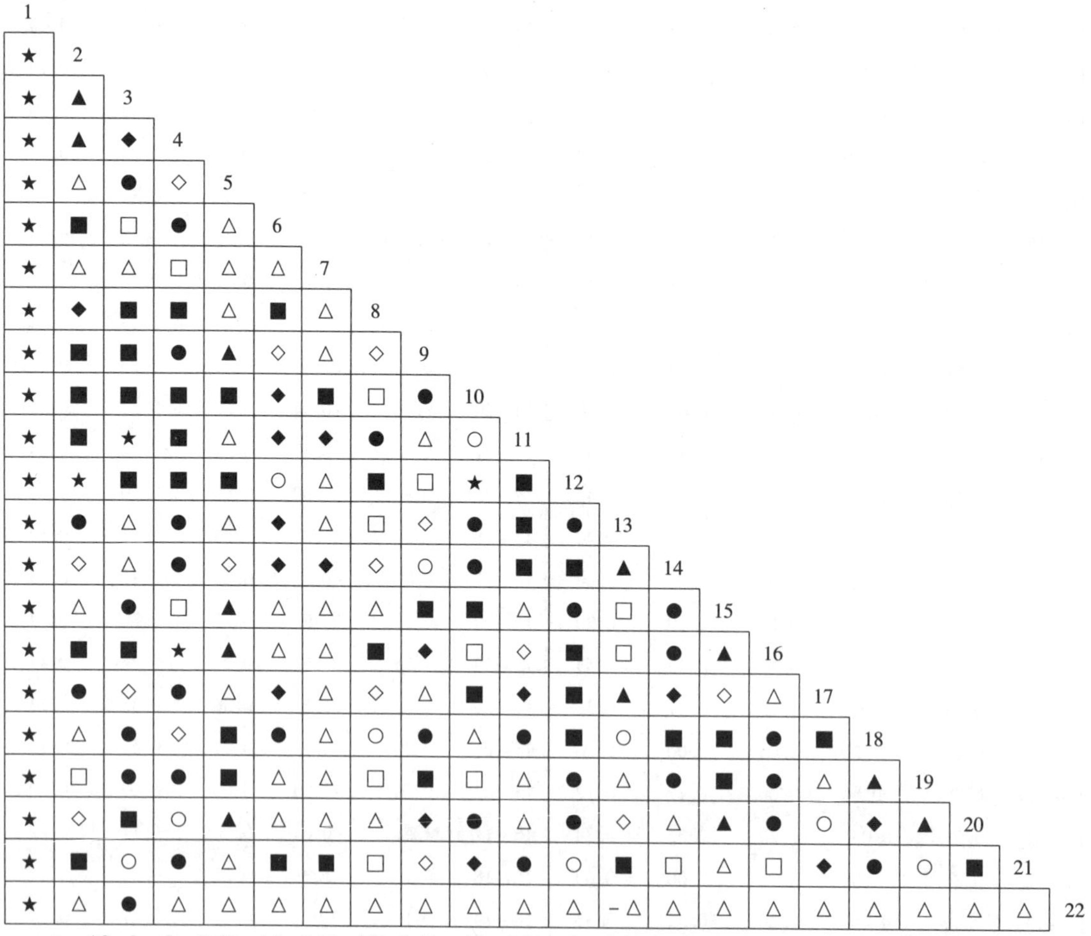

	1	2	3	4	5	6	7	8	9	10	11	12	13	14	15	16	17	18	19	20	21
2	★																				
3	★	▲																			
4	★	▲	◆																		
5	★	△	●	◇																	
6	★	■	□	●	△																
7	★	△	△	□	△	△															
8	★	◆	■	■	△	■	△														
9	★	■	■	●	▲	◇	△	◇													
10	★	■	■	■	■	◆	■	□	●												
11	★	■	★	■	△	◆	◆	●	△	○											
12	★	★	■	■	■	○	△	■	□	★	■										
13	★	●	△	●	△	◆	△	□	◇	●	■	●									
14	★	◇	△	●	◇	◆	◆	◇	○	●	■	■	▲								
15	★	△	●	□	▲	△	△	△	■	■	△	●	□	●							
16	★	■	■	★	▲	△	△	■	◆	□	◇	■	□	●	▲						
17	★	●	◇	●	△	◆	△	◇	△	■	◆	■	▲	◆	◇	△					
18	★	△	●	◇	■	●	△	○	●	△	●	■	○	■	■	●	■				
19	★	□	●	●	■	△	△	□	■	□	△	●	△	●	■	●	△	▲			
20	★	◇	■	○	▲	△	△	△	◆	●	△	●	◇	△	▲	●	○	◆	▲		
21	★	■	○	●	△	■	■	□	◇	◆	●	○	■	□	△	□	◆	●	○	■	
22	★	△	●	△	△	△	△	△	△	△	△	△	–△	△	△	△	△	△	△	△	△

★：AC = 0；●：0.00 < AC ≤ 0.10；■：0.10 < AC ≤ 0.30；◆：0.30 < AC ≤ 0.50；▲：0.50 < AC ≤ 1.00；○：–0.10 ≤ AC < 0.00；□：–0.30 ≤ AC < –0.10；◇：–0.50 ≤ AC < –0.30；△：–1.00 ≤ AC < –0.50

图7-4　乔木层22个主要种群种间联结系数AC

(3)共同出现百分率 PC 与其他指数

PC、*OI*、*DI* 实质是等效的，其值越高，物种间同时出现的机会越大，即正联结性相对越高。本节以 Dice 指数分析乔木层主要种群种对正联结性。由图 7-5 可知，乔木层 231 个种对中 $PC>0.60$ 有 21 个，说明这些种对间联结性强；$PC>0.40$ 有 54 个，可见乔木层主要树种种对共同出现百分率低。

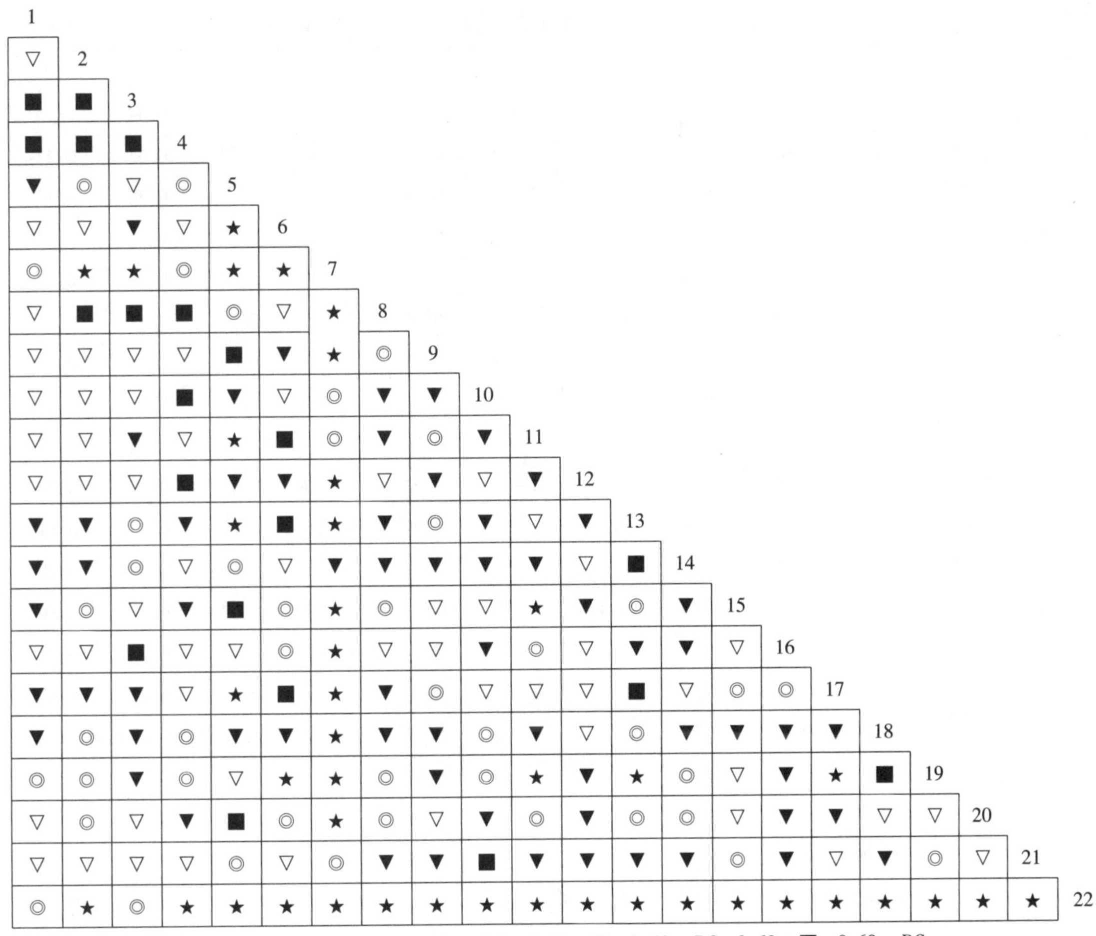

★：$PC=0$；◎：$0.00<PC\leqslant0.20$；▼：$0.20<PC\leqslant0.40$；▽：$0.40<PC\leqslant0.60$；■：$0.60<PC$

图 7-5　乔木层 22 个主要种群 Dice 指数

三、灌木层主要树种种间联结性

1. 灌木层主要树种总体联结性

灌木层主要树种总体相关性参见表 7-33，$VR=1.224>1$，表明总体相关性存在净的正联结，检验统计量 $W=N\times(VR)=35.483$，落入 $\chi^2_{0.95,N}<W<\chi^2_{0.05,N}$ 内，表明灌木层树种间总体上无显著相关关系，说明灌木层种间联结关系达到一定水平，但各树种联结性不明显。

2. 灌木层主要种对间联结关系

(1)χ^2 检验

由表 7-35 可知，灌木层 19 个主要种群组成 171 个种对中，正联结 91 对，占 53.22%，负联结 80 对，占 46.78%。通过 χ^2 检验，种对 1－9、1－18、4－6、8－10、8－13、14－15 达到显著水平，种对 1－7、1－11、1－12、3－13、4－8、4－9、4－10、4－15、5－13、6－8、6－9、6－10、6－14、7－9、7－18、8－9、8－14、8－15、10－13、17－18 存在一定的正联结，其余种对间联结显著性均较低。可见，灌木层仅有少数种对联结性较强，而大部分种对联结性较弱或以独立状态存在，这与乔木层物种间总体关联性检验结果一致。

表 7-35　灌木层 19 个树种种间联结指数和 χ^2 检验统计量

种对	χ^2	AC	PC	DI	OI	种对	χ^2	AC	PC	DI	OI
1－2	0.06	－1.00	0.34	0.51	0.57	2－17	0.26	0.01	0.29	0.44	0.53
1－3	0.15	1.00	0.41	0.58	0.64	2－18	0.06	－1.00	0.34	0.51	0.57
1－4	1.92	0.44	0.44	0.62	0.62	2－19	0.78	0.01	0.18	0.30	0.42
1－5	0.07	0.12	0.29	0.45	0.45	3－4	0.61	0.08	0.56	0.71	0.75
1－6	1.92	0.44	0.44	0.62	0.62	3－5	1.25	－1.00	0.31	0.47	0.52
1－7	4.75	－0.52	0.15	0.27	0.28	3－6	0.61	0.08	0.56	0.71	0.75
1－8	1.73	－0.67	0.06	0.11	0.11	3－7	0.09	0.03	0.64	0.78	0.79
1－9	6.97*	0.80	0.59	0.74	0.75	3－8	2.42	－1.00	0.21	0.34	0.41
1－10	2.81	－1.00	0.00	0.00	0.00	3－9	0.79	0.09	0.59	0.74	0.77
1－11	5.81	－1.00	0.00	0.00	0.00	3－10	0.02	－0.37	0.18	0.30	0.39
1－12	4.63	0.62	0.53	0.69	0.70	3－11	0.04	－0.28	0.29	0.44	0.51
1－13	1.27	－1.00	0.00	0.00	0.00	3－12	0.47	0.00	0.50	0.67	0.70
1－14	0.00	0.07	0.28	0.43	0.44	3－13	6.77	－1.00	0.07	0.13	0.19
1－15	0.00	0.07	0.28	0.43	0.44	3－14	0.24	0.05	0.44	0.62	0.67
1－16	0.06	0.03	0.24	0.38	0.38	3－15	0.24	0.05	0.44	0.62	0.67
1－17	0.21	－0.34	0.12	0.21	0.21	3－16	0.09	－0.24	0.32	0.49	0.55
1－18	6.89*	0.56	0.57	0.73	0.73	3－17	0.01	0.03	0.30	0.46	0.54
1－19	0.16	－0.47	0.07	0.13	0.13	3－18	0.15	－0.19	0.36	0.53	0.58
2－3	3.00	－1.00	0.90	0.95	0.95	3－19	0.09	0.02	0.19	0.31	0.43
2－4	0.00	0.04	0.54	0.70	0.73	4－5	0.83	－0.30	0.18	0.31	0.31
2－5	0.06	0.02	0.39	0.56	0.63	4－6	7.74*	0.59	0.67	0.80	0.80
2－6	0.00	－1.00	0.48	0.65	0.68	4－7	0.07	－0.17	0.36	0.53	0.53
2－7	0.11	－1.00	0.62	0.77	0.78	4－8	4.81	－0.76	0.05	0.09	0.09
2－8	0.26	－1.00	0.24	0.39	0.47	4－9	5.80	0.55	0.63	0.77	0.77
2－9	0.01	－1.00	0.52	0.68	0.71	4－10	5.70	－1.00	0.00	0.00	0.00
2－10	0.54	0.01	0.21	0.35	0.46	4－11	0.02	0.03	0.26	0.42	0.43
2－11	0.17	0.02	0.32	0.49	0.57	4－12	0.04	0.03	0.36	0.53	0.53
2－12	0.00	0.04	0.54	0.70	0.73	4－13	2.86	－1.00	0.00	0.00	0.00
2－13	1.14	0.01	0.14	0.25	0.38	4－14	2.99	0.32	0.50	0.67	0.67
2－14	0.03	0.03	0.43	0.60	0.65	4－15	6.17	0.43	0.59	0.74	0.75
2－15	0.03	0.03	0.43	0.60	0.65	4－16	0.07	0.08	0.32	0.48	0.49
2－16	0.11	0.02	0.36	0.53	0.60	4－17	0.09	0.08	0.28	0.43	0.46

（续）

种对	χ^2	*AC*	*PC*	*DI*	*OI*	种对	χ^2	*AC*	*PC*	*DI*	*OI*
4－18	0.39	0.14	0.37	0.54	0.54	7－16	0.00	0.04	0.32	0.48	0.51
4－19	0.01	0.03	0.18	0.30	0.35	7－17	1.21	0.13	0.35	0.52	0.57
5－6	0.02	－0.12	0.24	0.38	0.39	7－18	4.75	－0.52	0.15	0.27	0.28
5－7	0.32	－0.19	0.25	0.40	0.42	7－19	0.05	0.05	0.20	0.33	0.41
5－8	0.16	0.12	0.27	0.42	0.43	8－9	5.93	－0.77	0.04	0.08	0.09
5－9	0.19	－0.18	0.23	0.37	0.38	8－10	8.51*	0.53	0.56	0.71	0.72
5－10	0.04	0.08	0.21	0.35	0.37	8－11	0.00	－0.19	0.13	0.24	0.24
5－11	2.51	－0.71	0.05	0.10	0.10	8－12	1.85	－0.52	0.10	0.17	0.18
5－12	0.02	0.06	0.30	0.46	0.47	8－13	8.34*	0.42	0.50	0.67	0.71
5－13	4.84	0.26	0.36	0.53	0.60	8－14	5.62	－1.00	0.00	0.00	0.00
5－14	0.00	0.07	0.28	0.43	0.44	8－15	5.62	－1.00	0.00	0.00	0.00
5－15	0.00	－0.12	0.21	0.35	0.35	8－16	1.21	－0.64	0.06	0.11	0.11
5－16	0.06	0.03	0.24	0.38	0.38	8－17	0.43	－0.55	0.07	0.13	0.13
5－17	1.73	－0.67	0.06	0.11	0.11	8－18	0.16	－0.01	0.19	0.32	0.32
5－18	1.10	0.27	0.38	0.55	0.55	8－19	0.94	－1.00	0.00	0.00	0.00
5－19	0.16	0.01	0.14	0.25	0.27	9－10	2.78	－0.70	0.05	0.09	0.10
6－7	0.07	0.03	0.42	0.59	0.59	9－11	0.14	－0.19	0.19	0.32	0.33
6－8	4.81	－0.76	0.05	0.09	0.09	9－12	0.03	－0.04	0.35	0.52	0.52
6－9	5.80	0.55	0.63	0.77	0.77	9－13	3.42	－1.00	0.00	0.00	0.00
6－10	5.70	－1.00	0.00	0.00	0.00	9－14	2.03	0.25	0.47	0.64	0.65
6－11	0.02	－0.14	0.20	0.33	0.34	9－15	0.44	0.15	0.40	0.57	0.58
6－12	0.30	0.17	0.43	0.60	0.60	9－16	0.00	－0.09	0.24	0.38	0.40
6－13	2.86	－1.00	0.00	0.00	0.00	9－17	0.01	－0.09	0.20	0.33	0.35
6－14	6.17	0.43	0.59	0.74	0.75	9－18	1.21	0.19	0.42	0.59	0.60
6－15	6.17	0.43	0.59	0.74	0.75	9－19	0.07	0.02	0.17	0.29	0.34
6－16	0.07	0.08	0.32	0.48	0.49	10－11	0.13	－0.46	0.07	0.13	0.14
6－17	0.09	0.08	0.28	0.43	0.46	10－12	2.16	－0.68	0.05	0.10	0.11
6－18	0.39	0.14	0.37	0.54	0.54	10－13	4.94	0.42	0.43	0.60	0.61
6－19	3.54	0.19	0.33	0.50	0.58	10－14	3.41	－1.00	0.00	0.00	0.00
7－8	1.21	0.13	0.35	0.52	0.57	10－15	3.41	－1.00	0.00	0.00	0.00
7－9	5.49	－0.78	0.25	0.40	0.40	10－16	2.29	－1.00	0.00	0.00	0.00
7－10	0.30	0.07	0.25	0.40	0.47	10－17	0.03	－0.40	0.08	0.14	0.14
7－11	0.26	0.08	0.33	0.50	0.54	10－18	0.54	－0.56	0.06	0.12	0.12
7－12	1.08	－0.38	0.31	0.47	0.47	10－19	0.42	－1.00	0.00	0.00	0.00
7－13	0.02	0.02	0.15	0.26	0.34	11－12	0.02	－0.14	0.20	0.33	0.34
7－14	0.08	0.01	0.35	0.52	0.53	11－13	0.09	－0.19	0.08	0.15	0.17
7－15	0.08	－0.15	0.29	0.45	0.46	11－14	0.03	0.05	0.24	0.38	0.38

（续）

种对	χ^2	AC	PC	DI	OI	种对	χ^2	AC	PC	DI	OI
11－15	0.40	0.24	0.31	0.48	0.48	13－19	0.07	－1.00	0.00	0.00	0.00
11－16	0.11	0.15	0.27	0.42	0.42	14－15	7.32*	0.57	0.60	0.75	0.75
11－17	0.00	－0.19	0.13	0.24	0.24	14－16	1.38	0.29	0.41	0.58	0.58
11－18	0.57	－0.41	0.11	0.20	0.20	14－17	0.13	－0.19	0.20	0.33	0.33
11－19	0.00	－0.36	0.08	0.14	0.15	14－18	0.13	－0.19	0.20	0.33	0.33
12－13	0.38	－0.52	0.06	0.11	0.13	14－19	0.13	－0.19	0.20	0.33	0.33
12－14	0.05	－0.03	0.29	0.44	0.45	15－16	3.51	0.36	0.47	0.64	0.64
12－15	0.05	0.09	0.35	0.52	0.52	15－17	0.03	0.08	0.25	0.40	0.41
12－16	0.07	0.08	0.32	0.48	0.49	15－18	0.54	0.19	0.35	0.52	0.52
12－17	0.09	－0.03	0.21	0.35	0.37	15－19	2.04	0.19	0.31	0.47	0.52
12－18	1.92	0.25	0.44	0.62	0.62	16－17	2.32	0.31	0.38	0.56	0.56
12－19	0.01	0.03	0.18	0.30	0.35	16－18	0.06	0.03	0.24	0.38	0.38
13－14	1.60	－1.00	0.00	0.00	0.00	16－19	0.64	0.15	0.25	0.40	0.42
13－15	1.60	－1.00	0.00	0.00	0.00	17－18	4.71	－1.00	0.00	0.00	0.00
13－16	0.02	－0.28	0.08	0.14	0.16	17－19	0.02	0.09	0.18	0.31	0.32
13－17	0.53	－1.00	0.00	0.00	0.00	18－19	0.16	0.01	0.14	0.25	0.27
13－18	0.00	0.19	0.15	0.27	0.30						

注：＊表示联结性显著。

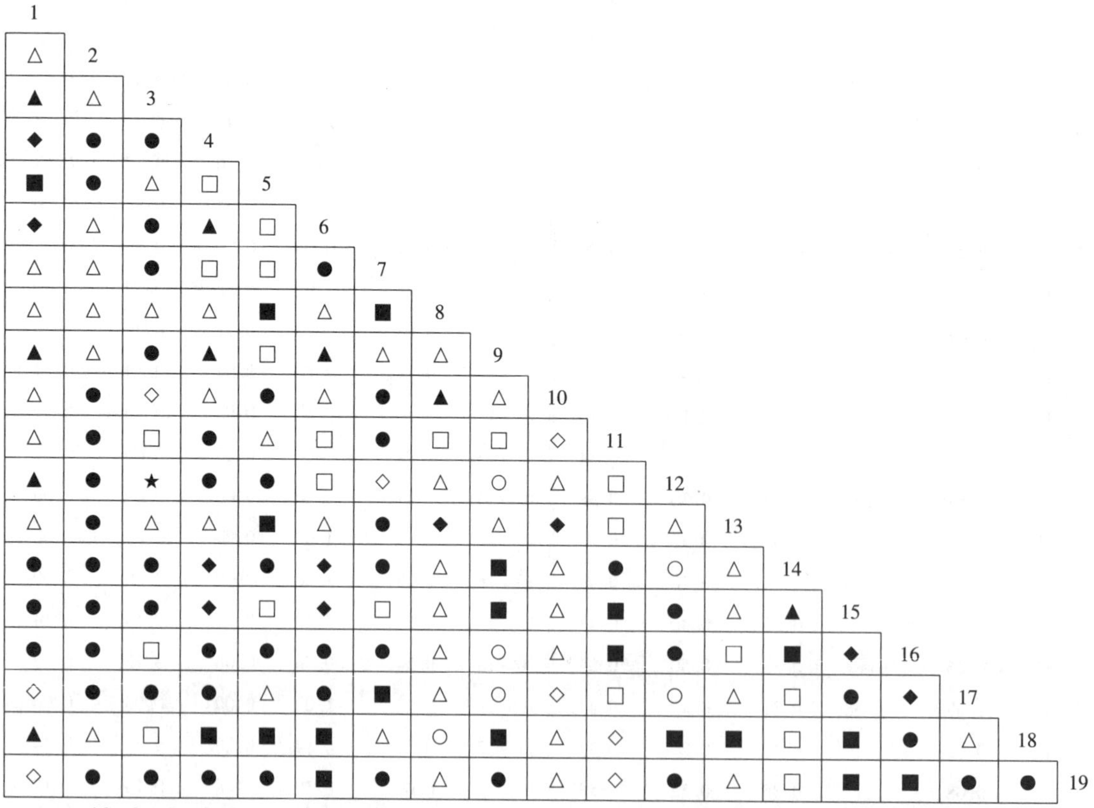

	1	2	3	4	5	6	7	8	9	10	11	12	13	14	15	16	17	18
2	△																	
3	▲	△																
4	◆	●	●															
5	■	●	△	□														
6	◆	△	●	▲	□													
7	△	△	●	□	□	●												
8	△	△	△	△	■	△	■											
9	▲	△	●	▲	□	▲	△	△										
10	△	●	◇	△	●	△	●	▲	△									
11	△	●	□	●	△	□	●	□	□	◇								
12	▲	●	★	●	●	□	◇	△	○	△	□							
13	△	●	△	△	■	△	●	◆	△	◆	□	△						
14	●	●	●	◆	●	◆	●	△	■	△	●	○	△					
15	●	●	●	◆	□	◆	□	△	■	△	■	●	△	▲				
16	●	●	□	●	●	●	●	△	○	△	■	●	□	■	◆			
17	◇	●	●	●	△	●	■	△	○	◇	□	○	△	□	●	◆		
18	▲	△	□	■	■	■	△	○	■	△	◇	■	■	□	■	●	△	
19	◇	●	●	●	●	■	●	△	●	△	◇	●	△	□	■	■	●	●

★：$AC=0$；●：$0.00<AC\leqslant0.10$；■：$0.10<AC\leqslant0.30$；◆：$0.30<AC\leqslant0.50$；▲：$0.50<AC\leqslant1.00$；○：$-0.10\leqslant AC<0.00$；□：$-0.30\leqslant AC<-0.10$；◇：$-0.50\leqslant AC<-0.30$；△：$-1.00\leqslant AC<-0.50$

图 7-6　灌木层 19 个主要种群种间联结系数 *AC*

（2）联结系数 AC

由图 7-6 可知，灌木层 171 个种对中有 54 个种对 $|AC| \geq 0.50$，占所有种对 31.58%，其中 $|AC| = 1.00$ 联结性极强的种对有 31 对，占所有种对 18.13%，68.42% 种对 $|AC| < 0.50$，其中 88 个种对 $|AC| < 0.20$，占所有种对 51.46%，可知黄山松与其他 21 个种联结性较强，而其余 67.97% 种对 $|AC| < 0.50$，说明灌木层主要树种间联结性较低。

（3）共同出现百分率 PC 与其他指数

由图 7-7 可知，灌木层 171 个种对中 $PC > 0.60$ 有 31 个，占总种对数 18.13%，灌木层中大部分主要树种共同出现几率较低，大部分种对联结性不高。

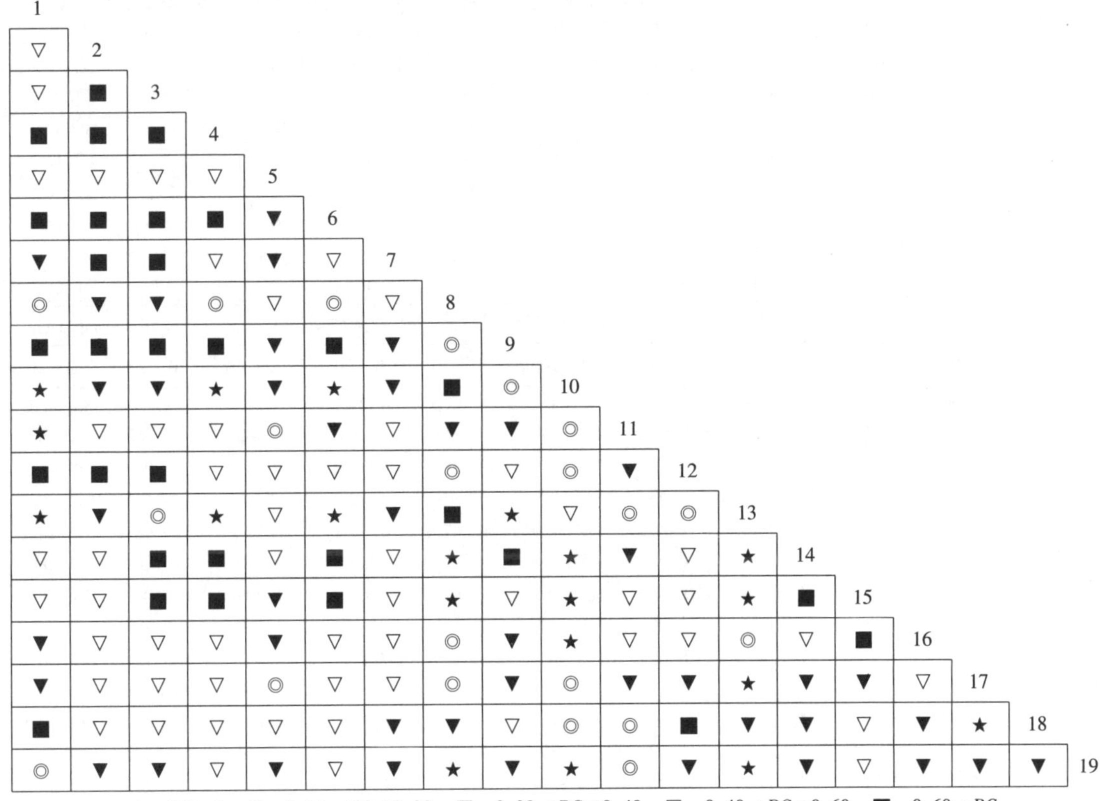

图 7-7　灌木层 19 个主要种群 Dice 指数

第五节　黄山松群落土壤因子海拔响应

一、土壤理化性质海拔梯度分布格局

不同海拔不同土层土壤理化性质见表 7-36。

表 7-36　不同海拔不同土层土壤理化性质

指标	含水量		pH 值		全碳/(g/kg)		全磷/(g/kg)		全氮/(g/kg)	
土层/cm	0~20	20~40	0~20	20~40	0~20	20~40	0~20	20~40	0~20	20~40
海拔/m 900	0.46±0.10	0.43±0.05	5.03±0.02	5.24±0.18	3.52±0.98	1.60±0.47	0.34±0.03	0.19±0.00	38.47±10.08	15.95±2.16
1 000	0.58±0.18	0.39±0.12	4.69±0.13	4.99±0.33	3.28±1.36	2.74±0.65	0.24±0.08	0.15±0.10	45.16±11.82	20.37±8.81
1 100	0.49±0.12	0.42±0.11	4.72±0.26	5.08±0.33	3.57±1.65	1.74±0.37	0.29±0.07	0.22±0.06	48.39±41.94	16.68±6.35
1 200	0.39±0.07	0.39±0.11	4.75±0.11	5.00±0.22	4.13±1.30	1.85±0.37	0.37±0.12	0.19±0.10	53.29±17.22	17.34±5.92
1300	0.51±0.11	0.38±0.09	4.73±0.24	4.95±0.22	4.09±1.46	1.94±0.75	0.23±0.08	0.15±0.05	54.45±20.87	19.43±11.26
1 400	0.57±0.13	0.45±0.12	4.73±0.24	5.08±0.19	5.76±1.84	2.19±0.57	0.35±0.1	0.23±0.08	68.99±29.86	22.62±7.50
1 500	0.51±0.12	0.36±0.09	4.64±0.30	5.00±0.21	5.29±2.46	2.00±0.46	0.29±0.08	0.20±0.06	62.14±23.44	19.60±7.18
1 600	0.62±0.06	0.49±0.18	4.89±0.32	5.01±0.15	5.99±1.69	2.09±0.62	0.31±0.08	0.22±0.07	57.63±9.76	16.78±4.18
1 700	0.52±0.16	0.52±0.12	4.77±0.10	5.06±0.08	7.52±3.48	2.12±0.05	0.37±0.06	0.21±0.03	53.21±15.75	16.45±1.68
指标	全钾/(g/kg)		有机质/(g/kg)		速效钾/(mg/kg)		有效磷/(mg/kg)		水解氮/(mg/kg)	
土层/cm	0~20	20~40	0~20	20~40	0~20	20~40	0~20	20~40	0~20	20~40
海拔/m 900	23.12±0.92	31.06±4.24	13.04±2.67	10.52±0.19	121.50±23.27	88.43±0.76	4.24±1.00	3.22±1.83	173.18±32.77	83.00±15.56
1 000	18.3±5.12	23.27±3.79	16.19±3.37	11.13±2.53	188.80±78.67	73.40±33.20	4.50±4.38	7.60±5.45	215.95±98.02	122.45±83.32
1 100	20.13±6.11	26.40±5.86	15.27±3.38	10.69±0.96	178.81±67.46	141.67±154.27	4.39±3.47	2.27±1.59	219.98±161.07	106.74±52.55
1 200	21.52±6.81	24.82±7.91	15.78±2.62	10.84±1.05	167.93±52.20	101.82±48.49	7.67±4.06	4.90±3.88	194.00±25.48	89.99±36.62
1 300	19.32±5.95	23.10±7.61	16.24±3.21	10.53±1.76	171.19±94.26	79.63±31.65	7.11±4.22	3.55±3.64	188.12±84.56	115.36±60.36
1 400	22.65±5.18	25.39±3.39	18.50±3.61	11.74±1.32	154.20±48.68	101.34±53.80	6.17±2.97	4.49±3.44	275.61±135.23	113.40±48.92
1 500	21.60±5.79	25.80±5.24	17.11±2.91	10.86±1.29	134.82±64.07	65.29±29.48	7.93±3.83	4.26±3.40	228.24±78.92	110.93±44.70
1 600	24.78±9.56	26.82±3.88	18.08±1.59	12.16±2.55	87.67±32.88	78.56±45.26	6.12±4.77	5.76±5.27	213.27±82.72	90.61±35.90
1 700	25.25±3.88	34.00±1.22	15.94±2.67	10.25±0.85	134.50±8.16	139.75±45.93	7.88±3.84	1.00±0.46	208.53±4.56	112.35±25.24

(1)土层含水量

0~20 cm 土层含水量介于39%~62%。其中海拔1 200 m最低，为39%，海拔1 600 m最高，为62%。在海拔1 000 m(58%)和1 600 m(62%)出现两个小高峰，其他海拔含水量介于49%~52%，变化程度较小。20~40 cm 土层土壤含水量低于0~20 cm，介于36%~52%，处于波动起伏状态。20~40 cm 土层土壤含水量最低值在海拔1 500 m(36%)，最高值在海拔1 700 m(52%)。

（2）土壤 pH 值

土壤 pH 值均低于 5.5，呈酸性。0～20 cm 土层土壤 pH 值在各海拔变异较大，最高值出现在海拔 900 m，为 5.03，海拔 1 000 m(4.69)和海拔 1 500 m(4.64)土壤 pH 值为低值区。海拔 1 100～1 400 m 土壤 pH 值在 4.72～4.75，变化较小。整体变化趋势为：高海拔和低海拔是高值区，中间海拔变化较小。20～40 cm 土层土壤 pH 值高于 0～20 cm 土层，介于 4.95～5.24。pH 值最高值仍然在海拔 900 m，其他海拔 20～40 cm 土层 pH 在 5～5.1，变化较平稳。

（3）土壤全碳

土壤全碳在 0～20 cm 土层随海拔呈波动上升趋势。最高值在 1 700 m(7.52)，最低值在 1 000 m(3.28)，最高值是最低值 2.3 倍。海拔 900～1 100 m 全碳含量低于 4 g/kg。海拔 1 200～1 300 m 接近 4 g/kg，海拔上升到 1 400 m 后，土壤全碳含量介于 5～6 g/kg。20～40 cm土层土壤全碳含量低于 0～20 cm 土层。总体变化趋势与 0～20 cm 土层相同，即随海拔升高波动上升。最高值在海拔 1 000 m(2.74)，最低值在海拔 900 m(1.6)。

（4）土壤全氮

0～20 cm 土层土壤全氮含量自海拔 900 m(38.47)逐渐上升至海拔1 400 m(68.99)达到最大值，海拔 1 500 m 后逐渐下降。土壤氮含量在高海拔地区(1 500～1 700 m)高于低海拔。20～40 cm 土层土壤全氮含量在各海拔变化趋势与 0～20 cm 土层一致。低海拔全氮含量随海拔逐渐上升，至海拔 1 400 m 达到最大(22.62)，最低值在海拔 900 m 处。

（5）土壤全磷

0～20 cm 土层土壤全磷含量介于 0.23～0.37 g/kg，随海拔升高呈波动上升趋势。海拔 1 200 m和 1 700 m(0.37)的土壤磷含量高于其他海拔，海拔 1 000 m 和 1 300 m 的土壤全磷含量为 0.24 g/kg 和 0.23 g/kg，在各海拔中最低。20～40 cm 土层土壤全磷含量变化趋势与 0～20 cm 土层基本一致，含量相差较大。含量较高的海拔为 1 100 m 和 1 400～1 700 m，介于 0.2～0.23 g/kg。全磷含量低值的海拔区与 0～20 cm 土层一致，在海拔1 000 m和 1 300 m 处，为 0.15 g/kg。

（6）土壤全钾

0～20 cm 土层土壤全钾含量与海拔增加的趋势不明显。按照土壤全钾含量排列为：1 700 m(25.25)＞1 600 m(24.78)＞900 m(23.12)＞1 400 m(22.65)＞1 500 m(21.60)＞1 200 m (21.52)＞1 100 m(20.13)＞1 300 m(19.32)＞1 000 m(18.3)。高海拔的1 700 m、1 600 m 和相对低海拔的 900 m 全钾含量较高。海拔 1 000 m 和 1 300 m 全钾含量较低，与全碳和全氮的低值区分布状况相同。20～40 cm 土层全钾含量分布趋势与 0～20 cm 土层分布相似，含量高于 0～20 cm 土层，介于 23.1～34 g/kg，排列顺序为：1 700 m(34)＞900 m(31.06)＞1 600 m(26.82)＞1 100 m(26.4)＞1 500 m(25.8)＞1 400 m(25.39)＞1 200 m(24.82)＞1 000 m (23.27)＞1 300 m(23.1)。可见，高值区仍为高海拔 1 700 m 和低海拔 900m，低值区在海拔 1 000 m 和 1 300 m。

（7）土壤有机质

0～20 cm 土层土壤有机质含量随海拔呈现逐渐上升的趋势，自海拔900 m 以后，逐渐上升，到海拔 1 400 m(18.5)达到最大，后逐渐降低。海拔 1 600 m(18.08)的土壤有机质含量次于 1 400 m。海拔 900 m(13.04)土壤有机质含量低于其他海拔。海拔1 100 m(15.27)和 1 200 m(15.78)略高于海拔 900 m 处的有机质含量。20～40 cm 土层土壤的有机质含量低于

0～20 cm土层，在10.25～12.16 mg/kg，变化趋势与0～20 cm土层变化趋势相近，海拔1 400 m和1 600 m的有机质略高于其他海拔。其他海拔相差较小，有机质变化较小。有机质低值在海拔1 700 m为10.25。海拔900 m土壤有机质含量与1 300 m含量相近，均低于11 mg/kg。

(8)土壤速效钾

0～20 cm土层土壤速效钾在海拔900 m为低值，到海拔1 000 m达到最大值，随着海拔升高，速效钾含量逐渐减少，海拔1 600 m达到最低值，为87.67 mg/kg。海拔1 700 m(134.5)土壤速效钾含量与海拔1 500 m(134.82)的相近。速效钾含量的高值区出现在相对较低的海拔，即1 000～1 300 m，高海拔1 500～1 700 m速效钾含量较低。20～40 cm土层土壤速效钾随海拔变化趋势与0～20 cm土层不同，其值远低于0～20 cm土层。速效钾含量各海拔排列顺序为：1 100 m(141.67)>1 700 m(139.75)>1 200 m(101.82)>1 400 m(101.34)>900 m(88.43)>1 300 m(79.63)>1 600 m(78.56)>1 000 m(73.4)>1 500 m(65.29)，分布情况与海拔变化无明显关系。

(9)土壤有效磷

0～20 cm土层土壤有效磷随海拔上升逐渐增加。总体来看，低海拔有效磷含量较低，高海拔有效磷含量较高。有效磷含量排序为：1 500 m(7.93)>1 700 m(7.88)>1 200 m(7.67)>1 300 m(7.11)>1 400 m(6.17)>1 600 m(6.12)>1 000 m(4.5)>1 100 m(4.39)>900 m(4.24)，海拔1 500 m和1 700 m有效磷含量约为1 100 m和900 m的1.8倍。20～40 cm土层土壤有效磷含量各海拔差异较大。除海拔1 000 m外，各海拔的土壤有效磷含量低于0～20 cm土层。海拔1 000 m有效磷含量最高，其次为1 600 m，为5.76，海拔1 700 m土壤有效磷含量最低。海拔1 100 m(2.27)和900 m(3.22)的土壤有效磷含量也较低。

(10)土壤水解氮

0～20 cm土层土壤水解氮，总体上随海拔上升逐渐增加，海拔1 400 m达到高峰，而后逐渐下降，但仍较高。水解氮含量排序为：1 400 m(275.61)>1 500 m (228.24)>1 100 m (219.98)>1 000 m(215.95)>1 600 m(213.27)>1 700 m(208.53)>1 200 m(194.00)>1 300 m(188.12)>900 m(173.18)。20～40 cm土层土壤水解氮含量各海拔差异较大，低于0～20 cm土层。变化趋势随海拔变化不明显。

二、土壤养分分级海拔梯度分布格局

根据土壤养分等级划分(常成虎等，2005)(表7-37)可知，土壤在0～20 cm土层以及海拔1 000 m和1 400 m的20～40 cm土层含全氮量很丰富(一级)，其他海拔20～40 cm土层土壤全氮量属于二级丰富水平。全磷含量低于0.5，属于极缺乏水平。0～20 cm土层土壤全钾含量在海拔1 000 m和1 300 m属于中等水平，海拔900 m、1 100 m、1 200 m、1 400～1 600 m属于丰富水平，20～40 cm土层土壤的全钾含量在海拔1 200 m和1 300 m属于丰富水平，而其他海拔则属于很丰富水平。0～20 cm土层水解氮含量很丰富，20～40 cm土层水解氮含量在海拔1 000 m达到丰富，海拔900 m和1 200 m为缺乏，其他海拔属于中等水平。土壤有效磷含量在海拔1 200～1 700 m以及1 000 m的0～20 cm土层、1 600 m的20～40 cm土层属于缺乏水平，其他海拔0～20 cm土层和20～40 cm土层均为很缺乏甚至极缺乏状态。速效钾含量在海拔1 000～1 400 m的0～20 cm土层土壤含量丰富，在海拔900 m、1 500 m、1 700 m的0～20 cm土层，海拔1 100 m、1 200 m、1 400 m、1 700 m的20～40 cm土层属于中等水平，其他海拔土层为缺乏。有机质含量在各海拔土层均属很丰富水平，pH值均属于酸性。

表 7-37　土壤养分分类等级(常成虎等，2005)

等级	一级	二级	三级	四级	五级	六级
水平	很丰富(强碱)	丰富(碱)	中等(中)	缺乏(微酸)	很缺乏(酸)	极缺乏(强酸)
TN	>2	1.5~2	1~1.5	0.75~1	0.5~0.75	<0.5
TP	>1	0.8~1	0.6~0.8	0.4~0.6	0.2~0.4	<0.2
TK	>25	20~25	15~20	10~15	5~10	<5
AN	>150	120~150	90~120	60~90	30~60	<30
AP	>40	20~40	10~20	5~10	3~5	<3
AK	>200	150~200	100~150	50~100	30~50	<30
OM	>4	3~4	2~3	1~2	0.6~1	<0.6
pH	>8.5	8.5~7.5	7.5~6.5	6.5~5.5	5.5~4.5	<4.5

第六节　黄山松群落与环境因子关系

分析不同海拔土壤 0~20 cm 和 20~40 cm 土层理化性质与黄山松群落乔木层主要植物耦合关系，计算各海拔黄山松群落(乔木、灌木、草本)物种重要值、物种多样性与环境因子。考虑到不同海拔梯度乔灌木种类及重要值差异性，仅分析植物群落乔木层重要值大于 1 的优势种。

一、土壤理化性质与群落 PCA 分析

1. 10~20 cm 土层土壤主成分分析

对土壤 0~20 cm 土层环境进行 PCA 相关性分析(图 7-8)。四个轴特征值分别为：0.494、0.183、0.125、0.084，累计贡献率达 88.50%。不同海拔 0~20 cm 土层土壤环境因子影响存在差异。由图 7-8 可知，海拔 900 m 与环境因子相关性不明显，海拔 1 000 m、1 300 m 和 1 400 m与速效钾密切相关，海拔 1 100 m、1 200 m 与 pH 密切相关，海拔 1 300 m 和 1 400 m 与水解氮相关密切，海拔 1 500 m 的含水量、全氮、有机质和有效磷关系密切，海拔 1 600 m 和 1 700 m 与全碳和全钾相关密切。

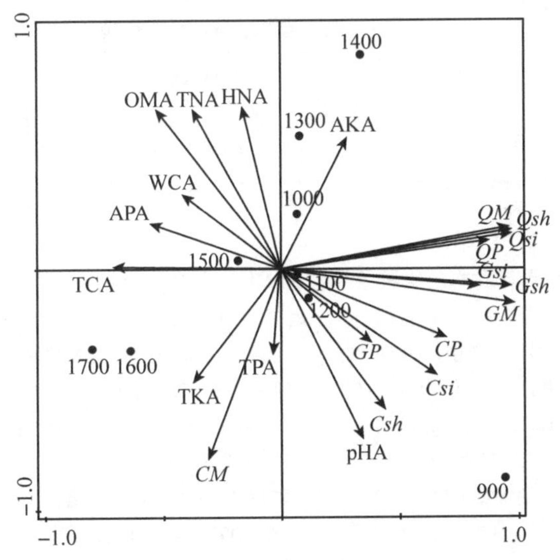

图 7-8　黄山松群落 0~20 cm 土层土壤 PCA 分析

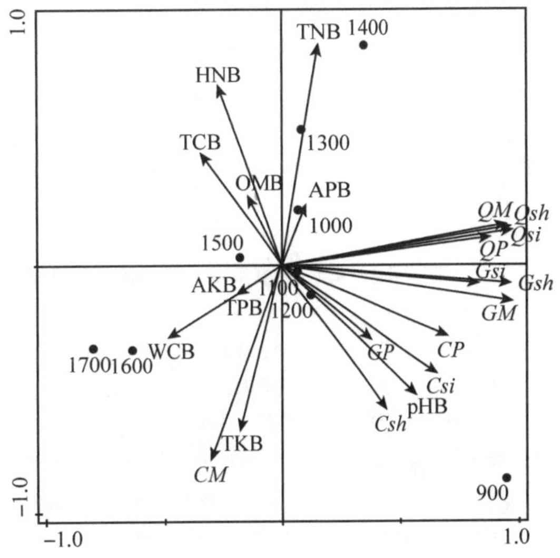

图 7-9　黄山松群落 20~40 cm 土层土壤 PCA 分析

2. 20 ~ 40 cm 土层土壤主成分分析

20 ~ 40 cm 土层土壤四个轴 PCA 相关性分析的特征值分别为：0.409、0.248、0.102、0.087，累计贡献率达 84.55%。由图 7-9 可知，海拔 900 m 与土壤相关性不明显，海拔 1 100 m 和 1 200 m与 pH 相关密切，海拔 1 000 m 受有效磷和全氮影响大，与海拔 1 300 m 和 1 400 m 受全氮影响，海拔 1 500 m 与全氮和速效钾关系密切，海拔 1 600 m 和 1 700 m 受土壤含水量影响大。

二、土壤理化性质与群落 DCA 分析

1. 10 ~ 20 cm 土层土壤理化性质与各海拔乔木层重要值耦合关系

排序轴的特征值反映响应物种多度矩阵信息，相关系数表示排序轴与环境因子相关性。由各海拔与环境因子 DCA 排序图可以看出，DCA 排序第一至四轴特征值分别为 0.556、0.196、0.033、0.005，四个轴解释变量分别为 25.57%、9.02%、1.53%、0.25%，累计解释变异量为 36.37%。

图 7-10 中箭头代表 0 ~ 20 cm 土层土壤理化性质，黑色三角表示乔木层重要值大于 1 物种，圆点表示不同海拔。物种和群落的分布与环境因子相关性的大小用箭头连线的长短表示；夹角越小说明关系越密切；环境因子与排序轴之间的正负相关性以箭头所处的象限表示。将土壤理化性质指标的射线延长，9 个海拔垂直投射到该射线上，以投影点到指标实心箭头处相对距离为标准，沿着箭头方向为增大，反之为减小。由此可知每个土壤指标在海拔的大小。

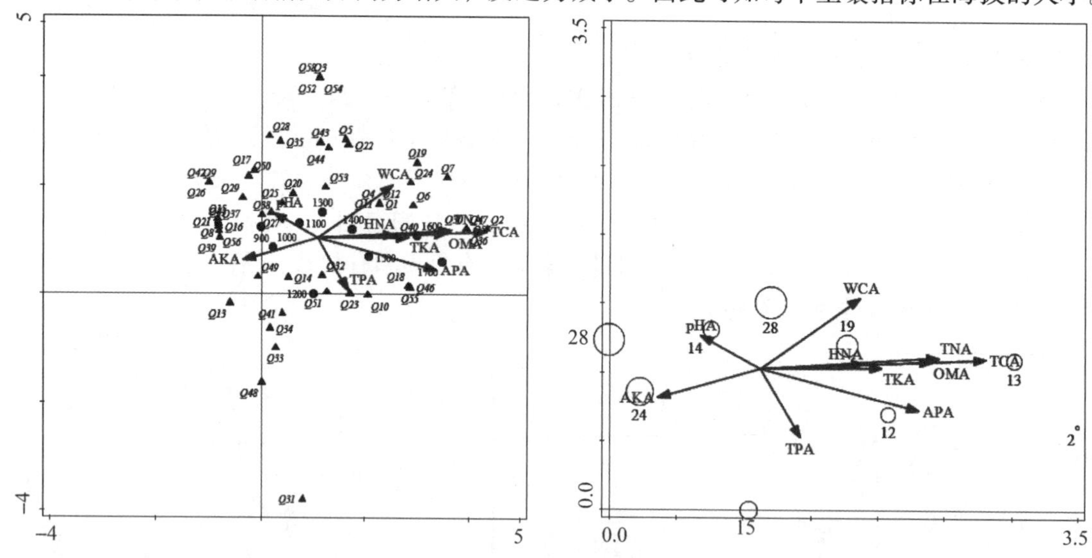

图 7-10　黄山松群落 0 ~ 20 cm 土层土壤理化性质与乔木层物种重要值的 DCA 相关分析

Q1：白檀；Q2：波叶红果树 Q3：大叶冬青；Q4：东方古柯；Q5：东南石栎；Q6：短柱茶；Q7：齿叶冬青；Q8：福建山樱花；Q9：岗柃；Q10：格药柃；Q11：褐叶青冈；Q12：黑椎；Q13：红淡比；Q14：红楠；Q15：红叶树；Q16：虎皮楠；Q17：黄瑞木；Q18：黄山松；Q19：云南桤叶树；Q20：枯木；Q21：腊莲绣球；Q22：老鼠矢；Q23：大萼杨桐；Q24：鹿角杜鹃；Q25：罗浮栲；Q26：罗浮柿；Q27：马尾松；Q28：马银花；Q29：马醉木；Q30：满山红；Q31：米槠；Q32：木荷；Q33：青冈；Q34：青榨槭；Q35：三花冬青；Q36：山矾；Q37：山乌桕；Q38：杉木；Q39：柿树；Q40：薯豆；Q41：树参；Q42：台湾冬青；Q43：甜槠；Q44：未知；Q45：细齿叶柃；Q46：小檗属；Q47：盐肤木；Q48：羊舌树；Q49：杨梅；Q50：野漆；Q51：硬斗石栎；Q52：云山青冈；Q53：窄基红褐柃；Q54：樟树；Q55：浙江桂；Q56：浙江润楠；Q57：光亮山矾；Q58：紫楠

由图 7-10 可知，0 ~ 20 cm 土层全碳、有机质、全氮和土壤含水量对乔木层优势树种影响大，pH 值、速效钾影响较小，指标间影响力差别较小。Q2、Q5、Q47、Q36、Q40 与全碳、有机质、全氮、全钾和水解氮关系密切，在海拔 1 600 m 和 1 700 m 相关性最明显。Q55、Q46、Q18 与有效磷关系密切，Q10、Q23、Q32、Q51 在 1 200 m 与全磷密切相关，Q49 与速效钾以及 Q27、Q38 与 pH 值均表现出一定相关性。

两条射线间夹角代表相关性，两个指标之间的相关系数用余弦值表示。其中，土壤全磷与全氮，全氮与有机质、全碳、全钾、水解氮，水解氮与土壤含水量、全钾相关性密切；速效钾和 pH 值与其他指标相关性均较小。

图中两个圆圈之间距离近似等于以标准差(*SD*)为衡量标准的每个样方物种组成的差异性。圆圈大小反映样方内物种对样方贡献率。圆圈数字与差异性大小呈正比。可见，海拔 1 300 m 物种贡献率和差异性均最大，其次是 900 m 和 1 000 m 样方。

2. 0 ~ 20 cm 土层土壤理化性质与各海拔灌木层重要值耦合关系

由各海拔与环境因子 DCA 排序图可知，DCA 排序第一至四轴特征值分别为 0.544、0.218、0.018、0.001，四个轴解释变量分别为 29.82%、11.79%、0.99%、0.02%，累计解释变异量为 42.80%。

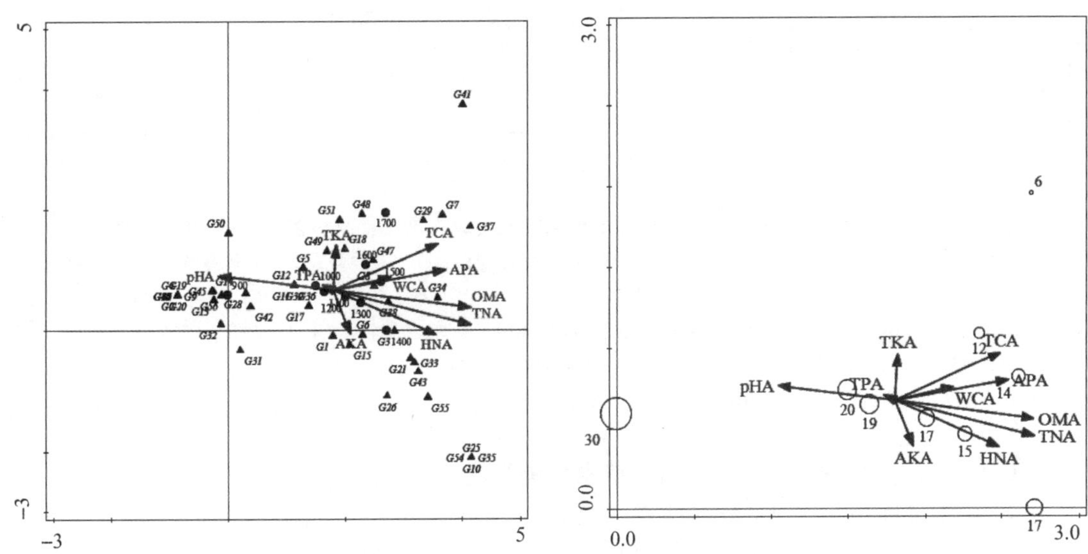

图 7-11　黄山松群落 0 ~ 20 cm 土层土壤理化性质与灌木层主要物种多样性的 DCA 分析

G1：肿节少穗竹；G2：中华野牡丹；G3：鸭脚茶；G4：浙江润楠；G5：窄基红褐柃；G6：映山红；G7：岩柃；G8：鸭脚茶；G9：新木姜子；G10：小叶石楠；G11：小叶赤楠；G12：小果南烛；G13：细枝柃；G14：细齿叶柃；G15：乌药；G16：弯蒴杜鹃；G17：算盘子；G18：石斑木；G19：山矾；G20：三花冬青；G21：箬竹；G22：绒毛山胡椒；G23：青榨槭；G24：枇杷叶紫珠；G25：南方荚蒾；G26：木荷；G27：米槠；G28：梅叶冬青；G29：满山红；G30：马醉木；G31：马银花；G32：罗浮栲；G33：鹿角杜鹃；G34：大萼杨桐；G35：老鼠矢；G36：蜡子树；G37：九仙莓；G38：云南桤叶树；G39：坚荚树；G40：荚蒾；G41：黄山松；G42：黄瑞木；G43：华丽杜鹃；G44：虎皮楠；G45：红叶树；G46：红楠；G47：格药柃；G48：岗柃；G49：齿叶冬青；G50：短柱茶；G51：短尾越橘；G52：杜茎山；G53：杜虹花；G54：茶；G55：草珊瑚；G56：白檀

各海拔与 20～40 cm 土层理化性质比 0～20 cm 土层相关性小。其中，海拔 1 400 m、1 300 m、1 100 m 和 1 200 m 与水解氮、全氮和有机质关系密切；海拔 1 500 m 与含水量和有效磷相关性较大；海拔 1 600 m 与全碳关系大；海拔 900 m 和 1 000 m 与 pH 和全磷关系大。灌木各物种与全氮、水解氮、有机质、有效磷和全碳关系密切。全磷、全钾和速效钾影响较小，其中 G21、G33、G43、G3 与水解氮关系密切；海拔 900 m 受到 pH 值影响大，涉及物种有 G15、G45、G19、G20、G28、G14 等；个别物种如 G49、G18 受全钾影响大；海拔 900 m、1 000 m和 1 100 m 的物种贡献率最大。

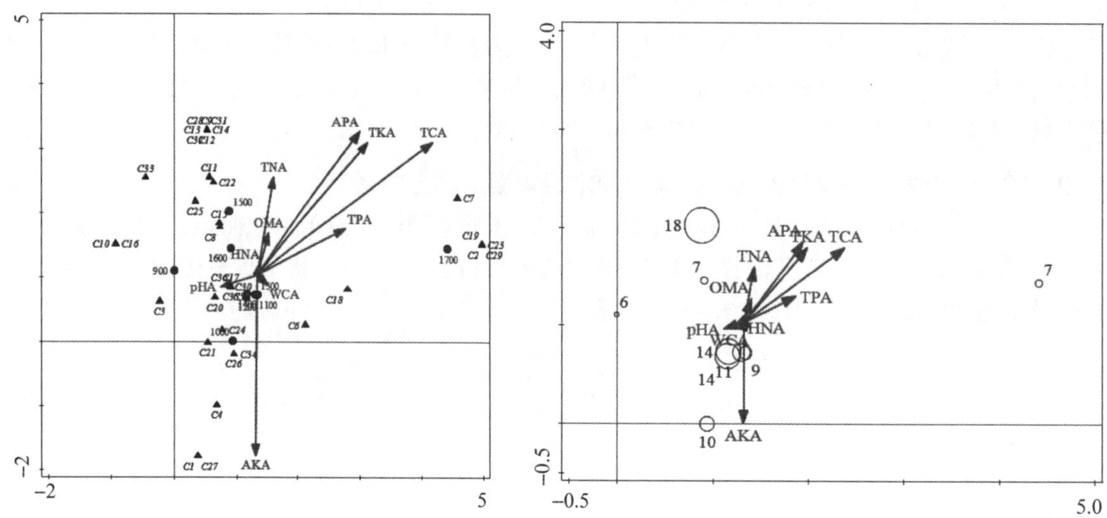

图 7-12　黄山松群落 0～20 cm 土层土壤理化性质与草本层主要物种多样性的 DCA 分析

C1：笔管草；C2：莱蕨；C3：淡竹叶；C4：灯心草；C5：短尾越橘；C6：狗脊蕨；C7：牯岭藜芦；C8：黑莎草；C9：黑紫藜芦；C10：红腺悬钩子；C11：花葶薹草；C12：华南龙胆；C13：戟叶堇菜；C14：金毛耳草；C15：荩草；C16：空心泡；C17：狼尾草；C18：里白；C19：芦苇；C20：芒；C21：芒萁；C22：毛堇菜；C23：铺地黍；C24：三脉紫菀；C25：松叶蕨；C26：乌蕨；C27：乌毛蕨；C28：五节芒；C29：五岭龙胆；C30：细枝柃；C31：小二仙草；C32：野古草；C33：中华薹草；C34：鸭脚茶；C35：竹节草；C36：酢浆草

3. 0～20 cm 土层土壤理化性质与各海拔草本层重要值耦合关系

由各海拔与环境因子 DCA 排序图可知，DCA 排序第一至四轴特征值分别为 0.584、0.339、0.025、0.007，四个轴解释变量分别为 24.7%、14.32%、1.08%、0.31%，累计解释变异量为 42.80%。

由图 7-12 可知，0～20 cm 土层土壤全碳、全钾、速效钾、有效磷对草本层影响较大，土壤含水量、水解氮、有机质等关系较小。其中 C26、C21、C34、C4、C1、C27 与速效钾关系较密切；C20、C36、C3、C17 与 pH 值相关性强。海拔 1 500 m 物种贡献率最大，海拔 1 200 m和 1 400 m 物种贡献率也较大，海拔 900 m、1 000 m 和 1 700 m 物种贡献率最低。

4. 20～40 cm 土层土壤理化性质与各海拔乔木层重要值耦合关系

由各海拔与环境因子 DCA 排序图可知，DCA 排序第一至四轴特征值分别为 0.556、0.196、0.033、0.005，四个轴解释变量分别为 25.57%、9.02%、1.53%、0.25%，累计解释变异量为 36.37%。

由图 7-13 可知，对乔木层优势种影响较强的土壤性质为 pH 值、含水量、有机质、有效磷。其中，Q39、Q45、Q16、Q39、Q45、Q21、Q39、Q8、Q15、Q48 与 pH 相关密切；Q41、Q32、Q51、Q39、Q14 与有效磷关系密切；Q40、Q36、Q47、Q30、Q5、Q2 与有机质关系密切；Q6、Q4、Q7、Q12、Q11 与含水量关系密切。海拔 1 300 m 物种贡献率大，海拔 900 m 和 1 000 m 物种贡献率居其次，海拔 1 700 m 贡献最低。

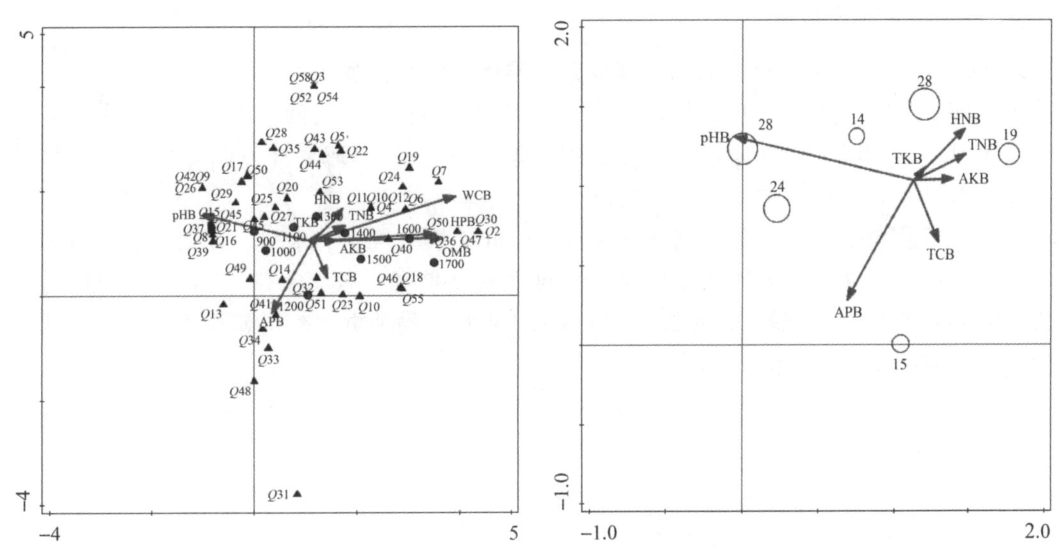

图 7-13　黄山松群落 20 ~ 40 cm 土层土壤理化性质与乔木层主要物种多样性的 DCA 分析

（对应项同图 7-11）

5. 20 ~ 40 cm 土层土壤理化性质与各海拔灌木层重要值耦合关系

由各海拔与环境因子 DCA 排序图可知，DCA 排序第一至四轴特征值分别为 0.544、0.218、0.018、0，四个轴解释变量分别为 29.82%、11.97%、0.99%、0.02%，累计解释变异量为 42.8%。

由图 7-14 可知，灌木层优势物种与土层 20 ~ 40 cm 土壤全氮、pH 值、全钾相关性较显著，有机质、水解氮、全碳、含水量等具有较强关联性，而全磷、速效钾、有效磷等相关性较小。

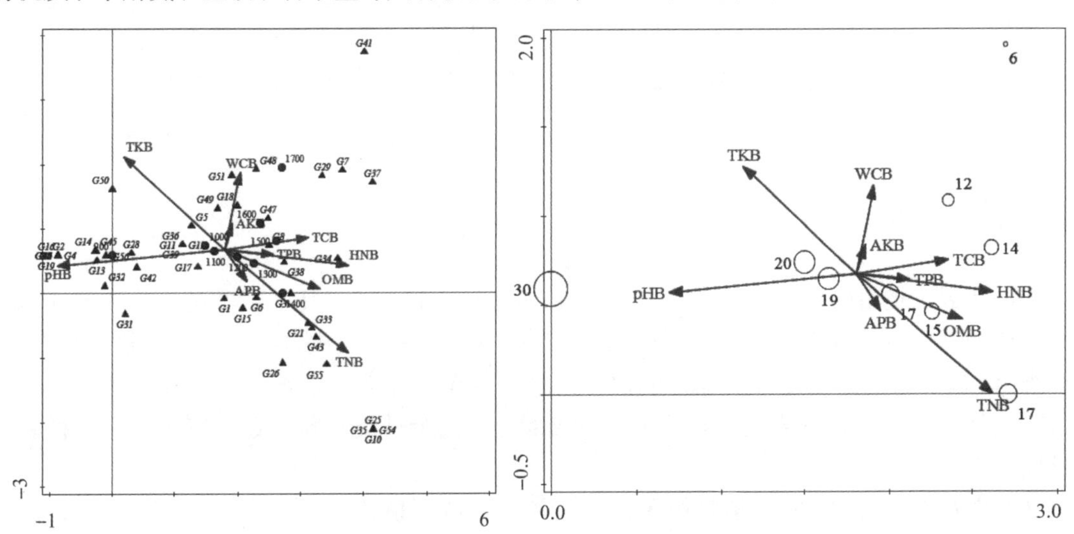

图 7-14　黄山松群落 20 ~ 40 cm 土层土壤理化性质与灌木层主要物种多样性的 DCA 分析

（对应项同图 7-12）

灌木优势种分布受影响较大，其中 G4、G19、G2、G45、G13、G56、G28、G36、G11、G17、G42、G13、G32 与 pH 值相关性强，G55、G26、G43、G21、G33、G3、G6、G15、G1 与全氮相关密切，G5、G18、G49、G51、G48 与土壤含水量相关密切。海拔 900 m 物种贡献率最大，海拔 1 100 m、1 000 m、1 200 m、1 400 m、1 500 m、1 600 m 物种贡献呈下降趋势，海拔1 700 m 物种贡献率最低。

6. 20 ~40 cm 土层土壤理化性质与各海拔草本层重要值耦合关系

由各海拔与环境因子 DCA 排序图可知，DCA 排序第一至四轴特征值分别为 0.584、0.339、0.025、0.007，四个轴解释变量分别为 24.70%、14.32%、1.08%、0.31%，累计解释变异量为 40.41%。

由图 7-15 可知，草本层物种与土层 20 ~40 cm 土壤全钾、含水量、速效钾、有效磷、全碳等相关性较强，草本层物种与土壤相关程度表现不明显，仅有 C18、C6 和 C3 较为接近。海拔 1 500 m 物种贡献率最大，海拔 1 200 m 和 1 400 m 物种贡献率相等居其次，海拔 900 m、1 700 m 和 1 100 m 物种贡献率较低。

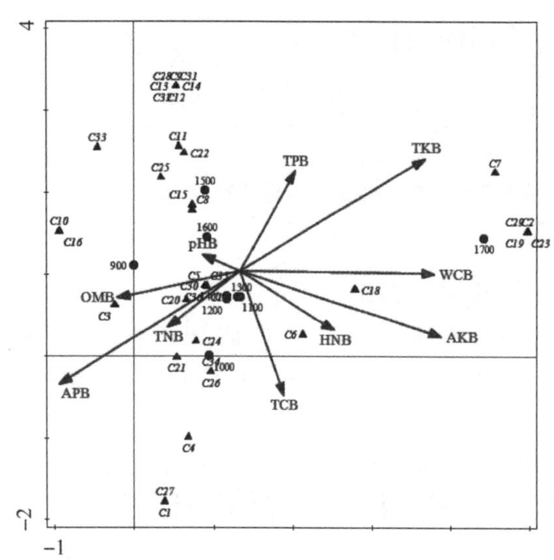

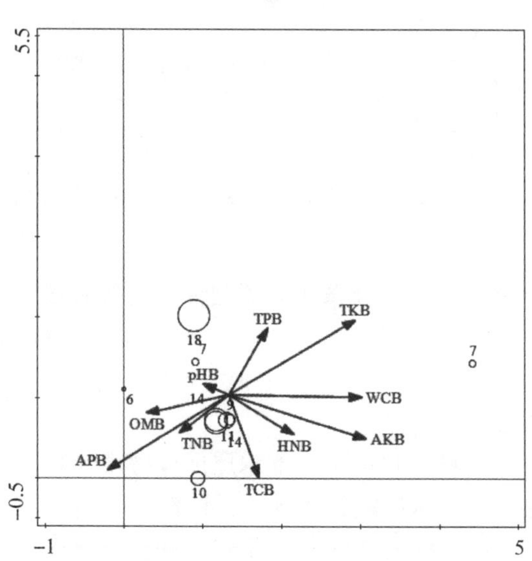

图 7-15　黄山松群落 20 ~40 cm 土层土壤理化性质与草本层主要物种多样性的 DCA 分析

（对应项同图 7-13）

第七节　小结

(1)戴云山黄山松群落共有维管束植物 46 科 81 属 154 种，其中蕨类植物有 1 科 1 属 1 种，裸子植物有 4 科 4 属 5 种，被子植物 41 科 76 属 148 种，其中较大科有壳斗科、蔷薇科；单种科有 32 个科。黄山松群落维管植物种类集中分布在壳斗科、蔷薇科、杜鹃花科、茜草科、山茶科、樟科等，是群落植物的主要组成部分，其余种类分布在数量较多的小种科和单种科。

(2)黄山松群落中高位芽植物最多，其次是小高位芽植物，隐芽植物最少。可见，在黄山松群落维管束植物中生活型类型以高位芽植物占优势。总体上，黄山松群落具有以革质叶与纸质和草质的小型非全缘单叶为主的群落外貌特征。

(3)黄山松群落包含的46科划分为8个分布区类型。世界广布有8科，占总科数17.39%；热带—亚热带分布有泛热带及其变型、东亚及热带南美间断分布、北温带和南温带间断分布、东亚及北美间断分布，有29科，占总科数63.04%，是黄山松群落植物区系最丰富地理成分。由此可见，戴云山黄山松群落植物区系以热带—亚热带分布科所占比例最大，其次是世界广布科，说明该植物区系具有明显热带性质。黄山松群落所包含81属分为20个分布区类型，可归并成世界广布、热带—亚热带分布、温带分布、中国—喜马拉雅分布和中国特有分布五大类。

(4)乔木层有树种101种，其中重要值大于1.600有34种，其余67种重要值小于1.600。重要值从大到小为黄山松、甜槠、鹿角杜鹃、木荷、华丽杜鹃、硬斗石栎、云南桤叶树、格药柃、马银花、细枝柃、马尾松、南岭栲、窄基红褐柃、多脉青冈、青冈、吊钟花、青榨槭、杨梅、羊舌树、大萼杨桐、牛耳枫、罗浮栲等。灌木层有树种113种，其中重要值大于1.600有32种，其余81种重要值小于1.600。重要值从大到小为肿节少穗竹、窄基红褐柃、细枝柃、短尾越橘、满山红、乌药、鸭脚茶、岗柃、马银花、岩柃、鹿角杜鹃、华丽杜鹃、石斑木、映山红、云南桤叶树、小叶赤楠、黄瑞木、细齿叶柃、小果南烛等。

(5)戴云山黄山松群落分为8个群丛类型：黄山松+杉木-乌药-芒萁群丛；黄山松+多脉青冈-细枝柃-里白群丛；黄山松+云南桤叶树-短尾越橘-芒萁群丛；黄山松+甜槠-肿节少穗竹+窄基红褐柃-里白群丛；黄山松+吊钟花-短尾越橘-狗脊蕨群丛；黄山松+华丽杜鹃-短尾越橘-里白群丛；黄山松+亮叶水青冈-满山红-芒萁群丛；黄山松-满山红-平颖柳叶箬群丛。

(6)戴云山黄山松总体群落内植物种类丰富、结构复杂，群落内生境条件有差异，特别是海拔影响，使8种不同类型群丛之间总体物种丰富度、多样性指数相差较大，均匀度指数Pielou指数、Alatalo指数在群丛波动不大。除Simpson指数外，其余指数总体上较为一致，但考虑Simpson指数内涵与其余指数不同，反映优势种在群落中作用，即从另一角度印证了各群落多样性特征。

(7)在群落垂直结构上，受层级微环境和优势种自身发育特性影响，各群丛类型间乔木层、灌木层和草本层物种丰富度和多样性波动较大。各群丛类型间乔木层、灌木层均匀度指数变化幅度大，草本层在各群丛之间变化幅度较小，与各群丛乔木层和灌木层物种间的个体数量变化程度不同有关。

(8)物种多样性与海拔相关性显著。α多样性表明，乔木层和灌木层物种多样性随海拔上升而下降。乔木层Shannon-Wiener指数表明随海拔上升物种复杂程度降低。在海拔900 m物种丰富度最大，海拔1 700 m物种丰富度最低。灌木物种丰富度变化趋势与乔木层一致。草本层物种丰富度各海拔间有波动，仍以海拔900 m草本最为复杂多样，海拔1 400 m丰富度较低。物种多样性随海拔变化通过β多样性可见。Sorensen和Jaccard反映各海拔间物种相似性。随着海拔上升，物种间相似性逐渐降低，至海拔1 500 m向1 600 m过渡时，相似性最低。替代速率表明，海拔1 200 m向1 300 m、1 300 m向1 400 m、1 400 m向1 500 m过渡替代速率较大，物种相似性较高。

(9)群落乔木层中黄山松生态位最宽，其次是木荷、鹿角杜鹃、甜槠，这些树种生态位宽度较大，说明在群落中地位较高，分布范围较广。生态位最窄的是亮叶水青冈，它仅分布

在第25个样地内，与黄山松形成共建群落，原因可能是由于特殊地形造成短暂存在状态。灌木层中窄基红褐柃生态位最宽，几乎出现在所有样方中，是灌木层常见种。短尾越橘生态位也较宽，出现在大多数样方中，能适应多种不同生境。鹿角杜鹃不仅在乔木层占较大生态位宽度，在灌木层也占据较宽生态位。

(10)群落各主要种群生态位重叠值除个别种对外，普遍偏低，绝大多数种对介于0~0.5，说明黄山松群落中优势种群对群落环境资源分享较充分，主要种群之间关系较协调，能够相互适应，但共同利用资源能力较差。不同类型群丛普遍生态位重叠值都很高，说明在群落中各物种有较强利用资源共性，但从整个黄山松群落来看，总群落生态位普遍重叠值明显小于其他各群丛。

(11)运用方差比例法检验多物种间联结，群落乔木层主要树种总体相关性存在净的正联结，呈显著正相关，灌木层主要树种总体相关性存在净的正联结，树种间总体上无显著相关，说明灌木层种间联结关系达到一定水平，但各树种联结性不明显。运用χ^2检验和联结系数进一步分析，发现乔木层和灌木层主要树种间正联结性较强的种对数较少，大部分种对间联结性较弱。

(12)土壤理化性质的海拔响应。按照土壤理化性质随海拔的变异趋势将研究结果分为六种。①正相关：0~20 cm和20~40 cm全碳含量随海拔升高；②中间膨胀型：全氮、全钾、有机质和0~20 cm的速效钾和水解氮随海拔升高呈现先升高后下降趋势；③两侧高，中间低：土壤pH值呈高海拔地区和低海拔地区出现高值，中间海拔偏低规律；④负相关：随海拔升高而降低，其中0~20 cm速效钾呈此规律；⑤无关：全磷和20~40 cm土层水解氮随海拔增加而不规则波动；⑥波动上升：随海拔升高，表现出一定上升趋势，但是，海拔间上下波动。其中有效磷含量和0~20 cm土层含水量呈此种状态。土壤各理化性质随海拔发生变异，表明土壤本身具有空间异质性。研究发现，0~20 cm土层土壤变异程度基本高于20~40 cm土层。不同海拔间差异研究可知，低海拔(海拔900 m、1 000 m和1 100 m)变异总体高于高海拔区。pH值、含水量、有机质以及20~40 cm全钾变异较小。而全碳、全钾、全氮和全磷变异低于速效钾、有效磷和水解氮。总量的变异基本小于植被可利用的养分含量。

(13)分析土壤因子在各海拔对群落优势种解释可知，0~20 cm土层土壤全碳、全氮、有机质、全钾和土壤含水量等可以解释88.50%，20~40 cm土层土壤全氮、水解氮、全碳、pH值和土壤含水量等累计贡献率为84.55%，低于0~20 cm土层。土层0~20 cm和20~40 cm对乔木层物种分布解释量较大指标相同，为含水量、有机质、全磷和pH值。0~20 cm土层土壤对灌木优势种解释量最大为水解氮、全氮、有机质、有效磷和全碳。而20~40 cm土壤全钾、全氮、pH值、水解氮和有机质影响较大。0~20 cm土壤全碳、全钾、全氮、有效磷和速效钾对草本层影响较大，20~40 cm土壤全钾、全磷、速效钾、含水量和全碳对草本层影响大。土壤环境因子对群落垂直各层贡献率大的均处于优势种相对丰富海拔，与贡献率呈正相关，贡献率较低的基本位于高海拔，草本层在海拔范围两端，即低海拔900 m和高海拔1 600 m、1 700 m。

第八章　黄山松群落空间异质性与植被维持机制

近年来，一方面，基于天然林生态旅游开发日益兴盛，为缓解自然资源保护与开发矛盾，促进天然林生态旅游可持续发展，客观上要求决策者对植被维持机理有较为深入的认识；另一方面，人工诱导更新或天然更新形成的次生林，其建群种组成、林分结构、功能与天然林分有显著区别。次生林作为我国森林资源主体，如何调整和改造，恢复并重建为健康稳定的天然林群落已成为森林经营亟待解决的重要问题(朱教君等，2007)。天然林分历经时间考验与自然选择，其生态系统规律或自然力可为次生林调整与改造提供思路。

天然针叶林的林分结构、系统稳定程度和自我调节能力等与天然阔叶林差异大(黄清麟等，1999)。针叶林分经营过程中，地力衰退、树种配置不合理、种间关系不协调、空间结构不合理等问题突出，类似问题在黄山松林经营过程中也存在。黄山松人工林生态系统稳定性、生产力和生物多样性等生态功能低于常绿阔叶林。因此，以其天然林分作为研究对象，筛选稳定、显著正关联的树种配置组合或生态种组，寻找理想的空间结构参数，综合评价林分立地质量，探索环境因子空间异质性对树种分布的影响，揭示其植被维持机制与群落构建机理，进而指导黄山松林近自然经营，提高其造林成活率，具有重要现实与生产实践意义。另一方面，天然阔叶林固碳释氧、保持水土和生物多样性维持等生态效益明显强于针叶林(林金堂，2002)。在全球变暖大背景下，在生态脆弱、生存环境相对恶劣的中亚热带高海拔地区，天然针叶林是否继续维持目前的群落状态或进一步演替为常绿阔叶林仍有待探索。因此，研究天然针叶林空间异质性及其植被维持机理，不仅可以指导次生林经营管理实践，还可优化其林分空间结构和功能，使其生态效益得到最大化发挥。

黄山松系中国特有树种，是中国东南沿海高海拔山地植被主要建群种。戴云山自然保护区地理位置特殊(位于武夷山脉与台湾中央山脉之间，三者呈三山并行)，植被垂直带谱完整，拥有6 400 hm^2原生性黄山松群落，是中亚热带中山地区植被演替研究的理想地。近年来，戴云山黄山松天然林生态旅游蓬勃发展，然而黄山松林分布区海拔较高、生态较脆弱、抵御外界干扰明显低于同纬度带(海拔)的常绿阔叶林。为缓解黄山松林资源开发和保护矛盾，开展黄山松天然林空间异质性与植被维持机制研究迫在眉睫。目前黄山松研究主要集中在植物分类、地理分布、种群生态学、生物学、森林培育和树轮气候学等(苏松锦等，2015)。自2007年以来，对戴云山黄山松群落生物多样性、数量特征、生命表、更新生态位、种间关联、碳储量、物种多样性对地形响应规律、植被与环境关系等方面进行较为系统研究，为揭示黄山松群落植被空间异质性与维持机制奠定扎实理论基础。但已有研究均基于离散随机获取的小样方(100~400 m^2)数据，研究尺度单一，忽视地理空间结构信息的表达，探索植被与环境因子关系时微观尺度上决定山地植被格局的重要因子——林隙、微地形和微生境等被忽略，鲜有从近自然林或生态系统角度考虑黄山松林结构化经营，综合考虑植被、土壤、凋落物、粗木质残体和根系的生态系统定位研究尚属空白；机理性研究较缺乏，如物种—多度格局形成机理及生态学过程、土壤养分异质性如何影响林下幼苗更新和树种分布、群落谱系结构、中性过程、密度制约和生境异质性等在群落构建中的地位和作用以及土壤—植被—

地形耦合关系等；对黄山松维持与更新机制以及在山地垂直带谱地位和作用争议较大，至今未有明晰结论。

有鉴于此，以戴云山自然保护区陈板岭头 1 hm^2 黄山松群落样地调查数据为基础，采用 O-ring 统计方法分析主要优势种群及其不同生长阶段(林层)空间分布格局与关联性和尺度效应；采用统计模型、生态学模型和中性理论模型，研究黄山松群落物种—多度格局；采用基于 Voronoi 图的混交度、大小比数、角尺度、开敞度和竞争指数，揭示黄山松群落的空间结构特征；分析黄山松群落谱系结构时空变化特征；采用地统计与 GIS 相结合方法，探讨不同尺度下植被、土壤与有效光合辐射等生态学变量的空间异质性及其对幼苗更新和树种分布的影响；采用数量生态学方法研究植被、环境和地形关系，揭示不同尺度生态学变量空间格局对生态过程的影响机制，明确林分结构因子分布规律及其对林分更新和演替影响。为黄山松林资源开发与保护、近自然经营以及中亚热带高海拔地区的植被恢复与生物多样性保护提供科学依据(苏松锦等，2014)。

第一节　样地概况与数据处理

一、样地概况

2012 年 8 月在地形相对平缓且黄山松集中分布的核心区内，设置一块面积为 1 hm^2 (100 m × 100 m)大样地(图 8-1)，开展植被、土壤调查和取样，同时测定有效光合辐射(参照第二章)。样地位于陈板岭头，基点地理坐标为 25°40′14″N、118°13′9″E，属于戴云山北坡，平均海拔 1 415 m，坡度 5° ~ 20°；西南、东北方向为山峰地貌，高程较大(西南 > 东北)，西

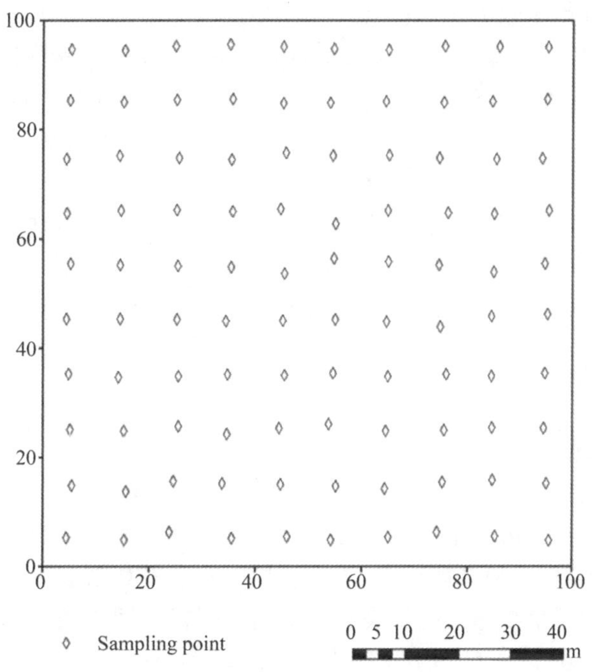

图 8-1　研究样地地理位置及其取样点示意图

北、东南方向较平坦，高程西北大于东南；样地内微地貌主要有大型裸露岩石、水沟、洼地、林隙和小山峰(谷)。研究区群落层次明显，乔木层主要由黄山松、云南桤叶树、鹿角杜鹃、红楠和大萼杨桐等构成；灌木层主要有岗柃、鸭脚茶、映山红和短尾越橘等，草本层以薹草属和莎草属为主，常见的草本植物有里白、狗脊蕨、芒萁和芒等。

二、数据处理

土壤、植被与环境因子描述性统计、单因素方差分析、相关分析、主成分分析和逐步回归分析采用 SPSS 20.0 软件完成；优势种群空间分布格局与关联性采用 Programita 2008 软件完成；群落物种多度分布格局数据采用 R-3.1.0 的 Vegan 软件包和 TeTame 2.0 软件包和 Microsoft Visual C^{++} 6.0(Microsoft Inc，Redmond city，USA)软件处理；林分空间结构研究用 Winkelmass 1.0 软件、Arc GIS 10.2 软件中的 Analysis Tools 模块和 Microsoft Office Excel 2013 (Microsoft Inc，Redmond city，USA)软件处理；群落谱系结构时空变化采用 Phylocom 软件处理；有效光合辐射以及土壤、植被的特征变量空间异质性采用地统计学软件 GS^{+}7.0 和 ArcGIS10.2 软件中的地统计模块 GeoStatistical Analyst 完成；植物、土壤与环境因子间的关系分析采用 Canoco 5.0 或 R 软件处理。数据处理方法详见各节研究方法。

第二节　黄山松优势种群空间分布格局与关联性

植物空间格局是物种间及其与环境相互作用的结果(赵中华等，2011；Lan et al.，2012)，其研究平台多为 1～50 hm^2大样地(Condit et al，2000)。目前国内外学者基于大样地海量调查与监测数据，对我国热带雨林、亚(中亚)热带常绿阔叶林和温带针阔混交林等典型地带性植被分布格局进行了较为深入探索(Wang et al.，2010；Hu et al.，2012；Wei et al.，2014)，并揭示其背后潜在生态学机制(如 Janzen-Connell 假设、负密度制约、竞争共存、扩散限制、生境异质性和更新生态位理论等)(Grubb，1977；Hubbell et al.，2001；祝燕等，2009；Lin et al.，2011；Zhu et al.，2013)。但对中国特有树种形成的典型群落研究并不多见。戴云山自然保护区原生性黄山松群落是中国东南沿海针叶林典型代表，其植物空间格局如何，适合何种假说，至今未见报道。为此，采用 O－ring 统计研究黄山松不同生长阶段和不同林层空间分布格局和空间关联性。研究结果有助于理解中国亚热带针叶林物种维持机制和物种多样性，并为黄山松林经营与管理提供理论依据(苏松锦等，2015；SU Song-jin et al.，2015)。

一、空间分布格局测度

1. 林层和生长阶段的划分

样地设置及植被调查方法参照第二章。根据样地内主要树种($DBH \geq 5$ cm)重要值及其在演替过程中地位，选取 4 个树种作为研究对象。根据林分树高，将树种分为 3 个高度级：树高 $H>10$ m、5 m$\leq H \leq$10 m 和 $H<5$ m，并用 T 层、S 层和 U 层表示。在进行空间格局分析时，各树种均可独立为一个整体，用 A 表示。采用空间代时间方法，用胸径等级代替树种不同生长阶段，等级如下：Ⅰ，(0，1)cm；Ⅱ，[1，2.5)cm；Ⅲ，[2.5，7.5)cm；Ⅳ，[7.5，12.5)cm；Ⅴ，[12.5，17.5)cm；Ⅵ，[17.5，22.5)cm；Ⅶ，[22.5，27.5)cm；Ⅷ，[27.5，32.5)cm；Ⅸ，[32.5，+∞)cm。其中幼苗包括Ⅰ、Ⅱ；幼树包括Ⅲ；中树包括Ⅳ、

Ⅴ和Ⅵ；大树包含Ⅶ、Ⅷ和Ⅸ。

2. O-ring 统计

O-ring 统计是通过计算点在某一距离发生频率来分析其空间格局，其中单变量 O-ring 统计[$O_{11}(r)$]适用于分析单个对象空间分布格局，而双变量 O-ring 统计[$O_{12}(r)$]适合两个不同对象的空间关联性分析。$O_{12}(r)$计算公式为：

$$Q_{12}(r) = \frac{\sum_{i=1}^{n} P_2[R_{1,i}^{w}(r)]}{\sum_{i=1}^{n_1} S[R_{1,i}^{w}(r)]} \tag{8-1}$$

式中，n_1 为对象 1 的点数目，$R_{1,i}^{w}(r)$ 表示以对象 1 中第 i 点为圆心；r 为半径；w 为宽的圆环；$P_2[X]$表示对象 2 的点数目；$S[X]$为圆环面积。

采用单变量 O-ring 统计和完全随机零假设分析黄山松种群及其不同生长阶段、不同林层空间分布格局。$O_{11}(r)$值高于上包迹线 E_{11+}、低于下包迹线 E_{11-} 和介于包迹线之间分别表示种群在距离 r 处呈聚集、随机和均匀分布；采用双变量 O-ring 统计和前提条件假设(假设下层树木空间分布受上层影响，大树会抑制小树生长)分析种群不同生长阶段(林层)空间关联性。$O_{12}(r)$值高于上包迹线 E_{12+}、低于下包迹线 E_{12-} 和介于包迹线之间分别表示种群 1 和种群 2 在距离 r 处呈正相关、负相关和不相关(Wiegand et al.，2012)。进行空间格局分析时，将 Programita 2008 软件的空间尺度设为0～50 m，步长设为 1 m。根据相应假设，经 99 次 Monte-Carlo 模拟得到 99% 置信区间。

二、样地林分结构

戴云山陈板岭头 1 hm^{2}黄山松样地内共有木本植物 108 种 35 915 株，分属于 34 科 61 属。样地中岗柃数量最多(7 462 株)，占总数 20.78%；鸭脚茶、黄山松和映山红的相对多度均处在前 4 位。相对频度排在前 4 位树种与相对多度排序情况一致。从平均胸径看，平均值最大树种为黄山松，而岗柃、鸭脚茶、映山红、岩柃、短尾越橘与江南山柳、鹿角杜鹃、羊舌树、窄基红褐柃和红楠相比，胸径明显偏小，与其生长特性、幼苗株数较多和大树较少有关。胸径排在前 6 位树种分别为黄山松、红楠、江南山柳、大萼杨桐、华丽杜鹃和鹿角杜鹃。从胸高断面积看，黄山松(35.571 m^2/hm^2)最大，占样地总胸高断面积 76.28%，相对显著度大于 1 的树种依次为江南山柳(3.38%)、鹿角杜鹃(2.65%)、岗柃(2.64%)、映山红(1.98%)和红楠(1.32%)。样地中树种重要值大于 1 共有 17 种，排在前 4 位的树种分别是黄山松、岗柃、鸭脚茶和映山红(表 8-1)。

表 8-1　戴云山黄山松林 1 hm^{2}样地树种组成与结构

物种	株数/株	相对多度/%	相对频度/%	胸(基)径/cm			胸高断面积/(m^2/hm^2)	相对显著度/%	重要值
				最大值	平均值	标准差			
黄山松	5 607	15.61	4.43	36.50	5.91	3.83	35.57	76.28	32.11
岗柃	7 462	20.78	4.43	12.00	1.12	0.96	1.23	2.64	9.29
鸭脚茶	5 612	15.63	4.43	5.00	0.43	0.42	0.15	0.31	6.79
映山红	4 331	12.06	4.43	13.50	1.35	1.00	0.92	1.98	6.16
短尾越橘	2 471	6.88	4.08	4.90	0.70	0.62	0.16	0.34	3.77

（续）

物种	株数/株	相对多度/%	相对频度/%	胸(基)径/ cm			胸高断面积/(m^2/hm^2)	相对显著度/%	重要值
				最大值	平均值	标准差			
江南山柳	1 265	3.52	4.35	18.50	3.17	2.52	1.58	3.38	3.75
鹿角杜鹃	1 424	3.96	4.35	21.80	2.46	2.27	1.24	2.65	3.66
岩柃	1 568	4.37	3.81	7.50	0.93	0.90	0.20	0.42	2.87
羊舌树	475	1.32	3.86	17.00	1.49	2.28	0.28	0.59	1.92
窄基红褐柃	692	1.93	2.88	7.00	1.45	1.11	0.18	0.39	1.73
红楠	223	0.62	3.10	27	3.70	4.67	0.62	1.32	1.68
大萼杨桐	319	0.89	2.93	18.20	3.13	2.73	0.43	0.91	1.58
华丽杜鹃	224	0.62	2.88	18.60	2.78	2.56	0.25	0.54	1.35
峨眉鼠刺	412	1.15	2.53	7.80	1.37	1.00	0.09	0.20	1.29
满山红	284	0.79	2.22	8.40	1.38	1.14	0.07	0.15	1.05
小叶赤楠	271	0.75	2.04	8.40	2.15	1.65	0.16	0.33	1.04
齿叶冬青	221	0.62	2.31	9.50	1.63	1.62	0.09	0.18	1.04

表 8-2 为黄山松林样地内胸径大于 5 cm 的树种基本结构特征。对比表 8-1 可知，不同起测胸径(*DBH*)对物种组成与结构特征明显不同。*DBH*≥5 cm 树种中，植株数、相对多度、在 100 个样地中出现的频次、胸高断面积以及相对显著度最大的树种均为黄山松，其次为江南山柳，排在第三位的为鹿角杜鹃。从平均胸径看，山苍子平均胸径最大(15 cm)，而黄山松由于大径材比例较小，其平均胸径仅排在第四位。物种(*DBH*≥5 cm)重要值大于 1 的树种共有 13 种。岗柃、鸭脚茶、映山红与短尾越橘径级结构以胸径小于 5 cm 的幼苗、幼树为主。鉴于小径级苗木在森林演替过程中地位较低，岗柃、鸭脚茶和短尾越橘以灌木为主，树高大于 5 m 仅占部分比例，不同起测胸径对植物空间分布格局影响较大，本研究选取 *DBH*≥5 cm，且重要值排在前 3 的树种(即黄山松、江南山柳和鹿角杜鹃)进行空间分布格局分析。不同层次不同树种的空间关联分析选取岗柃、鸭脚茶和映山红作为灌木层优势树种。

表 8-2　戴云山黄山松林 1 hm^2 样地树种组成与结构(*DBH*≥5 cm)

物种	株数/株	相对多度/%	相对频度/%	胸径/cm			胸高断面积/(m^2/hm^2)	相对显著度/%	重要值
				最大值	平均值	标准差			
黄山松	2 762	74.73	15.63	36.50	8.50	3.65	18.518	80.10	56.82
江南山柳	173	4.68	11.88	17.00	6.85	2.17	0.670	3.03	6.53
鹿角杜鹃	127	3.44	9.38	18.10	7.09	2.54	0.565	2.45	5.09
大萼杨桐	69	1.87	5.00	14.00	6.77	1.58	0.262	1.13	2.67
红楠	46	1.24	3.75	26.50	9.47	4.90	0.408	1.77	2.25
岗柃	61	1.65	3.13	12.00	7.29	2.52	0.285	1.23	2.00
羊舌树	30	0.81	3.59	17.00	7.83	2.62	0.160	0.69	1.70
木荷	22	0.60	2.81	16.50	11.97	3.74	0.271	1.17	1.53
华丽杜鹃	23	0.62	3.28	14.80	7.20	2.44	0.104	0.45	1.45
硬斗石栎	30	0.81	2.66	12.80	8.35	3.11	0.186	0.80	1.42
山苍子	20	0.54	2.81	6.00	15	7.97	0.111	0.48	1.28
映山红	27	0.73	2.66	10.80	6.17	1.32	0.0843	0.36	1.25
深山含笑	26	0.70	2.50	14.10	7.14	1.87	0.111	0.48	1.23

由表 8-3 可知，研究样地幼苗最多，为 27 706 株，占总个体数 77.14%；其次为幼树(6 535株)，占总个体数 18.20%；中树(1 644 株)和大树(30 株)仅占总个体数 4.66%。不同树种径级分布差异较明显。黄山松共有 5 607 株，其中幼树个体数最大，占其总个体数 59.53%；其次为中树和幼苗，分别占总数 23.97% 和 15.98%；大树较少，仅占总数 0.52%。江南山柳和鹿角杜鹃个体数均主要集中在幼苗和幼树阶段，中树分别占各自总数 3.16% 和 2.25%(表 8-3)。研究样地 3 个主要树种种群径级结构均大致呈倒 J 型，表明均为增长型种群，林下更新情况良好(图 8-2)。

表 8-3　戴云山黄山松林 1 hm² 样地主要树种不同发育阶段植株数

发育阶段	径阶	胸径范围/cm	植株数量			
			整个样地	黄山松	江南山柳	鹿角杜鹃
幼苗	Ⅰ	(0，1]	14 610	80	122	184
	Ⅱ	(1，2.5]	13 096	816	543	770
幼树	Ⅲ	(2.5，7.5]	6 535	3 338	560	438
中树	Ⅳ	(7.5，12.5]	1 288	1 049	34	26
	Ⅴ	(12.5，17.5]	293	238	6	5
	Ⅵ	(17.5，22.5]	63	57		1
大树	Ⅶ	(22.5，27.5]	20	19		
	Ⅷ	(27.5，32.5]	6	6		
	Ⅸ	(32.5，+∞)	4	4		

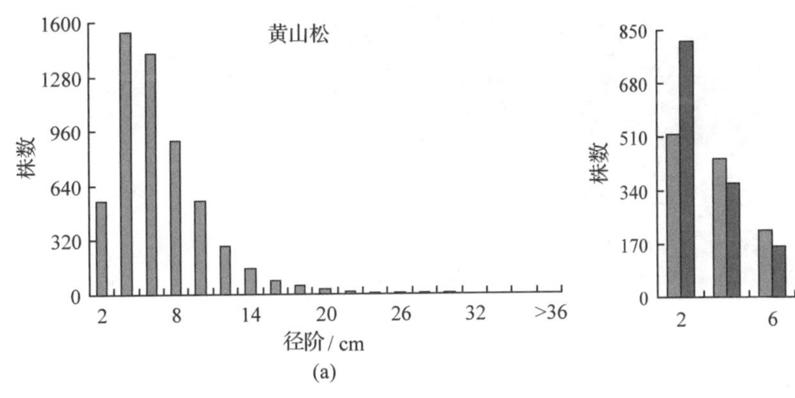

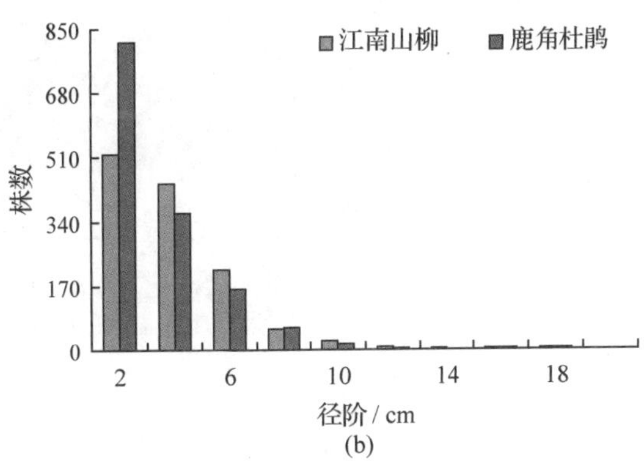

图 8-2　戴云山黄山松林主要树种径级结构

三、空间分布格局

戴云山黄山松 1 hm² 样地内不同生长阶段个体密度差异较大。样地中植株个体密度随着龄级增加而逐渐降低。幼苗、幼树、中树和大树分别为 27 706 株/hm²、6 535 株/hm²、1 644 株/hm² 和 30 株/hm²。由图 8-3 可知，样地中植物随着龄级增长，其个体分布格局由聚集分布逐渐向均匀分布或随机分布过渡。幼苗密度较大，主要分布于样地上部；样地东南方向地势较平坦，高程较低，且是集水区。因此，植株分布较少，幼树、中树和大树在该处主要表现为均匀或随机分布。此外，从图 8-3 中可大致判断林隙、裸露基岩、洼地和水沟等特

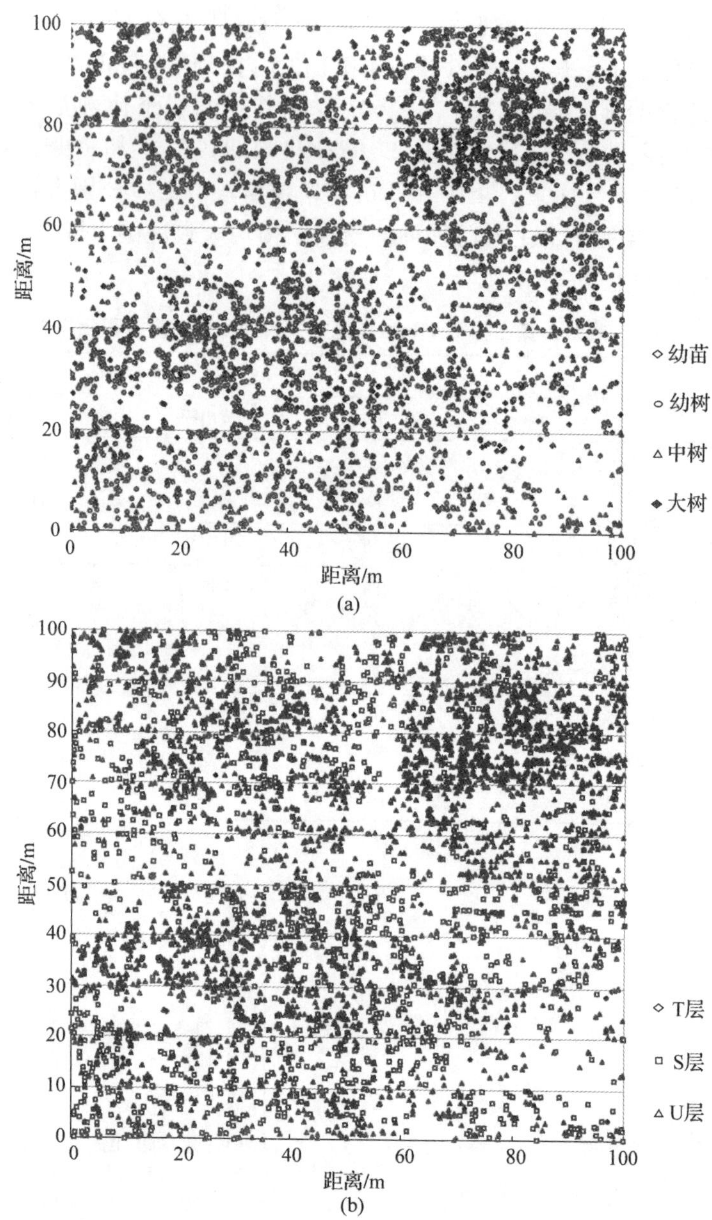

图 8-3　黄山松林不同发育阶段和不同林层植株个体分布点位图(同插页图 8-3)

殊生境的分布情况。

黄山松、江南山柳和鹿角杜鹃 3 个主要树种分布模式如图 8-4 所示。黄山松林幼苗密度在样地东北方向最大，并呈明显聚集分布，在其他方向幼苗密度较小；幼树在样地西南、西北和东北 3 个方向呈明显聚集分布，在东南方向趋于均匀或随机分布，可能与样地东南方向地势较平坦，高程较低，且是集水区有关；随着龄级(径级)增大，黄山松中树、大树的分布格局逐渐趋向均匀或随机分布。江南山柳与鹿角杜鹃不同生长阶段的植株分布格局类似，幼苗、幼树和中树均呈明显聚集分布。各生长阶段的密度顺序：黄山松为幼树 > 幼苗 > 中树 > 大树；而江南山柳与鹿角杜鹃为幼树 > 幼苗 > 中树 > 大树。

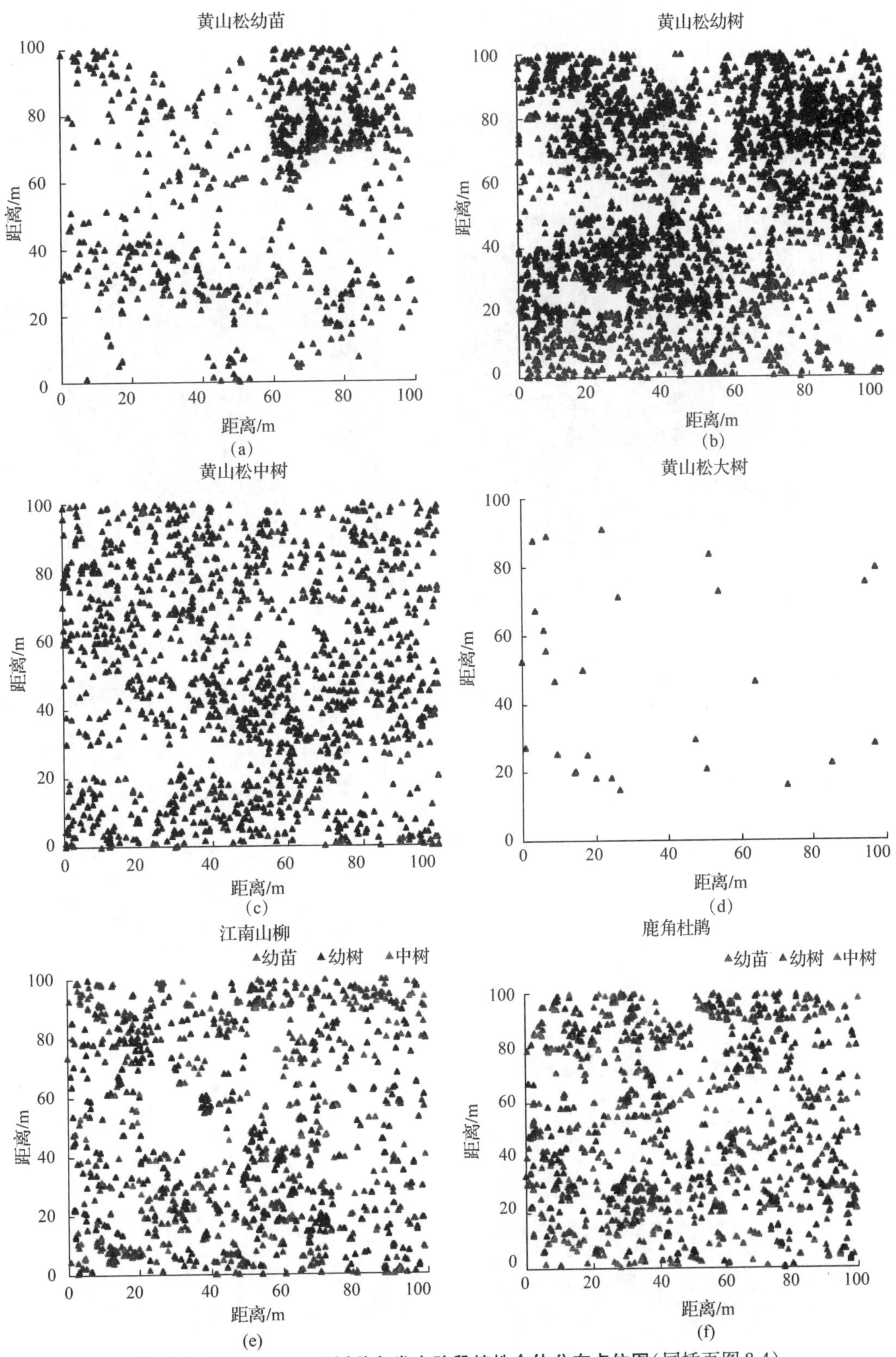

图 8-4　黄山松林不同树种各发育阶段植株个体分布点位图(同插页图 8-4)

从不同林层看，黄山松林样地中，T 层和 S 层均显示出聚集分布，U 层呈随机分布。植株密度 U 层(33 606 株/hm^2) > S 层(2 292 株/hm^2) > T 层(17 株/hm^2)(图 8-5)。江南山柳和鹿角杜鹃均主要分布于 S 层和 U 层，在 T 层中无分布。二者在 S 层和 U 层均呈明显聚集分布，植株密度均是 U 层 > S 层(图 8-5)。从植株个体点位图(图 8-3 ~ 图 8-5)可大致了解整个样地及主要树种不同生长阶段和不同林层的分布格局，但却难以反映其与空间尺度之间的关系。

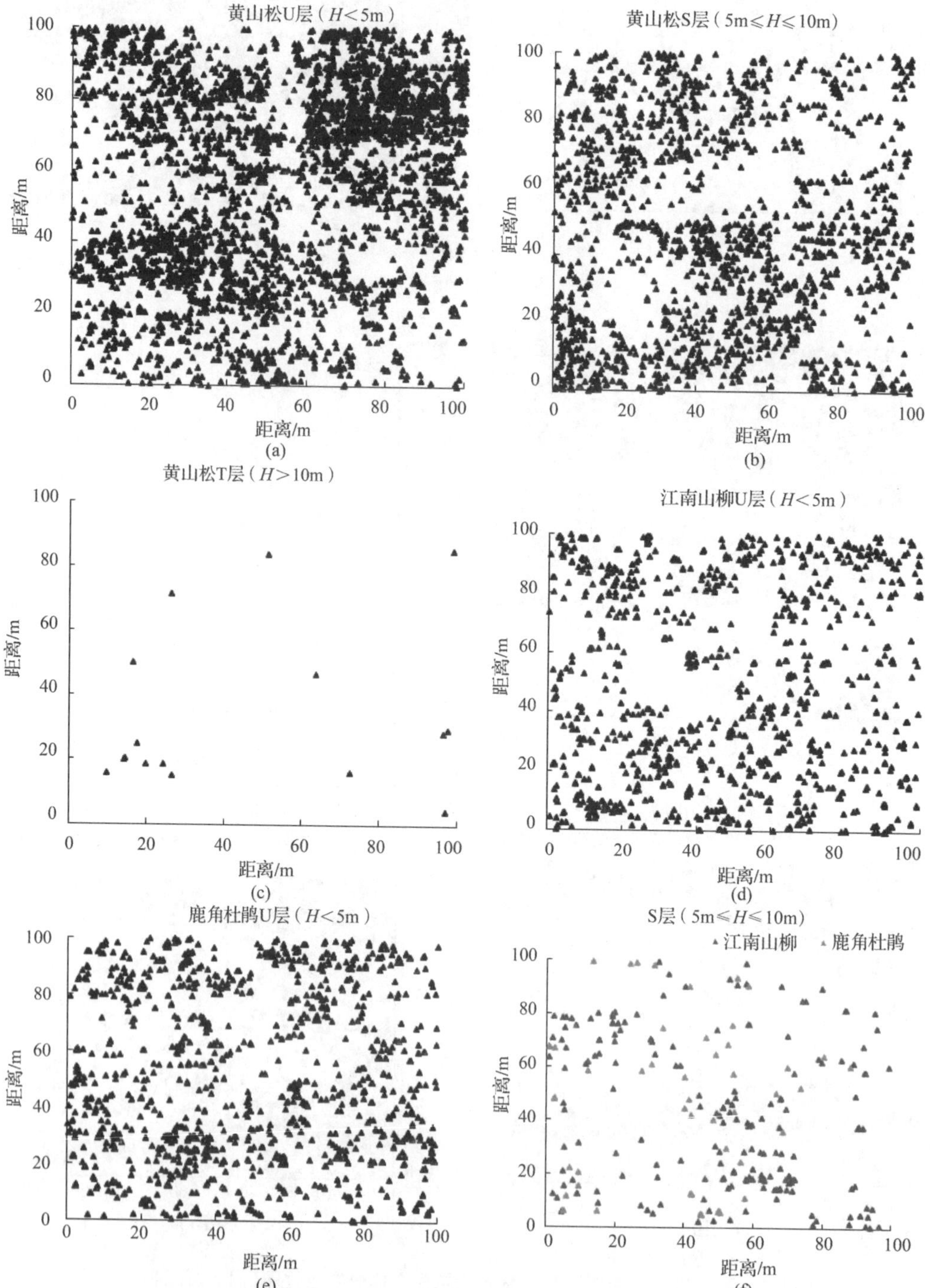

黄山松U层（$H<5$m）

距离/m

(a)

黄山松S层（5m≤H≤10m）

距离/m

(b)

黄山松T层（$H>10$m）

距离/m

(c)

江南山柳U层（$H<5$m）

距离/m

(d)

鹿角杜鹃U层（$H<5$m）

距离/m

(e)

S层（5m≤H≤10m）

▲江南山柳 ▲鹿角杜鹃

距离/m

(f)

图 8-5　黄山松林主要树种不同林层植株个体分布点位图(同插页图 8-5)

1. 林分空间分布格局

采用单变量 O-ring 统计对样地内所有植株进行空间格局分析，在 0 ~ 26 m 呈聚集分布；在 27 ~ 31 m、48 m 和 50 m 呈随机分布；其他尺度呈均匀分布。随着树高生长，黄山松聚集强度逐渐减小，趋于随机或均匀分布。T 层黄山松在 5 m 和 8 m 呈聚集分布，其他尺度呈随机分布；S 层黄山松在 0 ~ 14 m 呈聚集分布，在 >14 m 呈均匀分布与随机分布交互出现格局；U 层黄山松在 0 ~ 28 m 呈聚集分布，在 29 ~ 30 m 呈随机分布，在 31 ~ 50 m 尺度呈均匀分布（图 8-6）。

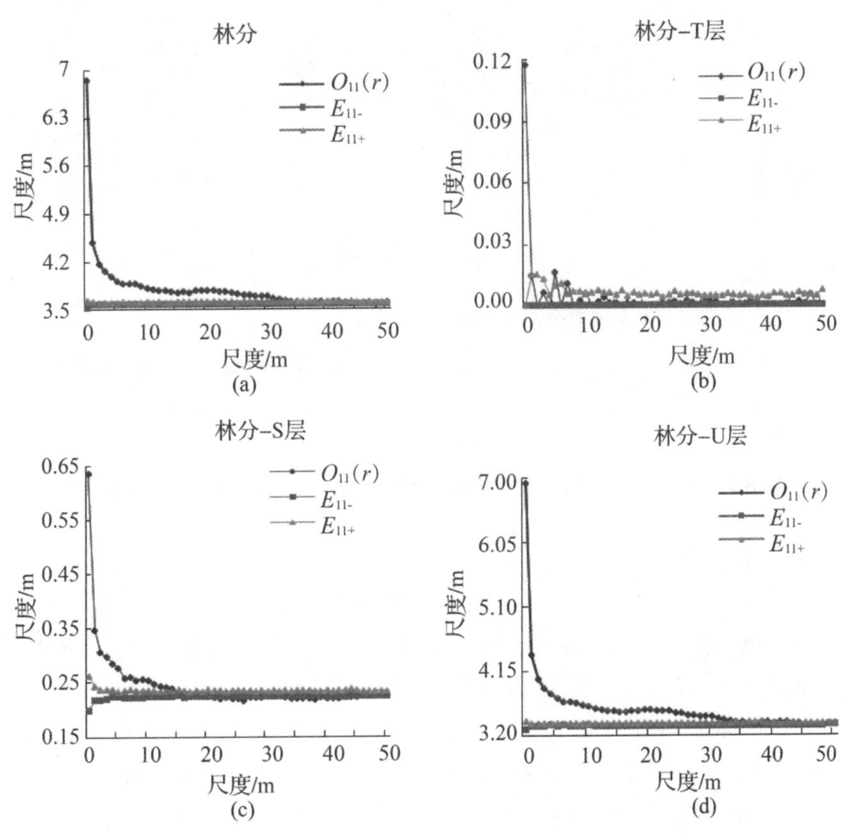

图 8-6　黄山松林不同高度层树种空间分布格局（同插页图 8-6）

由戴云山黄山松整个林分不同发育阶段点格局分析图（图 8-7）可知，林分幼苗在 0 ~ 42 m 尺度 $O_{11}(r)$ 值高于上包迹线，即幼苗个体显著偏离随机分布，呈集群分布，在 43 ~ 47 m，49 m尺度为随机分布，在 48 m 和 50 m 尺度为均匀分布；林分幼树在 0 ~ 21 m、26 m 尺度呈聚集分布，在 32 ~ 36 m、38 ~ 47 m 和 49 m 尺度 $O_{11}(r)$ 值和下包迹线基本重合，即对应的尺度呈均匀分布，其他尺度为随机分布；中树在 0 ~ 10 m、12 ~ 13 m 呈聚集分布，在 26 m$O_{11}(r)$ 值和下包迹线基本重合，其他尺度呈随机分布；大树在 5 m 为聚集分布，在 >5 m 和 <5 m尺度呈随机分布。

整个林分无论是从不同林层（图 8-6），还是从不同生长发育阶段（图 8-7），所有树种在小尺度均为明显的聚集分布；随着尺度增加，树种分布格局逐渐由聚集分布向均匀分布或随机分布转换。

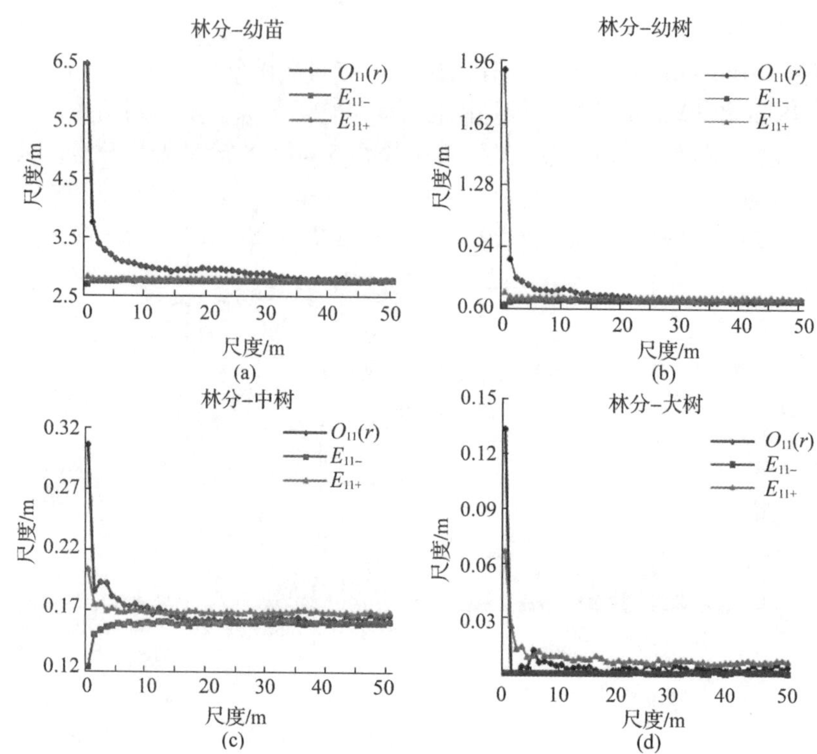

图 8-7　黄山松林不同生长发育阶段树种空间分布格局(同插页图 8-7)

2. 主要树种空间分布格局

黄山松林分内所有个体在 0～26 m 尺度为聚集分布，在 27～31 m、48 m 和 50 m 尺度呈均匀分布，其他尺度为随机分布(图 8-8)。林冠层(T 层)黄山松在 5 m、8 m$O_{11}(r)>E_{11+}$，其他尺度 $E_{11-}<O_{11}(r)<E_{11+}$；S 层黄山松在 0～14 m 呈聚集分布，>14 m 呈均匀分布与随机分布交替格局；灌木层(U 层)黄山松 0～28 m 呈聚集分布，29～30 m 呈随机分布，31～50 m黄山松 $O_{11}(r)$值与下包迹线基本重合，即呈均匀分布。由图 8-8 可知，随着树高增加，黄山松种群的聚集强度逐渐减小，其空间分布格局随机或均匀分布所占比例逐渐增加。

黄山松幼苗在 0～26 m 和 28 m 尺度为聚集分布，在 27 m 和 29 m 为随机分布，在≥30 m 为均匀分布；黄山松幼树呈聚集分布的尺度与幼苗相同，在 27～30 m 尺度为随机分布，在 31～50 m 呈均匀分布；黄山松中树在 0～10 m 和 12～13 m 尺度呈聚集分布，其他尺度均为随机分布；黄山松大树仅在 5 m 和 28 m 为聚集分布，其他尺度均呈随机分布(图 8-9)。可见，黄山松不同生长阶段空间分布格局尺度变化规律与不同林层基本相一致。

江南山柳空间分布格局在小尺度以聚集分布为主，随着尺度增加，逐渐趋于随机或均匀分布。江南山柳呈聚集分布的尺度分别为 0～13 m、19 m 和 21～22 m，呈均匀分布尺度分别为 31～36 m 和 38～50 m，其他尺度为随机分布。从不同生长发育阶段看，江南山柳无大树，其幼苗在 0～11 m、13～14 m 和 17～27 m 呈聚集分布，在 31～33 m、35～38 m 和 40～50 m 呈均匀分布，其他尺度为随机分布；其幼树在 0～5 m、8～12 m、26 m 和 49 m 其 $O_{11}(r)$值高于上包迹线，在 14 m、20 m 和 46 m 其 $O_{11}(r)$值与下包迹线基本重合，在其他尺度 $E_{11-}<O_{11}(r)<E_{11+}$；中树呈聚集分布尺度为 11 m 和 34 m，在 28 m 尺度为均匀分布，其他尺度为随机分布(图 8-10)。

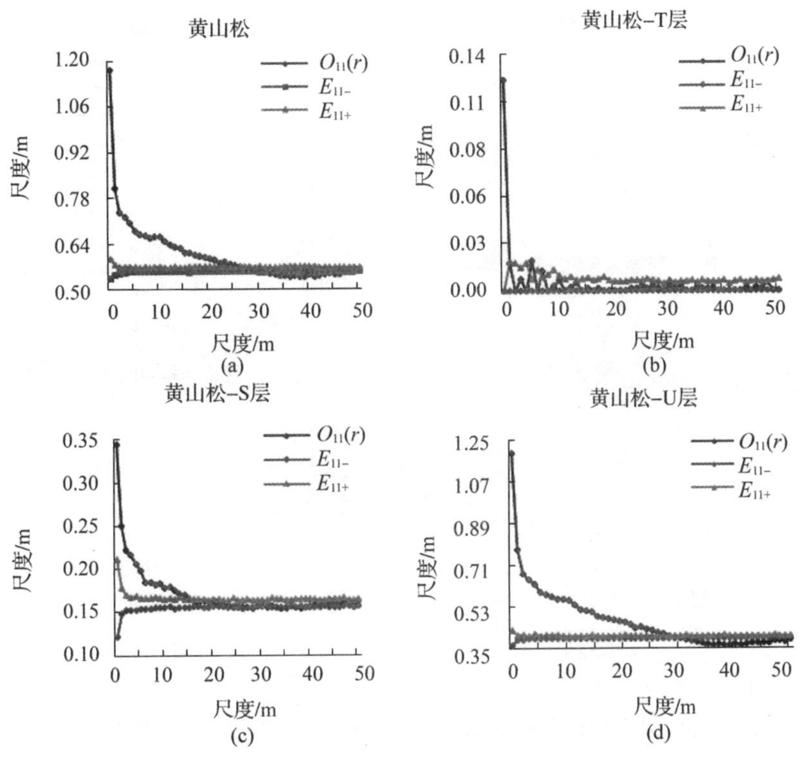

图 8-8　黄山松林不同林层空间分布格局（同插页图 8-8）

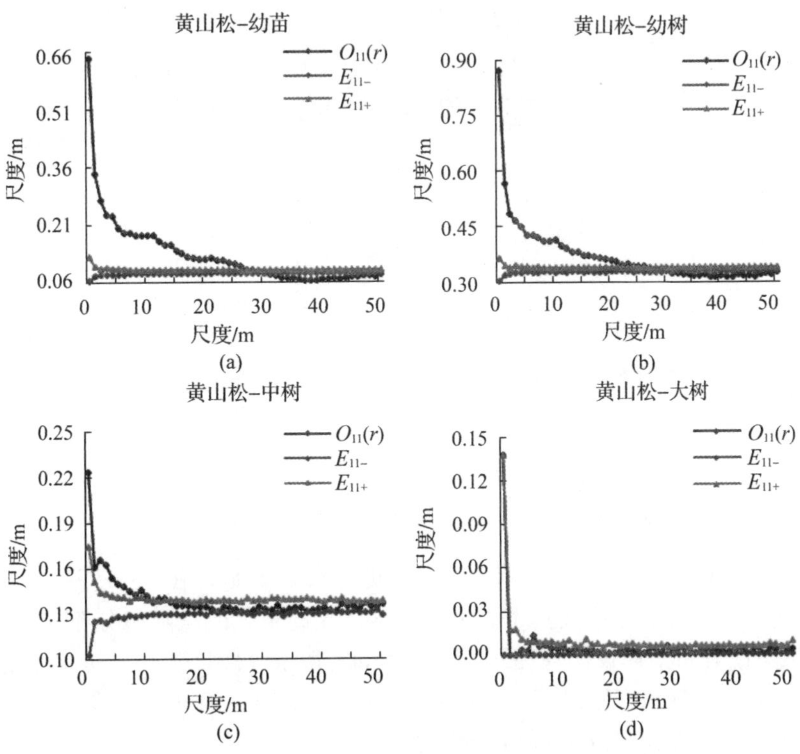

图 8-9　黄山松林不同生长发育阶段空间分布格局（同插页图 8-9）

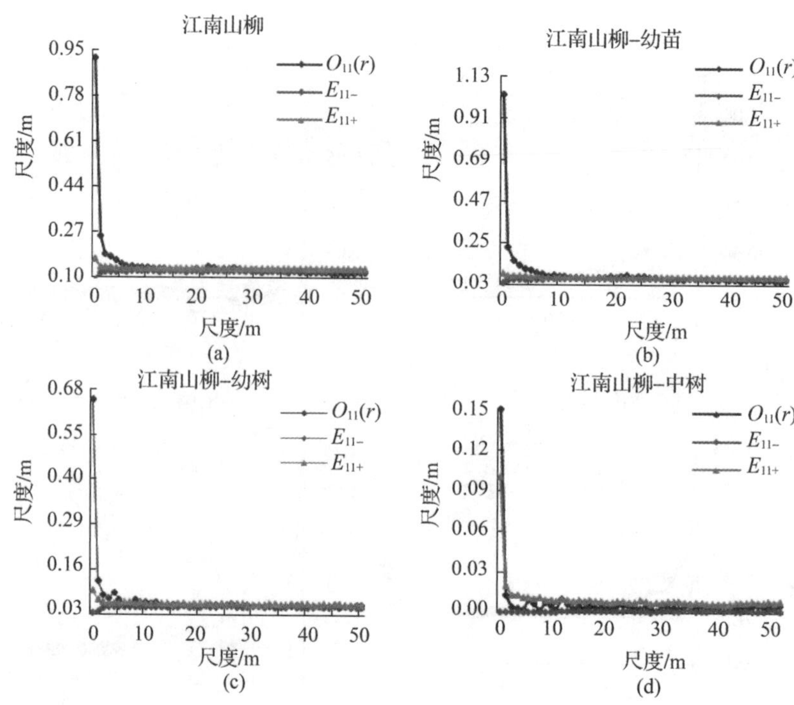

图 8-10　江南山柳不同生长发育阶段空间分布格局(同插页图 8-10)

从不同生长高度层看，江南山柳无树高大于 10 m 个体。在 S 层 0～14 m 和 20 m 尺度，江南山柳个体显著偏离随机分布，呈聚集分布格局；在其他尺度上，江南山柳 $O_{11}(r)$ 值或位于上下包迹线间，或趋近下包迹线，表现为均匀与随机分布交互出现的分布格局(图 8-11)。

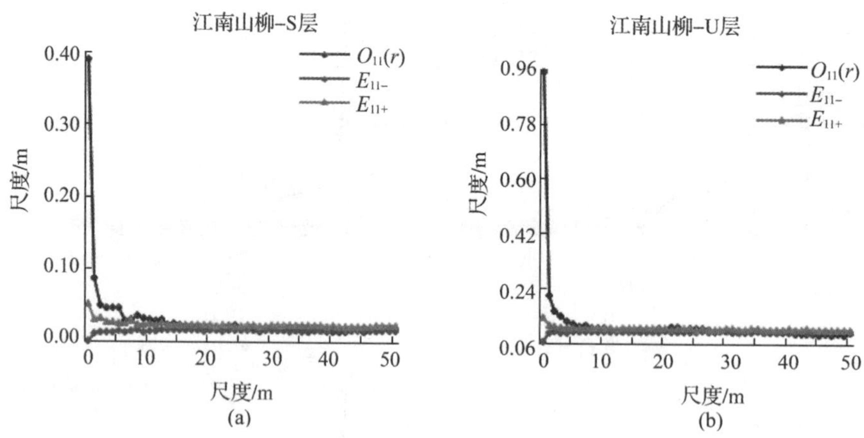

图 8-11　江南山柳不同林层空间分布格局(同插页图 8-11)

鹿角杜鹃种群在 0～10 m、20 m 和 26 m 尺度呈聚集分布；在 15～17 m、34～43 m 和 45～50 m，其 $O_{11}(r)$ 值与下包迹线基本重合；其他尺度鹿角杜鹃呈随机分布。从不同林层看，S 层鹿角杜鹃聚集性分布格局仅出现在 0～1 m、5 m、19 m 和 37 m 上，其他尺度均为随机性分布；U 层 0～10 m 和 26 m 呈聚集分布，在 15～17 m 和 34～50 m 呈均匀分布，其他尺度鹿角杜鹃个体显著偏离随机分布(图 8-12)。

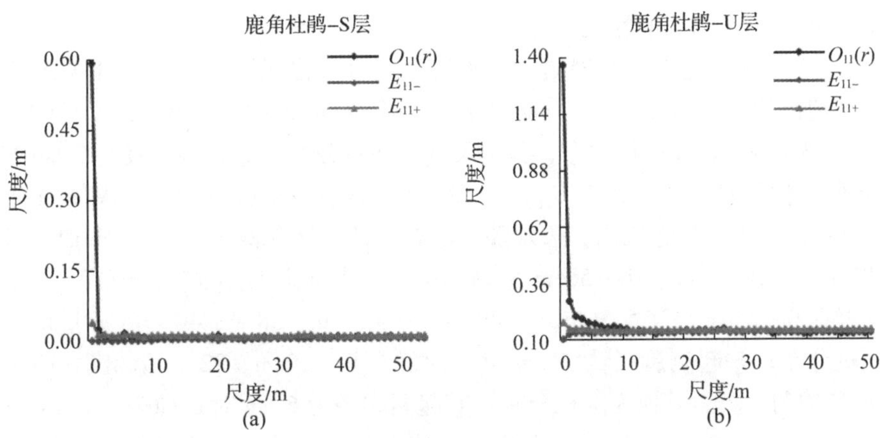

图 8-12　鹿角杜鹃不同林层空间分布格局(同插页图 8-12)

鹿角杜鹃不同生长发育阶段空间分布格局与江南山柳类似。鹿角杜鹃幼苗分布格局较复杂，在 0 ~ 10 m、20 m、22 m 和 24 ~ 26 m 呈聚集性分布，在 11 ~ 12 m、14 m、19 m、21 m、23 m、27 ~ 31 m、33 ~ 34 m、41 ~ 42 m、44 m 和 50 m 呈随机性分布；鹿角杜鹃幼树在小尺度(0 ~ 4 m 和 11 m)呈聚集分布，在 >5 m 尺度呈以随机分布为主，均匀分布与随机分布交互出现的格局。鹿角杜鹃中树分布格局以随机性分布为主，在 8 m 和 13 m 呈聚集分布，在 37 m 尺度为均匀分布(图 8-13)。

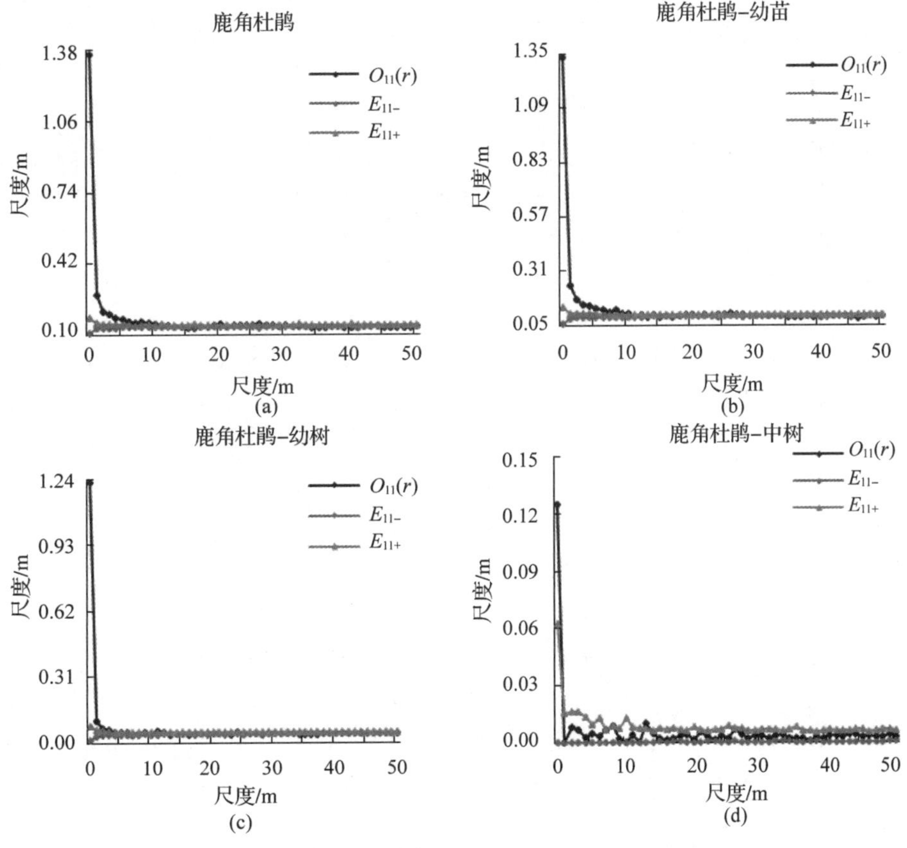

图 8-13　鹿角杜鹃不同生长发育阶段空间分布格局(同插页图 8-13)

3. 不同起测胸径对分布格局的影响

由表8-4可知，不同起测胸径对黄山松种群空间分布格局影响较大；分布格局类型随起测胸径变化是随机的。具体表现为：①起测胸径为1 cm时，种群在0～15 m和20～26 m呈聚集分布，在33 m和38 m呈均匀分布，其他尺度呈随机分布；②起测胸径为2 cm时，在0～26 m、28 m处，种群$O_{11}(r)$值大于E_{11}^{+}，在33～49 m处，$O_{11}(r)$值与E_{11}^{-}基本重合，其他尺度上$O_{11}(r)$值均落入上下包迹线内，表现随机分布特征；③起测胸径为3 cm时，种群在0～27 m呈聚集分布，在29 m、31～50 m呈均匀分布，其他尺度为随机分布；④起测胸径为4 cm时，种群在0～24 m呈聚集分布，在29 m、31～36 m、38 m、40～46 m呈均匀分布，其他尺度为随机分布；⑤起测胸径为5 cm时，种群在0～19 m、22 m呈聚集分布，在40～41 m、46 m呈均匀分布，其他为随机分布；⑥起测胸径为6 cm时，种群在0～14 m、17 m、19 m、21 m、25 m和29 m尺度上，其$O_{11}(r)$值大于上包迹线，具有明显聚集性特征，在36 m、41 m和45 m，$O_{11}(r)$值与下包迹线基本重合，呈均匀分布，而在其他尺度上，其$O_{11}(r)$值介于E_{11}^{-}～E_{11}^{+}之间，种群呈随机分布；⑦当起测胸径为7 cm时，在0～4 cm、7～8 cm、13 cm和17 cm呈聚集分布，其他尺度为随机分布；⑧当起测胸径大于8 cm时，种群空间分布格局均以随机分布为主，聚集分布或均匀分布仅体现在个别尺度上。

表8-4　黄山松不同起测胸径对应的空间分布格局

r/m	起测胸径/cm																				
	1	2	3	4	5	6	7	8	9	10	11	12	13	14	15	16	17	18	19	20	21
0	+	+	+	+	+	+	+	+	+	r	r	r	r	r	r	r	r	r	r	r	+
1	+	+	+	+	+	+	+	+	r	r	+	r	r	r	+	r	r	r	r	r	r
2	+	+	+	+	+	+	+	r	+	+	+	r	r	r	r	r	+	r	r	r	r
3	+	+	+	+	+	+	+	r	r	r	r	r	r	r	r	r	r	r	r	r	r
4	+	+	+	+	+	+	r	+	r	r	r	r	r	r	r	r	r	+	r	r	r
5	+	+	+	+	+	+	r	r	r	r	r	r	r	r	r	r	r	r	r	r	r
6	+	+	+	+	+	+	r	r	r	r	+	r	r	r	r	r	r	r	r	r	r
7	+	+	+	+	+	+	+	r	r	r	r	r	r	r	r	r	r	r	r	r	r
8	+	+	+	+	+	+	+	r	r	r	r	r	r	r	r	r	r	r	r	+	r
9	+	+	+	+	+	+	r	r	+	r	r	r	r	r	r	r	r	r	r	r	r
10	+	+	+	+	+	+	+	+	r	r	r	r	r	r	r	r	r	r	r	r	r
11	+	+	+	+	+	+	r	r	r	r	r	r	r	r	+	r	r	r	r	r	r
12	+	+	+	+	+	+	r	r	r	r	r	r	r	r	r	r	r	r	r	r	r
13	+	+	+	+	+	+	+	r	r	r	r	r	r	r	r	r	r	r	r	r	r
14	+	+	+	+	+	+	r	r	r	r	r	r	r	r	r	r	r	r	r	r	r
15	+	+	+	+	+	r	r	r	r	r	r	r	r	+	r	+	r	r	r	r	r
16	r	+	+	+	+	r	r	r	r	r	r	r	r	r	r	r	r	r	r	r	r
17	r	+	+	+	+	+	+	r	+	r	r	r	r	r	r	r	r	r	r	r	r
18	r	+	+	+	+	r	r	r	r	r	r	r	r	r	r	r	r	r	r	r	r
19	r	+	+	+	+	+	r	r	r	r	r	r	r	r	r	r	r	r	r	r	r

（续）

r/m	起测胸径/cm																				
	1	2	3	4	5	6	7	8	9	10	11	12	13	14	15	16	17	18	19	20	21
20	+	+	+	+	R	r	r	r	r	r	r	r	r	r	r	r	r	r	r	r	r
21	+	+	+	+	R	+	r	r	r	r	r	r	r	r	r	r	r	r	+	r	r
22	+	+	+	+	+	r	r	r	r	r	r	r	r	r	r	r	r	r	r	r	r
23	+	+	+	+	R	r	r	r	r	r	r	r	r	r	r	r	r	r	r	r	r
24	+	+	+	+	R	r	r	r	r	r	r	r	r	r	r	r	r	r	r	r	r
25	+	+	+	r	R	+	r	r	r	r	r	r	r	r	–	r	r	r	r	r	r
26	+	+	+	r	R	r	r	r	r	r	r	r	r	r	r	r	r	r	r	r	r
27	r	r	+	r	R	r	r	r	r	r	r	r	r	r	r	r	r	r	+	r	r
28	r	+	r	r	R	r	r	r	r	r	r	r	r	r	r	r	r	r	r	r	r
29	r	r	–	–	R	+	r	r	r	r	r	r	r	r	r	r	r	r	r	r	r
30	r	r	r	r	R	r	r	r	r	r	r	r	r	r	r	r	r	r	r	r	r
31	r	r	–	–	R	r	r	r	r	r	r	r	r	r	r	r	r	r	r	r	r
32	r	r	–	–	R	r	r	r	r	r	r	r	r	r	r	r	r	r	r	r	r
33	–	–	–	–	R	r	r	r	r	r	r	r	r	r	r	r	r	r	r	r	r
34	r	–	–	–	R	r	r	r	–	r	r	r	r	r	r	r	r	r	r	r	r
35	r	–	–	–	R	r	–	r	r	r	r	r	r	r	r	–	r	r	r	r	r
36	r	–	–	–	R	–	r	r	r	r	r	r	r	r	–	r	r	r	r	r	r
37	r	–	–	r	R	r	r	r	r	r	r	r	r	r	r	r	r	r	r	r	r
38	–	–	–	–	R	r	r	r	r	r	r	r	r	r	r	r	r	r	r	r	r
39	r	–	–	r	R	r	r	–	r	r	r	r	r	r	r	r	r	r	r	r	r
40	r	–	–	–	–	r	r	r	r	r	r	r	r	r	r	r	r	r	r	r	r
41	r	–	–	–	–	–	r	r	r	r	–	r	r	r	r	r	r	r	r	r	r
42	r	–	–	–	R	r	r	r	r	r	r	r	r	r	r	r	r	r	r	r	r
43	r	–	–	–	R	r	r	r	r	r	r	r	r	r	r	r	r	r	r	r	r
44	r	–	–	–	R	r	r	r	r	r	r	r	r	r	r	r	r	r	r	r	r
45	r	–	–	–	R	–	r	–	r	r	r	r	r	r	r	r	r	r	r	r	r
46	r	–	–	–	–	r	r	r	r	r	r	r	r	r	r	r	r	r	r	r	r
47	r	–	–	r	R	r	–	r	r	r	r	r	r	r	r	r	r	r	r	r	r
48	r	–	–	r	R	r	r	r	r	r	r	r	r	–	r	r	r	r	r	r	r
49	r	–	–	r	R	r	r	r	r	r	r	r	r	r	r	r	r	r	r	r	r
50	r	r	–	r	R	r	r	r	r	r	r	r	r	r	r	r	–	r	r	r	r

注：+为聚集分布；r为随机分布；–为均匀分布。

四、空间关联性

1. 林分空间关联性

黄山松林不同生长阶段(或不同林层)所有树种空间关联性采用双变量 O-ring 统计进行量

化。由图8-14可知，林分T层和S层在17 m尺度呈负相关，在28 m、30 m和32 m尺度呈正相关，其他尺度不相关；林分T层和U层在所有尺度(0～50 m)均表现出空间不相关；林分S层和U层在1～28 m、32～35 m尺度呈负相关，其他尺度无空间关联性。

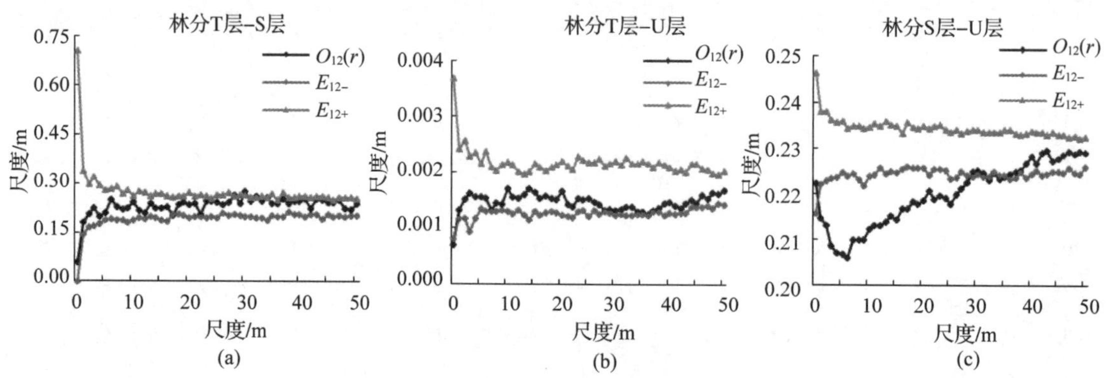

图8-14　黄山松林不同林层空间关联性(同插页图8-14)

从不同生长发育阶段看，戴云山黄山松林幼苗与幼树在0～24 m和50 m尺度呈正相关，在35～36 m和47 m尺度呈负相关，其他尺度均表现为不相关；幼苗与中树在3 m、5～6 m和8 m尺度呈负相关，其他尺度相关性不明显；幼苗与大树在28～31 m、34～38 m和40 m尺度呈负相关，其他尺度无相关性；幼树与中树在5～6 m、8 m和12 m尺度呈负相关，在40 m、42 m、44～45 m、47～48 m和50 m尺度呈正相关，其他尺度相关性不显著；幼树与大树除在35～36 m和38 m尺度呈负相关外，其他尺度均表现为不相关；中树与大树在全尺度空间关联性均不显著(图8-15)。

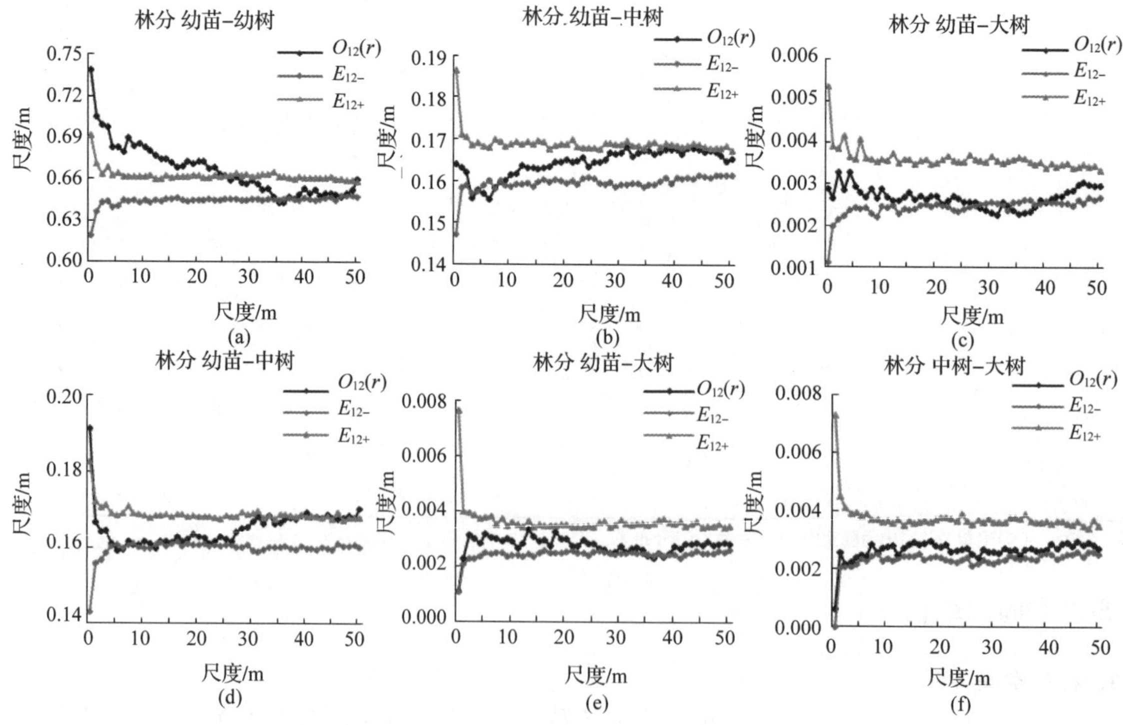

图8-15　黄山松林不同生长阶段树种空间关联性(同插页图8-15)

2. 主要树种空间关联性

(1)优势乔木、灌木空间关联性

选取重要值排在前三的乔木树种和灌木树种进行空间关联性分析。由主要优势乔木与优势灌木空间关联性图(图8-16)可知，黄山松与江南山柳在小尺度(1～4 m)相互独立，在>4 m尺度互相排斥，具有明显种间竞争；黄山松与鹿角杜鹃在15 m、27 m和29～44 m尺度呈负相关，其他尺度为空间不相关；黄山松与岗柃、鸭脚茶在所有尺度均呈正相关；黄山松与映山红关联性以不相关为主，在0～3 m、5 m和50 m为空间正相关，在14～19 m、37～38 m、41～45 m尺度相互排斥，其他尺度相互独立；江南山柳与鹿角杜鹃在0～8 m和21～28 m尺度呈正相关，在14 m、16 m、39～41 m、43～46 m尺度相互排斥，其他尺度呈不相关；江南山柳与岗柃关联性在小尺度(2～19 m、24 m)以排斥为主，大尺度(36～50 m)以正相关为主，其他尺度相互独立；江南山柳与鸭脚茶空间正相关仅体现在0～3 m尺度，在6～20 m、32 m、35～37 m、39～43 m和45～47 m尺度二者排斥作用明显，其他尺度呈空间不相关；江南山柳与映山红关联性以负相关为主，具体表现为在0～3 m尺度为空间正相关，在4～5 m尺度关联性不明显，其他尺度关联性均为相互排斥；鹿角杜鹃与岗柃在3～15 m尺度相互排斥，在1～2 m、16～18 m和24 m尺度相互独立，其他尺度空间正相关；鹿角杜鹃与鸭脚茶在0～2 m、4～5 m、37～39 m、43 m和45～50 m尺度空间正相关，在9～20 m和32～33 m尺度空间负相关，其他尺度相互独立；鹿角杜鹃与映山红正相关体现在小尺度(0～1 m)与大尺度(50 m)上，在5 m和8～37 m尺度为空间负相关，其他尺度不相关；岗柃与鸭脚茶除48～50 m尺度呈不相关外，其他尺度均为空间正相关；岗柃与映山红在0～33 m、36 m、38 m和40～42 m尺度为空间正相关，在50 m尺度相互排斥，其他尺度相互独立；鸭脚茶与映山红在0～31 m尺度空间正相关，在32～45 m相互独立，在46～50 m互相排斥。

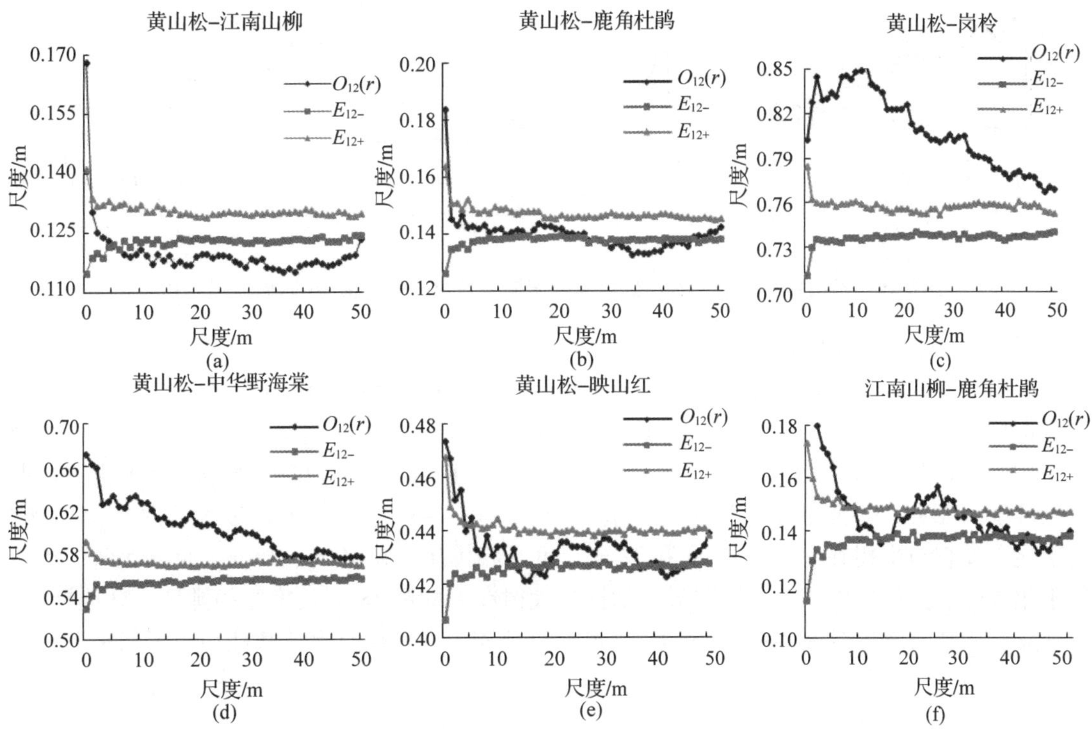

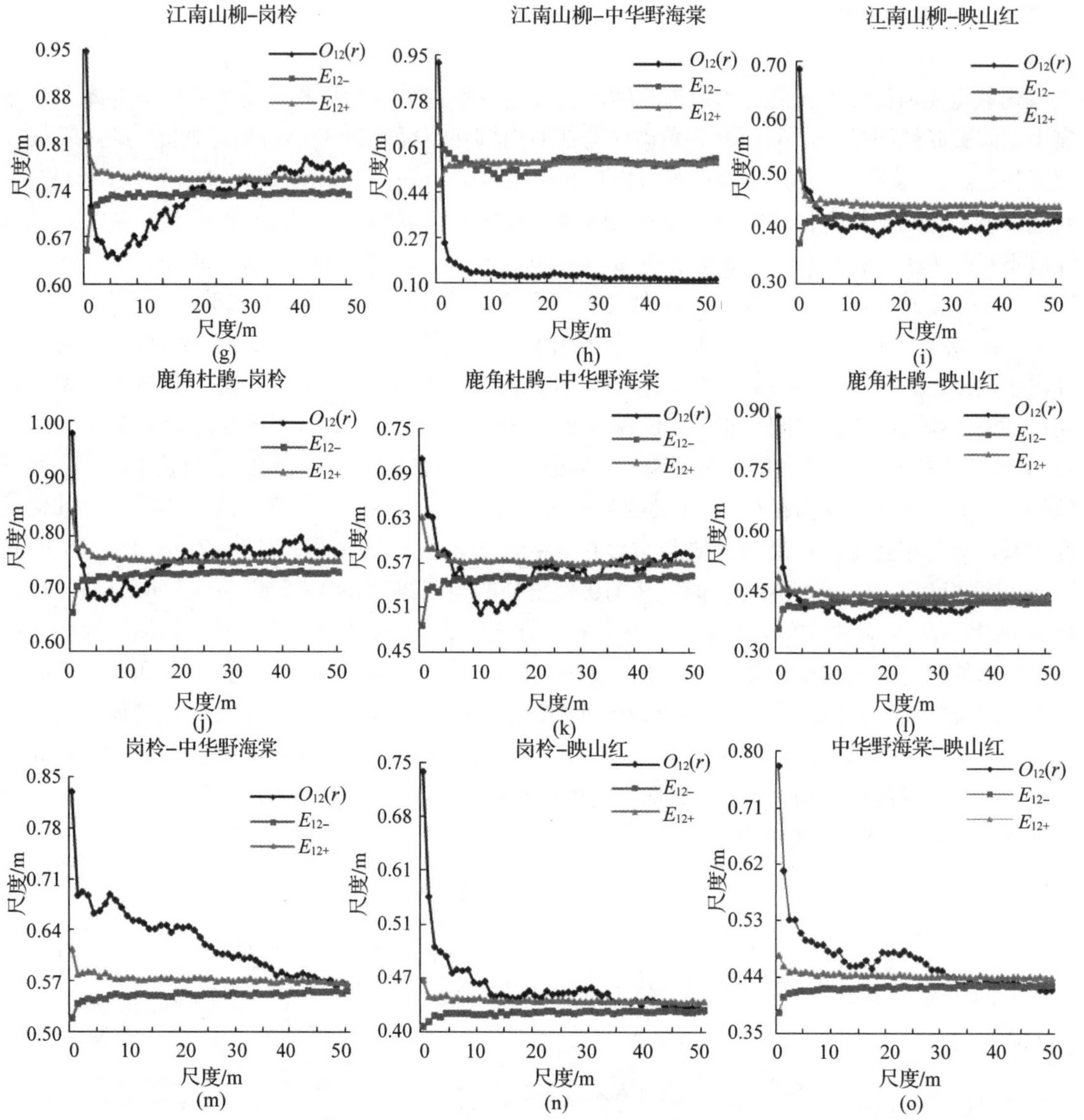

图 8-16　黄山松林优势乔木、优势灌木间树种的空间分布格局(同插页图 8-16)

(2)优势树种种内关联性

黄山松不同生长阶段个体空间关联分析结果如图 8-17 所示。其幼苗与幼树在 0～25 m 尺度呈正相关，在 31～45 m 和 48 m 尺度呈负相关，其他尺度相互独立；幼苗与中树在小尺度(1～12 m 和 21 m)竞争较大，互相排斥，在大尺度(34 m、36 m 和 39～50 m)以正相关为主，其他尺度不相关；幼苗与大树以不相关为主，在 18 m、40 m 和 43 m 尺度大树对幼苗抑制作用明显；幼树与中树在 15 m、17 m 和 22 m 尺度互相排斥，在 40 m、42 m、44 m 和 47～50 m 呈正相关性，其他尺度相关性不明显；幼树与大树在 1 m 和 38 m 尺度互相排斥，其他尺度相互独立；中树与大树除在 2～3 m 和 12 m 尺度呈负相关，其他尺度关联性均为不相关。

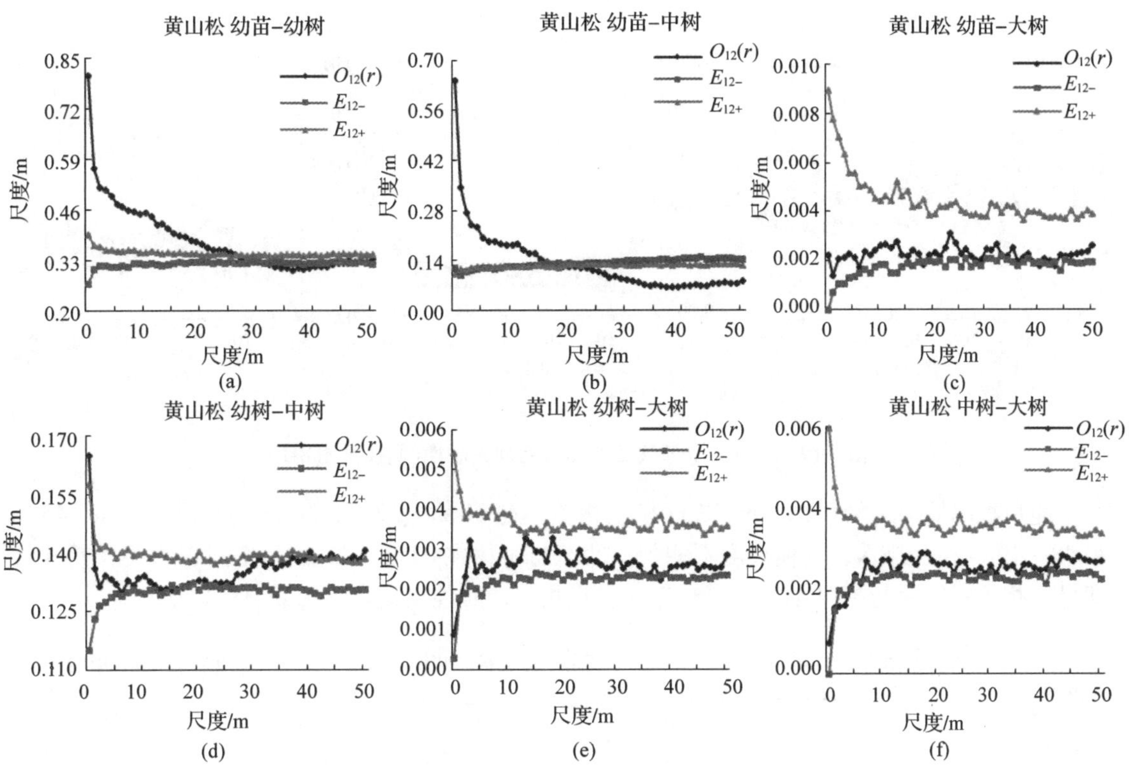

图 8-17　不同生长阶段黄山松空间关联性(同插页图 8-17)

不同林层黄山松个体空间关联性如图 8-18 所示。其 T 层与 S 层在 48 m 相互排斥，其他尺度相互独立；T 层在 1～2 m、5～9 m、11 m、28 m、34 m、37 m 和 39～47 m 对 U 层有抑制作用，在 23 m 尺度呈正相关，其他尺度独立；S 层与 U 层在小尺度(1～20 m 和 22～23 m)以负相关为主，在 50 m 尺度为空间正相关，其他尺度相互独立。

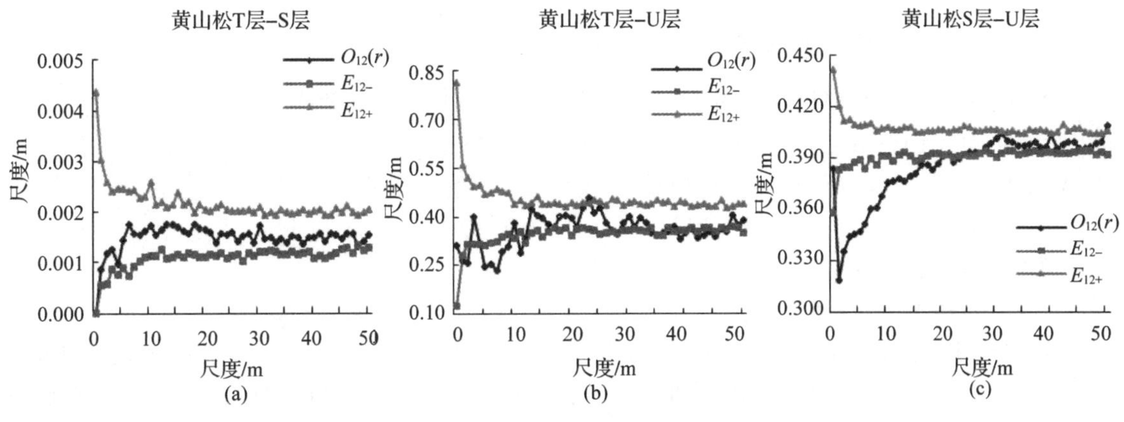

图 8-18　不同林层黄山松空间关联性(同插页图 8-18)

江南山柳幼苗与幼树在 10 m、15 m、20～22 m 和 26～28 m 呈空间正相关，在 44～45 m 尺度互相排斥，其他尺度相互独立；幼苗与中树除 40 m 尺度为正相关外，其他尺度均不相关；幼树与中树均互相独立(图 8-19)。

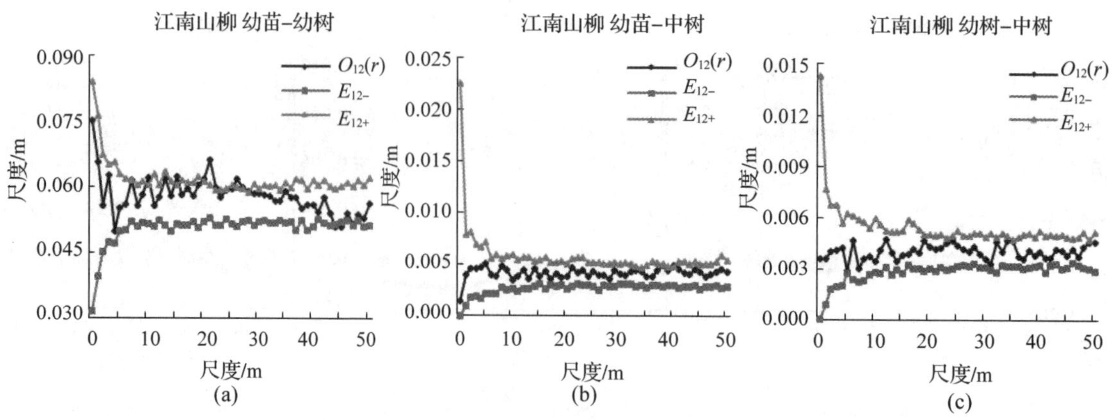

图 8-19　不同生长阶段江南山柳空间关联性(同插页图 8-19)

鹿角杜鹃幼苗与幼树在 3 m、5 m 呈正相关，在 26 m、29 m、36 m、39 m、41 m、45 m 和 48～49 m 相互排斥，其他尺度不相关；幼苗与中树在 33 m、45 m 呈空间正相关，其他尺度呈不相关；幼树与中树在 26 m 和 37 m 呈正相关，其他尺度相互独立(图 8-20)。

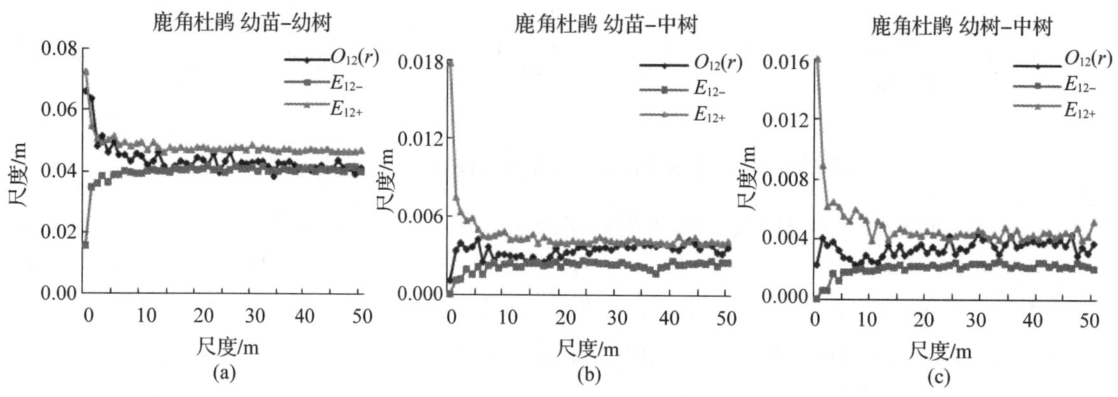

图 8-20　不同生长阶段鹿角杜鹃空间关联性(同插页图 8-20)

江南山柳与鹿角杜鹃树高均小于 10 m，二者 S 层与 U 层空间关联性均以不相关为主，具体表现为：江南山柳 S 层与 U 层在 1 m、5 m、12 m 呈正相关，在 23 m、30～32 m、34 m、36 m、39～41 m、44～48 m 尺度互相排斥，其他尺度呈相互独立；鹿角杜鹃 S 层与 U 层在 1 m、20～21 m、40 m、46 m 呈正相关，在 6～7 m、12 m、14 m 和 48 m 尺度相互排斥，其他尺度为不相关(图 8-21)。

(3)优势树种种间关联性

由图 8-22 可知，黄山松 T 层与江南山柳 S 层关联性以不相关为主，正相关体现在 9 m、32 m、39～40 m 和 44～48 m 尺度，负相关体现在 15 m、17 m 和 20 m 尺度；黄山松 T 层与江南山柳 U 层在 10～14 m 呈正相关，在 25 m 和 29 m 尺度相互排斥，其他尺度相互独立；黄山松 S 层与江南山柳 S 层在 0～18 m 尺度呈正相关，在 37 m、43 m、47 m 和 49 m 呈负相关，其他尺度不相关；黄山松 S 层与江南山柳 U 层在 0 m、2 m 和 10 m 呈正相关，在 29～50 m 相互排斥作用明显，其他尺度相关性不显著；黄山松 U 层与江南山柳 S 层在 1～16 m、18～20 m、24 m 和 27～28 m 相互排斥，其他尺度相互独立；黄山松 U 层与江南山柳 U 层在小尺

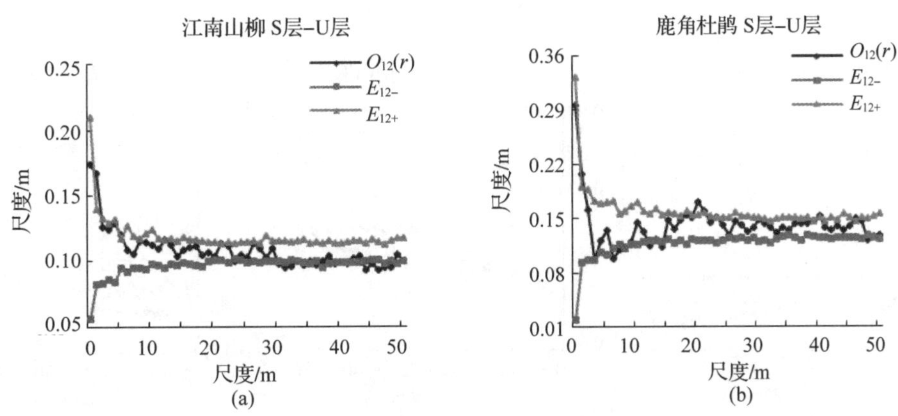

图 8-21　江南山柳与鹿角杜鹃 S 层—U 层空间关联性(同插页图 8-21)

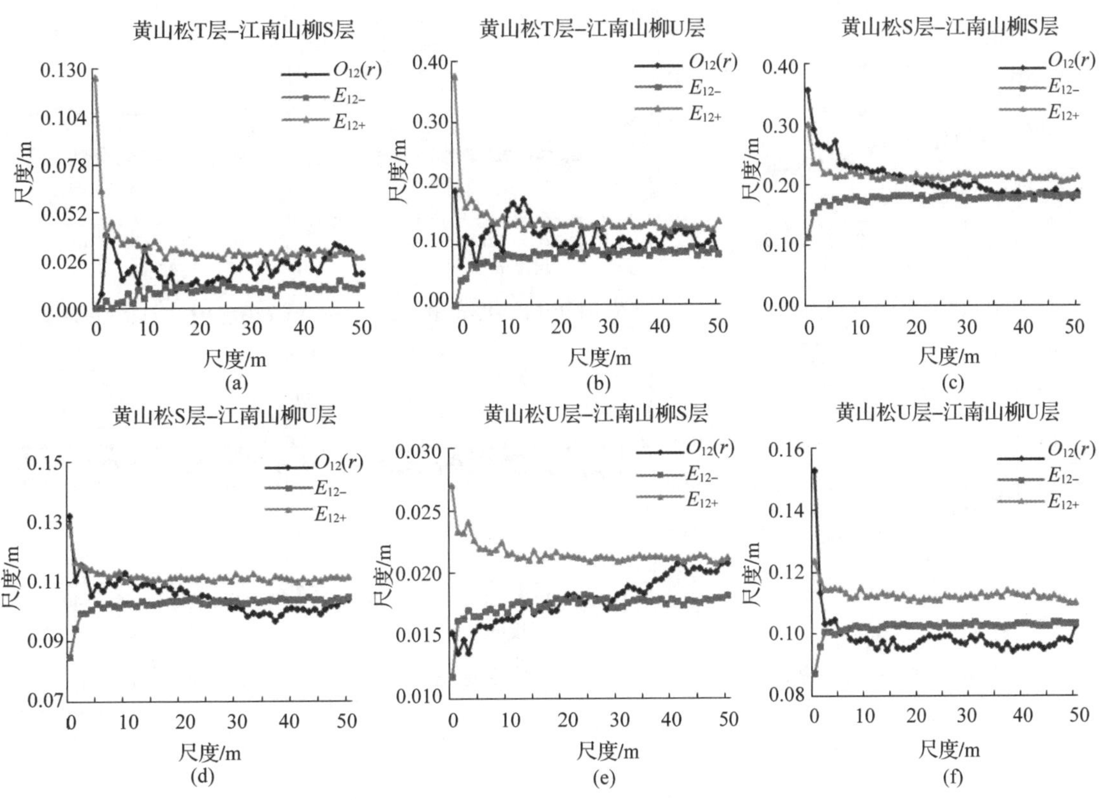

图 8-22　黄山松与江南山柳不同林层空间关联性(同插页图 8-22)

度(1～4 m)相互独立，其他尺度相互排斥，种间竞争激烈。

黄山松与江南山柳不同生长阶段关联性如图 8-23 所示，黄山松幼与江南山柳幼苗除1～2 m和4～5 m呈随机分布外，其他尺度相互排斥作用明显；黄山松幼苗与江南山柳幼树在11～12 m、17～19 m、23 m和36 m尺度呈负相关，在49～50 m尺度呈正相关，其他尺度相互独立；黄山松幼苗与江南山柳中树、黄山松幼树与江南山柳中树在所有尺度均相互独立；黄山松幼树与江南山柳幼苗在0～3 m不相关，其他尺度负相关；黄山松幼树与江南山柳幼树在小

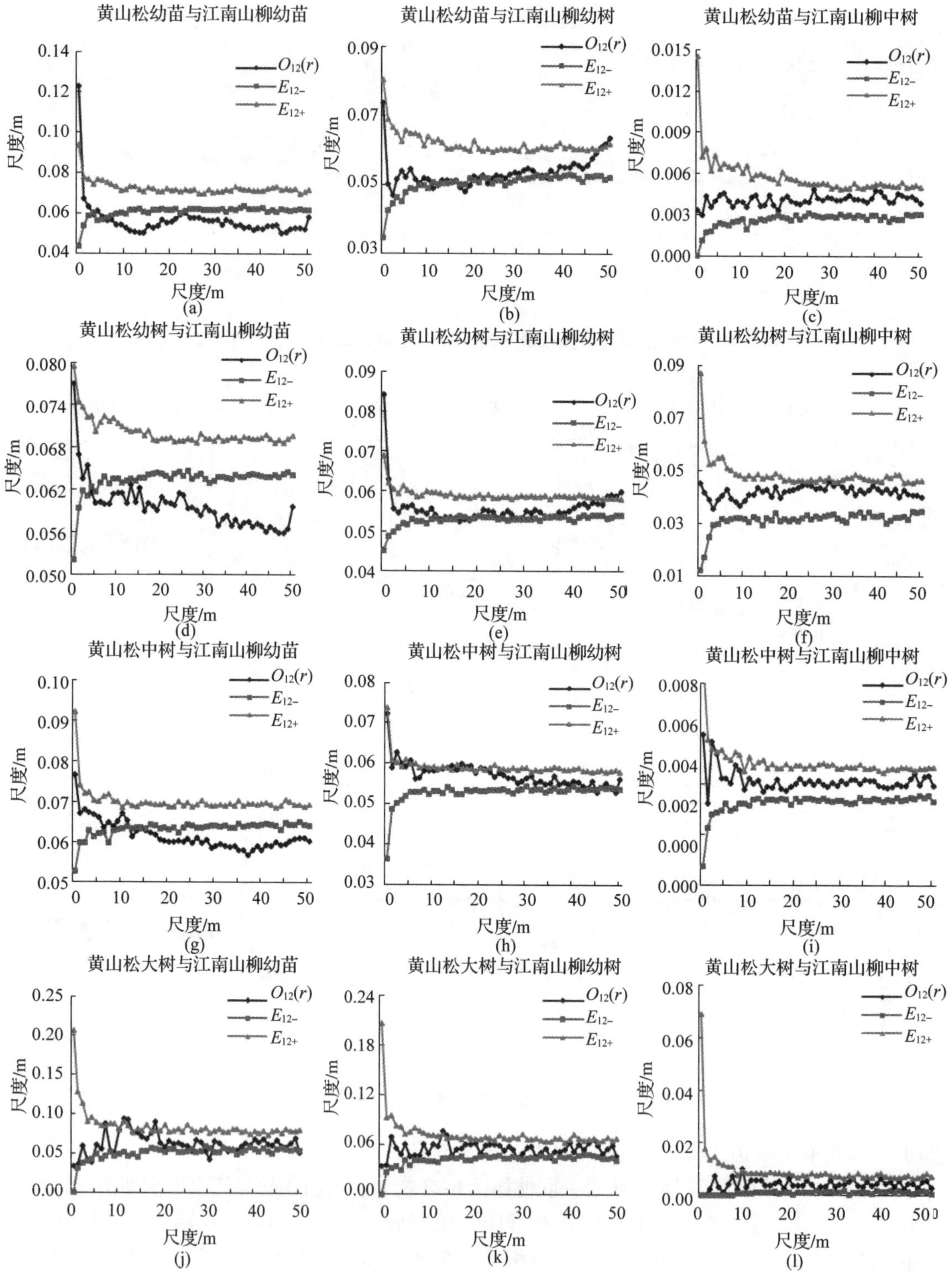

图 8-23　黄山松与江南山柳不同生长阶段空间关联性(同插页图 8-23)

尺度(0 ~ 1 m)和大尺度(47 ~ 50 m)呈正相关，在 16 ~ 18 m、29 m 和 36 m 尺度互相排斥，其他尺度相互独立；黄山松中树与江南山柳幼苗在 0 ~ 11 m 相互独立，在 >11 m 尺度互相排斥；黄山松中树与江南山柳幼树在 2 ~ 3 m、5 m、14 m、16 ~ 18 m 和 21 m 尺度呈正相关，在 45 m、48 ~ 49 m 呈负相关，其他尺度不相关；黄山松中树与江南山柳中树在 2 m 呈正相关，其他尺度相互独立；黄山松大树与江南山柳幼苗在 4 m、26 m、29 ~ 30 m、34 m 和 50 m 相互排斥，在 7 m、10 ~ 13 m 和 18 m 尺度呈正相关，其他尺度不相关；黄山松大树与江南山柳幼树在13 ~ 14 m 呈正相关，在 29 m 和 36 m 尺度呈负相关，其他尺度为不相关；黄山松大树与江南山柳中树在 9 m 尺度呈正相关，在 25 m 尺度相互排斥，其他尺度相互独立。总体来看，黄山松与江南山柳仅在少数尺度呈显著正关联；二者不同生长阶段间关联以相互独立为主，但黄山松幼苗、幼树和中树与江南山柳幼苗间存在明显排斥作用，竞争激烈。

图 8-24 为不同林层黄山松与鹿角杜鹃种间关联结果。从各林层关联性看，黄山松与鹿角杜鹃以相互独立为主，二者排斥作用明显，主要体现在黄山松 U 层与鹿角杜鹃 U 层。具体表现为：黄山松 T 层与鹿角杜鹃 S 层在 30 m、33 ~ 34 m、38 m 和 44 m 尺度呈正相关，其他尺度相互独立；黄山松 T 层与鹿角杜鹃 U 层在 2 m、10 m、13 ~ 15 m、19 m 和 23 m 尺度呈正相关，在 30 m 和 44 m 相互排斥，其他尺度不相关；黄山松 S 层与鹿角杜鹃 S 层正相关主要体现在小尺度(0 ~ 3 m)与大尺度(39 m、41 ~ 43 m 和 46 ~ 48 m)上，其他尺度相互独立；黄山松 S 层与鹿角杜鹃 U 层在 12 m、32 m、34 ~ 39 m 和 41 ~ 45 m 呈负相关，在 17 ~ 25 m 和27 m 呈正相关，其他尺度不相关；黄山松 U 层与鹿角杜鹃 S 层在 6 ~ 7 m 和 9 m 呈负相关，在32 m 和 38 m 呈正相关，其他尺度相互独立；黄山松 U 层与鹿角杜鹃 U 层在 22 ~ 24 m、26 ~ 44 m 和 47 m 尺度呈负相关，其他尺度不相关。

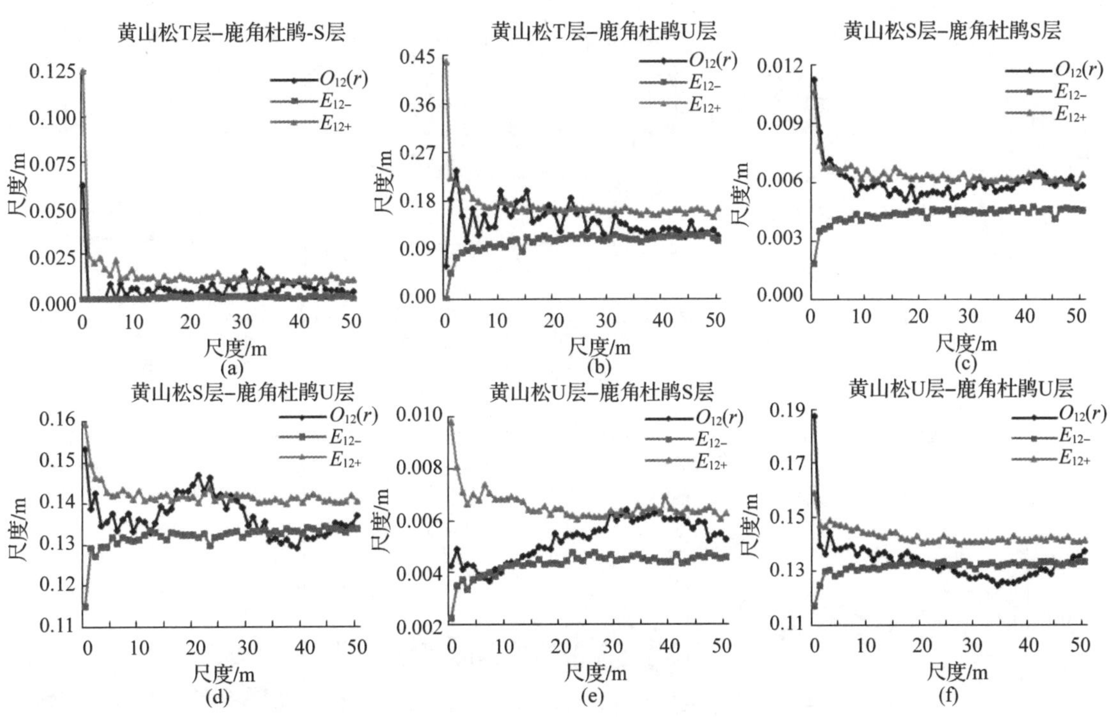

图 8-24　黄山松与鹿角杜鹃不同林层空间关联性(同插页图 8-24)

黄山松与鹿角杜鹃不同生长阶段种间关联如图 8-25 所示。黄山松幼苗与鹿角杜鹃幼苗在 7 m、11～24 m、28 m、31～34 m、37～38 m、40 m 和 46～47 m 呈负相关，其他尺度相互独立；黄山松幼苗与鹿角杜鹃幼树在 3 m 和 5～7 m 呈正相关，在 23 m 和 30～44 m 呈负相关，其他尺度呈不相关；黄山松幼苗与鹿角杜鹃中树在 21 m、24～29 m、34～37 m、

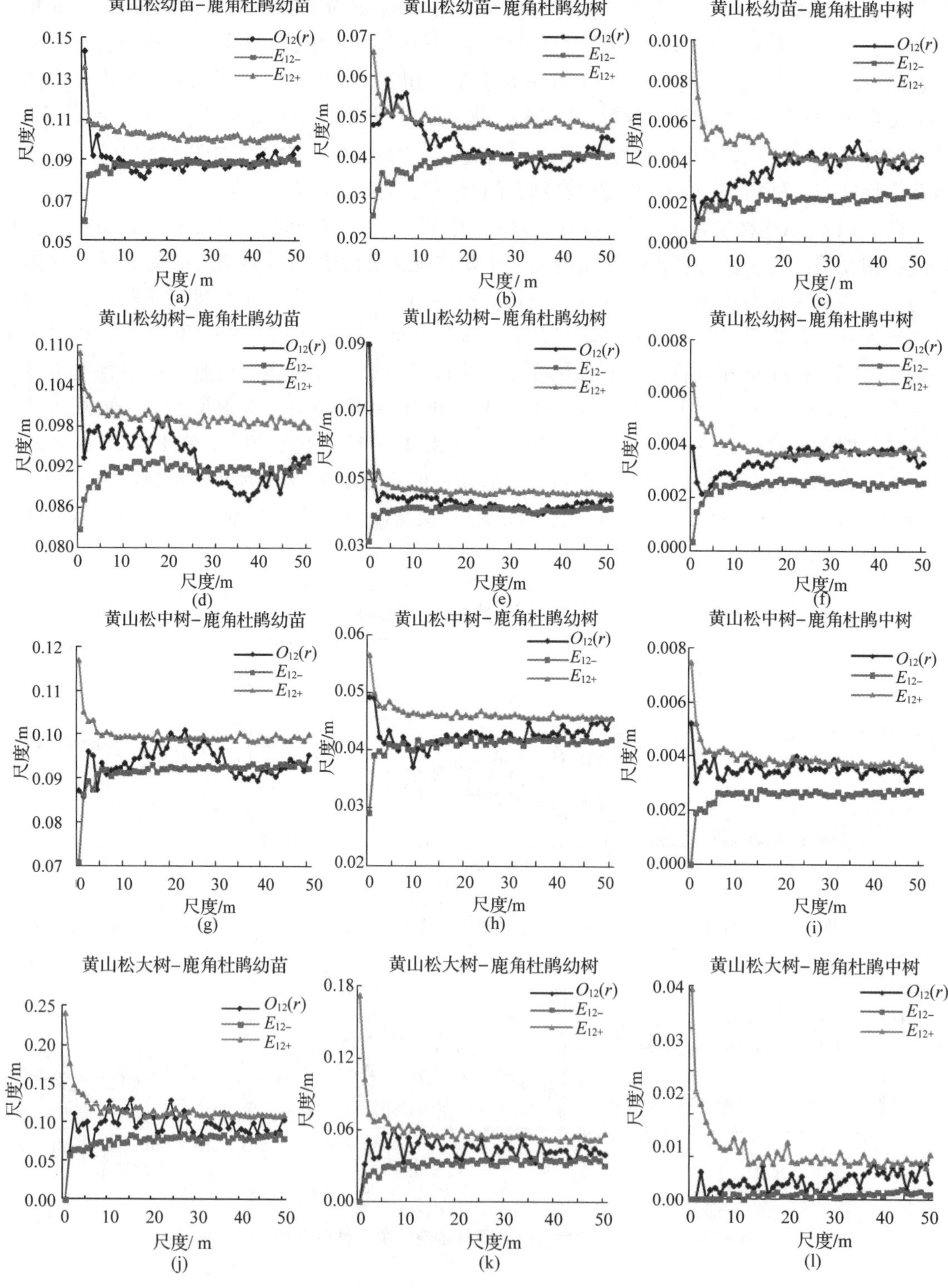

图 8-25　黄山松与鹿角杜鹃不同生长阶段空间关联性（同插页图 8-25）

40 m、43 m 和 50 m 呈正相关，其他尺度呈不相关；黄山松幼树与鹿角杜鹃幼苗在 19 m 呈正相关，在26 m、29～45 m 呈负相关，其他尺度相互独立；黄山松幼树与鹿角杜鹃幼树在0～1 m呈正相关，在 27 m 和 34～36 m 互相排斥，其他尺度不相关；黄山松幼树与鹿角杜鹃中树在 3 m 呈负相关，在 21 m、23～27 m、29 m、31～32 m、34 m、39 m 和 41～46 m 呈正相关，其他尺度相互独立；黄山松中树与鹿角杜鹃幼苗在 1 m、4 m、6 m、32～45 m 和 49 m 呈负相关，在 20 m 和 22～23 m 呈正相关，其他尺度不相关；黄山松中树与鹿角杜鹃幼树在6 m、9～13 m、15 m、17 m、19 m 和 26 m 呈负相关，其他尺度相互独立；黄山松中树与鹿角杜鹃中树在 23 m、25 m 和 31 m 呈正相关，其他尺度相互独立；黄山松大树与鹿角杜鹃幼苗在 6 m 和 47 m 呈负相关，正相关主要体现在 10 m、13～15 m、18 m、24 m、27 m 和 36 m 尺度，其他尺度不相关；黄山松大树与鹿角杜鹃幼树在 13 m 为正相关，在 36 m 和 44 m 为负相关，其他尺度不相关；黄山松大树与鹿角杜鹃中树除 49 m 呈正相关外，其他尺度均相互独立。

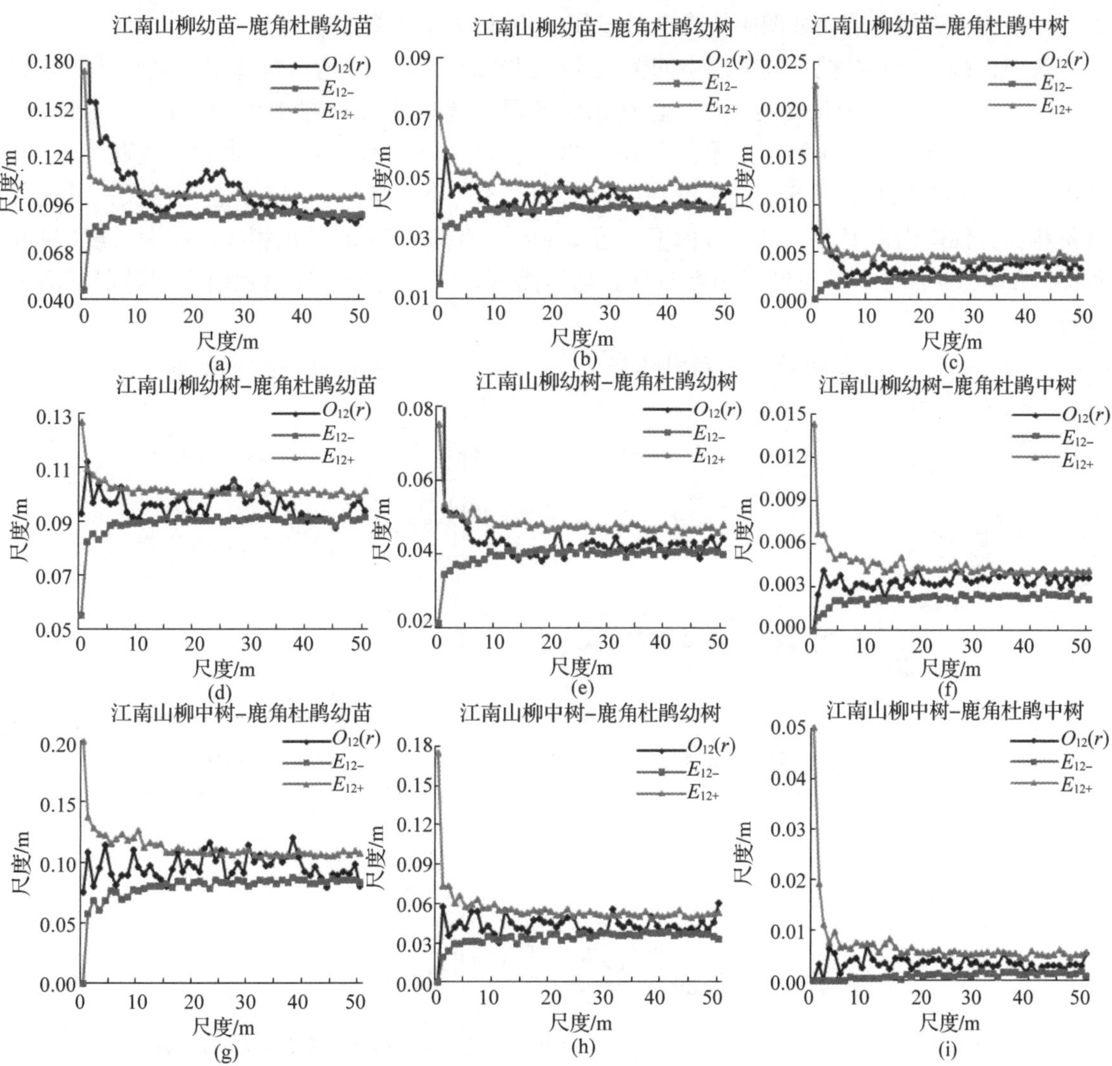

图 8-26　江南山柳与鹿角杜鹃不同生长阶段空间关联性(同插页图 8-26)

江南山柳与鹿角杜鹃不同生长阶段间空间关联性如图 8-26 所示。江南山柳幼苗与鹿角杜鹃幼苗在 0～9 m、17 m、19～29 m 呈正相关，在 37 m、39 m 和 43～50 m 相互排斥，其他尺度相互独立；江南山柳幼苗与鹿角杜鹃幼树在 14 m、16 m、34 m、37 m 和 40 m 相互排斥，在 21 m 呈正相关，其他尺度呈不相关；江南山柳幼苗与鹿角杜鹃中树在 1～2 m 和 43 m 尺度呈正相关，其他尺度相互独立；江南山柳幼树与鹿角杜鹃幼苗在 1 m、7 m、25～28 m 和 31 m 尺度呈正相关，在 15 m、38 m、43 m 和 45 m 呈负相关，其他尺度为不相关；江南山柳幼树与鹿角杜鹃幼树在 0 m、2～3 m 和 21 m 呈正相关，在 13～14 m、16～19 m、22 m、24 m、40 m 和 46 m 相互排斥，其他尺度相互独立；江南山柳幼树与鹿角杜鹃中树在 27 m、36 m 和 42 m 呈正相关，其他尺度不相关；江南山柳中树与鹿角杜鹃幼苗在 15 m、44 m 和 50 m相互排斥，在 22～23 m、30 m、32 m 和 38 m 呈正相关，其他尺度相互独立；江南山柳中树与鹿角杜鹃幼树在 11 m 呈负相关，在 31 m、38 m 和 50 m 呈正相关，在其他尺度不相关；江南山柳中树与鹿角杜鹃中树在全尺度(0～50 m)均相互独立。

江南山柳与鹿角杜鹃不同林层空间关联性如图 8-27 所示。江南山柳 S 层与鹿角杜鹃 S 层在 3 m 呈正相关，其他尺度均独立；江南山柳 S 层与鹿角杜鹃 U 层在 9～11 m、14～15 m、39～40 m、44 m 和 46 m 相互排斥，在 26～28 m、30～32 m 呈正相关，其他尺度相互独立；江南山柳 U 层与鹿角杜鹃 S 层在 1 m、4 m、15 m、37～39 m 和 42～43 m 呈正相关，其他尺度不相关；江南山柳 U 层与鹿角杜鹃 U 层在 0～9 m 和 20～28 m 呈正相关，在大尺度(34 m 和 >39 m)相互排斥，其他尺度相互独立。总体而言，江南山柳与鹿角杜鹃不同林层空间关联性以不相关为主。

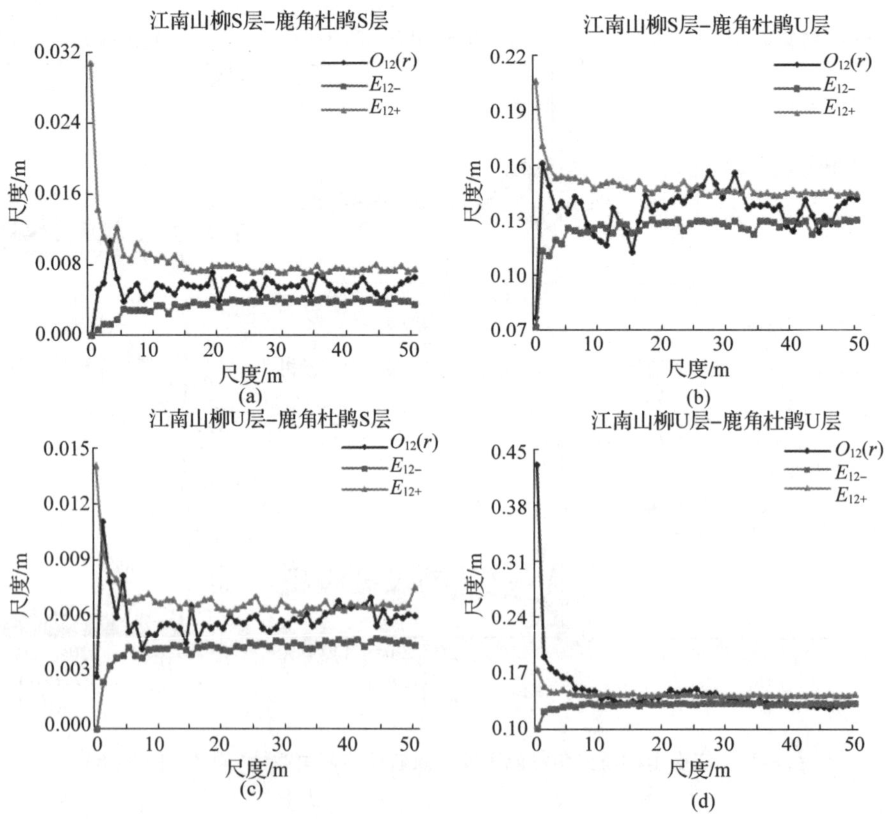

图 8-27　江南山柳与鹿角杜鹃不同林层空间关联性(同插页图 8-27)

第三节　黄山松群落物种多度分布格局

群落物种多度格局背后潜在的生态学过程是区分中性理论与生态位理论的关键(闫琰等，2012)。物种多度分布格局和过程具有尺度效应，即不同取样尺度对应不同格局和生态学过程(Hubbell et al.，2004)。针对特定群落或环境梯度的群落物种多度分布研究已有大量报道，但是基于≥1 hm^2大样地尺度群落物种多度研究目前还很少(程佳佳等，2011；闫琰等，2012)。戴云山黄山松林是中国东南沿海暖性针叶林典型代表，其群落构建过程中，中性过程和生态位过程的相对重要性至今尚未明确，其物种多度分布格局尺度效应也亟待探索。为此，本节采用不同模型分析戴云山自然保护区陈板岭头黄山松群落物种多度分布格局，并探讨其形成机理与生态学过程。

一、物种多度测度

1. 取样方法

物种多度格局研究样方采用随机抽样方法，即在100×100 m样地内，以任意点作为起始点，分别以2.5 m、5 m、10 m、15 m、20 m和25 m为半径，获取19.625 m^2、78.5 m^2、314 m^2、706.5 m^2、1 256 m^2和1 962.5 m^2样方各100个。若所选样方超出样地边缘，则重新定点取样。在各取样尺度上，按多度降序排列，多度最高，物种水平为1；多度第二，物种水平为2，…，依此类推。各取样尺度物种多度为其对应的所有物种水平多度均值。最后绘制各取样尺度物种－多度曲线。

2. 物种—多度模型简介

模拟物种—多度曲线潜在机理的模型大致可分为统计类模型、生态学模型和中性理论模型三类，本研究涉及的物种多度模型简介见表8-5。

表8-5　物种多度模型简介

模型	公式	模型简介
中性模型	$E\{r_i \mid J\} = \sum_{k=1}^{C} r_i(k)\varphi(k)$	式中，$E\{r_i \mid J\}$表示群落J中多度水平为i的物种的期望多度；C表示多度组合数；$r_i(k)$指多度水平为i的物种第k次的多度；$\varphi(k)$指第k个多度组合的期望值(程佳佳等，2011)。群落中性理论要求满足个体水平生态等价和群落饱和两个假设。基于中性理论的两个重要推论为：群落多度分布符合零和多项式分布和扩散限制决定群落结构
对数正态分布模型	$A_i = e^{\log(\mu)+\log(\delta)\Phi}$	式中，A_i表示第i个物种的多度；μ、δ分别表示正态分布的均值与方差；Φ表示标准正态函数。该模型认为物种多度的对数形式符合正态分布
Zipf-Mandelbrot模型	$A_i = JC(i+\beta)^{-\gamma}$	式中，c和β为参数；γ为常数。Zipf-Mandelbrot模型强调当前物理条件和已存在种对后来种存在的影响。模型提出者Frontier(1985)认为后来种定居代价高，比先来种更难存活
brokenstick模型	$A_i = \frac{N}{S}\sum_{k=i}^{S}\frac{1}{k}$	式中，N为群落总个体数；N/S为群落中物种的平均多度。该模型假定群落的总资源量是等于1的一条长棍，群落中各物种的生态位与竞争力相似，则在棍上随机设置$S-1$个点，可把长棍分为S段，每一部分棍长对应一个种的多度A_i可用F_{13}表示
preemption模型	$A_i = N\alpha(1-\alpha)^{i-l}$	该模型假定第一个种优先占用群落总资源量的α份，第二个占用剩余部分的α份，即$\alpha(1-\alpha)$，依此类推，则第i个物种多度A_i可用左边公式表示

3. 模型拟合效果检验

采用卡方(χ^2)、AIC原则对模型的拟合优度进行检验。χ^2法从0.05和0.01两个水平检验

模型显著性概率 P，若 $P>0.05$ 表示该模型可接受，反之，表示该模型被拒绝。AIC 准则是由日本学者赤池弘次提出，该准则假设模型误差服从独立正态分布，并可用 $AIC=2k+n\ln(RSS/n)$ 表示(Burnham et al.，2002)。式中 k 为模型参数个数，n 为观测数，RSS 为残差平方和。AIC 越小，表示模型拟合效果越优。用95%置信区间(即取2.5%和97.5%分别作为置信区间的上下限)对中性模型拟合效果进行检验，各物种多度水平模拟次数为1 000 次。

二、物种—多度分布及模型拟合

1. 物种—多度分布

由物种—多度分布图(图8-28)可知，戴云山黄山松群落中稀有物种数、物种多度水平均随尺度增加而增加，但稀有种增加幅度较小。在各尺度上，多度为1的物种比例最大，并

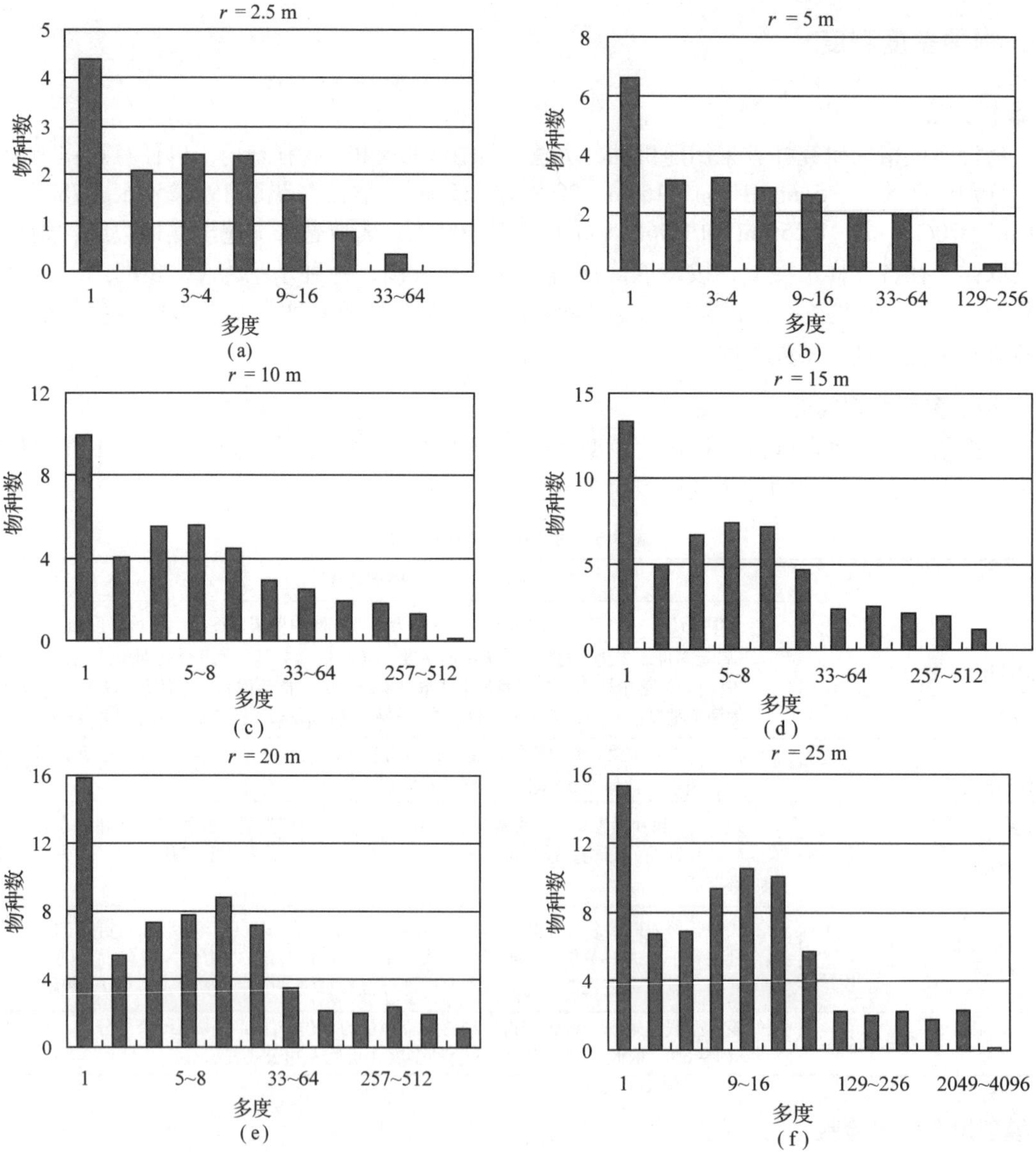

(a)

(b)

(c)

(d)

(e)

(f)

图8-28　戴云山黄山松群落不同取样尺度下物种—多度分布直方图

随尺度增加总体呈下降趋势。常见种的比例随尺度增加呈上升趋势。各尺度(从小到大)物种数排在第二的多度组别依次为 3 –4、3 –4、5 –8、5 –8、9 – 16 和9 – 16。

2. 物种—多度分布拟合模型

将不同取样尺度的样地数据按照 BCI. rda 的组织形式放入 R 软件中运行，采用 radfit 函数获取各种模型参数(表 8-6 和图 8-29)。不同模型 AIC 值和卡方(χ^2)值见表 8-7。由表 8-6 和表

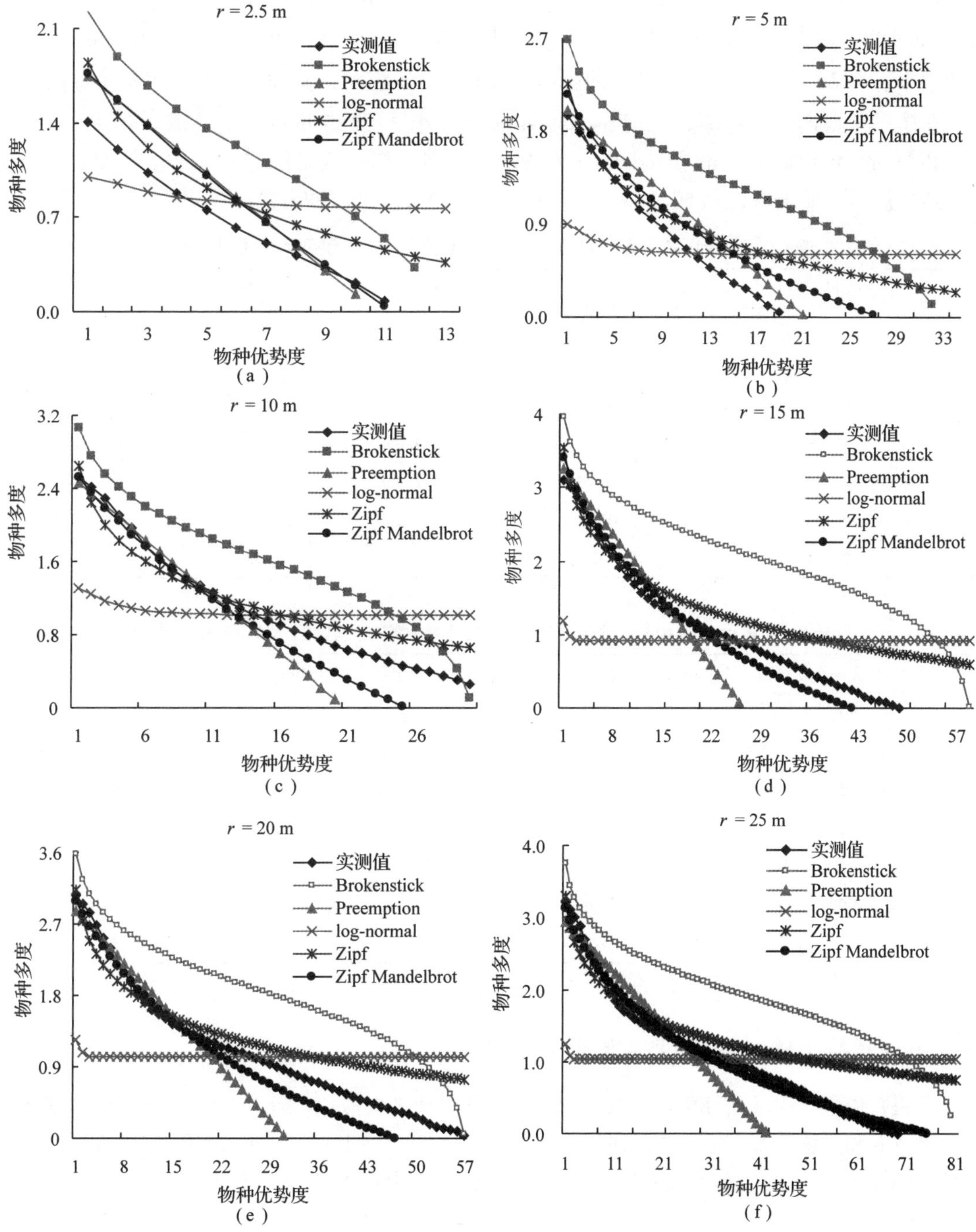

图 8-29　戴云山黄山松群落不同取样尺度下物种—多度分布及模型拟合

8-7 可知，取样为 $r=2.5$ m 时，各模型间 AIC 值差异较小，其中 Brokenstick 模型最大，Preemption 模型最小；χ^2 检验结果：只有 brokenstick 模型被 χ^2 检验拒绝，其他模型均通过 χ^2 检验，表明取样尺度 $r=2.5$ m，其物种多度最优模型为 Preemption 模型。取样尺度为 $r=5$ m 的 χ^2 检验结果与 $r=2.5$ m 一致，5 种模型中 Zipf-Mandelbrot 模型 AIC 值最小，为 132.628，表明 $r=5$ m 取样尺度下最优物种多度模型为 Zipf-Mandelbrot 模型。$r=10$ m 时，χ^2 检验拒绝 log-normal 模型和 Zipf-Mandelbrot 模型，其他 3 模型中 preemption 模型 AIC 值最小。$r=15$ m 时，log-normal 模型被 χ^2 检验拒绝，其他 4 种模型中 brokenstick 模型 AIC 值最大，Zipf-Mandelbrot 模型最小。$r=20$ m 时，除 Zipf-Mandelbrot 模型未通过 χ^2 检验，其他模型均在可接受范围；从 AIC 值看，Brokenstick 模型最大，Preemption 模型最小。$r=25$ m 时，χ^2 检验拒绝 Preemption 模型和 log-normal 模型，Zipf-Mandelbrot 模型对物种多度拟合效果最好。5 种模型 AIC 值变动幅度随尺度增加而增大，从 60.158～84.797 增加至 336.33～7 400.27。

表 8-6　戴云山黄山松群落不同取样尺度下物种多度模型的主要参数值

尺度/m	Preemption 模型	log-normal 模型		Zipf 模型		Zipf-Mandelbrot 模型		
	K	μ	δ	par1	par2	par1	par2	par3
$r=2.5$	0.339	1.738	1.388	0.427	−1.332	9.306 1e+14	−11.232	22.586
$r=5$	0.203	1.394	1.693	0.364	−1.310	26.994	−2.738	4.250
$r=10$	0.249	2.319	1.744	0.385	−1.350	3.428e+06	−6.021	13.997
$r=15$	0.232	1.910	2.253	0.424	−1.498	365.14	−3.650	5.890
$r=20$	0.195	2.370	2.014	0.369	−1.367	3 043	−4.030	9.266
$r=25$	0.151	2.299	2.072	0.344	−1.334	103.37	−3.016	6.509

表 8-7　戴云山黄山松群落不同取样尺度下物种多度模型的 AIC 值和 χ^2 值

尺度/m	Brokenstick 模型		Preemption 模型		log-normal 模型		Zipf 模型		Zipf-Mandelbrot 模型	
	AIC 值	χ^2	AIC 值	χ^2	AIC 值	χ^2	AIC 值	χ^2	AIC 值	χ^2
$r=2.5$	84.80	3.67*	56.79	0.58	67.43	2.66	77.96	1.46	60.158	0.53
$r=5$	387.78	17.35*	193.03	1.83	165.82	16.40	182.24	7.89	132.63	2.87
$r=10$	808.86	5.79	180.09	5.78	277.58	277.43**	391.38	1.65	150.18	14.86*
$r=15$	5 549.32	34.36	1 098.05	13.10	1 056.15	271.13**	1 284.73	9.66	481.32	4.87
$r=20$	4 168.97	21.37	742.13	26.02	880.18	32.13	1 261.42	8.06	365.55	39.57**
$r=25$	7 400.27	46.08	1 938.52	73.03**	1 512.18	53.73*	1 989.17	21.86	336.33	1.28

注：*表示显著差异（$P<0.05$）；**表示极显著差异（$P<0.01$）。

三、不同尺度下物种—多度中性理论检验

采用软件包 TeTame、Etienne（2005）的抽样方法和极大似然估计法，计算各尺度的基础多样性指数 θ 和迁移率 m（表 8-8），并用 Pari 2.3.3 软件（The PARI Group，2015）将所得参数用中性模型模拟 100 次，将其均值作为最优多度预测。由表 8-8 和图 8-30 可知，取样半径为 2.5 m 时，其中性模拟值与实际观测值之间的 χ^2 值差异不显著；物种多度观测值均在中性模型预测的 95% 置信区间。当取样半径大于 2.5 m 时，中性模拟值与实测值之间的 χ^2 值差异较

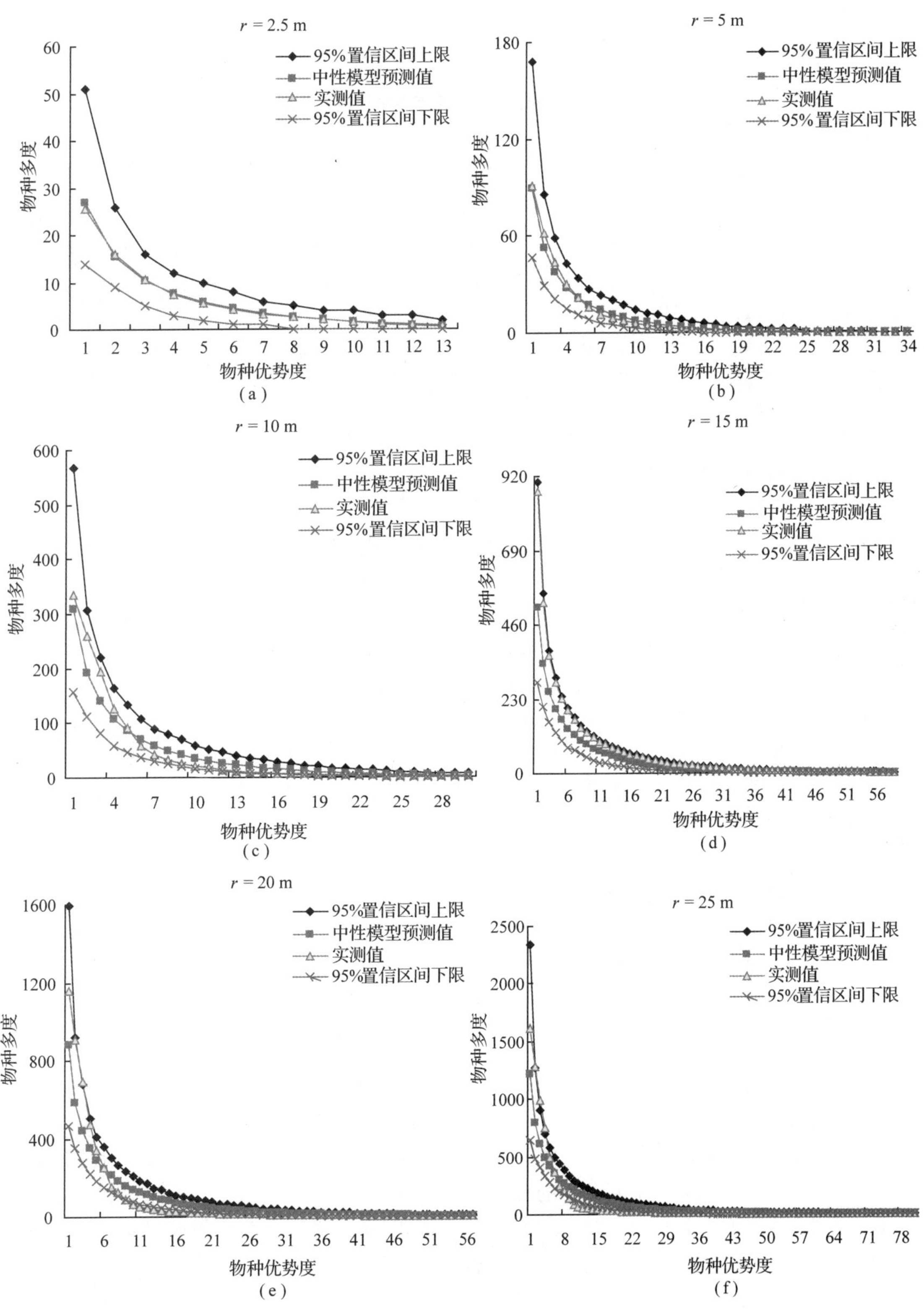

图 8-30　戴云山黄山松群落不同取样尺度下物种—多度分布的中性模型

显著，即χ^2检验拒绝中性模型。结合表8-7和表8-8可知，中性模型对戴云山黄山松林样地物种多度分布预测具有较高精度仅体现在$r=2.5$ m尺度上(图8-30)。

表8-8 戴云山黄山松群落不同取样尺度下中性模型参数及其χ^2检验

尺度/m	物种数	个体数	基础多样性指数	迁移率	χ^2	df
$r=2.5$	15	84	4.99	0.37	0.26	14
$r=5$	24	326	5.88	0.54	24.66**	23
$r=10$	40	1 332	7.82	0.91	119.95**	39
$r=15$	54	2 643	9.80	0.997	875.56**	53
$r=20$	65	4 759	10.68	0.999	1 035.18**	64
$r=25$	75	6 972	11.75	0.999 9	1 746.86**	74

注：*表示显著差异($P<0.05$)；**表示极显著差异($P<0.01$)。

第四节 黄山松群落空间结构

寻找合适空间结构参数，提出理想林分结构模式是天然林恢复与重建的重要内容之一(安慧君，2003)。传统林分结构分析侧重于林分平均数量特征，而林木间位置关系、空间分布信息并未得到反映。Gadow、惠刚盈等提出了以相邻木为单元的林分空间结构参数，弥补了该不足，并较好地解释了林分水平和垂直异质性(邵芳丽等，2011)。然而，对象木最近邻木株数n为固定值导致空间结构参数存在有偏估计(汤孟平等，2009)。Voronoi图具有最近性和邻接性，用其确定最近邻木株数可有效地克服这一缺点。

近年来，林分空间结构研究备受重视。国内外学者先后对红松、杨桦、杉木、红海榄和秋茄等为优势树种的林分空间结构进行研究，为其林分质量调控、混交林营造与结构配置等提供了理论支撑(赵春燕等，2010；王芳，2013)。戴云山自然保护区黄山松群落树种组成较单一、林分密度偏大，即林分质量不高；另外，受自身生物学特性及环境异质性影响，黄山松林木空间配置也不尽合理。为促进黄山松林近自然化，向顶极植物群落发展，更好应对全球气候变化，采用常用林分空间参数量化黄山松林空间结构，对比基于Voronoi图和传统取4株对象木分析获得的空间结构参数。

一、群落空间结构测度

1. 林分空间结构参数计算

采用角尺度、混交度、大小比数、开敞度和竞争指数对黄山松林空间结构进行量化，其中混交度是指任一树木的最近邻木为其他物种的概率，反映树种空间隔离程度。大小比数是指林木大小(胸径或树高)大于对象木的相邻木株数所占的比例。角尺度是用来描述对象木与周围相邻木在水平面上分布的均匀性(赵春燕等，2010)；开敞度是罗耀华等(1984)为定量分析光照水平与下层植被的关系而提出，是指林内任一对象木到最近n株相邻木的水平距离与它们各自高度比值的均值。对象木与相邻木关系采用Hegyi(1974)提出的简单竞争指数进行量化。为减少样地边缘林木影响，采用距离缓冲法进行边缘校正，即设置5m缓冲距离(邵芳丽等，2011)。林分空面结构参数及其意义见表8-9。

表 8-9　林分空间结构参数及其意义

空间结构参数	公式	参数说明
混交度	$M_i = \frac{1}{n}\sum_{j=1}^{n} P_{ij}$	M_i为第 i 株对象木的混交度，n 为相邻木株数；当相邻木 j 与 i 为不同树种时，$P_{ij}=1$，反之，$P_{ij}=0$。$M_i \in [0, 1]$。M_i可分为零度混交 $M_{ij}=0$，弱度混交 $M_i \in (0, 0.25]$、中度混交 $M_i \in (0.25, 0.5]$、强度混交 $M_i \in (0.5, 0.75]$和极强度混交 $M_i \in (0.75, 1]$。$M_i=1$ 表示完全混交，即对象木 i 与周围 n 株相邻木均为不同树种
	$M = \frac{1}{A}\sum_{j=1}^{A} M_i$	M 为林分混交度，A 为对象木株数
大小比数	$U_i = \frac{1}{n}\sum_{j=1}^{n} K_{ij}$	U_i为对象木 i 的大小比数。若相邻木 j 比对象木 i 小，则 $K_{ij}=0$；反之，$K_{ij}=1$。$U_i \in [0, 1]$。U_i取值为 0，(0, 0.25]、(0.25, 0.5]、(0.5, 0.75]、(0.75, 1]分别表示对象木生长状态处于优势、亚优势、中庸、劣势和绝对劣势
	$U = \frac{1}{A}\sum_{i=1}^{A} U_i$	U 为林分大小比数，A 为对象木株数
角尺度	$W_i = \frac{1}{n}\sum_{j=1}^{n} V_{ij}$	W_i为对象木 i 的角尺度。设 a_0 ($a_0 = 360°/n$) 为标准角，当第 j 个夹角小于 a_0 时，$V_{ij}=1$，反之，$V_{ij}=0$。为便于比较，角尺度划分标准以 $n=4$ 时的 W_i取值作为参照，即 $W_i<0.475$ 为均匀分布；$W_i \in [0.475, 0.517]$为随机分布；$W_i>0.517$ 为聚集分布
	$W = \frac{1}{A}\sum_{i=1}^{A} W_i$	W 为林分角尺度，A 为对象木株数
开敞度	$B_i = \frac{1}{n}\sum_{j=1}^{n} D_{ij}/H_{ij}$	B_i为对象木 i 的开敞度，D_{ij}为林木 i 到 j 的水平距离，H_{ij}指林木 j 的树高，n 为相邻木株数。D 越大，相邻木越矮，对象木的 B 越大，即对象木的光照越充足；反之，B 越小，对象木光照受遮挡就越严重。$B_i \in [0, +\infty)$，根据 B 值，可将对象木生长空间充裕度分为 5 个区间：严重不足 $B_i \in (0, 0.2]$、不足 $B_i \in (0.2, 0.3]$、基本充足 $B_i \in (0.3, 0.4]$、充足 $B_i \in (0.4, 0.5]$、很充足 $B_i \in (0.5, +\infty)$
	$B = \frac{1}{A}\sum_{i=1}^{A} B_i$	B 为林分中所有林木开敞度的平均值，A 为对象木株数
竞争指数	$CI = \sum_{j=1}^{n}\left(\frac{1}{d_{ij}} \times \frac{D_j}{D_i}\right)$	CI_i为对象木 i 的竞争指数，d_{ij}为对象木 i 到第 j 株竞争木的水平距离，D_i、D_j分别表示林木 i 和 j 的胸径，n 为相邻木株数
	$CI = \sum_{j=1}^{A} CI_i$	CI 为林分中所有对象木 i 的竞争指数的平均值
	$u\_a\_CI_i = \frac{1}{n}\sum_{j=1}^{n} \frac{\alpha_1 + \alpha_2 \cdot c_{ij}}{180°}$	$\alpha_1 = \begin{cases} ATAN(H_i/d_{ij})，竞争木 j 树高比对象木 i 大 \\ ATAN(H_i/d_{ij})，竞争木 j 树高比对象木 i 小 \end{cases}$； $\alpha_2 = ATAN\left(\frac{H_j - H_i}{d_{ij}}\right)$ $c_{ij} = \begin{cases} 1，竞争木 j 树高大于对象木 i \\ 0，竞争木 j 树高小于对象木 i \end{cases}$
	$u\_a\_CI = \sum_{j=1}^{A} CI_i$	u_a_CI 为基于交角的林分平均竞争指数

2. Voronoi 多边形与 Delaunay 三角网

地理空间实体 P_i 构成的 Voronoi 区域可用 $P_i^v = \{x \mid d(x, p_i) \leqslant d(x, p_j), p_i, p_j \in P, i \neq j\}$ 表示，式中 x 为空间上任意一点，d 为平面距离。由 n 个空间实体构成的二维 Voronoi 区域为：$P^v = \{P_1^v, P_2^v, P_3^v, \cdots, P_n^v\}$，$P^v$ 把平面区划成 n 个 Voronoi 多边形。每个 Voronoi 多边形 P_i^v 都具有如下性质：①有且只包含一个点 P_i(空间实体或生长目标)；②空圆特性；③与

Delaunay 三角网对偶；④局部动态性(秦志霞，2011)。Delaunay 三角网是 Voronoi 多边形的偶图，具有唯一性；空外接回(即 Delaunay 三角网上任一三角形外接圆内不包含其他点)；最大的最小角度等性质。由图 8-31 可知，基于林木位置点构建的 Voronoi 多边形和 Delaunay 三角网具有以下特点：每个 Voronoi 多边形有且只有包含 1 株对象木；相邻木株数 = 对象木相邻 Voronoi 多边形个数 = 对象木邻接的 Delaunay 三角形个数；Delaunay 三角形边长为对象木和相邻木的水平距离；对象木任意 2 个相邻木夹角即为对应 Delaunay 三角形 2 条边的夹角(赵春燕等，2010)。

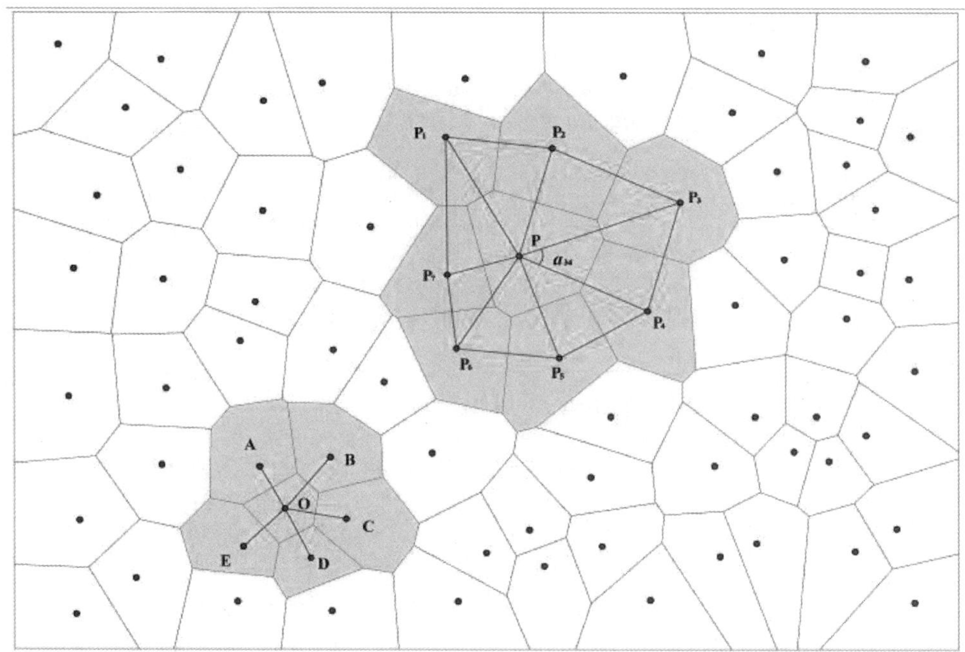

灰色区域代表竞争单元；O、P 为对象木，A、B、C、D、E、P_1、P_2、P_3、P_4、P_5、P_6、P_7为竞争木；对象木P与竞争木P_1—P_7构成对象木P的Delaunay三角网；a_{34}为P 的相邻竞争木P_3P_4的夹角

图 8-31 Voronoi 图与 Delaunay 三角网

空间结构参数值与相邻株数 n 有关：n 偏大会增加错分相邻木的可能；n 偏小则容易产生漏分相邻木问题(汤孟平等，2009)。可见，n 取固定值显然难以达到减小空间结构参数有偏估计目的，而泰森多边形为相邻木取值的确定提供了灵活性。竞争单元(图 8-31)是林分空间结构研究基本单位，由对象木和竞争木组成。对象木可以是样地内任一树木，其相邻 Voronoi 多边形包含的发生点为竞争木。基于 Voronoi 图的空间结构分析，不仅克服了 $n=4$ 易产生错分、漏分相邻木缺点，还最大限度地保证了竞争木与对象木间相关性，提高研究结果精度(王芳，2013)。

3. 优势树种的 Voronoi 图

基于 4 株最近邻木的林分空间结构各参数采用 Winkelmass 1.0 软件计算；基于 Voronoi 分析的空间结构参数通过 ArcGIS10.2 和 Excel 2010 软件计算。林分中主要优势树种的 Voronoi 图，如图 8-32 所示。

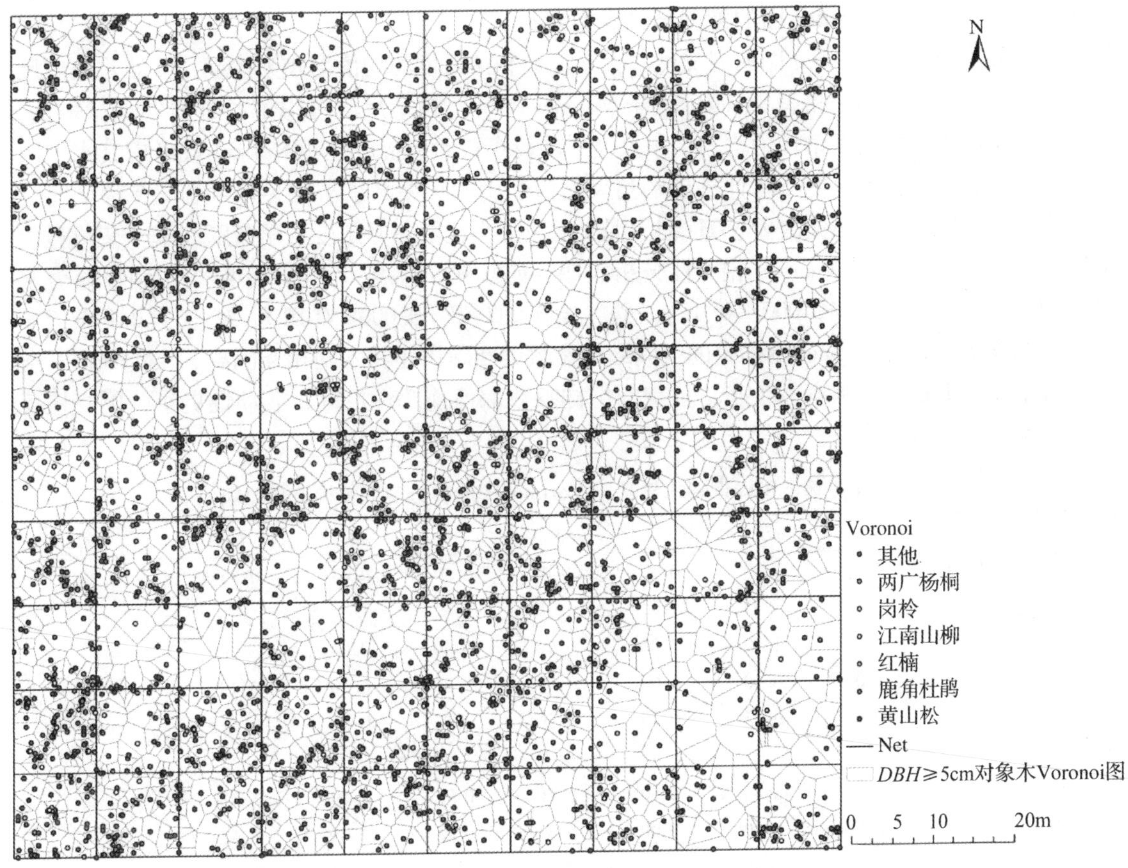

图 8-32　研究区 *DBH*≥5 cm 对象木的 Voronoi 图(同插页图 8-32)

二、林分空间结构单元及参数

1. 林分空间结构单元

传统林分空间结构单元由对象木和最近邻 4 株竞争木构成；基于 Voronoi 图的林分空间结构单元克服了传统方法最近邻竞争木株数取值有争议的问题。由图 8-33 可知，研究区基于 Voronoi 图确定的林分空间结构单元中，对象木的最近邻木株数 n 取值有 3、4、5、6、7、8、9、10、11 九种可能。对象木的平均最近邻木株数为 6 株，最近邻木株数分布频率从大到小依次为 6 株(27.16%)、5 株(24.88%)、7 株(19.21%)、4 株(12.22%)、8 株(9.77%)、9 株(3.51%)、3 株(1.85%)、10 株(1.03%)和 11 株(0.36%)。可见，对象木有 5 株或 6 株最近邻木是研究区最常见的空间结构单元。

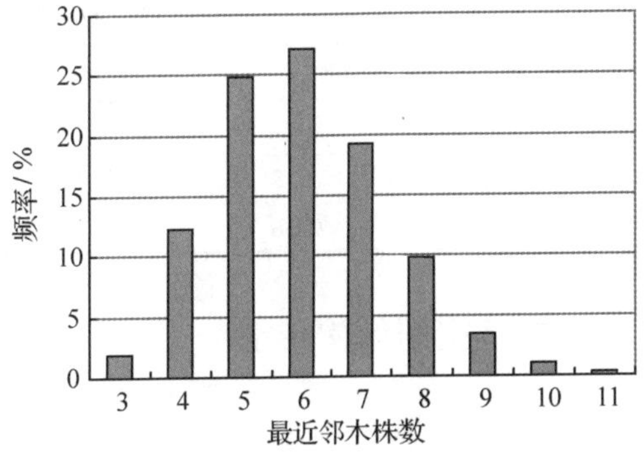

图 8-33　对象木的最近邻木株数频率分布图

2. 传统方法与基于 Voronoi 图的空间结构参数对比

传统方法与基于 Voronoi 图的混交度、大小比数和角尺度的均值均较为接近，标准差除角尺度外差异不显著(表 8-10 和表 8-11)。基于 Voronoi 图确定的角尺度考虑了各方向邻近竞争木，使对象木与近邻木之间夹角较为均匀，角尺度波动较小；而传统最近邻木 $n=4$ 仅考虑其水平距离，空间位置变动较大，使二者计算出的角尺度值产生较大差异。从表 8-11 可知，5 种空间结构指数的波动性从大到小依次为 V-Hegyi、混交度、大小比数、开敞度、角尺度和基于交角竞争指数($u\_\ \alpha\_\ CI_i$ 指数)。Pearson 相关性分析表明 Mv 与 M，Uv 与 U，Wv 与 W 均达到极显著水平，即 $R_{Mv\&M}=0.907(P=0.000<0.01)$，$R_{Uv\&U}=0.902(P=0.000<0.01)$，$R_{Wv\&W}=0.148(P=0.000<0.01)$。基于 Voronoi 图确定的空间结构参数更准确描述林木间相互隔离、大小分化、空间分布格局、生长空间和竞争状态，且空间结构参数取值连续性更好，波动性更小，更好地反映林分空间结构特征。

表 8-10　基于 4 株近邻木与基于 Voronoi 图的林分空间结构参数比较

Tree	Mv	M	Uv	U	Wv	W	B	$V-Hegyi$	$u\_\ \alpha\_\ CI_i$ 指数
1	1.00	1.00	0.50	0.50	0.33	0.50	0.48	0.72	0.28
…	…	…	…	…	…	…	…	…	…
11	0.20	0.25	1.00	1.00	0.60	0.50	0.04	17.32	0.49
12	1.00	1.00	0.00	0.00	0.57	0.75	0.30	0.49	0.23
13	0.88	0.75	0.75	0.75	0.50	0.50	0.46	0.84	0.04
…	…	…	…	…	…	…	…	…	…
3 203	0.67	0.50	0.83	0.50	0.50	0.75	0.19	3.33	0.40
3 204	0.33	0.50	0.00	0.00	0.33	0.25	0.05	3.48	0.48
3 205	1.00	1.00	0.40	0.75	0.60	0.75	0.21	1.04	0.56
…	…	…	…	…	…	…	…	…	…
3 695	0.80	0.75	0.40	0.25	0.60	0.50	0.49	0.51	0.34
3 696	1.00	1.00	1.00	1.00	0.50	0.50	0.11	3.64	0.00
3 697	1.00	1.00	1.00	1.00	0.56	1.00	0.39	2.00	0.17

表 8-11　林分空间结构指数不同方法结果比较

空间结构指数	混交度		大小比数		角尺度		开敞度	$V-Hegyi$	$u\_\ \alpha\_\ CI_i$ 指数
	Mv	M	Uv	U	Wv	W			
均值	0.38	0.38	0.53	0.52	0.52	0.54	0.39	1.49	0.25
标准差	0.35	0.36	0.34	0.36	0.12	0.21	0.27	2.15	0.18

三、群落空间结构特征

1. 混交度

戴云山黄山松林平均混交度处于中度混交状态。林分中弱度混交比例最大，为 30.85%，其次为零度混交(20.24%)，达到中度及以上混交林木比例占林分 48.91%，表明不同树种种间隔离程度较低，也表明林分中多数空间结构单元为同一树种组成，树种空间配置相对简单。从不同树种看，黄山松平均混交度最低，为 0.214，与黄山松个体数在林分中占绝对优势有关。岗柃达到强度混交水平，江南山柳、鹿角杜鹃、大萼杨桐和红楠均呈极强度混交状态，表明这些树种株数相对较少，对林分平均混交度影响较小，也表明这些树种属于黄山松伴生树种，零星散布于林分，受黄山松隔离作用较明显。黄山松的弱度混交 > 中度混交 > 零度混交 > 强度混交 > 极强度混交 > 完全混交。岗柃以中度混交(32.69%)和强度混交(28.85%)为主；大萼杨桐以极强度混交(29.51%)和完全混交(47.54%)为主；江南山柳、鹿角杜鹃、红楠以完全混交为主，比例依次为60.54%、65.45%和57.58%(表8-12)。

表8-12　黄山松林及主要优势树种混交度分布频率表

树种	混交频率						平均混交度
	零度混交	弱度混交	中度混交	强度混交	极强度混交	完全混交	
	0	(0, 0.25]	(0.25, 0.5]	(0.5, 0.75]	(0.75, 1]	1	
黄山松	0.266	0.405	0.275	0.045	0.008	0.001	0.214
江南山柳	0.000	0.014	0.048	0.129	0.204	0.605	0.887
鹿角杜鹃	0.000	0.018	0.009	0.118	0.200	0.655	0.913
大萼杨桐	0.000	0.033	0.049	0.148	0.295	0.475	0.852
岗柃	0.019	0.000	0.327	0.289	0.135	0.231	0.671
红楠	0.000	0.061	0.061	0.212	0.091	0.576	0.838
全林分	0.202	0.309	0.221	0.064	0.044	0.160	0.380

样地优势树种不同径阶等级混交度如图8-34所示。黄山松混交程度随径阶增大而增大，小径木呈弱度混交(0.208)，中径木(0.252)和大径木(0.436)为中度混交；红楠不同径阶林木为极强度混交或完全混交，其小径木(0.830) < 中径木(0.843) < 大径木(1)；江南山柳、鹿角杜鹃和大萼杨桐均无大径木，岗柃无中径木和大径木，江南山柳、鹿角杜鹃、大萼杨桐和岗柃不同径阶林木均达到极强度混交水平，且不同等级林木间混交程度差异小。对于整个林分，小径木、中径木和大径木的混交度依次为0.381、0.365和0.469。由表8-12和图8-34可知，林分平均混交度主要由黄山松混交度控制。

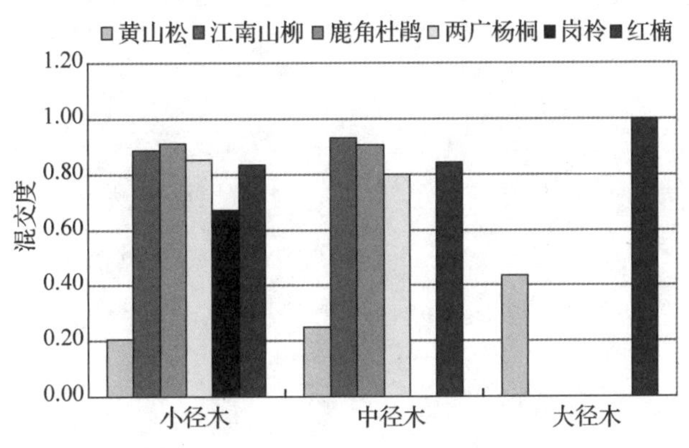

图8-34　黄山松林不同等级林木混交度

黄山松林不同径阶混交度分布趋势如图8-35所示，径阶为6~20 cm、24~26 cm和34~38 cm时，混交度介于0.297 2~0.5，属于中度混交(0.25, 0.5]水平。径阶为22 cm、28 cm和30 cm时，混交度分别为0.529、0.619和0.567，林木达到强度混交水平。黄山松混交度径阶变化趋势与全林分基本一致，即随径阶增大，总体上由弱度混交向中度混交和强度混交过渡。江南山柳、鹿角杜鹃、大萼杨桐、岗柃和红楠的混交水平均较高，与其株数较少，并

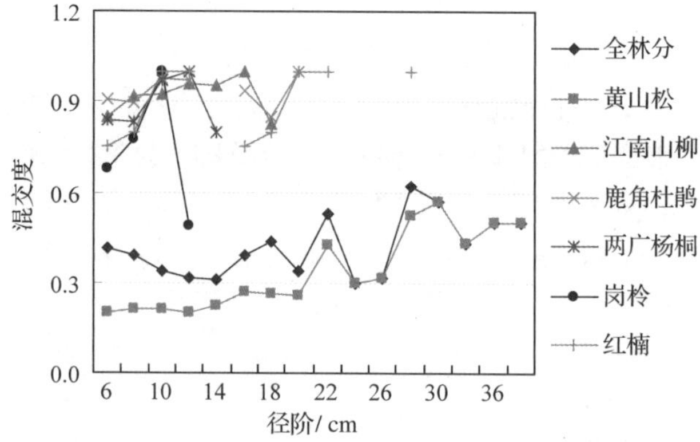

图 8-35　黄山松林不同径阶混交度分布趋势图

在林分随机分布有关；主要树种混交度在某些径阶骤降，可能与样地复杂微生境有关。

为直观反映研究区各林木混交空间分布情况，采用 ArcGIS 10.0 软件制图功能，绘制黄山松林不同混交度等级 Voronoi 图。由图 8-36 可知，零度混交和弱度混交林木主要分布于样地西北、东北和西南方向，而东南方向分布较少；中度混交林木主要分布于样地中部和东部边缘地带；强度和完全混交林木在样地分布较均匀；极强度混交林木较少，主要分布于样地东南方向。结合实际情况及图 8-36，发现呈强度混交以上的林木，其 Voronoi 多边形面积较大；呈极强度混交与完全混交林木以黄山松树种为主，主要分布于立地条件较差、生境较复杂区域。

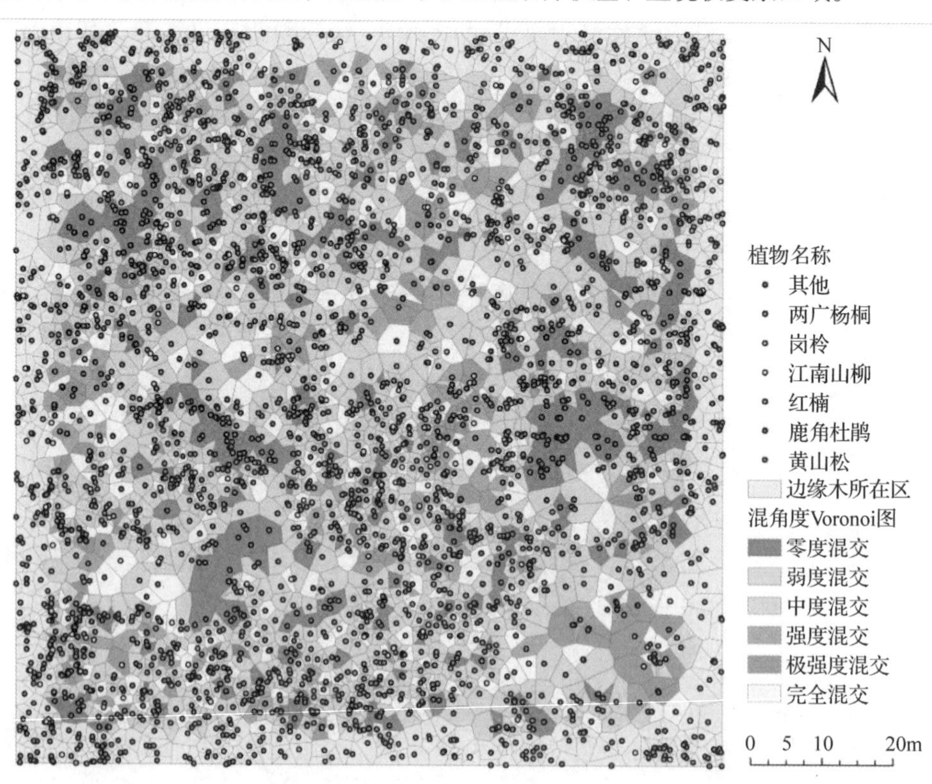

图 8-36　黄山松林不同等级混交度 Voronoi 图(同插页图 8-36)

2. 大小比数

由于外业测定的树高与冠幅精确度较胸径低，因此，采用胸径来计算各空间结构单元及林分的大小比数，结果见表8-13。戴云山黄山松林分平均大小比数为0.530，表明林木胸径差异较小，各树种生长处于劣势偏中庸竞争状态。大小比数值越大，表明对象木越不占优势（张帆等，2014）。样地主要树种优势度为：黄山松>红楠>江南山柳>鹿角杜鹃>大萼杨桐>岗柃。除黄山松胸径大小比数小于0.5，处于中庸竞争状态，其他优势树种在竞争中均处于弱势。总体而言，样地中阔叶树在胸径生长上处于劣势，表明江南山柳、鹿角杜鹃、大萼杨桐和红楠等阔叶树在短时期内仍难以进入主林层，与黄山松形成共优格局。

表8-13　黄山松林及主要优势树种大小比数分布频率表

树种	大小比数频率					平均大小比数
	优势	亚优势	中庸	劣势	绝对劣势	
	0	(0, 0.25]	(0.25, 0.5]	(0.5, 0.75]	(0.75, 1]	
黄山松	0.144	0.175	0.233	0.189	0.260	0.493
江南山柳	0.082	0.116	0.136	0.204	0.463	0.656
鹿角杜鹃	0.046	0.109	0.173	0.273	0.400	0.661
大萼杨桐	0.049	0.098	0.164	0.230	0.459	0.674
岗柃	0.000	0.019	0.231	0.269	0.481	0.728
红楠	0.182	0.061	0.242	0.121	0.394	0.569
全林分	0.125	0.159	0.221	0.191	0.304	0.530

从大小比数分布频率看，全林分中30.42%林木胸径生长处于绝对劣势，19.11%处于劣势，仅12.5%林木胸径生长占据优势地位。不同树种大小比数分布率均以大于0.5最高，表明胸径生长都受到压迫。岗柃受压迫程度最严重，75%林木胸径生长不占优势；黄山松44.87%林木处于被压迫状态，与研究地林分密度大、竞争（尤其是种内竞争）激烈有关。红楠、江南山柳、鹿角杜鹃和大萼杨桐属于侵入种，扮演伴生树种角色，其胸径生长受压迫主要来自黄山松。根据顶极森林群落和近自然经营理论，为促进黄山松林分朝健康和顶极群落发展，需对黄山松进行适度择伐，减缓黄山松种内竞争，并为其他阔叶伴生树种提供更多生长空间。

不同树种大小比数均随林木等级增大而减小。从图8-37可知，林分主要树种均以小径木为主，且其胸径生长均在群落处于劣势状态；当胸径增至13 cm时，黄山松、江南山柳、鹿角杜鹃、大萼杨桐和红楠胸径生长均由劣势状态转为亚优势状态；岗柃胸径均为小径木，表明其在未来林分演替中处于弱势地位。但岗柃可通过萌蘖繁殖，且其株数较多，呈明显聚集分布，形成群体效应，在林分中占据一定资源生态位。除黄山松（0.546）外，不同树种小径级林木大小比数差异均较小，介于0.682～0.72；中径级林木大小比数从大到小为大萼杨桐（0.2）、鹿角杜鹃（0.183）、红楠（0.114）、黄山松（0.109）和江南山柳（0.071 4）。研究地胸径大于25 cm林木株数较少，其中红楠仅1株，其他均为黄山松。从整个林分看，小径木、中径木和大径木大小比数分别为0.582、0.112和0.0 261，即随着胸径生长，林分中林木竞争由劣势逐渐向亚优势或优势转变。

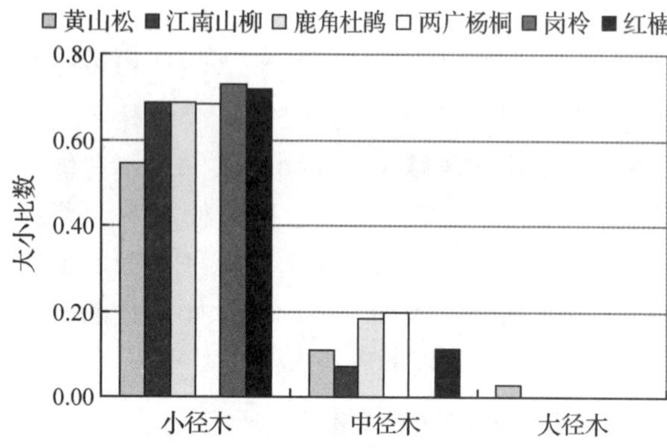

图 8-37　黄山松林不同径阶林木大小比数

图 8-38　黄山松林不同径阶大小比数分布趋势图

由不同径阶大小比数分布趋势(图 8-38)可知，全林分大小比数总体随着胸径增长呈减小趋势，在径阶为 26 cm 和 28 cm 时出现小幅波动。全林分大小比数随径阶变化依次呈绝对劣势状态(径阶为 6 cm，$U=0.869$)、劣势状态(径阶为 8 cm，$U=0.547$)、中庸状态(径阶为 10 cm，$U=0.317$)和亚优势状态(径阶为 12 cm、14 cm、16 cm、18 cm、20 cm、22 cm、26 cm和 28 cm 时，U 介于 0.022 2 ~ 0.236)；当径阶为 24 cm 和≥30 cm 时，林木处于绝对优势地位。岗柃仅在径阶为 10 cm 时为亚优势竞争状态，其他径阶均处于劣势或绝对劣势状态；红楠在≤10 cm 时，林木处于被压迫状态，胸径为 12 cm 时，处于中庸竞争状态，径阶为 14 cm和 16 cm 时，林木占据亚优势地位；黄山松大小比数径阶变化与全林分变化趋势一致；江南山柳在径阶为 6 cm 和 8 cm 时，分别处于绝对劣势和劣势状态，径阶为 10 cm 时呈中庸状态，径阶为 12 cm 和 16 cm 时呈亚优势状态；红楠在径阶为 14 cm 和 18 cm 时具有绝对优势地位；大萼杨桐处于绝对劣势、劣势、中庸、亚优势和优势状态对应径阶依次为 6 cm、8 cm、10 cm、14 cm 和 12 cm；鹿角杜鹃在≤8 cm 时呈绝对劣势或劣势状态，10 cm 和 18 cm 径阶为中庸状态，径阶为 12 cm 呈亚优势状态，16 cm 和 20 cm 时为优势状态。除红楠外，其他树种大小比数均出现波动性变化，可能与微生境异质性有关。

由黄山松林不同大小比数等级 Voronoi 图(图 8-39)可知，主要优势树种不同等级大小比数均无明显分布规律。总体而言，处于绝对劣势林木所占比例最高，其次为中庸木，劣势和亚优势林木排在第三和第四位，处于优势林木比例最少，与表 8-13 结果一致。

3. 角尺度

戴云山黄山松林分平均角尺度为 0.510，表明林分总体空间格局为随机分布。从角尺度分布频率看，全林分中聚集分布所占比例最高，为 39.38%，其次为均匀分布(31.32%)，最后为随机分布(28.90%)；不同树种角尺度从大到小为大萼杨桐、红楠、黄山松、鹿角杜鹃、岗柃和江南山柳。从不同树种看，黄山松和岗柃角尺度分布规律与全林分相一致，均以聚集分布为主，其次为均匀分布，随机分布相对较少；江南山柳角尺度频率均匀分布 > 聚集分布 > 随机分布；鹿角杜鹃和大萼杨桐均为聚集分布 > 随机分布 > 均匀分布；红楠均匀分布与随机分布比例相等，占总数 60.60%(表 8-14)。

从不同等级林木角尺度看，黄山松林小径级、中径级和大径级林木角尺度分别为 0.511、0.505 和 0.525，随径阶增大先减小后增加。黄山松、鹿角杜鹃和岗柃各径级林木均呈随机分

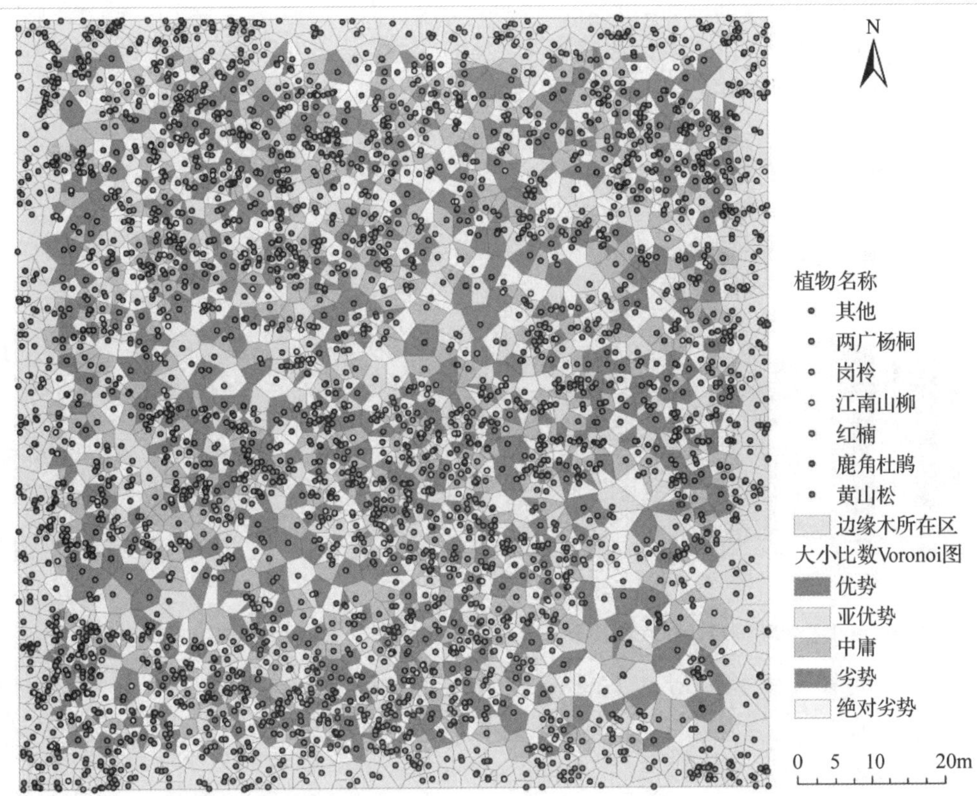

图 8-39　黄山松林不同等级大小比数 Voronoi 图(同插页图 8-39)

表 8-14　黄山松林及主要优势树种角尺度分布频率表

树种	角尺度频率			平均角尺度
	均匀	随机	聚集	
	(0, 0.475)	[0.475, 0.517]	(0.517, 1]	
黄山松	30.96	28.49	40.55	0.511
江南山柳	38.78	25.85	35.37	0.499
鹿角杜鹃	26.36	31.82	41.82	0.511
大萼杨桐	24.59	27.87	47.54	0.535
岗柃	28.85	25.00	46.15	0.506
红楠	30.30	30.30	39.39	0.518
全林分	31.12	28.90	39.98	0.510

布；江南山柳小径木呈随机分布，中径木呈均匀分布；大萼杨桐小径木呈聚集分布，中径木呈均匀分布；红楠中径木和大径木均呈聚集分布，中径木则呈随机分布(图 8-40)。

从不同径阶角尺度分布规律(图 8-41)看，黄山松林分及黄山松种群不同径阶林木以随机分布为主；径阶为 8 cm、20 cm、22 cm 和 34 cm 时呈聚集分布；径阶为 28 cm 时黄山松呈均匀分布，黄山松林分呈随机分布。江南山柳呈随机分布、均匀分布和聚集分布对应的径阶分别为 6 cm、10 cm、18 cm、12～16 cm 和 8 cm。鹿角杜鹃在 6 cm、8 cm 和 20 cm 径阶呈随机分布；径阶为

10 cm、12 cm 和 18 cm 呈聚集分布；径阶为 16 cm 时呈均匀分布。大萼杨桐角尺度随径阶增大依次呈聚集、随机和均匀分布格局，与天然林演替规律相一致。岗柃在径阶为 6 cm 和 12 cm 呈随机分布，在径阶为 8 cm 和 10 cm 呈聚集分布。红楠在径阶为 16 cm 和 22 cm 呈均匀分布，在径阶为 6 cm和18 cm 呈随机分布，其他尺度呈聚集分布。从不同树种角尺度随径阶变化规律可以看出，研究林分各空间结构单元的角尺度以随机分布为主，呈均匀分布或聚集分布较少。

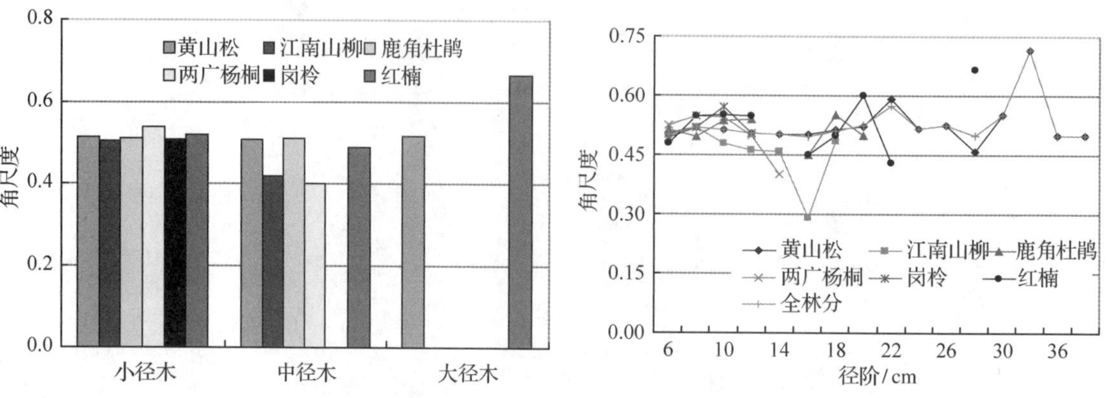

图 8-40　黄山松林不同径阶林木角尺度

图 8-41　黄山松林不同径阶角尺度分布趋势图

由图 8-42 可知，林分中角尺度呈聚集分布空间结构单元所占比例最高，其次为均匀分布，最后为随机分布。为促进黄山松林向天然顶级群落发展，对林分进行近自然经营与管理时，应重点调整图 8-42 中呈聚集分布的斑块。

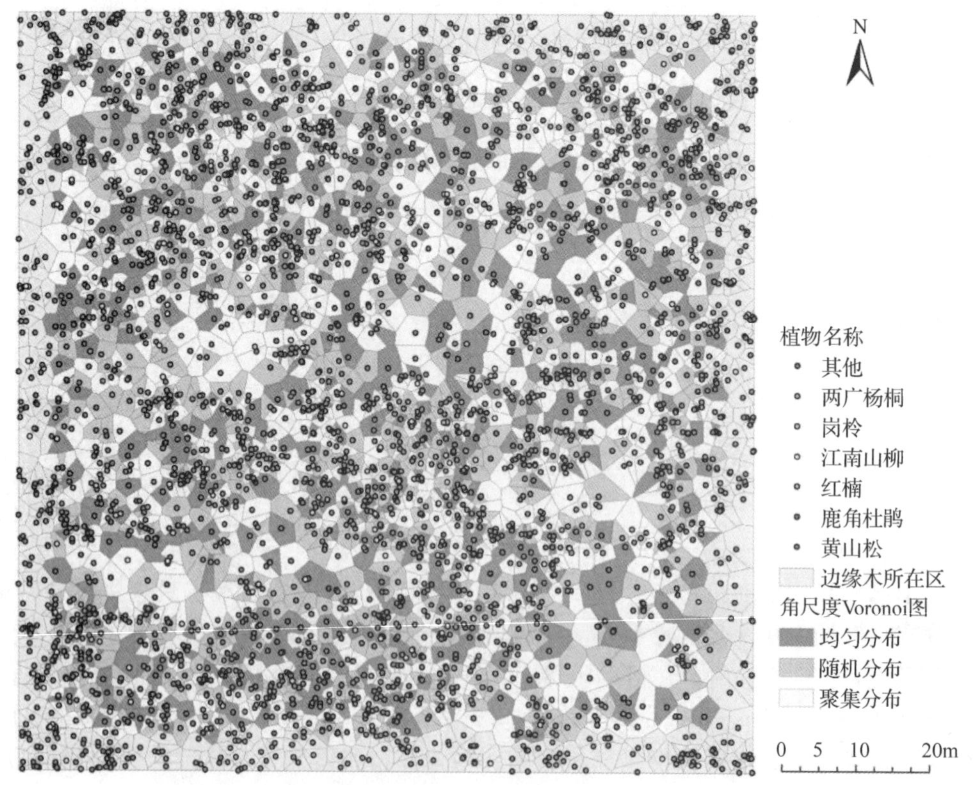

图 8-42　黄山松林不同等级角尺度 Voronoi 图(同插页图 8-42)

4. 开敞度

开敞度是林下光照水平测度指标之一，不仅反映林木水平位置关系，还反映林木树高垂直差异性(罗耀华等，1984)。戴云山黄山松林分平均开敞度为0.392，表明该林分受光条件较好，基本能满足林木生长需求。全林分不同等级开敞度由大到小为基本充足(26.19%)、不足(23.12%)、很充足(20.30%)、充足(17.82%)和严重不足(12.57%)。不同树种平均开敞度顺序为鹿角杜鹃＞黄山松＞红楠＞江南山柳＞大萼杨桐＞岗柃。黄山松、江南山柳、鹿角杜鹃、大萼杨桐、岗柃和红楠开敞度不足和严重不足，比例分别为33.22%、42.86%、39.09%、45.90%、55.77%和36.36%(表8-15)。为促使林分空间结构合理化及尽可能朝近自然林方向演替，可选取黄山松部分开敞度严重不足和不足的林木作为择伐对象；考虑岗柃在林分演替中地位较弱，可对其开敞度基本充足和很充足林木进行强度择伐，减弱种间种内竞争，以保证主要伴生树种江南山柳、鹿角杜鹃、大萼杨桐和红楠的光照和生长空间需求。

样地黄山松林小径木、中径木和大径木开敞度分别为0.381、0.480和0.494，表明林分中各林木生长空间处于基本充足或充足状态。对样地Voronoi图对应属性表进行统计，可知林分中单株木平均生长面积约为2.70 m^2；黄山松、江南山柳、鹿角杜鹃、大萼杨桐、岗柃和红楠单株木平均生长面积依次为2.75 m^2/株、2.47 m^2/株、2.72 m^2/株、2.19 m^2/株、1.96 m^2/株和2.95 m^2/株。样地6个树种小径木开敞度介于0.335～0.400，表明均达到基本充足水平；黄山松和江南山柳中径木开敞度处于充足状态，鹿角杜鹃、大萼杨桐和红楠生长空间均很充足；黄山松大径木开敞度(0.492)达充足水平，红楠开敞度(0.526)达很充足水平(图8-43)。

表8-15 黄山松林及主要优势树种开敞度分布频率表

树种	开敞度频率					平均开敞度
	严重不足	不足	基本充足	充足	很充足	
	(0, 0.2]	(0.2, 0.3]	(0.3, 0.4]	(0.4, 0.5]	(0.5, +∞)	
黄山松	0.098	0.235	0.275	0.188	0.205	0.401
江南山柳	0.218	0.211	0.218	0.163	0.191	0.358
鹿角杜鹃	0.127	0.264	0.200	0.191	0.218	0.407
大萼杨桐	0.246	0.213	0.213	0.197	0.131	0.345
岗柃	0.404	0.154	0.135	0.115	0.192	0.342
红楠	0.182	0.182	0.303	0.091	0.242	0.376
全林分	0.126	0.231	0.262	0.178	0.203	0.392

从生长空间面积看，黄山松中径木(3.69 m^2/株)＞大径木(3.62 m^2/株)＞小径木(2.62 m^2/株)；红楠不同等级单株木生长空间分布规律与黄山松类似，大径木、中径木和小径木对应的生长空间分别为3.66 m^2/株、4.92 m^2/株和2.37 m^2/株；江南山柳、鹿角杜鹃和大萼杨桐中径木单株平均生长面积分别为3.23 m^2/株、4.28 m^2/株和3.26 m^2/株，小径级对应的单株生长面积分别为2.44 m^2/株、2.63 m^2/株和2.17 m^2/株。总体而言，样地中除黄山松外，鹿角杜鹃、大萼杨桐和红楠中径木光照条件很充足，有利于其在未来顺利达到主林层，促进物种共存；岗柃密度最大，属于伴生小乔木，受大乔木遮挡作用明显，受光条件差。

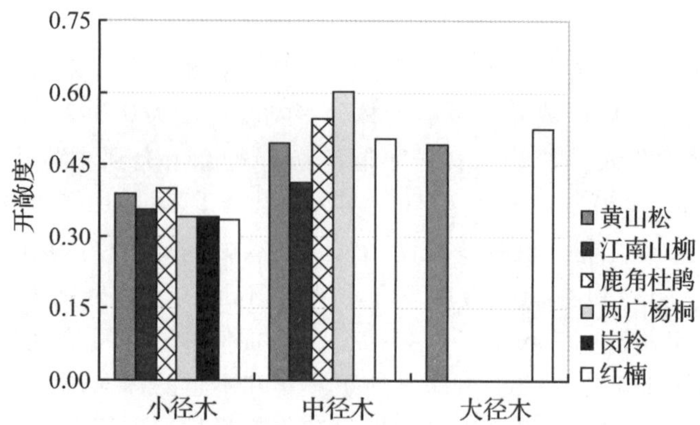

图 8-43 黄山松林不同径阶林木开敞度

全林分开敞度总体处于基本充足状态，但随着径阶变化，开敞度呈明显波动性(图 8-44)，径阶为 20 cm、24 cm、28 cm、30 cm 和 38 cm 时，林木受光条件极好；径阶为 14 cm、18 cm 和 22 cm 时，林木受光条件处于充足状态；其他径阶开敞度达到基本充足水平。黄山松开敞度随径阶变化规律与全林分开敞度相一致。江南山柳在径阶 14 cm 和 18 cm 时，开敞度达到充足状态，其他径阶均处于基本充足状态。鹿角杜鹃开敞度为基本充足、充足和很充足对应径阶分别为 8 cm、12 cm、20 cm；6 cm、10 cm 和 16 cm、18 cm。大萼杨桐径阶为 6 cm、8 cm、10 cm、12 cm 和 14 cm 时，其开敞度分别对应充足、不足、基本充足、严重不足和很充足状态。岗柃开敞度随径阶增长，依次呈基本充足、充足、不足和严重不足。红楠在径阶 16 cm、20 cm 和 28 cm 时，其受光条件很充足；径阶为 18 cm 时，开敞度属于充足水平；径阶为 8 cm 时，红楠光照明显受其他大乔木遮挡，受光条件不足；其他径阶红楠光照均达到基本充足水平。

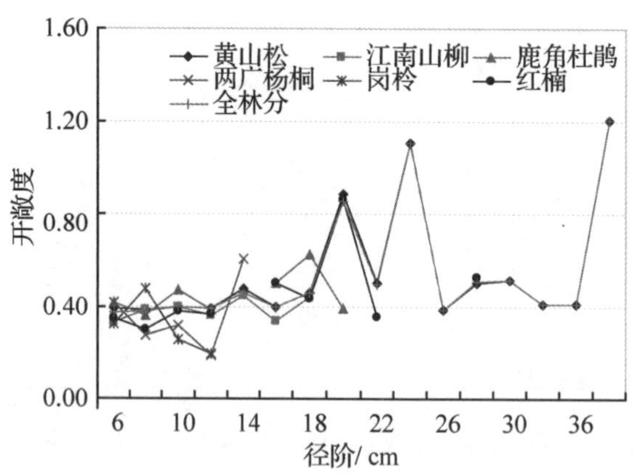

图 8-44 黄山松林不同径阶开敞度分布趋势图

由图 8-45 和表 8-15 可知，黄山松林中开敞度为基本充足空间结构单元数目虽最多，但空间结构单元面积较小；严重不足和不足空间结构单元所占面积最小；而充足和很充足林木空间结构单元所占面积最大。开敞度为充足和很充足状态林木主要分布于样地中部、西南方向中部和东南方向，与这些区域生境较复杂、草本盖度大、林木株数较少和林隙较多有关。

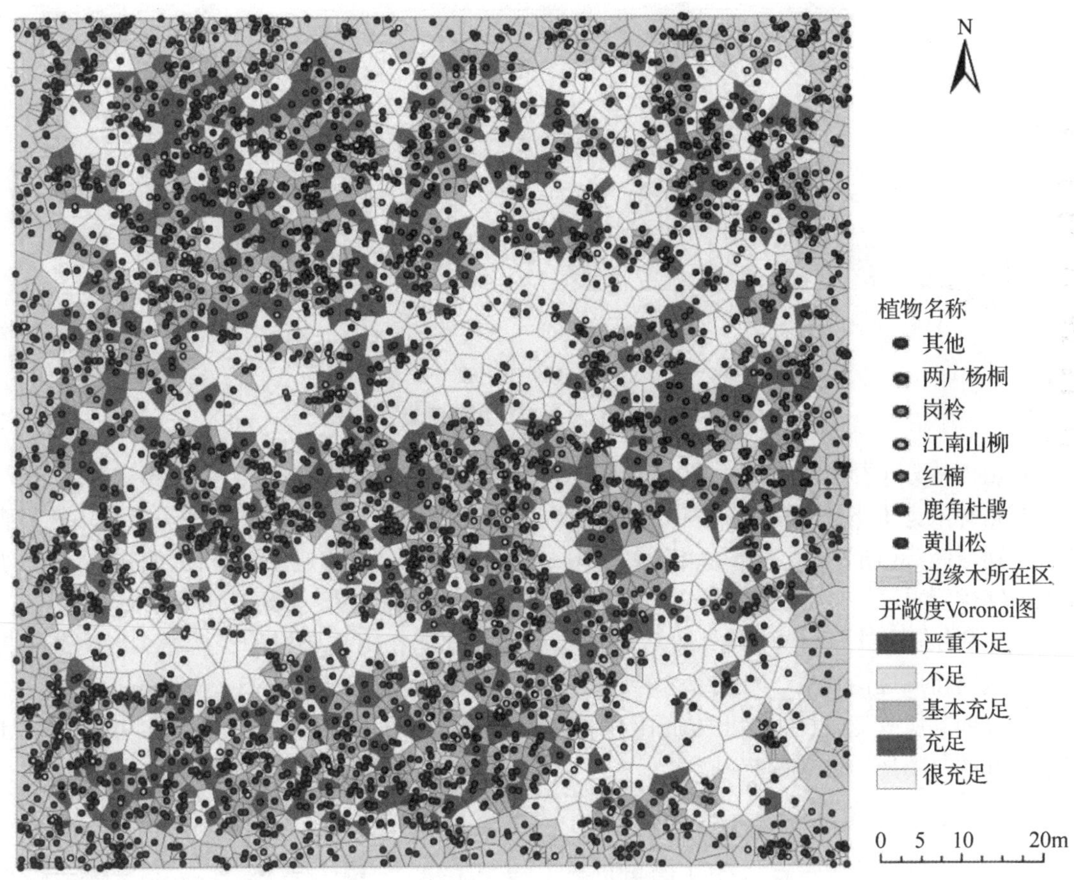

图 8-45　黄山松林不同等级开敞度 Voronoi 图(同插页图 8-45)

5. 竞争指数

林木承受竞争压力源于自身状态和其所处外部环境。Hegyi 竞争指数 *CI* 是最常见竞争指数，而基于交角的林木竞争指数 $V\_\ u\_\ a\_\ CI_i$ 能反映近邻木对对象木的上方遮盖与侧翼挤压(惠刚盈等，2013)。因此，研究采用 2 种竞争指数分析各空间结构单元林木所受竞争压力。

由图 8-46 可知，黄山松全林分 Hegyi 竞争指数为 1.485 1、基于交角的林木竞争指数 $V\_\ u\_\ a\_\ CI_i$ 为 0.249 7，均反映出各空间结构单元内，林木所承受竞争压力均较小，为林木继续生长提供较为充足生长空间。不同树种 Hegyi 竞争指数 *CI* 从大到小为岗柃、红楠、鹿角杜鹃、大萼杨桐、江南山柳和黄山松。岗柃在样地植株数量虽最多，但是胸径大于 5 cm 林木仅占少数，且多生长在林下层。岗柃 55.77% 林木的开敞度处于不足和严重不足状态，表明其光照条件差。另外，岗柃有 51.51% 林木大小比数处于劣势或绝对劣势水平。因此，岗柃受近邻木竞争干扰最大。红楠、江南山柳、鹿角杜鹃、大萼杨桐的 Hegyi 竞争指数均大于黄山松，与中径木和大径木较少有关。黄山松的 Hegyi 竞争指数最低，为 1.113 8，表明其受周围近邻木竞争干扰最小。若考虑上方庇荫和侧翼挤压，不同树种竞争强度从大到小为岗柃、大萼杨桐、鹿角杜鹃、江南山柳、红楠和黄山松。

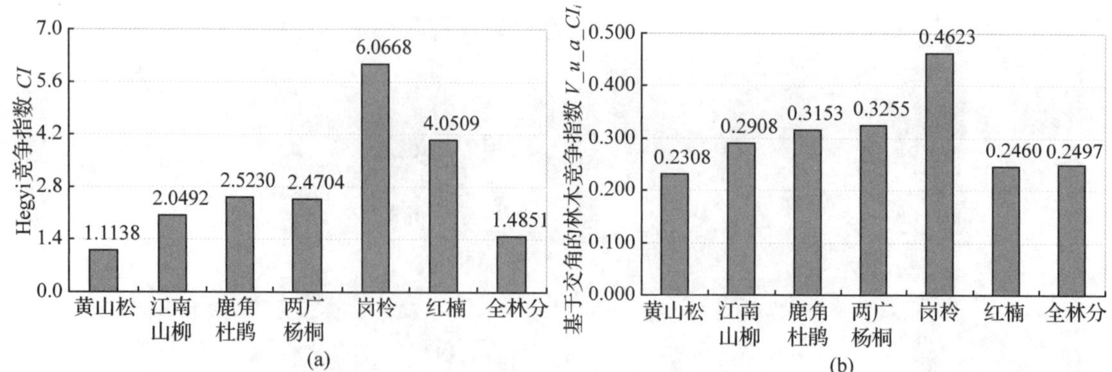

图 8-46　黄山松林主要树种竞争度柱状图

黄山松林分小径木、中径木和大径木 Hegyi 竞争指数 *CI* 分别为 1.590、0.641 和 0.257；基于交角林木竞争指数 $V\_\ u\_\ a\_\ CI_i$ 分别为 0.270、0.083 和 0.0103，两种竞争指数均随径级增长呈递减趋势(图 8-47)，即径级越大，林木受近邻木竞争压力越小。不同树种 Hegyi 竞争指数 *CI* 除鹿角杜鹃外，与全林分变化规律相同；而不同树种基于交角林木竞争指数 $V\_\ u\_\ a\_\ CI_i$ 表现出与全林分相同变化规律，表明包括鹿角杜鹃在内主要树种径阶增大时，其上方遮盖和侧翼挤压逐渐消失，对近邻木产生竞争压力。鹿角杜鹃中径木 Hegyi 竞争指数高于小径木，表明其所受竞争压力受上方庇荫和侧方挤压较低，可能受样地土壤养分、微生境、土壤水分和凋落物异质性等影响更大。

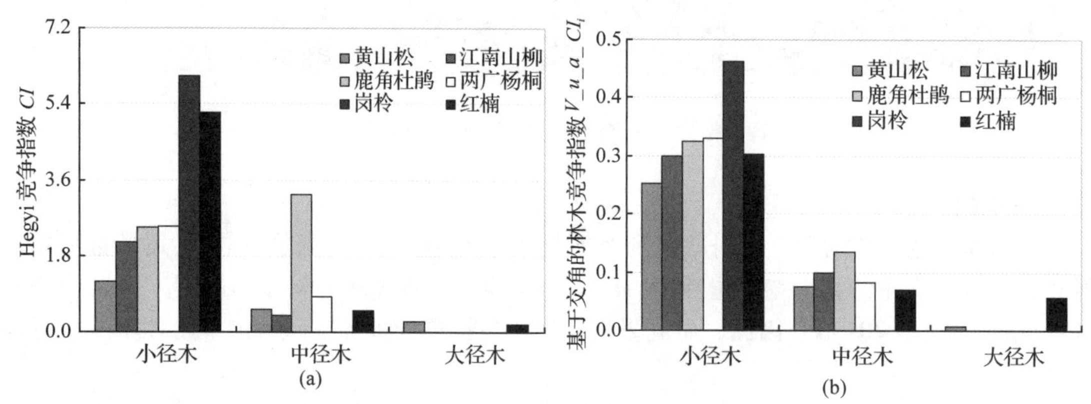

图 8-47　黄山松林不同径阶林木竞争指数

全林分 Hegyi 竞争指数 *CI* 和基于交角的林木竞争指数 $V\_\ u\_\ a\_\ CI_i$ 均随径阶增大总体呈下降趋势(图 8-48)。黄山松两个竞争指数变化规律与全林分一致。岗柃 Hegyi 竞争指数在径阶 8 cm 和 12 cm 处于波峰状态，表明其在相应径阶所受竞争压力增加；$V\_\ u\_\ a\_\ CI_i$ 值表明，岗柃在径阶 10 cm 时，受到上方遮盖和侧翼挤压最小。红楠在径阶 18 cm、22 cm 和 28 cm时，受周围近邻木竞争干扰作用增强。因此，若要促进红楠生长，提高其竞争强度，需为径阶 18 cm 红楠创造合适林窗或割灌、施肥等抚育措施。红楠在径阶 12 cm、16 cm 和 18 cm 时，受到上方庇荫和侧翼挤压作用较小，表明红楠生长可能对除光因子外其他环境因子具有生境偏好。江南山柳两种竞争指数总体均随径阶增大呈逐渐减小趋势，即胸径越大，江南山柳受近邻木竞争干扰越小；但在径阶 16 cm 时，轻度的上方遮盖与侧方挤压对江南山柳生长影响较大。大萼杨桐 Hegyi 竞争指数在径阶 8 cm 和 12 cm 时明显增大；在径阶 14 cm 时，林木受到上方遮盖和侧翼挤压明显增大，表明其自身生长所需环境因子可能处于瓶颈状态。采取适度间伐、开设林窗等措施可能有助于大萼杨桐生长与更新。径阶为 8 cm 和 18 cm 时，鹿角杜鹃受邻近木竞争干扰强度最大；在径阶 18 cm 时，严重的上方庇荫和侧翼挤压非常不利鹿角杜鹃生长。可见，为促进林分物种多样化以及近自然化，需对不同树种不同生长阶段采取适当经营措施。

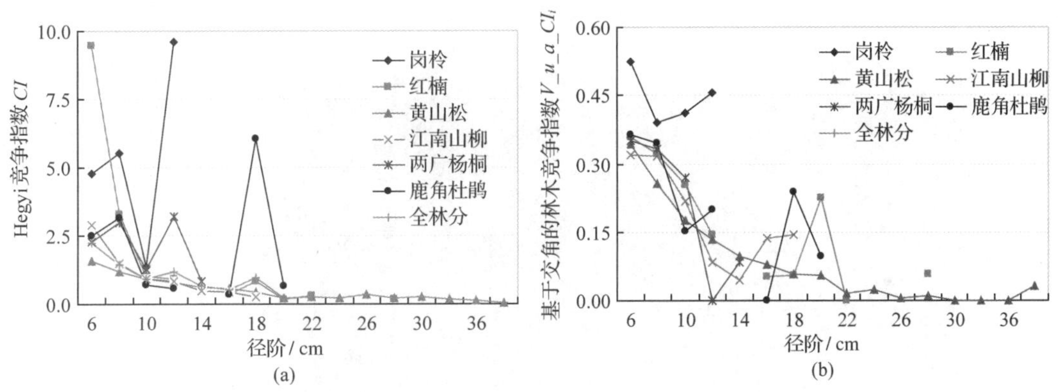

图 8-48　黄山松林不同径阶竞争指数分布趋势图

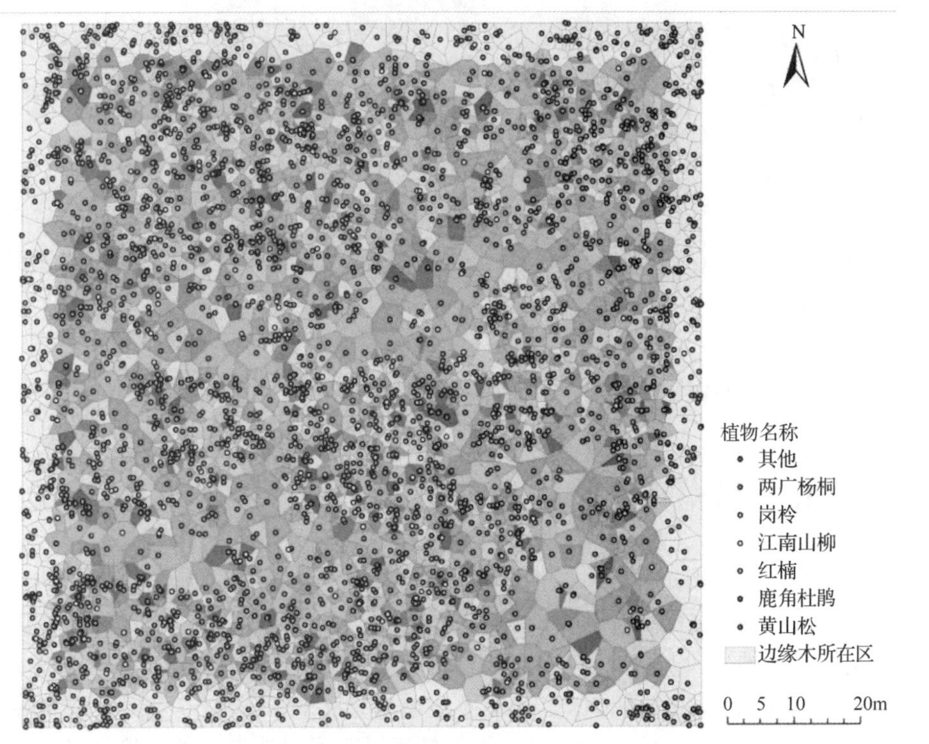

图 8-49　黄山松林不同等级 Hegyi 竞争指数 Voronoi 图(同插页图 8-49)

图 8-49 和图 8-50 分别表示各空间结构单元林木 Hegyi 竞争指数和基于交角的林木竞争指数 $V\_u\_a\_CI_i$ 的 Voronoi 图。竞争指数从小到大对应色阶为绿色→浅黄色→橙色→深红色，色阶越靠后表明竞争指数越大，受到上方遮盖和侧翼挤压越严重；反之，表明林木承受竞争

压力越小。由图 8-49 可知，林木呈聚集分布或开敞度较小空间结构单元 Hegyi 竞争指数较大，对应 Voronoi 多边形面积较小；呈均匀分布或随机分布、开敞度值较大的对象木，其 Hegyi 竞争指数较小，对应 Voronoi 多边形面积较大。基于交角的林木竞争指数 $V\_u\_a\_CI_i$ 的 Voronoi 图(图 8-50)空间分布规律与 Hegyi 竞争指数 Voronoi 图反映空间规律较一致，即 $V\_u\_a\_CI_i$ 值越大，表明其受到上方庇荫和侧方挤压越严重，越不利林木生长，使其生长空间受限制，因而对应 Voronoi 多边形面积也越小；反之表明林木生长良好，生长空间充足，在林分中占据竞争优势，其对应 Voronoi 多边形面积也越大。

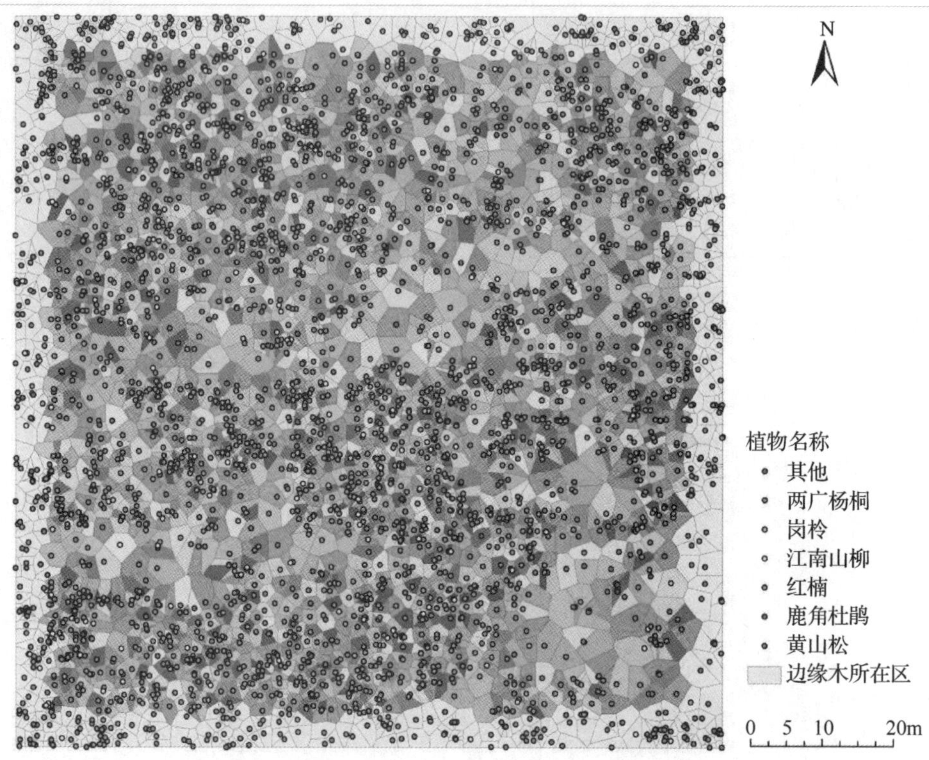

图 8-50　研究样地林木基于交角竞争指数 $V\_u\_a\_CI_i$ 的 Voronoi 图(同插页图 8-50)

第五节　黄山松群落谱系结构时空变化

在群落尺度上，进化过程与物种库对区域群落现有物种组成有重要影响(Ricklefs，1987)，但基于系统进化的群落生态学研究却是近几年才开始的(任思远等，2014)。群落谱系结构(系统发育结构)可以反映生境过滤、中性过程和密度制约在群落构建过程中相对重要性。目前热带、亚热带和温带等地区基于大样地谱系结构研究已有较多报道(Swenson et al.，2007；Liu et al.，2012)。戴云山国家级自然保护区属于中亚热带向南亚热带过渡区域，受海洋性季风气候和地形影响，不同植物区系在此交汇与融合，使其成为海峡两岸生物多样性及物种亲缘关系研究重点区域，然而该区典型的原生性黄山松群落谱系结构研究仍是空白。为此，本节基于 1 hm^2 黄山松林样地数据对不同取样尺度和不同生长阶段群落谱系结构进行分析，并探讨其可能存在的生态学机制。

一、群落谱系结构测度

1. 谱系树构建

戴云山黄山松群落物种谱系树的构建步骤如下：

①将 108 个物种及科属信息输入至在线软件 Phylomatic（http：//phylodiversity. net/phylomatic/）中，利用其被子植物分类系统 APG Ⅲ数据库，自动生成谱系树(Webb et al.，2005)；

②应用 FigTree v1. 4. 2 软件绘制带有进化枝长的谱系树(图 8-51)(Wikström et al.，2001；Webb et al.，2008)。

2. 谱系指数选择

群落的谱系(系统发育)信号可通过谱系距离实际观测值与零假设期望值的差异进行检测(牛红玉等，2011)。为便于与同类研究对比，选取净谱系亲缘关系指数 *NRI* 和最近种间亲缘关系指数 *NTI* 对黄山松群落谱系结构进行分析。*NRI* 和 *NTI* 计算公式如下：

$$NRI = -1 \times \frac{MPD - MPD_{\text{randsample}}}{SD(MPD_{\text{randsample}})} \tag{8-2}$$

$$NTI = -1 \times \frac{MNTD - MNTD_{\text{randsample}}}{SD(MNTD_{\text{randsample}})} \tag{8-3}$$

式中，*MPD* 表示小样方内所有实测物种对的平均谱系距离，$MPD_{\text{randsample}}$表示在不同零模型下(Kembel et al.，2006)，从物种库随机获取的样方中所有种对平均谱系距离，$SD(MPD_{\text{randsample}})$表示 $MPD_{\text{randsample}}$的标准偏差；*MNTD* 表示小样方内所有物种对最近谱系距离的实测值，$MNTD_{\text{randsample}}$指从物种库随机获取的样方中，所有种对的最近谱系距离，$SD(MNTD_{\text{randsample}})$表示 $MNTD_{\text{randsample}}$的标准偏差。若 $NRI(NTI)>0$，表明群落或样方尺度上的物种在谱系结构上聚集；若 $NRI(NTI)=0$，表明群落或样方尺度上的物种在谱系结构上随机；若 $NRI(NTI)<0$，表明群落或样方尺度上物种在谱系结构发散(Webb et al.，2008)。

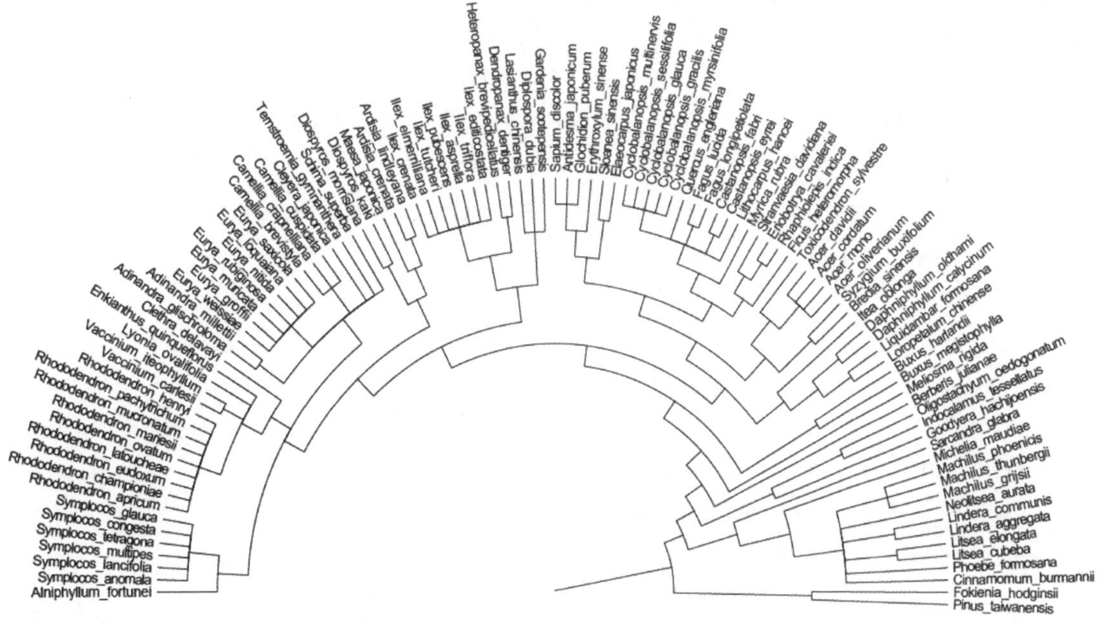

图 8-51　戴云山黄山松林 1 hm^2森林样地 108 种木本植物谱系结构图

3. 谱系指数分析方法

研究尺度的划分参照文献(张奎汉等，2013)，即分别以5 m、10 m、20 m、30 m、40 m和50 m作为正方形样方取样边长，形成5种空间尺度；取样边长允许部分重叠，以20 m尺度为例，样方各边的取值分别为0~20 m、10~30 m、…、70~100 m；各尺度下样方数分别为400、100、98、81、64、49和36。不同径级划分方法如下：小径级(0 cm<*DBH*<5 cm)、中径级(5 cm≤*DBH*<10 cm)和大径级(*DBH*≥10 cm)。对各尺度谱系指数进行值为0的t检验，并对各研究尺度(生长阶段)进行单因素方差分析，检验差异是否具有统计学意义。谱系指数*NRI*和*NTI*利用R软件(Version 3.1.2，R-Development CoreTeam，2014)中picante软件包完成(Kembel et al.，2010)。

二、不同尺度群落谱系结构

戴云山黄山松林在非约束零模型条件下，不同尺度*NRI*和*NTI*均随尺度增加呈减少趋势(表8-16和表8-17)。*NRI*在所有尺度均大于0，即样地内物种在谱系结构上聚集，随尺度增大谱系聚集强度减弱；*NTI*在5 m×5 m、10 m×10 m和20 m×20 m尺度均大于0，即谱系聚集；在30 m×30 m、40 m×40 m和50 m×50 m尺度*NTI*<0，谱系结构发散。不同尺度样方内各物种种对平均谱系距离与最近谱系距离实际观测值变化规律与*NRI*和*NTI*一致。对比约束零模型*NRI*值表明，在所有尺度谱系结构均为聚集，谱系聚集/发散强度随尺度变化无规律性；对比约束零模型*NTI*值表明，谱系结构在5 m×5 m尺度为发散，在其他5种尺度为聚集。

不同尺度下均存在谱系聚集或谱系发散样方，在非约束零模型条件下，对于*NRI*，5 m×5 m、10 m×10 m、20 m×20 m、30 m×30 m、40 m×40 m和50 m×50 m尺度为谱系发散的样方比例依次为14.5%、8%、20.99%、32.81%、38.78%和38.89%；对于*NTI*，各尺度呈谱系发散样方比例依次为16.5%、25%、41.98%、53.13%、71.43%和88.89%，表明随尺度增加，群落总体上谱系聚集强度减弱，发散强度增强。在约束零模型条件下，*NRI*在5 m×5 m、10 m×10 m、20 m×20 m、30 m×30 m、40 m×40 m和50 m×50 m尺度呈谱系发散样方比例分别为51.25%、55%、48.15%、48.44%、48.98%、55.56%；对于*NTI*，各尺度呈谱系发散样方比例分别为51.75%、48%、44.44%、45.31%、48.98%和50%。总体而言，约束零模型条件下，谱系聚集样方比例略高于谱系发散样方。

表8-16　戴云山黄山松林不同尺度净谱系亲缘关系指数*NRI*及*NRI*=0的t检验

尺度	*MPD*	$MPD_{randsample}$	$SD(MPD_{randsample})$	*NRI*	t	*P*	零模型
5 m×5 m	9.689	10.743	0.864	1.272	22.306(df=399)	0.000**	非约束
		9.687	0.898	0.016	0.291(df=399)	0.771	约束
10 m×10 m	10.008	10.748	0.598	1.189	11.195(df=99)	0.000**	非约束
		10.024	0.624	0.028	0.287(df=99)	0.775	约束
20 m×20 m	10.448	10.745	0.363	0.770	6.731(df=80)	0.000**	非约束
		10.474	0.332	0.082	0.680(df=80)	0.499	约束
30 m×30 m	10.625	10.742	0.265	0.409	4.112(df=63)	0.000**	非约束
		10.644	0.224	0.077	0.656(df=63)	0.514	约束

（续）

尺度	MPD	$MPD_{randsample}$	$SD(MPD_{randsample})$	NRI	t	P	零模型
40 m×40 m	10.679	10.745	0.205	0.299	3.006(df=48)	0.004**	非约束
		10.690	0.157	0.059	0.475(df=48)	0.637	约束
50 m×50 m	10.700	10.742	0.163	0.243	2.409(df=35)	0.021*	非约束
		10.705	0.115	0.036	0.263(df=35)	0.794	约束

注：* 表示显著差异($P<0.05$)；** 表示极显著差异(P<0.01)。

表 8-17 戴云山黄山松林不同尺度最近种间亲缘关系指数 *NTI* 及 *NTI*=0 的 *t* 检验

尺度	$MNTD$	$MNTD_{randsample}$	$SD(MNTD_{randsample})$	NTI	t	P	零模型
5 m×5 m	4.315	4.782	0.710	0.675	19.721(df=399)	0.000**	非约束
		4.300	0.482	-0.015	-0.313(df=399)	0.754	约束
10 m×10 m	3.545	3.781	0.394	0.531	6.289(df=99)	0.000**	非约束
		3.546	0.314	0.006	0.056(df=99)	0.955	约束
20 m×20 m	2.830	2.885	0.160	0.253	2.396(df=80)	0.019*	非约束
		2.850	0.151	0.123	1.147(df=80)	0.255	约束
30 m×30 m	2.568	2.574	0.096	-0.021	-0.154(df=63)	0.878	非约束
		2.584	0.094	0.151	1.166(df=63)	0.248	约束
40 m×40 m	2.437	2.411	0.067	-0.405	-3.060(df=48)	0.004**	非约束
		2.445	0.068	0.148	1.110(df=48)	0.272	约束
50 m×50 m	2.360	2.316	0.051	-0.878	-6.944(df=35)	0.000**	非约束
		2.368	0.051	0.152	1.248(df=35)	0.220	约束

注：* 表示显著差异($P<0.05$)；** 表示极显著差异($P<0.01$)。

单组样本 t 检验结果表明，在非约束零模型条件下，对于 $NRI=0$ 的假设，50 m×50 m 尺度为显著水平，其他 5 种尺度均为极显著水平；对于 $NTI=0$ 的假设，20 m×20 m 尺度为显著水平，5 m×5 m、10 m×10 m、40 m×40 m 和 50 m×50 m 尺度均为极显著水平，而 30 m×30 m 尺度不显著。在约束零模型条件下，对于 $NRI=0$ 和 $NTI=0$ 的假设，各尺度均为不显著。多重比较结果表明，在非约束零模型条件下，*NRI* 在 5 m×5 m 和 10 m×10 m、30 m×30 m 和 40 m×40 m、30 m×30 m 和 50 m×50 m、40 m×40 m 和 50 m×50 m 尺度差异不显著，其他尺度间的差异均达到显著或极显著水平。*NTI* 除 5 m×5 m 和 10 m×10 m 尺度间差异未达到显著水平，其他尺度差异均达到显著或极显著水平。在约束模零模型条件下，*NRI* 和 *NTI* 不同尺度间的差异均不明显。

三、群落不同径级系统发育结构

戴云山黄山松群落不同尺度 *NRI* 和 *NTI* 均小于 0，其中 5 m×5 m、10 m×10 m、20 m×20 m、30 m×30 m、40 m×40 m 和 50 m×50 m 的 *NRI* 值分别为 -0.435、-0.428、-0.414、-0.431、-0.488 和 -0.451；*NTI* 值分别为 -0.236、-0.286、-0.306、-0.257、-0.290 和 -0.266。在各尺度上，黄山松群落净谱系亲缘关系指数随径级增加逐渐增大，大径级和中径级为谱系发散，小径级为谱系聚集；最近种间亲缘关系指数 *NTI* 值变化规律与

NRI 相反，即随径级增加，*NTI* 逐渐减小，大径级和中径级为谱系聚集，小径级为谱系发散(图 8-52)。单因素方差分析表明，不同径级间 *NRI* 差异达到显著水平(F_1 = 7 875.771，P = 0.000 < 0.01)；不同径级间 *NTI* 差异达到显著水平(F_2 = 27 724.250，P = 0.000 < 0.01)；不同尺度间的 *NRI* 和 *NTI* 值差异均未达到显著水平。

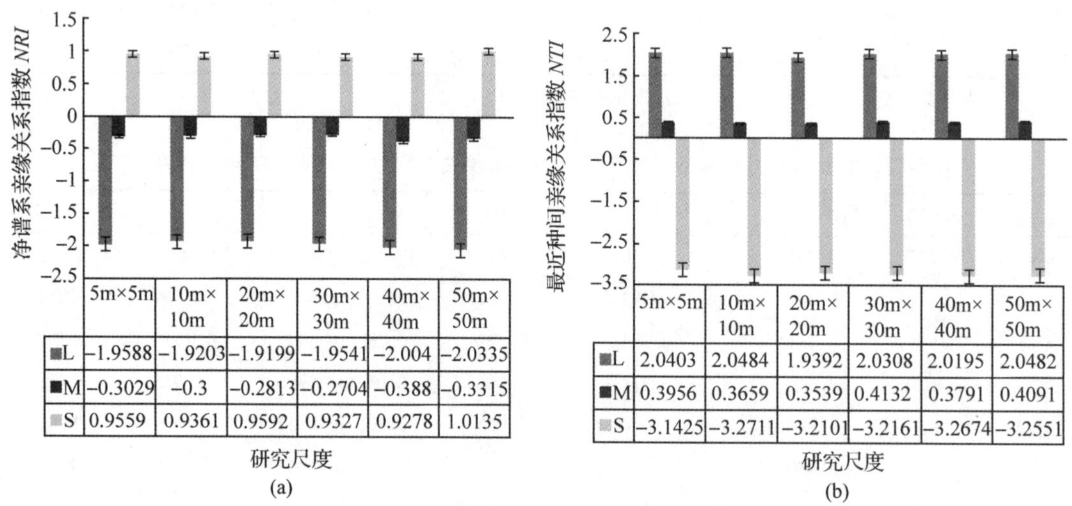

图 8-52　戴云山黄山松林不同径级和尺度下 *NRI* 与 *NTI* 变化趋势

S 表示小径级，1 cm ≤ *DBH* < 5 cm；M 表示中径级，5 cm ≤ *DBH* < 10 cm；L 表示大径级，*DBH* ≥ 10 cm

第六节　黄山松群落植被空间异质性

植被空间异质性反映群落中植物更新、竞争和对资源利用与适应情况(彭晚霞等，2011)。戴云山自然保护区黄山松群落分布面积大、保存最完好、天然更新状态好，是亚热带中山地区植被空间分布格局与维持机制研究的理想地域。为进一步探讨黄山松林植被维持机制，采用分形与地统计方法分析戴云山陈板岭头黄山松林的植被空间异质性、分形规律和空间分布特征。

一、植被空间异质性测度

1. 植被多样性指数选取与处理

基于样地调查数据，分别计算 100 个小样方密度(株/m^2)、显著度(%)、平均树高(m)、丰富度指数(M)、Shannon-Wiener 指数(H)、Simpson 优势度指数(D)和 Pielou 均匀度(J)。M、H、D 和 J 计算方法(鱼腾飞等，2011)如下：

$$M = (S - 1)/\ln N \tag{8-4}$$

$$H = -\sum P_i \log_2 P_i \tag{8-5}$$

$$D = \sum_{i=1}^{S} P_i^2 \tag{8-6}$$

$$J = H/\log_2 S \tag{8-7}$$

式中，N 为植株个体数；S 为物种数；P_i 为第 i 个树种个体数与样方总个体数的比值。

2. 地统计理论与方法

地统计学主要理论是由 G. Matheron 创立和发展，包含区域化变量理论和空间局部插值。区域化变量是指满足平稳假设和本征假设的变量，可用于描述具有随机性和结构性自然现象的空间变异规律。空间局部插值是指通过对区域内有限样本数据进行无偏估计，进而获取区域内未知样本点值的方法。

(1)变异函数理论模型

具有区域化特征的生态学变量均可用半变异函数定量分析，公式如下：

$$r(h) = \frac{1}{2N(h)} \sum_{i=1}^{N(h)} [Z(x_i + h) - Z(x_i)]^2 \tag{8-8}$$

式中，h 为采样点间距离；$r(h)$、$N(h)$ 指 h 对应的半变异函数值和样点对数；$Z(x_i)$、$Z(x_i+h)$ 指变量 Z 在空间位置 x_i 和 x_i+h 的取值。以 h 为横轴，$r(h)$ 为纵轴，可绘制变量 Z 的半变异函数图。

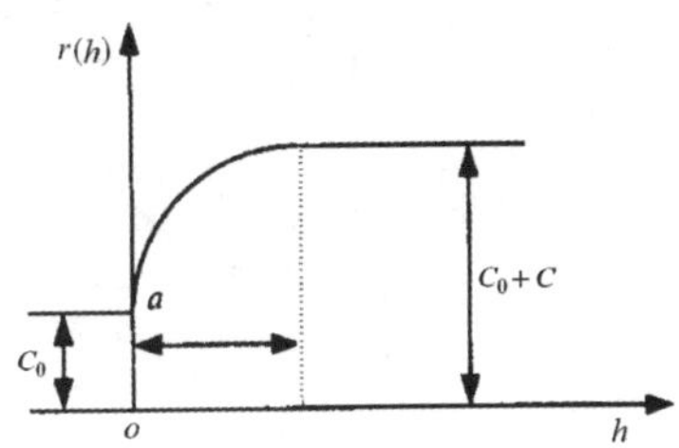

图 8-53 半变异函数示意图

图 8-53 中 C_0、$C+C_0$、a、C 依次表示块金方差、基台值、变程和结构方差，是半变异函数曲线重要参数。理论上 $h=0$，$r(h)$ 也应为 0，但由于空间变异和测量误差存在，使得 $r(h)=C_0 \neq 0$；$C+C_0$ 是指随 h 增大，$r(h)$ 趋于相对稳定时对应的常数；a 指 $r(h)$ 从初始 C_0 到 $C+C_0$ 时对应的采样间距。在进行半变异分析时，通常要设定有效滞后距(active lag distance)，即计算半变异函数值采用的最大距离。有效滞后距为滞后间隔距离(lag distance interval)与组数 n 的乘积，一般取 1/2 采样点最大距离。

地统计学中区域变量的变异特征可用有基台值模型、无基台值模型和孔穴效应模型拟合。本节涉及的变异函数模型包括：Spherical 模型、Exponential 模型、Gaussian 模型、Linear 模型，其计算式(8-9)~式(8-12)和函数曲线图(图 8-54)如下：

$$\text{Spherical 模型：} r(h) = \begin{cases} h & (h=0) \\ C_0 + C\left(\frac{3h}{2a} - \frac{h^3}{2a^3}\right) & (0<h\leqslant a) \\ C_0 + C & (h>a) \end{cases} \tag{8-9}$$

$$\text{Exponential 模型：} r(h) = \begin{cases} h & (h=0) \\ C_0 + C(1 - e^{-\frac{h}{a}}) & (h<0) \end{cases} \tag{8-10}$$

$$\text{Gaussian 模型：} r(h) = \begin{cases} h & (h=0) \\ C_0 + C(1 - e^{-\frac{h2}{a2}}) & (h<0) \end{cases} \tag{8-11}$$

$$\text{Linear 模型：} r(h) = \begin{cases} C_0 & (h=0) \\ Ah & (0<h\leqslant a) \\ C_0 + C & (h>a) \end{cases} \tag{8-12}$$

区域变量最佳半变异模型选择首先考虑决定系数(回归平方和与总平方和比值)R^2，其次为残差平方和(*RSS*，residual sum of squares)，最后为块金值 C_0 和变程 a_0。R^2 越大，表明模型拟合精度越高；而 *RSS* 越小，说明实测值越接近回归线，模型拟合效果越好。

变异函数模型的结构参数可有效解释区域变量的空间变异性。其中 C_0 指随机变异大小，

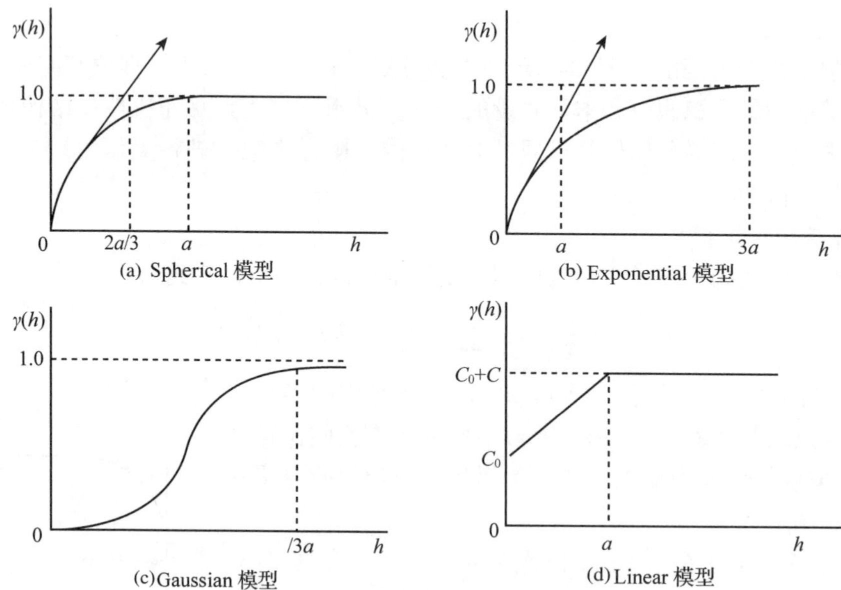

图 8-54　四种常见半变异函数模型示意图

主要来源于取样和试验误差。结构方差 C 指由母质、地形地貌或植被类型等引起系统变异。$C+C_0$ 为系统总变异，块基比 $C_0/(C+C_0)$ 表示随机变异与系统总变异的比值。当区域变量 $C_0/(C+C_0)<25\%$，表明其空间自相关强烈；当 $25\% \leqslant C_0/(C+C_0) \leqslant 75\%$，表明其具有中等空间自相关性；当 $C_0/(C+C_0)>75\%$，表明其空间自相关弱。有效变程 A_0 反映区域变量的变异尺度和性质相似斑块的空间连续性范围。在有效变程内，区域化变量空间自相关性显著；有效变程外，空间依赖性极弱。Spherical 模型、Exponential 模型和 Gaussian 模型的有效变程依次为 a、$3a$ 和 $\sqrt{3}a$。

(2)空间局部插值

Kriging 插值是地统计学中最常用的空间局部插值方法。对任意点的估计值 $Z(x_0)$ 可由其邻域内 n 个有效样本值 $Z(x_i)$ 的线性组合得到，用公式表示为：

$$Z(x_0) = \sum_{i=1}^{n} \lambda_i Z(x_i) \tag{8-13}$$

式中，λ_i 表示 $Z(x_0)$ 与 $Z(x_i)$ 的关联权重。

Kriging 插值法较多，且各方法适用范围差异较大。本节涉及的 Kriging 插值法为普通克里格法，适合属性期望值未知情况。Kriging 插值图可直观地反映区域变量的空间变异特征和格局，其插值图精度可用交叉验证法检验。Kriging 插值预测结果误差评价指标主要为均值误差(ME)、均方根误差($RMSE$)、平均标准差(ASE)和标准化均方根预测误差($SRMSE$)。评价标准为 $ME \to 0$；$ASE \to RMSE$，且越小越好；$SRMSE \to 1$(苏松锦等，2012)。

3. 分形理论

分形理论由美籍数学家 Mandelbrot 在估算英国海岸线长度时首次提出，是描述非线性、复杂、存在自相似特征现象和过程的重要工具。土壤是具有分形特征系统，其分形特征可用分维数(D)表示。D 是由半变异函数 $r(h)$ 与 h 关系确定，公式如下：

$$2r(h) = h^{(4-2D)} \tag{8-14}$$

对该公式取双对数，绘制双对数坐标图，并用最小二乘法线性回归。回归直线斜率 m 与分维数关系如下：$D=\frac{1}{2}(4-m)$。D 值是计量随机变异重要方法，D 值越高，表明区域变量空间分布格局越复杂，由随机因素引起的变异占系统总变异比值大；反之，表明区域变量空间分布格局越简单，空间自相关性越强，空间结构越好。

4. 空间自相关理论

空间自相关指某一变量在不同空间位置相关性，是检验其是否存在空间依赖关系重要手段，可用 Moran I 系数表示：

$$I = \sum_{i=1}^{n}\sum_{j=1}^{n} W_{ij}(x_i - \bar{x})(x_j - \bar{x}) / \sum_{i=1}^{n}\sum_{j=1}^{n} W_{ij}(x_i - \bar{x})^2 \tag{8-15}$$

式中，n 为总样本数；x_i、x_j 表示变量 x 取样点对在 i 和 j 上的取值；W_{ij}为二元指示函数，若 i 与 j 相邻，则 $W_{ij}=1$；若 i、j 不相邻，则 $W_{ij}=0$。Moran I 域值为[−1，1]，若 $I>0$，表明变量值随测定距离缩小而变得更相似，变量呈空间正相关；若 $I=0$，表明变量值不随测定距离变化，变量空间不相关；若 $I<0$，表明变量呈空间负相关。

二、群落植被特征

由表 8-18 可知，受高海拔环境异质性影响，森林植被多样性指标均较高。8 个植被特征参数变化范围较大，波动明显；变异程度从大到小依次为 Pielou 均匀度、密度、Simpson 优势度指数、丰富度指数、物种数、显著度、平均树高和 Shannon-Wiener 指数。除 Pielou 均匀度属于强变异外，其他 7 个指标均为中等变异。样地显著度、密度和平均高等结构性变量表明黄山松群落发育处于幼年阶段，结构和稳定性相对较低，群落可塑性较强。单样本 Kolmogorov – Smirnov 检验表明，在 5% 检验水平下，密度、显著度、Shannon-Wiener 指数、Simpson 优势度指数和 Pielou 均匀度均服从正态分布；物种数、平均树高和丰富度经对数转换后，也符合正态分布。

表 8-18　黄山松林植被特征的描述性统计

变量	最小值	最大值	均值	标准差	变异系数/%	K-S test（$P=0.05$）
物种数	11	48	22.27	7.920	35.56	0.169*
密度/(株/m^2)	0.78	7.70	3.59	1.468	40.89	0.639
显著度/%	9.41	55.63	30.04	8.910	29.66	0.919
平均树高	0.89	3.18	2.03	0.461	22.71	0.080*
丰富度指数	1.78	7.95	3.71	1.366	36.82	0.447*
Shannon-Wiener 指数	2.17	4.47	3.33	0.540	16.22	0.757
Simpson 优势度指数	0.07	0.31	0.15	0.056	37.33	0.127
Pielou 均匀度	0.51	0.91	0.76	0.813	106.97	0.421

注：* 表示数据经过对数转换。

三、群落空间异质性

1. 趋势面图

从黄山松林植被特征参数拟合曲线图（图 8-55）可知 8 个指标在东西方向均为无全局趋势，而在南北方向上，物种数、丰富度指数和 Shannon-Wiener 多样性指数均为两边高，中间低凹型特征；Simpson 优势度指数呈两边低、中间高凸型特征。因此，在模拟其短程随机变异和进行 Kriging 插值时，应分离其二阶趋势。

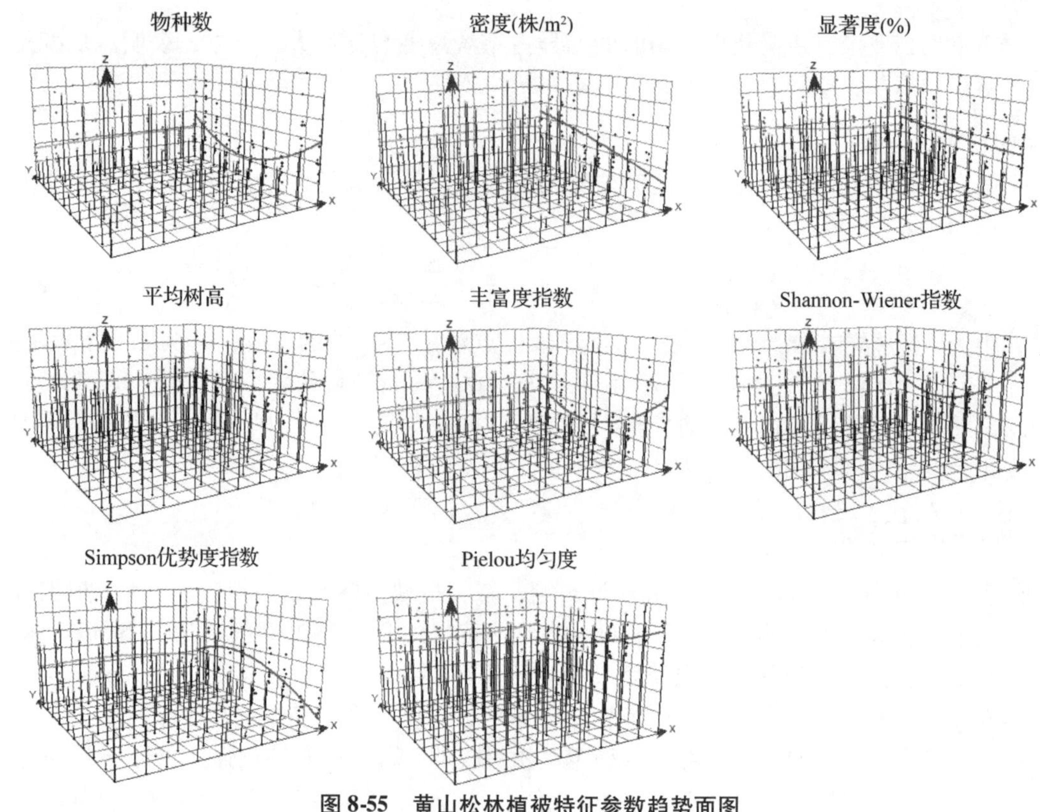

图 8-55　黄山松林植被特征参数趋势面图

左、右分别代表 EW 和 NS；Location Rotation Angles：0，Horizontal：120°，Vertical：11.5°

2. 半方差函数特征

黄山松林 8 个植被特征变量最优半方差函数模型及参数见表 8-19。物种数、密度、丰富度指数和 Simpson 优势度指数符合指数模型；显著度、平均树高、Shannon-Wiener 多样性指数和 Pielou 均匀度符合球状模型。8 个植被特征变量决定系数 R^2 均大于或等于 0.645，除显著度 *RSS* 略微偏高外，其他 7 个变量残差和 *RSS* 均较小，表明球状模型或指数模型很好地反映不同植被特征变量空间结构特性。由表 8-19 可知，显著度块金值为 35.30，明显高于其他植被参数，表明当前取样尺度存在某种特定生态过程，且不可忽略；从基台值看，显著度空间变异程度最大，8 个变量变异程度从大到小为显著度、密度、丰富度指数、Shannon-Wiener 多样性指数、物种数、平均树高、Pielou 均匀度和 Simpson 优势度指数。8 个植被特征变量块基比均介于 25% ~75%，即都具有中等强度空间自相关性。Pielou 均匀度和平均树高块基比接近 0.5，表明结构性因素和随机性因素对二者空间异质性发挥同等重要作用；物种数、密度、显著度、丰富度指数、Shannon-Wiener 多样性指数和 Simpson 优势度指数由结构性因素引起的空间变异比例依次为 71.59%、55.63%、60.15%、55.84%、52.62% 和 56.09%。从变程看，各变量空间自相关范围差异较大。空间连续性最好的变量为密度，其空间自相关范围为 401.10 m；其次为 Simpson 优势度指数，空间自相关范围为 113.40 m；显著度空间连续性最小，为 23.50 m；物种数、平均树高、丰富度指数、Shannon-Wiener 多样性指数和 Pielou 均匀度空间自相关尺度分别为 60.30 m、29.50 m、99.90 m、73.00 m 和 32.40 m。可见，同一生态过程在 8 个植被特征变量中起作用尺度差异较大。根据变程，异质性研究可适当增加 8 个植被特征变量的取样间距。物种数、密度、显著度、平均树高、丰富度指数、Shannon-Wiener 多样性指数、Simpson 优势度指数和 Pielou 均匀度取样间距可分别设为 60 m、400 m、20 m、25 m、95 m、70 m、110 m 和 30 m。

表 8-19　黄山松林植被特征半方差函数理论模型参数

变量	块金值 C_0	基台值 *Sill*	有效变程 A_o/m	块基比 $C_0/Sill$	理论模型	决定系数 R^2	残差和 *RSS*
物种数	7.04E−3	2.48E−2	60.30	0.284	Exponential	0.962	2.989E−6
密度/(株/m^2)	1.524	3.435	401.10	0.444	Exponential	0.645	0.112
显著度/%	35.30	88.59	23.50	0.399	Spherical	0.800	109
平均树高	5.19E−3	1.05E−2	29.50	0.495	Spherical	0.829	1.266E−6
丰富度指数	1.005	2.276	99.90	0.442	Exponential	0.953	0.019
Shannon-Wiener 指数	0.154	0.324	73.00	0.474	Spherical	0.972	3.435E−4
Simpson 优势度指数	0.002	0.004	113.40	0.439	Exponential	0.920	9.803E−8
Pielou 均匀度	0.003	0.006	32.40	0.499	Spherical	0.699	1.002E−6

8 个植被特征变量半方差函数模型如下：

$$\text{物种数：}r(h)=\begin{cases}0 & (h=0)\\ 0.0704+0.01774\times(1-e^{-\frac{h}{20.1}}) & (h<0)\end{cases}\tag{8-16}$$

$$\text{密度：}r(h)=\begin{cases}0 & (h=0)\\ 1.524+1.911\times(1-e^{-\frac{h}{133.7}}) & (h<0)\end{cases}\tag{8-17}$$

$$\text{显著度：}r(h)=\begin{cases}0 & (h=0)\\ 35.3+53.29\times\left(\frac{3}{2}\times\frac{h}{23.5}-\frac{1}{2}\times\frac{h^3}{23.5^3}\right) & (0<h\leqslant 23.5)\\ 88.59 & (h=0)\end{cases}\tag{8-18}$$

$$\text{平均树高：}r(h)=\begin{cases}0 & (h=0)\\ 0.00519+0.00529\times\left(\frac{3}{2}\times\frac{h}{29.5}-\frac{1}{2}\times\frac{h^3}{29.5^3}\right) & (0<h\leqslant 29.5)\\ 0.04048 & (h>29.5)\end{cases}\tag{8-19}$$

$$\text{丰富度指数：}r(h)=\begin{cases}0 & (h=0)\\ 1.005+1.271\times(1-e^{\frac{h}{33.3}}) & (h<0)\end{cases}\tag{8-20}$$

$$\text{Shannon-Wiener 指数：}r(h)=\begin{cases}0 & (h=0)\\ 0.1537+0.1707\times\left(\frac{3}{2}\times\frac{h}{73}-\frac{1}{2}\times\frac{h^3}{73^3}\right) & (0<h\leqslant 73)\\ 0.3244 & (h>73)\end{cases}\tag{8-21}$$

$$\text{Simpson 优势度指数：}r(h)=\begin{cases}0 & (h=0)\\ 0.001732+0.002212\times(1-e^{\frac{h}{37.8}}) & (h<0)\end{cases}\tag{8-22}$$

$$\text{Pielou 均匀度：}r(h)=\begin{cases}0 & (h=0)\\ 0.003121+0.003131\times\left(\frac{3}{2}\times\frac{h}{32.4}-\frac{1}{2}\times\frac{h^3}{32.4^3}\right) & (0<h\leqslant 32.4)\\ 0.006252 & (h>32.4)\end{cases}\tag{8-23}$$

标准变异函数值 $SS(h)<1$ 表明变量空间变异程度较小，反之表明变量空间变异程度大。黄山松林 8 个植被特征变量均表现出明显向异性。物种数在 SN(90°)方向 $SS(h)<1$，即空间变异不显著；在 EN－WS(45°)和 WN－ES(135°)方向空间变异规律类似，即在 0～27.99 m 空间变异较小，在≥27.99 m 尺度空间变异明显；在 EW(0°)方向空间变异显著的尺度为 12.57～18.88 m 和≥27.48 m，其他尺度空间变异不明显。林分密度 EW 方向上，≥27.99 m 尺度空间变异程度大，其他方向各尺度各向同性占主导地位。显著度空间变异程度较大尺度在 EW、EN－WS、SN 和 WN－ES 方向分别为≥10.82 m、≥17.17 m、≥25.73 m 和≥13.89 m，其他尺度空间变异较小。平均树高 0°方向 0～16.14 m 上 $SS(h)<1$；在≥16.14 m 上 $SS(h)>1$；45°方向≥20.27 m 尺度空间变异程度大，0～20.27 m 尺度空间变异不显著；90°方向 21.41～48.97 m 尺度 $SS(h)>1$，其他尺度空间变异程度小；135°方向 $SS(h)$ 趋近于 1，即向异性不显著。丰富度指数 0°和 135°方向≥27.99 m 尺度以及 45°方向≥42.70 m 尺度 $SS(h)>1$；其他尺度 $SS(h)<1$；90°方向各尺度空间变异程度均较小。Shannon-Wiener 指数、Simpson 优势度指数和 Pielou 均匀度指数向异性规律类似，均为 0°方向空间变异最大，其他方向空间变异程度较小(图 8-56)。

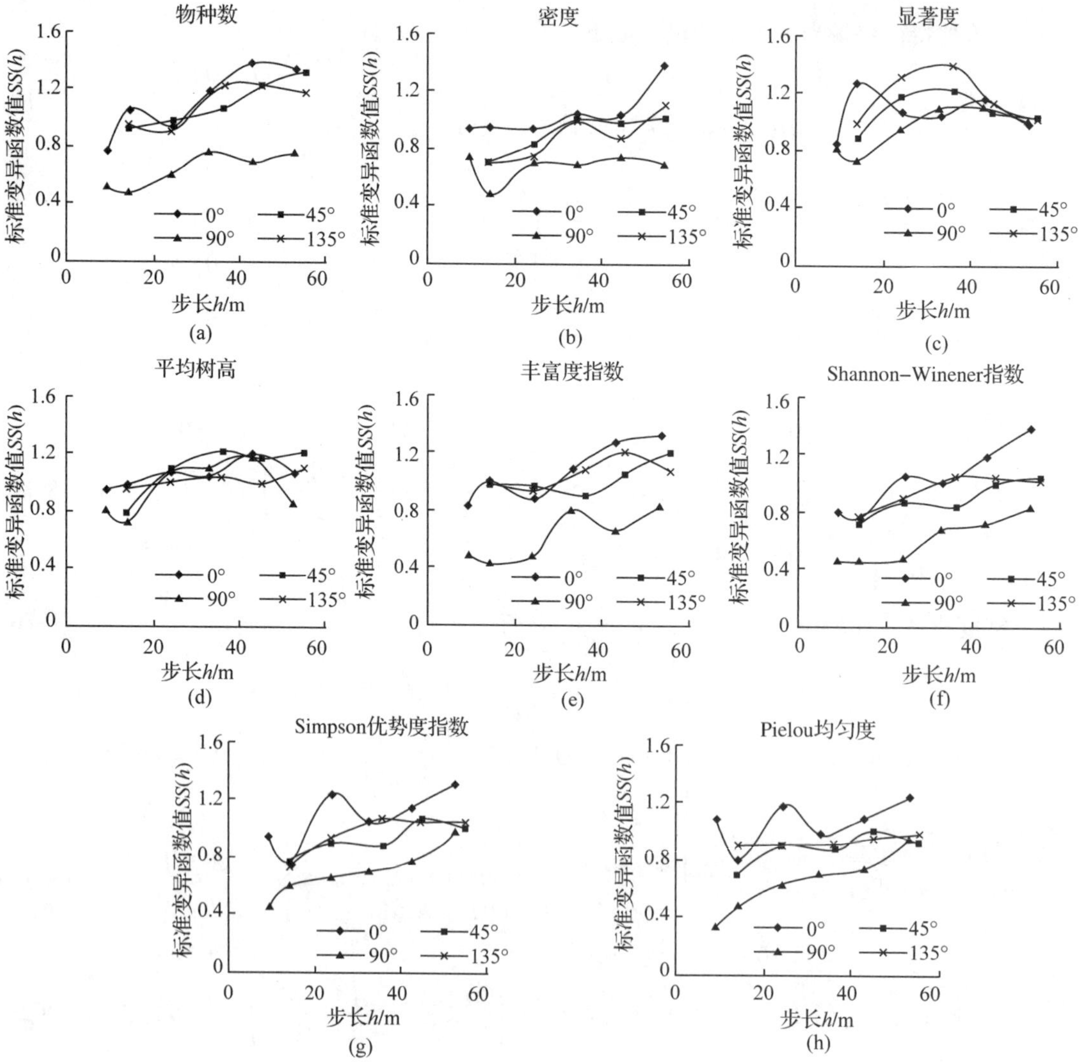

图 8-56　黄山松林植被特征参数各向异性图

3. 分形维数

黄山松林植被特征变量分形结果见表 8-20。在全方位上，显著度分维值最大，表明其均一化程度最高；而物种数分维值最小，表明其空间依赖性最强。从不同方位看，物种数、密度、显著度、平均树高、丰富度指数、Shannon-Wiener 指数、Simpson 优势度指数和 Pielou 均匀度最大(最小)分维值对应的方位分别为 WN－ES(E－W)、N－S(WN－ES)、WN－ES(N－S)、WN－ES(EN－WS)、EN－WS(N－S)、WN－ES(N－S)、EN－WS(N－S)和WN－ES(N－S)。从决定系数看，黄山松林物种数、密度、显著度、平均树高、丰富度指数、Shannon-Wiener 指数、Simpson 优势度指数和 Pielou 均匀度优势格局方位依次为 EN－WS、EN－WS、N－S、EN－WS、E－W、WN－ES、N－S 和 N－S。

表 8-20　黄山松林植被特征分形维数

变量	分形维数	方位				
		全方位	E－W	EN－WS	N－S	WN－ES
物种数	D	1.845	1.845	1.869	1.866	1.89
	R^2	0.954	0.813	0.888	0.803	0.676
密度	D	1.932	1.921	1.859	1.965	1.85
	R^2	0.486	0.513	0.937	0.084	0.779
显著度	D	1.935	1.977	1.948	1.897	1.983
	R^2	0.466	0.052	0.196	0.681	0.016
平均树高	D	1.926	1.951	1.847	1.912	1.96
	R^2	0.761	0.638	0.817	0.358	0.653
丰富度指数	D	1.873	1.876	1.945	1.828	1.94
	R^2	0.953	0.752	0.312	0.674	0.483
Shannon-Wiener 指数	D	1.851	1.838	1.872	1.819	1.887
	R^2	0.964	0.863	0.867	0.82	0.876
Simpson 优势度指数	D	1.875	1.885	1.89	1.815	1.867
	R^2	0.909	0.561	0.809	0.919	0.85
Pielou 均匀度	D	1.906	1.945	1.892	1.742	1.971
	R^2	0.827	0.219	0.74	0.972	0.675

4. 空间自相关性

黄山松林物种数、丰富度指数、Shannon-Wiener 指数和 Simpson 优势度指数的 Moran′s I 系数总体上均随距离增大呈减小趋势；密度和 Pielou 均匀度 Moran′s I 系数随距离增大为先增加后减小；平均树高 Moran′s I 系数围绕 X 轴呈上下波动(图 8-57)。黄山松林 8 个植被特征变量空间依赖性均较明显，Moran′s I 系数介于 －0.155～0.345，Moran′s I 系数排序为 Shannon-Wiener 指数＞物种数＞丰富度指数＞密度＞Simpson 优势度指数＞Pielou 均匀度＞显著度＞平均树高。物种数、密度、丰富度指数、Shannon-Wiener 指数、Simpson 优势度指数和 Pielou 均匀度由空间正相关转为空间负相关拐点尺度依次为 32.19 m、50 m、37.11 m、40.12 m、40.18 m 和 42.65 m；显著度在 17.61～40.65 m 呈空间负相关，其他尺度为空间正相关；林分密度在 23.70～27.83 m 和 40～50.87 m 尺度呈空间负相关，其他尺度呈空间正相关。

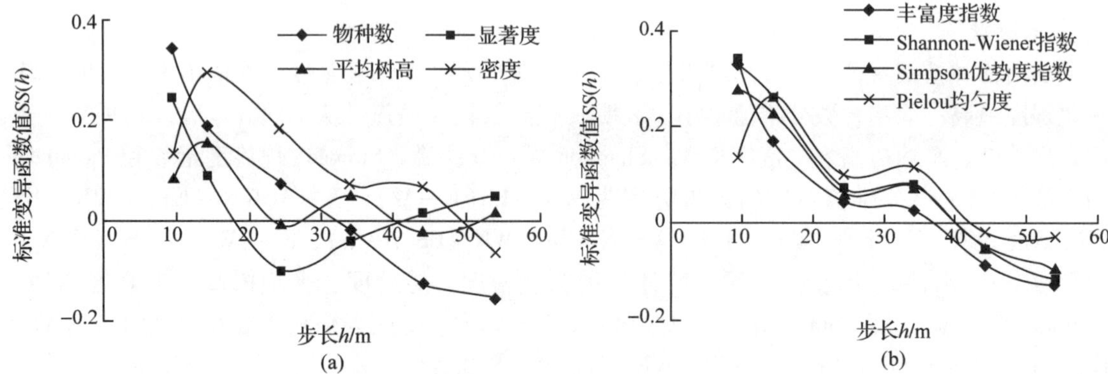

图 8-57　黄山松林植被特征 Moran's *I* 系数随距离变化趋势图

四、群落空间分布特征

1. Kriging 插值误差评价

戴云山黄山松林 8 个植被特征变量的 Kriging 插值精度较高，可用于空间分布预测(表 8-21)。

表 8-21　插值精度交叉验证参数

项目	均值误差 *ME*	均方根误差 *RMSE*	平均标准误差 *ASE*	标准均方根误差 *RMSS*
物种数	−0. 001	7. 145	7. 204	0. 991
密度/(株/m^2)	0. 011	1. 324	1. 288	1. 028
显著度/%	−0. 014	8. 678	8. 528	1. 022
平均树高	−0. 023	0. 434	0. 440	0. 987
丰富度指数	−0. 004	1. 209	1. 244	0. 973
Shannon-Wiener 指数	−0. 004	0. 448	0. 456	0. 979
Simpson 优势度指数	0. 009	0. 049	0. 050	0. 980
Pielou 均匀度	−0. 016	0. 072	0. 072	0. 991

2. 空间分布格局与特征

黄山松 8 个植被特征变量空间相关性均较好，显著度和密度空间连续性相对较差，斑块较多且复杂，格局较弱，其他指标格局相对明显。物种数、丰富度指数和 Shannon-Wiener 指数均为南北高、中间低分布格局，与样地地形吻合；Simpson 优势度指数为南北低、中间高格局，与地形相反；样地北边林分密度较大，斑块状特征明显，南边林分密度相对较小；显著度高值区和低值区均分布于靠近中央位置；黄山松林分树高总体较低，空间连续性较好，在样地西南方向平均树高明显大于其他方向；Pielou 均匀度空间格局与林分密度相反，呈北边小、南边高分布格局，Pielou 均匀度在样地东南方向分布有高值区(图 8-58)。

从植被特征变量各分级面积看，8 个指标在低值区和高值区所占比例均较小，为 2%。物种数、密度、显著度、平均树高、丰富度指数、Shannon-Wiener 指数、Simpson 优势度指数以

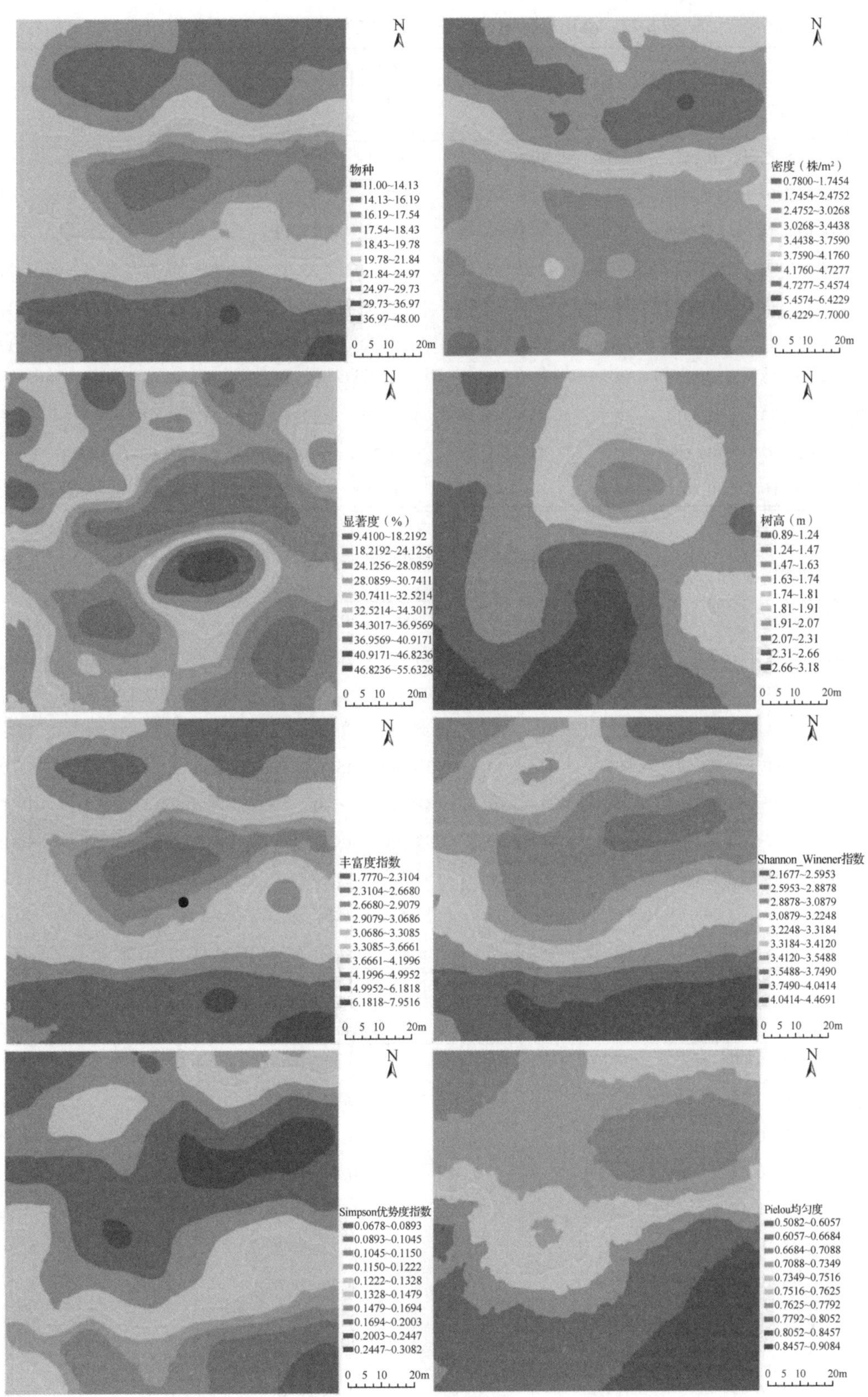

图 8-58　黄山松林植被特征变量空间分布图(同插页图 8-58)

表 8-22　黄山松林植被特征变量插值图分级面积统计表

等级	物种数 分级范围	物种数 面积/m²	物种数 比例/%	密度 分级范围/(株/m²)	密度 面积/m²	密度 比例/%	显著度 分级范围/%	显著度 面积/m²	显著度 比例/%
1	11.00～14.13	0.00	0.00	0.78～1.75	0.00	0.00	9.41～18.22	0.00	0.00
2	14.13～16.19	295.46	2.96	1.75～2.48	517.28	5.19	18.22～24.13	1 193.34	11.97
3	16.19～17.54	898.59	9.01	2.48～3.03	2 711.15	27.19	24.13～28.09	2 236.30	22.43
4	17.54～18.43	911.25	9.14	3.03～3.44	2 198.01	22.05	28.09～30.74	2 122.69	21.29
5	18.43～19.78	1 435.90	14.40	3.44～3.76	541.53	5.43	30.74～32.52	1 237.81	12.42
6	19.78～21.84	1 482.04	14.86	3.76～4.18	979.28	9.82	32.52～34.30	1 218.84	12.23
7	21.84～24.97	1 826.37	18.32	4.18～4.73	1 712.74	17.18	34.30～36.96	1 321.79	13.26
8	24.97～29.73	3 014.14	30.23	4.73～5.46	1 290.75	12.95	36.96～40.92	491.88	4.93
9	29.73～36.97	106.26	1.07	5.46～6.42	19.27	0.19	40.92～46.82	147.37	1.48
10	36.97～48.00	0.00	0.00	6.42～7.70	0.00	0.00	46.82～55.63	0.00	0.00

等级	平均树高 分级范围	平均树高 面积/m²	平均树高 比例/%	丰富度指数 分级范围/(株/m²)	丰富度指数 面积/m²	丰富度指数 比例/%	Shannon-Wiener 指数 分级范围/%	Shannon-Wiener 指数 面积/m²	Shannon-Wiener 指数 比例/%
1	0.89～1.24	0.00	0.00	1.78～2.31	0.00	0.00	2.17～2.60	0.00	0.00
2	1.24～1.47	0.00	0.00	2.31～2.67	396.22	3.97	2.60～2.89	366.14	3.67
3	1.47～1.63	230.72	2.31	2.67～2.91	807.07	8.09	2.89～3.09	2 134.28	21.41
4	1.63～1.74	416.03	4.17	2.91～3.07	724.28	7.26	3.09～3.22	1 627.46	16.32
5	1.74～1.81	588.29	5.90	3.07～3.31	1 584.49	15.89	3.22～3.32	1 102.89	11.06
6	1.81～1.91	1 713.62	17.19	3.31～3.67	1 875.17	18.81	3.32～3.41	1 261.99	12.66
7	1.91～2.07	3 621.03	36.32	3.67～4.20	1 801.70	18.07	3.41～3.55	1 004.05	10.07
8	2.07～2.31	2 151.71	21.58	4.20～5.00	2 549.46	25.57	3.55～3.75	1 322.09	13.26
9	2.31～2.66	1 248.63	12.52	5.00～6.18	231.64	2.32	3.75～4.04	1 041.92	10.45
10	2.66～3.18	0.00	0.00	6.18～7.95	0.00	0.00	4.04～4.47	109.20	1.10

等级	Simpson 优势度指数 分级范围	Simpson 优势度指数 面积/m²	Simpson 优势度指数 比例/%	Pielou 均匀度 分级范围/(株/m²)	Pielou 均匀度 面积/m²	Pielou 均匀度 比例/%
1	0.07～0.09	199.87	2.00	0.51～0.61	0.00	0.00
2	0.09～0.10	500.44	5.02	0.61～0.67	0.00	0.00
3	0.10～0.11	677.75	6.80	0.67～0.71	1 410.88	14.15
4	0.11～0.12	645.74	6.48	0.71～0.73	2 261.08	22.68
5	0.12～0.13	1 262.89	12.67	0.73～0.75	1 334.41	13.38
6	0.13～0.15	1 611.37	16.16	0.75～0.76	651.96	6.54
7	0.15～0.17	2 067.90	20.74	0.76～0.78	873.91	8.77
8	0.17～0.20	2 388.22	23.95	0.78～0.81	2 239.00	22.46
9	0.20～0.24	615.84	6.18	0.81～0.85	1 198.79	12.02
10	0.24～0.31	0.00	0.00	0.85～0.91	0.00	0.00

及 Pielou 均匀度面积最大的斑块依次为 24.97～29.73、2.48～3.03、24.13～28.09、1.91～2.07、4.20～5.00、2.89～3.09、0.17～0.20 和 0.71～0.73；其面积(比例)依次为 3 014.14(30.23%)、2 711.15(27.19%)、2 236.30(22.43%)、3 621.03(36.32%)、2 549.46(25.57%)、2 134.28(21.41%)、2 388.22(23.95%)和 2 261.08(22.68%)，见表 8-22。

第七节　黄山松群落环境因子空间变异特征与格局

土壤作为森林更新的基底，其空间异质性影响树种分布，制约更新苗发生和分布格局，是植物群落格局形成的重要因素(Wijesinghe et al.，2005；John et al.，2007)，也是土壤取样策略中平衡精确度与采样、分析成本的关键(Yu et al.，2011)。森林土壤空间异质性及其预测是退化生态系统恢复与重建核心技术之一，对精准林业中推荐施肥、森林近自然经营有科学指导作用(Zhang et al.，2013)。目前国内外森林土壤空间异质性研究，主要集中在典型林分林隙、喀斯特退化生态系统、国家级大型监测样地以及常绿阔叶林、落叶阔叶林、热带雨林等典型地带性林分(刘少冲等，2011；闫海冰等，2010；张伟等，2013)，但中亚热带海拔较高大样地典型针叶林土壤异质性研究十分缺乏。

作为中山地区植被恢复更新的优良造林树种，黄山松发挥着马尾松无法企及的生态演替功能。黄山松林在海拔较高地区，其土壤水分蒸发散大；土壤氮、磷、钾元素及有机质不断累积，但氮素和磷素仍处于较低水平(林益明等，1997)。黄山松林土壤水分—物理性质、pH、养分和土壤温度、腐殖质组成和光合有效辐射可能会影响土壤层吸水、贮水功能、植物根系分布、幼苗更新和空间分布，进而影响更新苗结构和动态、树种分布，决定林分未来群落结构和演替趋势，相关研究在黄山松林中至今空白。

本节采用地统计与 GIS 空间分析方法，探讨黄山松林土壤、光合有效辐射等环境因子空间异质性规律；计算不同环境因子合理取样数目；分析影响环境因子空间异质性驱动因素。研究结果为黄山松林更新格局—过程—机制、植被与土壤动态关系、取样设计及景观制图等提供理论依据(苏松锦等，2014)。

一、土壤水分—物理性质空间变异特征与格局

1. 统计特征

由表 8-23 可知，戴云山黄山松林土壤水分—物理性质各指标变幅最大为毛管/非毛管，其最大值是最小值 10.39 倍，其次为非毛管孔隙度(8.81)，最小为总孔隙度(1.74)。从变异系数看，毛管/非毛管(56.46%)>非毛管孔隙度(43.79%)>田间持水量(35.48%)>毛管持水量(34.19%)>最大持水量(32.93%)>土壤含水量(25.50%)>土壤容重(17.83%)>毛管孔隙度(12.26%)>总孔隙度(11.18%)。可见，土壤水分—物理性质各指标在不同样点间存在不同程度差异，这种差异可能源于地形、树种组成、凋落物或根系空间分布，亦或试验误差，尚待进一步探索。单样本 K-S 检验表明，除毛管/非毛管外，其他土壤水分—物理性质指标 P 值均大于 0.05，即服从正态分布。毛管/非毛管经对数转换后，其 $P=0.795>0.05$，表明其符合对数正态分布。相关性分析表明，毛管孔隙度与最大持水量、总孔隙度无相关性，与毛管持水量、土壤容重呈显著相关，与其他指标均呈极显著正(负)相关(表 8-24)。

表 8-23 黄山松林土壤水分—物理性质各指标统计特征

项目	最小值	最大值	极差	平均值	标准差	变异系数	分布类型
土壤含水量/%	17.66	59.72	42.06	31.41	8.01	25.50%	正态分布
最大持水量	0.397	1.597	1.200	0.677	0.223	32.93%	正态分布
毛管持水量	0.366	1.564	1.198	0.644	0.220	34.19%	正态分布
田间持水量	0.340	1.547	1.207	0.603	0.214	35.48%	正态分布
土壤容重/(g/cm^3)	0.505	1.297	0.792	0.992	0.177	17.83%	正态分布
毛管孔隙度/%	45.23	79.07	33.84	60.20	7.38	12.26%	正态分布
非毛管孔隙度/%	0.90	7.93	7.03	3.22	1.41	43.79%	正态分布
毛管/非毛管	7.247	75.305	68.058	23.456	13.244	56.46%	对数正态
总孔隙度	0.465	0.807	0.341	0.634	0.071	11.18%	正态分布

表 8-24 黄山松林土壤水分—物理性质各指标相关性分析

项目	土壤含水量	最大持水量	毛管持水量	田间持水量	土壤容重	毛管孔隙度	非毛管孔隙度	毛管/非毛管
最大持水量	0.926**							
毛管持水量	0.936**	0.998**						
田间持水量	0.945**	0.992**	0.997**					
土壤容重	-0.879**	-0.947**	-0.945**	-0.933**				
毛管孔隙度	-0.367**	-0.189	-0.249*	-0.280**	0.200*			
非毛管孔隙度	0.893**	0.898**	0.905**	0.897**	-0.858**	-0.295**		
毛管/非毛管	0.484**	0.339**	0.389**	0.415**	-0.305**	-0.827**	0.428**	
总孔隙度	0.856**	0.897**	0.891**	0.877**	-0.852**	-0.107	0.982**	0.281**

注：* 表示显著相关($P<0.05$)；** 表示极显著相关($P<0.01$)。

2. 空间异质性

(1)半方差函数模型

黄山松林土壤水分—物理性质在东西和南北方向均不存在全局趋势。各指标最佳半方差函数理论模型均为高斯(Gaussian)模型，$R^2 \geq 0.791$，RSS 较小，且趋近于0(表8-25)，表明高斯模型能够较好反映研究区土壤水分—物理性质空间结构特征。土壤水分—物理性质各指标 C_0 均接近或等于0，表明由测量、实验误差或小于最小取样尺度引起的随机变异很小；土壤含水量、土壤容重、毛管孔隙度和非毛管孔隙的块基比 $C_0/Sill$ 均小于25%，由空间自相关性程度划分标准可知，各指标在取样尺度上均具有强烈的空间自相关格局，结构性因素是引起空间异质性的主导因素。各指标的空间自相关性范围波动幅度较小，在14.38～19.40 m，表明生态过程起作用尺度基本相同。

表 8-25 土壤水分—物理性质各指标半变异函数理论模型参数

指标	块金值 C_0	基台值 $Sill$	变程 A_0/m	块基比 C_0/Sill(%)	理论模型	决定系数 R^2	残差和 RSS	分维数 D
土壤含水量	1.00E-5	6.62E-3	19.40	0.15	Gaussian	0.887	3.87E-6	1.669
最大持水量	1.00E-4	5.05E-2	18.19	0.20	Gaussian	0.829	4.65E-4	1.041
毛管持水量	1.00E-4	4.89E-2	18.36	0.20	Gaussian	0.830	4.25E-4	1.230

（续）

指标	块金值 C_0	基台值 *Sill*	变程 A_0/m	块基比 C_0/Sill(%)	理论模型	决定系数 R^2	残差和 *RSS*	分维数 *D*
田间持水量	1.00E-4	4.66E-2	18.71	0.21	Gaussian	0.841	3.45E-4	1.421
土壤容重	1.00E-5	3.14E-2	17.32	0.03	Gaussian	0.791	2.14E-4	1.406
毛管孔隙度	1.00E-5	5.49E-3	17.32	0.18	Gaussian	0.998	5.83E-6	1.793
非毛管孔隙度	0	2.09E-4	14.90	0.00	Gaussian	1.000	3.71E-9	1.348
毛管/非毛管	1.00E-4	4.92E-2	14.38	0.20	Gaussian	0.910	8.75E-5	1.840
总孔隙度	1.00E-5	5.10E-3	16.45	0.20	Gaussian	0.806	4.98E-6	1.553

为探索黄山松林土壤水分—物理性质各指标是否存在向异性，采用标准变异函数 $SS(h)$ 分析其沿东西(0°)、东北—西南(45°)、南—北(90°)和西北—东南(135°)4 个方向的空间变异规律。由图 8-59 可知，最大持水量、毛管持水量、田间持水量和总孔隙度各向同性；而土

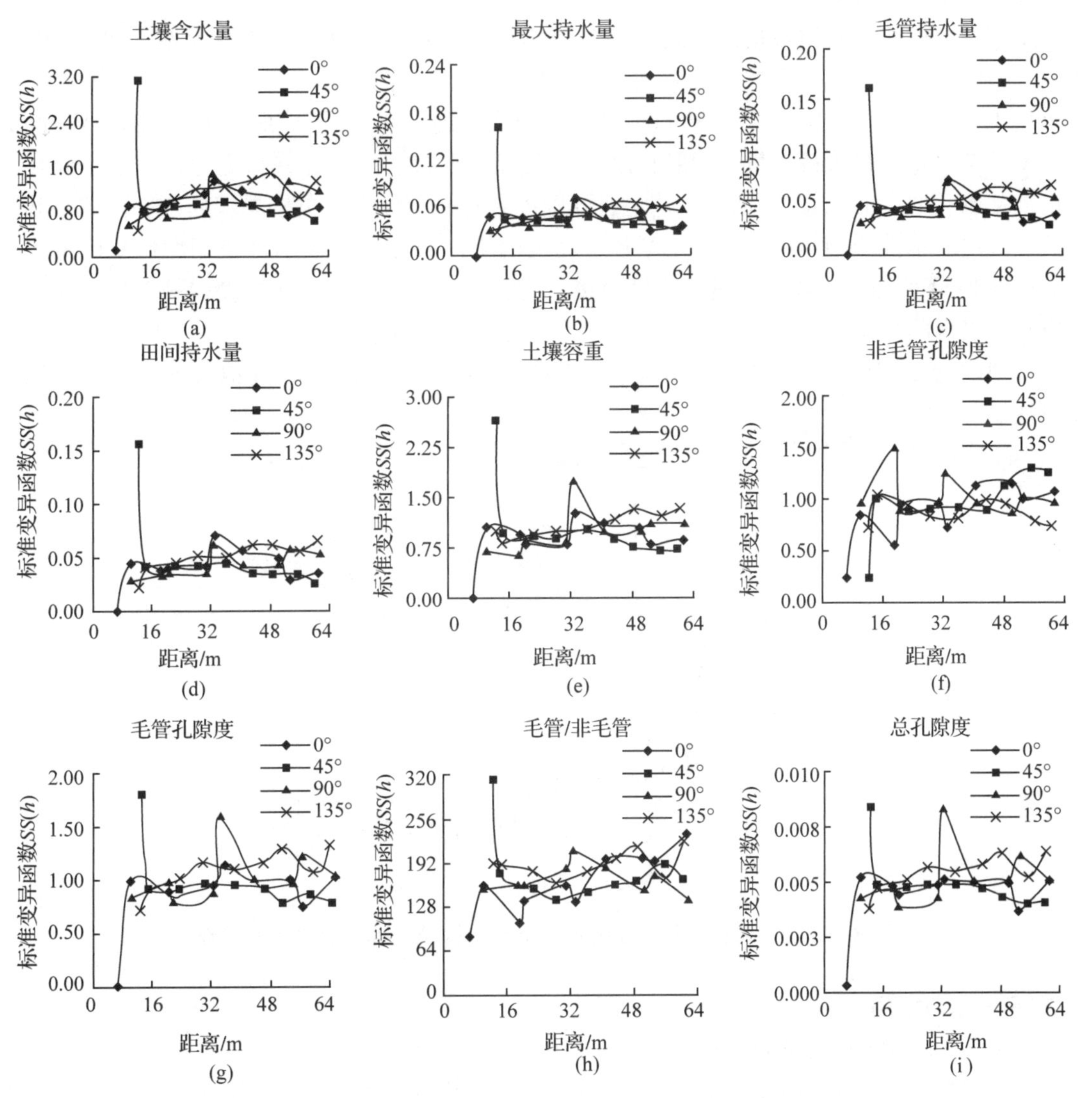

图 8-59　黄山松林土壤水分—物理性质不同方向空间变异特征图

壤含水量、土壤容重、毛管孔隙度、非毛管孔隙度、毛管/非毛管均有较明显带状各向异性，且空间变异程度受不同尺度作用差异性大。以土壤含水量为例，其0°方向24～52 m区间内变异程度较大，其他尺度 $SS(h)<1$；45°方向12.8 m处变异程度最大，0～12.8 m区间 $SS(h)>1$，>12.8 m范围内 $SS(h)<1$；90°和135°方向变异程度较大区间分别为[32.00，40.5 m]、[51.20，63.92 m]和[25，63.92 m]。

(2)分形维数

黄山松林土壤水分—物理性质各指标的空间差异性大，其分维数变化范围为1.041～1.793(参见表8-25)，其中毛管/非毛管最大，表明其随机性因素较其他指标强，结构性较差，分布较复杂；而最大持水量最小，表明其随机性因素差、结构性好、分布简单。分维数与块基比关系密切，如毛管孔隙度块基比最大，其分维数也最大；而非毛管孔隙度的块基比最小，表明由随机部分引起的空间异质性占的比例较小，因此其分维数也最小。可见，分维数与半方差函数曲线反映的规律相一致。

(3)空间自相关性

土壤水分—物理性质各指标空间自相关范围总体上均随空间距离增大呈减小趋势(图8-60)。土壤含水量、土壤容重、毛管孔隙度和非毛管孔隙度Moran's *I* 系数最大值依次为0.264、0.234、0.733和0.127。Moran's *I* 系数图反映出土壤水分—物理性质呈斑块状空间分布。土壤含水量、最大持水量、田间持水量、毛管持水量、土壤容重和毛管孔隙度空间自相关格局基本相似，而毛管/非毛管、非毛管孔隙度、总孔隙度自相关格局较复杂。正的空间自相关距离可表示性质相似斑块的平均半径，而负的空间自相关则表示性质相反斑块间平均距离。由图8-60可知，土壤含水量、土壤容重、毛管孔隙度和非毛管孔隙度的相似性斑块对应的空间尺度区间分别为[28.4，53.2]、[31.95，53.15)∪(53.15，56.7]、[29.82，54.43]和[14，16.5)∪(16.5，28.4)∪(28.4，31.95)∪(31.95，36.68]，其他尺度为空间性质相反斑块。

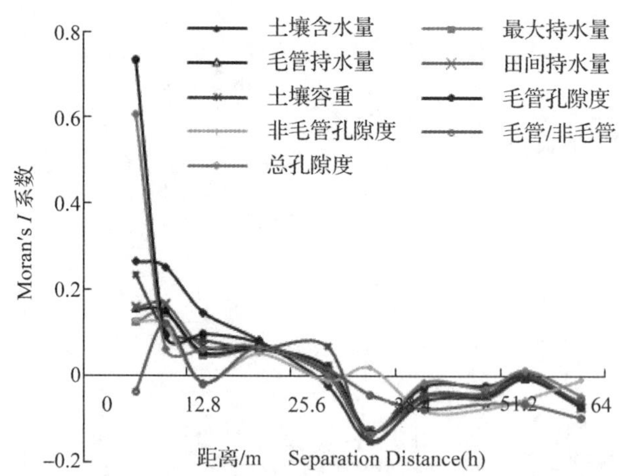

图8-60　土壤水分—物理性质Moran's *I* 系数随空间距离的变化趋势

3. 空间分布与格局

(1)Kriging插值误差评价

黄山松林土壤水分—物理性质各指标插值后交叉检验，均值误差都接近于0，均方根误差与平均标准误差接近，标准均方根预测误差趋近于1（表8-26），表明各指标Kriging插值精度都较高，可用于空间分布预测。

表8-26　黄山松林土壤水分—物理性质各指标插值精度交叉验证参数

项目	均值误差 *ME*	均方根误差 *RMSE*	平均标准误差 *ASE*	标准均方根误差 *RMSS*
土壤含水量	-0.003	0.072	0.080	0.902
最大持水量	-0.003	0.217	0.216	1.005
毛管持水量	-0.003	0.214	0.211	1.014
田间持水量	0.002	0.207	0.199	1.038
土壤容重	0.004	0.172	0.186	0.931
毛管孔隙度	-0.001	0.073	0.077	0.951
非毛管孔隙度	0.000	0.014	0.015	0.958
毛管/非毛管	0.008	13.610	13.890	0.983
总孔隙度	0.001	0.072	0.075	0.962

（2）空间分布格局与特征

结合黄山松林土壤水分—物理性质各指标半方差函数参数，在剔除其全局趋势，利用ArcGIS 9.2软件的Geostatistical Analyst模块进行Kriging插值。由图8-61可知，各指标空间分布均为明显带状和斑块状分布。土壤含水量、最大持水量、毛管持水量、田间持水量、毛管孔隙度、总孔隙度空间分布格局相似，在样地东南方向、西边中部和北向中部都有高值区，西南—东北方向土壤含水量较低，与研究区地形（西南方向高程较大，中部有沟谷，东北方向次高）呈相反趋势。土壤容重、非毛管孔隙和毛管/非毛管相类似，与研究区地形较为一致。土壤水分—物理性质各指标空间分布格局相似性与相关分析结果一致。各指标面积分布较大的斑块差异性较大，如总孔隙度75.81%在0.567～0.675，田间持水量44.75%在0.535～0.812；而土壤含水量、最大持水量、毛管持水量、土壤容重、毛管孔隙度、非毛管孔隙度和毛管/非毛管面积分布较大的斑块依次为0.276～0.415（54.41%）、0.466～0.767（71.95%）、0.580～0.867（44.81%）、0.777～1.066（53.88%）、0.503～0.579（35.09%）、0.591～0.668（38.39%）、0.027～0.051（57.78%）、17.727～47.975（68.78%）。

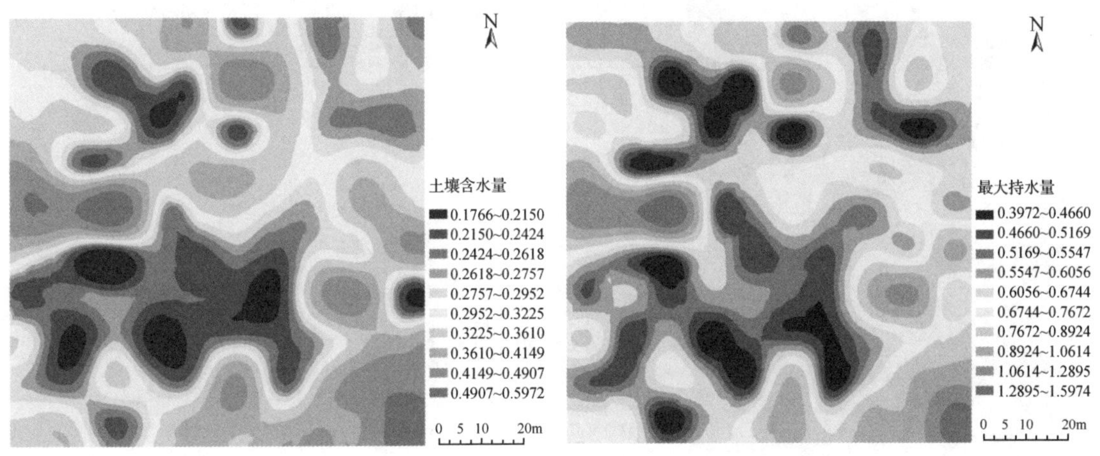

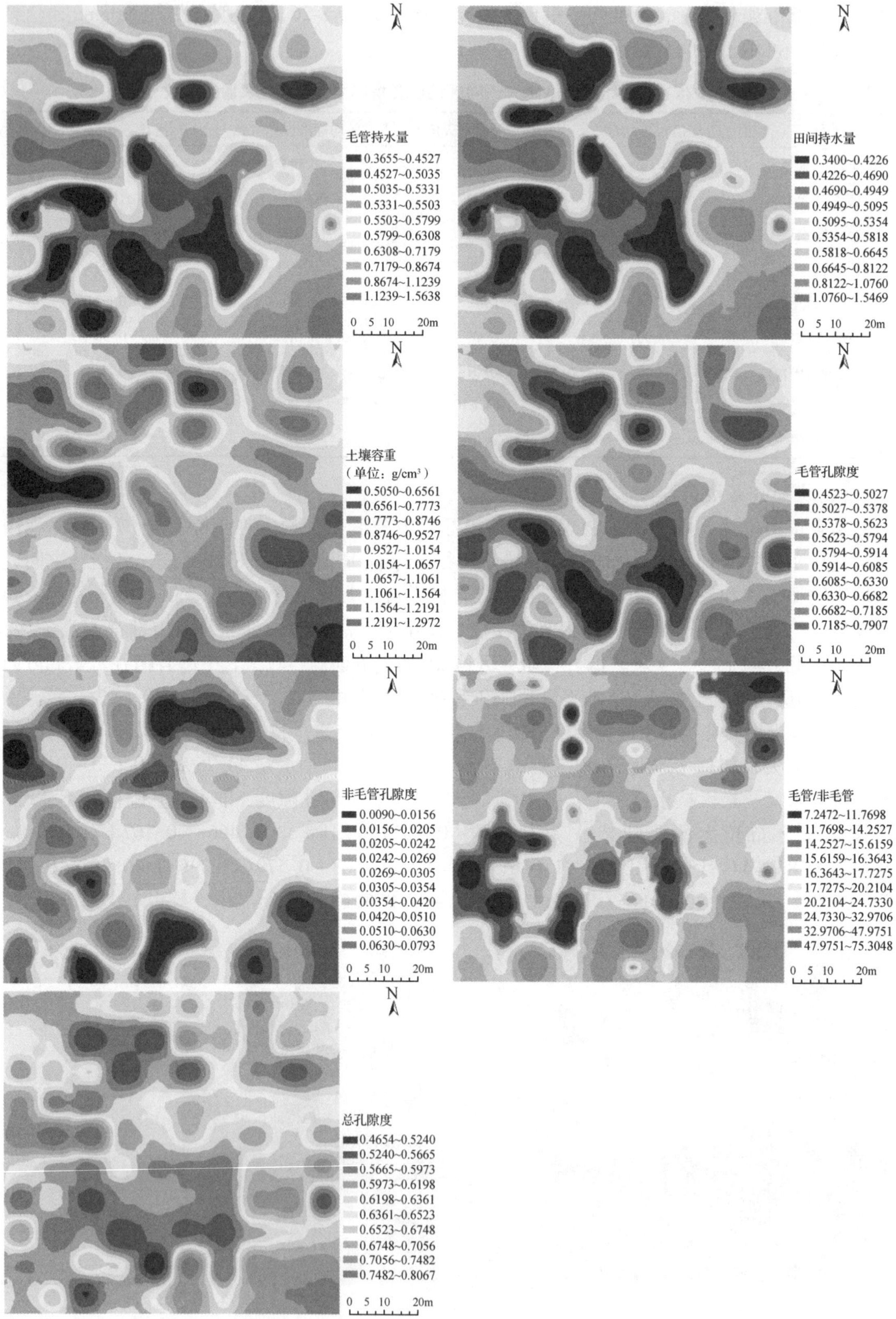

毛管持水量
0.3655~0.4527
0.4527~0.5035
0.5035~0.5331
0.5331~0.5503
0.5503~0.5799
0.5799~0.6308
0.6308~0.7179
0.7179~0.8674
0.8674~1.1239
1.1239~1.5638
0 5 10 20m

田间持水量
0.3400~0.4226
0.4226~0.4690
0.4690~0.4949
0.4949~0.5095
0.5095~0.5354
0.5354~0.5818
0.5818~0.6645
0.6645~0.8122
0.8122~1.0760
1.0760~1.5469
0 5 10 20m

土壤容重
（单位：g/cm³）
0.5050~0.6561
0.6561~0.7773
0.7773~0.8746
0.8746~0.9527
0.9527~1.0154
1.0154~1.0657
1.0657~1.1061
1.1061~1.1564
1.1564~1.2191
1.2191~1.2972
0 5 10 20m

毛管孔隙度
0.4523~0.5027
0.5027~0.5378
0.5378~0.5623
0.5623~0.5794
0.5794~0.5914
0.5914~0.6085
0.6085~0.6330
0.6330~0.6682
0.6682~0.7185
0.7185~0.7907
0 5 10 20m

非毛管孔隙度
0.0090~0.0156
0.0156~0.0205
0.0205~0.0242
0.0242~0.0269
0.0269~0.0305
0.0305~0.0354
0.0354~0.0420
0.0420~0.0510
0.0510~0.0630
0.0630~0.0793
0 5 10 20m

毛管/非毛管
7.2472~11.7698
11.7698~14.2527
14.2527~15.6159
15.6159~16.3643
16.3643~17.7275
17.7275~20.2104
20.2104~24.7330
24.7330~32.9706
32.9706~47.9751
47.9751~75.3048
0 5 10 20m

总孔隙度
0.4654~0.5240
0.5240~0.5665
0.5665~0.5973
0.5973~0.6198
0.6198~0.6361
0.6361~0.6523
0.6523~0.6748
0.6748~0.7056
0.7056~0.7482
0.7482~0.8067
0 5 10 20m

图 8-61　黄山松林土壤水分—物理性质各指标空间分布图(同插图 8-61)

二、土壤 pH 值空间变异特征与格局

1. 描述性统计特征

样地 0 ~ 40 cm 土壤 pH 值平均为 4.61，呈酸性，变化范围为 3.88 ~ 5.49。随着土壤深度增加，pH 增大。从变异系数看，不同土层及 0 ~ 40 cm pH 变异系数均小于 10%，呈弱变异性。单样本 KS 检验表明，在 0.05 检验水平下，不同土层及 0 ~ 40 cm 土壤 pH 的 P 值均大于 0.05，服从正态分布。ANOVA 分析及 LSD 检验表明，Ⅰ层和Ⅱ层土壤 pH 差异极显著，但其与 0 ~ 40 cm 土层 pH 差异均不显著(表 8-27)。

表 8-27　黄山松林土壤 pH 值统计特征

土壤深度/cm	最小值 min	最大值 max	平均值 U_1	标准差 SD	变异系数 Cv	分布类型
Ⅰ层(0 ~ 20)	3.84	5.29	4.51	0.414	9.17%	正态分布
Ⅱ层(20 ~ 40)	3.78	5.68	4.71	0.453	9.62%	正态分布
0 ~ 40	3.88	5.49	4.61	0.418	9.06%	正态分布

2. 空间异质性

(1)趋势面图

黄山松林不同土层及 0 ~ 40 cm 土壤 pH 趋势面如图 8-62 所示。从拟合曲线图可看出，其东西和南北方向均表现出两边低，中间高的凸形特征，二阶趋势明显。因此，为准确模拟其短程随机变异，对其进行 Kriging 插值时，应先分离其二阶趋势。

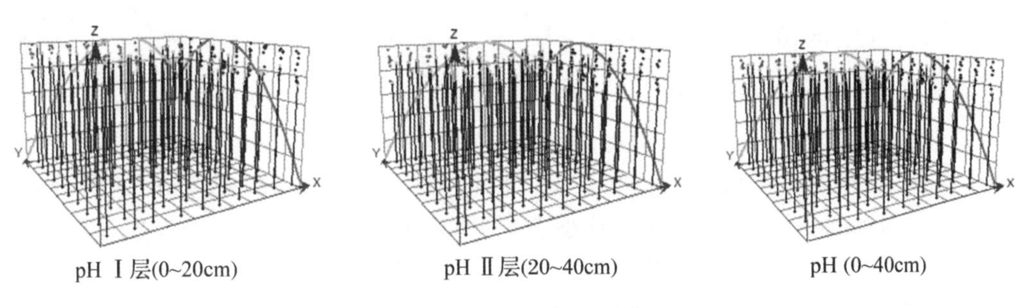

图 8-62　黄山松林土壤 pH 趋势面图

左、右曲线分别代表 EW 和 NS；Location Rotation Angles：0°；Horizontal：120°；Vertical：11.5°

(2)半方差函数模型

黄山松林土壤 pH 值 4 种半方差函数模型拟合参数见表 8-28。根据最优模型确定法，选择球状模型作为Ⅰ层和 0 ~ 40 cm 土层 pH 最优模型；指数模型为Ⅱ层最优模型。较大决定系数 R^2 和较小 RSS，表明理论模型很好地反映不同土层及取样剖面土壤 pH 空间结构特征。Ⅰ层和 0 ~ 40 cm 土壤 pH 表现出中等程度空间自相关，由结构性因素引起的空间变异比例依次为 64% 和 56.2%；Ⅱ层表现出强烈的空间自相关，由结构性因素引起的空间变异占系统总变异 87.4%。与土壤水分物理性质相比，土壤 pH 变程较大(53 m)，表明其空间连续性较好。

表 8-28　土壤 pH 值半变异函数理论模型参数

土壤深度/cm	块金值 C_0	基台值 Sill	有效变程 A_0/m	块基比 C_0/Sill（%）	理论模型	决定系数 R^2
Ⅰ层(0～20)	0.084	0.191	54.16	43.98	Linear	0.950
	0.065	0.182	54.10	35.71	Spherical	0.995
	0.050	0.208	86.10	24.04	Exponential	0.989
	0.088	0.185	50.06	47.57	Gaussian	0.993
Ⅱ层(20～40)	0.140	0.226	54.16	61.95	Linear	0.886
	0.002	0.202	19.60	0.99	Spherical	0.733
	0.027	0.213	30.90	12.68	Exponential	0.884
	0.019	0.202	16.28	9.41	Gaussian	0.727
0～40	0.100	0.195	54.16	51.28	Linear	0.933
	0.082	0.186	53.00	44.09	Spherical	0.986
	0.061	0.202	72.00	30.20	Exponential	0.980
	0.097	0.195	50.58	49.74	Gaussian	0.979

pH 在 0～40 cm、Ⅰ和Ⅱ层半方差函数模型如式(8-24)～式(8-26)所示：

$$\gamma(h)=\begin{cases}0 & (h=0)\\ 0.0653+0.1163\times\left(\frac{3}{2}\times\frac{h}{54.1}-\frac{1}{2}\times\frac{h^2}{54.1^3}\right) & (0<h\leqslant 54.1)\\ 0.1816 & (h>54.1)\end{cases}\tag{8-24}$$

$$\gamma(h)=\begin{cases}0 & (h=0)\\ 0.0268+0.1858\times(1-e^{\frac{h}{10.3}}) & (h<0)\end{cases}\tag{8-25}$$

$$\gamma(h)=\begin{cases}0 & (h=0)\\ 0.0815+0.1045\times\left(\frac{3}{2}\times\frac{h}{53}-\frac{1}{2}\times\frac{h^3}{53^3}\right) & (0<h\leqslant 53)\\ 0.1860 & (h>53)\end{cases}\tag{8-26}$$

不同土层 pH 空间变异程度受不同尺度作用差异性大(图 8-63)。黄山松林土壤Ⅰ层和 0～40 cm 土壤 pH 在变程范围内，其东西(0°)、东北—西南(45°)、南—北(90°)、西北—东南(135°)4 个方向标准变异函数值 $SS(h)$ 均小于 1，即表现为各向同性；在变程范围外，其表现出各向异性；土壤Ⅰ层 pH 各向同性尺度约 30 m，在大于 30 m 尺度上，各向 $SS(h)$ 均大于 1，即各向异性明显。

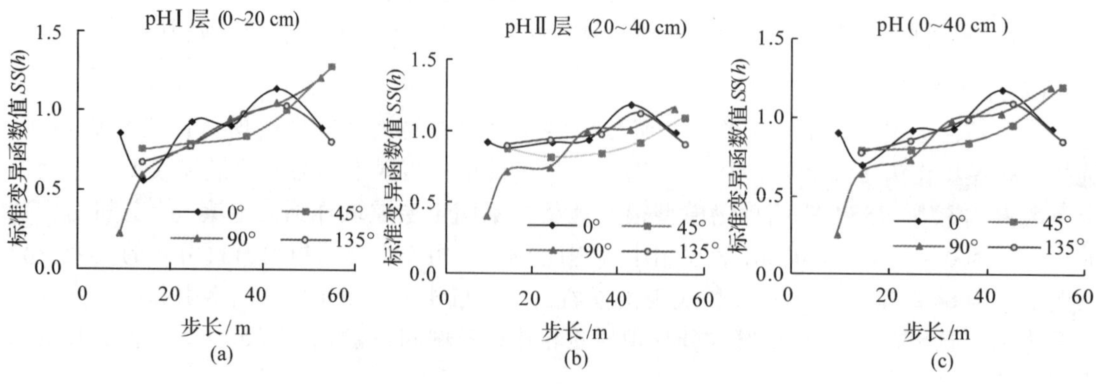

图 8-63　黄山松林土壤 pH 各向异性图

(3)分形维数

黄山松林不同土壤层 pH 分维数见表 8-29。在全方位上，Ⅱ层 pH 分维数值最大(1.884)，表明其均一化程度较高，空间格局较复杂；而Ⅰ层 pH 分维数值为 1.810，相对较小，表明其空间格局相对简单，空间依赖性较强。从不同方位看，0～40 cm 土壤 pH 分维数以东—西方向最大，南—北方向最小；Ⅰ层和Ⅱ层最大(小)分维数对应方位均为西北—东南(南—北)。从决定系数看，黄山松林Ⅰ层、Ⅱ层以及 0～40 cm 土层优势格局均方位为南—北。

表 8-29　黄山松林土壤 pH 分形维数值

土壤深度/cm		方位				
		全方位	E-W	EN-WS	N-S	WN-ES
Ⅰ(0～20)	*D*	1.810	1.900	1.827	1.565	1.980
	R^2	0.990	0.324	0.737	0.877	0.513
Ⅱ(20～40)	*D*	1.884	1.949	1.933	1.728	1.961
	R^2	0.933	0.400	0.398	0.898	0.218
0～40	*D*	1.840	1.928	1.870	1.611	1.923
	R^2	0.982	0.332	0.663	0.872	0.385

(4)空间自相关性

黄山松林不同土层 pH 空间自相关范围均随距离增大呈减小趋势(图 8-64)。在最小取样尺度上，Ⅰ层、Ⅱ层以及 0～40 cm 土层 Moran′s *I* 系数最大值依次为 0.501、0.306 和 0.418。由图 8-64 可知，在 0～36 m 尺度，不同土层 pH 为空间正相关，大于 36 m 尺度 pH 为空间负相关，土壤 pH 呈正反两种性质的斑块状空间分布格局。

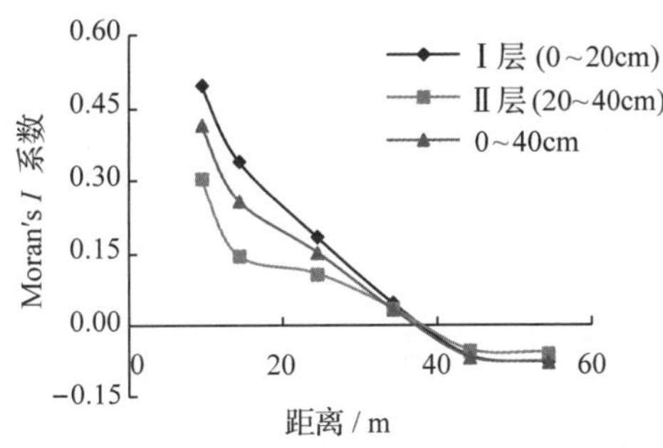

图 8-64　土壤 pH Moran′s *I* 系数随距离变化趋势图

3. 空间分布特征

(1)Kriging 插值误差评价

黄山松林不同土层 pH 的 *ME*、*RMSE* 和 *ASE* 的差值均趋于 0，而 *RMSS* 趋于 1(表 8-30)，表明其 Kriging 插值精度较高，适合空间分布预测。

表 8-30　插值精度交叉验证参数

土壤深度/cm	均值误差 *ME*	均方根误差 *RMSE*	平均标准误差 *ASE*	标准均方根误差 *RMSS*
Ⅰ(0～20)	0.004	0.343	0.334	1.017
Ⅱ(20～40)	0.010	0.444	0.404	1.025
0～40	0.005	0.368	0.358	1.020

(2)空间分布格局与特征

利用 ArcGIS 软件地统计分析模块剔除黄山松林土壤 pH 二阶趋势，结合其最优半方差函数参数进行 Kriging 插值，获取土壤 pH 空间分布预测图(图 8-65)。

研究区土壤 pH 呈斑块状和条带状分布，高低值差异明显(图 8-65)。Ⅰ层、Ⅱ层以及 0 ~ 40 cm 土层 pH 空间分布格局相似，即 pH 高值区分布于西南地区及西北边缘，低值区主要分布于东南方向。土壤 pH 空间分布与地形关系较密切：即西南方向高程较大，其 pH 也较大；西北—东南对角线方向地势较低，其 pH 也较小。Ⅱ层景观比Ⅰ层破碎，表明其空间异质性随机组分高、空间结构性差、空间分布格局复杂，与分形维数结果一致。

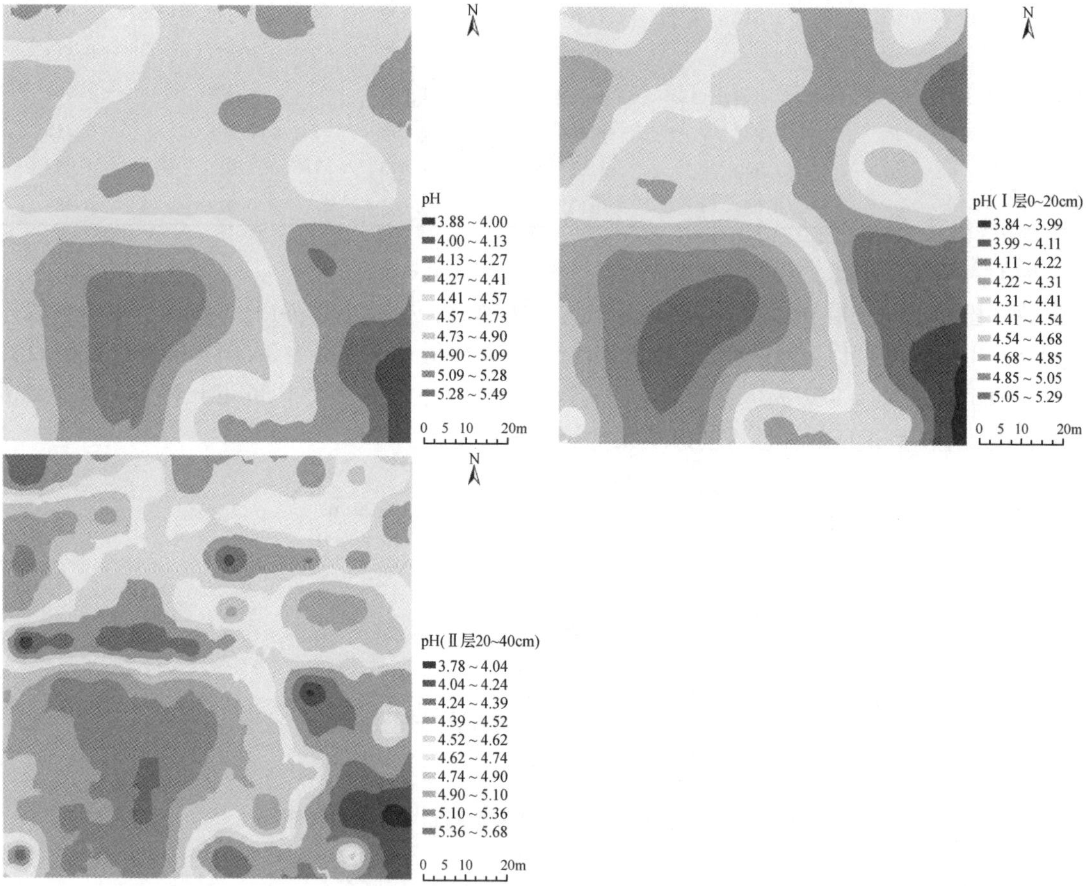

图 8-65 黄山松林土壤 pH 空间分布图(同插页 8-65)

从土壤 pH 各分级面积看，Ⅰ层、Ⅱ层以及 0 ~ 40 cm 土层面积最大斑块依次为 4.31 ~ 4.41、4.62 ~ 4.74 和 4.41 ~ 4.57；对应面积(比例)依次为 2 348.06(23.16%)、1 875.07(18.02%)和 3 602.35(36.02%)(表 8-31)。不同土层 pH 各分级面积和比例服从正态分布，在分级的两端分布面积(比例)均较小。

表 8-31　黄山松林土壤 pH 插值图分级面积统计表

分级	pH(0～40 cm)			pH（Ⅰ层 0～20 cm）			pH（Ⅱ层 20～40 cm）		
	分级范围	面积/m^2	比例/%	分级范围/(g/kg)	面积/m^2	比例/%	分级范围/(g/kg)	面积/m^2	比例/%
1	3.88～4.00	0.00	0.00	3.84～3.99	60.00	0.60	3.78～4.04	33.32	0.33
2	4.00～4.13	141.18	1.41	3.99～4.11	234.89	2.35	4.04～4.24	257.68	2.58
3	4.13～4.27	301.48	3.01	4.11～4.22	833.87	8.34	4.24～4.39	662.86	6.63
4	4.27～4.41	1 405.25	14.05	4.22～4.31	1 341.34	13.41	4.39～4.52	1 537.55	15.38
5	4.41～4.57	3 602.35	36.02	4.31～4.41	2 316.01	23.16	4.52～4.62	1 734.49	17.34
6	4.57～4.73	1 670.28	16.70	4.41～4.54	1 430.58	14.31	4.62～4.74	1 802.04	18.02
7	4.73～4.90	1 197.20	11.97	4.54～4.68	1 226.68	12.27	4.74～4.90	1 370.86	13.71
8	4.90～5.09	973.98	9.74	4.68～4.85	1 019.83	10.20	4.90～5.10	1 388.54	13.89
9	5.09～5.28	708.29	7.08	4.85～5.05	1 007.09	10.07	5.10～5.36	1 140.41	11.40
10	5.28～5.49	0.00	0.00	5.05～5.29	529.73	5.30	5.36～5.68	72.27	0.72

三、土壤养分空间变异特征与格局

1. 描述性统计特征

由表 8-32 可知，戴云山黄山松林 0～40 cm 土壤 TN 极缺乏，其值仅为 0.19%；AN(188.75 mg/kg) 达到一级水平；NO_3^--N、NH_4^+-N 分别为 1.55 g/kg 和 27.21 g/kg；TP(0.091 1 g/kg) 和 AP(6.435 mg/kg) 分别为六级和三级水平，与南方森林土壤低磷现象一致；TK(20.12 g/kg) 属于二级水平，而 AK(82.91 mg/kg) 较缺乏，为四级水平(表 8-33)。从不同土壤深度分析，0～20 cm 土壤 TN、AN、NO_3^--N、NH_4^+-N、TP、AP 和 AK 大于 20～40 cm；TK 随土壤深度增加而增加。8 种土壤养分相比，土壤氮素最大值/最小值高于土壤磷素和土壤钾素，其中 0～40 cm 土壤 TN、AN、NO_3^--N 和 NH_4^+-N 最大值/最小值分别为 20.33、11.15、10.54 和 18.81；对于土壤磷、钾素，AP（7.97）> TP（5.38）> TK（2.82）> AK(2.00)。黄山松林土壤养分各指标变异系数均介于 10%～100%，表明均为中等变异。各指标变异程度从大到小为：NH_4^+-N（62.13%）、TN（59.89%）、AN（51.62%）、NO_3^--N(48.29%)、AP(40.92%)、TP(33.59%)、TK(21.58%) 和 AK(17.39%)。不同深度土壤养分变异系数差异较大，除 TK 外，其他土壤养分变异系数均为土层Ⅰ小于土层Ⅱ。

表 8-32　黄山松林土壤养分统计特征值

变量	土层/cm	最小值	最大值	均值	标准差	变异系数/%	K－S 检验(P=0.05)
TN/	0～40	0.03	0.61	0.19	0.114	59.89	0.987*
(g/kg)	Ⅰ	0.06	0.64	0.24	0.120 0	50.00	0.283
	Ⅱ	0.003	0.61	0.13	0.116	89.54	0.233*
AN/	0～40	48.57	541.43	188.75	97.429	51.62	0.104
(mg/kg)	Ⅰ	55.71	641.43	237.21	119.338	50.31	0.245
	Ⅱ	41.43	455.71	140.29	88.993	63.43	0.260*

（续）

变量	土层/cm	最小值	最大值	均值	标准差	变异系数/%	K－S 检验（P＝0.05）
NO_3^--N/	0～40	0.35	3.69	1.55	0.749	48.29	0.344
（g/kg）	Ⅰ	0.45	3.95	1.73	0.726	41.98	0.505
	Ⅱ	0.13	3.44	1.37	0.780	56.93	0.106
NH_4^+-N/	0～40	5.11	96.12	27.21	16.905	62.13	0.702 *
（g/kg）	Ⅰ	6.63	142.95	37.29	24.875	66.71	0.602 *
	Ⅱ	2.86	63.57	17.13	11.853	69.19	0.101 *
TP/	0～40	0.043	0.234	0.091	0.031	33.59	0.560
（g/kg）	Ⅰ	0.036	0.312	0.106	0.038	36.04	0.224
	Ⅱ	0.012	0.167	0.076	0.030	39.37	0.840
AP/	0～40	3.400	27.110	6.435	2.633	40.92	0.148
（mg/kg）	Ⅰ	3.732	14.163	7.396	2.140	28.94	0.362
	Ⅱ	2.963	47.611	5.474	4.462	81.52	0.114
TK/	0～40	11	31	20.12	4.342 0	21.58	0.899
（g/kg）	Ⅰ	8	27	16.37	3.921 0	23.95	0.949
	Ⅱ	13	39	23.88	5.313 0	22.25	0.154
AK/	0～40	56.63	113.27	82.91	14.42	17.39	0.684
（mg/kg）	Ⅰ	61.23	181.63	97.02	19.34	19.93	0.347
	Ⅱ	39.80	128.57	68.80	16.190	23.53	0.577

注：* 表示经对数 log10 或 Box-Cox 转换；Ⅰ层为 0～20 cm，Ⅱ层为 20～40 cm。

为保证土壤养分各指标半方差函数良好结构性，采用阈值法剔除特异值，用均值替换。单样本 Kolmogorov－Smirnov 检验表明，剔除特异值后 TN Ⅰ层、AN Ⅰ层和 0～40 cm 土层及各层土壤 NO_3^--N、TP、AP、TK、AK 均服从正态分布；经对数转换或 Box－Cox 转换，TN Ⅱ层和 0～40 cm 土层、AN Ⅱ层以及各层 NH_4^+-N 也服从正态分布。单因素方差分析和多重比较表明，不同深度土层养分指标含量差异显著，即 $F_{TN}=19.114$，$P=0.000<0.01$；$F_{AN}=22.261$，$P=0.000<0.01$；$F_{NO_3^--N}=5.775$，$P=0.003<0.01$；$F_{NH_4^+-N}=29.176$，$P=0.000<0.01$；$F_{TP}=20.247$，$P=0.000<0.01$；$F_{AP}=8.819$，$P=0.000<0.01$；$F_{TK}=67.596$，$P=0.000<0.01$；$F_{AK}=70.791$，$P=0.000<0.01$。

表 8-33　中国第二次土壤普查养分分级标准

等级	一级（很丰富）	二级（丰富）	三级（中等）	四级（缺乏）	五级（很缺乏）	六级（极缺乏）
TN/（g/kg）	＞2	1.5～2	1～1.5	0.75～1	0.5～0.75	＜0.5
AN/（mg/kg）	＞150	120～150	90～120	60～90	30～60	＜30
TP/（g/kg）	＞1.0	0.8～1.0	0.6～0.8	0.4～0.6	0.2～0.4	＜0.2
AP/（mg/kg）	＞40	20～40	10～20	5～10	3～5	＜3
TK/（g/kg）	＞25	20～25	15～20	10～15	5～10	＜5
AK/（mg/kg）	＞200	150～200	100～150	50～100	30～50	＜30

2. 空间异质性

（1）*趋势面图*

全局趋势影响区域变量的半变异分析过程，为准确模拟其短程随机变异，采用 ArcGIS 软件 Geostatistical Analyst 模块中 Trend Analyst 探测各区域变量的全局趋势。若存在全局趋势，进行 Kriging 插值时应将其剔除。将各样点属性值投影到东西 EW-南北 SN 二维平面坐标，通过 X-Y 坐标信息，作出投影点最佳拟合曲线。通过观察该曲线在特定方向的特征，即可判断是否存在全局趋势。若拟合曲线为直线，表明其无全局趋势。若存在全局趋势，则可采用确定性插值进行内插，绘制变量空间预测分布图。黄山松林不同土壤深度各养分总体为无全局趋势，具体表现为除 NH_4^+-N 在 SN 方向、0～40 cm 和 20～40 cm 土壤 TP 在 SN 方向、0～20 cm土壤 AP 在 SN 方向以及 0～40 cm 土壤 AK 在 EW 方向上存在微弱二阶趋势；其他土壤深度各养分指标投影点的曲线均较平直，即全局趋势不明显（图 8-66）。因此，各土壤养分进行 Kriging 插值时可不用考虑分离其趋势面。

（2）*半方差函数模型*

描述性统计（参见表 8-32）虽总括各土壤养分指标变化特征，但忽略了样点空间位置信息，难以对变量独立性和相关性、随机性和结构性定量分析。为此，采用半方差函数对土壤各养分空间变异及结构特征进一步分析（表 8-34）。

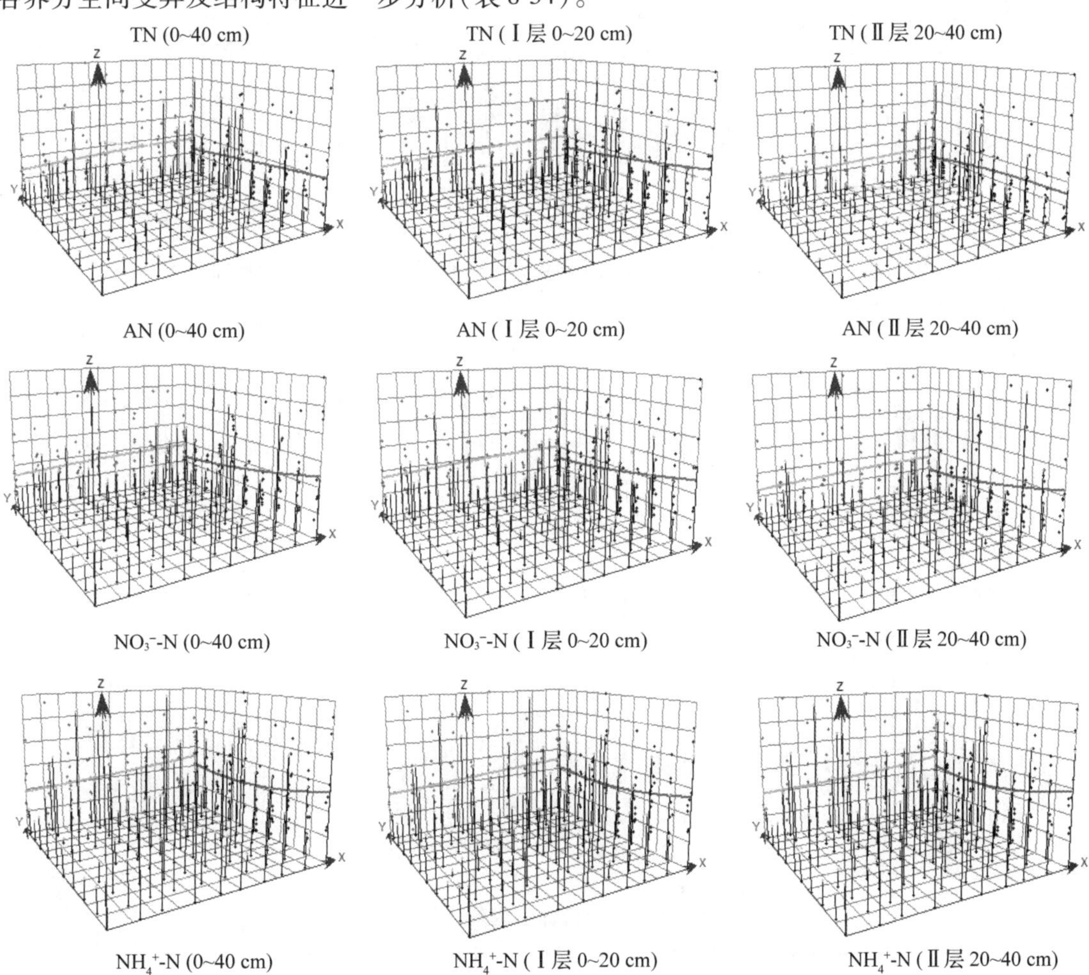

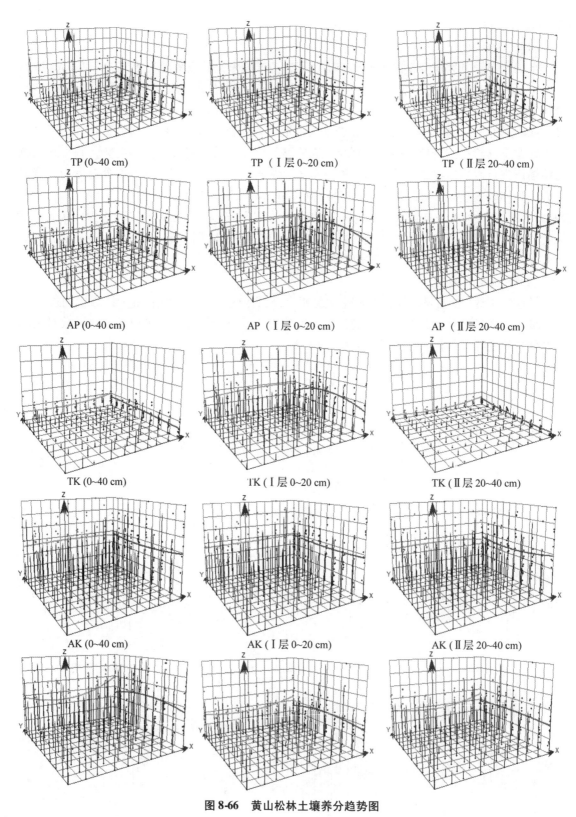

TP (0~40 cm)　TP（Ⅰ层 0~20 cm）　TP（Ⅱ层 20~40 cm）

AP (0~40 cm)　AP（Ⅰ层 0~20 cm）　AP（Ⅱ层 20~40 cm）

TK (0~40 cm)　TK (Ⅰ层 0~20 cm)　TK (Ⅱ层 20~40 cm)

AK (0~40 cm)　AK (Ⅰ层 0~20 cm)　AK (Ⅱ层 20~40 cm)

图 8-66　黄山松林土壤养分趋势图

左、右曲线分别代表 EW 和 NS；Horizontal：120°，Vertical：115°，Rotation Angles Location：0°

①向同性分析。不同深度土层各养分指标最优半方差函数模型不同。TN 0～40 cm 为 Spherical 模型，TN Ⅰ 和 Ⅱ 层为 Exponential 模型；AN 各层为 Spherical 模型，而 NO_3^- －N 和 NH_4^+-N 均为 Exponential 模型。土壤磷素除 TP 0～40 cm 为 Spherical 模型、AP Ⅰ 层为 Linear 模型外，其最优模型均为 Exponential 模型；而土壤钾素除 AK 0～40 cm 为 Exponential 模型外，其最优模型均为 Gaussian 模型。土壤养分各形态指标决定系数 R^2 均介于 0.422～0.874，表明拟合的理论模型效果较好，能反映研究区各土壤养分空间结构特征。AN 0～40 cm 和 Ⅰ 层块金值分别为 2 030 和 6 060，AK 0～40 cm 块金值为 26，表明在较小取样尺度存在某种不容忽视生态过程。为增加其空间结构信息，应减小取样尺度或在 10 m 尺度增加采样密度。AP 各土层块金值均小于 3.3，呈现微弱块金效应；其他土壤养分块金值均趋近于 0，即无块金效应。

0～40 cm 不同形态氮素、钾素块基比介于 0.05%～24.07%，均小于 25%，表明其空间自相关性好，空间异质性主要受结构性因素影响；而土壤 TP 和 AP 块基比分别为 49.93% 和 49.99%，表明其具有中等强度空间自相关性，结构性和随机性因素发挥同等重要作用。从不同土壤深度看，AN Ⅰ 层、NH_4^+-N Ⅱ 层以及 AP Ⅰ 、Ⅱ 层为中等强度空间自相关性；其他土壤养分指标均呈强烈空间自相关格局。AN、TP、AP、TK Ⅰ 层空间自相关性均小于 Ⅱ 层；而 TN、NH_4^+-N、NO_3^- －N 和 AK Ⅰ 层空间自相关性高于 Ⅱ 层。

表 8-34　土壤养分指标变异函数理论模型的相关参数

指标	土层	块金值 C_0	基台值 *Sill*	变程 *a*	块基比 $C_0/Sill$(%)	理论模型	决定系数 R^2	残差和 *RSS*
TN	0～40	6.40E－3	6.46E－2	19.90	9.91	Spherical	0.812	6.83E－5
	Ⅰ	2.04E－3	1.24E－2	23.10	16.45	Exponential	0.756	2.53E－6
	Ⅱ	2.44E－3	1.27E－2	21.60	19.21	Exponential	0.618	3.71E－6
AN	0～40	2 030	8593	21.30	23.62	Spherical	0.643	2.71E＋6
	Ⅰ	6 060	1.22E＋4	26.30	49.67	Spherical	0.769	2.25E＋6
	Ⅱ	0.008	0.043	21.70	18.43	Spherical	0.760	4.45E－5
NO_3^--N	0～40	8.30E－2	5.87E－1	13.20	14.14	Exponential	0.422	3.74E－3
	Ⅰ	4.70E－2	4.78E－1	12.90	9.83	Exponential	0.617	1.13E－3
	Ⅱ	8.90E－2	6.36E－1	14.70	13.99	Exponential	0.537	4.07E－3
NH_4^+-N*	0～40	1.42E－2	5.90E－2	11.06	24.07	Exponential	0.856	9.69E－3
	Ⅰ	6.36E－3	6.95E－2	11.09	9.15	Exponential	0.868	4.15E－3
	Ⅱ	2.08E－2	6.90E－2	10.83	30.14	Exponential	0.796	1.93E－2
TP	0～40	3.53E－4	7.07E－4	25.40	49.93	Spherical	0.847	3.78E－9
	Ⅰ	1.13E－4	1.05E－3	13.20	10.76	Exponential	0.743	3.15E－9
	Ⅱ	3.60E－5	7.87E－4	20.1	4.57	Exponential	0.874	3.56E－9
AP	0～40	1.916	3.833	244.20	49.99	Exponential	0.874	0.056
	Ⅰ	3.256	3.951	54.16	82.41	Linear	0.483	0.266
	Ⅱ	1.017	2.035	63.90	49.98	Exponential	0.855	0.038

（续）

指标	土层	块金值 C_0	基台值 *Sill*	变程 *a*	块基比 $C_0/Sill$(%)	理论模型	决定系数 R^2	残差和 *RSS*
TK*	0~40	0.01	19.03	16.45	0.05	Gaussian	0.785	89.5
	Ⅰ	0.01	15.66	16.80	0.06	Gaussian	0.828	45.2
	Ⅱ	0.01	28.55	16.11	0.04	Gaussian	0.766	227
AK	0~40	26.000	212.900	15.00	12.21	Exponential	0.623	363
	Ⅰ*	0.100	305.300	13.86	0.03	Gaussian	0.840	652
	Ⅱ	0.100	228.300	14.90	0.04	Gaussian	0.871	685

注：*步长 *h* 取6.41，未标注*表示步长 *h* 取10；Ⅰ层为0~20 cm，Ⅱ层为20~40 cm。

变程是衡量区域变量空间自相关范围的重要指标，超出变程范围，样点数据内插与外推无意义。变程相近区域变量，其生态过程起作用的尺度相同。因此，黄山松林0~40 cm土壤养分按其生态过程起作用尺度可分为TN、AN和TP($19.90\ m \leqslant a \leqslant 25.40\ m$)；$NH_4^+$-N、$NO_3^-$-N、TK和AK($11.06\ m \leqslant a \leqslant 16.45\ m$)；AP($a=244.20$ m)，3组。AP变程最大，表明其空间自相关范围大，空间连续性好，在AP异质性研究中可增大采样尺度。从不同土层看，随土壤深度增加，TN、AN、NH_4^+-N变程逐渐减小；NO_3^--N、TP、AP、TK和AK的变程随土壤深度增加而增加。变程对取样尺度设计、景观制图或空间内插具有科学指导意义。在景观制图中，一般要求取样间距小于变程。因此，TN、AN和TP景观制图网格单元距离宜取25.5 m；NH_4^+-N、NO_3^--N、TK和AK宜取16.5 m；AP取244.5 m为宜。

TN 0~40 cm、Ⅰ和Ⅱ层半方差函数模型如式(8-27)~式(8-29)所示：

$$\gamma(h)=\begin{cases}0 & (h=0)\\ 0.006\,4+0.058\,2\times\left(\frac{3}{2}\times\frac{h}{19.9}-\frac{1}{2}\times\frac{h^3}{19.9^3}\right) & (0<h\leqslant 19.9)\\ 0.064\,6 & (h>19.9)\end{cases} \tag{8-27}$$

$$\gamma(h)=\begin{cases}0 & (h=0)\\ 0.002\,04+0.010\,26\times(1-e^{\frac{h}{7.2}}) & (h<0)\end{cases} \tag{8-28}$$

$$\gamma(h)=\begin{cases}0 & (h=0)\\ 0.002\,44+0.010\,26\times(1-e^{\frac{h}{7.2}}) & (h<0)\end{cases} \tag{8-29}$$

AN 0~40 cm、Ⅰ和Ⅱ层半方差函数模型如式(8-30)~式(8-32)所示：

$$\gamma(h)=\begin{cases}0 & (h=0)\\ 2\,030+6\,563\times\left(\frac{3}{2}\times\frac{h}{21.3}-\frac{1}{2}\times\frac{h^3}{21.3}\right) & (0<h\leqslant 21.3)\\ 8\,593 & (h>21.3)\end{cases} \tag{8-30}$$

$$\gamma(h)=\begin{cases}0 & (h=0)\\ 6\,060+6\,110\times\left(\frac{3}{2}\times\frac{h}{26.3}-\frac{1}{2}\times\frac{h^3}{26.3^3}\right) & (0<h\leqslant 26.3)\\ 12\,170 & (h>26.3)\end{cases} \tag{8-31}$$

$$\gamma(h)=\begin{cases}0 & (h=0)\\ 0.0077+0.0357\times\left(\frac{3}{2}\times\frac{h}{21.7}-\frac{1}{2}\times\frac{h^3}{21.7^3}\right) & (0<h\leqslant 21.7)\\ 0.0434 & (h>21.7)\end{cases} \tag{8-32}$$

NO_3^--N 0～40 cm、Ⅰ和Ⅱ层半方差函数模型如式(8-33)～式(8-35)所示：

$$\gamma(h)=\begin{cases}0 & (h=0)\\ 0.083+0.504\times(1-e^{-\frac{h}{4.4}}) & (h<0)\end{cases} \tag{8-33}$$

$$\gamma(h)=\begin{cases}0 & (h=0)\\ 0.047+0.431\times(1-e^{\frac{h}{4.3}}) & (h<0)\end{cases} \tag{8-34}$$

$$\gamma(h)=\begin{cases}0 & (h=0)\\ 0.089+0.547\times(1-e^{\frac{h}{4.9}}) & (h<0)\end{cases} \tag{8-35}$$

NH_4^+-N 0～40 cm、Ⅰ和Ⅱ层半方差函数模型如式(8-36)～式(8-38)所示：

$$\gamma(h)=\begin{cases}0 & (h=0)\\ 0.00142+0.0448\times(1-e^{\frac{h}{3.69}}) & (h<0)\end{cases} \tag{8-36}$$

$$\gamma(h)=\begin{cases}0 & (h=0)\\ 0.00636+0.06587\times(1-e^{\frac{h}{3.61}}) & (h<0)\end{cases} \tag{8-37}$$

$$\gamma(h)=\begin{cases}0 & (h=0)\\ 0.0208+0.0482\times(1-e^{\frac{h}{3.61}}) & (h<0)\end{cases} \tag{8-38}$$

TP 0～40 cm、Ⅰ和Ⅱ层半方差函数模型如式(8-39)～式(8-41)所示：

$$\gamma(h)=\begin{cases}0 & (h=0)\\ 0.000353+0.000354\times\left(\frac{3}{2}\times\frac{h}{25.4}-\frac{1}{2}\times\frac{h^3}{25.4^3}\right) & (0<h\leqslant 25.4)\\ 0.000707 & (h>25.4)\end{cases} \tag{8-39}$$

$$\gamma(h)=\begin{cases}0 & (h=0)\\ 0.00011+0.00094\times(1-e^{\frac{h}{4.4}}) & (h<0)\end{cases} \tag{8-40}$$

$$\gamma(h)=\begin{cases}0 & (h=0)\\ 0.00004+0.00075\times(1-e^{\frac{h}{6.7}}) & (h<0)\end{cases} \tag{8-41}$$

AP 0～40 cm、Ⅰ和Ⅱ层半方差函数模型如式(8-42)～式(8-44)所示：

$$\gamma(h)=\begin{cases}0 & (h=0)\\ 1.916+1.917\times(1-e^{\frac{h}{81.4}}) & (h<0)\end{cases} \tag{8-42}$$

$$\gamma(h)=\begin{cases}3.2559 & (h=0)\\ 54.16h & (0\leqslant h\leqslant 54.16)\\ 54.16 & (h\geqslant 54.16)\end{cases} \tag{8-43}$$

$$\gamma(h)=\begin{cases}0 & (h=0)\\ 1.017+1.018\times(1-e^{\frac{h}{21.3}}) & (h<0)\end{cases} \tag{8-44}$$

TK 0～40 cm、Ⅰ和Ⅱ层半方差函数模型如式(8-45)～式(8-47)所示：

$$\gamma(h)=\begin{cases}0 & (h=0)\\ 0.01+19.02\times(1-e^{\frac{h3}{9.52}}) & (h<0)\end{cases} \tag{8-45}$$

$$\gamma(h)=\begin{cases}0 & (h=0)\\ 0.01+0.156\,5\times(1-e^{\frac{h3}{9.72}}) & (h<0)\end{cases} \tag{8-46}$$

$$\gamma(h)=\begin{cases}0 & (h=0)\\ 0.01+28.54\times(1-e^{\frac{h2}{9.3^2}}) & (h<0)\end{cases} \tag{8-47}$$

AK 0～40 cm、Ⅰ和Ⅱ层半方差函数模型如式(8-48)～式(8-50)所示：

$$\gamma(h)=\begin{cases}0 & (h=0)\\ 26+186.9\times(1-e^{\frac{h}{5}}) & (h<0)\end{cases} \tag{8-48}$$

$$\gamma(h)=\begin{cases}0 & (h=0)\\ 0.1+305.2\times(1-e^{\frac{h2}{8^2}}) & (h<0)\end{cases} \tag{8-49}$$

$$\gamma(h)=\begin{cases}0 & (h=0)\\ 0.1+228.2\times(1-e^{\frac{h2}{8.6^2}}) & (h<0)\end{cases} \tag{8-50}$$

②各向异性分析。采用标准变异函数 $SS(h)$ 分析黄山松林土壤养分各向异性，若 $SS(h)$ 大于1，表明其变异程度大；反之，表明其变异程度小。0°、45°、90°和135°分别表示 EW、EN-WS、NS 和 WN-ES 方向。由图 8-67 可知，黄山松林土壤养分指标带状各向异性均较明显，且其空间变异程度在不同取样尺度差异较大。

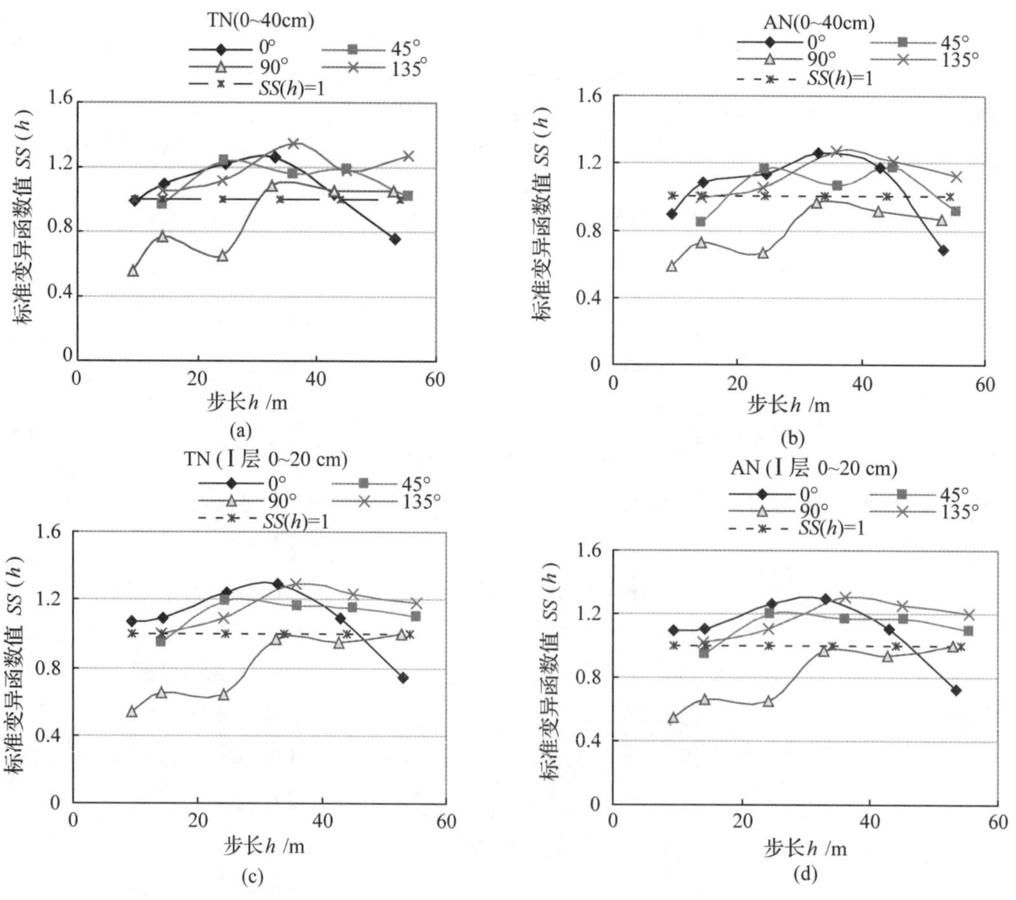

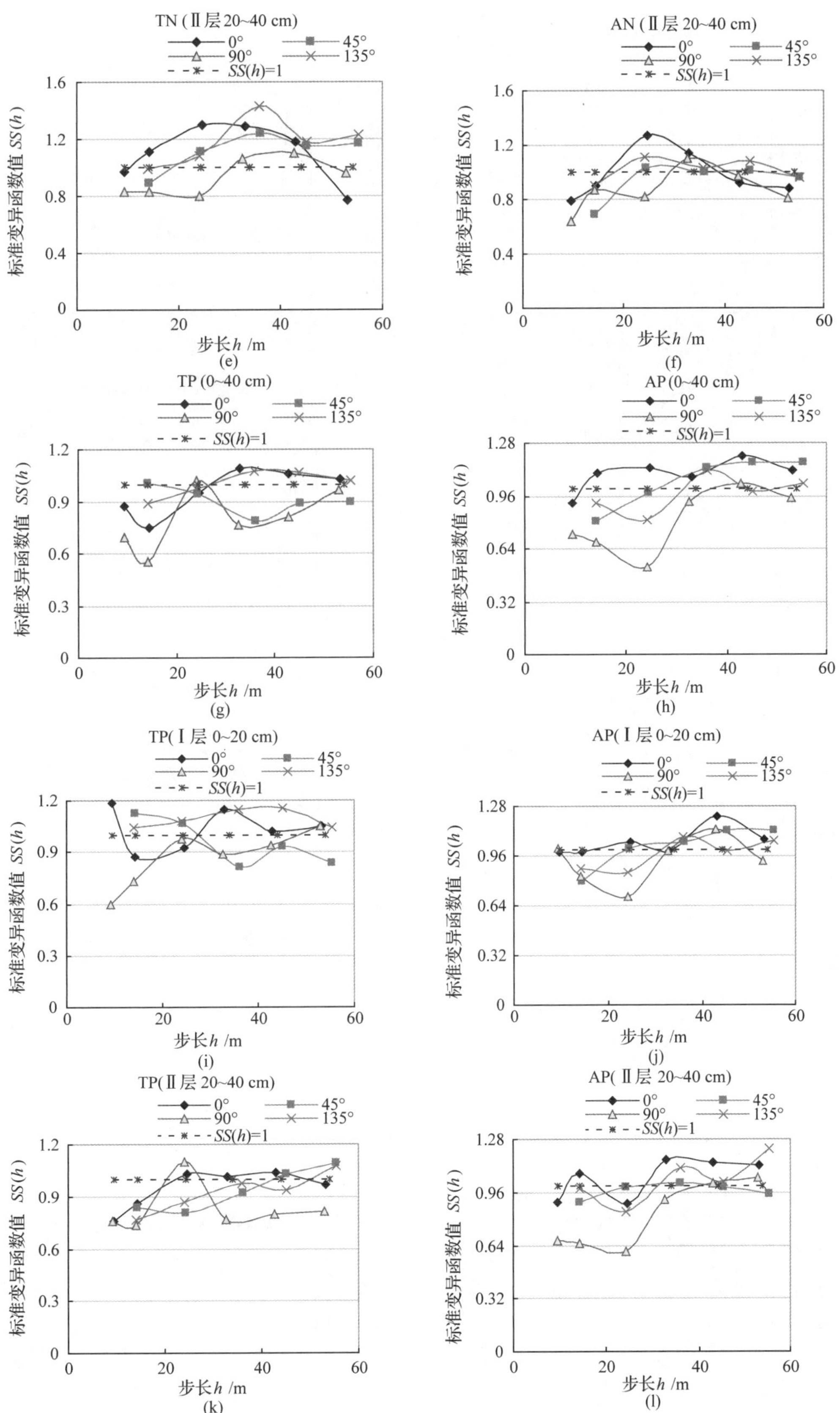

TN (Ⅱ层 20~40 cm)
AN (Ⅱ层 20~40 cm)
TP (0~40 cm)
AP (0~40 cm)
TP(Ⅰ层 0~20 cm)
AP(Ⅰ层 0~20 cm)
TP(Ⅱ层 20~40 cm)
AP(Ⅱ层 20~40 cm)
0°
45°
90°
135°
SS(h)=1
标准变异函数值 SS(h)
步长h /m
(e)
(f)
(g)
(h)
(i)
(j)
(k)
(l)

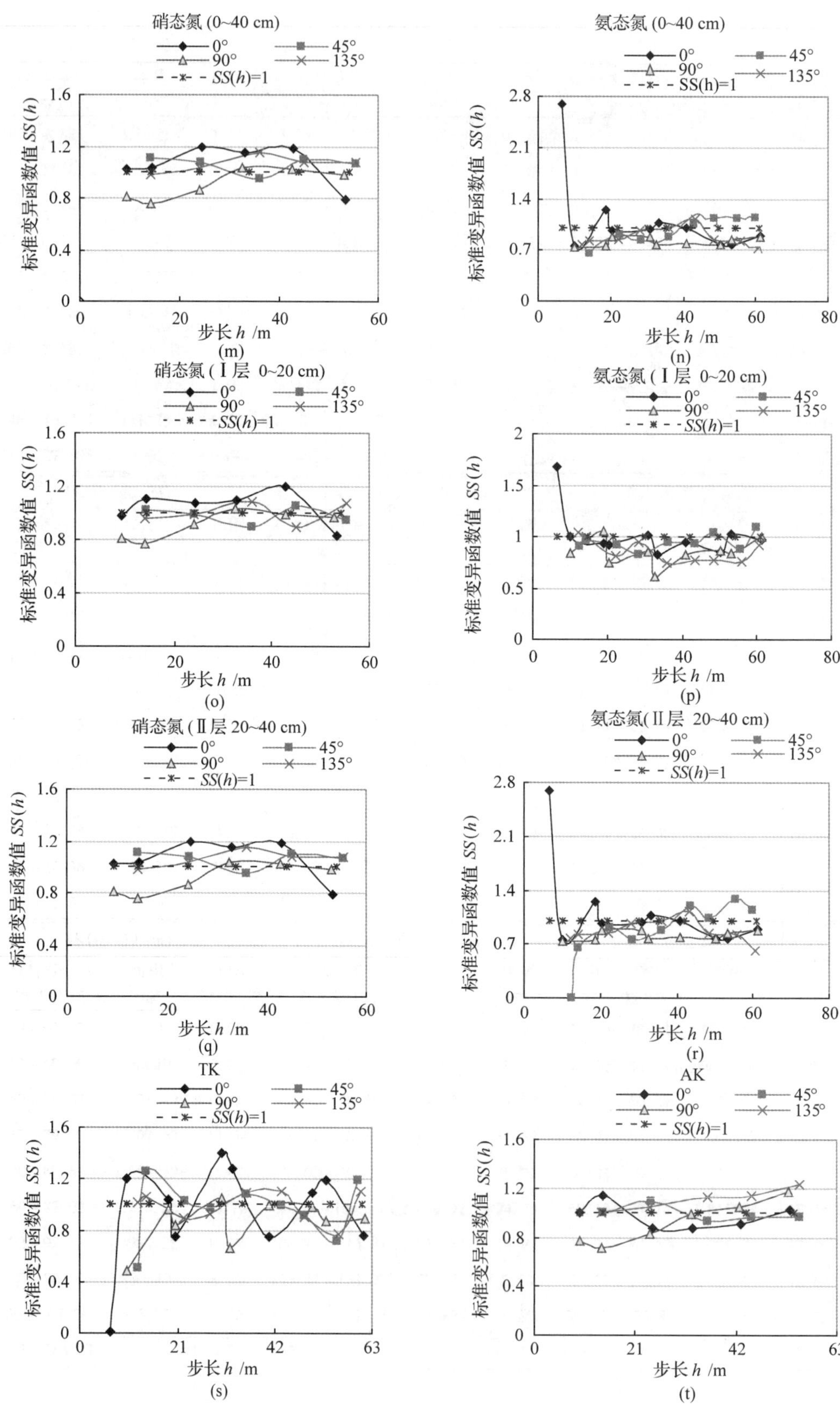
硝态氮 (0~40 cm)
0°
45°
90°
135°
SS(h)=1
标准变异函数值 SS(h)
步长 h /m
(m)
氨态氮 (0~40 cm)
标准变异函数值 SS(h)
步长 h /m
(n)
硝态氮 (Ⅰ层 0~20 cm)
标准变异函数值 SS(h)
步长 h /m
(o)
氨态氮 (Ⅰ层 0~20 cm)
标准变异函数值 SS(h)
步长 h /m
(p)
硝态氮 (Ⅱ层 20~40 cm)
标准变异函数值 SS(h)
步长 h /m
(q)
氨态氮(Ⅱ层 20~40 cm)
标准变异函数值 SS(h)
步长 h /m
(r)
TK
标准变异函数值 SS(h)
步长 h /m
(s)
AK
标准变异函数值 SS(h)
步长 h /m
(t)

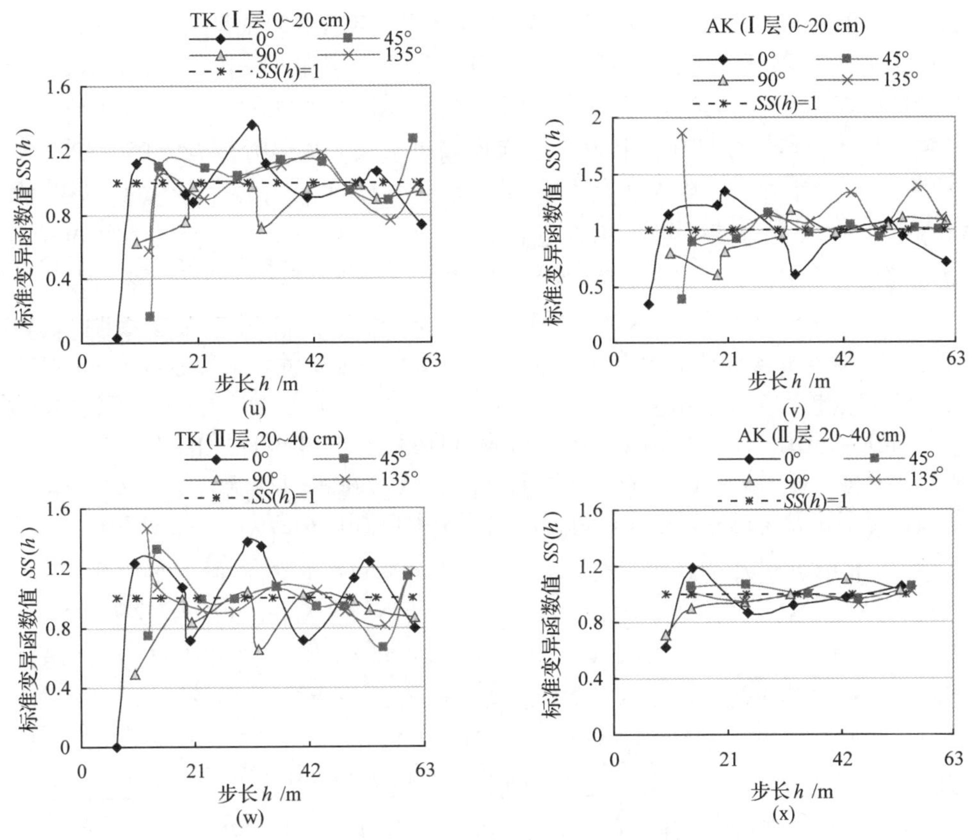

图 8-67　黄山松林土壤养分标准变异函数图

从 0～40 cm 不同土壤养分指标分析，TN 在 NS 方向 0～30 m 尺度变异小，在 30～60 m 尺度变异大，其他方向全尺度 $SS(h)$ 均大于 1，表明其空间变异大。AN 在 EW、EN-WS 和 WN-ES 方向空间变异较大尺度区间依次为 11.2～47.27 m、19.09～51.59 m 和 14.09～60 m，NS 在全尺度表现弱空间变异。NO_3^--N 各向异性较明显，空间变异小仅体现在 EW 方向 48.40～60 m、EN-WS 方向 30.68～39.32 m、NS 方向 0～32.1 m 和 48.4～60 m 尺度。NH_4^+-N 各向 $SS(h)$ 总体上均小于 1 或围绕 1 呈小幅度波动，具有明显各向同性特征。TP 空间变异大的尺度区间为 EW 和 WN-ES 方向 27.33～60 m、NS 方向 23.56～27.11 m。AP 在 EW 方向 0～11.36 m 尺度变异小，在 11.36～60 m 尺度变异大；在 EN-WS 方向 0～25.39 m 尺度 $SS(h)$ 小于 1，在 25.39～60 m 尺度 $SS(h)$ 大于 1；在 NS 方向 $SS(h)$ 大于 1 区间为[36.82，47.66]，区间外变异小；在 WN-ES 方向 31.36～43.31 m 和 50～60 m 尺度变异大，而在 43.31～50 m 尺度变异小。TK 各向 $SS(h)$ 值围绕 1 波动幅度较大，即各向异性明显。AK 在 EW、EN-WS 方向空间变异较弱，在 WN-ES 方向变异大，在 NS 0～33.15 m 尺度 $SS(h)<1$，在 33.15～60 m 尺度 $SS(h)>1$。

从不同土壤深度看，同一指标不同土层各向异性趋势与 0～40 cm 基本相似。当黄山松林土壤养分各指标表现出各向异性时，各向同性也有所体现。如各土壤养分指标 NS 方向总体上 $SS(h)<1$，即各向同性较明显；其他方向变异程度较大，与研究区植被组成、地形、微地貌（林隙、洼地、大型裸露基岩和水沟等）和气候等因素影响密切相关。

(3) 分形维数

土壤养分分维数值低，表明其空间变异受随机性因素干扰弱，空间结构性、空间分布相对简单；若分维数值高，则表明其空间异质性随机组分高，空间结构性差，空间分布较复杂。黄山松林0～40 cm土壤养分全方位分维数介于1.436～1.976。其中TK(1.436)分维数最小，表明其空间依赖性最好，空间格局相对简单；而NO_3^--N(1.976)分维数最大，表明其受随机因素干扰导致空间异质性占系统变异比例较高，空间格局较复杂。从各方位看，TN、AN、NO_3^--N、NH_4^+-N、TP、AP、TK和AK分维数最大的方位依次为EN-WS、EW、EN-WS、NS、EN-WS、EW、WN-ES和EN-WS；而分维数最小方位依次为：NS、NS、NS、EW、NS、EN-WS、EW和NS。从决定系数看，TN、AN、NO_3^--N、NH_4^+-N、TP、AP、TK和AK的优势格局方位依次为：NS、NS、NS、EN-WS、WN-ES、EN-WS、EW和WN-ES。

黄山松林土壤养分各指标不同土层分维数差异较大。若变量分维数越大，表明其空间异质性越小，空间依赖性越弱。由表8-35可知，在全方位上，TN、TK和AKⅠ层的空间依赖性强于Ⅱ层；而AN、NO_3^--N、NH_4^+-N、TP、AP空间依赖性Ⅰ层均弱于Ⅱ层。从不同方位看，TN、AN、NO_3^--N、NH_4^+-N、TP、AP、TK和AKⅠ层分维数值最低(高)方向分别为NS(EW)、NS(EN-WS)、NS(EW)、EW(NS)、NS(EW)、EN-WS(NS)、EW(WN-ES)和EN-WS(WN-ES)；Ⅱ层分维数值最低(高)方位依次为EN-WS(EW)、EN-WS(EW)、NS(EN-WS)、EN-WS(WN-ES)、WN-ES(NS)、NS(EN-WS)、NS(WN-ES)和NS(WN-ES)。从决定系数分析，TN、AN、NO_3^--N、NH_4^+-N、TP、AP、TK和AKⅠ层优势格局分别为NS、NS、NS、WN-ES、NS、EN-WS、NS和NS；其Ⅱ层优势格局依次为EN-WS、EN-WS、NS、EN-WS、WN-ES、NS、EN-WS和NS。参见表8-35和表8-36可知，TN、AN、TP、AP、TK和AK的分维数值与半方差函数块基比规律一致。即变量块基比大，其分形维数值也大。但NO_3^--N与NH_4^+-N块基比与分维数值并未反映一致的空间变异规律。因此，在分析其空间分布格局及其潜在生态学过程时，需结合实际，并综合考虑变量块基比和分形特征。

表8-35　黄山松林土壤养分分形维数值

指标	土层/cm	0～40		Ⅰ(0～20)		Ⅱ(20～40)	
	方位	D	R^2	D	R^2	D	R^2
TN	全方位	1.919	0.545	1.929	0.849	1.94	0.489
	EW	1.961	0.078	1.948	0.123	1.984	0.011
	EN-WS	1.973	0.075	1.947	0.367	1.901	0.713
	NS	1.818	0.749	1.818	0.861	1.926	0.509
	WN-ES	1.928	0.616	1.923	0.698	1.908	0.519
AN	全方位	1.927	0.387	1.933	0.522	1.922	0.465
	EW	1.983	0.01	1.939	0.15	1.959	0.093
	EN-WS	1.956	0.105	1.949	0.339	1.884	0.554
	NS	1.879	0.69	1.821	0.87	1.918	0.362
	WN-ES	1.932	0.54	1.926	0.672	1.917	0.126
NO_3^--N	全方位	1.976	0.26	1.976	0.394	1.97	0.364
	EW	1.975	0.04	1.988	0.016	1.976	0.039
	EN-WS	1.987	0.058	1.982	0.085	1.983	0.083
	NS	1.939	0.567	1.925	0.731	1.917	0.724
	WN-ES	1.962	0.496	1.981	0.072	1.958	0.562

（续）

指标	土层/cm	0~40		Ⅰ(0~20)		Ⅱ(20~40)	
	方位	D	R^2	D	R^2	D	R^2
NH_4^+-N	全方位	1.864	0.364	1.911	0.431	1.882	0.242
	EW	1.848	0.473	1.914	0.425	1.84	0.414
	EN-WS	1.858	0.78	1.973	0.129	1.793	0.772
	NS	1.979	0.03	1.99	0.06	1.972	0.209
	WN-ES	1.948	0.627	1.92	0.506	1.998	0
TP	全方位	1.933	0.826	1.971	0.628	1.925	0.976
	EW	1.915	0.629	2	0	1.918	0.734
	EN-WS	1.947	0.397	1.886	0.725	1.892	0.778
	NS	1.892	0.411	1.852	0.867	1.98	0.031
	WN-ES	1.939	0.734	1.983	0.136	1.886	0.923
AP	全方位	1.918	0.864	1.96	0.372	1.915	0.865
	EW	1.948	0.565	1.96	0.434	1.942	0.429
	EN-WS	1.859	0.946	1.872	0.916	1.977	0.29
	NS	1.887	0.349	1.975	0.038	1.85	0.67
	WN-ES	1.934	0.36	1.922	0.625	1.917	0.423
TK	全方位	1.436	0.419	1.535	0.429	1.987	0.05
	EW	1.422	0.403	1.538	0.397	1.924	0.251
	EN-WS	1.936	0.071	1.686	0.33	1.901	0.767
	NS	1.869	0.398	1.9	0.49	1.843	0.651
	WN-ES	1.982	0.029	1.928	0.149	1.997	0.002
AK	全方位	1.956	0.789	1.843	0.48	1.911	0.495
	EW	1.968	0.165	1.918	0.09	1.915	0.257
	EN-WS	1.972	0.256	1.82	0.427	1.984	0.173
	NS	1.869	0.836	1.869	0.538	1.894	0.855
	WN-ES	1.928	0.924	1.97	0.025	1.997	0.005

(4)空间自相关性

黄山松林土壤养分空间自相关性与距离关系密切。从0~40 cm土壤剖面分析，TN和AN空间自相关类似，即其Moran's I系数均随距离增加呈先减小后增加趋势。TN和AN空间负相关尺度区间分别为[20.48，44.05 m]和[24.29，46.90 m]，其他尺度表现出空间正相关。硝态氮空间自相关格局以负相关为主，负相关尺度区间为[16.89，49.52 m]。铵态氮在0~9.75 m尺度为空间负相关，在大于9.75 m尺度其Moran's I系数趋于0，即铵态氮空间依赖性较弱，空间分布随机性较强。TP、AP和AK Moran's I系数均随距离增加呈减弱趋势(图8-68)，其Moran's I最大值依次为0.329、0.226和0.147，空间不相关距离依次为24.32 m和52.95 m、30.95 m和24.27 m、44.06 m。8种土壤养分，TK空间结构最复杂，可能与其步长较短有关。TK的Moran's I最大值为0.2954(h = 6.41 m)，空间负相关尺度为[11.86，20 m]、[23.65，38.84 m]和[48.72，50 m]。

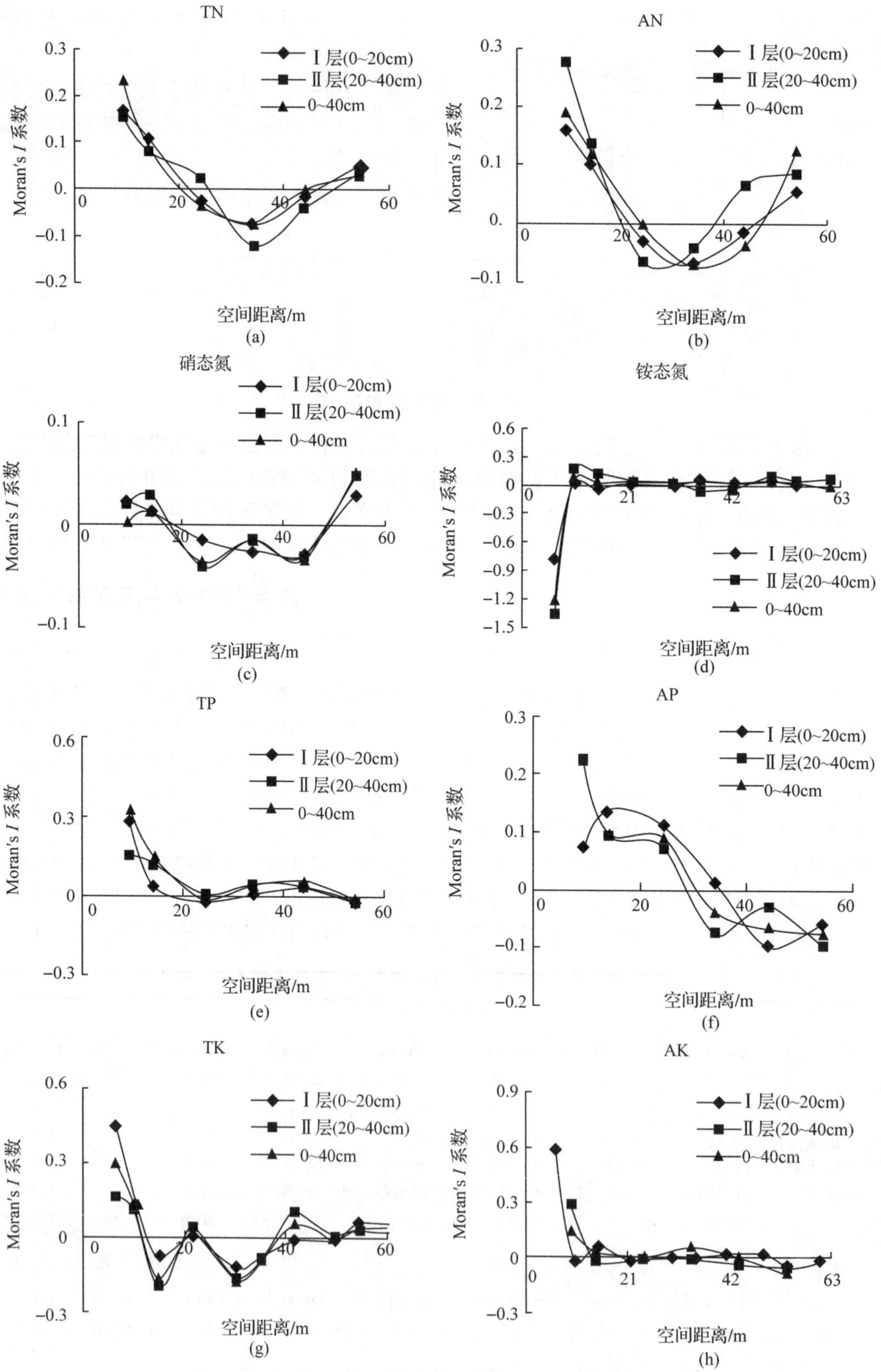

TN

Ⅰ层(0~20cm)
Ⅱ层(20~40cm)
0~40cm

Moran's *I* 系数

空间距离/m

(a)

AN

Ⅰ层(0~20cm)
Ⅱ层(20~40cm)
0~40cm

Moran's *I* 系数

空间距离/m

(b)

硝态氮

Ⅰ层(0~20cm)
Ⅱ层(20~40cm)
0~40cm

Moran's *I* 系数

空间距离/m

(c)

铵态氮

Ⅰ层(0~20cm)
Ⅱ层(20~40cm)
0~40cm

Moran's *I* 系数

空间距离/m

(d)

TP

Ⅰ层(0~20cm)
Ⅱ层(20~40cm)
0~40cm

Moran's *I* 系数

空间距离/m

(e)

AP

Ⅰ层(0~20cm)
Ⅱ层(20~40cm)
0~40cm

Moran's *I* 系数

空间距离/m

(f)

TK

Ⅰ层(0~20cm)
Ⅱ层(20~40cm)
0~40cm

Moran's *I* 系数

空间距离/m

(g)

AK

Ⅰ层(0~20cm)
Ⅱ层(20~40cm)
0~40cm

Moran's *I* 系数

空间距离/m

(h)

图 8-68　黄山松林土壤养分 Moran's *I* 系数变化趋势图

从不同土壤深度看，各养分指标 Moran's I 系数随尺度变化均与 0 ~ 40 cm 剖面相似。由图 8-68 可知，黄山松林不同土壤深度各养分指标斑块状空间分布格局明显。TN Ⅰ层和Ⅱ层 Moran's I 最大值依次为 0.171 和 0.155，相似性斑块对应空间尺度为 21.97 ~ 46.18 m 和 25.92 ~ 49.21 m；其他尺度斑块间性质相反。AN Ⅰ层和Ⅱ层空间负相关尺度分别为 21.6 ~ 46.13 m 和 20.27 ~ 38 m。硝态氮Ⅰ层空间自相关比Ⅱ层复杂，其 Moran's I 最大值出现在 54.16 m 尺度，空间负相关尺度为 18.67 ~ 49.47 m；Ⅱ层的空间负相关尺度为 18.16 ~ 48.67 m。铵态氮Ⅰ层和Ⅱ层在 0 ~ 9.3 m 尺度表现空间负相关；在 9.3 ~ 60 m 尺度围绕 0 小幅度波动，表现空间不相关，空间格局为随机分布。TP Ⅰ层空间负相关尺度为 17.58 ~ 31.64，Ⅱ层空间负相关仅在 50.91 ~ 60 m 尺度。AP Ⅰ、Ⅱ层空间不相关距离分别为 28.93 m 和 35.24 m，小于该空间距离，AP 为空间正相关；大于该距离，AP 表现为空间负相关。TK Ⅰ、Ⅱ层 Moran's I 系数最大值分别为 0.437 和 0.159；其相似性斑块对应空间范围分别为 (12.13，20.35 m) ∪ (20.35，22.4 m) ∪ (22.4，49.87 m) 和 (11.6，20 m) ∪ (20，24 m) ∪ (24，37.87 m) ∪ (37.87，50.2 m)。AK Ⅰ、Ⅱ层 Moran's I 系数最大值为 0.589、0.287。在Ⅰ层 0 ~ 9.88 m 尺度，AK 为空间正相关；在 9.88 ~ 60 m 尺度 Moran's I 系数围绕 0 小幅度波动，即 AK 呈空间不相关。AK Ⅱ层 0 ~ 13.62 m 尺度表现出空间正相关，在其他尺度为空间负相关或空间不相关。

3. 空间分布特征

(1) Kriging 插值误差评价

Kriging 插值误差直接关系变量的空间异质性和分布格局的辨别（Zhang et al.，2004）。由表 8-36 可知，戴云山黄山松林 8 种土壤养分不同土层 Kriging 插值精度交互验证参数均符合误差评价标准，即本研究各土壤养分空间分布预测图均达到插值精度要求，对实践具有科学指导意义。

表 8-36　土壤养分插值精度交互验证参数

项目	土层/cm	*ME*	*RMS*	*ASE*	*RMSS*
TN	0 ~ 40	-0.001	0.103	0.107 1	0.967
	Ⅰ	-0.001	0.105	0.106 5	0.991
	Ⅱ	-0.001	0.112	0.110 5	1.015
AN	0 ~ 40	-0.009	85.41	81.49	1.061
	Ⅰ	-0.007	104.8	106	0.993
	Ⅱ	-0.009	82.23	84.3	0.980
NO_3^--N	0 ~ 40	-0.015	0.763	0.775 9	0.987
	Ⅰ	-0.012	0.753	0.752	1.005
	Ⅱ	-0.017	0.783	0.807 2	0.973
NH_4^+-N	0 ~ 40	-0.027	16.73	16.76	0.997
	Ⅰ	-0.018	25.08	24.7	1.015
	Ⅱ	-0.035	11.34	11.16	1.006

（续）

项目	土层/cm	*ME*	*RMS*	*ASE*	*RMSS*
TK	0～40	-0.045	4.302	4.177	1.030
	Ⅰ	-0.050	4.073	4.025	1.009
	Ⅱ	-0.088	5.645	5.646	0.999
AK	0～40	-0.015	14.46	14.67	0.986
	Ⅰ	-0.015	20.76	20.42	1.018
	Ⅱ	-0.013	16.46	15.82	1.038
TP	0～40	-0.000	0.030	0.029 1	1.026
	Ⅰ	-0.001	0.040	0.039 2	1.023
	Ⅱ	-0.000	0.027	0.027 68	0.978
AP	0～40	-0.053	2.726	1.969	1.323
	Ⅰ	0.006	2.036	2.112	0.966
	Ⅱ	0.001	2.081	2.108	0.994

(2)空间分布格局与特征

基于各土壤养分最优半方差函数模型参数，采用普通克里格插值法对其空间分布进行预测。由图8-69可知，戴云山黄山松林0～40 cm土壤各养分指标具有明显带状和斑块状镶嵌分布特征；且斑块形状、大小差异显著，决定了其空间分布格局。TN和AN的空间分布规律类似，空间分布较连续，斑块化程度较低，空间格局相对简单。TN和AN高值区主要分布于样地中部、南边中部和东南方向；低值区主要分布于西南方向和北边中部地区。NO_3^--N和NH_4^+-N空间格局类似，其高值区主要分布于样地中部、南边中部和东南方向；低值区NO_3^--N主要分布在样地东边，NH_4^+-N主要分布在样地西边。NO_3^--N和NH_4^+-N小斑块数量明显多于TN和AN，表明其空间分布较破碎，与二者空间自相关范围较小有关。黄山松林土壤磷素较缺乏。样地土壤全磷87.67%集中在0.061 1～0.121 1 g/kg，主要分布于样地中央，全磷高值含量主要分布于东南和南部边缘。AP斑块化程度较低，在西北—东南方向对角线呈连续块状高值含量分布区，在西南和东北方向AP均为低值区。TK和AK斑块化程度较高，空间格局较复杂。TK高值区主要分布在样地南缘和样地中央，低值区主要分布在西北、东北和南部边缘靠上部位。AK高值区主要分布在西边中部、东边中部和东南方向；其他区域镶嵌着低值区。从不同土壤深度土层看，黄山松林各土壤养分指标空间分布格局均与其对应的0～40 cm土壤养分指标相似。

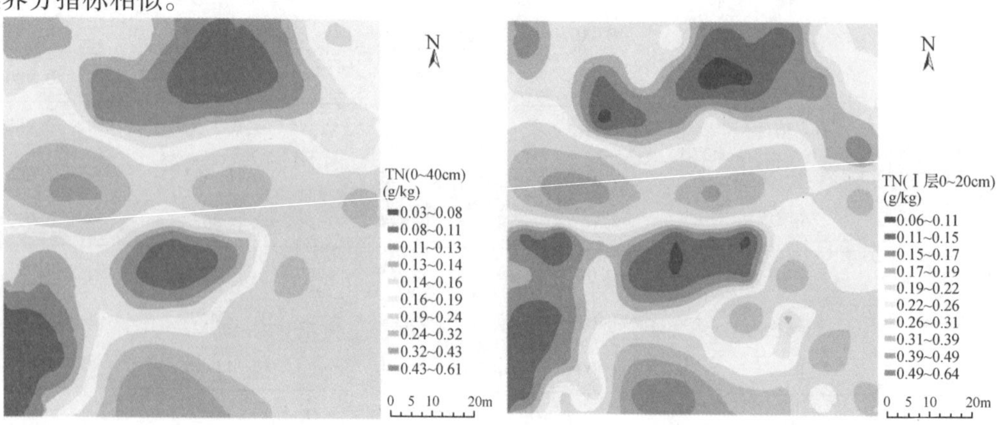

图8-69　黄山松林土壤养分Kriging插值图(1)

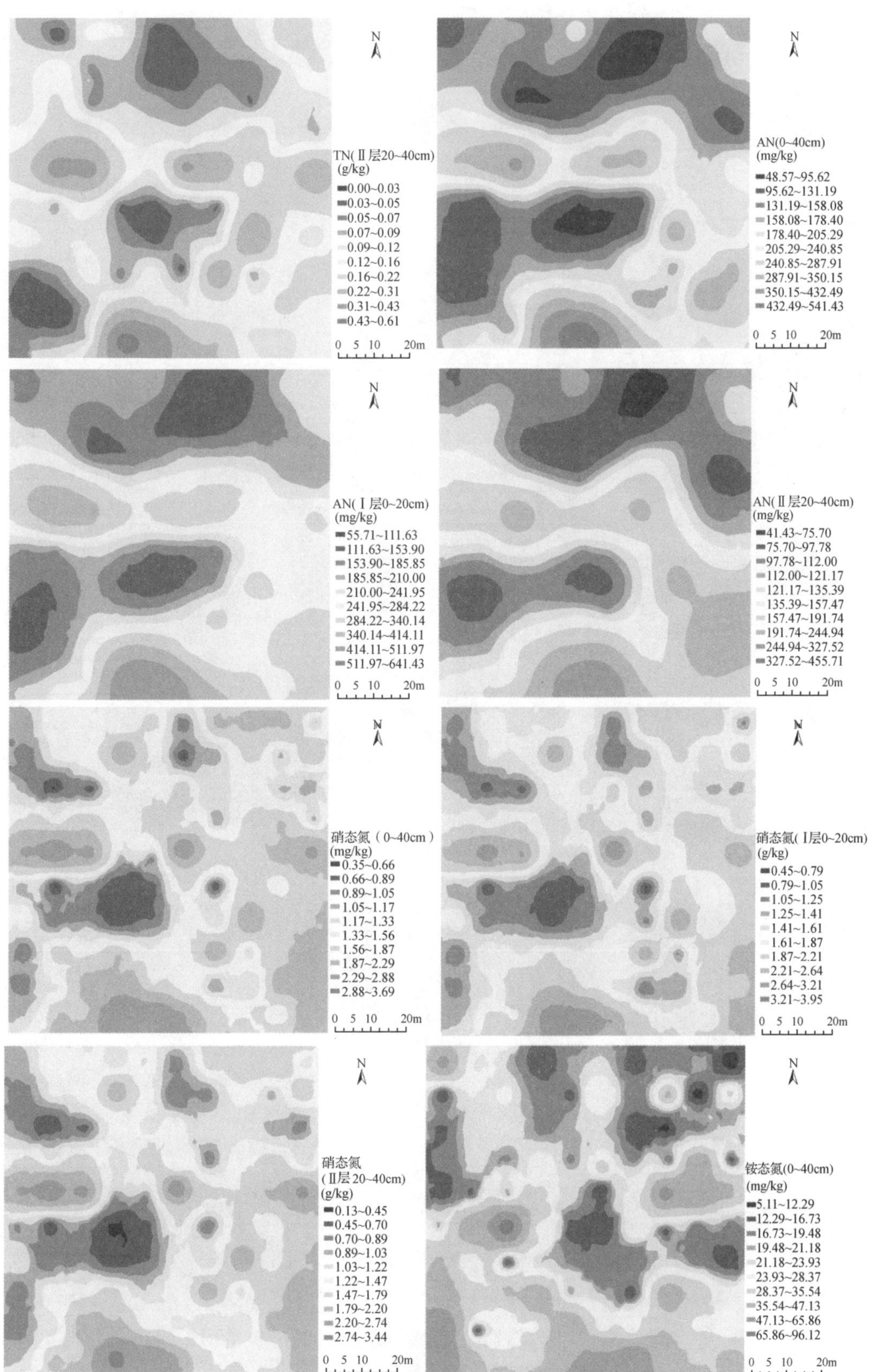

图 8-69　黄山松林土壤养分 Kriging 插值图(2)

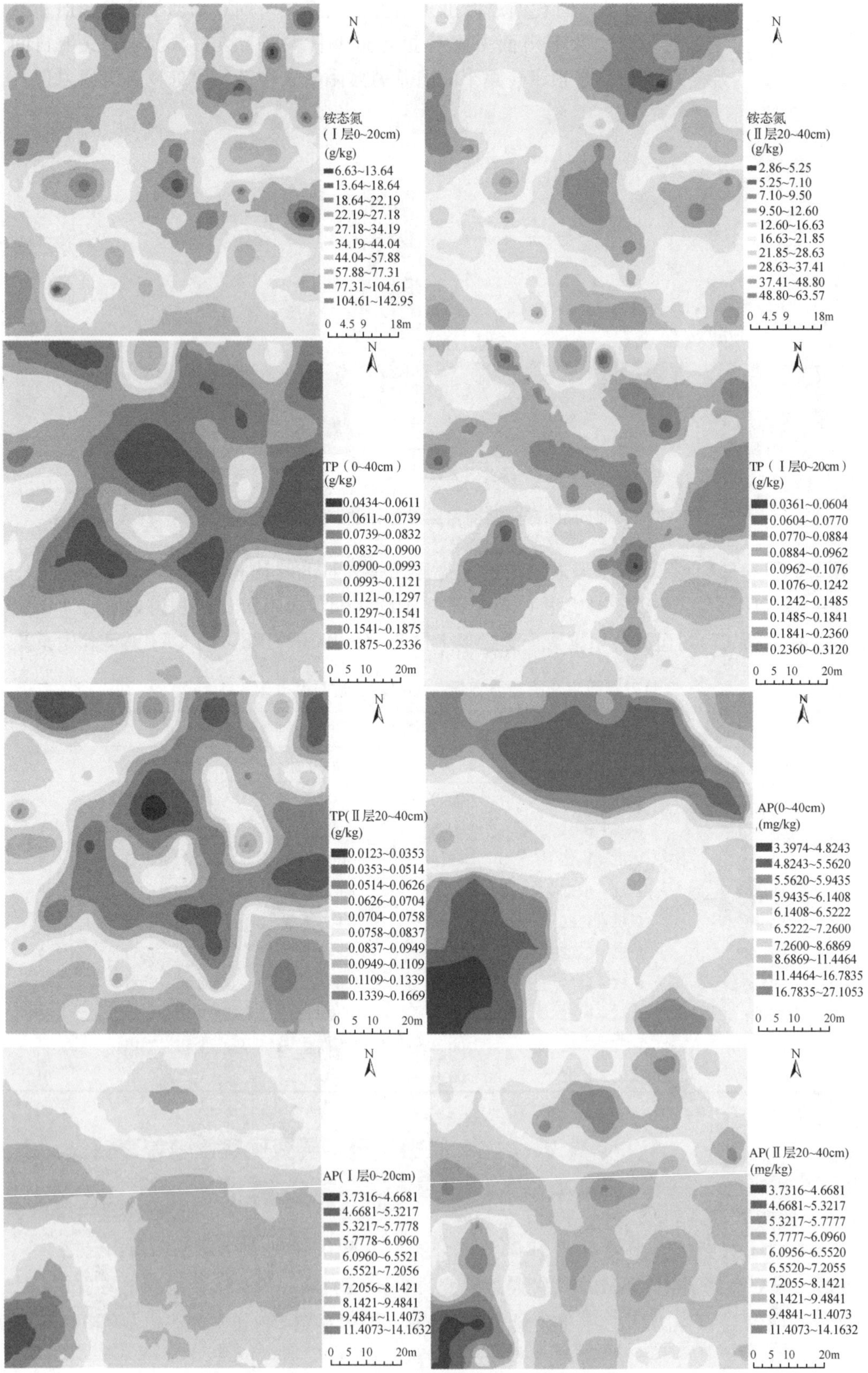

图 8-69　黄山松林土壤养分 Kriging 插值图(3)

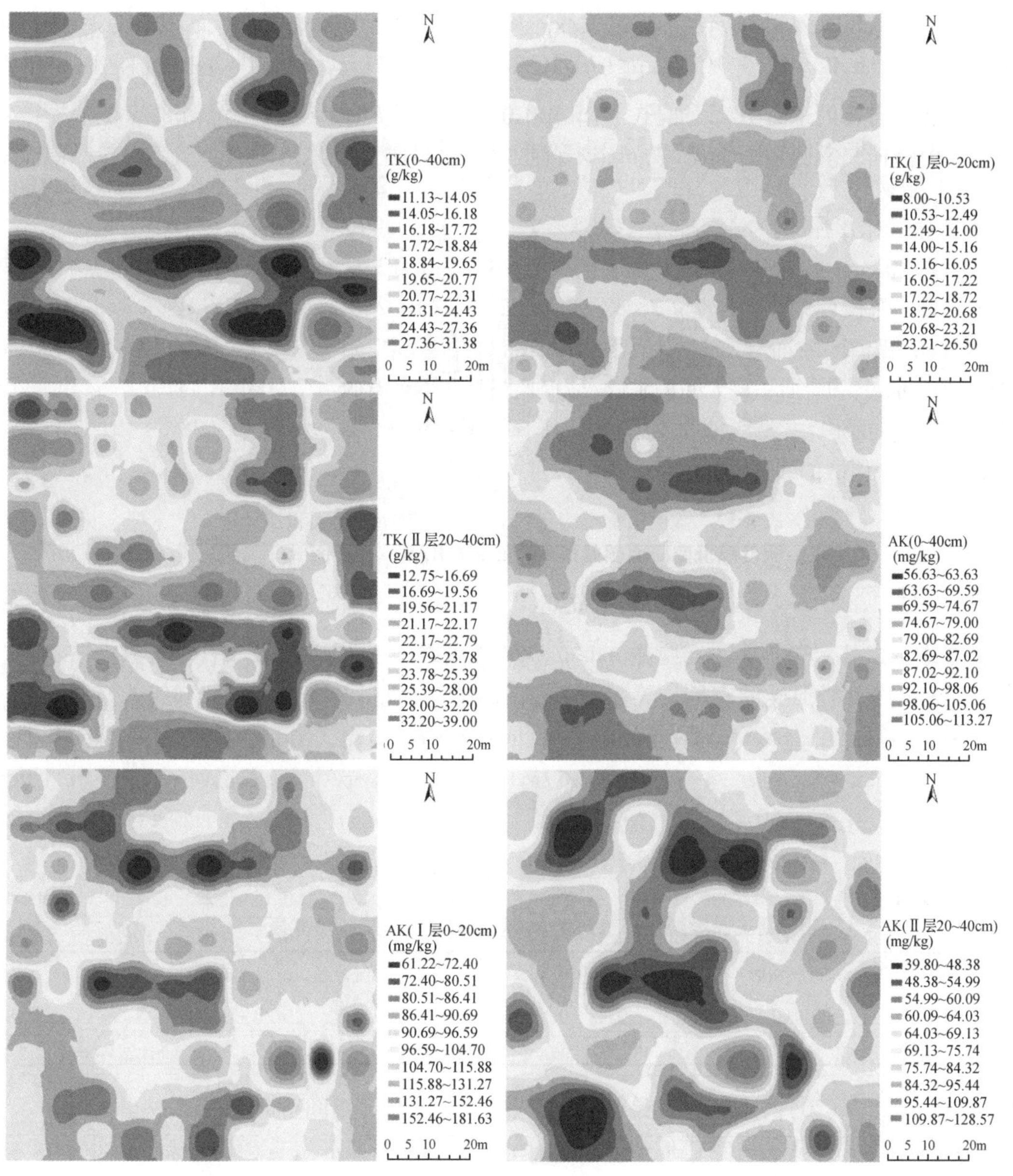

图 8-69 黄山松林土壤养分 Kriging 插值图(同插页图 8-69)(4)

从黄山松林土壤养分各等级分布面积与比例看，8 种土壤养分均表现出：①极值区面积(比例)小；②土壤养分含量集中在特定等级斑块；③随着土层增加，养分分级范围逐渐缩小(图 8-69、表 8-37)。TN 0～40 cm、Ⅰ、Ⅱ层面积最大斑块依次为 0.19～0.24 g/kg、0.26～0.31 g/kg 和 0.12～0.16 g/kg；面积(比例)依次为 3 011.80 m^2(30.12%)、1 893.35 m^2(18.93%)和 2 258.90 m^2(22.59%)；极值区面积和比例依次为 0 m^2(0%)、137.41 m^2(1.37%)和 32.42 m^2(0.32%)。AN 0～40 cm、Ⅰ、Ⅱ层面积最大斑块依次为 95.62～131.19 mg/kg、241.95～284.22 mg/kg 和 157.47～191.74 mg/kg；面积(比例)依次为 1 724.23 m^2(17.24%)、2 319.93 m^2(23.20%)和 2 019.19 m^2(20.19%)；极值区面积和比例依次为 392.53 m^2(3.93%)、0 m^2(0%)和 159.41 m^2(1.59%)。NO_3^-－N 0～40 cm、Ⅰ、Ⅱ

层的1.33～1.87 g/kg、1.41～2.21 g/kg和1.03～1.79 g/kg斑块面积（比例）分别为5 146.64 m^2（51.47%）、7 015.82 m^2（70.16%）和6 453.79 m^2（64.54%）；极值区面积和比例依次为0.53 m^2（0.01%）、0.61 m^2（0.01%）和21.57 m^2（0.22%）。NH_4^+-N 0～40 cm、Ⅰ、Ⅱ层面积最大斑块依次为28.37～35.54 g/kg、27.18～34.19 g/kg和16.63～21.85 g/kg；面积（比例）依次为1 599.45 m^2（15.99%）、2 575.86 m^2（25.76%）和2 649.33 m^2（26.49%）；极值区面积和比例依次为35.29 m^2（0.35%）、9.5 m^2（0.09%）和6.54 m^2（0.07%）。

TP 0～40 cm、Ⅰ、Ⅱ层面积最大斑块依次为0.074～0.083 g/kg、0.096～0.108 g/kg和0.051～0.063 g/kg；面积（比例）依次为2 480.84 m^2（24.81%）、2 544.45 m^2（25.44%）和1 975.70 m^2（19.76%）；极值区的面积和比例依次为0 m^2（0%）、2.07 m^2（0.02%）和101.51 m^2（1.02%）。AP 0～40 cm、Ⅰ、Ⅱ层面积最大的斑块依次为6.522～7.260 mg/kg、7.206～8.142 mg/kg和7.206～8.142 mg/kg；面积（比例）依次为3 005.41 m^2（30.05%）、2 799.59 m^2（28%）和2 343.92 m^2（23.44%）；极值区的面积和比例依次为350.71 m^2（3.51%）、0 m^2（0%）和92.87 m^2（0.93%）。

表8-37 黄山松林土壤各养分含量插值图分级面积统计表

分级	TN(0～40 cm)			TN（Ⅰ层0～20 cm）			TN（Ⅱ层20～40 cm）		
	分级范围/(g/kg)	面积/m^2	比例/%	分级范围/(g/kg)	面积/m^2	比例/%	分级范围/(g/kg)	面积/m^2	比例/%
1	0.03～0.08	0.00	0.00	0.06～0.11	121.53	1.22	0.00～0.03	0.00	0.00
2	0.08～0.11	948.09	9.48	0.11～0.15	1 149.80	11.50	0.03～0.05	640.25	6.40
3	0.11～0.13	1 032.87	10.33	0.15～0.17	1 181.52	11.82	0.05～0.07	921.43	9.21
4	0.13～0.14	893.60	8.94	0.17～0.19	914.96	9.15	0.07～0.09	1 227.11	12.27
5	0.14～0.16	1 440.67	14.41	0.19～0.22	1 456.97	14.57	0.09～0.12	2 120.69	21.21
6	0.16～0.19	1 253.89	12.54	0.22～0.26	1 747.32	17.47	0.12～0.16	2 258.90	22.59
7	0.19～0.24	3 011.80	30.12	0.26～0.31	1 893.35	18.93	0.16～0.22	1 746.12	17.46
8	0.24～0.32	1 041.21	10.41	0.31～0.39	1 073.05	10.73	0.22～0.31	806.50	8.07
9	0.32～0.43	377.86	3.78	0.39～0.49	324.09	3.24	0.31～0.43	246.56	2.47
10	0.43～0.61	0.00	0.00	0.49～0.64	137.41	1.37	0.43～0.61	32.42	0.32

分级	AN(0～40 cm)			AN（Ⅰ层0～20 cm）			AN（Ⅱ层20～40 cm）		
	分级范围/(g/kg)	面积/m^2	比例/%	分级范围/(g/kg)	面积/m^2	比例/%	分级范围/(g/kg)	面积/m^2	比例/%
1	48.57～95.62	392.53	3.93	55.71～111.63	0	0	41.43～75.70	159.41	1.59
2	95.62～131.19	1 724.23	17.24	111.63～153.90	1 006.27	10.06	75.70～97.78	1 243.89	12.44
3	131.19～158.08	1 657.38	16.57	153.90～185.85	1 631.49	16.31	97.78～112.00	1 899.97	19.00
4	158.08～178.40	1 220.98	12.21	185.85～210.00	1 634.86	16.35	112.00～121.17	960.46	9.60
5	178.40～205.29	1 569.97	15.70	210.00～241.95	1 160.59	11.61	121.17～135.39	1 105.24	11.05
6	205.29～240.85	1 515.42	15.15	241.95～284.22	2 319.93	23.20	135.39～157.47	1 438.12	14.38
7	240.85～287.91	1 105.72	11.06	284.22～340.14	1 564.82	15.65	157.47～191.74	2 019.19	20.19
8	287.91～350.15	553.62	5.54	340.14～414.11	439.55	4.40	191.74～244.94	958.36	9.58
9	350.15～432.49	172.23	1.72	414.11～511.97	242.50	2.43	244.94～327.52	215.35	2.15
10	432.49～541.43	87.92	0.88	511.97～641.43	0.00	0.00	327.52～455.71	0.00	0.00

（续）

分级	NO_3^--N(0～40 cm)			NO_3^--N（Ⅰ层 0～20 cm）			NO_3^--N（Ⅱ层 20～40 cm）		
	分级范围/(g/kg)	面积/m^2	比例/%	分级范围/(g/kg)	面积/m^2	比例/%	分级范围/(g/kg)	面积/m^2	比例/%
1	0.35～0.66	0.53	0.01	0.45～0.79	0.61	0.01	0.13～0.45	21.57	0.22
2	0.66～0.89	297.30	2.97	0.79～1.05	202.44	2.02	0.45～0.70	322.96	3.23
3	0.89～1.05	603.72	6.04	1.05～1.25	763.36	7.63	0.70～0.89	859.61	8.60
4	1.05～1.17	735.59	7.36	1.25～1.41	1 043.02	10.43	0.89～1.03	865.80	8.66
5	1.17～1.33	1 319.76	13.20	1.41～1.61	1 972.24	19.72	1.03～1.22	1 782.07	17.82
6	1.33～1.56	2 613.10	26.13	1.61～1.87	2 805.38	28.05	1.22～1.47	2 571.96	25.72
7	1.56～1.87	2 533.54	25.34	1.87～2.21	2 238.20	22.38	1.47～1.79	2 099.77	21.00
8	1.87～2.29	1 496.63	14.97	2.21～2.64	748.15	7.48	1.79～2.20	1 119.46	11.19
9	2.29～2.88	399.82	4.00	2.64～3.21	226.58	2.27	2.20～2.74	335.32	3.35
10	2.88～3.69	0.00	0.00	3.21～3.95	0.00	0.00	2.74～3.44	21.49	0.21
分级	NH_4^+-N(0～40 cm)			NH_4^+-N（Ⅰ层 0～20 cm）			NH_4^+-N（Ⅱ层 20～40 cm）		
	分级范围/(g/kg)	面积/m^2	比例/%	分级范围/(g/kg)	面积/m^2	比例/%	分级范围/(g/kg)	面积/m^2	比例/%
1	5.11～12.29	35.29	0.35	6.63～13.64	9.50	0.09	2.86～5.25	6.54	0.07
2	12.29～16.73	707.84	7.08	13.64～18.64	150.02	1.50	5.25～7.10	244.80	2.45
3	16.73～19.48	1 594.99	15.95	18.64～22.19	402.09	4.02	7.10～9.50	1 105.15	11.05
4	19.48～21.18	1 013.31	10.13	22.19～27.18	2 230.29	22.30	9.50～12.60	1 651.58	16.52
5	21.18～23.93	1 572.60	15.73	27.18～34.19	2 575.86	25.76	12.60～16.63	2 436.16	24.36
6	23.93～28.37	1 572.62	15.73	34.19～44.04	2 015.99	20.16	16.63～21.85	2 649.33	26.49
7	28.37～35.54	1 599.45	15.99	44.04～57.88	1 686.41	16.86	21.85～28.63	1 056.95	10.57
8	35.54～47.13	1 400.49	14.00	57.88～77.31	750.15	7.50	28.63～37.41	582.71	5.83
9	47.13～65.86	486.86	4.87	77.31～104.61	168.47	1.68	37.41～48.80	266.77	2.67
10	65.86～96.12	16.55	0.17	104.61～142.95	11.21	0.11	48.80～63.57	0.00	0.00
分级	TP(0～40 cm)			TP（Ⅰ层 0～20 cm）			TP（Ⅱ层 20～40 cm）		
	分级范围/(g/kg)	面积/m^2	比例/%	分级范围/(g/kg)	面积/m^2	比例/%	分级范围/(g/kg)	面积/m^2	比例/%
1	0.043 4～0.061 1	0.00	0.00	0.036～0.060	2.07	0.02	0.012～0.035	43.07	0.43
2	0.061 1～0.073 9	1 315.77	13.16	0.060～0.077	102.33	1.02	0.035～0.051	758.87	7.59
3	0.073 9～0.083 2	2 480.84	24.81	0.077～0.088	1 442.78	14.43	0.051～0.063	1 975.70	19.76
4	0.083 2～0.090 0	1 922.31	19.22	0.088～0.096	2 125.77	21.26	0.063～0.070	1 505.72	15.06
5	0.090 0～0.099 3	1 725.64	17.26	0.096～0.108	2 544.45	25.44	0.070～0.076	1 093.48	10.93
6	0.099 3～0.112 1	1 322.73	13.23	0.108～0.124	2 376.17	23.76	0.076～0.084	1 655.12	16.55
7	0.112 1～0.129 7	851.72	8.52	0.124～0.149	1 065.33	10.65	0.084～0.095	1 136.22	11.36
8	0.129 7～0.154 1	380.99	3.81	0.149～0.184	301.08	3.01	0.095～0.111	1 128.40	11.28
9	0.154 1～0.187 5	0.00	0.00	0.184～0.236	40.03	0.40	0.111～0.134	644.97	6.45
10	0.187 5～0.233 6	0.00	0.00	0.236～0.312	0.00	0.00	0.134～0.167	58.44	0.58

（续）

分级	AP(0～40 cm)			AP（Ⅰ层 0～20 cm）			AP（Ⅱ层 20～40 cm）		
	分级范围 /(g/kg)	面积 /m²	比例 /%	分级范围 /(g/kg)	面积 /m²	比例 /%	分级范围 /(g/kg)	面积 /m²	比例 /%
1	3.397～4.824	350.71	3.51	3.732～4.668	0.00	0.00	3.732～4.668	92.87	0.93
2	4.824～5.562	1 910.88	19.11	4.668～5.322	97.75	0.98	4.668～5.322	186.26	1.86
3	5.562～5.944	1 561.27	15.61	5.322～5.778	238.88	2.39	5.322～5.778	396.37	3.96
4	5.944～6.141	671.90	6.72	5.778～6.096	322.31	3.22	5.778～6.096	815.23	8.15
5	6.141～6.522	1 083.91	10.84	6.096～6.552	1 491.41	14.91	6.096～6.552	1 469.22	14.69
6	6.522～7.260	3 005.41	30.05	6.552～7.206	2 313.29	23.13	6.552～7.206	1 930.07	19.30
7	7.260～8.687	1 196.50	11.97	7.206～8.142	2 799.59	28.00	7.206～8.142	2 343.92	23.44
8	8.687～11.446	107.67	1.08	8.142～9.484	2 736.77	27.37	8.142～9.484	2 261.03	22.61
9	11.446～16.784	111.75	1.12	9.484～11.407	0.00	0.00	9.484～11.407	487.87	4.88
10	16.784～27.105	0.00	0.00	11.407～14.163	0.00	0.00	11.407～14.163	17.16	0.17

分级	TK(0～40 cm)			TK（Ⅰ层 0～20 cm）			TK（Ⅱ层 20～40 cm）		
	分级范围 /(g/kg)	面积 /m²	比例 /%	分级范围 /(g/kg)	面积 /m²	比例 /%	分级范围 /(g/kg)	面积 /m²	比例 /%
1	11.13～14.05	448.48	4.48	8.00～10.53	0.00	0.00	12.75～16.96	146.61	1.47
2	14.05～16.18	790.44	7.90	10.53～12.49	130.36	1.30	16.96～19.56	765.17	7.65
3	16.18～17.72	1 276.50	12.77	12.49～14.00	1 282.76	12.83	19.56～21.17	1 125.91	11.26
4	17.72～18.84	1128.22	11.28	14.00～15.16	1 600.84	16.01	21.17～22.17	891.56	8.92
5	18.84～19.65	971.03	9.71	15.16～16.05	1 681.52	16.82	22.17～22.79	959.40	9.59
6	19.65～20.77	1 278.97	12.79	16.05～17.22	1 766.70	17.67	22.79～23.78	1 670.06	16.70
7	20.77～22.31	1 634.37	16.34	17.22～18.72	2 207.27	22.07	23.78～25.39	1 638.44	16.38
8	22.31～24.43	1 357.38	13.57	18.72～20.68	1 094.36	10.94	25.39～28.00	1 690.21	16.90
9	24.43～27.36	798.20	7.98	20.68～23.21	233.01	2.33	28.00～32.20	885.68	8.86
10	27.36～31.38	316.41	3.16	23.21～26.50	3.18	0.03	32.20～39.00	226.96	2.27

分级	AK(0～40 cm)			AK（Ⅰ层 0～20 cm）			AK（Ⅱ层 20～40 cm）		
	分级范围 /(g/kg)	面积 /m²	比例 /%	分级范围 /(g/kg)	面积 /m²	比例 /%	分级范围 /(g/kg)	面积 /m²	比例 /%
1	56.63～63.63	0.00	0.00	61.22～72.40	89.62	0.90	39.80～48.38	550.28	5.50
2	63.63～69.59	363.89	3.64	72.40～80.51	473.99	4.74	48.38～54.99	906.00	9.06
3	69.59～74.67	1 325.49	13.25	80.51～86.41	1 192.23	11.92	54.99～60.09	1 236.33	12.36
4	74.67～79.00	1 707.62	17.08	86.41～90.69	1 436.95	14.37	60.09～64.03	1 062.97	10.63
5	79.00～82.69	1 554.59	15.55	90.69～96.59	2 220.51	22.21	64.03～69.13	1 452.49	14.52
6	82.69～87.02	1 878.26	18.78	96.59～104.70	2 478.92	24.79	69.13～75.74	1 815.94	18.16
7	87.02～92.10	1 980.28	19.80	104.70～115.88	1 422.67	14.23	75.74～84.32	1 705.70	17.06
8	92.10～98.06	830.40	8.30	115.88～131.27	550.07	5.50	84.32～95.44	1 064.61	10.65
9	98.06～105.06	355.73	3.56	131.27～152.46	104.83	1.05	95.44～109.87	152.46	1.52
10	105.06～113.27	3.75	0.04	152.46～181.63	30.19	0.30	109.87～128.57	53.22	0.53

TK 0 ~ 40 cm、Ⅰ、Ⅱ层面积最大斑块依次为 20.77 ~ 22.31 g/kg、17.22 ~ 18.72 g/kg 和 25.39 ~ 28.00 g/kg；面积（比例）依次为 1 634.37 m^2（16.34%）、2 207.27 m^2（22.07%）和 1 690.21 m^2（16.90%）；极值区面积和比例依次为 764.89 m^2（7.65%）、3.18 m^2（0.03%）和 373.57 m^2（3.74%）。AK 0 ~ 40 cm、Ⅰ、Ⅱ层面积最大斑块依次为 87.02 ~ 92.10 mg/kg、96.59 ~ 104.70 mg/kg 和 69.13 ~ 75.74 mg/kg；面积（比例）依次为 1 980.28 m^2（19.80%）、2 478.92 m^2（24.79%）和 1 815.94 m^2（18.16%）；极值区面积和比例依次为 3.75 m^2（0.04%）、30.19m^2（0.3%）和 53.22 m^2（0.53%）。

四、土壤有机碳空间变异特征与格局

1. 描述性统计特征

由表 8-38 可知，黄山松林 0 ~ 40 cm 土壤有机碳含量 SOC 均值为 17.77 g/kg；有机质含量 *OMD* 为 30.64 g/kg，属于二级水平（见表 8-33）；土壤有机碳与有机质含量均随土壤深度增加而减少，可能与表层根系富集，根系（尤其是细根）周转率及凋落物分解率随土壤深度增大而减弱有关。从碳密度看，各土层差异较大，介于 0.17 ~ 17.32 kg/m^2，最大值是最小值 102 倍；0 ~ 40 cm 土壤有机碳密度 *SOCD* 为 9.69 kg/m^2；各土层平均 *SOCD* 介于 3.54 ~ 6.15 kg/m^2；各土层变异系数 *Cv* 波动范围为 45.69% ~ 65.82%，属中等变异（10% ≤ *Cv* ≤ 100%）。土壤有机碳密度随土层深度增加呈递减趋势，其变异系数随土壤深度增加而增加。单样本 K－S 检验表明，0 ~ 20 cm、20 ~ 40 cm 以及全剖面土壤有机碳密度均符合正态分布。

表 8-38　黄山松林土壤有机碳密度的描述性统计值

土壤深度/cm	*SOC* 均值	*OMD* 均值	*SOCD*/(kg/m^2)					
			最小值	最大值	极差	平均值	标准差 *SD*	变异系数 *Cv*
Ⅰ层（0 ~ 20）	23.2	40	0.97	17.32	16.35	6.15	2.81	45.69%
Ⅱ层（20 ~ 40）	12.34	21.27	0.17	12.10	11.93	3.54	2.33	65.82%
0 ~ 40	17.77	30.64	1.46	24.13	22.67	9.69	4.63	47.73%

2. 空间异质性

（1）趋势面图

黄山松林不同土壤深度 *SOCD* 在东西和南北方向全局趋势均不明显（图 8-70），表明无全局趋势。因此，进行 Kriging 插值时，可忽略其二阶趋势。

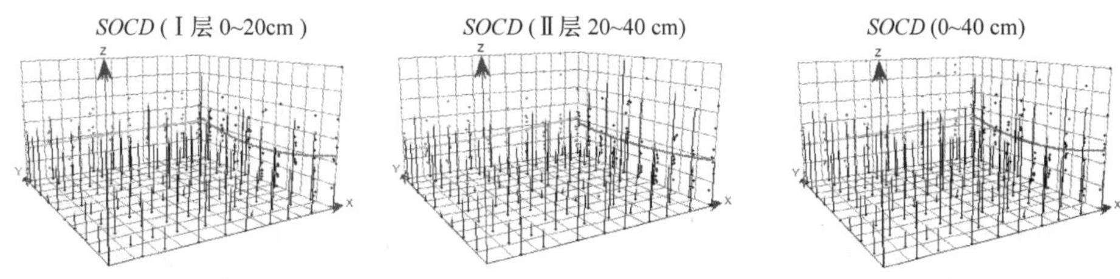

图 8-70　黄山松林 SOCD 趋势面图

左、右曲线分别代表 EW 和 NS；Location Rotation Angles：0°，Horizontal：120°，Vertical：11.5°

（2）半方差函数模型

由表 8-39 可知，戴云山黄山松林 0 ~ 20 cm、20 ~ 40 cm 和全剖面土壤有机碳密度最佳理论模型依次为指数（Exponential）模型、球状（Spherical）模型和高斯（Gaussian）模型。各层土壤

有机碳密度决定系数 $R^2 \geq 0.674$，残差和 RSS 均较小，表明模型拟合精度较高，能反映其空间结构特征。各层土壤有机碳密度块金值均较小，表明由测量误差或小于最小取样尺度引起的随机变异小；0 ~ 20 cm、20 ~ 40 cm 和全剖面土壤有机碳密度块基比 C_0/Sill 分别为 11.33%、0.18%和12.95%，均≤25%，即其系统总变异主要由结构性变异引起。0 ~20 cm、20 ~40 cm 和全剖面空间自相关范围分别是 18.60 m、18.10 m 和 14.55 m，波动幅度较小，表明其生态过程起作用尺度基本相同。

表 8-39　土壤有机碳密度半方差函数理论模型相关参数

土壤深度 /cm	块金值 C_0	基台值 Sill	有效变程 A_0/m	块基比 C_0/Sill/%	理论 模型	决定系数 R^2	残差和 RSS
Ⅰ层(0 ~ 20)	0.91	8.03	18.60	11.33	Exponential	0.674	0.859
Ⅱ层(20 ~ 40)	0.01	5.54	18.10	0.18	Spherical	0.937	0.182
0 ~ 40	2.81	21.70	14.55	12.95	Gaussian	0.855	3.900

黄山松林土壤有机碳密度 0 ~ 40 cm、Ⅰ和Ⅱ层半方差函数模型如式(8-51) ~ 式(8-53)所示：

$$\gamma(h) = \begin{cases} 0 & (h=0) \\ 0.91 + 7.12 \times (1 - e^{-\frac{h}{6.2}}) & (h<0) \end{cases} \tag{8-51}$$

$$\gamma(h) = \begin{cases} 0 & (h=0) \\ 0.01 + 5.53 \times \left(\frac{3}{2} \times \frac{h}{18.1} - \frac{1}{2} \times \frac{h^3}{18.1^3}\right) & (0<h\leq 18.1) \\ 5.54 & (h>18.1) \end{cases} \tag{8-52}$$

$$\gamma(h) = \begin{cases} 0 & (h=0) \\ 2.81 + 18.89 \times (1 - e^{-\frac{h2}{8.42}}) & (h<0) \end{cases} \tag{8-53}$$

黄山松林各层及全剖面土壤有机碳密度带状各向异性均较明显，在不同尺度空间变异差异性大。以全剖面为例，其0°方向，31.25 ~53.75 m 变异程度较大，其他尺度 $SS(h)$ < 1；45°方向 0 ~27.16 m 上 $SS(h)$ >1，在 27.16 ~ 60.00 m 标准变异函数值均小于 1；90°在 0 ~60 m尺度 $SS(h)$ 均小于 1，表明该方向变异程度较弱；135°方向变异程度较大区间为[29.86，43.62 m]和[43.62，60.00 m]，变异较小区间为[0，29.86 m]和[43.62，46.73 m]。黄山松林各层及土壤全剖面有机碳密度不仅表现出各向异性，各向同性也有所体现(图 8-71)。

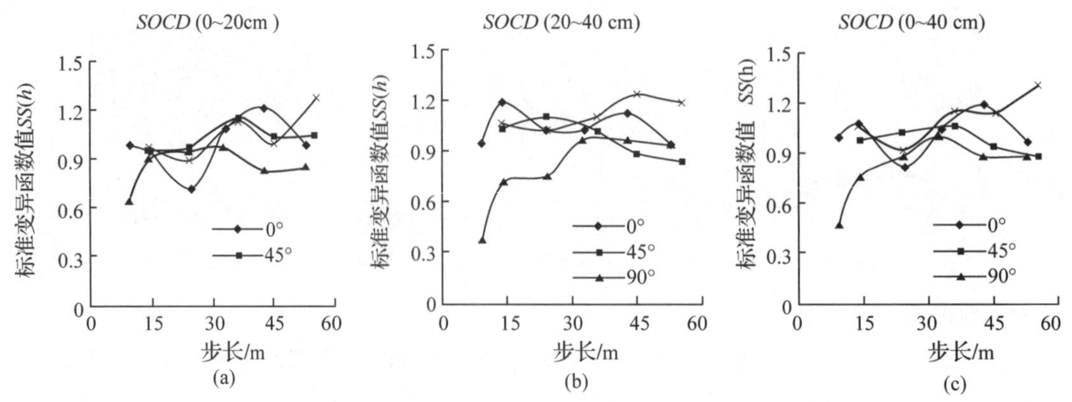

图 8-71　黄山松林土壤有机碳密度各向异性图

(3)分形维数

黄山松林0～20 cm、20～40 cm及全剖面土壤有机碳密度分维数依次为1.927、1.917和1.940。从不同土层分维数看，0～20 cm>20～40 cm，表明0～20 cm土壤有机碳密度结构性较差，分布较复杂；而20～40 cm结构性好、分布简单；由随机性因素引起的空间变异占系统总变异比例0～20 cm>20～40 cm。分维数与块基比关系密切，如全剖面土壤有机碳密度块基比最大，其分维数也最大；20～40 cm块基比最小，其分维数也最小。可见，分维数与半方差函数曲线所反映规律一致。

(4)空间自相关性

由图8-72可知，黄山松林0～20 cm、20～40 cm和全剖面土壤有机碳密度Moran's *I*总体上均随空间距离增加呈减弱趋势。在最小取样尺度上，Moran's *I*最大值分别为0.105、0.319和0.225。通常空间正相关表示性质相似斑块的平均半径，而空间负相关则表示性质相反斑块间的平均距离。因此，黄山松林土壤有机碳密度呈斑块状空间分布。0～20 cm、20～40 cm和全剖面土壤有机碳密度相似性斑块对应空间尺度依次为28.85 m、(15.20，31.15 m)∪(31.15，43.68 m)和(28.87，49.08 m)，其他尺度上，斑块性质均相反。

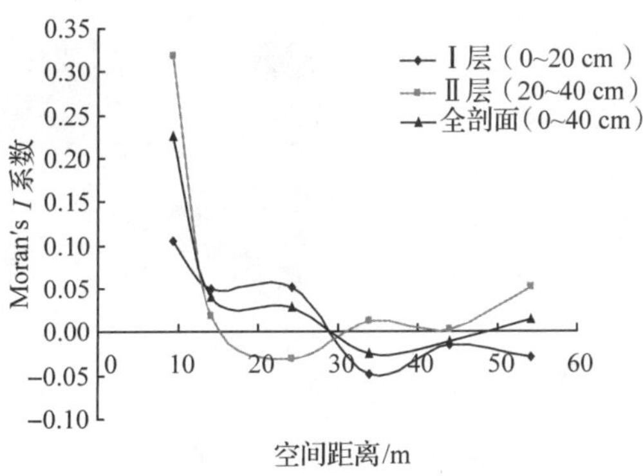

图8-72　土壤有机碳密度Moran's *I*系数随空间距离变化趋势图

3. 空间分布特征与格局

交叉验证表明，黄山松林0～20 cm、20～40 cm和全剖面土壤有机碳密度均值误差*ME*均接近0，均方根误差*RMSE*→平均标准误差*ASE*，标准均方根预测误差*SRMSE*→1(表8-40)，表明不同土层及全剖面土壤有机碳密度Kriging插值图精度均较高，可用于空间分布预测。

表8-40　插值精度交叉验证参数

项目	Ⅰ层(0～20 cm)	Ⅱ层(20～40 cm)	全剖面(0～40 cm)
均值误差*ME*	−0.013	0.004	−0.005
均方根误差*RMSE*	2.837	2.16	4.463
平均标准误差*ASE*	2.754	2.11	4.388
标准均方根误差*RMSS*	1.024	1.026	1.017

利用ArcGIS 9.2软件的Geostatistical Analyst模块对土壤有机碳密度趋势面分析，并剔除其全局趋势；基于半方差理论模型参数(见表8-39)，运用Kriging插值法绘制空间分布预测图。由图8-73可知，黄山松林0～20 cm、20～40 cm和全剖面土壤有机碳密度空间异质性强

度高，均呈明显带状和斑块状镶嵌分布，斑块形状、大小差异显著，决定其空间分布格局。20～40 cm空间异质性强于0～20 cm。0～20 cm 土壤有机碳密度低值区主要分布于样地西南方向，呈较明显斑块状分布；20～40 cm 土壤有机碳密度高值区主要分布于中部和东南角。0～40 cm 土壤有机碳密度空间分布格局在西北方向主要受控于0～20 cm 土层；而其他方向空间分布主要由 20～40 cm 土层主导。0～20 cm 土层 88.59% 土壤有机碳密度在 3.77～9.17 kg/m^2，分布面积较大斑块为 5.43～6.37 kg/m^2（27.46%）和 6.37～7.59 kg/m^2（28.29%）；20～40 cm 有机碳密度分布最大斑块为 4.85～6.39 kg/m^2（13.89%）；最小斑块为 8.68～12.10 kg/m^2（1.02%）；对于全剖面 57.19% 土壤有机碳密度分布在 7.86～13.19 kg/m^2，分布面积最大斑块为 10.98～13.19 kg/m^2，具体见表 8-41。

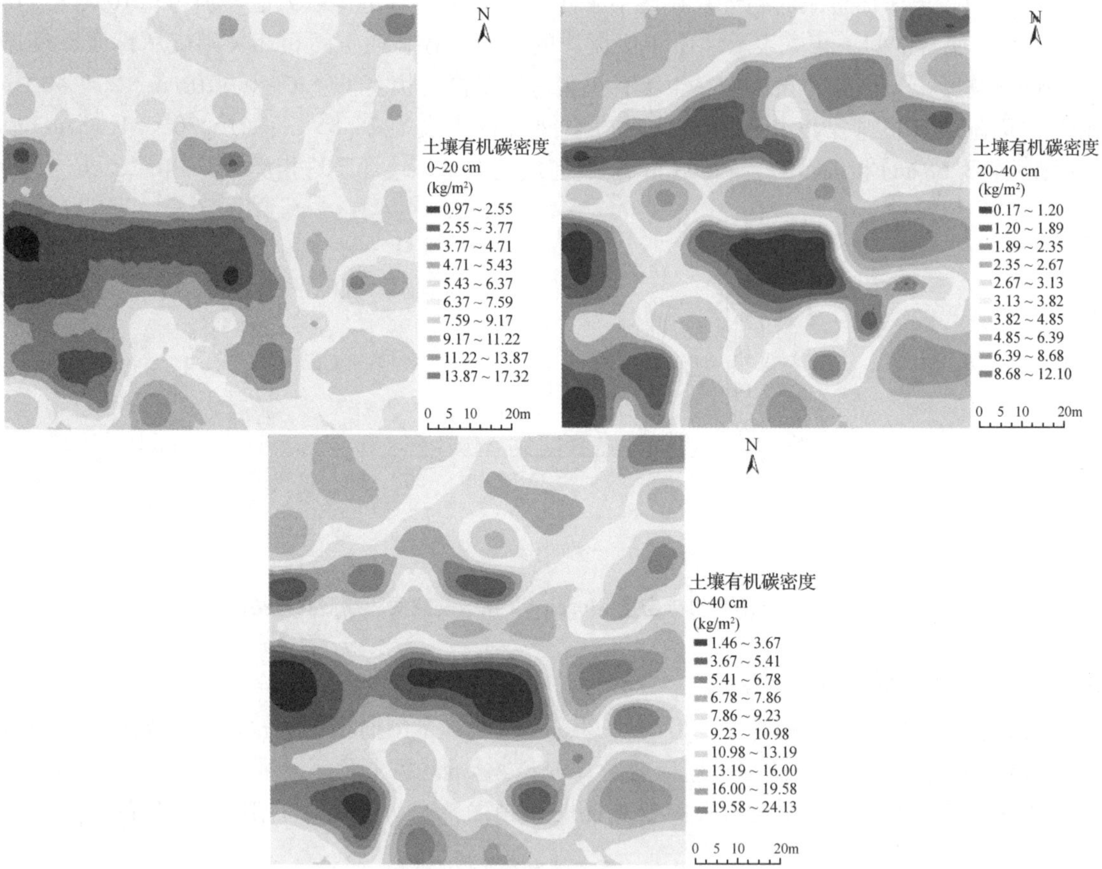

图 8-73　黄山松林土壤有机碳密度空间分布预测图(同插页图 8-73)

表 8-41　黄山松林土壤 *SOCD* 插值图分级面积统计表

分级	*SOCD*			*SOCD*（Ⅰ层 0～20 cm）			*SOCD*（Ⅱ层 20～40 cm）		
	分级范围	面积/m^2	比例/%	分级范围	面积/m^2	比例/%	分级范围	面积/m^2	比例/%
1	1.46～3.67	382.68	3.83	0.97～2.55	69.81	0.70	0.17～1.20	413.21	4.13
2	3.67～5.41	591.90	5.92	2.55～3.77	788.45	7.88	1.20～1.89	987.88	9.88
3	5.41～6.78	871.69	8.72	3.77～4.71	901.66	9.02	1.89～2.35	1 149.60	11.50

（续）

分级	SOCD			SOCD（Ⅰ层 0～20 cm）			SOCD（Ⅱ层 20～40 cm）		
	分级范围	面积/m^2	比例/%	分级范围	面积/m^2	比例/%	分级范围	面积/m^2	比例/%
4	6.78～7.86	1 181.15	11.81	4.71～5.43	1 029.51	10.30	2.35～2.67	861.71	8.62
5	7.86～9.23	1 716.10	17.16	5.43～6.37	2 745.74	27.46	2.67～3.13	1 234.79	12.35
6	9.23～10.98	1 895.43	18.95	6.37～7.59	2 829.29	28.29	3.13～3.82	1 487.41	14.87
7	10.98～13.19	1 916.03	19.16	7.59～9.17	1 431.31	14.31	3.82～4.85	1 909.34	19.09
8	13.19～16.00	966.18	9.66	9.17～11.22	152.75	1.53	4.85～6.39	1 388.59	13.89
9	16.00～19.58	365.82	3.66	11.22～13.87	51.48	0.51	6.39～8.68	465.17	4.65
10	19.58～24.13	113.02	1.13	13.87～17.32	0.00	0.00	8.68～12.10	102.29	1.02

五、土壤温度空间变异特征与格局

1. 描述性统计特征

黄山松林土壤温度观测值受气候、地形、林隙、植被组成和土壤结构等因素影响，其4月、8月平均值分别为17.9 ℃和24.02 ℃；变化范围8月大于4月；不同月土壤温度均为弱变异（$Cv \leq 10\%$）。ANOVA分析和LSD检验表明，4月和8月土壤温度差异极显著，即$F = 1\,062.829$，$P = 0.000 < 0.01$。单样本K－S检验表明，在0.05检验水平下，4月土壤温度服从正态分布；8月对数转换后，近似服从正态分布（表8-42）。

表8-42　黄山松林土壤温度统计特征

时间	最小值	最大值	平均值 x_3	标准差 SD	变异系数 Cv/%	分布类型
4月	16.00	22.70	17.90	0.91	5.08	正态分布
8月	19.90	29.60	24.02	1.64	6.83	对数正态

2. 空间异质性

（1）趋势面图

黄山松林4月和8月土壤温度拟合曲线在东西和南北方向均较平直，即全局趋势不明显（图8-74）。因此，在模拟其短程随机变异，进行Kriging插值时，可不用进行趋势面分析。

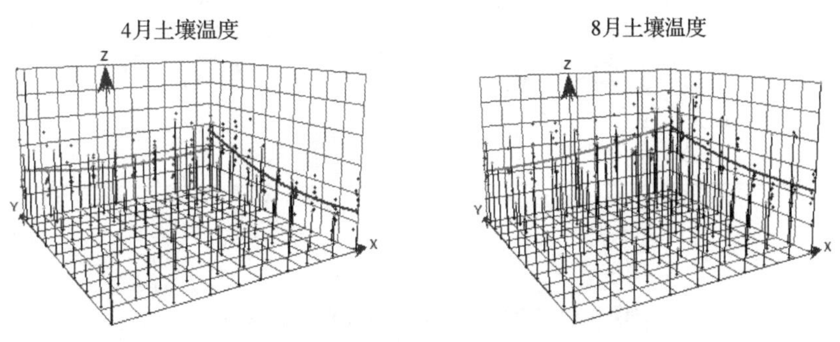

图8-74　黄山松林土壤温度趋势面图

左、右曲线分别代表EW和NS；Location Rotation Angles：0°，Horizontal：120°，Vertical：11.5°

(2)半方差函数模型

黄山松林4月和8月土壤温度最优半方差函数分别为Gaussian模型和Exponential模型，见表8-43。两个月土壤温度决定系数均大于0.835，且残差和较小，表明最优模型能较好反映其空间结构；从块基比分析，4月和8月土壤温度均表现出中等程度空间自相关，4月空间自相关占系统总变异比例(60.4%)高于8月(51.1%)；二者由随机性因素引起变异比例分别为39.50%和49.08%，表明土壤温度空间异质性受林隙、微地貌等自然干扰因素影响不可忽视。4月空间自相关范围(115.7 m)高于8月(93.3 m)，即4月土壤温度空间连续性较好。

表8-43　戴云山黄山松林土壤温度半方差函数模型的主要参数

时间	块金值 C_0	基台值 Sill	有效变程 A_0/m	块基比 C_0/Sill/%	理论模型	决定系数 R^2	残差和 *RSS*
4月	0.47	1.19	115.70	39.50	Gaussian	0.946	4.860
8月	1.34	2.73	93.3	49.08	Exponential	0.835	0.098

不同月土壤温度半方差函数模型如式(8-54)和式(8-55)所示：

$$\gamma(h)=\begin{cases}0 & (h=0)\\ 1.34+1.39\times(1-e^{\frac{h2}{31.12}}) & (h<0)\end{cases} \tag{8-54}$$

$$\gamma(h)=\begin{cases}0 & (h=0)\\ 0.47+0.72\times(1-e^{\frac{h}{66.8}}) & (h<0)\end{cases} \tag{8-55}$$

黄山松林不同月土壤温度空间变异程度在不同尺度差异性大。4月土壤温度东西(0°)方向，在0~40.52 m尺度上 $SS(h)$ 均小于1，表明其异质性较弱，在大于40.52 m尺度上，$SS(h)$ 大于1，表明其空间变异较大；在东北—西南(45°)和南—北(90°)方向全尺度上，土壤温度空间变异程度均较弱，各向同性较明显；在西北—东南(135°)，0~46.94 m尺度上土壤温度空间变异小，在46.94~60 m尺度上，空间各向异性占主导。8月土壤温度除90°方向0~10.41 m尺度上 $SS(h)<1$，其他方向各尺度上 $SS(h)$ 均大于1，表明8月土壤温度呈各向异性(图8-75)。

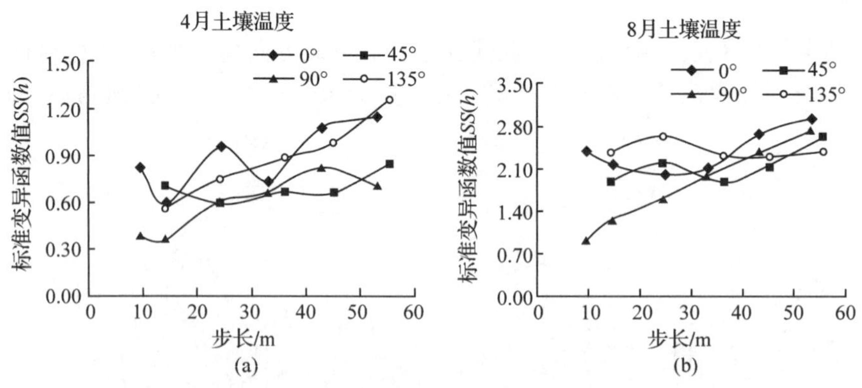

图8-75　黄山松林土壤温度各向异性图

(3)分形维数

黄山松林4月与8月土壤温度分维数见表8-44。在全方位上，8月土壤温度均一化程度较高，空间格局较复杂；4月土壤温度空间格局相对简单，空间依赖性较强。从不同方位看，

4 月与 8 月最大分维数对应方位分别为 EN-WS 和 WN-ES；最小分维数对应方位分别为WN-ES 和 N-S。从决定系数看，黄山松林 4 月与 8 月土壤温度优势格局方位与最小分维数对应的优势方位相同。

表 8-44　黄山松林土壤温度分形维数值

指标	时间		方位				
			全方位	E-W	EN-WS	N-S	WN-ES
土壤温度	4 月	D	1.857	1.878	1.950	1.762	1.724
		R^2	0.806	0.429	0.169	0.873	0.971
	8 月	D	1.889	1.946	1.917	1.689	1.985
		R^2	0.864	0.233	0.428	0.996	0.086

(4) 空间自相关性

黄山松林 4 月与 8 月土壤温度空间自相关范围均随距离增大呈减小趋势(图 8-76)。4 月与 8 月土壤温度最大 Moran′s I 系数对应取样尺度分别为 14.2 m 和 9.37 m。在 0～44.06 m 尺度上，二者表现出空间正相关，在 44.6～60 m 尺度上，二者表现为空间负相关。不同月土壤温度均呈正反两种性质的斑块状空间分布格局。

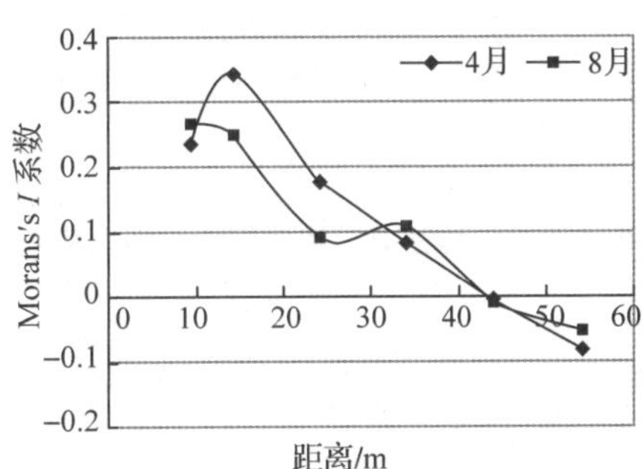

图 8-76　土壤温度 Moran′s *I* 系数随距离变化趋势图

3. 空间分布特征

(1) Kriging 插值误差评价

黄山松林 4 月与 8 月土壤温度均值误差趋于 0，均方根误差与平均标准误差相近，且标准均方根误差接近 1(表 8-45)，表明其 Kriging 插值图精度较高，可用于空间分布预测。

表 8-45　插值精度交叉验证参数

时间	均值误差	均方根误差	平均标准误差	标准均方根误差
4 月	−0.004	0.743	0.728	1.015
8 月	−0.018	1.412	1.412	0.995

(2) 空间分布格局与特征

黄山松林 4 月与 8 月土壤温度具有明显斑块状或条带状分布特征。4 月土壤温度分级较少，高低值差异较不明显；而 8 月土壤温度分级较多，高低值差异较大。4 月土壤温度高值出现在样地上部(北方向)，低值区出现在样地下部；8 月土壤温度空间分布格局比 4 月复杂，其低值区分布于西南方向；高值区出现在东北和东南方向。从图 8-77 可知，4 月土壤温度空间自相关范围比 8 月大，即 4 月土壤温度各斑块面积较大，斑块数较少，8 月斑块数较大，各斑块面积相对较少；与半方差函数块基比和土壤分形维数反映结果一致。

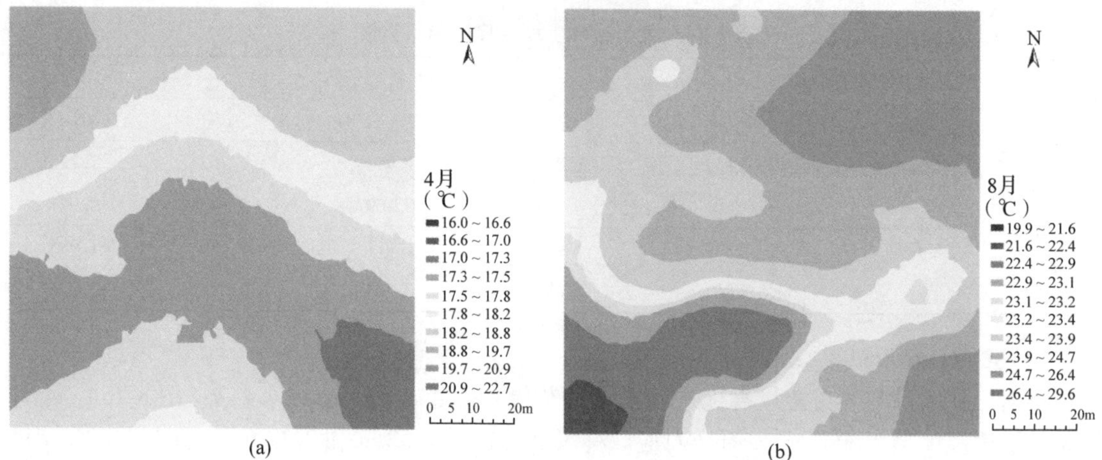

图 8-77　黄山松林土壤温度空间分布图(同插页图 8-77)

从各分级面积看，4 月和 8 月表层土壤温度面积最大斑块依次为 17.3 ~ 17.5℃和 23.9 ~ 24.7℃；其面积(比例)依次为 2 860.53 m^2(28.61%)和 3 109.73 m^2(31.10%)。4 月土壤温度集中分布在 17.3 ~ 18.8℃(90.49%)，8 月土壤温度主要集中在高值区(73.87%)(表 8-46)。

表 8-46　黄山松林土壤温度插值图分级面积统计表

分级	4 月			8 月		
	分级范围/℃	面积/m^2	比例/%	分级范围/℃	面积/m^2	比例/%
1	16.0 ~ 16.6	0.00	0.00	19.9 ~ 21.6	0.00	0.00
2	16.6 ~ 17.0	0.00	0.00	21.6 ~ 22.4	150.76	1.51
3	17.0 ~ 17.3	473.98	4.74	22.4 ~ 22.9	869.12	8.69
4	17.3 ~ 17.5	2 860.53	28.61	22.9 ~ 23.1	442.06	4.42
5	17.5 ~ 17.8	2 430.44	24.30	23.1 ~ 23.2	264.12	2.64
6	17.8 ~ 18.2	1 329.82	13.30	23.2 ~ 23.4	886.70	8.87
7	18.2 ~ 18.8	2 428.03	24.28	23.4 ~ 23.9	2 322.27	23.22
8	18.8 ~ 19.7	477.20	4.77	23.9 ~ 24.7	3 109.73	31.10
9	19.7 ~ 20.9	0.00	0.00	24.7 ~ 26.4	1 955.24	19.55
10	20.9 ~ 22.7	0.00	0.00	26.4 ~ 29.6	0.00	0.00

六、光合有效辐射空间变异特征与格局

1. 描述性统计特征

戴云山黄山松林 8 月 28 ~ 30 日中午光合有效辐射 PAR 变化范围较大，为 3 ~ 155 μmol/(s · m^2)，平均值为 32.99 μmol/(s · m^2)；变异系数为 92.01%，中等程度变异，接近强变异($Cv > 100\%$)。单样本 K – S 检验表明，在 0.05 检验水平下，PAR 经对数转换，近似服从正态分布。

2. 空间异质性

(1)趋势面图

如图 8-78 所示，左、右曲线分别代表东西和南北方向；PAR 在东西方向存在较明显二阶全局趋势，因此，在模拟其短程随机变异，进行 Kriging 插值时，应剔除二阶趋势。

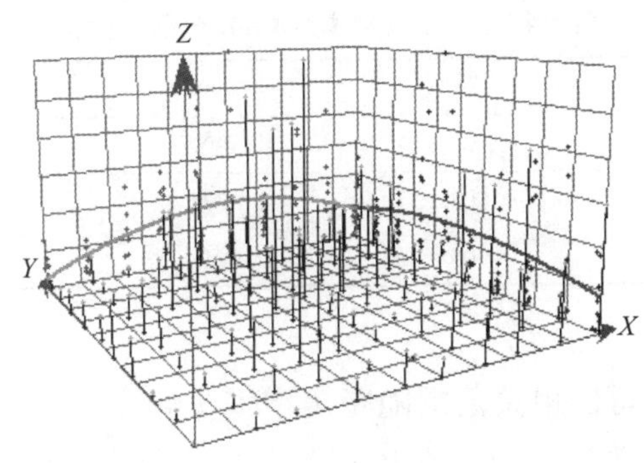

图 8-78　PAR Moran's *I* 系数随距离变化趋势图

(2)半方差函数模型

黄山松林 8 月 PAR 最优方差函数模型为 Gaussian 模型，见表 8-47，其决定系数为 0.983，表明模型能较好反映其空间结构性；PAR 由随机性因素引起空间异质性比例分别为 0.09%，即 PAR 具有强烈空间自相关格局。PAR 空间自相关范围为 22.17 m，超出这一范围，PAR 空间自相关格局消失。PAR 半方差函数模型如式(8-56)所示：

$$\gamma(h)=\begin{cases}0 & (h=0)\\ 1+1\ 152\times(1-e^{\frac{h^2}{12.82}}) & (h<0)\end{cases} \tag{8-56}$$

表 8-47　戴云山黄山松 PAR 半方差函数模型的主要参数

时间	块金值 C_0	基台值 *Sill*	有效变程 A_0/m	块基比 $C_0/Sill$(%)	理论模型	决定系数 R^2	残差和 *RSS*
8 月	1	1 153	22.17	0.09	Gaussian	0.983	7 316

黄山松林 8 月 PAR 空间变异程度在不同尺度差异较大。在东西(0°)、EN-WS(45°)、S-N(90°)和 WN-ES(135°)方向上，*SS*(*h*)小于 1 的尺度分别为 0 ~ 12.58 m、0 ~ 17.42 m、0 ~ 27.1 m和 0 ~ 16.85 m；在其他尺度上，PAR 的 *SS*(*h*)均大于 1，表明其各向明显(图 8-79)。

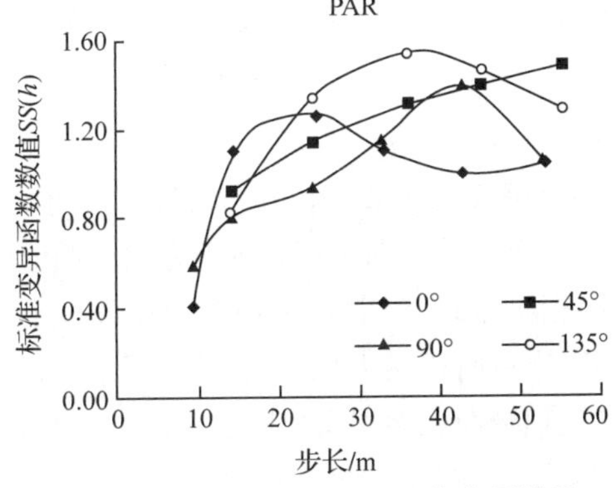

图 8-79　黄山松林 8 月 PAR 各向异性图

(3)分形维数

黄山松林8月PAR分维数在全方位尺度上，分维数为1.759，决定系数为0.762，表明其空间依赖性较强。从不同方位看，8月PAR最大和最小分维数对应方位分别为EN-WS和N-S。从决定系数看，8月PAR优势格局方位为EN-WS(表8-48)。

表8-48　黄山松林8月PAR分形维数值

	方位				
	全方位	E-W	EN-WS	N-S	WN-ES
D	1.759	1.803	1.827	1.797	1.823
R^2	0.762	0.409	0.994	0.821	0.598

(4)空间自相关性

黄山松林8月PAR空间自相关范围随距离增大呈减小趋势(图8-80)。8月PAR最大Moran's I系数对应取样尺度为14.2 m。在0～20.67 m尺度上，8月PAR表现出空间正相关，在20.67～60 m尺度上，表现为空间负相关。8月PAR具有正、反两种性质斑块状空间分布格局。

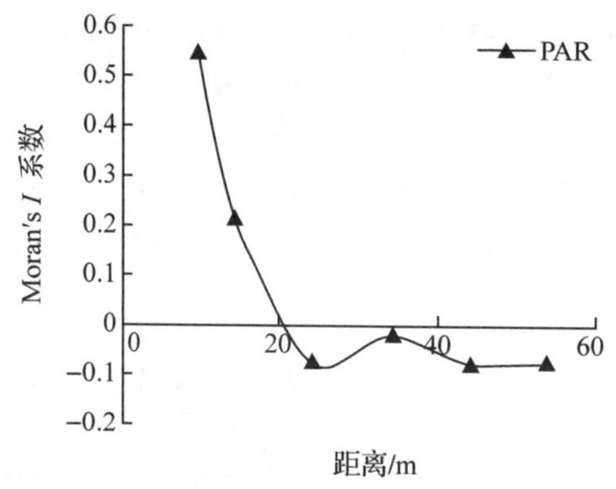

图8-80　PAR Moran's I系数随距离变化趋势图

3. 空间分布特征

(1)Kriging插值误差评价

黄山松林8月PAR均值误差为0.074，均方根误差(21.59)与平均标准误差(23.45)差值仅为1.86，标准均方根误差为0.941，接近1，8月PAR的Kriging插值图可用于空间分布预测。

(2)空间分布格局与特征

黄山松林8月PAR具有明显斑块状或条带状分布特征，且斑块形状、大小差异较明显(图8-81)。PAR高值区分布于样地中部、北方向中部和东南方向；低值区出现在样地西南、西北以及东边中部偏下区域。从各分级面积看，8月69.5%的PAR分布于3～8 μmol/(s·m^2)和17～67 μmol/(s·m^2)斑块上；PAR分布面积最大斑块为45～67 μmol/(s·m^2)，其面积和比例为1 598.73 m^{2}和15.99%；PAR高值分布区面积仅为样地面积的9.27%(表8-49)。

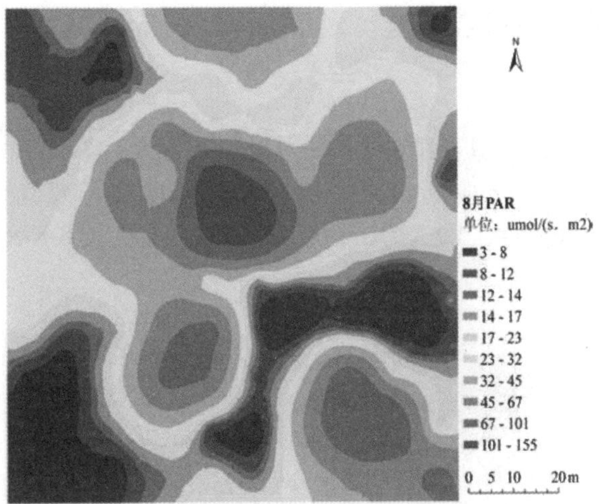

图 8-81　黄山松林 PAR 空间分布图(同插页图 8-81)

表 8-49　黄山松林 PAR 插值图分级面积统计表

分级	8 月		
	分级范围/(μmol/s·m²)	面积/m²	比例/%
1	3～8	1 056.76	10.57
2	8～12	857.07	8.57
3	12～14	475.35	4.75
4	14～17	790.71	7.91
5	17～23	1 327.96	13.28
6	23～32	1 422.47	14.22
7	32～45	1 543.93	15.44
8	45～67	1 598.73	15.99
9	67～101	696.90	6.97
10	101～155	230.13	2.30

第八节　黄山松群落植被与环境因子的关系

植被与环境在自然历史发展中相互作用，协同进化。植物与植物、植物与环境的关系以及植被类型的环境解释都是植物与环境关系研究重要内容。研究植被与环境关系有助于深入理解群落物种多样性和植被维持机制，对植被合理利用、恢复重建和抚育管理具有科学指导意义。

本节在前文基础上，着重探讨乔木层(灌木层)胸高断面积与环境因子异质性关系；物种分布与环境因子关系；不同尺度样方下物种多度与环境因子关系；群落谱系结构、空间结构与环境因子关联性(刘金福等，2013)。

一、群落植被与环境因子耦合测度

1. GIS 叠加分析和统计功能

利用 ArcGIS 里 ArcTools 工具箱中的 Union 功能，将乔木(灌木)层分别与土壤水分—物理性质、土壤 pH、土壤养分、土壤有机碳密度、土壤温度和有效光合辐射因子叠加分析。Union输出图层属性保留原始两个输入图层的所有多边形信息(图 8-82)。

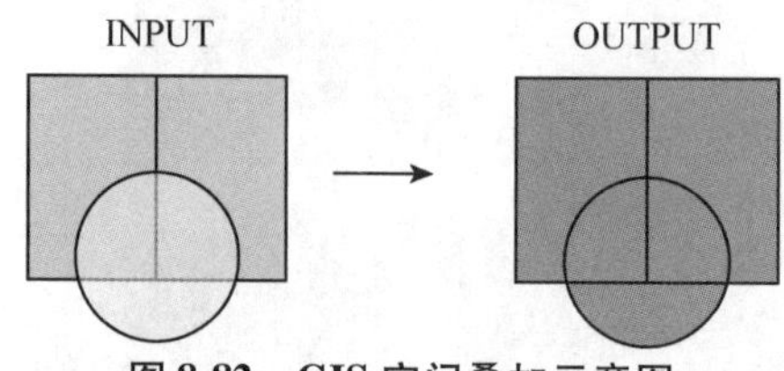

图 8-82 GIS 空间叠加示意图

2. 群落结构的环境和空间影响因子分离

采用主成分分析和逐步回归分析探讨黄山松群落植被与土壤因子耦合关系；采用 PCA、RDA 排序分析排序轴与环境因子关系、群落结构与环境因子关系和物种与环境关系，在此基础上进一步研究群落结构环境和空间影响因子的分离(彭晚霞，2009)。

二、乔木与环境因子异质性关系

1. 乔木与土壤水分—物理性质

乔木断面积与土壤含水量空间叠加图及面积统计表见图 8-83 和表 8-50。从纵向分析，断面积 <33.05 cm^2在土壤含水量为 36.10% ~49.07% 分级上分布面积最大；断面积 <43.63 cm^2 和 >90.65 cm^2在土壤含水量为 36.10% ~41.49% 分布面积最大；断面积在 43.63 ~57.60 cm^2，土壤含水量为 24.24% ~26.18% 分布面积最大；断面积在 57.60 ~90.65 cm^2，土壤含水量为 27.57% ~29.52% 分布面积最大。从横向分析，土壤含水量为 17.66% ~29.52%，断面积为 57.60 ~90.65 cm^2分布面积最大；土壤含水量 >29.52%，断面积为 90.65 ~193.93 cm^2分布面积最大。土壤含水量较高(>49.07%)或较低(<21.50%)对乔木生长都有抑制作用，土壤含水量 >49.07% 和 <21.50% 分布面积仅为 6.61%，土壤含水量为 27.57% ~41.49% 较适合乔木生长。

表 8-50 乔木胸高断面积在不同土壤含水量等级上的分布面积

土壤含水量	乔木胸高断面积/cm^2							
	<33.05	33.05 ~ 43.63	43.63 ~ 47.02	47.02 ~ 57.60	57.60 ~ 90.65	90.65 ~ 193.93	193.93 ~ 516.62	>516.62
0.177 ~0.215			0.07	32.41	201.40	155.25	35.85	9.80
0.215 ~0.242		2.00	9.66	117.51	618.31	294.53	25.98	6.46
0.242 ~0.262		7.06	31.63	117.82	607.57	332.66	28.53	1.15
0.262 ~0.276		2.52	7.00	90.71	443.74	298.97	35.14	2.56
0.276 ~0.295		0.01	1.73	53.62	658.17	535.58	18.92	4.41
0.295 ~0.323		1.15	2.70	39.79	603.53	705.42	29.24	8.80
0.323 ~0.361		2.63	8.45	81.40	544.06	820.02	39.22	14.15
0.361 ~0.415	11.35	9.96	5.78	15.48	267.17	822.12	103.43	16.25
0.415 ~0.491	0.21	3.56	1.70	5.72	41.35	700.10	79.92	
0.491 ~0.597					0.38	214.28	11.96	

由图 8-83 和表 8-51 可知，乔木断面积 <33.05 cm^2分布面积仅占样地总面积 0.12%，其对应最大持水量等级为 0.674 ~ 1.061；胸高断面积为 33.05 ~ 43.63 cm^2、90.65 ~ 193.93 cm^2和 >516.62 cm^2，最大持水量为 0.674 ~ 0.767 的分布面积最大；胸高断面积为 43.63 ~ 57.60 cm^2，最大持水量为 0.555 ~ 0.606 分布面积最大；胸高断面积为 57.60 ~ 90.65 cm^2，最大持水量为 0.606 ~ 0.674 的分布面积最大；断面积为 193.93 ~ 516.62 cm^2，最大持水量为 0.767 ~ 0.892 分布面积最大。从横向分析，乔木胸高断面积随最大持水量增加无明显规律，最大持水量 < 0.674，断面积分布面积最大的等级均为 57.60 ~ 90.65 cm^2；最大持水量 >0.674，乔木断面积 90.65 ~ 193.93 cm^2分布面积最大。最大持水量偏高（ >1.061）或偏低（ <0.466），乔木分布面积均较少，比较适宜乔木生长最大持水量为 0.555 ~ 0.767。

表 8-51　乔木胸高断面积在不同最大持水量等级上的分布面积

最大持水量	乔木胸高断面积/cm^2							
	<33.05	33.05 ~ 43.63	43.63 ~ 47.02	47.02 ~ 57.60	57.60 ~ 90.65	90.65 ~ 193.93	193.93 ~ 516.62	>516.62
0.397 ~ 0.466		0.17	1.33	39.99	339.81	230.43	23.45	16.27
0.466 ~ 0.517			2.06	56.68	619.72	330.15	30.39	2.72
0.517 ~ 0.555		1.31	6.93	108.69	570.88	330.55	17.96	2.73
0.555 ~ 0.606		6.97	26.64	162.09	661.35	513.98	37.34	6.11
0.606 ~ 0.674		4.32	16.12	105.54	881.99	779.89	68.34	16.84
0.674 ~ 0.767	0.98	7.92	12.15	67.65	632.92	990.75	73.55	18.89
0.767 ~ 0.892	10.50	5.55	2.16	7.53	189.38	694.13	86.24	
0.892 ~ 1.061	0.09	2.47	1.16	5.44	82.68	544.53	43.03	
1.061 ~ 1.290		0.19	0.18	0.85	6.93	326.65	27.87	
1.290 ~ 1.597					0.00	137.86		

由图 8-83 和表 8-52 可知，乔木断面积以中等径级（57.60 ~ 193.93 cm^2）分布面积为主，比例为 88.65%；断面积 <33.05 cm^2分布面积仅有 11.56 m^2；断面积为 33.05 ~ 43.63 cm^2和 193.93 ~ 516.62 cm^2，毛管持水量为 0.718 ~ 0.867 分布面积最大；断面积为 43.63 ~ 47.02 cm^2，毛管持水量为 0.550 ~ 0.580 分布面积最大；断面积为 47.02 ~ 57.60 cm^2，毛管

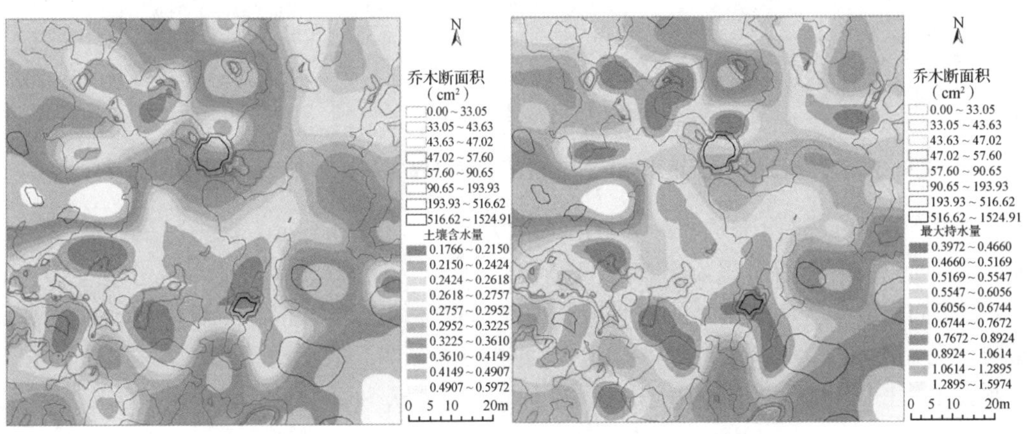

图 8-83　乔木断面积与土壤水分—物理性质空间分布格局叠加图（1）

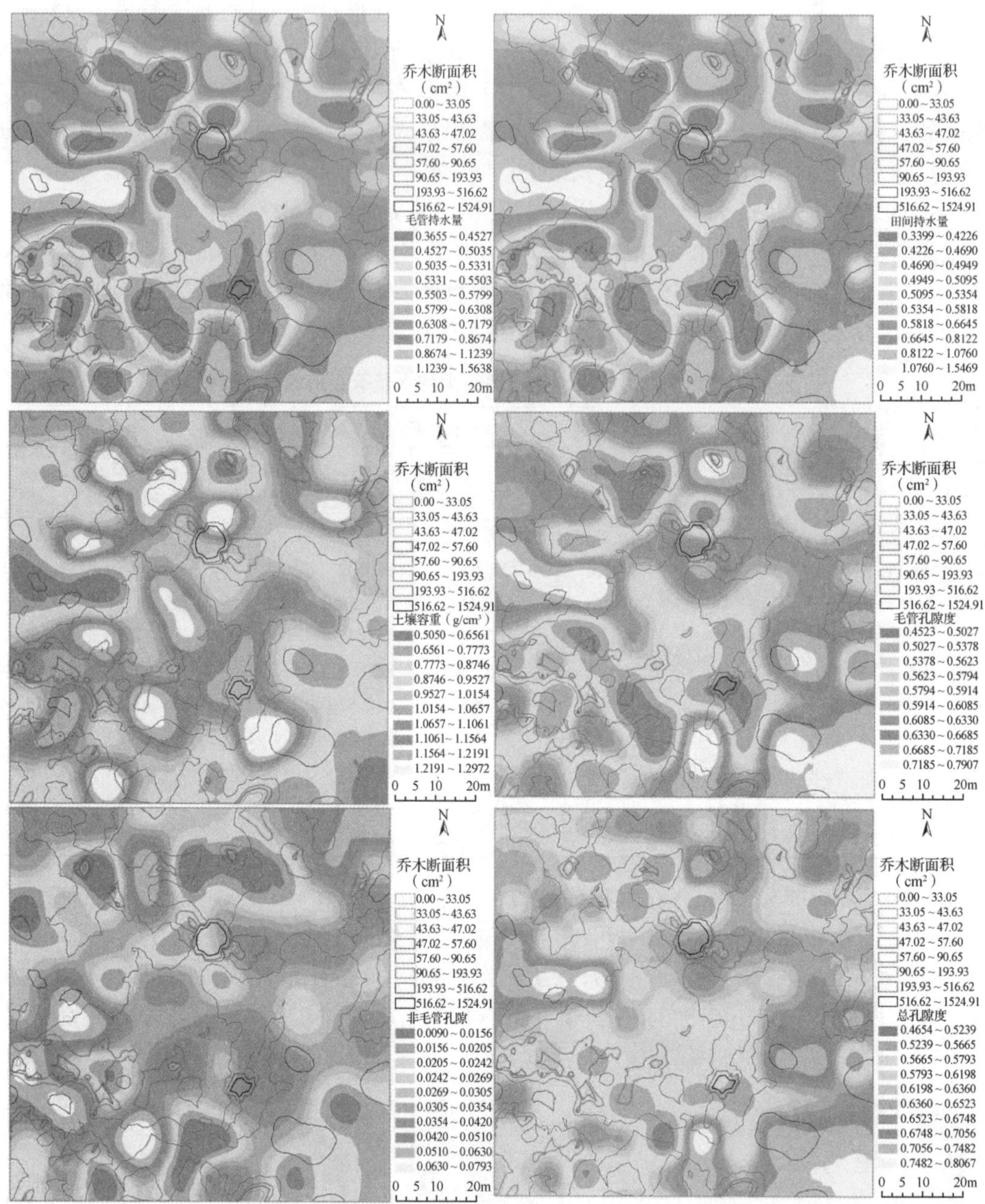

图 8-83　乔木断面积与土壤水分—物理性质空间分布格局叠加图(2)(同插页图 8-83)

持水量为 0.504～0.533 分布面积最大；断面积为 57.60～90.65 cm^2，毛管持水量为 0.453～0.504 分布面积最大；断面积为 90.65～193.93 cm^2 和 >516.62 cm^2，毛管持水量为 0.631～0.718 分布面积最大。从横向分析，不同毛管持水量等级上断面积分布规律与最大持水量基本相同。毛管持水量为 1.124～1.564 时，断面积分布最少，表明毛管持水量较高一定程度上会抑制乔木生长，比较适宜乔木生长毛管持水量范围为 0.580～0.867。

表 8-52　乔木胸高断面积在不同毛管持水量等级上的分布面积

毛管持水量	乔木胸高断面积/cm^2							
	<33.05	33.05 ~ 43.63	43.63 ~ 47.02	47.02 ~ 57.60	57.60 ~ 90.65	90.65 ~ 193.93	193.93 ~ 516.62	>516.62
0.366 ~ 0.453		0.17	2.16	54.99	521.15	356.85	42.50	17.05
0.453 ~ 0.504		1.52	6.82	92.94	725.56	338.91	22.68	3.11
0.504 ~ 0.533		0.65	9.36	112.37	420.43	291.41	18.35	2.38
0.533 ~ 0.550		1.78	8.61	54.16	191.91	152.69	17.36	1.65
0.550 ~ 0.580		5.11	20.89	75.67	438.30	363.93	30.16	4.15
0.580 ~ 0.631		3.53	4.64	73.07	652.14	554.20	36.02	11.26
0.631 ~ 0.718		5.45	12.16	73.84	681.01	939.93	64.67	23.97
0.718 ~ 0.867	11.47	8.04	2.75	11.13	274.52	913.95	110.01	
0.867 ~ 1.124	0.09	2.66	1.34	6.29	79.61	691.53	49.97	
1.124 ~ 1.564					1.03	275.55	16.45	

乔木胸高断面积与田间持水量空间叠加图及面积统计表如图 8-83 和表 8-53。从纵向分析，断面积 < 43.63 cm^2 和 90.65 ~ 516.62 cm^2，田间持水量为 0.665 ~ 0.812 分布面积最大；断面积为 43.63 ~ 47.02 cm^2，田间持水量为 0.510 ~ 0.535 分布面积最大；断面积为 47.02 ~ 90.65 cm^2，田间持水量为 0.423 ~ 0.469 分布面积最大；断面积 > 516.62 cm^2，田间持水量为 0.582 ~ 0.665 分布面积最大。从横向分析，比较适合小乔木生长田间持水量为 0.423 ~ 0.495；不同田间持水量等级对中等乔木影响差异不显著；比较适合大乔木生长田间持水量等级为 0.665 ~ 0.812。总体而言，较适合乔木生长田间持水量等级为 0.535 ~ 0.812，比较不适合乔木生长田间持水量等级为 0.495 ~ 0.510 和 1.076 ~ 1.547。

表 8-53　乔木胸高断面积在不同田间持水量等级上的分布面积

田间持水量	乔木胸高断面积/cm^2							
	<33.05	33.05 ~ 43.63	43.63 ~ 47.02	47.02 ~ 57.60	57.60 ~ 90.65	90.65 ~ 193.93	193.93 ~ 516.62	>516.62
0.340 ~ 0.423		0.17	2.85	70.11	552.96	366.77	46.03	17.80
0.423 ~ 0.469		1.66	8.51	109.53	707.95	375.04	21.35	3.21
0.469 ~ 0.495		1.77	10.70	104.73	445.82	305.96	22.05	2.39
0.495 ~ 0.510		0.90	5.94	43.61	219.30	151.14	14.33	1.49
0.510 ~ 0.535		3.53	14.89	55.37	349.65	276.37	27.05	3.71
0.535 ~ 0.582		4.71	9.48	80.18	645.94	487.56	30.14	10.68
0.582 ~ 0.665		5.01	11.72	72.41	668.39	935.66	57.16	24.20
0.665 ~ 0.812	11.47	8.49	3.31	12.23	310.03	956.10	117.07	0.08
0.812 ~ 1.076	0.09	2.66	1.34	6.29	84.27	735.95	56.44	
1.076 ~ 1.547					1.39	288.38	16.55	

由图 8-83 和表 8-54 可知，乔木断面积 < 33.05 cm^2 和 90.65 ~ 516.62 cm^2，土壤容重为 0.777 ~ 0.875 g/cm^3 分布面积最大；断面积为 33.05 ~ 47.02 cm^2，土壤容重为 1.015 ~ 1.066 g/cm^{3}分布面积最大；断面积为 47.02 ~ 57.60 cm^2，土壤容重为 1.066 ~ 1.106 g/cm^{3}分布面积最大；断面积为 57.60 ~ 90.65 cm^2，土壤容重为 0.953 ~ 1.015 g/cm^{3}分布面积最大；断面积为 90.65 ~ 516.62 cm^2，土壤容重为 0.777 ~ 0.875g/cm^3 分布面积最大；断面积 >

516.62 cm²，土壤容重为1.156～1.219 g/cm³分布面积最大。从横向分析，适宜小乔木生长土壤容重范围为1.066～1.106 g/cm³；中等乔木生长受土壤容重制约不明显；适宜大乔木生长土壤容重范围为0.777～0.875 g/cm³和1.156～1.219 g/cm³。总体而言，较适宜乔木生长土壤容重为0.777～1.219 g/cm³，土壤容重较高（>1.219 g/cm³）或较低（<0.656 g/cm³）对乔木分布都有制约作用。

表8-54　乔木胸高断面积在不同土壤容重等级上的分布面积

土壤容重/(g/cm³)	乔木胸高断面积/cm²							
	<33.05	33.05～43.63	43.63～47.02	47.02～57.60	57.60～90.65	90.65～193.93	193.93～516.62	>516.62
0.505～0.656	0.05	0.68	0.35	3.40	13.70	305.64	18.83	
0.656～0.777	0.04	1.98	0.99	6.47	70.26	576.11	39.42	
0.777～0.875	11.47	8.00	3.07	13.12	246.66	897.73	81.18	
0.875～0.953		2.68	4.97	25.02	469.35	808.79	78.74	3.42
0.953～1.015		3.69	10.17	75.84	704.82	610.19	35.13	17.53
1.015～1.066		8.30	29.78	131.11	578.19	470.78	33.20	8.58
1.066～1.106		1.74	10.63	145.82	455.96	355.10	18.01	4.80
1.106～1.156		1.66	7.19	95.48	612.83	374.01	16.45	5.14
1.156～1.219			0.35	33.91	552.79	297.25	50.31	21.72
1.219～1.297		0.17	1.22	24.28	281.11	183.32	36.90	2.37

由图8-83和表8-55可知，乔木胸高断面积<33.05 cm²、33.05～43.63 cm²和>516.62 cm²，毛管孔隙度为0.633～0.668分布面积最大；断面积为43.63～57.60 cm²，毛管孔隙度为0.562～0.579分布面积最大；断面积为57.60～90.65 cm²，毛管孔隙度为0.538～0.562分布面积最大；乔木断面积为90.65～193.93 cm²，毛管孔隙度为0.609～0.633分布面积最大；断面积为193.93～516.62 cm²时，毛管孔隙度为0.668～0.719分布面积最大。从横向分析，乔木生长表现出一定生境偏好，小乔木比较适合生长在毛管孔隙度为0.562～0.579环境中，中等乔木生长受毛管孔隙度影响较小，大乔木偏好毛管孔隙度为0.633～0.719环境。毛管孔隙度为0.452～0.503、0.579～0.591和0.719～0.791时，乔木分布较少，较适宜乔木生长毛管孔隙度为0.591～0.609。

表8-55　乔木胸高断面积在不同毛管孔隙度等级上的分布面积

毛管孔隙度	乔木胸高断面积/cm²							
	<33.05	33.05～43.63	43.63～47.02	47.02～57.60	57.60～90.65	90.65～193.93	193.93～516.62	>516.62
0.452～0.503		0.17	1.33	43.56	281.83	124.77	17.94	16.10
0.503～0.538		1.66	9.53	72.07	518.06	446.24	48.75	1.99
0.538～0.562		1.46	9.27	94.46	660.97	421.02	21.66	4.42
0.562～0.579		6.58	13.68	125.18	592.16	419.87	25.20	3.84
0.579～0.591		0.25	5.36	52.34	317.33	290.94	20.14	3.10
0.591～0.609		1.90	13.19	43.44	527.37	480.62	15.72	4.92
0.609～0.633	1.26	3.96	3.44	81.27	581.01	842.25	23.48	10.39
0.633～0.668	10.21	9.94	11.41	35.01	376.63	665.33	66.25	18.69
0.668～0.719		0.57	0.52	3.65	92.23	684.51	98.35	0.12
0.719～0.791	0.09	2.41	1.00	3.48	38.07	503.39	70.71	

由图 8-83 和表 8-56 可知，乔木胸高断面积 <33.05 cm^{2}分布面积极小，主要分布在非毛管孔隙度为 0.031 ~0.035 范围内；断面积为 33.05 ~90.65 cm^2，非毛管孔隙度为 0.035 ~0.042 分布面积最大；断面积为 90.65 ~193.93 cm^2，非毛管孔隙度为 0.031 ~0.035 分布面积最大；断面积为 193.93 ~ 516.62 cm^2，非毛管孔隙度为 0.024 ~ 0.027 分布面积最大；断面积 >516.62 cm^2，非毛管孔隙度为 0.027 ~0.031 分布面积最大。从横向分析，非毛管孔隙度 <0.035，断面积 90.65 ~193.93 cm^{2}分布面积最大；非毛管孔隙度 >0.035，断面积 57.60 ~ 90.65 cm^{2}分布面积最大。比较适合小乔木生长非毛管孔隙度为 0.035 ~0.051。非毛管孔隙度为 0.063 ~0.079 对乔木生长有抑制作用，较适宜乔木生长非毛管孔隙度为 0.027 ~0.051。

表 8-56　乔木胸高断面积在不同非毛管孔隙度等级上的分布面积

非毛管孔隙度	乔木胸高断面积/cm^2							
	<33.05	33.05 ~ 43.63	43.63 ~ 47.02	47.02 ~ 57.60	57.60 ~ 90.65	90.65 ~ 193.93	193.93 ~ 516.62	>516.62
0.009 ~0.016	0.09	6.05	3.35	18.90	252.41	383.90	17.05	
0.016 ~0.021		1.14	2.73	39.65	249.87	664.44	18.20	0.72
0.021 ~0.024		2.42	5.43	58.01	304.92	488.22	61.90	10.68
0.024 ~0.027		0.41	5.81	53.49	277.13	481.44	80.08	10.57
0.027 ~0.031	2.37	3.85	8.95	58.87	424.94	711.77	51.29	13.79
0.031 ~0.035	5.93	5.38	9.03	56.52	744.54	803.85	63.69	11.54
0.035 ~0.042	3.17	6.15	14.08	104.48	876.09	651.17	58.25	10.26
0.042 ~0.051		1.83	6.18	97.42	511.28	414.99	23.33	5.99
0.051 ~0.063			4.01	49.69	292.51	198.19	15.99	
0.063 ~0.079		1.66	9.15	17.43	51.99	80.97	18.39	

由乔木断面积与总孔隙度叠加图及面积统计表(图 8-83 和表 8-57)可知，乔木断面积为 <43.63 cm^{2}和 516.62 cm^2，总孔隙度为 0.652 ~ 0.675 分布面积最大；胸高断面积为 43.63 ~90.65 cm^2，总孔隙度为 0.579 ~0.620 分布面积最大；胸高断面积为 90.65 ~193.93 cm^2，总孔隙度为 0.636 ~0.652 分布面积最大；胸高断面积为 193.93 ~516.62 cm^2，总孔隙度 0.706 ~0.748 分布面积最大。从横向分析，适宜小乔木和大乔木生长的总孔隙度范围为 0.567 ~0.620 和 0.706 ~0.748；总孔隙度较大(>0.748)或较小(<0.524)对乔木生长有制约作用。总体而言，较适宜乔木生长总孔隙度为 0.567 ~0.675。

表 8-57　乔木胸高断面积在不同总孔隙度等级上的分布面积

总孔隙度	乔木胸高断面积/cm^2							
	<33.05	33.05 ~ 43.63	43.63 ~ 47.02	47.02 ~ 57.60	57.60 ~ 90.65	90.65 ~ 193.93	193.93 ~ 516.62	>516.62
0.465 ~0.524				1.92	18.65	44.86	2.56	
0.524 ~0.567		0.16	0.77	53.73	405.80	157.07	16.45	6.43
0.567 ~0.579		4.87	13.72	120.32	696.28	574.54	38.95	10.08
0.579 ~0.620		5.20	22.39	186.49	1113.67	681.11	30.35	3.81
0.620 ~0.636		2.55	15.78	76.15	587.89	683.93	27.37	5.67
0.636 ~0.652	2.53	3.07	1.83	23.89	596.65	778.25	33.45	11.03

（续）

总孔隙度	乔木胸高断面积/cm²							
	<33.05	33.05～43.63	43.63～47.02	47.02～57.60	57.60～90.65	90.65～193.93	193.93～516.62	>516.62
0.652～0.675	8.94	7.30	10.11	82.46	348.95	678.47	51.85	18.07
0.675～0.706	0.09	5.76	4.14	8.08	147.64	486.53	56.28	8.48
0.706～0.748				1.43	62.90	568.06	146.18	
0.748～0.807					7.24	226.11	4.72	

2. 乔木与土壤 pH

统计乔木与土壤 pH 值关系（图 8-84 和表 8-58）显示，断面积 <33.05 cm²，土壤 pH 值为 4.27～4.41 分布面积最大；断面积为 33.05～193.93 cm²，土壤 pH 值为 4.41～4.57 分布面积最大；断面积为 193.93～516.62 cm²，土壤 pH 值为 4.27～4.41 分布面积最大；断面积 >516.62 cm²，土壤 pH 值为 4.73～4.90 分布面积最大。断面积为从小到大等级与样地面积比值依次为 0.12%、0.29%、0.69%、5.54%、39.86%、48.79%、4.08% 和 0.64%。从横向分析，土壤 pH 从小到大，乔木胸高断面积分布面积依次为 29.98 m²、140.75 m²、300.58 m²、1 401.04 m²、3 591.55 m²、1 665.27 m²、1 193.61 m²、971.06 m²、706.17 m² 和 0 m²。可见，土壤 pH 值偏酸性（<4.27）或偏碱性（>5.28），对乔木生长都具有抑制作用；小乔木和中等乔木比较适合生长在土壤 pH 值为 4.41～4.57 的环境中。总体而言，土壤 pH 值为 4.27～4.90 较适合乔木生长。

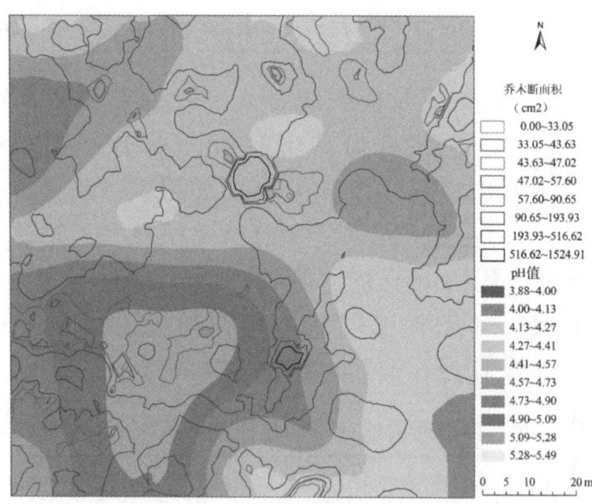

图 8-84 乔木断面积与土壤 pH 空间分布格局叠加图（同插页图 8-84）

表 8-58 乔木胸高断面积在不同土壤 pH 等级上的分布面积

土壤 pH 值	乔木胸高断面积/cm²							
	<33.05	33.05～43.63	43.63～47.02	47.02～57.60	57.60～90.65	90.65～193.93	193.93～516.62	>516.62
3.88～4.00				1.92	7.52	17.98	2.56	
4.00～4.13						140.75		

（续）

土壤 pH 值	乔木胸高断面积/cm^2							
	<33.05	33.05 ~ 43.63	43.63 ~ 47.02	47.02 ~ 57.60	57.60 ~ 90.65	90.65 ~ 193.93	193.93 ~ 516.62	>516.62
4.13 ~ 4.27						256.19	44.39	
4.27 ~ 4.41	11.47	8.75	4.57	58.68	341.48	806.94	169.14	
4.41 ~ 4.57	0.09	9.48	17.58	152.25	1 507.09	1755.75	102.00	47.31
4.57 ~ 4.73		4.09	2.78	20.60	692.71	918.16	26.74	0.18
4.73 ~ 4.90		1.66	12.53	63.83	512.87	541.41	45.24	16.08
4.90 ~ 5.09		1.49	17.29	114.69	567.31	252.16	18.11	
5.09 ~ 5.28		3.42	13.97	142.49	356.69	189.60		
5.28 ~ 5.49								

3. 乔木与土壤养分

由乔木断面积和土壤全氮空间叠加图及面积统计表（图 8-85 和表 8-59）可知，断面积为 <43.63 cm^2，土壤全氮为 0.241 ~ 0.315 g/kg 分布面积最大；断面积为 43.63 ~ 47.02 cm^2，土壤全氮为 0.129 ~ 0.142 g/kg 分布面积最大；断面积为 47.02 ~ 57.60 cm^2，土壤全氮为 0.142 ~ 0.162 g/kg 分布面积最大；断面积为 57.60 ~ 90.65 cm^2 和 >516.62 cm^2，土壤全氮为 0.162 ~ 0.193 g/kg 分布面积最大；断面积在 90.65 ~ 516.62 cm^2，土壤全氮为 0.193 ~ 0.241 g/kg 分布面积最大。从横向分析，土壤全氮 <0.078 g/kg 和 >0.193 g/kg，断面积为 90.65 ~ 193.93 cm^2 分布面积最大；土壤全氮为 0.078 ~ 0.193 g/kg，断面积为 57.60 ~ 90.65 cm^2 分布面积最大。土壤全氮偏高（ >0.315 g/kg）和偏低（ <0.078 g/kg）对乔木生长都有抑制作用。比较适合小乔木和大乔木生长土壤全氮分别为 0.142 ~ 0.162 g/kg 和 0.193 ~ 0.241 g/kg。总体而言，比较适合乔木生长土壤全氮为 0.142 ~ 0.241 g/kg。

由图 8-85 和表 8-60 可知，乔木断面积 <33.05 cm^2，水解性氮为 287.91 ~ 350.15 mg/kg 分布面积最大；断面积为 33.05 ~ 43.63 cm^2，水解性氮为 240.85 ~ 287.91 mg/kg 分布面积最大；断面积为 43.63 ~ 57.60 cm^2，水解性氮为 95.62 ~ 131.19 mg/kg 分布面积最大；断面积

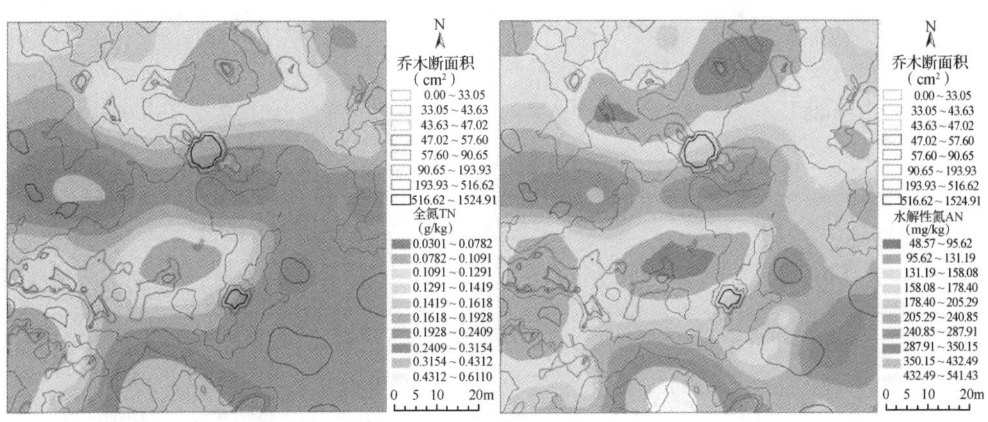

图 8-85　乔木断面积与土壤养分空间分布格局叠加图（1）

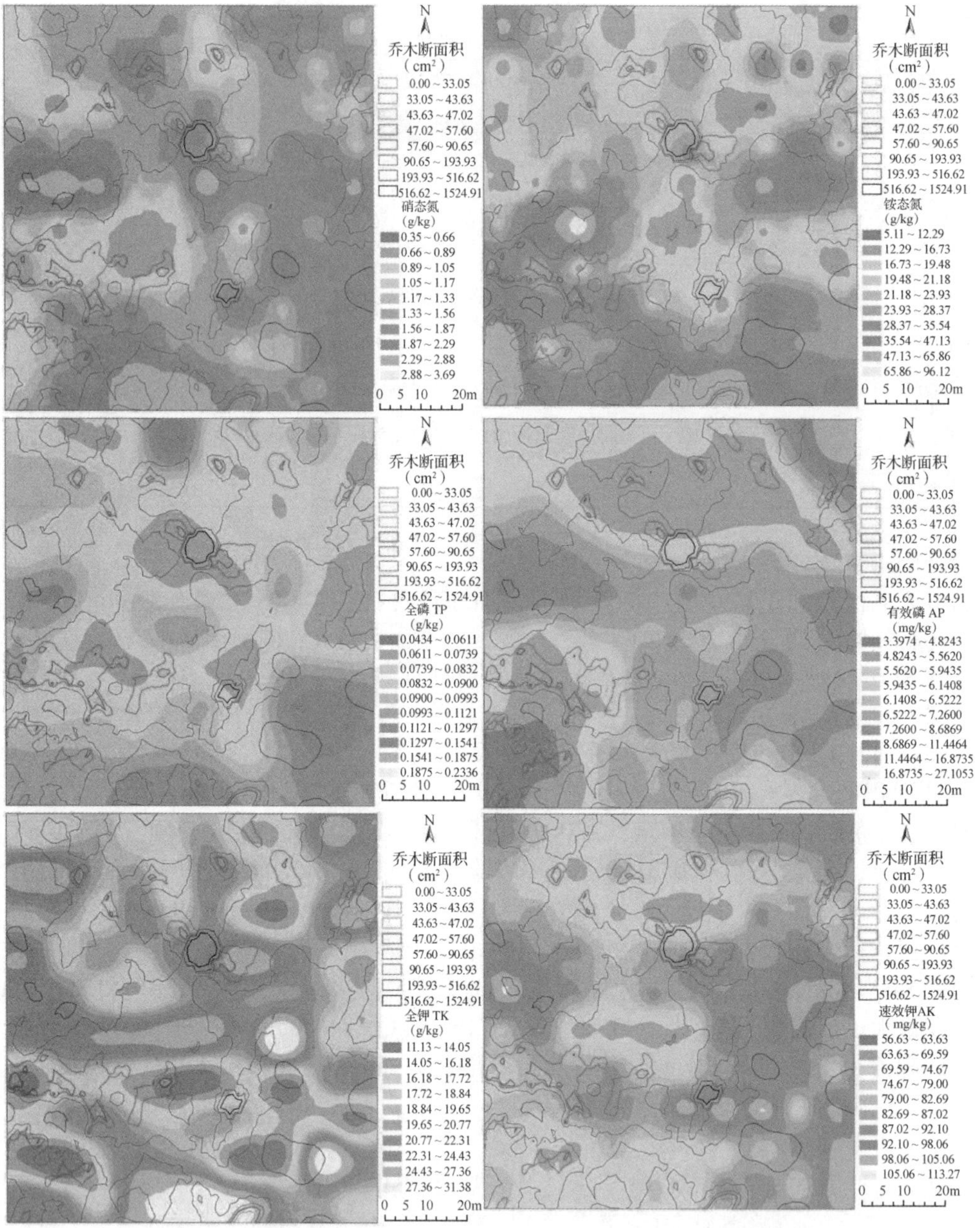

图 8-85 乔木断面积与土壤养分空间分布格局叠加图(2)(同插页图 8-85)

表 8-59 乔木胸高断面积在不同土壤全氮等级上的分布面积

土壤全氮/(g/kg)	乔木胸高断面积/cm²							
	<33.05	33.05～43.63	43.63～47.02	47.02～57.60	57.60～90.65	90.65～193.93	193.93～516.62	>516.62
0.030～0.078				1.92	7.52	17.98	2.56	
0.078～0.109	0.09	4.32	4.79	73.14	511.20	346.45	5.26	
0.109～0.129		0.17	4.19	124.85	578.89	302.08	19.60	

（续）

土壤全氮/(g/kg)	乔木胸高断面积/cm^2							
	<33.05	33.05～43.63	43.63～47.02	47.02～57.60	57.60～90.65	90.65～193.93	193.93～516.62	>516.62
0.129～0.142		1.99	24.41	127.35	438.89	297.40	0.88	
0.142～0.162		7.94	19.02	137.24	711.73	539.66	18.83	1.94
0.162～0.193		1.00	2.39	22.49	718.15	428.95	41.24	35.90
0.193～0.241		4.96	9.08	36.15	642.73	2025.87	258.26	25.73
0.241～0.315	11.47	8.51	4.84	29.55	210.52	711.65	61.53	
0.315～0.431			0.00	1.77	166.04	208.90	0.01	
0.431～0.611								

为57.60～90.65 cm^2，水解性氮为131.19～158.08 mg/kg分布面积最大；断面积为90.65～516.62 cm^2，水解性氮为205.29～240.85 mg/kg分布面积最大；断面积>516.62 cm^2，水解性氮为178.40～205.29 mg/kg分布面积最大。从横向分析，水解性氮在<205.29 mg/kg和350.15～432.49 mg/kg范围内，断面积为57.60～90.65 cm^{2}分布面积最大；水解性氮在205.29～350.15 mg/kg和>432.49 mg/kg范围内，断面积为90.65～193.93 cm^{2}分布面积最大。水解性氮较高（>287.91 mg/kg）或较低（<95.62 mg/kg）均不利乔木生长，比较适合乔木生长水解性氮为95.62～240.85 mg/kg。

表8-60　乔木胸高断面积在不同水解性氮等级上的分布面积

水解性氮/(mg/kg)	乔木胸高断面积/cm^2							
	<33.05	33.05～43.63	43.63～47.02	47.02～57.60	57.60～90.65	90.65～193.93	193.93～516.62	>516.62
48.57～95.62	0.09	3.27	3.48	42.11	241.32	128.50	2.56	
95.62～131.19		4.24	30.80	240.09	858.86	560.21	24.86	
131.19～158.08		5.29	14.99	151.50	895.97	570.57	13.61	0.48
158.08～178.40		2.63	4.36	39.17	547.36	552.88	50.57	20.35
178.40～205.29			1.18	14.16	614.37	815.00	84.16	36.40
205.29～240.85		4.53	5.32	20.86	408.75	972.15	92.92	6.35
240.85～287.91	5.21	6.85	7.91	40.85	191.96	759.65	89.97	
287.91～350.15	6.26	2.08	0.69	4.31	99.58	389.51	49.53	
350.15～432.49				1.43	96.65	73.64		
432.49～541.43					30.85	56.81		

由图8-85和表8-61可知，乔木断面积<43.63 cm^2、47.02～57.60 cm^2、90.65～193.93 cm^{2}和>516.62 cm^2，土壤硝态氮为1.56～1.87 g/kg分布面积最大；胸高断面积为43.63～47.02 cm^{2}和57.60～90.65 cm^2，土壤硝态氮为1.33～1.56 g/kg分布面积最大；断面积为193.93～516.62 cm^2，土壤硝态氮为1.87～2.29 g/kg分布面积最大。从横向分析，土壤硝态氮为0.35～0.66 g/kg、1.05～1.17 g/kg和>1.56 g/kg，乔木断面积为90.65～193.93 cm^{2}分布面积最大；土壤硝态氮在0.66～1.05 g/kg和1.17～1.56 g/kg范围内，乔木断面积为57.60～90.65 cm^{2}分布面积最大。总体上，比较适合乔木生长土壤硝态氮为1.17～2.29 g/kg。

表 8-61 乔木胸高断面积在不同土壤硝态氮等级上的分布面积

土壤硝态氮/(g/kg)	乔木胸高断面积/cm²							
	<33.05	33.05~43.63	43.63~47.02	47.02~57.60	57.60~90.65	90.65~193.93	193.93~516.62	>516.62
0.35~0.66				1.92	7.63	18.40	2.56	
0.66~0.89			0.56	24.79	235.18	35.87		
0.89~1.05	0.09	4.06	13.59	97.59	285.78	200.80		
1.05~1.17		1.76	7.04	84.84	283.59	350.99	5.18	
1.17~1.33		0.46	7.05	79.30	705.80	443.56	79.64	
1.33~1.56		9.07	25.18	115.91	1 271.65	1 068.55	107.23	7.68
1.56~1.87	11.09	12.14	13.78	122.87	717.86	1 510.95	81.37	55.89
1.87~2.29	0.38	1.40	1.53	25.81	336.75	1 006.74	119.51	
2.29~2.88				1.43	141.43	243.08	12.69	
2.88~3.69								

由图 8-85 和表 8-62 可知，乔木断面积<43.63 cm²，土壤铵态氮为 47.13~65.86 g/kg 分布面积最大；胸高断面积为 43.63~47.02 cm²，土壤铵态氮为 23.93~28.37 g/kg 分布面积最大；胸高断面积为 47.02~57.60 cm² 和 193.93~516.62 cm²，土壤铵态氮为 28.37~35.54 g/kg 分布面积最大；胸高断面积为 57.60~90.65 cm²，土壤铵态氮为 16.73~19.48 g/kg 分布面积最大；胸高断面积为 90.65~193.93 cm²，土壤铵态氮为 35.54~47.13 g/kg 分布面积最大；胸高断面积为>516.62 cm²，土壤铵态氮为 21.18~23.93 g/kg 分布面积最大。从横向分析，土壤铵态氮<16.73 g/kg 和>47.13 g/kg，乔木断面积为 57.60~90.65 cm² 分布面积最大；土壤铵态氮介于 16.73~47.13 g/kg，乔木断面积为 90.65~193.93 cm² 分布面积最大，较适合乔木生长。

表 8-62 乔木胸高断面积在不同土壤铵态氮等级上的分布面积

土壤铵态氮/(g/kg)	乔木胸高断面积/cm²							
	<33.05	33.05~43.63	43.63~47.02	47.02~57.60	57.60~90.65	90.65~193.93	193.93~516.62	>516.62
5.11~12.29				1.92	42.70	17.98	2.56	
12.29~16.73				31.05	380.37	259.27	35.01	
16.73~19.48		0.18	1.98	49.75	726.87	741.86	53.31	16.25
19.48~21.18		3.59	5.65	51.95	401.28	506.30	41.50	
21.18~23.93		5.63	9.55	91.46	667.78	710.57	60.78	22.12
23.93~28.37	0.09	6.21	21.83	100.22	536.76	845.54	35.70	21.57
28.37~35.54		3.95	18.40	146.58	475.78	800.52	145.80	3.63
35.54~47.13		1.34	8.25	57.80	449.85	845.54	33.51	
47.13~65.86	11.47	8.00	3.07	23.72	288.44	150.69		
65.86~96.12					15.85	0.66		

由图 8-85 和表 8-63 可知，乔木断面积 <43.63 cm^2，全磷为 0.099 ~0.112 g/kg 分布面积最大；断面积为 43.63 ~ 193.93 cm^2，全磷为 0.074 ~ 0.083 g/kg 分布面积最大；断面积为 193.93 ~516.62 cm^2，全磷为 0.112 ~0.130g/kg 分布面积最大；断面积 >516.62 cm^2，全磷为 0.061 ~0.074 g/kg 分布面积最大。从横向分析，比较适合小乔木和大乔木生长全磷分别为 0.061 ~0.09 g/kg 和 0.099 ~0.130 g/kg。乔木在全磷较高(>0.130 g/kg)或较低(<0.061 g/kg)分布较少，较适合乔木生长土壤全磷为 0.061 ~0.112 g/kg。

表 8-63　乔木胸高断面积在不同土壤全磷等级上的分布面积

土壤全磷 /(g/kg)	乔木胸高断面积/cm^2							
	<33.05	33.05 ~ 43.63	43.63 ~ 47.02	47.02 ~ 57.60	57.60 ~ 90.65	90.65 ~ 193.93	193.93 ~ 516.62	>516.62
0.043 ~0.061				1.92	7.52	17.98	2.56	
0.061 ~0.074		6.78	13.62	92.10	596.47	513.22	34.42	55.20
0.074 ~0.083	0.09	6.41	25.05	211.03	1 088.99	1 089.72	43.81	8.29
0.083 ~0.090		1.94	9.81	108.36	1 030.41	713.65	52.30	0.07
0.090 ~0.099		4.10	7.92	77.49	632.26	952.25	46.46	
0.099 ~0.112	7.76	7.96	11.73	59.95	500.22	639.18	91.96	
0.112 ~0.130	3.71	1.70	0.59	3.39	111.82	622.48	105.46	
0.130 ~0.154				0.22	17.98	330.46	31.20	
0.154 ~0.188								
0.188 ~0.234								

由图 8-85 和表 8-64 可知，乔木断面积 <33.05 cm^2，土壤有效磷为 5.944 ~6.141 mg/kg 面积最多；断面积为33.05 ~43.63 cm^{2}和 >516.62 cm^2，有效磷主要分布在 5.562 ~5.944 mg/kg；

表 8-64　乔木胸高断面积在不同土壤有效磷等级上的分布面积

土壤有效磷 /(mg/kg)	乔木胸高断面积/cm^2							
	<33.05	33.05 ~ 43.63	43.63 ~ 47.02	47.02 ~ 57.60	57.60 ~ 90.65	90.65 ~ 193.93	193.93 ~ 516.62	>516.62
3.397 ~4.824			0.17	32.70	246.72	97.33	2.73	
4.824 ~5.562	0.09	7.17	35.17	247.78	922.05	663.01	25.51	4.37
5.562 ~5.944	0.91	9.57	16.78	146.17	700.61	624.41	28.85	29.30
5.944 ~6.141	5.31	5.57	3.89	28.97	245.13	350.92	20.12	9.97
6.141 ~6.522	5.26	4.08	7.95	40.61	408.25	556.47	54.37	3.67
6.522 ~7.260		2.51	4.77	54.34	1 046.59	1 703.67	168.27	16.25
7.260 ~8.687				3.90	243.35	846.66	99.00	
8.687 ~11.446					64.38	33.64	9.33	
11.446 ~16.784					108.60	2.82		
16.784 ~27.105								

断面积为 43.63 ~ 57.60 cm^2，有效磷在 4.824 ~ 5.562 mg/kg 分布最多；断面积为 57.60 ~ 516.62 cm^{2}分析，有效磷在 6.52 ~ 7.26 mg/kg 分布最多。从横向分析，乔木胸高断面积主要分布在土壤有效磷在 4.82 ~ 5.94 mg/kg 和 6.14 ~ 8.69 mg/kg 范围内，在有效磷 < 4.82 mg/kg、5.94 ~ 6.14 mg/kg 和 > 8.69 mg/kg 上，乔木分布较少。

由图 8-85 和表 8-65 可知，乔木断面积 < 33.05 cm^2 主要分布在土壤全钾为 27.36 ~ 31.38 g/kg；断面积为 33.05 ~ 43.63 cm^2 主要分布在土壤全钾为 22.31 ~ 24.43 g/kg；胸高断面积为 43.63 ~ 47.02 cm^2，土壤全钾为 11.13 ~ 14.05 g/kg 分布面积最大；胸高断面积为 47.02 ~ 90.65 cm^2，土壤全钾为 16.18 ~ 17.72 g/kg 分布面积最大；胸高断面积 > 90.65 cm^2 主要分布在土壤全钾为 20.77 ~ 22.31 g/kg。从横向分析，土壤全钾为 16.18 ~ 18.84 g/kg 和 19.65 ~ 24.43 g/kg 比较适合乔木生长，土壤全钾较高（ > 27.36 g/kg）或较低（ < 14.05 g/kg）均对乔木生长有制约作用。

表 8-65　乔木胸高断面积在不同土壤全钾等级上的分布面积

土壤全钾/(g/kg)	乔木胸高断面积/cm^2							
	< 33.05	33.05 ~ 43.63	43.63 ~ 47.02	47.02 ~ 57.60	57.60 ~ 90.65	90.65 ~ 193.93	193.93 ~ 516.62	> 516.62
11.13 ~ 14.05		3.33	13.53	64.45	207.87	133.66	54.27	
14.05 ~ 16.18			3.53	96.85	378.38	250.08	59.15	0.07
16.18 ~ 17.72		0.86	4.69	100.87	624.42	495.36	43.40	3.08
17.72 ~ 18.84		0.69	12.60	77.51	447.21	556.39	22.79	7.65
18.84 ~ 19.65		0.11	3.67	41.20	356.06	539.54	22.45	5.11
19.65 ~ 20.77		0.99	2.40	37.14	423.09	770.41	40.76	0.34
20.77 ~ 22.31	0.09	4.80	10.91	38.54	528.03	949.62	70.83	26.66
22.31 ~ 24.43		9.08	7.77	43.74	545.08	668.57	58.42	20.65
24.43 ~ 27.36		3.28	8.08	47.40	368.93	341.86	26.26	
27.36 ~ 31.38	11.47	5.76	1.56	6.78	106.60	173.45	9.84	

由图 8-85 和表 8-66 可知，乔木断面积 < 33.05 cm^2 和 > 516.62 cm^2 主要分布于土壤速效钾为 82.69 ~ 87.02 mg/kg；胸高断面积为 33.05 ~ 43.63 cm^2 和 90.65 ~ 516.62 cm^2，土壤速效钾为 87.02 ~ 92.10 mg/kg 分布最多；胸高断面积在 43.63 ~ 57.60 cm^2，土壤速效钾为 79 ~ 82.69 mg/kg 分布最多；胸高断面积为 57.60 ~ 90.65 cm^2，主要分布在土壤速效钾为 74.67 ~ 79 mg/kg。从横向分析，土壤速效钾在 63.63 ~ 79 mg/kg 之间，乔木断面积为 57.60 ~ 90.65 cm^{2}分布面积最大；其他范围内，乔木胸高断面积以 90.65 ~ 193.93 cm^2 为主。比较适合乔木生长土壤速效钾为 69.59 ~ 92.10 mg/kg。

4. 乔木与土壤有机碳密度

由图 8-86 和表 8-67 可知，乔木断面积为 < 43.63 cm^2 和 90.65 ~ 193.93 cm^2 在 *SOCD* 为 10.98 ~ 13.19 kg/m^{2}分布最多；断面积为 43.63 ~ 47.02 cm^2 和 > 516.62 cm^2 在 *SOCD* 为 3.67 ~ 5.41 kg/m^{2}分布最多；断面积为 47.02 ~ 57.60 cm^2 在 *SOCD* 为 6.78 ~ 7.86 kg/m^{2}分布最多；断

表 8-66　乔木胸高断面积在不同土壤速效钾等级上的分布面积

土壤速效钾/(mg/kg)	乔木胸高断面积/cm²							
	<33.05	33.05~43.63	43.63~47.02	47.02~57.60	57.60~90.65	90.65~193.93	193.93~516.62	>516.62
56.63~63.63				1.92	7.52	17.98	2.56	
63.63~69.59			1.19	25.35	236.69	99.57		
69.59~74.67		4.99	4.49	42.77	691.23	561.10	14.73	2.21
74.67~79.00	0.09	4.84	16.86	115.26	776.30	761.18	16.30	11.66
79.00~82.69	0.83	4.83	20.65	131.62	589.21	720.79	69.26	12.73
82.69~87.02	9.08	5.68	14.88	126.68	759.26	816.67	123.02	17.36
87.02~92.10	1.56	8.55	10.65	110.22	712.17	991.15	130.97	9.07
92.10~98.06				0.65	148.27	632.01	36.43	10.55
98.06~105.06					65.02	275.34	14.31	
105.06~113.27						3.14	0.59	

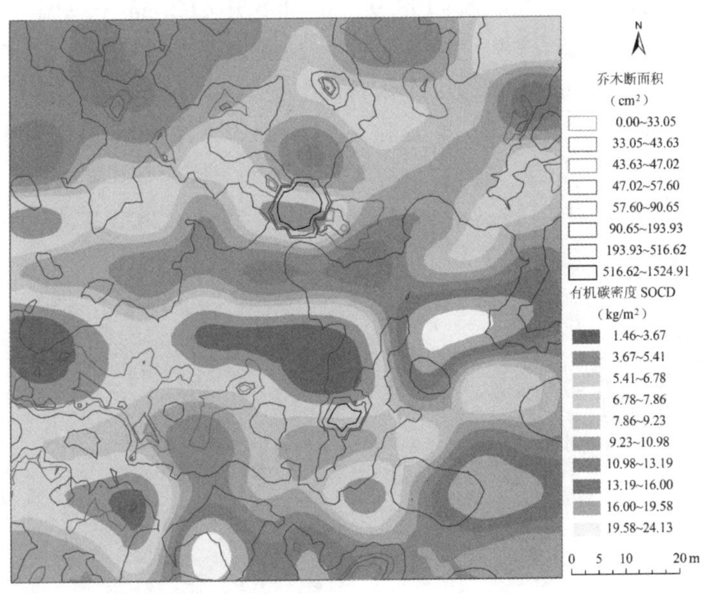

图 8-86　乔木断面积与土壤有机碳密度空间分布格局叠加图(同插页图 8-86)

面积为 57.60~90.65 cm²和193.93~516.62 cm²在 *SOCD* 为 7.86~9.23 kg/m²分布最多。从横向分析，较高(16~24.13 kg/m²)或较低(1.46~3.67 kg/m²)的 *SOCD* 断面积分布较少，表明其对乔木生长有制约作用。*SOCD* <6.78 kg/m²，断面积分布以 57.60~90.65 cm²为主；*SOCD* >6.78 kg/m²，断面积为 90.65~193.93 cm²分布面积最大。总体上，比较适合乔木生长 *SOCD* 范围为 6.78~13.19 kg/m²。

表 8-67　乔木胸高断面积在不同土壤有机碳密度等级上的分布面积

有机碳密度/(kg/m²)	乔木胸高断面积/cm²							
	<33.05	33.05～43.63	43.63～47.02	47.02～57.60	57.60～90.65	90.65～193.93	193.93～516.62	>516.62
1.46～3.67			4.72	53.25	243.25	107.73	2.56	
3.67～5.41		4.70	18.33	81.90	258.67	184.29	15.64	26.59
5.41～6.78		2.97	11.73	60.80	437.41	325.61	17.16	13.39
6.78～7.86	0.09	5.46	11.05	94.54	499.77	520.56	35.57	10.56
7.86～9.23		1.01	10.54	93.15	749.47	755.64	90.37	10.77
9.23～10.98		2.03	5.41	78.46	697.99	1 016.08	87.53	2.25
10.98～13.19	9.95	7.54	4.54	75.66	657.30	1 093.47	61.81	
13.19～16.00	1.52	5.19	2.39	16.70	325.37	557.94	54.18	
16.00～19.58					105.20	216.18	43.35	
19.58～24.13					11.25	101.43		

5. 乔木与土壤温度

由图 8-87 和表 8-68、表 8-69 可知，不同季节黄山松群落内，其土壤温度变化差异较大。乔木胸高断面积为 <43.63 cm²、90.65～193.93 cm²和 >516.62 cm²土壤温度在 4 月主要维持在17.5～17.8 ℃，到 8 月升至 23.9～24.7 ℃；胸高断面积为 43.63～47.02 cm²、47.02～57.60 cm²、193.93～516.62 cm²土壤温度在 4 月以 17.3～17.5 ℃为主，到 8 月，三者土壤温度分别升至 23.2～23.4 ℃、24.7～26.4 ℃和 23.4～23.9 ℃；乔木断面积为 57.60～90.65 cm²土壤温度在 4 月以 18.2～18.8 ℃为主，在 8 月，土壤温度主要维持在 24.7～26.4 ℃。从横向分析，群落土壤温度维持在 17.7～18.8℃(4 月)、23.4～26.4 ℃(8 月)比较有利乔木生长。

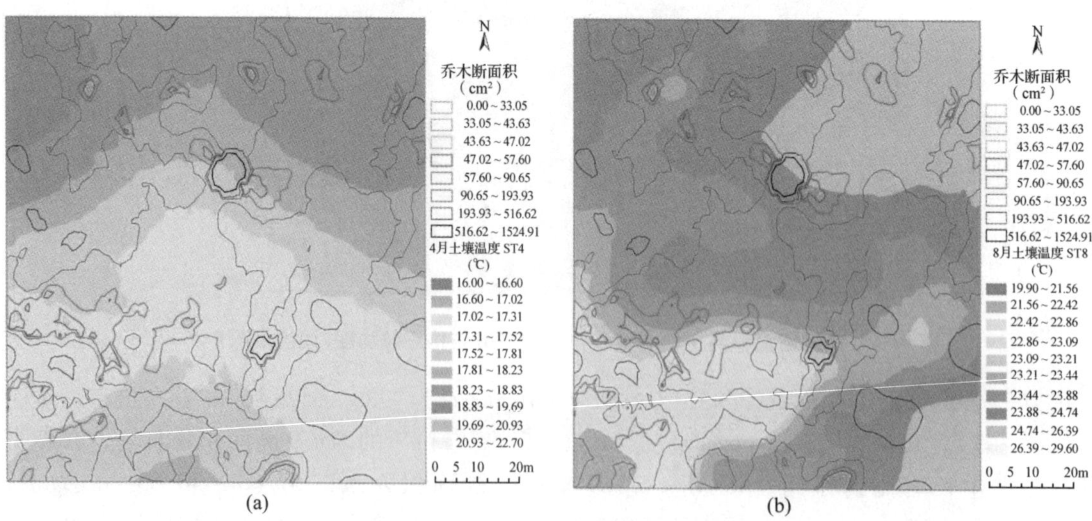

图 8-87　乔木断面积与土壤温度空间分布格局叠加图(同插页图 8-87)

表 8-68　乔木胸高断面积在不同土壤温度(4 月)等级上的分布面积

土壤温度/℃	乔木胸高断面积/cm^2							
	<33. 05	33. 05 ~ 43. 63	43. 63 ~ 47. 02	47. 02 ~ 57. 60	57. 60 ~ 90. 65	90. 65 ~ 193. 93	193. 93 ~ 516. 62	>516. 62
16. 0 ~ 16. 6				1. 92	7. 52	17. 98	2. 56	
16. 6 ~ 17. 0								
17. 0 ~ 17. 3						409. 78	62. 78	
17. 3 ~ 17. 5		6. 58	41. 23	246. 50	1 236. 72	1 089. 12	215. 54	16. 25
17. 5 ~ 17. 8	11. 47	10. 32	9. 48	108. 16	865. 73	1 348. 69	43. 77	25. 54
17. 8 ~ 18. 2		4. 33	10. 06	65. 65	402. 82	794. 35	26. 84	21. 78
18. 2 ~ 18. 8	0. 09	7. 66	7. 54	128. 96	1 327. 64	898. 40	50. 47	
18. 8 ~ 19. 7		0. 00	0. 42	3. 28	145. 24	320. 62	6. 21	
19. 7 ~ 20. 9								
20. 9 ~ 22. 7								

表 8-69　乔木胸高断面积在不同土壤温度(8 月)等级上的分布面积

土壤温度/℃	乔木胸高断面积/cm^2							
	<33. 05	33. 05 ~ 43. 63	43. 63 ~ 47. 02	47. 02 ~ 57. 60	57. 60 ~ 90. 65	90. 65 ~ 193. 93	193. 93 ~ 516. 62	>516. 62
19. 9 ~ 21. 6				1. 92	7. 52	17. 98	2. 56	
21. 6 ~ 22. 4				5. 23	96. 32	48. 77		
22. 4 ~ 22. 9		0. 74	3. 70	71. 01	496. 08	290. 32	4. 67	
22. 9 ~ 23. 1		2. 68	16. 16	43. 55	143. 26	211. 60	23. 21	0. 26
23. 1 ~ 23. 2		0. 77	4. 34	36. 87	118. 48	87. 67	6. 86	8. 34
23. 2 ~ 23. 4		2. 40	18. 25	81. 37	239. 83	491. 51	43. 04	7. 65
23. 4 ~ 23. 9		4. 13	3. 93	98. 05	782. 81	1 281. 03	145. 36	
23. 9 ~ 24. 7	11. 56	15. 48	16. 81	106. 41	1 049. 82	1 746. 80	119. 37	34. 16
24. 7 ~ 26. 4		2. 71	5. 53	110. 05	1 051. 57	703. 25	63. 11	13. 15
26. 4 ~ 29. 6								

6. 乔木与有效光合辐射 PAR

由图 8-88 和表 8-70 可知，乔木胸高断面积 <47. 02 cm^2、47. 02 ~ 57. 60 cm^2、57. 60 ~ 90. 65 cm^2、90. 65 ~ 193. 93cm^2和 >193. 93cm^2分布面积最大对应的有效光合辐射依次为 23 ~ 32 μmol/(s · m^2)、17 ~ 23 μmol/(s · m^2)、32 ~ 45 μmol/(s · m^2)、45 ~ 67 μmol/(s · m^2)和 67 ~ 101 μmol/(s · m^2)。从横向分析，乔木胸高断面积在不同有效光合辐射等级(从小到大)分布比例依次为 10. 84%、8. 54%、4. 74%、7. 88%、13. 24%、14. 18%、15. 39%、15. 94%、6. 95%和 2. 29%。可见，乔木生长对有效光合辐射具偏好性，比较适合乔木生长 PAR 范围为 3 ~ 8 μmol/(s · m^2)和 17 ~ 67 μmol/(s · m^2)。

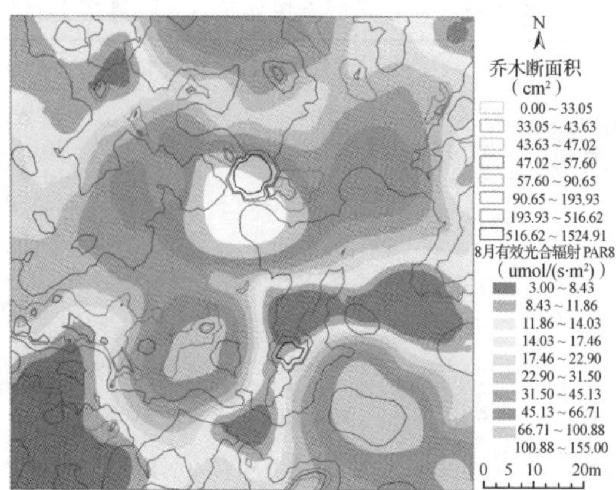

图 8-88　乔木断面积与有效光合辐射空间分布格局叠加图(同插页图 8-88)

表 8-70　乔木胸高断面积在不同有效光合辐射等级上的分布面积

有效光合辐射/(μmol/s・m²)	乔木胸高断面积/cm²							
	<33.05	33.05 ~ 43.63	43.63 ~ 47.02	47.02 ~ 57.60	57.60 ~ 90.65	90.65 ~ 193.93	193.93 ~ 516.62	>516.62
3 ~ 8		1.54	1.36	38.56	433.66	555.47	52.06	0.93
8 ~ 12		3.92	12.45	34.85	317.97	433.18	44.17	7.97
12 ~ 14		0.13	5.55	35.04	191.53	214.22	21.37	6.07
14 ~ 17			3.09	51.56	297.32	398.74	36.35	1.29
17 ~ 23		1.34	12.27	98.92	511.50	648.50	51.45	
23 ~ 32	11.42	8.62	13.23	98.47	663.05	619.72	3.70	
32 ~ 45	0.14	5.04	4.18	63.91	692.62	762.15	11.26	
45 ~ 67		0.03	0.81	53.51	614.25	891.89	31.92	1.52
67 ~ 101		6.56	15.05	76.45	162.62	266.41	143.09	24.63
101 ~ 155		1.73	0.74	3.19	101.15	88.65	12.82	21.16

三、灌木与环境因子异质性关系

1. 灌木与土壤水分—物理性质

由灌木与土壤含水量空间叠加图及面积统计表(图 8-89 和表 8-71)显示，灌木断面积以 0.95 ~ 2.82 cm²、2.82 ~ 9.02 cm² 为主，分别占样地总面积 40.62% 和 50.71%，其他断面积等级仅占 8.67%；灌木断面积 <0.17 cm² 和 0.39 ~ 0.95 cm² 主要分布在土壤含水量为 0.361 ~ 0.415；断面积为 0.17 ~ 0.39 cm²，土壤含水量为 0.323 ~ 0.361 分布面积最大；断面积为 0.95 ~ 2.82 cm² 和 >29.57 cm²，土壤含水量为 0.295 ~ 0.323 分布面积最大；断面积为 2.82 ~ 9.02 cm²，土壤含水量为 0.215 ~ 0.242 分布最多；断面积为 9.02 ~ 29.57 cm²，土壤含水量为 0.242 ~ 0.262 分布最多。从横向分析，土壤含水量为 0.295 ~ 0.323 和 0.491 ~ 0.597，灌木断面积为 0.95 ~ 2.82 cm² 分布最多；其他土壤含水量等级上，灌木断面积均以 2.82 ~ 9.02 cm² 分布面积最大，比较适合灌木生长土壤含水量等级为 0.273 ~ 0.415 和 0.215 ~ 0.262。

表 8-71　灌木断面积在不同土壤含水量等级上的分布面积

土壤含水量	灌木断面积/cm²							
	<0.17	0.17～0.22	0.22～0.39	0.39～0.95	0.95～2.82	2.82～9.02	9.02～29.57	>29.57
0.177～0.215	0.21	0.04	1.42	25.11	182.31	223.60	2.09	
0.215～0.242			0.60	28.65	261.08	735.82	48.29	
0.242～0.262		0.02	1.02	19.24	391.07	644.42	70.66	
0.262～0.276	0.80	0.89	3.83	29.28	341.30	478.04	26.01	0.49
0.276～0.295		0.08	2.12	43.97	523.10	629.60	68.20	5.37
0.295～0.323		0.00	1.16	56.86	707.61	597.69	21.26	6.05
0.323～0.361	2.31	1.04	12.16	99.31	656.11	703.57	32.84	2.58
0.361～0.415	10.10	0.84	11.14	110.92	498.57	601.22	18.76	
0.415～0.491	1.74	0.09	0.43	56.32	368.19	403.49	2.31	
0.491～0.597			6.32	34.37	132.54	53.39		

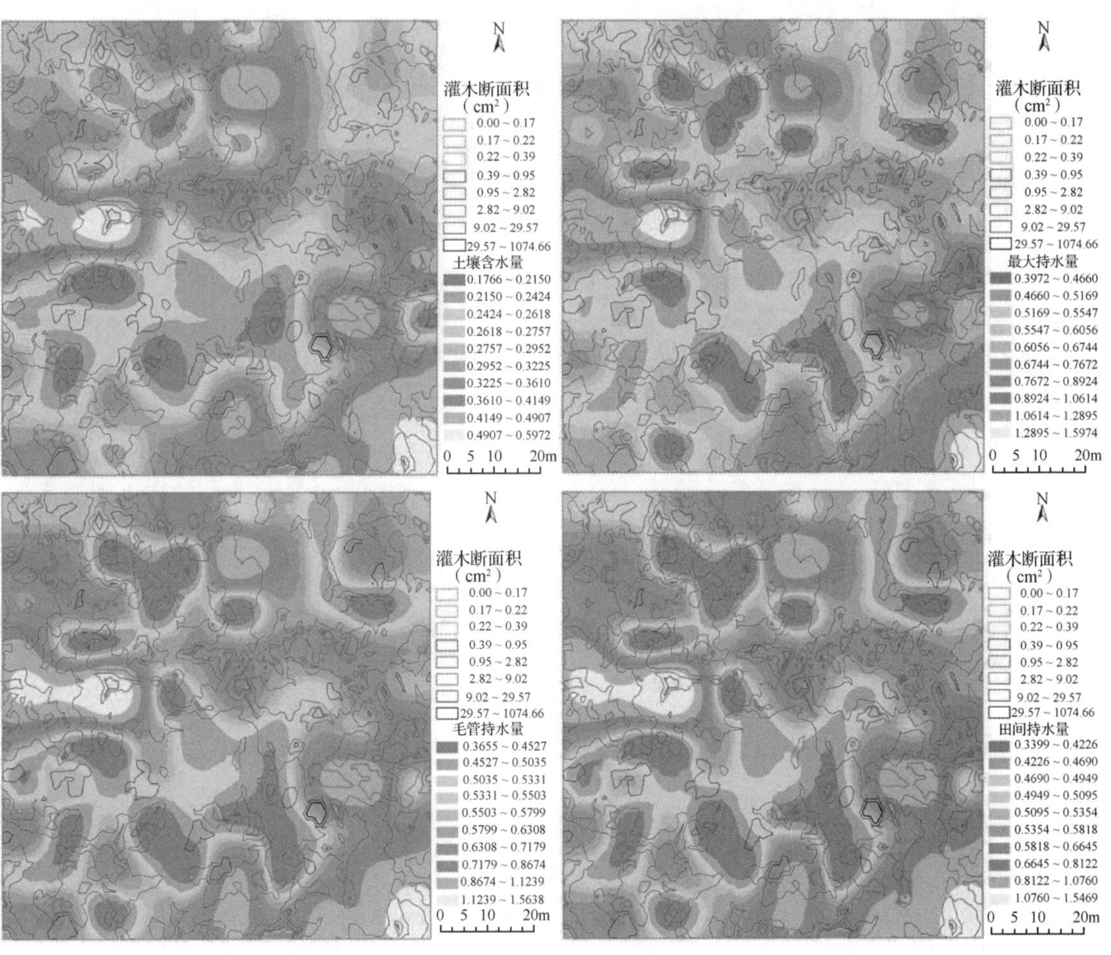

图 8-89　灌木断面积与土壤水分—物理性质空间分布格局叠加图(1)

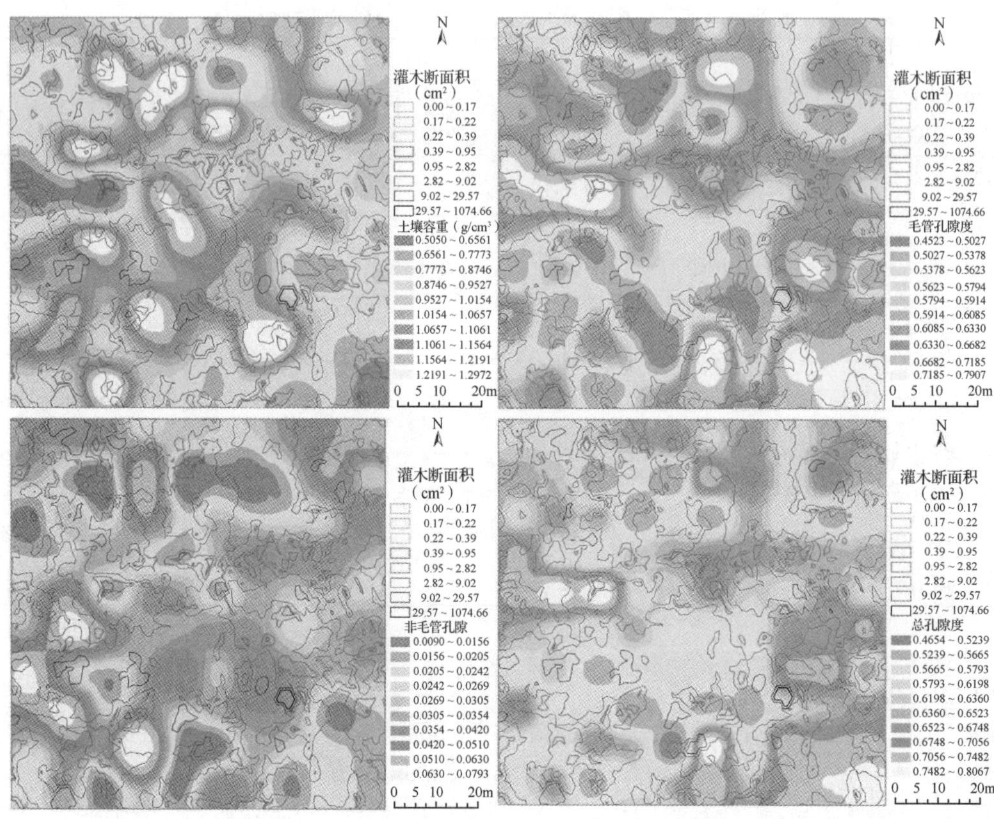

图 8-89　灌木断面积与土壤水分—物理性质空间分布格局叠加图(2)(同插页图 8-89)

由图 8-89 和表 8-72 显示，灌木断面积 <0.17 cm² 主要分布在最大持水量为 0.767~0.892；灌木断面积为 0.17~2.82 cm²，最大持水量为 0.674~0.767 分布面积最大；灌木断面积为 2.82~9.02 cm² 和 >29.57 cm² 主要分布在最大持水量为 0.606~0.674；灌木断面积为 9.02~29.57 cm²，最大持水量为 0.555~0.606 分布面积最大。从横向分析，最大持水量在 0.674 和 0.892~1.061，灌木断面积以 2.82~9.02 cm² 为主；其他最大持水量等级，灌木断面积为 0.95~2.82 cm² 分布最多。较高(>0.892)和较低(<0.466)最大持水量均不利灌木生长，比较适合灌木生长最大持水量等级为 0.555~0.767。

表 8-72　灌木断面积在不同最大持水量等级上的分布面积

最大持水量	灌木断面积/cm²							
	<0.17	0.17~0.22	0.22~0.39	0.39~0.95	0.95~2.82	2.82~9.02	9.02~29.57	>29.57
0.397~0.466	0.21	0.02	0.61	17.28	242.18	385.03	6.11	
0.466~0.517			0.06	22.10	360.05	636.85	22.67	
0.517~0.555	0.14	0.10	0.70	18.72	322.55	657.64	39.21	
0.555~0.606	0.67	0.89	5.98	59.05	457.91	779.83	109.00	1.16
0.606~0.674	0.08	0.06	3.69	56.21	780.45	973.66	51.44	7.47
0.674~0.767	2.22	0.96	18.03	146.00	877.14	701.50	53.31	5.64

（续）

最大持水量	灌木断面积/cm²							
	<0.17	0.17～0.22	0.22～0.39	0.39～0.95	0.95～2.82	2.82～9.02	9.02～29.57	>29.57
0.767～0.892	11.80	0.93	4.50	73.48	490.49	405.41	8.66	0.22
0.892～1.061			0.03	47.21	255.97	376.20		
1.061～1.290	0.05	0.05	0.29	45.96	200.37	115.95		
1.289～1.597			6.32	18.02	74.77	38.76		

由灌木断面积与毛管持水量空间叠加图及面积统计表(图8-89和表8-73)显示，灌木断面积<0.39 cm²主要分布在毛管持水量为0.718～0.867；灌木断面积在0.39～2.82 cm²，毛管持水量为0.631～0.718分布面积最大；灌木断面积为2.82～9.02 cm²在毛管持水量为0.453～0.504分布最多；灌木断面积为9.02～29.57 cm²在毛管持水量为0.550～0.580分布最多；灌木断面积>29.57 cm²，毛管持水量为0.580～0.631分布面积最大。从横向分析，毛管持水量为0.533～0.550和1.124～1.564，灌木分布较少；毛管持水量为0.453～0.504和0.580～0.867，灌木分布较多。

表8-73　灌木断面积在不同毛管持水量等级上的分布面积

毛管持水量	灌木断面积/cm²							
	<0.17	0.17～0.22	0.22～0.39	0.39～0.95	0.95～2.82	2.82～9.02	9.02～29.57	>29.57
0.366～0.453	0.21	0.02	0.67	25.98	401.13	557.11	9.75	
0.453～0.504			0.19	23.61	363.74	762.05	41.96	
0.504～0.533	0.31	0.17	1.31	19.90	249.71	554.18	29.38	
0.533～0.550	0.49	0.79	2.73	25.80	149.37	231.04	17.87	0.06
0.550～0.578		0.03	2.74	31.57	331.95	465.37	103.58	2.98
0.580～0.631		0.02	1.32	35.31	536.54	731.83	24.14	5.70
0.631～0.718	2.30	0.40	10.10	121.72	895.44	724.34	41.22	5.50
0.718～0.867	11.80	1.53	14.51	114.54	635.86	531.02	22.38	0.25
0.867～1.124	0.05	0.05	0.32	66.94	331.58	432.41	0.15	
1.124～1.564			6.32	38.68	166.56	81.48		

由图8-89和表8-74显示，灌木断面积<0.95 cm²在田间持水量为0.665～0.812分布最多；灌木断面积为0.95～2.82 cm²，田间持水量为0.582～0.665分布面积最大；灌木断面积为2.82～9.02 cm²、9.02～29.57 cm²和>29.57 cm²分布面积最多对应的田间持水量等级依次为0.423～0.469、0.469～0.495和0.535～0.582。从横向分析，田间持水量为<0.582和0.812～1.076，灌木断面积为2.82～9.02 cm²分布最多；其他等级上，灌木断面积以0.95～2.82 cm²为主。田间持水量为0.495～0.510和1.076～1.547，灌木分布较少；田间持水量为0.340～0.469和0.535～0.812，灌木分布较多。

表 8-74　灌木断面积在不同田间持水量等级上的分布面积

田间持水量	灌木断面积/cm^2							
	<0.17	0.17～0.22	0.22～0.39	0.39～0.95	0.95～2.82	2.82～9.02	9.02～29.57	>29.57
0.340～0.423	0.21	0.02	0.67	30.33	421.73	592.34	11.37	
0.423～0.469			0.34	24.04	373.92	785.30	43.64	
0.469～0.495	0.80	0.88	3.25	21.38	243.07	557.82	66.20	
0.495～0.510		0.11	2.68	25.29	146.48	227.28	34.80	0.05
0.510～0.535		0.01	0.94	32.37	301.50	351.38	41.57	2.80
0.535～0.582		0.01	1.08	25.71	502.87	705.61	27.57	5.86
0.582～0.665	2.30	0.39	7.70	111.33	877.84	732.72	36.67	5.60
0.665～0.812	11.80	1.54	16.89	129.17	663.65	568.70	26.88	0.17
0.812～1.076	0.05	0.05	0.33	64.02	354.59	466.29	1.71	
1.076～1.547			6.32	40.39	176.22	83.39		

由灌木与土壤容重关系(图 8-89 和表 8-75)可知，灌木断面积 <0.22 cm^2 和 0.39～0.95 cm^2 主要分布在土壤容重为 0.777～0.875g/cm^3；灌木断面积为 0.22～0.39 cm^2、0.95～2.82 cm^2 在土壤容重为 0.875～0.953 g/cm^3 分布最多；断面积为 2.82～9.02 cm^2 和 >29.57 cm^2，土壤容重为 0.953～1.015 g/cm^3 分布面积最大；断面积为 9.02～29.57 cm^2，土壤容重为 1.015～1.066 g/cm^3 分布面积最大。从横向分析，土壤容重较高(>1.219 g/cm^3)或较低(<0.777 g/cm^3)均对灌木生长有制约作用，比较适合灌木生长土壤容重范围为 0.777～1.156 g/cm^3。

表 8-75　灌木断面积在不同土壤容重等级上的分布面积

土壤容重/(g/cm^3)	灌木断面积/cm^2							
	<0.17	0.17～0.22	0.22～0.39	0.39～0.95	0.95～2.82	2.82～9.02	9.02～29.57	>29.57
0.505～0.656	0.21	0.02	6.70	36.00	179.18	119.11	1.44	
0.656～0.777	0.05	0.06	0.47	80.64	298.72	315.31	0.01	
0.777～0.875	13.77	1.23	7.39	97.55	601.80	517.26	22.22	0.01
0.875～0.953	0.32	0.66	15.27	93.28	698.34	546.40	33.97	4.74
0.953～1.015		0.04	3.09	56.01	573.47	774.25	43.41	7.11
1.015～1.066		0.00	2.71	35.53	458.56	653.51	107.01	2.63
1.066～1.106		0.02	2.31	43.04	319.17	593.84	33.67	
1.106～1.156	0.80	0.97	2.08	33.79	389.98	646.14	39.00	
1.156～1.219			0.01	15.97	334.79	602.19	3.38	
1.219～1.297			0.17	12.24	207.86	302.82	6.29	

由图 8-89 和表 8-76 可知，从纵向分析，灌木断面积 <0.95 cm^2 在毛管孔隙度为 0.633～0.668 分布最多；断面积为 0.95～2.82 cm^2、2.82～9.02 cm^2 和 >9.02 cm^2 分布面积最大对应的毛管孔隙度等级依次为 0.609～0.633、0.562～0.579 和 0.538～0.562。从横向分析，毛管

孔隙度为0.609~0.633，灌木断面积为0.95~2.82 cm^{2}分布面积最大；其他毛管孔隙度等级，灌木断面积分布面积最大的均为2.82~9.02 cm^2。灌木生长对毛管孔隙度具有偏好性，毛管孔隙度为0.503~0.579和0.591~0.668较适合灌木生长。

表8-76　灌木断面积在不同毛管孔隙度等级上的分布面积

毛管孔隙度	灌木断面积/cm^2							
	<0.17	0.17~0.22	0.22~0.39	0.39~0.95	0.95~2.82	2.82~9.02	9.02~29.57	>29.57
0.452~0.503	0.21	0.02	0.48	10.44	179.39	289.69	5.47	
0.503~0.538		0.02	1.37	38.39	378.04	636.35	44.11	0.01
0.538~0.562			0.80	23.88	407.98	693.47	81.43	5.68
0.562~0.579		0.02	3.54	39.91	375.84	728.56	33.25	5.38
0.579~0.591	1.44	0.64	2.84	31.17	302.20	324.95	23.82	2.40
0.591~0.609	1.53	0.65	2.94	52.86	494.83	498.34	34.99	1.02
0.609~0.633	0.55	0.51	5.41	82.37	787.34	652.85	18.04	
0.633~0.668	11.39	1.08	11.85	107.20	489.35	534.48	38.13	
0.668~0.719	0.05	0.06	4.65	76.71	381.73	408.45	8.31	
0.719~0.791			6.32	41.11	265.17	303.70	2.85	

由图8-89和表8-77可知，灌木断面积为<0.17 cm^2、2.82~9.02 cm^{2}在非毛管孔隙度为0.031~0.035分布最多；灌木断面积为0.39~2.82 cm^{2}和9.02~29.57 cm^{2}分布面积最多对应的非毛管孔隙度为0.035~0.042；断面积为0.17~0.22 cm^2、0.22~0.39 cm^{2}和>29.57 cm^{2}分布面积最多对应的非毛管孔隙度范围依次为0.024~0.027、0.016~0.021和0.042~0.051。从横向分析，非毛管孔隙度为0.009~0.016和0.042~0.063，灌木分布较少；非毛管孔隙度为0.027~0.051，灌木分布较多。

由灌木与总孔隙度关系(图8-89和表8-78)显示，断面积<0.17 cm^{2}和0.39~0.95 cm^2,

表8-77　灌木断面积在不同非毛管孔隙度等级上的分布面积

非毛管孔隙度	灌木断面积/cm^2							
	<0.17	0.17~0.22	0.22~0.39	0.39~0.95	0.95~2.82	2.82~9.02	9.02~29.57	>29.57
0.009~0.016	0.21	0.02	0.48	7.96	266.47	390.84	15.75	
0.016~0.021		0.27	14.30	64.07	374.51	519.58	4.01	
0.021~0.024		0.31	2.79	66.05	390.46	457.98	13.99	
0.024~0.027	3.72	1.33	5.49	43.90	358.63	477.18	18.68	
0.027~0.031	3.43	0.28	2.42	65.26	523.41	638.83	42.21	
0.031~0.035	4.30	0.47	6.83	93.52	683.17	844.16	68.04	
0.035~0.042	3.49	0.33	7.47	107.52	708.98	807.56	82.81	5.51
0.042~0.051			0.09	29.51	429.29	562.66	30.49	8.98
0.051~0.063			0.33	20.67	266.14	262.78	10.46	
0.063~0.079				5.57	60.81	109.26	3.96	

总孔隙度为0.652～0.675分布面积最大；断面积为0.17～0.22 cm^2，较均匀地分布在孔隙度为0.620～0.675；断面积为0.22～0.39 cm^2在总孔隙度为0.675～0.706分布最多；断面积为0.95～29.57 cm^2在总孔隙度为0.579～0.620分布面积最大；断面积＞29.57cm^2，总孔隙度为0.620～0.636分布面积最大。从横向分析，总孔隙度较低（＜0.567）或较高（＞0.748）均对灌木生长有抑制作用，较适合灌木生长的总孔隙度范围为0.567～0.675。

表8-78　灌木断面积在不同总孔隙度等级上的分布面积

总孔隙度	灌木断面积/cm²							
	＜0.17	0.17～0.22	0.22～0.39	0.39～0.95	0.95～2.82	2.82～9.02	9.02～29.57	＞29.57
0.465～0.524	0.21	0.02	0.48	3.82	26.42	35.59	1.44	
0.524～0.567			0.16	12.33	209.87	407.67	10.38	
0.567～0.579			0.08	31.68	504.30	859.18	63.52	
0.579～0.620	0.31	0.09	3.77	70.43	720.22	1 140.16	104.70	3.34
0.620～0.636	2.44	0.93	5.65	53.16	589.24	699.31	43.74	4.85
0.636～0.652	0.82	0.79	8.34	86.35	717.68	606.98	25.42	4.32
0.652～0.675	11.33	0.93	4.74	99.80	565.88	495.03	26.46	1.98
0.675～0.706	0.05	0.25	10.61	55.27	331.94	311.39	7.49	
0.706～0.748			0.92	74.50	292.19	405.20	5.76	
0.748～0.807			5.45	16.70	104.14	110.31	1.47	

2. 灌木与土壤pH

由灌木与土壤pH值空间分布格局叠加图（图8-90）及统计表（表8-79）可知，断面积＜0.17 cm^2，土壤pH值为4.27～4.41分布面积最大；断面积＞0.17 cm^2各分级面积分布最大对应的土壤pH值均为4.41～4.57。从横向看，随着土壤pH值增大，断面积先增加后减少，呈较明显单峰型分布。土壤pH值偏酸性或碱性都一定程度抑制灌木生长，土壤pH值为3.88～4.00、4.00～4.13、4.13～4.27和5.28～5.49，其灌木断面积与样地面积比值分别是0.30%、1.41%、3.01%和0，4个等级断面积仅为样地4.71%。比较适合灌木生长土壤pH值范围与乔木相同，均为4.27～4.90。

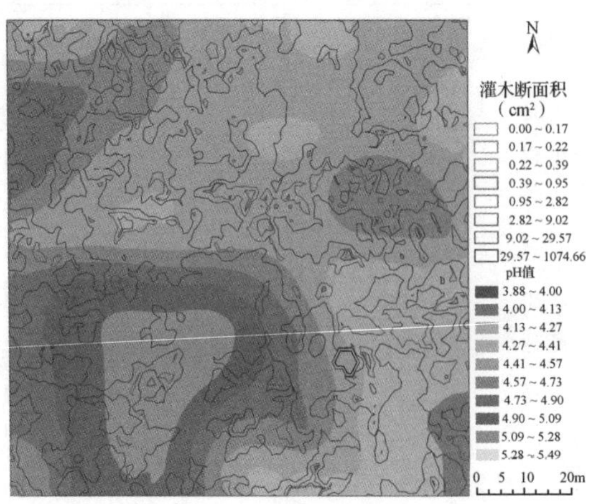

图8-90　灌木断面积与土壤pH值空间分布格局叠加图（同插页图8-90）

表 8-79　灌木断面积在不同土壤 pH 等级上的分布面积

土壤 pH 值	灌木断面积/cm^2							
	<0. 17	0. 17 ~ 0. 22	0. 22 ~ 0. 39	0. 39 ~ 0. 95	0. 95 ~ 2. 82	2. 82 ~ 9. 02	9. 02 ~ 29. 57	>29. 57
3. 88 ~ 4. 00	0. 21	0. 02	0. 48	3. 82	13. 57	10. 44	1. 44	
4. 00 ~ 4. 13				11. 97	70. 70	58. 08		
4. 13 ~ 4. 27			0. 57	22. 38	127. 26	150. 37		
4. 27 ~ 4. 41	11. 80	1. 05	13. 20	145. 92	610. 95	610. 05	8. 06	0. 00
4. 41 ~ 4. 57	0. 95	1. 66	17. 88	157. 22	1 598. 33	1 711. 28	89. 73	14. 49
4. 57 ~ 4. 73	2. 20	0. 28	7. 86	85. 83	740. 85	779. 76	48. 48	
4. 73 ~ 4. 90				39. 90	477. 19	643. 08	33. 44	
4. 90 ~ 5. 09			0. 21	28. 93	250. 62	616. 94	74. 37	
5. 09 ~ 5. 28				8. 06	172. 41	490. 82	34. 89	
5. 28 ~ 5. 49								

3. 灌木与土壤养分

灌木与土壤全氮关系(图 8-91 和表 8-80)显示，断面积为 <0. 17 cm^2 和 0. 22 ~ 0. 39 cm^2 分布面积最大出现在全氮为 0. 241 ~ 0. 315 g/kg；断面积为 0. 17 ~ 0. 22 cm^2 、0. 39 ~ 9. 02 cm^2 和 >29. 57 cm^2 分布面积最大出现在全氮为 0. 193 ~ 0. 241 g/kg；断面积为 9. 02 ~ 29. 57 cm^2 在全氮为 0. 142 ~ 0. 162 g/kg 分布面积最大。从横向分析，全氮含量较高(>0. 315 g/kg)或较低(< 0. 078 g/kg) 均对灌木生长有制约作用，较适合灌木生长的土壤全氮范围为 0. 142 ~ 0. 241 g/kg。

表 8-80　灌木断面积在不同土壤全氮等级上的分布面积

土壤全氮 /(g/kg)	灌木断面积/cm^2							
	<0. 17	0. 17 ~ 0. 22	0. 22 ~ 0. 39	0. 39 ~ 0. 95	0. 95 ~ 2. 82	2. 82 ~ 9. 02	9. 02 ~ 29. 57	>29. 57
0. 030 ~ 0. 078	0. 21	0. 02	0. 48	3. 82	13. 57	10. 44	1. 44	
0. 078 ~ 0. 109	2. 19	0. 27	1. 42	19. 67	286. 74	630. 15	4. 82	
0. 109 ~ 0. 129			0. 03	26. 45	404. 57	571. 90	26. 82	
0. 129 ~ 0. 142			0. 89	24. 71	303. 26	490. 41	71. 66	
0. 142 ~ 0. 162			6. 26	56. 13	589. 47	686. 99	97. 50	
0. 162 ~ 0. 193		0. 06	2. 93	55. 76	608. 13	556. 57	26. 67	
0. 193 ~ 0. 241	1. 05	1. 42	12. 07	214. 35	1 292. 54	1 413. 62	53. 45	14. 28
0. 241 ~ 0. 315	11. 70	1. 24	14. 08	90. 79	450. 41	461. 61	8. 05	0. 21
0. 315 ~ 0. 431			2. 05	12. 35	113. 18	249. 14		
0. 431 ~ 0. 611								

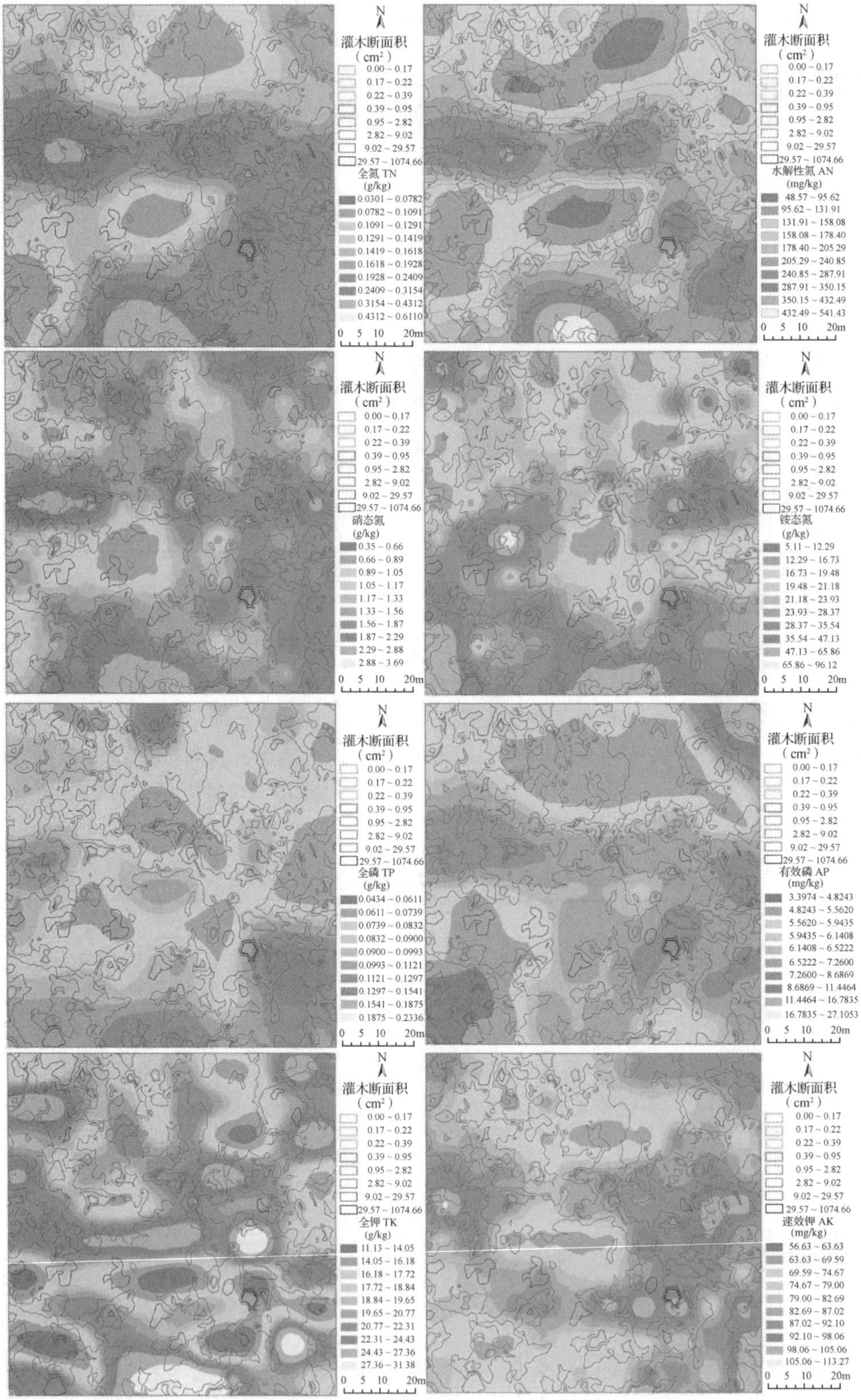

图 8-91　灌木断面积与土壤养分空间分布格局叠加图(同插页图 8-91)

由图 8-91 和表 8-81 可知，灌木断面积为 <0. 17 cm^{2}和 0. 22 ~0. 39 cm^{2}在土壤水解性氮为 287. 91 ~350. 15 mg/kg 分布最多；断面积为 0. 17 ~0. 22 cm^2、0. 39 ~0. 95 cm^{2}和 >29. 57 cm^{2}在水解性氮为含水量为 205. 29 ~240. 85 mg/kg 分布最多；断面积为 0. 95 ~2. 82 cm^{2}在水解性氮为 178. 40 ~205. 29 mg/kg 分布最多；断面积为 2. 82 ~29. 57 cm^{2}在水解性氮为 95. 62 ~131. 19 mg/kg 分布最多。从横向分析，水解性氮为 158. 08 ~ 178. 40 mg/kg 和 240. 85 ~287. 91 mg/kg，断面积为 0. 95 ~2. 82 cm^{2}分布面积最大；其他水解性氮等级断面积为 2. 82 ~9. 02 cm^{2}分布面积最大。总体上，灌木在水解性氮为 131. 19 ~287. 91 mg/kg 分布较多。

表 8-81　灌木断面积在不同土壤水解性氮等级上的分布面积

土壤水解性氮/(mg/kg)	灌木断面积/cm^2							
	<0. 17	0. 17 ~0. 22	0. 22 ~0. 39	0. 39 ~0. 95	0. 95 ~2. 82	2. 82 ~9. 02	9. 02 ~29. 57	>29. 57
48. 57 ~95. 62	0. 21	0. 02	0. 50	5. 76	107. 53	305. 88	1. 44	
95. 62 ~131. 19			0. 20	33. 37	623. 38	982. 79	79. 32	
131. 19 ~158. 08			0. 33	50. 45	638. 52	904. 09	59. 02	
158. 08 ~178. 40	2. 19	0. 33	9. 84	69. 76	578. 37	496. 34	60. 50	
178. 40 ~205. 29		0. 01	3. 10	86. 05	701. 78	730. 92	40. 87	2. 52
205. 29 ~240. 85	0. 97	1. 32	8. 86	106. 36	577. 64	766. 92	38. 19	10. 61
240. 85 ~287. 91	5. 47	0. 58	3. 07	87. 81	547. 61	445. 86	10. 66	1. 35
287. 91 ~350. 15	6. 32	0. 75	11. 37	53. 98	211. 21	267. 91	0. 42	
350. 15 ~432. 49			2. 92	5. 07	41. 64	122. 09		
432. 49 ~541. 43				5. 42	34. 19	48. 04		

由灌木与土壤硝态氮关系(图 8-91 和表 8-82)显示，灌木断面积在 2. 82 ~29. 57 cm^{2}分布面积最大对应的土壤硝态氮等级为 1. 33 ~1. 56 g/kg；其他断面积等级最大都出现在硝态氮为 1. 56 ~1. 87 g/kg。从横向分析，硝态氮在 0. 66 ~1. 87 g/kg 和 2. 29 ~2. 88 g/kg 断面积都是 2. 82 ~9. 02 cm^{2}分布最多；其他硝态氮等级上都是断面积为 0. 95 ~2. 82 cm^{2}灌木最多。硝态氮较低(<1. 17 g/kg)或较高(>2. 29 g/kg)，灌木分布均较少，较适合灌木生长硝态氮范围为 1. 17 ~2. 29 g/kg。

表 8-82　灌木断面积在不同土壤硝态氮等级上的分布面积

土壤硝态氮/(g/kg)	灌木断面积/cm^2							
	<0. 17	0. 17 ~0. 22	0. 22 ~0. 39	0. 39 ~0. 95	0. 95 ~2. 82	2. 82 ~9. 02	9. 02 ~29. 57	>29. 57
0. 35 ~0. 66	0. 21	0. 02	0. 48	3. 82	13. 66	10. 88	1. 44	
0. 66 ~0. 89				2. 82	55. 18	212. 23	26. 18	
0. 89 ~1. 05			0. 19	15. 29	227. 52	318. 23	40. 68	
1. 05 ~1. 17			0. 43	23. 62	302. 64	394. 97	11. 73	
1. 17 ~1. 33	2. 19	0. 29	1. 71	40. 22	518. 24	739. 09	13. 93	0. 14
1. 33 ~1. 56		0. 00	7. 52	106. 19	1 042. 50	1 302. 47	142. 68	3. 90
1. 56 ~1. 87	11. 41	1. 96	13. 49	178. 21	1 105. 30	1 166. 99	38. 14	10. 45
1. 87 ~2. 29	1. 35	0. 19	6. 58	106. 75	681. 99	680. 24	15. 04	
2. 29 ~2. 88		0. 54	9. 80	27. 11	114. 84	245. 73	0. 59	
2. 88 ~3. 69								

由图8-91和表8-83可知，灌木断面积<0.17 cm^2在土壤铵态氮为47.13~65.86 g/kg分布面积最大；断面积为0.17~0.22 cm^2、2.82~9.02 cm^2和>29.57 cm^2，铵态氮为28.37~35.54 g/kg分布面积最大；断面积为0.22~2.28 cm^2，铵态氮为21.18~23.93 g/kg分布面积最大；断面积为9.02~29.57 cm^2，铵态氮为23.93~28.37 g/kg分布面积最大。从横向分析，铵态氮为5.11~12.29 g/kg和47.13~96.12 g/kg，灌木分布较少；铵态氮为16.73~47.13 g/kg，灌木分布较多。

表8-83　灌木断面积在不同土壤铵态氮等级上的分布面积

土壤铵态氮/(g/kg)	灌木断面积/cm^2							
	<0.17	0.17~0.22	0.22~0.39	0.39~0.95	0.95~2.82	2.82~9.02	9.02~29.57	>29.57
5.11~12.29	0.21	0.02	0.48	5.07	32.29	25.66	1.44	
12.29~16.73			8.41	46.19	230.34	420.01	0.75	
16.73~19.48	0.05	0.65	6.01	89.66	664.99	806.37	22.47	
19.48~21.18		0.00	1.38	58.76	490.75	436.20	23.18	
21.18~23.93			9.97	97.12	731.02	694.08	35.70	
23.93~28.37		0.02	3.49	78.57	702.63	697.17	84.23	1.79
28.37~35.54	0.29	0.97	4.86	53.86	554.41	898.34	72.50	9.43
35.54~47.13	0.66	0.38	1.74	40.07	476.63	826.58	46.98	3.27
47.13~65.86	13.95	0.96	3.86	31.99	166.13	265.34	3.17	
65.86~96.12				2.75	12.67	1.09		

由图8-91和表8-84可知，灌木断面积<0.17 cm^2和>29.57 cm^2，土壤全磷为0.099~0.112 g/kg分布面积最大；断面积为0.17~0.22 cm^2在全磷为0.083~0.09 g/kg分布最多；断面积为0.22~9.02 cm^2，全磷为0.074~0.083 g/kg分布面积最大；断面积为9.02~29.57 cm^2，全磷为0.061~0.074 g/kg分布面积最大。从横向分析，灌木在全磷为0.043~0.061 g/kg和>0.112 g/kg分布较少；在0.074~0.083 g/kg分布最多，其次为0.083~0.09 g/kg，较适合灌木生长全磷范围为0.061~0.112 g/kg。

表8-84　灌木断面积在不同土壤全磷等级上的分布面积

土壤全磷/(g/kg)	灌木断面积/cm^2							
	<0.17	0.17~0.22	0.22~0.39	0.39~0.95	0.95~2.82	2.82~9.02	9.02~29.57	>29.57
0.043~0.061	0.21	0.02	0.48	3.82	13.57	10.44	1.44	
0.061~0.074		0.04	9.56	68.81	419.63	723.47	90.32	
0.074~0.083		0.57	10.14	101.39	1 044.35	1 248.74	68.21	
0.083~0.090	0.64	0.90	8.39	88.64	781.13	1 009.65	27.20	
0.090~0.099	0.16	0.10	2.94	80.40	806.02	784.55	44.84	1.46
0.099~0.112	9.54	0.87	5.33	92.04	459.25	688.93	54.17	8.64
0.112~0.130	4.60	0.52	2.77	43.39	355.32	433.95	4.22	4.39
0.130~0.154			0.58	25.55	182.62	171.10		
0.154~0.188								
0.188~0.234								

由图8-91和表8-85可知，灌木断面积<0.17 cm^2在土壤有效磷为6.141～6.522 mg/kg分布最多；断面积为0.17～0.22 cm^2和0.39～9.02 cm^2在有效磷为6.522～7.26 mg/kg分布面积最大；断面积为0.22～0.39 cm^2和>29.57 cm^2在有效磷为7.26～8.687 mg/kg分布面积最大；断面积为9.02～29.57 cm^2，有效磷为5.944～6.141 mg/kg分布面积最大。从横向分析，有效磷为3.397～4.824 mg/kg、5.944～6.141 mg/kg和8.687～27.105 mg/kg，灌木分布较少；有效磷为4.824～5.944 mg/kg和6.141～8.687 mg/kg，灌木分布较多。

表8-85　灌木断面积在不同土壤有效磷等级上的分布面积

土壤有效磷/(mg/kg)	灌木断面积/cm^2							
	<0.17	0.17～0.22	0.22～0.39	0.39～0.95	0.95～2.82	2.82～9.02	9.02～29.57	>29.57
3.397～4.824	2.40	0.29	1.89	32.89	158.93	181.12	2.12	
4.824～5.562			0.73	41.80	737.62	1 058.61	66.39	
5.562～5.944	1.35	0.26	4.47	49.28	628.64	812.20	60.39	
5.944～6.141	5.08	0.28	6.36	42.23	291.77	257.56	66.60	
6.141～6.522	5.34	0.22	4.71	60.16	416.19	566.98	27.07	
6.522～7.260	0.80	1.48	6.71	156.89	1 220.65	1 551.79	56.27	1.80
7.260～8.687	0.19	0.49	15.10	108.79	491.65	552.44	11.56	12.69
8.687～11.446				3.27	50.37	53.71		
11.446～16.784			0.22	8.73	66.05	36.42		
16.784～27.105								

由灌木与全钾关系(图8-91和表8-86)显示，灌木断面积为<0.17 cm^2、0.17～0.22 cm^2、9.02～29.57 cm^2和>29.57 cm^2分布面积最大对应土壤全钾等级依次为27.36～31.38 g/kg、24.43～27.36 g/kg、18.84～19.65 g/kg、14.05～16.18 g/kg；断面积为0.22～9.02 cm^2，全钾为20.77～22.31 g/kg分布面积最大。从横向分析，全钾较高(>27.36 g/kg)或较低(<14.05 g/kg)均会抑制灌木生长，较适合灌木生长全钾范围为16.18～18.84 g/kg和19.65～24.43 g/kg。

表8-86　灌木断面积在不同土壤全钾等级上的分布面积

土壤全钾/(g/kg)	灌木断面积/cm^2							
	<0.17	0.17～0.22	0.22～0.39	0.39～0.95	0.95～2.82	2.82～9.02	9.02～29.57	>29.57
11.13～14.05	0.28	0.11	1.26	31.49	121.75	304.72	14.94	2.57
14.05～16.18	0.07	0.28	1.95	45.30	246.68	448.64	33.69	11.45
16.18～17.72			6.08	54.30	435.44	721.16	55.23	0.46
17.72～18.84			3.64	41.79	479.54	538.68	61.18	
18.84～19.65			1.23	35.74	385.46	496.70	48.99	
19.65～20.77		0.00	4.02	56.71	533.83	648.54	32.03	
20.77～22.31	0.92	0.65	11.52	101.62	724.07	774.39	16.30	
22.31～24.43	1.46	0.35	5.32	69.60	676.82	571.73	28.03	
24.43～27.36	2.61	1.10	3.55	51.38	343.83	393.31	0.01	
27.36～31.38	9.81	0.51	1.63	16.10	114.46	172.95		

由灌木与速效钾关系(图 8-91 和表 8-87)显示，断面积 <0.17 cm^2 和 2.82 ~ 9.02 cm^2 在土壤速效钾为 82.69 ~ 87.02 mg/kg 分布面积最大；断面积在 0.17 ~ 2.82 cm^2 分布面积最大对应的速效钾等级为 87.02 ~ 92.10 mg/kg；断面积为 9.02 ~ 29.57 cm^2 和 >29.57 cm^2 分别在速效钾为 79.00 ~ 82.69 mg/kg 和 92.10 ~ 98.06 mg/kg 分布面积最大。从横向分析，较适合灌木生长速效钾范围为 69.59 ~ 92.10 mg/kg。

表 8-87　灌木断面积在不同土壤速效钾等级上的分布面积

土壤速效钾/(mg/kg)	灌木断面积/cm^2							
	<0.17	0.17 ~ 0.22	0.22 ~ 0.39	0.39 ~ 0.95	0.95 ~ 2.82	2.82 ~ 9.02	9.02 ~ 29.57	>29.57
56.63 ~ 63.63	0.21	0.02	0.48	3.82	13.57	10.44	1.44	
63.63 ~ 69.59			0.09	8.65	163.69	190.38		
69.59 ~ 74.67			6.38	56.16	588.80	632.93	37.25	
74.67 ~ 79.00	2.14	0.24	1.36	51.06	663.71	918.69	65.30	
79.00 ~ 82.69	1.69	0.13	1.06	32.89	527.40	915.63	71.12	
82.69 ~ 87.02	9.87	0.39	12.38	111.73	685.45	989.90	62.91	
87.02 ~ 92.10	1.14	1.92	15.41	168.36	906.31	845.82	35.35	0.05
92.10 ~ 98.06	0.11	0.31	2.53	42.90	383.91	375.05	12.36	10.74
98.06 ~ 105.06			0.51	28.16	125.80	191.87	4.62	3.70
105.06 ~ 113.27				0.31	3.25	0.12	0.06	

4. 灌木与土壤有机碳

由灌木与土壤有机碳密度关系(图 8-92 和表 8-88)显示，断面积 <2.82 cm^2，土壤有机碳密度为 10.98 ~ 13.19 kg/m^2 分布面积最大；断面积为 2.82 ~ 9.02 cm^2、9.02 ~ 29.57 cm^2 和 >29.57 cm^2 分布最多对应的土壤有机碳密度等级分别为 9.23 ~ 10.98 kg/m^2、7.86 ~ 9.23 kg/m^2 和 6.78 ~ 7.86 kg/m^2。从横向分析，土壤有机碳密度为 10.98 ~ 13.19 kg/m^2，断面积为 0.95 ~ 2.82 cm^2 分布最大，其他土壤有机碳密度等级上断面积均为 2.82 ~ 9.02 cm^2 分布最多。土壤有机碳密度较低(1.46 ~ 5.41 kg/m^2)或较高(16 ~ 24.13 kg/m^2)，灌木分布较少；土壤有机碳密度为 6.78 ~ 13.19 kg/m^2，灌木分布较多。

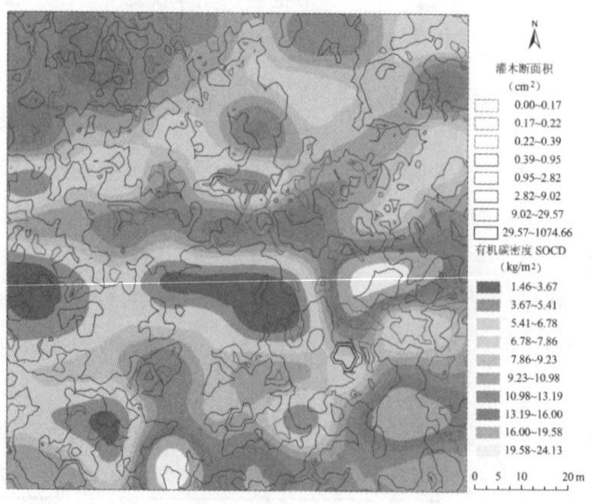

图 8-92　灌木断面积与土壤有机碳密度空间分布格局叠加图(同插页图 8-92)

表 8-88　灌木断面积在不同土壤有机碳密度等级上的分布面积

土壤有机碳密度/(kg/m^2)	灌木断面积/cm^2							
	<0.17	0.17~0.22	0.22~0.39	0.39~0.95	0.95~2.82	2.82~9.02	9.02~29.57	>29.57
1.46~3.67	0.21	0.02	0.48	9.52	104.97	286.41	9.90	
3.67~5.41		0.02	3.75	37.95	173.79	350.08	24.54	
5.41~6.78		0.02	2.16	65.63	333.21	431.89	36.12	0.04
6.78~7.86		0.00	0.33	31.90	489.90	620.51	27.78	7.17
7.86~9.23	0.19	0.40	2.84	58.06	683.54	901.85	57.60	6.49
9.23~10.98	2.25	0.33	5.03	102.24	820.05	905.67	53.39	0.80
10.98~13.19	9.93	1.26	23.21	133.74	874.01	837.10	31.03	
13.19~16.00	2.59	0.95	2.39	57.44	398.58	451.45	49.88	
16.00~19.58				7.56	132.61	224.40	0.16	
19.58~24.13					51.22	61.46		

5. 灌木与土壤温度

由图 8-93 和表 8-89、表 8-90 可知，断面积 <0.95 cm^{2}在 4 月土壤温度为 17.3~17.5℃分布面积最大，在 8 月，23.9~24.7℃分布面积最大；断面积为 0.95~2.82 cm^{2}在 4 月土壤温度为 17.8~18.2℃分布最多，在 8 月 23.9~24.7℃分布最多；断面积 >2.82 cm^2，4 月土壤温度为 17.0~17.3℃分布面积最大，在 8 月分布面积最大对应的土壤温度等级分别为 23.9~24.7℃、23.4~23.9℃和 23.2~23.4℃。从横向分析，4 月土壤温度维持在 17.7~18.8℃较适合灌木生长，8 月灌木土壤温度维持在 23.4~26.4℃较适合灌木生长。在 4 月和 8 月，测定的极端温度范围内灌木分布均较少。

表 8-89　灌木断面积在不同土壤温度(4 月)等级上的分布面积

土壤温度/℃	灌木断面积/cm^2							
	<0.17	0.17~0.22	0.22~0.39	0.39~0.95	0.95~2.82	2.82~9.02	9.02~29.57	>29.57
16.0~16.6	0.21	0.02	0.48	3.82	13.57	10.44	1.44	
16.6~17.0			0.21	16.16	187.59	268.60		
17.0~17.3	0.19	0.41	3.92	155.95	919.25	1 634.31	123.43	14.49
17.3~17.5	14.71	2.52	27.25	177.25	959.71	1 186.15	55.56	
17.5~17.8	0.05	0.05	0.85	52.73	701.74	553.45	16.96	
17.8~18.2		0.00	7.49	81.55	1 017.06	1 273.72	40.94	
18.2~18.8				16.57	262.97	144.15	52.08	
18.8~19.7	0.21	0.02	0.48	3.82	13.57	10.44	1.44	
19.7~20.9			0.21	16.16	187.59	268.60		
20.9~22.7								

表 8-90　灌木断面积在不同土壤温度(8 月)等级上的分布面积

土壤温度/℃	灌木断面积/cm^2							
	<0.17	0.17～0.22	0.22～0.39	0.39～0.95	0.95～2.82	2.82～9.02	9.02～29.57	>29.57
19.9～21.6	0.21	0.02	0.48	3.82	13.57	10.44	1.44	
21.6～22.4	2.19	0.27	1.42	7.54	40.97	80.28	17.65	
22.4～22.9			0.03	32.67	290.17	507.91	35.74	
22.9～23.1				10.33	147.66	259.58	23.16	
23.1～23.2				16.00	64.04	165.75	17.54	
23.2～23.4	0.19	0.42	2.49	75.29	285.92	459.07	46.16	14.49
23.4～23.9		0.02	9.56	130.72	945.98	1 180.52	48.51	
23.9～24.7	12.57	2.28	25.46	169.37	1 476.41	1 331.20	83.12	
24.7～26.4		0.00	0.77	58.28	797.15	1 076.08	17.09	
26.4～29.6								

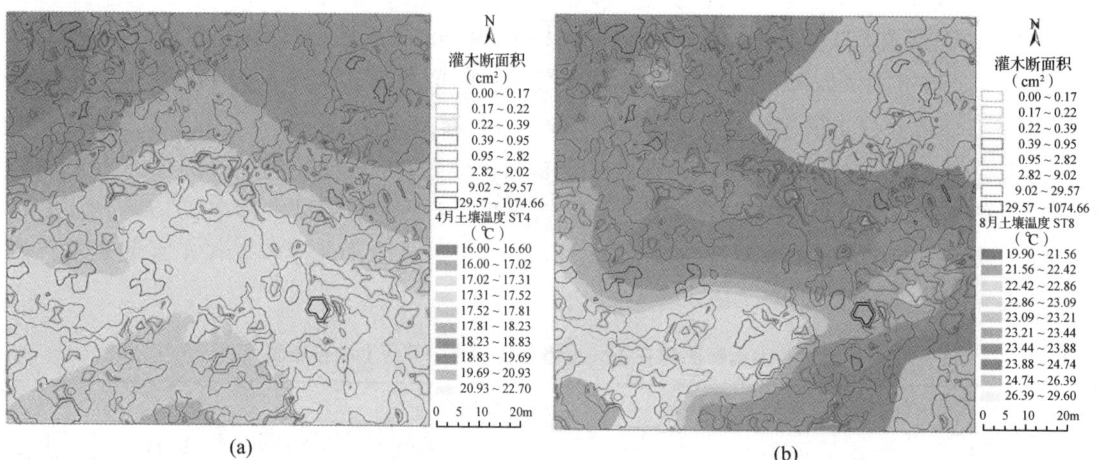

图 8-93　乔木断面积与土壤温度空间分布格局叠加图(同插页图 8-93)

6. 灌木与有效光合辐射 PAR

由灌木与 PAR 关系(图 8-94 和表 8-91)显示，断面积 <0.22 cm^2 在 PAR 为 23～32 μmol/(s·m^2)分布最多；断面积 >0.22 cm^2 各等级上(从小到大)上分布面积最大对应的 PAR 范围依次为 101～155 μmol/(s·m^2)、3～8 μmol/(s·m^2)、45～67 μmol/(s·m^2)、32～45 μmol/(s·m^2)、14～17 μmol/(s·m^2)和 45～67 μmol/(s·m^2)。从横向分析，PAR 为 8～12 μmol/(s·m^2)和101～155 μmol/(s·m^2)，断面积为 0.95～2.82 cm^2灌木分布较多，其他 PAR 等级断面积均是 2.82～9.02 cm^2分布面积最大；总体而言，PAR 为 12～14 μmol/(s·m^2)和 67～155 μmol/(s·m^2)，灌木分布较少；PAR 为 17～67 μmol/(s·m^2)，灌木分布较多。

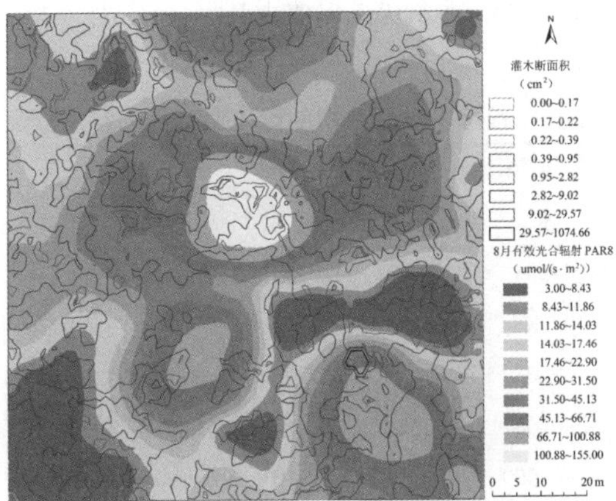

图 8-94　灌木断面积与有效光合辐射空间分布格局叠加图(同插页图 8-94)

表 8-91　灌木断面积在不同有效光合辐射等级上的分布面积

有效光合辐射 /(μmol/s · m^2)	灌木断面积/cm^2							
	<0.17	0.17～0.22	0.22～0.39	0.39～0.95	0.95～2.82	2.82～9.02	9.02～29.57	>29.57
3～8	2.40	0.29	3.02	107.51	417.02	512.06	41.28	
8～12		0.02	4.91	62.28	456.45	314.06	16.78	
12～14		0.02	1.06	19.11	182.26	248.83	22.64	
14～17			0.04	20.95	306.07	383.46	77.83	
17～23	0.13	0.07	1.14	46.65	555.42	708.39	12.18	
23～32	11.52	1.45	3.60	35.86	545.55	791.48	28.75	
32～45	1.03	0.31	5.20	61.83	618.91	815.13	33.90	2.98
45～67	0.08	0.27	7.61	80.84	640.69	806.66	48.20	9.59
67～101		0.00	0.63	19.82	241.12	422.49	8.84	1.92
101～155		0.58	12.99	49.19	98.39	68.28		

四、植被—土壤—地形关系研究

1. 主成分分析

主成分分析基于降维思想，将相关性较强多个指标转换成独立性较强少数几个主成分，且新主成分能反映原有多个指标信息。将 100 个样方植被(10 个)、土壤(18 个)和地形(3 个)指标进行主成分分析。结果表明戴云山黄山松林前 9 个主成分对方差解释的贡献率为 80.63%，能较全面反映所有信息；各主成分贡献率都较低，表明黄山松森林生态系统异质性较强，研究因子相互作用应重视分异特征，并综合植被、土壤和地形三者关系。

由表 8-92 可知，黄山松林第Ⅰ主成分因子载荷量最大的是土壤含水量、最大持水量、毛管持水量、田间持水量、土壤容重、毛管孔隙度、总孔隙度和水解性氮，表明这些因子在暖性针叶林生态系统处于主导地位，即土壤水分—物理性质和水解性氮是重要指示因子；第Ⅱ主成分因子载荷量较大的是 5 种物种多样性指数，表明植物多样性在生态系统中地位较重要；第Ⅲ主成分因子载荷量以林分结构因子(株数和林分密度)较大；第Ⅳ和第Ⅴ主成分因子载荷

量分别反映出土壤养分(氮素及有机碳密度)和地形因子在生态系统中重要性较大，其他因子在森林生态系统中作用相对较小。

表 8-92 戴云山黄山松林主成分分析的因子载荷量、特征根及累积贡献率

因子	成分								
	Ⅰ	Ⅱ	Ⅲ	Ⅳ	Ⅴ	Ⅵ	Ⅶ	Ⅷ	Ⅸ
高程	-0.429	0.235	-0.236	-0.131	0.634	0.017	0.383	0.055	-0.143
坡度	-0.222	0.188	-0.198	-0.071	0.763	-0.072	0.276	0.093	-0.170
岩石裸露率	0.005	-0.037	-0.234	0.118	0.384	0.275	-0.277	0.269	0.524
土壤含水量	0.928	-0.042	0.235	-0.080	0.087	0.000	-0.035	0.090	0.055
最大持水量	0.931	-0.060	0.184	-0.205	0.110	0.075	0.096	-0.015	0.009
毛管持水量	0.933	-0.057	0.199	-0.202	0.110	0.063	0.075	0.022	0.006
田间持水量	0.934	-0.051	0.192	-0.192	0.111	0.059	0.050	0.041	0.009
土壤容重	-0.901	0.076	-0.129	0.200	-0.120	-0.091	-0.161	-0.009	-0.012
非毛管孔隙度	-0.251	-0.039	-0.249	-0.033	-0.036	0.168	0.308	-0.567	0.077
毛管孔隙度	0.876	-0.031	0.287	-0.240	0.084	-0.004	0.007	0.046	-0.042
总孔隙度	0.860	-0.040	0.248	-0.256	0.080	0.029	0.069	-0.066	-0.029
TN	0.594	-0.084	-0.437	0.563	0.049	0.101	-0.015	-0.063	-0.046
AN	0.651	-0.082	-0.381	0.531	0.023	0.105	0.023	0.051	-0.063
铵态氮	-0.018	0.087	-0.127	0.041	-0.223	-0.126	0.516	0.333	0.537
硝态氮	0.497	0.019	-0.334	0.604	0.079	0.086	-0.048	-0.044	0.051
AP	0.516	-0.127	-0.417	0.181	0.161	0.198	-0.288	-0.319	-0.006
Tp	0.311	0.198	-0.139	0.160	-0.400	0.093	0.253	0.289	0.008
AK	0.277	-0.170	-0.008	0.218	0.194	-0.261	0.110	-0.347	0.493
TK	0.177	-0.150	-0.133	0.153	-0.337	0.331	0.560	0.043	-0.183
SOCD	0.346	-0.019	-0.187	0.512	0.045	-0.193	0.122	0.111	-0.333
pH	-0.483	0.183	-0.244	-0.287	0.184	0.164	0.190	-0.027	0.099
更新苗	-0.267	-0.383	0.353	0.295	0.254	-0.144	-0.045	0.279	-0.101
物种数	-0.125	0.641	0.501	0.378	0.062	0.265	-0.061	0.116	0.055
株数	-0.357	-0.405	0.634	0.384	0.116	0.170	0.152	-0.159	0.015
林分密度	-0.357	-0.405	0.634	0.384	0.116	0.170	0.152	-0.159	0.015
平均显著度	-0.163	0.165	0.145	-0.191	-0.062	0.746	0.005	-0.220	0.008
平均树高	0.013	0.432	-0.447	-0.267	0.000	0.433	-0.145	0.184	-0.069
丰富度指数	-0.058	0.754	0.364	0.311	0.075	0.195	-0.071	0.150	0.005
Shannon-Wiener 指数	0.126	0.925	0.257	0.192	-0.017	-0.046	0.015	-0.087	0.030
Simpson 优势度指数	-0.145	-0.880	-0.178	-0.144	0.001	0.195	-0.048	0.202	-0.013
Pielou 均匀度	0.324	0.734	-0.113	-0.059	-0.064	-0.380	0.041	-0.277	-0.017
特征值	8.45	4.11	2.95	2.56	1.75	1.58	1.32	1.23	1.05
累积贡献率	27.25	40.51	50.03	58.28	63.91	69.01	73.26	77.25	80.63

2. 逐步回归分析

植物生长与周围土壤、地形因子关系密切。将林分结构因子(树高和胸径)与土壤、有效光合辐射和地形因子逐步回归分析，结果表明树高作为因变量，只有高程进入回归水平；胸径作为因变量，只有土壤水解性氮进入回归水平，二者回归模型分别为：

$$树高 = -23.203 + 0.018 \times 高程$$

$$胸径 = 34.003 - 0.02 \times 水解性氮$$

五、植被分布格局及环境解释

植物群落空间分布是环境、空间和生物等综合作用结果，与尺度紧密相关。区域、景观尺度，植被格局主要由气候、母质、植物区系和海拔等决定；而在中小尺度上，主要受微生境、土壤养分等影响。群落排序分析能有效地区分不同因子对植被分布格局影响程度，是目前植被与环境关系研究重要手段(赖江山等，2010)。戴云山黄山松林植被复杂，环境异质性强，为探讨其植被空间分布格局的物种共存机制，采用基于 Vegan 软件包的排序分析方法，量化环境因子和空间因子对植被分布格局的贡献率。

1. 排序分析

采用矩阵形式对植被、环境和空间因子数据进行组织。植被格局用植物重要值大于 0.5 的群落物种多度表示；环境因子选取土壤含水量、最大持水量、毛管持水量、田间持水量、土壤容重、非毛管孔隙度、毛管孔隙度、总孔隙度、pH、全氮、水解性氮、硝态氮、铵态氮、全磷、有效磷、全钾、速效钾、土壤有机碳密度；空间因子选取海拔、坡度和岩石裸露率。将物种多度、环境因子和空间因子分别构建成物种多度矩阵 dysdata [100 × 108]、环境因子矩阵[100 × 18]和空间因子矩阵[100 × 3]，环境因子和空间因子矩阵构成 dysenv。只有物种组成数据的排序为间接排序，若物种与环境数据同时参与排序则称为直接排序。

采用 decorana( )函数对样地物种数据进行模型选择判别分析，发现 dysdata 中 DCA 排序前 4 个轴的 Axis lengths 分别为 1.354、1.325、1.173 和 1.073，均小于 3，表明采用线性模型(PCA 和 RDA)进行排序分析效果更好。

(1)PCA 分析

物种多度数据 dysdata 的 PCA 分析结果表明，戴云山黄山松物种分布的总变化量为 10 040。前 8 个非约束轴所负荷的特征根(Eigenvalues for unconstrained axes)量分别为 4 667、1 750、1 256、872、549、248、154 和 92，表明各排序轴对物种分布解释量分别为 46.48%、17.43%、12.51%、8.69%、5.47%、2.47%、1.53% 和 0.92%。前 8 个非约束轴共可解释物种分布 95.5%，其中前 4 轴对物种分布解释量为 85.11%。

物种靠近某一样方，表明该物种对该样方位置作用较大。如图 8-95 所示，样方 74 与岩柃距离较短，说明岩柃表征 74 号样方特征；映山红与样方 67、样方 63 都离得比较近，表明这两个样方表征物种均为映山红，且物种组成较为相似。图 8-95 中岗柃位于排序空间边缘，表明其在某些样地只是偶然发生，或者说其只生长在稀有生境中；而短尾越橘、鸭脚茶、黄山松、江南山柳、鹿角杜鹃等均位于排序空间中心位置，表明取样区域可能是这些物种最优分布区。

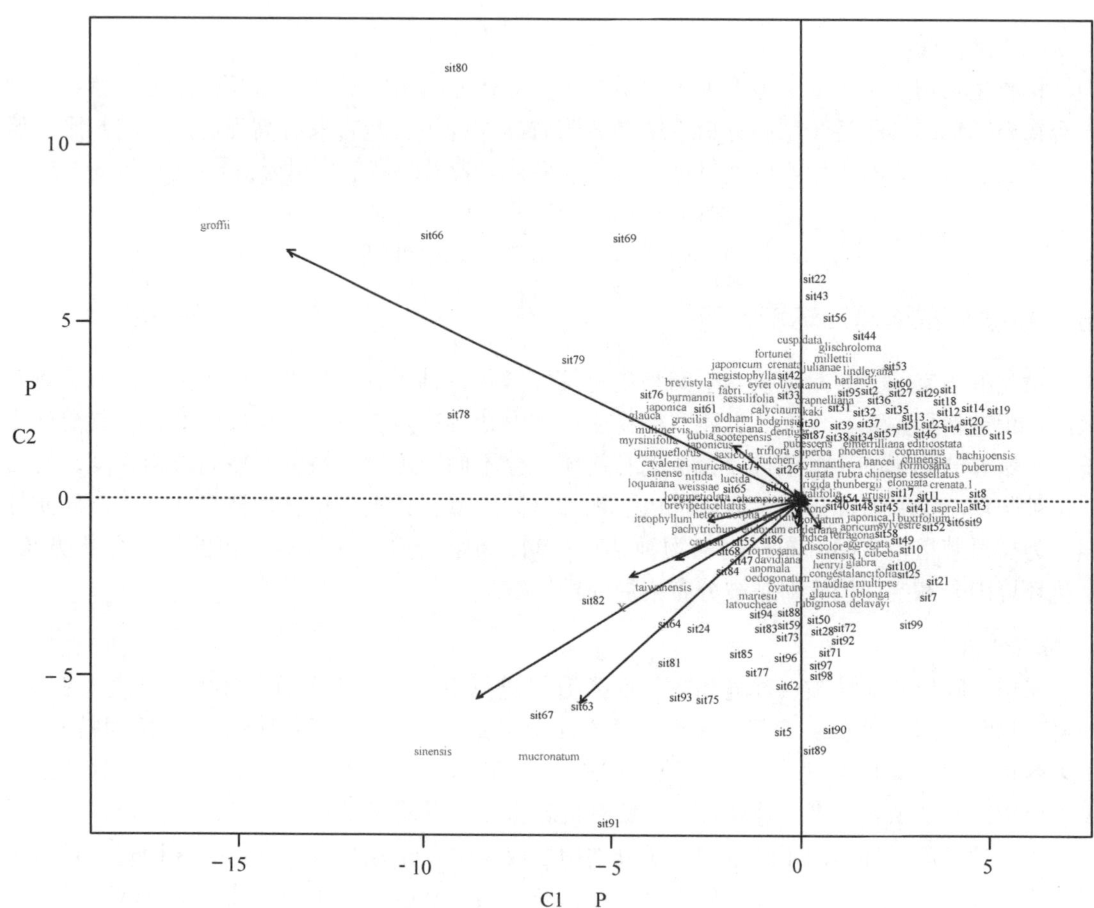

图 8-95 戴云山黄山松样方 PCA 排序图

(2)RDA 分析

采用约束排序的 rda()函数对物种分布与环境因子关系进行探讨，结果如下：

Call：rda(X = dysdata，Y = dysenv)

	Inertia	Proportion	Rank
Total	1.004e+04	1.000e+00	
Constrained	4.572e+03	4.554e-01	21
Unconstrained	5.468e+03	5.446e-01	78

Inertia is variance

Eigenvalues for constrained axes：

RDA1 RDA2 RDA3 RDA4 RDA5 RDA6 RDA7 RDA8 RDA9 RDA10 RDA11

3095.4 565.4 341.7 291.2 94.6 61.2 32.0 21.9 17.8 11.6 7.9

RDA12 RDA13 RDA14 RDA15 RDA16 RDA17 RDA18 RDA19 RDA20 RDA21

6.5 5.2 4.7 4.2 3.1 2.2 1.9 1.8 1.3 0.5

Eigenvalues for unconstrained axes：

PC1 PC2 PC3 PC4 PC5 PC6 PC7 PC8

1879.9 1298.8 1041.8 376.4 263.8 127.5 85.9 68.9

(Showed only 8 of all 78 unconstrainedeigenvalues)

由上述结果可知，RDA 的 Total Inertia 与 PCA 相等，Constrained Inertia 为 4 572，表明 21 个环境变量对物种分布累计方差贡献率为 45. 54%，但 55. 46% 物种分布累计方差尚无法通过这 21 个环境变量进行解释。rank 为排序轴数量，1 个环境因子对应 1 个排序轴。从各排序轴承载特征根看，各约束轴(取前 8 位)特征根分别为 3 095. 4、565. 4、341. 7、291. 2、94. 6、61. 2、32. 0 和 21. 9，表明各约束轴对物种分布解释量依次为 67. 70%、12. 37%、7. 47%、6. 37%、2. 07%、1. 34%、0. 70% 和 0. 48%，其中前 3 轴对物种分布累积解释量为 87. 54%；各非约束排序轴对物种分布解释量依次为 34. 38%、23. 75%、19. 05%、6. 88%、4. 82%、2. 33%、1. 57% 和 1. 26%，前 3 轴的累积方差比例为 86. 74%，由此表明 RDA 分析排序结果可信度较高。另外，将 PCA 分析与 RDA 分析结果进行对比，可以发现约束轴解释量(45. 54%)低于非约束轴解释量(55. 46%)。

排序图中的环境因子一般用箭头表示；环境因子与物种相关程度用箭头连线长度表示，连线越长表明相关性越高，反之相关性越低；环境因子与排序轴相关性用箭头连线和排序轴夹角表示，夹角越大相关性越小，反之越大。由图 8-96 和表 8-93 可知，全氮与 RDA 第一轴相关性最强，表明其在决定戴云山黄山松群落结构的环境因子中发挥主导作用；与第二轴相关性较强环境因子为岩石裸露率和土壤有机碳密度，与第三轴相关性较强环境因子有高程、坡度、土壤含水量、最大持水量、田间持水量和土壤容重等，表明这些环境因子对植被分布发挥较为重要作用。

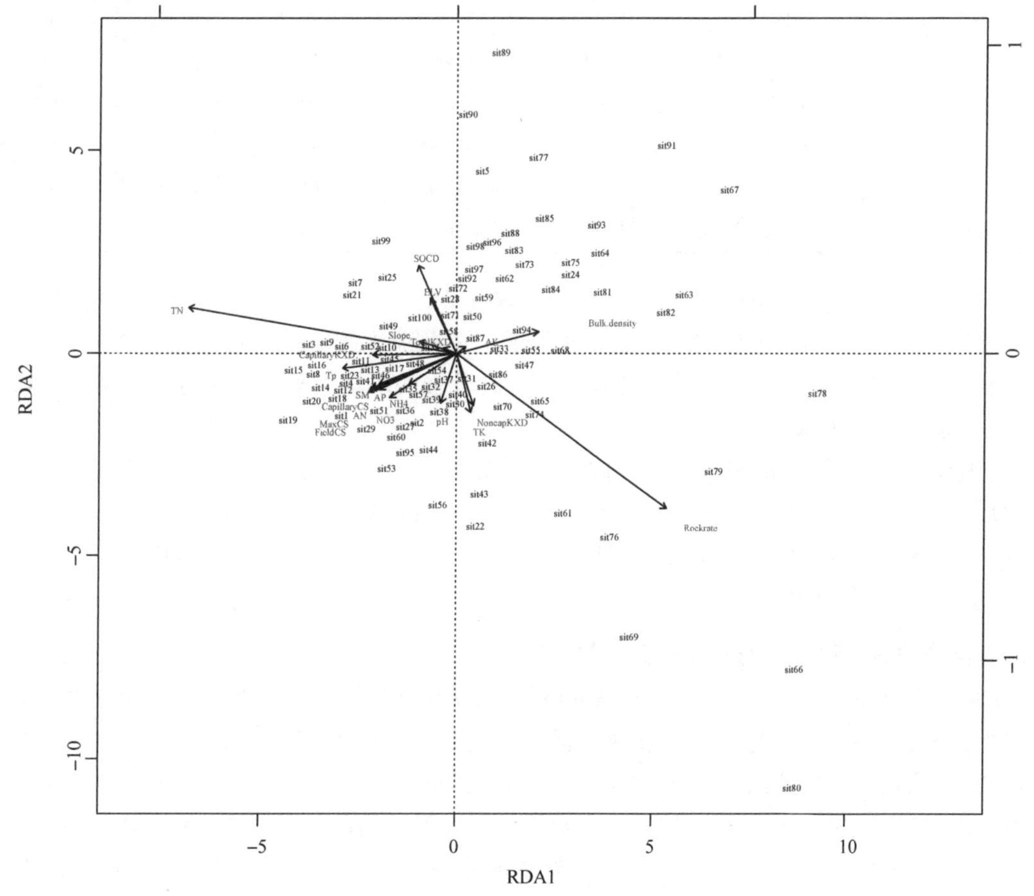

图 8-96　戴云山黄山松样方 RDA 排序图

表 8-93 戴云山黄山松林 RDA 分析前 6 个排序轴与环境变量的相关性

项目	RDA1	RDA2	RDA3	RDA4	RDA5	RDA6
ELV	-0.087	0.178	0.733	0.042	0.258	0.015
Slope	-0.123	0.039	0.561	-0.119	0.025	0.054
Rockrate	0.705	-0.506	0.096	-0.043	0.188	-0.328
SM	-0.257	-0.103	-0.524	0.035	0.079	-0.168
MaxCS	-0.285	-0.121	-0.428	-0.044	0.139	-0.162
CapillaryCS	-0.284	-0.113	-0.438	-0.037	0.146	-0.167
FieldCS	-0.294	-0.127	-0.444	-0.038	0.178	-0.170
Bulk density	0.275	0.070	0.472	0.024	-0.131	0.148
NoncapKXD	0.057	-0.171	0.275	-0.075	-0.172	0.110
CapillaryKXD	-0.279	-0.006	-0.426	-0.062	-0.022	-0.114
TotalKXD	-0.041	0.016	0.213	-0.228	-0.158	-0.323
TN	-0.899	0.149	-0.190	-0.039	-0.170	0.200
AN	-0.282	-0.117	-0.278	0.366	0.152	-0.244
NH_4^+	-0.156	-0.102	0.111	0.481	0.250	0.044
NO_3^-	-0.221	-0.147	-0.144	-0.031	0.214	0.209
AP	-0.257	-0.120	-0.272	-0.097	0.357	-0.307
Tp	-0.382	-0.051	0.008	0.300	0.139	-0.019
AK	0.033	0.019	-0.300	0.231	0.053	0.255
TK	0.047	-0.195	-0.281	0.175	0.073	0.001
SOCD	-0.127	0.285	-0.297	0.045	0.178	-0.271
pH	-0.051	-0.163	0.365	0.131	0.002	0.169

从群落与环境关系分析(参见图 8-96)，选取的 21 个环境因子对群落物种多度均有一定程度影响。全氮、土壤容重、坡度、毛管孔隙度、总孔隙度和速效钾均与第一排序轴夹角很小，表明相互间相关性很大；与第二排序轴相关性较强的环境因子为土壤有机碳密度、高程、非毛管孔隙度和土壤 pH。

采用 summary(dys. rda)获取 RDA 分析结果(图 8-97)，从物种与环境关系分析，第一排序轴得分值较高物种为岗柃(12.309)、映山红(5.434)、鸭脚茶(7.942)和黄山松(5.456)，第二排序轴分值较高物种为鸭脚茶(3.215)、岗柃(-4.935)、映山红(2.199)、短尾越橘(1.387)和黄山松(3.019)。

2. 群落结构的环境和空间影响因子分离与解释

采用约束排序有偏分析法(Partial RDA)对群落结构环境和空间影响因子进行分离与解释，即分别分析土壤因子(全氮、水解性氮、硝态氮、铵态氮、全磷、有效磷、全钾、速效钾、土壤有机碳密度、土壤含水量、土壤容重、毛管孔隙度、土壤 pH 和土壤水分—物理性质)和地形因子(高程、坡度和岩石裸露率)以及两组环境因子对物种分布影响。Partial RDA 也使用 rda()函数，表达式为 rda(X, Y, Z)，X 为物种矩阵，Y 为土壤因子矩阵(dysenv 的 4~21 列)，Z 为地形因子矩阵(dysenv 的 1~3 列)。分离土壤因子后地形因子对物种分布解释量用

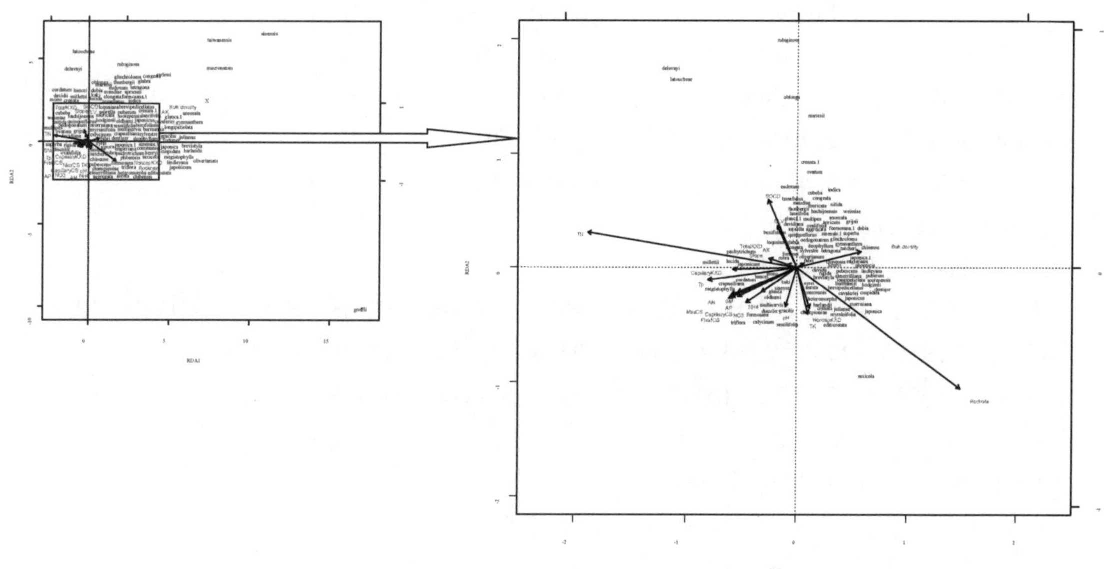

图 8-97　戴云山黄山松物种 RDA 排序图

rda(dysdata, dysenv[, 1: 3], dysenv[, 4: 21])表示，在 R 软件里运行代码如下：

```
> dys. prda1 = rda(dysdata, dysenv[, 1: 3], dysenv[, 4: 21])
> dys. prda1
```

结果：

```
Call: rda(X = dysdata, Y = dysenv[, 1: 3], Z = dysenv[, 4: 21])
                 Inertia        Proportion     Rank
Total            1.004e+04      1.000e+00
Conditional      4.059e+03      4.042e-01      18
Constrained      5.130e+02      5.110e-02      3
Unconstrained    5.468e+03      5.446e-01      78
Inertia is variance
Eigenvalues for constrained axes:
RDA1   RDA2   RDA3
318.9  173.0  21.6
Eigenvalues for unconstrained axes:
PC1     PC2     PC3     PC4    PC5    PC6    PC7   PC8
1879.9  1298.8  1041.8  376.4  263.8  127.5  85.9  68.9
(Showed only 8 of all 78 unconstrainedeigenvalues)
```

由 Partial RDA 分析结果可知，地形因子单独解释的特征根占总特征根为 5.11%。同理，将 Y，Z 矩阵互换位置，由 dys. prda2 结果可知，土壤因子特征根单独的解释量为 25.97%。

```
> dys. prda2 = rda(dysdata, dysenv[, 4: 21], dysenv[, 1: 3])
> dys. prda2
```

结果：

```
Call: rda(X = dysdata, Y = dysenv[, 4: 21], Z = dysenv[, 1: 3])
```

	Inertia	Proportion	Rank
Total	1.004e +04	1.000e +00	
Conditional	1.965e +03	1.957e −01	3
Constrained	2.607e +03	2.597e −01	18
Unconstrained	5.468e +03	5.446e −01	78

Inertia is variance

Eigenvalues for constrained axes:

RDA1	RDA2	RDA3	RDA4	RDA5	RDA6	RDA7	RDA8	RDA9	RDA10	RDA11
1719.6	296.5	237.7	163.6	69.1	32.4	22.4	17.7	13.9	7.7	6.7

RDA12	RDA13	RDA14	RDA15	RDA16	RDA17	RDA18
5.3	4.3	3.4	2.7	2.1	1.5	0.7

Eigenvalues for unconstrained axes:

PC1	PC2	PC3	PC4	PC5	PC6	PC7	PC8
1 879.9	1 298.8	1 041.8	376.4	263.8	127.5	85.9	68.9

(Showed only 8 of all 78 unconstrainedeigenvalues)

结合 RDA 分析结果可知，由土壤因子和地形因子共同解释量为 45.54% − 5.11% − 25.97% = 14.46%，不能解释量为 55.46%。说明戴云山黄山松林生态系统较为平衡，其不可解释部分可能主要由竞争、互惠等生物作用占主导地位。

第九节　小结

(1)种群空间分布格局与关联性

空间格局研究有助于深入理解物种共存与植被维持机制。传统空间分布格局多为单一尺度，Ripley's K 函数具有尺度累积效应，而 O-ring 统计不仅克服尺度累积效应，还能进行多尺度分析。基于戴云山 1 hm^2 样地调查数据，采用 O-ring 统计对样地内优势种群及其不同生长阶段、不同林层空间分布格局和关联性进行分析。结果表明，整个群落及黄山松、江南山柳和鹿角杜鹃种群径级结构均为倒 J 型分布，林下更新情况良好，具有明显增长型特征；在 0 ~ 16 m 尺度上，黄山松、江南山柳和鹿角杜鹃聚集分布均较明显，随着空间尺度增大，其空间分布格局逐渐由聚集分布转换为随机或均匀分布；黄山松、江南山柳和鹿角杜鹃聚集程度在龄级上均为幼苗 > 幼树 > 中树 > 大树；在林层上均为林冠层 T > 亚林层 S > 灌木层 U。黄山松种群空间分布格局判定受起测胸径影响较大，但分布格局类型随起测胸径增大并未无规律性变化。

从空间关联性分析，整个群落 S 层与 U 层为负关联，T 层与 S 层、T 层与 U 层呈空间不相关；林分幼苗与幼树为空间正关联，其他生长阶段空间关联均以不相关为主。在多数尺度上，黄山松与岗柃、黄山松和鸭脚茶、岗柃和鸭脚茶、岗柃和映山红、映山红和鸭脚茶以正相关为主；黄山松与江南山柳、江南山柳与鸭脚茶、江南山柳和映山红、江南山柳和岗柃、鹿角杜鹃与映山红以负关联为主。黄山松幼苗与幼树总体以空间正相关为主，幼苗与中树在小尺度呈正相关，在大尺度呈负相关，其他生长阶段均以不相关为主；黄山松不同林层间均呈不相关。江南山柳和鹿角杜鹃不同生长阶段和不同林层间均为不相关。从 3 个主要种群不同林层种间关联性分析，黄山松 S 层与江南山柳 U 层、黄山松 U 层与鹿角杜鹃 U 层在大尺度呈负相关，黄山松 U 层与江南山柳 S 层在小尺度呈负相关，黄山松 U 层和江南山柳 U 层呈负相关，其他林层间均表现出空间独立性。从不同生长阶段分析，江南山柳幼苗与黄山松幼苗、幼树和中树均以空间负关联为主；在大尺度上黄山松中树与幼树对鹿角杜鹃幼苗均有抑制作用，而江南山柳幼苗和鹿角杜鹃幼苗则在小尺度上表现出空间正关联，其他生长阶段间的空间关联性均以相互独立为主。生境异质性、密度制约和种间隔离均可在一定程度解释种群空间分布格局。

(2)物种多度分布格局

不同物种多度模型代表不同生态学过程。对戴云山黄山松林物种多度格局尺度变化分析发现，取样半径 r 为 2.5 m、5 m、10 m、15 m、20 m 和 25 m 时，最适合物种多度模型依次为 preemption 模型、Zipf-Mandelbrot 模型、preemption 模型、Zipf-Mandelbrot 模型、preemption 模型和 Zipf-Mandelbrot 模型。当半径 $r=2.5$ m 和 5 m 时，除 brokenstick 模型无法通过卡方检验外，其他生态类模型、统计类模型和中性模型均能通过 χ^2 检验，且能较好地拟合其物种多度格局；当 $r=10$ m 时，6 种模型只有 log-normal 模型和 Zipf-Mandelbrot 模型被 χ^2 拒绝；当 $r=$ 15 m、20 m 和 25 m 时，χ^2 检验分别拒绝 log-normal 模型、Zipf-Mandelbrot 模型和 preemption 模型。

(3)林分空间结构

采用混交度、大小比数、角尺度、开敞度和林木竞争指数探索黄山松林林分及主要树种空间结构特征，结果表明，基于 Voronoi 图，对象木和 5 株或 6 株近邻木是常见空间结构单元；以此为研究单位可有效解决传统空间结构分析中对象木取 $n=4$ 造成的有偏估计。黄山松林分 $Mv=0.380$、$Uv=0.530$、$Wv=0.380$、$Bv=0.392$、$CI=1.485$、$V\_\ u\_\ a\_\ CI_i=0.250$。从不同树种看，黄山松平均混交度属于弱度混交水平，江南山柳、鹿角杜鹃、大萼杨桐、岗柃和红楠均达到强度混交或极强度混交水平；除黄山松外，其他主要树种胸径大小比数均处于劣势；从角尺度看，大萼杨桐和红楠为聚集分布，其他主要树种呈随机分布格局；样地主要树种生长空间均达到基本充足以上水平；主要树种 Hegyi 竞争指数排序为：岗柃 > 红楠 > 鹿角杜鹃 > 大萼杨桐 > 江南山柳 > 黄山松；若考虑侧方挤压和上方庇荫作用，基于 Voronoi 图交角竞争指数 $V\_\ u\_\ a\_\ CI_i$ 排序为：岗柃 > 大萼杨桐 > 鹿角杜鹃 > 江南山柳 > 红楠 > 黄山松。

(4)谱系结构时空动态

群落谱系结构研究有助于揭示群落构建形成的生态学过程。在非约束零模型条件下，戴云山黄山松林 *NRI* 和 *NTI* 均随尺度增加呈下降趋势；约束零模型条件下，*NRI* 在各尺度上均表现出谱系聚集特征；*NTI* 在 5 m×5 m 取样尺度上呈谱系发散，其他尺度表现出谱系聚集。采用空间代时间方法，可以发现黄山松林各尺度下，*NRI* 均随径级增加而增加，中小径级林木谱系结构呈发散状态，大径级呈聚集特征；而 *NTI* 值变化规律与 *NRI* 相反。表明生境过滤和密度制约在戴云山黄山松群落构建与物种多样性维持中起主导作用，中性过程仅在特定尺度起作用。

(5)生态变量空间异质性

对研究地主要植被特征参数和环境因子进行描述性统计发现，多数指标具有中等变异特征，Pielou 均匀度指数具有强变异特征，而 pH 和土壤温度则为弱变异特征。半方差分析结果表明，植被参数、pH、AN、土壤磷素和土壤温度块基比均属于中等强度空间自相关范畴，表

明其空间异质性受结构性和随机性因素综合作用；土壤水分物理性质、全氮、硝态氮、铵态氮、土壤钾素、有机碳密度和PAR表现出强烈空间自相关格局，表明其空间异质性主要受控于结构性因素。从空间自相关范围分析，植被特征参数中，林分密度空间自相关性最好，其变程达401.1 m；其次为Simpson优势度指数；第三为丰富度指数；其他植被特征参数变程从大到小依次为Shanno-wiener指数、物种数、Pielou均匀度指数、平均树高和显著度。土壤水分—物理性质变程均小于19.40 m，土壤pH、土壤养分、有机碳密度变程依次为53 m、11.06～244.2 m和14.55 m。各生态学变量均表现出各向异性，与分形维数值反映结果一致。各生态学变量总体上均呈随空间尺度增加呈下降趋势。从空间分布特征分析，各变量均呈条带状和斑块状镶嵌分布特点，且各斑块面积大小差异大，极大值和极小值斑块分布比例较小。

(6)植被与环境因子关系

采用GIS空间叠加分析方法，探讨黄山松林乔木和灌木适宜生长的土壤和光环境。结果表明，乔木和灌木适宜生长的环境条件基本相似：土壤含水量为27.57%～41.49%，土壤容重为0.777～1.156 g/cm^3，毛管孔隙度为0.591～0.609，土壤pH值为4.27～4.90，土壤全氮为0.142～0.241 g/kg，水解性氮为131.14～240.85 mg/kg，硝态氮为1.17～2.29 g/kg，铵态氮为16.73～47.13 g/kg，全磷为0.061 1～0.112 1 g/kg，有效磷为4.82～5.94 mg/kg和6.14～8.69 mg/kg，全钾为16.18～18.84 g/kg和19.65～24.43 g/kg，速效钾为69.59～92.10 mg/kg，土壤有机碳密度6.78～13.19 kg/m^2，土壤温度为17.7～18.8℃、23.4～26.4℃和有效光合辐射为17～67 μmol/(s·m^2)。对16个环境因子主成分分析发现土壤水分—物理性质、水解性氮和植被多样性指数在黄山松针叶林生态系统中重要性较大，前9个主成分对方差解释贡献率为80.63%。逐步回归分析结果表明，树高＝－23.203＋0.018×高程，胸径＝34.003－0.02×水解性氮，拟合效果最好。在未考虑环境因子情况下，PCA排序结果表明前四轴对戴云山黄山松林物种分布解释量为85.11%；考虑环境因子情况下，RDA排序轴前3轴贡献率达87.54%。对群落结构的环境和空间因子分离发现，21个环境因子对物种分布解释量为45.54%，其中土壤因子和地形因子单独解释量分别为25.97%和5.11%，二者共同解释量为14.46%，不可解释量为55.46%。

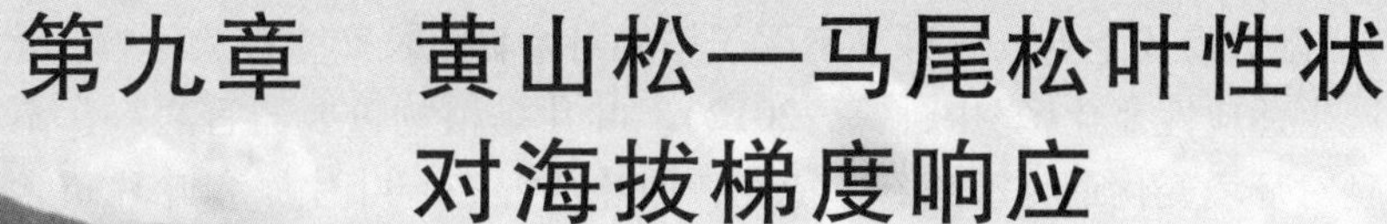

第九章　黄山松—马尾松叶性状对海拔梯度响应

黄山松与马尾松是分布于戴云山自然保护区的松科替代分布种，在自然分布域存在交叉，并具有自然杂交现象(祁承经等，1988)。马尾松与黄山松在海拔梯度具有不同生态位，且在垂直过渡带存在天然杂种域。海拔高度变化能够反映马尾松与黄山松生态位差异(李淑娴，2012)。随着海拔上升，各种环境因子可能对植物生长产生极大影响，最终使植物生态和生理特征产生适应性变化(马中屾等，2012)。叶片是植物重要器官之一，不仅与环境接触面积最大，且对环境变化最为敏感。叶特性，如叶片形态、叶片氮和叶片磷含量及叶片生理生态特性等是决定植物在群落中地位的重要因素(李青粉等，2013)。在特定海拔梯度环境下，叶片性状产生一定变化适应环境，因此在海拔梯度上探讨植物叶特性与环境的定量关系是研究植物叶特性对环境响应的理想条件(刘兴良等，2013)。

保护区内黄山松主要生长在海拔 1 000 ~ 1 800 m，马尾松在较低海拔 1 000 ~ 1 400 m 少量分布。近年来随着气候日益趋暖，山地生态环境也相应发生显著变化，对戴云山黄山松与马尾松群落生态系统的稳定性产生一定影响。因此，研究不同海拔梯度黄山松与马尾松种内和相同海拔种间的叶特性差异，可以了解松属植物对不同生境与未来气候变化适应策略，为松属种群保护提供理论基础(祁丽霞等，2016)。

在戴云山主峰南北坡不同海拔梯度采集针叶与土壤样品，测定针叶性状和土壤理化性质。利用单因素方差分析、双因素方差分析检验针叶丙二醛含量、抗氧化酶活性、抗逆物质、化学计量学特征、微量元素以及光合色素含量差异。采用 CANOCO 5. 0 软件对数据 RDA 约束排序分析。样地基本概况见表 9-1。

表 9-1　样地基本概况

样点编号	海拔/m	经度(E)	纬度(N)	坡向	坡度	坡位
S0	870	118°1′44. 53″	25°3831. 63″	南坡	20°	下坡
S1	927	118°11′44. 65″	25°38′3. 12″	南坡	25°	下坡
S2	1 101	118°11′45. 37″	25°39′21. 96″	南坡	20°	下坡
S3	1 178	118°11′43. 36″	25°39′21. 65″	南坡	15°	中坡
S4	1 225	118°11′42. 83″	25°39′49. 68″	南坡	18°	中坡
S5	1 384	118°11′50. 02″	25°40′1. 03″	南坡	15°	中坡
S6	1 484	118°11′45. 79″	25°40′47. 45″	南坡	20°	上坡
S7	1 586	118°11′35. 35″	25°35′21. 48″	南坡	25°	中坡
S8	1 687	118°11′27. 89″	25°40′53. 28″	南坡	18°	上坡
S9	1 845	118°11′9. 15″	25°41′0. 09″	南坡	25°	上坡
N3	1 151	118°11′14. 38″	25°41′22. 56″	北坡	45°	下坡

（续）

样点编号	海拔/m	经度(E)	纬度(N)	坡向	坡度	坡位
N4	1 208	118°12′14. 72″	25°41′43. 44″	北坡	25°	下坡
N5	1 324	118°11′52. 94″	25°40′56. 64″	北坡	25°	下坡
N6	1 469	118°11′56. 53″	25°40′31. 99″	北坡	15°	中坡
N7	1 507	118°11′50. 51″	25°40′30. 41″	北坡	20°	中坡
N8	1 676	118°11′55. 41″	25°40′24. 6″	北坡	20°	中坡
N9	1 832	118°11′56. 49″	25°40′50. 1″	北坡	20°	下坡

第一节　黄山松与马尾松叶抗氧化酶活性海拔梯度格局

在长期适应与进化过程中，植物体内形成了一套受遗传制约的生理适应机制。在逆境胁迫下，植物体内抗氧化能力提高，包括低分子质量抗氧化物质[主要有抗坏血酸(AsA)、谷胱甘肽(GSH)、脯氨酸(Pro)等]含量的提高和抗氧化酶(如过氧化物酶(POD)、超氧化物歧化酶(SOD)、过氧化氢酶(CAT)等)活性的增强，以抵御和清除活性氧，防止膜脂过氧化，保护细胞免受损伤(汪晓峰等，2005；梁建萍等，2007)。丙二醛(MDA)作为膜脂过氧化的最终产物，其含量常用来表示膜受到损伤的程度。因此逆境条件下抗氧化剂和抗氧化酶含量是植物能否适应逆境的重要生理生化指标。

一、黄山松与马尾松叶 MDA 含量海拔梯度变化

由表 9-2、表 9-3 可知，马尾松与黄山松针叶 MDA 含量随海拔梯度变化呈现一定规律性，即随海拔升高南北坡黄山松针叶 MDA 含量均呈现先升后降趋势，且同一海拔北坡 MDA 含量高于南坡；马尾松 MDA 含量在南坡基本呈现先升高后降低，北坡先降低后升高趋势，同一海拔北坡马尾松 MDA 含量显著高于南坡。方差分析表明，黄山松针叶 MDA 含量南北坡差异不显著($F=3.106$，$P=0.108$)，而马尾松 MDA 含量南北坡间差异极显著($F=31.312$，$P<0.01$)。

1. 南坡针叶 MDA 含量海拔梯度变化

由表 9-2 可知，在低海拔区(S0～S2)，马尾松针叶 MDA 含量先升后降，在海拔 S2 含量最低；中海拔区(S3～S5)马尾松 MDA 含量也较低，随着海拔升高呈先升后降趋势，在海拔 S5 含量最低；黄山松针叶 MDA 含量随海拔梯度变化与马尾松有所差别，中海拔区黄山松 MDA 含量随海拔升高逐渐增加，平均值为 7.456 μmol/g；高海拔区(S6～S9)，黄山松 MDA 含量随海拔升高基本呈现降低趋势，平均值为 8.337 μmol/g。黄山松与马尾松 MDA 含量比较可知，在 S3～S4 海拔范围马尾松 MDA 含量高于黄山松，在 S5 黄山松高于马尾松，可能是由于马尾松在临近海拔分布上限，所受环境胁迫较强，产生较多 MDA。

方差分析表明，黄山松针叶 MDA 含量在各海拔梯度差异极显著($F=23.187$，$P<0.01$)，马尾松针叶 MDA 在各海拔梯度也差异极显著($F=125.269$，$P<0.01$)。

表 9-2　南坡黄山松—马尾松针叶 MDA 含量随海拔梯度的变化

树种	海拔	MDA 含量/(μmol/g)	树种	海拔	MDA 含量/(μmol/g)
马尾松	S0	10.311 ±0.129B	黄山松	S4	7.474 ±0.557bc
马尾松	S1	20.420 ±1.470C	黄山松	S5	8.476 ±1.175cd
马尾松	S2	7.588 ±0.061A	黄山松	S6	11.215 ±1.103e
马尾松	S3	9.389 ±0.053B	黄山松	S7	9.377 ±3.255d
马尾松	S4	9.820 ±0.123B	黄山松	S8	8.250 ±0.716c
马尾松	S5	7.607 ±0.165A	黄山松	S9	4.505 ±0.421a
黄山松	S3	6.418 ±0.717ab			

注：同一列不同大写字母表示马尾松 MDA 含量差异达到显著水平，不同小写字母表示黄山松 MDA 含量差异达到显著水平($P<0.05$)。S0(800～900 m)、S1(900～1 000 m)、S2(1 000～1 100 m)、S3－N3(1 100～1 200 m)、S4－N4(1 200～1 300 m)、S5－N5(1 300～1 400 m)、S6－N6(1 400～1 500 m)、S7－N7(1 500～1 600 m)、S8－N8(1 600～1 700 m)、S9－N9(1 700～1 856 m)，下同。

2. 北坡针叶 MDA 含量海拔梯度变化

由表 9-3 可知，在中海拔区(N3～N5)，马尾松针叶 MDA 含量随海拔升高呈现先降低后升高趋势，在海拔 N4 含量最低；与马尾松不同，黄山松 MDA 含量在中海拔区呈现升高趋势，且平均含量低于高海拔区。在高海拔区(N6～N9)，黄山松 MDA 含量随海拔升高而下降，不同海拔差异极显著($F=33.365$，$P<0.01$)。黄山松与马尾松 MDA 对比可知，在中海拔区(N3～N5)，同海拔马尾松针叶 MDA 含量高于黄山松。

表 9-3　北坡黄山松马尾松 MDA 含量随海拔梯度的变化

海拔	N3	N4	N5	N6	N7	N8	N9
黄山松 MDA 含量/(μmol/g)		6.347 ±0.130a	22.142 ±0.419d	30.533 ±0.405e	16.749 ±0.835c	12.714 ±0.173b	5.475 ±0.301a
马尾松 MDA 含量/(μmol/g)	38.372 ±5.027c	18.174 ±0.331a	48.144 ±1.363b				

注：同一行不同字母表示 MDA 含量差异达到显著水平($P<0.05$)。

二、黄山松与马尾松叶抗氧化酶活性海拔梯度变化

随着海拔升高，南坡马尾松与黄山松 SOD 含量均呈现先升高后降低趋势(表 9-4、表 9-5)；北坡两种植物 SOD 含量均较低，其中马尾松 SOD 活性呈增加趋势，而黄山松 SOD 活性呈降低趋势(表 9-6、表 9-7)。方差分析表明，黄山松 SOD 含量($F=56.699$，$P<0.01$)以及马尾松 SOD 活性($F=21.217$，$P<0.01$)在南北坡差异均显著。随着海拔升高，南坡黄山松 CAT 活性呈现增加—降低—增加趋势，马尾松 CAT 含量在中低海拔呈现先升后降变化；北坡黄山松 CAT 活性呈现先降后升，而马尾松 CAT 含量呈现降低趋势。黄山松 CAT 含量在南北坡差异不显著($F=0.064$，$P=0.806$)，马尾松 CAT 含量在南北坡差异极显著($F=21.857$，$P<0.01$)。随海拔升高，南坡马尾松针叶 POD 含量基本呈增加趋势，黄山松针叶 POD 含量为增加—降低—增加；北坡马尾松表现为降低，黄山松为先降后升趋势。方差分析表明，黄山松($F=0.2$，$P=0.664$)以及马尾松($F=4.102$，$P=0.06$)POD 含量在南北坡差异均不显著。

表 9-4　南坡黄山松针叶抗氧化酶活性海拔梯度的变化

海拔	SOD 活性/[U/(g·h)]	CAT 活性/[U/(min·g)]	POD 活性/[U/(min·g)]
S3	145.424 ±10.101c	55.000 ±4.082d	25.000 ±4.082b
S4	199.774 ±2.717d	70.000 ±4.082e	18.333 ±2.357ab
S5	269.492 ±1.465f	35.000 ±8.165bc	36.667 ±8.498ab
S6	343.277 ±3.778g	18.333 ±2.357a	15.000 ±4.082a
S7	253.220 ±7.442e	30.000 ±4.082b	10.000 ±0.000a
S8	99.774 ±3.049b	43.333 ±2.357c	20.000 ±4.082ab
S9	76.836 ±7.511a	71.667 ±2.357e	43.333 ±2.357c

注：同一列不同字母表示抗氧化酶含量差异达到显著水平($P<0.05$)。

表 9-5　南坡马尾松针叶抗氧化酶含量海拔梯度的变化

海拔	SOD 活性/[U/(g·h)]	CAT 活性/[U/(min·g)]	POD 活性/[U/(min·g)]
S0	23.842 ±4.414a	58.333 ±2.357c	8.333 ±2.357a
S1	92.881 ±0.998b	38.333 ±6.236b	6.667 ±2.357a
S2	151.412 ±8.128c	91.667 ±2.357d	11.667 ±2.357ab
S3	215.367 ±12.416d	56.667 ±4.714c	16.667 ±2.357bc
S4	146.441 ±11.998c	33.333 ±4.714ab	16.667 ±6.236bc
S5	142.712 ±0.830c	25.000 ±4.082a	21.667 ±2.357c

注：同一列不同字母分别表示抗氧化酶含量差异达到显著水平($P<0.05$)。

1. 南坡针叶抗氧化酶活性海拔梯度变化

由表 9-4 和表 9-5 可知，低海拔区(S0～S2)马尾松针叶 SOD 含量随海拔升高而升高，中海拔区(S3～S5)随海拔升高逐渐降低。黄山松针叶 SOD 含量随海拔变化趋势不同于马尾松，中海拔区黄山松针叶 SOD 含量逐渐升高，平均含量为 204.897U/(g·h)；而在高海拔区(S6～S7)，SOD 含量逐渐下降，平均活性为 193.283U/(g·h)。方差分析表明，南坡不同海拔马尾松 SOD 含量差异极显著($F=532.574$，$P<0.01$)，不同海拔黄山松 SOD 含量差异也极显著($F=129.65$，$P<0.01$)。黄山松与马尾松对比可知，在海拔 S3 马尾松 SOD 含量高于黄山松，而在海拔 S4～S5 黄山松高于马尾松，总体上中海拔区两种植物 SOD 含量差异不显著($F=2.816$，$P=0.113$)。

由表 9-4 和表 9-5 可知，低海拔区马尾松针叶 CAT 含量随海拔升高基本呈现先降后升趋势，且平均值高于中海拔区。中海拔区随海拔升高，其 CAT 含量逐渐降低。黄山松 CAT 变化趋势与马尾松不同，黄山松 CAT 含量在中海拔区先升高后降低，平均值为 53.333 U/(min·g)；高海拔区随海拔升高而升高，平均值为 40.833 U/(min·g)，中海拔 CAT 平均含量高于高海拔。黄山松与马尾松对比可知，在海拔 S4、S5 黄山松 CAT 含量高于同海拔马尾松，但在中海拔区两种植物 CAT 含量差异不显著($F=3.674$，$P=0.073$)。方差分析表明，南坡黄山松($F=43.139$，$P<0.01$)以及马尾松($F=73.941$，$P<0.01$)针叶 CAT 含量均在海拔梯度间差异显著。低海拔区马尾松针叶 POD 含量随海拔升高先降后升，中海拔区随着海拔升高基

本呈增加趋势，且中海拔区高于低海拔区。黄山松 POD 含量变化趋势不同于马尾松，中海拔区黄山松 POD 含量先降后升，其平均值为 26.667 U/(min · g)；高海拔区黄山松 POD 含量基本呈增加趋势，其平均值为 22.00 U/(min · g)。方差分析表明，黄山松($F=13.00$，$P<0.01$)以及马尾松($F=5.883$，$P=0.006$)在海拔梯度间差异显著。中海拔区两种植物 POD 含量种间对比可知，黄山松 POD 含量均高于同海拔马尾松，但两种植物 POD 含量差异不显著($F=0.062$，$P=0.806$)。

2. 北坡针叶抗氧化酶活性海拔梯度变化

北坡针叶 SOD 含量见表 9-6 和表 9-7。中海拔区马尾松 SOD 含量随海拔升高逐渐增加，但海拔梯度间差异不显著($F=2.767$，$P=0.141$)。黄山松 SOD 含量在海拔 N4 高于马尾松，而在 N5 低于马尾松。双因素方差分析表明，北坡两种植物 SOD 含量差异不明显($F=2.361$，$P=0.136$)；中海拔区黄山松 SOD 含量随海拔升高而降低，其平均含量为 93.501 U/(g · h)。高海拔区，黄山松呈现先升后降趋势，其平均含量为 86.322 U/(g · h)，低于中海拔区。方差分析表明，黄山松 SOD 含量在海拔梯度间差异极显著($F=8.715$，$P=0.001$)。

由表 9-6 和表 9-7 可知，中海拔区马尾松与黄山松针叶 CAT、POD 含量随海拔升高均呈降低趋势，马尾松 CAT 含量要高于同海拔黄山松，但差异不显著($F=1.689$，$P=0.223$)；马尾松 POD 含量低于同海拔黄山松，差异显著($F=9.494$，$P=0.012$)。中海拔区黄山松针叶两种酶含量均呈现下降趋势，CAT 平均值为 55.000 U/(min · g)，POD 平均值为 18.335 U/(min · g)，高海拔区两种酶含量均呈现上升趋势，CAT 平均值为 57.5 U/(min · g)，POD 平均值为 22 U/(min · g)。方差分析表明，北坡马尾松 CAT 活性在海拔梯度间无显著差异($F=2.773$，$P=0.140$)，POD 含量在海拔梯度间差异显著($F=24.333$，$P=0.001$)；黄山松 CAT 含量在海拔梯度间差异显著($F=12.45$，$P<0.01$)，POD 含量在海拔梯度间差异显著($F=21.982$，$P<0.01$)。

表 9-6　北坡黄山松针叶抗氧化酶活性海拔梯度的变化

海拔	SOD 活性/[U/(g · h)]	CAT 活性/[U/(min · g)]	POD 活性/[U/(min · g)]
N4	114.689 ±11.822b	65.000 ±8.165b	25.000 ±2.357b
N5	83.051 ±2.726a	45.000 ±4.082a	11.667 ±2.357a
N6	75.819 ±2.960a	35.000 ±4.082a	10.000 ±0.000a
N7	78.079 ±8.996a	60.000 ±8.165b	13.333 ±2.357a
N8	117.401 ±17.689b	66.667 ±2，357b	30.000 ±2.357bc
N9	73.991 ±1.701a	68.333 ±2.357b	35.000 ±2.357c

注：同一列不同字母表示抗氧化酶含量差异达到显著水平($P<0.05$)。

表 9-7　北坡马尾松针叶抗氧化酶活性海拔梯度的变化

海拔	SOD 活性/[U/(g · h)]	CAT 活性/[U/(min · g)]	POD 活性/[U/(min · g)]
N3	101.130 ±2.731a	75.000 ±4.082a	21.667 ±2.357a
N4	109.718 ±2.907a	66.667 ±6.236a	8.333 ±2.357b
N5	117.175 ±11.128a	60.000 ±8.165a	6.667 ±2.357b

注：同一列不同字母表示抗氧化酶含量差异达到显著水平($P<0.05$)。

第二节　黄山松与马尾松针叶光合色素海拔梯度格局

叶绿素在光合作用中参与光能的吸收、传递和转化，是绿色植物光合作用的主要色素。叶绿素含量变化不仅直接反映植物叶片光合作用功能强弱，而且可以表征逆境胁迫下植物组织、器官损害程度和衰老状况(张林等，2004)。黄山松与马尾松针叶的叶绿素含量沿海拔梯度分布规律如图 9-1 所示。由图 9-1(a)、(b)、(d)可知，南、北坡黄山松针叶的叶绿素 Chla、Chlb、Chl(a + b)含量随海拔升高基本呈现先升高后降低趋势，南坡马尾松叶绿素 Chla、Chlb、Chl(a + b)含量基本呈现升—降—升趋势，北坡为先降后升。由图 9-1(c)知，随海拔升高，南、北坡黄山松针叶叶绿素 Chl(a/b)总体呈现先升后降趋势，北坡马尾松针叶叶绿素 Chl(a/b)无明显规律，南坡马尾松呈降低趋势。对南、北坡间黄山松针叶光合色素含量的双因素方差分析表明，叶绿素 Chla(F = 0.334，P = 0.588)、Chlb(F = 0.001，P = 0.979)、Chl(a + b)(F = 0.234，P = 0.649)、类胡萝卜素 Car(F = 0.257，P = 0.634)、叶绿素 Chla/b (F = 0.312，P = 0.601)含量在南、北坡间差异均不显著。马尾松叶绿素 Chla(F = 1.607，P = 0.333)、Chlb(F = 1.533，P = 0.341)、Chl(a + b)(F = 0.763，P = 0.475)、类胡萝卜素 Car(F = 1.591，P = 0.334)含量在南、北坡间差异不显著，叶绿素 Chla/b(F = 320.463，P < 0.001)含量在南、北坡间差异极显著。

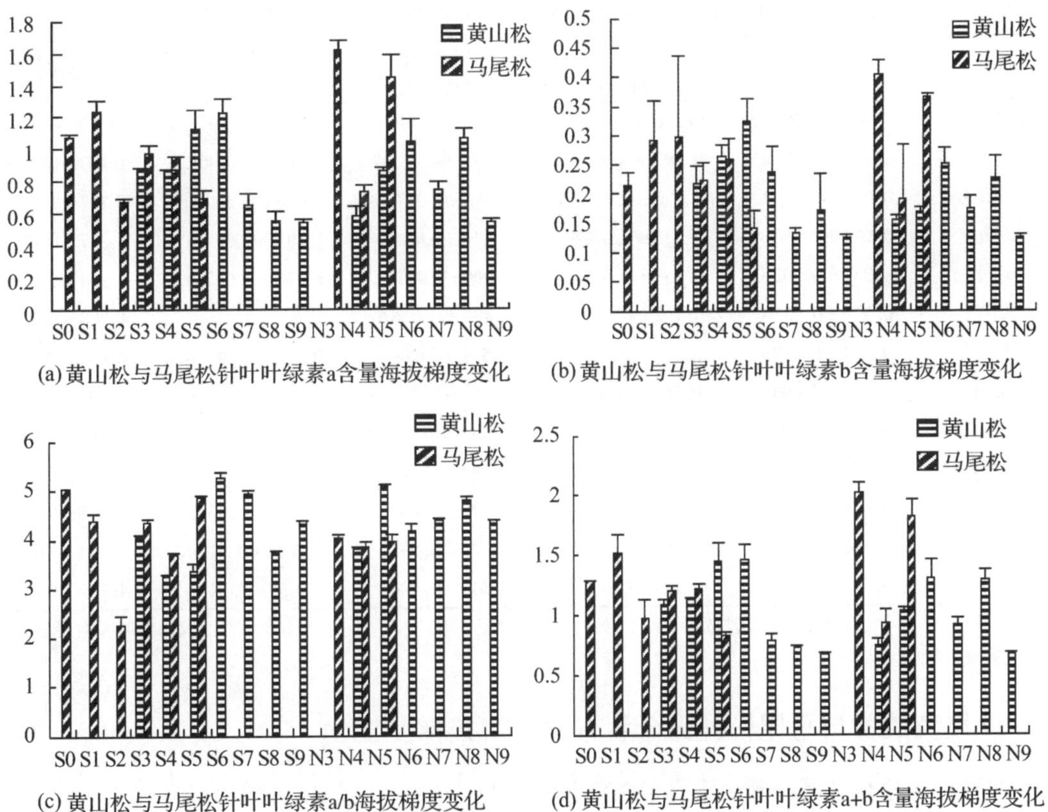

图 9-1　黄山松与马尾松叶叶绿素含量海拔梯度变化

一、南坡黄山松与马尾松叶光合色素含量海拔梯度变化

南坡黄山松与马尾松叶绿素含量随海拔变化见表9-8。低海拔区马尾松针叶叶绿素 a (Chla)、类胡萝卜素 Car 以及总量[Chl(a+b)]均随海拔升高呈先升后降趋势，且均在海拔S1出现拐点。叶绿素 b(Chlb)随海拔升高呈现上升趋势，叶绿素 Chla/b 呈现降低趋势。中海拔区，马尾松针叶叶绿素 a(Chla)、类胡萝卜素 Car 均随海拔升高而降低，叶绿素 b(Chlb)及总量[Chl(a+b)]随海拔升高呈现先升后降趋势，叶绿素 Chla/b 呈现先降后升趋势。马尾松针叶叶绿素 b(Chlb)($F=1.228$，$P=0.364$)、Chla/b($F=1.130$，$P=0.405$)在海拔梯度间差异不显著，而叶绿素 a(Chla)($F=22.160$，$P<0.01$)、类胡萝卜素 Car($F=6.025$，$P=0.008$)以及总量[Chl(a+b)]($F=9.455$，$P=0.002$)在不同海拔差异显著。中海拔区黄山松针叶叶绿素 a(Chla)、叶绿素 b(Chlb)、类胡萝卜素 Car 及总量[Chl(a+b)]随海拔升高基本呈现升高趋势，而叶绿素 Chla/b 随海拔升高基本呈降低趋势。高海拔区域，黄山松针叶叶绿素 a(Chla)、叶绿素 b(Chlb)、类胡萝卜素 Car 及总量[Chl(a+b)]随海拔升高基本呈现降低趋势，而叶绿素 Chla/b 呈现先降后升趋势，与中海拔区相比，降低幅度较大。方差分析表明，黄山松针叶叶绿素 a(Chla)($F=28.588$，$P<0.01$)、叶绿素 b(Chlb)($F=3.623$，$P<0.01$)、类胡萝卜素 Car($F=32.300$，$P<0.01$)及总量[Chl(a+b)]($F=30.072$，$P<0.01$)海拔差异均显著，仅叶绿素 Chla/b($F=1.371$，$P=0.307$)在不同海拔梯度无显著差异。

表9-8 南坡黄山松与马尾松叶叶绿素和类胡萝卜素含量随海拔变化

海拔	叶绿素 a /(mg/g)	叶绿素 b /(mg/g)	类胡萝卜素 /(mg/g)	叶绿素 a+b /(mg/g)	叶绿素 a/b
S0(马尾松)	1.076±0.022BC	0.216±0.021A	0.576±0.009BC	1.293±0.001C	5.033±0.6A
S1(马尾松)	1.231±0.077C	0.292±0.069A	0.675±0.031C	1.523±0.146C	4.402±0.776A
S2(马尾松)	0.674±0.020A	0.296±0.140A	0.492±0.007AB	0.970±0.160AB	2.227±1.105A
S3(马尾松)	0.972±0.054B	0.223±0.029A	0.616±0.025C	1.195±0.055BC	4.357±0.699A
S4(马尾松)	0.957±0.002B	0.258±0.037A	0.588±0.067BC	1.215±0.038BC	3.704±0.641A
S5(马尾松)	0.692±0.055A	0.142±0.029A	0.438±0.038A	0.835±0.028A	4.208±0.725A
S3(黄山松)	0.874±0.013b	0.219±0.028b	0.521±0.006b	1.093±0.033b	4.062±0.475a
S4(黄山松)	0.868±0.003b	0.265±0.017c	0.528±0.004b	1.133±0.014b	3.290±0.221a
S5(黄山松)	1.122±0.120c	0.325±0.037d	0.646±0.067c	1.446±0.151c	3.365±0.566a
S6(黄山松)	1.227±0.092c	0.238±0.044bc	0.689±0.046c	1.464±0.126c	5.267±0.675a
S7(黄山松)	0.649±0.073a	0.133±0.009a	0.379±0.033a	0.782±0.064a	4.935±0.878a
S8(黄山松)	0.552±0.060a	0.171±0.064ab	0.325±0.031a	0.723±0.019a	3.741±1.046a
S9(黄山松)	0.542±0.019a	0.124±0.007a	0.340±0.008a	0.666±0.013a	4.392±0.394a

注：同一列不同大写字母表示马尾松叶光合色素含量差异达到显著水平，不同小写字母表示黄山松叶光合色素含量差异达到显著水平($P<0.05$)。

二、北坡黄山松与马尾松叶光合色素含量海拔梯度变化

北坡黄山松与马尾松叶绿素含量随海拔变化见表9-9。中海拔区随海拔升高，马尾松针叶叶绿素 a(Chla)($F=55.736$，$P<0.01$)、叶绿素 b(Chlb)($F=8.570$，$P<0.01$)、类胡萝卜素 Car($F=66.818$，$P<0.01$)及总量[Chl(a+b)]($F=49.925$，$P<0.01$)基本为先降低后增加，不同海拔间差异显著。叶绿素 a/b(Chla/b)也呈现先降后升趋势，但海拔梯度间无明显

差异($F=0.226$, $P=0.804$)。中海拔区黄山松针叶叶绿素a(Chla)、叶绿素b(Chlb)、叶绿素a/b(Chla/b)、类胡萝卜素Car、叶绿素总量[Chl(a+b)]基本呈现升高趋势。高海拔区域,黄山松针叶叶绿素a(Chla)、叶绿素b(Chlb)、类胡萝卜素Car及总量[Chl(a+b)]均为降低—升高—降低,最高海拔含量最低,叶绿素a/b(Chla/b)呈现先升后降趋势。总体上,黄山松叶绿素Chla/b在海拔梯度间差异不显著($F=1.157$, $P=0.393$),而叶绿素a(Chla)($F=15.859$, $P<0.01$)、叶绿素b(Chlb)($F=5.189$, $P=0.013$)、类胡萝卜素Car($F=15.956$, $P<0.01$)、叶绿素总量[Chl(a+b)]($F=14.777$, $P<0.01$)在不同海拔梯度差异显著。

表9-9　北坡黄山松马尾松叶叶绿素和类胡萝卜素含量随海拔的变化

海拔	叶绿素a/(mg/g)	叶绿素b/(mg/g)	类胡萝卜素/(mg/g)	叶绿素a+b/(mg/g)	叶绿素a/b
N3(马尾松)	1.619±0.057B	0.404±0.025B	0.879±0.025B	0.879±0.025B	4.010±0.115B
N4(马尾松)	0.632±0.160A	0.163±0.033A	0.405±0.017A	0.352±0.087A	3.840±0.290A
N5(马尾松)	1.449±0.139B	0.365±0.007B	0.792±0.069B	0.792±0.069B	3.961±0.324A
N4(黄山松)	0.583±0.056ab	0.154±0.010ab	0.334±0.036a	0.334±0.036a	3.785±0.114b
N5(黄山松)	0.861±0.025cd	0.169±0.007ab	0.468±0.009b	0.468±0.009b	5.098±0.077a
N6(黄山松)	1.048±0.133de	0.252±0.026c	0.628±0.077c	0.628±0.077c	4.152±0.114bc
N7(黄山松)	0.745±0.051bc	0.173±0.023ab	0.417±0.034ab	0.417±0.034ab	4.381±0.675b
N8(黄山松)	1.060±0.061e	0.226±0.038bc	0.604±0.027c	0.604±0.027c	4.794±0.659ab
N9(黄山松)	0.542±0.019a	0.124±0.007a	0.340±0.008a	0.340±0.008a	4.392±0.394b

注:同一列不同大写字母表示马尾松叶光合色素含量差异达到显著水平,不同小写字母表示黄山松叶光合色素含量差异达到显著水平($P<0.05$)。

第三节　黄山松与马尾松叶形态结构海拔梯度格局

统计双因素方差分析表明,黄山松针叶面积($F=1.464$, $P=0.280$)、针叶含水量($F=2.407$, $P=0.182$)、比叶面积($F=3.181$, $P=0.135$)、单根干重($F=0.521$, $P=0.503$)、单根长($F=3.608$, $P=0.116$)、单根鲜重($F=0.520$, $P=0.503$)、叶片干物质含量($F=0.203$, $P=0.671$)在南、北坡差异不显著。马尾松针叶面积($F=0.736$, $P=0.481$)、单根长($F=0.323$, $P=0.627$)、单根鲜重($F=0.952$, $P=0.432$)、针叶含水量($F=0.014$, $P=0.918$)、比叶面积($F=1.607$, $P=0.333$)、单根干重($F=1.324$, $P=0.369$)、叶片干物质含量($F=1.434$, $P=0.354$)在南、北坡差异均不显著。

一、南坡黄山松与马尾松叶形态特征海拔梯度变化

由表9-10可知,低海拔区域,马尾松针叶叶面积随海拔升高而升高,单根长、单根鲜重、针叶含水量、比叶面积、单根干重、叶片干物质含量均呈现先升后降趋势,且均在海拔S1含量最低。中海拔区域马尾松针叶面积低于低海拔区域,随海拔升高而升高,而单根长高于低海拔区域,随海拔升高呈现先升后降趋势。方差分析表明,南坡马尾松针叶面积($F=17.856$, $P<0.01$)、单根长($F=55.367$, $P<0.01$)在不同海拔间差异极显著,而单根鲜重

($F=2.608$，$P=0.086$)、针叶含水量($F=2.450$，$P=0.1$)、比叶面积($F=1.497$，$P=0.291$)、单根干重($F=2.075$，$P=0.145$)、干物质含量($F=0.579$，$P=0.716$)差异均不显著。黄山松针叶形态特征随海拔梯度变化与马尾松有所差别，中海拔区域针叶面积、单根长、比叶面积均随海拔表现升高趋势，单根干重随海拔升高呈现先降后升趋势。高海拔区域针叶面积、单根长随海拔升高而降低，比叶面积呈现先升高后降低，而单根干重呈现降低—升高—降低趋势。南坡不同海拔间黄山松针叶单根鲜重($F=2.100$，$P<0.01$)、针叶含水量($F=1.115$，$P<0.01$)、叶片干物质含量($F=1.060$，$P=0.440$)差异不显著，针叶面积($F=138.390$，$P<0.01$)、单根干重($F=9.939$，$P<0.01$)、单根长($F=67.453$)、比叶面积($F=16.543$，$P<0.01$)差异极显著。

表 9-10　南坡黄山松与马尾松叶形态特征

海拔	叶面积 /mm²	单根长 /mm	单根鲜重 /g	含水量 /g	比叶面积 /(cm²/g)	单根干重 /g	叶片干物质含量/g
S3(黄山松)	76.302 ± 4.201A	142.233 ± 1.960D	0.100 ± 0.008B	0.048 ± 0.007A	14.749 ± 1.493A	0.052 ± 0.003C	0.522 ± 0.038A
S4(黄山松)	120.405 ± 9.113B	143.791 ± 1.229D	0.100 ± 0.004B	0.053 ± 0.004A	25.402 ± 2.232AB	0.047 ± 0.002C	0.475 ± 0.023A
S5(黄山松)	286.984 ± 9.082F	187.567 ± 5.839E	0.0620 ± 044AB	0.013 ± 0.002A	59.170 ± 1.848CD	0.049 ± 0.001C	0.524 ± 0.247A
S6(黄山松)	247.167 ± 14.013E	116.826 ± 11.218C	0.042 ± 0.008AB	0.018 ± 0.004A	71.061 ± 2.744DE	0.024 ± 0.004B	0.571 ± 0.005A
S7(黄山松)	190.904 ± 2.386D	104.300 ± 1.700BC	0.028 ± 0.003A	0.012 ± 0.000A	79.540 ± 7.368E	0.016 ± 0.003A	0.573 ± 0.018A
S8(黄山松)	181.541 ± 6.329D	98.800 ± 0.400AB	0.063 ± 0.008AB	0.028 ± 0.002A	53.168 ± 9.974CD	0.035 ± 0.006B	0.554 ± 0.022A
S9(黄山松)	147.047 ± 10.250C	90.400 ± 4.972A	0.030 ± 0.010AB	0.013 ± 0.004A	42.836 ± 9.105BC	0.017 ± 0.006B	0.569 ± 0.003A
S0(马尾松)	211.445 ± 9.903ab	115.283 ± 13.201ab	0.047 ± 0.008ab	0.019 ± 0.003ab	77.723 ± 10.633a	0.028 ± 0.005ab	0.594 ± 0.026a
S1(马尾松)	264.807 ± 12.993d	123.273 ± 1.625ab	0.055 ± 0.017ab	0.019 ± 0.004ab	78.627 ± 17.175a	0.036 ± 0.009b	0.652 ± 0.036a
S2(马尾松)	265.898 ± 1.310d	112.444 ± 6.124a	0.037 ± 0.000ab	0.013 ± 0.001a	71.669 ± 51.232a	0.023 ± 0.005ab	0.632 ± 0.046a
S3(马尾松)	193.506 ± 3.095a	128.815 ± 4.498ab	0.030 ± 0.005a	0.010 ± 0.004a	62.387 ± 10.194a	0.020 ± 0.001a	0.672 ± 0.094a
S4(马尾松)	228.140 ± 3.690bc	220.000 ± 10.231c	0.033 ± 0.005a	0.011 ± 0.004a	71.955 ± 7.942a	0.022 ± 0.001ab	0.671 ± 0.102a
S5(马尾松)	247.306 ± 7.709cd	132.204 ± 4.151b	0.040 ± 0.020b	0.025 ± 0.010b	76.174 ± 39.938a	0.023 ± 0.015ab	0.586 ± 0.025a

注：同一列不同大写字母表示黄山松叶形态特征差异达到显著水平，不同小写字母表示马尾松叶形态特征差异达到显著水平($P<0.05$)。

统计南坡同海拔两种植物针叶形态特征双因素方差分析表明，针叶单根鲜重($F=4.380$，$P=0.171$)、针叶含水量($F=1.682$，$P=0.324$)、比叶面积($F=7.826$，$P=0.108$)、针叶面积($F=1.478$，$P=0.348$)、单根长($F=0.004$，$P=0.955$)种间差异不显著，而单根干重($F=20.433$，$P=0.046$)、叶片干物质含量($F=57.482$，$P=0.017$)种间差异显著。

二、北坡黄山松与马尾松叶形态特征海拔梯度变化

由表9-11可知，中海拔区域马尾松针叶叶面积、单根长随海拔升高呈现明显升高趋势，针叶含水量、比叶面积为先升后降，针叶干物质含量呈现明显先降后升趋势，单根鲜重、单根干重也表现相似规律，但单根鲜重（$F=4.000$，$P=0.145$）、单根干重（$F=7.000$，$P=0.074$）在不同海拔差异不显著，针叶面积（$F=30.275$，$P<0.01$）、单根长（$F=14.935$，$P<0.01$）、针叶含水量（$F=15.145$，$P<0.05$）、针叶干物质含量（$F=15.872$，$P<0.05$）在不同海拔梯度差异显著，具有较明显变化趋势。中海拔区域黄山松针叶面积、针叶单根长均随海拔升高而降低，比叶面积、单根干重、叶片干物质也呈现相似规律，单根鲜重、针叶含水量随海拔升高而升高。高海拔区域黄山松针叶面积、单根长、单根鲜重、针叶含水量、比叶面积均随海拔升高而下降。方差分析表明，北坡不同海拔黄山松针叶含水量差异不显著（$F=1.543$，$P=0.249$），针叶面积（$F=31.712$，$P<0.01$）、单根长（$F=63.835$，$P<0.01$）、单根鲜重（$F=4.832$，$P<0.05$）、比叶面积（$F=8.188$，$P<0.01$）、单根干重（$F=25.008$，$P<0.01$）、叶片干物质含量（$F=8.223$，$P<0.01$）差异均显著，表明黄山松针叶形态特征随海拔变化较明显。

表9-11　北坡黄山松与马尾松叶形态特征

海拔	叶面积/mm^2	单根长/mm	单根鲜重/g	含水量/g	比叶面积/(cm^2/g)	单根干重/g	叶片干物质含量/g
N3（马尾松）	172.376±9.481A	152.067±12.807A	0.025±0.003A	0.010±0.001AB	75.548±2.805A	0.015±0.002B	0.607±0.013B
N4（马尾松）	215.440±8.982B	182.000±2.000B	0.022±0.003A	0.012±0.000B	156.823±4.823B	0.009±0.002A	0.431±0.037A
N5（马尾松）	247.493±0.570C	198.533±4.215B	0.018±0.003A	0.007±0.002A	146.524±1.989B	0.011±0.001AB	0.609±0.022B
N4（黄山松）	195.531±7.601c	138.567±3.179c	0.078±0.015bc	0.043±0.022a	35.811±2.630ab	0.036±0.005b	0.444±0.091b
N5（黄山松）	158.742±7.057b	123.333±4.110b	0.082±0.005c	0.047±0.020a	29.505±0.247a	0.035±0.003b	0.412±0.029b
N6（黄山松）	191.320±9.911c	122.778±1.969b	0.077±0.005bc	0.056±0.017a	61.445±9.222d	0.021±0.003a	0.279±0.009a
N7（黄山松）	160.898±6.730b	82.333±8.247a	0.073±0.002bc	0.041±0.001a	50.961±5.635cd	0.032±0.002b	0.434±0.024a
N8（黄山松）	141.364±1.275a	81.700±5.572a	0.063±0.002ab	0.028±0.002a	48.563±1.308abc	0.036±0.001b	0.566±0.017b
N9（黄山松）	131.216±1.276a	80.045±0.291a	0.039±0.005a	0.016±0.004a	44.192±2.344bc	0.022±0.002a	0.579±0.038b

注：同一列不同大写字母表示马尾松叶形态特征差异达到显著水平，不同小写字母表示黄山松叶形态特征差异达到显著水平（$P<0.05$）。

中海拔区域黄山松与马尾松针叶形态特征种间分析可知，黄山松针叶面积、单根长、比叶面积均明显低于马尾松，而单根鲜重、针叶含水量、单根干重高于马尾松。对北坡同一海拔两种植物形态特征双因素方差分析表明，针叶干物质含量($F=361.00$，$P=0.033$)、叶面积($F=3.088$，$P=0.329$)、单根长($F=13.946$，$P=0.167$)、单根鲜重($F=123.457$，$P=0.057$)、含水量($F=27.551$，$P=0.120$)种间差异不显著，比叶面积($F=354.535$，$P=0.011$)、单根干重($F=361.00$，$P=0.033$)种间差异均显著。

统计南坡同海拔两种植物针叶形态特征双因素方差分析表明，单根鲜重($F=4.380$，$P=0.171$)、针叶含水量($F=1.682$，$P=0.324$)、比叶面积($F=7.826$，$P=0.108$)、针叶面积($F=1.478$，$P=0.348$)、单根长($F=0.004$，$P=0.955$)种间差异不显著，单根干重($F=20.433$，$P=0.046$)、叶片干物质含量($F=57.482$，$P=0.017$)种间差异显著。

第四节　黄山松与马尾松叶养分含量海拔梯度格局

统计双因素方差分析表明：黄山松针叶养分含量C($F=0.065$，$P=0.809$)、N($F=5.984$，$P=0.058$)、P($F=0.047$，$P=0.836$)、C∶N($F=3.901$，$P=0.105$)、N∶P($F=1.501$，$P=0.275$)、C∶P($F=2.056$，$P=0.211$)在南、北坡均无显著差异，马尾松C∶N($F=3.747$，$P=0.193$)、N($F=5.692$，$P=0.140$)在南、北坡无显著差异，C($F=85.826$，$P=0.011$)、P($F=19.690$，$P=0.047$)、N：P($F=20.018$，$P=0.046$)、C∶P($F=42.138$，$P=0.023$)在南、北坡间差异显著。

一、南坡黄山松与马尾松叶养分含量海拔梯度变化

由图9-2可知，马尾松针叶C含量随海拔升高呈升高—降低—升高趋势，海拔间变化不显著($F=1.055$，$P=0.439$)；N、P含量与海拔呈二次方程关系，随海拔升高呈先升高后下降，N含量在海拔梯度间无显著差异($F=1.089$，$P=0.423$)，P含量差异极显著($F=13.105$，$P<0.01$)。C、N、P含量间比例关系具有相似变化特征，即在800～1 100 m随海拔升高呈明显下降，在1 100～1 300 m为升高趋势，但均低于海拔800～1 100 m的值，三者间比例均与海拔呈二次方程关系。C∶N在海拔梯度间差异不显著($F=0.820$，$P<0.562$)，N∶P($F=42.263$，$P<0.01$)与C∶P($F=18.223$，$P<0.01$)差异极显著。黄山松针叶C、N、P含量与化学计量比随海拔变化特征与马尾松有所不同，黄山松针叶C含量随海拔升高呈先下降后升高趋势，在海拔梯度间差异显著($F=7.158$，$P<0.01$)；N含量与P含量基本呈现先升高后下降，均与海拔呈二次方程关系，N含量在海拔梯度间变化不明显($F=1.077$，$P=0.42$)，P含量差异极显著($F=4.681$，$P<0.01$)。C∶N、C∶P与N∶P随海拔升高而下降，与海拔呈二次方程关系，C∶N在海拔梯度间差异显著($F=4.075$，$P<0.05$)，N∶P($F=2.138$，$P=0.108$)与C∶P($F=2.417$，$P=0.097$)无显著差异。

由表9-12可知，南坡同海拔马尾松针叶C、N、P含量均高于黄山松，但C∶N、N∶P、C∶P均低于黄山松。统计双因素方差分析表明，C($F=6.106$，$P=0.132$)、P($F=9.606$，$P=0.090$)及N∶P($F=16.980$，$P=0.054$)种间差异不显著，C∶N($F=747.941$，$P<0.005$)、N∶P($F=112.910$，$P<0.01$)、C∶P($F=22.101$，$P<0.01$)种间差异均显著。

表 9-12　南坡相同海拔梯度马尾松与黄山松叶之间 C、N、P 比较分析

海拔	C/(mg/g)	N/(mg/g)	C: N	P/(g/kg)	C: P	N: P
S3(黄山松)	478.100	14.657	32.690	0.260	1 839.509	56.392
S4(黄山松)	469.300	14.650	32.030	0.296	1 585.120	49.482
S5(黄山松)	475.767	13.933	34.267	0.785	605.924	17.745
S3(马尾松)	481.000	16.330	29.460	1.522	316.033	10.729
S4(马尾松)	487.800	16.975	28.785	1.242	392.616	13.663
S5(马尾松)	487.950	15.940	30.612	1.153	423.055	13.820

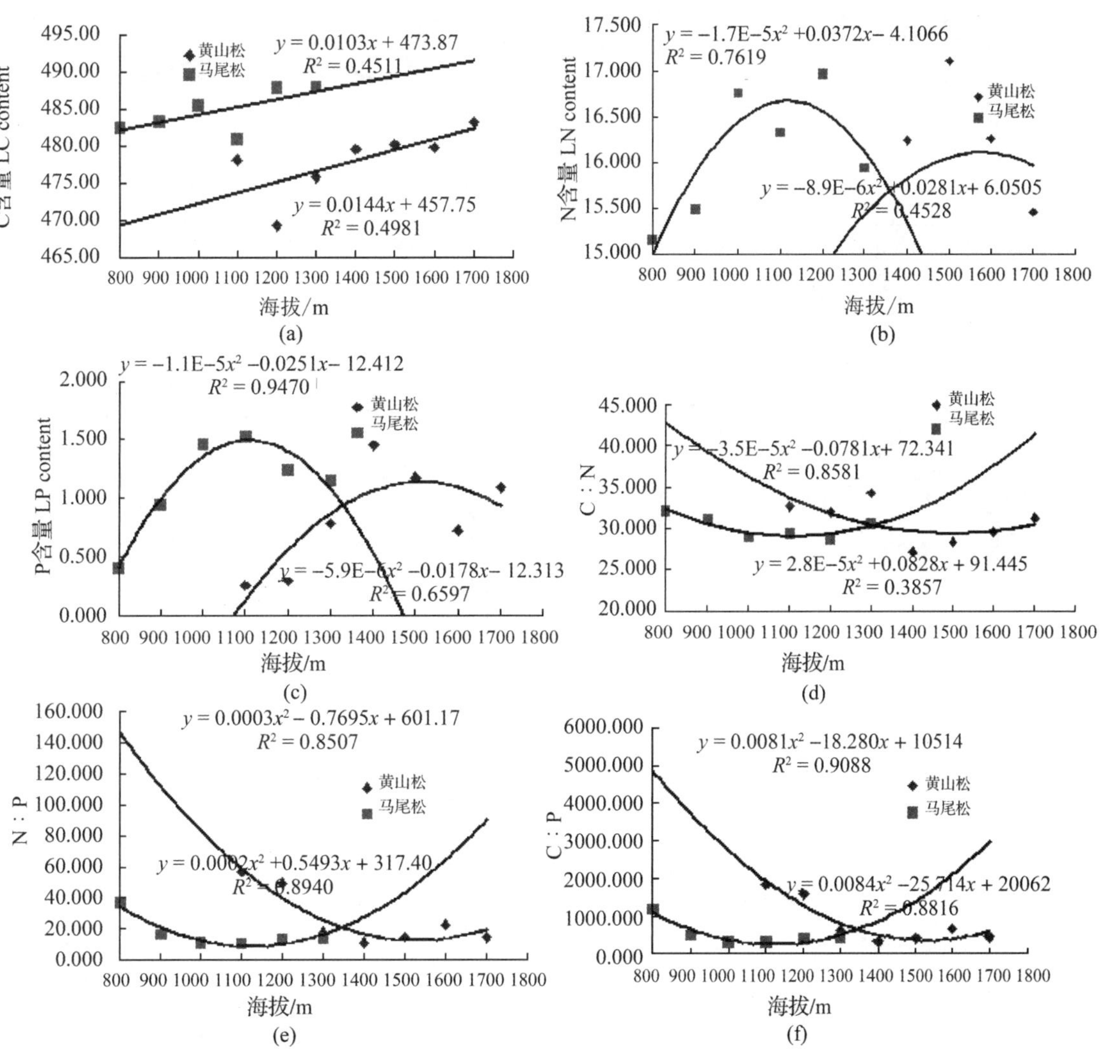

图 9-2　南坡马尾松与黄山松叶化学计量学特征与海拔的关系

二、北坡黄山松与马尾松叶养分含量海拔梯度变化

北坡黄山松针叶 C 含量随海拔升高呈上升趋势，与海拔呈二次方程关系，在海拔梯度间差异极显著($F=16.983$, $P<0.01$)。N 含量随海拔升高而升高，P 含量先升高后下降，均与海拔呈二次方程关系，N($F=2.027$, $P=0.147$)、P($F=0.660$, $P=0.661$)在海拔梯度间差异均不显著。C: N 随海拔升高基本呈现下降趋势，在海拔梯度间无显著差异($F=1.411$, $P=0.288$)。N: P 与 C: P 随海拔升高基本呈下降趋势，N: P($F=0.646$, $P=0.671$)及 C: P($F=0.773$, $P=0.593$)在海拔梯度间差异不显著(图 9-3)。

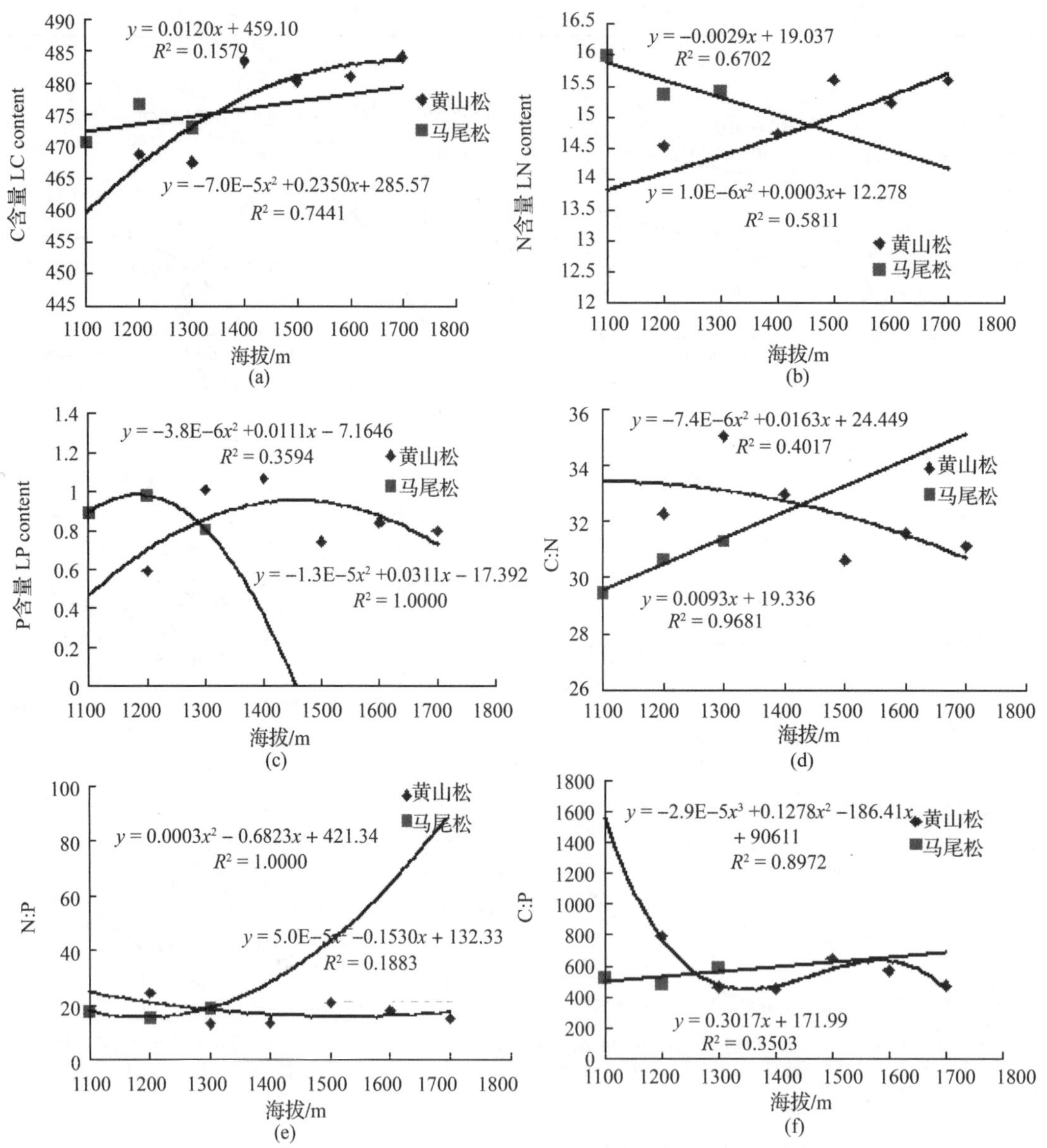

图 9-3 北坡马尾松与黄山松叶化学计量学特征与海拔的关系

马尾松针叶 C、N 含量、C: N、N: P 在北坡海拔梯度间无显著差异，P 含量随海拔升高先升高后降低，且在海拔梯度间差异显著($F=652.857$, $P<0.01$)。C: P 随海拔升高表现升高

趋势，在海拔 N5（1 300 m）含量最高，为 587.970 mg/g，在海拔梯度间差异极显著（F = 113.387，P <0.01）（表 9-13）。

表 9-13　北坡相同海拔梯度马尾松与黄山松叶之间 C、N、P 比较分析

海拔	C/（mg/g）	N/（mg/g）	C/N	P/（g/kg）	C∶P	N∶P
N4（黄山松）	468.800	14.530	32.260	0.592	791.436	24.530
N5（黄山松）	467.533	13.510	35.017	1.009	463.295	13.388
N4（马尾松）	476.700	15.365	30.670	0.980	486.628	15.685
N5（马尾松）	473.100	15.427	31.307	0.805	587.970	19.172

统计双因素方差分析表明，北坡针叶 C（F =88.599，P =0.067）、N（F =11.199，P = 0.185）、P（F =0.051，P =0.858）、C∶N（F =13.693，P =0.168）、N∶P（F =0.061，P = 0.846）、C∶P（F =0.015，P =0.923）种间差异均不显著。

第五节　黄山松与马尾松叶抗逆物质海拔梯度格局

一、南坡黄山松与马尾松叶抗逆物质海拔梯度变化

由图 9-4 可知，黄山松与马尾松可溶性糖含量、脯氨酸含量沿海拔升高均呈增加趋势，与海拔具有线性关系。方差分析表明，黄山松与马尾松针叶可溶性糖含量在海拔梯度间差异极显著（F =619.448，P <0.01）（F =180.861，P <0.01），脯氨酸含量差异极显著（F = 420.077，P <0.01）（F =289.214，P <0.01）。两种植物淀粉含量随海拔变化趋势相似，均随海拔升高表现先升高后降低，与海拔呈二次方程关系。马尾松低海拔区域淀粉含量低于中海拔区域，黄山松高海拔区域淀粉平均含量高于中海拔区域。黄山松和马尾松针叶淀粉含量在海拔梯度间差异均极显著（F =106.603，P <0.01）（F =7.727，P <0.01）。

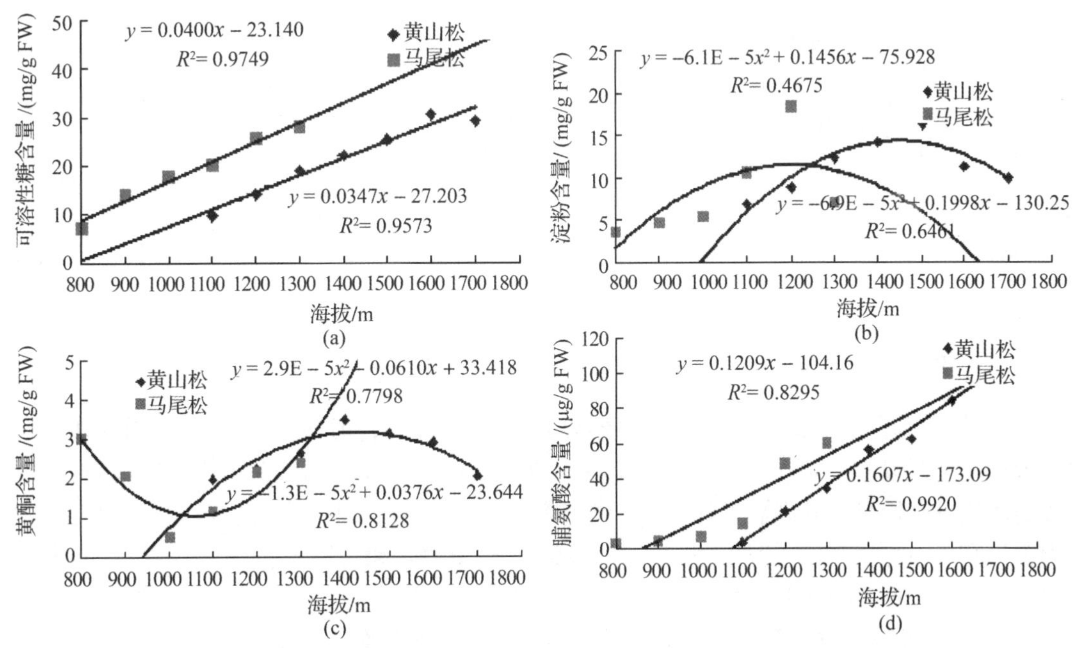

图 9-4　南坡黄山松与马尾松叶可溶性糖、淀粉、黄酮、脯氨酸含量与海拔关系

马尾松针叶黄酮含量在南坡海拔梯度呈现先降低后增加趋势，黄山松针叶黄酮含量为先升高后降低，二者均与海拔呈二次方程关系。方差分析表明，黄山松和马尾松针叶黄酮含量在海拔梯度间差异均极显著($F = 132.543$，$P < 0.01$)($F = 29.577$，$P < 0.01$)。

马尾松与黄山松可溶性糖、淀粉、黄酮及脯氨酸含量均随海拔升高而升高，马尾松可溶性糖与淀粉、脯氨酸含量高于同海拔黄山松，黄山松针叶黄酮含量高于同海拔马尾松。双因素方差分析表明，两种植物可溶性糖含量种间差异显著($F = 182.449$，$P < 0.01$)，淀粉含量、黄酮含量、脯氨酸含量种间差异不显著($F = 0.039$，$P = 0.861$)($F = 1.320$，$P = 0.370$)($F = 16.043$，$P = 0.057$)。

二、北坡黄山松与马尾松叶抗逆物质海拔梯度变化

由图 9-5 可知，与南坡相似，黄山松与马尾松可溶性糖含量、脯氨酸含量沿海拔梯度升高均呈增加趋势，与海拔具有线性关系。方差分析表明，黄山松可溶性糖含量在海拔梯度间差异不显著($F = 1.811$，$P = 0.185$)，马尾松可溶性糖含量差异极显著($F = 162.698$，$P < 0.01$)；黄山松和马尾松针叶脯氨酸含量在海拔梯度间差异均极显著($F = 146.955$，$P < 0.01$)($F = 158.566$，$P < 0.01$)。

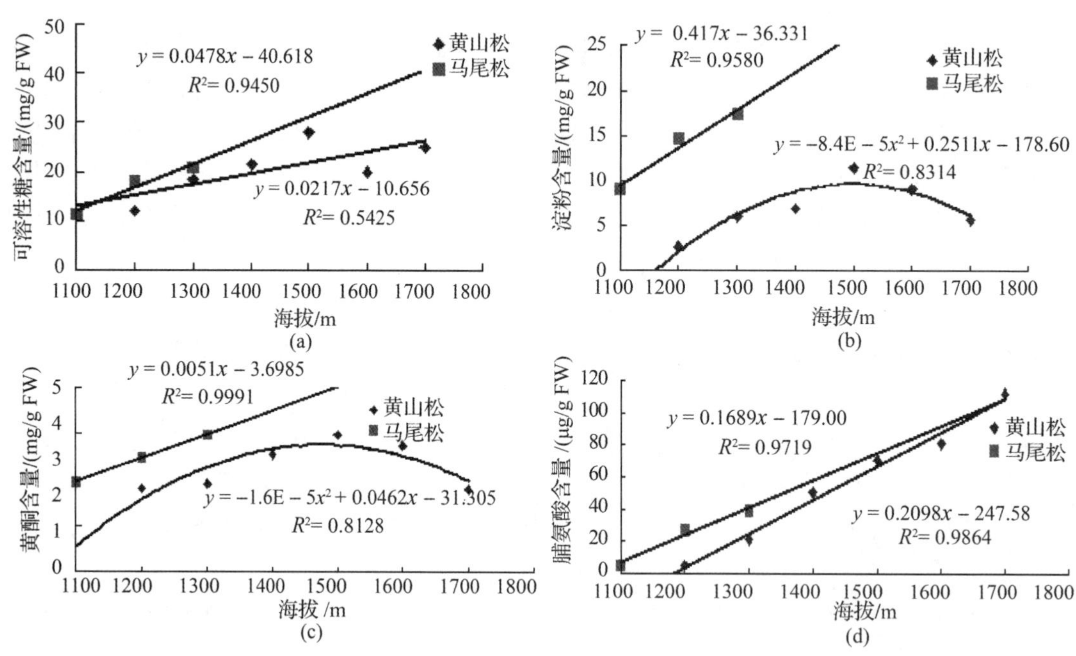

图 9-5　北坡黄山松与马尾松叶可溶性糖、淀粉、黄酮、脯氨酸含量与海拔关系

马尾松针叶淀粉含量与黄酮含量均随海拔升高而升高，海拔梯度间差异极显著($F = 106.603$，$P < 0.01$)($F = 25.427$，$P < 0.01$)，与海拔均呈线性关系。黄山松针叶淀粉与黄酮含量随海拔升高均呈先升高后下降趋势，与海拔呈二次方程关系，高海拔区域黄山松淀粉与黄酮含量高于中海拔区域。黄山松($F = 182.285$，$P < 0.01$)和马尾松($F = 25.427$，$P < 0.01$)黄酮含量在海拔梯度间均差异极显著。

马尾松与黄山松可溶性糖、淀粉、黄酮及脯氨酸含量均随海拔升高而升高，马尾松针叶

可溶性糖、淀粉、脯氨酸与黄酮含量均高于同海拔黄山松。双因素方差分析表明，两种植物淀粉含量种间差异显著($F=147.298$，$P<0.05$)，可溶性糖含量、脯氨酸含量、黄酮含量种间差异不显著($F=5.899$，$P=0.249$)($F=37.570$，$P=0.103$)($F=19.923$，$P=0.140$)。

三、两种植物叶可溶性糖、淀粉、脯氨酸、黄酮含量南北坡间差异

马尾松与黄山松针叶可溶性糖、淀粉、脯氨酸在南、北坡海拔梯度变化趋势相似，其中可溶性糖、脯氨酸含量在南、北坡均随海拔呈升高趋势，淀粉为先升高后降低趋势。黄山松黄酮与淀粉含量在南、北坡海拔梯度上呈现规律一致。马尾松黄酮含量在南、北坡呈现相反趋势，南坡马尾松针叶黄酮含量随海拔升高而降低，北坡随海拔升高而升高。双因素方差分析表明，黄山松针叶脯氨酸、可溶性糖含量在南、北坡间均无显著差异($F=0.859$，$P=0.396$)($F=0.463$，$P=0.526$)，淀粉、黄酮含量在南、北坡间差异显著($F=7.009$，$P<0.05$)($F=10.451$，$P<0.05$)，南坡黄山松针叶淀粉、黄酮平均含量高于北坡。马尾松可溶性糖含量在南、北坡间差异显著($F=231.275$，$P<0.01$)，且南坡马尾松针可溶性糖平均含量均低于北坡，脯氨酸、淀粉、黄酮在南、北坡间无显著差异($F=10.667$，$P=0.082$)($F=1.375$，$P=0.362$)($F=11.661$，$P=0.076$)。

第六节　黄山松与马尾松叶元素含量海拔梯度格局

一、南坡黄山松与马尾松叶元素含量海拔梯度变化

南坡黄山松针叶钾元素含量随海拔升高基本呈先升高后降低趋势，在海拔 1 300 m 含量最高。马尾松针叶钾含量南坡变化无规律，在海拔 900 m 含量最高。黄山松与马尾松针叶钾含量均在最高海拔含量最低。在黄山松与马尾松交叉区(S3 ~ S5)，黄山松和马尾松针叶钾含量平均值分别为 2.517 g/kg、1.612 g/kg，黄山松针叶钾含量显著高于马尾松($F=30.433$，$P<0.01$)。方差分析表明，黄山松与马尾松针叶钾含量在海拔梯度间差异极显著($F=14.122$，$P<0.01$)($F=8.742$，$P<0.01$)(图 9-6、图 9-7)。

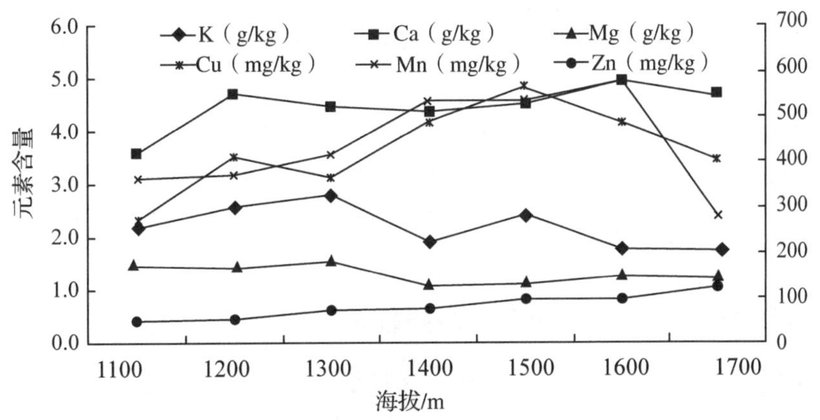

图 9-6　南坡黄山松叶元素含量随海拔变化趋势

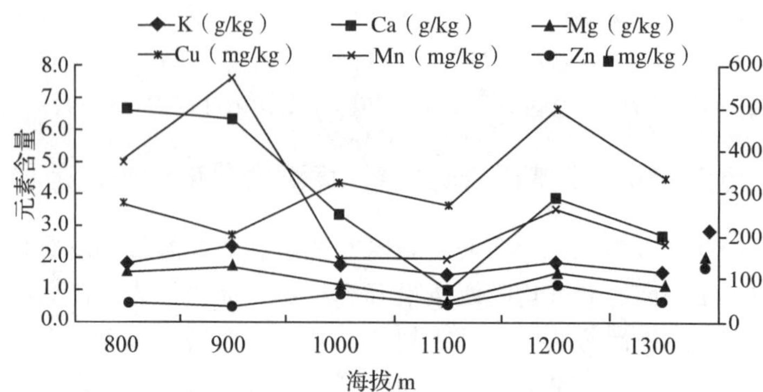

图 9-7　南坡马尾松叶元素含量随海拔变化趋势

黄山松针叶钙元素含量变化平缓，在海拔 1 200 m 和 1 600 m 较高。马尾松针叶钙含量随海拔变化波动较大，总体呈现下降趋势，海拔 800 m 含量最高，海拔 1 100 m 含量最低。在黄山松与马尾松交叉区，黄山松和马尾松针叶钙含量分别为 4.273 g/kg、2.526 g/kg，双因素方差分析表明，交叉区黄山松针叶钙含量显著高于马尾松（$F=671.668$，$P<0.01$）。黄山松和马尾松针叶钙含量在海拔梯度间差异均极显著（$F=26.057$，$P<0.01$）（$F=405.601$，$P<0.01$）。

黄山松针叶镁元素含量在海拔 1 100～1 300 m 变化平缓，海拔 1 300 m 呈下降趋势。马尾松针叶镁含量变化趋势呈多峰格局，在海拔 900 m 与 1 200 m 含量较高。在黄山松与马尾松交叉区，黄山松和马尾松针叶镁含量平均值分别为 1.500 g/kg、1.093 g/kg。方差分析表明，黄山松和马尾松针叶镁含量在海拔梯度间差异均极显著（$F=30.012$，$P<0.01$）（$F=182.265$，$P<0.01$）。

黄山松与马尾松针叶铜元素含量随海拔变化波动较大，均呈多峰格局，黄山松在海拔 1 500 m 含量最高，马尾松在 1 200 m 含量最高。交叉区黄山松与马尾松针叶铜平均含量分别为 2.994 mg/kg、4.900 mg/kg，种间差异极显著（$F=14.503$，$P<0.01$）。方差分析表明，黄山松与马尾松均在海拔间差异极显著（$F=64.152$，$P<0.01$）（$F=52.400$，$P<0.01$）。

黄山松与马尾松针叶锰元素总体上随海拔升高均呈先升高后降低趋势，在海拔 1 700 m 含量最低。黄山松与马尾松针叶锰元素于交叉区的平均值分别为 382.500 mg/kg 与 198.891 mg/kg，差异不显著（$F=13.840$，$P=0.085$）。黄山松针叶锰含量（$F=604.211$，$P<0.01$）和马尾松针叶锰含量（$F=2\,248.639$，$P<0.01$）在海拔梯度间差异均极显著。

黄山松针叶锌元素含量随海拔升高而升高，马尾松针叶锌含量随海拔升高无明显规律，在海拔 1 000 m 和 1 200 m 含量较高。交叉区针叶锌元素含量在种间差异不显著（$F=0.302$，$P=0.592$）。两种植物针叶锌含量在海拔梯度间差异均显著（$F=191.620$，$P<0.01$）（$F=75.802$，$P<0.01$）。

二、北坡黄山松与马尾松叶元素含量海拔梯度变化

北坡黄山松针叶钾含量随海拔升高基本呈降低—升高—降低趋势，在海拔 1 300 m 与 1 600 m 含量最高。马尾松针叶钾含量在北坡基本呈下降趋势，在海拔 1 100 m 含量最高。在黄山松与马尾松交叉区（N4～N5），黄山松和马尾松针叶钾平均值分别为 2.298 g/kg、1.833 g/kg，差异不显著（$F=9.829$，$P=0.197$）。方差分析表明，黄山松和马尾松针叶钾含

量在海拔梯度间差异均极显著（$F=57.287$，$P<0.01$）（$F=101.682$，$P<0.01$）（图 9-8、图 9-9）。

北坡黄山松针叶钙元素含量随海拔升高波动较大，在海拔 1 400 m 和 1 500 m 较高。马尾松针叶钙含量随海拔升高呈先升高后下降趋势，海拔 1 200 m 含量最高，海拔 1 100 m 含量最低。在黄山松与马尾松交叉区，黄山松和马尾松针叶钙含量平均值分别为 3.334 g/kg、4.578 g/kg，差异不显著（$F=1.497$，$P=0.252$）。方差分析表明，黄山松针叶钙含量在海拔梯度间差异极显著（$F=17.643$，$P<0.01$），马尾松针叶钙含量无显著差异（$F=1.321$，$P=0.346$）。

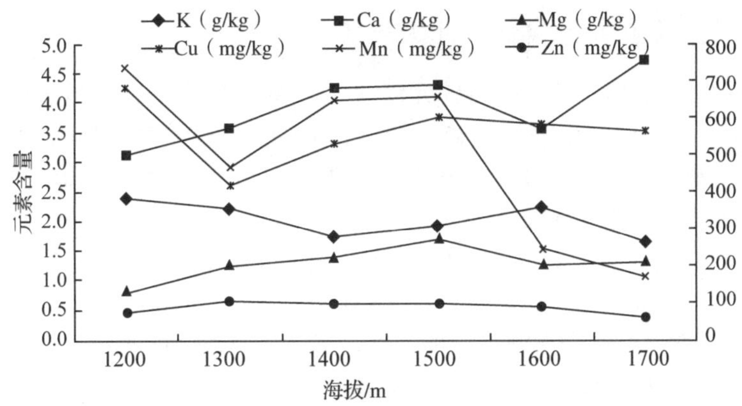

图 9-8　北坡黄山松叶元素含量随海拔的变化趋势

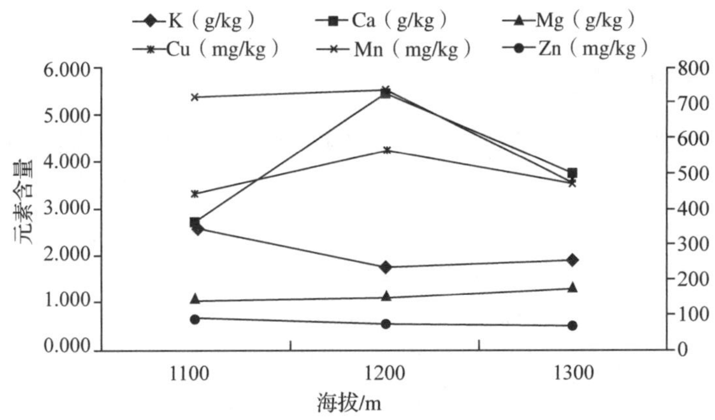

图 9-9　北坡马尾松叶元素含量随海拔变化趋势

黄山松针叶镁元素含量在北坡随海拔升高基本呈先升高后下降趋势，在海拔 1 500 m 含量最高，马尾松针叶镁基本呈升高趋势。在黄山松与马尾松交叉区，黄山松和马尾松针叶镁含量平均值分别为 1.038 g/kg、1.212 g/kg，种间差异不显著（$F=1.317$，$P=0.281$）。黄山松和马尾松针叶镁含量在海拔梯度间差异均极显著（$F=107.179$，$P<0.01$），（$F=11.499$，$P<0.01$）。

黄山松针叶铜元素含量随海拔呈多峰格局，在海拔 1 500 m 含量最高。马尾松针叶铜含量在北坡呈先升高后下降趋势，在 1 200 m 含量最高。交叉区黄山松与马尾松针叶铜平均含量分别为 3.412 mg/kg、3.913 mg/kg，差异不显著（$F=1.413$，$P=0.262$）。方差分析表明，黄山松和马尾松针叶铜含量在海拔梯度间差异均极显著($F=23.197$，$P<0.01$)($F=24.380$，$P<0.01$)。黄山松针叶锰含量在北坡海拔梯度间波动较大，在海拔1700 m含量最低。马尾松针叶锰含量在海拔1 100～1 200 m无明显变化，在1 200～1 300 m呈下降趋势。黄山松与马尾松在交叉区的平均锰含量无显著差异($F=0.003$，$P=0.961$)。黄山松和马尾松针叶锰含量在海拔梯度间差异均极显著($F=1\,980.423$，$P<0.01$)($F=526.122$，$P<0.01$)。黄山松与马尾松针叶锌元素含量随海拔升高无明显规律，交叉区针叶锌含量在种间差异不显著($F=1.214$，$P=0.469$)。黄山松和马尾松针叶锌含量在海拔梯度间差异均极显著($F=41.744$，$P<0.01$)($F=20.782$，$P<0.01$)。

三、黄山松与马尾松叶元素含量南北坡差异

黄山松针叶钾、钙、镁、锰、铜、锌元素含量在南、北坡差异不显著($F=1.543$，$P=0.269$)($F=6.095$，$P=0.057$)($F=0.356$，$P=0.577$)($F=0.121$，$P=0.742$)($F=2.073$，$P=0.209$)($F=0.003$，$P=0.955$)，北坡钙的平均含量比南坡同海拔低15.4%，南坡黄山松针叶铜含量比北坡同海拔高9.9%。

马尾松针叶钾、钙、镁、锰、铜、锌元素在南、北坡差异均不显著($F=2.165$，$P=0.279$)($F=3.771$，$P=0.192$)($F=0.045$，$P=0.852$)($F=7.772$，$P=0.108$)($F=16.317$，$P=0.056$)($F=3.551$，$P=0.200$)，钾、锰、锌平均含量南坡比北坡分别低22.8%、69.0%、25.0%，铜含量南坡比北坡高31.5%。

第七节　黄山松与马尾松叶性状可塑性

一、黄山松叶性状可塑性

统计4类指标可塑性指数均值依次为：抗氧化物质>叶绿素>形态>化学计量学特征。在所有叶性状中，Chl(a+b)可塑性指数最高，LC最小，抗氧化物质中FLA可塑性指数仅为0.485，其他抗氧化物质可塑性指数均大于0.5。黄山松针叶抗氧化物质可塑性指数中PRO可塑性值最大，其次是MDA和Starch。对于叶绿素而言，Chl(a+b)可塑性最大，其次是Chla、Chlb、Car，可塑性指数最小的是Chla/b。在形态指标中，SLA可塑性指数较大，其次是LA、Moisture、FW、Length、LDMC，DW可塑性最小。在化学计量学特征中，C/P和LP可塑性最大，其次是Mn，LC最小(表9-14)。

表9-14　黄山松叶性状可塑性

抗氧化物质	PI	叶绿素	PI	形态	PI	化学计量学特征	PI
SOD	0.784	Chla	0.558	LA	0.734	LC	0.034
CAT	0.744	Chlb	0.532	Length	0.573	LN	0.210
POD	0.739	Car	0.529	FW	0.575	LP	0.852
MDA	0.852	Chl(a+b)	1.009	Moisture	0.607	C/N	0.224
PRO	0.959	Chla/b	0.375	SLA	0.815	N/P	0.797
Sugar	0.653			DW	0.445	C/P	0.999

（续）

抗氧化物质	PI	叶绿素	PI	形态	PI	化学计量学特征	PI
Starch	0.834			LDMC	0.476	LK	0.427
FLA	0.485					Ca	0.373
						Mg	0.521
						Mn	0.771
						Cu	0.520
						Zn	0.600
平均	0.756		0.601		0.582		0.527

注：FW 表示针叶单根鲜重；DW 表示针叶单根干重；Moisture 表示针叶含水量。下表同。

二、马尾松叶性状可塑性

统计4类指标可塑性指数均值依次为：抗氧化物质 > 叶绿素 > 形态 > 化学计量学特征。在所有叶性状中，Chla/b 的可塑性指数最高，LC 最小，并且抗氧化物质可塑性指数均大于0.5。马尾松针叶抗氧化物质的可塑性指数中 PRO 可塑性值最大，其次是 SOD 和 MDA。对于叶绿素而言，Chla/b 可塑性最大，其次是 Chlb、Chl(a+b)、Chla，可塑性指数最小的是 Car。在形态指标中，DW 可塑性指数较大，其次是 Moisture、FW、SLA、Length，LA 可塑性最小。在化学计量学特征中，Mn 和 Ca 可塑性最大，其次是 C/P，LC 最小(表9-15)。

表 9-15　马尾松叶性状可塑性

抗氧化物质	PI	叶绿素	PI	形态	PI	化学计量学特征	PI
SOD	0.889	Chla	0.584	LA	0.352	LC	0.035
CAT	0.727	Chlb	0.648	Length	0.489	LN	0.107
POD	0.692	Car	0.539	FW	0.542	LP	0.732
MDA	0.842	Chl(a+b)	0.588	Moisture	0.604	C/N	0.098
PRO	0.949	Chla/b	0.958	SLA	0.518	N/P	0.707
Sugar	0.738			DW	0.618	C/P	0.732
Starch	0.794			LDMC	0.357	LK	0.278
FLA	0.830					Ca	0.784
						Mg	0.440
						Mn	0.806
						Cu	0.407
						Zn	0.492
平均	0.828		0.663		0.521		0.468

第八节　黄山松与马尾松叶性状与环境因子的 RDA 分析

土壤养分含量及地形因素等环境因子会对植物叶片性状产生一定影响。探讨不同海拔黄山松与马尾松针叶性状，运用软件 CANOCO 5.0 进行 RDA 约束排序分析。RDA 分析需要两个矩阵：物种数据和环境数据，物种数据是每个样点植物针叶性状平均值，环境因子矩阵包含2个地形参数(海拔ELE、坡向SLO)和9个土壤参数。排序之前，对所有不同量纲的变量进行标准化处理。在排序图中，每个环境因子箭头代表环境因子对功能性状解释量的相对大小，两个箭头夹角表示环境因子和针叶性状相关性大小。当夹角在0°～90°时，两个变量间正相关；当夹角在90°～180°时，两者间负相关；当夹角为90°时，代表两者间无显著相关关系(丁佳等，2011)。

一、黄山松叶性状与环境因子的RDA分析

对黄山松针叶特性与土壤因子进行RDA分析，得叶特性—土壤因子双序图[图9-10(a)]。第一、二排序轴特征值分别为0.303和0.143，前三个RDA排序轴包括83.71%黄山松针叶性状和其对应环境变量信息。其中，前二个排序轴占总信息量70.54%。C∶N、TP、C、N、pH、ELE、K与第一排序轴负相关，表明这些环境因素对相应针叶性状有一定限制作用。P、SBD与第一排序轴正相关，SLO与第二排序轴正相关，说明这些环境因素对相应针叶性状起显著促进作用。SWMC和TK与第一、第二排序轴相关性相当。对叶性状分布解释率较高的环境因子依次是：ELE、pH、SLO、SWMC、TC、TP。其中，海拔能解释17.0%针叶性状变异，表明海拔对黄山松针叶性状分布影响最大。由图9-10(a)可看出黄山松针叶性状成协同变化，其中位于第一象限的CAT、POD、LDMC彼此间显著正相关，位于第二象限的

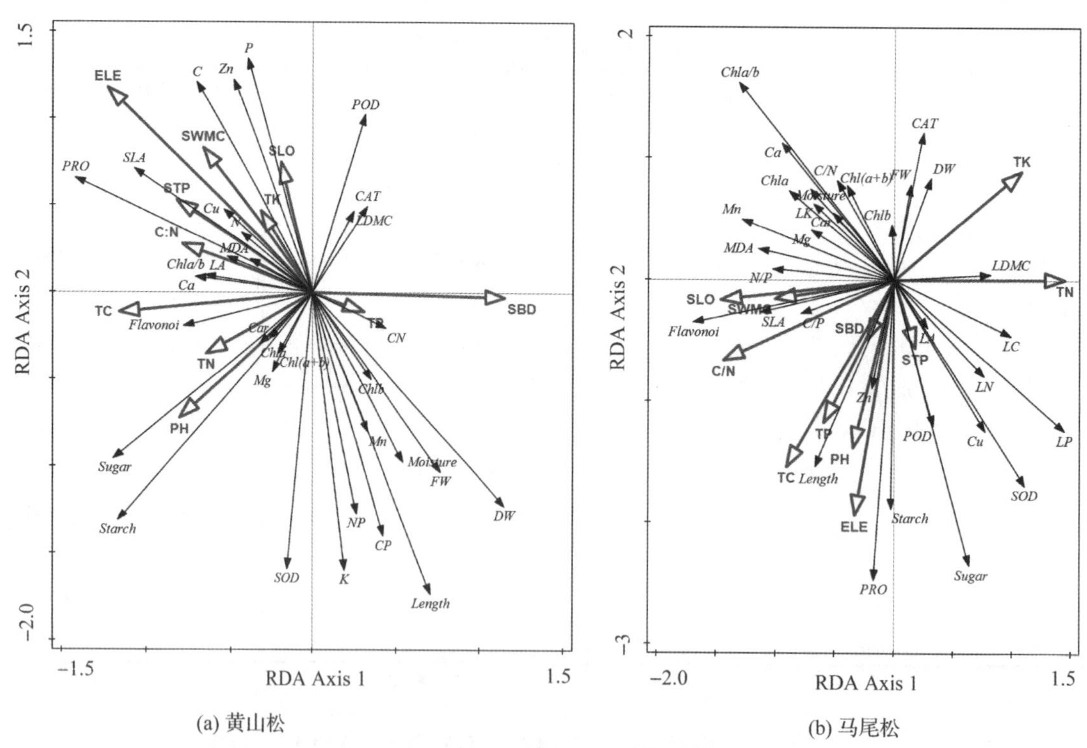

(a) 黄山松　　(b) 马尾松

图9-10　黄山松和马尾松叶性状与环境因子的RDA分析

ELE表示海拔；SWMC表示土壤质量含水量；STP表示土壤总孔隙度；SLO表示坡向；SBD表示土壤容重；TC表示土壤有机碳含量；TN表示土壤全氮含量；TP表示土壤全磷含量；TK表示土壤全钾含量；C∶N表示土壤碳含量与氮含量的比值

C、Zn、P、Cu、MDA、N、LA、Chla/b、Ca、SLA、PRO 彼此间正相关；位于第三象限的 Flavonoi、Car、Chla、Chl(a+b)、Mg、Sugar、Starch、SOD 彼此间正相关，位于第四象限的 CN、DW、FW、Moisture、Chlb、Mn、Length、CP、NP、K 彼此间正相关。其中 SLA 与 LDMC 负相关，Car、Chla、Chla+b 与 N 含量正相关。

二、马尾松叶性状与环境因子的 RDA 分析

对马尾松 27 个样点的针叶特性与土壤因子进行 RDA 分析，得叶特性—土壤因子双序图［图 9-10(b)］。第一、二排序轴特征值分别为 0.242 和 0.147，前三个 RDA 排序轴包括 83.77% 马尾松针叶性状和其对应的环境变量信息。其中，前二个排序轴占总信息量 73.09%。SLO、SWMC、C/N 与第一排序轴密切负相关，SBD、TP、pH、ELE、STP 与第二排序轴密切负相关，表明这些环境因素对相应针叶性状有一定限制作用。TN、TK 与第一排序轴密切正相关，说明这些环境因素对相应针叶性状起显著促进作用。TC 与第一、第二排序轴相关性相当。ELE 对马尾松针叶性状变异的解释率为 13.2%，其他依次为 TC、SLO、TK、pH、TN。马尾松针叶各性状间相关性较高，第一象限内马尾松针叶 LDMC、DW、CAT、FW 彼此间正相关，第二象限内 Chla+b、Chla、C/N、Chla/b、Ca、Chla、Moisture、LK、Mg、Mn、Car、Mn、MDA、N/P 彼此间正相关；第三象限内 SLA、Flavonoi、CP、Length、Zn、PRO、Starch 彼此间正相关；第四象限内 POD、Sugar、SOD、Cu、LN、LP、LC 彼此间正相关［图 9-10(b)］。与黄山松相似，SLA 与 LDMC 呈显著负相关，但单位干重的 N 含量与马尾松针叶的光合色素含量无明显相关关系。

第九节　小结

(1)南坡黄山松针叶 POD、CAT 活性随海拔升高先升高后降低，在临近黄山松分布上限均有增强趋势，主要由于随着海拔升高，温度下降、氧含量降低对植物胁迫状态加重，但也促进植物内部保护系统，使得活性氧的清除效率维持在最高水平。在高海拔区，太阳辐射及紫外线增加，针叶内活性氧水平超过正常范围，底物浓度的增强使得抗氧化酶被诱导合成，因此活性增强。高海拔区域 MDA 含量有下降趋势，这与高海拔区脯氨酸、可溶性糖在高海拔区大量积累有关，且黄酮含量在高海拔区域有下降趋势，推测高海拔区域 UV-B 辐射不是限制黄山松生长与分布的重要因子。北坡黄山松针叶 POD、CAT、SOD 随海拔变化规律基本一致，即随着海拔升高先下降后上升，主要由于北坡温度比南坡低，黄山松在北坡低温环境长期适应下，其体内活性氧水平较低，酶活性较弱。但随着海拔升高，太阳辐射及紫外线增加，体内活性氧积累超过正常水平，抗氧化酶活性升高。因此推测温度是限制黄山松生长与分布的关键因子之一。

(2)南坡马尾松 CAT、SOD、POD 随着海拔升高而升高，接近马尾松分布上限时 CAT、SOD 逐渐下降。北坡 CAT、POD 随海拔升高而下降，SOD 未有明显变化。表明随着海拔升高，马尾松对环境具有一定适应性，酶活性维持在较低水平。南坡马尾松中海拔区域 MDA 含量低于低海拔区域，除 CAT 活性外，其他两种酶活性均高于低海拔区域，在海拔 S3 处马尾松 MDA 含量较低，其他三种酶活性都处于较高水平。与马尾松相似，南、北坡中海拔区域黄山松 MDA 含量均低于高海拔区域，SOD 活性均高于高海拔区域，POD、CAT 无明显差异。中

海拔区域两种植物活性氧清除效率较高，膜脂过氧化程度均较小，表明中海拔两种植物受到竞争因素较多，促进了两种植物内部的保护系统，从而使植物细胞受到最小伤害。

(3)随海拔升高，南、北坡黄山松针叶 Chla、Chlb、Chl(a + b)含量基本呈现先升高后降低趋势；南坡马尾松 Chla、Chlb、Chl(a + b)含量基本呈现升高—降低—升高趋势，北坡呈现先降后升趋势。北坡马尾松针叶 Chl(a/b)随海拔变化无明显规律，南坡呈降低趋势，说明黄山松与马尾松在海拔梯度上具有不同光合响应模式：黄山松通过降低叶绿素含量来避免因捕获过多光能而造成对叶片伤害，使植物免受强辐射损伤；而马尾松在临近分布上限通过增加叶绿素含量适应光照增强。

(4)马尾松针叶形态特征在南坡变化趋于稳定，黄山松针叶形态特征随海拔、坡向变化较明显。两种植物形态指标间存在一定种间差异。两种植物形态指标对南、北坡间环境变化的响应均不敏感。高海拔区域黄山松与中海拔区域马尾松均通过减小比叶面积提高针叶干物质含量来应对高海拔低温、高辐射及养分含量低等逆境。

(5)对黄山松、马尾松 4 类针叶性状可塑性分析表明，综合可塑性指数从大到小依次为：针叶抗氧化物质 > 叶绿素含量 > 叶形态特征 > 化学计量学特征。说明随海拔升高，抗氧化物质、叶绿素对黄山松与马尾松适应环境有重要意义。

(6)RDA 分析表明海拔梯度引起的水分、土壤养分含量、坡向的差异是影响黄山松与马尾松分布重要因素，此外黄山松与马尾松针叶性状都存在协同变化，两种植物针叶性状间都有显著相关性。

第十章　蜜源植物柃属资源分布规律与群落特征

蜜源植物是具有蜜腺且能分泌甜液并被蜜蜂采集酿造成蜂蜜的植物。山茶科的柃属植物，广泛分布于南方各省丘陵山区，是十分重要的灌木蜜源。目前，相关研究多处于较为简单的资源普查阶段，且多以北方地区为代表。戴云山自然条件优越，垂直地带性明显，生物多样性丰富，柃属植物资源也相当丰富。长期以来，由于资源分散、难以准确把握其分布和数量，开发利用程度极低，对其研究更是处于空白状态。开展戴云山蜜源植物资源调查研究，为戴云山植被综合管理、生物多样性保护、景观开发利用及可持续经营等提供理论基础（马建梅等，2013）。

戴云山柃属植物群落 46 个样地基本概况见表 10-1。

表 10-1　戴云山柃属植物群落样地基本概况

样地编号	海拔/m	经度(E)	纬度(N)	坡向	坡度/°	坡位	样地编号	海拔/m	经度(E)	纬度(N)	坡向	坡度/°	坡位
S1	600	118°12′09″	25°42′48″	东北	2°	下	S24	1 768	118°11′36″	25°40′31″	北	25°	上
S2	680	118°12′13″	25°42′54″	东	10°	下	S25	1 800	118°11′35″	25°40′30″	北	20°	上
S3	700	118°12′02″	25°42′43″	东南	13°	下	S26	800	118°11′58″	25°38′24″	北	35°	下
S4	752	118°12′04″	25°42′41″	东北	13°	下	S27	845	118°11′59″	25°38′24″	西南	35°	下
S5	800	118°11′56″	25°42′27″	东	10°	下	S28	900	118°11′58″	25°38′24″	北	40°	下
S6	859	118°11′58″	25°42′25″	西	30°	下	S29	975	118°12′51″	25°38′24″	北	10°	下
S7	900	118°11′31″	25°42′10″	东南	30°	下	S30	1 000	118°12′58″	25°38′25″	西南	20°	下
S8	930	118°11′33″	25°42′07″	北	35°	下	S31	1 056	118°12′59″	25°38′26″	北	30°	下
S9	1 000	118°11′29″	25°42′13″	东北	30°	下	S32	1 100	118°12′56″	25°38′25″	南	15°	中
S10	1 020	118°11′29″	25°42′12″	北	15°	下	S33	1 128	118°12′58″	25°38′26″	南	20°	中
S11	1 100	118°11′22″	25°42′10″	东北	25°	中	S34	1 200	118°12′57″	25°38′55″	西北	5°	中
S12	1 140	118°11′23″	25°42′11″	东北	25°	中	S35	1 260	118°12′46″	25°38′27″	西	10°	中
S13	1 200	118°11′15″	25°42′08″	东北	30°	中	S36	1 300	118°13′00″	25°39′07″	东	10°	中
S14	1 225	118°11′16″	25°42′08″	东北	30°	中	S37	1 350	118°12′58″	25°39′06″	南	5°	中
S15	1 300	118°12′10″	25°40′48″	北	5°	中	S38	1 400	118°13′00″	25°38′20″	北	2°	中
S16	1 387	118°12′12″	25°40′46″	东北	6°	中	S39	1 421	118°12′40″	25°38′27″	北	5°	中
S17	1 400	118°12′00″	25°40′50″	西	10°	中	S40	1 500	118°13′09″	25°39′08″	南	30°	上
S18	1 435	118°12′01″	25°40′49″	北	5°	中	S41	1 540	118°13′08″	25°39′07″	西	10°	上
S19	1 500	118°11′44″	25°40′29″	北	15°	上	S42	1 600	118°13′17″	25°39′09″	东南	2°	上
S20	1 578	118°11′46″	25°40′29″	北	10°	上	S43	1 650	118°13′16″	25°39′09″	西	10°	上
S21	1 600	118°11′33″	25°40′31″	东北	35°	上	S44	1 700	118°13′27″	25°39′10″	西南	30°	上
S22	1 657	118°11′33″	25°40′30″	东北	35°	上	S45	1 750	118°13′27″	25°39′09″	西	20°	上
S23	1 700	118°11′34″	25°40′32″	北	25°	上	S46	1 800	118°13′29″	25°39′10″	北	30°	上

第一节　群落分类与排序

以 10 个柃属物种为研究对象，采用 TWINSPAN 和 DCA 方法对戴云山主要蜜源植物柃属分布的森林群落进行排序和数量分类，通过 CCA 方法分析植物群落间、植被与环境间关系，为戴云山自然保护区蜜源植物保护管理提供理论依据。

一、群落分类和排序方法

分类和排序是植被生态学最主要的分析方法，多数学者采用二元指示种分析 TWINSPAN 和除趋势对应分析 DCA 方法进行分类。排序是分析植被和环境间生态关系的重要手段，目前 DCA、CCA、DCCA 三种方法广泛使用，其中 DCCA 与 DCA 具有相同的除趋势法，但前者可消除弓形效应影响，计算结果优于 CCA 和 DCA。

采用重要值作为数量指标并结合原始数据，同时选取群落中重要值较大的物种进行分类，共选取 15 种木本植物，形成 15 × 46 的数据矩阵（余伟莅等，2008）。TWINSPAN 分类通过 PCORD 5.0 实现。分析柃属蜜源植物与环境间生态关系时，计算研究对象重要值并对海拔（海拔 600 ~ 800 m 为 1；800 ~ 1 000 m 为 2；1 000 ~ 1 200 m 为 3；1 200 ~ 1 400 m 为 4；1 400 ~ 1 600 m 为 5；1 600 ~ 1 800 m 为 6）、坡度（坡度 0° ~ 10° 为 1；10° ~ 20° 为 2；20° ~ 30° 为 3；30° ~ 40° 为 4；40° ~ 50° 为 5）、坡向（向西南为 1；向东南为 2；向南为 3；向东为 4；向西为 5；向西北为 6；向东北为 7，向北为 8）、坡位（下坡位为 1；中为 2；上为 3）四个环境因子赋值，建立 46 × 4 的环境因子矩阵。

二、群落分类

调查 10 种柃属主要蜜源植物的大面积森林群落，根据各样方内重要值进行二元指示种分析 TWINSPAN 分类，分类到 D6 层次，结合实际情况得出 17 个群系（图 10-1）。群系命名主要依据《中国植被》分类标准及植物群落分类原则和系统相结合方法，分别为：I：岗柃 + 窄基红褐柃−芒萁群系，由样地 5、28、29、11、13 组成；Ⅱ：窄基红褐柃 + 檵木 − 里白群系，由样地 1、2、3 组成；Ⅲ：红皮糙果茶−里白群系，由样地 15、18 组成；IV：黄瑞木 + 细枝柃−狗脊蕨群系，由样地 36 组成；V：单耳柃−狗脊蕨群系，由样地 12、25、26、35 组成；VI：窄基红褐柃 + 细齿叶柃−肿节少穗竹群系，由样地 23、24 组成；VⅡ：窄基红褐柃−里白群系，由样地 6 组成；VⅢ：窄基红褐柃 + 细枝柃−芒萁群系，由样地 27、38、39、40、41 组成；IX：窄基红褐柃 + 格药柃−里白群系，由样地 42、43 组成；X：红皮糙果茶 + 黄瑞木 − 狗脊蕨群系，由样地 10、17、37 组成；XI：红皮糙果茶 + 檵木 − 里白群系，由样地 4、19 组成；XⅡ：岗柃−里白群系，由样地 31 组成；XⅢ：岗柃 + 格药柃−里白群系，由样地 8、14、30、44 组成；XIV：岩柃 + 格药柃−芒萁群系，由样地 32、33 组成；XV：单耳柃 + 微毛柃−芒萁群系，由样地 20、21、22、34 组成；XVI：岗柃 + 岩柃−平颖柳叶箬群系，由样地 7、9 组成；XVⅡ：岩柃 + 翅柃−芒萁群系，由样地 16、45、46 组成。

三、DCA 排序

经过 TWINSPAN 分类后，运用 DCA 方法对植物群落排序，得出柃属植物群落分布二维

DCA 排序图(图 10-2)。第一排序轴作为 DCA 的 X 轴，特征值为 0. 712，第二排序轴为 Y 轴，特征值为 0. 274，虽特征值不是很大，仍能反映海拔梯度变化，从下到上海拔大致不断升高。由图 10-2 可知，DCA 排序结果与 TWINSPAN 分类大体一致。

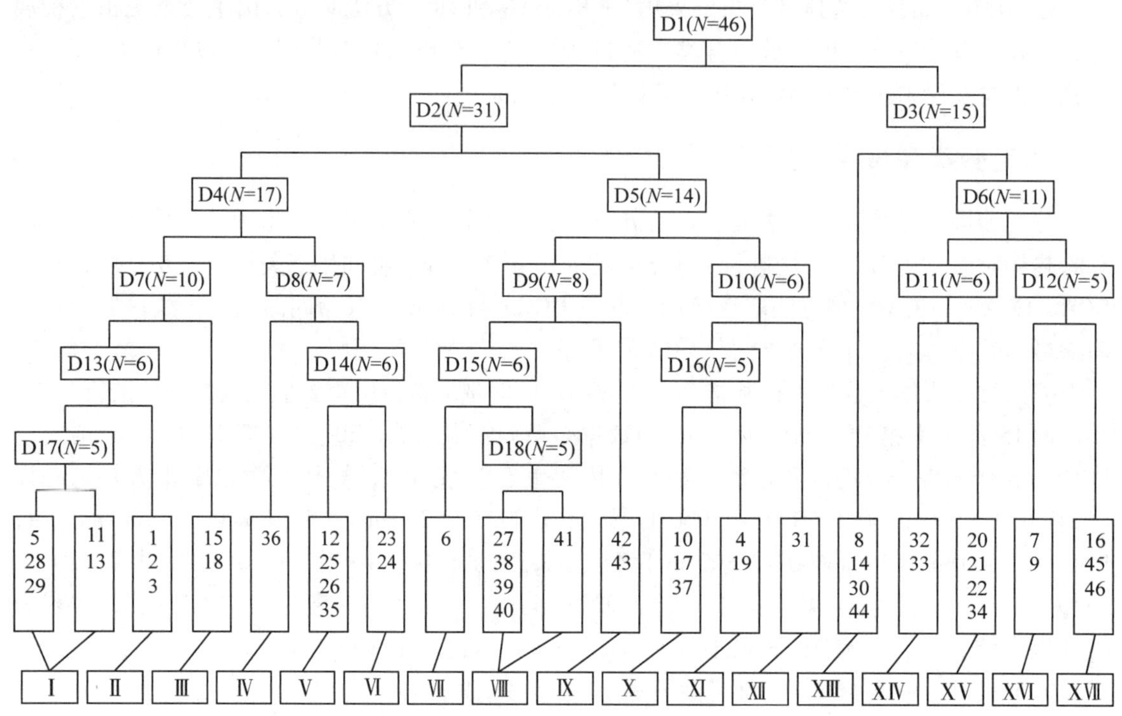

图 10-1　戴云山柃属群落 46 个样方的 TWINSPAN 分类结果

N 为样方数；Ⅰ－XⅦ为群落类型

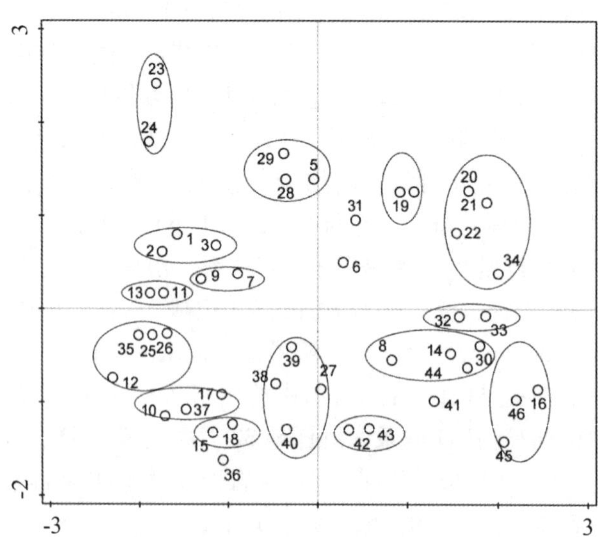

图 10-2　戴云山柃属群落的 DCA 二维排序结果

第二节　地形因子对柃属分布的影响

地形因子主要包括海拔、坡向、坡度及坡位等自然条件，通过改变温度、湿度等环境条件间接影响植物生长和分布，对植物不会产生直接作用。地形因子不仅主导基本生态因子，如土壤养分、光照、温度和水分等空间格局，而且影响各种环境过程所带来干扰强度和频率的分布，因此对于群落结构与动态分布具有一定指示意义(Swanson et al. , 1988；Forman, 1995)。

一、柃属在不同地形因子分布规律

1. 不同海拔梯度分布规律

(1)垂直分布规律

由图10-3、图10-4可知，柃属植物从低海拔到高海拔均有分布，且呈现随海拔升高数量逐渐增加趋势。海拔600～800 m和1 400～1 600 m物种数较多，1 600～1 800 m物种数较少，只有4种。其中窄基红褐柃主要出现在低海拔，翅柃和岩柃分布在海拔1 400 m以上。主要由于这些植物大多是灌木或小乔木，高海拔植物群落都是灌丛，为柃属植物生长提供较适宜环境。低海拔区间是人为活动较频繁区域，容易受人为干扰，其植物破坏情况相对于高海拔较为严重，使柃属植物量较少，但该区域群落类型较多，也相对较稳定，出现较多物种数。高海拔物种数较少，主要因为植物自身生物学特性影响使某些植物只出现在低海拔地段而不会出现在高海拔阶段，如单耳柃。

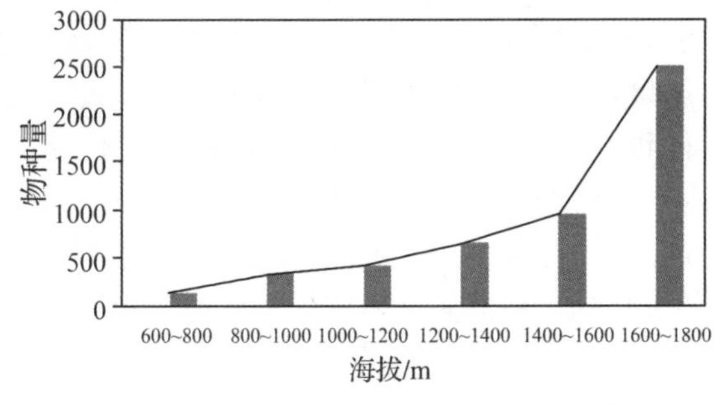

图10-3　戴云山各海拔段柃属物种量

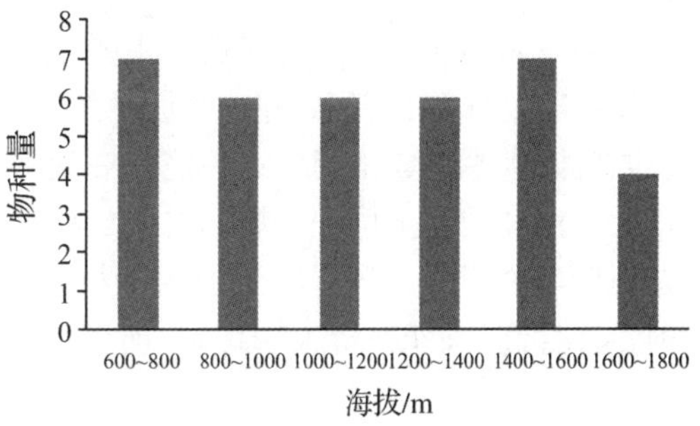

图10-4　戴云山各海拔段柃属物种数

(2)相邻海拔间柃属相似性系数

以不同海拔段柃属二元数据为基础，计算Jaccard指数得出分布在不同海拔区间柃属植物相似性系数。如图10-5所示，不同海拔段柃属植物物种组成相似性不同，说明柃属植物分布受水、温度、光照和植被变化影响。相邻海拔段间相似性系数存在一定差异，且波动幅度较大，海拔800～900 m和900～1 000 m、1 000～1 100 m和1 100～1 200 m、1 300～1 400 m和1 400～1 500 m 3组区间出现最小值，为0.17，其中物种共有度最高出现在海拔1 400～1 500 m和1 500～1 600 m，达0.23。同一物种对自身生长环境要求基本相似，较清楚反映相邻海拔段不同群落间相关性。海拔1 300～1 400 m和1 400～1 500 m突然下降是由于植被类型从乔灌向灌丛以及不同群落的变化，使一些在低海拔出现的柃属，如单耳柃，在海拔较高地方不再出现，而出现一些适宜这个海拔段物种，如岩柃。因此，造成两个海拔段所分布的物种相似性较小。海拔800～900 m和900～1 000 m出现最小值，主要由于低海拔区域人为活动较为频繁，破坏群落中某些物种，从而导致物种相似性较小。同时，也可以看出蜜源植物柃属在高海拔较为丰富。

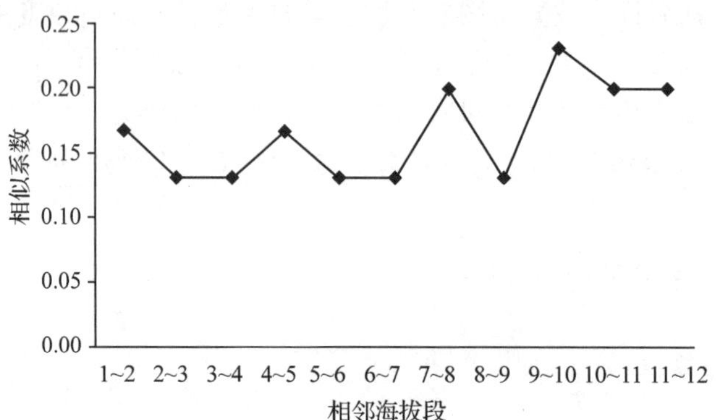

图 10-5　相邻海拔段间柃属物种相似性分布

序号1～2、2～3、…、11～12对应代表海拔段600～700 m和700～800 m、800～900 m和900～1 000 m、…、1 600～1 700 m和1 700～1 800 m

2. 不同坡向分布规律

坡向是影响水、热、光分布的重要因素之一(陈玉凯，2011)。将坡向分为东、南、西、北、东南、西南、东北、西北8个方向，分析不同坡向样地柃属植物物种数及物种量。由图10-6、图10-7可知，柃属植物在不同坡向物种量差异很大，北坡、东北坡分布较多，南坡、西南坡分布较少。不同坡向分布物种数顺序为：北坡＞东北坡＞西北坡＞东南坡＝西坡＞西南坡＞东坡＞南坡。柃属植物主要分布在阴坡和半阴坡，且明显大于阳坡和半阳坡，北坡出现所有物种数，有10种，北坡、东北坡出现频率较高。主要由于不同坡向生态因子，如光、温度、水等形成不同生态环境。一般阳坡日照时间长，太阳辐射强，温度高，生长季长，蒸发大，湿度低，土壤较干燥和贫瘠，故喜温耐旱耐瘠薄的阳性植物多分布在阳坡，而阴坡生态环境与之相反，故喜肥湿的耐阴植物多分布在阴坡，且植被发育较好，群落组成复杂，物种多样性高(马旭东等，2010)，所以植物的差异受到阳坡和阴坡不同生态环境的影响。

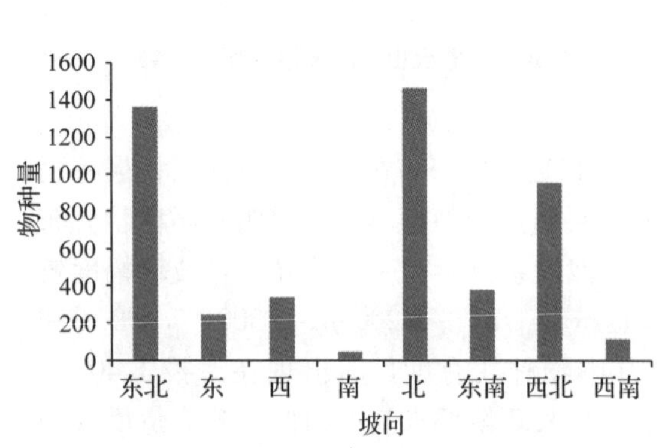

图 10-6　戴云山不同坡向柃属物种量

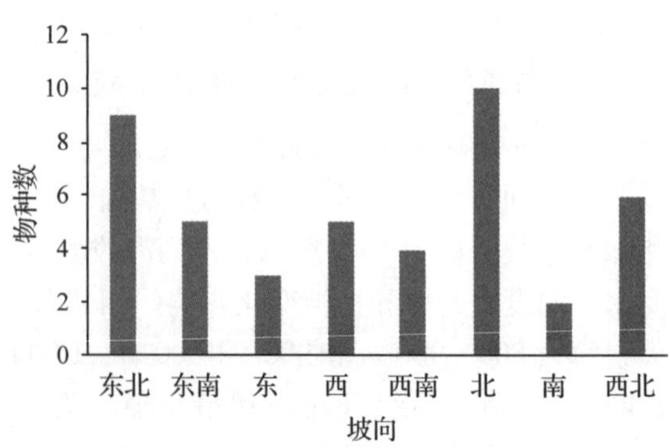

图 10-7　戴云山不同坡向柃属物种数

统计柃属植物不同坡向物种分布频率可知(表 10-2)，柃属植物在不同坡向分布频度各不相同，其中东北坡和北坡频度值较大。分布在东南坡和东坡物种有单耳柃、微毛柃、窄基红褐柃以及细齿叶柃。分布在北坡物种的频度值相对于其他坡向都较大，如岩柃为 0.125，岗柃为 0.138。窄基红褐柃、岗柃在东北坡频度较大，分别为 0.113、0.094。单耳柃、窄基红褐柃、岗柃相对于其他物种分布较广，其中窄基红褐柃在各坡向均有分布，在北坡频度值最大为 0.244。由于不同柃属植物生态学及生物学特性不同，导致对生存环境要求有所不同，形成物种在不同坡向分布频度差异的主要原因。如窄基红褐柃在北坡分布频度较大，与其自身适宜生存环境密切相关。北坡是阴坡，日照时间短，太阳辐射弱，温度低，生长季短，蒸发小，湿度大，土壤较湿润和肥沃，故喜肥湿的耐阴植物多分布在阴坡，且植被发育良好。

表 10-2　戴云山柃属植物在不同坡向频度统计

物种	东北	东南	北	东	西	西南	南	西北
单耳柃	0.013	0.044	0.038	0.019	0.006	0.006	0.000	0.000
微毛柃	0.013	0.025	0.006	0.013	0.000	0.000	0.000	0.000
窄基红褐柃	0.113	0.025	0.244	0.044	0.100	0.038	0.025	0.069
格药柃	0.000	0.000	0.056	0.000	0.063	0.013	0.000	0.006
细齿叶柃	0.038	0.019	0.081	0.006	0.013	0.019	0.000	0.000
翅柃	0.006	0.000	0.038	0.000	0.025	0.000	0.000	0.013
岩柃	0.050	0.000	0.125	0.013	0.050	0.000	0.000	0.094
岗柃	0.094	0.000	0.138	0.031	0.169	0.031	0.025	0.094
毛岩柃	0.006	0.000	0.019	0.000	0.000	0.000	0.000	0.000
细枝柃	0.006	0.000	0.156	0.000	0.000	0.000	0.000	0.000

由表 10-3 可知，东北坡向与其他 6 个坡向相关系数均达到显著差异，其中与北、东、西、西北达到极显著差异；北坡与东、西、西北坡向达到极显著差异，相似性系数为0.500 ~ 0.813；西坡与西南、南、西北也达到极显著差异，相似性系数为 0.384 ~ 0.568。东北与北，

表 10-3　戴云山柃属植物在不同坡向分布的 Pearson 相关系数

坡向	EN	ES	N	E	W	WS	S
ES	.340*						
N	.839**	.089					
E	.754**	.326*	.500**				
W	.765**	.081	.584**	.510**			
WS	.287*	.346*	.085	.477**	.529**		
S	.112	.294*	.014	.238*	.568**	.682**	
WN	.877**	.129	.813**	.541**	.384**	.203	.117

注：符号 EN、ES、N、E、W、WS、S、WN 分别表示坡向东北、东南、北、东、西、西南、南、西北；* 表示显著相关($P<0.05$)，** 表示极显著相关($P<0.01$)。

东北与东、东北与西、东北与西南间柃属植物分布的相似性较高，均在0.5以上。东北与东南，东南与东，东与南，南与东南间柃属植物相似性较低，均在0.4以下。因此，东北坡与北坡，东北坡与西北坡柃属植物种类间共有种较多，主要由于北坡是阴坡，东北坡是半阴坡，其生长环境都是湿度大、土壤较湿润和肥沃，适宜植物生长，分布的物种也较多。东南坡与北坡相反，故分布物种相对较少。由图10-6可知，东北坡与北坡物种量也相对较多，因此，这两个坡向是柃属植物物种较集中区域。

3. 不同坡度级分布规律

根据实际情况，坡度在0°～50°进行分级，10°为一个等级，共分为5个等级，分别统计柃属植物在不同坡度等级所分布物种数及物种量，如图10-8、图10-9所示。柃属植物数量主要分布在坡度0°～30°，在20°～50°物种量随坡度增加逐渐较少。坡度为0°～10°柃属植物种数目最多，达到9种，坡度40°～50°柃属物种数目最少，仅3种。由此可知柃属植物数目与坡度有密切关系。当坡度较小时，其水、土、肥等不易流失，土壤较肥沃，适宜植物生长，且在人为干扰较小地方，柃属物种数目也较多，而坡度较大时，其水、土、肥流失较严重，土壤较贫瘠，对于某些要求较好生境条件的柃属植物来说，则逐渐消失。

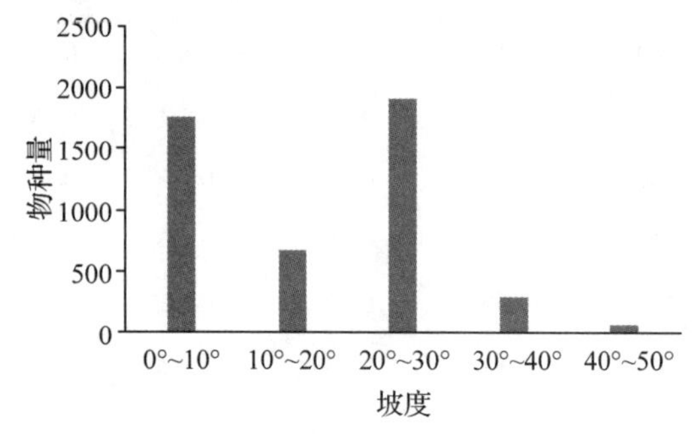

图10-8 戴云山不同坡度柃属植物数量

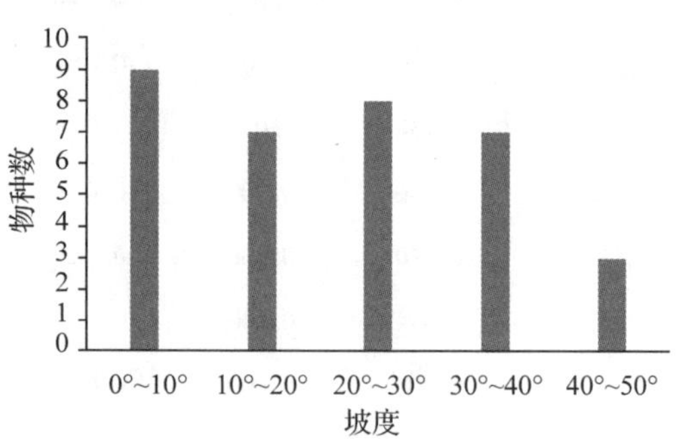

图10-9 戴云山不同坡度柃属植物种数

统计相关分析可知(表10-4)，1与2，3与4间柃属植物分布相似性较高，均在0.5以上；1与5，4与5等级间柃属植物相似性较低，均在0.5以下；3与1、2、4、5间柃属植物相似性较高，说明坡度等级为3，即坡度20°～30°柃属植物种类与邻近坡度植物种类间共有种较多。由图10-8、图10-9可知，坡度20°～30°所分布柃属植物物种量最多且物种数也较多。因此，坡度为20°～30°是柃属植物物种较集中分布区域。

表10-4 戴云山柃属在不同坡度范围内分布的相关性

坡度等级	1	2	3	4	5
1	1.000	0.718	0.811	0.572	0.193
2	0.718	1.000	0.751	0.897	0.557
3	0.811	0.751	1.000	0.764	0.841
4	0.572	0.897	0.764	1.000	0.453
5	0.193	0.557	0.841	0.453	1.000

注：序号1、2、3、4、5分别代表坡度等级0°～10°、10°～20°、20°～30°、30°～40°、40°～50°。

统计10种柃属植物物种量在不同坡度分布可知(表10-5)，单耳柃、微毛柃、窄基红褐柃、细枝柃、格药柃、岩柃、岗柃、毛岩柃在不同坡度间差异显著，细齿叶柃和翅柃差异不显著。

表10-5　10种柃属植物在不同坡度差异显著性比较

坡度	单耳柃	微毛柃	窄基红褐柃	格药柃	细齿叶柃	翅柃	细枝柃	岩柃	岗柃	毛岩柃
0°~10°	4.571 ± 3.457b	2.000 ± 1.000ab	8.167 ± 2.137ab	12.000 ± 4.359a	3.500 ± 1.291a	6.667 ± 3.512a	1.250 ± 0.500a	5.571 ± 7.913b	8.778 ± 2.819b	2.000 ± 1.000ab
10°~20°	5.714 ± 5.283ab	0.200 ± 0.447b	6.500 ± 2.665ab	6.333 ± 2.887a	2.750 ± 0.500a	5.667 ± 6.429a	0.500 ± 0.577b	2.714 ± 3.352b	6.222 ± 1.642b	1.333 ± 0.577ab
20°~30°	10.427 ± 14.081a	3.00 ± 2.828a	11.000 ± 2.366a	11.667 ± 3.215ab	1.000 ± 2.450a	7.333 ± 7.506a	6.000 ± 5.598b	11.143 ± 2.035a	11.778 ± 2.224a	2.333 ± 1.528a
30°~40°	0.429 ± 0.535b	0.200 ± 0.447b	5.667 ± 6.377b	3.000 ± 3.464a	1.250 ± 1.500a	2.667 ± 4.619a	0.500 ± 0.577b	2.286 ± 3.904b	2.778 ± 4.604c	1.000 ± 0.000ab
40°~50°			3.667 ± 4.033b	2.000 ± 2.000a			1.000 ± 0.000b		0.556 ± 0.727c	0.667 ± 0.577b

注：数据表示平均值±标准差；每列不同小写字母表示柃属植物在不同坡度分布差异显著($P<0.05$)。

二、柃属在不同群系分布规律

1. 不同群系中分布状况

由表10-6可知，柃属植物主要分布在单耳柃-狗脊蕨群系、窄基红褐柃+细枝柃-芒萁群系、岗柃+格药柃-里白群系等森林群落。在单耳柃-狗脊蕨群系及岗柃+格药柃-里白群系出现物种数最多，都为7；在窄基红褐柃+细枝柃-芒萁群系、岩柃+翅柃-芒萁群系及红皮糙果茶-里白群系均出现的柃属植物种类也较多，主要由于这些群落出现在中坡位，群落内物种数相对高海拔区域较多，受人为活动影响较小。分布最少的是黄瑞木+细枝柃-狗脊蕨群系，仅有1种，为细枝柃。窄基红褐柃和岗柃相对于其他物种来说分布较广泛。

表10-6　戴云山柃属植物在不同群系分布状况

群系	窄基红褐柃	细齿叶柃	格药柃	单耳柃	岩柃	翅柃	岗柃	毛岩柃	微毛柃	细枝柃	合计
1	1	1	0	0	0	0	1	0	0	0	3
2	1	0	0	1	0	0	1	0	0	0	3
3	1	1	1	1	0	0	1	0	0	0	5
4	0	0	0	0	0	0	0	0	0	1	1
5	1	1	1	1	0	0	1	0	1	1	7
6	1	1	0	1	0	0	0	0	1	0	4
7	1	0	0	0	1	0	0	0	0	0	2
8	1	0	0	1	0	0	1	1	1	1	6
9	1	0	1	0	0		1	0	0	1	4
10	1	0	0	0	1	1	1	0	0	0	4
11	1	1	0	0	0	0	1	0	0	0	3
12	0	0	1	0	0	0	1	0	0	0	2

（续）

群系	窄基红褐柃	细齿叶柃	格药柃	单耳柃	岩柃	翅柃	岗柃	毛岩柃	微毛柃	细枝柃	合计
13	1	1	1	0	1	1	1	0	1	0	7
14	1	0	1	0	1	0	1	0	0	0	4
15	1	0	1	0	1	0	1	0	0	0	4
16	1	0	0	0	1	1	1	0	0	0	4
17	1	0	1	0	1	1	1	0	0	0	5
合计	15	6	8	6	7	4	14	1	4	3	

注：第一列的数字分别代表如下：1. 岗柃 + 窄基红褐柃–芒萁群系；2. 窄基红褐柃 + 檵木 – 里白群系；3. 红皮糙果茶–里白群系；4. 黄瑞木 + 细枝柃–狗脊蕨群系；5. 单耳柃–狗脊蕨群系；6. 窄基红褐柃 + 细齿叶柃–肿节少穗竹群系；7. 窄基红褐柃–里白群系；8. 窄基红褐柃 + 细枝柃–芒萁群系；9. 窄基红褐柃 + 格药柃–里白群系；10. 红皮糙果茶 + 黄瑞木 – 狗脊蕨群系；11. 红皮糙果茶 + 檵木 – 里白群系；12. 岗柃群系；13. 岗柃 + 格药柃–里白群系；14. 岩柃 + 格药柃–芒萁群系；15. 单耳柃 + 微毛柃–芒萁群系；16. 岗柃 + 岩柃–平颖柳叶箬群系；17. 岩柃 + 翅柃–芒萁群系。下表同。

2. 不同群系中相似性分析

由不同群落中物种组成相似性值（表 10-7）可知，柃属植物在岗柃 + 窄基红褐柃–芒萁群系与红皮糙果茶 + 檵木 – 里白群系、岩柃 + 格药柃–芒萁群系与单耳柃 + 微毛柃–芒萁群系、红皮糙果茶 + 黄瑞木 – 狗脊蕨群系与岗柃 + 岩柃–平颖柳叶箬群系物种组成相似性值最大，都为 0.33，在窄基红褐柃 + 檵木 – 里白群系与红皮糙果茶–里白群系、岩柃 + 格药柃–芒萁群系与岩柃 + 翅柃–芒萁群系、单耳柃 + 微毛柃–芒萁群系与岩柃 + 翅柃–芒萁群系、岗柃 + 岩柃–平颖柳叶箬群系与岩柃 + 翅柃–芒萁群系物种组成相似性值也较大。其中单耳柃–狗脊蕨群系与窄基红褐柃 + 细齿叶柃–肿节少穗竹群系、岗柃 + 岩柃–平颖柳叶箬群系与岩柃 + 翅柃–芒萁群系、岗柃 + 格药柃–里白群系与岩柃 + 格药柃–芒萁群系出现共有物种频率较大，表明这 3 组群落类型的环境因子相似，可为某些柃属植物提供相近生存环境，因而这些群落对于柃属植物保护同样非常重要。

表 10-7　柃属在不同群落中的相似性值

群系	1	2	3	4	5	6	7	8	9	10	11	12	13	14	15	16
2	0.25															
3	0.27	0.30														
4	0.00	0.20	0.14													
5	0.23	0.23	0.29	0.11												
6	0.22	0.22	0.25	0.17	0.27											
7	0.17	0.17	0.13	0.00	0.10	0.14										
8	0.18	0.25	0.21	0.13	0.24	0.23	0.11									
9	0.18	0.22	0.25	0.00	0.21	0.21	0.14	0.17								
10	0.18	0.22	0.18	0.00	0.15	0.15	0.25	0.17	0.20							
11	0.33	0.25	0.27	0.00	0.23	0.22	0.17	0.18	0.18	0.22						
12	0.17	0.17	0.22	0.00	0.18	0.00	0.00	0.11	0.25	0.14	0.17					
13	0.23	0.17	0.25	0.00	0.26	0.21	0.18	0.19	0.21	0.27	0.18	0.18				

（续）

群系	1	2	3	4	5	6	7	8	9	10	11	12	13	14	15	16
14	0.18	0.22	0.25	0.00	0.21	0.11	0.29	0.17	0.27	0.27	0.13	0.25	0.27			
15	0.30	0.22	0.25	0.00	0.21	0.11	0.22	0.17	0.27	0.27	0.22	0.22	0.27	0.33		
16	0.22	0.22	0.18	0.00	0.15	0.11	0.25	0.17	0.20	0.33	0.22	0.14	0.27	0.18	0.27	
17	0.20	0.20	0.23	0.00	0.20	0.10	0.22	0.15	0.25	0.31	0.20	0.22	0.29	0.31	0.31	0.31

第三节　柃属空间分布格局

采用下述6个指标测定柃属植物种群分布格局（Peilou，1985）：扩散系数 *DI*、丛生指标 *I*、平均拥挤度指数 *IMC*、聚块性指数 *PAI*、负二项式分布参数 *K*、Cassie 指标 *CA*。计算公式参照第六章第四节。

一、不同海拔与坡位空间分布格局

不同海拔、坡位柃属植物种群空间分布格局测定结果见表10-8、表10-9。扩散系数 *DI* 在4.736～51.996，种群分布均为聚集分布。不同海拔段的集群强度有所差异，海拔600～800 m和800～1 000 m明显低于其他海拔区间，主要由于受到人为干扰的强度不同产生差异。不同坡位聚集强度也有所不同，下坡位聚集强度低于其他两个坡位。丛生指数 *I*、聚块性指数 *PAI* 与扩散系数 *DI* 的变化趋势类似。平均拥挤度指数 *IMC* 度量群聚强度，主要反映种群个体数量和密度。每个海拔段 *IMC* 值波动较大，介于14.116～116.786，主要由于戴云山柃属植物呈聚集分布，不同海拔段分布的物种都有所不同。低海拔主要是单耳柃、窄基红褐柃，高海拔主要是岩柃、翅柃。Cassie 指标 *CA* 的波动反映了种群在不同海拔段生境异质性差距较大。负二项式分布参数 *K* 值不受群体平均密度影响，因此种群大小由于随机死亡而减小时，*K* 值保持不变，与其他聚集强度指标测定结果基本一致。

表10-8　不同海拔柃属种群分布格局

海拔区间/m	*DI*	*t*	*I*	*IMC*	*PAI*	*K*	*CA*	*F*	result
600～800	5.998	14.281**	4.998	14.116	1.548	3 788.667	2.6×10^{-4}	37.162**	C
800～1 000	4.736	19.458**	3.736	18.522	1.253	12 076.378	8.3×10^{-5}	41.321**	C
1 000～1 200	10.209	47.965**	9.209	20.638	1.806	13 746.772	7.3×10^{-5}	95.367**	C
1 200～1 400	21.685	103.426**	20.685	44.685	1.862	285 952.000	3.5×10^{-6}	472.676**	C
1 400～1 600	32.889	151.854**	31.889	71.848	1.798	2 034 551.940	4.9×10^{-7}	1 233.963**	C
1 600～1 800	51.996	318.726**	50.996	116.786	1.775	14 521 330.983	6.9×10^{-7}	3 288.878**	C

注：**表示差异极显著（$P<0.01$）。

表10-9　不同坡位柃属种群分布格局

坡位	*DI*	*t*	*I*	*IMC*	*PAI*	*K*	*CA*	*F*	result
下	8.909	52.728**	7.909	18.531	1.745	9 479.304	1.1×10^{-4}	74.214**	C
中	16.117	108.406**	15.177	34.486	1.768	109 261.022	9.2×10^{-6}	274.457**	C
上	49.536	373.357**	48.536	104.327	1.870	8 428 374.676	1.2×10^{-7}	2721.293**	C

注：**表示差异极显著（$P<0.01$）。

二、不同坡向空间分布格局

由表10-10可知，不同坡向柃属植物种群空间分布格局均呈聚集分布。其中北坡扩散系数*DI*值79.260最大，主要由于柃属植物种群分布在北坡的量和物种数均相对较大(详图10-6、图10-7)。东北、西北两个坡向扩散系数*DI*值也相对较大。从生指数*I*、聚块性指数*PAI*与扩散系数*DI*的变化趋势类似。其中，聚块性指数*PAI*分析种群个体聚集度或扩散趋势。柃属植物种群在不同坡向趋势为：北→东北→西北→西→东→西南→东南→南，表现为扩散趋势，可能与阳坡日照时间长、太阳辐射强、温度高，其生境条件较适合喜温耐旱耐贫瘠的阳性植物生长，而蜜源植物多数为耐阴物种，更倾向于阴坡生态环境有关。

表10-10 不同坡向柃属种群分布格局

坡向	*DI*	*t*	*I*	*IMC*	*PAI*	*K*	*CA*	*F*	result
东	4.002	8.578**	3.002	14.447	1.890	4 500.053	2.2×10^{-4}	23.578**	C
南	12.730	20.579**	11.730	19.087	1.262	4 671.263	2.1×10^{-4}	67.943**	C
西	13.565	73.913**	12.565	26.690	2.594	35 410.906	2.8×10^{-5}	163.968**	C
北	79.260	271.737**	78.260	133.380	3.048	13 105 962.471	0.7×10^{-6}	4 256.464**	C
东北	38.799	314.991**	37.799	56.251	2.880	237 472.356	4.2×10^{-6}	693.108**	C
东南	25.623	30.028*	24.623	53.623	1.890	600 538.692	1.7×10^{-6}	684.183**	C
西南	14.629	52.420**	13.629	20.879	2.420	5 193.832	0.2×10^{-3}	91.706**	C
西北	40.193	178.151**	39.193	60.510	2.839	379 659.019	2.6×10^{-6}	814.212**	C

注：*表示差异显著($P<0.05$)；**表示差异极显著($P<0.01$)。

三、不同坡度空间分布格局

由表10-11可知，不同坡度柃属植物种群空间分布格局呈聚集分布，但聚集程度有所不同。在20°~30°，*DI*值较大为84.876，即聚集程度较大。总体来说，随着坡度增加，负二项参数*K*均呈减小趋势，主要由于随着坡度增加而使土层营养物质流失增大，从而不能满足植物生长需要。从生指数*I*、聚快性指数*PAI*与扩散系数*DI*的变化趋势类似。可见，坡度对蜜源植物分布具有一定影响，坡度较小，土壤固土保肥效果好，较适宜植物生长；坡度较大，土壤水分、养分容易流失，土壤较贫瘠，不利植物生长，对生境需求较高的蜜源植物生长存在限制作用。

表10-11 不同坡度柃属种群分布格局

坡度	*DI*	*t*	*I*	*IMC*	*PAI*	*K*	*CA*	*F*	result
0°~10°	29.196	281.959**	28.196	48.887	2.363	249 782.172	0.4×10^{-5}	563.723**	C
10°~20°	29.805	205.749**	28.805	45.570	2.718	135 723.159	7.4×10^{-6}	466.579**	C
20°~30°	84.876	698.963**	83.876	111.376	4.050	1 744 350.045	5.7×10^{-7}	2 278.876**	C
30°~40°	20.608	93.369**	19.608	36.564	2.156	95 594.813	1.1×10^{-5}	230.374**	C
40°~50°	6.451	15.575**	5.451	12.896	1.732	2 248.947	4.4×10^{-4}	33.534**	C

注：**表示差异极显著($P<0.01$)。

四、柃属空间分布格局与环境的关系

将47块样地与环境因子(海拔、坡向、坡位、坡度)进行CCA分析。前3个排序轴特征值分别为0.634、0.623、0.311，可知分析较可靠。种类排序轴与环境因子排序轴相关系数分别为0.915、0.571、0.134，表明排序可以较好反映种类和环境关系。

由表10-12可知，柃属分布与海拔、坡度、坡向、坡位四个环境因子有较为密切关系。与CCA排序图第一轴相关系数较高的是海拔、坡位，相关系数分别为0.876、0.900，表明第一轴序向左反映海拔、坡位增加的变化趋势；坡度、坡向与第二轴相关性最高，相关系数分别为-0.218、0.295，表明第二排序轴向上反映坡向偏向北、东北方向，坡度越大。海拔、坡位、坡向对排序的贡献大于坡度，即戴云山北坡柃属群落分布格局形成主要取决于海拔、坡位、坡向。

表10-12　环境变量与前两个排序轴间相关系数

排序轴	海拔	坡度	坡向	坡位
1	0.876	-0.013	0.090	0.900
2	0.058	-0.218	0.295	-0.075

结合表10-13和图10-10可知，第一轴基本反映植物群落的海拔梯度和坡位，海拔和坡位与DCCA第一轴相关系数分别为-0.528、-0.866。第二轴基本反映植物群落的坡度和坡向，坡度和坡向与DCCA第二轴相关系数分别为0.363、-0.263。即沿着DCCA第一轴从右到左，海拔逐渐降低，坡位由上坡逐渐过渡到下坡；沿着DCCA第二轴从下到上，海拔逐渐升高，坡度逐渐增加，坡位由下坡逐渐过渡到上坡，坡向偏西南、东南。第一轴与海拔呈极显著负相关，与坡位也呈极显著负相关；第二轴与坡度呈显著正相关，与坡向呈显著负相关。由此可知，海拔、坡位是对戴云山自然保护区柃属植物群落分布起决定作用的环境因子；坡向、坡度对柃属植物群落分布也起重要作用，但坡向对分布影响相对较小。

表10-13　排序轴与环境因子间相关系数

	第一轴	第二轴	第三轴	第四轴	海拔	坡度	坡向	坡位
第一轴SPX1	1							
第二轴SPX2	-0.066	1						
第三轴SPX3	0.104	-0.181	1					
第四轴SPX4	0.081	-0.018	0.967**	1				
海拔	-0.528**	0.123	0.083	0.091	1			
坡度	-0.202	0.364*	-0.057	0.043	-0.116	1		
坡向	-0.125	-0.284*	0.446**	0.449**	0.019	0.098	1	
坡位	-0.866**	0.040	-0.025	-0.022	0.911**	-0.133	-0.112	1

注：*表示差异显著相关($P<0.05$)；**表示差异极显著相关($P<0.01$)。

通过环境因子CCA分析，可将样地按其环境状况分为不同类型(图10-10)。样地44、45、46等位于第一象限，表明所处环境海拔较低、下坡位、坡度较小、坡向偏北和东北方向。样地25、16、38等位于第二象限，所处环境海拔较高、上坡位、坡度较小、坡向偏北和东北方向。位于第三象限的样地23、24、14等，其所处环境海拔较高、上坡位、坡度较大、坡向偏东南和西南方向。位于第四象限样地 20、17、18 等，所处环境与第三象限样方相反。因此，根据样方环境并结合样方内分布的柃属植物可知 10 种柃属植物适应的生境条件。

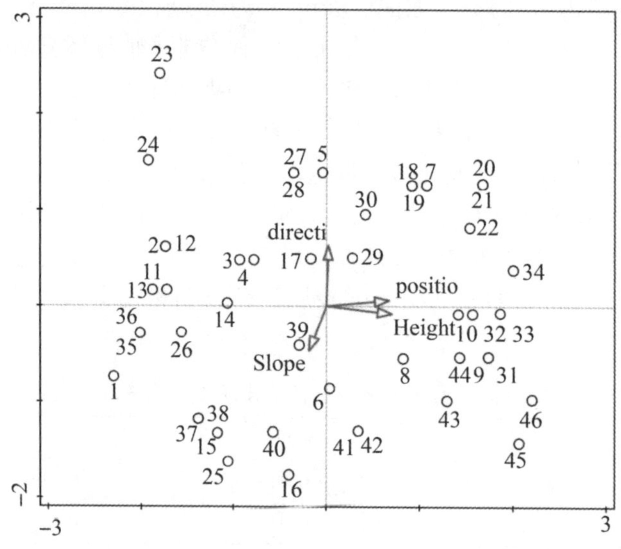

图 10-10　不同柃属植物 46 个样地的重要值与环境因子关系 CCA 排序图

图 10-11 主要反映 10 种柃属植物与环境因子间关系。第一轴序向左反映海拔升高、坡位增加的变化趋势。第二排序轴向上反映坡向偏向北、东北方向和坡度减小。位于轴上方的微毛柃适应海拔较低，下坡位，同时坡度较少，坡向偏向北、东北的环境。单耳柃也是适应于海拔较低，但坡度值相对于微毛柃偏大。岩柃、柃木属一种和岗柃在海拔较高、上坡的地方出现，其中岩柃相比其他两个物种更加适应高海拔生长环境。格药柃、翅柃也是较适应较高海拔环境，但坡向值相对更小，说明其较适应半阴坡方向，这与大部分柃属种类适生于较耐阴、湿润的环境相符。窄基红褐柃、细枝柃适应海拔相对较低环境，而窄基红褐柃多出现于坡度较小，坡向西北、东北之处。

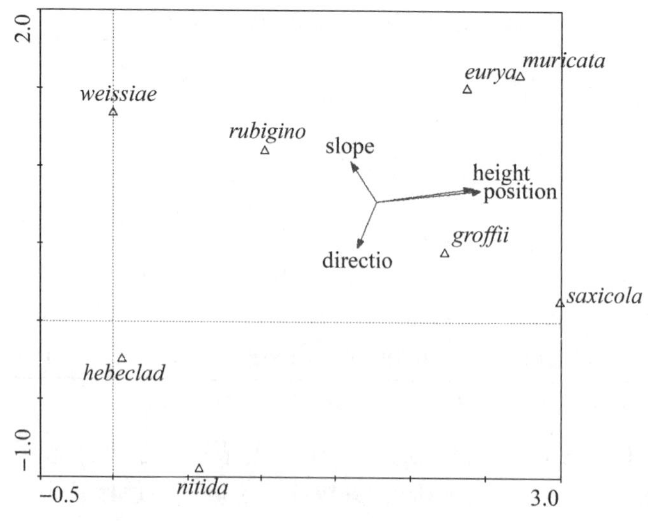

图 10-11　戴云山 10 种柃属植物与环境因子关系 DCCA 分析

第四节　柃属群落物种多样性

一、群落物种组成及主要物种数量特征

根据戴云山柃属植物群落46块样地调查统计(表10-14)，共有维管植物206种，隶属于62科91属，其中乔木层54科62属，灌木层59科89属。含属数较多的有蔷薇科(10属)、山茶科(8属)、樟科(7属)、壳斗科(5属)、金缕梅科(5属)、杜鹃花科(5属)；含种数较多的是壳斗科(26种)、山茶科(22种)、樟科(21种)、杜鹃花科(21种)、蔷薇科(19种)。

表10-14　戴云山柃属群落维管束植物数量统计

科名	属数	种数	科名	属数	种数	科名	属数	种数
壳斗科 Fagaceae	5	26	槭树科 Aceraceae	1	3	腊梅科 Calycanthaecae	1	1
山茶科 Theaceae	8	22	安息香科 Styracaceae	2	2	蓝果树科 Nyssaceae	1	1
樟科 Lauraceae	7	21	山茱萸科 Cornaceae	2	2	蓼科 Polygonaceae	1	1
杜鹃花科 Ericaceae	5	21	杉科 Taxodiaceae	2	2	罗汉松科 Podocarpaceae	1	1
蔷薇科 Rosaceae	10	19	柿科 Ebenaceae	2	2	清风藤科 Sabiaceae	1	1
冬青科 Aquifoliaceae	1	16	鼠李科 Rhamnaceae	2	2	三尖杉科 Cephalotaxaceae	1	1
山矾科 symplocaceae	1	11	交让木科 Daphniphyllaceae	1	2	山龙眼科 Proteaceae	1	1
茜草科 Rubiaceae	4	8	马鞭草科 Verbenaceae	1	2	省沽油科 Staphyleaceae	1	1
金缕梅科 Hamamelidaceae	5	7	松科 Pinoideae	1	2	鼠刺科 Iteaceae	1	1
紫金牛科 Myrsinaceae	4	6	小檗科 Berberidaceae	1	2	藤黄科 Guttiferae	1	1
漆树科 Anacardiaceae	3	6	八角科 Magnoliidae	1	1	卫矛科 Celastraceae	1	1
木犀科 Oleacea	2	6	八仙花科 Hydrangeaceae	1	1	五加科 Araliaceae	1	1
木兰科 Magnoliaceae	2	5	柏科 Cupressaceae	1	1	杨柳科 Salicaceae	1	1
桑科 Moraceae	2	5	古柯科 Erythroxylaceae	1	1	杨梅科 Myricaceae	1	1
蝶形花科 Papilionaceae	3	4	海桐科 Pittosporaceae	1	1	野茉莉科 Styracaceae	1	1
禾本科 Poaceae	3	4	红豆杉科 Taxaceae	1	1	野牡丹科 Melastomataceae	1	1
杜英科 Elaeocarpaceae	1	4	胡桃科 Juglandaceae	1	1	榆科 Ulmaceae	1	1
忍冬科 Caprifoliaceae	1	4	虎耳草科 Saxifragaceae	1	1	越橘科 Vacciniaceae	1	1
大戟科 Euphorbiaceae	3	3	桦木科 corylaceae	1	1	竹科 Bambusoideae	1	1
豆科 Leguminosae	3	3	金栗兰科 Phyllanaceae	1	1			
桃金娘科 Myrtaceae	2	3	锦葵科 Malvaceae	1	1			

由表10-15可知，戴云山柃属植物群落重要值较大物种有柃属(10种)、木荷、黄山松、鹿角杜鹃、短尾越橘、映山红、满山红、乌药、红楠、沿海紫金牛、峨眉鼠刺、肿节少穗竹、红皮糙果茶、黄瑞木、鸭脚茶等，因此柃属群落中灌木层物种较为丰富。

表 10-15　戴云山柃属群落 46 个样方 26 种主要树种重要值

树种	1	2	3	4	5	6	7	8	9	10	11	12	13
1	40.08	0.97	3.21	0.92	0.00	14.02	0.00	7.99	14.44	0.00	2.08	0.00	0.00
2	22.54	0.00	0.00	0.00	0.00	0.00	21.51	14.84	0.00	0.00	0.00	11.94	1.26
3	15.52	4.95	0.00	0.00	0.00	1.40	0.00	3.55	0.00	21.05	1.16	33.80	0.00
4	24.84	0.00	0.00	0.00	0.00	3.09	0.00	1.61	0.00	19.48	0.00	0.00	0.00
5	3.75	0.00	0.00	1.95	10.01	2.63	0.00	0.00	0.00	0.00	0.00	1.44	0.00
6	20.39	0.00	0.00	0.00	0.00	0.00	2.31	4.10	0.00	0.00	0.00	11.34	11.90
7	35.47	0.00	0.00	0.00	0.00	1.02	9.61	0.00	0.00	0.00	0.00	1.03	12.35
8	10.89	1.90	0.00	6.88	1.27	11.50	0.00	0.00	0.00	0.00	4.02	0.00	0.00
9	18.08	0.00	0.88	6.65	1.62	19.83	0.00	1.03	2.79	0.00	0.00	0.00	0.00
10	10.39	0.00	4.04	10.93	0.88	0.00	0.00	0.00	1.89	0.00	7.13	0.00	0.00
11	2.48	0.00	3.65	37.66	1.64	8.88	0.00	4.35	0.00	9.95	0.00	1.35	1.09
12	33.49	2.29	13.76	0.00	0.00	1.23	2.05	0.00	0.00	0.00	0.00	0.00	5.70
13	31.49	0.00	0.00	0.00	0.00	0.00	0.00	0.00	0.00	0.00	0.00	7.26	21.43
14	1.46	0.69	0.00	9.04	10.39	1.00	0.00	2.43	2.65	0.00	5.86	0.00	0.00
15	19.21	0.00	0.00	0.00	0.00	1.24	45.53	0.00	0.00	1.70	0.00	5.21	0.00
16	14.75	0.00	0.00	0.00	0.00	0.00	9.35	0.00	0.00	0.00	0.00	3.25	0.00
17	8.21	0.00	0.00	3.65	0.00	5.42	3.66	4.25	0.00	0.00	2.63	0.00	0.00
18	7.81	4.77	14.79	0.00	0.00	1.13	0.00	2.36	0.60	0.00	32.92	1.22	0.00
19	1.12	0.00	4.09	1.41	0.00	0.00	0.00	0.00	0.00	1.55	0.00	3.16	0.00
20	2.68	2.43	0.00	0.00	0.00	0.00	0.00	0.00	0.00	2.83	0.00	3.92	1.51
21	6.18	0.00	13.96	2.15	5.77	7.17	11.24	4.95	3.60	0.00	3.21	0.00	0.00
22	3.52	0.00	0.43	2.36	0.87	0.00	0.00	0.00	4.36	0.00	0.00	0.00	0.00
23	36.67	0.00	0.00	0.00	0.00	0.00	2.60	0.00	0.00	0.00	0.00	18.90	15.63
24	51.03	0.00	0.00	0.00	0.00	0.00	0.00	0.00	0.00	15.75	0.00	4.93	0.00
25	3.29	0.00	14.90	11.49	0.00	5.17	0.00	3.15	0.00	0.00	3.49	0.00	0.00
26	16.71	0.00	0.00	1.10	1.13	3.35	0.00	0.00	0.00	0.00	2.12	0.00	0.00
27	16.41	4.58	0.00	2.41	0.59	8.13	0.00	0.00	6.55	0.00	0.00	0.00	0.00
28	7.91	0.67	0.00	0.00	6.54	2.16	0.00	3.91	0.00	0.00	0.00	0.00	1.79
29	34.12	2.91	1.52	0.00	0.00	0.00	0.00	0.46	0.00	0.00	0.97	0.00	0.37
30	31.29	0.00	1.01	2.47	0.00	2.21	0.00	0.00	0.64	0.00	2.95	1.08	0.61
30	35.06	1.83	0.00	4.28	0.00	1.67	0.00	0.00	2.78	0.00	2.87	1.54	0.00
32	39.15	1.93	0.00	3.83	0.00	2.45	0.00	3.10	1.67	0.00	2.38	0.80	4.01
33	43.45	0.00	0.00	0.00	0.00	0.94	2.57	7.30	0.00	0.97	0.00	10.30	6.17
34	32.35	1.34	0.00	0.00	0.00	0.00	4.16	3.89	0.00	0.00	0.00	5.74	20.09
35	41.16	0.00	0.00	0.00	0.00	1.18	0.00	1.44	0.00	0.00	0.00	1.87	16.17
36	36.79	0.00	0.00	0.00	0.00	0.00	0.00	5.25	0.00	0.00	0.00	6.94	1.47

（续）

树种	1	2	3	4	5	6	7	8	9	10	11	12	13
37	57. 31	0. 00	0. 00	0. 00	0. 00	0. 00	7. 17	0. 00	0. 00	0. 00	0. 00	7. 66	9. 57
38	6. 90	0. 46	1. 26	3. 09	0. 00	0. 00	0. 00	0. 00	0. 00	0. 00	0. 00	2. 96	2. 85
39	18. 58	0. 00	0. 00	2. 84	1. 01	0. 00	0. 00	0. 00	0. 00	0. 00	0. 00	2. 31	1. 94
40	20. 33	0. 00	1. 47	3. 18	0. 58	0. 61	0. 00	0. 00	0. 00	0. 00	0. 00	1. 09	0. 90
41	9. 93	0. 00	0. 00	1. 71	0. 00	0. 00	0. 00	0. 52	0. 00	2. 03	3. 99	4. 03	1. 25
42	13. 46	3. 82	0. 99	1. 41	0. 00	0. 00	0. 00	0. 82	0. 00	0. 00	4. 96	0. 00	0. 85
43	21. 74	0. 61	0. 00	0. 69	0. 00	0. 71	0. 00	1. 27	0. 00	0. 00	3. 77	1. 23	1. 63
44	30. 44	0. 00	0. 00	0. 00	0. 00	2. 48	0. 00	7. 43	0. 00	0. 00	0. 00	5. 47	18. 28
45	22. 39	0. 71	0. 00	0. 00	0. 00	0. 00	2. 10	0. 00	0. 00	0. 00	0. 70	8. 79	5. 98
46	25. 58	0. 00	0. 00	0. 00	0. 00	0. 00	24. 81	0. 00	0. 00	0. 00	0. 00	0. 00	4. 83

树种	14	15	16	17	18	19	20	21	22	23	24	25	26
1	2. 04	0. 00	4. 98	7. 21	4. 77	4. 70	2. 05	1. 96	0. 00	2. 40	0. 92	4. 27	0. 00
2	0. 00	21. 61	0. 00	0. 00	0. 00	0. 00	0. 00	0. 00	0. 00	0. 00	0. 00	0. 00	1. 36
3	0. 00	0. 00	2. 69	0. 00	0. 00	0. 00	0. 00	0. 00	0. 00	0. 00	13. 68	2. 36	1. 43
4	0. 00	0. 00	0. 00	0. 00	0. 00	0. 00	2. 44	0. 00	0. 00	1. 98	0. 00	0. 00	1. 71
5	1. 92	0. 00	0. 00	0. 00	4. 77	5. 46	1. 64	0. 00	0. 00	3. 53	0. 64	0. 00	0. 00
6	0. 00	22. 92	0. 00	0. 00	0. 00	0. 00	0. 00	0. 00	0. 00	0. 00	10. 63	0. 00	1. 26
7	0. 00	7. 37	0. 00	0. 00	0. 00	0. 00	0. 00	0. 00	0. 00	0. 00	0. 00	0. 00	0. 00
8	2. 76	0. 00	0. 00	0. 00	0. 00	4. 44	1. 78	3. 82	0. 00	1. 99	0. 00	0. 93	0. 00
9	1. 99	0. 00	0. 70	1. 84	0. 00	2. 48	0. 73	0. 00	0. 00	0. 00	0. 00	4. 91	0. 00
10	18. 15	0. 00	0. 95	2. 02	3. 41	2. 20	1. 41	0. 00	1. 24	3. 48	0. 00	0. 00	0. 00
11	1. 09	0. 00	6. 17	0. 00	2. 47	4. 31	4. 17	0. 00	2. 86	3. 65	3. 15	0. 00	0. 00
12	0. 00	0. 00	0. 00	0. 00	0. 00	0. 00	0. 00	0. 00	0. 00	2. 17	0. 00	0. 00	1. 25
13	0. 00	7. 40	0. 00	0. 00	0. 00	0. 00	0. 00	0. 00	0. 00	0. 00	8. 20	0. 00	8. 36
14	0. 00	0. 00	10. 96	1. 01	1. 92	0. 82	0. 00	10. 80	0. 00	0. 00	0. 00	2. 01	0. 00
15	0. 00	7. 68	0. 00	0. 00	0. 00	0. 00	0. 00	0. 00	0. 00	0. 00	6. 76	0. 00	1. 47
16	0. 00	0. 00	6. 98	0. 00	0. 00	0. 00	0. 00	0. 00	0. 00	0. 00	7. 52	3. 74	5. 08
17	0. 00	0. 00	1. 39	3. 22	0. 00	0. 00	0. 00	6. 76	0. 00	0. 00	0. 87	0. 00	0. 00
18	0. 00	0. 00	4. 28	1. 69	0. 00	0. 00	0. 00	3. 28	0. 00	2. 60	0. 00	7. 39	1. 31
19	0. 00	0. 00	0. 00	0. 69	4. 12	0. 00	4. 39	0. 00	30. 43	3. 81	1. 29	0. 00	0. 00
20	0. 00	0. 84	0. 00	0. 75	0. 00	1. 92	3. 67	0. 00	3. 22	4. 37	0. 64	3. 45	0. 76
21	0. 00	0. 00	0. 00	2. 17	0. 00	2. 08	2. 13	1. 45	7. 16	4. 77	0. 00	0. 00	2. 71
22	0. 00	0. 00	19. 48	0. 00	1. 66	0. 46	0. 00	0. 00	4. 24	0. 72	0. 00	0. 63	0. 49
23	0. 00	9. 67	0. 00	0. 00	0. 00	0. 00	0. 00	0. 00	0. 00	3. 29	2. 16	0. 00	0. 00
24	0. 00	7. 62	0. 00	0. 00	0. 00	0. 00	0. 00	0. 00	0. 00	0. 00	0. 00	0. 00	0. 00

（续）

树种	14	15	16	17	18	19	20	21	22	23	24	25	26
25	0.00	0.00	3.24	0.00	0.00	0.00	0.00	0.00	5.38	0.00	0.00	3.19	0.00
26	0.56	0.00	0.00	0.00	2.94	1.07	0.00	0.00	0.47	2.72	0.00	0.00	0.00
27	2.04	0.00	0.74	1.32	1.93	1.62	0.00	0.00	5.94	2.01	0.00	0.00	0.00
28	0.56	0.00	0.00	1.24	3.47	0.88	2.07	0.00	3.26	4.56	0.00	0.00	0.00
29	1.40	0.00	1.06	0.00	3.11	3.89	0.76	0.00	1.59	2.90	0.00	0.56	0.00
30	0.93	0.00	0.00	2.29	1.09	2.14	0.61	16.52	0.00	2.28	0.00	0.00	0.62
30	0.95	1.03	2.26	0.76	0.00	0.75	1.52	16.16	0.00	0.00	1.06	1.02	0.00
32	0.00	0.00	2.14	5.35	0.00	0.84	0.77	0.00	0.00	0.00	1.34	0.00	0.00
33	0.00	0.00	0.87	0.00	0.00	0.00	1.52	0.00	0.00	2.00	5.10	1.15	1.27
34	0.00	0.00	0.00	0.00	0.00	0.00	0.00	0.00	0.00	0.00	11.94	0.00	0.00
35	0.00	0.95	1.81	0.00	0.00	0.00	0.00	0.00	0.00	0.00	4.97	0.00	0.00
36	0.00	7.24	0.00	0.00	0.00	0.00	0.00	0.00	0.00	0.00	7.44	0.00	0.00
37	0.00	1.52	0.00	0.00	0.00	0.00	0.00	0.00	0.00	0.00	1.46	0.00	0.00
38	0.00	0.74	0.68	0.52	2.46	2.62	7.97	0.00	3.91	5.39	2.22	0.00	0.00
39	0.00	0.00	0.00	1.57	0.46	2.34	6.33	0.00	3.28	5.15	3.82	2.29	0.00
40	0.00	0.00	0.00	10.26	1.60	7.76	4.38	2.05	7.57	2.39	1.65	0.00	0.00
41	0.00	0.00	2.29	16.84	1.16	0.52	8.18	0.00	0.00	5.61	1.73	2.23	1.33
42	0.00	0.00	3.39	1.91	0.00	0.00	0.00	13.42	0.00	1.06	0.00	7.04	0.00
43	0.00	0.00	3.63	0.57	0.00	0.00	0.58	7.99	0.00	0.57	1.30	4.68	1.88
44	0.00	12.53	0.91	0.83	0.00	0.00	0.00	0.00	0.00	0.00	4.81	0.00	0.00
45	0.00	0.71	0.00	0.00	0.00	0.00	1.21	0.00	0.00	0.00	5.22	4.61	4.13
46	0.00	14.39	0.00	0.00	0.00	0.00	0.00	0.00	0.00	0.00	9.01	0.00	0.00

注：表中第一行树种编号：1. 柃属；2. 硬斗石栎；3. 杉木；4. 甜槠；5. 米槠；6. 木荷；7. 黄山松；8. 鹿角杜鹃；9. 刺毛杜鹃；10. 华丽杜鹃；11. 罗浮栲；12. 短尾越橘；13. 映山红；14. 丝栗栲；15. 满山红；16. 红楠；17. 乌药；18. 沿海紫金牛；19. 峨眉鼠刺；20. 青冈；21. 肿节少穗竹；22. 红皮糙果茶；23. 黄瑞木；24. 鸭脚茶；25. 马银花；26. 大萼杨桐。

二、群落结构与物种多样性特征

群落物种的 α 多样性特征用 Margalef 丰富度指数 R_1、Shannon-Wiener 指数 H、Pielou 均匀度指数 E 和 Simpson 优势度指数 D 测度。β 多样性采用群落相异性指数 CD 和 Cody 指数 β_c、群落相似性指数 Sorensen 指数 S_I和 Jaccard 指数 C_J反映。各 α 和 β 多样性指数及群落整体多样性指数测度方法和公式参照第三章第四节。其中，群落整体多样性指数公式中的 W_i结果为：W_1（乔木层）=0.503；W_2（灌木层）=0.260；W_3（草本层）=0.097，即群落总体多样性指数公式为：$D=W_1D_1+W_2D_2+W_3D_3$，其中，W_1、W_2、W_3分别为乔木层、灌木层、草本层的加权参数；D_1、D_2、D_3分别为乔木层、灌木层、草本层的多样性指数。

1. 群落高度结构与物种多样性关系

以 5 m 为一个高度级（何惠琴等，2008；马旭东，2010），进行样地群落主要乔灌木的高度级划分，研究不同高度级物种丰富度及多样性指数变化规律。

主要乔灌木物种数量与高度关系如图 10-12 所示，个体数量与高度关系可用逆函数、复合函数、幂函数、增长函数和指数函数拟合，且都达到显著差异($P<0.01$)。逆函数 R^2 最大，达 0.997，但残差和较大，而增长函数和指数函数残差和较小，R^2 值为 0.957，故拟合效果较好。比较 R^2 值可得指数函数为最佳拟合函数，即 $y=3\ 663.75e^{-0.243x}$。

由图 10-13 可知，随着高度级增加 Marglef 指数呈现减小趋势，在图上呈现倒"J"形，可用指数函数拟合，即 $y=5.376e^{-0.078x}$，且 Marglef 指数与高度级指数函数关系达显著差异($P=0.002$)。二者都呈现随物种高度增加逐渐减少趋势，但递减幅度有所不同。

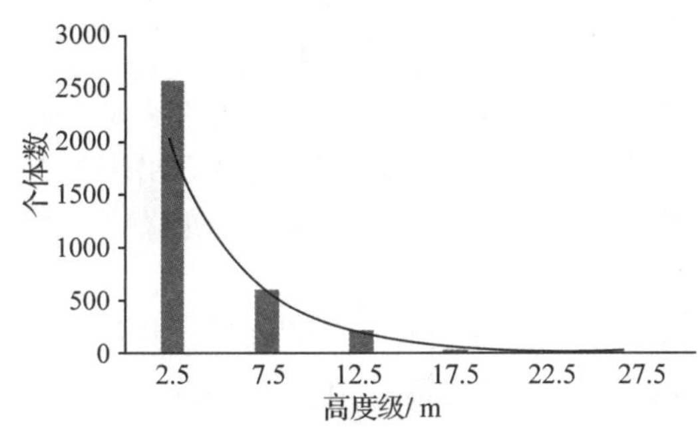

图 10-12　戴云山柃属植物群落个体数与高度关系

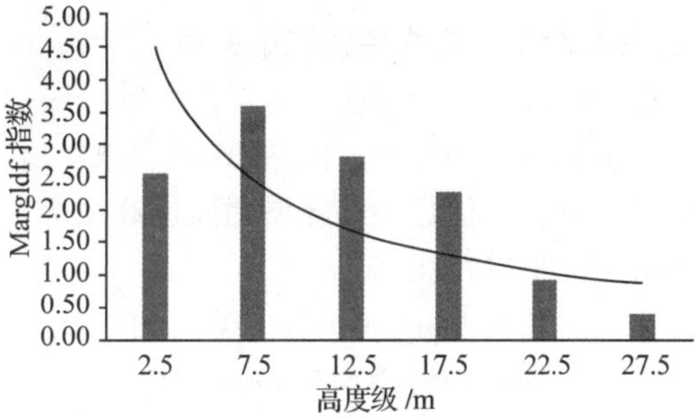

图 10-13　戴云山柃属植物群落 Marglef 指数与高度关系

由图 10-14 可知，随着物种高度上升，群落 Simpson 多样性指数逐渐下降，其对数函数关系达显著水平($P=0.006$)。

Shannon-Wiener 指数与高度关系如图 10-15 所示，Shannon-Wiener 指数在高度级 2.5 ~ 12.5 m 区间没有明显变化，而后随高度增加逐渐减小。Shannon-Wiener 指数与高度级间的关系可用 $y=3.837-0.028x-0.004x^2$ 表达，且两者的二项式回归关系达显著水平($P<0.01$)。

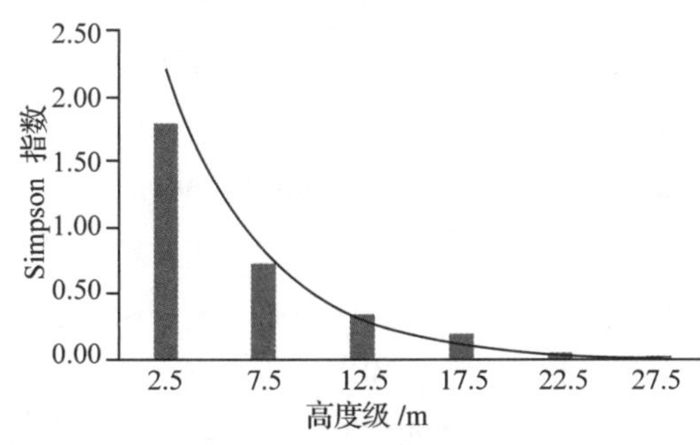

图 10-14　戴云山柃属植物群落 Simpson 指数与高度关系

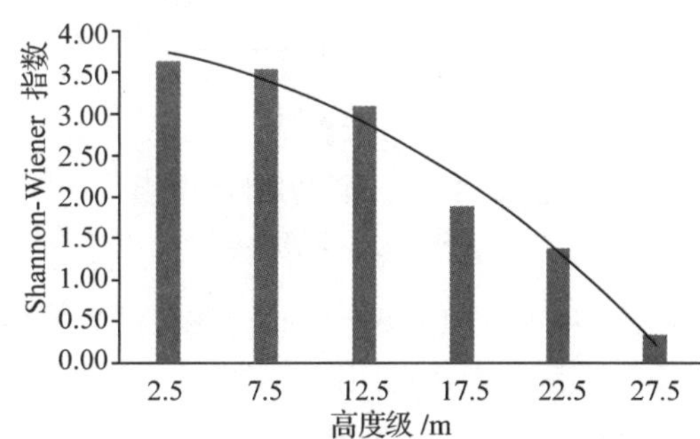

图 10-15　戴云山柃属植物群落 Shannon-Wiener 指数与高度关系

由图 10-16 表明，随高度增加均匀度指数有所增强，在高度级 12.5 m 时达最大，为 1.96。在高度级 2.5 ~ 10 m 时均匀度指数相差不大，故此高度级每个物种个体数相差不多。高度级较小物种均匀度较低，说明样方内以物种高度较低居多，但每种所含个体数量相差比较大。

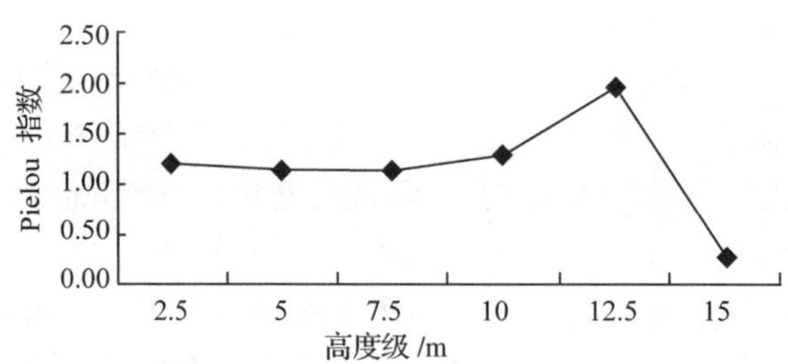

图 10-16　戴云山柃属植物群落均匀度 Pielou 指数与高度关系

2. 群落径级结构与物种多样性关系

以 10 cm 为一个梯度，将群落物种径级分成 7 个级别，统计样地内每个级别物种数和个体数，分析物种多样性。由图 10-17 可知，最小径级有最多物种数量，最高径级出现的个体数最少，物种个体数随径级增加而逐渐减少，且减少幅度很大。物种数量与径级关系可用指数函数 $y = 219\ 170.075e^{-2.516x}$ 表示。

径级结构与 Marglef 指数的关系如图 10-18 所示，除了乔灌层有显著差别外，其他径级差异性较小，均随径级增加呈减小趋势。Marglef 指数与径级间关系可用 $y = 5.524 - 0.211x + 0.005x^2 - 3.667x^3$ 表示，达到显著水平($P < 0.01$)。

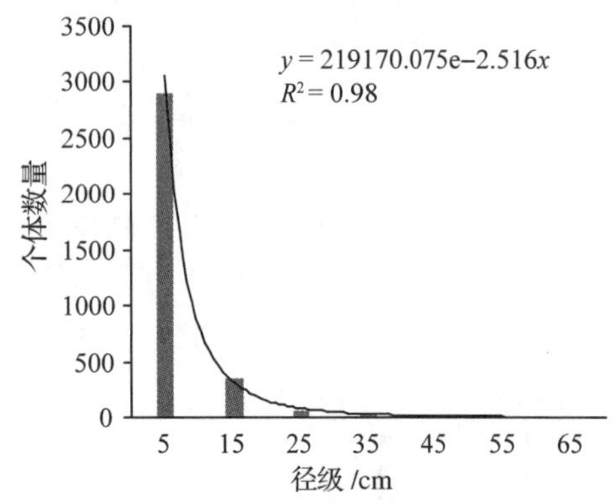

图 10-17　戴云山柃属植物群落个体数与径级关系

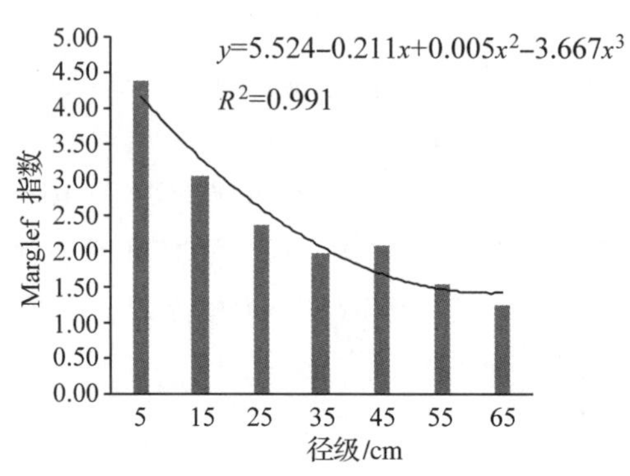

图 10-18　戴云山柃属植物群落 Marglef 指数与径级关系

由图 10-19 可知，Simpson 指数与径级关系呈现逆倒“L”形，随径级增加，Simpson 指数不断减小且幅度较大，可用逆函数 $y = -0.254 + 12.100/x$ 拟合($P < 0.01$)。

Shannon-Wiener 指数随径级结构变化如图 10-20 所示，Shannon-Wiener 指数与径级呈负相关关系，即随径级增加 Shannon-Wiener 指数不断减少，减小幅度相对较小，可用二项式回归方程表示，即 $y = 3.974 - 0.064x + 0.003x^2$。

从图 10-21 可见均匀度随径级增加呈减少趋势，径级最小时均匀度指数最大，为 1.00，而后逐渐减小，在 40 ~ 50 cm 区间又出现峰值，为 0.65。最小值分别在 30 ~ 40 cm 和 50 ~ 60 cm两个径级，说明物种种数和个体数分布差异较大，在两个峰值间种数和个体数分布较均匀。

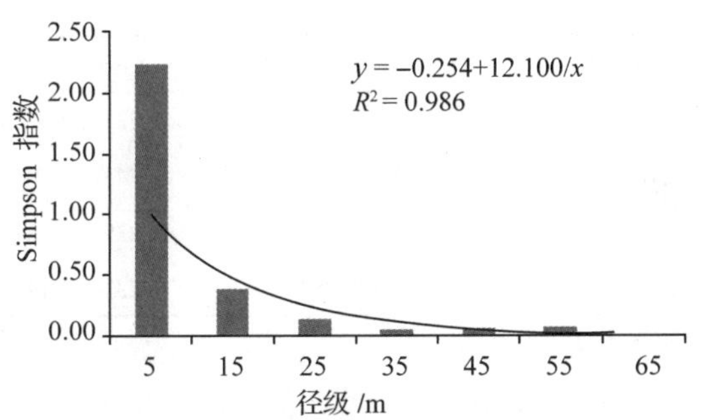

图 10-19　戴云山柃属植物群落 Simpson 指数与径级关系

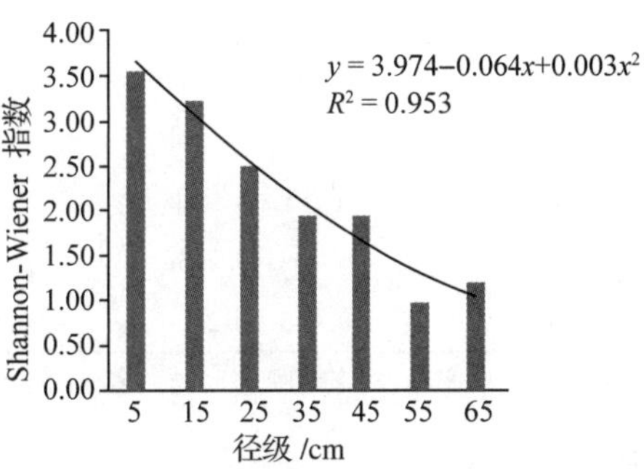

图10-20　戴云山柃属植物群落 Shannon-Wiener 指数与径级关系

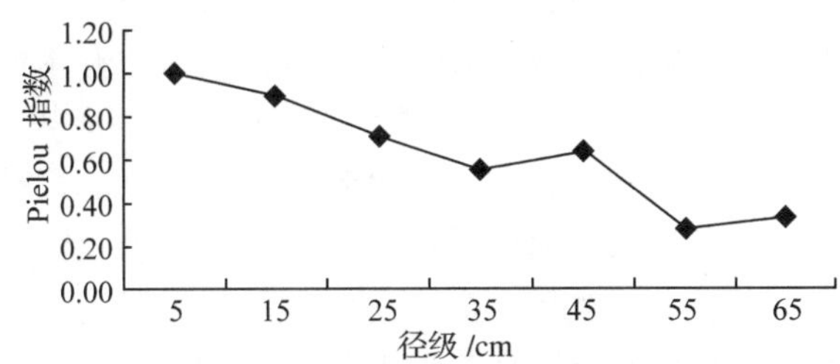

图 10-21　戴云山柃属植物群落均匀度 Pielou 指数与径级关系

三、群落物种多样性垂直分布特征

1. 群落 α 多样性指数

由表 10-16 可知，柃属群落各 α 多样性指数在不同海拔均值各不相同，其中 Marglef 指数在不同海拔差异显著($P<0.05$)，其余指数均不存在显著差异。物种多样性随着海拔上升数值均呈减小趋势。海拔 1 400 ~ 1 500 m 区间数值减小幅度较大，主要由于从海拔1 500 m 开始出现以岩柃、岗柃为优势种的灌丛，群落由常绿阔叶林、针叶混交林过渡为常绿灌丛和灌草丛，群落结构较为单一，出现物种数较少。

表 10-16　不同海拔物种多样性指数

海拔/m	Marglef 指数	Simpson 指数	Shannon-Wiener 指数	Pielou 指数
700	3. 062 ± 1. 608a	1. 528 ± 0. 947a	0. 435 ± 0. 393a	0. 467 ± 0. 324a
800	2. 704 ± 0. 795a	1. 409 ± 0. 761a	0. 462 ± 0. 304a	0. 449 ± 0. 303a
900	3. 310 ± 1. 853a	1. 599 ± 1. 010a	0. 482 ± 0. 329a	0. 473 ± 0. 335a
1 000	2. 592 ± 2. 587ab	1. 310 ± 1. 106a	0. 432 ± 0. 336a	0. 448 ± 0. 344a
1 100	2. 607 ± 1. 753ab	1. 425 ± 0. 965a	0. 425 ± 0. 387a	0. 459 ± 0. 334a
1 200	2. 178 ± 1. 385abc	1. 230 ± 0. 781a	0. 385 ± 0. 348a	0. 445 ± 0. 315a
1 300	2. 144 ± 1. 239abc	1. 255 ± 0. 815a	0. 438 ± 0. 299a	0. 445 ± 0. 320a
1 400	2. 007 ± 1. 794abc	1. 286 ± 0. 940a	0. 456 ± 0. 319a	0. 450 ± 0. 325a

（续）

海拔/m	Marglef 指数	Simpson 指数	Shannon-Wiener 指数	Pielou 指数
1 500	1.386 ±0.560abc	0.941 ±0.497a	0.334 ±0.215a	0.321 ±0.223a
1 600	0.656 ±0.330bc	0.700 ±0.373a	0.307 ±0.203a	0.343 ±0.276a
1 700	0.499 ±0.243c	0.569 ±0.230a	0.229 ±0.086a	0.229 ±0.090a
1 800	0.415 ±0.220c	0.550 ±0.260a	0.224 ±0.088a	0.231 ±0.088a

注：同一列不同字母表示不同海拔间物种多样性指数差异显著（$P<0.05$）。

群落不同层次物种 α 多样性指数海拔梯度分布如图 10-22 所示。乔木层总体上沿海拔升高物种丰富度呈下降趋势，这与常绿阔叶林过渡到常绿阔叶灌丛、灌草丛有关，随着温度、光照等气候条件变化，树种组成不断减少。低海拔区域，群落结构较复杂，物种数较丰富，群落也较稳定。灌木层中 Marglef 指数及 Simpson 指数在海拔 1 300 m 以下呈多峰格局，变化幅度较大，在海拔 1 300 m 以上呈抛物线下降。在低海拔区域，乔木层结构较丰富，灌木层物种生长由于受乔木层制约，其物种组成受较多因素影响。而在海拔 1 400 m 以上，受环境因子限制，多形成灌丛或灌草丛，群落内物种整体高度不超过 5 m，林下光照条件较好，灌木层组成物种较丰富。草本层各指数沿海拔梯度大致呈逐渐上升趋势，这与低海拔区域乔木层、灌木层生长制约草本层生长所需光照、温度等良好气候条件有光。且在低海拔区域，易受人为干扰，草本层物种组成较为简单，优势种不明显，1 400 m 以上灌丛光照强度较高，物种组成较丰富。

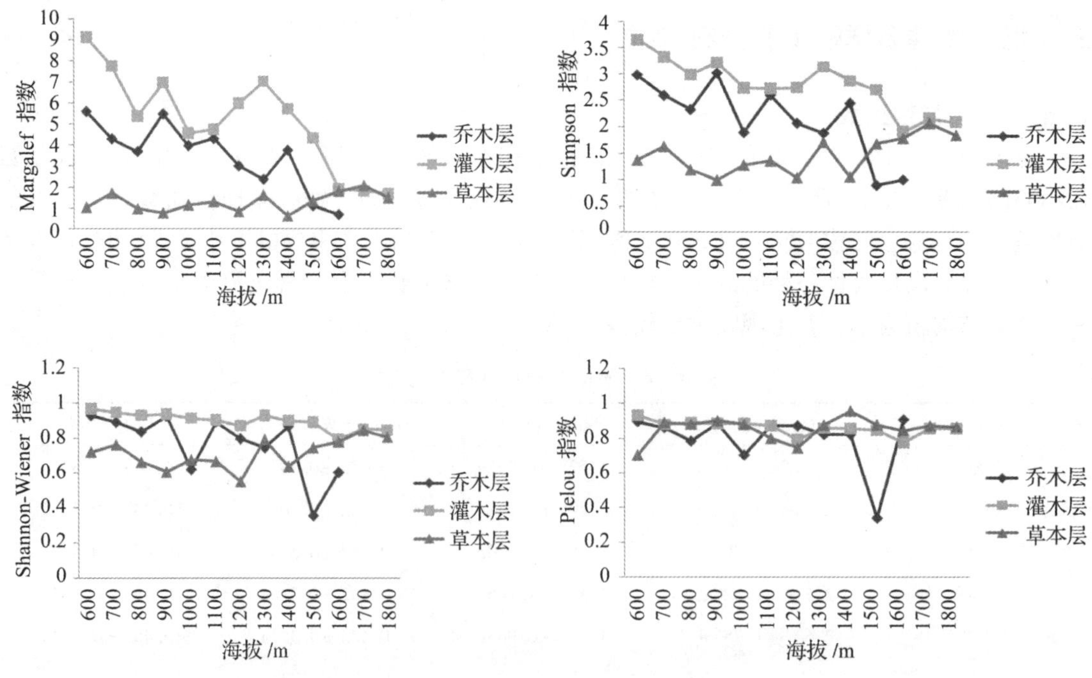

图 10-22　栲属群落 α 多样性指数海拔梯度分布

由图 10-22 可知，栲属群落物种多样性指数在群落不同层次变化大体表现为：灌木层 > 乔木层 > 草本层。由于不同海拔区间乔木层某些物种占绝对优势，乔木层种类组成相对简单，且乔木层优势种个体较集中，其他种类个体数分散，因而导致乔木层物种多样性低。而灌木层还包括不少乔木幼树，因此组成灌木层种类较多，各个体数分布也较均匀，所以物种多样性较高。在群落内由于乔木层、灌木层植物生长较好，其郁闭度及盖度较大，植物接受光照强度较弱，且林地内枯枝落叶层较厚，致使草本植物稀疏，种类少。因此，对草本植物来说，不仅物种间个体数分配不均匀，且物种在群落中也是零星分布，导致样地间种类组成、个体数量差异较大，因而草本植物的物种多样性最低。由此可知，群落物种多样性能反映群落组成特征及结构状态。

2. 群落β多样性指数

由表10-17可知，CD指数与Cody指数呈显著正相关，与Sorensen指数、Jaccard指数呈极显著负相关。Cody指数与Sorensen指数呈极显著负相关。Jaccard指数与Cody指数、Sorensen指数呈负相关，但相关性不显著。

表10-17　戴云山柃属群落β多样性指数相关性

多样性指数	CD指数	Cody指数	Sorensen指数	Jaccard指数
CD指数	1	0.593*	-0.726**	-0.98**
Cody指数		1	-0.756**	-0.565
Sorensen指数			1	-0.056
Jaccard指数				1

注：*表示显著相关($P<0.05$)；**表示极显著相关($P<0.01$)。

由图10-23可知，海拔1 200～1 300 m以下相异性系数呈多峰格局，变动较大，海拔1 000～1 100 m相异性系数最小，这与两个海拔间都是以毛竹为优势种有关，其群落内生境条件较为相似。而在海拔1 200～1 300 m以上又呈下降趋势，由于该海拔为常绿阔叶林向针阔混交林转变。乔木层在1 500 m以上相异性数值不存在，由于群落逐步向山地灌丛林过渡。

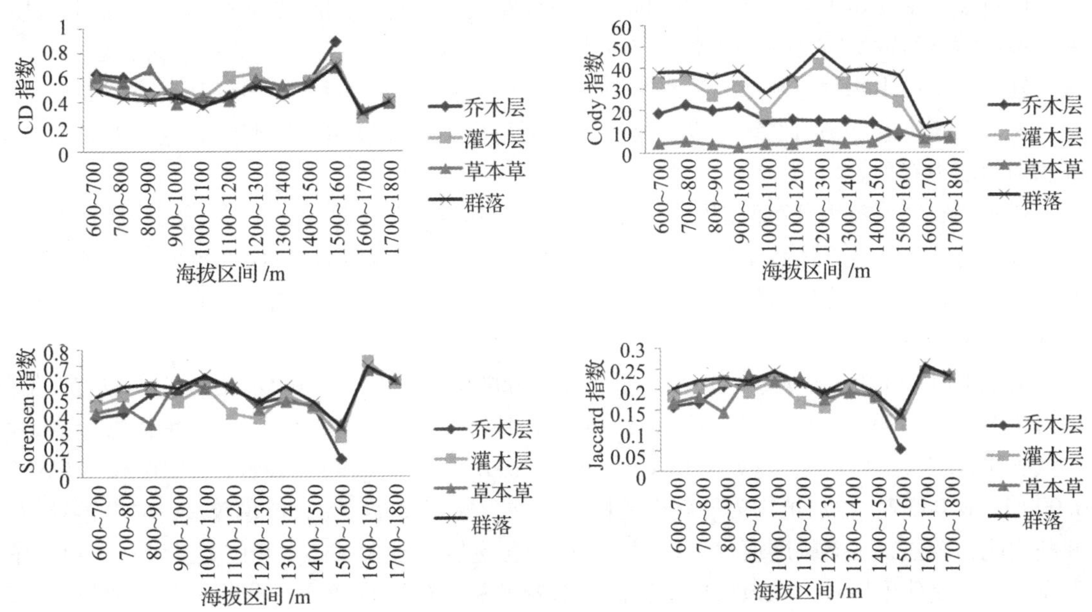

图10-23　柃属群落β多样性指数海拔梯度分布

从相似性系数分析，海拔 900 m 以下 Sorensen 指数、Jaccard 指数都是随海拔上升呈逐渐增加趋势，表明相邻两群落生境条件相近，共有物种较多。海拔 800 ~ 900 m 区间和 900 ~ 1 000 m区间 Sorensen 指数表现为减小，与低海拔区域易受人为干扰和破坏有关。海拔 1 400 ~ 1 500 m、1 500 ~ 1 600 m 由于群落内物种组成发生很大变化，导致相似性系数逐渐减小。海拔 1 500 m 以上，群落以灌草丛为主，灌木层、草本层物种接受光照条件较好，群落内生境条件相似，因而相似性系数呈增加趋势。

第五节　柃属群落主要种群生态位

通过调查戴云山自然保护区主要蜜源植物柃属的分布情况，对 10 种柃属植物设置样地，其主要树种在不同样方均有出现，说明 10 种柃属植物对群落生境具有较大相似性，生态位研究可以更好地阐明物种间相互关系。以不同样方为“资源状态”，计算柃属植物群落中 15 种主要树种在不同样方重要值，计算生态位宽度、生态位重叠度及生态位相似性，分析 15 种树种在不同森林植被类型中地位及相互间利用资源的状况。

生态位宽度采用 Shannon-Wiener 指数 B_i测度，生态位重叠采用 *Pianka* 重叠指数 O_{ik}测度，生态位相似比例采用指数 C_{ih}测度，计算公式参照第四章第三节。

一、主要种群生态位宽度

生态位宽度是指物种群对环境资源利用状况，与物种自身生态学特性、生物学特征以及种间相互适应与相互作用有密切联系。生态位宽度值越大，说明物种群对环境适应力越强，对各种资源利用较为充分，在群落中分布范围也较广泛，且在群落中往往处于优势地位。由于柃属植物大部分为灌木，因而选取群落中重要值较大灌木层树种作为该层主要树种并计算生态位宽度。主要树种 Levins 和 Hurlbert 生态位宽度值降序排列顺序基本一致，说明上述两种生态位宽度指数具有良好一致性。其中柃属生态位宽度最大，其次是黄山松、短尾越橘、映山红，宽度最小物种是米槠和沿海紫金牛。其中优势度较大的几个物种其生态位宽度并不是很大，如鸭脚茶、满山红等，说明物种优势度与生态位宽度关系不密切，这与物种自身对资源利用能力有关。

通常优势度值较大且在群落中分布较广物种，其生态位宽度值也较大，如柃属植物在不同样方均有分布，且个体数量较多，盖度较大，因而能充分利用林内空间资源和林地养分资源。而黄山松生态位宽度值较大，主要由于在群落垂直高度上各层均有分布，能够较好地利用群落中的环境资源。

由表10-18 可知，柃属、黄山松、短尾越橘和映山红的 Levins 和 Hurlbert 生态位宽度值分别为 2. 153、1. 193、1. 185、1. 132 和 0. 026、0. 004、0. 004、0. 002。米槠、沿海紫金牛、峨眉鼠刺生态位宽度较低，Levins 和 Hurlbert 指数分别为 1. 009、1. 006、1. 010 和 0. 000 2、0. 000 1、0. 000 2。柃属植物为群落中的优势树种，分布较为广泛，数量较多，对群落环境资源利用能力较强，生态幅度值较大，因而其生态位宽度值较大。而生态位宽度较低的树种中，沿海紫金牛是伴生树种，在该层地位较低，对资源利用能力也较弱，群落中分布数量明显较少，分布范围较窄。

表 10-18　柃属植物及主要树种生态位宽度

树种	优势度	Levins 生态位宽度	Hurlbert 生态位宽度	树种	优势度	Levins 生态位宽度	Hurlbert 生态位宽度
1 柃属	6. 497	2. 153	0. 026	9 沿海紫金牛	0. 718	1. 006	0. 000
2 甜槠	1. 204	1. 032	0. 001	10 峨眉鼠刺	0. 817	1. 010	0. 000
3 米槠	0. 417	1. 009	0. 000	11 肿节少穗竹	1. 139	1. 062	0. 001
4 木荷	0. 905	1. 011	0. 000	12 红皮糙果茶	0. 997	1. 063	0. 001
5 鹿角杜鹃	0. 840	1. 011	0. 000	13 黄瑞木	1. 298	1. 016	0. 000
6 短尾越橘	2. 760	1. 185	0. 004	14 鸭脚茶	1. 831	1. 062	0. 001
7 映山红	2. 122	1. 132	0. 003	15 黄山松	1. 385	1. 193	0. 004
8 满山红	1. 530	1. 107	0. 002				

二、主要种群生态位重叠

以样地为“资源状态”，重要值为状态指标，计算戴云山自然保护区柃属植物群落中 15 种主要树种生态位重叠值，见表 10-19。在群落中，各种群生态关系为相互联系，即分享其他种群的基础生态位部分，使某 2 个甚至更多植物种群对某些资源有共同需求，导致不同种群生态位常处于不同程度重叠状态。当 2 个物种利用同一资源或共同占有某一资源因素时，就出现生态位重叠现象。生态位重叠较大的种群要么有相近生态特性，要么对生境因子有互补性要求，即生态位重叠是 2 个种在生态因子的相似性。

表 10-19　柃属植物及主要树种的生态位重叠

树种	1	2	3	4	5	6	7	8	9	10	11	12	13	14
2	0. 253													
3	0. 114	0. 169												
4	0. 430	0. 280	0. 372											
5	0. 579	0. 074	0. 143	0. 198										
6	0. 514	0. 211	0. 034	0. 060	0. 530									
7	0. 656	0. 045	0. 022	0. 108	0. 530	0. 555								
8	0. 333	0. 006	0. 000	0. 005	0. 565	0. 370	0. 382							
9	0. 242	0. 410	0. 719	0. 623	0. 121	0. 094	0. 028	0. 000						
10	0. 265	0. 433	0. 611	0. 361	0. 053	0. 118	0. 026	0. 002	0. 831					
11	0. 386	0. 354	0. 014	0. 242	0. 000	0. 028	0. 008	0. 018	0. 133	0. 237				
12	0. 171	0. 462	0. 264	0. 746	0. 125	0. 086	0. 029	0. 000	0. 599	0. 304	0. 004			
13	0. 460	0. 450	0. 569	0. 560	0. 240	0. 390	0. 087	0. 000	0. 805	0. 683	0. 157	0. 553		
14	0. 602	0. 120	0. 019	0. 103	0. 542	0. 806	0. 782	0. 156	0. 044	0. 058	0. 025	0. 043	0. 282	
15	0. 432	0. 000	0. 000	0. 029	0. 636	0. 350	0. 268	0. 703	0. 000	0. 000	0. 000	0. 000	0. 019	0. 285

注：编号所代表的物种名同表 10-18。

由表 10-19 可知，柃属群落中不同植物间生态位重叠值差别较大，其中柃属植物与其他植物生态位重叠值在 0. 114 ~0. 656，而柃属植物与鹿角杜鹃、短尾越橘、映山红、鸭脚茶的

生态位重叠值大于0.5，说明栲属植物与这些树种对某一资源均能充分利用。大部分树种间生态位重叠值较小，只有群落中优势种与其他树种生态位重叠值较大，说明大部分树种适应的生境范围较小，且在适宜生态位资源方面表现出差异性。生态位宽度与生态位重叠存在一定联系，生态位宽度较大物种其生态位重叠值也较大，如黄山松与鹿角杜鹃、满山红等物种生态位重叠值较大，分别为0.636、0.703；短尾越橘与鹿角杜鹃生态位重叠值为0.530；映山红与鹿角杜鹃、短尾越橘的生态位重叠值分别为0.530和0.555。生态位宽度较小物种与某些植物生态位重叠值为0，如沿海紫金牛与满山红、峨眉鼠刺与肿节少穗竹。但有些物种生态位宽度较小却与其他物种间的生态位重叠较大，如沿海紫金牛与米槠生态位重叠值为0.719，与木荷生态位重叠值为0.623。而有些生态位宽度值较大的物种与其他物种的生态位重叠值为0，如黄山松与甜槠、米槠、沿海紫金牛、峨眉鼠刺、肿节少穗竹、红皮糙果茶的生态位重叠值都为0，说明生态位宽度较大物种，虽然对资源利用能力较强，分布较广，但与其他种群生态位重叠不一定大。反之，生态位宽度较小物种，与其他种群生态位重叠值也不一定小。

三、主要种群生态位相似比

生态位相似性比例表示两个种群利用资源相似程度。由表10-20可知，生态位相似性比例大于0.5的共81对，占全部对数77.1%，而生态位相似性比例小于0.5的共24对，占全部对数22.9%，说明戴云山栲属植物群落中主要树种间相似性比例相对较大。其中，群落优势种栲属植物与其他树种生态位相似性比例介于2.749～3.725，说明栲属植物与其他树种对资源需求具有很大相似性。米槠与鹿角杜鹃生态位相似性比例最小，为0.111，说明两种植物利用相似性资源而产生竞争小。生态位宽度较大物种间生态位相似性比例往往也较大，如黄山松与肿节少穗竹、红皮糙果茶的相似比值分别为1.504、1.743；短尾越橘与鹿角杜鹃的相似比值为0.875；映山红与甜槠的相似比值为0.840。生态位宽度较小的物种间生态位相似性也较小，如米槠与沿海紫金牛、峨眉鼠刺的相似比值分别为0.114、0.161；沿海紫金牛与峨眉鼠刺的相似比值为0.192。生态位重叠大的种对间往往相似性也较大，如黄山松与鹿角杜鹃、满山红的相似比值分别为1.113、0.813；映山红与鹿角杜鹃、短尾越橘相似比值为0.735、0.656。反之，生态位重叠度较小的物种其相似性也较小，如沿海紫金牛与满山红相似比值为0.210；峨眉鼠刺与鹿角杜鹃相似比值为0.216。

表10-20 栲属植物及主要树种生态位相似比

树种	1	2	3	4	5	6	7	8	9	10	11	12	13	14
2	3.443													
3	3.533	0.272												
4	3.419	0.348	0.218											
5	3.464	0.318	0.111	0.146										
6	2.820	0.847	0.848	0.849	0.875									
7	2.866	0.840	0.708	0.812	0.735	0.656								
8	2.749	1.106	0.849	0.932	0.887	0.844	0.740							

（续）

树种	1	2	3	4	5	6	7	8	9	10	11	12	13	14
9	3.516	0.223	0.114	0.314	0.937	0.816	0.742	0.210						
10	3.373	0.246	0.161	0.307	0.216	0.891	0.770	0.987	0.192					
11	3.285	0.500	0.467	0.577	0.462	1.153	1.099	1.277	0.524	0.556				
12	3.725	0.625	0.682	0.636	0.690	1.221	1.263	1.485	0.627	0.549	1.088			
13	3.351	0.321	0.365	0.346	0.336	0.773	0.907	1.156	0.300	0.335	0.673	0.581		
14	2.992	0.777	0.590	0.658	0.613	0.723	0.651	0.524	0.634	0.722	0.974	1.209	0.833	
15	3.059	1.347	1.075	1.158	1.113	1.362	1.183	0.813	1.178	1.227	1.504	1.743	1.414	0.754

注：编号所代表的物种名同表 10-18。

第六节　小结

(1)采用二元指示种分析(TWINSPAN)和除趋势对应分析(DCA)方法，将戴云山柃属主要分布的森林群落划分成 17 个群系，分别为：岗柃 + 窄基红褐柃-芒萁群系、窄基红褐柃 + 檵木 - 里白群系、红皮糙果茶-里白群系、黄瑞木 + 细枝柃-狗脊蕨群系、单耳柃-狗脊蕨群系、窄基红褐柃 + 细齿叶柃-肿节少穗竹群系、窄基红褐柃-里白群系、窄基红褐柃 + 细枝柃-芒萁群系、9 窄基红褐柃 + 格药柃-里白群系、红皮糙果茶 + 黄瑞木 - 狗脊蕨群系、红皮糙果茶 + 檵木 - 里白群系、岗柃群系、岗柃 + 格药柃-里白群系、岩柃 + 格药柃-芒萁群系、单耳柃 + 微毛柃-芒萁群系、岗柃 + 岩柃-平颖柳叶箬群系、岩柃 + 翅柃-芒萁群系，且在不同群系中，柃属分布情况不同。

采用除趋势典范对应分析法(DCCA)对植物群落排序，研究戴云山柃属群落与环境关系。结果表明，海拔与坡位对柃属蜜源植物群落分布起决定作用，坡向影响次之，坡度对植物群落分布影响相对较小。

(2)研究戴云山柃属群落与地形因子(坡度、坡向和海拔)关系，可知海拔 600 ~ 1 800 m 物种数量呈现随海拔升高逐渐增加趋势，柃属多数分布于海拔 1 400 ~ 1 800 m。海拔 600 ~ 800 m 和 1 400 ~ 1 600 m 物种数较多，有 7 种，1 600 ~ 1 800 m 物种数较少，只有 4 种。

柃属在不同坡向物种数排序为：北坡 > 东北坡 > 西北坡 > 东南坡 = 西坡 > 西南坡 > 东坡 > 南坡，其中柃属主要分布在阴坡和半阴坡，物种数量明显大于阳坡和半阳坡。北坡出现所有物种数，有 10 种，北坡、东北坡上频率较高。分布在阴坡和半阴坡较多的有窄基红褐柃、岩柃、岗柃、细枝柃。

柃属植物主要分布在坡度 0° ~ 30°，随坡度不断增加柃属植物物种数目不断减少。坡度为 0° ~ 10°时，柃属植物物种数目最多，达到 9 种，坡度在 40° ~ 50°时，柃属物种数目最少，只有 3 种。

(3)戴云山柃属蜜源植物种群均呈聚集分布，不同生境条件下，柃属群落聚集程度、密度分布表现较大差异。随着海拔升高，格局指数逐渐增大，聚集强度逐渐增强，海拔 1 600 ~ 1 800 m 的 *DI* 值最大，为 51.996。不同坡向种群聚集度存在差异，阴坡、半阴坡聚集度较强，扩散趋势为：北→东北→西北→西→东→西南→东南→南。不同坡度聚集度差异较大，随着坡度增大，聚集度总体呈减弱趋势，坡度为 20° ~ 30°的 *DI* 值最大，为 84.876。

(4)对柃属分布17个群系相似性分析可知，柃属植物在岗柃+窄基红褐柃-芒萁群系与红皮糙果茶+檵木-里白群系、岩柃+格药柃-芒萁群系与单耳柃+微毛柃-芒萁群系，红皮糙果茶+黄瑞木-狗脊蕨群系与岗柃+岩柃-平颖柳叶箬群系3个群系中的物种组成相似性较大，因此对柃属植物的资源开发及保护较为重要。不同物种在相同群落类型和相同物种在不同群落类型中，其分布情况有所不同，与物种自身生物学特性以及生态环境影响有关。

(5)戴云山柃属群落高度结构与物种多样性关系为：除均匀度指数外，α多样性指数大体呈现随物种高度增加逐渐减少趋势，在高度级2.5 m处达最大。而均匀度指数在高度级2.5～10 m相差不大，可知此高度级物种个体数相差不多。在高度级15 m物种均匀度较低，说明以物种高度较低居多，但每种所含个体数量相差比较大。

柃属群落径级结构与物种多样性关系为：α多样性指数大体呈现随物种径级增加逐渐减少趋势。最小径级0～10 cm有最多物种数量，径级最高级别内出现个体数最少，物种个体数随径级增加逐渐减少，且减少幅度很大。

柃属群落α多样性指数变化趋势是随海拔上升均呈减小趋势，在海拔1 400 m～1 500 m减小幅度较大。β多样性相异性系数在海拔1 200～1 300 m呈多峰格局，变动较大，在海拔1 000～1 100 m相异性系数值最小。从相似性系数分析，海拔900 m以下Sorensen指数、Jaccard指数都是随海拔上升逐渐增加，海拔1 400～1 600 m相似性系数随海拔升高逐渐减小。

(6)柃属在不同群落类型中生态位研究表明，柃属生态位宽度最大，其次是黄山松、短尾越橘、映山红，宽度最小是米槠和沿海紫金牛。柃属群落中不同植物间生态位重叠值差别较大，其中柃属植物与其他植物生态位重叠值在0.114～0.656，而柃属植物与鹿角杜鹃、短尾越橘、映山红、鸭脚茶生态位重叠值大于0.5。

生态位宽度与生态位重叠间存在一定联系，生态位宽度值较大物种其生态位重叠值也较大，如黄山松与鹿角杜鹃、满山红等物种生态位重叠值较大，分别为0.636、0.703；短尾越橘与鹿角杜鹃生态位重叠值为0.530；映山红与鹿角杜鹃、短尾越橘生态位重叠值分别为0.530和0.555。生态位宽度较小的物种与某些植物生态位重叠值为0，如沿海紫金牛与满山红、峨眉鼠刺与肿节少穗竹。但有些物种生态位宽度较小却与其他物种间的生态位重叠较大，如沿海紫金牛与米槠生态位重叠值为0.719，与木荷生态位重叠值也较大，为0.623。而有些生态位宽度值较大的物种与其他物种生态位重叠值为0，如黄山松与甜槠、米槠、沿海紫金牛、峨眉鼠刺、肿节少穗竹、红皮糙果茶的生态位重叠值都为0。

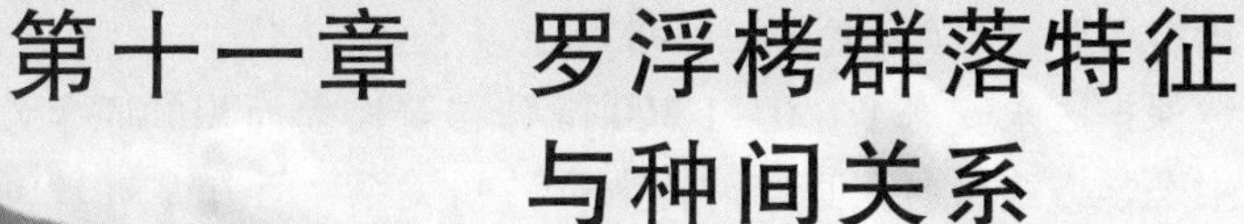

第十一章　罗浮栲群落特征与种间关系

罗浮栲是壳斗科常绿乔木，适应性强，是我国东部湿润亚热带地区常绿阔叶林常见树种，在长江流域以南多数省份山地丘陵地带均有分布，多与其他阔叶树种混交，天然纯林较少。罗浮栲是重要的用材和栲胶树种，发展罗浮栲林，对提供森林资源，改善人民生活，涵养水源和保护环境均有重要意义(吴文谱，1995)。

戴云山自然保护区永安岩1 100～1 300 m分布着较大面积的原生性罗浮栲林。应用群落生态学和数量生态学方法，研究其群落特征及种间关系，旨在掌握罗浮栲群落的物种组成和多样性、群落结构及数量特征、主要种群生态位和种间联结以及种间竞争规律，为保护区科学利用林下非木质资源、合理管护天然林资源以及开展生态公益林监测提供必要理论基础(黄志森等，2009)。罗浮栲群落12个样地情况见表11-1。

表11-1　罗浮栲群落样地概况

编号	坐标	坡向	坡度	坡位	海拔/m	郁闭度	全氮/(g/kg)	全磷/(g/kg)	全钾/(g/kg)	pH值
1	118°06′28″E　25°41′33″N	北偏西26°	31°	中坡	1 203	0.90	4.21	1.76	1.25	4.46
2	118°06′30″E　25°41′33″N	北偏西33°	26.5°	中坡	1 210	0.85	5.38	2.16	8.36	4.22
3	118°06′32″E　25°41′35″N	北偏西48°	31.6°	中坡	1 205	0.80	2.51	1.48	8.84	4.47
4	118°06′31″E　25°41′34″N	北偏东17°	36°	中坡	1 218	0.80	3.45	1.68	6.35	4.43
5	118°06′37″E　25°41′38″N	南偏西41°	21°	中坡	1 245	0.85	2.45	1.84	5.23	4.49
6	118°06′38″E　25°41′36″N	北偏西38°	27°	中坡	1 260	0.85	6.39	2.77	5.24	4.20
7	118°06′38″E　25°41′35″N	北偏西33°	24°	中坡	1 243	0.80	2.72	1.74	6.36	4.54
8	118°06′46″E　25°41′33″N	北偏西67°	34°	中上坡	1 315	0.75	3.80	2.61	9.21	4.81
9	118°06′45″E　25°41′35″N	北偏西72°	28°	中上坡	1 297	0.75	3.89	1.96	3.24	4.61
10	118°06′46″E　25°41′34″N	北偏西67°	30°	中上坡	1 318	0.75	3.29	2.17	4.87	4.76
11	118°06′39″E　25°41′33″N	北偏西23°	18°	上坡	1 307	0.80	6.23	2.52	2.37	4.43
12	118°06′37″E　25°41′33″N	北偏西54°	38°	上坡	1 286	0.65	3.99	2.37	8.61	4.62

第一节　罗浮栲群落植物种类组成特征

群落物种种类组成、数量特征、物种多样性和区系地理成分是植物群落生态学研究基础。通过分析戴云山国家级自然保护区罗浮栲群落维管植物的种类组成、地理成分、数量特征、群落物种多样性，探讨罗浮栲群落物种种类组成特征，为进一步研究该群落结构特征和主要种群竞争奠定基础(付达靓等，2009；刘金福等，2010)。

一、维管植物种类组成

戴云山自然保护区罗浮栲群落共有维管植物39科61属104种(表11-2)，其中蕨类植物有4科4属4种，裸子植物有2科3属3种，被子植物有33科54属97种；被子植物中，双子叶植物有29科48属88种，单子叶植物4科6属9种。

分别以科、属为分类单位，对罗浮栲群落维管植物进行统计(表11-3、表11-4)。

表11-2　罗浮栲群落维管植物组成

分类群	蕨类植物	裸子植物	被子植物		总计
			双子叶植物	单子叶植物	
科	4	2	29	4	39
属	4	3	48	6	61
种	4	3	88	9	104

表11-3　罗浮栲群落维管植物科组成

科名	种数	科名	种数	科名	种数
山茶科 Theaceae	12	木兰科 Magnoliaceae	2	里白科 Gleicheniaceae	1
冬青科 Aquifoliaceae	9	莎草科 Cyperaceae	2	瘤足蕨科 Plagiogyriaceae	1
樟科 Lauraceae	8	杉科 Taxodiaceae	2	木通科 Lardizabalaceae	1
杜鹃花科 Ericaceae	7	紫金牛科 Myrsinaceae	2	漆树科 Anacardiaceae	1
壳斗科 Fagaceae	6	安息香科 Styracaceae	1	山茱萸科 Cornaceae	1
蔷薇科 Rosaceae	6	豆科 Leguminosae	1	鼠刺科 Escalloniaceae	1
山矾科 Symplocaceae	6	杜英科 Elaeocarpaceae	1	松科 Pinaceae	1
木犀科 Oleaceae	4	古柯科 Erythroxylaceae	1	桃金娘科 Myrtaceae	1
茜草科 Rubiaceae	4	虎耳草科 Saxifragaceae	1	乌毛蕨科 Blechnaceae	1
百合科 Liliaceae	3	交让木科 Daphniphyllaceae	1	五加科 Araliaceae	1
禾本科 Gramineae	3	金粟兰科 Chloranthaceae	1	杨梅科 Myricaceae	1
槭树科 Aceraceae	3	兰科 Orchidaceae	1	野牡丹科 Melastomataceae	1
卫矛科 Celastraceae	3	蓝果树科 Nyssaceae	1	紫萁科 Osmundaceae	1

表11-4　罗浮栲群落维管植物属组成

属名	种数	属名	种数	属名	种数
冬青属 *Ilex*	9	巴戟天属 *Morinda*	1	漆属 *Toxicodendron*	1
柃属 *Eurya*	7	草珊瑚属 *Sarcandra*	1	青冈属 *Cyclobalanopsis*	1
山矾属 *Symplocos*	6	淡竹叶属 *Lophatherum*	1	山茶属 *Camellia*	1
杜鹃花属 *Rhododendron*	4	杜茎山属 *Maesa*	1	杉属 *Cunninghamia*	1
菝葜属 *Smilax*	3	杜英属 *Elaeocarpus*	1	少穗竹属 *Oligostachyum*	1
栲属 *Castanopsis*	3	刚竹属 *Phyllostachys*	1	石斑木属 *Rhaphiolepis*	1
槭属 *Acer*	3	狗脊蕨属 *Woodwardia*	1	鼠刺属 *Itea*	1
山胡椒属 *Lindera*	3	古柯属 *Erythroxylum*	1	树参属 *Dendropanax*	1
石楠属 *Photinia*	3	厚皮香属 *Ternstroemia*	1	四照花属 *Dendrobenthamia*	1
粗叶木属 *Lasianthus*	2	假卫矛属 *Microtropis*	1	松属 *Pinus*	1

（续）

属名	种数	属名	种数	属名	种数
含笑属 *Michelia*	2	交让木属 *Daphniphyllum*	1	新木姜子属 *Neolitsea*	1
黄瑞木属 *Adinandra*	2	兰属 *Cymbidium*	1	绣球属 *Hydrangea*	1
李属 *Prunus*	2	蓝果树属 *Nyssa*	1	崖豆藤属 *Millettia*	1
木犀属 *Osmanthus*	2	里白属 *Hicriopteris*	1	杨梅属 *Myrica*	1
女贞属 *Ligustrum*	2	瘤足蕨属 *Plagiogyria*	1	野海棠属 *Bredia*	1
润楠属 *Machilus*	2	柳杉属 *Cryptomeria*	1	野木瓜属 *Stauntonia*	1
石栎属 *Lithocarpus*	2	木荷属 *Schima*	1	樟属 *Cinnamomum*	1
薹草属 *Carex*	2	木姜子属 *Litsea*	1	栀子属 *Gardenia*	1
卫矛属 *Euonymus*	2	南烛属 *Lyonia*	1	紫金牛属 *Ardisia*	1
越橘属 *Vaccinium*	2	蒲桃属 *Syzygium*	1	紫萁属 *Osmunda*	1
安息香属 *Styrax*	1				

根据科下种的数量，将科分为大科(10 种以上)、较大科(7 ~ 9 种)、中等科(4 ~ 6 种)、较小科(2 ~ 3 种)、单种科(1 种)，分别统计占科、属、种总数的比例，具体见表 11-5。由表 11-3、表 11-5 可知，罗浮栲群落维管植物中，大科有山茶科，占总科数 2.6%，包含 11.5% 的种；较大科有冬青科、樟科、杜鹃花科，占总科数 7.7%，包含 23.1% 的种，是区系的主要组成部分；中等科有壳斗科、蔷薇科、山矾科、木犀科、茜草科，占总科数 12.8%，包含 25.0% 的种；小科有禾本科、卫矛科、百合科、槭树科、杉科、紫金牛科、木兰科、莎草科，占总科数 20.5%，包含 19.2% 的种；单种科有 22 个，占总科数 56.4%，包含 21.2% 的种。可知在科一级分类上，戴云山罗浮栲群落维管植物分布不均匀，山茶科、冬青科、樟科、杜鹃花科、壳斗科、蔷薇科、山矾科、木犀科、茜草科 9 个科包含 40% 的属和近 60% 的种，其余的科包含物种数较少，且单种科的比例高。

表 11-5　罗浮栲群落科的组成和统计

科的级别	科数	占总数比例/%	属数	占总数比例/%	种数	占总数比例/%
大科(10 种以上)	1	2.6	5	8.2	12	11.5
较大科(7 ~ 9 种)	3	7.7	9	14.8	24	23.1
中等科(4 ~ 6 种)	5	12.8	12	19.7	26	25.0
较小科(2 ~ 3 种)	8	20.5	13	21.3	20	19.2
单种科(1 种)	22	56.4	22	36.0	22	21.2

根据属包含的种数，将属分为较大属(7 ~ 9 种)、中等属(4 ~ 6 种)、较小属(2 ~ 3 种)、单种属(1 种)，分别统计占属、种总数的比例，具体见表 11-6。由表 11-4、表 11-6 可知，戴云山罗浮栲群落维管植物中，较大属有冬青属、柃属，占总属数 3.3%，含有 15.4% 的种；中等属有山矾属、杜鹃花属，占总属数 3.3%，含有 9.6% 的种；较小属有菝葜属、栲属、槭属、石楠属、山胡椒属、越橘属、石栎属、含笑属、木犀属、女贞属、粗叶木属、李属、薹草属、黄瑞木属、卫矛属、润楠属，占总属数 26.2%，含有 35.6% 的种；仅包含 1 种的属有 41 个，占总属数 67.2%，含有 39.4% 的种。可知在属一级分类上，戴云山罗浮栲群落维管植物集中分布在较小属和单种属，较大属和中等属数量少，包含种数也不多，且均属于大科、

较大科或中等科的科下属。

综合科、属两级构成可知，戴云山罗浮栲群落维管植物种类集中分布在山茶科、冬青科、杜鹃花科、樟科、壳斗科、山矾科、木犀科、蔷薇科、茜草科等科及科下属，是群落植物主要组成部分，除此以外种类分布在数量较多的小种科和单种科。罗浮栲群落植物组成与《中国植被》记录的中亚热带常绿阔叶林优势科属组成基本一致(中国植被编辑委员会，1980)，具有中亚热带常绿阔叶林区系组成典型特征。

表 11-6　罗浮栲群落属的组成和统计

属的级别	属数	占总数比例/%	种数	占总数比例/%
较大属(7～9 种)	2	3.3	16	15.4
中等属(4～6 种)	2	3.3	10	9.6
较小属(2～3 种)	16	26.2	37	35.6
单种属科(1 种)	41	67.2	41	39.4

二、维管植物地理成分

蕨类植物科的地理分布参照臧得奎(1998)划分方法，属和种的地理分布参照陆树刚(2004)划分方法；种子植物科的地理分布参照李锡文(1996)划分方法，属的地理分布参照吴征镒(1991)划分方法；种子植物中非中国特有种的地理分布参照吴征镒(1991)划分方法，中国特有种的地理分布参照刘昉勋(1995)划分方法。对罗浮栲群落维管植物的地理分布区域进行统计，具体见表 11-7。

表 11-7　罗浮栲群落维管植物的地理分布区类型

序号	地理分布区类型	科数	* 占总科数比例/%	属数	* 占总属数比例/%	种数	* 占总种数比例/%
1	世界分布	7		2			
2	泛热带分布	21	65.7	16	27.1		
3	热带亚洲和热带美洲间断分布	1	3.1	3	5.1	1	0.9
4	旧世界热带分布	1	3.1	2	3.4		
5	热带亚洲至热带大洋洲分布	0	0	3	5.1		
6	热带亚洲至热带非洲分布	0	0	1	1.7		
7	热带亚洲分布	1	3.1	9	15.3	22	21.2
8	北温带分布	5	15.6	7	11.9	2	2.0
9	东亚和北美洲间断分布	3	9.4	9	15.3	1	0.9
10	旧世界温带分布	0	0	1	1.7		
11	温带亚洲分布	0	0	0	0		
12	地中海区、西亚至中亚分布	0	0	0	0		
13	中亚分布	0	0	0	0		
14	东亚分布	0	0	6	10.2	25	24.0
15	中国特有分布	0	0	2	3.4	53	51.0
	总计	39		61			

注：＊表示不包括世界分布。

1. 科的地理成分

由表 11-7 可知，戴云山罗浮栲群落中属于世界分布的科有 7 科，分别是莎草科、禾本科、百合科、杨梅科、蔷薇科、虎耳草科、紫萁科。

从科的地理成分分析，戴云山罗浮栲群落维管植物的热带分布(75.0%)远大于温带分布(25.0%)。热带分布有泛热带分布、热带亚洲和热带美洲间断分布、旧世界热带分布、热带亚洲分布 4 种类型，其中泛热带分布数量最多，共有 21 个科，热带亚洲和热带美洲间断分布、旧世界热带分布及热带亚洲分布各有 1 科，分别是木兰科、紫金牛科和交让木科。温带分布有北温带以及东亚和北美间断分布 2 种类型，北温带分布的有木通科、槭树科、山茱萸科、杜鹃花科、松科等 5 科；东亚和北美间断分布的科有鼠刺科、蓝果树科、杉科等 3 科。

2. 属的地理成分

由表 11-7 可知，罗浮栲群落维管植物中属于世界分布的仅有 2 属，为薹草属和狗脊蕨属。而群落属的地理成分中，热带分布(57.6%)多于温带分布(42.4%)。热带分布有 7 种类型，其中属于泛热带分布数量最多，有 16 个属，占群落总属数 27.1%，是群落维管植物地理成分重要组成部分；属于热带亚洲分布的有 9 个属，是山茶属、交让木属、山胡椒属、润楠属、含笑属、新木姜子属、草珊瑚属、青冈属、木荷属；热带亚洲和热带美洲间断分布及热带亚洲至热带大洋洲分布各有 3 个属，分别是柃属、木姜子属、假卫矛属和樟属、兰属、淡竹叶属；属于旧世界热带分布的有杜茎山属、蒲桃属；属于热带亚洲至热带非洲分布的数量最少，即黄瑞木属。

温带分布有北温带分布、东亚和北美洲间断分布、旧世界温带分布、东亚分布和中国特有分布 5 种类型，其中属于东亚和北美洲间断分布的数量最多，有 9 个属，分别是栲属、绣球属、鼠刺属、石栎属、南烛属、蓝果树属、木犀属、石楠属、漆属；属于北温带分布的次之，分别是槭属、杨梅属、紫萁属、松属、李属、杜鹃花属、越橘属 7 个属；属于东亚分布的有 6 个属，分别是柳杉属、野海棠属、四照花属、刚竹属、石斑木属、野木瓜属；中国特有分布的属是杉属和少穗竹属；旧温带分布的属最少，仅有女贞属 1 个。

3. 种的地理成分

由表 11-7 可知，罗浮栲群落维管植物种的地理分布类型以中国特有分布为主，非中国特有分布(除世界分布和中国特有分布外)次之；非中国特有分布中，温带分布最多，热带分布次之，两个地理分布组成了非中国特有分布主要部分。温带分布中以东亚分布最优，共有 25 个种，占非中国特有种 49.0%，占总种数 24.0%，其中有薯豆、红楠、云山青冈等乔木层的常见树种；北温带分布有 2 种，分别是石斑木、乌饭树；东亚和北美间断分布只有木姜叶石栎 1 种。热带分布有热带亚洲分布及热带亚洲和热带美洲间断分布两种，其中热带亚洲分布有 22 个种，占非中国特有种 43.1%，占总种数 21.2%，建群种罗浮栲及一些常见种，如香桂、树参、乌药、草珊瑚、朱砂根等，均属于这个分布类型；热带亚洲和热带美洲间断分布仅有 1 种，为黄栀子。

该群落维管植物的中国特有分布可划分为 9 个亚型，具体见表 11-8。可知属于江南广布亚型的种最多，如甜槠、硬斗石栎、鹿角杜鹃、黄丹木姜子等；属于华东—华南分布亚型的有 14 个种，数量次之，深山含笑、木荷、黄楠、红皮糙果茶等灌木层常见物种均属于该分布型；属于华东—华中—华南分布亚型的种，在中国特有分布中也占一定比例，如细齿叶柃、榕叶冬青、光亮山矾等；华东特有种分别为肿节少穗竹、九仙山薹草、德化假卫矛，其中后两者属于福建特有种；属于其他分布亚型的种相对较少，在整体中不占优势。

温带分布和中国特有分布在群落维管植物种的分布区类型中占有较大比重，考虑到中国特有分布种具有温带性质，且伴有一定数量的热带成分，说明在种一级水平上群落维管植物具有亚热带性质。此外，群落维管植物中国特有分布以江南广布、华东—华南分布和华东—华中—华南分布为主，表明群落维管植物是华东植物区系的组成部分，在地理成分上与华南、华中区联系密切。

表 11-8　罗浮栲群落维管植物中国特有分布亚型

分布亚型	种数	占总数比例/%	分布亚型	种数	占总数比例/%
1. 江南广布	17	32.0	6. 华东—华北	1	1.9
2. 华东	3	5.7	7. 华南—西南	2	3.8
3. 华南	2	3.8	8. 华东—华中—华南	10	18.8
4. 西南	2	3.8	9. 华东—华南—西南	2	3.8
5. 华东—华南	14	26.4	总计	53	100

三、植物种的数量特征

根据植物群落生态学研究方法，统计罗浮栲群落物种数量特征，包括密度、盖度、高度、频度(宋永昌，2001)。在此基础上，统计群落各层次植物物种的重要值，乔木层：$IV_i = RD_i + RF_i + RC_i$，灌木层：$IV_i = RD_i + RF_i + RH_i$，草本层：$IV_i = RD_i + RF_i + RC_i$，层间层：$IV_i = RD_i + RF_i$。其中，$IV_i$表示重要值；$RD_i$表示相对密度；$RF_i$表示相对频度；$RC_i$表示相对显著度；$RH_i$表示相对高度。计算各层物种的重要值，具体见表 11-9 至表 11-12。

由表 11-9 可知，乔木层有树种 57 种，其中重要值大于 3 的树种有 19 种，其余 38 种重要值小于 3。重要值大于 25 的树种只有罗浮栲，远大于列在第二位的深山含笑，说明罗浮栲种群在群落乔木层占绝对优势；重要值在 15 ~ 25 有深山含笑和甜槠，构成群落乔木层主要伴生树种，其中深山含笑数量较甜槠多，群落中分布也比较均匀，但胸径多数较小，不如甜槠胸径大，盖度明显小于甜槠；重要值在 5 ~ 15 有云山青冈、鹿角杜鹃、硬斗石栎、薯豆、树参、木荷、香桂、红皮糙果茶、青榨槭、黄丹木姜子、榕叶冬青、红楠、三角槭等，是群落乔木层常见伴生种，其中树参、薯豆、木荷分布较均匀，鹿角杜鹃、薯豆、红皮糙果茶数量上较多，云山青冈、硬斗石栎、青榨槭以大径级树木为主；重要值在 3 ~ 5 有杉木、乌饭木、马尾松，是群落乔木层中偶见种。

表 11-9　罗浮栲群落乔木层重要值

物种	相对频度	相对密度	相对显著度	重要值	物种	相对频度	相对密度	相对显著度	重要值
罗浮栲	0.110	0.213	0.488	81.005	红皮糙果茶	0.033	0.057	0.004	9.277
深山含笑	0.084	0.100	0.041	22.430	青榨槭	0.030	0.025	0.030	8.511
甜槠	0.051	0.044	0.120	21.538	黄丹木姜子	0.037	0.028	0.009	7.425
云山青冈	0.037	0.047	0.050	13.458	榕叶冬青	0.042	0.026	0.006	7.327
鹿角杜鹃	0.042	0.070	0.022	13.414	红楠	0.030	0.023	0.015	6.836

（续）

物种	相对频度	相对密度	相对显著度	重要值	物种	相对频度	相对密度	相对显著度	重要值
硬斗石栎	0.040	0.036	0.050	12.606	三角槭	0.023	0.012	0.018	5.319
薯豆	0.054	0.055	0.018	12.589	杉木	0.026	0.014	0.004	4.425
树参	0.061	0.042	0.016	11.807	乌饭木	0.016	0.008	0.012	3.657
木荷	0.049	0.041	0.022	11.194	马尾松	0.009	0.005	0.017	3.168
香桂	0.033	0.050	0.020	10.303	其余38种	0.193	0.105	0.039	33.712

由表11-10可知，灌木层有树种74种，其中重要值大于3的有27种，其余47种重要值小于3。重要值大于25有乌药，在灌木层占一定优势；重要值在15～25有木荷、深山含笑、红皮糙果茶，作为群落乔木层常见树种，这3种乔木在重要值上构成灌木层主要树种，说明木荷、深山含笑、红皮糙果茶在林下有较多幼树幼苗；重要值在5～15有草珊瑚、红楠、朱砂根、窄基红褐柃、黄丹木姜子、光亮山矾、榕叶冬青、薄叶山矾、峨眉鼠刺、赤楠、岗柃、罗浮栲、刺叶樱、细齿叶柃、鹿角杜鹃等，以灌木树种为多，也有红楠、黄丹木姜子、榕叶冬青、罗浮栲、鹿角杜鹃等乔木层树种幼树幼苗；重要值在3～5有马银花、老鼠矢、香桂、香冬青、短梗新木姜子、光叶山矾、甜槠等，是灌木层偶见树种，其中除了马银花、光叶山矾外，其余都是乔木树种。

表11-10　罗浮栲群落灌木层重要值

物种	相对频度	相对密度	相对高度	重要值	物种	相对频度	相对密度	相对高度	重要值
乌药	0.072	0.104	0.090	26.564	岗柃	0.018	0.022	0.022	6.237
木荷	0.056	0.085	0.056	19.659	罗浮栲	0.026	0.019	0.015	5.985
深山含笑	0.054	0.057	0.082	19.280	刺叶樱	0.026	0.024	0.009	5.922
红皮糙果茶	0.032	0.060	0.086	17.814	细齿叶柃	0.026	0.014	0.015	5.515
草珊瑚	0.034	0.073	0.042	14.880	鹿角杜鹃	0.018	0.011	0.025	5.413
红楠	0.052	0.046	0.040	13.848	马银花	0.014	0.008	0.019	4.067
朱砂根	0.036	0.058	0.037	13.078	老鼠矢	0.022	0.012	0.005	3.942
窄基红褐柃	0.044	0.046	0.040	13.046	香桂	0.014	0.011	0.014	3.895
黄丹木姜子	0.042	0.041	0.034	11.638	香冬青	0.012	0.014	0.010	3.552
光亮山矾	0.020	0.048	0.040	10.792	短梗新木姜子	0.016	0.011	0.009	3.541
榕叶冬青	0.034	0.020	0.039	9.295	光叶山矾	0.006	0.014	0.014	3.379
薄叶山矾	0.024	0.023	0.037	8.371	甜槠	0.016	0.007	0.007	3.047
峨眉鼠刺	0.028	0.018	0.023	6.874	短尾越橘	0.018	0.009	0.004	3.031
赤楠	0.020	0.016	0.030	6.578	其余47种	0.225	0.128	0.154	50.757

由表11-11可知，罗浮栲群落草本层植物较少，有9种，其中以狗脊蕨、镰羽瘤足蕨为优势，其他主要种还有花葶薹草、光里白，较常见种有九仙山薹草。

由表11-12可知，罗浮栲群落层间层不够发达，只有6种植物，其中以野木瓜为优势，菝葜、尖叶菝葜、网络崖豆藤较为常见，偶见种巴戟天和土茯苓。

表 11-11　罗浮栲群落草本层重要值

物种	相对频度	相对密度	相对覆盖度	重要值	物种	相对频度	相对密度	相对覆盖度	重要值
狗脊蕨	0.271	0.275	0.349	89.493	光里白	0.110	0.089	0.204	40.220
镰羽瘤足蕨	0.232	0.239	0.347	81.854	九仙山薹草	0.065	0.064	0.012	14.132
花葶薹草	0.194	0.261	0.072	52.635	其余 4 种	0.129	0.072	0.016	21.665

表 11-12　罗浮栲群落层间层重要值

物种	相对频度	相对密度	相对高度	重要值	物种	相对频度	相对密度	相对高度	重要值
野木瓜	0.525	0.799	0.770	209.435	网络崖豆藤	0.098	0.026	0.028	15.255
菝葜	0.197	0.084	0.123	40.404	巴戟天	0.016	0.026	0.036	7.875
尖叶菝葜	0.148	0.055	0.037	23.939	土茯苓	0.016	0.009	0.006	3.092

四、物种多样性特征

应用 Simpson 指数 D、Shannon-Wiener 指数 H'、Pielou 均匀度指数 J 测度群落各层次物种多样性，测度公式参照第三章第四节。分层计算不同样方物种多样性和整个群落物种多样性，结果见表 11-13 和图 11-1 至图 11-3。

表 11-13　罗浮栲群落各层次物种多样性指数值

R 样地	R 层次	*RD*	*RH'*	*RJ*	R 样地	R 层次	*RD*	*RH'*	*RJ*
1	乔木层	0.584	1.251	0.219	5	乔木层	0.881	2.472	0.433
	灌木层	0.918	2.650	0.465		灌木层	0.892	2.633	0.462
	草本层	0.499	0.692	0.121		草本层	0.699	1.316	0.231
	层间层					层间层	0.576	0.971	0.170
2	乔木层	0.791	2.077	0.364	6	乔木层	0.855	2.468	0.433
	灌木层	0.914	2.651	0.465		灌木层	0.909	2.677	0.469
	草本层	0.688	1.377	0.241		草本层	0.810	1.745	0.306
	层间层	0.408	0.598	0.105		层间层	0.368	0.676	0.119
3	乔木层	0.849	2.487	0.436	7	乔木层	0.791	2.175	0.381
	灌木层	0.900	2.511	0.440		灌木层	0.916	2.722	0.477
	草本层	0.783	1.664	0.292		草本层	0.762	1.509	0.265
	层间层	0.000	0.000	0.000		层间层	0.527	1.007	0.177
4	乔木层	0.877	2.390	0.419	8	乔木层	0.910	2.690	0.472
	灌木层	0.927	2.901	0.509		灌木层	0.894	2.495	0.437
	草本层	0.791	1.629	0.286		草本层	0.723	1.527	0.268
	层间层	0.400	0.589	0.103		层间层	0.000	0.000	0.000

（续）

R 样地	R 层次	*RD*	*RH'*	*RJ*	R 样地	R 层次	*RD*	*RH'*	*RJ*
9	乔木层	0.840	2.342	0.411	11	乔木层	0.924	2.871	0.503
	灌木层	0.939	3.063	0.537		灌木层	0.957	3.292	0.577
	草本层	0.646	1.067	0.187		草本层	0.732	1.348	0.236
	层间层	0.460	0.849	0.149		层间层	0.495	0.688	0.121
10	乔木层	0.904	2.693	0.472	12	乔木层	0.909	2.692	0.472
	灌木层	0.906	2.784	0.488		灌木层	0.939	3.084	0.541
	草本层	0.721	1.334	0.234		草本层	0.635	1.051	0.184
	层间层	0.289	0.465	0.081		层间层	0.525	0.901	0.158
群落	乔木层	0.900	2.985	0.523					
	灌木层	0.962	3.642	0.638					
	草本层	0.784	1.716	0.301					
	层间层	0.485	1.017	0.178					

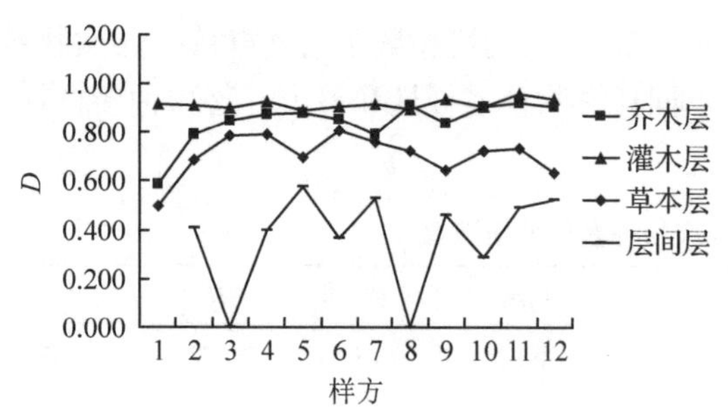

图 11-1　群落不同层次 Simpson 指数

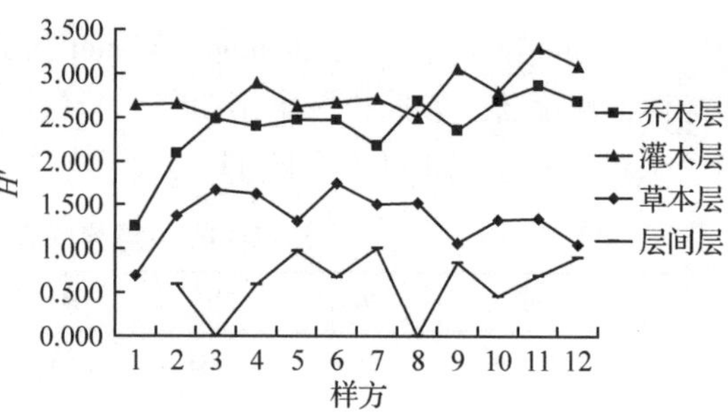

图 11-2　群落不同层次 Shannon-Wiener 指数

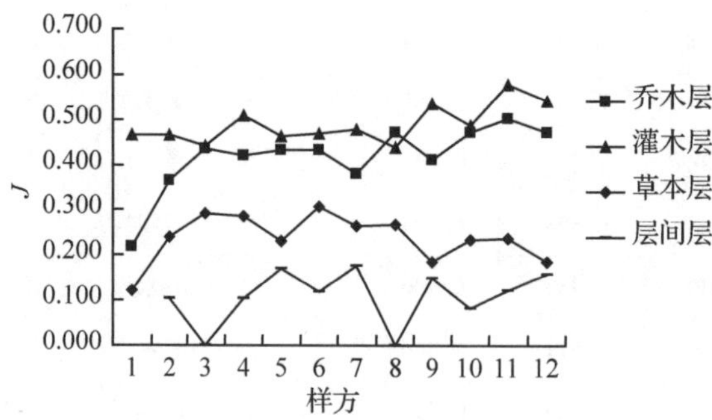

图 11-3　群落不同层次 Pielou 指数

由图 11-1 至图 11-3 可知，乔木层物种多样性以 8、10、11、12 样方较大，3、4、5、6、9 样方次之，2、7 样方较小，1 样方最小。8、10、11、12 样方处于罗浮栲群落与其他群落交界过渡区域，与其他样方相比，这些样方中罗浮栲在乔木层无绝对优势，而是与其他树种如甜槠、深山含笑等共优生长，且乔木层其他树种较多，均匀性也较高，物种多样性自然高；3、4、5、6、9 样方中罗浮栲冠幅大、大树多，在乔木层占绝对优势，但其他树种数量也比较丰富，盖度较大，物种多样性也比较高；而1、2、7样方中，罗浮栲不仅在乔木层占绝对优势，而且还在乔木层排挤其他树种生长，其他树种种类和数量相对较少，导致物种较单一，物种多样性较低，其中又以1号样方最低。

总体上灌木层物种多样性在各样方比较高。Simpson指数在灌木层各样方间变化不大，但图11-2和图11-3显示4、9、11、12样方灌木层物种多样性要稍高于其他样方，这是因为4、9、11、12样方中灌木层种类和数量要比其他样方多。草本层和层间层植物种类较少，物种多样性在各样方均较小。1号样方没有调查到层间层植物，故没有计算物种多样性；而3、8号样方只调查到一种植物，故物种多样性最低，为0。

同一样方物种多样性基本表现为灌木层>乔木层>草本层>层间层，表11-13中测度群落物种多样性的3个指数，也均为灌木层>乔木层>草本层>层间层。根据t检验法(邵崇斌，2004)，对各层次多样性指数差异性进行分析，可知3个多样性指数在不同层次间差异显著，具体见表11-14。

表11-14 罗浮栲群落不同层次物种多样性差异性分析

层次	乔木层			灌木层			草本层		
	D	H'	J	D	H'	J	D	H'	J
灌木层	2.724*	2.860*	2.861*						
草本层	3.726**	6.867**	6.869**	8.293**	12.765**	12.769**			
层间层	7.441**	10.907**	10.907**	9.524**	17.171**	17.173**	5.395**	5.454**	5.451**

注：*表示差异显著($P<0.05$)；**表示差异极显著($P<0.01$)。

第二节 罗浮栲群落结构特征

群落结构是指群落的外部形态，如群落植物个体垂直结构、水平结构和时间结构。定量分析森林群落结构，揭示森林群落结构数量特征，是深入研究森林群落与环境的关系以及群落的机能、演替、分类和分布的基础。本节应用数量生态学方法，定量分析戴云山自然保护区罗浮栲群落结构，揭示罗浮栲群落外貌、物种多度格局、群落高度级、直径分布、物种空间分布等群落结构特征(林珊等，2010)。

一、群落外貌特征

1. 生活型特征

根据C. Raunkiaer生活型系统(1934)(划分方法参照第四章第二节)，对罗浮栲群落维管植物进行生活型划分，群落生活型谱见表11-15。可知，罗浮栲群落高位芽植物最多，共有89种，占84.8%，其次是地上芽植物，有7种，占6.7%，地面芽植物有6种，占5.7%，隐芽植物最少，有2种，占1.9%；高位芽植物中，小高位芽植物有52种，占49.5%，其次是中高位芽植物，有27种，占25.7%，矮高位芽植物有9种，占8.6%，藤本高位芽植物最少，仅占1.0%，没有大高位芽植物。罗浮栲群落高位芽植物占优的特点，这与亚热带常绿阔叶林植物生活型一般特征相一致(王海峒，1987)。

表 11-15　罗浮栲群落维管植物生活型谱

类型	Ph					Ch	H	Cr	T	总计
	Maph	Meph	Miph	Nph	Lph					
种数	0	27	52	9	1	7	6	2	0	104
比例/%	0.0	25.7	49.5	8.6	1.0	6.7	5.7	1.9	0.0	100.0

注：Ph. 高位芽植物；Maph. 大高位芽植物；Meph. 中高位芽植物；Miph. 小高位芽植物；Nph. 矮高位芽植物；Lph. 藤本高位芽植物；Ch. 地上芽植物；H. 地面芽植物；Cr. 隐芽植物；Th. 一年生植物。

2. 叶特征

叶特征是群落植物对环境适应的表现，是群落结构特征重要方面。叶特征主要包括叶质地、叶大小、叶型、叶缘、叶生活期、叶方位等方面(宋永昌，2001)，本节只对罗浮栲群落植物叶子前 4 项特征进行研究。各项特征划分方法参照第七章第一节。由表 11-16 可知，罗浮栲群落以革质叶最多，占 55.2%，草质叶次之，占 37.1%，厚革质叶较少，占 5.7%，薄叶最少，仅占 1.9%；群落以小型叶为主，中型叶次之，分别占 52.4% 和 41.0%，微型叶和大型叶较少，仅占 3.8% 和 2.9%；全缘叶较非全缘叶多；单叶远多于复叶。表明罗浮栲群落维管植物以革质的中小型全缘单叶为主，这与我国亚热带常绿阔叶林革质叶多于草质叶、单叶为主、小型和中型叶占优势的特征相一致(王海峒，1987)。

表 11-16　罗浮栲群落维管植物叶的特征

特征	叶质				叶级				叶缘		叶型	
	F	O	S	Ts	Na	Mi	Me	Ma	E	U	Si	Co
种数	2	39	58	6	4	55	43	3	58	47	100	5
比例/%	1.9	37.1	55.2	5.7	3.8	52.4	41.0	2.9	55.2	44.8	95.2	4.8

注：F. 薄叶；O. 草质叶；S. 革质叶；Ts. 厚革质叶；Na. 微型叶；Mi. 小型叶；Me. 中型叶；Ma. 大型叶；E. 全缘叶；U. 非全缘叶；Si. 单叶；Co. 复叶。

二、物种多度分布特征

1. 多度分布拟合

多度一般指物种个体数目或种群密度，是物种普遍度和稀有度，或者优势度和均匀度度量指标(马克明，2003)。一个群落中物种多度组成比例关系称为群落的多度格局。对多度格局的描述、模拟、形成机制及变化预测等研究过程称为多度格局分析。对于简单群落，种类较少，依种的个体数目多寡次序，列出种及相应个体数，称为多度排列；对于种类多、结构复杂群落则给出有 r 个个体种类数的观察频率的分布，称为物种的多度分布(张金屯，2004)。

在多度格局分析中，最重要的是用数学方法结合生态学意义建立多度格局模型，模拟多度格局在时间和空间变化(张金屯，2004)。大量研究发现，物种多度的分布可以由若干理论分布拟合。众多理论分布中，对数级数分布模型、对数正态分布模型、几何级数模型和分割线段模型(马克平，1994)等拟合效果较好。本节采用上述 4 种模型，对群落物种多度分布进行拟合，用 χ^2 检验对拟合效果进行评价和比较。

(1) 对数级数分布模型

由物种在每一多度级以上物种数量即物种频率(S_n)给出：

$$S_n = aX^n/n \tag{11-1}$$

式中，S_n为具有 n 个物种数量的多度；a 和 X 为参数。参数 X 计算式为：

$$S/N = [(1-X)/X][-\ln(1-X)] \tag{11-2}$$

式中，S 为群落物种总数；N 为群落个体总数。参数 a 则由参数 X 求得：

$$a = N(1-X)/X \tag{11-3}$$

(2)对数正态分布模型

由物种在每一多度级上的物种数量(物种频度)给出：

$$S(R) = S_0 e^{-a^2R^2} \tag{11-4}$$

式中，$S(R)$为由众数开始第 R 个倍频程上种的数目；S_0为众数倍频程上种数估计值；参数 a 为分布宽度的倒数测量。参数 a 计算式为：

$$a = \sqrt{\frac{\ln[S(0)/S(R_{max})]}{R_{max}^2}} \tag{11-5}$$

式中，$S(0)$为众数倍频程上种的观察数目；$S(R_{max})$为距离众数最远的倍频程(R_{max})种的观察数目。参数 S_0估计值计算式为：

$$S_0 = \exp[\overline{\ln S(R)} + a^2 \bar{R^2}] \tag{11-6}$$

式中，$\overline{\ln S(R)}$为每个倍频程上观测种数目对数的平均值；a 由式(11-5)估测；$\bar{R^2}$为 R^2的平均值。

(3)几何级数分布模型

以物种多度值由大到小顺序给出，并由下式求得：

$$A_r = E[p(1-p)^{r-1}] \tag{11-7}$$

式中，A_r为第 r 个物种的多度值；E 为总资源量；p 为最重要物种占有资源的比例。

该模型体现生态位优先占领假说，即群落中物种对资源占有分配表现为第 1 位优势种优先占有有限资源的一定部分，第 2 位优势种又占有余下资源的一部分，依此类推直至所剩资源不能再维持 1 个物种生存为止，即形成 1 个几何级数。

(4)分割线段模型

又称随机生态位边界假说，其假定全部物种个体相加为 1 个常量，某物种个体数增多则其他物种个体数相应减少，亦即生态位不能重叠。可设想资源为 1 个棒状物(或 1 条线段)，各物种生态位边界随机记在该棒状物上从而被分割为若干段，每段代表 1 个物种的生态位大小，其表达式为：

$$N_j = \frac{N}{S}\sum_{i=1}^{j}[1/(S-j+1)] \tag{11-8}$$

式中，N_j为第 j 个物种(按优势程度由大到小顺序排列)的个体数；N 为各物种个体数之和；S 为所调查物种总数。

为了检验各模型的拟合效果，采用χ^2检验判断它们的拟合程度：

$$\chi^2 = \sum_{i=1}^{R}(O_i - T_i)^2/T_i \tag{11-9}$$

式中，O_i、T_i分别为多度的实际观测值和理论预测值；R 为多度级。

2. 多度分布特征

运用对数级数模型、对数正态分布模型、几何级数模型和分割线段模型，分别拟合罗浮栲群落乔木层和灌木层的个体—物种关系，结果见表 11-17 至表 11-19。

由式(11-2)、式(11-3)得出乔木层多度对数级数模型的 $x=0.989$、$a=12.650$，灌木层多度对数级数模型的 $x=0.990$、$a=16.265$，代入式(11-4)计算乔木层和灌木层理论预测值，再结合实际观测值运用式(11-9)计算 χ^2 值，见表 11-17。卡方检验临界值 $\chi^2(7,\ 0.05)=14.067$，乔木层 $\sum\chi^2=4.28<14.067$，灌木层 $\sum\chi^2=7.59<14.067$，表明乔木层和灌木层多度分布的实际观测值和理论预测值差异不显著，群落乔木层和灌木层多度分布符合对数级数模型。

表 11-17　罗浮栲群落物种多度的对数级数分布检验

多度级	上限值	乔木层			灌木层		
		观测值	预测值	χ^2值	观测值	预测值	χ^2值
1	2.5	21	18.7	0.28	22	24.07	0.18
2	4.5	8	7.1	0.11	11	9.17	0.37
3	8.5	8	7.48	0.04	7	9.69	0.75
4	16.5	5	7.34	0.74	10	9.56	0.02
5	32.5	4	6.61	1.03	12	8.72	1.24
6	64.5	8	5.19	1.52	3	7.02	2.3
7	128.5	2	3.17	0.43	8	4.51	2.7
8	256.5	1	1.41	0.12	2	2.25	0.03
$\sum$		57		4.28	75		7.59

根据罗浮栲群落乔木层和灌木层物种在每个倍频程上种的数目，确定各层众数倍频程。计算得到对数正态模型参数 S_0 和 a，乔木层：$S_0=19.138$，$a=0.922$；灌木层：$S_0=19.641$，$a=0.790$。将 S_0 和 a 代入式(11-4)计算各倍频程的预测物种数目，结果见表 11-18。卡方检验临界值 $\chi^2(7,\ 0.05)=14.067$，乔木层 $\sum\chi^2=6.56<14.067$，灌木层 $\sum\chi^2=10.68<14.067$，表明乔木层和灌木层多度格局的观测值和对数正态模型的预测值差异不显著，群落乔木层和灌木层的多度格局符合对数正态分布。

根据物种多度分布的几何级数分布理论，依据式(11-7)计算得到不同物种的多度值预测

表 11-18　罗浮栲群落物种多度的对数正态分布检验

倍频程	乔木层				灌木层			
	R	观测值	预测值	χ^2值	R	观测值	预测值	χ^2值
1	0	21	19.14	0.18	0	22	19.64	0.28
2	1	8	8.18	0.00	1	11	10.52	0.02
3	2	8	8.36	0.02	2	7	11.83	1.97
4	3	5	7.4	0.78	3	10	11.25	0.14
5	4	4	5.7	0.51	4	12	9.06	0.95
6	5	8	3.85	4.47	5	3	6.19	1.64
7	6	2	2.28	0.03	6	8	3.6	5.38
8	7	1	2.09	0.57	7	2	2.92	0.29
		57	69	6.56		75	81.8	10.68

值，从而计算得到乔木层和灌木层物种多度分布的几何级数模型、分割线段模型所对应的χ^2值，结果见表11-19。经检验，乔木层和灌木层物种多度经几何级数分布模型、分割线段分布模型拟合的预测值与实际观测值之间存在显著差异，说明乔木层和灌木层的物种多度不符合几何级数分布和分割线段模型。

表11-19　罗浮栲群落物种多度的几何级数和分割线段模型检验

χ^2值	几何级数模型	分割线段模型	χ^2值	几何级数模型	分割线段模型
乔木层	368.35*	74.06*	灌木层	176.09*	81.44*

注：*表示差异显著($P<0.05$)。

三、主要树种高度级结构特征

1. 高度级结构理论基础

森林地上部分的空间构筑，可从其优势种群的高度级植株数、群落高度级盖度及群落高度级种数结构三方面进行分析(陈晓德等，1997)。其优势种群高度级个体数结构能反映森林群落动态特征；群落高度级盖度结构是植被降雨截留，缓冲降雨对地表冲击破坏的基础；群落高度级种群结构不但可以反映植物种在同一垂直空间层次上分享利用的差异，也间接反映同一垂直空间层次上抗逆的稳定性大小。

(1)高度级划分及统计

按每2 m高度划分一个高度级(采用上限排外法)，由下向上(1～k级)统计各高度级物种数、各物种个体数。

(2)群落高度级个体数结构动态统计

群落高度级个体数结构动态，采用植物群落学观点，以其优势种群的高度级结构动态为代表加以评价，并结合种群年龄结构稳定、增长、衰退的概念，结合对群落稳定性及动态指标的理解，仿照龄级死亡率方法，两相邻高度级($N \to N+1$级)间优势种群个体数量失去稳定的速率(V_N)为：

$$V_N = \frac{N_{an} - N_{an+1}}{N_{an}} \tag{11-10}$$

式中，N_{an}为第N高度级种群个体数。

种群整体失去稳定的速率(V)由各级失稳率(V_N)对各级该种个体数N_{an}加权，因最高级K无V_K，所以除外：

$$V = \frac{\sum_{n=1}^{K}(N_{an} \times V_N)}{\sum_{n=1}^{K} N_{an}} \tag{11-11}$$

将式(11-10)代入式(11-11)可得：

$$V = N_{a1} - \frac{N_{ak}}{\sum_{n=1}^{K} N_{an}} \tag{11-12}$$

当分析单优群落时，可认为优势种群结构失稳率(V)即是群落结构失稳率(V_c)，若种群是j个优势种群的多优群落，根据概率学观点，群落整体的结构失稳率(V_c)应是所属优势种群结构失稳率(V_i)之连乘积，即：

$$V_c = V_1 \times V_2 \times V_3 \times \cdots \times V_i \tag{11-13}$$

式中，规定当有一个以上的V_i为负时V_c取负值。种群与群落的稳定率(PSR与CSR)由1减去相应的失稳率(V或Vc)的绝对值得到。

(3)群落高度级种群结构动态

以某一个高度级的种数(f_n)占群落总的种频次($\sum_{n=1}^{K} f_n$)的比例表示种类对级的分享度(H_{nssd})：

$$H_{nssd} = \frac{f_n}{\sum_{n=1}^{K} f_n} \times 100\% \tag{11-14}$$

种类对群落整体的分享度(C_{ssd})用级均值表示：

$$C_{ssd} = \frac{\sum_{n=1}^{K}(H_{nssd})}{K} \tag{11-15}$$

2. 群落高度级个体数结构及动态规律

不同高度级间的个体数相差较大，为此对个体数取以10为底的对数，如图11-4所示。可知随着高度级升高，罗浮栲群落个体数在第1级向第2级过渡时急剧下降，从第2级开始逐步平稳下降，至第6和第7级时个体数已保持一定的稳定，但从第8级开始又略有小幅升高，至第9级达一小峰，后再急剧下降至极小值。

个体数主要集中在第1高度级，占个体总数70%以上。第1高度级林木个体幼小，数量多，密度高，随着高度级增加，个体增大，各林木对空间需求增加，竞争激烈，导致死亡率增加，群落个体密度下降。群落个体数在第7高度级(12～14 m)具有较低值，表明强烈的竞争对树种明显筛选作用，导致群落的中成树数量相对较少，也表明此高度级存在一定的低级树种可向上发展的空间。群落在第9高度级数量达到小峰，表明群落存在数量较多大树、老树。该级已近冠层，竞争压力相对较小，不同种群均能获取所需资源达到和谐共生。从群落个体在垂直空间配置分析，罗浮栲群落发育较成熟，处于演替中后期。

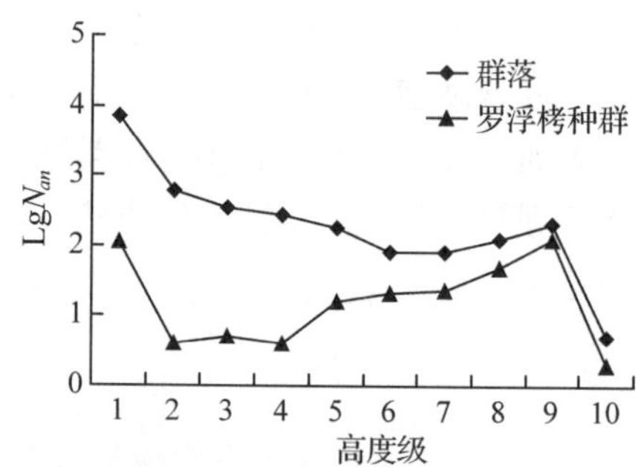

图11-4 群落高度级结构

群落优势种群罗浮栲幼苗幼树数量相对较少，随着高度级升高，种群死亡率剧增，低高度级个体数量少。随高度级继续升高，罗浮栲个体数量开始增多，至第9高度级达到一高峰，占群落个体数59%，呈绝对优势，进入第10高度级，数量急剧下降至最低值。

罗浮栲第1高度级种群个体数量少，只占群落第1高度级个体数的1.64%，说明罗浮栲幼苗幼树储备不足，林下更新能力较差。第2～4高度级罗浮栲小树缺失严重，说明罗浮栲幼苗幼树向小树过渡受到较强环境制约，只有较少个体能够进入下个高度级。罗浮栲大中成树数量多，主要由于在群落发育过程中较早进入乔木层，经过竞争在乔木层中保持绝对优势。

3. 群落高度级种数结构及动态规律

由表11-20可知，罗浮栲群落各高度级物种配置如下：第1高度级包含乔木层部分种类、灌木层绝大种类以及草本层和层间层全部主要种类，该高度级种类是所有高度级中最丰富的，主要有野木瓜、乌药、木荷、深山含笑、红皮糙果茶、草珊瑚、红楠、朱砂根、窄基红褐柃、黄丹木姜子、光亮山矾、刺叶樱、岗柃、罗浮栲等，其中以灌木和层间植物为多；进入第2高度级，草本植物和层间植物及部分灌木种类退出，而乔木种类没有明显变化，该级种类较第1高度级要少许多，木荷、深山含笑、红皮糙果茶、黄丹木姜子、红楠继续保留在此级中，另有薄叶山矾、鹿角杜鹃、黄楠、峨眉鼠刺、赤楠、马银花等成为此级主要种类；进入第3高度级，灌木全部退出，但该级乔木种类丰富，比第2高度级要多，树参、薯豆、香桂等进入主要种类；从第4高度级开始，小乔木种类逐渐退出，种类丰富度随着高度级升高逐渐降低，云山青冈、硬斗石栎开始成为主要种类；进入第5高度级，罗浮栲、甜槠开始成为主要种类，深山含笑、香桂、云山青冈、薯豆、木荷、硬斗石栎等成为各高度级较固定的种；进入第8高度级后，青榨槭、三角槭也成为主要种类，罗浮栲、硬斗石栎、甜槠、云山青冈、香桂组成主要固定的种；在第10高度级，只有罗浮栲、甜槠、硬斗石栎三种存在。

表11-20　罗浮栲群落高度级个体数结构动态

	高度级										$V/\%$	$V_c/\%$
	1	2	3	4	5	6	7	8	9	10		
$V_N/\%$	96.55	-25.00	20.00	-300.00	-31.25	-14.29	-108.33	-146.00	98.37	100.00	-1.93	-1.93

种对高度级的分享度不仅反映出群落物种在高度级的配置状况，且一定程度上反映群落高度级种数结构动态。由表11-21可知，群落第1高度级上分享度最大，乔木幼苗幼树和灌木、草本、层间植物种类较多，物种分布较集中；第2高度级草本植物和层间植物及部分灌木种类退出，群落物种数减少，种对高度级分享度降低；第3高度级群落开始进入乔木层，乔木树种完全替代灌木树种，占据优势地位，该级乔木种类较丰富，种对高度级分享度比第2级要高；群落进入第4高度级后，随着树木个体的生长，物种对空间展开激烈竞争，种间分化越来越大，物种数继续减少，种对高度级分享度不断降低。第10高度级仅有3个物种，因而分享度最低。总体分析，种对高度级的分享度随群落高度级增加逐渐降低。

表11-21　罗浮栲群落各高度级物种分享度

高度级	1	2	3	4	5	6	7	8	9	10	群落
物种数	83	31	44	37	31	24	21	19	14	3	104
$H_{issd}/\%$	79.81	29.81	42.31	35.58	29.81	23.08	20.19	18.27	13.46	2.88	29.52

四、主要种群直径分布特征

1. 直径分布拟合

林分内林木按径阶分配状态，称作林分直径结构，亦称林分直径分布，是最重要、最基本的林分结构，直接影响树高、干形、树冠等因子变化(孟宪宇，2006)。

林分直径分布常用的函数有正态分布、对数正态分布、Weibull 分布、Γ分布、β 分布、S_b分布以及查理-A 型分布(孟宪宇，2006)。考虑树木直径分布形态变化较大，可采用正态分布、对数正态分布、Weibull 分布、Γ分布、β 分布 5 个概率分布函数对群落主要种群直径分布进行描述和拟合。

(1)正态分布的概率密度函数

$$f(x)=\frac{e^{-x^2/2}}{\sqrt{2\pi}} \tag{11-16}$$

式中，$x=(D-\bar{D})/\sigma$；$\bar{D}=\frac{1}{n}\sum_{i=1}^{n}D_i$；$\sigma=\sqrt{\frac{1}{n}\sum_{i=1}^{n}(D_i-\bar{D})^2}$。

(2)对数正态分布的概率密度函数

$$f(x)=\begin{cases}0 & (x\leqslant 0)\\ \frac{2}{x\sigma\sqrt{2\pi}}\exp\left\{-\frac{1}{2}\left(\frac{\ln y-a}{\sigma}\right)^2\right\} & (x>0)\end{cases} \tag{11-17}$$

式中，参数 a，σ 为随机变量 $y=\ln x$ 的平均数和标准差。

(3)Weibull 分布的概率密度函数

$$f(x)=\begin{cases}0 & (x\leqslant 0)\\ \frac{c}{b}\left(\frac{x}{b}\right)^{c-1}\exp\left\{-\left(\frac{x}{b}\right)^c\right\} & (x>0)\end{cases} \tag{11-18}$$

式中，c 一般取值为 1 ~ 3.6，当 $c<1$ 时，为倒“J”形分布；$c=1$ 时，为指数分布；$c=2$ 时，为χ^2分布；$c=3.6$ 时，近似正态分布；$c\to\infty$ 时，变为单点分布。

(4)Γ分布的概率密度函数

$$f(x)\begin{cases}0 & (x\leqslant 0)\\ \frac{\beta^a}{\Gamma(a)}x^{a-1}e^{-\beta x} & (x>0)\end{cases} \tag{11-19}$$

式中，a、$\beta>0$；而 $E_x=a/\beta^2$，当 $a=1$ 时，Γ分布为特殊情形的指数分布。

(5)β 分布的概率密度函数

$$f(x)=\begin{cases}0 & (x\leqslant 0 \text{ 或 } x>1)\\ \frac{1}{\beta(m,n)}x^{m-1}(1-x)^{n-1} & (0<x<1)\end{cases} \tag{11-20}$$

式中，m、$n>0$；$E_x=m/m+n$；$D_x=mn/(m+n)^2(m+n+1)$。

除用分布律外，可用于说明直径分布的特征数还包括：①离散系数($c=s/\bar{x}\times 100\%$)，反映分布范围大小，c 值越大则离散程度越大，分布范围亦大；②偏度$\left(SK=\frac{\sum_{i=1}^{k}(x_i-\bar{x})^3 f_i}{ns^3}\right)$，$SK>0$ 为左偏，$SK<0$ 为右偏；③ 峰度$\left(K=\frac{\sum_{i=1}^{k}(x_i-\bar{x})^4 f_i}{ns^4}-3\right)$，用于说明峰态变化，$K$ 值越大，概率密度曲线越尖峭，反之，概率密度曲线越平坦。

2. 直径分布特征

选取罗浮栲群落乔木层重要值10以上的树种，具体参见表11-9，分别是罗浮栲、深山含笑、甜槠、云山青冈、鹿角杜鹃、硬斗石栎、薯豆、树参、木荷、香桂，这10个树种的胸高断面积之和占乔木层树种胸高断面积总和84.7%，处绝对优势地位，可作为群落主要树种分析直径分布。运用式(11-16)~式(11-20)的正态分布、对数正态分布、Weibull分布、Γ分布、β分布等概率分布函数对主要树种直径分布拟合研究，结果见表11-22。

表11-22 罗浮栲群落主要树种直径分布特征数及检验

树种	平均直径 $\bar{x}$	标准差 S	离散系数 c/%	偏度 SK	峰度 K	正态分布 χ^2值	对数正态分布χ^2值	Weibull分布χ^2值	Γ分布 χ^2值	β分布 χ^2值	$\chi^2_{0.05}$值
1	21.21	9.07	42.78	0.26	−0.54	15.54	68.93	15.47	55.79	9.54	15.51
2	8.00	6.10	76.23	2.18	6.27	162.00	14.18	87.51	13.03	147.75	14.07
3	18.96	15.11	79.72	0.93	−0.16	25.76	28.58	34.33	24.66	10.83	19.68
4	14.11	6.96	49.28	0.34	−0.49	2.57	13.68	9.27	11.90	4.01	11.07
5	7.09	4.66	65.75	2.55	9.25	114.00	14.15	46.50	6.26	253.66	11.07
6	15.90	8.27	52.00	0.40	−0.35	10.67	15.05	10.17	12.45	12.19	12.59
7	7.42	4.28	57.63	1.00	−0.06	9.22	6.11	35.19	6.10	1.25	5.99
8	8.09	5.11	63.16	1.43	1.73	29.94	2.30	19.61	2.15	8.62	7.81
9	9.22	6.30	68.38	1.20	0.67	11.74	5.51	26.11	4.71	3.03	9.49
10	8.49	4.96	58.43	0.77	−0.58	7.37	5.38	25.04	4.98	1.16	5.99

注：1. 罗浮栲；2. 深山含笑；3. 甜槠；4. 云山青冈；5. 鹿角杜鹃；6. 硬斗石栎；7. 薯豆；8. 树参；9. 木荷；10. 香桂。

结果表明，β分布对罗浮栲群落主要树种直径分布拟合效果最好，有7个树种直径分布符合；Γ分布拟合效果也较好，有6个树种直径分布符合；对数正态分布和Weibull分布拟合效果不甚良好，其中树参、木荷、香桂接受对数正态分布，罗浮栲、云山青冈、硬斗石栎接受Weibull分布；正态分布拟合效果最不理想，除云山青冈、硬斗石栎外，其他树种直径分布拟合结果均不良好。

离散系数c反映不同树种直径分布差异情况，离散系数大表明种内不同径级的个体数量差异较大，反之则差异较小。偏度SK为负，表明直径分布曲线顶端向右偏，种内大径级个体占多数；偏度为正，表明直径分布曲线顶端向左偏，种内小径级个体占多数。峰度K为正，表明直径分布曲线为尖峰，直径分布离散程度小而集中；峰度为负，表明直径分布曲线为平峰，直径分布离散程度大。由表11-22可知，罗浮栲群落主要树种之间直径分布离散程度较大，各主要树种直径分布曲线均呈左偏，4个树种直径分布有单峰，说明群落主要树种的直径分布范围大，且不同树种在不同径级上的配置情况差异大，但多以中、小径级个体为主。

罗浮栲平均直径最大，与其他树种相比，直径分布离散程度较小，直径分布符合Weibull分布和β分布，分布曲线略有左偏且属平峰，说明罗浮栲中径级的个体数量较多；甜槠平均直径次之，与其他树种相比，直径分布离散程度大，直径分布符合β分布，分布曲线左偏且属平峰，说明甜槠各径级均有分布，但集中在中、小径级；云山青冈和硬斗石栎直径也较大，

直径分布均符合正态分布、Weibull 分布和β分布，分布曲线略有左偏且属平峰，说明两树种中径级的个体数量较丰富。

香桂、薯豆、木荷、树参、鹿角杜鹃、深山含笑平均直径较小，直径分布均符合Γ分布，除深山含笑和鹿角杜鹃外，其他树种还符合对数正态分布和β分布；各树种直径分布曲线均有一定程度左偏，以深山含笑和鹿角杜鹃左偏程度最大；除香桂和薯豆属于平峰分布外，其余 4 个树种均为尖峰分布，其中以深山含笑和鹿角杜鹃峰度最大。由此可知，香桂、薯豆、木荷、树参、鹿角杜鹃、深山含笑 6 个树种在各径级上均有个体分布，以小径级为主，其中深山含笑和鹿角杜鹃的小径级个体数量最多。

五、主要种群分布特征

1. 物种分布格局拟合

植物空间分布格局研究对于确定种群特征、种群间相互关系以及种群与环境之间关系具有重要作用，是植物群落空间结构基本组成要素(Gittins，1985)。植物空间分布一般有 3 种类型，即随机分布、均匀分布和集群分布(Greig-Smith，1983)。

群落个体分布类型测定方法主要有方差均值比法、χ^2检验法、检验法、Morisita 指数检验法(张金屯等，2003)，这些方法都是通过检验观测值对 Poisson 分布的偏离程度实现的。Poisson分布假定个体分布是随机的，先假设某个种的分布符合 Poisson 分布。通过分析检验，如果这一假设成立，则个体分布是随机的；如果假设被推翻，则是非随机的——集群分布或均匀分布。

采用聚集度指标(Greig-Smith，1983)如负二项指数、扩散系数、扩散指数、平均拥挤度等计算种群的聚集程度，并应用方差均值比法、Morisita 指数检验法判断种群的空间分布类型。

(1)负二项参数

$$K = \frac{\bar{x}^2}{s^2 - \bar{x}} \tag{11-21}$$

式中，s^2是种群多度的方差；$\bar{x}$ 是种群多度的均值。K 值与种群密度无关，K 值越小，聚集度越大。如果 K 值趋于无穷大(一般为 8 以上)(Greig-Smith，1983)，则接近随机分布。

(2)扩散系数

$$DI = \frac{s^2}{\bar{x}} \tag{11-22}$$

式中，用 DI 值可对种群分布格局做初步判断。为了检验种群分布格局偏离 Poisson 分布的显著性，进行 t－检验，表达式为：

$$t = (DI - 1)/\left(\sqrt{\frac{2}{\sqrt{n-1}}}\right) \tag{11-23}$$

式中，n 为样方数。t－检验临界值可以从 t 表中查得。

(3)聚集指数

$$CI = \frac{s^2}{\bar{x}} - 1 \tag{11-24}$$

式中，当 $CI=0$ 时，为随机分布；$CI>0$ 时，为集群分布；$CI<0$ 时，为均匀分布。

(4)聚块性指数

$$PAI = \frac{m^*}{\bar{x}} \tag{11-25}$$

$$m^* = \bar{x} + \left(\frac{s^2}{\bar{x}} - 1\right) \tag{11-26}$$

式中，当 $m^*/m = 1$ 时，为随机分布；$m^*/m > 1$ 时，为集群分布；$m^*/m < 1$ 时，为均匀分布。

(5)Morisita 指数

$$I_\delta = n\frac{\sum x(x-1)}{X(X-1)} \tag{11-27}$$

式中，x 代表 x_1，x_2，x_3，…，x_n，分别是 n 个样方中观测到的个体数；X 是所有样方中观测到的总个体数。当 $I_\delta = 1$ 时，为随机分布；$I_\delta < 1$ 时，趋于均匀分布；$I_\delta > 1$ 时，则为集群分布。该方法可用 F 检验：

$$F = [I_\delta(X - I) + n - X]/(n - 1) \tag{11-28}$$

F 检验临界值可以从 F 表中查得；分子自由度等于 $n-1$，分母自由度为$\propto$(Peilou 和卢泽愚，1991)。

样方大小与物种空间分布格局类型有关(Gittins，1985)，本研究将乔木层和灌木层的样方设为 5 m×5 m 的规格，在此基础上进行统计分析，便于比较和说明。

2. 树种分布格局

直径分布是反映林分数量特征的一个重要指标，反映树种在群落中生长年龄，与树种空间分布格局关系密切。对乔木层树高大于 3 m 的林木胸径进行统计，为便于对多个树种比较分析，根据林木直径分布实际情况，把直径≤10 cm 的单木作为小径木，约占总株数 56.9%；直径 >30 cm 的单木作为大径木，约占总株数 7.4%；其余作为中径木，约占总株数 35.7%。

选择重要值大于 10 的乔木层和灌木层树种，作为群落主要树种进行空间分布格局检验，结果见表 11-23 和表 11-24。乔木层的小径木，除树参以外，其他树种 K 值均大于 0 且小于 1，表现出较强聚集程度；中径木中，鹿角杜鹃的 K 值小于 0，其他树种 K 值均大于 0 且小于 3，其聚集程度降低；大径木中只有罗浮栲、甜槠 K 值介于 0～1，体现聚集程度不明显。灌木层中所有树种 K 值均介于 0～1，说明灌木层主要树种分布聚集性很高。K 值作为负二项参数，反映树种聚集的程度，但无法说明种群是否呈随机分布或均匀分布，其余指标能较好说明种群空间分布类型。

扩散性指数 DI 是检验种群是否偏离随机分布的一个系数，若 $DI = 1$，则属随机分布；若 $DI > 1$，为集群分布；若 $DI < 1$，为均匀分布。通过计算 t 值检验种群是否显著偏离随机分布。由表 11-23 可知，乔木层中小径木除树参 $DI < 1$，其余树种 $DI > 1$，呈集群分布，但云山青冈、树参 t 值小于临界值，表明其偏离随机分布程度不显著，可认为呈随机分布。中径木中，除鹿角杜鹃 $DI < 1$，其余树种均 $DI > 1$，呈集群分布，但云山青冈、鹿角杜鹃、薯豆、树参、香桂的 t 值小于临界值，即呈随机分布。大径木中，仅有罗浮栲、甜槠 $DI > 1$，但甜槠的 t 值小于临界值，呈随机分布，其余树种 DI 均小于 1，且 t 值小于临界值，呈随机分布。而从表 11-24 中可知，灌木层中主要树种 $DI > 1$ 且 t 值大于临界值，说明灌木层主要树种均呈集群分布。

表 11-23 罗浮栲乔木层主要树种分布格局

树种		K	DI	t	CI	PAI	I_δ	F	分布格局
罗浮栲	小径木	0.721	1.263	2.553*	0.263	2.100	2.412	1.262*	集群
	中径木	1.366	1.636	6.179*	0.636	1.732	1.727	1.631*	集群
	大径木	0.858	1.337	3.279*	2.279	2.165	2.175	1.336*	集群
深山含笑	小径木	0.751	1.862	8.377*	0.862	2.332	2.329	1.858*	集群
	中径木	0.334	1.346	3.368*	0.346	3.992	4.113	1.346*	集群
	大径木	-1.504	0.990	-0.102	-0.010	0.335	0.000	0.989	随机
甜槠	小径木	0.449	1.223	2.165*	0.223	3.23	3.333	1.222*	集群
	中径木	0.096	1.710	6.904*	0.710	11.379	12.179	1.710*	集群
	大径木	0.342	1.154	1.494	0.154	3.921	4.222	1.153	随机
云山青冈	小径木	0.826	1.146	1.424	0.146	2.207	2.253	1.146	随机
	中径木	2.009	1.073	0.713	0.073	1.498	1.508	1.073	随机
	大径木	-2.011	0.995	-0.051	-0.005	0.503	0.000	0.995	随机
鹿角杜鹃	小径木	0.251	2.300	12.641*	1.300	4.988	5.024	2.299*	集群
	中径木	-1.101	0.947	-0.511	-0.053	0.091	0.000	0.947	随机
	大径木	—	—	—	—	—	—	—	—
硬斗石栎	小径木	0.171	1.401	3.897*	0.401	6.897	7.307	1.400*	集群
	中径木	0.100	2.321	12.845*	1.321	11.042	11.400	2.321*	集群
	大径木	-2.011	0.995	-0.051	-0.005	0.503	0.000	0.995	随机
薯豆	小径木	0.560	1.413	4.019*	0.413	2.780	2.812	1.412*	集群
	中径木	0.576	1.110	1.066	0.110	2.737	2.879	1.109	随机
	大径木	—	—	—	—	—	—	—	—
树参	小径木	-2.411	0.919	-0.785	-0.081	0.585	0.571	0.918	随机
	中径木	0.342	1.154	1.494	0.154	3.921	4.222	1.153	随机
	大径木	—	—	—	—	—	—	—	—
木荷	小径木	0.452	1.361	3.509*	0.361	3.215	3.269	1.360*	集群
	中径木	0.265	1.357	3.474*	0.357	4.772	4.967	1.357*	集群
	大径木	—	—	—	—	—	—	—	—
香桂	小径木	0.454	1.255	2.479*	0.255	3.198	3.290	1.254*	集群
	中径木	0.855	1.117	1.137	0.117	2.169	2.222	1.116	随机
	大径木	-2.011	0.995	-0.051	-0.005	0.503	0.000	0.995	随机

注：“—”表示样地中缺少该类型；* 表示差异显著($P<0.05$)。

表 11-24 罗浮栲灌木层主要树种分布格局

树种	K	DI	t	CI	PAI	I_δ	F	分布格局
乌药	0.034	25.573	116.561*	24.573	30.181	1.548	2.936*	集群分布
木荷	0.035	21.173	95.689*	20.173	29.819	1.494	2.448*	集群分布
深山含笑	0.020	21.675	98.070*	20.675	51.362	2.527	3.614*	集群分布

（续）

树种	K	DI	t	CI	PAI	I_δ	F	分布格局
红皮糙果茶	0.020	25.216	114.868*	24.216	51.012	2.648	4.333*	集群分布
草珊瑚	0.013	43.337	200.823*	42.337	76.888	4.116	8.272*	集群分布
红楠	0.027	15.174	67.235*	14.174	37.892	1.715	2.145*	集群分布
朱砂根	0.020	24.757	112.691*	23.757	50.064	2.593	4.222*	集群分布
窄基红褐柃	0.018	22.925	103.998*	21.925	58.064	2.888	4.021*	集群分布
黄丹木姜子	0.009	38.510	177.923*	37.510	117.833	6.284	8.046*	集群分布
光亮山矾	0.007	58.600	273.221*	57.600	145	8.070	12.784*	集群分布
榕叶冬青	0.006	10.081	43.074*	9.081	173.533	7.156	2.231*	集群分布
薄叶山矾	0.008	25.024	113.958*	24.024	124.369	6.354	5.283*	集群分布
峨眉鼠刺	0.012	13.122	57.502*	12.122	83.26	3.651	2.590*	集群分布
赤楠	0.012	12.530	54.691*	11.530	85.256	3.680	2.489*	集群分布
岗柃	0.008	19.794	89.146*	18.794	124.131	6.118	4.185*	集群分布
罗浮栲	0.010	17.407	77.824*	16.407	101.557	4.847	3.565*	集群分布
刺叶樱	0.012	18.524	83.124*	17.524	86.374	4.159	3.668*	集群分布
细齿叶柃	0.011	11.783	51.149*	10.783	94.128	3.983	2.392*	集群分布
鹿角杜鹃	0.004	24.567	111.787*	23.567	236.667	12.374	5.550*	集群分布
马银花	0.008	10.000	42.691*	9.000	132.538	5.308	2.149*	集群分布
老鼠矢	0.012	9.606	40.821*	8.606	82.756	3.147	1.907*	集群分布
香桂	0.007	15.387	68.242*	14.387	152.86	7.216	3.348*	集群分布
香冬青	0.004	29.445	134.927*	28.445	258.361	13.800	6.689*	集群分布
短梗新木姜子	0.007	13.074	57.272*	12.074	135.943	6.088	2.809*	集群分布
光叶山矾	0.004	35.309	162.741*	34.309	284.42	15.455	8.067*	集群分布
甜槠	0.009	7.678	31.675*	6.678	106.728	3.485	1.607*	集群分布
短尾越橘	0.009	8.974	37.824*	7.974	109.218	4.044	1.879*	集群分布

注：*表示差异显著($P<0.05$)。

由式(11-24)、式(11-25)可知丛生指数 CI 和聚块性指标 PAI 是由扩散性指数 DI 衍生的，具有较大相似性，表征生态学意义也相同(张峰等，2000)。由表 11-23、表 11-24 可知，丛生指数 CI 和聚块性指标 PAI 与扩散性指数 DI 基本一致，即乔木层大部分主要树种和灌木层全部主要树种均呈集群分布。

根据式(11-27)计算 Morisita 指数 I_δ，并应用 F 检验检查 I_δ 偏离随机分布的程度(表 11-22、表 11-23)。乔木层主要树种中树参、三角槭、乌饭木 $I_\delta<1$，说明树种呈均匀分布；云山青冈 $I_\delta>1$，但 F 检验值小于临界值，说明云山青冈集群分布不够，呈随机分布。除此外乔木层主要树种和所有的灌木层主要树种均呈集群分布。

可见，几个分布格局参数结果基本一致，反映出罗浮栲群落中乔木层的树参、三角槭、乌饭木呈均匀分布，云山青冈、杉木呈随机分布，除此以外的其余主要树种和灌木层全部的主要树种均呈集群分布。

第三节　罗浮栲群落主要种群种间关系

竞争是群落内普遍存在的种间相互作用形式，指两个或两个以上有机体或物种为了争夺有限资源而产生彼此相互妨碍、相互限制的关系(姜汉侨等，2004)。植物都有不断繁殖后代、扩大分布的能力，但空间和资源在某种程度上是有限的，使得植物为获取生存所必需的阳光、水分、养分以及空间产生竞争，特别是群落中占有相同生境和具有相近生态要求的物种间竞争更激烈。这种竞争塑造着群落结构，并可能深远地影响群落物种多样性。本节旨在分析罗浮栲林主要树种的生态位宽度和生态位重叠，掌握不同树种间联结性，在此基础上，选取在空间和资源利用上与罗浮栲存在竞争关系的树种，应用 Lotka-Volterra 竞争模型研究树种之间竞争关系，为预测主要种群增长趋势提供理论基础(郑世群等，2012)。

一、主要种群生态位宽度及重叠

1. 生态位测度

采用标准化的 Levins 指数 B_A、Shannon-Wiener 信息指数 B_i 计测群落主要种群的生态位宽度(具体参照第七章第三节)。选取 Pianka 指数(具体参照第四章第三节)和百分率重叠指数测度群落主要种群间的生态位重叠。

百分率重叠指数：

$$P_{ij} = \left[\sum_{k=1}^{r} (P_{ik}, P_{jk}) \right] \tag{11-29}$$

式中，r 为资源位数量(样地数)；P_{ik} 代表种 i 在第 k 资源状态的重要值占其在所有资源位的重要值百分比；P_{jk} 代表种 j 在第 k 资源状态的重要值占其在所有资源位的重要值的百分比。

2. 主要树种生态位宽度

选取重要值 >5 的乔木层和灌木层树种作为各层主要树种，计算生态位宽度 B_A、B_i，见表 11-25、表 11-26。由表 11-25 可知，B_A、B_i 生态位宽度值降序排列顺序基本一致，乔木层中罗浮栲生态位宽度最大，其次是深山含笑、树参、薯豆、木荷、硬斗石栎、甜槠、榕叶冬青、红楠，红皮糙果茶、乌饭木、三角槭、马尾松生态位宽度较小。

表 11-25　罗浮栲群落乔木层主要树种生态位宽度

树种	重要值	B_A	B_i	树种	重要值	B_A	B_i
罗浮栲	81.005	9.412	2.344	红皮糙果茶	9.277	3.688	1.404
深山含笑	22.430	8.981	2.281	青榨槭	8.511	4.823	1.748
甜槠	21.538	6.381	2.029	榕叶冬青	7.425	6.285	1.943
硬斗石栎	13.458	7.194	2.133	黄丹木姜子	7.327	5.919	1.914
鹿角杜鹃	13.414	5.125	1.842	红楠	6.836	6.194	1.941
薯豆	12.606	8.232	2.183	三角槭	5.319	2.460	1.276
云山青冈	12.589	4.515	1.685	杉木	4.425	5.792	1.851
树参	11.807	8.976	2.243	乌饭木	3.657	3.175	1.327
木荷	11.194	8.131	2.184	马尾松	3.168	1.980	0.688
香桂	10.303	5.315	1.860				

罗浮栲是乔木层建群种，个体数量多，冠幅面积大，垂直高度上各层均有分布，水平方向呈现明显集群分布，种群充分利用林内空间和林地养分资源，在乔木层中生态位宽度最大。乔木层主要优势种甜槠及主要伴生种硬斗石栎、木荷，其中、大径级树较多，在乔木层上层占据较多空间；而深山含笑、树参、薯豆、榕叶冬青、红楠个体在各径级均有分布，主要以中小径级为多，在乔木层下层充分利用空间，故这些树种的生态位宽度均较大。而一些树种，如乌饭木、马尾松、红皮糙果茶等，由于本身生理特性，在乔木层中存在的空间有限，无法有效获取土壤养分而在林地内生长不佳，生态位宽度较小。

生态位宽度值的降序排列顺序与重要值的排列大致相同，个别树种的顺序存在差异，如云山青冈、鹿角杜鹃等。可见树种重要值越大，在群落里的地位越高、发挥作用越大、利用资源能力越强、一般生态位宽度值越大。但并非重要值大的树种生态位宽度就一定大，还与树种对资源利用能力的广度有关。

由表11-26可知，灌木层主要树种中生态宽度最大的是乌药，较大有木荷、细齿叶柃、红楠、深山含笑、榕叶冬青、黄丹木姜子、窄基红褐柃；生态位宽度较小的有鹿角杜鹃、短尾越橘、岗柃、赤楠、香冬青、马银花、香桂、光亮山矾、光叶山矾。同乔木层主要树种一样，灌木层主要树种的 B_A、B_i 的降序排列基本一致，但与重要值降序排列略有差异。

表11-26 罗浮栲群落灌木层主要树种生态位宽度

树种	重要值	B_A	B_i	树种	重要值	B_A	B_i
乌药	26.564	10.268	2.397	岗柃	6.237	3.441	1.304
木荷	19.659	8.816	2.294	罗浮栲	5.985	3.329	1.518
深山含笑	19.280	6.928	2.070	刺叶樱	5.922	4.653	1.714
红皮糙果茶	17.814	4.283	1.518	细齿叶柃	5.515	8.674	2.224
草珊瑚	14.880	5.319	1.840	鹿角杜鹃	5.413	3.307	1.426
红楠	13.848	8.514	2.249	马银花	4.067	2.963	1.207
朱砂根	13.078	3.987	1.550	老鼠矢	3.942	4.451	1.700
窄基红褐柃	13.046	6.147	2.017	香桂	3.895	2.350	1.083
黄丹木姜子	11.638	6.363	2.053	香冬青	3.552	3.037	1.243
光亮山矾	10.792	1.976	0.920	短梗新木姜子	3.541	4.026	1.491
榕叶冬青	9.295	6.390	2.023	光叶山矾	3.379	1.604	0.564
薄叶山矾	8.371	4.065	1.537	甜槠	3.047	4.639	1.569
峨眉鼠刺	6.874	5.503	1.867	短尾越橘	3.031	3.186	1.350
赤楠	6.578	2.870	1.256				

分析灌木层主要树种，木荷、红楠、深山含笑、榕叶冬青、黄丹木姜子、红皮糙果茶、罗浮栲、鹿角杜鹃、香桂、甜槠等均是乔木层的主要种群，其中木荷、红楠、深山含笑因其种子较强的萌发能力和幼苗的耐阴性，且林下松厚、湿润的酸性土壤又提供良好的环境，林下幼树、幼苗数量多，充分占据林下空间，生态位宽度大。相比之下，罗浮栲、甜槠等壳斗科植物因果实富含淀粉易被动物采食，且种子萌发率低，林下存活率较低，数量较少，无法充分适应林下环境，生态位宽度相对较窄。而鹿角杜鹃、马银花、短尾越橘、赤楠等喜光树种，因群落郁闭度高，灌木层光资源分布不均匀，很难寻觅到适宜生长的微生境，生态位宽

度窄，排列较后。

3. 主要树种生态位重叠

测量群落乔木层和灌木层主要树种间的生态位重叠，结果见表 11-27 至表 11-30。

由表 11-27、表 11-28 可知，乔木层主要树种之间生态位重叠现象较为普遍，表明乔木层空间资源有限，乔木树种众多，利用资源方式存在较大一致性。Pianka 指数在 0.50 以上的种对有 82 个，占所有种对 48.0%，百分率重叠指数在 50% 以上种对有 63 个，占所有种对 36.8%。不同指标测度结果略有差异，但生态位重叠值较大物种基本一致，一般为生态位宽度较大的物种，包括罗浮栲、深山含笑、硬斗石栎、鹿角杜鹃、薯豆、树参、红楠等。

罗浮栲与硬斗石栎、木荷之间的重叠值较大，Pianka 指数达 0.70 以上，百分率重叠指数大于 60%；深山含笑与树参重叠值最大，Pianka 指数为 0.96，百分率重叠指数为 86.5%，与薯豆、香桂、黄丹木姜子重叠值较大，在 0.70 以上，薯豆除与深山含笑重叠值最大外，还与云山青冈、树参、香桂、榕叶冬青等重叠值较大。罗浮栲是乔木层建群种和优势种，在资源和空间利用方面有较大优势，与其他树种利用方式比较接近，在生态位重叠方面也更胜一筹。深山含笑属于速生树种，对于土壤养分和生长空间的要求极为强烈，在林内数量多、分布广，生态位宽度大，难免不与其他物种生态位重叠。而如甜槠、硬斗石栎等生态位宽度大的树种与其他种群的重叠较少，这可能是由于甜槠、硬斗石栎个体数量较少且以大树、中树为主，空间上占据乔木层上部，与其他树种利用的资源有差异，重叠值较小。

表 11-27　罗浮栲群落乔木层主要树种 Pianka 生态位重叠

物种	1	2	3	4	5	6	7	8	9	10	11	12	13	14	15	16	17	18	19
1	1.00	0.68	0.50	0.73	0.30	0.65	0.33	0.61	0.75	0.40	0.55	0.51	0.64	0.57	0.53	0.49	0.65	0.37	0.66
2	0.68	1.00	0.64	0.58	0.55	0.75	0.63	0.96	0.57	0.73	0.53	0.62	0.66	0.75	0.56	0.28	0.40	0.39	0.04
3	0.50	0.64	1.00	0.54	0.87	0.49	0.46	0.74	0.63	0.49	0.08	0.48	0.34	0.57	0.64	0.25	0.37	0.48	0.28
4	0.73	0.58	0.54	1.00	0.45	0.46	0.42	0.62	0.81	0.39	0.59	0.48	0.53	0.42	0.39	0.26	0.71	0.30	0.46
5	0.30	0.55	0.87	0.45	1.00	0.64	0.62	0.71	0.55	0.59	0.10	0.45	0.38	0.40	0.69	0.10	0.40	0.61	0.00
6	0.65	0.75	0.49	0.46	0.64	1.00	0.72	0.79	0.57	0.74	0.45	0.55	0.74	0.44	0.62	0.21	0.53	0.56	0.08
7	0.33	0.63	0.46	0.42	0.62	0.72	1.00	0.72	0.44	0.93	0.15	0.13	0.44	0.41	0.39	0.05	0.63	0.31	0.00
8	0.61	0.96	0.74	0.62	0.71	0.79	0.72	1.00	0.62	0.78	0.42	0.60	0.70	0.68	0.54	0.18	0.42	0.50	0.00
9	0.75	0.57	0.63	0.81	0.55	0.57	0.44	0.62	1.00	0.36	0.44	0.48	0.52	0.42	0.53	0.62	0.60	0.44	0.57
10	0.40	0.73	0.49	0.39	0.59	0.74	0.93	0.78	0.36	1.00	0.13	0.32	0.48	0.54	0.53	0.10	0.61	0.37	0.00
11	0.55	0.53	0.08	0.59	0.10	0.45	0.15	0.42	0.44	0.13	1.00	0.53	0.58	0.47	0.29	0.18	0.40	0.06	0.00
12	0.51	0.62	0.48	0.48	0.45	0.55	0.13	0.60	0.48	0.32	0.53	1.00	0.51	0.45	0.59	0.21	0.22	0.46	0.00
13	0.64	0.66	0.34	0.53	0.38	0.74	0.44	0.70	0.52	0.48	0.58	0.51	1.00	0.64	0.34	0.10	0.49	0.56	0.00
14	0.57	0.75	0.57	0.42	0.40	0.44	0.41	0.68	0.42	0.54	0.47	0.45	0.64	1.00	0.56	0.35	0.50	0.27	0.12
15	0.53	0.56	0.64	0.39	0.69	0.62	0.39	0.54	0.53	0.53	0.29	0.59	0.34	0.56	1.00	0.57	0.54	0.52	0.27
16	0.49	0.28	0.25	0.26	0.10	0.21	0.05	0.18	0.62	0.10	0.18	0.21	0.10	0.35	0.57	1.00	0.31	0.09	0.61
17	0.65	0.40	0.37	0.71	0.40	0.53	0.63	0.42	0.60	0.61	0.40	0.22	0.49	0.50	0.54	0.31	1.00	0.23	0.53
18	0.37	0.39	0.48	0.30	0.61	0.56	0.31	0.50	0.44	0.37	0.06	0.46	0.56	0.27	0.52	0.09	0.23	1.00	0.00
19	0.66	0.04	0.28	0.46	0.00	0.08	0.00	0.00	0.57	0.00	0.00	0.00	0.00	0.12	0.27	0.61	0.53	0.00	1.00

注：1. 罗浮栲；2. 深山含笑；3. 甜槠；4. 云山青冈；5. 鹿角杜鹃；6. 硬斗石栎；7. 薯豆；8. 树参；9. 木荷；10. 香桂；11. 红皮糙果茶；12. 青榨槭；13. 黄丹木姜子；14. 榕叶冬青；15. 红楠；16. 三角槭；17. 杉木；18. 乌饭树；19. 马尾松。

表 11-28　罗浮栲群落乔木层主要树种百分率生态位重叠

物种	1	2	3	4	5	6	7	8	9	10	11	12	13	14	15	16	17	18	19
1	100.00	63.93	46.51	63.75	33.00	59.08	35.21	61.43	64.98	42.44	41.62	48.70	54.66	52.96	50.55	43.58	57.53	31.09	29.78
2	63.93	100.00	54.70	57.12	51.16	68.19	55.11	86.54	51.78	63.45	43.26	54.58	58.52	59.09	55.88	38.31	37.17	34.82	2.21
3	46.51	54.70	100.00	50.52	69.43	43.54	38.70	60.31	56.38	47.61	11.13	43.79	29.01	45.75	51.90	26.15	35.09	42.92	15.14
4	63.75	57.12	50.52	100.00	46.07	52.40	42.94	60.64	70.20	47.16	38.30	43.34	50.72	40.70	39.33	35.60	53.88	26.63	22.65
5	33.00	51.16	69.43	46.07	100.00	57.27	54.53	61.19	45.71	53.08	10.83	42.13	36.27	37.35	55.09	18.42	31.08	54.12	0.00
6	59.08	68.19	43.54	52.40	57.27	100.00	52.81	70.69	50.00	60.39	37.76	41.44	61.28	45.62	55.70	24.19	45.18	40.68	4.12
7	35.21	55.11	38.70	42.94	54.53	52.81	100.00	60.22	43.57	76.32	10.20	26.71	44.74	34.09	27.63	17.32	46.57	23.95	0.00
8	61.43	86.54	60.31	60.64	61.19	70.69	60.22	100.00	57.64	67.60	33.06	53.91	61.94	57.91	50.56	35.55	37.07	41.47	0.00
9	64.98	51.78	56.38	70.20	45.71	50.00	43.57	57.64	100.00	38.94	27.11	39.78	46.73	36.34	47.88	43.19	54.03	30.09	28.92
10	42.44	63.45	47.61	47.16	53.08	60.39	76.32	67.60	38.94	100.00	17.98	36.55	47.50	41.61	45.79	26.01	41.76	33.97	0.00
11	41.62	43.26	11.13	38.30	10.83	37.76	10.20	33.06	27.11	17.98	100.00	42.10	42.59	39.57	33.54	25.99	27.74	12.33	0.00
12	48.70	54.58	43.79	43.34	42.13	41.44	26.71	53.91	39.78	36.55	42.10	100.00	46.42	45.08	46.32	36.69	24.84	40.05	0.00
13	54.66	58.52	29.01	50.72	36.27	61.28	44.74	61.94	46.73	47.50	42.59	46.42	100.00	54.62	36.93	25.27	40.98	34.64	0.00
14	52.96	59.09	45.75	40.70	37.35	45.62	34.09	57.91	36.34	41.61	39.57	45.08	54.62	100.00	51.67	38.26	49.34	31.81	7.61
15	50.55	55.88	51.90	39.33	55.09	55.70	27.63	50.56	47.88	45.79	33.54	46.32	36.93	51.67	100.00	41.15	46.28	49.50	17.32
16	43.58	38.31	26.15	35.60	18.42	24.19	17.32	35.55	43.19	26.01	25.99	36.69	25.27	38.26	41.15	100.00	24.91	15.79	45.02
17	57.53	37.17	35.09	53.88	31.08	45.18	46.57	37.07	54.03	41.76	27.74	24.84	40.98	49.34	46.28	24.91	100.00	22.53	30.21
18	31.09	34.82	42.92	26.63	54.12	40.68	23.95	41.47	30.09	33.97	12.33	40.05	34.64	31.81	49.50	15.79	22.53	100.00	0.00
19	29.78	2.21	15.14	22.65	0.00	4.12	0.00	0.00	28.92	0.00	0.00	0.00	0.00	7.61	17.32	45.02	30.21	0.00	100.00

注：物种编号同表 11-27。

由表 11-29、表 11-30 可知，灌木层主要树种之间生态位重叠现象不多，说明灌木层主要树种能充分利用林下空间和资源，在相对独立的生态位上生长。Pianka 指数在 0.50 以上的种对有 95 个，占所有种对 27.1%，百分率重叠指数在 50% 以上的种对有 60 个，占所有种对的 17.1%。其中与 10 个以上树种生态位有较大重叠的有乌药、木荷、红楠、细齿叶柃。乌药、木荷、红楠、细齿叶柃在林下适宜生境内长势良好，除细齿叶柃外，其他三种在灌木层占较大优势，但四种生态位宽度均较大，对资源利用都较充分，尤其四种植物都是常绿阔叶林下常见植物，可见适应性强，利用资源途径多、能力强，易与其他灌木层树种生态位产生重叠。

表 11-29　罗浮栲群落灌木层主要树种 Pianka 生态位重叠

物种	1	2	3	4	5	6	7	8	9	10	11	12	13
1	1.00	0.80	0.59	0.44	0.52	0.79	0.70	0.88	0.56	0.41	0.72	0.59	0.67
2	0.80	1.00	0.62	0.50	0.46	0.66	0.57	0.67	0.49	0.28	0.55	0.35	0.70
3	0.59	0.62	1.00	0.51	0.76	0.61	0.24	0.30	0.64	0.12	0.48	0.49	0.36
4	0.44	0.50	0.51	1.00	0.60	0.35	0.01	0.24	0.45	0.00	0.80	0.23	0.22
5	0.52	0.46	0.76	0.60	1.00	0.46	0.12	0.38	0.87	0.07	0.58	0.57	0.31
6	0.79	0.66	0.61	0.35	0.46	1.00	0.44	0.60	0.55	0.39	0.62	0.57	0.79
7	0.70	0.57	0.24	0.01	0.12	0.44	1.00	0.67	0.32	0.71	0.20	0.08	0.19

（续）

物种	1	2	3	4	5	6	7	8	9	10	11	12	13
8	0.88	0.67	0.30	0.24	0.38	0.60	0.67	1.00	0.38	0.32	0.55	0.49	0.61
9	056	0.49	0.64	0.45	0.87	0.55	0.32	0.38	1.00	0.36	0.49	0.57	0.39
10	0.41	0.28	0.12	0.00	0.07	0.39	0.71	0.32	0.36	1.00	0.19	0.01	0.07
11	0.72	0.55	0.48	0.80	0.58	0.62	0.20	0.55	0.49	0.19	1.00	0.48	0.49
12	0.59	0.35	0.49	0.23	0.57	0.57	0.08	0.46	0.57	0.01	0.48	1.00	0.66
13	0.67	0.70	0.36	0.22	0.31	0.79	0.19	0.61	0.39	0.07	0.49	0.66	1.00
14	0.61	0.43	0.22	0.01	0.05	0.27	0.78	0.67	0.17	0.32	0.06	0.08	0.12
15	0.37	0.46	0.43	0.62	0.4	0.19	0.06	0.23	0.47	0.05	0.45	0.45	0.28
16	0.67	0.53	0.20	0.12	0.09	0.25	0.89	0.64	0.21	0.44	0.17	0.09	0.11
17	0.50	0.68	0.45	0.70	0.19	0.47	0.31	0.26	0.24	0.28	064	0.14	0.35
18	0.84	0.81	0.46	0.28	0.44	0.77	0.71	0.72	0.66	0.47	0.46	0.50	0.70
19	0.30	0.51	0.49	0.36	0.57	0.31	0.22	0.17	0.69	0.11	0.18	0.01	0.22
20	0.47	0.29	0.63	0.58	0.45	0.48	0.13	0.34	0.16	0.03	0.57	0.17	0.11
21	0.59	0.46	0.20	0.02	0.19	0.79	0.35	0.43	0.44	0.45	0.31	0.60	0.80
22	0.31	0.40	0.40	0.02	0.04	0.41	0.26	0.30	0.20	0.29	0.04	0.04	0.32
23	0.35	0.51	0.38	0.22	0.07	0.36	0.22	0.31	0.21	0.29	0.16	0.08	0.37
24	0.45	0.35	0.69	0.53	0.92	0.30	0.06	0.28	0.85	0.00	0.50	0.69	0.24
25	0.23	0.34	0.36	0.02	0.03	0.32	0.10	0.26	0.13	0.10	0.00	0.04	0.31
26	0.53	0.65	0.37	0.23	0.07	0.58	0.25	0.39	0.21	0.06	0.22	0.36	0.71
27	0.53	0.45	0.22	0.00	0.03	0.70	0.35	0.37	0.22	0.09	0.15	0.47	0.71

物种	14	15	16	17	18	19	20	21	22	23	24	25	26	27
1	0.61	0.37	0.67	0.50	0.84	0.30	0.47	0.59	0.31	0.35	0.45	0.23	0.53	0.53
2	0.43	0.46	0.53	0.68	0.81	0.51	0.29	0.46	0.40	0.51	0.35	0.34	0.65	0.45
3	0.22	0.43	0.20	0.45	0.46	0.49	0.63	0.27	0.40	0.38	0.69	0.36	0.37	0.22
4	0.01	0.62	0.12	0.70	0.28	0.36	0.58	0.02	0.02	0.22	0.53	0.02	0.23	0.0
5	0.05	0.40	0.09	0.19	0.44	0.57	0.45	0.19	0.04	0.07	0.92	0.03	0.07	0.03
6	0.27	.019	0.25	0.47	0.77	0.31	0.48	0.79	0.41	0.36	0.30	0.32	0.58	0.70
7	0.78	0.06	0.89	0.31	0.74	0.22	0.13	0.35	0.26	0.22	0.06	0.10	0.25	0.35
8	0.67	0.23	0.64	0.26	0.72	0.17	0.34	0.43	0.30	0.31	0.28	0.26	0.39	0.37
9	0.17	0.47	0.21	0.24	0.66	0.69	0.16	0.44	0.20	0.21	0.85	0.13	0.21	0.22
10	0.32	0.05	0.44	0.28	0.47	0.11	0.03	0.45	0.29	0.29	0.00	0.10	0.06	0.09
11	0.06	0.45	0.17	0.64	0.46	0.18	0.57	0.31	0.04	0.16	0.50	0.00	0.22	0.15
12	0.08	0.45	0.09	0.14	0.50	0.01	0.17	0.60	0.04	0.08	0.69	0.04	0.36	0.47
13	0.12	0.28	0.11	0.35	0.70	0.22	0.11	0.80	0.32	0.37	0.24	0.31	0.71	0.71
14	1.00	0.24	0.88	0.17	0.56	0.25	0.24	0.16	0.49	0.44	0.06	0.45	0.43	0.34

（续）

物种	14	15	16	17	18	19	20	21	22	23	24	25	26	27
15	0.24	1.00	0.20	0.64	0.36	0.28	0.10	0.11	0.41	0.60	0.59	0.41	0.44	0.03
16	0.88	0.20	1.00	0.27	0.64	0.23	0.15	0.22	0.16	0.21	0.10	0.08	0.37	0.37
17	0.17	0.64	0.27	1.00	0.48	0.15	0.34	0.17	0.33	0.47	0.19	0.23	0.41	0.16
18	0.56	0.36	0.64	0.48	1.00	0.48	0.11	069	0.33	0.33	0.38	0.21	0.58	0.68
19	0.25	0.28	0.23	0.15	0.48	1.00	0.07	0.20	0.35	0.36	0.45	0.34	0.39	0.22
20	0.24	0.10	0.15	0.34	0.11	0.07	1.00	0.03	0.21	0.19	0.26	0.21	0.14	0.07
21	0.16	0.11	0.22	0.17	0.69	0.20	0.03	1.00	0.28	0.30	0.14	0.21	0.67	0.81
22	0.49	0.41	0.16	0.33	0.33	0.35	0.21	0.28	1.00	0.93	0.00	0.98	0.58	0.19
23	0.44	0.60	0.21	0.47	0.33	0.36	0.19	0.30	0.93	1.00	0.06	0.92	0.69	0.17
24	0.06	0.59	0.10	0.19	0.38	0.45	0.26	0.14	0.00	0.06	1.00	0.00	0.06	0.00
25	0.45	0.41	0.08	0.23	0.21	0.34	0.21	0.21	0.98	0.92	0.00	1.00	0.61	0.16
26	0.43	0.44	0.37	0.41	0.58	0.39	0.14	0.67	0.58	0.69	0.06	0.61	1.00	0.76
27	0.34	0.03	0.37	0.16	0.68	0.22	0.07	0.81	0.19	0.17	0.00	0.16	0.76	1.00

注：1. 乌药；2. 木荷；3. 深山含笑；4. 红皮糙果茶；5. 草珊瑚；6. 红楠；7. 朱砂根；8. 窄基红褐柃；9. 黄丹木姜子；10. 光亮山矾；11. 榕叶冬青；12. 薄叶山矾；13. 峨眉鼠刺；14. 赤楠；15. 岗柃；16. 罗浮栲；17. 刺叶樱；18. 细齿叶柃；19. 鹿角杜鹃；20. 马银花；21. 老鼠矢；22. 香桂；23. 香冬青；24. 短梗新木姜子；25. 光叶山矾；26. 甜槠；27. 短尾越橘。

表 11-30　罗浮栲群落灌木层主要树种百分率生态位重叠

物种	1	2	3	4	5	6	7	8	9	10	11	12	13
1	100.00	69.51	49.32	31.03	46.84	70.99	48.24	70.98	60.62	26.82	64.13	45.450	55.15
2	69.51	100.00	56.99	33.40	41.24	61.06	43.35	52.90	48.48	28.02	56.08	34.410	59.34
3	49.32	56.94	100.00	43.71	63.83	56.09	25.51	32.44	54.10	21.59	40.20	34.93	44.99
4	31.03	33.40	43.71	100.00	52.69	31.12	4.803	21.52	35.64	0.97	59.73	22.95	18.75
5	46.84	41.24	63.83	52.69	100.00	41.21	15.83	35.79	72.52	4.42	51.33	48.75	32.56
6	70.98	61.06	56.09	31.12	41.21	100.00	40.57	54.69	54.17	32.10	54.36	45.76	61.02
7	48.24	43.35	25.51	4.80	15.83	40.57	100.00	48.41	35.67	57.65	19.47	11.04	22.62
8	73.11	52.90	32.44	21.52	35.79	54.69	48.41	100.00	43.42	24.14	49.14	38.67	54.62
9	60.62	48.48	54.10	35.64	72.52	54.17	35.67	43.42	100.00	24.26	52.73	46.85	36.98
10	26.82	28.02	21.59	0.97	4.42	32.10	57.65	24.14	24.26	100.00	10.63	2.20	14.15
11	64.13	56.08	40.20	59.73	51.33	54.36	19.47	49.14	52.73	10.63	100.00	44.07	40.65
12	45.45	34.41	34.93	22.95	48.76	45.76	11.04	38.67	46.85	2.20	44.07	100.00	58.44
13	55.15	59.34	44.99	18.74	32.56	61.02	22.62	54.62	36.98	14.15	40.65	58.44	100.00
14	40.42	28.38	21.30	3.54	9.07	28.24	57.76	50.56	26.33	29.14	15.28	6.85	18.16
15	22.81	27.82	29.21	47.14	34.91	16.59	6.34	19.01	37.61	7.50	32.92	33.71	21.13
16	51.78	43.25	27.14	12.93	16.02	31.13	69.70	46.23	33.81	35.58	25.09	14.24	27.38
17	47.14	53.04	42.47	54.55	22.78	52.20	34.44	32.93	29.58	33.66	47.20	15.54	34.14
18	76.40	68.98	45.47	22.46	37.48	68.07	56.61	59.37	58.80	36.25	48.05	40.31	55.57

（续）

物种	1	2	3	4	5	6	7	8	9	10	11	12	13
19	30.55	45.84	41.38	21.27	35.31	30.48	24.07	24.86	43.59	19.96	14.57	2.20	29.16
20	31.86	24.80	40.42	43.32	26.33	32.55	13.73	32.67	11.27	11.74	36.91	12.58	13.62
21	51.95	45.22	34.87	5.59	24.14	60.14	42.07	39.24	47.77	31.60	32.72	44.83	67.19
22	28.49	38.34	35.11	0.97	8.12	35.20	27.62	22.94	25.05	28.00	10.63	2.20	30.79
23	27.31	42.41	27.54	18.76	9.29	24.71	19.34	24.59	22.07	19.72	23.06	9.17	32.39
24	35.05	33.62	48.98	51.15	77.85	27.63	8.85	22.60	64.57	0.00	46.12	64.19	23.91
25	11.45	23.20	24.62	0.97	3.70	16.23	7.12	10.90	7.19	7.49	0.00	2.20	24.14
26	38.40	52.47	29.40	16.34	6.53	38.20	19.10	33.08	16.59	11.74	21.44	34.94	58.16
27	41.47	47.16	33.38	0.97	5.36	45.60	38.13	32.12	21.55	20.76	9.84	28.81	53.52

物种	14	15	16	17	18	19	20	21	22	23	24	25	26	27
1	40.42	22.81	51.78	47.14	76.40	30.55	31.86	51.95	28.49	27.31	35.05	11.45	38.40	41.47
2	28.38	27.82	43.25	53.04	68.98	45.84	24.80	45.22	38.34	42.41	33.62	23.20	52.47	47.16
3	21.30	39.21	27.14	42.47	45.47	41.38	40.42	34.87	35.11	27.54	48.98	24.62	29.40	33.38
4	3.54	47.14	12.93	54.55	22.46	21.27	43.32	5.59	0.97	18.76	51.15	0.97	16.34	0.97
5	9.07	34.91	16.02	22.78	37.48	35.31	26.33	24.14	8.12	9.29	77.85	3.70	6.53	5.36
6	28.24	16.59	31.13	52.20	68.07	30.48	32.55	60.14	35.2	24.71	27.63	16.23	38.20	45.60
7	57.76	6.34	69.70	34.44	56.61	24.07	13.73	42.07	27.62	19.34	8.85	7.12	19.10	38.13
8	50.56	19.01	46.23	32.93	59.37	24.86	32.67	39.24	22.94	24.59	22.60	10.90	33.08	32.12
9	26.33	37.61	33.81	29.58	58.80	43.59	11.27	47.77	25.05	22.07	64.57	7.19	16.59	21.55
10	29.14	7.49	35.58	33.66	36.25	19.96	11.74	31.60	28.00	19.72	0.00	7.49	11.74	20.76
11	15.28	32.92	25.09	47.20	48.05	14.57	36.91	32.72	10.63	23.06	46.12	0.00	21.44	9.84
12	6.85	33.71	14.24	15.54	40.31	2.20	12.58	44.83	2.20	9.17	64.19	2.20	34.94	28.81
13	18.17	21.13	27.38	34.14	55.57	29.16	13.62	67.19	30.79	32.39	23.91	24.14	58.16	53.52
14	100.00	28.08	74.16	20.25	40.35	28.35	22.09	27.53	43.11	39.94	4.65	27.82	32.86	28.49
15	28.08	100.00	17.57	43.81	27.44	23.25	12.91	11.80	23.43	41.22	45.86	23.43	36.25	4.16
16	74.16	17.57	100.00	32.08	53.75	25.25	12.28	38.56	27.30	29.92	14.46	8.30	29.68	36.34
17	20.26	43.81	32.08	100.00	39.81	23.40	31.40	22.45	31.09	38.385	15.85	15.19	30.56	22.12
18	40.35	27.44	53.75	39.81	100.00	38.11	14.97	56.08	31.84	28.57	33.16	11.34	44.79	50.93
19	28.35	23.25	25.25	23.40	38.11	100.00	20.14	28.31	38.33	35.85	26.54	36.56	45.58	33.86
20	22.09	12.91	12.28	31.40	14.98	20.14	100.00	5.49	12.91	12.91	16.75	12.91	22.09	13.34
21	27.53	11.80	38.56	22.45	56.08	28.31	5.49	100.00	36.05	32.32	16.019	20.09	45.86	62.50
22	43.11	23.43	27.30	31.09	31.84	38.33	12.91	36.05	100.00	77.46	0.00	79.50	39.59	30.60
23	39.94	41.22	29.92	38.39	28.57	35.85	12.91	32.32	77.46	100.00	9.48	69.98	57.50	20.1
24	4.65	45.86	14.46	15.85	33.15	26.54	16.75	16.02	0.00	9.48	100.00	0.00	9.48	0.00
25	27.82	23.43	8.30	15.19	11.34	36.56	12.91	20.09	79.50	69.98	0.00	100.00	46.04	20.1
26	32.86	36.25	29.68	30.56	44.79	45.58	22.09	45.86	39.59	57.50	9.48	46.04	100.00	57.85
27	28.49	4.16	36.34	22.12	50.93	33.86	13.34	62.50	30.60	20.10	0.00	20.10	57.85	100.00

注：物种编号同表11-29。

二、主要种群种间联结性

种间联结性测度方法参照第七章第四节。用方差比例法 *VR* 检验多物种间的联结性，成对物种间联结性测度采用χ^2统计量、联结系数 *AC*、共同出现百分率 *PC*、Ochiai 指数 *OI*、Dice 指数 *DI* 等指标。

1. 主要树种种间总体联结显著性检验

分别对罗浮栲群落的乔木层和灌木层主要树种之间总体联结显著性进行检验。乔木层 19 个主要树种总体联结性的方差比例 $VR=1.880>1$，统计量 $W=N\times(VR)=90.24$，不落入 $\chi^2_{0.95}(48)=33.098<W<\chi^2_{0.05}(48)=65.17$，说明群落乔木层 19 个主要树种总体联结性成显著正相关。灌木层 27 个主要树种总体联结性方差比例 $VR=2.515>1$，统计量 $W=N\times(VR)=118.205$，不落入$\chi^2_{0.95}(47)=32.268<W<\chi^2_{0.05}(47)=64.001$，说明群落灌木层 27 个主要树种总体联结性成显著正相关。

2. 种对间联结关系

(1)χ^2检验分析

由表 11-31 可知，乔木层有正联结 95 对，占所有种对的 55.6%，负联结 76 对，占所有种对的 44.4%。乔木层中除种对 2－8(深山含笑－树参)、2－19(深山含笑－马尾松)、11－8(鹿角杜鹃-树参)、5－10(鹿角杜鹃-香桂)、6－7(薯豆－云山青冈)、7－10(云山青冈-香桂)、7－12(云山青冈-青榨槭)、7－16(云山青冈-三角槭)具有显著联结外，其余种对间联结性显著性均较低，趋于相对独立。

表 11-31　罗浮栲群落乔木层 19 个树种种间联结指数和χ^2检验统计量

种对	χ^2	*AC*	*PC*	*OI*	*DI*	种对	χ^2	*AC*	*PC*	*OI*	*DI*
1－2	0.34	1.00	0.77	5.25	0.87	1－18	1.03	－1.00	0.13	0.87	0.22
1－3	0.07	－1.00	0.35	2.45	0.52	1－19	2.32	1.00	0.09	0.58	0.16
1－4	0.09	1.00	0.36	2.48	0.53	2－3	0.47	－0.20	0.29	1.85	0.44
1－5	0.07	－1.00	0.35	2.45	0.52	2－4	0.03	0.06	0.33	2.06	0.49
1－6	0.00	1.00	0.49	3.35	0.66	2－5	0.00	0.11	0.35	2.21	0.52
1－7	0.13	1.00	0.34	2.33	0.51	2－6	0.03	0.13	0.44	2.81	0.61
1－8	0.01	－1.00	0.52	3.61	0.68	2－7	1.13	0.50	0.37	2.27	0.54
1－9	0.02	－1.00	0.42	2.89	0.59	2－8	4.03*	0.54	0.59	3.68	0.74
1－10	0.21	－1.00	0.27	1.88	0.43	2－9	0.03	0.05	0.39	2.50	0.56
1－11	0.21	1.00	0.30	2.04	0.46	2－10	0.00	0.14	0.28	1.76	0.44
1－12	0.27	－1.00	0.25	1.73	0.40	2－11	2.15	0.71	0.35	2.14	0.52
1－13	0.07	1.00	0.38	2.63	0.55	2－12	0.32	0.38	0.29	1.78	0.45
1－14	0.17	－1.00	0.29	2.02	0.45	2－13	1.90	0.56	0.42	2.60	0.59
1－15	0.21	－1.00	0.27	1.88	0.43	2－14	0.13	0.25	0.33	2.08	0.50
1－16	0.53	－1.00	0.19	1.30	0.32	2－15	0.00	0.14	0.28	1.76	0.44
1－17	0.53	1.00	0.21	1.46	0.35	2－16	0.67	－0.20	0.15	0.95	0.26

（续）

种对	χ^2	AC	PC	OI	DI	种对	χ^2	AC	PC	OI	DI
2－17	0.67	0.60	0.24	1.48	0.39	5－9	0.14	0.09	0.30	1.64	0.46
2－18	0.06	－0.05	0.13	0.81	0.23	5－10	7.77*	0.54	0.45	2.13	0.63
2－19	9.09*	－1.00	0.00	0.00	0.00	5－11	0.24	－0.24	0.14	0.76	0.25
3－4	0.01	－0.06	0.21	1.11	0.34	5－12	0.06	0.02	0.19	0.98	0.32
3－5	2.87	0.29	0.38	1.96	0.56	5－13	0.02	－0.11	0.20	1.10	0.33
3－6	3.48	－0.42	0.14	0.83	0.24	5－14	0.10	0.00	0.21	1.13	0.35
3－7	0.10	－0.17	0.17	0.93	0.29	5－15	0.03	0.09	0.23	1.18	0.38
3－8	1.10	0.14	0.38	2.12	0.55	5－16	0.03	－0.20	0.12	0.60	0.21
3－9	0.05	－0.11	0.22	1.24	0.36	5－17	0.03	－0.20	0.12	0.60	0.21
3－10	0.03	0.09	0.23	1.18	0.38	5－18	0.55	0.31	0.19	0.87	0.32
3－11	3.25	－0.62	0.07	0.37	0.13	5－19	1.16	－1.00	0.00	0.00	0.00
3－12	0.06	0.02	0.19	0.98	0.32	6－7	5.52*	0.52	0.44	2.31	0.62
3－13	0.02	－0.11	0.20	1.10	0.33	6－8	0.00	0.04	0.36	2.17	0.53
3－14	0.10	－0.17	0.17	0.93	0.29	6－9	0.06	－0.01	0.29	1.71	0.45
3－15	0.03	－0.05	0.19	0.96	0.31	6－10	3.15	0.45	0.37	1.92	0.54
3－16	0.03	－0.20	0.12	0.60	0.21	6－11	0.25	0.18	0.28	1.49	0.43
3－17	0.84	－0.47	0.08	0.39	0.14	6－12	0.03	0.11	0.24	1.30	0.39
3－18	0.01	0.09	0.14	0.64	0.24	6－13	2.94	0.36	0.41	2.23	0.59
3－19	0.00	0.20	0.10	0.45	0.18	6－14	0.01	0.04	0.26	1.44	0.41
4－5	0.01	－0.06	0.21	1.11	0.34	6－15	0.25	0.18	0.28	1.49	0.43
4－6	0.03	0.01	0.26	1.44	0.41	6－16	0.84	－0.37	0.10	0.55	0.18
4－7	0.01	0.03	0.22	1.15	0.36	6－17	0.04	0.04	0.18	0.94	0.30
4－8	0.03	－0.02	0.26	1.54	0.42	6－18	0.88	0.45	0.20	1.00	0.33
4－9	0.42	0.12	0.31	1.67	0.47	6－19	2.19	－1.00	0.00	0.00	0.00
4－10	0.13	0.12	0.24	1.20	0.39	7－8	0.26	0.08	0.31	1.77	0.48
4－11	1.05	0.23	0.29	1.43	0.45	7－9	0.86	0.14	0.32	1.70	0.49
4－12	0.01	0.05	0.20	1.00	0.33	7－10	6.67*	0.46	0.43	1.96	0.60
4－13	0.01	－0.06	0.21	1.11	0.34	7－11	2.13	－0.57	0.07	0.38	0.13
4－14	0.56	－0.29	0.14	0.74	0.24	7－12	6.98*	－1.00	0.00	0.00	0.00
4－15	0.09	0.00	0.19	0.98	0.32	7－13	0.10	0.08	0.26	1.35	0.41
4－16	0.00	－0.15	0.13	0.61	0.22	7－14	0.01	0.06	0.23	1.18	0.38
4－17	0.51	0.23	0.23	1.07	0.37	7－15	0.01	0.04	0.20	1.00	0.33
4－18	2.86	－1.00	0.00	0.00	0.00	7－16	4.56*	－1.00	0.00	0.00	0.00
4－19	0.01	－0.29	0.05	0.22	0.10	7－17	2.67	0.40	0.30	1.34	0.46
5－6	1.25	0.17	0.37	2.01	0.54	7－18	0.02	0.14	0.15	0.67	0.26
5－7	2.50	0.30	0.36	1.80	0.53	7－19	0.85	－1.00	0.00	0.00	0.00
5－8	5.03*	0.26	0.47	2.56	0.64	8－9	0.01	－0.03	0.31	1.83	0.47

（续）

种对	χ^2	AC	PC	OI	DI	种对	χ^2	AC	PC	OI	DI
8－10	3.46	0.53	0.38	2.04	0.55	11－16	0.11	－0.31	0.09	0.43	0.17
8－11	0.00	0.06	0.25	1.41	0.40	11－17	0.11	0.01	0.14	0.65	0.25
8－12	0.90	0.33	0.30	1.64	0.46	11－18	0.17	－0.02	0.11	0.46	0.19
8－13	0.02	0.03	0.29	1.71	0.45	11－19	0.59	－1.00	0.00	0.00	0.00
8－14	0.01	－0.08	0.24	1.37	0.38	12－13	0.18	0.09	0.24	1.20	0.39
8－15	0.00	－0.08	0.21	1.22	0.35	12－14	0.01	－0.08	0.16	0.80	0.28
8－16	0.43	－0.26	0.13	0.71	0.22	12－15	0.04	0.02	0.17	0.83	0.30
8－17	0.00	－0.08	0.16	0.90	0.28	12－16	0.40	0.18	0.21	0.92	0.35
8－18	0.06	0.06	0.14	0.74	0.24	12－17	0.03	－0.26	0.10	0.44	0.17
8－19	3.05	－1.00	0.00	0.00	0.00	12－18	0.31	0.22	0.18	0.73	0.30
9－10	0.06	－0.02	0.21	1.11	0.34	12－19	0.47	－1.00	0.00	0.00	0.00
9－11	0.16	－0.18	0.17	0.91	0.29	13－14	0.90	0.20	0.31	1.57	0.47
9－12	1.41	0.32	0.31	1.57	0.47	13－15	0.03	0.09	0.23	1.18	0.38
9－13	0.68	－0.24	0.18	1.04	0.31	13－16	0.03	－0.20	0.12	0.60	0.21
9－14	0.10	－0.14	0.19	1.08	0.32	13－17	0.30	0.20	0.22	1.04	0.36
9－15	0.06	－0.02	0.21	1.11	0.34	13－18	0.01	0.09	0.14	0.64	0.24
9－16	0.01	0.11	0.19	0.98	0.32	13－19	1.16	－1.00	0.00	0.00	0.00
9－17	0.01	－0.09	0.15	0.77	0.26	14－15	1.53	0.25	0.30	1.46	0.47
9－18	0.13	－0.02	0.12	0.60	0.21	14－16	0.02	－0.10	0.13	0.63	0.23
9－19	0.07	0.11	0.09	0.42	0.16	14－17	0.77	0.25	0.24	1.09	0.38
10－11	0.17	－0.27	0.12	0.60	0.21	14－18	0.52	－0.57	0.05	0.21	0.09
10－12	0.04	－0.21	0.13	0.61	0.22	14－19	0.03	－0.25	0.05	0.23	0.10
10－13	0.67	0.14	0.28	1.40	0.44	15－16	0.21	0.15	0.20	0.89	0.33
10－14	0.01	0.03	0.20	1.00	0.33	15－17	0.21	0.15	0.20	0.89	0.33
10－15	0.08	0.09	0.22	1.04	0.36	15－18	0.24	－0.51	0.05	0.22	0.10
10－16	0.11	0.01	0.14	0.65	0.25	15－19	0.15	－0.14	0.06	0.24	0.11
10－17	0.21	0.15	0.20	0.89	0.33	16－17	0.26	－0.52	0.05	0.23	0.10
10－18	0.11	0.01	0.14	0.65	0.25	16－18	0.00	0.10	0.13	0.52	0.24
10－19	0.59	－1.00	0.00	0.00	0.00	16－19	0.73	0.37	0.17	0.58	0.29
11－12	3.75	0.35	0.35	1.57	0.52	17－18	0.00	－0.31	0.06	0.25	0.12
11－13	2.18	0.22	0.33	1.63	0.50	17－19	0.18	0.05	0.08	0.28	0.14
11－14	0.01	0.03	0.20	1.00	0.33	18－19	0.02	－1.00	0.00	0.00	0.00
11－15	0.08	－0.02	0.17	0.82	0.29						

注：＊表示差异显著（$P<0.05$）。物种编号同表11-27。

由表 11-32 可知，灌木层中正联结 218 对，占所有种对的 62.1%，负联结 133 对，占所有种对的 37.9%。除种对 1－7(乌药－红皮糙果茶)、4－7(草珊瑚－红皮糙果茶)、4－24(草珊瑚－短梗新木姜子)、5－24(红楠－短梗新木姜子)、7－10(红皮糙果茶-光亮山矾)、7－14(红皮糙果茶-薄叶山矾)、7－16(红皮糙果茶-岗柃)、7－22(红皮糙果茶-马银花)、8－10(窄基红褐柃-光亮山矾)、10－14(光亮山矾－薄叶山矾)、10－16(光亮山矾－岗柃)、10－22(光亮山矾－马银花)、12－24(刺叶樱－短梗新木姜子)具有显著联结外，其余种对间联结性均不显著。

表 11-32　罗浮栲群落灌木层 27 个树种种间联结指数和 χ^2 检验统计量

种对	χ^2	AC	PC	OI	DI	种对	χ^2	AC	PC	OI	DI
1－2	0.68	0.24	0.62	4.01	0.76	2－6	0.42	0.16	0.51	3.20	0.68
1－3	2.91	0.59	0.54	3.36	0.70	2－7	1.06	0.35	0.40	2.37	0.57
1－4	0.01	0.12	0.33	2.06	0.49	2－8	0.00	0.07	0.39	2.43	0.57
1－5	2.47	0.72	0.42	2.60	0.59	2－9	2.26	－0.29	0.23	1.42	0.37
1－6	0.11	0.16	0.55	3.55	0.71	2－10	0.01	0.12	0.21	1.20	0.34
1－7	5.96*	1.00	0.49	2.96	0.65	2－11	0.01	0.12	0.21	1.20	0.34
1－8	0.02	0.15	0.44	2.81	0.61	2－12	0.17	0.27	0.26	1.54	0.42
1－9	0.24	－0.19	0.31	2.01	0.47	2－13	0.03	－0.03	0.25	1.50	0.40
1－10	2.01	1.00	0.27	1.64	0.43	2－14	0.82	0.47	0.27	1.57	0.43
1－11	1.43	－0.24	0.15	0.94	0.26	2－15	0.19	0.35	0.21	1.22	0.35
1－12	0.00	－0.06	0.23	1.42	0.37	2－16	1.76	0.55	0.33	1.91	0.50
1－13	0.17	－0.15	0.24	1.56	0.39	2－17	0.41	0.32	0.29	1.71	0.45
1－14	2.40	1.00	0.30	1.81	0.46	2－18	0.09	0.02	0.23	1.35	0.37
1－15	0.14	0.48	0.21	1.30	0.35	2－19	0.19	0.35	0.21	1.22	0.35
1－16	3.26	1.00	0.35	2.14	0.52	2－20	0.58	0.58	0.19	1.06	0.32
1－17	1.02	0.64	0.32	1.95	0.48	2－21	0.82	0.47	0.27	1.57	0.43
1－18	0.00	0.22	0.26	1.60	0.41	2－22	0.58	0.58	0.19	1.06	0.32
1－19	0.14	0.48	0.21	1.30	0.35	2－23	0.25	0.51	0.16	0.88	0.27
1－20	0.98	1.00	0.19	1.15	0.32	2－24	0.03	－0.05	0.15	0.86	0.26
1－21	0.02	0.15	0.23	1.44	0.38	2－25	0.90	1.00	0.13	0.72	0.23
1－22	0.98	1.00	0.19	1.15	0.32	2－26	1.00	0.63	0.22	1.24	0.36
1－23	0.69	1.00	0.16	0.99	0.28	2－27	0.19	0.35	0.21	1.22	0.35
1－24	0.04	－0.05	0.15	0.96	0.27	3－4	2.70	0.39	0.39	2.08	0.56
1－25	0.20	1.00	0.11	0.66	0.20	3－5	3.73	0.42	0.43	2.27	0.60
1－26	0.04	－0.05	0.15	0.96	0.27	3－6	0.23	0.09	0.42	2.50	0.59
1－27	0.28	－0.15	0.15	0.95	0.26	3－7	0.03	0.02	0.28	1.59	0.44
2－3	1.06	－0.27	0.32	2.03	0.48	3－8	0.02	－0.07	0.29	1.69	0.44
2－4	0.38	0.27	0.34	2.03	0.51	3－9	2.61	0.35	0.41	2.23	0.59
2－5	0.03	－0.02	0.30	1.81	0.46	3－10	0.08	0.02	0.18	0.94	0.30

（续）

种对	χ^2	*AC*	*PC*	*OI*	*DI*	种对	χ^2	*AC*	*PC*	*OI*	*DI*
3－11	0.08	0.02	0.18	0.94	0.30	4－25	0.02	－0.27	0.05	0.23	0.10
3－12	0.01	－0.06	0.19	1.08	0.32	4－26	1.00	－0.63	0.04	0.21	0.08
3－13	0.74	－0.27	0.16	0.88	0.27	4－27	3.32	－1.00	0.00	0.00	0.00
3－14	0.59	0.29	0.26	1.35	0.41	5－6	0.05	0.05	0.32	1.89	0.49
3－15	2.42	0.56	0.28	1.40	0.44	5－7	0.40	－0.23	0.17	0.91	0.29
3－16	1.47	－0.37	0.13	0.71	0.22	5－8	0.08	0.00	0.26	1.44	0.41
3－17	0.55	0.25	0.29	1.51	0.44	5－9	0.38	0.13	0.30	1.54	0.46
3－18	0.06	0.02	0.21	1.11	0.34	5－10	0.69	－0.45	0.08	0.40	0.15
3－19	0.01	－0.09	0.14	0.76	0.25	5－11	0.43	0.22	0.23	1.07	0.37
3－20	0.00	0.16	0.15	0.78	0.27	5－12	0.65	0.22	0.26	1.25	0.41
3－21	1.68	－0.44	0.10	0.54	0.18	5－13	1.08	－0.41	0.11	0.57	0.19
3－22	0.78	0.44	0.20	1.00	0.33	5－14	3.16	－0.75	0.04	0.19	0.07
3－23	0.15	0.02	0.12	0.59	0.21	5－15	0.92	0.30	0.24	1.09	0.38
3－24	1.51	0.51	0.24	1.20	0.39	5－16	0.02	－0.15	0.15	0.78	0.27
3－25	0.32	0.51	0.13	0.61	0.22	5－17	0.02	0.04	0.20	1.00	0.33
3－26	0.10	－0.23	0.11	0.57	0.19	5－18	0.01	0.09	0.21	1.02	0.34
3－27	0.01	－0.09	0.14	0.76	0.25	5－19	0.04	－0.08	0.13	0.63	0.23
4－5	3.02	0.29	0.38	1.84	0.55	5－20	0.00	－0.21	0.09	0.43	0.17
4－6	0.00	0.03	0.29	1.71	0.45	5－21	0.12	－0.25	0.12	0.60	0.21
4－7	8.59*	－0.84	0.03	0.17	0.06	5－22	0.77	－0.61	0.04	0.21	0.08
4－8	0.37	－0.20	0.19	1.06	0.32	5－23	0.09	－0.08	0.10	0.44	0.17
4－9	0.06	－0.02	0.21	1.13	0.35	5－24	4.43*	0.61	0.32	1.38	0.48
4－10	2.05	－0.71	0.04	0.20	0.08	5－25	1.06	－1.00	0.00	0.00	0.00
4－11	2.48	0.39	0.30	1.34	0.46	5－26	1.27	－0.65	0.04	0.20	0.08
4－12	0.09	－0.02	0.17	0.82	0.29	5－27	1.83	－0.69	0.04	0.20	0.08
4－13	0.73	－0.37	0.11	0.58	0.20	6－7	0.23	0.18	0.35	2.06	0.52
4－14	0.82	－0.47	0.08	0.40	0.15	6－8	0.69	0.21	0.43	2.54	0.60
4－15	1.26	0.33	0.25	1.12	0.40	6－9	0.02	0.04	0.31	1.86	0.48
4－16	1.76	－0.55	0.07	0.38	0.14	6－10	3.41	0.75	0.31	1.67	0.47
4－17	2.04	0.30	0.32	1.49	0.48	6－11	0.34	0.38	0.20	1.10	0.33
4－18	0.17	－0.27	0.12	0.60	0.21	6－12	2.57	0.59	0.33	1.83	0.50
4－19	0.19	－0.35	0.09	0.42	0.16	6－13	0.30	－0.16	0.20	1.18	0.33
4－20	3.35	0.57	0.28	1.18	0.43	6－14	0.44	0.33	0.26	1.44	0.41
4－21	2.66	－0.73	0.04	0.20	0.07	6－15	0.42	－0.25	0.12	0.70	0.22
4－22	0.58	－0.58	0.05	0.21	0.09	6－16	0.25	0.24	0.28	1.59	0.44
4－23	0.15	0.02	0.11	0.46	0.19	6－17	0.03	0.05	0.24	1.39	0.39
4－24	5.17*	0.62	0.33	1.41	0.50	6－18	0.20	－0.16	0.18	1.03	0.30

（续）

种对	χ^2	AC	PC	OI	DI	种对	χ^2	AC	PC	OI	DI
6-19	0.42	-0.25	0.12	0.70	0.22	8-17	0.07	0.13	0.25	1.32	0.40
6-20	1.23	0.65	0.21	1.11	0.34	8-18	0.35	0.22	0.26	1.35	0.41
6-21	1.87	0.55	0.30	1.64	0.46	8-19	0.05	-0.05	0.15	0.77	0.26
6-22	0.08	0.29	0.17	0.91	0.29	8-20	1.01	0.46	0.21	1.02	0.34
6-23	0.00	0.18	0.13	0.73	0.24	8-21	0.87	0.32	0.27	1.37	0.42
6-24	0.04	-0.16	0.13	0.71	0.22	8-22	0.03	0.19	0.16	0.80	0.28
6-25	0.02	-0.16	0.07	0.37	0.13	8-23	0.07	0.06	0.12	0.60	0.21
6-26	1.00	-0.37	0.09	0.52	0.17	8-24	0.35	0.30	0.20	1.00	0.33
6-27	0.01	-0.07	0.16	0.88	0.27	8-25	0.15	0.06	0.08	0.41	0.15
7-8	3.42	0.26	0.43	2.27	0.60	8-26	0.04	0.06	0.15	0.78	0.27
7-9	0.06	0.01	0.24	1.30	0.39	8-27	0.05	-0.05	0.15	0.77	0.26
7-10	11.72*	0.84	0.47	2.06	0.64	9-10	3.83	0.51	0.33	1.53	0.50
7-11	0.95	-0.48	0.08	0.39	0.14	9-11	0.06	0.03	0.17	0.82	0.29
7-12	0.57	-0.35	0.11	0.58	0.20	9-12	0.00	0.05	0.20	1.00	0.33
7-13	0.01	-0.07	0.19	0.96	0.31	9-13	0.01	0.07	0.23	1.18	0.38
7-14	9.23*	0.71	0.45	2.01	0.62	9-14	0.04	-0.05	0.16	0.80	0.28
7-15	0.00	-0.13	0.13	0.61	0.22	9-15	0.00	0.10	0.17	0.83	0.30
7-16	5.58*	0.50	0.41	1.92	0.58	9-16	0.10	0.00	0.19	0.98	0.32
7-17	0.10	0.00	0.19	0.98	0.32	9-17	0.10	0.00	0.19	0.98	0.32
7-18	1.72	0.32	0.30	1.46	0.47	9-18	0.00	-0.13	0.15	0.78	0.27
7-19	0.00	0.10	0.17	0.83	0.30	9-19	0.65	0.28	0.23	1.07	0.37
7-20	0.02	-0.25	0.09	0.42	0.16	9-20	0.02	-0.25	0.09	0.42	0.16
7-21	0.04	-0.05	0.16	0.80	0.28	9-21	0.83	0.26	0.26	1.25	0.41
7-22	5.65*	0.77	0.32	1.38	0.48	9-22	0.48	0.31	0.19	0.87	0.32
7-23	0.03	0.19	0.14	0.65	0.25	9-23	0.03	0.19	0.14	0.65	0.25
7-24	0.20	-0.35	0.08	0.41	0.15	9-24	0.12	0.19	0.18	0.85	0.31
7-25	1.08	0.59	0.16	0.69	0.27	9-25	0.00	-0.35	0.05	0.22	0.09
7-26	0.12	0.19	0.18	0.85	0.31	9-26	0.20	-0.35	0.08	0.41	0.15
7-27	2.45	0.46	0.29	1.31	0.44	9-27	2.20	-0.71	0.04	0.20	0.07
8-9	0.42	0.16	0.33	1.83	0.50	10-11	0.11	-0.06	0.11	0.47	0.20
8-10	4.05*	0.62	0.33	1.63	0.50	10-12	2.82	-1.00	0.00	0.00	0.00
8-11	0.02	-0.15	0.14	0.76	0.25	10-13	0.14	0.00	0.14	0.65	0.25
8-12	0.35	0.22	0.26	1.35	0.41	10-14	7.07*	0.42	0.40	1.55	0.57
8-13	0.45	-0.24	0.16	0.90	0.28	10-15	0.14	-0.48	0.06	0.24	0.11
8-14	2.63	0.49	0.32	1.60	0.48	10-16	4.75	0.32	0.35	1.46	0.52
8-15	0.28	-0.29	0.11	0.57	0.19	10-17	0.34	0.12	0.21	0.92	0.35
8-16	2.49	0.42	0.35	1.77	0.51	10-18	0.60	0.15	0.22	0.94	0.36

（续）

种对	χ^2	AC	PC	OI	DI	种对	χ^2	AC	PC	OI	DI
10 - 19	2.06	0.29	0.27	1.03	0.42	12 - 25	0.29	0.02	0.07	0.27	0.13
10 - 20	0.00	-0.33	0.06	0.25	0.12	12 - 26	0.12	0.02	0.12	0.49	0.21
10 - 21	3.30	0.31	0.31	1.25	0.48	12 - 27	0.28	-0.53	0.05	0.23	0.10
10 - 22	4.05*	0.46	0.31	1.11	0.47	13 - 14	0.03	-0.08	0.14	0.64	0.24
10 - 23	1.71	0.36	0.23	0.83	0.38	13 - 15	0.44	0.21	0.21	0.92	0.35
10 - 24	1.30	-1.00	0.00	0.00	0.00	13 - 16	2.86	-0.74	0.04	0.20	0.07
10 - 25	0.20	0.05	0.08	0.28	0.14	13 - 17	0.20	0.12	0.23	1.07	0.37
10 - 26	0.04	0.05	0.13	0.50	0.22	13 - 18	0.00	0.05	0.18	0.85	0.31
10 - 27	0.14	-0.48	0.06	0.24	0.11	13 - 19	0.02	0.05	0.15	0.67	0.26
11 - 12	0.74	-0.61	0.05	0.22	0.09	13 - 20	0.16	-0.48	0.05	0.23	0.10
11 - 13	0.14	0.00	0.14	0.65	0.25	13 - 21	0.85	0.22	0.25	1.12	0.40
11 - 14	2.40	-1.00	0.00	0.00	0.00	13 - 22	0.27	0.21	0.18	0.73	0.30
11 - 15	0.14	0.01	0.12	0.49	0.21	13 - 23	3.23	0.54	0.27	1.03	0.42
11 - 16	1.02	-0.64	0.05	0.21	0.09	13 - 24	2.21	-1.00	0.00	0.00	0.00
11 - 17	1.91	0.22	0.28	1.18	0.43	13 - 25	0.21	0.31	0.13	0.52	0.24
11 - 18	0.00	-0.22	0.10	0.45	0.18	13 - 26	1.25	0.31	0.24	0.97	0.38
11 - 19	1.64	-1.00	0.00	0.00	0.00	13 - 27	0.00	-0.20	0.10	0.45	0.18
11 - 20	0.98	-1.00	0.00	0.00	0.00	14 - 15	1.49	0.27	0.25	1.00	0.40
11 - 21	0.02	-0.15	0.11	0.46	0.19	14 - 16	3.58	0.30	0.33	1.41	0.50
11 - 22	0.98	-1.00	0.00	0.00	0.00	14 - 17	0.12	-0.01	0.14	0.65	0.25
11 - 23	0.06	-0.22	0.07	0.26	0.13	14 - 18	0.06	0.02	0.15	0.67	0.26
11 - 24	0.04	-0.41	0.06	0.24	0.11	14 - 19	1.49	0.27	0.25	1.00	0.40
11 - 25	0.20	-1.00	0.00	0.00	0.00	14 - 20	0.70	0.25	0.20	0.77	0.33
11 - 26	0.04	-0.41	0.06	0.24	0.11	14 - 21	0.00	0.05	0.16	0.69	0.27
11 - 27	0.14	-0.48	0.06	0.24	0.11	14 - 22	3.25	0.44	0.29	1.07	0.44
12 - 13	1.04	0.25	0.24	0.97	0.38	14 - 23	1.28	0.35	0.21	0.80	0.35
12 - 14	0.06	-0.29	0.10	0.44	0.17	14 - 24	0.12	-0.47	0.06	0.24	0.11
12 - 15	2.59	0.42	0.27	1.03	0.42	14 - 25	3.73	0.67	0.25	0.87	0.40
12 - 16	0.38	-0.40	0.09	0.42	0.16	14 - 26	2.23	0.35	0.27	1.03	0.42
12 - 17	1.85	-0.70	0.04	0.20	0.08	14 - 27	0.12	0.13	0.18	0.73	0.30
12 - 18	0.06	-0.29	0.10	0.44	0.17	15 - 16	0.00	-0.20	0.10	0.45	0.18
12 - 19	1.98	-1.00	0.00	0.00	0.00	15 - 17	0.00	0.05	0.16	0.69	0.27
12 - 20	0.02	0.07	0.13	0.50	0.22	15 - 18	0.46	-0.56	0.05	0.22	0.10
12 - 21	0.00	0.05	0.16	0.69	0.27	15 - 19	0.04	0.04	0.13	0.50	0.22
12 - 22	0.02	-0.39	0.06	0.24	0.11	15 - 20	0.03	0.12	0.14	0.53	0.25
12 - 23	0.01	0.13	0.13	0.52	0.24	15 - 21	0.12	-0.05	0.11	0.47	0.20
12 - 24	5.80*	0.51	0.36	1.34	0.53	15 - 22	1.46	0.29	0.23	0.83	0.38

（续）

种对	χ^2	AC	PC	OI	DI	种对	χ^2	AC	PC	OI	DI
15 - 23	2. 25	0. 38	0. 25	0. 87	0. 40	19 - 21	0. 12	0. 10	0. 18	0. 73	0. 30
15 - 24	0. 00	0. 07	0. 13	0. 52	0. 24	19 - 22	1. 46	0. 29	0. 23	0. 83	0. 38
15 - 25	5. 31	0. 69	0. 30	0. 95	0. 46	19 - 23	0. 15	0. 18	0. 15	0. 55	0. 27
15 - 26	0. 00	0. 07	0. 13	0. 52	0. 24	19 - 24	0. 00	-0. 35	0. 06	0. 25	0. 12
15 - 27	0. 04	-0. 42	0. 06	0. 24	0. 11	19 - 25	0. 95	0. 38	0. 18	0. 60	0. 31
16 - 17	0. 00	-0. 17	0. 13	0. 63	0. 23	19 - 26	3. 77	0. 38	0. 31	1. 11	0. 47
16 - 18	0. 02	0. 08	0. 19	0. 87	0. 32	19 - 27	0. 04	-0. 42	0. 06	0. 24	0. 11
16 - 19	0. 00	0. 08	0. 16	0. 69	0. 27	20 - 21	0. 02	-0. 39	0. 06	0. 24	0. 11
16 - 20	0. 16	0. 01	0. 11	0. 47	0. 20	20 - 22	0. 28	0. 16	0. 17	0. 58	0. 29
16 - 21	1. 26	0. 25	0. 26	1. 15	0. 42	20 - 23	0. 23	0. 02	0. 08	0. 29	0. 15
16 - 22	0. 16	0. 01	0. 11	0. 47	0. 20	20 - 24	0. 11	-0. 16	0. 07	0. 27	0. 13
16 - 23	0. 67	0. 31	0. 19	0. 75	0. 32	20 - 25	1. 76	0. 41	0. 22	0. 67	0. 36
16 - 24	0. 38	-0. 55	0. 05	0. 22	0. 10	20 - 26	0. 11	-0. 16	0. 07	0. 27	0. 13
16 - 25	0. 21	-0. 10	0. 06	0. 25	0. 12	20 - 27	0. 03	0. 09	0. 14	0. 53	0. 25
16 - 26	0. 38	-0. 55	0. 05	0. 22	0. 10	21 - 22	0. 02	-0. 39	0. 06	0. 24	0. 11
16 - 27	0. 00	0. 08	0. 16	0. 69	0. 27	21 - 23	1. 28	0. 35	0. 21	0. 80	0. 35
17 - 18	0. 02	0. 08	0. 19	0. 87	0. 32	21 - 24	1. 58	-1. 00	0. 00	0. 00	0. 00
17 - 19	0. 70	0. 23	0. 22	0. 94	0. 36	21 - 25	0. 29	0. 02	0. 07	0. 27	0. 13
17 - 20	5. 51	0. 61	0. 33	1. 29	0. 50	21 - 26	0. 12	0. 02	0. 12	0. 49	0. 21
17 - 21	0. 12	0. 12	0. 20	0. 89	0. 33	21 - 27	0. 12	-0. 05	0. 11	0. 47	0. 20
17 - 22	0. 16	0. 01	0. 11	0. 47	0. 20	22 - 23	3. 89	0. 41	0. 30	0. 95	0. 46
17 - 23	0. 67	0. 31	0. 19	0. 75	0. 32	22 - 24	0. 57	-1. 00	0. 00	0. 00	0. 00
17 - 24	0. 06	-0. 10	0. 11	0. 46	0. 19	22 - 25	18. 18	1. 00	0. 57	1. 51	0. 73
17 - 25	0. 21	0. 31	0. 13	0. 52	0. 24	22 - 26	2. 03	0. 27	0. 25	0. 87	0. 40
17 - 26	0. 06	0. 14	0. 17	0. 71	0. 29	22 - 27	0. 03	0. 09	0. 14	0. 53	0. 25
17 - 27	0. 00	0. 08	0. 16	0. 69	0. 27	23 - 24	0. 37	-1. 00	0. 00	0. 00	0. 00
18 - 19	0. 03	0. 10	0. 17	0. 71	0. 29	23 - 25	2. 40	0. 43	0. 25	0. 71	0. 40
18 - 20	1. 46	-1. 00	0. 00	0. 00	0. 00	23 - 26	0. 31	0. 14	0. 17	0. 58	0. 29
18 - 21	0. 30	0. 15	0. 21	0. 92	0. 35	23 - 27	0. 52	-1. 00	0. 00	0. 00	0. 00
18 - 22	0. 07	-0. 44	0. 06	0. 24	0. 11	24 - 25	0. 06	-1. 00	0. 00	0. 00	0. 00
18 - 23	0. 00	0. 10	0. 13	0. 50	0. 22	24 - 26	0. 02	-0. 27	0. 07	0. 26	0. 13
18 - 24	0. 17	0. 16	0. 18	0. 73	0. 30	24 - 27	1. 04	-1. 00	0. 00	0. 00	0. 00
18 - 25	0. 39	-1. 00	0. 00	0. 00	0. 00	25 - 26	1. 30	0. 18	0. 20	0. 63	0. 33
18 - 26	4. 78	0. 50	0. 33	1. 29	0. 50	25 - 27	0. 95	0. 15	0. 18	0. 60	0. 31
18 - 27	1. 04	0. 25	0. 24	0. 97	0. 38	26 - 27	0. 00	0. 06	0. 13	0. 52	0. 24
19 - 20	0. 03	0. 12	0. 14	0. 53	0. 25						

注：* 表示差异显著($P<0.05$)。物种编号同表 11-29。

(2)联结系数 AC 分析

由图 11-5 可知，乔木层 171 个种对中只有 43 个种对 | AC | ≥0. 50，其中 | AC | =1. 00 联结性极强的种对有 31 对，占所有种对的 18. 1%；75%种对 | AC | <0. 50，其中 92 个种对 | AC | ≤0. 20，占所有种对的 53. 8%，说明乔木层 19 个主要树种间联结性较低。

灌木层主要树种之间联结性也普遍较低，由图 11-6 可知，351 个种对中有 77. 8%，即 273 个种对 | AC | <0. 50，其中 141 个种对 | AC | ≤0. 20，占所有种对的 40. 2%；| AC | ≥0. 50 有 78 个种对，其中 | AC | =1. 00 联结性极强种对有 30 对，占所有种对的 8. 5%。

1																		
▲	2																	
△	□	3																
▲	●	○	4															
△	■	■	○	5														
▲	■	◇	●	■	6													
▲	◆	□	●	■	▲	7												
△	▲	■	○	■	●	●	8											
△	●	□	■	●	○	■	○	9										
△	■	●	■	▲	◆	◆	▲	○	10									
▲	▲	△	■	□	■	△	●	□	□	11								
△	◆	●	●	●	■	△	◆	◆	□	◆	12							
▲	▲	□	○	□	◆	●	●	□	■	■	●	13						
△	■	□	□	★	●	●	○	□	●	●	○	■	14					
△	■	○	★	●	■	●	○	○	●	○	●	●	■	15				
△	□	□	□	□	◇	△	□	■	●	◇	■	□	○	■	16			
▲	▲	◇	■	□	●	◆	○	○	■	●	□	■	■	■	△	17		
△	○	●	△	◆	◆	■	●	○	●	○	■	●	△	△	●	◇	18	
▲	△	■	□	△	△	△	△	■	△	△	△	△	□	□	◆	●	△	19

图 11-5　乔木层 19 个主要树种种间联结系数

★表示 AC =0；●表示 0. 00 < AC≤ 0. 10；■表示 0. 10 < AC≤ 0. 30；◆表示 0. 30 < AC≤0. 50；▲表示 0. 50 < AC≤1. 00；○表示 -0. 10≤AC <0. 00；□表示 -0. 30≤AC < -0. 10；◇表示 -0. 50≤AC < -0. 30；△表示 -1. 00≤AC < -0. 50。物种编号同表 11-27

(3)共同出现百分率 PC 分析

PC、OI、DI 实质上是等效的，其值越高，种对同时出现几率越大，正联结性相对较高。本节以共同出现百分率 PC 分析乔木层和灌木层主要种群的种对正联结性。由图 11-7、图11-8 可知，乔木层中 PC >0. 40 有 12 种对，灌木层中 PC >0. 40 有 16 种对，乔木层和灌木层主要种群种对共同出现百分率极低，说明乔木层和灌木层主要种群正联结性极低，绝大部分种对联结性不高。

1																										
■	2																									
▲	□	3																								
■	■	◆	4																							
▲	○	◆	■	5																						
■	■	●	●	●	6																					
▲	◆	●	△	□	■	7																				
■	●	○	□	●	■	■	8																			
□	□	◆	○	■	●	●	■	9																		
▲	■	●	△	◇	▲	▲	▲	▲	10																	
□	■	●	◆	■	◆	◇	□	●	○	11																
○	■	○	○	■	▲	◇	■	●	△	△	12															
□	○	□	◇	◇	□	○	□	●	●	●	■	13														
▲	◆	■	◇	△	◆	▲	◆	○	◆	△	□	○	14													
◆	◆	▲	◆	◆	□	□	□	●	◇	●	◆	■	■	15												
▲	▲	◇	△	□	■	▲	◆	●	◆	△	◇	△	■	□	16											
▲	◆	■	◆	●	●	●	■	●	■	■	△	■	○	●	□	17										
■	●	●	□	●	□	◆	■	□	■	□	□	●	●	△	●	●	18									
◆	◆	○	◇	○	□	●	○	■	■	△	△	●	■	●	●	■	■	19								
▲	▲	■	▲	□	▲	□	◆	□	◇	△	●	◇	■	■	●	▲	△	■	20							
■	◆	◇	△	□	▲	○	◆	■	◆	□	●	■	●	○	■	■	■	■	◇	21						
▲	▲	◆	△	△	■	▲	■	◆	◆	△	◇	■	◆	■	●	●	◇	■	■	◇	22					
▲	▲	●	●	○	■	■	●	■	◆	□	■	▲	◆	◆	◆	◆	■	■	●	◆	◆	23				
○	○	▲	▲	▲	□	◇	■	■	△	◇	▲	△	◇	●	△	○	■	◇	□	△	△	△	24			
▲	▲	▲	□	△	□	▲	●	◇	●	△	●	◆	▲	▲	○	◆	△	◆	◆	●	▲	◆	△	25		
○	▲	□	△	△	◇	■	●	◇	●	◇	●	◆	◆	●	△	■	◆	◆	□	●	■	■	□	■	26	
□	◆	○	△	△	○	◆	○	△	◇	◇	△	□	■	◇	●	●	■	◇	●	○	●	△	△	■	●	27

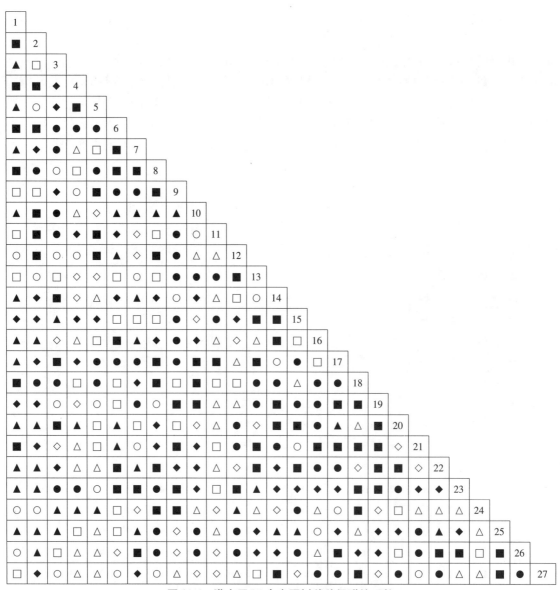

图 11-6　灌木层 27 个主要树种种间联结系数

★表示 $AC=0$；●表示 $0.00 < AC \leqslant 0.10$；■表示 $0.10 < AC \leqslant 0.30$；◆表示 $0.30 < AC \leqslant 0.50$；▲表示 $0.50 < AC \leqslant 1.00$；○表示 $-0.10 \leqslant AC < 0.00$；□表示 $-0.30 \leqslant AC < -0.10$；◇表示 $-0.50 \leqslant AC < -0.30$；△表示 $-1.00 \leqslant AC < -0.50$。物种编号同表 11-29

三、主要种群种间竞争

1. 种间竞争测度

竞争是指两个或两个以上的有机体或物种彼此相互妨碍、相互抑制的关系，一般而言，竞争涉及有机体利用的共同资源出现短缺(姜汉侨等，2004)。竞争一般可划分为种内竞争和种间竞争。Lotka-Volterra 竞争模型是广泛引用(蔡飞等，1997；刘金福等，1998；闫淑君等，

1																		
■	2																	
▼	▼	3																
▼	▼	▼	4															
▼	▼	▼	▼	5														
▽	▽	◎	▼	▼	6													
▼	▼	◎	▼	▼	▽	7												
▽	▽	▼	▼	▽	▼	▼	8											
▽	▼	▼	▼	▼	▼	▼	▼	9										
▼	▼	▼	▼	▽	▼	▽	▼	▼	10									
▼	▼	◎	▼	◎	▼	◎	▼	◎	◎	11								
▼	▼	◎	◎	◎	▼	★	▼	▼	◎	▼	12							
▼	▽	◎	▼	◎	▽	▼	▼	◎	▼	▼	▼	13						
▼	▼	◎	◎	▼	▼	▼	▼	◎	◎	◎	◎	▼	14					
▼	▼	◎	◎	▼	▼	◎	▼	▼	▼	◎	◎	▼	▼	15				
◎	◎	◎	◎	◎	◎	★	◎	◎	◎	◎	▼	◎	◎	◎	16			
▼	▼	◎	▼	◎	◎	▼	◎	◎	◎	◎	◎	▼	▼	◎	◎	17		
◎	◎	◎	★	◎	◎	◎	◎	◎	◎	◎	◎	◎	◎	◎	◎	◎	18	
◎	★	◎	◎	★	★	★	★	◎	★	★	★	★	◎	◎	◎	◎	★	19

图 11-7　乔木层 19 个主要树种共同出现百分率

★表示 $PC=0$；◎表示 $0.00<PC\leqslant0.20$；▼表示 $0.20<PC\leqslant0.40$；▽表示 $0.40<PC\leqslant0.60$；■表示 $0.60<PC$。物种编号同表 11-27

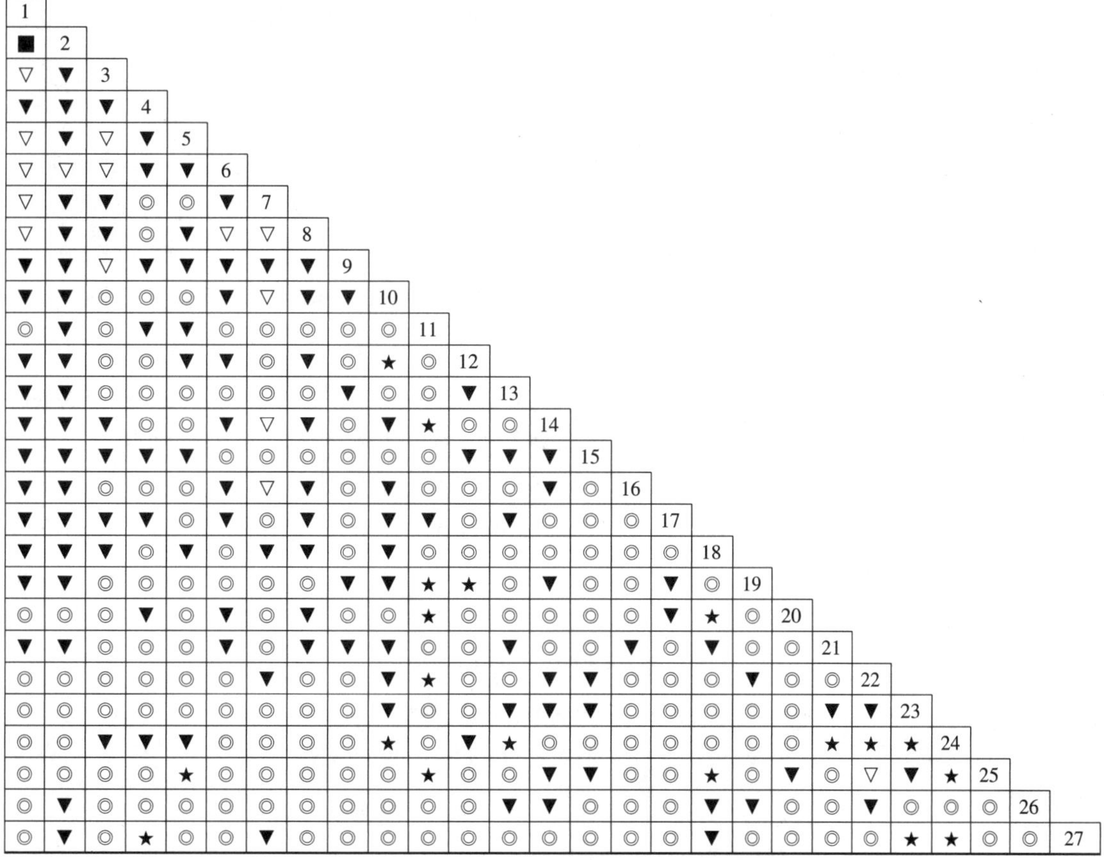

1																										
■	2																									
▽	▼	3																								
▼	▼	▼	4																							
▽	▼	▽	▼	5																						
▽	▽	▽	▼	▼	6																					
▽	▼	▼	◎	◎	▼	7																				
▽	▼	▼	◎	▼	▽	▽	8																			
▼	▼	▽	▼	▼	▼	▼	▼	9																		
▼	▼	◎	◎	◎	▼	▽	▼	▼	10																	
◎	▼	◎	▼	▼	◎	◎	◎	◎	◎	11																
▼	▼	◎	◎	▼	▼	◎	▼	◎	★	◎	12															
▼	▼	◎	◎	◎	◎	◎	◎	▼	◎	◎	▼	13														
▼	▼	▼	◎	◎	▼	▽	▼	◎	▼	★	◎	◎	14													
▼	▼	▼	▼	▼	◎	◎	◎	◎	◎	◎	▼	▼	▼	15												
▼	▼	◎	◎	◎	▼	▽	▼	◎	▼	◎	◎	◎	▼	◎	16											
▼	▼	▼	▼	◎	▼	◎	▼	◎	▼	▼	◎	▼	◎	◎	◎	17										
▼	▼	▼	◎	▼	◎	▼	▼	◎	▼	◎	◎	◎	◎	◎	◎	◎	18									
▼	▼	◎	◎	◎	◎	◎	◎	▼	▼	★	★	◎	▼	◎	◎	▼	◎	19								
◎	◎	◎	▼	◎	▼	◎	▼	◎	◎	★	◎	◎	◎	◎	◎	▼	★	◎	20							
▼	▼	◎	◎	▼	▼	◎	▼	▼	▼	◎	◎	▼	◎	◎	▼	◎	▼	◎	◎	21						
◎	◎	◎	◎	◎	◎	▼	◎	◎	▼	★	◎	◎	▼	▼	◎	◎	◎	▼	◎	◎	22					
◎	◎	◎	◎	◎	◎	◎	◎	◎	▼	◎	◎	▼	▼	▼	◎	◎	◎	◎	◎	▼	▼	23				
◎	◎	▼	▼	▼	◎	◎	◎	◎	★	◎	▼	★	◎	◎	◎	◎	◎	◎	◎	★	★	★	24			
◎	◎	◎	◎	★	◎	◎	◎	◎	◎	★	◎	◎	▼	▼	◎	◎	★	◎	▼	◎	▽	▼	★	25		
◎	▼	◎	◎	◎	◎	◎	◎	◎	◎	◎	◎	▼	▼	◎	◎	◎	▼	▼	◎	◎	▼	◎	◎	◎	26	
◎	▼	◎	★	◎	◎	▼	◎	◎	◎	◎	◎	◎	◎	◎	◎	◎	▼	◎	◎	◎	◎	★	★	◎	◎	27

图 11-8　灌木层 27 个主要树种共同出现百分率

★表示 $PC=0$；◎表示 $0.00<PC\leqslant0.20$；▼表示 $0.20<PC\leqslant0.40$；▽表示 $0.40<PC\leqslant0.60$；■表示 $0.60<PC$。物种编号同表 11-29

2002；程煜等，2004；张嘉生，2005；郑世群等，2008）的竞争模型，是由单种种群 Logistic 增长模型演化而来。

可用 Lotka-Volterra 竞争模型表达：

$$\frac{dN_i}{dt} = r_i N_i \left(1 - \frac{N_i + a_{ij}N_j}{k_i}\right)(i \neq j) \tag{11-30}$$

式中，i，$j=1$，2，…，$n(i \neq j)$为 n 个生长在一起的物种；k_i为种 i 的环境容量；r_i为种 i 的内禀增长率；a_{ij}为种 i 对种 j 的竞争系数；N_i为种 i 的密度。k_i、N_i在原定义为种群密度，但由于密度受个体大小影响，无法全面反映各优势树种在林分中的地位和作用，优势度则相对客观。因此用优势度代替密度，并用第 i 种植物纯林的正常成熟林的优势度作为 k_i值。

罗浮栲种群及其伴生树种在群落中处于主林冠层，物种间相互影响可视为对称的，即 $a_{ij}=a_{ji}$只与物种本身和代表该生境的生态因子有关。根据相互作用等同的生态位重叠 Pianka 指数，结合式(4-4)可得竞争系数 a_{ij}。

2. 竞争树种的选择

根据物种数量特征分析和对主要种群生态位宽度及重叠情况研究结果，可认为罗浮栲群落中能与罗浮栲形成竞争关系的高大木本植物只有甜槠，甜槠是乔木层的主要伴生树种，个体数量丰富，其大、中径级树多，冠幅大，在林冠层与罗浮栲和谐共存，是除罗浮栲以外乔木层中优势树种。此外，甜槠灌木层中幼苗幼树生态位宽度明显大于罗浮栲幼苗幼树，且数量要比罗浮栲丰富，是罗浮栲潜在的竞争对象。

3. 主要树种种间竞争规律

计算得到罗浮栲和甜槠竞争系数 a_{ij}为 0.500。根据树种数量特征分析结果，得到现阶段罗浮栲及甜槠优势度分别为 208 895.5 cm/hm^{2}和 41 325.1 cm/hm^2，相对优势度分别 83.48% 和 16.52%。

由于 $a_{ij}(i \neq j)<1$，说明罗浮栲群落中种内竞争大于种间竞争，罗浮栲及其伴生树种之间可能存在某个平衡点。由于资源利用的全局重叠，平衡时就有 $\sum N_i = \max k_i$。研究表明，以罗浮栲为优势种的正常成熟林的环境容纳量（优势度）$k_1=222\ 053$ cm/hm^2，甜槠 $k_2=158\ 099$ cm/hm^2（蔡飞等，1997）。将 k_1、k_2及罗浮栲与其伴生树种之间竞争系数代入式(11-30)，则有

$$dN_1/dt = r_1 N_1 [1-(N_1+0.500\,1N_2)/222\ 053] \tag{11-31}$$

$$dN_2/dt = r_2 N_2 [1-(N_2+0.500\,1N_1)/158\ 099] \tag{11-32}$$

式中，N_1、N_2分别为罗浮栲、甜槠优势度。在自然情况下，当 $t \to 0$ 时，$dN/dt=0$，即此时达到平衡状态，可得方程组

$$\begin{cases} N_1+0.500\,1N_2=222\ 053 \\ N_2+0.500\,1N_1=158\ 099 \end{cases} \tag{11-33}$$

解得 $N_1=173\ 130.1$ cm/hm^2，$N_2=71\ 516.7$ cm/hm^2，可得平衡时 2 个种的相对优势度（表 11-33）。

表 11-33　平衡时 2 个优势种群的相对优势度

物种	现阶段优势度 /(cm/hm²)	平衡术优势度 /(cm/hm²)	现阶段相对优势度/%	平衡时相对优势度/%
罗浮栲	208 895.5	173 130.1	83.48	70.77
甜槠	41 325.1	71 516.7	16.52	29.23

由预测可知，在自然状态下，该林分仍然维持以罗浮栲占优势的群落。随着时间推移，群落不断演替发展，罗浮栲数量可能减少，伴生树种可能增加。从竞争结果可知，罗浮栲及其伴生树种优势度之和为 244 646.7 cm/hm^2，大于任何一个 k_i 值，与理论符合，说明罗浮栲及其伴生树种组成的共优群落由于生态位叠加能够更加充分地利用环境资源。这对人工干预罗浮栲林生长和优化罗浮栲群落树种配置有较好理论指导作用。平衡点预测结果表明，随着罗浮栲群落不断演替，在平衡生长点罗浮栲林及其伴生树种相对优势度分别为 70.77% 和 29.23%，呈现共优状态。

第四节　小结

(1)戴云山自然保护区罗浮栲群落共有维管植物 39 科 61 属 104 种，其中蕨类植物 4 科 4 属 4 种，裸子植物 2 科 3 属 3 种，被子植物 33 科 54 属 97 种；被子植物中，双子叶植物 29 科 48 属 88 种，单子叶植物 4 科 6 属 9 种。维管束植物种类集中分布在山茶科、冬青科、杜鹃花科、樟科、壳斗科、山矾科、木犀科、蔷薇科、茜草科等及其科下属，是群落植物的主要组成部分，除此以外的种类分布在数量较多的小种科和单种科。罗浮栲群落维管植物在科、属级别上以热带成分为主；此外，该群落维管植物是华东植物区系组成部分，在地理成分上与华南、华中区联系紧密。

(2)群落乔木层有树种 57 种，灌木层有 75 种，草本层有 9 种，层间层有 6 种。罗浮栲在乔木层中为绝对优势，也是群落建群种，但在灌木层中稀少，不占优势。乔木层中其他主要伴生种有深山含笑和甜槠；灌木层主要树种中，乔木树种有乌药、木荷、深山含笑、红皮糙果茶、红楠、黄丹木姜子、榕叶冬青等，灌木树种有草珊瑚、朱砂根、窄基红褐柃、光亮山矾、薄叶山矾、峨眉鼠刺等；草本层种类稀少，以狗脊蕨镰羽瘤足蕨为优势，花葶薹草、光里白也较多；群落层间层不够发达，以野木瓜为优势。罗浮栲群落物种多样性顺序为灌木层 > 乔木层 > 草本层 > 层间层，且不同层次间物种多样性差异显著。

(3)罗浮栲群落生活型以高位芽植物为主，地上芽植物次之，地面芽植物和隐芽植物较少；叶片以革质中小型全缘单叶为主，根据生活型和叶的性质等群落外貌特征分析，戴云山自然保护区罗浮栲群落具有典型的中亚热带常绿阔叶林特征。

(4)运用对数级数、对数正态分布、几何级数和分割线段模型拟合罗浮栲群落乔木层和灌木层多度格局，研究结果发现对数级数模型和对数正态分布模型对乔木层和灌木层多度格局拟合效果良好，而几何级数和分割线段模型拟合效果不好。

(5)随着高度级升高，罗浮栲群落个体数先急剧下降，后逐步平稳下降，再略有小幅升高，最后再急剧下降至极小值。群落优势种群罗浮栲幼苗幼树相对较少，随着高度级升高，种群死亡率剧增，低高度级个体数量少。但高度级继续升高，罗浮栲个体数量开始增多，在整个群落个体数量的比例也增大。

(6)运用正态分布、对数正态分布、Weibull 分布、Γ分布、β 分布等概率分布函数拟合乔木层 10 个主要树种的直径分布，β 分布和Γ分布拟合效果较好，正态分布、对数正态分布、Weibull 分布拟合效果不理想。罗浮栲直径分布符合 Weibull 分布和β 分布。

(7)罗浮栲群落乔木层主要树种中，树参、三角槭、乌饭木呈均匀分布，云山青冈、杉木呈随机分布，其余主要树种和灌木层的全部主要树种均呈集群分布。

(8)乔木层主要树种中罗浮栲生态位宽度最大，其次是深山含笑、树参、薯豆、木荷、硬斗石栎、甜槠、榕叶冬青、红楠、红皮糙果茶、乌饭木、三角槭、马尾松生态位宽度较小；灌木层主要树种中生态位宽度最大的是乌药，其次为木荷、细齿叶柃、红楠、深山含笑、榕叶冬青、黄丹木姜子、窄基红褐柃，生态位宽度较小的有鹿角杜鹃、短尾越橘、岗柃、赤楠、香冬青、马银花、香桂、光亮山矾、光叶山矾。

乔木层主要树种之间生态位重叠现象较普遍，与其他树种生态位重叠较大的种有罗浮栲、深山含笑、硬斗石栎、鹿角杜鹃、薯豆、树参、红楠等；灌木层主要树种之间生态位重叠现象不多，只有乌药、木荷、红楠、细齿叶柃等与其他种生态位重叠较大。乔木层树种生态位普遍存在重叠，说明乔木层空间资源有限，树种众多，在资源利用方式和空间占据方式上存在较大一致性，导致生态位重叠较多，而灌木层主要树种能充分利用林下空间和资源，能在各自相对独立生态位上生长，生态位重叠较少。

(9)运用方差比例检验，群落乔木层和灌木层主要树种总体联结性呈显著正相关，但大部分种对间关联显著性较低。运用联结系数进一步检验，发现乔木层和灌木层主要树种中正联结性较大的种对较少，大部分种对间的联结性较小。

(10)采用 Lotka-Volterra 竞争方程研究罗浮栲与伴生树甜槠种间竞争，用百分率重叠指数计算种间竞争系数，以优势种群在正常纯林中的优势度作为其容纳量。结果表明，平衡时罗浮栲和甜槠相对优势度分别为 70.77% 和 29.23%，罗浮栲种群在天然林中仍处于支配地位。

第十二章　红楠种群特征

红楠是樟科润楠属常绿乔木树种，在中国、日本和韩国皆有分布，我国主要分布于长江流域及其以南地区，分布区域较广。红楠是亚热带地区常绿阔叶林主要建群种和伴生种，是地带性顶级森林树种，具有强大的生态功能，可作为改善环境、重建良好人工生态系统的首选生态树种。红楠又是优良经济和商品材树种，木材可供建筑、家具、小船、胶合板、雕刻使用，叶可提取芳香油，种子油可制肥皂和润滑油，叶和树皮可入药。红楠叶片和树皮提取物具有杀虫性、抗癌作用和极强的抗氧化性，可保护大脑皮层细胞和抑制黑色素生成(胡小平等，2009)。红楠生长迅速，四季常青，近年来国内外将其作为重要绿化树种。红楠作为商品林发展，既可满足工农业生产对原材料需要，又可获得可观经济效益(Gopalsamy，1984)。戴云山自然保护区红楠林主要分布在海拔 1 400 m 以下地区，伴生于天然常绿阔叶林中的混交林，天然更新能力强，通常处于林冠上层或亚优势层，是该地区主要伴生树种之一，具有重要生态功能。

在保护区内选取具代表性 3 处(戴云村、双芹村、后宅村)天然红楠林开展调查研究，样地基本情况见表 12-1。

表 12-1　红楠林分样地概况

样地	海拔/m	坡向	坡度/°	枯枝物厚度/cm	土壤类型	最小直径/cm	最大直径/cm
戴云村	1 053	东南	18	15.3	黄红壤	1.274	28.026
双芹村	1 185	南	20	13.5	暗黄壤	1.593	22.771
后宅村	1 328	西北	29	11.8	黄壤	4.108	45.860

第一节　红楠种群直径分布规律

林分直径分布是林分内不同直径林木按径阶的分布状态，直径分布是林分结构主要特征，直接影响林木树高、干形、材积、材种及树冠等因子变化，是许多森林经营的技术依据。林木直径分布型与森林群落生产结构及机能特性有着密切关系，深入探索红楠种群直径结构特有规律，对于揭示其功能作用的内在机制具有重要意义(孟宪宇，1995；刘金福等，2001)。从自然保护区经营管理角度分析，林分直径分布反映林分生态利用价值(Ma et al.，2005；Ma et al.，2006)。对戴云山红楠林种群直径分布调查研究，分析其直径分布结构特征，可为该区红楠林合理经营管理及其开发利用提供科学依据(黄志森，2010)。

一、种群直径分布拟合

林木种群直径分布形态变化一般较大，可用正态分布、对数正态分布、Weibull 分布、Γ 分布、β 分布 5 种概率分布描述，具体概率分布形式可参阅文献资料(刘金福等，1997；洪伟等，1999；刘金福等，1999；陆元昌等，2005)。

调查样地共有288株红楠，直径分布见表12-2。应用5种不同概率密度函数和主要特征数计算，采用QBASIC软件和EXCEL软件对该地区红楠种群直径分布进行拟合和计算，结果见表12-3。

表12-2　红楠林分直径分布

样地	株数											
	径阶/cm											
	4	8	12	16	20	24	28	32	36	40	44	48
戴云村	27	22	16	6	7	7	5	2	–	–	–	–
双芹村	14	21	18	10	15	7	–	–	–	–	–	–
后宅村	–	3	5	13	21	19	14	11	14	6	4	1

注："–"表示样地中缺少该径阶分布。

由表12-3可知，戴云村红楠种群直径正态分布、Weibull分布、对数正态分布、Γ分布的χ^2值均大于临界值，表明戴云村红楠种群不符合4种分布，其直径分布经χ^2检验($\alpha=0.05$)符合β分布，可见，β分布函数对戴云村红楠种群有较好适应性。由戴云村红楠直径分布折线图(图12-1)可知，戴云村红楠小径阶树木占大多数，而大径阶树木占少数。

表12-3　不同生境类型的红楠林分直径分布特征数及χ^2检验

样地	平均直径/cm	标准差	变动系数/%	偏度	峰度	正态分布	Weibull分布	对数正态分布	Γ分布	β分布	$\chi^2_{(0.05)}$值
戴云村	9.615	7.639	79.440	0.901	−0.364	15.898	32.493	13.535	12.829	4.116	11.071
双芹村	10.694	5.968	55.810	0.363	−0.954	7.758	11.979	19.318	12.923	3.338	7.815
后宅村	24.642	9.605	38.980	0.200	−0.569	7.374	7.553	28.464	29.337	5.554	15.507

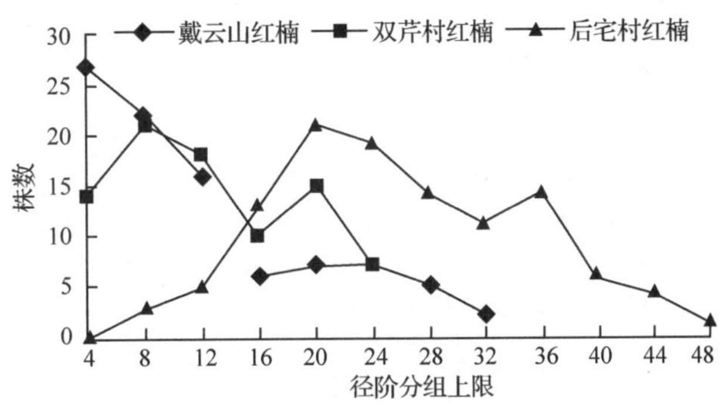

图12-1　红楠林分直径分布折线图

双芹村红楠种群直径正态分布、β分布χ^2值均小于临界值，表明这2种分布拟合较好；Weibull分布、对数正态分布、Γ分布的χ^2值均大于临界值，说明红楠种群直径分布不符合这3种分布。由双芹村红楠直径分布折线图(图12-1)可知，中径阶树木占大多数。

后宅村红楠种群直径正态分布、Weibull分布、β分布的χ^2值均小于临界值，表明这3种分布拟合效果较好，而Γ分布和对数正态分布的χ^2值均大于临界值，说明红楠种群直径分布均不符合这两种分布。由后宅村红楠直径分布折线图(图12-1)可知，大径阶树木占大多数，而小径阶树木占少数。

将3处不同群落类型数据作为一个整体，对红楠种群直径分布规律进行拟合和分析。由表12-4可知，该地区红楠种群直径分布均符合β分布和正态分布。因此，该红楠种群直径分布比较适合用β分布拟合，拟合效果较优，而正态分布次之。

表12-4 红楠林分直径分布特征数及χ^2检验

平均直径/cm	标准差	变动系数/%	偏度	峰度	正态分布	Weibull分布	对数正态分布	Γ分布	β分布	$\chi^2_{(0.05)}$值
14.984	10.363	71.49	0.583	-0.388	15.332	50.400	77.331	42.352	4.323	16.919

由表12-3、表12-4可知，所有样地红楠直径分布均符合β分布，除戴云村外，其他样地及整体红楠直径分布也符合正态分布，Weibull分布只适用于后宅村红楠直径分布，对数正态分布、Γ分布均不适合所有样地。因此，β分布更适用于戴云山红楠种群直径分布。

二、种群直径结构特征

由表12-3、表12-4可知，3块样地红楠种群直径分布曲线的偏度值均为正，偏度为左偏，其中戴云村、双芹村红楠直径分布曲线左偏幅度较大，在整个林分小径阶林木占多数；而后宅村红楠直径分布曲线左偏幅度较小，整个林分中大径阶林木占多数。3块样地红楠种群峰度值均为负，其直径分布曲线较平坦，表明径阶分布离散程度大。戴云村红楠变异系数较大，即其直径分布范围较大；双芹村红楠次之，表明直径分布范围较戴云村红楠种群小；后宅村红楠变异系数较小，说明直径分布范围较小。从整体上看，戴云山区域红楠种群直径分布曲线偏度值均为正，偏度为左偏，林分以中径阶林木为主；峰度值均为负，其直径分布曲线较平坦，表明径阶分布离散程度大，可能与其生境条件等外界因素有关；变异系数较大，表明直径分布范围较大。

第二节 红楠种群优势度增长规律

运用确定性数学模型研究植物种群数量增长问题一直是生态学者颇感兴趣的课题。Verhulst(1893)(Lenhart et al.，1986)首先提出著名的Logistic方程。崔启武等(1982)提出描述上凸Logistic增长曲线的非线性制约效应种群增长模型，但方程一般情况下不存在解析解，模型参数估计困难，为此张大勇等(1985)引入自适应调整种群增长模型。刘金福等(1998)在研究格氏栲种群优势度增长动态规律时，提出更为通用又存在显式解的模型，但存在参数生物学意义不明确的缺点，且积分形式与张大勇等模型积分形式一样，均未考虑环境因子对种群增长的影响。刘金福等(2001)提出密度制约效应呈非线性且考虑环境因子对种群增长影响的Logistic新模型。运用Logistic方程分析红楠优势种群增长规律，可为红楠林生长条件、种间关系调控提供科学依据，丰富红楠种群生态学保护研究内容(李文周，2012)。

一、基面积计算

种群增长模型中，变量S为t时刻种群数量，以红楠种群基面积作为种群数量指标，龄级为自变量，即以空间代替时间建立红楠种群时间序列。将林木按照胸径大小分级，每级间隔10 cm，即0～10 cm记第一龄级，对应$t=1$的时间；10～20 cm为第二龄级，对应$t=2$的时间，依此类推。令时间单位为龄级年，统计各调查样地内红楠各龄级林木基面积之和，为各龄级基面积初值，再换算为单位面积各龄级基面积初值 S'_i（考虑抽样误差，将样地红楠种群对应各龄级单位面积进行平均，得样地各龄级平均基面积初值，换算成红楠种群各龄级单位面积基面积），累加第 1 龄级至第 i 龄级基面积初值，则为种群在第 i 龄级基面积 S_i，即 $S_i = \sum S_i$ 为种群到第 i 龄级的林木基面积总量（表 12-5）。依此建立红楠种群增长模型。

表 12-5　红楠种群基面积　　m^2/hm^2

基面积系列	基面积初值	基面积实际值 S_i	S_i 理论值	S_i 理论初始值	基面积系列	基面积初值	基面积实际值 S_i	S_i 理论值	S_i 理论初始值
1	0.025	0.025	0.049	0.049	8	1.168	5.859	5.693	1.209
2	0.134	0.158	0.157	0.109	9	1.191	7.049	6.675	0.983
3	0.305	0.463	0.434	0.277	10	0.859	7.908	7.408	0.733
4	0.445	0.909	1.004	0.571	11	0.288	8.196	7.922	0.515
5	1.070	1.979	1.939	0.935	12	0.165	8.361	8.270	0.348
6	1.301	3.279	3.164	1.225	13	0.380	8.741	8.499	0.229
7	1.412	4.691	4.483	1.315	14	0.232	8.973	8.647	0.148

二、种群增长模型

Logistic 方程有 3 点假设：①种群内所有个体均具有相同生物特性；②种群增长率只与当时种群密度有关；③种群密度有上限，且种群增殖正比于种群密度与这个上限之差（刘金福等，1998；刘金福，2001）。红楠种群基本符合假设①和③，由于红楠种群增长率受环境因素及其他因素制约，不完全符合假设②，但不影响模型使用。将 Logistic 方程作为经验模型，拟合红楠种群胸高断面积增长过程，不将模型拟合范围外推，就能满足模型使用。

选择 4 个具代表性的种群增长模型研究红楠种群基面积增长规律：

Verhulst（1893）（Lenhart et al.，1986）首先提出 Logistic 方程：

$$S = k/(1 + ce^{-rt}) \tag{12-1}$$

张大勇等（1985）提出种群增长张 - Logistic 模型：

$$S = k/(1 + ce^{-rt})^{\theta} \tag{12-2}$$

刘金福等（1998）提出刘 - Logistic 模型：

$$S = k^{\mu/\theta}/(1 + ce^{-rt})^{1/\theta} \tag{12-3}$$

刘金福等（2001）提出 Logistic 改进模型：

$$S = [k/(1 + ce^{-r\theta t})]^{1/\theta} \tag{12-4}$$

式中，S 为红楠种群数量（基面积大小）；t 为红楠种群龄级；k、c、r、μ、θ 为待定参数。

三、模型拟合方法及结果

种群增长模型为非线性函数，参数估计一般难以直接采用最小二乘法，故对模型的参数估计采用改进单纯形法。改进单纯形法是由 m 维空间的 $m+1$ 个点 P_1，P_2，…，P_{m+1} 构成的几何图形，且 $P_1 - P_2$，…，$P_1 - P_{m+1}$ 线性无关。在二维空间，单纯形是一个三角形；在多维空间，单纯形是一个多面体。这些几何图形的每个顶点相当于各个试验点，其坐标值就是每个试验点相应的各个试验变量(参数)取值(Simbolon et al. , 1995)。

基本单纯形法是通过单纯形中最坏响应点的“反射”实现其运动功能；改进单纯形法在基本单纯形法基础上增加“扩张”和“压缩”两个功能，这两个功能既能加速单纯形前进，又能按预定精度充分接近最优点。具体实施方法是，首先根据一个无量纲变量构造矩阵 X：$x_i = x_j = \sqrt{1/[2j(j+1)]}$，组成一个 K 维正单纯形，由 $K+1$ 行 K 列构成，并且以无量纲形式表示 K 个因子试验设计(或参数设计)。根据初步试验结果确定初始单纯形，根据初始单纯形进行试验，比较试验结果，进行单纯形不断推移，直到获得满意结果(Han et al. , 1999)。以拟合改进模型为例，假设有 n 组年龄、基面积观测值，在单纯形中第 j 个顶点参数组合为 k_j、c_j、r_j、μ_j、θ_j，则由该模型可求总残差平方和 $Q_j = \sum(\hat{S} - S_i)^2$。该算法吸收了可计算 3 次设计的基本思想，以计算出的 Q 值作为试验结果，即各顶点的响应值。其他模型拟合相仿，模型参数估计具体过程可参阅文献资料(吴承祯等，1999；吴承祯等，2000)。

以红楠种群优势度增长数据拟合 4 种经典种群增长模型式(12-1) ~ 式(12-4)，比较拟合残差平方和 Q。依据不同计量方法，分别用 Logistic 方程、张 - Logistic 模型、刘 - Logistic 模型、刘 - 改进 Logistic 模型拟合。模型参数先用非线性迭代法拟合，再用改进单纯形法优化，结果见表 12-6。刘 - 改进 Logistic 模型拟合残差平方和 Q 均比其他 3 种模型小，方程相关系数为 0.999，拟合效果最好，其参数生物学意义明确，最大增长速率所处位置只受到 θ 参数影响，有较大适应性。刘 - 改进 Logistic 模型较好反映戴云山红楠种群优势度增长规律，有一定理论价值和应用前景。

表 12-6　红楠种群增长的 4 种模型拟合结果

模型名称	Logistic 模型	张 - Logistic 模型	刘 - Logistic 模型	刘 - 改进 Logistic 模型
模型参数	$k=8.599$	$k=8.906$	$k=4.729$	$k=1.894$
	$c=4.494$	$c=1.739$	$c=1.739$	$c=1.739$
	$r=0.646$	$r=0.471$	$r=0.462$	$r=0.464$
		$\theta=-3.425$	$\theta=3.425$	$\theta=3.425$
			$\mu=2.200$	
残差平方和	$Q=0.191$	$Q=0.147$	$Q=0.155$	$Q=0.145$

红楠种群基面积增长规律刘 - 改进模型为：

$$S = [1.894/(1+1.739e^{-1.588t})]^{1/3.425} \tag{12-5}$$

对红楠种群增长各径级基面积理论值及理论初值模拟，可知红楠种群优势度实际最大增长速率在第 7 龄级附近，即胸径为 60 ~ 70 cm 的时期。因此，当胸径 <60 cm 时，红楠种群基面积随时间增加而增大，其增长速度的加速度为正；当胸径为 60 ~ 70 cm 时，红楠种群加速度为零，增长速度达最大，这是基面积“S”形曲线拐点；当胸径 >70 cm 时，红楠种群基面积增长加速度为负值，速度减慢。

根据拟合结果，红楠种群内禀增长率为 0.464、环境容纳量为 1.894 m^2/hm^2，模型平衡位置在 1.205 m^2/hm^2，表明红楠种群基面积增长至平衡位置时将保持全局稳定。若种群增长超过平衡位置环境容量，将导致环境资源破坏，从而抑制种群正常生长。从红楠种群优势度增长改进模型分析，在 0.781 m^2/hm^2 达最大增长速度，为 0.28 m^2/a，即允许实际最大增长速率在环境容纳量一半前后出现，显示改进单纯形法优化参数的优越性。

第三节　小结

(1)从红楠林分整体上分析，正态分布及β分布均能拟合红楠种群直径分布，然而β分布具有较大灵活性，对分布形状适应性较强，尤其适合拟合不同偏度、峰度的非对称直径分布；而正态分布曲线变化小，仅拟合林分发育过程某一阶段直径分布，有一定局限性，且戴云村红楠种群直径分布不符合正态分布。可见，采用β分布确定红楠种群直径分布规律较适宜。拟合红楠种群直径β分布密度函数，目的是模拟与预估各个径阶林木株数和蓄积量变化，对林分材种结构、编制经营数表以及林业有关部门生产经营具有重要作用。林分结构规律分布拟合过程不仅需选择适当分布类型，也需选择适宜拟合方法，拟合效果更加精确，从而使研究更富有实际意义和应用价值。

(2)在原始状态下，红楠种群空间分布等级能够代表时间顺序发生的不同等级水平，即红楠种群基面积空间分布可视为种群以时间顺序发生的各个阶段具有的基面积水平，即用“空间序列”代替“时间序列”基本思路。运用种群增长模型对红楠种群优势度增长规律进行研究，统计表明，刘－改进 Logistic 模型拟合精度明显优于 Logistic 模型、张－Logistic、刘－Logistic 模型，种群增长新模型受到参数γ、c、r的影响，适应性强。刘－改进 Logistic 模型通过树种竞争特性因子θ控制，将指数增长、线性制约、下凹增长和上凸增长非线性制约概括成统一自适应性非线性制约通用模型，具有较强广泛性结构，是反映红楠种群基面积增长动态变化较好的数学模型。种群增长模型采用改进单纯形法拟合，效果较理想。

第十三章　毛竹向杉木林扩张对林分土壤质量及凋落物分解的影响

在全球气候变暖背景下，毛竹向针叶林扩张并逐渐演替成毛竹林，已经成为我国亚热带地区山地森林生态系统的常见现象。以福建省戴云山国家级自然保护区毛竹向杉木扩张过程中的3种林分：毛竹林、毛竹与杉木混交林、杉木林为研究对象，从土壤理化性质、土壤团聚体稳定性、土壤活性有机碳库分布特征、凋落物分解模型及养分释放模式等方面进行研究和分析，探讨毛竹扩张过程中土壤质量变化趋势及其影响因素，揭示毛竹向杉木扩张林分土壤质量演变机制，为将来管理部门应对毛竹扩张采取的管控措施提供科学依据。

第一节　毛竹向杉木林扩张后的群落物种多样性

毛竹是克隆性植物，属于典型的无性系繁殖，生长迅速，幼竹即使在缺乏光照情况下，2~3个月即可完成高生长并到达林冠层(白尚斌等，2013)。毛竹通过自身生长优势，影响光照、土壤养分、土壤水分等环境因子，实现对邻近群落扩张，迅速占领周边生境，形成毛竹纯林，最终导致生物多样性降低。杨怀等(2010)对鸡公山毛竹向阔叶林扩张研究发现，毛竹林扩张使群落物种组成发生显著变化，引起森林生态系统物种丰富度快速减少和层次结构简单化。白尚斌等(2013)在2005—2011年对天目山自然保护区定位观测发现，毛竹扩张引起森林群落植物物种多样性退化，显著降低乔灌层物种丰富度指数、Simpson指数和Pielou均匀度指数，欧阳明等(2016)对毛竹向次生常绿阔叶林扩张研究得到类似结论。杨清培等(2017)研究了毛竹和肿节少穗竹对常绿阔叶林群落结构和物种多样性影响叠加效应，结果表明毛竹、肿节少穗竹扩张不同程度地降低阔叶林群落物种丰富度，毛竹主要影响乔木层，两种竹子同时扩张会叠加影响群落生物多样性。已有研究主要集中于毛竹向阔叶林以及针阔混交林扩张引起林分群落物种多样性变化，鲜有对毛竹向针叶林扩张的研究。杉木林生态系统和阔叶林存在显著差异，毛竹向杉木林扩张对林分群落物种多样性影响与阔叶林是否相同还未知。研究毛竹向杉木扩张林分立竹结构以及物种多样性变化，能够为管理毛竹林扩张提供科学依据。

一、统计分析方法

采用t检验比较毛竹林和混交林间立竹平均胸径、高度以及立竹密度的差异显著性，单因素方差分析(One-Way ANOVA)和最小显著差异法(LSD)检验3种林分间物种多样性指数差异显著性，显著性水平为0.05。

二、毛竹向杉木扩张林分群落结构特征

由表13-1可知，毛竹向杉木扩张过程中，毛竹平均胸径和平均立竹高度均呈增加趋势，其中立竹高度差异显著。由图13-1可知，混交林中毛竹立竹高度处于9~11 m、11~13 m、>13 m比例为87.50%，大于毛竹林57.25%的比例。混交林中毛竹胸径处于大径级9~11 cm、>11 cm比例为61.67%，大于毛竹林32.19%的比例。白尚斌等(2012)对毛竹向阔

叶林扩张对林分结构变化研究发现，竹阔混交林中毛竹平均胸径、立竹高度均大于毛竹林相应平均值；刘希珍等(2015，2016)对毛竹向杉木以及阔叶林扩张研究发现，毛竹通过增加胸径等适应林分环境变化，本研究结论与此相一致。原因在于毛竹林中主要表现为立竹间种内竞争，处于同一基株的立竹通过克隆整合作用达到资源共享，资源丰富的分株可以向资源匮乏的分株传递养分(Tang et al.，2010)。因此，毛竹林中立竹种内竞争不是非常激烈，毛竹立竹高度和胸径等形态增长方面无迫切需求。在混交林中存在杉木间种内竞争、毛竹间种内竞争以及毛竹和杉木之间种间竞争。杉木林经过长期演替成为稳定群落，杉木间的竞争达到平衡状态。毛竹利用鞭根生长向杉木林扩张，一个混交林分可能只存在若干毛竹基株，各基株的分株之间可以进行养分传递共享，因此混交林中毛竹间种内竞争也不是主要竞争关系。毛竹向杉木林扩张打破了原有杉木林分平衡状态，毛竹必须获得足够养分和光照才能维持其快速生长与扩张，引起毛竹和杉木对土壤养分、水分等资源激烈竞争。因此，毛竹只有通过增加立竹高度到达杉木林冠层，才能够获得生长所需光照，通过增大毛竹胸径获得更多养分，促进毛竹快速生长和扩张。

表 13-1　毛竹向杉木扩张林分的毛竹平均胸径和立竹高度

林分类型	平均胸径/cm	平均立竹高度/m	毛竹密度/(株/hm^2)
毛竹林	8.75 ±1.15a	9.54 ±0.82b	3 625 ±242a
混交林	9.42 ±1.06a	10.81 ±0.74a	1 720 ±147b

注：1. 混交林指标只涉及毛竹数据；2. 不同小写字母表示不同林分间指标差异显著。

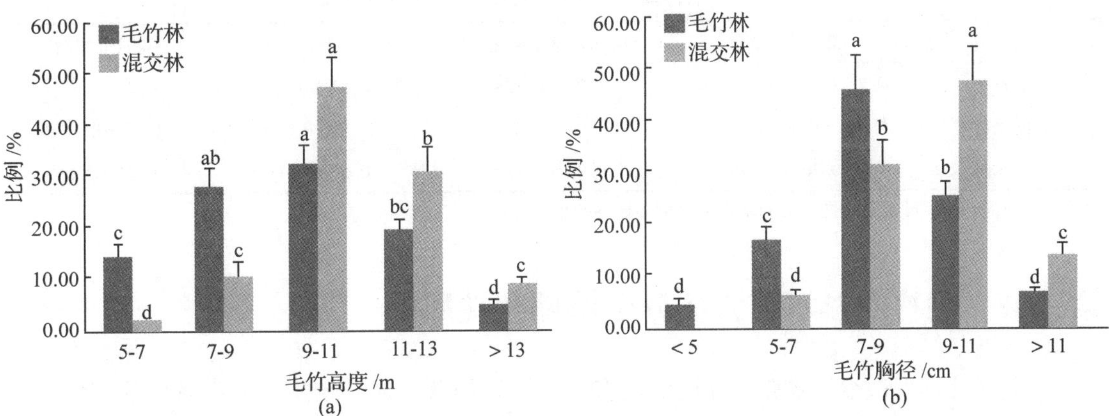

图 13-1　毛竹林和混交林中毛竹立竹高度及毛竹胸径分布比例

三、毛竹向杉木扩张林分灌草层物种多样性特征

由于 3 种林分乔木层主要为杉木和毛竹，只是夹杂少量的其他树种。因此，毛竹向杉木扩张林分物种多样性讨论主要集中在灌木层和草本层。

1. 毛竹向杉木扩张林分灌木层物种多样性

由表 13-2 可知，毛竹向杉木林扩张过程中，灌木层物种丰富度指标 Margalef 指数和 Shannon-Wiener 指数均为毛竹林 > 混交林 > 杉木林，其中毛竹林和杉木林间达到显著差异，毛竹林的 Margalef 指数和 Shannon-Wiener 指数分别比杉木林增加 71.71% 和 22.03%；毛竹杉木混交林 Margalef 指数和 Shannon-Wiener 指数分别比杉木林增加 29.08% 和 7.69%，但均无显著差异。Simpson 指数和 Pielou 指数均为毛竹林 > 杉木林 > 混交林，3 种林分均未达到显著差异。表明在毛竹向杉木林扩张过程中，灌木层物种种类呈增加趋势，当杉木林完全成为毛竹纯林后，物种种类显著增加，而物种分布均匀度无明显变化。

表 13-2　毛竹向杉木扩张林分灌木层物种多样性

林分类型	Margalef 指数	Shannon-Wiener 指数	Simpson 指数	Pielou 指数
毛竹林	8.74 ±1.09a	3.49 ±0.31a	0.95 ±0.11a	0.90 ±0.09a
混交林	6.57 ±0.89ab	3.08 ±0.23ab	0.92 ±0.09a	0.86 ±0.08a
杉木林	5.09 ±0.42b	2.86 ±0.17b	0.92 ±0.12a	0.88 ±0.11a

注：不同小写字母表示不同林分间灌木层物种多样性指标差异显著。

2. 毛竹向杉木扩张林分草本层物种多样性

由表 13-3 可知，毛竹向杉木林扩张过程中，草本层物种多样性 4 个指标均为毛竹林 > 混交林 > 杉木林，其中，毛竹林草本层 4 个物种多样性指标分别比杉木林增加 142.86%、82.65%、47.27% 和 24.66%，均达到显著差异；毛竹杉木混交林草本层 4 个物种多样性指标分别比杉木林增加 52.86%、59.18%、38.18% 和 20.55%，但差异均未达到显著。表明在毛竹向杉木林扩张过程中，草本层物种种类和物种分布均匀度均呈增加趋势，当杉木林完全成为毛竹纯林后，草本层物种多样性显著增加。

表 13-3　毛竹向杉木扩张林分草本层物种多样性

林分类型	Margalef 指数	Shannon-Wiener 指数	Simpson 指数	Pielou 指数
毛竹林	1.70 ±0.21a	1.79 ±0.19a	0.81 ±0.09a	0.91 ±0.07a
混交林	1.07 ±0.12ab	1.56 ±0.22ab	0.76 ±0.08ab	0.88 ±0.05ab
杉木林	0.70 ±0.09b	0.98 ±0.12b	0.55 ±0.08b	0.73 ±0.06b

注：不同小写字母表示不同林分间草本层物种多样性指标差异显著。

第二节　毛竹向杉木扩张林分土壤理化性质

植物扩张不仅改变了扩张所在区域生态系统植物群落组成和结构，而且对群落许多生态功能和生态过程产生影响(Ehrenfeld，2003)。土壤作为陆地森林生态系统重要组成部分，为植被生长提供必要物质基础，对植物生长和演替具有重要作用(葛晓改等，2012)。植物扩张可能对土壤理化性质产生重要影响，引起土壤结构、土壤容重、土壤持水性、土壤微生物功能结构、土壤有机质分解、土壤养分水平改变等(Allison et al.，2004；Liao et al.，2007)。植物物种在不同生态系统中引起土壤性质改变往往不一致，因此产生不同结果(黄乔乔等，2013)。陆建忠等(2005)研究表明加拿大一枝黄花扩张增加土壤总碳和总氮含量及贮量，降低铵氮库和硝氮库，从而促进该物种扩张；黄乔乔等(2013)研究表明火炬树向黑松幼林扩张过程中，显著提高土壤硝态氮和有效磷含量，而对土壤铵态氮含量起相反作用，对土壤 pH、有机质和全氮含量无显著影响。赵雨虹等(2017)研究认为毛竹向常绿阔叶林扩张改善土壤物理性质和持水能力，但减少土壤有机碳含量。吴家森等(2008)认为毛竹扩张增加土壤活性有机碳含量，但杨清培等(2011)对大岗山毛竹向常绿阔叶林扩张研究表明随着毛竹扩张土壤有机碳含量降低，生态系统碳储量格局发生明显变化。

毛竹向杉木扩张过程中，形成大量鞭根对土壤理化性质产生重要影响，改变土壤相关性质，目前鲜有相关研究。以戴云山自然保护区毛竹向杉木扩张林分为对象，探讨毛竹扩张过程对土壤理化性质影响以及土壤理化性质间相互作用，为研究毛竹扩张过程土壤结构变化以及土壤养分维持提供依据。

一、统计分析方法

通过单因素方差分析检验不同林分不同土层土壤理化性质差异显著性，最小显著差异法(LSD)进行多重比较，皮尔逊相关系数度量土壤理化性质间线性相关性，通径分析探讨土壤物理性质对土壤有机碳含量影响，因子分析提取土壤理化性质公因子，典型相关分析探讨土壤物理性质与土壤化学性质之间相关性，显著性水平为0.05。

二、毛竹向杉木扩张林分土壤物理性质分布特征

1. 土壤密度、pH值和孔隙度变化特征

土壤密度反映土壤疏松程度以及透气性，表征土壤供应植被生长所需水分能力和涵蓄水源性能(刘尧让等，2010)。由表13-4可知，相同林分土壤密度均随着土层深度加深逐渐增大，其中毛竹林、毛杉混交林、杉木林在40～60 cm土层土壤密度比表层土壤分别增加52.05%、43.90%、31.87%，毛竹林随着土层加深土壤密度增加最快。每一土层土壤密度均为毛竹林＜毛杉混交林＜杉木林，0～40 cm土层毛竹林和杉木林土壤密度差异显著。0～20 cm土层毛竹林和毛杉混交林分别比杉木林降低19.78%和9.89%，20～40 cm土层分别降低14.16%和5.31%，40～60 cm土层分别降低7.50%和1.67%，表明毛竹扩张对表层土壤密度改善最明显，主要由于毛竹庞大鞭根大多生长于表层土壤。

表13-4　毛竹向杉木扩张林分土壤密度、pH值和孔隙度变化特征

土层/cm	林分类型	土壤密度/(g/cm^3)	pH值	非毛管孔隙/%	毛管孔隙/%	总孔隙度/%	土壤通气度/%
0～20	毛竹林	0.73aB	4.97aA	26.33aA	29.72aA	56.06aA	32.76aA
	混交林	0.82abB	4.99aA	21.37bA	29.57aA	50.94abA	28.25bA
	杉木林	0.91bA	4.86aA	20.06bA	28.16aA	48.22bA	27.20bA
20～40	毛竹林	0.97aAB	4.88aA	15.47aAB	25.63aA	41.11aAB	21.67aB
	混交林	1.07abAB	4.93aA	12.29abB	25.27aA	37.57abB	19.31abAB
	杉木林	1.13bA	4.92aA	8.91bB	25.51aA	34.43bB	14.30bB
40～60	毛竹林	1.11aA	4.88aA	11.64aB	23.40aA	35.05aB	18.77aB
	混交林	1.18aA	4.89aA	9.52abB	23.55aA	33.07abB	15.64abB
	杉木林	1.20aA	5.03aA	8.32bB	21.48aA	29.81bB	13.91bB

注：不同小写字母表示同一土层不同林分间指标差异显著，不同大写字母表示相同林分不同土层间指标差异显著。

土壤pH值无明显变化规律，毛杉混交林随土层加深pH值逐渐降低，杉木林相反，毛竹林在表层土壤pH值最大，20～40 cm土层最小，总体为偏酸性土壤。

对于土壤3个孔隙度指标，相同林分下均随土层深度增加逐渐降低。每一土层土壤孔隙

度指标基本为毛竹林 > 毛杉混交林 > 杉木林，3 种林分非毛管孔隙度在 20 ~ 40 cm 土层差异最大，毛竹林和毛杉混交林分别比杉木林高 73.63% 和 37.93%；其次为 40 ~ 60 cm 土层，毛竹林和毛杉混交林分别比杉木林高 39.90% 和 14.42%，表明毛竹扩张对土壤非毛管孔隙度改善主要集中于 20 ~ 60 cm 土层。三种林分毛管孔隙度在 40 ~ 60 cm 土层差异最大，毛竹林和混交林分别比杉木林增加 8.94% 和 9.64%，表明毛竹扩张对土壤毛管孔隙度改善主要集中在 40 ~ 60 cm 土层，但无显著差异。毛竹林和毛杉混交林总孔隙度在 20 ~ 40 cm 土层比杉木林分别高 19.40% 和 9.12%，40 ~ 60 cm 土层分别高 17.58% 和 10.94%，0 ~ 20 cm 土层分别高 16.26% 和 5.64%，表明毛竹林扩张改善土壤孔隙度特征，主要集中在 20 ~ 60 cm 土层，改善途径主要通过提高土壤非毛管孔隙度达到。

相同林分土壤通气度均随土层深度加深逐渐减小。3 种林分在 20 ~ 40 cm 土层差异最大，毛竹林和混交林分别比杉木林高 51.54% 和 35.03%，0 ~ 20 cm 土层差异最小，毛竹林和混交林分别比杉木林高 20.44% 和 3.86%，变化趋势与土壤非毛管孔隙度相同。

2. 土壤持水性能变化特征

由表 13-5 可知，相同林分各土壤持水性能指标均随着土层加深逐渐降低，表层与 40 ~ 60 cm 土层间基本达到显著差异。表层与 40 ~ 60 cm 土层土壤质量含水量、土壤贮水量、毛管持水量、最小持水量均为毛竹林下降得相对最快，最大持水量和非毛管持水量是杉木林下降相对最快。0 ~ 20 cm 土层各林分土壤持水性能指标均为毛竹林 > 毛杉混交林 > 杉木林，毛竹林和另外两种林分基本为显著差异。最大持水量、毛管持水量、最小持水量和非毛管持水量 4 个指标，毛竹林和杉木林均在 20 ~ 40 cm 土层差异最大，毛竹林比杉木林分别增加 38.81%、25.31%、21.25% 和 73.48%，土壤质量含水量、土壤贮水量在 0 ~ 20 cm 土层差异最大，毛竹林比杉木林分别增加 22.29%、10.82%，表明杉木林成为毛竹林后，土壤水分状况明显改善，主要通过提高表层和浅层土壤水分达到。

表 13-5　毛竹向杉木扩张林分土壤水分变化特征

土层/cm	林分类型	土壤质量含水量/(g/kg)	土壤贮水量/mm	最大持水量/(g/kg)	毛管持水量/(g/kg)	最小持水量/(g/kg)	非毛管持水量/(g/kg)
0 ~ 20	毛竹林	335.64aA	46.59aA	689.22aA	425.88aA	323.89aA	263.34aA
	混交林	289.635abA	45.371aA	592.957bA	379.208bA	284.440aA	213.749bA
	杉木林	274.468bA	42.040aA	562.282bA	361.680bA	278.557aA	200.602bA
20 ~ 40	毛竹林	219.357aAB	38.877aAB	441.792aAB	287.069aAB	210.802aB	154.723aB
	混交林	173.486aB	36.528aAB	363.534abB	240.562abB	173.570aB	122.972abB
	杉木林	183.113aB	40.254aAB	318.268bB	229.079bB	173.851aB	89.189bB
40 ~ 60	毛竹林	155.535aB	32.574aB	339.783aB	223.290aB	148.870aC	116.493aB
	混交林	152.057aB	34.860aB	300.645abB	205.446aB	159.312aB	95.199abB
	杉木林	141.323aB	31.806aB	273.810bB	190.562aB	138.498aB	83.248bB

注：不同小写字母表示同一土层不同林分间指标差异显著，不同大写字母表示相同林分不同土层间指标差异显著。

3. 土壤物理性质间相关性

由表 13-6 可知，土壤密度与土壤孔隙度以及持水性能指标达到极显著负相关，其中与大部分指标相关系数绝对值大于 0.8(除了毛管孔隙度、土壤贮水量)，表明土壤密度是表征土壤立地条件主要指标。pH 值与其他土壤物理性质均未达到显著差异，表明 pH 值主要受到其他因素影响，物理性质不是影响 pH 值主要因素。土壤孔隙度指标间均达到极显著正相关，土壤持水性能指标间也均达到极显著正相关，土壤孔隙度指标和土壤持水性能指标间也基本为极显著正相关，主要由于总孔隙度 = 非毛管孔隙度 + 毛管孔隙度，土壤通气度是总孔隙度中没有被水分占据部分，而持水性能均为不同情况下土壤孔隙中持水情况，与土壤孔隙状况紧密相关。

表 13-6　主要土壤物理性质间相关系数

	非毛管孔隙	毛管孔隙	总孔隙度	土壤通气度	pH 值	土壤质量含水量	土壤贮水量	毛管持水量	最小持水量	最大持水量
土壤密度	-0.950**	-0.689**	-0.950**	-0.933**	-0.076	-0.871**	-0.626**	-0.903**	-0.857**	-0.959**
非毛管孔隙度		0.559**	0.923**	0.968**	-0.065	0.807**	0.514**	0.837**	0.799**	0.939**
毛管孔隙度			0.835**	0.570**	0.141	0.881**	0.928**	0.889**	0.895**	0.790**
总孔隙度				0.907**	0.022	0.945**	0.772**	0.968**	0.946**	0.990**
土壤通气度					-0.095	0.754**	0.433*	0.833**	0.772**	0.923**
pH						0.133	0.191	0.092	0.117	0.032
土壤质量含水量							0.886**	0.978**	0.988**	0.948**
土壤贮水量								0.816**	0.859**	0.726**
毛管持水量									0.987**	0.975**
最小持水量										0.951**

注：* 表示显著相关($P<0.05$)；** 表示极显著相关($P<0.01$)。

三、毛竹向杉木扩张林分土壤化学性质分布特征

1. 土壤化学性质变化特征

土壤养分是反映土壤肥力的重要指标，提供林木生长发育必需元素，与其他土壤因子相比更容易控制和调节(陈雪，2012)。由表 13-7 可知，土壤有机碳和全氮含量随土层和林分具有明显变化趋势，相同林分下均随土层深度增加逐渐降低，每一土层土壤有机碳和全氮含量均为毛竹林 > 混交林 > 杉木林。3 种林分全 P 和有效 P 含量均随土层深度增加逐渐降低，全 K 和速效 K 含量在不同土层间无明显趋势。0 ~ 20 cm 土层全 P、有效 P、全 K 和速效 K 含量均为毛竹林 > 混交林 > 杉木林，其他土层无明显规律，基本无显著差异。

表 13-7　毛竹向杉木扩张林分土壤化学物质含量

土层/cm	林分类型	有机碳/(g/kg)	全 N/(g/kg)	全 K/(g/kg)	全 P/(g/kg)	速效 K/(mg/kg)	有效 P/(mg/kg)
0 ~ 20	毛竹林	47.212aA	4.394aA	18.316aA	0.659aA	63.208aA	11.358aA
	混交林	45.216aA	3.668bA	17.872aA	0.605aA	58.750abA	10.680aA
	杉木林	43.063aA	3.521bA	16.639aA	0.589aA	54.083bA	10.019aA
20 ~ 40	毛竹林	36.919aAB	3.193aAB	18.104aA	0.578aA	41.750aAB	9.381aA
	混交林	29.601abB	2.704abAB	18.431aA	0.568aA	35.250bB	9.636aA
	杉木林	23.979bB	2.437bB	16.615aA	0.520aA	35.722bB	8.943aA

（续）

土层/cm	林分类型	有机碳/(g/kg)	全N/(g/kg)	全K/(g/kg)	全P/(g/kg)	速效K/(mg/kg)	有效P/(mg/kg)
40～60	毛竹林	31.560aB	2.920aB	18.597aA	0.531aA	27.861aB	8.774aA
	混交林	23.602abB	2.369aB	18.340aA	0.541aA	29.111aB	8.103aA
	杉木林	19.818bB	2.185aB	17.528aA	0.512aA	37.625bB	8.333aA

注：不同小写字母表示同一土层不同林分间指标差异显著，不同大写字母表示相同林分不同土层间指标差异显著。

2. 土壤化学性质间相关性

由表13-8可知，有机碳、全N、全P、有效P、速效K之间均达到显著正相关，全K与速效K显著正相关，与其他化学性质无显著相关性。其中，全N与有机碳、全P、速效K之间强相关，其他化学性质间相关性均比较小。

表13-8 土壤化学性质间相关系数

化学性质	全N	全P	全K	有效P	速效K
有机碳	0.945**	0.716**	-0.188	0.472*	0.752**
全N		0.866**	-0.114	0.568**	0.830**
全P			0.088	0.536**	0.785**
全K				-0.076	0.468*
有效P					0.645**

注：*表示显著相关($P<0.05$)；**表示极显著相关($P<0.01$)。

3. 土壤养分质量评价

参照全国第二次土壤普查标准(田雨，2012)，见表13-9，对毛竹向杉木扩张过程中不同林分土壤养分进行分级和评价，结果见表13-10。三种林分各土层全N、全K、全P含量均具有一致性，其中全N含量均为丰富，全K含量均处于中等水平，全P含量均为缺乏，这与南方山地土壤普遍缺磷现象较为一致。3种林分土壤有机碳含量在0～20 cm土层均处于丰富水平，毛竹林20～60 cm土层均为较丰富，毛杉混交林均为中等，而杉木林处于中等和较缺乏状态，这与土壤有机碳含量随土层增加逐渐降低相一致。3种林分速效K含量均偏低，0～20 cm土层均为较缺乏，20～40 cm土层均为缺乏状态，40～60 cm土层毛竹林和毛杉混交林为极缺乏，而杉木林为缺乏水平。土壤速效P含量是土壤实时供磷水平重要体现，对植物生长有重要意义，三种林分0～20 cm土层有效P含量均处于中等水平，在20～60 cm土层均为较缺乏，表明土壤磷元素较为匮乏。

表13-9 全国第二次土壤普查标准

等级	养分评价	有机碳/(g/kg)	全N/(g/kg)	全K/(g/kg)	全P/(g/kg)	速效K/(mg/kg)	有效P/(mg/kg)
1	丰富	>40	>2	>30	>2.0	>200	>40
2	较丰富	30～40	1.5～2.0	20～30	1.5～2.0	150～200	20～40
3	中等	20～30	1.0～1.5	15～20	1.0～1.5	100～150	10～20
4	较缺乏	10～20	0.75～1.0	10～15	0.7～1.0	50～100	5～10
5	缺乏	6～10	0.5～0.75	5～10	0.4～0.7	30～50	3～5
6	极缺乏	<6	<0.5	<5	<0.4	<30	<3

表 13-10　毛竹向杉木扩张林分土壤等级

土层/cm	林分类型	有机碳/(g/kg)	全 N/(g/kg)	全 K/(g/kg)	全 P/(g/kg)	速效 K/(mg/kg)	有效 P/(mg/kg)
0～20	毛竹林	丰富	丰富	中等	缺乏	较缺乏	中等
	混交林	丰富	丰富	中等	缺乏	较缺乏	中等
	杉木林	丰富	丰富	中等	缺乏	较缺乏	中等
20～40	毛竹林	较丰富	丰富	中等	缺乏	缺乏	较缺乏
	混交林	中等	丰富	中等	缺乏	缺乏	较缺乏
	杉木林	中等	丰富	中等	缺乏	缺乏	较缺乏
40～60	毛竹林	较丰富	丰富	中等	缺乏	极缺乏	较缺乏
	混交林	中等	丰富	中等	缺乏	极缺乏	较缺乏
	杉木林	较缺乏	丰富	中等	缺乏	缺乏	较缺乏

四、毛竹向杉木扩张林分土壤理化性质间相关性

1. 土壤理化性质间相关系数

由表 13-11 可知，土壤有机碳含量除了与土壤密度达到极显著负相关，与土壤孔隙度指标和土壤持水性能指标均极显著正相关。土壤全 N 含量与所有物理性质均显著相关，其中与土壤密度显著负相关。土壤全 K 含量与土壤毛管孔隙度、土壤质量含水量、土壤贮水量、毛管持水量和最小持水量显著负相关，相关性均为弱相关。全 P 含量只与土壤密度和 pH 值显著相关，速效 K 含量除了与毛管孔隙度和土壤贮水量无显著相关，与其他指标相关性均为显著，有效 P 相关性与速效 K 类似，少了与 pH 值显著相关，而且相关系数均比速效 K 小。综上可知，土壤有机碳、全 N 含量和土壤密度是表征土壤立地质量主要指标，速效 K 和有效 P 比全 K 和全 P 更能反映土壤物理性质变化。

表 13-11　土壤理化性质间相关系数

指标	土壤密度	非毛管孔隙度	毛管孔隙度	总孔隙度	土壤通气度	pH	土壤质量含水量	土壤贮水量	毛管持水量	最小持水量	最大持水量
有机碳	-0.804**	0.780**	0.621**	0.806**	0.789**	0.259	0.763**	0.535**	0.793**	0.759**	0.821**
全 N	-0.744**	0.688**	0.542**	0.708**	0.694**	0.447*	0.674**	0.469*	0.696**	0.663**	0.722**
全 K	0.187	-0.084	-0.458*	-0.269	-0.095	-0.079	-0.426*	-0.433*	-0.408*	-0.433*	-0.292
全 P	-0.430*	0.371	0.248	0.362	0.379	0.640**	0.343	0.202	0.351	0.332	0.374
速效 K	-0.588**	0.564**	0.325	0.526**	0.511**	0.414*	0.530**	0.353	0.507**	0.507**	0.552**
有效 P	-0.498**	0.506**	0.230	0.442*	0.467*	0.260	0.425*	0.242	0.416*	0.409*	0.470*

注：* 表示显著相关($P<0.05$)；** 表示极显著相关($P<0.01$)。

2. 土壤有机碳与土壤物理性质间通径分析

由表 13-11 可知，土壤有机碳除了与 pH 值无显著相关，与其他物理性质均达到显著中等或强相关。由于物理性质间也存在强烈相互影响，每一个指标均对土壤有机碳产生直接和间接影响。通径分析可以探讨主要土壤物理性质对土壤有机碳变化影响程度。以有机碳为因变量，物理性质为自变量，采用逐步回归法建立最优回归方程为：

$$y = -147.22 + 20.95x_1 + 0.27x_2 + 0.15x_3 + 1.04x_4 + 24.57x_5 \quad (13\text{-}1)$$

式中，y 为有机碳含量；x_1 为土壤密度；x_2 为最大持水量；x_3 为毛管持水量；x_4 为土壤通气度；x_5 为 pH 值。多元回归方程决定系数 R^2 等于 0.872，达到极显著强相关关系。

对土壤有机碳含量进行正态性检验，由表 13-12 可知 Shapiro-Wilk 和 Kolmogorov-Smirnov 值分别为 0.144 和 0.085，满足通径分析正态分布条件。将有机碳含量作为因变量，土壤密度、最大持水量、毛管持水量、土壤通气度、pH 值作为自变量进行通径分析，探讨主要土壤物理性质对土壤有机碳含量直接和间接作用。

表 13-12　土壤有机碳含量正态性检验

	Kolmogorov-Smirnov			Shapiro-Wilk		
	Statistic	*df*	Sig.	Statistic	*df*	Sig.
土壤有机碳	0.167	27	0.085	0.943	27	0.144

由表 13-13 可知，土壤密度、最大持水量、毛管持水量、土壤通气度、pH 值对土壤有机碳含量直接作用均为正。土壤密度直接作用为 0.286，但土壤密度的增加降低了土壤持水性能和土壤通气性能，间接阻碍土壤有机碳形成，其间接负作用合计为 -1.090，因此最终土壤密度与土壤有机碳含量负相关。最大持水量和毛管持水量直接作用分别为 0.385 和 0.128，通过其他 4 个指标间接作用分别达到 0.436 和 0.665，最终与土壤有机碳含量形成较高正相关性。土壤通气度直接作用为 0.624，对土壤有机碳直接促进作用较为明显，通过其他 4 个指标间接作用为 0.165，最终与土壤有机碳含量相关系数达到 0.789。pH 值直接作用为 0.316，通过其他 4 个指标间接作用非常微弱，合计间接作用仅为 -0.057。可见，土壤密度主要通过强烈间接负作用影响土壤有机碳含量变化，最大持水量和毛管持水量主要通过间接促进作用影响土壤有机碳含量，土壤通气度和 pH 值主要通过直接促进作用影响土壤有机碳含量变化。最终决定系数为 0.761，通径分析剩余因子为 0.489，即还有将近 50% 因素未考虑，表明土壤密度、最大持水量、毛管持水量、土壤通气度、pH 值 5 个指标只能解释土壤有机碳含量变化近 50% 的原因，还有一些较大影响因素未被考虑，有待进一步研究。

表 13-13　土壤有机碳含量与主要土壤物理性质间通径分析

因子	相关系数	直接作用	间接作用					
			x_1	x_2	x_3	x_4	x_5	合计
x_1	-0.804	0.286		-0.369	-0.115	-0.582	-0.024	-1.090
x_2	0.821	0.385	-0.274		0.125	0.576	0.010	0.436
x_3	0.793	0.128	-0.258	0.375		0.520	0.029	0.665
x_4	0.789	0.624	-0.267	0.355	0.107		-0.030	0.165
x_5	0.259	0.316	-0.022	0.012	0.012	-0.059		-0.057

五、毛竹向杉木扩张林分土壤理化性质典型相关分析

由土壤理化性质间相关性可知，土壤物理性质和化学性质间存在复杂相关性，各指标相互作用、互相影响，仅从相关系数无法全面获取物理和化学性质间整体相互影响。将物理性质和化学性质分别作为两组变量，利用典型相关分析探讨主要土壤化学性质与主要物理性质相互影响。由于物理性质和化学性质指标均较多，首先分别对物理性质和化学性质因子分析，

分别提取两组变量公因子，再对公因子进行典型相关分析。

1. 化学性质因子分析

选取土壤化学性质中有机碳(x_1)、全 N(x_2)、全 P(x_3)、全 K(x_4)、有效 P(x_5)和速效 K(x_6)进行因子分析。6 个变量 KMO 值为 0.713，表明各变量间信息重叠度较高，Bartlett 检验卡方值为 141.871，显著性水平为 0.000，表明各变量间存在较强相关性，适合因子分析。

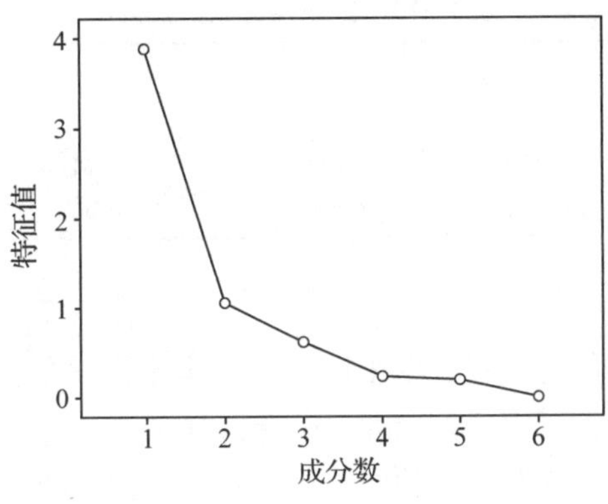

图 13-2　碎石图

由图 13-2 可知，第一、第二公因子特征值均大于 1，可选取前两个因子。但两个公因子累积方差贡献率为 74.894%，信息遗失较多。第三公因子特征根为 0.616，旋转后方差贡献率与第二公因子相当，累积方差贡献率为 92.479%（表 13-14），即前 3 个公因子可以解释所选取化学性质 92.479% 方差。因此，公因子数目确定为 3 个。

表 13-14　总方差解释

成分	初始特征值			提取载荷平方和			旋转载荷平方和		
	总计	方差百分比	累积/%	总计	方差百分比	累积/%	总计	方差百分比	累积/%
1	3.888	64.802	64.802	3.888	64.802	64.802	3.228	53.803	53.803
2	1.045	17.413	82.215	1.045	17.413	82.215	1.265	21.091	74.894
3	0.616	10.263	92.479	0.616	10.263	92.479	1.055	17.585	92.479
4	0.239	3.979	96.458						
5	0.194	3.227	99.684						
6	0.019	0.316	100.000						

由表 13-15 可知，旋转后载荷系数已经明显分化。第一公因子在有机 C、全 N、全 P 载荷较大，说明三个指标有较强相关性，主要体现有机碳、全 N、全 P 水平。第二公因子在有效 P 具有较大载荷，主要体现有效 P 水平。第三公因子在全 K、速效 K 具有较大载荷，主要体现土壤 K 元素水平。

表 13-15　旋转后因子载荷阵

因子	有机 C	全 N	全 P	全 K	有效 P	速效 K
1	0.925	0.951	0.860	-0.040	0.326	0.489
2	0.138	0.255	0.298	-0.032	0.933	0.470
3	-0.183	-0.076	0.177	0.991	-0.043	-0.716

由表 13-16 因子得分系数矩阵可得三个公因子分别为：

$$F_{11} = 0.409x_1 + 0.363x_2 + 0.302x_3 + 0.038x_4 - 0.337x_5 + 0.163x_6 \quad (13\text{-}2)$$

$$F_{12} = -0.319x_1 - 0.174x_2 - 0.064x_3 - 0.011x_4 + 1.083x_5 + 0.206x_6 \quad (13\text{-}3)$$

$$F_{13} = -0.135x_1 - 0.031x_2 + 0.208x_3 + 0.944x_4 - 0.017x_5 + 0.023x_6 \quad (13\text{-}4)$$

利用公因子表达式计算可得每个取样点化学性质公因子得分。

表 13-16　因子得分系数矩阵

因子	有机 C	全 N	全 P	全 K	有效 P	速效 K
1	0.409	0.363	0.302	0.038	-0.337	0.163
2	-0.319	-0.174	-0.064	-0.011	1.083	0.206
3	-0.135	-0.031	0.208	0.944	-0.017	0.023

2. 物理性质因子分析

选取反应土壤物理性质的因子：土壤密度(x_1)、土壤贮水量(x_2)、最大持水量(x_3)、毛管持水量(x_4)、总孔隙度(x_5)、最小持水量(x_6)和 pH 值(x_7)进行因子分析。7 个变量 KMO 值为 0.665，Bartlett 检验卡方值为 187.146，显著性水平为 0.000，表明变量适合因子分析。

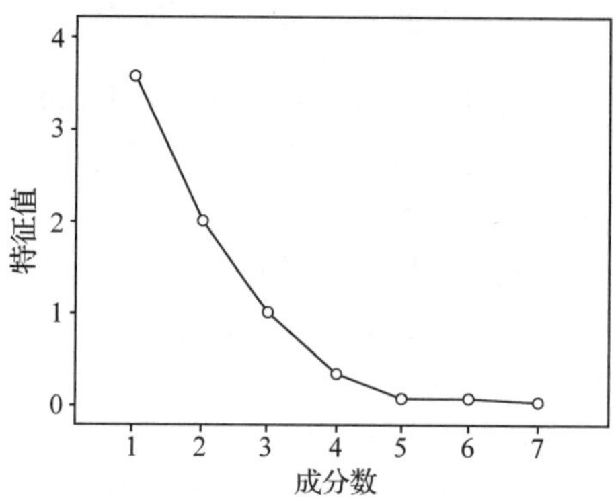

图 13-3　碎石图

由图 13-3 可知选取前四个公因子，但第四公因子特征值为 0.324，方差贡献率仅为 4.630%，可忽略不计。第三公因子特征值为 0.998，接近 1，且累积方差贡献率达到 92.992%（表 13-17），即前三个公因子可解释所选取物理性质 92.992% 方差。因此，公因子数目确定为 3 个。

表 13-17　特征根与方差贡献率表

成分	初始特征值			提取载荷平方和			旋转载荷平方和		
	总计	方差百分比	累积/%	总计	方差百分比	累积/%	总计	方差百分比	累积/%
1	3.546	50.658	50.658	3.546	50.658	50.658	2.796	39.945	39.945
2	1.965	28.072	78.731	1.965	28.072	78.731	2.693	38.469	78.414
3	0.998	14.261	92.992	0.998	14.261	92.992	1.020	14.578	92.992
4	0.324	4.630	97.621						
5	0.075	1.067	98.689						
6	0.068	0.965	99.654						
7	0.024	0.346	100.000						

由表 13-18 可知，旋转后因子载荷明显分化。第一公因子在土壤贮水量、毛管持水量和最小持水量系数较高，说明三个指标具有较强相关性，表示土壤持水能力；第二公因子在土壤密度、最大持水量、总孔隙度具有较高系数，表示土壤质地；第三公因子在 pH 值具有较高系数，表示土壤酸碱性。

表 13-18　旋转后因子载荷阵

因子	土壤密度	土壤贮水量	最大持水量	毛管持水量	总孔隙度	最小持水量	pH 值
1	0. 149	0. 884	0. 414	0. 923	0. 219	0. 957	0. 074
2	-0. 950	-0. 052	0. 882	0. 289	0. 950	0. 155	-0. 021
3	-0. 080	0. 069	-0. 002	0. 008	-0. 127	0. 038	0. 996

由表 13-19 因子得分系数矩阵可得三个公因子分别为：

$$F_{21} = 0.176x_1 + 0.351x_2 + 0.059x_3 + 0.329x_4 - 0.019x_5 + 0.357x_6 - 0.029x_7 \quad (13\text{-}5)$$

$$F_{22} = -0.408x_1 - 0.123x_2 + 0.310x_3 + 0.009x_4 + 0.356x_5 - 0.049x_6 + 0.024x_7 \quad (13\text{-}6)$$

$$F_{23} = -0.127x_1 + 0.013x_2 + 0.009x_3 - 0.036x_4 - 0.100x_5 - 0.014x_6 + 0.981x_7 \quad (13\text{-}7)$$

利用公因子表达式可得每个取样点主要物理性质公因子得分。

表 13-19　因子得分系数矩阵

因子	土壤密度	土壤贮水量	最大持水量	毛管持水量	总孔隙度	最小持水量	pH 值
1	0. 176	0. 351	0. 059	0. 329	-0. 019	0. 357	-0. 029
2	-0. 408	-0. 123	0. 310	0. 009	0. 356	-0. 049	0. 024
3	-0. 127	0. 013	0. 009	-0. 036	-0. 100	-0. 014	0. 981

3. 理化性质公因子间典型相关分析

分别将土壤化学性质公因子（F_{11}、F_{12}、F_{13}）和主要土壤物理性质公因子（F_{21}、F_{22}、F_{23}）作为两组变量，利用典型相关分析探讨土壤化学性质与土壤物理性质间相互影响关系。

表 13-20　典型相关系数显著性检验

No.	相关系数	Wilk′s	卡方值	df	*p* 值
1	0. 812	0. 316	25. 904	9	0. 002
2	0. 258	0. 930	1. 628	4	0. 804
3	0. 058	0. 997	0. 077	1	0. 782

由表 13-20 可知，第一对典型变量相关系数为 0. 812，属于强相关，第二对和第三对相关性较弱。只有第一对典型相关达到显著水平，典型相关变量为

$$\begin{cases} U_1 = -0.892F_{11} + 0.451F_{12} + 0.030F_{13} \\ V_1 = 0.247F_{21} + 0.739F_{22} - 0.627F_{23} \end{cases} \quad (13\text{-}8)$$

化学性质公因子第一典型变量 U_1 中，F_{11} 系数绝对值最大为 0. 892，其次 F_{12} 为 0. 451，F_{13} 最小仅为 0. 030，表明反映化学性质的典型变量主要由第一和第二公因子决定。物理性质公因子第一典型变量 V_1 中，F_{22} 系数绝对值最大为 0. 739，其次 F_{23} 为 0. 627，F_{21} 最小仅为 0. 247，表明反映物理性质的典型变量主要由第二和第三公因子决定。

由表 13-21 可知，化学性质公因子第一典型变量 U_1 中，F_{11} 和 F_{12} 与典型变量相关系数最

大，分别为0.892和0.451，其观察值变异能由U_1解释的方差比例分别为79.6%和20.3%；F_{13}与典型变量相关系数为-0.030，其观察值变异能由U_1解释的方差比例仅为0.1%，表明化学性质公因子典型变量主要体现C、N、P特征。在物理性质公因子典型变量V_1中，F_{22}和F_{23}与典型变量相关系数最大，分别为0.739和0.627，其观察值变异能由V_1解释的方差比例分别为54.7%和39.3%；F_{21}与典型变量相关系数为-0.247，其观察值变异能由V_1解释的方差比例仅为6.1%，表明物理性质典型变量主要体现土壤质地和酸碱性特征。

表 13-21　观察值与典型变量间冗余分析

观察值与典型变量间的相关系数				观察值的变异能由典型变量解释的比例			
组 1	F_{11}	F_{12}	F_{13}	组 1	F_{11}	F_{12}	F_{13}
U_1	0.892	0.451	-0.030	U_1	0.796	0.203	0.001
组 2	F_{21}	F_{22}	F_{23}	组 2	F_{21}	F_{22}	F_{23}
V_1	-0.247	0.739	0.627	V_1	0.061	0.547	0.393

由表13-22可知，化学性质第一公因子与相对的物理性质典型变量相关系数最高，为0.725，其观察值变异能由V_1解释的方差比例为52.5%；第二和第三公因子与相对的物理性质典型变量相关系数分别为0.366和-0.025，其观察值变异能由V_1解释的方差比例分别仅为13.4%和0.1%，表明土壤物理性质主要影响有机C、全N和全P变化，对全K、有效P和有效K影响较小。物理性质三个公因子与相对的化学性质典型变量相关系数分别为0.601、0.509和-0.201，其观察值变异能由U_1解释的方差比例分别为36.1%、25.9%和4.0%，数值较小，表明土壤化学性质不是影响土壤物理性质主要因素，土壤物理性质主要受其他因素影响。

表 13-22　观察值与相对典型变量间冗余分析

观察值与相对典型变量间相关系数				观察值变异能被相对典型变量解释的比例			
组 1	F_{11}	F_{12}	F_{13}	组 1	F_{11}	F_{12}	F_{13}
V_1	0.725	0.366	-0.025	V_1	0.525	0.134	0.001
组 2	F_{21}	F_{22}	F_{23}	组 2	F_{21}	F_{22}	F_{23}
U_1	-0.201	0.601	0.509	U_1	0.040	0.361	0.259

第三节　毛竹向杉木扩张林分土壤团聚体稳定性及碳氮贮量特征

土壤团聚体是土壤结构基本单元，其形成过程伴随土壤有机碳固定效应，是稳定和保护土壤有机碳重要载体(谭文峰等，2006；毛艳玲等，2007)。土壤团聚体形成对土壤有机碳存储、分解和转化产生积极影响，有利于提高土壤结构形成及稳定性，而土壤有机碳含量也影响团聚体大小和数量分布(孙杰等，2017)。因此，土壤团聚体保护机制与土壤有机碳固定效应密切相关(张曼夏等，2013)。

毛竹具有扩鞭繁殖特性，具有很强固碳能力。毛竹通过扩鞭繁殖不断侵入邻近群落占领新生境，将原有植被逐渐演变成以毛竹为优势种的林分(白尚斌等，2012)。毛竹扩张改变了原有森林林分组成以及生物循环过程，改变了凋落物量和地下根系存量，影响土壤团聚体形成，导致林地土壤碳、氮循环过程发生变化，最终对森林土壤质量和生态功能发挥产生重要影响(漆良华等，2012；宋庆妮等，2013)。

目前毛竹研究主要集中于毛竹功能性状(刘广路等，2010；陈登举等，2013)、毛竹林水源涵养功能(施拥军等，2013)、不同经营类型毛竹林土壤碳库演变(杜满义等，2013)，毛竹林扩张主要集中毛竹扩张过程中林分结构变化(白尚斌等，2012，2013)、毛竹根系策略(刘骏等，2013；沈蕊等，2016)、毛竹土壤碳库影响(杨清培等，2011)等方面，对于毛竹在扩张过程中对土壤团聚体及土壤有机碳形成的影响鲜有研究。因此，通过研究毛竹扩张对土壤团聚体稳定性及有机碳和全氮影响，有助于了解毛竹扩张过程中土壤团聚体变化对土壤质量影响，也为气候变暖背景下毛竹扩张对全球土壤碳库变化提供理论依据。

一、统计分析方法

单因素方差分析检验不同林分不同土层土壤团聚体质量分数、团聚体有机碳氮含量、碳氮贮量间差异显著性，最小显著差异法(LSD)进行多重比较。皮尔逊相关系数度量土壤团聚体质量分数和土壤团聚体稳定性指标间相关性、土壤团聚体有机碳氮含量和土壤总有机碳氮含量间相关性，回归分析度量分形维数与土壤团聚体稳定性指标、土壤团聚体有机碳氮含量与土壤总有机碳氮含量间回归关系，通径分析探讨土壤团聚体构成对土壤分形维数直接和间接作用，典型相关分析探讨不同粒径团聚体有机碳和全氮含量间整体相关性。显著性水平设置为0.05。

二、毛竹向杉木扩张林分土壤团聚体分布及稳定性

1. 土壤团聚体分布特征

由表13-23可知，0～20 cm土层毛竹林大团聚体(>0.25 mm)含量随粒径减小先增加再逐渐减小，毛杉混交林和杉木林大团聚体含量均随粒径减小逐渐降低；20～40 cm土层毛竹林和杉木林大团聚体含量随粒径减小先增大再逐渐降低，毛杉混交林大团聚体含量随粒径减小逐渐降低；40～60 cm土层3种林分大团聚体含量均随粒径减小先增加再逐渐减小。3种类型林分大团聚体0～60 cm土层均为粒径0.25～0.5 mm含量最低。微团聚体(<0.25 mm)含量基本随土壤深度增加而增大。

表13-23　土壤团聚体质量分数　%

林分类型	土壤深度/cm	>5mm	2～5mm	1～2mm	0.5～1mm	0.25～0.5mm	<0.25mm
毛竹林	0～20	0.21a	0.31a	0.18a	0.10b	0.04b	0.15a
	20～40	0.23a	0.25a	0.19a	0.12ab	0.05b	0.16a
	40～60	0.10b	0.26a	0.22a	0.18a	0.09a	0.14a
混交林	0～20	0.29a	0.25a	0.17a	0.11a	0.04b	0.14b
	20～40	0.25a	0.24a	0.19ab	0.13a	0.06ab	0.13b
	40～60	0.13b	0.25a	0.21a	0.14a	0.09a	0.18a
杉木林	0～20	0.26a	0.25a	0.16a	0.10b	0.08ab	0.15b
	20～40	0.21a	0.27a	0.16a	0.12ab	0.06b	0.19ab
	40～60	0.08b	0.21a	0.17a	0.18a	0.10a	0.26a

注：不同小写字母表示同一林分不同土层间土壤团聚体质量分数差异显著。

2. 土壤团聚体稳定性评价

由图 13-4 可知，3 种林分土壤分形维数、可蚀性 K 值随着土壤深度增加而增大，平均重量直径、平均几何直径均随土壤深度增加而减小，表明表层土壤具有更好团聚体结构与稳定性。其中 0 ~40 cm 土层毛杉混交林平均重量直径和平均几何直径最高，可蚀性 K 值最低；杉木林 3 个土层均为分形维数和可蚀性 K 值最高，平均重量直径和平均几何直径最低，表明毛杉混交林具有较好土壤团聚体结构与稳定性，杉木林较差。毛杉混交林平均重量直径和平均几何直径均最高，分别为 2. 641 mm 和 1. 529 mm，分形维数和可蚀性 K 值处于最低水平，分别为 2. 466 和 0. 038，暗示毛竹林扩张过程中，土壤团聚体结构和稳定性得到一定程度改善，但均未达到显著水平。

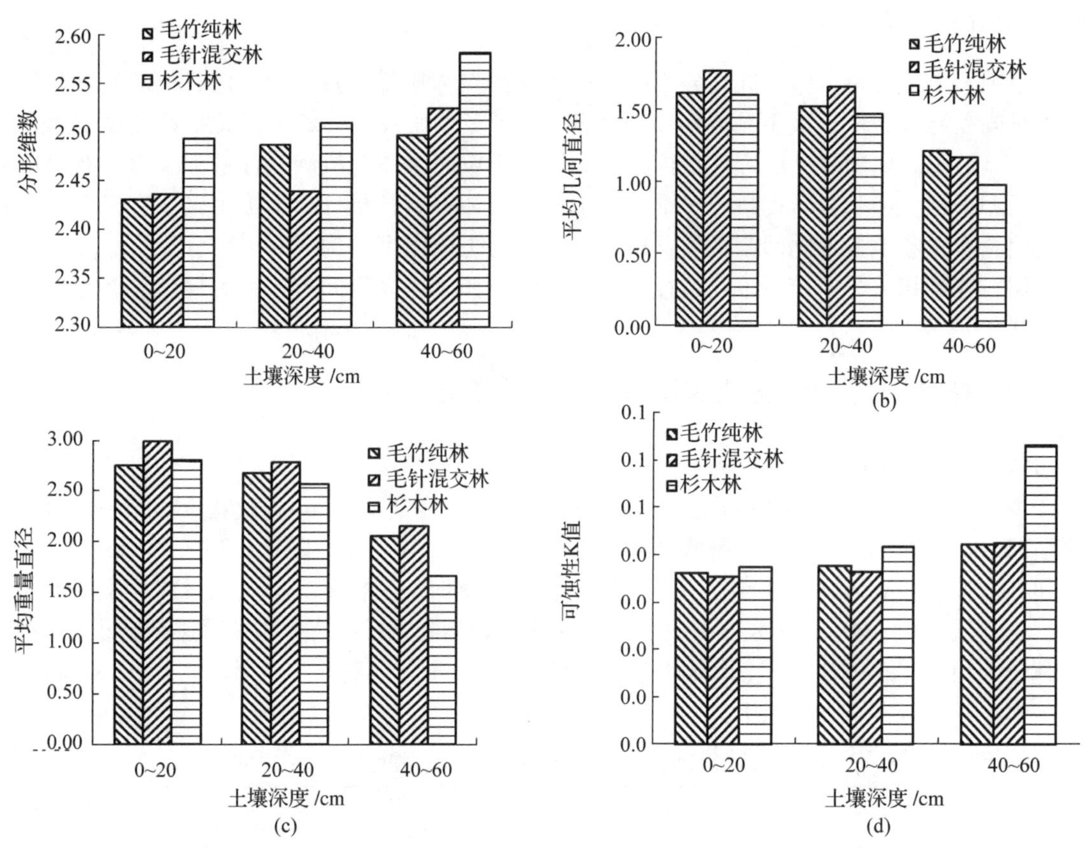

图 13-4　土壤团聚体稳定性评价参数

3. 土壤团聚体质量分数与稳定性指标间相关性

由表 13-24 可知，分形维数与粒径较大团聚体(>5 mm、2 ~5 mm、1 ~2 mm)为负相关，与粒径较小团聚体为正相关，其中除了与粒径 1 ~2 mm 团聚体无显著相关，与其他粒径土壤团聚体均显著，这与黏团含量越高、质地越细，分形维数越高结论一致(何东进等，2002)。平均重量直径、平均几何直径均与 >5 mm 团聚体极显著正相关，与 <1 mm 团聚体显著负相关，可蚀性 K 值与团聚体相关性正好相反，平均重量直径和平均几何直径分别与分形维数和可蚀性 K 值间两两极显著负相关。

表 13-24　不同粒径土壤团聚体质量分数与土壤分形维数相关系数

团聚体指标	2 ~ 5 mm	1 ~ 2 mm	0.5 ~ 1 mm	0.25 ~ 0.5 mm	<0.25 mm	分形维数	平均重量直径	平均几何直径	可蚀性 K 值
>5 mm	0.271	−0.496 *	−0.875 **	−0.787 **	−0.622 **	−0.542 *	0.974 **	0.964 **	−0.769 *
2 ~ 5 mm		0.037	−0.546 **	−0.582 **	−0.491 *	−0.495 *	0.460	0.442	−0.612
1 ~ 2 mm			0.514 *	0.302	−0.280	−0.362	−0.366	−0.375	−0.075
0.5 ~ 1 mm				0.757 **	0.494 *	0.403 *	−0.898 **	−0.847 **	0.743 *
0.25 ~ 0.5 mm					0.539 *	0.528 *	−0.844 **	−0.860 **	0.704 *
<0.25 mm						0.989 **	−0.739 *	−0.743 *	0.926 **
分形维数							−0.855 **	−0.888 **	0.870 **
平均重量直径								0.989 **	−0.877 **
平均几何直径									−0.844 **

注：* 表示显著相关($P<0.05$)；** 表示极显著相关($P<0.01$)。

粒径为<0.25 mm 团聚体除了与 1 ~ 2 mm 团聚体无显著相关，分别与其他粒径土壤团聚体显著相关，其中与粒径较大团聚体(>5 mm、2 ~ 5 mm)负相关，与粒径较小团聚体(0.5 ~ 1 mm、0.25 ~ 0.5 mm)正相关，0.25 ~ 0.5 mm 粒径土壤团聚体也有类似结论。0.5 ~ 1 mm粒径团聚体与其他粒径土壤均显著相关，其中与 >5 mm、2 ~ 5 mm 负相关，与粒径较小团聚体(1 ~ 2 mm、0.25 ~ 0.5 mm、<0.25 mm)正相关。1 ~ 2 mm 粒径团聚体只与 >5 mm、0.5 ~ 1 mm显著相关，2 ~ 5 mm 粒径团聚体与 0.5 ~ 1 mm、0.25 ~ 0.5 mm、<0.25 mm 显著负相关，>5 mm 粒径团聚体与 1 ~ 2 mm、0.5 ~ 1 mm、0.25 ~ 0.5 mm、<0.25 mm 显著负相关，表明土壤团聚体基本与相邻粒径团聚体正相关，与粒径差别较大团聚体负相关。

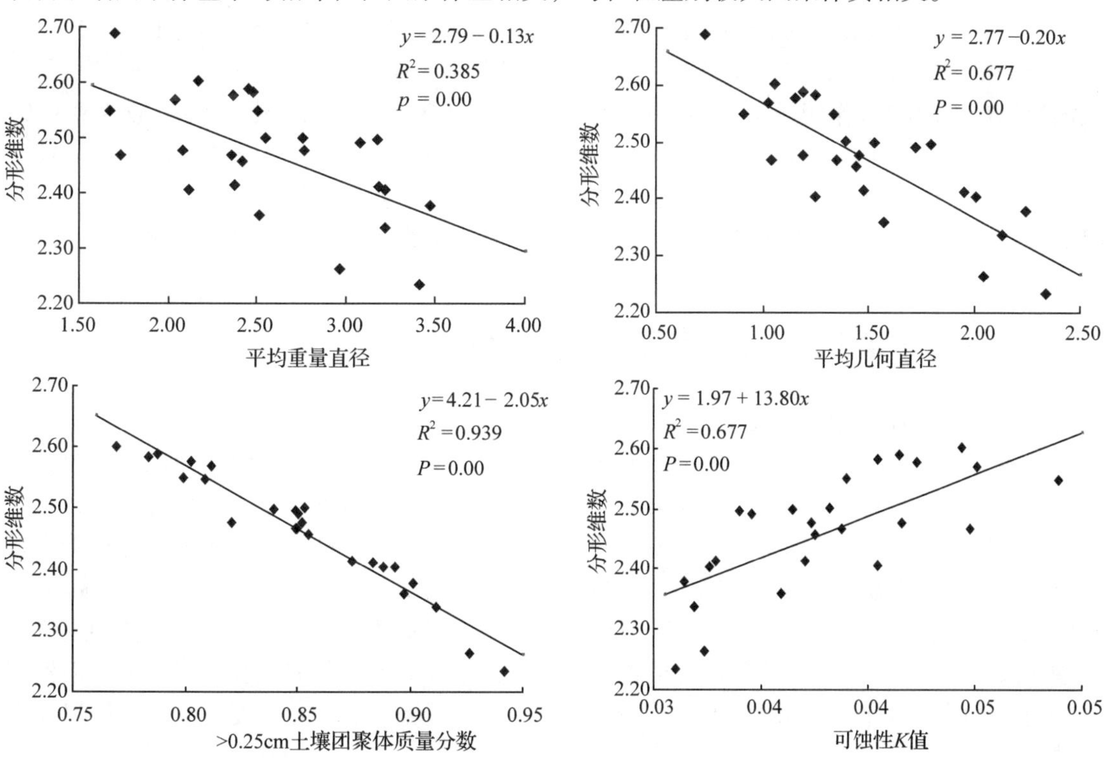

图 13-5　分形维数与其他土壤团聚体稳定性参数关系

由图 13-5 可知，分形维数与平均重量直径、平均几何直径和大团聚体(>0.25 mm)质量分数存在显著负线性回归关系，与可蚀性 K 值存在显著正线性回归关系，表明分形维数可作为表征土壤通透性、抗蚀性及土壤稳定性指标。

4. 土壤团聚体质量分数对分形维数的通径分析

分形维数 Kolmogorov-Smirnov 和 Shapiro-Wilk 值分别为 0.200 和 0.677，满足正态分布条件。将分形维数作为因变量，各粒径团聚体质量分数作为自变量进行通径分析，探讨土壤团聚体构成对分形维数直接和间接作用。

表 13-25　土壤分形维数与不同粒径土壤团聚体通径分析

因子	相关系数	直接作用	间接作用						
			>5 mm	2 ~ 5 mm	1 ~ 2 mm	0.5 ~ 1 mm	0.25 ~ 0.5 mm	<0.25 mm	合计
>5 mm	-0.542	1.112		0.108	-0.153	-0.277	-0.363	-0.969	-1.654
2 ~ 5 mm	-0.495	0.399	0.301		0.011	-0.173	-0.268	-0.765	-0.894
1 ~ 2 mm	-0.362	0.309	-0.551	0.015		0.163	0.139	-0.436	-0.671
0.5 ~ 1 mm	0.403	0.317	-0.973	-0.218	0.159		0.349	0.769	0.086
0.25 ~ 0.5 mm	0.528	0.462	-0.875	-0.232	0.093	0.240		0.840	0.066
<0.25 mm	0.989	1.558	-0.692	-0.196	-0.087	0.156	0.249		-0.569

由表 13-25 可知，土壤团聚体随粒径减小对分形维数直接作用先降低后逐渐增大，其中 <0.25 mm粒径直接作用最强为 1.558，其次 >5 mm 粒径为 1.112，其他粒径团聚体直接作用介于 0.3 ~ 0.4。由于 >5 mm 粒径与越小团聚体产生间接负作用越强，合计达到 -1.654，最终与分形维数负相关；2 ~ 5 mm 和 1 ~ 2 mm 粒径团聚体具有类似结论。<0.25 mm 粒径与越大团聚体产生间接负作用越大，间接作用合计为 -0.569，与分形维数相关系数为 0.989；0.5 ~ 1 mm 和 0.25 ~ 0.5 mm 粒径土壤团聚体具有类似结论。可见 >5 mm 和 <0.25 mm 粒径是影响土壤分形维数主导因子，是决定土壤物理结构主要因素。最终决定系数为 0.999 6，通径分析剩余因子为 0.02，即只有 2% 因素未考虑，表明土壤团聚体质量分数构成可充分解释分形维数变化。

三、毛竹向杉木扩张林分土壤团聚体有机碳分布特征

1. 土壤团聚体有机碳含量特征

由表 13-26 可知，相同林分各粒径大团聚体有机碳含量均随土壤深度增加呈递减趋势，其中毛竹林和毛杉混交林表层土壤与第二、三层土壤团聚体有机碳含量基本差异显著，杉木林表层土壤与第三层土壤团聚体有机碳含量差异显著，表明三种林分土壤团聚体有机碳含量主要由表层土壤贡献。相同林分同一土层间有机碳含量基本随团聚体粒径减小呈递减趋势，不同粒径团聚体有机碳含量间均无显著差异，可能是大团聚体中包含小粒径团聚体和有机胶结物缘故。每一土层各粒径团聚体有机碳含量基本为毛竹林 > 毛杉混交林 > 杉木林，但不同林分间土壤团聚体有机碳含量均无显著差异，表明毛竹扩张可以一定程度提高土壤团聚体有机碳含量。

表 13-26　土壤大团聚体(>0.25 mm)有机碳含量　　%

林分类型	土壤深度/cm	>2 mm	1 ~2 mm	0.5 ~1 mm	0.25 ~0.5 mm
毛竹林	0 ~20	3.83 ±1.61aA	3.72 ±1.31aA	3.29 ±1.25aA	3.38 ±1.01aA
	20 ~40	2.86 ±0.52aAB	2.35 ±0.22abB	2.37 ±0.32abB	2.09 ±0.39bB
	40 ~60	1.78 ±0.12aB	1.67 ±0.29aB	1.68 ±0.30aB	1.50 ±0.30aB
混交林	0 ~20	3.54 ±0.53aA	3.34 ±0.55aA	3.44 ±0.55aA	3.36 ±0.66aA
	20 ~40	2.21 ±0.66aB	2.10 ±0.69aB	2.12 ±0.75aB	2.11 ±0.77aB
	40 ~60	1.61 ±0.66aB	1.48 ±0.59aB	1.47 ±0.58aB	1.45 ±0.57aB
杉木林	0 ~20	2.59 ±0.91aA	2.41 ±0.79aA	2.28 ±0.73aA	2.22 ±0.54aA
	20 ~40	1.82 ±0.28aA	1.73 ±0.17aAB	1.65 ±0.24aAB	1.66 ±0.38aAB
	40 ~60	1.75 ±0.57aA	1.34 ±0.47aB	1.26 ±0.45aB	1.24 ±0.45aB

注：不同小写字母表示相同林分同一土层不同粒径团聚体有机碳含量差异显著；不同大写字母表示相同林分同一粒径团聚体不同土层有机碳含量差异显著。

2. 土壤团聚体有机碳含量与土壤总有机碳含量的关系

由表 13-27 可知，土壤总有机碳含量与四个粒径团聚体有机碳含量均显著相关，相关系数为(1 ~2 mm) >(0.5 ~1 mm) >(0.25 ~0.5 mm) >(>2 mm)，表明土壤总有机碳含量与 <2 mm团聚体有机碳含量相关性更明显。四个粒径团聚体中，0.25 ~2 mm 团聚体两两间相关系数均为显著强相关。由图 13-6 可知土壤总有机碳含量分别与每种粒径团聚体有机碳含量具有最佳幂律函数关系，方程均达到极显著水平。

表 13-27　不同粒径团聚体有机碳含量与土壤总有机碳含量的相关系数

	>2 mm	1 ~2 mm	0.5 ~1 mm	0.25 ~0.5 mm
总有机碳	0.745 **	0.859 **	0.834 **	0.784 **
>2 mm		0.843 **	0.818 **	0.827 **
1 ~2 mm			0.994 **	0.979 **
0.5 ~1 mm				0.986 **

注：* 表示显著相关($P<0.05$)；** 表示极显著相关($P<0.01$)。

3. 土壤团聚体有机碳贮量特征

由表 13-28 可知，3 种林分同一土层土壤团聚体有机碳贮量均随土壤粒径减小逐渐降低，主要由于土壤质量分数越大，团聚体有机碳含量越大(详见表 13-23)，其中 >2 mm 粒径土壤团聚体有机碳贮量与其他 3 个粒径基本为显著差异，表明 3 种林分土壤有机碳贮量主要贮存于 >2 mm 粒径土壤团聚体。3 种林分 >1 mm 粒径土壤团聚体有机碳贮量随土壤深度增加而逐渐减低，0.25 ~1 mm 粒径团聚体随土壤深度增加逐渐增大，主要由于随团聚体粒径减小，土层越深微团聚体质量分数所占比例相对越高(详见表 13-23)。同一土层不同林分间土壤团聚体有机碳贮量均为杉木林最低，但均无显著差异，表明毛竹林向杉木林扩张可一定程度增加土壤团聚体有机碳贮量。

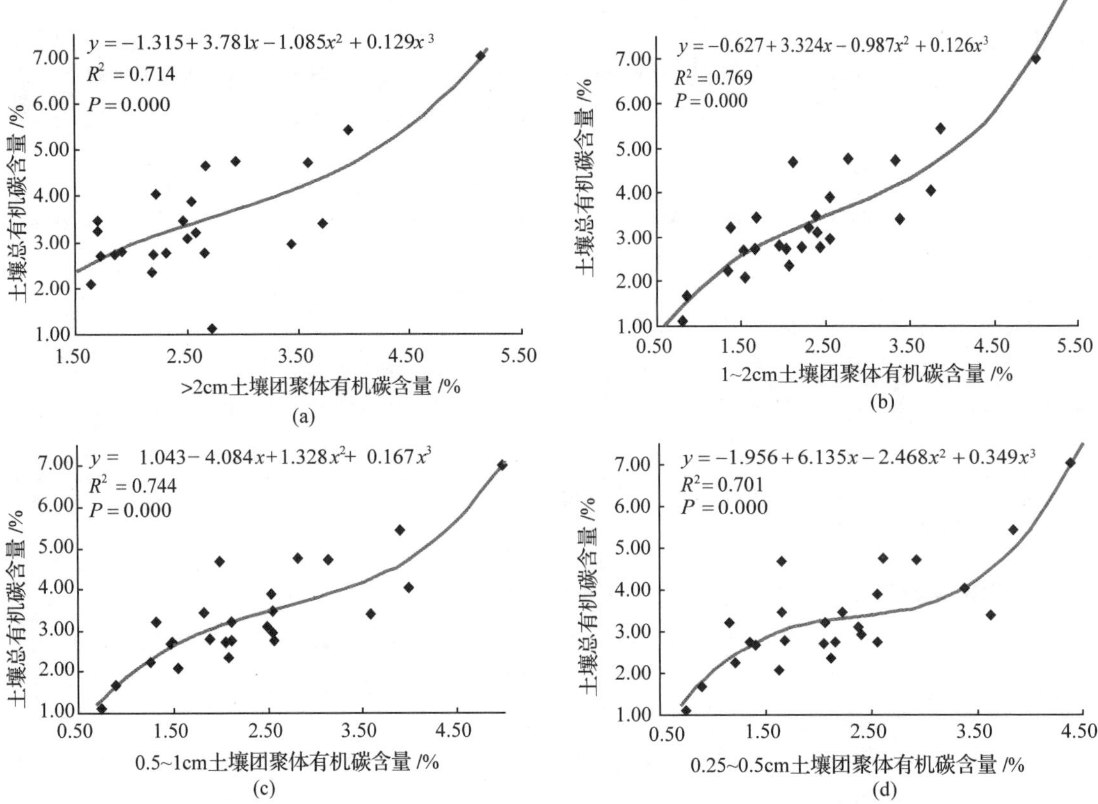

图 13-6　不同粒径土壤团聚体有机碳含量与土壤总有机碳含量关系

表 13-28　土壤大团聚体(>0.25 mm)有机碳贮量　　t/hm²

林分类型	土壤深度/cm	>2 mm	1 ~ 2 mm	0.5 ~ 1 mm	0.25 ~ 0.5 mm
毛竹林	0 ~ 20	20.32 ± 8.76aA	7.97 ± 3.49bA	4.74 ± 0.95bA	1.62 ± 0.20bA
	20 ~ 40	21.81 ± 7.66aA	6.96 ± 1.70bA	4.51 ± 1.38bA	1.72 ± 1.07bA
	40 ~ 60	11.79 ± 2.76aB	6.82 ± 1.95bA	5.42 ± 2.29bcA	2.49 ± 1.32cA
混交林	0 ~ 20	25.63 ± 11.03aA	7.40 ± 2.87bA	5.00 ± 1.38bA	1.89 ± 0.36bA
	20 ~ 40	18.64 ± 10.19aAB	6.68 ± 2.62bA	4.52 ± 1.36bA	2.05 ± 0.28bA
	40 ~ 60	12.00 ± 4.39aB	5.97 ± 4.53abA	3.93 ± 3.17bA	2.59 ± 1.01bA
杉木林	0 ~ 20	19.57 ± 3.62aA	5.78 ± 1.48bA	3.30 ± 0.51bcA	2.47 ± 0.17cA
	20 ~ 40	16.49 ± 5.16aAB	5.13 ± 1.43bAB	3.81 ± 0.77bA	1.95 ± 0.35bA
	40 ~ 60	9.38 ± 6.50aB	4.27 ± 2.62bB	4.22 ± 0.74bA	2.31 ± 0.58bA

注：不同小写字母表示相同林分同一土层不同粒径团聚体有机碳贮量差异显著；不同大写字母表示相同林分同一粒径团聚体不同土层有机碳贮量差异显著。

四、毛竹向杉木扩张林分土壤团聚体全氮分布特征

1. 土壤团聚体全氮含量特征

由表 13-29 可知，不同林分同一土层间各粒径土壤团聚体全氮含量基本为毛竹林 > 毛杉

混交林>杉木林，不同林分同一土层间土壤团聚体全氮含量均无显著差异，与土壤团聚体有机碳含量类似。相同林分不同土层间比较可知，3 种林分不同粒径大团聚体全氮含量基本呈现随土壤深度增加呈递减趋势，其中毛竹林和毛杉混交林除了第一、三土层间团聚体全氮含量显著差异外，其他土层间全氮含量差异均不显著；杉木林 3 个层次间土壤团聚体全氮含量均无显著差异，表明毛竹扩张可显著增加表层土壤团聚体全氮含量。不同林分同一土层间各粒径团聚体全氮含量变化规律不同。毛竹林 0 ~ 20 cm 土层随粒径增大先增加后减小，20 ~ 40 cm和 40 ~ 60 cm 土层均随粒径增大先减小后增加再减小，同一土层不同粒径团聚体间全氮含量均无显著差异。毛杉混交林 0 ~ 20 cm 土层 0. 25 ~ 0. 5 mm 粒径团聚体全氮含量增加较大，4 个粒径间全氮含量均无显著差异，其他 2 个土层间团聚体全氮含量均随着粒径增大微弱递减。杉木林 3 个土层基本为随粒径增大逐渐递减，各粒径团聚体全氮含量间均无显著差异。

表 13-29　土壤大团聚体(>0. 25 mm)全氮含量　　%

林分类型	土壤深度/cm	>2 mm	1 ~ 2 mm	0. 5 ~ 1 mm	0. 25 ~ 0. 5 mm
毛竹林	0 ~ 20	0. 29 ±0. 11aA	0. 32 ±0. 093aA	0. 34 ±0. 083aA	0. 32 ±0. 094aA
	20 ~ 40	0. 26 ±0. 015aAB	0. 23 ±0. 0072aAB	0. 24 ±0. 017aB	0. 22 ±0. 016aAB
	40 ~ 60	0. 19 ±0. 014aB	0. 18 ±0. 0057aB	0. 19 ±0. 0094aB	0. 18 ±0. 010aB
混交林	0 ~ 20	0. 31 ±0. 060aA	0. 30 ±0. 064aA	0. 31 ±0. 063aA	0. 34 ±0. 10aA
	20 ~ 40	0. 22 ±0. 064aAB	0. 22 ±0. 060aAB	0. 22 ±0. 067aAB	0. 21 ±0. 054aAB
	40 ~ 60	0. 19 ±0. 063aB	0. 18 ±0. 054aB	0. 18 ±0. 050aB	0. 18 ±0. 046aB
杉木林	0 ~ 20	0. 25 ±0. 065aA	0. 24 ±0. 064aA	0. 23 ±0. 060aA	0. 23 ±0. 054aA
	20 ~ 40	0. 21 ±0. 079aA	0. 20 ±0. 060aA	0. 19 ±0. 062aA	0. 20 ±0. 063aA
	40 ~ 60	0. 20 ±0. 60aA	0. 17 ±0. 043aA	0. 17 ±0. 041aA	0. 17 ±0. 039aA

注：不同小写字母表示相同林分同一土层不同粒径团聚体全氮含量差异显著，不同大写字母表示相同林分同一粒径团聚体不同土层全氮含量差异显著。

2. 土壤团聚体全氮含量与土壤总氮含量关系

由表 13-30 可知，土壤总氮含量与 4 个粒径团聚体全氮含量相关性均显著，相关系数为(1 ~ 2 mm) > (>2 mm) > (0. 5 ~ 1 mm) > (0. 25 ~ 0. 5 mm)，表明大体上团聚体越大全氮含量与土壤总氮含量相关性越强。4 种粒径团聚体全氮含量两两相关系数均为显著强相关。由图 13-7 可知，土壤总氮含量分别与各粒径团聚体全氮含量具有最佳幂律函数关系，方程均达到极显著水平。

表 13-30　不同粒径团聚体全氮含量与土壤总氮含量的相关系数

指标	>2 mm	1 ~ 2 mm	0. 5 ~ 1 mm	0. 25 ~ 0. 5 mm
总氮	0. 815 **	0. 823 **	0. 799 **	0. 780 **
>2 mm		0. 931 **	0. 907 **	0. 901 **
1 ~ 2 mm			0. 988 **	0. 954 **
0. 5 ~ 1 mm				0. 951 **

注：* 表示显著相关($P<0.05$)；** 表示极显著相关($P<0.01$)。

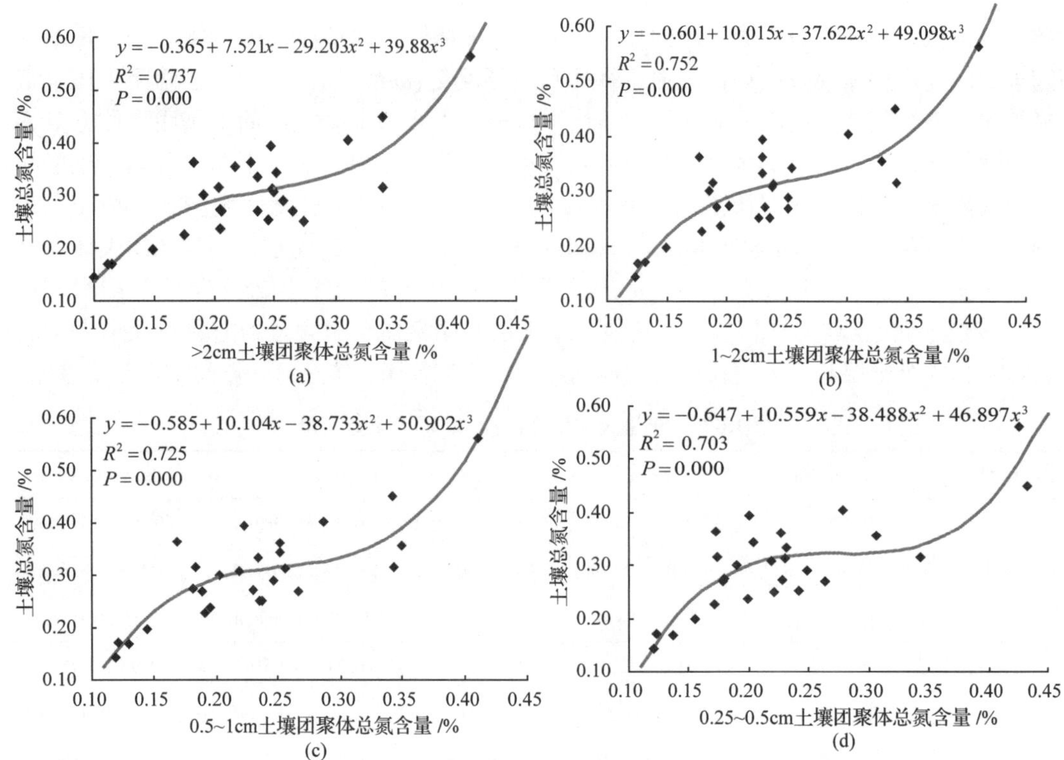

图 13-7 不同粒径土壤团聚体全氮含量和土壤总氮含量最优拟合模型

3. 土壤团聚体全氮贮量特征

3 种林分同一土层土壤团聚体全氮贮量均随土壤粒径减小逐渐降低，主要由于粒径越小土壤团聚体质量分数和土壤团聚体全氮含量越小(详见表 13-23 和表 13-29)，其中 >2 mm 粒径土壤团聚体全氮贮量与其他 3 个粒径土壤团聚体全氮贮量基本为显著差异，表明 3 种林分土壤团聚体全氮贮量主要存在于 >2 mm 粒径土壤团聚体中。3 种林分 >2 mm 粒径土壤团聚体全氮贮量随着土壤深度增加而逐渐减低，0. 25 ~2 mm 粒径团聚体全氮贮量大体随土壤深度增加逐渐增大，主要由于随团聚体粒径减小，土层越深微团聚体质量所占比例相对越高(详见表 13-23)。同一土层不同林分间土壤团聚体全氮贮量基本为杉木林最小，3 种林分均无显著差异，表明毛竹向杉木扩张可在一定程度增加土壤团聚体全氮贮量(表 13-31)。

表 13-31 毛竹向杉木扩张林分不同土层各粒径土壤团聚体全氮贮量 t/hm²

林分类型	土壤深度/cm	>2 mm	1 ~2 mm	0. 5 ~1 mm	0. 25 ~0. 5 mm
毛竹林	0 ~20	1. 97 ±0. 58aA	0. 69 ±0. 26bA	0. 42 ±0. 058bcA	0. 15 ±0. 020cB
	20 ~40	1. 95 ±0. 61aA	0. 69 ±0. 16bA	0. 45 ±0. 10bcAB	0. 18 ±0. 084cB
	40 ~60	1. 26 ±0. 44aA	0. 75 ±0. 065bA	0. 62 ±0. 18bcB	0. 30 ±0. 099cA
混交林	0 ~20	2. 22 ±1. 01aA	0. 67 ±0. 27bA	0. 45 ±0. 15bA	0. 19 ±0. 061bB
	20 ~40	1. 87 ±0. 99aAB	0. 69 ±0. 27bA	0. 47 ±0. 15bA	0. 20 ±0. 068bB
	40 ~60	1. 38 ±0. 50aB	0. 74 ±0. 47bA	0. 49 ±0. 32bA	0. 31 ±0. 096bA

（续）

林分类型	土壤深度/cm	>2 mm	1～2 mm	0.5～1 mm	0.25～0.5 mm
杉木林	0～20	1.89±0.87aA	0.58±0.24bA	0.34±0.11bB	0.26±0.10bAB
	20～40	1.83±1.14aA	0.60±0.23bA	0.44±0.085bAB	0.23±0.052bB
	40～60	1.10±0.89aB	0.55±0.30abA	0.55±0.10abA	0.31±0.098bA

注：不同小写字母表示相同林分同一土层不同粒径团聚体全氮贮量差异显著，不同大写字母表示相同林分同一粒径团聚体不同土层团聚体全氮贮量差异显著。

五、毛竹向杉木扩张林分团聚体有机碳氮间典型相关分析

1. 土壤团聚体有机碳与全氮含量间回归分析

由图13-8可知，不同粒径团聚体有机碳含量和全氮含量间均为显著线性相关，表明土壤团聚体有机碳含量和全氮含量间具有紧密联系。对比线性回归方程可知，随着团聚体粒径减小，回归方程斜率逐渐增大，表明粒径越小，团聚体有机碳含量增加可以更有效提高土壤全氮含量。

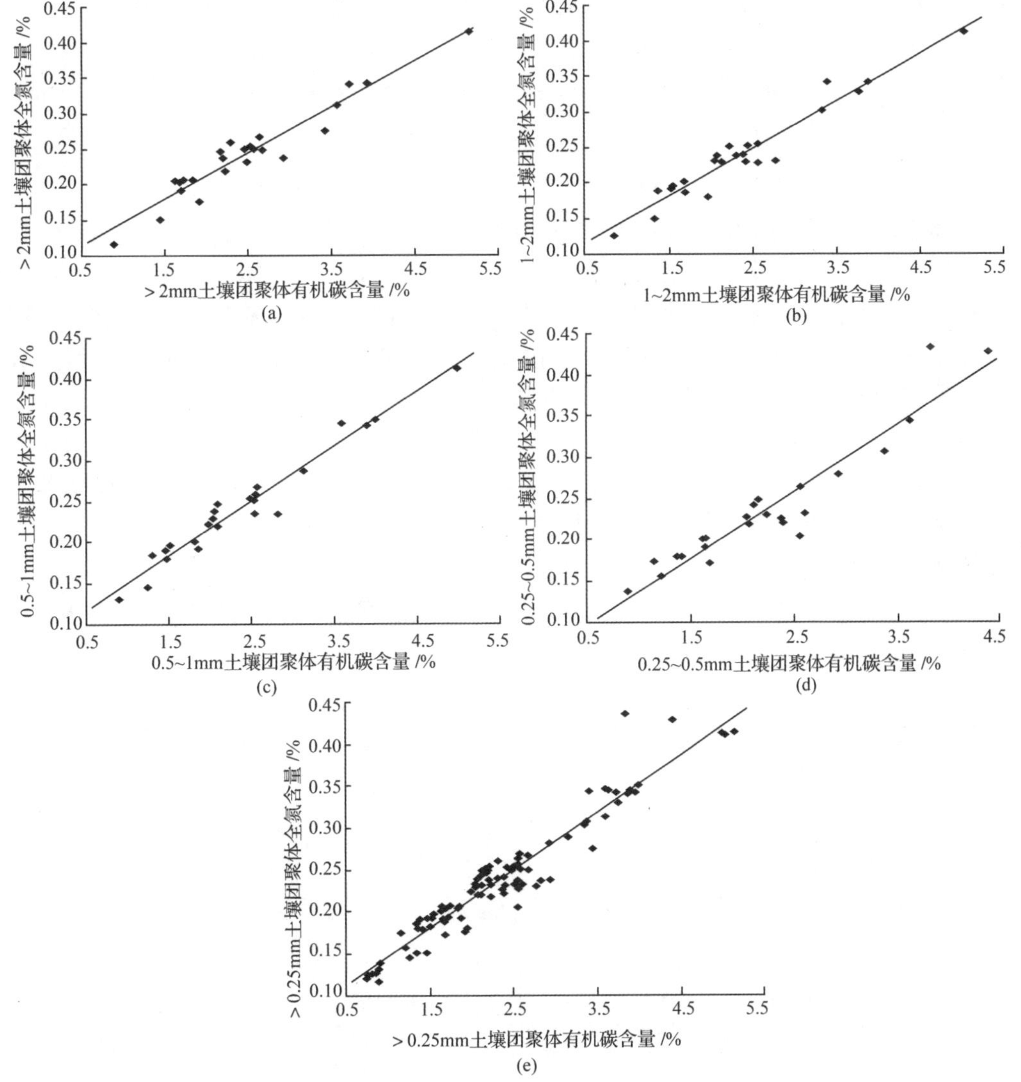

图13-8　不同粒径土壤团聚体有机碳和全氮间线性回归关系

2. 团聚体有机碳含量与全氮含量间典型相关分析

分别将不同粒径团聚体有机碳含量 x_1(>2 mm)、x_2(1 ~2 mm)、x_3(0.5 ~1 mm)、x_4(0.25 ~0.5 mm)和不同粒径团聚体全氮含量 y_1(>2 mm)、y_2(1 ~2 mm)、y_3(0.5 ~1 mm)、y_4(0.25 ~0.5 mm)作为两组变量，利用典型相关分析探讨不同粒径团聚体有机碳含量和全氮含量间相互影响关系。

表 13-32　典型相关系数显著性检验

序号	相关系数	Wilk's	卡方值	df	p 值
1	0.986	0.004	105.683	16	0.000
2	0.878	0.158	35.952	9	0.000
3	0.536	0.693	7.156	4	0.128
4	0.167	0.972	0.548	1	0.459

由表 13-32 可知，第一和第二对典型相关系数分别为 0.986 和 0.878，第三和第四对典型变量相关性较弱。第一和第二对典型相关达到显著水平，典型相关变量分别为：

$$\begin{cases} U_1 = -0.095x_1 - 1.077x_2 + 1.821x_3 + 0.319x_4 \\ V_1 = -0.143y_1 - 0.673y_2 + 1.654y_3 + 0.134y_4 \end{cases} \quad (13\text{-}9)$$

$$\begin{cases} U_2 = 0.319x_1 + 7.290x_2 - 9.390x_3 + 2.042x_4 \\ V_2 = 0.951y_1 + 3.981y_2 - 4.969y_3 + 0.342y_4 \end{cases} \quad (13\text{-}10)$$

团聚体有机碳含量指标第一典型变量 U_1 和第二典型变量 U_2 中，x_3 和 x_2 系数绝对值最大，表明团聚体有机碳含量典型变量主要由 1 ~2 mm 和 0.5 ~1 mm 团聚体有机碳含量决定。全氮含量指标第一典型变量 V_1 和第二典型变量 V_2 中，y_3 和 y_2 系数绝对值最大，表明团聚体全氮含量典型变量主要由 1 ~2 mm 和 0.5 ~1 mm 团聚体全氮含量决定。由于同一对典型变量中，每一对(x_i，y_i)系数同号，表明 x_i 和 y_i 之间均为正相关，符合碳氮间线性相关性(图 13-8)。

由表 13-33 可知，x_2、x_3、x_4 与团聚体有机碳含量第一典型变量 U_1 相关系数达到强相关，相关系数分别为 0.964、0.987、0.981，其观察值能由 U_1 解释的方差比例分别为 92.9%、97.4%、96.2%；x_1 与有机碳含量第一典型变量 U_1 相关系数较低，其观察值变异能由 U_1 解释的方差比例仅为 56.2%。x_1、x_2、x_3、x_4 与第二典型变量 U_2 相关系数均较低，其观察值变异能由 U_2 解释的方差比例仅介于 0 ~22.6%，表明不同粒径团聚体有机碳含量信息主要包含在第一典型变量中。y_2、y_3、y_4 与团聚体全氮含量第一典型变量 V_1 相关系数达到强相关，相关

表 13-33　观察值与典型变量间冗余分析

观察值与典型变量间的相关系数					观察值的变异能由典型变量解释的比例				
组 1	x_1	x_2	x_3	x_4	组 1	x_1	x_2	x_3	x_4
U_1	0.749	0.964	0.987	0.981	U_1	0.562	0.929	0.974	0.962
U_2	0.475	0.230	0.128	0.185	U_2	0.226	0.053	0.016	0.034
组 2	y_1	y_2	y_3	y_4	组 2	y_1	y_2	y_3	y_4
V_1	0.766	0.955	0.989	0.934	V_1	0.609	0.912	0.979	0.873
V_2	0.481	0.281	0.135	0.264	V_2	0.235	0.079	0.018	0.070

系数分别为0.955、0.989、0.934，其观察值能由 V_1 解释的方差比例分别为91.2%、97.9%、87.3%；y_1 与团聚体全氮含量第一典型变量 V_1 相关系数较低，其观察值能由 V_1 解释的方差比例为60.9%。y_1、y_2、y_3、y_4 与第二典型变量 V_2 相关系数介于0.135~0.481，其观察值变异能由 V_2 解释的方差比例介于1.8%~23.5%，表明不同粒径团聚体全氮含量主要由第一典型变量 V_1 刻画，第二典型变量起到重要补充作用。

由表13-34可知，x_2、x_3、x_4 与相对的不同粒径团聚体全氮含量第一典型变量 V_1 相关系数最高，分别为0.950、0.973、0.967，其观察值变异能由 V_1 解释的方差比例分别为90.3%、94.7%、93.5%；x_1 与相对的第一典型变量 V_1 相关系数为0.639，其观察值变异能由 V_1 解释的方差比例为54.6%。x_1、x_2、x_3、x_4 与相对的第二典型变量 V_2 相关系数均较低，其观察值变异能由 V_2 解释的方差比例也很小，表明 x_2、x_3、x_4 团聚体有机碳含量受全氮含量影响较大，而 x_1 团聚体有机碳含量受土壤全氮含量影响较小，可能还受到土壤凋落物分解等影响。团聚体全氮含量 y_2、y_3、y_4 与相对的不同粒径团聚体有机碳含量第一典型变量 U_1 相关系数达到强相关，分别为0.942、0.975、0.921，其观察值能由 U_1 解释的方差比例分别为88.6%、95.2%、84.9%；y_4 与相对的第一典型变量 U_1 相关系数较低为0.724，其观察值变异能由 U_1 解释的方差比例为57.9%。y_1、y_2、y_3、y_4 与相对的第二典型变量 U_2 相关系数均较低，其观察值变异能由 U_2 解释的方差比例也很小，表明 y_2、y_3、y_4 全氮含量受土壤有机碳含量影响较大，而 y_1 全氮含量受土壤有机碳含量影响较小，这与土壤团聚体粒径越小，有机碳含量增加可以更有效增加土壤全氮含量结论相一致。

表13-34　观察值与相对典型变量间冗余分析

观察值与相对典型变量间相关系数					观察值变异能被相对典型变量解释的比例				
组1	x_1	x_2	x_3	x_4	组1	x_1	x_2	x_3	x_4
V_1	0.639	0.950	0.973	0.967	V_1	0.546	0.903	0.947	0.935
V_2	0.417	0.202	0.1126	0.163	V_2	0.174	0.041	0.013	0.027
组2	y_1	y_2	y_3	y_4	组2	y_1	y_2	y_3	y_4
U_1	0.724	0.942	0.975	0.921	U_1	0.579	0.886	0.952	0.849
U_2	0.326	0.247	0.118	0.232	U_2	0.181	0.061	0.014	0.054

第四节　毛竹向杉木扩张林分土壤活性有机碳库

土壤所蕴含有机碳储量是地球陆地有机碳库最主要组成部分，在全球各界面碳循环中发挥极其重要作用(Davidson et al.，2000)。只要土壤碳库中碳循环发生微小变化，都会导致地球上土壤与大气间碳通量巨大变动(Post et al.，2000)。人类对土地利用方式变化、森林植被演替以及人类对土壤碳库管理活动等外界干扰影响都会导致土壤对碳的吸收、贮存以及释放过程的变化(Wang et al.，2003)，已有大量研究对森林、草原、湿地、农田等不同土地利用方式下土壤有机碳含量分布、变化、储量估算及影响因素等深入研究(傅华等，2004；王丹等，2009)。由于土壤有机碳贮量巨大，土壤外界环境引起土壤有机碳微小变化无法短期内检测出来，表现出一定滞后性(Post et al.，2000)。与土壤有机碳相比，土壤微生物量碳、可溶性有机碳、易氧化态碳等活性有机碳更易发生氧化和矿化过程(崔东等，2017)，对环境改变导致的土壤有机质微小变化具有灵敏性(沈宏等，1999)，对保持土壤碳库平衡、改善土壤理化性质以及提高土壤肥力等方面具有重要意义(王清奎等，2005)。

土壤活性有机碳中易氧化态碳是土壤碳库较易被氧化和分解部分，测定方法较为简单、迅速，测定结果与土壤有机碳相关性强，可以很好反映环境变化对土壤有机碳库影响(张仕吉等，2016)。土壤碳库管理指数基于土壤易氧化态碳得到，结合了土壤碳库指标和碳库活度，能够系统、及时反映土壤质量变化程度，较全面和动态反映环境变化对土壤有机碳影响(邱莉萍等，2009)。

以戴云山自然保护区毛竹向杉木扩张林分为研究对象，探讨毛竹扩张过程中土壤有机碳氮和不同形式土壤活性有机碳含量和贮量分布特征，以及对土壤理化性质、土壤团聚体稳定性变化响应规律，有助于了解毛竹扩张过程中土壤活性有机碳变化对土壤质量影响，为毛竹扩张过程中维持土壤有机碳稳定性、提升碳汇功能提供科学依据。

一、统计分析方法

通过单因素方差分析检验不同林分不同土层土壤各活性有机碳氮含量、碳氮贮量间差异显著性，最小显著差异法(LSD)进行多重比较。皮尔逊相关系数度量土壤各活性有机碳氮含量与土壤团聚体结构、物理性质以及化学性质间相关性，回归分析度量土壤有机碳与全氮含量、土壤有机碳与易氧化态碳含量、土壤全氮与易氧化态碳含量间回归关系，典型相关分析分别探讨土壤不同组分活性有机碳含量与团聚体质量分数、主要土壤物理性质、主要土壤化学性质间整体相关性，显著性水平设置为0.05。

土壤碳库管理指数：

$$C_{NL} = C_T - C_{RO} \tag{13-11}$$

式中，C_{NL}为稳定态碳含量(g/kg)；C_T为土壤总有机碳含量(g/kg)；C_{RO}为易氧化态碳含量(g/kg)。

$$L = C_{RO}/C_{NL} \tag{13-12}$$

式中，L为碳库活度。

$$LI = L_{sample}/L_{reference} \tag{13-13}$$

式中，LI为碳库活度指数；L_{sample}为样品土壤碳库活度；$L_{reference}$为参考土壤碳库活度。

$$CPI = C_{T\,sample}/C_{T\,reference} \tag{13-14}$$

式中，CPI为碳库指数；$C_{T\,sample}$为样品土壤总有机碳(g/kg)；$C_{T\,reference}$为参考土壤总有机碳(g/kg)。

$$CMI = CPI \times LI \tag{13-15}$$

式中，CMI为碳库管理指数。

二、毛竹向杉木扩张林分土壤有机碳和全氮特征

1. 土壤有机碳和全氮含量

由表13-35可知，3种林分两个月均是随土层加深有机碳含量逐渐降低，平均来看毛竹林、混交林、杉木林土壤有机碳含量40~60 cm土层比表层土壤分别减少33.15%、47.80%、53.98%，均达到显著差异，杉木林随土层加深有机碳含量降低最快。每一土层土壤有机碳含量均为毛竹林>混交林>杉木林，平均来看0~20 cm土层毛竹林和混交林分别比杉木林增加

9.63%和5.00%，20～40 cm增加53.96%和23.45%，40～60 cm增加59.25%和19.09%，表明毛竹林与杉木林有机碳含量40～60 cm土层差异最大，混交林与杉木林有机碳含量20～40 cm土层差异最大。3种林分各土层1月土壤有机碳含量均比8月高，与已有研究结果相似(漆良华等，2013)。研究表明在一定范围内温度和湿度上升会导致土壤有机质加速分解(Tang et al.，2015)。研究区域1月年均地表温度和降水量分别为7.81 ℃和54.4 mm，8月分别为22.43 ℃和335.6 mm，分别为1月2.87倍和6.17倍，8月份土壤矿化作用增强，消耗更多有机质；1月土层温湿度低，根系生理代谢缓慢，微生物可利用碳源较少，土壤有机质矿化作用较弱(范少辉等，2009)。

表13-35　毛竹向杉木扩张林分土壤有机碳含量　　g/kg

土层/cm	林分类型	1月	8月	平均
0～20	毛竹林	53.020±5.789aA	44.404±8.182aA	47.212±6.920aA
	混交林	46.497±4.177aA	43.935±4.799aA	45.216±3.997aA
	杉木林	45.254±4.657aA	40.873±7.424aA	43.063±5.193aA
20～40	毛竹林	39.847±5.324aB	33.990±4.967aAB	36.919±3.510aB
	混交林	29.346±6.882abB	29.857±2.992abB	29.601±3.358abB
	杉木林	25.944±3.132bB	22.014±3.130bB	23.979±3.201bB
40～60	毛竹林	34.991±3.575aB	25.839±4.550aB	31.560±3.817aB
	混交林	26.170±2.651abB	21.034±4.567abB	23.602±2.626abB
	杉木林	23.056±3.211bB	16.579±2.295bB	19.818±3.681bB

注：不同小写字母表示同一土层不同林分土壤有机碳含量差异显著；不同大写字母表示相同林分不同土层土壤有机碳含量差异显著。

由表13-36可知，3种林分不同月均随土层加深全氮含量逐渐降低，平均来看毛竹、混交林、杉木林40～60 cm土层比表层土壤分别减少33.55%、35.41%、37.94%，均为显著差异，杉木林随土层加深全氮含量降低最快。每一土层土壤全氮含量均为毛竹林>混交林>杉木林，平均来看0～20 cm土层毛竹林和混交林分别比杉木林增加24.79%和4.17%，20～40 cm增加31.02%和10.95%，40～60 cm增加33.64%和8.42%，表明毛竹林与杉木林全氮含量在40～60 cm土层差异最大，混交林与杉木林全氮含量在20～40 cm土层差异最大，与有机碳结果类似。从不同月分析，3种林分各土层1月土壤全氮含量基本上比8月全氮含量高。

虽然各林分土壤有机碳氮含量差异较大，但均为随土壤深度增加呈降低趋势，主要由于土壤有机碳含量受外界环境扰动影响随土层加深而减弱，森林地表凋落物、地下植物枯死细根以及土壤微生物对林地有机质作用随土壤深度增加逐渐降低，而且深层土壤氧气含量比浅表层土壤少，也不利于有机质分解(杜满义等，2017)。由于不同林分类型植物根系分布、凋落物以及利用方式不同，土壤有机碳在土壤剖面变异规律也不同。毛竹林土壤有机碳和全氮含量均比杉木林高，主要由于毛竹具有更多凋落物和庞大鞭根系统，分解后形成腐殖质在土壤积累。杉木林枯枝落叶年平均凋落量为1 312.5 g/m^2，但杉木具有树冠积累宿存枯死枝叶特点，仅有4%左右枯死枝叶落于地面，即仅有52.5 g/m^2(杜满义等，2013)，为毛竹年凋落量的30.97%，而且毛竹凋落物分解速率比杉木林快，更有利于凋落物养分元素归还与土壤有机质积累；毛竹林 0 ~ 40 cm 土层细根总生物量大约为 80 g/m^2，杉木林大约为40 g/m^{2}左右(吴春生等，2016)，是毛竹林 50%，大量枯死根腐烂分解，增加土壤有机质来源。因此毛竹林各土层有机碳和全氮含量均比杉木林高，表明毛竹林向杉木林扩张有利于土壤碳氮含量增加。

表 13-36　毛竹向杉木扩张林分土壤全氮含量　g/kg

土层/cm	林分类型	1 月	8 月	平均
0 ~ 20	毛竹林	4. 366 ±0. 590aA	4. 437 ±0. 683aA	4. 394 ±0. 519aA
	混交林	3. 771 ±0. 351aA	3. 565 ±0. 519abA	3. 668 ±0. 284abA
	杉木林	3. 629 ±0. 368aA	3. 413 ±0. 297bA	3. 521 ±0. 217abA
20 ~ 40	毛竹林	3. 379 ±0. 478aAB	3. 008 ±0. 353aB	3. 193 ±0. 278aAB
	混交林	2. 686 ±0. 557abB	2. 721 ±0. 281abAB	2. 704 ±0. 279abAB
	杉木林	2. 470 ±0. 450bB	2. 405 ±0. 349bB	2. 437 ±0. 255bB
40 ~ 60	毛竹林	3. 067 ±0. 412aB	2. 701 ±0. 030aB	2. 920 ±0. 243aB
	混交林	2. 474 ±0. 313bB	2. 264 ±0. 374abB	2. 369 ±0. 223abB
	杉木林	2. 338 ±0. 517bB	2. 033 ±0. 265bB	2. 185 ±0. 269bB

注：不同小写字母表示同一土层不同林分间全氮含量差异显著；不同大写字母表示相同林分不同土层间全氮含量差异显著。

2. 毛竹向杉木扩张林分土壤碳氮比

土壤碳氮比反映土壤碳、氮耦合关系，影响土壤微生物生长繁殖和相关活动，从而影响有机质矿化分解速度，是土壤质量评价重要指标(许泉等，2006)。从不同土层分析，表 13-37 中 3 种林分两个月均随土层加深碳氮比逐渐降低，平均来看毛竹林、混交林、杉木林40 ~ 60 cm 土层比表层土壤分别减少 1. 053、2. 438、3. 293，杉木林随着土层加深碳氮比降低最快。平均来看 0 ~ 20 cm 土层毛竹林和混交林分别比杉木林增加 2. 38% 和 2. 16%，20 ~ 40 cm 土层增加 18. 44% 和 12. 06%，40 ~ 60 cm 土层增加 28. 83% 和 12. 73%，表明毛竹林和杉木林以及混交林土壤碳氮比均在 40 ~ 60 cm 土层差异最大。从不同月分析，3 种林分各土层 1 月土壤碳氮比基本比 8 月高。当 C/N 比介于 15 ~ 25 时，土壤有机质较富足，C/N 比较小时，微生物分解活动能力增强而使土壤有效养分增加(Mazzarino et al.，1998)。由表 13-37 可知，毛竹林 C/N 比平均介于 11 ~ 12. 5，而杉木林介于 8 ~ 12. 1，在每一个土层，土壤碳氮比均为毛竹林 > 混交林 > 杉木林，表明毛竹林土壤各层 C/N 较杉木林更一致，微生物分解能力较强，林地肥力较好。

表 13-37　毛竹向杉木扩张林分土壤碳氮比(C/N)

土层/cm	林分类型	1 月	8 月	平均
0 ~ 20	毛竹林	12. 239 ±0. 501	12. 060 ±1. 197	12. 346 ±0. 553
	混交林	12. 399 ±0. 929	12. 241 ±1. 119	12. 320 ±1. 021
	杉木林	12. 273 ±1. 566	11. 845 ±1. 615	12. 059 ±1. 585

（续）

土层/cm	林分类型	1月	8月	平均
20～40	毛竹林	11.843±0.412	11.226±0.342	11.535±0.240
	混交林	10.806±0.313	11.023±0.627	10.914±0.350
	杉木林	10.294±0.650	9.183±0.297	9.739±0.352
40～60	毛竹林	11.526±0.455	10.452±0.896	11.293±0.626
	混交林	10.667±0.424	9.097±0.594	9.882±0.085
	杉木林	9.395±1.073	8.136±0.081	8.766±0.577

3. 土壤有机碳和全氮含量间回归分析

由图13-9可知，毛竹林扩张阶段3种林分土壤全氮和有机碳含量线性回归均达到显著强相关，斜率为毛竹林＞混交林＞杉木林，表明增加单位土壤有机碳含量，毛竹林全氮含量增加最多，杉木林最少。因此，毛竹林提高土壤肥力潜力更强，毛竹向杉木林扩张有助于土壤肥力提高。

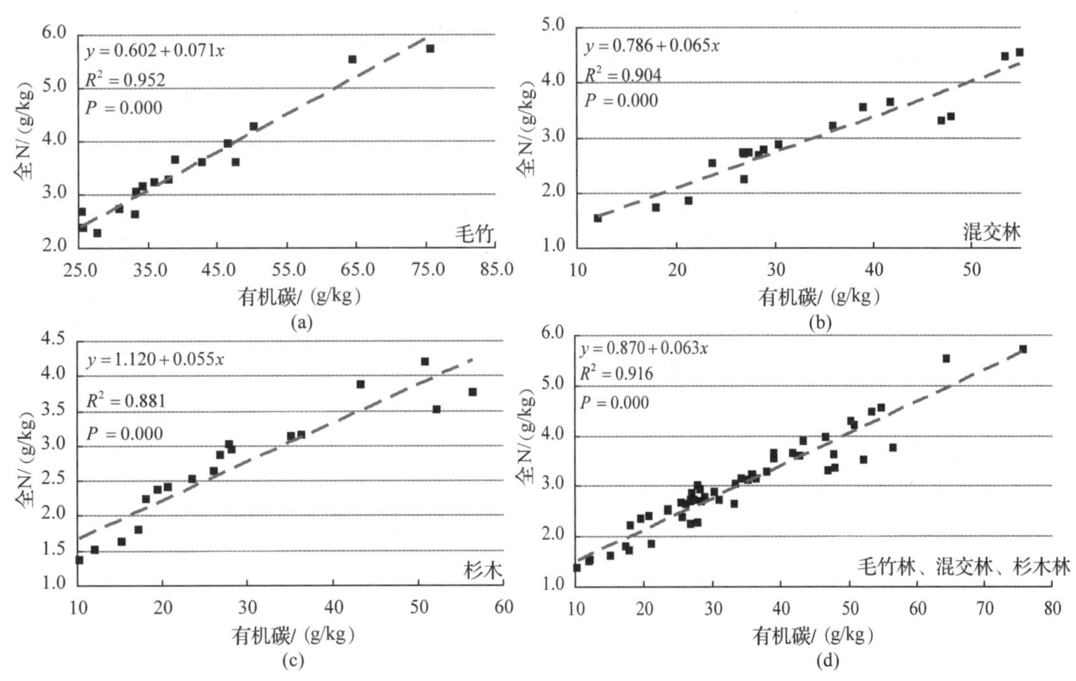

图13-9　毛竹向杉木扩张林分土壤碳氮线性回归方程

4. 土壤碳氮含量与土壤团聚体结构以及土壤物理性质间相关性

由表13-38可知，土壤有机碳和全氮含量均与＞5 mm、2～5 mm土壤团聚体质量分数以及平均重量直径、平均几何直径、土壤质量含水量、土壤贮水量、最大持水量、最小持水量、毛管持水量、非毛管孔隙、总孔隙度和土壤通气度达到显著正相关，相关性基本处于中等相关水平；分别与0.5～1 mm、0.25～0.5 mm、＜0.25 mm土壤团聚体质量分数以及分形维数、可蚀性*K*值、土壤密度显著负相关，相关性基本处于中等相关水平。表明土壤大粒径团聚体含量越高、土壤越松软透气，持水性能越好，土壤有机碳和全氮含量越高。

表 13-38 土壤有机碳、全氮含量与土壤团聚体结构以及土壤物理性质间相关系数

元素	>5 mm	2 ~ 5 mm	1 ~ 2 mm	0.5 ~ 1 mm	0.25 ~ 0.5 mm	<0.25 mm	分形维数	平均重量直径	平均几何直径	可蚀性 *K* 值
SOC	0.372*	0.541**	0.074	-0.509**	-0.379*	-0.577**	-0.613**	0.545**	0.605**	-0.489**
全 N	0.469*	0.618**	0.099	-0.563**	-0.532**	-0.680**	-0.743**	0.655**	0.732**	-0.561**

元素	土壤质量含水量	土壤密度	土壤贮水量	最大持水量	最小持水量	毛管持水量	非毛管孔隙	总孔隙度	土壤通气度	pH 值
SOC	0.763**	-0.804**	0.535**	0.821**	0.759**	0.793**	0.780**	0.806**	0.789**	0.259
全 N	0.674**	-0.744**	0.469*	0.722**	0.663**	0.696**	0.688**	0.708**	0.694**	0.447*

注：* 表示显著相关($P<0.05$)；** 表示极显著相关($P<0.01$)。

5. 土壤有机碳和全氮储量特征

由表 13-39 可知，毛竹林土壤有机碳储量和全氮储量在 3 个土层变化不大；混交林土壤有机碳储量随土层加深逐渐减少，氮储量无明显规律；杉木林土壤有机碳储量和全氮储量均随土层深度加深逐渐减少。0 ~ 20 cm 土层土壤有机碳储量为毛竹林 < 混交林 < 杉木林，3 种林分无显著差异；20 ~ 40 cm 和 40 ~ 60 cm 则相反，且毛竹林和杉木林差异显著；全氮储量仅 40 ~ 60 cm 土层为毛竹林 > 混交林 > 杉木林，其余两个土层无明显趋势。从 0 ~ 60 cm 土层分析，土壤有机碳储量和土壤全氮储量均为毛竹林 > 混交林 > 杉木林，但均无显著差异。

表 13-39 毛竹向杉木扩张林分土壤有机碳和全氮储量 t/hm^2

土层/cm	林分类型	C	N
0 ~ 20	毛竹林	55.806 ± 6.027aA	5.040 ± 0.356aA
	混交林	60.455 ± 5.631aA	4.904 ± 0.732aA
	杉木林	63.489 ± 4.898aA	5.192 ± 0.413aA
20 ~ 40	毛竹林	58.369 ± 7.182aA	5.049 ± 0.603aA
	混交林	50.155 ± 6.725abA	4.581 ± 0.632aA
	杉木林	45.656 ± 6.814bAB	4.641 ± 0.597aA
40 ~ 60	毛竹林	57.370 ± 5.063aA	5.112 ± 0.339aA
	混交林	45.676 ± 6.215abA	4.585 ± 0.611abA
	杉木林	36.954 ± 4.754bB	4.075 ± 0.498bA
0 ~ 60	毛竹林	171.545 ± 19.214a	15.201 ± 1.262a
	混交林	156.286 ± 18.785a	14.070 ± 1.939a
	杉木林	146.099 ± 16.709a	13.907 ± 1.394a

注：不同小写字母表示同一土层不同林分间差异显著；不同大写字母表示相同林分不同土层间差异显著。

土壤有机碳储量受到地表凋落物量、植物枯死根系量和地下微生物分解影响，因此植物根系分布、凋落物归还量以及不同土壤微生物使土壤有机碳储量在不同林分土壤剖面分布不尽相同(杜满义等，2010)。毛竹林碳储量和氮储量随土层加深波动不大，甚至有增加趋势，主要由于虽然土壤有机碳含量随土层加深逐渐降低，其中 20 ~ 40 cm 和 40 ~ 60 cm 土层土壤有机碳含量分别为表层 75.15% 和 66.00%，土壤全氮含量分别为表层 72.66% 和 66.45%，但毛竹林下层土壤相对于上层疏松多孔表层土具有较大土壤密度，其中 20 ~ 40 cm 和 40 ~

60 cm 土层土壤分别比表层土壤密度增加 33.11% 和 53.08%(表 13-4)，因此毛竹林土壤碳氮储量变化与含量变化趋势不同，没有随土层加深而递减(见表 13-39)。杉木没有庞大根系，土壤密度随土层增加不明显，其中 20 ~ 40cm 和 40 ~ 60cm 土层土壤分别比表层土壤密度增加 29.78% 和 31.48%(见表 13-4)，因此杉木林碳氮储量差异主要受到土壤碳氮含量影响，杉木林土壤有机碳含量 20 ~ 40 cm 和 40 ~ 60 cm 土层分别为表层土壤的 55.68% 和 46.02%，土壤全氮含量分别为表层土壤的 69.21% 和 62.06%(见表 13-7)。因此，杉木林随土层加深碳氮储量明显减少。毛竹林表层土壤有机碳含量只比杉木林高 9.63%，而 20 ~ 40 cm和 40 ~ 60 cm 土层分别高 53.96% 和 59.25%。因此，毛竹林扩张有助于土壤有机碳和全氮含量增加和储量积累，但积累途径主要通过增加下层土壤储量达到。

三、毛竹向杉木扩张林分土壤活性有机碳分布特征

1. 土壤活性有机碳含量

从不同土层分析，表 13-40 中 3 种林分两个月均随土层加深土壤水溶性碳含量逐渐降低，平均来看毛竹林、混交林、杉木林土壤水溶性有机碳含量 40 ~ 60 cm 土层比表层土壤分别减少 58.93%、59.50%、48.75%，差异显著，混交林随土层加深水溶性有机碳含量降低最快。0 ~ 20 cm 土层，土壤水溶性有机碳含量为毛竹林 > 混交林 > 杉木林，其他两个土层均为毛竹林 > 杉木林 > 混交林，毛竹林在三个土层中含量均最大，平均来看 0 ~ 20 cm 土层毛竹林和混交林分别比杉木林增加 45.93% 和 24.71%。从不同月分析，只有表层土壤三种林分 1 月土壤水溶性有机碳含量比 8 月水溶性有机碳含量高，其他两个土层无明显趋势。

表 13-40　毛竹向杉木扩张林分土壤水溶性碳(WSOC)含量　　mg/kg

土层/cm	林分类型	1 月	8 月	平均
0 ~ 20	毛竹林	66.513 ± 6.834aA	49.003 ± 5.109aA	57.758 ± 9.228aA
	混交林	57.235 ± 7.873abA	41.479 ± 5.054aA	49.357 ± 6.065abA
	杉木林	50.428 ± 10.362bA	28.729 ± 3.832bA	39.579 ± 5.281bA
20 ~ 40	毛竹林	40.026 ± 4.997aB	28.637 ± 3.307aB	34.332 ± 5.720aB
	混交林	30.294 ± 5.922bB	30.779 ± 3.471aAB	30.537 ± 4.690aB
	杉木林	40.005 ± 3.651aA	21.258 ± 2.383aA	30.632 ± 2.072aAB
40 ~ 60	毛竹林	20.284 ± 2.745aC	27.165 ± 5.714aB	23.724 ± 3.225aB
	混交林	20.318 ± 4.798aB	19.657 ± 3.877bB	19.988 ± 3.914aB
	杉木林	19.628 ± 1.406aB	20.939 ± 2.583bA	20.283 ± 1.726aB

注：不同小写字母表示同一土层不同林分间差异显著；不同大写字母表示相同林分不同土层间差异显著。

表 13-41　毛竹向杉木扩张林分土壤微生物量碳(MBC)含量　　g/kg

土层/cm	林分类型	1 月	8 月	平均
0 ~ 20	毛竹林	0.333 ± 0.042aA	0.460 ± 0.040bA	0.424 ± 0.040aA
	混交林	0.247 ± 0.038abA	0.633 ± 0.045aA	0.440 ± 0.051aA
	杉木林	0.234 ± 0.019bA	0.604 ± 0.069aA	0.419 ± 0.044aA

（续）

土层/cm	林分类型	1月	8月	平均
20～40	毛竹林	0.161±0.004aB	0.326±0.034aAB	0.279±0.044aB
	混交林	0.132±0.010aAB	0.435±0.038aB	0.284±0.030aB
	杉木林	0.128±0.025aAB	0.422±0.038aB	0.275±0.021aAB
40～60	毛竹林	0.101±0.013aB	0.296±0.024bB	0.235±0.049aB
	混交林	0.088±0.013aB	0.403±0.059aB	0.245±0.035aB
	杉木林	0.080±0.011aB	0.408±0.062aB	0.244±0.054aB

注：不同小写字母表示同一土层不同林分间差异显著，不同大写字母表示相同林分不同土层间差异显著。

从不同土层分析，表13-41中3种林分两个月份均随土层加深土壤微生物量碳含量逐渐降低，平均来看毛竹林、混交林、杉木林土壤微生物量碳含量40～60 cm土层比表层土壤分别减少44.58%、44.32%、41.77%，均差异显著，毛竹林和混交林随着土层加深土壤微生物量碳含量降低最快。每一土层1月土壤微生物量碳含量均为毛竹林>混交林>杉木林，8月基本为混交林>杉木林>毛竹林。从不同月份来看，3种林分各土层8月土壤微生物量碳含量均比1月含量高。

表13-42　毛竹向杉木扩张林分土壤易氧化态碳(ROC)含量　g/kg

土层/cm	林分类型	1月	8月	平均
0～20	毛竹林	3.127±0.249aA	2.290±0.528aA	2.709±0.321aA
	混交林	2.709±0.302aA	2.167±0.340aA	2.438±0.236aA
	杉木林	2.556±0.373aA	2.029±0.288aA	2.293±0.241aA
20～40	毛竹林	2.516±0.297aAB	1.745±0.350aAB	2.131±0.268aAB
	混交林	1.666±0.312abB	1.550±0.226aAB	1.608±0.208abAB
	杉木林	1.356±0.219bB	1.532±0.097aAB	1.444±0.196bAB
40～60	毛竹林	2.089±0.281aB	1.255±0.199aB	1.672±0.241aB
	混交林	1.521±0.180abB	1.125±0.180aB	1.323±0.144abB
	杉木林	1.137±0.263bB	0.983±0.135aB	1.060±0.177bB

注：不同小写字母表示同一土层不同林分间差异显著；不同大写字母表示相同林分不同土层间差异显著。

从不同土层分析，表13-42中3种林分不同月均随土层加深土壤易氧化态碳含量逐渐降低，平均来看毛竹、混交林、杉木林土壤易氧化态碳含量40～60 cm土层比表层土壤分别减少38.28%、45.73%、53.77%，均差异显著，杉木林随土层加深土壤易氧化态碳含量降低最快。每一土层土壤易氧化态碳含量均为毛竹林>混交林>杉木林，平均来看0～20 cm土层毛竹林和混交林分别比杉木林增加18.14%和6.32%，20～40 cm土层增加47.58%和11.36%，40～60 cm土层增加57.74%和24.81%，表明毛竹林与杉木林以及混交林与杉木林易氧化态碳含量在40～60 cm土层差异最大。从不同月分析，3种林分各土层1月土壤易氧化态碳含量比8月高。

土壤水溶性有机碳和易氧化态碳是微生物重要可利用能源物质(宋小艳等，2015)，土壤有机质分解和土壤养分转化等相关土壤生物化学循环过程都离不开土壤微生物量碳的参与，土壤微生物量碳是土壤养分储备和循环不可缺少动力(漆良华等，2009)。研究表明年均温湿度与土壤水溶性有机碳和易氧化态碳含量间线性负相关，与土壤微生物量碳为正相关(向成华等，2010）。随着土壤温湿度增加，微生物分解活动更加剧烈，加速土壤活性有机碳分解与矿化速度，增加土壤碳库不稳定性，使土壤水溶性有机碳和易氧化态碳被大量分解，导致土壤水溶性有机碳和易氧化态碳含量降低，而微生物量碳含量较高，研究表明温度能够解释35%～61%土壤活性有机碳含量差异（漆良华等，2013）。研究区域1月年均地表温度和降水量分别为7.81℃和54.4 mm，8月分别为22.43℃和335.6 mm，分别是1月2.87倍和6.17倍。因此，3种林分各土层1月土壤易氧化态碳和水溶性有机碳含量均比8月高。而微生物量碳含量正好相反，与漆良华等（2013）研究结果一致。8月份较丰富降雨背景下，土壤水溶性有机碳流失加剧（Piirainen et al.，2002），使水溶性有机碳含量降低。

2. 土壤活性有机碳储量

由表13-43可知，毛竹林、混交林、杉木林三种林分土壤水溶性有机碳储量、微生物量碳储量和易氧化态碳储量基本随土层深度增加逐渐递减。3个土层土壤水溶性有机碳储量基本为毛竹林＞混交林＞杉木林，土壤微生物量碳储量相反，且3种林分间均无显著差异；土壤易氧化态碳储量0～20 cm为毛竹林＜混交林＜杉木林，40～60 cm土层为毛竹林＞混交林＞杉木林。从0～60cm土层分析，土壤水溶性有机碳储量和土壤易氧化态碳储量均为毛竹林＞混交林＞杉木林，而土壤微生物量碳储量则相反，且3种林分间均无显著差异。因此，毛竹林扩张一定程度上有助于土壤水溶性有机碳储量和易氧化态碳储量积累。

表13-43　毛竹向杉木扩张林分各组分活性炭储量　　t/hm^2

土层/cm	林分类型	WSOC	MBC	ROC
0～20	毛竹林	0.068±0.008aA	0.501±0.065aA	3.202±0.262aA
	混交林	0.066±0.010aA	0.589±0.009aA	3.260±0.487aA
	杉木林	0.058±0.005aA	0.617±0.101aA	3.380±0.161aA
20～40	毛竹林	0.054±0.007aAB	0.441±0.082aA	3.368±0.516aA
	混交林	0.052±0.005aAB	0.481±0.032aA	2.725±0.214aAB
	杉木林	0.058±0.008aA	0.524±0.103aAB	2.750±0.382aAB
40～60	毛竹林	0.043±0.006aB	0.428±0.093aA	3.040±0.365aA
	混交林	0.039±0.009aB	0.475±0.075aA	2.560±0.319abB
	杉木林	0.038±0.004aA	0.455±0.053aB	1.976±0.156bB
0～60	毛竹林	0.166±0.025a	1.369±0.237a	9.610±1.098a
	混交林	0.156±0.031a	1.544±0.125a	8.545±1.119a
	杉木林	0.154±0.019a	1.597±0.243a	8.106±0.832a

注：不同小写字母表示同一土层不同林分间差异显著；不同大写字母表示相同林分不同土层间差异显著。

四、毛竹向杉木扩张林分土壤碳库管理指数

1. 土壤有机碳和全氮对ROC回归分析

由图13-10和图13-11可知，毛竹林扩张阶段3种林分土壤易氧化态碳与有机碳含量以及全氮含量线性回归均达到显著水平，表明土壤有机碳和全氮是土壤易氧化态碳主要影响因子。土壤易氧化态碳与有机碳含量斜率最大为毛竹林，表明增加单位土壤有机碳含量，毛竹林易

氧化态碳含量增加最多；而土壤易氧化态碳与全氮含量斜率最大为杉木林，表明增加单位土壤全氮含量，杉木林易氧化态碳含量增加最多。

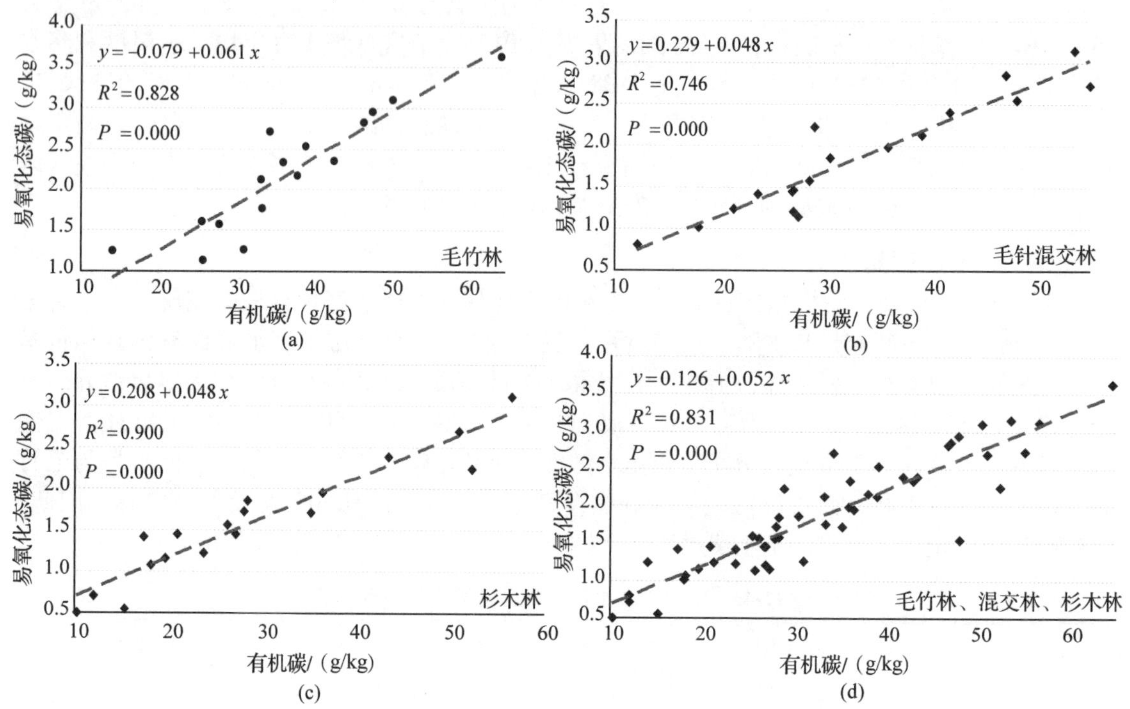

图 13-10　毛竹向杉木扩张林分土壤易氧化态碳含量与有机碳含量回归方程

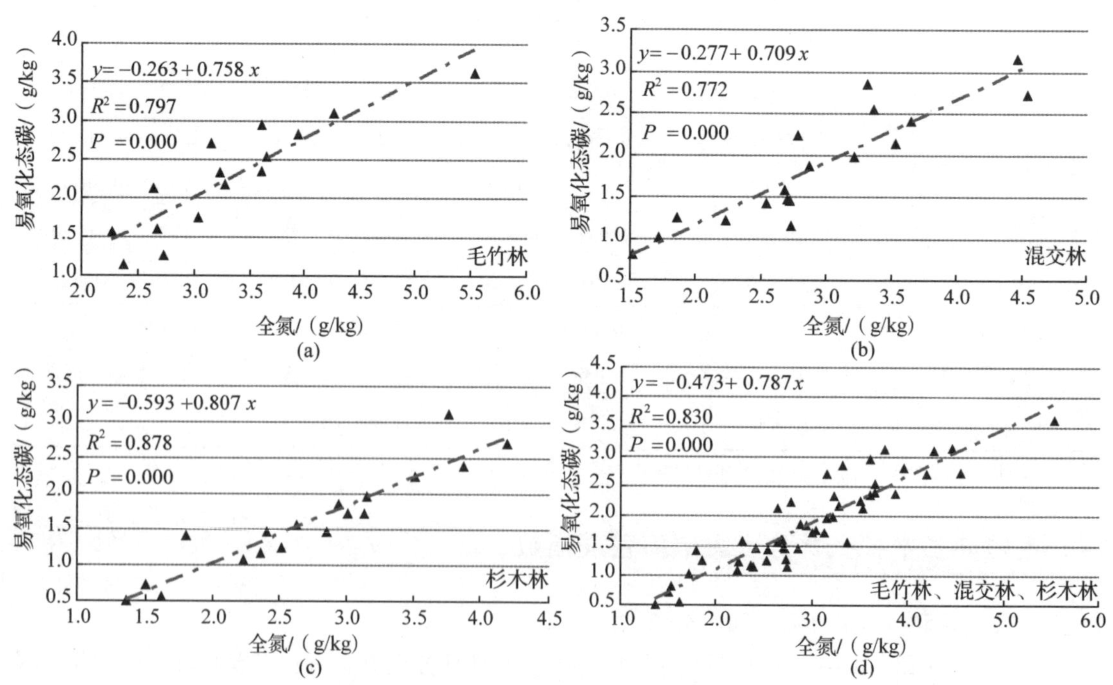

图 13-11　毛竹向杉木扩张林分土壤易氧化态碳含量与全氮含量回归方程

2. 毛竹向杉木扩张林分土壤碳库管理指数分析

土壤碳库管理指数结合了土壤碳库指数和土壤碳库活度指标，既反映毛竹向杉木扩张过程植被变化对土壤有机碳储量影响，也体现土壤有机碳组分中稳定与非稳定性有机碳变化情况，能够较全面和动态反映毛竹扩张对土壤有机碳影响(郭宝华等，2014)。指数上升表明毛竹向杉木林扩张对土壤有培肥作用，土壤有机碳库处于良性发展状况，反之则表明毛竹扩张使土壤肥力下降，不利于土壤改善。以混交林各土层为参照土壤，可得毛竹林和杉木林对混交林各土层土壤碳库活度、碳库活度指数、碳库指数和碳库管理指数，结果见表13-44。每个土层3种林分1月份碳库活度均为毛竹林 > 混交林 > 杉木林，8月碳库活度则相反，同一林分不同土层碳库活度指数无明显规律；平均分析，0～60 cm土层3种林分土壤碳库活度为竹林 < 混交林 < 杉木林。1月毛竹林各土层碳库活度指数均大于1，杉木林小于1，8月则相反；平均分析，0～60 cm土层3种林分土壤碳库活度指数为竹林 < 混交林 < 杉木林。各土层毛竹林1月和8月碳库指数均大于1，杉木林均小于1。平均分析，0～60 cm土层3种林分土壤碳库指数为毛竹林 > 混交林 > 杉木林。各土层碳库管理指数1月均为毛竹林 > 混交林 > 杉木林，8月不同土层表现出不同规律；平均分析，0～60 cm土层3种林分碳库管理指数为毛竹林 > 混交林 > 杉木林，表明毛竹向杉木林扩张有助于改善土壤质量。

表13-44　毛竹向杉木扩张林分土壤碳库管理指数

土层/cm	林分类型	碳库活度			碳库活度指数			碳库指数			碳库管理指数		
		8月	1月	平均	8月	1月	平均	8月	1月	平均	8月	1月	平均
0～20	毛竹林	0.051	0.063	0.065	0.864	1.026	1.138	1.197	1.183	1.190	1.033	1.218	1.136
	混交林	0.056	0.062	0.058	1.000	1.000	1.000	1.000	1.000	1.000	1.000	1.000	1.000
	杉木林	0.057	0.061	0.058	1.048	0.994	0.997	0.845	0.964	0.925	0.931	0.978	0.948
20～40	毛竹林	0.050	0.068	0.061	0.902	1.128	1.076	1.212	1.508	1.286	1.091	1.708	1.386
	混交林	0.054	0.060	0.057	1.000	1.000	1.000	1.000	1.000	1.000	1.000	1.000	1.000
	杉木林	0.077	0.053	0.065	1.441	0.876	1.141	0.808	0.902	0.849	1.134	0.799	0.967
40～60	毛竹林	0.048	0.063	0.056	0.828	1.024	0.934	1.490	1.362	1.394	1.093	1.397	1.271
	混交林	0.060	0.062	0.060	1.000	1.000	1.000	1.000	1.000	1.000	1.000	1.000	1.000
	杉木林	0.063	0.051	0.057	1.104	0.834	0.955	0.919	0.830	0.856	1.014	0.695	0.821
0～60	毛竹林	0.048	0.064	0.056	0.869	1.053	0.972	1.275	1.320	1.292	1.088	1.393	1.183
	混交林	0.054	0.061	0.057	1.000	1.000	1.000	1.000	1.000	1.000	1.000	1.000	1.000
	杉木林	0.061	0.057	0.059	1.152	0.935	1.024	0.971	0.855	0.901	1.121	0.803	0.923

五、毛竹扩张林分土壤活性有机碳与团聚体典型相关分析

由表13-45可知，土壤活性有机碳间相关性均达到显著水平，其中MBC与WSOC、WSOC与ROC均极显著相关。3种活性炭与 >2 mm土壤团聚体质量分数和平均重量直径、平均几何直径均正相关，与 <2 mm土壤团聚体质量分数、分形维数和可蚀性 K 值均负相关，其中WSOC与团聚体质量分数和团聚体指标间无显著性；MBC与 >5 mm粒径团聚体、平均重量直径和平均几何直径为显著正相关，与0.5～1 mm、0.25～0.5 mm粒径团聚体和可蚀性 K 值为显著负相关；ROC与 >5 mm、2～5 mm粒径团聚体、平均重量直径和平均几何直径显著

正相关，与0.5~1 mm、0.25~0.5 mm、<0.25 mm粒径团聚体以及分形维数和可蚀性K值显著负相关，但基本为弱相关性，表明土壤团聚体结构对土壤WSOC含量影响较小，对MBC和ROC含量具有一定影响。

表13-45　毛竹向杉木扩张林分土壤活性有机碳与团聚体指标间相关系数

指标	WSOC	ROC	>5 mm	2~5 mm	1~2 mm	0.5~1 mm	0.25~0.5 mm	<0.25 mm	分形维数	平均重量直径	平均几何直径	可蚀性K值
MBC	0.530**	0.444*	0.521**	0.246	-0.041	-0.471*	-0.506**	-0.341	-0.297	0.542**	0.431*	-0.495**
WSOC		0.569**	0.254	0.212	-0.127	-0.375	-0.246	-0.086	-0.138	0.280	0.212	-0.236
ROC			0.498**	0.595**	-0.008	-0.643**	-0.514**	-0.600**	-0.628**	0.664**	0.690**	-0.562**

注：*表示显著相关($P<0.05$)；**表示极显著相关($P<0.01$)。

分别将土壤不同组分活性炭含量(微生物量碳x_1、水溶性碳x_2、易氧化态碳x_3)和土壤团聚体质量分数(>5 mmy_1、2~5 mmy_2、1~2 mmy_3、0.5~1 mmy_4、0.25~0.5 mmy_5、<0.25 mmy_6)作为两组变量，利用典型相关分析探讨土壤不同组分活性炭含量与团聚体质量分数间整体相关性，研究团聚体结构对土壤不同组分活性炭形成影响。

表13-46　典型相关系数显著性检验

序号	相关系数r	Wilk's	卡方值	df	P值
1	0.806	0.202	33.597	18.000	0.014
2	0.577	0.576	11.581	10.000	0.314
3	0.370	0.863	3.088	4.000	0.543

由表13-46可知，第一典型相关系数为0.806，第二和第三典型变量相关性比较弱。第一典型相关达到显著水平，典型相关变量为：

$$\begin{cases} U_1 = -0.426x_1 + 0.430x_2 - 0.872x_3 \\ V_1 = -0.443y_1 - 0.191y_2 + 0.182y_3 + 0.221y_4 + 0.034y_5 + 0.435y_6 \end{cases} \quad (13\text{-}16)$$

不同组分活性炭第一典型变量U_1中，x_3系数绝对值最大为0.872，其次为x_2和x_1，可以认为活性炭典型变量主要由ROC决定。土壤团聚体质量分数第一典型变量V_1中，y_1和y_6系数绝对值最大，分别为0.443和0.435，其次为y_4、y_2、y_3、y_5，可以认为团聚体结构典型变量主要由y_1和y_6决定。其中x_1、x_3与y_1、y_2符号相同，与y_3、y_4、y_5、y_6不同，表明MBC、ROC与>2 mm团聚体具有正相关性，与<2 mm土壤团聚体具有负相关性，与表13-45中的相关性结果一致。

由表13-47可知，不同组分活性炭第一典型变量U_1中，x_3和x_1与典型变量相关性最强，分别为-0.816和-0.585，其观察值变异能由U_1解释的方差比例分别为66.7%和34.2%；x_2与典型变量相关系数为-0.291，其观察值变异能由U_1解释的方差比例为8.4%，表明活性炭典型变量主要体现ROC和MBC性质。团聚体质量分数典型变量V_1中，y_6与典型变量相关性最强，相关系数为0.849，其观察值变异能由V_1解释的方差比例为72.0%；其次为y_4、y_5、y_1、y_2，相关系数分别为0.756、0.729、-0.710、-0.703，其观察值变异能由V_1解释的方差比例分别为57.2%、53.1%、50.4%、49.4%；y_3与典型变量相关系数为-0.075，其观察值变异能由V_1解释的方差比例为0.6%，表明团聚体质量分数典型变量主要体现>2 mm和<1 mm粒径团聚体特征。

表 13-47　观察值与典型变量间冗余分析

观察值与典型变量间相关系数						
组 1	x_1	x_2	x_3			
U_1	-0.585	-0.291	-0.816			
组 2	y_1	y_2	y_3	y_4	y_5	y_6
V_1	-0.710	-0.703	-0.075	0.756	0.729	0.849
观察值的变异能由典型变量解释的比例						
组 1	x_1	x_2	x_3			
U_1	0.342	0.084	0.667			
组 2	y_1	y_2	y_3	y_4	y_5	y_6
V_1	0.504	0.494	0.006	0.572	0.531	0.720

表 13-48　观察值与相对典型变量间冗余分析

观察值与相对典型变量间相关系数						
组 1	x_1	x_2	x_3			
V_1	-0.471	-0.234	-0.658			
组 2	y_1	y_2	y_3	y_4	y_5	y_6
U_1	-0.546	-0.532	-0.031	0.599	0.557	0.632
观察值的变异能由相对典型变量解释的比例						
组 1	x_1	x_2	x_3			
V_1	0.222	0.055	0.433			
组 2	y_1	y_2	y_3	y_4	y_5	y_6
U_1	0.298	0.283	0.001	0.358	0.311	0.399

由表 13-48 可知，ROC、MBC 与相对的土壤团聚体质量分数典型变量相关性最强，分别为 -0.658 和 -0.471，其观察值变异能由 V_1 解释的方差比例为 43.3% 和 22.2%；WSOC 与相对的团聚体典型变量相关系数为 -0.234，其观察值变异能由 V_1 解释的方差比例仅为 5.5%，表明土壤团聚体结构及其稳定性对 ROC 含量具有一定影响，MBC 和 WSOC 含量变化主要受其他因素影响。y_6 与相对的活性炭典型变量相关系数最高，为 0.632，其观察值变异能由 U_1 解释的方差比例为 39.9%；y_4、y_5、y_1、y_2 与相对的活性炭典型变量相关系数绝对值介于 0.5 ~ 0.6，其观察值变异能由 U_1 解释的方差比例介于 20% ~ 36%，表明土壤不同组分活性炭与 <0.25 mm 粒径团聚体质量分数影响最密切。

六、毛竹扩张林分土壤活性有机碳与物理性质典型相关分析

由表 13-49 可知，MBC 与土壤密度显著弱负相关，WSOC 和 ROC 与土壤密度为极显著中等负相关。MBC 与土壤质量含水量、最大持水量、毛管持水量、总孔隙度、土壤通气度具有显著弱正相关性，WSOC 和 ROC 与土壤质量含水量、土壤贮水量、最大持水量、毛管持水量、总孔隙度、毛管孔隙度和土壤通气度均达到极显著中等正相关性。表明主要物理性质对 WSOC 和 ROC 影响较大，对 MBC 影响较小。

分别将土壤不同组分活性炭（微生物量碳 x_1、水溶性有机碳 x_2、易氧化态碳 x_3）和主要土

壤物理性质(土壤密度 y_1、土壤贮水量 y_2、最大持水量 y_3、毛管持水量 y_4、总孔隙度 y_5、毛管孔隙度 y_6、土壤通气度 y_7、pHy_8)作为两组变量，利用典型相关分析探讨土壤不同组分活性炭含量与主要土壤物理性质间相关性，研究土壤物理性质对土壤不同组分活性炭形成影响。

表 13-49 毛竹向杉木扩张林分土壤各活性有机碳与主要土壤物理性质间相关系数

指标	土壤密度	土壤质量含水量	土壤贮水量	最大持水量	毛管持水量	总孔隙度	毛管孔隙度	土壤通气度	pH
MBC	-0.463*	0.404*	0.221	0.448*	0.452*	0.397*	0.289	0.417*	0.311
WSOC	-0.760**	0.750**	0.551**	0.784**	0.768**	0.761**	0.596**	0.714**	-0.028
ROC	-0.784**	0.708**	0.535**	0.768**	0.731**	0.777**	0.605**	0.748**	0.290

注：* 表示显著相关($P<0.05$)；** 表示极显著相关($P<0.01$)。

由表 13-50 可知，第一对典型变量相关系数为 0.943，第二和第三对典型变量相关性较弱。第一对典型相关达到显著水平，典型相关变量为：

$$\begin{cases} U_1 = -0.055x_1 + 0.471x_2 + 0.554x_3 \\ V_1 = -0.638y_1 + 0.127y_2 - 0.660y_3 + 0.380y_4 + 0.635y_5 - 0.162y_6 + 0.318y_7 + 0.051y_8 \end{cases} \tag{13-17}$$

不同组分活性炭第一典型变量 U_1 中，x_3 系数绝对值最大为 0.554，其次为 x_2 和 x_1，表明活性炭典型变量主要由 ROC 决定。土壤物理性质第一典型变量 V_1 中，y_1、y_3、y_5 系数绝对值最大，表明土壤物理性质典型变量主要由土壤密度、最大持水量和总孔隙度决定。

表 13-50 典型相关系数显著性检验

序号	相关系数 r	Wilk's	卡方值	df	P 值
1	0.943	0.042	63.521	24	0.000
2	0.687	0.376	19.566	14	0.144
3	0.538	0.711	6.823	6	0.338

表 13-51 观察值与典型变量间冗余分析

观察值与典型变量间相关系数								
组 1	x_1	x_2	x_3					
U_1	0.440	0.757	0.797					
组 2	y_1	y_2	y_3	y_4	y_5	y_6	y_7	y_8
V_1	-0.919	0.657	0.922	0.886	0.923	0.724	0.874	0.077
观察值的变异能由典型变量解释的比例								
组 1	x_1	x_2	x_3					
U_1	0.193	0.573	0.636					
组 2	y_1	y_2	y_3	y_4	y_5	y_6	y_7	y_8
V_1	0.845	0.432	0.850	0.785	0.852	0.523	0.765	0.006

由表 13-51 可知，不同组分活性炭第一典型变量 U_1 中，x_3、x_2、x_1 与典型变量相关系数分别为 0.797、0.757 和 0.440，其观察值变异能由 U_1 解释的方差比例分别为 63.6%、57.3% 和

19.3%，表明活性炭第一典型变量主要体现 ROC 和 MBC 性质。土壤物理性质第一典型变量 V_1 中，y_1、y_3、y_5 与典型变量相关性最强，相关系数分别为 -0.919、0.922 和 0.923，其观察值变异能由 V_1 解释的方差比例分别为 84.5%、85.0% 和 85.2%；其次为 y_4 和 y_7，与典型变量的相关系数分别为 0.886 和 0.874，其观察值变异能由 V_1 解释的方差比例分别为 78.5% 和 76.5%；y_2、y_6、y_8 与典型变量相关系数比较小，其观察值变异能由 V_1 解释的方差比例也较小，表明土壤物理性质第一典型变量主要体现土壤密度、最大持水量和总孔隙度的特征，也一定程度反映毛管持水量和土壤通气度变化。

由表 13-52 可知，ROC、WSOC 和 MBC 与相对的土壤物理性质第一典型变量相关系数分别为 0.752、0.713 和 0.415，其观察值变异能由 V_1 解释的方差比例分别为 56.5%、50.9% 和 17.2%，表明不同组分活性有机碳变异主要还受其他因素影响。土壤密度、最大持水量、毛管持水量、总孔隙度、土壤通气度与相对的活性炭第一典型变量相关系数分别为 -0.767、0.770、0.742、0.767、0.727，其观察值变异能由 U_1 解释的方差比例分别为 58.8%、59.2%、55.0%、58.8%、52.9%，其他指标与相对的活性炭第一典型变量相关系数较小，其观察值变异能由 U_1 解释的方差比例均小于 40%，表明土壤密度、最大持水量、总孔隙度、毛管持水量和土壤通气度是影响活性有机碳重要因素。

表 13-52　观察值与相对典型变量间冗余分析

观察值与相对典型变量间相关系数								
组 1	x_1	x_2	x_3					
V_1	0.415	0.713	0.752					
组 2	y_1	y_2	y_3	y_4	y_5	y_6	y_7	y_8
U_1	-0.767	0.543	0.770	0.742	0.767	0.600	0.727	0.131
观察值的变异能由相对典型变量解释的比例								
组 1	x_1	x_2	x_3					
V_1	0.172	0.509	0.565					
组 2	y_1	y_2	y_3	y_4	y_5	y_6	y_7	y_8
U_1	0.588	0.295	0.592	0.550	0.588	0.360	0.529	0.017

七、毛竹扩张林分土壤活性有机碳与化学性质典型相关分析

由表 13-53 可知，MBC 和 ROC 与有机碳、全 N、全 P、有效 P、速效 K、水解性氮间相关性均显著，WSOC 与有机碳、全 N、全 K、有效 P、速效 K、水解性氮间显著相关，其中 MBC 和 WSOC 与化学性质间基本为弱相关，ROC 与有机碳、全氮、速效钾和水解性氮为强相关，表明化学性质对 MBC 和 WSOC 含量影响较弱，对 ROC 具有较大影响。

表 13-53　毛竹向杉木扩张林分各活性有机碳与主要土壤化学性质间相关系数

	有机碳	全 N	全 P	全 K	有效 P	速效 K	水解性氮
MBC	0.438*	0.480*	0.470*	-0.138	0.528**	0.496**	0.571**
WSOC	0.617**	0.554**	0.280	-0.379*	0.411*	0.566**	0.447*
ROC	0.942**	0.952**	0.774**	-0.046	0.574**	0.804**	0.814**

注：* 表示显著相关($P<0.05$)；** 表示极显著相关($P<0.01$)。

分别将土壤不同组分活性有机碳(微生物量碳 x_1、水溶性有机碳 x_2、易氧化态碳 x_3)和主要土壤化学性质(有机碳 y_1、全氮 y_2、全磷 y_3、全钾 y_4、有效磷 y_5、速效钾 y_6、水解性氮 y_7)作为两组变量，利用典型相关分析探讨土壤不同组分活性炭含量与主要土壤化学性质间相关性，研究土壤化学性质对土壤不同组分活性炭形成影响。

表 13-54　典型相关系数显著性检验

序号	相关系数 r	Wilk's	卡方值	df	P 值
1	0.983	0.015	86.383	21	0.000
2	0.666	0.432	17.198	12	0.142
3	0.472	0.777	5.176	5	0.395

由表 13-54 可知，第一对典型变量相关系数为 0.983，第二和第三对典型变量相关性比较弱。第一对典型相关达到显著水平，典型相关变量为

$$\begin{cases} U_1 = -0.120x_1 - 0.016x_2 - 0.932x_3 \\ V_1 = -0.631y_1 - 0.212y_2 + 0.114y_3 - 0.064y_4 - 0.136y_5 + 0.122y_6 - 0.359y_7 \end{cases} \quad (13\text{-}18)$$

不同组分活性炭第一典型变量 U_1 中，x_3 系数绝对值最大为 0.932，其次为 x_1 和 x_2，表明活性炭典型变量主要由 ROC 决定。土壤化学性质第一典型变量 V_1 中，y_1、y_7、y_2 系数绝对值最大，表明土壤化学性质典型变量主要由土壤 C、N 元素决定。

由表 13-55 可知，不同组分活性炭第一典型变量 U_1 中，x_3 与典型变量相关系数为 -0.994，其观察值变异能由 U_1 解释的方差比例为 98.7%；x_2、x_1 与典型变量相关性为弱相关，其观察值变异能由 U_1 解释的方差比例小于 40%，表明活性炭典型变量主要体现 ROC 性质。土壤化学性质典型变量 V_1 中，y_2、y_1 与典型变量相关性最强，分别为 -0.969 和 -0.956，其观察值变异能由 V_1 解释的方差比例分别为 94.0% 和 91.4%；其次为 y_7、y_6 和 y_3，与典型变量相关系数介于 0.80 ~ 0.85，其观察值变异能由 V_1 解释的方差比例介于 60% ~ 75%，y_5、y_4 与典型变量相关系数都很小，其观察值变异能由 V_1 解释的方差比例也非常小，表明土壤化学性质典型变量主要体现 C、N 元素性质以及部分 P、K 元素性质。

表 13-55　观察值与典型变量间冗余分析

观察值与典型变量间相关系数							
组 1	x_1	x_2	x_3				
U_1	-0.541	-0.608	-0.994				
组 2	y_1	y_2	y_3	y_4	y_5	y_6	y_7
V_1	-0.956	-0.969	-0.796	0.066	-0.615	-0.832	-0.848
观察值的变异能由典型变量解释的比例							
组 1	x_1	x_2	x_3				
U_1	0.293	0.370	0.987				
组 2	y_1	y_2	y_3	y_4	y_5	y_6	y_7
V_1	0.914	0.940	0.633	0.004	0.379	0.692	0.720

由表 13-56 可知，ROC、WSOC 和 MBC 与相对的土壤化学性质典型变量相关系数分别为 -0.977、-0.598 和 -0.532，其观察值变异能由 V_1 解释的方差比例分别为 95.4%、35.7%

和28.3%，表明ROC含量变化主要受土壤化学性质影响。全N和有机碳含量与相对的活性炭典型变量相关系数分别为 -0.953 和 -0.939，其观察值变异能由 U_1 解释的方差比例分别为90.7%和88.3%，表明活性炭含量变化较全面反映土壤有机碳和全N变化，部分反映土壤P和K元素变化。综上可得，土壤ROC含量与土壤有机碳和全氮含量间存在很强相关性。

表13-56　观察值与相对典型变量间冗余分析

观察值与相对典型变量间相关系数							
组1	x_1	x_2	x_3				
V_1	-0.532	-0.598	-0.977				
组2	y_1	y_2	y_3	y_4	y_5	y_6	y_7
U_1	-0.939	-0.953	-0.782	0.065	-0.605	-0.818	-0.834
观察值的变异能由相对典型变量解释的比例							
组1	x_1	x_2	x_3				
V_1	0.283	0.357	0.954				
组2	y_1	y_2	y_3	y_4	y_5	y_6	y_7
U_1	0.883	0.907	0.611	0.004	0.366	0.669	0.695

第五节　毛竹向杉木扩张林分土壤质量评价

土壤是生态系统重要组成部分，是植物群落发育演化物质基础，具有独特组成、结构和功能。土壤质量是土壤维持生物生产力、保护环境质量以及促进动植物健康生长综合量度（王启兰等，2011）。土壤质量作为一种固有土壤属性，是土壤理化性质以及生物属性综合反映（Badiane et al.，2001），是揭示土壤动态最敏感指标，体现自然因素及人类活动对土壤的影响。王启兰等（2011）以7种土壤微生物活性和10种土壤理化性质为评价指标体系，对青海省海北藏族州典型高寒草甸土壤质量进行主成分分析，得出高寒草甸土壤综合质量3个主成分，以微生物生物量碳、脲酶、碱性磷酸酶、蛋白酶、有机碳、全氮、有效氮、有效磷、速效钾、土壤容重和阳离子交换量11项作为衡量土壤质量指标。黄婷等（2016）以陕北黄土丘陵区纸坊沟流域不同立地条件下刺槐林为对象，采用综合评价法，选取土壤有机质、全氮、有效磷、速效钾、速效氮，以及土壤各种酶作为土壤质量评价指标，结果表明林龄越大，土壤质量越好。赵娜等（2014）以华北低丘山地退耕还林区耕地、农田撂荒地、退耕10年刺槐林和退耕43年刺槐林为研究对象，选取土壤容重、土壤总孔隙度、土壤电导率、土壤有机质、全氮、硝态氮、铵态氮、有效磷、速效钾，以及土壤微生物生物量碳和氮作为土壤质量评价指标，采用土壤质量综合指数探讨退耕措施对土壤质量影响，表明退耕地人工造林改善华北低丘山地退耕地区土壤质量。因此，土壤质量问题逐渐受到研究者关注。

毛竹是克隆性植物，具有很强繁衍能力，我国学者对毛竹扩张过程中土壤质量变化进行广泛研究。吴家森等（2008）对天目山国家级自然保护区毛竹扩张对林地土壤肥力影响研究表明，随着毛竹扩张，土壤活性有机碳含量不断增加；刘骏等（2013）对大岗山自然保护区竹林－阔叶林界面两侧土壤有机碳含量研究结果类似；杨清培等（2011）对大岗山毛竹扩张对常绿阔叶林生态系统碳储特征影响研究表明，随着毛竹林扩张土壤有机碳含量降低；漆良华等

(2012)研究湘中丘陵区竹杉混交林土壤质量状况，用灰色关联度表明竹杉混交林土壤质量优于毛竹纯林。因此，毛竹林扩张对土壤质量影响表现出复杂性特征。

目前关于毛竹扩张对土壤质量影响主要集中于土壤理化性质以及土壤有机碳变化，研究样地主要选择毛竹向阔叶林扩张林分以及集约经营类型毛竹林分，对于自然状态下毛竹向针叶林扩张林分对土壤质量影响研究较少。选取戴云山自然保护区毛竹向杉木扩张林分为研究对象，从土壤物理性质、化学性质、团聚体稳定性、团聚体有机碳氮和土壤活性有机碳等方面，利用突变级数法综合研究毛竹扩张过程中土壤质量变化趋势，揭示毛竹向杉木扩张林分土壤质量演变机制，为将来相关部门管理提供科学依据。

一、突变级数法

突变理论(Catastrophe)主要由拓扑概念发展而来，在拓扑动力学、奇点理论等基础上构造数学模型，描述、评价、预测自然现象与社会活动中事物连续性中断的质变过程。由突变理论中突变模型衍生出来的突变级数法广泛应用于多准则决策问题，首先对评价目标进行多层次矛盾分解，再用突变模糊隶属函数由归一公式进行综合量化计算，最后归为一个参数，即总隶属函数，从而得出综合评价结果(Thom，1972)。

1. 构建突变模型评价指标体系

根据评价系统总体要求，对评价总指标进行多层次矛盾分解，排列成倒树状目标层次结构。分解到可计量子指标时，分解停止。由于一般突变系统控制变量不超过 4 个，相应各层指标(单指标的子指标)分解不超过 4 个。

2. 突变系统分歧方程导出归一公式进行综合评价

设突变系统势函数为$f(x)$，所有临界点集合成平衡曲面，其方程通过$f'(x)=0$得到，奇点集通过方程$f''(x)=0$而得。联立$f'(x)=0$和$f''(x)=0$得到突变系统分歧点集方程，分歧点集方程表明诸控制变量满足此方程时，系统发生突变。通过分解形式的分歧点集方程导出归一公式，将系统内控制变量不同质态化为同一质态，对系统量化递归运算，求出表征系统状态特征的系统总突变隶属函数值。

归一公式使用条件是x及各个控制变量为突变级数，即 0～1 范围内取值。初始突变级数绝对值必须按照“越大越好”原则投入模型，各控制变量初始突变级数用模糊隶属函数取得。

对越大越优型指标，其隶属函数为：

$$u=\begin{cases}1 & (x\geqslant a_2)\\ (x-a_1)/(a_2-a_1) & (a_1<x<a_2)\\ 0 & (0\leqslant x\leqslant a_1)\end{cases}\tag{13-19}$$

对越小越优型指标，其隶属函数为：

$$u=\begin{cases}1 & (0\leqslant x\leqslant a_1)\\ (a_2-x)/(a_2-a_1) & (a_1<x<a_2)\\ 0 & (x\geqslant a_2)\end{cases}\tag{13-20}$$

式中，a_1、a_2为函数上下界。在各定量指标最大、最小值基础上，增减其本身 10% 作为该定量指标上下界。

状态变量x决定于各突变类型控制变量间关系。如果同一对象各控制变量间存在明显相互关联，该对象各控制变量为互补型，对应 x 按平均值法取得；如果同一对象各控制变量间不存在明显相互关联，该对象各控制变量为非互补型，x 按“大中取小”原则取得(徐道炜等，2011)。

3. 利用归一公式进行综合评价

由初始突变级数和多层次指标体系，利用归一公式可分别得到不同层次突变级数和状态变量隶属函数。由于初始突变级数要求按照越大越好型，故总隶属函数也是越大越优。对多种方案 C_1、C_2、…、C_n，令 x_i为方案 C_i隶属函数，若 $x_i(c_i)>x_k(c_k)$，表明方案 C_i优于 C_k，对各评价对象按总评价指标得分排序。

二、指标体系构成

主要从土壤物理性质、化学性质、土壤团聚体和活性有机碳 4 个属性构建土壤质量评价指标体系。由于每个土壤属性内部指标众多，部分指标间具有强相关性，为了降低指标维度以及避免数据信息重叠对分析结果产生影响，分别对土壤物理性质、化学性质和团聚体指标进行因子分析降低维度，提取各土壤属性公因子，利用各林分不同土层土壤公因子得分进行突变分析。

1. 土壤化学性质因子

土壤化学性质提取 3 个公因子，第一公因子主要体现有机碳、全 N、全 P 水平，第二公因子主要体现有效 P 水平，第三公因子主要体现土壤 K 元素水平(具体内容请参照第十三章第二节)。三个公因子属于越大越优型指标。

2. 土壤物理性质因子

土壤物理性质提取 3 个公因子，第一公因子为土壤持水能力，第二公因子为土壤质地，第三公因子为土壤酸碱性(具体内容请参照第十三章第二节)。三个公因子属于越大越优型指标。

3. 土壤团聚体指标因子

土壤团聚体指标包括土壤团聚体稳定性指标和土壤团聚体有机碳氮含量指标，分别表征土壤团聚体结构和团聚体养分。因此，分别对土壤团聚体稳定性和土壤团聚体有机碳氮含量指标因子分析，将两者公因子组成土壤团聚体指标。

(1)土壤团聚体稳定性指标因子分析

选取土壤团聚体稳定性指标：土壤分形维数(x_1)、土壤平均重量直径(x_2)、土壤平均几何直径(x_3)、可蚀性 K 值(x_4)进行因子分析。4 个变量 KMO 值为 0.638，Bartlett 检验卡方值为 165.106，显著性水平为 0.000，表明数据通过 KMO 检验和 Bartlett 检验，适合进行因子分析。

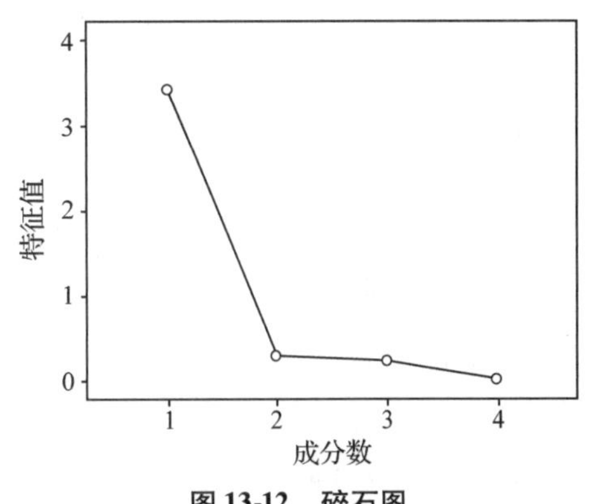

图 13-12　碎石图

由图 13-12 可知选取第一个因子比较合适。由表 13-57 可知，第一个公因子特征值大于 1，累积方差贡献率为 86.309%，满足信息提取要求。因此，公因子数目定为 1 个。

表 13-57　总方差解释

成分	初始特征值			提取载荷平方和		
	总计	方差百分比	累积/%	总计	方差百分比	累积/%
1	3.452	86.309	86.309	3.452	86.309	86.309
2	0.299	7.473	93.783			
3	0.245	6.120	99.903			
4	0.004	0.097	100.000			

由于只有一个公因子，无法进行因子旋转得到旋转后因子载荷矩阵，由表 13-58 因子得分系数矩阵得到公因子表达式为：

$$F_1 = -261x_1 + 0.276x_2 + 0.279x_3 - 0.260x_4 \tag{13-21}$$

表 13-58　因子得分系数矩阵

因子	土壤分形维数	土壤平均重量直径	土壤平均几何直径	可蚀性 K 值
1	-0.261	0.276	0.279	-0.260

(2)土壤团聚体有机碳氮含量因子分析

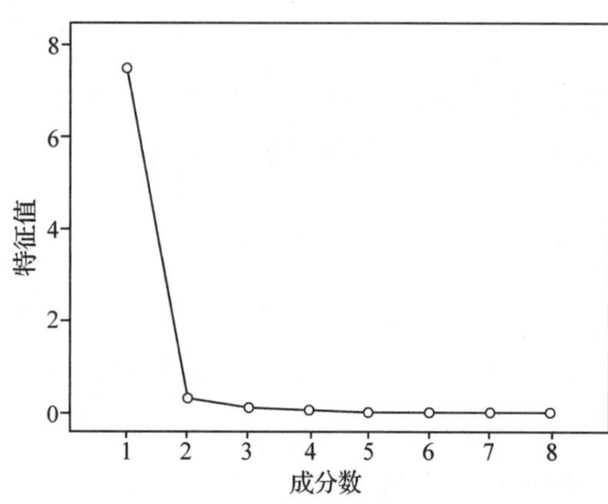

图 13-13　碎石图

选取土壤团聚体有机碳氮指标：>2 mm 有机碳含量(x_1)、1～2 mm 有机碳含量(x_2)、0.5～1 mm有机碳含量(x_3)、0.25～0.5 mm 有机碳含量(x_4)、>2 mm 全氮含量(x_5)、1～2 mm 全氮含量(x_6)、0.5～1 mm 全氮含量(x_7)、0.25～0.5 mm 全氮含量(x_8)进行因子分析，KMO 值为 0.818，Bartlett 检验卡方值为 493.089，显著性水平为 0.000，表明数据通过 KMO 检验和 Bartlett 检验，适合进行因子分析。

由图 13-13 可知选取第一个因子较合适。由表 13-59 可知，只有第一个公因子特征值大于 1，累积方差贡献率达到 93.636%，满足信息提取量要求。因此，公因子数目确定为1 个。

表 13-59　总方差解释

成分	初始特征值			提取载荷平方和		
	总计	方差百分比	累积/%	总计	方差百分比	累积/%
1	7.491	93.636	93.636	7.491	93.636	93.636
2	0.287	3.589	97.226			
3	0.117	1.467	98.692			
4	0.067	0.835	99.528			
5	0.024	0.294	99.822			
6	0.011	0.135	99.957			
7	0.002	0.031	99.988			
8	0.001	0.012	100.000			

由于只有一个公因子，无法进行因子旋转得到旋转后因子载荷矩阵，根据因子得分系数矩阵可得公因子为：

$$F_1 = 0.125x_1 + 0.131x_2 + 0.135x_3 + 0.131x_4 + 0.128x_5 + 0.141x_6 + 0.130x_7 + 0.129x_8 \quad (13\text{-}22)$$

三、指标体系建立

指标体系分解按照突变理论要求，重要指标在前，次要指标在后，采用 Delphi 专家打分法确定各指标重要性排序，具体见表 13-60。

表 13-60　毛竹向杉木扩张林分土壤质量评价指标体系

第一层(一级指标)	第二层(二级指标)	第三层(三级指标)
A 三种林分不同土层土壤质量	B_1活性有机碳	C_1易氧化态碳含量
		C_2微生物量碳含量
		C_3可溶性有机碳含量
	B_2化学性质	C_4化学性质公因子 1
		C_5化学性质公因子 2
		C_6化学性质公因子 3
	B_3物理性质	C_7物理性质公因子 1
		C_8物理性质公因子 2
		C_9物理性质公因子 3
	B_4团聚体性质	C_{10}稳定性公因子
		C_{11}有机碳氮公因子

由表 13-60 可知，第三层(三级指标)系统自上而下为燕尾突变型、燕尾突变型、燕尾突变型、尖点突变型，第二层(二级指标)为蝴蝶突变型，第一层(一级指标)为总评价指标。

四、评价分级标准制定

将土壤质量由低到高依次分为 4 个等级(李锋等，2003)，即Ⅰ很差，Ⅱ一般，Ⅲ较好，Ⅳ优良，对应分级标准见表 13-61。由于突变级数法评价值一般较高，需对照绝对意义下常规等级标准，制定适应自身特点的等级标准，这是突变级数法更具实用价值关键(魏婷等，2008)。根据归一公式特点，将底层指标 4 个等级相对隶属度范围分别取为[0, 0.25)，[0.25, 0.5)，[0.5, 0.75)，[0.75, 1]，当底层指标隶属度均为 x(x = 0, 0.25, 0.5, 0.75, 1)时，可计算土壤质量评价各层指标隶属度及总隶属度，具体见表 13-61。

表 13-61　土壤质量等级标准

安全等级	常规值	突变级数法				
		A	B_1	B_2	B_3	B_4
Ⅰ	[0, 0.25)	[0, 0.850)	[0, 0.612)	[0, 0.612)	[0, 0.612)	[0, 0.565)
Ⅱ	[0.25, 0.5)	[0.850, 0.921)	[0.612, 0.781)	[0.612, 0.781)	[0.612, 0.781)	[0.565, 0.750)
Ⅲ	[0.5, 0.75)	[0.921, 0.966)	[0.781, 0.902)	[0.781, 0.902)	[0.781, 0.902)	[0.750, 0.887)
Ⅳ	[0.75, 1)	[0.966, 1]	[0.902, 1]	[0.902, 1]	[0.902, 1]	[0.887, 1]

注：A 表示 3 种林分不同土层土壤质量；B_1表示活性有机碳；B_2表示化学性质；B_3表示物理性质；B_4表示团聚体性质。

五、评价结果与分析

根据各公因子表达式可得每个采集点公因子得分，利用越大越优型指标隶属函数进行标准化，得到第三层指标隶属度矩阵，进一步可得毛竹扩张过程中各林分不同土层土壤质量评价总隶属度和二级隶属度，具体见表13-62。

表 13-62　土壤质量评价总隶属度和二级隶属度

指标	毛竹林			混交林			杉木林		
	0～20 cm (PP1)	20～40 cm (PP2)	40～60 cm (PP3)	0～20 cm (PPCL1)	20～40 cm (PPCL2)	40～60 cm (PPCL3)	0～20 cm (CL1)	20～40 cm (CL2)	40～60 cm (CL3)
A	0.984	0.910	0.854	0.980	0.901	0.824	0.924	0.881	0.815
B_1	0.939	0.721	0.544	0.903	0.645	0.461	0.852	0.611	0.398
B_2	0.978	0.793	0.691	0.891	0.765	0.585	0.716	0.514	0.561
B_3	0.939	0.711	0.656	0.954	0.722	0.622	0.723	0.743	0.753
B_4	0.965	0.780	0.550	0.970	0.753	0.485	0.856	0.738	0.353

注：A：三种林分不同土层土壤质量；B_1：活性有机碳；B_2：化学性质；B_3：物理性质；B_4：团聚体性质；PP1：毛竹林0～20 cm土层；PPCL1：混交林0～20 cm土层；CL1：杉木林0～20 cm土层；PP2：毛竹林20～40 cm土层；PPCL2：混交林20～40 cm土层；CL2：杉木林20～40 cm土层；PP3：毛竹林40～60 cm土层；PPCL3：混交林40～60 cm土层；CL3：杉木林40～60 cm土层。

由表13-62可知，PP1和PPCL1土壤质量为优良级别，CL1土壤质量为较好水平，PPCL2、PP2、CL2和PP3为一般水平，PPCL3和CL3为比较差水平。毛竹扩张过程中，各林分不同土层土壤质量评价总隶属度得分顺序为PP1 > PPCL1 > CL1 > PP2 > PPCL2 > CL2 > PP3 > PPCL3 > CL3。总的分析，同一林分都是随着土层增加土壤质量不断降低。每个土层3种林分土壤质量均为毛竹林 > 毛杉混交林 > 杉木林。

突变级数法可以描述、评价、预测自然现象中事物连续性中断的质变过程。毛竹向杉木扩张过程中，毛竹不断侵入杉木林群落，最终成为毛竹林。由于毛竹鞭根不断扩张以及地表毛竹立竹度增加，在水平及垂直方向上逐渐引起土壤理化性质、土壤稳定性、土壤碳氮含量、土壤微生物构成等方面改变，地表凋落物构成变化进一步促进土壤相关性质改变。因此，毛竹向杉木林扩张对土壤性质是一个连续性的质变过程。由于研究过程中无法在水平或垂直方向密集土壤取样，只能对扩张过程具有代表性和典型性林分和土层研究，了解扩张过程中土壤相关性质变化趋势。因此，研究采集的数据是一个连续性中断的质变过程，满足突变级数法研究要求。

一般来说，涉及土壤指标越多包含信息量越大，土壤质量评价更合理科学。但指标越多数据维度越高，数据处理方法也更复杂、更难实施，而且土壤属性指标间存在多重共线性，数据处理不当可能赋予某种土壤属性过高权重，造成该属性对结果的决定性作用，无法从整体对土壤质量进行科学评价。因子分析作为一种降维多元统计分析方法，提取公因子过程中既能降低数据维度又能够最大限度保留原始数据信息，克服指标间多重共线性问题。因此，结果更加科学合理。

质量等级标准设置主要有基准值法和等级标准法（吴开亚等，2008）。由于涉及众多土壤指标无统一划分标准，只能按照等级标准法设定，即将[0，1]按等间距方法划分为4个等级作为土壤质量评价等级标准。因此，土壤质量4个等级划分结果只能作为参考，而各林分不同土层土壤质量评价顺序才是作为主要结论进行阐述。

第六节　毛竹向杉木扩张林分凋落物分解动态及养分释放模式

凋落物分解是森林生态系统养分循环重要组成部分(Berg et al.，2003)。凋落物分解速率影响凋落物养分有效性和生态系统生产力。凋落物释放的养分可以提供林木生长69～87%需求(潘冬荣等，2013)。

毛竹广泛分布于中国亚热带地区，面积达4.43×10^6hm^2，占中国竹林面积70%，占世界毛竹面积80%(Song et al.，2011)。毛竹是世界上生长最快植物物种之一，特别在无人为干扰地区。毛竹利用鞭根快速生长侵入其他植物群落，生长季每天高生长达到30～100 cm，爆发式生长使其得到更多养分和光照，比其他物种具有很强生长优势。因此，毛竹扩张使其他种群不断退化，直至最终演变成毛竹纯林(Shi et al.，2015)。宋新章等(2011，2013)研究发现2000—2010年毛竹向高海拔森林扩张速度平均为9.8 m/年。因此，探讨毛竹凋落物分解和养分释放模式有助于理解毛竹扩张过程中养分动态(Xu et al.，2017)。

大多数天然林群落地表凋落物由许多不同物种凋落物构成。混合凋落物构成会影响凋落物物理和化学性质以及分解者丰富度和活跃度(Wardle et al.，2003)。施磊等(2015)研究表明低海拔区域毛竹占比越高混合凋落物分解速率越快，凋落物养分回归相对较快，有利于毛竹快速生长对养分需求。温度是影响凋落物分解速率主要因素之一(Zhou et al.，2014)。温度和分解速率均随着海拔升高而降低(Vitousek et al.，1994)。目前关于毛竹混合凋落物在高海拔和低海拔是否具有相同分解动态尚未清楚。毛竹凋落物分解研究主要集中于集约和半集约经营类型，此过程人们普遍施用N肥。宋新章等(2014)研究表明N素添加会加速毛竹凋落物分解和养分释放，然而Manning(2008)等研究表明N素添加降低毛竹细根凋落物分解速率。而自然状态下高海拔地域毛竹林凋落物分解过程鲜有报道。

研究自然环境下毛竹向杉木扩张林分毛竹和杉木4种混合凋落物分解动态，主要包含5个方面：①凋落物分解模型选择及其与气候关系；②检验生物量比例假说是否适用于自然分解状态下毛竹与杉木混合凋落物分解过程；③混合凋落物养分释放模式；④凋落物分解过程中质量损失与养分释放间关系；⑤主要气候因子对凋落物分解过程中质量损失与养分释放影响。

一、统计分析方法

1. 凋落物分解模型

凋落物分解过程用Olson指数衰减模型分析(Olson，1963)：

$$M_i(t)=M_i(0)\mathrm{e}^{-k_i t} \tag{13-23}$$

式中，k_i表示第i种类型凋落物分解速率；$M_i(t)$表示第i种类型凋落物t时刻质量，$t=0$、0.25、0.5、0.75、1年，i取值为1，2，3，4，分别表示4种凋落物类型：CL15、PP15、PP6CL9和PP9CL6。模型前提条件是凋落物t时刻分解质量与凋落物该时刻现有量成正比：

$$\frac{\mathrm{d}M_i(t)}{\mathrm{d}t}=-k_iM_i(t) \tag{13-24}$$

式中，分解速率 $z \geqslant 0$ 为常数。实际凋落物分解速率往往随时间改变(Rovira et al.，2008)。因此，一般情况下分解速率 k_i 可以表示时间 t 的函数 $k_i = f_i(t)$，其中 $f_i(t) \geqslant 0$(Rovira et al.，2010)。分解模型表示为：

$$\frac{\mathrm{d}M_i(t)}{\mathrm{d}t} = -f_i(t)M_i(t) \tag{13-25}$$

式(13-25)两边积分得：

$$M_i(t) = M_i(0)\mathrm{e}^{-\int_0^t f_i(t)\mathrm{d}t} \tag{13-26}$$

整理得：

$$\ln\left[\frac{M_i(t)}{M_i(0)}\right] = -\int_0^t f_i(t)\mathrm{d}t \tag{13-27}$$

只要确定 $f_i(t)$ 函数形式，根据实测数据可以拟合出 $f_i(t)$ 相关参数。

2. 最优模型选择标准

用 Akaike's Information Criterion(AIC)作为选择最优模型标准(Anderson，2008)：

$$AIC = n \times \log(\sigma^2) + 2k \tag{13-28}$$

式中，n 表示样本量；σ^2 为剩余方差；k 表示模型包含参数个数。具有最小 AIC 值的模型为最优模型。

3. 生物量比例假说

生态系统属性是生态系统内部各群落特性综合表现。根据生物量比例假说，生态系统属性所表现某群落属性程度与该群落相对丰富度成比例(Grime，1998；Garnier et al.，2004)。由此得到混合凋落物分解速率加权均值(Garnier et al.，2004)表达式为：

$$g_j(t) = \sum_{i=1}^{2} f_{ij} f_i(t) \tag{13-29}$$

式中，$g_j(t)(j=3，4)$表示在生物量比例假说下，t 时刻第 j 种类型混合凋落物拟合分解速率；f_{ij} 表示第 j 种类型混合凋落物初始质量中树种 i 凋落物所占比例($\sum_{i=1}^{2} f_{ij} = 1$)；$f_i(t)$ 表示 t 时刻物种 i 凋落物拟合分解速率。由此可得：

$$\ln\left(\frac{M_j(t)}{M_j(0)}\right) = -\beta_j \int_0^t g_j(t)\mathrm{d}t \tag{13-30}$$

式中，β_j 为修正系数。若 β_j 与数值 1 无显著差异，支持 BRH，即混合凋落物分解速率与该混合凋落物各物种占质量百分比成比例，表明毛竹凋落叶和杉木凋落物在分解过程无交互作用。若 β_j 与数值 1 差异显著，则不支持 BRH，即认为毛竹凋落叶和杉木凋落物在分解过程中具有交互作用：若 $\beta_j > 1$，表明两种凋落物在分解过程中具有协同作用；若 $\beta_j < 1$，表明具有阻碍作用。若不满足公式(13-30)线性关系，则也不支持 BRH 观点。

4. 凋落物养分释放分析方法

一定时期内凋落物质量损失率(period mass loss，PML)表示为：

$$PML(\%) = \left(1 - \frac{M_t}{M_{t-1}}\right) \times 100 \tag{13-31}$$

式中，PML 称为阶段质量分解率；M_t 表示 t 时刻凋落物质量，$t=1、2、3、4、5$；M_0 表示初始凋落物质量。

一定时期内凋落物养分释放率(period nutrient release，PNR)表示为：

$$PNR(\%) = \left(1 - \frac{N_t M_t}{N_{t-1} M_{t-1}}\right) \times 100 \quad (13\text{-}32)$$

式中，PNR 称为阶段养分释放率；N_t表示 t 时刻凋落物养分含量，$t=1$、2、3、4、5；N_0表示初始凋落物养分含量。

二、凋落物分解模型

1. 初始凋落物养分含量差异显著性检验

由表 13-63 可知，初始凋落物养分含量具有一定变化趋势，C、P 以及 C/N 比随毛竹凋落叶比重增加而减少，而 N、C/P 比和 N/P 比则相反。PP9CL6 和 PP6CL9 的 C、N、C/N 比和 N/P 比与 CL15 和 PP15 均差异显著。

表 13-63　4 种凋落物初始养分含量

凋落物类型	C/(mg/g)	N/(mg/g)	P/(mg/g)	C/N	C/P	N/P
CL15	491. 20 a	9. 93 a	0. 37 a	49. 59 a	1 332. 61 a	26. 86 a
PP6CL9	464. 44 b	16. 18 b	0. 31 ab	28. 76 b	1 506. 85 ab	52. 69 b
PP9CL6	452. 07 b	17. 66 b	0. 29 ab	25. 62 b	1 590. 39 ab	62. 38 b
PP15	427. 76 c	20. 68 c	0. 23 b	20. 69 c	1 878. 53 b	90. 74 c

注：不同小写字母表示不同类型凋落物指标间差异显著。

2. 凋落物 Olson 指数分解模型

由图 13-14 可知，2014. 8—2014. 10 和 2015. 5—2015. 7 两个阶段凋落物分解速度比其他两个时间段更快。在 2014. 8—2014. 10 凋落物阶段质量分解率为 CL15 > PP6CL9 > PP9CL6 > PP15，2015. 5—2015. 7 趋势相反。4 种凋落物一年内分解的质量介于 3. 07 ~ 3. 73 g，顺序为 PP15 > PP9CL6 > PP6CL9 > CL15，占初始凋落物质量比例分别为 24. 84%，24. 05%，21. 77% 和 20. 49%。

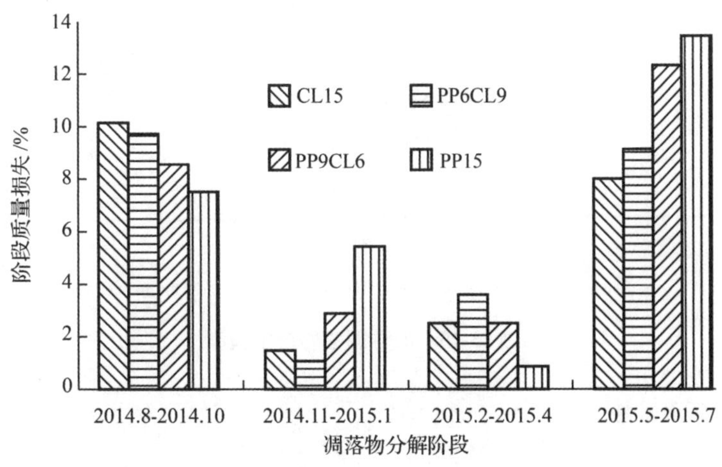

图 13-14　4 种凋落物阶段质量损失百分比

采用 Olson 指数方程模型模拟 4 种凋落物分解，相关参数见表 13-64。可知 Olson 指数方程模拟 4 种凋落物分解模型均达到显著水平，R^2 介于 0.86 ~ 0.90。随着毛竹凋落叶比例增大，分解率增大，年分解系数为 CL15 < PP6CL9 < PP9CL6 < PP15。由图 13-15 可知，半对数坐标轴上 CL15 和 PP6CL9 的 Olson 指数方程模型没有经过(0，0)点，截距分别为 0.021 和 0.014。显著性检验得到两个截距 P 值分别为 0.409 和 0.561，表明与 0 无显著差异，因此两种凋落物分解模型也符合 Olson 指数方程。由方程(13-23)可推导出 CL15 和 PP6CL9 初始凋落物质量理论值分别为 14.69 g 和 14.79 g。CL15 分解 50% 及 99% 凋落物时间最长，分别为 3.65 年和 24.24 年；PP15 分解 50% 及 99% 凋落物时间最短，分别为 2.73 年和 18.13 年。

表 13-64　4 种凋落物 Olson 分解模型相关参数

凋落物类型	Olson 指数方程模型	k_i	R^2	P - value	$t_{0.5}$ (ya)	$t_{0.99}$ (ya)	AIC
CL15	$M_t = 14.69e^{-0.190t}$	0.190	0.864	0.014	3.65	24.24	-14.08
PP6CL9	$M_t = 14.79e^{-0.215t}$	0.215	0.898	0.009	3.22	21.42	-14.10
PP9CL6	$M_t = 15.00e^{-0.243t}$	0.243	0.890	0.010	2.85	18.95	-13.42
PP15	$M_t = 15.00e^{-0.254t}$	0.254	0.891	0.010	2.73	18.13	-13.22

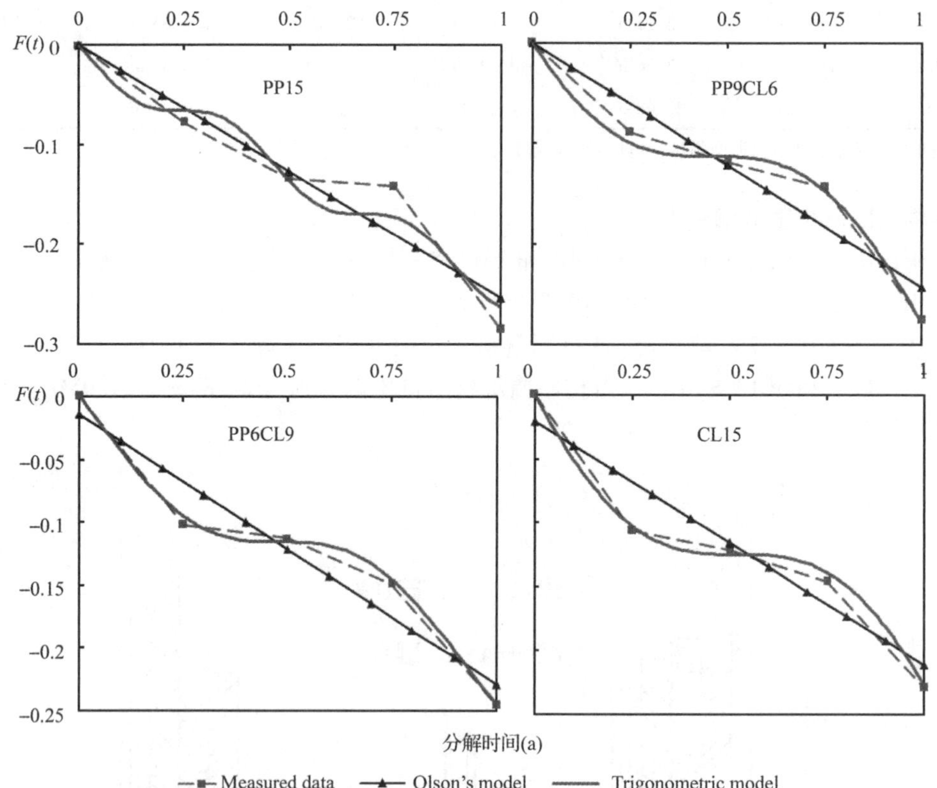

图 13-15　四种凋落物分解模型

3. 凋落物分解三角函数模型

若假设式(13-27)中 $F_i(t) = \ln\left(\dfrac{M_i(t)}{M_i(0)}\right)$，则可得

$$F'_i(t) = (-\int_0^t f_i(t)\mathrm{d}t)' = -f_i(t) \tag{13-33}$$

表明凋落物分解率$f_i(t)$与$\ln(M_i(t)/M_i(0))$斜率成相反数。由图13-14和13－15可知，凋落物分解率随时间周期性变化。因此，可用三角函数模型刻画该性质（Rovira et al.，2010）：

$$f_i(t) = m + a \times \sin\left(\frac{2\pi}{b} \times t + c\right) \tag{13-34}$$

式中，$f_i(t) \in [m-a, m+a]$；m表示分解率均值；a表示分解率振幅变化量；b表示分解率变化周期；c表示三角函数角位移。Rovira等（2010）研究表明，当$m=a$时式（13-34）具有最优参数估计值。将式（13-34）代入式（13-27），并进行积分，可得：

$$\ln\left(\frac{M_i(t)}{M_i(0)}\right) = -\int_0^t f_i(t)\mathrm{d}t = \frac{ab}{2\pi}\left[\cos\left(\frac{2\pi}{b} \times t + c\right) - \cos(c)\right] - a \times t \tag{13-35}$$

4种凋落物分解率拟合参数值见表13-65，半对数坐标轴拟合图如图13-16所示。

表13-65　4种凋落物三角函数分解模型相关参数

凋落物类型	a	b	c	R^2	$t_{0.5}$（yr.）	$t_{0.99}$（yr.）	AIC
CL15	0.31	1.29	2.18	0.974	2.93	19.11	－17.95
PP6CL9	0.22	0.88	1.26	0.975	3.01	21.01	－17.94
PP9CL6	0.35	1.22	2.35	0.967	2.20	13.28	－16.30
PP15	0.24	0.43	1.11	0.889	2.41	15.15	－11.06

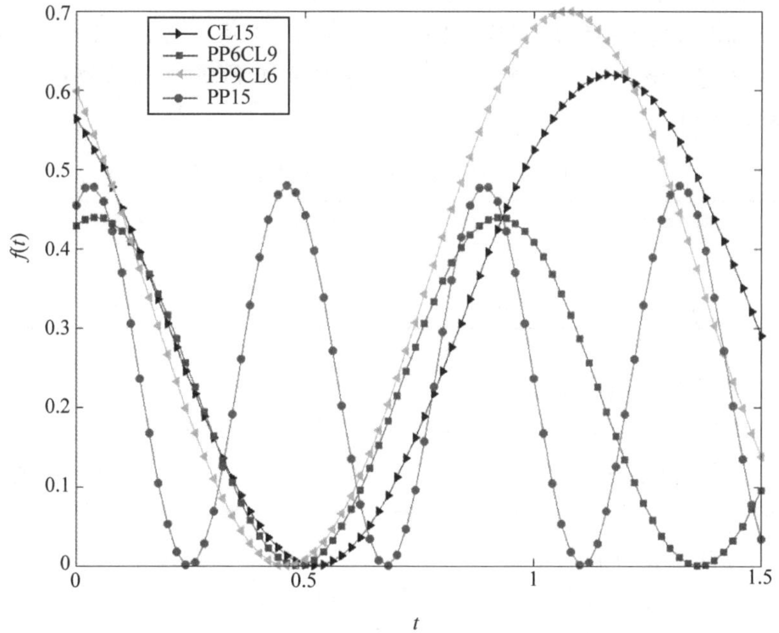

图13-16　4种凋落物分解速率函数$f_i(t)$

由表13-65可知，利用三角函数模型拟合CL15、PP6CL9和PP9CL6可决系数R^2均超过0.96，显著高于Olson模型可决系数，AIC值则正好相反，表明利用三角函数模型拟合3种凋落物分解效果更好。用三角函数模型模拟PP15可决系数略小于Olson模型，AIC值略大，表明Olson模型拟合PP15分解过程效果略好。4种凋落物瞬时分解率最高为PP9CL6，达到0.70；最低为PP6CL9，达到0.44。CL15、PP6CL9和PP9CL6分解周期接近1年，PP15分解周期接近半年(图 13-16)。4 种凋落物分解 50% 和 99% 质量所需时间均少于用 Olson 模型的分解时间，其中 PP9CL6 减少的分解时间最多，分解 50% 和 99% 质量比用 Olson 模型分别少 22.81% 和 29.92%；PP6CL9 减少时间最小，分别减少 6.52% 和 1.91%。分解初始凋落物 50% 和 99% 质量所需时间顺序为 PP9CL6 < PP15 < CL15 < PP6CL9。

4. 生物量比例假说

由于 Olson 模型拟合 PP15 分解效果更好，因此设 $f_2(t) = k_2 = 0.254$。若令 $G_j(t) = -\int_0^t g_j(t)\,dt$，由式(13-30)可得：

$$\ln\left[\frac{M_j(t)}{M_j(0)}\right] = \beta_j G_j(t) \tag{13-36}$$

令 $\beta_j = 1 + m_j$，方程式(13-36)转化为

$$\ln\left(\frac{M_j(t)}{M_j(0)}\right) - G_j(t) = m_j G_j(t) \tag{13-37}$$

因此，检验 β_j 与 1 差异显著性，转化为检验 m_j 与 0 差异显著性。由表 13-66 可知，m_j 与 0 无显著差异，表明 β_j 与 1 无显著差异。但由于相关系数非常小，表明不满足方程(13-30)线性关系。因此，不支持生物量比例假说，表明混合凋落物分解速率不仅与毛竹和杉木凋落物占比有关，而且受毛竹与杉木凋落物分解交互作用影响。由于 $\beta_3 = 0.989 < 1$，意味着凋落物 PP6CL9 中毛竹和杉木凋落物有可能存在相互阻碍作用，该结果与预测的 PP6CL9 分解 50% 和 99% 凋落物量所需时间比 CL15 更长相一致；$\beta_4 = 1.057 > 1$ 意味着 PP9CL6 中两种凋落物有可能存在相互促进作用，该结果与预测的 PP9CL6 分解 50% 和 99% 凋落物量所需时间比 PP15 更短相一致(表 13-65)。

表 13-66　方程式(13-37)表述的相关参数

	凋落物类型	m_j	β_j	P - value	R^2
$G_3(t)$	PP6CL9	-0.011	0.989	0.895	0.007
$G_4(t)$	PP9CL6	0.057	1.057	0.687	0.062

5. 凋落物分解速率气候影响因素

杉木属于凋落物分解较慢品种，因此随着杉木凋落物含量增加分解速率逐渐降低，与 Lei Shi 等(2015)、刘广路等(2011)研究结果一致。大量研究表明，凋落物分解速率呈明显气候地带性，各气候带凋落物分解速率顺序为热带 > 亚热带 > 温带 > 寒温带(宋新章等，2009)。通过对比发现 4 种凋落物分解速率介于 19% ~26%，低于已报道南亚热带年平均分解速率(51% ~81%)和中亚热带凋落物年平均分解速率(24% ~76%)，与暖温带森林凋落物平均分解速率(22% ~32%)和温带凋落物平均分解速率(17% ~37%)相当(Yang et al.，2004)。可能由于本研究凋落物分解样地处于海拔较高位置，海拔梯度变化与纬度梯度生物气候带具有类似规律。

凋落物第一、第四阶段分解比较快，除了与凋落物本身性质有关，较高平均温度可能是主要原因(Berg et al.，2003)。温度作为影响生命活动主导因子，对微生物数量、酶活性起到关键作用，从而对凋落物分解起主导作用。Vitousek 等(1994)研究发现，随着海拔降低，气温升高，凋落物分解速率呈指数增加。Hornsby 等(1995)发现枯枝落叶分解速率随温度升高而加快。

Singh 等(1999)证明温度对分解有明显作用。本研究样地在戴云山自然保护区，2014 年 8 月至 2014 年 10 月和 2015 年 5 月至 2015 年 7 月是戴云山一年气温最高时期，平均气温分别为 17.2 ℃和 18.5 ℃，中间两个阶段平均气温分别为 6.7 ℃和 9.9 ℃。较高气温增加了微生物数量和酶活性，促进凋落物第一、第四阶段分解速率。降水对凋落物分解也有重要影响。降水一方面制约凋落物化学成分淋溶物理过程；另一方面通过影响分解者活性间接影响凋落物分解。降水量越大，表层凋落物解体越快。第一、第四阶段平均降水分别为 152.8 mm 和 200.5 mm，中间两阶段平均降水分别为 53.0 mm 和 79.1 mm，丰富水热条件增加凋落物分解。

三、凋落物养分释放模式及与质量分解相关性

1. 凋落物养分释放模式

由图 13-17 可知，4 种凋落物 C 元素浓度先逐渐减少，$t=0.5$ 时刻达到最低值，然后逐渐增加。分解过程中 C 浓度始终为 CL15 > PP6CL9 > PP9CL6 > PP15，一年后 C 浓度分别减少 10.75 mg/g、60.16 mg/g、53.27 mg/g、84.61 mg/g。与 C 浓度变化相对应，4 种凋落物 C 元素在第一阶段释放最快，第二阶段释放速度有所放缓，第三、四阶段除了 PP6CL9 持续释放外，其他 3 种凋落物 C 先小幅富集，然后再次释放。分解过程中 C 剩余质量分数顺序始终为 CL15 > PP6CL9 > PP9CL6 > PP15，一年后分解的 C 元素质量分别占初始凋落物 C 元素质量 26.18%、32.06%、33.81%、37.42%。初始 C 浓度与分解一年后凋落物 C 剩余质量分数存在显著二项式关系(表 13-67 和图 13-18)。

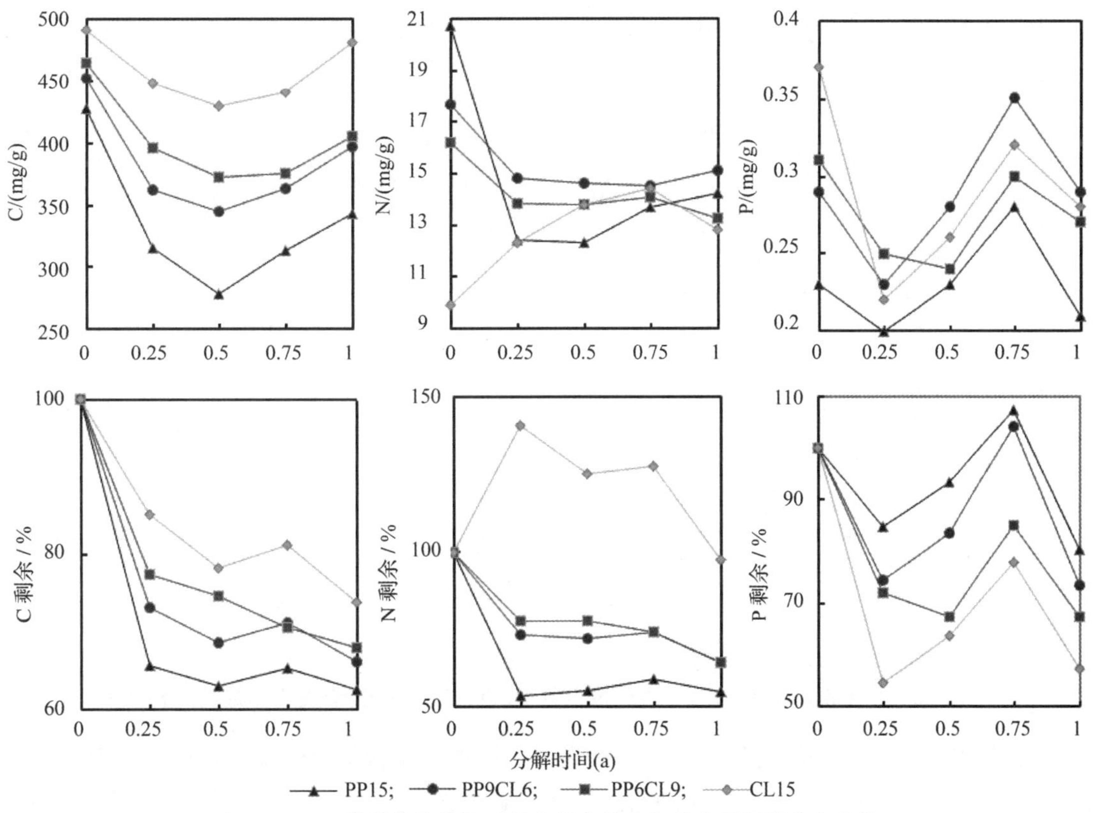

图 13-17　4 种凋落物分解过程中养分浓度和养分质量剩余率变化

表 13-67　初始养分浓度与分解一年后凋落物养分剩余质量分数最优函数关系

养分元素	拟合方程	R^2	P-value
C	$y = 0.001x^2 - 0.701x + 187.79$	0.998	0.033
N	$y = 576.55x^{-0.78}$	0.988	0.006
P	$y = 143.45e^{-2.43x}$	0.968	0.016

注：y 表示分解一年后养分剩余质量分数(%)；x 表示初始养分浓度(mg/g)。

由图 13-17 可知，初始阶段 N 含量为 CL15 < PP6CL9 < PP9CL6 < PP15。CL15 的 N 含量在前三个阶段不断增加，最后一个阶段降低。PP15 的 N 含量变化与 CL15 相反，第一阶段快速减少后逐渐缓慢增加。PP6CL9 和 PP9CL6 的 N 含量初期减少后基本保持不变，直到最后一个阶段 PP9CL6 的 N 含量略微增加，而 PP6CL9 的 N 含量再次减少。分解一年后 4 种凋落物 N 含量顺序为 PP9CL6 > PP15 > PP6CL9 > CL15。CL15、PP6CL9、PP9CL6、PP15 的 N 含量分别减少 -2.86 mg/g、2.91 mg/g、2.55 mg/g、6.45 mg/g。CL15 的 N 元素第一阶段大量富集后在第二、四阶段逐渐释放。PP6CL9 的 N 元素始终为释放状态，第一、四阶段释放较快。PP9CL6、PP15 的 N 元素第一阶段大量释放后缓慢富集，第四阶段再次释放。分解一年后 4 种凋落物 CL15、PP6CL9、PP9CL6、PP15 的 N 质量剩余率分别减少 2.55%、35.78%、35.84%、45.26%。初始 N 浓度与分解一年后凋落物 N 剩余质量分数存在显著幂律函数关系（表 13-67 和图 13-18）。

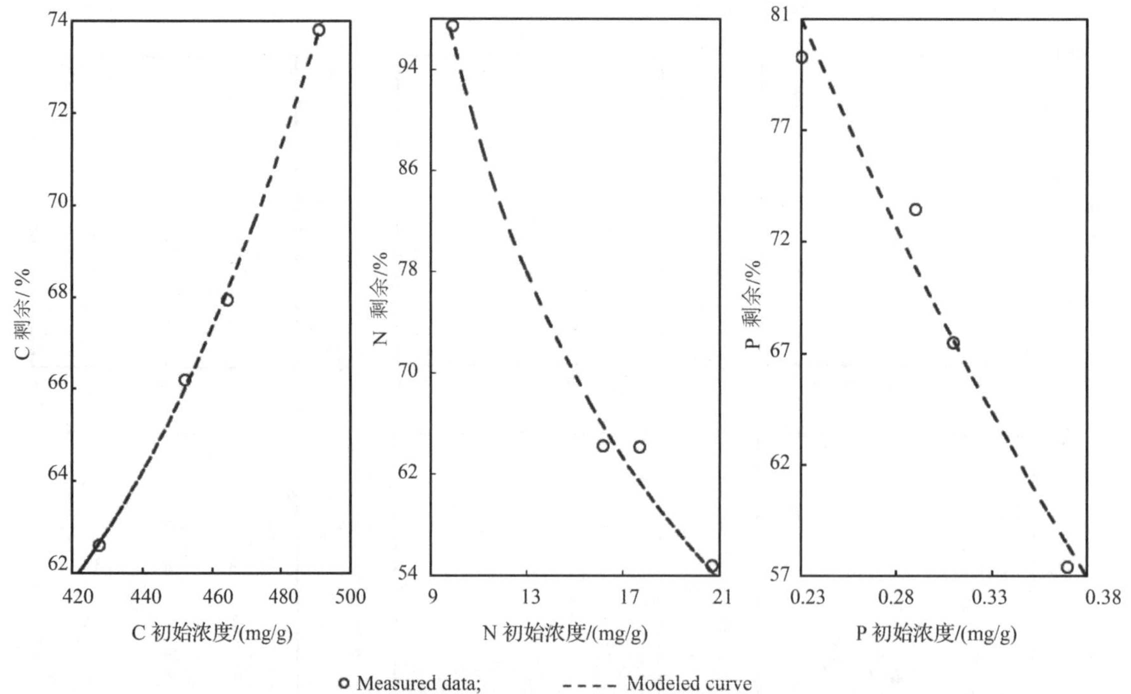

图 13-18　初始养分浓度与分解一年后凋落物 C、N、P 养分剩余质量分数最优函数关系

由图 13-17 可知，初始凋落物中杉木凋落物含量越高 P 含量也越高，初始阶段 P 含量为 CL15 > PP6CL9 > PP9CL6 > PP15。4 种凋落物 P 含量动态均为减少—增加—减少，其中 CL15、PP9CL6、PP15 凋落物 P 含量第一阶段快速减少后在第二、三阶段迅速增加，而后再次减少。

PP6CL9 的 P 含量第二阶段持续缓慢减少。分解一年后 CL15、PP6CL9 和 PP9CL6 的 P 含量差异不大，均处于 0.30 mg/g 附近波动，而 PP15 降低为 0.21 mg/g。PP9CL6、PP15、PP6CL9 和 CL15 的 P 含量分别减少 0.004 mg/g、0.02 mg/g、0.04 mg/g、0.09 mg/g。P 元素质量剩余率波动与 P 含量具有相同趋势，分解过程中 P 质量剩余率顺序始终为 CL15 < PP6CL9 < PP9CL6 < PP15，与初始质量相比分别减少 42.61%、32.51%、26.55%、19.73%。初始 P 浓度与分解一年后凋落物 P 剩余质量分数存在显著指数函数关系(表 13-67 和图 13-18)。

由图 13-19 可知，凋落物分解过程中 C/N 比顺序始终为 CL15 > PP6CL9 > PP9CL6 > PP15，但变化趋势有所不同。CL15 变化剧烈，第一阶段快速减少后继续缓慢递减，第四阶段再急剧增加。PP15、PP9CL6 和 PP6CL9 的 C/N 比始终处于 20~30，变化较为平缓，表现为增加—减少—增加趋势。Parton 等(2007)研究发现，净 N 释放主要受到初始 N 浓度影响，当 C/N <40 时发生净 N 释放，本研究结论与此相一致。整个阶段 C/N 比顺序始终为 CL15 > PP6CL9 > PP9CL6 > PP15，该趋势与 N 剩余量趋势一致。凋落物中 N 素含量增加可能由于微生物进入凋落物碎屑内定居、繁殖，增加 N 含量，再加上可溶 C 和其他矿物质释放、淋溶而减少，也使 N 相对含量增加。

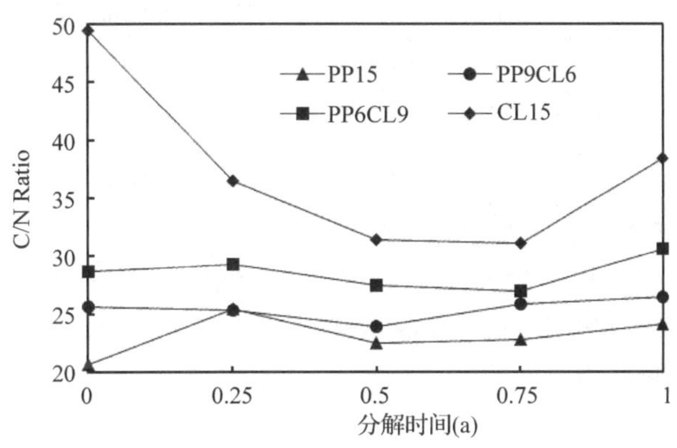

图 13-19　4 种凋落物分解过程中 C/N 比例动态

2. 阶段质量分解率和阶段养分释放率间相关分析

(1)阶段质量分解率与 C 阶段释放率

由图 13-20 可知，C 阶段释放率和阶段质量分解率具有明显季节特性，分解为 2014 年 8 月至2015 年 1 月和2015 年 2 月至 2015 年 7 月两个阶段，C 阶段释放率和阶段质量分解率可用三次方程拟合，方程均达到显著水平并具有很高相关性(表 13-68)。第一阶段 2014 年 8 月至 2014 年 10 月平均气温、平均降水和平均湿度分别为 17.2 ℃、152.8 mm 和 89.3%，2014 年 11 月至 2015 年 1 月分别降低为 6.7 ℃、53.8 mm 和 72.7%，此过程中阶段质量分解率由接近 0.11 缓慢减小到 0，C 释放率由接近 0.35 快速降低为 0，两者间具有显著三次多项式关系。第二阶段 2015 年 2 月至 2015 年 4 月平均气温、平均降水和平均湿度分别为 9.9 ℃、79.1 mm 和 86.9%，2015 年 5 月至 2015 年 7 月分别增加到 18.5 ℃、200.5 mm 和 92.7%，此过程中阶段质量分解率由 0 快速增加到 0.14，C 释放率由富集状态缓慢转变为净释放状态。表明凋落物 C 释放率受到气候因素显著影响，不同温、湿度变化程度对 C 释放率影响不同。

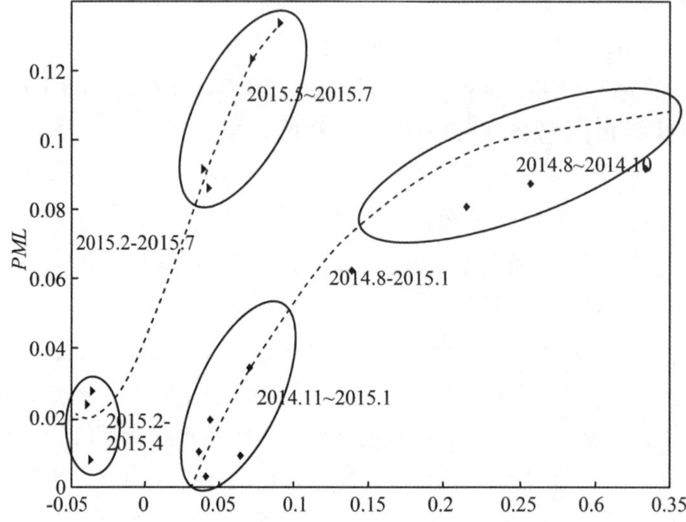

图 13-20 阶段质量分解率与 C 阶段释放率关系

表 13-68 阶段质量分解率与 C 阶段释放率最优拟合方程

时间段	拟合方程	R^2	P-value
2014. 8—2015. 1	$y=-0.033+1.182x-3.476x^2+3.574x^3$	0. 946	0. 001
2015. 2—2015. 7	$y=0.042+1.009x+7.825x^2-86.082x^3$	0. 982	0. 004

(2)阶段质量分解率与 N 阶段释放率

阶段质量分解率与 N 阶段释放率具有显著三次多项式关系(图 13-21、表 13-69)，但无明显时间规律性，表明主要气候因子可能不是 N 释放率变化主要因素，N 释放率变化可能主要受到凋落物基质、微生物环境等影响。

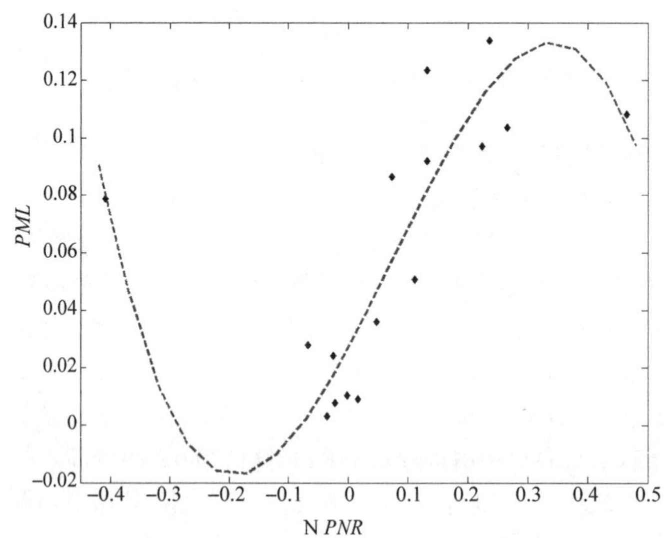

图 13-21 阶段质量分解率与 N 阶段释放率关系

表 13-69　阶段质量分解率和 N、P 阶段释放率拟合方程

自变量	线性方程	R^2	P-value
NPNR	$PML = 0.026 + 0.39x + 0.46x^2 - 2.01x^3$	0.805	0.000
PPNR	$PML = 0.053 + 0.154x$	0.799	0.000

(3)阶段质量分解率与 P 阶段释放率

由图 13-22 可知，P 阶段释放率与阶段质量分解率分为两个部分。2014 年 11 月至 2015 年 4 月阶段水热条件比较差，平均降水为 66.1 mm，平均气温为 8.3℃，平均相对湿度为 79.7%，P 阶段释放率为负值或者很低正值，阶段质量分解率很低；2014 年 8 月至 2014 年 10 月和 2015 年 5 月至 2015 年 7 月阶段水热条件最丰富，平均降水、平均气温和平均相对湿度分别为 176.7 mm、17.6℃和 91%，具有较高 P 阶段释放率和较大质量分解率。表明在温度较低和降水较少阶段，凋落物分解速度降低，P 主要为富集效应；当温度和降水逐渐增大，凋落物分解速率加快，P 由富集效应转变为净释放，可以认为 P 释放过程受到主要气候因子显著影响。阶段质量分解率与 P 阶段释放率为极显著线性回归关系，见表 13-69。

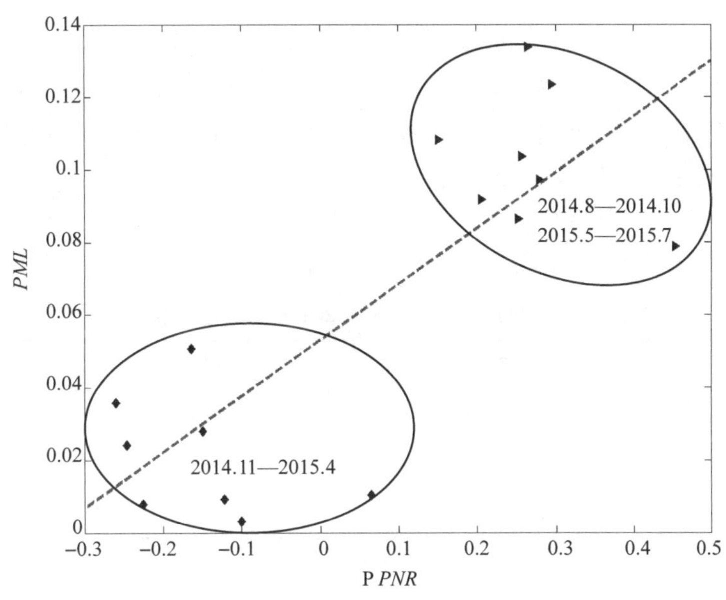

图 13-22　阶段质量分解率与 P 阶段释放率关系

(4)凋落物养分释放对凋落物分解速率的影响

凋落叶 N、P 含量动态对分解速率影响明显(刘广路等，2011)。Flanagan 和 Cleve(1983)认为含氮量高的凋落物分解速率快于含氮量低的凋落物。葛晓改等(2012)认为 N 含量与凋落物分解速率呈正相关，N 含量越高，分解越快。唐秩琳等(2013)认为分解速率与毛竹林凋落叶 C/N 比呈负相关。本研究分解速率与 N 含量呈正相关，与 C/N 比呈负相关，与已有研究结果一致。Hoorens 等(2003)和 Xuluc－Tolosa 等(2003)研究均表明凋落物分解率和内源 P 浓度相关，和 N 浓度不相关。Li 等(2011)对 4 种草类凋落叶研究发现凋落物分解速率与凋落叶起始 N 含量呈正相关，与分解后期凋落物 N、P 含量呈负相关。葛晓改等(2015)对三峡库区森林研究表明凋落叶分解速率与 N、P 含量均紧密相关。本研究表明凋落物分解速率与 N、P 养分释放率均呈显著相关，与 P 元素相关性更强，可能由于土壤养分对凋落叶分解有调节作用，低 P 土壤对分解限制作用更强(Li et al. , 2011)。

四、阶段质量分解率和养分释放率与气候因子关系

1. 阶段质量分解率与主要气候因子通径分析

由表 13-70 可知，阶段质量分解率与温度和湿度最优拟合模型为二次多项式，拟合模型达到显著水平，R^2 分别为 0. 868 和 0. 732，与降雨最优拟合模型为显著线性关系，R^2 为 0. 830。

表 13-70　阶段质量分解率与主要气候因子最优拟合模型

气候因子	拟合模型	R^2	P-value
温度	$PML = 0.041 - 0.008x + 0.001x^2$	0. 868	0. 000
降雨	$PML = -0.021 + 0.001x$	0. 830	0. 000
湿度	$PML = 3.413 - 0.087x + 0.001x^2$	0. 732	0. 000

由表 13-71 可知，阶段质量分解率与主要气候因子间均为极显著相关，其中与温度和降雨为强相关，表明凋落物分解可能主要受温度和降雨影响。主要气候因子间也均极显著相关，其中温度与降雨相关系数为 0. 978。拟合最优多元回归方程为：

$$PML = 0.089 + 0.009x_1 + 0.001x_2 - 0.002x_3 \tag{13-38}$$

式中，x_1表示温度，x_2表示降雨，x_3表示湿度；相关系数 R^2 为 0. 934；P 为 0. 000。

表 13-71　阶段质量分解率与主要气候因子相关系数 *r*

	降雨	湿度	*PML*
温度	0. 978 **	0. 882 **	0. 919 **
降雨		0. 850 **	0. 911 **
湿度			0. 734 **

注：* 表示显著相关(P<0. 05)；** 表示极显著相关(P<0. 01)。

将阶段质量分解率为因变量，主要气候因子(温度 x_1、降雨 x_2、湿度 x_3)为自变量进行通径分析，区分主要气候因子对分解率直接和间接作用，具体见表 13-72。3 个主要气候因子中，温度对凋落物分解直接作用最强为 1. 03，湿度次之为 -0. 333，降雨最弱为 0. 186，表明温度是影响凋落物分解主导因素。湿度和降雨虽然直接作用较小，但通过温度对凋落物分解间接作用很强，因此湿度和降雨对分解率也有很强正相关性，表明温度对凋落物质量分解主要为直接作用，降雨和湿度主要为间接作用。由表 13-73 各变量决策系数可知，温度决策系数最高，温度和湿度共同作用系数次之，温度和降雨共同作用系数排第三，然后是湿度、降雨和湿度共同作用、降雨。表明温度是影响凋落物分解最直接、主要因素，湿度和降雨主要通过与温度共同作用促进凋落物分解，其中湿度影响更大。最终得到决定系数为 0. 872，剩余因子 dy_e为 0. 358，表明尚有 35. 8% 因素未考虑，有待进一步研究。

表 13-72　阶段质量分解率和主要气候因子间通径分析

变量	相关系数 r	直接作用	间接作用			
			x_1	x_2	x_3	合计
温度	0.919	1.030		0.182	−0.294	−0.112
降雨	0.911	0.186	1.008		−0.283	0.725
湿度	0.734	−0.333	0.909	0.158		1.067

表 13-73　阶段质量分解率和主要气候因子通径分析的变量决策系数

变量	dyx_1	dyx_2	dyx_3	dyx_{12}	dyx_{13}	dyx_{23}	dy_e
决策系数	1.061	0.035	0.111	0.375	−0.605	−0.106	0.358

2. 养分阶段释放率与主要气候因子典型相关分析

由表 13-74 可知，C、P 元素阶段释放率与温度、降雨、湿度具有显著多元线性回归关系，R^2分别为 0.836 和 0.894，N 元素阶段释放率与主要气候因子未达到显著回归关系，R^2仅为 0.145。表明 C、P 元素释放可能主要受气候因子影响，N 元素释放主要受其他因素影响，气候因子起辅助作用。

表 13-74　养分阶段释放率与主要气候因子多元回归分析

养分元素	拟合模型	R^2	P-value
$CPNR$	$CPNR = 0.877 + 0.094z_1 - 0.005z_2 - 0.016z_3$	0.836	0.000
$NPNR$	$NPNR = 0.452 + 0.023z_1 + 0.000z_2 - 0.008z_3$	0.145	0.582
$PPNR$	$PPNR = 1.411 + 0.059z_1 - 0.001z_2 - 0.028z_3$	0.894	0.000

注：z_1为温度；z_2为降雨；z_3为湿度。

分别将养分阶段释放率（C 元素 x_1、N 元素 x_2、P 元素 x_3）和主要气候因子（温度 y_1、降雨 y_2、湿度 y_3）作为两组变量，利用典型相关分析探讨阶段养分释放率与主要气候因子间相关性，研究主要气候因素对凋落物养分释放影响。

表 13-75　典型相关系数显著性检验

序号	相关系数 r	Wilk's	χ^2	df	P 值
1	0.988	0.004	64.280	9	0.000
2	0.917	0.159	21.147	4	0.000
3	0.007	1.000	0.001	1	0.982

由表 13-75 可知，第一和第二对典型变量相关系数分别为 0.988 和 0.917，第三对典型变量相关性非常小。第一和第二对典型相关达到显著水平，典型相关变量分别为

$$\begin{cases} U_1 = 0.509x_1 - 0.013x_2 + 0.626x_3 \\ V_1 = 3.466y_1 - 1.671y_2 - 1.188y_3 \end{cases} \tag{13-39}$$

$$\begin{cases} U_2 = -1.425x_1 + 0.836x_2 + 1.010x_3 \\ V_2 = -4.117y_1 + 4.252y_2 + 0.477y_3 \end{cases} \tag{13-40}$$

养分阶段释放率第一典型变量 U_1 和第二典型变量 U_2 中，x_1 和 x_3 系数绝对值最大，表明反映养分阶段释放率典型变量主要由C元素和P元素阶段释放率决定。主要气候指标第一典型变量 V_1 中，y_1 系数绝对值最大，表明第一典型变量主要由温度决定；第二典型变量 V_2 中，y_1 和 y_2 系数绝对值最大，表明第二典型变量主要由温度和降雨决定。

由表13-76可知，P元素(x_3)和C元素(x_1)与第一典型变量 U_1 相关系数最大，分别为0.911和0.854，其观察值变异能由 U_1 解释的方差比例分别为83.0%和72.9%；N元素与第一典型变量 U_1 相关性最低，其观察值变异能由 U_1 解释的方差比例为12.6%。C、N、P元素与第二典型变量 U_2 相关系数较低，其观察值变异能由 U_2 解释的方差比例很小，表明养分阶段释放率信息主要包含在第一典型变量中。主要气候因子典型变量中，温度(y_1)和降雨(y_2)与第一典型变量 V_1 相关系数最大，分别为0.775和0.701，其观测值变异能由 V_1 解释的方差比例分别为61.5%和50.3%；湿度(y_3)与第一典型变量 V_1 相关系数最低，其观察值变异能由 V_1 解释的方差比例为19.7%。温度、降雨和湿度与第二典型变量 V_2 相关系数介于0.4~0.6，其观察值变异能由 V_2 解释的方差比例介于14%~34%，表明主要气候因子主要由第一典型变量 V_1 刻画，第二典型变量起到重要补充作用。

表13-76 观察值与典型变量间冗余分析

观察值与典型变量间的相关系数 r				观察值的变异能由典型变量解释的比例			
组1	x_1	x_2	x_3	组1	x_1	x_2	x_3
U_1	0.854	0.355	0.911	U_1	0.729	0.126	0.830
U_2	-0.384	0.162	0.315	U_2	0.147	0.026	0.099
组2	y_1	y_2	y_3	组2	y_1	y_2	y_3
V_1	0.784	0.709	0.449	V_1	0.615	0.503	0.202
V_2	0.462	0.631	0.459	V_2	0.213	0.398	0.211

由表13-77可知，P元素(x_3)和C元素(x_1)与相对的主要气候因子第一典型变量 V_1 相关系数最高，分别为0.900和0.844，其观察值变异能由 V_1 解释的方差比例分别为81.0%和71.2%；N元素与相对的主要气候因子第一典型变量 V_1 相关系数为0.35，其观察值变异能由 V_1 解释的方差比例为12.3%。C、N、P元素与相对的主要气候因子第二典型变量 V_2 相关系数均较低，其观察值变异能由 V_2 解释的方差比例很小，表明P元素和C元素释放主要受气候因素影响，而N元素释放受气候因子影响较小，可能主要受微生物等影响，这与单个养分元素释放率与气候因子多元回归拟合模型得到结果一致(表13-74)。主要气候因子温度(y_1)和降雨(y_2)与相对的阶段养分释放率第一典型变量 U_1 相关系数最高，分别为0.775和0.701，其观察值变异能由 U_1 解释的方差比例分别为60.1%和49.1%；湿度(y_3)与相对的阶段养分释放率第一典型变量 U_1 相关系数为0.444，其观察值变异能由 U_1 解释的方差比例为19.7%。降雨(y_2)与相对的阶段养分释放率第二典型变量 U_2 相关系数最高为0.578，其观察值变异能由 U_2 解释的方差比例为33.5%，温度(y_1)和湿度(y_3)与相对的阶段养分释放率第二典型变量 U_2 相关系数均较低，其观察值变异能由 U_2 解释的方差比例也很小，表明温度和降雨是影响养分释放主要气候因子，其影响途径可能是通过影响凋落物分解以及降雨淋溶作用达到。

表 13-77　观察值与相对典型变量间冗余分析

观察值与相对典型变量间相关系数 r				观察值变异能被相对典型变量解释的比例			
组 1	x_1	x_2	x_3	组 1	x_1	x_2	x_3
V_1	0.844	0.350	0.900	V_1	0.712	0.123	0.810
V_2	-0.352	0.149	0.289	V_2	0.124	0.022	0.084
组 2	y_1	y_2	y_3	组 2	y_1	y_2	y_3
U_1	0.775	0.701	0.444	U_1	0.601	0.491	0.197
U_2	0.423	0.578	0.421	U_2	0.179	0.335	0.178

第七节　小结

以戴云山自然保护区毛竹向杉木扩张过程 3 种林分：毛竹林、毛杉混交林、杉木林为研究对象，从土壤理化性质、土壤团聚体稳定性、土壤团聚体碳氮特征、土壤活性有机碳库以及凋落物分解和养分释放等方面分析，利用突变级数法研究毛竹向杉木扩张过程中土壤质量变化，探讨土壤质量变化影响因素，揭示毛竹向杉木扩张林分土壤质量演变机制，为将来管理部门应对毛竹扩张采取管控措施提供科学依据。主要研究结果如下：

毛竹向杉木扩张过程中，毛竹通过增大胸径以及增加立竹高度获得更多养分和光照，毛竹扩张林分可以增加灌木层和草本层物种种类，使草本层物种分布均匀度发生显著变化。

毛竹扩张林分对土壤理化性质影响：①毛竹扩张降低土壤密度，对表层土壤密度改善最明显；主要通过提高土壤非毛管孔隙度达到改善土壤孔隙度特性；主要通过提高表层和浅层土壤水分达到改善土壤持水性能。②增加土壤有机碳和全氮含量。土壤密度通过强烈间接负作用、最大持水量和毛管持水量通过间接促进作用、土壤通气度和 pH 值通过直接促进作用影响土壤有机碳含量。③土壤物理性质主要影响有机碳、全氮和全磷变化。

毛竹扩张林分土壤团聚体稳定性及其碳氮贮量分布特征：①毛竹扩张有利于土壤团聚度提高和稳定性增强。土壤团聚体质量分数基本上与相邻粒径团聚体正相关，与粒径差别较大团聚体负相关。3 种林分土壤分形维数、可蚀性 K 值随着土壤深度增加而增大，平均重量直径、平均几何直径则相反。分形维数是反映土壤结构与稳定性主要指标，>5 mm 和 <0.25 mm 团聚体是影响土壤分形维数主导因子。②毛竹扩张增加土壤团聚体有机碳、全氮含量和贮量，对表层土壤增加效果尤其明显。土壤有机碳和全氮贮量主要贮存于 >2 mm 土壤团聚体。③不同粒径团聚体有机碳和全氮含量间均存在显著强线性相关，1 ~ 2 mm、0.5 ~ 1 mm、0.25 ~ 0.5 mm 团聚体有机碳含量变异能由团聚体全氮含量解释比例均超过 90%，>2 mm 团聚体有机碳含量变异能由团聚体全氮含量解释比例为 54.6%；团聚体全氮含量受土壤有机碳含量影响具有类似结论。

毛竹扩张林分对土壤活性有机碳库影响：①毛竹扩张有助于土壤有机碳和全氮含量增加以及下层土壤碳氮储量积累。1 月土壤有机碳、全氮含量和碳氮比均比 8 月高。土壤全氮和有机碳含量具有显著线性回归关系，若增加单位土壤有机碳含量，毛竹林全氮含量增量最大，杉木林最少。土壤大粒径团聚体含量越高、土壤透气性和持水性能越好，土壤有机碳和全氮含量越高。②毛竹扩张增加土壤易氧化态碳含量，有助于土壤水溶性有机碳和易氧化态碳储量积累。土壤活性有机碳存在明显表层富集现象，8 月土壤微生物量碳含量均比 1 月高，土

壤易氧化态碳含量则相反。土壤有机碳和全氮是土壤易氧化态碳主要影响因子。增加单位土壤有机碳含量，毛竹林易氧化态碳含量增加最多；增加单位土壤全氮含量，杉木林土壤易氧化态碳含量增加最多。③毛竹向杉木扩张提高土壤碳库管理指数，0～60 cm 土层土壤平均碳库管理指数顺序为毛竹林 > 混交林 > 杉木林。④土壤大团聚体质量分数越高，越有利于土壤易氧化态碳和微生物量碳积累。主要物理性质对土壤水溶性有机碳和易氧化态碳影响较大，其中土壤密度、最大持水量、总孔隙度、毛管持水量和土壤通气度起到重要作用。化学性质是影响土壤易氧化态碳主要因素。

毛竹扩张林分土壤质量评价：利用突变级数法从土壤理化性质、团聚体稳定性、团聚体有机碳氮和土壤活性有机碳等方面研究毛竹扩张林分土壤质量变化，土壤质量排序为 PP1（毛竹林 0～20 cm 土层）> PPCL1（混交林 0～20 cm 土层）> CL1（杉木林 0～20 cm 土层）> PP2（毛竹林 20～40 cm 土层）> PPCL2（混交林 20～40 cm 土层）> CL2（杉木林 20～40 cm 土层）> PP3（毛竹林 40～60 cm 土层）> PPCL3（混交林 40～60 cm 土层）> CL3（杉木林 40～60 cm 土层），其中 PP1 和 PPCL1 土壤质量达到优良级别，CL1 土壤质量达到较好水平，PPCL2、PP2、CL2 和 PP3 为一般水平，PPCL3 和 CL3 为比较差水平。毛竹扩张可以提高土壤质量，尤其对表层土壤质量提高具有明显作用。

毛竹扩张林分凋落物分解动态及养分释放模式：①凋落物中毛竹凋落叶所占比例越高，分解速率越快，利用三角函数模型比 Olson 指数模型拟合凋落物分解更精确。混合凋落物分解不支持生物量比例假说，PP6CL9 分解过程中可能存在相互阻碍作用，PP9CL6 中可能存在相互促进作用，其内在机理需进一步研究。②混合凋落物初始养分含量与单一物种凋落物基本上差异显著。凋落物中毛竹凋落叶含量越高，凋落物 C、N 养分释放越快。凋落物初始 C、N、P 浓度与分解一年后凋落物相应元素剩余质量分数分别存在显著二项式、幂律函数和指数函数关系。③凋落物质量分解具有季节特性，温度是最主要影响因素。C 和 P 阶段释放率具有季节特性，温度较低和降水较少阶段，C 表现为缓慢释放甚至富集状态，P 主要表现为富集效应；当温度和降水逐渐增大时，C 和 P 均转变为净释放。

综上所述，毛竹向杉木扩张主要通过大量鞭根生长改善土壤物理性质和团聚体稳定性，结合鞭根分解促进土壤有机碳和全氮生成与积累，提高土壤易氧化态碳和微生物量碳等活性炭成分。毛竹向杉木扩张可以加快凋落物分解速率，加速凋落物养分向土壤回归，提高土壤有机碳和全氮含量，达到提高土壤质量目的，满足毛竹扩张过程中增加胸径和立竹高度对养分需求，满足灌木层和草本层物种生长需要。而毛竹扩张过程中对杉木生长抑制作用以及演替成毛竹纯林后对灌草层物种多样性和土壤质量长期影响还需进一步研究。

第十四章　南北坡土壤分异特征的海拔梯度格局及其与物种耦合机制

海拔和坡度影响水热分配和物质迁移堆积，土壤性质及土壤元素因地域分异及地貌差异具有差异性。这些差异性是环境因子与土壤相互作用结果，只有认识并掌握土壤特性和变化规律，才能科学合理利用土地资源，防止土地和生态环境退化。土壤与植被是陆地生态系统最重要两个组成部分，经过漫长地球演化，土壤植被系统已成为生物圈基本结构单元。植被和土壤间相互作用，互为环境因子，土壤种子库特征、理化性质等影响植被生长和演替速率，土壤特征也随植被演变发生变化。植物群落组成结构和植物多样性与土壤性质之间有着密切联系(王伯荪，1987；安树青等，1997；杨小波等，1999)。

对戴云山主峰南、北坡不同海拔梯度土壤分异特征及与物种耦合机制进行研究，旨在掌握戴云山土壤理化性质分异特征规律及其与物种关系，为戴云山自然保护区综合管理及中亚热带地区山地土壤特征与物种耦合机制研究提供理论依据。戴云山主峰南、北坡 23 个土壤样地基本情况见表 14-1。

表 14-1　戴云山主峰南、北坡 23 个土壤样地基本情况

样地编号	海拔/m	经度(E)	纬度(N)	坡向	坡位	坡度/°	样地编号	海拔/m	经度(E)	纬度(N)	坡向	坡位	坡度/°
N1	650	118°11′08″	25°42′54″	北	下	30	S1	920	118°11′44″	25°38′56″	南	下	18
N2	704	118°11′06″	25°42′52″	北	下	27	S2	1 020	118°11′46″	25°39′06″	南	中	32
N3	797	118°11′02″	25°42′39″	北	下	29	S3	1 100	118°11′43″	25°39′12″	南	中	42
N4	889	118°11′58″	25°42′28″	北	下	30	S4	1 220	118°11′46″	25°39′33″	南	中	36
N5	1 000	118°11′32″	25°42′13″	北	中	29	S5	1 303	118°11′47″	25°39′41″	南	中	11
N6	1 140	118°11′25″	25°42′11″	北	中	46	S6	1 410	118°11′52″	25°40′06″	南	中	14
N7	1 180	118°11′19″	25°42′10″	北	中	26	S7	1 500	118°11′45″	25°40′25″	南	上	14
N8	1 300	118°11′15″	25°42′07″	北	中	25	S8	1 610	118°11′33″	25°40′27″	南	上	0
N9	1 402	118°11′10″	25°42′04″	北	中	38	S9	1 708	118°11′25″	25°40′30″	南	上	2
N10	1 498	118°11′42″	25°40′31″	北	中	23	S10	1 800	118°11′15″	25°40′50″	南	上	13
N11	1 612	118°11′35″	25°40′31″	北	上	25							
N12	1 726	118°11′26″	25°40′31″	北	上	12							
N13	1 800	118°11′16″	25°40′50″	北	上	10							

第一节　土壤及凋落物养分空间结构特征

一、数据处理

对戴云山南、北坡土壤理化性质及凋落物随海拔梯度变化进行统计分析，主要采用下列 13 个指标：

①土壤质量含水量(g/kg) = (湿土质量(g) - 干土质量(g))/干土质量(g) ×1000

②土壤密度(g/cm^3) = 干土质量(g)/环刀体积(cm^3)

③土壤体积含水量(g/L) = 土壤含水量(g/kg) × 土壤密度(mg/m^3)/水的密度(mg/m^3)

④土壤贮水量(mm) = 土壤质量含水量(g/kg) × 土壤密度(mg/m^3) × 土层厚度(cm)/水的密度(mg/m^3)

⑤最大持水量(mm) =0.01 × 土层厚度(cm) × 土壤密度(mg/m^3) × 最大持水量(g/kg)/水的密度(mg/m^3)

⑥毛管持水量(mm) =0.01 × 土层厚度(cm) × 土壤密度(mg/m^3) × 毛管持水量(g/kg)/水的密度(mg/m^3)

⑦最小持水量(mm) =0.01 × 土层厚度(cm) × 土壤密度(mg/m^3) × 最小持水量(g/kg)/水的密度(mg/m^3)

⑧非毛管孔隙度(体积%) =0.1 × [最大持水量(g/kg) - 毛管持水量(g/kg)] × 土壤密度(mg/m^3)/水的密度(mg/m^3)

⑨毛管孔隙度(体积%) =0.1 × 毛管持水量(g/kg) × 土壤密度(mg/m^3)/水的密度(mg/m^3)

⑩总孔隙度(体积%) = 非毛管孔隙度(体积%) + 毛管孔隙度(体积%)

⑪土壤通气度(体积%) = 总孔隙度(体积%) - 体积含水量(g/L) ×0.1

⑫最佳含水量下限(mm) = 0.01 × 土层厚度(cm) × 土壤密度(mg/m^3) × 最佳含水量下限(g/kg)/水的密度(mg/m^3)

⑬排水能力(mm) = 最大持水量(mm) - 最小持水量(mm)

二、南、北坡土壤理化性质沿海拔变化趋势

土壤所处海拔和坡向决定土壤所在环境水热条件差异性，影响土壤物理、化学性质。通过对土壤各理化性质整体变化观察分析，探讨不同坡向、海拔对土壤影响规律。由戴云山南、北坡土壤理化性质 21 个指标趋势图(图 14-1 ~ 图 14-21)，可以得出以下结论：

(1)海拔、坡向和土层深度对土壤质量含水量有显著影响。随海拔升高，同一土层土壤质量含水量整体呈上升趋势；相同土层深度，南坡土壤质量含水量低于北坡；随着土层深度增加，土壤质量含水量呈整体减少趋势；0 ~ 20 cm 土层，北坡海拔 1 600 m 处土壤质量含水量达到峰值(57.49%)，南坡峰值(55.70%)在海拔 1 400 m 处。

(2)随海拔升高，同一土层土壤密度大致呈先减小后上升趋势；相同土层深度，南坡土壤密度高于北坡；随土层深度增加，土壤密度呈上升趋势；0 ~ 20 cm 土层，北坡海拔 1 200 m 处土壤密度达到极小值(0.689 g/cm^3)，南坡极小值(0.832 g/cm^3)在海拔1 100 m 处。

(3)随海拔升高，土壤体积含水量和土壤贮水量大体呈上升趋势，坡向和土层影响较小。

(4)土壤最大持水量和毛管持水量随海拔变化较平缓；0 ~ 20 cm 土层最大持水量、毛管持水量和最小持水量均大于 20 ~ 40 cm 土层；相同土层，北坡最大持水量和毛管持水量高于南坡。

(5)随海拔升高，土壤非毛管孔隙基本呈下降趋势。毛管孔隙随海拔升高波动不明显，总体来看，随着土层深度增加，土壤毛管孔隙减小。

(6)总孔隙度和土壤通气度随海拔变化不明显，南坡 20 ~ 40 cm 土层土壤总孔隙度和土壤通气度明显低于北坡和南坡 0 ~ 20 cm 土层。

(7)土壤最佳含水量下限总体变化较平缓，北坡在 600 m 和 900 m 处较低，南坡在 900 m 和 1 800 m 处较低。

(8)土壤排水能力随海拔变化幅度大，最大值为北坡 900 m 处 0 ~ 20 cm 土层，北坡排水能力普遍大于南坡。

(9)土壤 pH 值同一坡向 20 ~ 40 cm 土层大于 0 ~ 20 cm 土层，最大为北坡 20 ~ 40 cm 土层。相同土层，北坡土壤 pH 普遍大于南坡。

(10)土壤有机质含量随海拔波动大，南、北坡最小值分别在 600 m 处和 900 m 处。分层特征明显，0 ~ 20 cm 土层明显大于 20 ~ 40 cm 土层，同一土层，北坡普遍大于南坡。

(11)土壤全磷含量北坡在 1 500 m 处出现峰值，南坡峰值在 1 400 m 处，其余海拔变化不大。土壤有效磷含量随海拔呈不规则变化，北坡 0 ~ 20 cm 土层变化剧烈，20 ~ 40 cm 土层先下降后平缓。南坡 0 ~ 20 cm 土层有效磷含量在 1 100 m 处达到峰值，然后变化平缓，20 ~ 40 cm 土层有效磷含量最小值在 1 100 m 处，然后缓慢上升。

(12)土壤全钾含量变化缓慢，在 1 400 m、1 700 m 和 1 800 m 处较小。土壤速效钾含量 0 ~ 20 cm 土层普遍大于 20 ~ 40 cm 土层，北坡最小值在 1 000 m 处，南坡最小值在1 500 m 处。

(13)土壤全氮含量 0 ~ 20 cm 土层大于 20 ~ 40 cm，相同土层，除 1 000 m 和 1 400 m 处，北坡含量均大于南坡。土壤水解性氮含量随海拔升高整体呈上升趋势。北坡最大值在 1 500 m 处，南坡在 1 400 m 处。

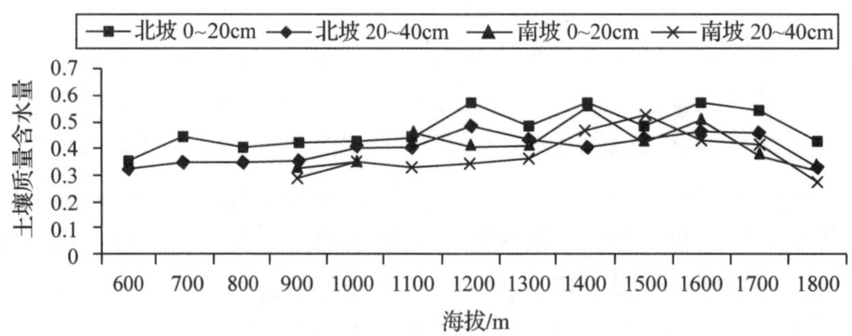

图 14-1　戴云山南、北坡土壤质量含水量分析趋势图

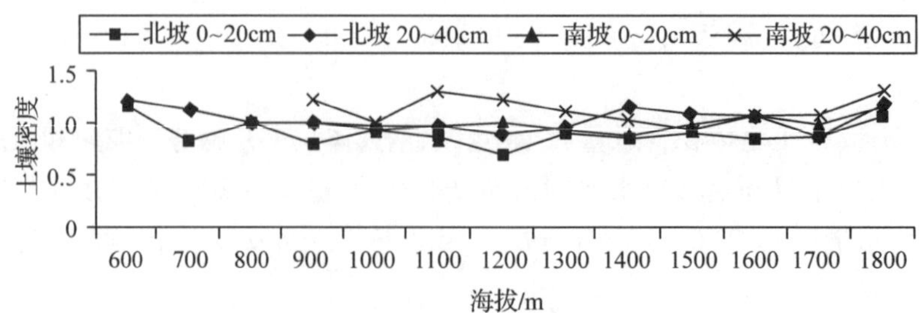

图 14-2　戴云山南、北坡土壤密度分析趋势图

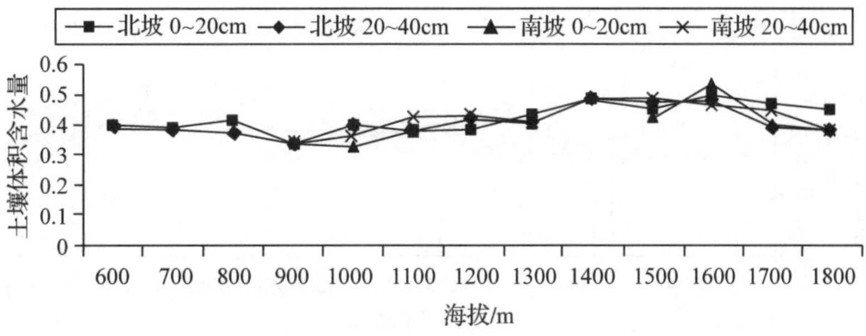

图 14-3 戴云山南、北坡土壤体积含水量分析趋势图

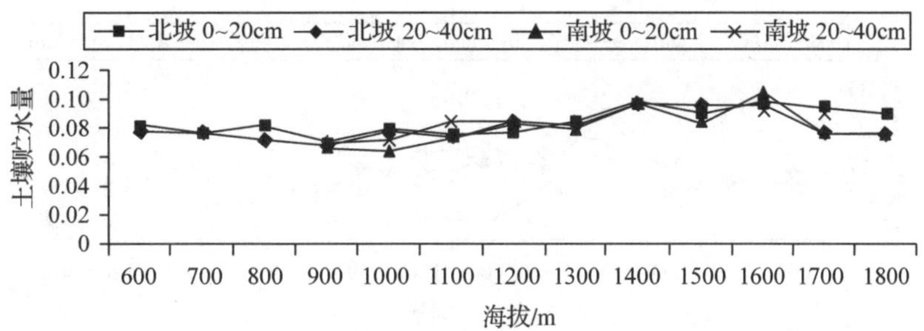

图 14-4 戴云山南、北坡土壤贮水量分析趋势图

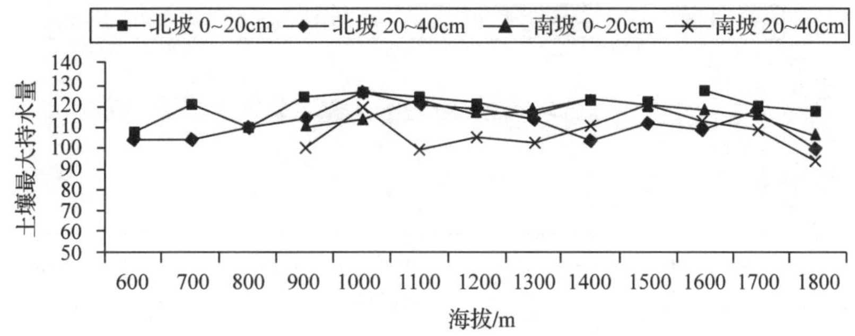

图 14-5 戴云山南、北坡土壤最大持水量分析趋势图

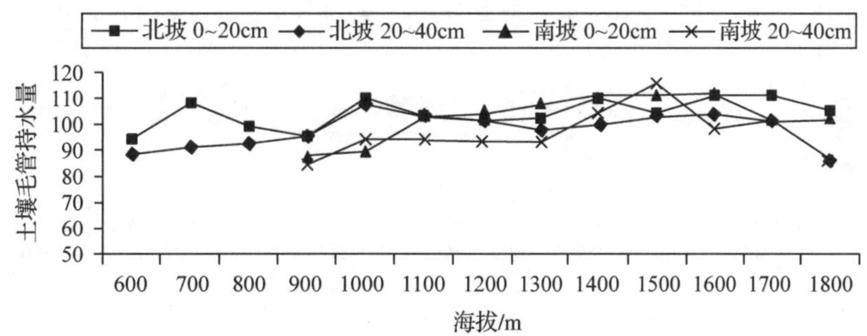

图 14-6 戴云山南、北坡土壤毛管持水量分析趋势图

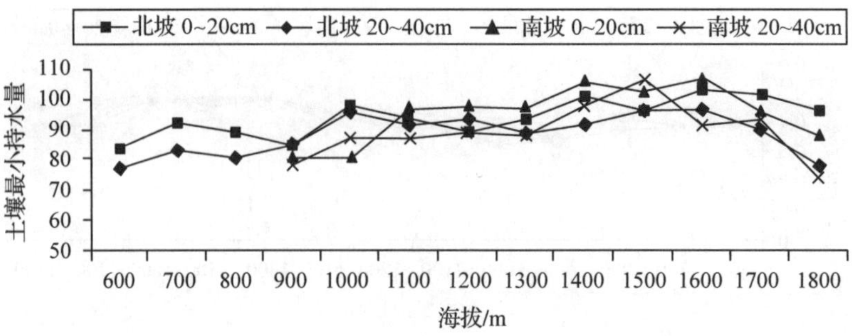

图 14-7　戴云山南、北坡土壤最小持水量分析趋势图

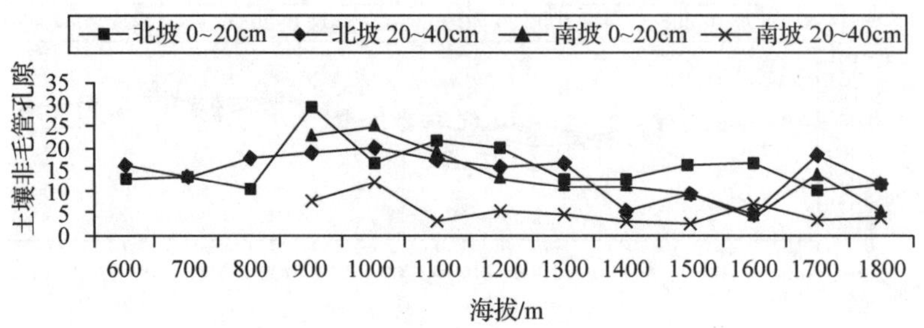

图 14-8　戴云山南、北坡土壤非毛管孔隙分析趋势图

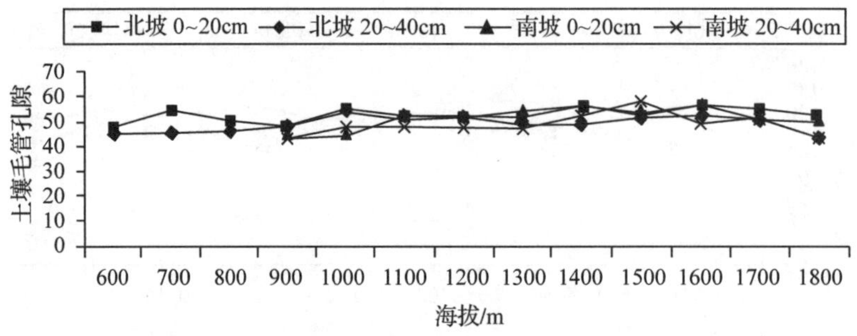

图 14-9　戴云山南、北坡土壤毛管孔隙分析趋势图

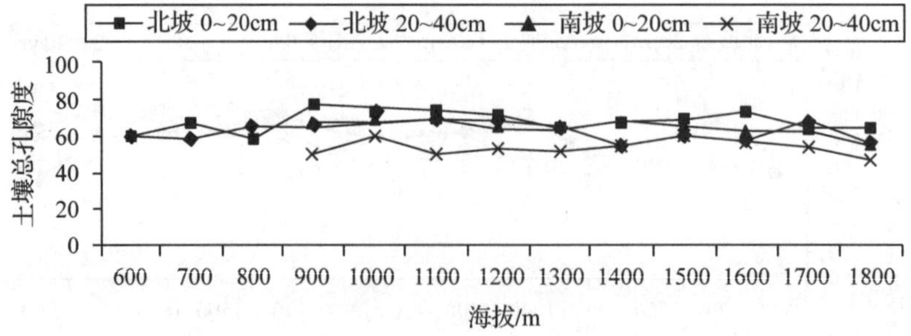

图 14-10　戴云山南、北坡土壤总孔隙度分析趋势图

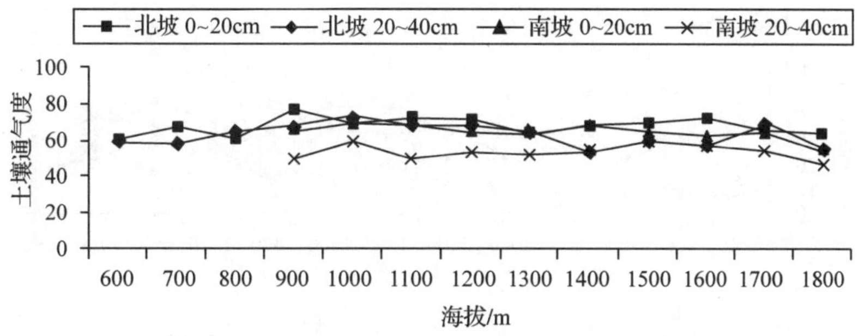

图 14-11　戴云山南、北坡土壤通气度分析趋势图

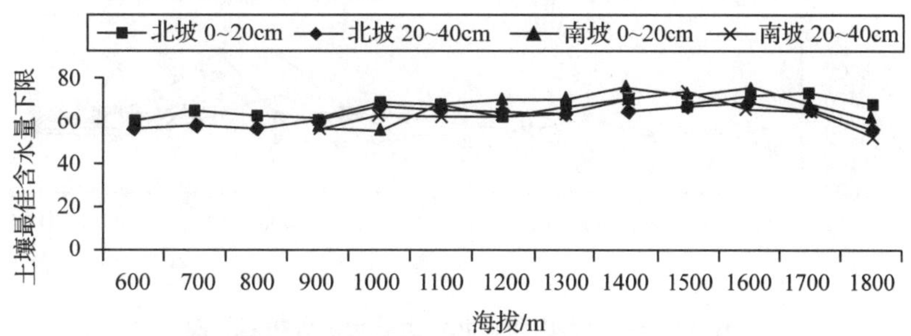

图 14-12　戴云山南、北坡土壤最佳含水量下限分析趋势图

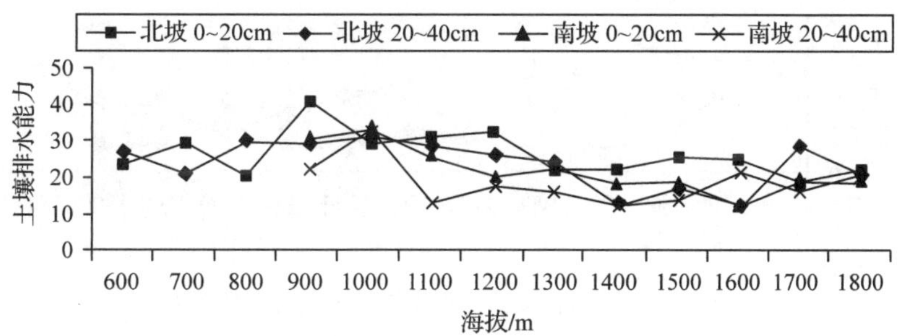

图 14-13　戴云山南、北坡土壤排水能力分析趋势图

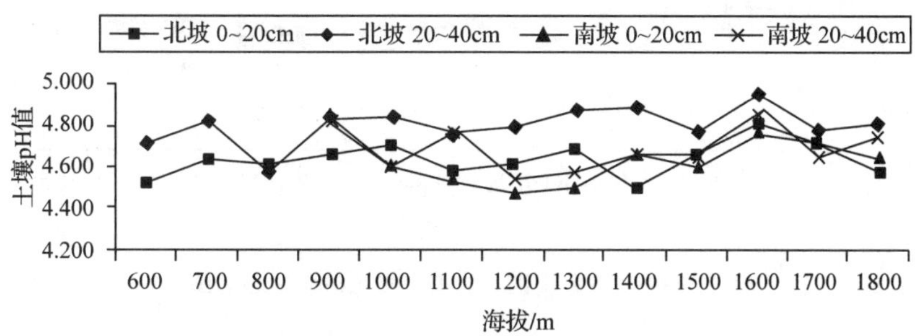

图 14-14　戴云山南、北坡土壤 pH 值分析趋势图

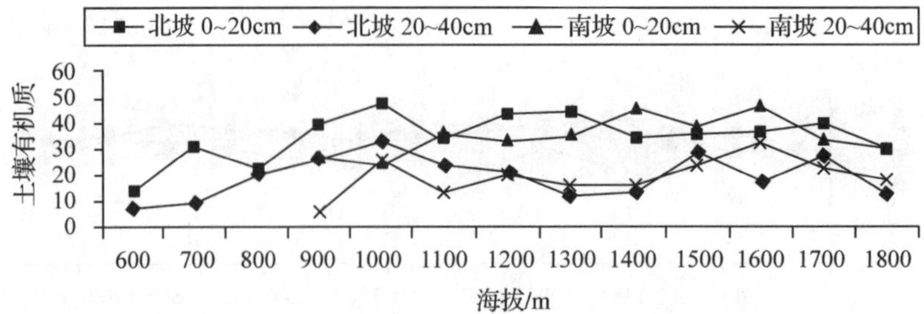

图 14-15 戴云山南、北坡土壤有机质分析趋势图

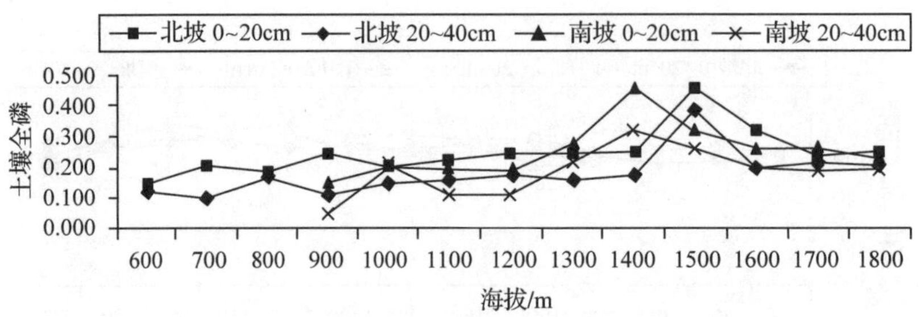

图 14-16 戴云山南、北坡土壤全磷分析趋势图

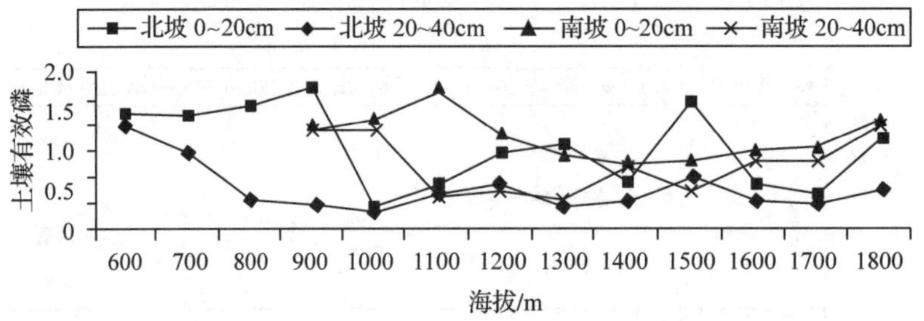

图 14-17 戴云山南、北坡土壤有效磷分析趋势图

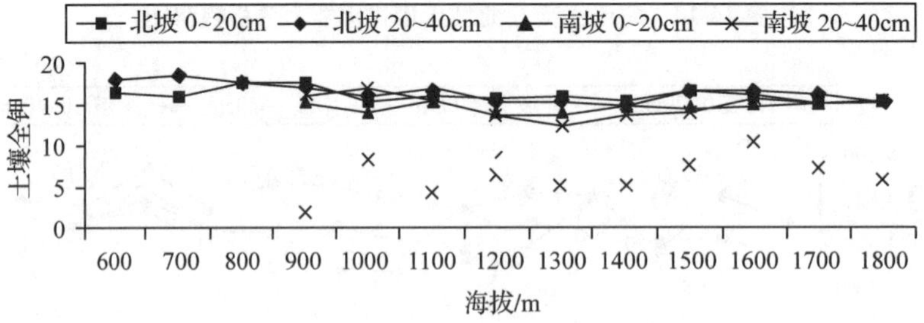

图 14-18 戴云山南、北坡土壤全钾分析趋势图

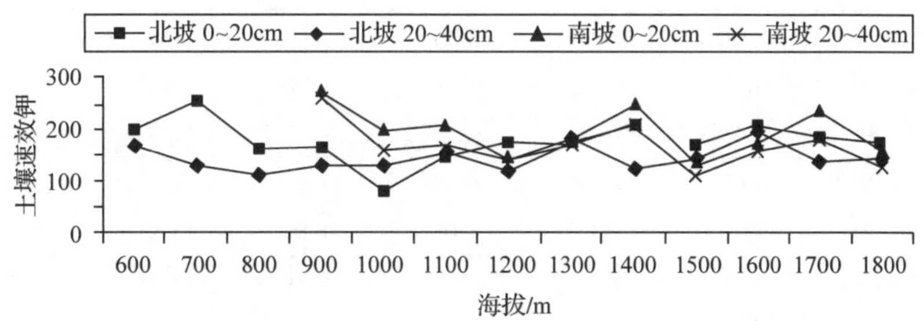

图 14-19　戴云山南、北坡土壤速效钾分析趋势图

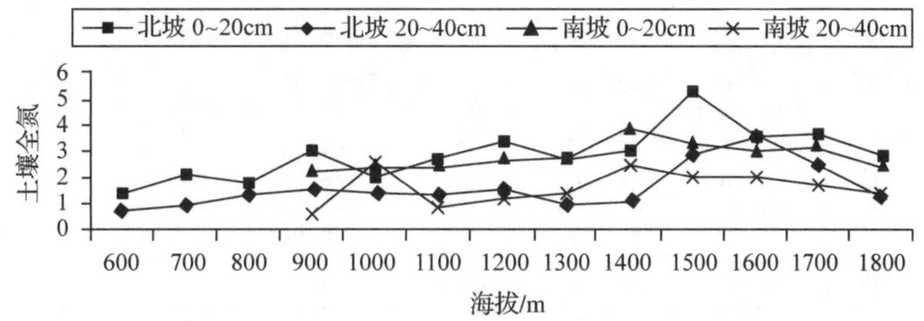

图 14-20　戴云山南、北坡土壤全氮分析趋势图

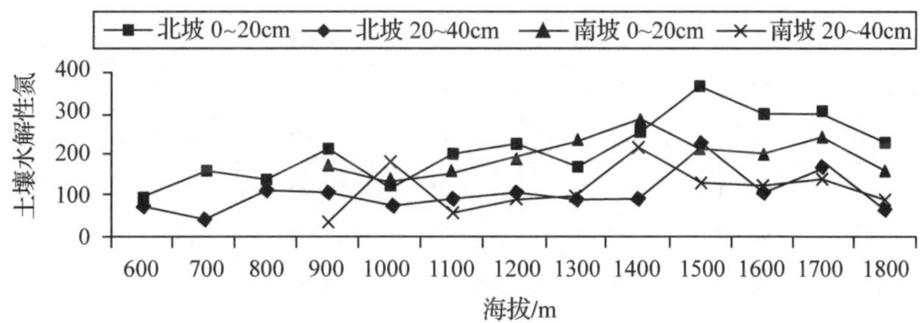

图 14-21　戴云山南、北坡土壤水解性氮分析趋势图

三、土壤理化性质统计特征

1. 土壤物理性质

土壤含水量、容重和土壤孔隙度是重要土壤物理因子，影响林木根系分布，进而影响林分生长。分析物理因子空间异质性，对了解树木根系变异和生长具有重要意义(王政权等，2000)。

表 14-2 和表 14-3 分别是北坡和南坡土壤物理性质基本统计特征。平均数和标准差(*SD*)表示土壤绝对变异，变异系数(*Cv*)反映土壤相对变异。

由表 14-2 可知，北坡土壤密度 B 层(20～40 cm)大于 A 层(0～20 cm)；含水量指标 A 层大于 B 层，包括质量含水量、体积含水量、贮水量、最大持水量、毛管持水量、最小持水量、最佳含水量下限和排水能力；土壤孔隙 A 层大于 B 层，包括非毛管孔隙、毛管空隙、总

表 14-2　戴云山北坡土壤物理属性统计特征值

变量	土层/cm	极小值	极大值	均值	标准差	变异系数/%	F	显著性
SWMC/%	0～20	31.84	65.05	47.36	8.69	18.35	4.05	0.00
	20～40	23.87	56.55	39.93	7.62	19.08	2.28	0.04
SBD/(g/cm^3)	0～20	0.65	1.26	0.91	0.16	17.58	3.15	0.01
	20～40	0.73	1.36	1.05	0.16	15.24	2.38	0.03
SVMC/%	0～20	32.80	55.10	42.32	5.38	12.71	4.08	0.00
	20～40	28.80	54.40	40.95	5.69	13.89	3.01	0.01
SMS/mm	0～20	6.56	11.02	8.46	1.08	12.77	4.08	0.00
	20～40	5.76	10.88	8.19	1.14	13.92	3.01	0.01
MAX-MC/mm	0～20	101.60	138.40	120.10	8.40	6.99	2.67	0.02
	20～40	92.60	131.00	112.14	10.47	9.34	2.90	0.01
SCWC/mm	0～20	88.20	118.60	104.51	8.49	8.12	1.63	0.15
	20～40	79.70	115.60	98.04	9.26	9.45	1.90	0.08
MIN-MC/mm	0～20	78.20	111.80	93.86	8.59	9.15	2.04	0.06
	20～40	69.90	107.20	88.38	9.39	10.62	2.08	0.06
SNON-CP/%	0～20	4.40	36.30	15.59	7.55	48.43	2.06	0.06
	20～40	1.40	27.00	14.10	7.18	50.92	1.84	0.10
SCP/%	0～20	44.10	59.30	52.26	4.25	8.13	1.63	0.15
	20～40	39.85	57.80	49.02	4.63	9.45	1.90	0.08
STP/%	0～20	54.80	85.35	67.84	6.77	9.98	2.76	0.02
	20～40	48.20	75.95	63.12	7.69	12.18	2.77	0.01
SAR/%	0～20	50.41	81.70	63.61	6.96	10.94	2.78	0.01
	20～40	44.27	72.37	59.03	7.93	13.43	2.89	0.01
SOML/mm	0～20	54.74	78.26	65.70	6.02	9.16	2.04	0.06
	20～40	48.93	75.04	61.86	6.57	10.62	2.08	0.06
SDC/mm	0～20	12.60	46.70	26.24	8.24	31.40	2.44	0.03
	20～40	7.40	39.40	23.77	8.48	35.68	2.67	0.02

注：SWMC：质量含水量；SBD：密度；SVMC：体积含水量；SMS：贮水量；MAX－MC：最大持水量；SCWC：毛管持水量；MIN－MC：最小持水量；SNON－CP：非毛管孔隙；SCP：毛管孔隙；STP：总孔隙度；SAR：通气度；SOML：最佳含水量；SDC：排水能力。

孔隙度。这和天然林土壤状况相符。由变异系数来看，北坡非毛管孔隙（A 层 48%，B 层 51%）>排水能力（A 层 31%，B 层 36%）>质量含水量（A 层 18%，B 层 19%）>密度（A 层 17%，B 层 16%）>体积含水量（A 层 13%，B 层 14%）=贮水量（A 层 13%，B 层 14%）>通气度（A 层 11%，B 层 13%）>总孔隙度（A 层 10%，B 层 12%）>最小持水量（A 层 9%，B 层 11%）=最佳含水量下限（A 层 9%，B 层 11%）>毛管持水量（A 层 8%，B 层 9%）=毛管孔隙（A 层 8%，B 层 9%）>最大持水量（A 层 7%，B 层 9%）。一般认为，当 $CV>100\%$ 时为强变异性；$40\%<CV\leq100\%$ 为中等变异；$10\%<CV\leq40\%$ 为低等变异；当 $CV<10\%$ 时为弱变异性（雷志栋等，1988）。可得非毛管孔隙变异最大，为中等变异；排水能力、质量含水

量、密度、体积含水量、贮水量、通气度、总孔隙度指标变异较大，为低等变异，其余指标为弱变异。土壤质量含水量(0～20 cm)、土壤密度(0～20 cm)、体积含水量、贮水量、最大持水量(20～40 cm)、总孔隙度(20～40 cm)和土壤通气度随海拔变化差异极显著；土壤质量含水量(20～40 cm)、土壤密度(20～40 cm)、最大持水量(0～20 cm)、总孔隙度(0～20 cm)和排水能力受海拔影响显著。

表 14-3　戴云山南坡土壤物理属性统计特征值

变量	土层/cm	极小值	极大值	均值	标准差	变异系数/%	F	显著性
SWMC/%	0～20	30.27	63.46	41.77	9.58	22.94	2.83	0.03
	20～40	25.41	63.11	37.92	9.61	25.34	3.76	0.01
SBD/(g/cm^3)	0～20	0.63	1.28	0.99	0.13	13.13	1.91	0.11
	20～40	0.84	1.42	1.15	0.15	13.04	5.15	0.00
SVMC/%	0～20	27.25	60.60	40.63	7.18	17.67	6.24	0.00
	20～40	30.50	58.00	42.32	6.36	15.03	2.86	0.02
SMS/mm	0～20	5.45	12.12	8.13	1.44	17.71	6.24	0.00
	20～40	6.10	11.60	8.46	1.27	15.01	2.86	0.02
MAX-MC/mm	0～20	101.80	137.20	116.59	8.54	7.32	1.17	0.36
	20～40	84.00	134.40	107.40	11.72	10.91	2.21	0.07
SCWC/mm	0～20	84.10	124.80	103.05	10.76	10.44	3.40	0.01
	20～40	76.90	122.80	96.67	11.17	11.55	3.31	0.01
MIN-MC/mm	0～20	75.60	119.40	94.78	11.42	12.05	3.63	0.01
	20～40	66.80	115.40	88.91	11.62	13.07	3.16	0.02
SNON-CP/%	0～20	4.00	32.50	13.54	7.61	56.20	6.22	0.00
	20～40	1.00	17.05	5.37	3.76	70.02	3.92	0.01
SCP/%	0～20	42.05	62.40	51.53	5.38	10.44	3.40	0.01
	20～40	38.45	61.40	48.33	5.59	11.57	3.31	0.01
STP/%	0～20	54.10	79.70	65.06	6.04	9.28	1.82	0.13
	20～40	42.00	67.20	53.70	5.86	10.91	2.21	0.07
SAR/%	0～20	49.95	76.01	61.00	6.14	10.07	2.06	0.09
	20～40	38.38	62.11	49.47	5.53	11.18	2.34	0.06
SOML/mm	0～20	52.92	83.58	66.35	8.00	12.06	3.63	0.01
	20～40	46.76	80.78	62.24	8.13	13.06	3.16	0.02
SDC/mm	0～20	10.80	41.00	21.81	7.70	35.30	4.41	0.00
	20～40	8.20	42.40	18.49	7.41	40.08	3.36	0.01

注：各变量表示的含义同表 14-2。

由表 14-3 可知，南坡土壤变异系数：非毛管孔隙(A 层 56%，B 层 70%)＞排水能力(A 层 35%，B 层 40%)＞质量含水量(A 层 23%，B 层 25%)＞体积含水量(A 层 18%，B 层 15%)＝贮水量(A 层 18%，B 层 15%)＞密度(A 层 13%，B 层 13%)＞最小持水量(A 层 12%，B 层 13%)＝最佳含水量下限(A 层 12%，B 层 13%)＞毛管持水量(A 层 10%，B 层 12%)＝毛管孔隙(A 层 10%，B 层 12%)＞通气度(A 层 10%，B 层 11%)＞总孔隙度(A 层

10%，B 层 11%）>最大持水量(A 层 7%，B 层 11%)。可以得出，非毛管孔隙为中等变异；最大持水量为弱变异，其余指标为低等变异。土壤质量含水量(20 ~ 40 cm)、土壤密度(20 ~ 40 cm)、体积含水量(0 ~ 20 cm)、贮水量(0 ~ 20 cm)、毛管持水量、最小持水量(0 ~ 20 cm)、非毛管孔隙、毛管孔隙、最佳含水量下限(0 ~ 20 cm)和排水能力随海拔变化极显著；土壤质量含水量(0 ~ 20 cm)、体积含水量(20 ~ 40 cm)、贮水量(20 ~ 40 cm)、最小持水量(20 ~ 40 cm)和最佳含水量下限(20 ~ 40 cm)受海拔影响显著。

2. 土壤化学性质

植物生长和发育受土壤酸碱性直接影响，戴云山北坡土壤 A 层(0 ~ 20 cm)和 B 层(20 ~ 40 cm)pH 值平均分别为 4.64、4.8，呈酸性(表 14-4)。土壤有机质大部分来自森林枯枝落叶分解、淋溶和动物残体。戴云山不同海拔土壤有机质含量有所差异，总体上随土层深度加深而减小，A 层和 B 层均值分别为 34.97 g/kg，19.51 g/kg。天然林中，土壤全氮、全磷、全钾含量主要取决于植被循环过程和土壤的土母质。土壤 A、B 层全磷含量分别为 0.25 g/kg 和 0.18 g/kg。A、B 层有效磷含量均值分别为 1.03 mg/kg 和 0.49 mg/kg。全钾含量 A 层(13.618 ~ 17.859 g/kg)和 B 层(12.257 ~ 18.279 g/kg)间无明显变化。速效钾含量变化范围较大，A 层(80.299 ~ 376.682 mg/kg)，B 层(86.970 ~ 266.499 mg/kg)。天然土壤氮素主要来源于生物固氮和动植物残体，少部分源于降水，所以土壤氮素主要分布于生物活动区，尤其是植物根系部分。通常用土壤全氮衡量土壤氮素基础肥力，其含量相对较稳定(谈嫣蓉，2012)。土壤全氮和水解性氮 A 层(2.89 g/kg，214.26 mg/kg)明显大于 B 层(1.66 g/kg，105.60 mg/kg)。

表 14-4 戴云山北坡土壤化学属性统计特征值

变量	土层/cm	极小值	极大值	均值	标准差	变异系数/%	F	显著性
pH	0 ~ 20	4.49	4.83	4.64	0.09	1.94	92.15	0.00
	20 ~ 40	4.55	4.96	4.80	0.09	1.88	56.83	0.00
SOC/(g/kg)	0 ~ 20	13.68	49.85	34.97	8.98	25.68	104.00	0.00
	20 ~ 40	7.54	33.78	19.51	7.92	40.59	157.56	0.00
TP/(g/kg)	0 ~ 20	0.14	0.48	0.25	0.08	32.00	55.27	0.00
	20 ~ 40	0.03	0.38	0.18	0.07	38.89	24.89	0.00
AP/(mg/kg)	0 ~ 20	0.01	2.51	1.03	0.61	59.22	4.81	0.00
	20 ~ 40	0.01	1.62	0.49	0.42	85.71	2.84	0.01
TK/(g/kg)	0 ~ 20	17.39	111.20	50.19	17.07	34.01	3.35	0.01
	20 ~ 40	20.87	96.27	49.75	17.92	36.02	8.41	0.00
AK/(mg/kg)	0 ~ 20	77.82	404.90	179.99	59.41	33.01	1.66	0.14
	20 ~ 40	58.92	221.83	143.47	35.78	24.94	5.36	0.00
TN/(g/kg)	0 ~ 20	1.38	5.30	2.89	0.95	32.87	569.08	0.00
	20 ~ 40	0.80	3.62	1.66	0.81	48.80	1 161.00	0.00
HN/(mg/kg)	0 ~ 20	80.81	388.24	214.26	79.07	36.90	36.21	0.00
	20 ~ 40	36.63	242.50	105.60	47.54	45.02	32.42	0.00

注：SOC：土壤有机质；TP：土壤全磷；AP：土壤有效磷；TK：土壤全钾；AK：土壤速效钾；TN：土壤全氮；HN：水解性氮。

由表 14-5 和表 14-6 可知，戴云山南坡土壤呈酸性，pH 值和北坡相差不大；有机质 A 层均值达 35.23 g/kg，属于二级(丰富)水平，B 层 5.92 ~ 33.56 g/kg，波动较大，均值 19.44 g/kg，有机质缺乏；全磷和有效磷均属于六级(极缺乏)；A 层土壤全钾和有效钾含量属于一级(很丰富)，B 层全钾含量大于 A 层，速效钾含量小于 A 层，属于二级(丰富)；A 层土壤全氮和水解性氮含量很丰富，B 层全氮含量丰富，水解性氮含量中等(三级)。除速效钾外，以上指标随海拔均呈极显著变化。

表 14-5　戴云山南坡土壤化学属性统计特征值

变量	土层/cm	极小值	极大值	均值	标准差	变异系数/%	F	显著性
pH	0 ~ 20	4.44	4.86	4.64	0.12	2.59	142.60	0.00
	20 ~ 40	4.50	4.88	4.69	0.11	2.35	46.03	0.00
SOC/(g/kg)	0 ~ 20	24.18	46.81	35.23	6.85	19.44	232.58	0.00
	20 ~ 40	5.92	33.56	19.44	7.17	36.88	386.37	0.00
TP/(g/kg)	0 ~ 20	0.13	0.46	0.25	0.09	36.00	56.48	0.00
	20 ~ 40	0.06	0.34	0.18	0.08	44.44	21.55	0.00
AP/(mg/kg)	0 ~ 20	0.60	1.80	1.06	0.30	28.30	4.75	0.00
	20 ~ 40	0.31	1.62	0.86	0.37	43.02	6.50	0.00
TK/(g/kg)	0 ~ 20	13.52	52.50	27.54	8.34	30.28	4.99	0.00
	20 ~ 40	2.58	60.76	30.97	15.84	51.15	23.57	0.00
AK/(mg/kg)	0 ~ 20	119.92	353.62	203.23	69.44	34.17	2.90	0.02
	20 ~ 40	91.58	331.52	170.70	52.11	30.53	4.73	0.00
TN/(g/kg)	0 ~ 20	2.24	3.92	2.88	0.49	17.01	178.21	0.00
	20 ~ 40	0.59	2.59	1.62	0.63	38.89	487.80	0.00
HN/(mg/kg)	0 ~ 20	139.37	316.12	200.92	46.93	23.36	27.70	0.00
	20 ~ 40	36.64	257.35	118.58	54.30	45.79	25.91	0.00

注：各变量表示的含义同表 14-4。

表 14-6　中国第二次土壤普查土壤分级标准

等级	一级(很丰富)	二级(丰富)	三级(中等)	四级(缺乏)	五级(很缺乏)	六级(极缺乏)
TN/(g/kg)	>2	1.5 ~ 2	1 ~ 1.5	0.75 ~ 1	0.5 ~ 0.75	<0.5
TP/%	>1.0	0.8 ~ 1.0	0.6 ~ 0.8	0.4 ~ 0.6	0.2 ~ 0.4	<0.2
TK/(g/kg)	>25	20 ~ 25	15 ~ 20	10 ~ 15	5 ~ 10	<5
AN/(mg/kg)	>150	120 ~ 150	90 ~ 120	60 ~ 90	30 ~ 60	<30
AP/(mg/kg)	>40	20 ~ 40	10 ~ 20	5 ~ 10	3 ~ 5	<3
AK/(mg/kg)	>200	150 ~ 200	100 ~ 150	50 ~ 100	30 ~ 50	<30
有机质/%	>4	3 ~ 4	2 ~ 3	1 ~ 2	0.6 ~ 1	<0.6

注：本标准出自文献(常虎成等，2005)。

由图 14-22 可知，戴云山北坡 20 ~ 40 cm 土层土壤化学性质变异系数大，有效磷变异系数达 85%，0 ~ 20 cm 土层有效磷含量变异系数次之为 59%；各项指标中 pH 变异系数最小，在 2% 左右。整体来看，北坡土壤变异系数有效磷(0.59，0.85) > 全氮(0.33，0.49) > 水解性氮(0.37，0.45)>全磷(0.31，0.41)>全钾(0.34，0.36)>有机质(0.26，0.41)>速效钾(0.33，0.25)>pH(0.02，0.02)。有效磷、全氮、水解性氮属于中等强度变异，全磷、全钾、有机质、速效钾属于低等变异，pH属于弱变异性。戴云山南坡土壤0~20 cm土层各化学指标变异系数均在40%以下，20~40 cm土层变异系数略大于0~20 cm，变异系数最大为速效钾(51%)，其余指标变异系数均小于50%。

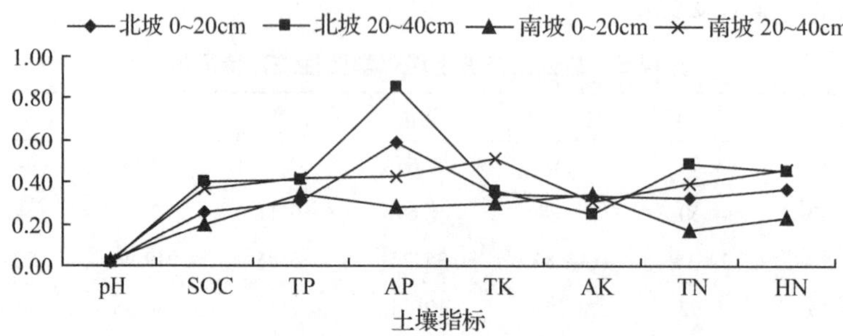

图 14-22　戴云山南、北坡土壤化学性质变异系数趋势图

3. 凋落物

森林生态系统中物种间相互作用很大程度在凋落物分解过程中产生，因此植物凋落物被认为具有非常重要的死后效应，决定了群落及系统水平的生态系统特征(Findlay et al.，1996；Nilsson et al.，1999)。由表14-7可知，戴云山南、北坡凋落物全氮、全磷、全钾含量均值为南坡高于北坡，凋落物各养分指标随海拔梯度变化极显著。全钾呈中等强度变异，全氮、全磷为低等程度变异。

表 14-7　戴云山南、北坡凋落物属性统计特征值

变量	坡向	极小值	极大值	均值	标准差	变异系数/%	F	显著性
TN/(g/kg)	北坡	3.36	14.54	7.05	2.51	35.60	24.27	0.00
	南坡	3.35	12.32	7.70	2.62	34.03	21.44	0.00
TP/(g/kg)	北坡	0.03	0.10	0.06	0.02	33.33	28.58	0.00
	南坡	0.03	0.16	0.08	0.04	50.00	26.00	0.00
TK/(g/kg)	北坡	0.46	10.75	3.12	2.13	68.27	4.64	0.00
	南坡	0.40	8.02	3.20	2.19	68.44	4.86	0.00

由图14-23可知，北坡凋落物全氮含量为3.36~14.54 g/kg，随海拔升高波浪形增加，在1 500 m达到峰值，然后波浪形递减；南坡凋落物全氮含量为3.35~12.32 g/kg，900~1 000 m处变化平缓，1 100 m处略有下降，1 200 m处急剧上升，在海拔1 200 m和1 300 m处达到最大值(均值为11.19 g/kg)，1 300~1 700 m呈直线下降，1 800 m处略有上升。北坡全磷含量范围在0.03~0.10 g/kg，极大值在800 m和1 500 m处，在900~1 400 m间变化缓慢，呈逐步减小态势，1 500 m处急剧增加，1 600 m处急剧减小，到1 800 m处达最小值；南坡凋落物全磷含量为0.03~0.16 g/kg，从900~1 300 m逐步增加，1 400 m处急剧增加，处于最大值，1 400~1 600 m快速减小，在1 700 m出现小幅增长，1 800 m是南坡凋落物TP含量最小处。北坡凋落物全钾含量为0.46~10.75 g/kg，波动幅度大，在600~1 200 m处于

折线形上升，700 m 为低谷，1 200 m 处为最大值，1 300 m 处急剧下降，最小值在 1 600 m 处；南坡凋落物全钾含量为 0.40 ~ 8.02 g/kg，最大值在 900 m 处，1 000 m 处急剧下降，1 000 ~ 1 800 m 间呈折线型小幅波动，最小值在 1 800 m 处。

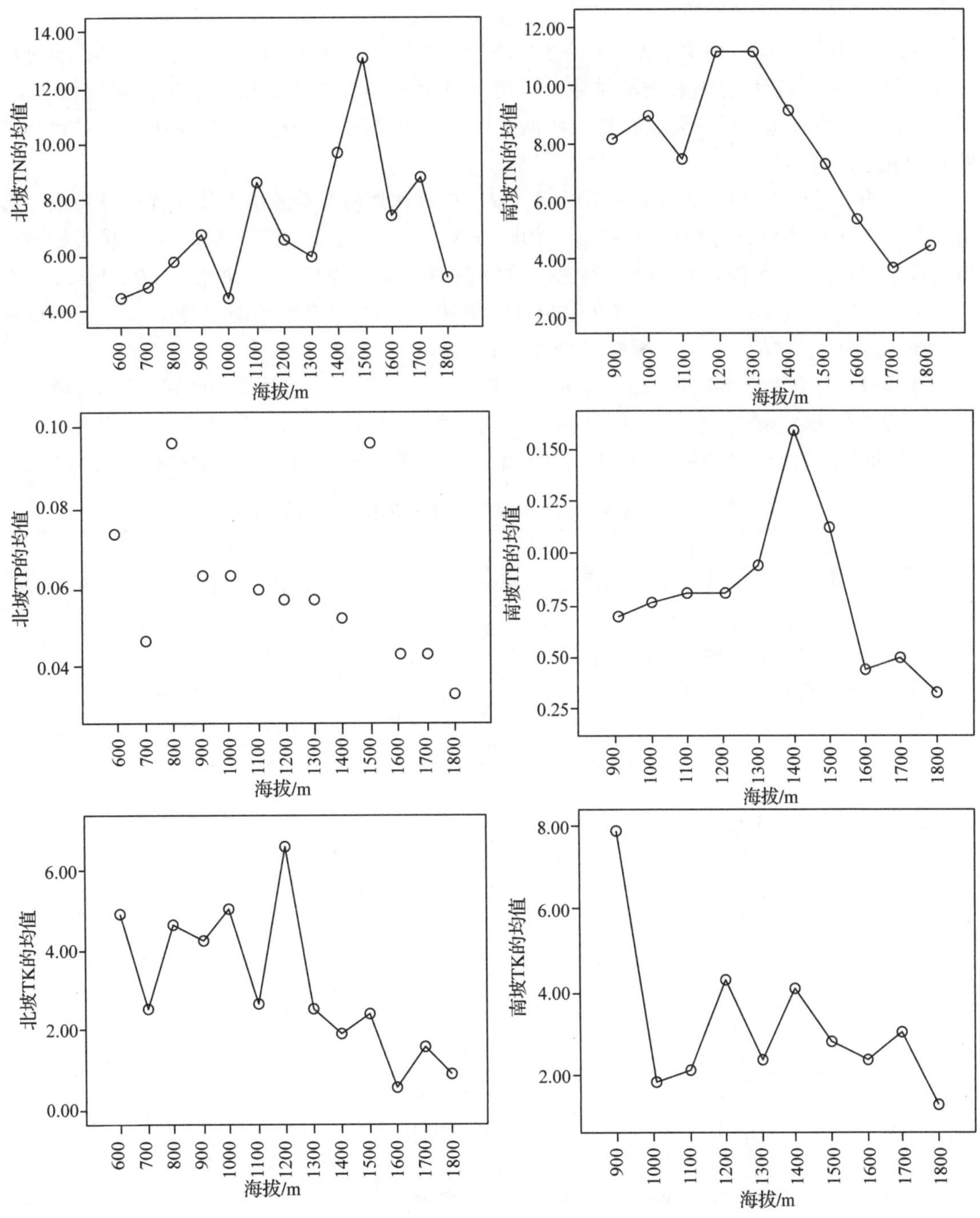

图 14-23　戴云山南、北坡凋落物全氮、全磷、全钾含量分布折线图

第二节　土壤养分与物种耦合机制

一、土壤理化性质与主要物种耦合关系

DCA 是 Hill 和 Gauche 对 CA/RA 修改形成的一个特征向量排序(张金屯，2011)，通过反复计算得出一组稳定的样地和物种排序值。用 PCA 排序方法找出数据中最主要元素和结构，将原有复杂数据降维，揭示隐藏在复杂数据背后的简单结构。以上两种排序法均在 CANOCO 5.0 软件进行。

分析南、北坡土壤 0 ~ 20 cm 和 20 ~ 40 cm 土层理化性质与乔木层主要物种耦合关系。将南坡海拔 900 ~ 1 500 m 分别标记为 1 ~ 7，北坡 600 ~ 1 600 m 分别标记为 1 ~ 13。植被物种以植被拉丁名称第一个单词首字母和第二个单词前两个字母组成。21 个指标 *pH*、*SOC*、*TP*、*AP*、*TK*、*AK*、*TN*、*HN*、*SWMC*、*SBD*、*SVMC*、*SMS*、*MAX - MC*、*SCW*、*MIN - MC*、*NON - CP*、*SCP*、*STP*、*SAR*、*SOML*、*SDC* 分别对应 1 ~ 21。

计算戴云山植物群落乔木层所有物种相对频度、相对密度、相对优势度和重要值(重要值 *IV* 计算公式参见第三章第三节)，考虑不同海拔梯度乔木种类及重要值差异性，仅列出植物群落乔木层重要值大于 1 的物种进行分析。南、北坡乔木层主要物种重要值见表 14-8 和表 14-9。

表 14-8　南坡不同海拔梯度群落乔木层主要物种重要值

物种	海拔/m							物种	海拔/m						
	900	1 000	1 100	1 200	1 300	1 400	1 500		900	1 000	1 100	1 200	1 300	1 400	1 500
毛竹	46.60	43.60		8.44				台湾冬青			2.38		5.14		
杉木	36.10	6.94	2.06	12.30	10.50			云山青冈				10.50			
红皮糙果茶	9.98			6.14				木荷				3.66	4.29	5.46	
马尾松	7.38	3.35						罗浮柿				2.71			
红楠		11.10	8.79	2.29	4.55		7.81	虎皮楠				2.62			
厚皮香		7.09						木蜡树				2.40			
少叶黄杞		6.89	10.90					马银花				2.27	7.68	8.31	
黄山松		5.07				15.10	76.50	薯豆					4.80	2.58	
米槠		3.80	6.80					赤楠					2.79		
青榨槭		3.29						树参					2.29		
罗浮栲		2.06	4.07	12.30	25.60	8.50		乌药					2.02	2.73	
甜槠			9.98	8.11		2.26		多脉青冈						16.50	
大果马蹄荷			8.58					山茶属 1 种						8.66	
黄丹木姜子			7.20		4.23			吊钟花						4.08	
密花树			4.67					巴东栎						3.38	
深山含笑			3.95					大萼红淡						3.20	6.01
多花山竹子			3.44					东方古柯							3.52
硬斗石栎			2.70	13.00	9.02	4.01		羊舌树							3.17
青冈			2.65					南烛属 1 种							3.01
鹿角杜鹃			2.60	3.77		4.44									

表 14-9　北坡不同海拔梯度群落乔木层主要物种重要值

物种	海拔/m										
	600	700	800	900	1 000	1 100	1 200	1 300	1 400	1 500	1 600
黄山松									33.68	44.34	55.71
甜槠		2.59	33.53	9.34	6.57	6.98			2.16		
木荷	4.09	3.25	9.17		16.79	10.01	12.54		1.98	1.67	
杜鹃花属 1 种								7.06	14.86	17.15	
丝栗栲	2.57	3.07		17.21		3.83					
细枝柃	2.15					7.80		16.43			
米槠	22.07	10.21									
红楠						7.66	5.22	7.52	2.11		
杉木	4.32		6.99	3.69			2.23	10.44			
峨眉鼠刺	2.62		6.12	1.64	2.39	4.44	4.93				
马尾松					6.21		7.65	8.38			
鹿角杜鹃	2.22						7.26	2.68	3.57	1.88	15.22
罗浮栲				7.04		6.56	2.13				
吊钟花								3.32	7.68		
黄瑞木			1.67	2.64			3.66	3.14			
瑞木	17.70					3.56					
窄基红褐柃						4.80	3.53		2.22	4.04	
格药柃								4.53	2.70	4.79	
青榨槭								4.40	6.53	1.55	
虎皮楠		7.49		2.44	1.88						
毛竹	3.01	3.31		11.52							
毛叶石楠					2.09			7.61	1.76		
映山红								7.46	3.31	1.15	
薄叶山矾				3.10	5.25	2.16					

1. 南坡 0 ~20 cm 土壤理化性质与主要物种耦合关系

排序轴特征值反映相应物种多度矩阵信息，相关系数表示排序轴与环境因子相关性。由样地与环境因子 DCA 排序图可看出，DCA 排序第一至第四轴特征值分别为 0.650、0.369、0.037、0.008。第一至第四轴解释变异量分别为 25.88%、14.68%、1.45%、0.34%，四个轴累计解释变异量为 42.35%。

图 14-24(a)中带箭头射线代表 21 个土壤理化性质指标，7 个黑色圆点代表样方(不同海拔)，31 个三角形代表不同物种。物种和群落分布与环境因子相关性大小用箭头连线长短表示；环境因子与排序轴相关性大小用箭头连线与排序轴夹角表示，夹角越小说明关系越密切；环境因子与排序轴间正负相关性以箭头所处象限表示。将土壤理化指标射线延长，7 个样方均垂直投影到该射线上，以投影点到指标实心箭头处相对距离为标准，沿着箭头方向为增大，反之为减小，由此可知每个海拔内土壤指标大小。如受 pH(箭头 1)影响最大的样地排序为 1 000 m(2) >900 m(1) >1 100 m(3) >1 400 m(5) >1 500 m(6)。

两条射线间夹角代表其相关性，余弦值为两个指标间相关系数。由此可见，土壤密度(指标 10)和土壤体积含水量、土壤最佳含水量下限和水解性氮关系较密切，和其他指标几乎无相关性；速效钾、最大持水量、有效磷、水解性氮、土壤质量含水量、土壤有机质、毛管孔隙、贮水量、最小持水量、水解性氮、最佳含水量下限、体积含水量(箭头 5、13、3、7、9、2、17、14、12、15、8、20、11)之间关系密切；土壤 pH、总孔隙度、通气度、速效钾、排水能力、非毛管孔隙、有效磷(箭头 1、18、19、5、21、16、4)之间关系较密切。

图 14-24(b)中两个圆圈间距离近似等于以标准差(*SD*)为衡量标准的每个样方物种组成的差异性。圆圈大小反映样方内物种对样方贡献率，圆圈数字与差异性大小呈正比。可见，圆圈 15 附近物种组成最丰富，有赤楠、青冈、树参、大果马蹄荷、多花山竹子、台湾冬青、黄丹木姜子、深山含笑、密花树(Sbu，Cgl，Dde，Eto，Gmu，Ifo，Lel，Mma，Rne)。

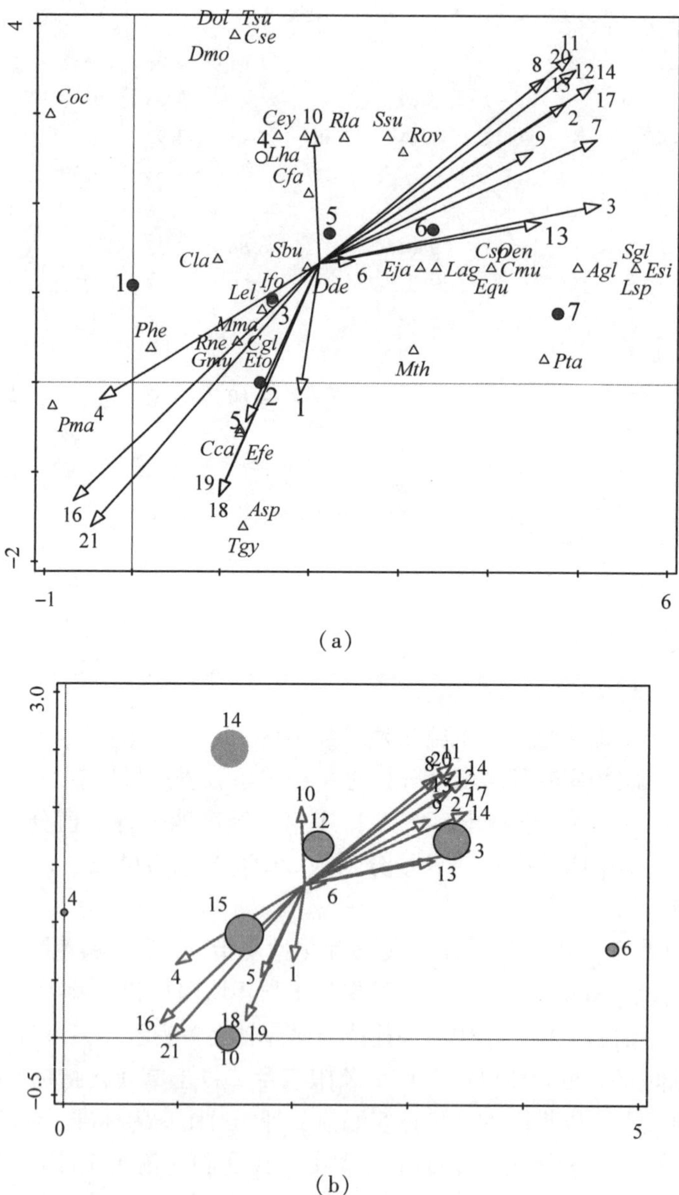

图 14-24　戴云山南坡乔木层主要物种与南坡 0 ~ 20 cm 土层 DCA 相关性分析图

2. 南坡 20～40 cm 土壤理化性质与主要物种耦合关系

由图 14-25 可知，土壤有效磷和土壤速效钾，土壤质量含水量和最小持水量，土壤全磷、全氮和最佳含水量下限(指标 4 和 5；9 和 15；3、7 和 20)间射线夹角几乎为 0，指标间关联度接近 100%。土壤有机质、有效磷、全钾、土壤排水能力和非毛管孔隙(箭头 2、4、5、21、16)间关系紧密。土壤最大持水量、土壤通气度、总孔隙度和土壤有机质(箭头 13、19、18、2)间联系较为紧密。土壤水解性氮、全磷、毛管孔隙度、最佳含水量下限、毛管持水量、最小持水量和土壤质量含水量(箭头 8、3、17、20、14、15、9)间联系较紧密。

实心圆点代表样方，连接圆点线段长度是样方间欧几里德距离，长度越短代表差异性越小，反之越大。由此可知，海拔 1 200 m 和 1 300 m(样方 4 和 5)，海拔 1 400 m 和 1 500 m(样方 5 和 6)间距离最小，样方间差异性最小。海拔 900 m 和 1 500 m(样方 1 和 7)间距离最大，表明差异性最大。海拔 1 000 m 和 1 500 m(样方 2 和 7)，海拔 1 200 m 和 1 500 m(样方 4 和 7)间距离也较大，说明差异性比较显著。

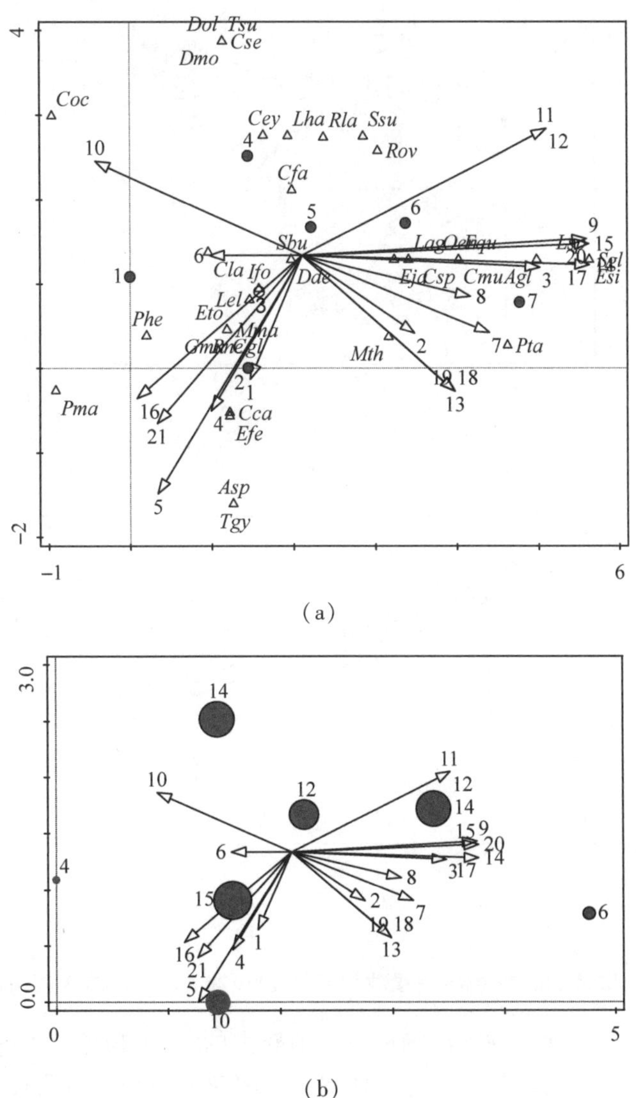

(a)

(b)

图 14-25　戴云山南坡乔木层主要物种与南坡 20～40 cm 土层 DCA 相关性分析图

3. 北坡 0 ~ 20 cm 土壤理化性质与主要物种耦合关系

图 14-26 DCA 排序第一至第四轴特征值分别为 0.688、0.164、0.032、0.011；第一至第四轴解释变异量分别为 31.42%、7.47%、1.45%、0.49%，四个轴累计解释变异量为 40.83%。

由图 14-26 可知，戴云山北坡 0 ~ 20 cm 土层土壤水解性氮、全氮、全磷、贮水量、土壤体积含水量、土壤质量含水量指标(箭头 8、7、3、12、11、9)间夹角小，说明指标间联系紧密。土壤密度、有效磷、非毛管孔隙、速效钾(指标 10、4、16、5)关联性大。土壤 pH、有机质、最大持水量(箭头 1、2、13)间关系紧密。

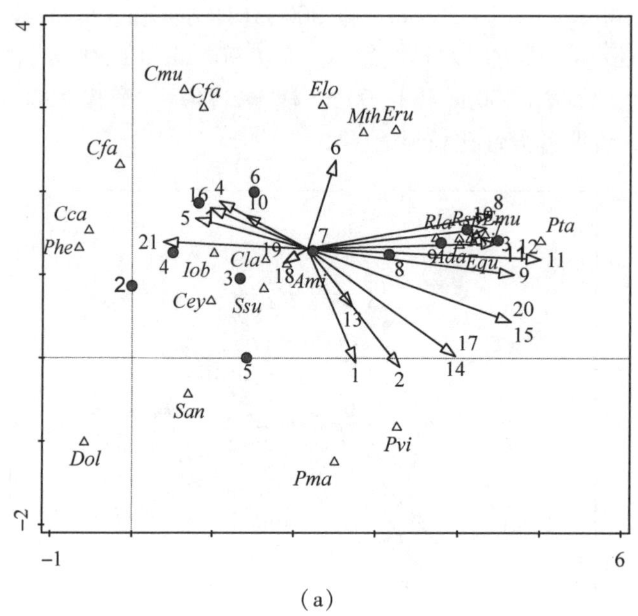

(a)

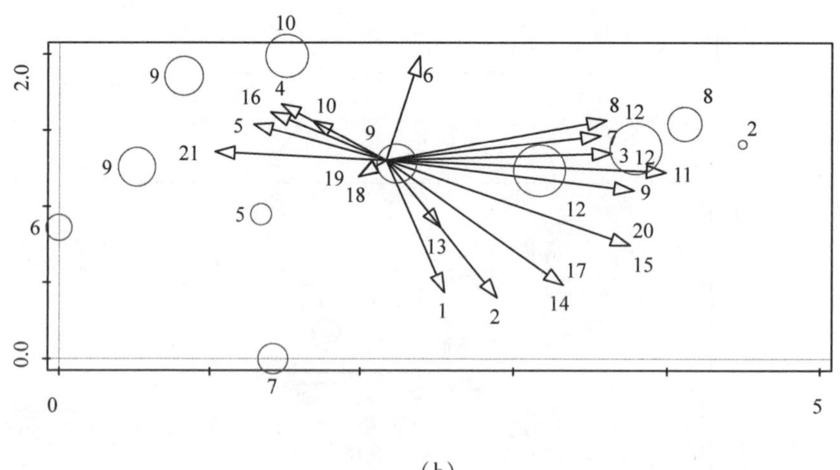

(b)

图 14-26　戴云山北坡乔木层主要物种与北坡 0 ~ 20 cm 土层 DCA 相关性分析图

24 个空心三角形代表北坡乔木层物种重要值较大的 24 个物种。由图 14-26 可知，24 个物种较为集中分布为两大块，其一，鹿角杜鹃、杜鹃花属 1 种、格药柃、黄山松、青榨槭、吊钟花、映山红(图中分别表示为 Rla、Rsp、Emu、Pta、Ada、Equ、Rsi)集中分布，表明这些物种易于在同一个群落里共生；其二，峨眉鼠刺、甜槠、木荷、黄瑞木、杉木(Iob、Cey、Ssu、Ami、Cla)易在一个群落共生。

北坡乔木层共有 11 个海拔梯度，图中以黑色圆点表示，用线段连接任意两个实心圆点，其中 1 400 m 和 1 500 m(9 和 10)，1 500 m 和 1 600 m(10 和 11)间线段长度最短，说明这些海拔梯度乔木层物种组成结构最相似。其次，1 300 m 和 1 400 m(8 和 9)，600 m 和 1 100 m(1 和 6)，600 m 和 900 m(1 和 4)，700 m 和 900 m(2 和 4)间距离较短。距离最远的两个样方为 700 m 与 1 600 m(2 和 11)，说明这两个海拔梯度乔木层物种组成差异最大。

4. 北坡 20 ~ 40 cm 土壤理化性质与主要物种耦合关系

图 14-27 戴云山北坡乔木层主要物种与北坡 20 ~ 40 cm 土层 DCA 相关性分析图中，DCA 排序第一至第四轴特征值分别为 0.688、0.164、0.032、0.011；第一至第四轴解释变异量分别为 31.42%、7.47%、1.45%、0.49%，四个轴累计解释变异量为 40.83%。

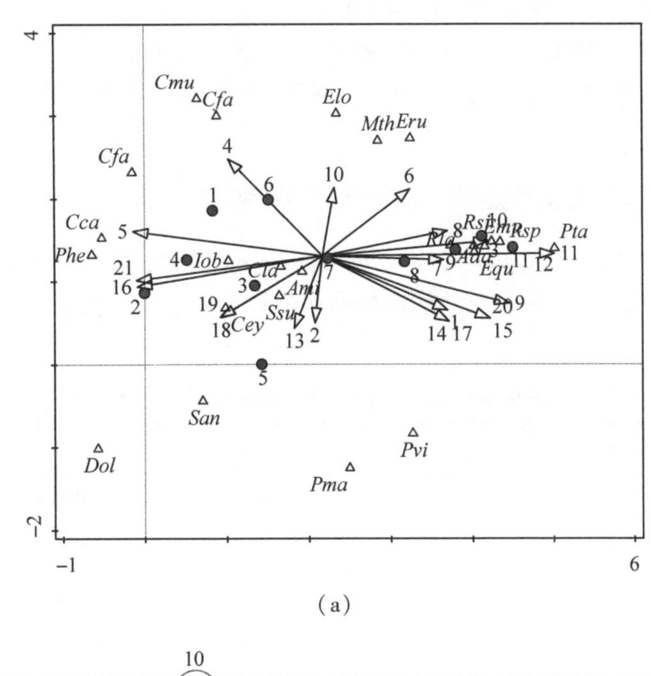

(a)

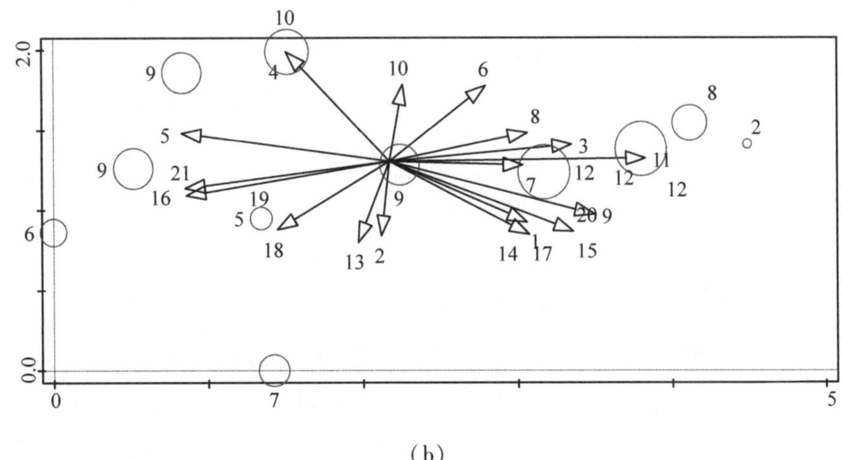

(b)

图 14-27　戴云山北坡乔木层主要物种与北坡 20 ~ 40 cm 土层 DCA 相关性分析图

由图 14-27 可知，戴云山北坡 20～40 cm 土层 21 个土壤理化性质指标箭头间夹角较小的可分为四组：

(1)土壤水解性氮、全氮、土壤体积含水量、土壤贮水量、土壤质量含水量、最小持水量、pH、毛管孔隙和毛管持水量(8、7、11、12、9、15、1、17、14)；

(2)土壤有机质和土壤最大持水量(2、13)；

(3)总孔隙度和土壤通气度(18、19)；

(4)非毛管孔隙和排水能力(16、21)。

由图 14-27 可知，乔木层 24 个主要物种较为集中分布的有五块：

(1)映山红、格药柃、杜鹃花属 1 种、黄山松、鹿角杜鹃、青榨槭、吊钟花 7 个(图中 Rsi、Emu、Rsp、Pta、Rla、Ada、Equ)；

(2)黄瑞木、木荷、杉木、甜槠、峨眉鼠刺共 5 个(图中 Ami、Ssu、Cla、Cey、Iob)；

(3)米槠和毛竹 2 个(图中 Cca、Phe)；

(4)罗浮栲、瑞木 2 个(图中 Cfa 上、Cmu)；

(5)细枝柃、红楠、窄基红褐柃 3 个(图中 Elo、Mth、Eru)；

分布较为分散的物种为丝栗栲、虎皮楠、薄叶山矾、马尾松、毛叶石楠(图中 Cfa 下、Dol、San、Pma、Pvi)。

二、土壤理化性质与乔木层物种多样性耦合关系

选取丰富度指数(*S*)、Margalef 指数(*Dm*)、Simpson 指数(*D*)、Shannon-Wiener 指数(*H*)和 Pielou 指数(*Jws*)对戴云山南、北坡植被物种多样性分析，结果见表 14-10。计算公式参见第三章第四节。

表 14-10　戴云山南、北坡植被物种多样性

多样性指数	*S*	*Dm*	*D*	*H*	*Jws*
N6	0.048	0.900	3.039	0.604	0.179
N7	0.087	0.965	3.720	0.677	0.171
N8	0.045	0.870	2.473	0.441	0.134
N9	0.070	0.929	3.185	0.633	0.169
N10	0.087	0.957	3.501	0.626	0.158
N11	0.073	0.940	3.230	0.582	0.154
N12	0.062	0.899	2.890	0.506	0.140
N13	0.042	0.870	2.507	0.433	0.134
N14	0.052	0.832	2.290	0.352	0.102
N15	0.033	0.739	1.798	0.274	0.092
N16	0.010	0.532	0.910	0.309	0.281
S9	0.007	0.602	0.638	1.146	0.827
S10	0.023	2.601	0.775	2.021	0.766

（续）

多样性指数	*S*	*Dm*	*D*	*H*	*Jws*
S11	0.060	6.747	0.897	3.132	0.874
S12	0.037	4.560	0.918	2.723	0.881
S13	0.047	5.226	0.895	2.737	0.821
S14	0.038	4.055	0.914	2.740	0.874
S15	0.010	1.114	0.402	0.906	0.505

由表 14-11 可知，丰富度指数 *S* 和 Simpson 指数极显著正相关。Margalef 指数和 Shannon-Wiener 指数、Pielou 指数极显著正相关，和 Simpson 指数显著正相关。Simpson 指数和 Shannon-Wiener 指数、Pielou 指数极显著正相关。Shannon-Wiener 指数和 Pielou 指数极显著正相关。

由于各项指标量纲不同，用 z-score 标准化方法处理植物多样性指标原始数据得到新数据：新数据 =（原数据 − 均值）/标准差。

表 14-11　戴云山乔木层植被多样性指数的相关系数显著性

多样性指数	*S*	*Dm*	*D*	*H*	*Jws*
S		0.954	0.000**	0.648	0.080
Dm			0.030*	0.000**	0.000**
D				0.008**	0.000**
H					0.000**

注：* 表示显著相关（$P<0.05$），** 表示极显著相关（$P<0.01$）。

图 14-28 戴云山南、北坡乔木层物种多样性与土壤理化性质 PCA 相关性分析图中，0 ~ 20 cm 与20 ~ 40 cm 土层构成相似。PCA 排序第一至第四轴解释变异量分别为 69.56%、27.50%、2.30%、0.54%，四个轴累计解释变异量为 99.89%。图中实心箭头表示五个物种多样性指标，空心箭头代表 21 个土壤理化性质指标，实心圆代表北坡 600 ~ 1 600 m 和南坡 900 ~ 1 500 m 海拔样方。

由图中各箭头夹角大小判断，与 Simpson 指数和丰富度指数呈正相关的土壤指标排序为：排水能力 > 土壤有机质 > 非毛管孔隙 > 通气度 > 总孔隙度 > 土壤速效钾 > 土壤 pH（箭头 21、2、16、19、18、5、1）。与 Margalef 指数和 Shannon-Wiener 指数正相关的为：土壤密度 > 土壤速效钾（箭头 10、6）。与 Pielou 指数呈正相关的为土壤密度 > 速效钾 > 有效磷 > 土壤体积含水率 > 水解性氮 > 最佳含水量下限 > 全磷 > 贮水量 > 最小持水量 > 全氮（箭头 10、6、4、11、8、20、3、12、15、7）。

将样地垂直投影到环境变量的延长线上，样地距离变量箭头相对位置较近，可认为样地在此环境变量较大时有最适值。由图可看出，戴云山北坡样方集中于图左侧，南坡样方集中于图右侧。北坡 1 600 m 样方投影与箭头 10、6、7、15、8、11、4、12、3、20、9、14、17、1 延长线距离较近，说明这些指标增大时北坡 1 600 m 样方物种多样性会达到最适值。由此整理可得表 14-12。

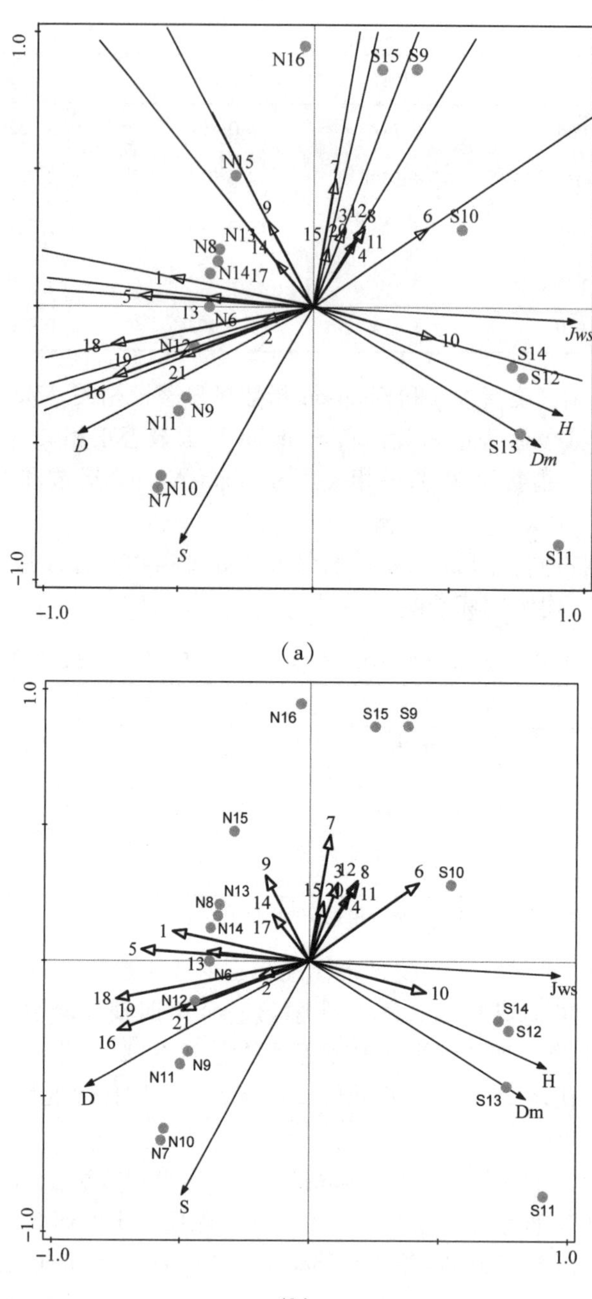

图 14-28　戴云山乔木层物种多样性与土壤 20～40 cm 理化性质 PCA 相关性分析图

表 14-12　影响样方多样性指标汇总

样方	影响指标
N6	13、1、5、17、14、9、21、18、16、19
N7	16、18、19、5、1、21、17、14
N8	1、13、9、14、20、3、12、5
N9	21、16、18、19、13、5、1、14、17
N10	16、18、19、5、1、21、17、14

（续）

样方	影响指标
N11	21、16、18、19、13、5、1、14、17
N12	21、16、18、19、13、5、1、14、17
N13	9、13、1、5、14、2、20、3、12、15、7
N14	1、13、9、5、14、20、2、21
N15	7、20、3、12、4、11、8、9、14
N16	10、6、7、15、8、11、4、12、3、20、9、14、17、1
S9	6、10、8、11、4、7、15、12、3、20
S10	10、6、7、15、8、11、4、12、3、20
S11	6、4、11、8
S12	6、4、11、8、10、20、3、12
S13	6、4、11、8、10、20、3、12
S14	6、4、11、8、10、20、3、12
S15	6、10、8、11、4、7、15、12、3、20

三、凋落物养分与乔木层物种多样性耦合关系

对凋落物与乔木层物种多样性进行 PCA 相关性分析，如图 14-29 所示。四个轴特征值分别为：0.385、0.067、0.000、0.394，四个轴累计解释变量为 84.62%。凋落物全氮、全磷含量和植物优势度指数（*H*）、均匀度指数（*Jws*）、丰富度指数（*Dm*）相关性强，尤其南坡样地 10、12、13、14、15。凋落物全钾含量和植物个体数（*S*）、多样性指数（*D*）相关性强，尤其北坡样地 6、7、9、10、11、12、13。

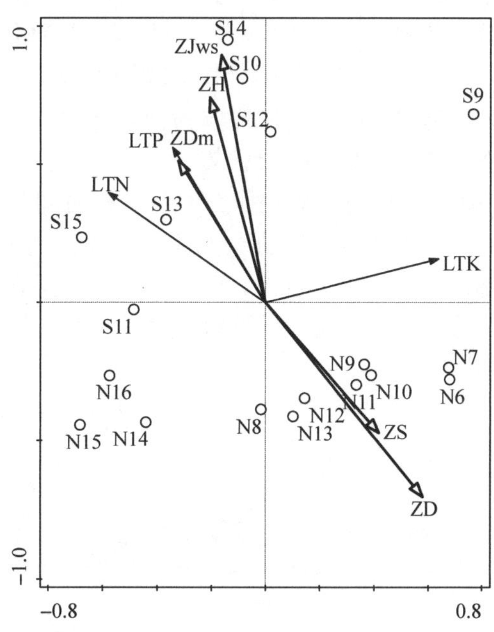

图 14-29　戴云山乔木层物种多样性与凋落物养分 PCA 相关性分析图

第三节　小结

(1)探讨戴云山不同海拔、坡向和土层土壤理化性质差异性，随海拔升高，同一土层土壤质量含水量、体积含水量、土壤贮水量和土壤水解性氮整体呈上升趋势；土壤密度先减小后上升；土壤非毛管孔隙基本呈下降趋势；土壤总孔隙度、通气度、毛管孔隙、土壤最佳含水量下限、土壤全钾随海拔升高波动不明显。随着土层深度增加，土壤质量含水量、最大持水量、毛管持水量、最小持水量、毛管孔隙、总孔隙度和土壤通气度、土壤有机质、土壤速效钾、土壤全氮呈整体减少趋势；土壤密度、土壤 pH 值呈上升趋势；各项指标中 pH 变异系数最小，北坡 20 ~ 40 cm 土层土壤化学性质变异系数普遍较大。

北坡非毛管孔隙变异性最大，为中等变异；排水能力、质量含水量、密度、体积含水量、贮水量、通气度、总孔隙度指标变异较大，为低等变异，其余物理指标为弱变异。有效磷、全氮、水解性氮属于中等强度变异，全磷、全钾、有机质、速效钾属于低等变异，pH 属于弱变异性。

南坡土壤非毛管孔隙变异性最大，为中等变异；最大持水量为弱变异，其余物理指标为低等变异。戴云山南坡土壤 0 ~ 20 cm 土层各化学指标变异系数均在 40% 以下，20 ~ 40 cm 土层变异系数略大于 0 ~ 20 cm，变异系数最大的为速效钾(51%)，其余指标变异系数均小于 50%。

(2)戴云山南坡凋落物的全氮、全磷、全钾含量均值都高于北坡，不同海拔梯度凋落物各养分指标变化极显著。全钾呈中等强度变异，全氮、全磷为低等程度变异。凋落物的全氮、全磷含量和植物优势度指数(H)、均匀度指数(Jws)、丰富度指数(Dm)相关性强。凋落物全钾含量和植物个体数(S)、多样性指数(D)相关性强。

(3)由各指标间的相关系数可知，各指标间呈极显著相关和显著相关的项目很多，因为土壤是一个整体的生态系统，各项指标间联系密切，对土壤进行研究和评价要从多方面进行。

(4)通过对戴云山南、北坡乔木层物种多样性与土壤理化性质 PCA 相关性分析看出，各样方在不同土壤理化性质指示值增大时，可使样方物种多样性达到最适值。这对保护区的植被多样性保护，尤其是稀有物种保护具有指导意义。

(5)在进行不同海拔梯度土壤空间异质性研究时，采样时间、地点等因素的不同会对结果造成很大影响，故研究结果只能代表当时的土壤状态。由于土壤采样时间和植被调查时间有差异，土壤物理属性受温度、湿度影响较大，而天然林乔木层在短期内变化相对较小，因此忽略时间造成的差异，为今后研究土壤与植被耦合关系的动态变化作参考。

第十五章　土壤微生物群落多样性特征

土壤微生物是土壤中最活跃部分，是土壤中物质转化过程和养分循环活动驱动力，是土壤最主要分解者和调理者(Zhang et al.，2012)。土壤微生物是地球生物圈重要生命群体之一，对土壤特性变化反应非常敏感，其群落结构组成的变化与差异一定程度上反映土壤质地和健全性，其微生物群落变化指标作为评价土壤生态系统可持续性生物学指标，因此探讨土壤微生物多样性作用、研究其影响机制具有重要意义。

研究戴云山土壤微生物生态学特性，系统分析不同海拔植被类型土壤理化性质、酶活性和微生物群落多样性等指标差异，探讨中、南亚热带森林生态系统土壤微生物群落多样性沿海拔梯度变化动态规律及植被多样性与土壤微生物多样性之间关系，旨在揭示养分循环规律及调控机理，提高林地资源利用水平，为制定相应保护策略提供科学依据，也为进一步研究海峡两岸生态资源、生态环境、生态系统空间异质性奠定理论基础(陈志芳等，2014a，2014b)。

第一节　测度方法

一、磷脂脂肪酸命名与含量测度

参考 Frostegard 等(1993)、Ponder 等(2009)命名法，PLFA 通式用 X：YωZ。数字 X 表示脂肪酸主链上从羧基开始碳原子总数，数字 Y 表示脂肪酸中不饱和双键数目，数字 Z 代表双键位置(距甲基末端)，ω 代表含有双键。c 和 t 分别表示顺势和反势双键，i 和 a 分别表示有异构和反异构甲基支链，br 表示位置未知甲基支链，Me 表示甲基侧链位置，cy 代表环丙基，OH 前的数字表示羟基位置。

磷脂脂肪酸具有结构多样性和生物特异性，作为微生物群落中不同种群标记物。通过对其定量测定，可识别微生物量和土壤微生物群落结构(时鹏等，2011)。PLFA：a16：0，i16：0，a17：0，i17：0，i18：0 等表示革兰氏阳性菌；i15：0 3OH，16：1ω9c，i17：0 3OH，17：1ω8c 等表示革兰阴性菌；10Me17：0，10Me18：0 等表示放线菌；18：3ω6c(6，9，12)，18：1ω9c 等表示真菌(刘波等，2010)。脂肪酸定量用峰面积和内标曲线法，所用标样为：内标为甲酯化的 19：0，含量用 μg/g 表示(于树等，2008)。

二、土壤微生物群落功能多样性测度

土壤微生物群落功能多样性指数计算参照植物生态学方法，计算采用反应 7 天后的测定结果。

Simpson 指数：
$$1/D = [\sum n_i(n_i - 1)/N(N - 1)] - 1 \tag{15-1}$$

Shannon-Wiener 指数：
$$H' = \sum (p_i \times \log p_i) \tag{15-2}$$

Shannon 均匀度：
$$E = H'/\ln S \tag{15-3}$$

Brillouin 指数：
$$H = (1/N)/\ln[N!/(n_1!n_2!\cdots n_n!)] \tag{15-4}$$

McIntosh 指数：
$$u = \sqrt{\sum n_i^2} \tag{15-5}$$

式中，p_i为第 i 孔相对吸光值($C - C_0$)与整个平板相对吸光值总和的比例；S 为颜色变化孔的数目；n_i为第 i 孔相对吸光值($C - C_0$)；N 为吸光值总和。

最后，采用 WPS Office 9.1 进行数据初处理和制图，采用 DPS 9.50 与 SSPS 13.0 统计软件进行单因素方差分析、主成分分析及多样性指数分析。

第二节　不同植被类型土壤理化性质和酶活性

一、不同植被类型土壤理化性质

由图 15-1 可知，4 种不同海拔植被类型土壤化学性质差异显著，SOM、TP、AK 质量分数随海拔梯度升高逐渐减小，土壤 pH 值随海拔梯度升高增加逐渐增大。方差分析显示，4 种植被类型 pH 值、全 N、全 P、全 K 质量分数均呈极显著差异，有机质质量分数呈显著差异。其中，各林分土壤平均含水率在 15.71% ~25.52%，土壤 HN 质量分数 55.70 ~376.97 g/kg，土壤 AP 质量分数 0.24 ~1.59g/kg，土壤 AK 质量分数 72.18 ~275.25 g/kg，土壤 pH 值变幅为 4.50 ~4.96，土壤偏酸性；土壤 TN 质量分数 0.79 ~3.05 g/kg，EBF 最高，其次为 CF、SDF 及 AM；土壤 TP 质量分数为 0.09 ~0.37 g/kg，常绿阔叶林(EBF)最高，其次为针叶林(CF)、矮林(SDF)及草甸(AM)；土壤 TK 质量分数 28.85 ~67.47 g/kg，EBF 最高，其次为 SDF、CF 及 AM；土壤 SOM 质量分数 7.81 ~47.07 g/kg，EBF 最高，其次为 CF、SDF 及 AM，主要原因是 EBF 群落植被多样性最为丰富，林分凋落物数量也最多，地处低海拔，土壤温湿度较大，土壤养分循环速率高。

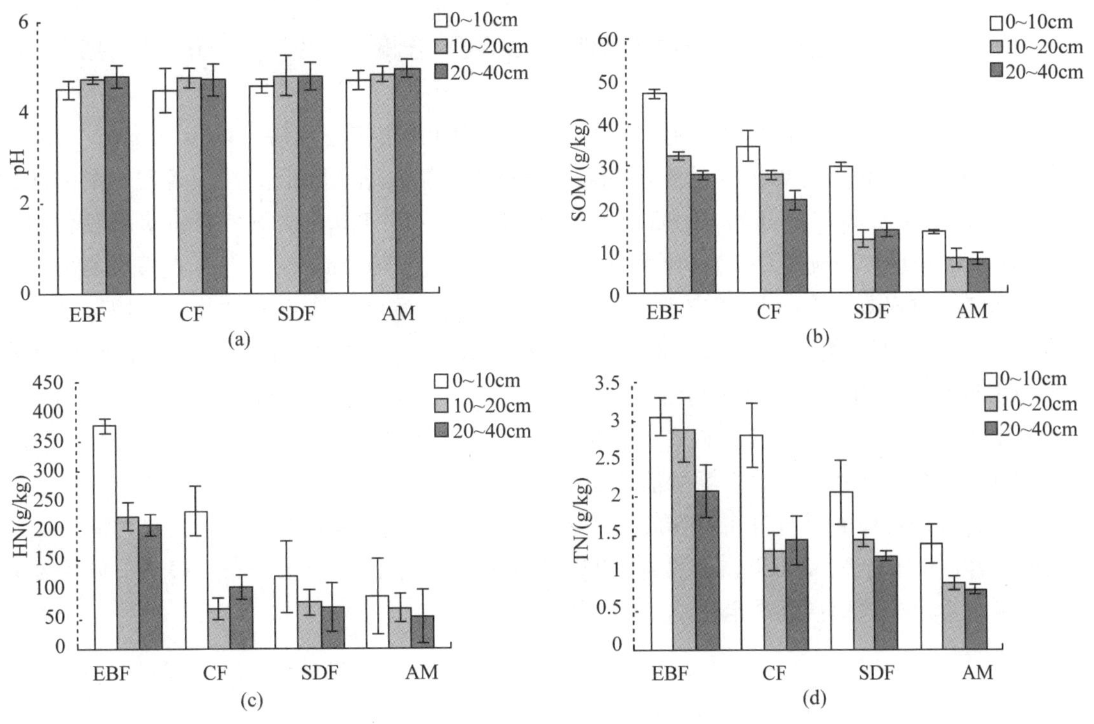

图 15-1　戴云山不同森林植被土壤理化性质(1)

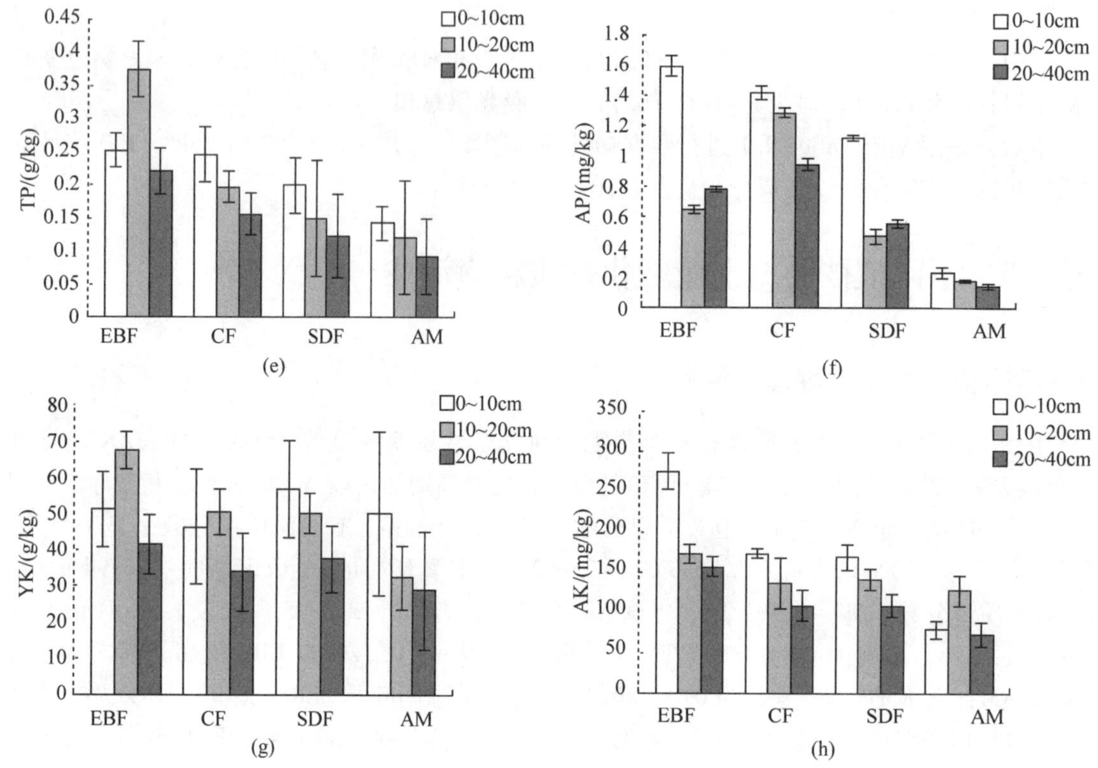

图 15-1　戴云山不同植被类型土壤理化性质(2)

二、不同植被类型土壤酶活性

由图 15-2 可知，戴云山不同土壤酶活性标准曲线拟合相关系数均大于 0. 995，拟合效果很好。

土壤是否被干扰、干扰程度可通过土壤酶活性剖面分布特征反映(Burns et al. , 2002)。由表 15-1 可知，5 种土壤酶在不同林分均随土壤深度增加而逐渐降低活性。磷酸单酯酶活性介于 0. 136 ~ 1. 475 mg/(g · h)，蔗糖酶活性介于 1. 831 ~ 17. 420 mg/(g · d)，多酚氧化酶活性介于 0. 011 ~ 0. 082 mg/(g · h)，脲酶活性介于 0. 063 ~ 0. 700 mg/(g · d)，过氧化氢酶活性介于 0. 982 ~ 1. 668 mg/(g · h)。方差分析显示，5 种土壤酶活性在不同林分各土壤层次间均差异显著；磷酸单酯酶活性在不同林分间均呈显著差异；蔗糖酶、脲酶、过氧化酶活性在 EBF、CF 间呈显著差异。造成其剖面差异主要原因是：①土壤有机质随土层深度增加明显减少，而土壤酶主要吸附在土壤有机和无机颗粒上，或与腐殖质络合；②随着土壤深度增加，微生物种类和数量递减，导致土壤酶活减弱(高祥斌等，2005)；③根系分泌物是土壤酶食物重要来源，植物残体通过自身腐解释放酶进入土壤，或通过土壤动物和微生物作用间接影响土壤酶活性(杨万勤等，2002)，森林林地凋落物层，土壤中植物根系分布，根系分泌物及其枯落物分解会对土壤酶活性产生影响。

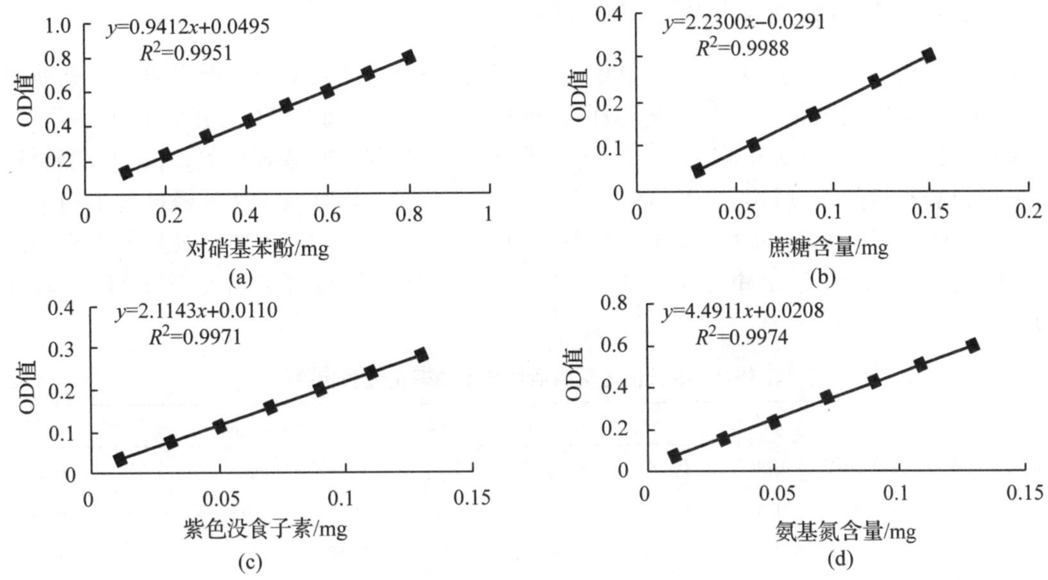

图 15-2　戴云山不同土壤酶活性标准曲线

(a)磷酸单酯酶标准曲线；(b)蔗糖酶标准曲线；(c)多酚氧化酶标准曲线；(d)脲酶标准曲线

表 15-1　戴云山不同植被类型土壤酶活性

植被类型	土层深度/cm	磷酸单酯酶/[mg/(g·h)]	蔗糖酶/[mg/(g·d)]	多酚氧化酶/[mg/(g·h)]	脲酶/[mg/(g·d)]	过氧化氢酶/[mg/(g·h)]
常绿阔叶林 EBF	0~10	1.475Aa	17.420Aa	0.0820Aa	0.700Aa	1.668Aa
	10~20	1.302Ab	9.256Ab	0.068Ab	0.477Ab	1.511Ab
	20~40	0.793Ac	5.085Ac	0.039Bc	0.315Ac	1.247Ac
针叶林 CF	0~10	1.238Ba	15.127Ba	0.051Ba	0.383Ba	1.475Ba
	10~20	1.038Bb	7.529Bb	0.025Bb	0.219Bb	1.307Bb
	20~40	0.374Bc	3.075Bc	0.016Cc	0.099Bc	1.171Bc
矮林 SDF	0~10	1.179Ca	14.145Ca	0.033Ca	0.334BCa	1.347Ca
	10~20	0.816Cb	5.882Cb	0.018Cb	0.197Cb	1.144Cb
	20~40	0.215Cc	3.047Bc	0.011Cc	0.085Cc	1.113Bb
草甸 AM	0~10	0.994Da	8.862Da	0.031Cb	0.291Ca	1.302Ca
	10~20	0.759Db	5.100Cb	0.016Cc	0.180Db	1.106Cb
	20~40	0.136Dc	1.831Cc	0.062Aa	0.063Dc	0.982Cc

注：每列不同大写字母表示同一土层各样地间差异显著($P<0.05$)，每列不同小写字母表示同一样地不同土层间差异显著($P<0.05$)。

三、土壤酶活性与土壤理化性质相关性

戴云山土壤酶活性与土壤理化性质相关系数存在差异，见表15-2。结果表明，五种酶活性只与pH值呈负相关，与HN、TN、OM含量相关性较大，而与AP含量无相关性。其中，PMEase除了与AK呈显著正相关，与其他土壤理化性质均呈极显著相关；Inv与TN、HN、OM呈极显著正相关，与MC、TP、TK、AK呈显著正相关；PPO与HN呈极显著正相关，与TN、TP、AK、OM呈显著正相关；Ure与MC、TN、HN、TP、AK、OM呈极显著正相关，与TK呈显著正相关；CAT与MC、TN、HN、TP、TK、OM呈极显著正相关，与AK呈显著正相关。

表15-2　戴云山土壤酶活性与土壤理化性质相关性

相关系数	pH值	含水率	全氮	水解氮	全磷	有效磷	全钾	速效钾	有机质
磷酸单酯酶	-0.76**	0.69**	0.78**	0.69**	0.75**	0.34	0.80**	0.63*	0.76**
蔗糖酶	-0.92**	0.65*	0.80**	0.73**	0.58*	0.37	0.63*	0.57*	0.80**
多酚氧化酶	-0.36	0.54	0.68*	0.76**	0.60*	0.52	0.36	0.55*	0.61*
脲酶	-0.75**	0.75**	0.89**	0.91**	0.77**	0.48	0.67*	0.79**	0.85**
H_2O_2酶	-0.85**	0.82**	0.92**	0.86**	0.82**	0.37	0.73**	0.62*	0.92**

注：*表示显著相关($P<0.05$)；**表示极显著相关($P<0.01$)。

第三节　不同植被类型土壤微生物结构多样性

一、不同植被类型土壤微生物结构多样性PLFA分析

戴云山不同植被类型土壤微生物PLFA生物标记，见表15-3。共检测到27种PLFA生物标记，不同类型PLFA生物标记在不同植被类型土壤中分布差异显著。有的生物标记存在于所有海拔高度，属完全分布生物标记，如10Me16：0、16：0、18：3ω6c(6，9，12)等；有的生物标记仅存在于部分海拔高度，为不完全分布的生物标记，如10Me19：0、i18：0只在EBF土壤中有分布。从表15-3可知，大多数土壤微生物PLFA种类和总量在低海拔明显高于高海拔。在EBF、CF、SDF和AM海拔土壤中PLFA生物标记种类分别有27种、25种、21种和19种，总量分别为118.600±1.274 μg/g、88.896±1.102 μg/g、70.321±0.860 μg/g和49.917±0.636 μg/g。依刘波等(2010)提出微生物总含量与PLFA生物标记总量呈线性比例关系，可知戴云山土壤微生物含量随海拔梯度升高而逐渐下降。

表15-3　戴云山不同植被类型土壤微生物的PLFA类型及含量

序号	生物标记	微生物类型	植被类型			
			常绿阔叶林	针叶林	矮林	草甸
1	10Me16：0	放线菌	4.124±0.079a	3.235±0.021c	3.320±0.049bc	3.402±0.037b
2	10Me18：0	放线菌	2.982±0.037a	2.330±0.037b	1.817±0.013c	—
3	10Me19：0	放线菌	4.215±0.052	—	—	—

（续）

序号	生物标记	微生物类型	植被类型			
			常绿阔叶林	针叶林	矮林	草甸
4	14：1ω5c	假单孢杆菌	2.687 ±0.008a	1.766 ±0.015c	2.318 ±0.012b	1.704 ±0.014c
5	15：0	好氧细菌	2.321 ±0.031b	1.965 ±0.027d	2.022 ±0.026c	2.481 ±0.025a
6	16：0	革兰氏阴性细菌	6.269 ±0.116a	5.440 ±0.053b	5.149 ±0.097c	3.870 ±0.046c
7	16：1ω7c	革兰氏阴性细菌	14.315 ±0.179a	11.488 ±0.202b	8.613 ±0.143c	5.759 ±0.033d
8	16：1ω7t	好氧细菌	1.434 ±0.040a	1.240 ±0.022b	1.181 ±0.014c	1.101 ±0.008d
9	16：1ω9	革兰氏阴性细菌	2.019 ±0.017a	2.085 ±0.034a	1.049 ±0.012b	2.074 ±0.025a
10	16：1ω5c	甲烷氧化菌	0.942 ±0.010a	0.805 ±0.003b	—	—
11	18：0	嗜热解氢杆菌	8.673 ±0.134a	7.888 ±0.132b	6.382 ±0.071c	4.971 ±0.043d
12	18：1ω9c	真菌	18.478 ±0.118a	12.925 ±0.196b	9.819 ±0.117c	5.679 ±0.059d
13	18：3ω6c（6，9，12）	真菌	5.817 ±0.019a	4.902 ±0.030b	4.068 ±0.043c	2.277 ±0.013d
14	20：4ω6c（6，9，12，15）	原生动物	1.190 ±0.042c	0.609 ±0.007b	0.338 ±0.010c	0.185 ±0.004d
15	22：6	嗜压/嗜冷细菌	1.671 ±0.031b	1.9348 ±0.019a	—	—
16	23：0	真菌 Fungi	0.538 ±0.001d	0.948 ±0.012b	1.008 ±0.005a	0.629 ±0.004c
17	9Me18：0	放线菌	0.907 ±0.004a	0.423 ±0.002b	0.336 ±0.002c	—
18	a15：0	革兰氏阳性细菌	3.868 ±0.070a	3.048 ±0.035c	3.499 ±0.021b	1.957 ±0.014d
19	a16：0	革兰氏阳性细菌	0.880 ±0.003a	0.765 ±0.003b	—	—
20	a17：0	革兰氏阳性细菌	7.022 ±0.011a	7.221 ±0.061a	4.672 ±0.037b	3.786 ±0.052c
21	cy17：0	革兰氏阴性细菌	4.888 ±0.034a	3.522 ±0.027b	1.745 ±0.004c	1.566 ±0.015c
22	cy19：0	革兰氏阴性细菌	9.535 ±0.127a	7.639 ±0.108b	5.264 ±0.058c	4.937 ±0.027d
23	cy19：0ω8c	伯克霍尔德菌	2.397 ±0.016a	0.820 ±0.003c	1.429 ±0.023b	0.553 ±0.002d
24	i14：0	好氧细菌	3.562 ±0.044b	2.485 ±0.026c	4.598 ±0.079a	1.669 ±0.220d
25	i16：0	革兰氏阳性细菌	1.178 ±0.012c	1.552 ±0.014a	1.035 ±0.018d	1.319 ±0.015b
26	i17：0	革兰氏阳性细菌	2.879 ±0.021a	1.862 ±0.013b	—	—
27	i18：0	革兰氏阳性细菌	3.812 ±0.018	—	—	—
	不同脂肪酸生物标记总量		118.601 ±1.274a	88.896 ±1.102b	70.658 ±0.860c	49.917 ±0.636d

注：同一行不同字母表示差异显著（$P<0.05$）。

戴云山不同植被类型土壤 PLFA 生物标记含量最高的是 18：1ω9c、16：1ω7c、cy19：0、a17：0 和 18：0，为优势菌群，起主要作用。5 种 PLFA 生物标记含量均随海拔梯度升高而下降，即土壤微生物优势菌群随海拔呈现相似分布趋势。此外，生物标记 18：1ω9c（指示真菌）在不同植被类型土壤分布量最大，其次是 16：1ω7c（指示革兰氏阴性细菌），生物标记 a17：0（指示嗜热解氢杆菌）在不同植被类型土壤分布量最小。

二、不同植被类型土壤微生物类群 PLFA 分布

特征峰名为 16：0、10Me16：0、18：3ω6c（6，9，12）分别是细菌、放线菌、真菌 PLFA

主要的生物标记之一(Joergensen et al., 2005; Johansen et al., 2005; Tarah et al., 2006)。从表 15-3 可知，细菌、真菌和放线菌的相对生物量在各植被类型土壤中分布不同，细菌最大，其次是真菌，放线菌最小。各植被类型土壤细菌和真菌的 PLFA 相对生物量顺序均为 EBF > CF > SDF > AM，放线菌 PLFA 相对生物量依次为 EBF > AM > SDF > CF。

分别计算革兰氏阳(阴)性菌、真菌和放线菌 PLFA 含量及相互比例，见表 15-4。不同植被类型土壤中，革兰氏阳性菌含量 EBF 土壤中最高(19.638 μg/g)，SDF 土壤最低(7.061 μg/g)；革兰阴性菌含量 EBF 土壤最高(37.025 μg/g)，AM 土壤最低(19.306 μg/g)；G+/G-(奇数支链脂肪酸/偶数单链脂肪酸)顺序为 EBF > CF > SDF > AM；真菌含量顺序为 EBF > CF > SDF > AM；真菌与革兰氏细菌比值顺序为 SDF > EBF > CF > AM；放线菌含量顺序为 EBF > SDF > CF > AM。

表 15-4 戴云山不同植被类型土壤中特征微生物类群 PLFA 总量及其比值

特征微生物类群	植被类型			
	EBF	CF	SDF	AM
革兰氏阳性细菌	19.638	14.448	9.205	7.061
革兰氏阴性细菌	37.025	30.174	21.820	19.306
革兰氏阳性细菌/革兰氏阴性细菌	53.04%	47.88%	42.19%	36.57%
真菌	24.833	18.775	14.894	8.585
真菌/革兰氏细菌	43.83%	42.08%	48.01%	32.56%
放线菌	12.228	5.988	6.472	3.402

三、不同植被类型土壤微生物群落多样性指数

不同植被类型土壤微生物群落多样性指数，见表 15-5。不同植被类型土壤微生物群落 Simpson 指数、Shannon-Wiener 指数和 Brillouin 指数均呈现相似规律，总体趋势为 EBF > CF > SDF > AM。Simpson 指数反映土壤微生物群落最常见物种优势度，该值均较高，表明每个植被类型土壤中某些优势菌均生长旺盛，起主导作用；Shannon 指数反映微生物群落种类多寡、组成与分布量，EBF 土壤 Shannon 指数最高，表明该土壤微生物群落种类最多且均匀；Brillouin 指数在 Shannon 指数基础上进一步削弱取样非随机性，差异性显著，表明取样随机性高；McIntosh 指数在不同植被类型土壤中差异不显著。

表 15-5 戴云山不同植被类型土壤微生物群落多样性指数

植被类型	Simpson 指数	Shannon-Wiener 指数	Brillouin 指数	McIntosh 指数
常绿阔叶林	0.930 ±0.018a	4.241 ±0.038a	3.945 ±0.055a	0.810 ±0.019b
针叶林	0.925 ±0.038a	4.103 ±0.039a	3.744 ±0.019b	0.812 ±0.077b
矮林	0.924 ±0.059a	3.962 ±0.025ab	3.604 ±0.042c	0.823 ±0.025ab
草甸	0.925 ±0.029a	3.931 ±0.081b	3.509 ±0.069c	0.846 ±0.041a

注：同一列不同字母表示差异显著($P < 0.05$)。

四、不同植被类型土壤微生物群落主成分分析

戴云山不同植被类型土壤微生物 PLFA 生物标记主成分分析，如图 15-3 所示。从图可知，与土壤微生物 PLFA 生物标记相关的主成分 1（PC 1）和主成分 2（PC 2）解释变量方差分别为 67.67% 和 17.91%。EBF 土壤位于主成分 1 正端，主成分 2 正、负端的交叉点；CF 土壤位于主成分 1 正端，主成分 2 正端；SDF 土壤位于主成分 1 负端，主成分 2 负端；AM 土壤位于主成分 1 负端，主成分 2 正端。可见，主成分 1 和主成分 2 基本上能区分不同植被类型土壤微生物群落结构特征。主成分得分系数与各微生物类型 PLFA 生物标记相关性分析可知，与主成分 1 相关的微生物 PLFA 生物标记有 13 个，分别是 16：0、16：1ω7c、16：1w7t、16：1ω5c、18：0、18：1ω9c、18：3ω6c（6，9，12）、20：4ω6c（6，9，12，15）、9Me18：0、a16：0、cy17：0、cy19：0、i17：0；与主成分 2 相关的微生物 PLFA 生物标记有 2 个，分别是 16：1w9 和 i14：0（负相关）。

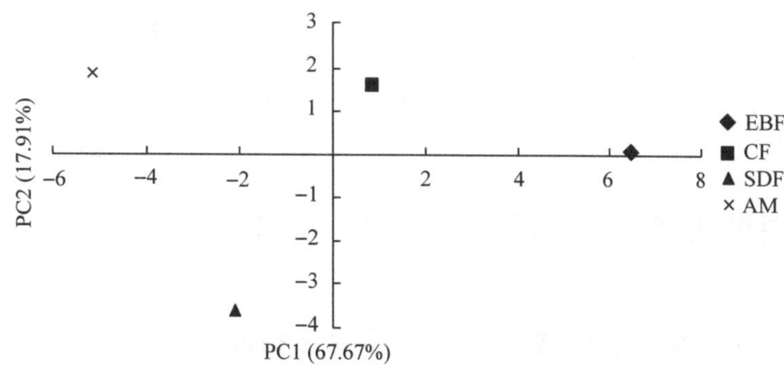

图 15-3　戴云山不同植被类型土壤微生物群落主成分分析

五、土壤微生物 PLFA 与土壤养分因子相关性

戴云山土壤养分与土壤细菌、真菌、放线菌、原生动物各总 PLFA 的相关系数存在差异，见表 15-6。细菌总 PLFA 与 OM、TN 和 TP 呈显著正相关，与 TK 呈极显著正相关；真菌总 PLFA 与 OM、TN 和 TK 呈极显著正相关；放线菌总 PLFA 与 OM、TK 呈显著正相关；原生动物总 PLFA 与 TK 呈极显著正相关，与 OM、TN 呈显著正相关。各微生物类群总 PLFA 间也存在相关性。细菌与真菌、原生动物总 PLFA 间呈极显著正相关，与放线菌总PLFA呈显著正相关；真菌、放线菌和原生生物总 PLFA 三者间呈显著正相关。

表 15-6　戴云山土壤微生物 PLFA 与土壤肥力因子相关性

相关系数	细菌	真菌	放线菌	原生动物
有机质	0.94*	0.99**	0.94*	0.93*
全氮	0.95*	0.97**	0.82	0.89*
全磷	0.91*	0.96*	0.78	0.85
全钾	0.98**	1.00**	0.94*	0.97**

注：* 表示显著相关（$P<0.05$）；** 表示极显著相关（$P<0.01$）。

六、土壤微生物 PLFA 与土壤酶活性相关性

戴云山土壤酶活性与土壤细菌、真菌、放线菌、原生动物各总 PLFA 的相关系数存在差异(表 15-7)。细菌总 PLFA 与 PPO、CAT 呈极显著正相关，与 PMEase、Ure 呈显著正相关；真菌总 PLFA 与 PMEase、Inv 呈极显著正相关，与其他三种酶呈显著正相关；放线菌总 PLFA 与 PMEase、Ure 呈极显著正相关，与 PPO、CAT 呈显著正相关；原生动物总 PLFA 与 PMEase、PPO、Ure、CAT 呈极显著正相关。

表 15-7　戴云山土壤微生物 PLFA 与土壤酶活性相关性

因子	细菌	真菌	放线菌	原生动物
磷酸单酯酶	0.95*	0.99**	0.97**	0.97**
蔗糖酶	0.88	0.97**	0.87	0.86
多酚氧化酶	0.98**	0.93*	0.92*	0.99**
脲酶	0.92*	0.89*	0.97**	0.98**
H_2O_2酶	0.99**	0.96*	0.93*	1.00**

注：* 表示显著相关($P<0.05$)；** 表示极显著相关($P<0.01$)。

第四节　不同植被类型土壤微生物功能多样性

一、不同植被类型土壤微生物整体利用碳源变化特征

BIOLOG 微平板板孔平均颜色变化率(AWCD)反映了土壤微生物利用碳源的整体能力，是土壤微生物活性及群落功能多样性重要指标(邵元元等，2011)。计算不同植被类型土壤 AWCD 值，绘制 AWCD 随时间动态变化曲线(图 15-4)。4 种不同植被类型中，土壤微生物总体变化趋势均为：随培养时间延长，其利用碳源量逐渐增加，AWCD 值呈“S”形曲线变化，但不同植被类型土壤平均颜色变化率存在较大差异。24 h 以内 AWCD 值最低，表明土壤微生物活性较低，碳源基本未被利用；24 h 以后 AWCD 值随时间增加而逐步增大，表明土壤微生物活性增大，碳源开始被利用，其中在 0～10 cm 土层，EBF、CF、SDF 和 AM 土壤 AWCD 均升高较快，在 10～20 cm 土层中，EBF 土壤 AWCD 上升较快，CF、SDF 和 AM 土壤 AWCD 则较为缓慢，在 20～40 cm 土层中，EBF 和 CF 土壤 AWCD 上升较快，SDF 和 AM 土壤 AWCD 则较为缓慢。在 72～96 h 内各植被类型土壤 AWCD 增长速率均达到最高，96 h 后增长速率有所下降，120 h 后逐渐趋于缓慢增长。培养 168 h 后，0～10 cm 土层中，各植被类型土壤 AWCD 值均达到最大，顺序依次为 EBF > CF > SDF > AM，其中 EBF 最高(0.795)，表明 EBF 的土壤微生物群落代谢活性在 4 种不同植被类型中最高；AM 土壤 AWCD 值最低(0.420)，表明 AM 的土壤微生物群落代谢活性最低。在 10～20cm 和 20～40 cm 土层中，培养 144 h 后，EBF 土壤 AWCD 值均达到最大，继续培养 AWCD 值反而下降，造成该现象的原因可能是 BIOLOG微平板板孔中碳源量下降，不够所有微生物新陈代谢，造成 EBF 土壤微生物群落代谢活性有所下降。

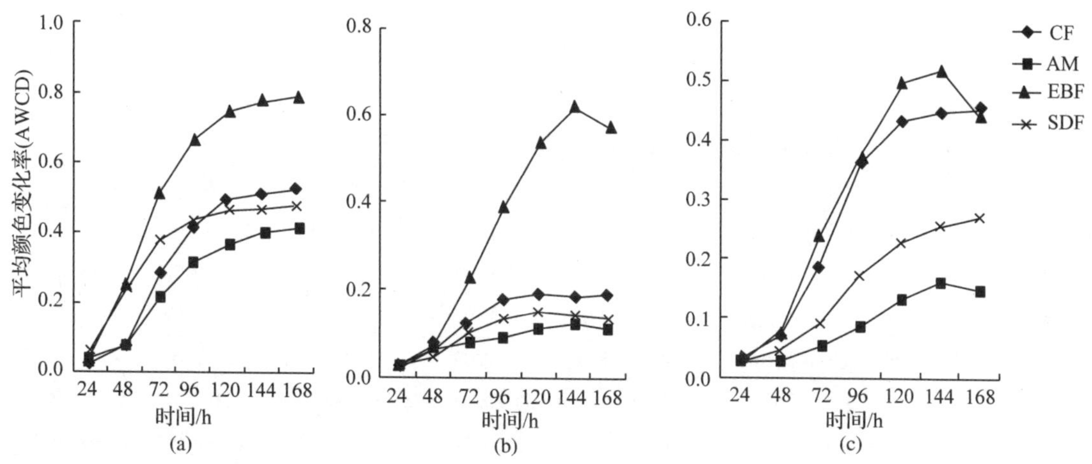

图 15-4　戴云山不同植被类型和土壤深度土壤微生物群落的平均颜色变化率随时间的变化

(a)0～10 cm 土层；(b)10～20 cm 土层；(c)20～40 cm 土层。AM：草甸；CF：针叶林；SDF：矮林；EBF：常绿阔叶林

二、不同植被类型土壤微生物对不同碳源利用强度

按化学基团性质将 BIOLOG 微平板上 31 种碳源分成六类，分别是碳水化合物类、氨基酸类、酯类、醇类、胺类、酸类。六类碳源随着培养时间延长，微生物利用碳源量均呈现逐渐增加趋势。表 15-8 为各类碳源的 AWCD 平均值，不同植被类型土壤微生物对六类碳源利用率差异显著。不同植被类型不同土层土壤微生物对碳水化合物类碳源利用率差异显著，可见土壤微生物在对六类碳源利用过程中，不同地理位置、环境和植被类型对土壤微生物利用碳水化合物类碳源的效率影响最大。对于相同类型植被带，不同深度土层土壤微生物对不同碳源利用率差异也很明显，大致趋势为：EBF 和 CF 植被类型不同土层深度土壤微生物对碳水化合物类、氨基酸类、酯类、醇类、胺类、酸类利用率呈一致规律，即 0～10 cm＞20～40 cm＞10～20 cm；SDF 和 AM 植被类型不同土层深度土壤微生物对碳水化合物类、氨基酸类、酯类、醇类、胺类、酸类利用率呈一致规律，即 0～10 cm＞10～20 cm＞20～40 cm。造成此现象原因：①枯枝落叶、腐殖质主要集中在林下土壤表层，碳源丰富，利于微生物生长活动；②EBF 和 CF 林中主要以乔木为主，树体高大，根系分布较深，而根系分泌物是土壤微生物碳源食物重要来源之一；SDF 和 AM 主要以灌木、草本为主，根系分布较浅，主要集中在 0～20 cm 土层。同一土层不同植被类型土壤微生物对六类碳源利用率差异显著。0～10 cm 土层碳水化合物类利用率排序为 EBF＞CF＞SDF＞AM，氨基酸类利用率排序为CF＞EBF＞SDF＞AM，酯类利用率排序为 CF＞SDF＞EBF＞AM，醇类和酸类利用率排序为 CF＞SDF＞AM＞EBF，胺类利用率排序为 CF＞SDF＞EBF＞AM；10～20 cm 土层碳水化合物类利用率排序为 EBF＞CF＞SDF＞AM，氨基酸类和胺类利用率排序为 SDF＞AM＞EBF＞CF，酯类利用率排序为 SDF＞EBF＞CF＞AM，醇类利用率排序为 SDF＞EBF＞AM＞CF，酸类利用率排序为 SDF＞EBF＞AM＞CF；20～40 cm 土层碳水化合物类利用率排序为 EBF＞CF＞SDF＞AM，氨基酸类和酯类利用率排序为 SDF＞EBF＞CF＞AM，醇类利用率排序为 CF＞EBF＞SDF＞AM，胺类和酸类利用率排序为 EBF＞SDF＞CF＞AM。总体而言，碳水化合物和酸类碳源是 4 种植被类型土壤微生物的主要碳源，其次为氨基酸类、酯类和胺类类，醇类碳源利用率最小。4 种不同植被类

型中 EBF 天然林土壤微生物对六大类碳源总利用率较高(59.450)，AM 土壤微生物对六大类碳源总利用率较低(24.956)，AM 对碳水化合物类、氨基酸类、酯类、醇类、胺类、酸类碳源利用率分别为 EBF 天然林的 10.47%、58.09%、53.41%、73.28%、66.10%和 79.42%。

表 15-8 戴云山不同植被类型土壤微生物群落对碳源利用

植被类型	土层深度/cm	碳水化合物类	氨基酸类	酯类	醇类	胺类	酸类
常绿阔叶林	0~10	9.590±0.10	5.160±0.07	2.953±0.05	0.725±0.05	1.225±0.06	5.178±0.07
	10~20	7.590±0.07	0.576±0.01	2.206±0.07	0.704±0.08	0.375±0.02	1.491±0.02
	20~40	8.590±0.09	2.962±0.05	2.428±0.04	0.742±0.10	2.376±0.09	4.579±0.09
针叶林	0~10	6.590±0.08	7.074±0.05	4.022±0.09	1.974±0.08	2.210±0.07	7.026±0.05
	10~20	4.590±0.02	0.128±0.02	1.072±0.07	0.220±0.01	0.077±0.01	0.052±0.01
	20~40	5.590±0.05	0.94±0.03	1.293±0.04	0.881±0.03	0.889±0.01	1.366±0.03
矮林	0~10	3.590±0.07	3.946±0.07	3.128±0.04	1.436±0.13	1.847±0.03	5.667±0.08
	10~20	2.590±0.09	3.851±0.05	2.674±0.07	1.190±0.07	1.227±0.07	3.917±0.05
	20~40	1.590±0.06	3.273±0.09	2.649±0.17	0.621±0.02	1.086±0.04	2.456±0.04
草甸	0~10	1.587±0.02	3.198±0.11	2.87±0.06	1.193±0.07	1.209±0.09	5.208±0.08
	10~20	0.590±0.01	1.041±0.03	1.043±0.09	0.370±0.05	0.880±0.06	2.888±0.09
	20~40	0.522±0.04	0.814±0.02	0.139±0.03	0.028±0.002	0.539±0.01	0.837±0.03

三、不同植被类型土壤微生物群落功能多样性指数

土壤微生物群落利用碳源程度可用土壤微生物群落功能多样性指数表征。根据培养 144 h 的 AWCD 值得到不同植被类型土壤微生物群落 Shannon-Wiener 指数、Simpson 指数、Brillouin 指数和 McIntosh 指数(表 15-9)。戴云山不同植被类型土壤微生物群落功能多样性指数存在较大差异。

表 15-9 戴云山不同植被类型的土壤微生物群落功能多样性指数

植被类型	土层深度/cm	Shannon-Wiener 指数	Simpson 指数	Brillouin 指数	McIntosh 指数
常绿阔叶林	0~10	4.593±0.052	0.965±0.005	2.715±0.012	5.212±0.061
	10~20	4.248±0.072	0.926±0.012	1.176±0.018	1.880±0.015
	20~40	4.468±0.034	0.950±0.007	1.774±0.009	3.446±0.024
针叶林	0~10	4.427±0.051	0.947±0.015	2.223±0.021	3.763±0.037
	10~20	3.652±0.026	0.887±0.002	0.517±0.003	1.470±0.005
	20~40	4.288±0.044	0.934±0.006	0.709±0.007	1.608±0.018
矮林	0~10	4.393±0.013	0.941±0.005	1.864±0.018	4.044±0.051
	10~20	3.796±0.008	0.888±0.009	1.731±0.012	3.295±0.028
	20~40	3.533±0.024	0.850±0.013	1.648±0.017	3.082±0.016
草甸	0~10	4.275±0.035	0.893±0.011	1.718±0.015	3.358±0.019
	10~20	3.654±0.041	0.884±0.007	1.265±0.008	2.757±0.043
	20~40	3.552±0.029	0.749±0.003	0.747±0.006	1.366±0.017

Shannon-Wiener 指数反映土壤微生物群落利用碳源程度的变化度和差异度，Shannon-Wiener 指数越高表示该植被类型土壤微生物利用碳源种类越多且越均匀，即该植被类型土壤微生物群落种类越丰富。同一土层深度不同植被类型土壤微生物 Shannon-Wiener 指数显著差异。0～10 cm 土层不同植被类型土壤微生物 Shannon-Wiener 指数顺序为 EBF > CF > SDF > AM；10～20 cm 土层不同植被类型土壤微生物 Shannon-Wiener 指数顺序为 EBF > AM > CF > SDF；20～40 cm 土层不同植被类型土壤微生物 Shannon-Wiener 指数顺序为 EBF > CF > AM > SDF；不同植被类型在三个土层中土壤微生物 Shannon-Wiener 指数均为 EBF 最高，表明 EBF 土壤微生物群落利用碳源种类最多且最为均匀，即 EBF 土壤微生物群落种类最丰富。

Simpson 指数反映土壤微生物群落对最常见碳源利用程度，该值大小表明土壤微生物对某些常见碳源利用程度高低。同一土层深度不同植被类型土壤微生物 Simpson 指数显著差异。0～10 cm 和 20～40 cm 土层不同植被类型土壤微生物 Simpson 指数顺序均为 EBF > CF > SDF > AM；10～20 cm 土层不同植被类型土壤微生物 Simpson 指数顺序为 EBF > AM > CF > SDF；不同植被类型在三个土层中土壤微生物 Simpson 指数均为 EBF 最高，表明了 EBF 土壤微生物群落对最常见碳源利用率最高。

Brillouin 指数是在 Shannon 指数基础上进一步削弱取样非随机性，其差异性显著，表明取样随机性高，用来反映土壤微生物群落对碳源利用变化度和差异度。同一土层深度不同植被类型土壤微生物 Simpson 指数显著差异。0～10 cm 土层不同植被类型土壤微生物 Brillouin 指数顺序均为 EBF > CF > SDF > AM；10～20 cm 土层不同植被类型土壤微生物 Brillouin 指数顺序为 SDF > AM > EBF > CF；20～40 cm 土层不同植被类型土壤微生物 Brillouin 指数顺序为 EBF > SDF > AM > CF；不同植被类型在三个土层中土壤微生物 Brillouin 指数均为 EBF 最高，表明 EBF 土壤微生物群落对碳源利用的变化度和差异度最高。

McIntosh 指数反映土壤微生物利用碳源种数的不同，并能区分不同利用程度。该值越大表明土壤微生物利用碳源种数越多，对不同碳源利用程度差异越大。同一土层深度不同植被类型土壤微生物 McIntosh 指数显著差异。0～10 cm 土层不同植被类型土壤微生物 McIntosh 指数顺序为 EBF > SDF > CF > AM；10～20 cm 土层不同植被类型土壤微生物 McIntosh 指数顺序为 CF > SDF > AM > EBF；20～40 cm 土层不同植被类型土壤微生物 McIntosh 指数顺序为 EBF > SDF > AM > CF；不同植被类型在三个土层中土壤微生物 McIntosh 指数均为 EBF 最高，表明 EBF 土壤微生物群落利用碳源种类数最多且不同碳源利用程度差异最大。

对于相同类型植被带，不同深度土层微生物 Shannon-Wiener 指数、Simpson 指数、Brillouin 指数和 McIntosh 指数大致趋势为：EBF 和 CF 植被类型不同土层深度微生物的 4 个多样性指数呈一致规律，即 0～10 cm > 20～40 cm > 10～20 cm，表明在 EBF 和 CF 中，0～10 cm 土层微生物群落种类最多和对碳源种类利用率最高，其次为 20～40 cm 土层，10～20 cm土层最小。SDF 和 AM 植被类型不同土层深度微生物的 4 个多样性指数也呈一致规律，即 0～10 cm > 10～20 cm > 20～40 cm，表明了在 SDF 和 AM 中，0～10 cm 土层微生物群落种类和对碳源种类利用率最高，其次为 10～20 cm 土层，20～40 cm 土层最小。

多样性指数分析表明，戴云山土壤微生物群落功能多样性一定程度上受到不同植被类型影响。不同多样性指数均反映出相似规律，即 EBF 天然林土壤微生物功能多样性明显高于另三种植被。

四、土壤微生物群落碳代谢功能主成分分析

利用培养 144 h 的 AWCD 值，对不同植被类型土壤微生物利用单一碳源特性进行主成分分析，如图 15-5 所示。根据主成分提取原则，提取与土壤微生物碳源利用功能多样性相关的 2 个主成分，累计贡献率达 82.95%。其中，第 1 主成分(PC 1)和第 2 主成分(PC 2)依次可解释变量方差为 55.58% 和 27.37%。因其他主成分贡献率较小，故只分析第 1 主成分(PC 1)和第 2 主成分(PC 2)。从图 15-5 可以看出，培养 144 h 后，BEF 的 3 个土层(0~10 cm、10~25 cm、25~40 cm)均位于 PC 1(1.31~3.10)的正端，PC 2(−1.15~−0.85)的负端；CF 的 3 个土层均位于 PC 1(3.97~7.72)的正端，PC 2(1.00~3.16)的正端；SDF 的 3 个土层均位于PC 1(−2.77~−1.41)的负端，PC 2(−1.46~−1.29)的负端；AM 的 3 个土层均位于 PC 1(−3.68~−2.13)的负端，PC 2(0.76~4.73)的正端。由此可见，主成分 1 和主成分 2 基本上能够区分 4 种植被类型土壤微生物群落特征。

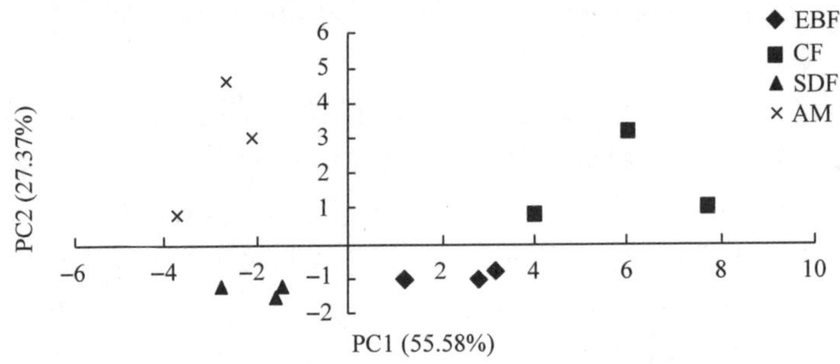

图 15-5　戴云山不同植被类型土壤微生物群落的碳代谢主成分(PC)分析

主成分得分系数与 31 种单一碳源 AWCD 值作相关分析，在 31 种碳源中与 PC 1 相关的有 20 种，其中 15 种呈极显著正相关(2 种酯类，2 种胺类，6 种氨基酸类，1 种醇类，4 种酸类)，5 种呈显著正相关(1 种酯类，2 种醇类，1 种酸类)，20 种与 PC 1 正相关的碳源主要是氨基酸类(6 种)和酸类(5 种)；与 PC 2 相关的碳源有 4 种，其中 1 种碳源呈极显著负相关(酸类)，1 种碳源呈显著负相关(酸类)，2 种碳源呈显著正相关(1 个酯类，1 个醇类)，4 种与 PC 2 相关的碳源中有 2 种酸类碳源。由此可见，在不同植被类型土壤微生物利用单一碳源特性主成分分析过程中，起主要贡献作用的是氨基酸类和酸类碳源。

五、土壤理化性质与微生物群落功能多样性相关性

土壤理化性质是反映土壤质地重要参数，而土壤质地是影响土壤微生物结构和功能多样性重要因素，特别是土壤有机质、全氮和水解氮是土壤微生物活动所需重要碳源和氮源来源。由表 15-10 可知，土壤微生物群落功能多样性各指标与土壤水解氮呈极显著或显著正相关，与土壤 pH 值呈极显著负相关；土壤微生物群落功能 Shannon-Wiener 指数和 Simpson 指数与含水率、有机质、全氮、全磷呈极显著或显著正相关；土壤微生物群落功能 Brillouin 指数与全氮、速效钾呈显著正相关；McIntosh 指数与速效钾呈显著正相关。可见，土壤微生物群落功能多样性指数主要受 pH 值和水解氮影响较大，且影响不同土壤微生物群落功能多样性指数的土壤理化性质种类组成有一定差异性。

表 15-10　戴云山土壤理化性质与微生物群落功能多样性相关性分析

相关系数	Shannon-Wiener 指数	Simpson 指数	Brillouin 指数	McIntosh 指数
含水率	0. 82**	0. 79**	0. 33	0. 32
pH 值	-0. 76**	-0. 77**	-0. 70**	-0. 69**
有机质	0. 75**	0. 75**	0. 51	0. 49
全氮	0. 80**	0. 74**	0. 64*	0. 55
水解氮	0. 77**	0. 67*	0. 69**	0. 62*
全磷	0. 61*	0. 64*	0. 27	0. 18
有效磷	0. 35	0. 13	0. 35	0. 32
全钾	0. 46	0. 53	0. 30	0. 28
速效钾	0. 43	0. 37	0. 57*	0. 62*

注：* 表示显著相关($P<0.05$)；** 表示极显著相关($P<0.01$)。

六、土壤酶活性与微生物群落功能多样性相关性

土壤酶是森林土壤生态系统的重要组成部分之一，是连接森林植被与土壤养分系统重要纽带，能够促进土壤中物质和能量的转化和转移(Alkorta et al.，2003；蒋智林等，2008；陶宝先等，2010)，磷酸单酯酶、蔗糖酶活性、多酚氧化酶、脲酶活性及过氧化氢酶是非常重要的土壤酶类，对土壤含氮、含磷等化合物活化转移，土壤养分肥力提高发挥重要作用(Alkorta et al.，2003；王娟等，2006)。由于土壤酶具有专一性强、灵敏度高等特点，且与土壤理化性质、森林植被类型和生物多样性等诸多生态因子密切相关(万忠梅等，2008；吕瑞恒等，2009)，近年来，土壤酶活性被逐步运用于森林环境监测以及森林土壤肥力评价(李国雷等，2008；于海群等，2008；赵汝东等，2010)。

表 15-11　戴云山土壤酶活性与微生物群落功能多样性相关性分析

相关系数	Shannon-Wiener 指数	Simpson 指数	Brillouin 指数	McIntosh 指数
磷酸单酯酶	0. 65*	0. 72**	0. 54	0. 54
蔗糖酶	0. 69**	0. 65*	0. 72**	0. 72**
多酚氧化酶	0. 47	0. 13	0. 35	0. 25
脲酶	0. 73**	0. 68*	0. 68**	0. 65*
过氧化酶	0. 74**	0. 74**	0. 59*	0. 55

注：* 表示显著相关($P<0.05$)；** 表示极显著相关($P<0.01$)。

为进一步探讨森林土壤肥力与土壤微生物群落功能多样性间关系，分析土壤各种酶活性与微生物群落功能多样性指数间的相关性，见表 15-11。土壤微生物群落功能多样性各指标与土壤蔗糖酶、脲酶呈极显著或显著正相关；土壤微生物群落功能 Shannon-Wiener 指数和 Simpson 指数与磷酸单酯酶、过氧化酶呈极显著或显著正相关；土壤微生物群落功能 Brillouin 指数与过氧化酶也呈显著正相关。可见，土壤微生物群落功能多样性指数主要受土壤中磷酸单酯酶和脲酶活性影响较大，且影响不同土壤微生物群落功能多样性指数的酶活性种类组成也有

一定差异性。

七、土壤理化性质与微生物对六类碳源利用率相关性

土壤微生物对微环境要求很高，不同微生物群落具有一定的生长活性微环境，而土壤是其生长活动主要微环境，土壤理化性质是影响土壤微环境主要因素之一，尤其土壤养分是其生长活动碳氮主要来源之一。为了研究土壤各环境因子对微生物利用碳源效率影响，进行土壤理化性质与微生物对六类碳源利用率相关分析(表 15-12)。结果表明，微生物对六类碳源利用率均与土壤 pH 值呈极显著或显著负相关，其中微生物对酯类碳源利用率还与全氮呈显著正相关；微生物对碳水化合物类碳源利用率与土壤理化性质相关性最大，其中与含水率、有机质、全氮、水解氮、全磷呈极显著正相关，与 pH 值呈显著负相关。可见，土壤 pH 值对土壤微生物对六类碳源利用率影响最大。

表 15-12　戴云山土壤理化性质与微生物对碳源利用率相关性分析

相关系数	碳水化合物类	氨基酸类	酯类	醇类	胺类	酸类
含水率	0.93**	0.26	0.41	0.31	0.30	0.29
pH 值	-0.59*	-0.72**	-0.79**	-0.72**	-0.46	-0.70**
有机质	0.90**	0.43	0.52	0.33	0.27	0.37
全氮	0.86**	0.55	0.68*	0.51	0.39	0.52
水解氮	0.88**	0.52	0.52	0.29	0.37	0.48
全磷	0.80**	0.14	0.41	0.27	0.07	0.16
有效磷含量	0.18	0.21	0.03	-0.02	0.09	0.33
全钾含量	0.46	0.19	0.53	0.39	0	0.25
速效钾含量	0.41	0.20	0.27	-0.07	0.04	0.30

注：* 表示显著相关($P<0.05$)；** 表示极显著相关($P<0.01$)。

八、土壤酶活性与微生物对六类碳源利用率相关性

戴云山不同植被类型土壤酶活性与微生物对六类碳源利用率的相关系数存在差异(表 15-13)。土壤微生物对碳水化合物类碳源利用率与脲酶、过氧化酶呈极显著正相关，与磷酸单酯酶、多酚氧化酶呈显著正相关；土壤微生物对氨基酸类和醇类碳源利用率与蔗糖酶呈显著正相关；土壤微生物对酯类碳源利用率与蔗糖酶呈极显著正相关，与磷酸单酯酶、脲酶、过氧化酶呈显著正相关；土壤微生物对酸类碳源利用率与蔗糖酶呈极显著正相关。

表 15-13　戴云山土壤酶活性与微生物对碳源利用率的相关性分析

相关系数	碳水化合物类	氨基酸类	酯类	醇类	胺类	酸类
磷酸单酯酶	0.60*	0.42	0.58*	0.45	0.21	0.52
蔗糖酶	0.54	0.67*	0.70**	0.59*	0.37	0.69**
多酚氧化酶	0.56*	0.22	0.13	-0.02	0.01	0.18
脲酶	0.75**	0.47	0.56*	0.31	0.25	0.51
过氧化酶	0.78**	0.46	0.61*	0.41	0.19	0.46

注：* 表示显著相关($P<0.05$)；** 表示极显著相关($P<0.01$)。

第五节　小结

（1）土壤理化性质与酶活性分析结果表明在戴云山4个海拔植被类型中，土壤理化性质和酶活性存在明显差异，5种土壤酶的活性（磷酸单酯酶、蔗糖酶、多酚氧化酶、脲酶、过氧化酶）在不同海拔植被类型土壤剖面中均呈自上而下递减的规律，磷酸单酯酶活性在4个不同植被类型间均呈显著差异；蔗糖酶、脲酶、过氧化酶活性在EBF、CF间呈显著差异，相关性分析可知，5种土壤酶与全氮、水解氮、全磷、速效钾、有机质呈极显著或显著正相关，与土壤pH值呈极显著负相关，表明土壤酶活性在4个海拔植被类型土壤养分变化中发挥重要作用。酶活性与土壤理化性质的差异，一定程度影响土壤肥力大小，因此，酶活性可作为土壤肥力指标。

（2）采用磷脂脂肪酸法（PLFA）分析了戴云山不同植被类型土壤的微生物群落结构特征。表明：不同植被类型土壤中共检测到27种PLFA生物标记，PLFA含量细菌 > 真菌 > 放线菌 > 原生生物，土壤微生物PLFA种类和总量随海拔梯度的升高逐渐下降，不同的PLFA生物标记在不同植被类型土壤分布差异明显，组成结构存在差异性；土壤微生物优势菌群的5种PLFA生物标记（18：1ω9c、16：1ω7c、cy19：0、a17：0和18：0）随海拔呈相似分布趋势，均为EBF > CF > SDF > AM；在不同植被类型土壤中3种特征微生物相对生物量分布不同，细菌分布量最大，其次是真菌，放线菌最小；不同植被类型土壤微生物群落Simpson指数、Shannon-Wiener指数和Brillouin指数，均呈相似规律，即EBF > CF > SDF > AM；主成分分析表明，与土壤微生物PLFA生物标记相关的主成分1（PC 1）和主成分2（PC 2）的解释变量方差分别为67.67%和17.91%，基本上能对不同植被类型土壤微生物群落的特征进行区分；戴云山4个植被类型土壤微生物各类群总PLFA与土壤理化性质和酶活性之间存在一定程度相关性。

（3）运用Biolog EcoPlate微平板技术，针对戴云山4个海拔植被类型的土壤微生物群落功能多样性特征研究结果表明：戴云山不同海拔植被类型土壤微生物群落功能多样性差异显著。土壤平均颜色变化率（AWCD）随培养时间延长而逐渐增加，在同一海拔植被类型中，AWCD值随土层深度增加而降低，即0～10 cm > 10～20 cm > 20～40 cm；同一土层的AWCD值随不同海拔植被类型而改变，顺序依次为EFB > CF > SDF > AM。不同植被类型土壤微生物群落Simpson、Shannon-Wiener、Brillouin和McIntosh指数均呈现相似规律，即EBF > CF > SDF > AM。不同海拔植被类型土壤微生物对不同碳源利用强度存在较大差异，其中碳水化合物和酸类碳源是4种植被类型土壤微生物的主要碳源，在4种不同植被类型中，EBF总利用率最高（59.450），AM总利用率最低（24.956）。主成分分析表明，与碳源利用相关的主成分1（PC 1）和主成分2（PC 2）的解释变量方差分别为55.58%和27.37%，基本能区分不同植被类型土壤微生物群落特征；主成分分析过程中，起主要贡献作用的是氨基酸类和酸类碳源，不同海拔植被类型土壤微生物对不同碳源利用强度随海拔上升、土层加深而逐渐下降的原因，可能是林分凋落物、土壤养分、生物量、植物根系等多种因素共同作用的结果。

参考文献

安慧君，2003. 阔叶红松林空间结构研究[D]. 北京：北京林业大学.

安树青，王峥峰，朱学雷，等，1997. 土壤因子对次生森林群落演替的影响[J]. 生态学报，1(1)：45－50.

白尚斌，周国模，王懿祥，等，2012. 天目山国家级自然保护区毛竹扩散过程的林分结构变化研究[J]. 西部林业科学，41(01)：77－82.

白尚斌，周国模，王懿祥，等，2013. 天目山保护区森林群落植物多样性对毛竹入侵的响应及动态变化[J]. 生物多样性，21(3)：288－295.

蔡飞，于明坚，张勇，等，1997. 武夷山常绿阔叶林中优势种群种间竞争的研究[J]. 浙江农业大学学报，23(1)：1－6.

蔡小英，2008. 武夷山黄山松种群结构与动态研究[D]. 福州：福建农林大学.

常成虎，巨天珍，王勤花，等，2005. 甘肃小陇山日本落叶松人工林土壤养分特征分析[J]. 福建林业科技，32(3)：55－57，61.

陈登举，高培军，吴兴波，等，2013. 毛竹茎秆叶绿体超微结构及其发射荧光光谱特征[J]. 植物学报，48(06)：635－642.

陈睿，洪伟，吴承祯，2004. 闽北常绿阔叶林物种多样性海拔梯度分析[J]. 福建林学院学报，24(1)：12－16.

陈晓德，李旭光，王金锡，1997. 绵阳官司河流域长江防护林的群落高度级结构分析[J]. 植物生态学报，21(4)：376－385.

陈雪，马履一，贾忠奎，等，2012. 影响油松人工林土壤质量的关键指标[J]. 中南林业科技大学学报，32(8)：46－51.

陈玉凯，2011. 海南霸王岭国家级保护植物分布格局研究[D]. 海口：海南大学.

陈志芳，刘金福，吴则焰，2014. 不同海拔土壤理化性质与酶活性研究[J]. 河北北方学院学报(自然科学版)，30(1)：38－42.

陈志芳，刘金福，吴则焰，2014. 戴云山不同海拔森林类型土壤理化性质与酶活性研究[J]. 河南科技学院学报(自然科学版)，42(2)：10－14.

程佳佳，米湘成，马克平，等，2011. 亚热带常绿阔叶林群落物种多度分布格局对取样尺度的响应[J]. 生物多样性，19(2)：168－177.

程煜，洪伟，吴承祯，等，2004. 中亚热带檫树群落种间竞争及其种群密度调节的研究[J]. 中国生态农业学报，12(4)：163－166.

崔东，肖治国，赵玉，等，2017. 不同土地利用类型对伊犁地区土壤活性有机碳库和碳库管理指数的影响[J]. 水土保持研究，24(01)：61－67.

崔启武，Lawson G，1982. 一个新的种群增长数学模型——对经典的 logistic 方程和指数方程的扩充[J]. 生态学报，2(4)：95－107.

戴宝合，2003. 野生植物资源学[M]. 2 版. 北京：中国农业出版社.

丁佳，吴茜，闫慧，等，2011. 地形和土壤特性对亚热带常绿阔叶林内植物功能性状的影响[J]. 生物多样性，19(2)：158－167.

董世林，1994. 植物资源学[M]. 哈尔滨：东北林业大学出版社.

杜满义，范少辉，刘广路，等，2013. 毛竹林混交经营对土壤活性有机碳库和碳库管理指数的影响[J]. 南京林业大学学报(自然科学版)，37(05)：49－54.

杜满义，范少辉，漆良华，等，2010. 不同类型毛竹林土壤碳、氮特征及其耦合关系[J]. 水土保持学报，24(04)：198－202.

杜满义，范少辉，漆良华，等，2013. 不同类型毛竹林土壤活性有机碳[J]. 生态学杂志，32(03)：571－576.

杜满义，封焕英，范少辉，等，2017. 闽西毛竹林不同施肥处理下土壤有机碳含量垂直分布与季节动态[J]. 林业科学，53(03)：12－20.

樊正球，2001. 南靖虎伯寮保护区森林植被类型及其物种多样性研究[D]. 厦门：厦门大学.

范少辉，肖复明，汪思龙，等，2009. 毛竹林细根生物量及其周转[J]. 林业科学，45(7)：1－6.

冯士雍，1983. 生存分析Ⅲ[J]. 数学的认识与实践，13(1)：70－76.

福建戴云山国家级自然保护区管理局，2010. 戴云山自然保护区社区基本状况[EB/OL]. http：//www. cndys. net/2010/06/71_ 1. shtml.

福建戴云山国家级自然保护区管理局，2010. 福建戴云山国家级自然保护区土地权属状况[EB/OL]. http：//www. cndys. net/ 2010/04/45_ 1. Shtml.

福建戴云山国家级自然保护区管理局，2010. 福建戴云山自然保护区简介[EB/OL]. http：//www. cndys. net/2010/04/43_ 1. shtml.

福建省科学技术委员会《福建植物志》编写组，1982—1995. 福建植物志(1－6卷)[M]. 福州：福建科学技术出版社.

福建省林业厅，2005. 福建省重点保护野生植物名录[EB/OL]. http：//www. fjforestry. gov. cn：10000/zxwz/filehelp/filef32. htm.

付达靓，刘金福，黄志森，等，2009. 戴云山国家级自然保护区罗浮栲群落特征[J]. 福建林学院学报，29(2)：131－134.

傅华，陈亚民，王彦荣，等，2004. 阿拉善主要草地类型土壤有机碳特征及其影响因素[J]. 生态学报，24(3)：469－476.

高贤明，陈灵芝，1998. 植物生活型分类系统的修订及中国暖温带森林植物生活型谱分析[J]. 植物学报，40(6)：553－559.

高祥斌，刘增文，潘开文，等，2005. 岷江上游典型森林生态系统土壤酶活性初步研究[J]. 西北林学院学报，20(3)：1－5.

高愿君，1995. 中国野生植物开发与加工利用[M]. 北京：中国轻工业出版社.

葛晓改，黄志霖，程瑞梅，等，2012. 三峡库区马尾松人工林凋落物和根系输入对土壤理化性质的影响[J]. 应用生态学报，23(12)：3301－3308.

葛晓改，肖文发，曾立雄，等，2012. 不同林龄马尾松凋落物基质质量与土壤养分的关系[J]. 生态学报，32(3)：852－862.

葛晓改，曾立雄，肖文发，等，2015. 三峡库区森林凋落叶化学计量学性状变化及与分解速率的关系[J]. 生态学报，35(03)：779－787.

关松荫，1986. 土壤酶及其研究法[M]. 北京：中国农业出版社.

郭宝华，范少辉，杜满义，等，2014. 土地利用方式对土壤活性炭库和碳库管理指数的影响[J]. 生态学杂志，33(03)：723－728.

郭柯，郑度，李渤生，1998. 喀喇昆仑山地区植物的生活型组成[J]. 植物生态学报，22(1)：51－59.

郭正刚，刘慧霞，孙学刚，等，2003. 白龙江上游地区森林植物群落物种多样性的研究[J]. 植物生态学报，27(3)：388－395.

郝文芳，赵洁，蔡彩虹，等，2013. 3种胡枝子抗氧化酶和渗透调节物质对干旱和增强UV－B辐射的动态响应[J]. 环境科学学报，33(8)：2349－2358.

郝占庆，于德永，杨晓明，等，2002. 长白山北坡植物群落α多样性及其随海拔梯度的变化[J]. 应用生态学报，13(7)：785－789.

何东进，洪伟，吴承祯，等，2002. 毛竹杉木混交林土壤团粒结构的分形特征研究[J]. 热带亚热带植物学报，

10(3): 215 - 221.
何惠琴, 李绍才, 孙海龙, 等, 2008. 锦屏水电站植被数量分类与排序[J]. 生态学报, 28(8): 3706 - 3712.
何建源, 1994. 武夷山研究——自然资源卷[M]. 厦门: 厦门大学出版社.
何中声, 刘金福, 郑世群, 等, 2012. 林窗对格氏栲天然林更新层物种多样性和稳定性的影响[J]. 植物科学学报, 30(2): 133 - 140.
贺金生, 陈伟烈, 1997. 陆地植物群落物种多样性的梯度变化特征[J]. 生态学报, 17(1): 91 - 99.
洪伟, 王新功, 吴承祯, 等, 2004. 濒危植物南方红豆杉种群生命表及谱分析[J]. 应用生态学报, 15(6): 1109 - 1112.
洪伟, 吴承祯, 1999. 马尾松人工林经营模式及其应用[M]. 北京: 中国林业出版社.
胡理乐, 江明喜, 党海山, 等, 2005. 从种间联结分析濒危植物毛柄小勾儿茶在群落中的地位[J]. 植物生态学报, 29(2): 258 - 265.
胡小平, 叶增新, 陶义贵, 2009. 红楠播种育苗与造林技术[J]. 中国林副特产(2): 61 - 62.
黄乔乔, 许慧, 范志伟, 等, 2013. 火炬树入侵黑松幼林过程中对土壤化学性质的影响[J]. 生态环境学报, 22(07): 1119 - 1123.
黄清麟, 李元红, 1999. 中亚热带天然阔叶林研究综述[J]. 福建林学院学报, 19(2): 189 - 192.
黄世国, 林思祖, 曹光球, 等, 2001. 不同生境中杉阔混交林物种多样性特征初步研究[J]. 生物多样性, 9(2): 162 - 167.
黄守程, 刘爱荣, 何华齐, 2010. 1 - MCP 处理对双孢蘑菇采后生理生化特性的影响[J]. 湖北农业科学, 49(8): 1959 - 1961.
黄婷, 刘政鸿, 王钰莹, 等, 2016. 陕北黄土丘陵区不同立地条件下刺槐群落的土壤质量评价[J]. 干旱区研究, 33(03): 476 - 485.
黄志森, 林彦云, 2008. 福建假卫矛属(卫矛科)一新种——德化假卫矛[J]. 广西植物, 28(4): 458 - 459.
黄志森, 刘金福, 洪伟, 等, 2009. 戴云山国家级自然保护区罗浮栲种群生命表分析[J]. 福建林学院学报, 29(3): 226 - 230.
黄志森, 2010. 戴云山红楠种群直径分布规律[J]. 福建林学院学报, 30(2), 133 - 136.
黄志森, 2010. 戴云山南坡植物群落生活型的海拔梯度格局[J]. 福建林学院学报, 30(3), 242 - 245.
黄忠良, 孔国辉, 何道泉, 2000. 鼎湖山植物群落多样性的研究[J]. 生态学报, 20(2): 193 - 198.
惠刚盈, 胡艳波, 赵中华, 等, 2013. 基于交角的林木竞争指数[J]. 林业科学, 49(6): 68 - 73.
贾良智, 周俊, 1987. 中国油脂植物[M]. 北京: 科学出版社.
贾慎修, 1987. 中国饲用植物志(第一卷)[M]. 北京: 中国农业出版社.
江洪, 1992. 云杉种群生态学[M]. 北京: 中国林业出版社.
姜必亮, 张宏达, 2000. 福建种子植物区系地理研究[J]. 广西植物, 20(2): 117 - 125.
姜汉侨, 段昌群, 杨树华, 等, 2004. 植物生态学[M]. 北京: 高等教育出版社.
蒋有绪, 郭泉水, 马娟, 1998. 中国森林群落分类及其群落学特征[M]. 北京: 科学出版社.
蒋智林, 刘万学, 万方浩, 等, 2008. 紫茎泽兰与非洲狗尾草单、混种群落土壤酶活性和土壤养分的比较植物[J]. 生态学报, 32(4): 900 - 907.
金佳鑫, 江洪, 彭威, 等, 2013. 基于物种分布模型评价土壤因子对我国毛竹潜在分布的影响[J]. 植物生态学报, 37(07): 631 - 640.
赖江山, 米湘成, 2010. 基于 Vegan 软件包的生态学数据排序分析. 中国生物多样性保护与研究进展Ⅸ——第九届全国生物多样性保护与持续利用研讨会论文集[C]. 北京: 气象出版社, 332 - 343.
雷志栋, 杨诗秀, 谢森传, 1988. 土壤水动力学[M]. 北京: 清华大学出版社.
李冰洁, 冯宗宪, 2006. 基于 AHP 分析法对跨国公司进入中国市场模式的研究[J]. 科技管理研究, 26(11): 59 - 62.
李锋, 王如松, 2003. 城市绿地系统的生态服务功能评价、规划与预测研究—以扬州市为例[J]. 生态学报,

23(9)：1929－1936.

李国雷，刘勇，李俊清，等，2008. 油松飞播林土壤质量评判及其调控[J]. 南京林业大学学报(自然科学版)，32(3)：19－24.

李军玲，张金屯，2006. 太行山中段植物群落物种多样性与环境的关系[J]. 应用与环境生物学报，12(6)：766－771.

李军玲，张金屯，2006. 太行山中段植物群落优势种生态位研究[J]. 植物研究，26(2)：156－162.

李青粉，王家辉，等，2013. 丽江云杉天然种群针叶功能性状及其随海拔的变异[J]. 林业科学研究，26(6)：781－785.

李淑娴，2012. 马尾松和黄山松物种分化遗传机制研究[D]. 南京：南京林业大学.

李甜甜，季宏兵，孙媛媛，等，2007. 我国土壤有机碳储量及影响因素研究进展[J]. 首都师范大学学报(自然科学版)，28(1)：93－97.

李文周，2012. 戴云山红楠种群优势度增长规律研究[J]. 中国园艺文摘，28(2)：33－35.

李锡文，1996. 中国种子植物区系统计分析[J]. 云南植物研究，18(4)：363－384.

李珍，周忠泽，汪文革，等，2008. 安徽鹞落坪自然保护区维管植物区系分析[J]. 生物学杂志，25(6)：26－30.

林金堂，2002. 福建省林地针叶化及其对生态环境的影响[D]. 福州：福建师范大学.

林鹏，2003. 福建戴云山自然保护区综合科学考察报告[M]. 厦门：厦门大学出版社.

林珊，刘金福，付达靓，等，2010. 戴云山罗浮栲林群落主要树种空间分布格局[J]. 福建林学院学报，30(1)：15－18.

林生，庄家强，陈婷，等，2013. 不同年限茶树根际土壤微生物群落PLFA生物标记多样性分析[J]. 生态学杂志，32(1)：64－71.

林益明，李振基，杨志伟，等，1997. 福建武夷山黄山松群落的氮、磷累积和循环[J]. 热带亚热带植物学报，5(2)：26－32.

刘波，胡桂萍，郑雪芳，等，2010. 利用磷脂脂肪酸(PLFAs)生物标记法分析水稻根际土壤微生物多样性[J]. 中国水稻科学，24(3)：278－288.

刘灿然，马克平，于顺利，等，1997. 北京东灵山地区植物群落多样性的研究Ⅳ. 样本大小多样性测度的影响[J]. 生态学报，17(6)：584－592.

刘昉勋，刘守炉，杨志斌，等，1995. 华东地区种子植物区系研究[J]. 云南植物研究(增刊Ⅶ)：93－110.

刘广路，范少辉，官凤英，等，2010. 不同年龄毛竹营养器官主要养分元素分布及与土壤环境的关系[J]. 林业科学研究，23(02)：252－258.

刘广路，范少辉，官凤英，等，2011. 毛竹凋落叶组成对叶凋落物分解的影响[J]. 生态学杂志，30(8)：1598－1603.

刘金福，洪伟，樊后保，等，2001. 天然格氏栲林乔木层种群种间关联性研究[J]. 林业科学，37(4)：117－123.

刘金福，洪伟，李家和，等，1998. 格氏栲种群生态学研究Ⅲ. 格氏栲种群优势度增长动态规律研究[J]. 应用生态学报，9(5)：453－457.

刘金福，洪伟，李家和，1998. 格氏栲群落生态学研究Ⅱ. 格氏栲林主要种群的竞争研究[J]. 福建林学院学报，18(1)：24－27.

刘金福，洪伟，林升学，2001. 格氏栲天然林主要种群直径分布结构特征[J]. 福建林学院学报，21(4)：325－328.

刘金福，洪伟，吴则焰，等，2008. 孑遗植物水松(*Glyptostrobus pensilis*)种群生命表和谱分析[J]. 武汉植物学研究，26(3)：259－263.

刘金福，洪伟，1999. 格氏栲群落生态学研究—格氏栲林主要种群生态位的研究[J]. 生态学报，19(3)：347－352.

刘金福，洪伟，1999. 格氏栲种群生态学研究Ⅵ. 格氏栲种群空间格局分布的 Weibul 模型研究[J]. 福建林学院学报，19(3)：212－215.

刘金福，洪伟，1999. 格氏栲种群生态学研究Ⅶ. 格氏栲种群分布格局的强度与纹理分析[J]. 中南林学院学报，19(1)：59－63.

刘金福，洪伟，1999. 格氏栲种群增长动态预测研究[J]. 应用与环境生物学报，5(3)：247－253.

刘金福，洪伟，2001. 福建三明格氏栲林物种多度分布格局研究[J]. 林业科学，37(1)：200－204.

刘金福，黄志森，付达靓，等，2010. 戴云山罗浮栲群落维管植物组成及其地理成分研究[J]. 武汉植物学研究，28(1)：27－33.

刘金福，江希钿，黄焜增，等，1997. 闽东柳杉人工林直径分布的研究[J]. 林业勘察设计（1）：30－35.

刘金福，朱德煌，兰思仁，等，2013. 戴云山黄山松群落与环境的关联[J]. 生态学报，33(18)：5731－5736.

刘金福，2001. 格氏栲种群优势度增长改进模型新在何处[J]. 植物生态学报，25(2)：255－256.

刘骏，杨清培，宋庆妮，等，2013. 毛竹种群向常绿阔叶林扩张的细根策略[J]. 植物生态学报，37(03)：230－238.

刘骏，杨清培，余定坤，等，2013. 细根对竹林－阔叶林界面两侧土壤养分异质性形成的贡献[J]. 植物生态学报，37(08)：739－749.

刘留辉，邢世和，高承芳，2007. 土壤碳储量研究方法及其影响因素[J]. 武夷科学，23(1)：219－226.

刘旻霞，2009. 敦煌西湖自然保护区生物多样性特征及生境质量评价[J]. 干旱区资源与环境，23(3)：171－175.

刘少冲，段文标，2011. 红松阔叶混交林林隙土壤养分的空间异质性[J]. 水土保持学报，25(3)：142－146.

刘胜祥，1994. 植物资源学[M]. 2 版. 武汉：武汉大学出版社.

刘爽，朱琳，冯颖，2002. 湿地生物多样性评价研究关——以天津古海岸与湿地自然保护区为例[J]. 中国农业生态学报，10(1)：76－78.

刘希珍，范少辉，刘广路，等，2016. 毛竹林扩展过程中主要群落结构指标的变化特征[J]. 生态学杂志，35(12)：3165－3171.

刘希珍，封焕英，蔡春菊，等，2015. 毛竹向阔叶林扩展过程中的叶功能性状研究[J]. 北京林业大学学报，37(08)：8－17.

刘兴良，何飞，樊华，等，2013. 卧龙巴郎山川滇高山栎群落植物叶特性海拔梯度特征[J]. 生态学报，33(22)：7148－7156.

刘艳会，刘金福，何中声，等，2016. 基于戴云山固定样地黄山松群落物种组成与结构研究[J]. 广西植物，37(7)：881－890.

刘洋，2010. 小兴安岭山杨种群生命表及生存分析[J]. 林业科技，35(2)：15－18.

刘尧让，于法展，李淑芬，等，2010. 苏北山丘区森林群落次生演替中土壤物理性质及其持水性能研究[J]. 水土保持研究，17(03)：135－139.

娄彦景，赵魁义，胡金明，2006. 三江平原湿地典型植物群落物种多样性研究[J]. 生态学杂志，25(4)：364－368.

陆建忠，裘伟，陈家宽，等，2005. 入侵种加拿大一枝黄花对土壤特性的影响[J]. 生物多样性，13(04)：347－356.

陆树刚，2004. 中国蕨类植物区系概论[C]//李承森. 植物科学进展(第 6 卷). 北京：高等教育出版社.

陆树刚，2007. 蕨类植物学[M]. 北京：高等教育出版社.

陆元昌，雷相东，国红，等，2005. 西双版纳热带雨林直径分布模型[J]. 福建林学院学报，25(1)：62－66.

吕瑞恒，刘勇，李国雷，等，2009. 北京延庆飞播林区不同植被类型土壤肥力的差异[J]. 东北林业大学学报，37(5)：39－42.

罗双，孙海龙，刘冲，等，2011. 四川道路边坡自然恢复的植被多样性研究[J]. 水土保持研究，18(6)：51－56，61.

罗耀华，陈庆诚，张鹏云，1984. 兴隆山阴暗针叶林空间格局及其利用光能的对策[J]. 生态学报，4(1)：10－20.

马建梅，梁勤，刘金福，等，2013. 戴云山柃属蜜源植物空间分布及其环境因子研究[J]. 中国蜂业，64(Z4)：26－30.

马建梅，刘金福，郑世群，2013. 戴云山自然保护区不同地形植物群落的物种 α 多样性研究[J]. 武夷科学，29(0)：49－55.

马克明，2003. 物种多度格局研究进展[J]. 植物生态学报，27(3)：412－426.

马克平，黄建辉，于顺利，等，1995. 北京东灵山地区植物群落多样性的研究Ⅱ：丰富度、均匀度和物种多样性指数[J]. 生态学报，15(3)：268－277.

马克平，1994. 生物群落多样性的测度方法Ⅰα 多样性的测度方法(上)[J]. 生物多样性，2(3)：162－168.

马旭东，张苏峻，苏志尧，等，2010. 车八岭山地常绿阔叶林群落结构特征与微地形条件的关系[J]. 生态学报，30(9)：5151－5160.

马中岫，王中生，余华，等，2012. 不同海拔梯度下黄山松与马尾松针叶形态光合生理特性的研究[J]. 安徽农业科学，40(29)：14155－14158.

毛艳玲，杨玉盛，刑世和，等，2008. 土地利用方式对土壤水稳性团聚体有机碳的影响[J]. 水土保持学报，97(4)：132－137.

孟宪宇，1995. 测树学[M]. 2 版. 北京：中国林业出版社.

孟宪宇，2006. 测树学[M]. 3 版. 北京：中国林业出版社.

牛红玉，王峥峰，练琚愉，等，2011. 群落构建研究的新进展：进化和生态相结合的群落谱系结构研究[J]. 生物多样性，19(3)：275－283.

欧阳明，杨清培，陈昕，等，2016. 毛竹扩张对次生常绿阔叶林物种组成、结构与多样性的影响[J]. 生物多样性，24(06)：649－657.

潘冬荣，柳小妮，申国珍，等，2013. 神农架不同海拔典型森林凋落物的分解特征[J]. 应用生态学报，24(12)：3361－3366.

彭少麟，王伯荪，1990. 鼎湖山森林群落主要物种生态位重叠的研究[C]//热带亚热带森林生态系统. 北京：科学出版社，19－27.

彭晚霞，宋同清，曾馥平，等，2011. 喀斯特常绿落叶阔叶混交林植被的空间异质性[J]. 西北植物学报，31(4)：815－822.

彭晚霞，2009. 喀斯特峰丛洼地森林. 植被分布格局及其维持机制研究[D]. 长沙：湖南农业大学.

漆良华，艾文胜，范少辉，等，2013. 湘中丘陵区不同经营类型毛竹林土壤微生物量碳动态[J]. 南京林业大学学报(自然科学版)，37(05)：45－48.

漆良华，艾文胜，范少辉，等，2013. 湘中丘陵区毛竹林土壤热水浸提有机碳的垂直分布与季节动态[J]. 华中农业大学学报，32(06)：38－42.

漆良华，范少辉，艾文胜，等，2012. 湘中丘陵区竹杉混交对毛竹林土壤质量的影响[J]. 山地学报，30(3)：314－320.

漆良华，范少辉，杜满义，等，2013. 湘中丘陵区毛竹纯林、毛竹—杉木混交林土壤有机碳垂直分布与季节动态[J]. 林业科学，49(03)：17－24.

漆良华，孟勇，岳祥华，等，2012. 湘中丘陵区不同经营目标对毛竹林土壤养分库的影响[J]. 华中农业大学学报，31(05)：584－588.

漆良华，张旭东，周金星，等，2009. 湘西北小流域不同植被恢复区土壤微生物数量、生物量碳氮及其分形特征[J]. 林业科学，45(8)：14－20.

祁承经，林亲众，1988. 马尾松一新变种[J]. 植物研究，8(3)：143－145.

祁丽霞，刘金福，黄嘉航，等，2016. 戴云山黄山松、马尾松针叶抗氧化酶活性的海拔梯度分布格局[J]. 福建农林大学学报(自然科学版)，45(1)：39－46.

秦仁昌，1978. 中国蕨类植物科属系统排列和历史来源[J]. 植物分类学报，16(3)：1－19.
秦志霞，2011. Voronoi 图的性质及其在无线传感器网络中的应用[D]. 杭州：浙江理工大学.
邱莉萍，张兴昌，程积民，2009. 土地利用方式对土壤有机质及其碳库管理指数的影响[J]. 中国环境科学，29(1)：84－89.
任国学，刘金福，徐道炜，等，2011. 戴云山国家级自然保护区黄山松群落类型与物种多样性分析[J]. 植物资源与环境学报，20(3)：82－88.
任青山，2002. 西藏冷杉原始林群落物种多样性初步研究[J]. 生态学杂志，21(2)：68－71.
任思远，王婷，祝燕，等，2014. 暖温带—北亚热带过渡带落叶阔叶林群落不同径级系统发育结构的变化[J]. 生物多样性，22(5)：574－582.
尚玉昌，蔡晓明，1995. 普通生态学[M]. 北京：北京大学出版社.
邵崇斌，2004. 概率论与数理统计[M]. 北京：中国林业出版社.
邵芳丽，余新晓，宋思铭，等，2011. 天然杨—桦次生林空间结构特征[J]. 应用生态学报，22(11)：2792－2798.
邵元元，王志英，邹莉，等，2011. 百菌清对落叶松人工防护林土壤微生物群落的影响[J]. 生态学报，31(3)：819－829.
沈宏，曹志洪，胡正义，1999. 土壤活性有机碳的表征及其生态效应[J]. 生态学杂志，18(3)：32－38.
沈蕊，白尚斌，周国模，等，2016. 毛竹种群向针阔林扩张的根系形态可塑性[J]. 生态学报，36(02)：326－334.
沈泽昊，胡会峰，周宇，等，2004. 神农架南坡植物群落多样性的海拔梯度格局[J]. 生物多样性，12(1)：99－107.
施拥军，刘恩斌，周国模，等，2013. 基于随机过程的毛竹笋期生长模型构建及应用[J]. 林业科学，49(09)：89－93.
时鹏，王淑平，贾书刚，等，2011. 三种种植方式对土壤微生物群落组成的影响[J]. 植物生态学报，35(9)：965－972.
史作民，程瑞梅，刘世荣，等，2002. 宝天曼植物群落物种多样性研究[J]. 林业科学，38(6)：17－23.
宋庆妮，杨清培，刘骏，等，2013. 毛竹扩张对常绿阔叶林土壤氮素矿化及有效性的影响[J]. 应用生态学报，24(02)：338－344.
宋小艳，张丹桔，张健，等，2015. 马尾松(*Pinus massoniana*)人工林林窗对土壤不同形态活性有机碳的影响[J]. 生态学报，35(16)：5393－5402.
宋新章，江洪，马元丹，等，2009. 中国东部气候带凋落物分解特征—气候和基质质量的综合影响[J]. 生态学报，29(10)：5219－5226.
宋永昌，2001. 植被生态学[M]. 上海：华东师范大学出版社.
苏松锦，刘金福，兰思仁，等，2015. 黄山松研究综述(1960—2014)及其知识图谱分析[J]. 福建农林大学学报(自然科学版)，44(5)：478－486.
苏松锦，刘金福，马瑞丰，等，2014. 戴云山黄山松幼苗更新与土壤有机碳空间异质性的关系[J]. 应用与环境生物学报，20(6)：986－991.
苏松锦，刘金福，马瑞丰，等，2015. 戴云山黄山松种群的空间分布格局与关联性[J]. 资源科学，37(4)：841－848.
苏松锦，刘金福，陈文伟，等，2014. 戴云山黄山松林土壤水分物理性质空间变异特征与格局[J]. 资源科学，36(11)：2423－2430.
苏松锦，2012. 格氏栲天然林土壤空间异质性及其生长适宜性评价[D]. 福州：福建农林大学.
孙凡，袁红叶，李天云，等，2006. 重庆雪宝山自然保护区 AHP 生态评价[J]. 西南农业大学学报(自然科学版)，28(4)：569－572.
孙杰，田浩，范跃新，等，2017. 长汀红壤侵蚀退化地植被恢复对土壤团聚体有机碳含量及分布的影响[J].

福建师范大学学报(自然科学版), 33(3): 87-94.
谈嫣蓉, 2012. 青藏高原东北缘高寒草甸土壤酶活性及土壤养分的研究[D]. 兰州: 兰州大学.
谭文峰, 朱志锋, 刘凡, 等, 2006. 江汉平原不同土地利用方式下土壤团聚体中有机碳的分布与积累特点[J]. 自然资源学报, 21(6): 973-980.
汤孟平, 周国模, 陈永刚, 等, 2009. 基于 Voronoi 图的天目山常绿阔叶林混交度[J]. 林业科学, 45(6): 1-5.
唐轶琳, 周本智, 邓宗付, 等, 2013. 不同海拔高度毛竹林凋落量动态分析[J]. 林业科学研究, 26(2): 214-219.
唐志尧, 方精云, 2004. 植物物种多样性的垂直分布格局[J]. 生物多样性, 12(1): 20-28.
陶宝先, 张金池, 愈元春, 等, 2010. 苏南丘陵地区森林土壤酶活性季节变化[J]. 生态环境学报, 19(10): 2349-2354.
田雨, 庄莹, 曹义, 等, 2012. 雾灵山低山区土地利用类型对土壤理化性质的影响[J]. 水土保持研究, 19(6): 41-44.
万泉, 肖祥希, 林瑞荣, 2009. 福建乡土油料植物[M]. 北京: 中国林业出版社.
万忠梅, 宋长春, 郭跃东, 等, 2008. 毛苔草湿地土壤酶活性及活性有机碳组分对水分梯度的响应[J]. 生态学报, 28(12): 5980-5986.
王伯荪, 1987. 植物群落学[M]. 北京: 高等教育出版社.
王丹, 王兵, 戴伟, 等, 2009. 不同发育阶段杉木林土壤有机碳变化特征及影响因素[J]. 林业科学研究, 22(5): 667-671.
王芳, 2013. 基于 ArcGIS 林分空间结构的研究——以武夷山保护区为例[D]. 南京: 南京林业大学.
王海峒, 1987. 中国亚热带常绿阔叶林生活型的研究[J]. 生态学杂志, 6(2): 21-23.
王娟, 谷雪景, 赵吉, 2006. 羊草草原土壤酶活性对土壤肥力的指示作用[J]. 农业环境科学学报, 25(4): 934-938.
王琪, 朱卫红, 张达, 等, 2010. 图们江下游地区湿地生态评价[J]. 湿地科学, 8(1): 79-85.
王启兰, 王溪, 曹广民, 等, 2011. 青海省海北州典型高寒草甸土壤质量评价[J]. 应用生态学报, 22(06): 1416-1422.
王清奎, 汪思龙, 冯宗炜, 等, 2005. 土壤活性有机质及其与土壤质量的关系[J]. 生态学报, 25(3): 513-519.
王亚欣, 鞠洪波, 张怀清, 等, 2011. 东洞庭湖国家级自然保护区湿地资源评价[J]. 地球信息科学学报, 13(3): 323-331.
王一涵, 孙永华, 连健, 等, 2011. 洪河自然保护区湿地生态评价[J]. 首都师范大学学报(自然科学版), 32(3): 73-77.
王莹莹, 左金淼, 刘家冈, 2005. 以态势理论为基础的更新生态位测度研究[J]. 林业科学, 41(4): 20-24.
王羽梅, 2008. 中国芳香植物(上、下)[M]. 北京: 科学出版社.
王政权, 王庆成, 2000. 森林土壤物理性质的空间异质性研究[J]. 生态学报, 20(6): 945-950.
魏婷, 朱晓东, 李杨帆, 2008. 基于突变级数法的厦门城市生态系统健康评价[J]. 生态学报, 28(12): 6312-6320.
吴承祯, 洪伟, 谢金寿, 等, 2000. 珍稀濒危植物长苞铁杉种群生命表分析[J]. 应用生态学报, 11(3): 333-336.
吴承祯, 洪伟, 1999. 运用改进单纯形法拟合 Logistic 曲线的研究[J]. 生物数学学报, 14(1): 117-121.
吴承祯, 洪伟, 2000. 杉木数量经营学引论[M]. 北京: 中国林业出版社.
吴春生, 刘苑秋, 魏晓华, 等, 2016. 亚热带典型森林凋落物及细根的生物量和碳储量研究[J]. 西南林业大学学报, 36(05): 45-51.
吴家森, 姜培坤, 王祖良, 2008. 天目山国家级自然保护区毛竹扩张对林地土壤肥力的影响[J]. 江西农业大学学报, 30(04): 689-692.
吴开亚, 金菊良, 2008. 区域生态安全评价的熵组合权重属性识别模型[J]. 地理科学, 28(6): 754-758.

吴文谱，1995. 中国罗浮栲林的研究[J]. 南昌大学学报(理学版)，19(4)：396－397.
吴征镒，孙航，周浙昆，等，2011. 中国种子植物区系地理[M]. 北京：科学出版社.
吴征镒，周浙昆，李德铢，等，2003. 世界种子植物科的分布区类型系统[J]. 云南植物研究，25(3)：245－257.
吴征镒，1993. "中国种子植物属的分布区类型"的增订和勘误[J]. 云南植物研究，15(增刊 IV)：141－178.
吴征镒，2003.《世界种子植物科的分布区类型系统》的修订[J]. 云南植物研究，25(5)：535－538.
吴征镒. 1991. 中国种子植物属的分布区类型[J]. 云南植物研究，13(增刊Ⅳ)：1－139.
武秀娟，常建国，于吉祥，等，2010. 芦芽山阴坡华北落叶松——云杉天然次生林群落特征的海拔梯度格局[J]. 东北林业大学学报，38(11)：10－14.
向成华，栾军伟，骆宗诗，等，2010. 川西沿海拔梯度典型植被类型土壤活性有机碳分布[J]. 生态学报，30(04)：1025－1034.
谢碧霞，陈训，2008. 中国木本淀粉植物[M]. 北京：科学出版社.
徐道炜，刘金福，洪伟，2011. 基于突变级数法的福建省自然保护区与森林公园生态服务功能综合评价[J]. 福建农林大学学报(自然科学版)，40(03)：276－279.
徐克学，1994. 数量分类学[M]. 北京：科学出版社.
徐万林，1983. 中国蜜源植物[M]. 哈尔滨：黑龙江科学技术出版社.
徐远杰，陈亚宁，李卫红，等，2010. 伊犁河谷山地植物群落物种多样性分布格局及环境解释[J]. 植物生态学报，34(10)：1142－1154.
许泉，芮雯奕，刘家龙，等，2006. 我国农田土壤碳氮耦合特征的区域差异[J]. 生态与农村环境学报，22(3)：57－60.
薛凡，刘金福，兰思仁，等，2013. 戴云山国家级自然保护区植物多样性评价与可持续发展策略研究[J]. 武夷科学，29(0)：6－15.
闫海冰，韩有志，杨秀清，等，2010. 关帝山云杉天然更新与土壤有效氮素异质性的空间关联性[J]. 应用生态学报，21(3)：533－540.
闫淑君，洪伟，吴承祯，等，2002. 武夷山米槠林优势种群的竞争格局及动态模拟[J]. 福建林学院学报，22(1)：25－28.
闫琰，张春雨，赵秀海，2012. 长白山不同演替阶段针阔混交林群落物种多度分布格局[J]. 植物生态学报，36(9)：923－934.
颜忠诚，2001. 生态型与生活型[J]. 生物学通报，36(5)：4－5.
杨怀，李培学，戴慧堂，等，2010. 鸡公山毛竹扩张对植物多样性的影响及控制措施[J]. 信阳师范学院学报(自然科学版)，23(04)：553－557.
杨利民，周广胜，李建东，2002. 松嫩平原草地群落物种多样性与生产力关系的研究[J]. 植物生态学报，26(5)：589－593.
杨利民，2008. 植物资源学[M]. 北京：中国农业出版社.
杨清培，郭英荣，兰文军，等，2017. 竹子扩张对阔叶林物种多样性的影响：两竹种的叠加效应[J]. 应用生态学报，28(10)：3155－3162.
杨清培，王兵，郭起荣，等，2011. 大岗山毛竹扩张对常绿阔叶林生态系统碳储特征的影响[J]. 江西农业大学学报，33(03)：529－536.
杨万勤，王开运，2002. 土壤酶研究动态与展望[J]. 应用与环境生物学报，8(5)：564－570.
杨小波，陈明智，吴庆书，1999. 热带地区不同土地利用系统土壤种子库的研究[J]. 土壤学报，36(3)：327－333.
叶万辉，2000. 物种多样性与植物群落的维持机制[J]. 生物多样性，8(1)：17－24.
尹五元，2006. 云南铜壁关自然保护区植物多样性及其保护研究[D]. 北京：北京林业大学.
于海群，刘勇，李国雷，等，2008. 油松幼龄人工林土壤质量对间伐强度的响应[J]. 水土保持通报，28(3)：65－70.
于树，汪景宽，李双异，2008. 应用 PLFA 方法分析长期不同施肥处理对玉米地土壤微生物群落结构的影响

[J]. 生态学报, 28(9): 4221 - 4227.

余世孝, L. 奥罗西, 1994. 物种多维生态位宽度测度[J]. 生态学报, 14(1): 32 - 39.

余伟莅, 郭建英, 胡小龙, 等, 2008. 浑善达克沙地东南部退化草场植物群落 DCCA 排序与环境解释[J]. 干旱区地理, 31(5): 759 - 763.

鱼腾飞, 冯起, 司建华, 等, 2011. 黑河下游额济纳绿洲植物群落物种多样性的空间异质性[J]. 应用生态学报, 22(8): 1961 - 1966.

岳明, 张林静, 党高弟, 等, 2002. 佛坪自然保护区植物群落物种多样性与海拔梯度的关系[J]. 地理科学, 22(3): 349 - 354.

臧得奎, 1998. 中国蕨类植物区系的初步研究[J]. 西北植物学报, 18(3): 459 - 465.

张大勇, 赵松龄. 1985. 森林自疏过程中密度变化规律的研究[J]. 林业科学, 21(4): 369 - 374.

张帆, 刘华, 方岳, 等, 2014. 新疆阿尔泰山地天然针叶林林分空间结构特征[J]. 安徽农业大学学报, 41(4): 629 - 635.

张峰, 上官铁梁, 2000. 山西翅果油树群落优势种群分布格局研究[J]. 植物生态学报, 24(5): 590 - 594.

张峰, 上官铁梁, 2004. 翅果油树群落优势种群生态位分析[J]. 西北植物学报, 24(1): 70 - 74.

张嘉生, 2005. 钩栲群落优势植物种群竞争的研究[J]. 福建林业科技, 32(4): 82 - 85.

张金屯, 焦蓉, 2003. 关帝山神尾沟森林群落木本植物种间联结性与相关性研究[J]. 植物研究, 23(4): 458 - 463.

张金屯, 2004. 数量生态学[M]. 北京: 科学出版社.

张金屯, 2011. 数量生态学[M]. 2 版. 北京: 科学出版社.

张奎汉, 鲍大川, 郭屹立, 等, 2013. 后海自然保护区珍稀植物群落谱系结构的时空变化[J]. 植物科学学报, 31(5): 454 - 460.

张雷, 刘世荣, 孙鹏森, 等, 2011. 基于 DOMAIN 和 Neural Ensembles 模型预测中国毛竹潜在分布[J]. 林业科学, 47(07): 20 - 26.

张林, 罗天祥, 2004. 植物叶寿命及其相关叶性状的生态学研究进展[J]. 植物生态学报, 28(6): 844 - 852.

张璐, 苏志尧, 陈北光, 等, 2005. 山地森林群落物种多样性垂直格局研究进展[J]. 山地学报, 23(6): 736 - 743.

张曼夏, 季猛, 李伟, 等, 2013. 土地利用方式对土壤团聚体稳定性及其结合有机碳的影响[J]. 应用与环境生物学报, 19(4): 598 - 604.

张木明, 陈北光, 苏志尧, 2001. 粤北小红栲林的群落特征[J]. 华南农业大学学报(自然科学版), 22(3): 9 - 12.

张秋芳, 刘波, 林营志, 等, 2009. 土壤微生物群落磷脂脂肪酸 PLFA 生物标记多样性[J]. 生态学报, 29(8): 4127 - 4137.

张仕吉, 项文化, 孙伟军, 等, 2016. 中亚热带土地利用方式对土壤易氧化有机碳及碳库管理指数的影响[J]. 生态环境学报, 25(6): 911 - 919.

张万儒, 杨光滢, 屠星南, 等, 2000. 森林土壤分析方法[M]. 北京: 中国标准出版社.

张伟, 刘淑娟, 叶莹莹, 等, 2013. 典型喀斯特林地土壤养分空间变异的影响因素[J]. 农业工程学报, 29(1): 93 - 101.

赵春燕, 李际平, 李建军, 2010. 基于 Voronoi 图和 Delaunay 三角网的林分空间结构量化分析[J]. 林业科学, 46(6): 78 - 84.

赵洁, 杜润峰, 王龙飞, 等, 2013. 达乌里胡枝子抗氧化防御系统对干旱及增强 UV - B 辐射的动态响应[J]. 草地学报, 21(2): 308 - 315.

赵军, 2009. 辽宁三个自然保护区植物多样性评价与对比研究[D]. 北京: 北京林业大学.

赵娜, 孟平, 张劲松, 等, 2014. 华北低丘山地不同退耕年限刺槐人工林土壤质量评价[J]. 应用生态学报, 25(02): 351 - 358.

赵汝东，樊剑波，何园球，等，2010. 坡位对马尾松林下土壤理化性质、酶活性及微生物特性影响[J]. 生态环境学报，19(12)：2857 – 2862.

赵永华，雷瑞德，何兴元，等，2004. 秦岭锐齿栎林种群生态位特征研究[J]. 应用生态学报，15(6)：913 – 918.

赵永华，雷瑞德，贾夏，等，2003. 秦岭锐齿栎群落数量特征的研究[J]. 应用生态学报，14(2)：2123 – 2128.

赵雨虹，范少辉，罗嘉东，2017. 毛竹扩张对常绿阔叶林土壤性质的影响及相关分析[J]. 林业科学研究，30(02)：354 – 359.

赵志模，郭依泉，1990. 群落生态学原理与方法[M]. 重庆：科学技术文献出版社重庆分社.

赵中华，惠刚盈，胡艳波，等，2011，2 种类型阔叶红松林优势种群空间分布格局及其关联性[J]. 林业科学研究，24(5)：554 – 562.

郑世群，刘金福，冯雪萍，等，2016. 戴云山不同类型植物群落的物种多样性与稳定性研究[J]. 西北林学院学报，31(6)：50 – 57，64.

郑世群，刘金福，黄志森，等，2012. 戴云山罗浮栲林主要乔木树种营养生态位研究[J]. 热带亚热带植物学报，20(2)：177 – 183.

郑世群，刘金福，任国学，等，2012. 戴云山黄山松群落乔木层主要种群生态位研究[J]. 福建林学院学报，32(3)：193 – 198.

郑世群，刘金福，吴则焰，等，2008. 屏南水松天然林主要种群的种间竞争[J]. 福建林学院学报，28(3)：216 – 219.

中国养蜂学会，1993. 中国蜜粉源植物及其利用[M]. 北京：农业出版社.

中国植被编辑委员会，1980. 中国植被[M]. 北京：科学出版社.

中国植物志编辑委员会，1959—2004. 中国植物志[M]. 北京：科学出版社.

中国植物主题数据库，2012. 国家重点保护野生植物名录（第一批和第二批）[EB/OL]. http://www.plant.csdb.cn/protectlist.

周以良，1991. 中国大兴安岭植被[M]. 北京：科学出版社.

周以良，1994. 中国小兴安岭植被[M]. 北京：科学出版社.

朱德煌，刘金福，洪伟，等，2012. 戴云山黄山松群落主要树种更新生态位研究[J]. 热带亚热带植物学报，20(6)：561 – 565.

朱华，李延辉，许再富，等，2001. 西双版纳植物区系的特点与亲缘[J]. 广西植物，21(2)：127 – 136.

朱教君，刘世荣，2007. 次生林概念与生态干扰度[J]. 生态学杂志，26(7)：1085 – 1093.

朱万泽，范建容，王玉宽，等，2009. 长江上游生物多样性保护重要性评价——以县域为评价单元[J]. 生态学报，29(5)：2603 – 2611.

朱珣之，张金屯，2005. 中国山地植物多样性的垂直变化格局[J]. 西北植物学报，25(7)：1480 – 1486.

祝燕，米湘成，马克平，2009. 植物群落物种共存机制：负密度制约假说[J]. 生物多样性，17(6)：594 – 604.

Alatalo R V，1981. Problems in the measurement of evenness in ecology[J]. Oikos，37(2)：199 – 204.

Alkorta I，Aizpurua A，Riga P，et al.，2003. Soil enzyme activities as biological indicators of soil health[J]. Reviews on Environmental Health，18(1)：65 – 73.

Allison S D，Vitousek P M，2004. Rapid nutrient cycling in leaf litter from invasive plants in Hawai'I[J]. Oecologia，141(4)：612 – 619.

Anderson D R，2008. Model Based Inference in the Life Sciences：A Primer on Evidence[M]. New York：Springer.

Badiane N N Y，Chotte J L，Pate E，et al.，2001. Use of soil enzyme activities to monitor soil quality in natural and improved fallows in semi – arid tropical regions[J]. Applied Soil Ecology，18(3)：229 – 238.

Berg B，McClaugherty C，2003. Plant Litter：Decomposition，Humus Formation，Carbon Sequestration[M]. Berlin Germany：Springer – Verlag.

Biswas S，1985. Studies on the forest flora ofTehui Garhual (Uttar Pkadesh)[J]. India J Fro，8(3)：199 – 204.

Brown J H, 2001. Mammals on mountainside: elevational patterns of diversity[J]. Global Ecology & Biogeography, 10(1): 101 - 109.

Burnham K P, Anderson D R, 2002. Model Selection and Multi - Model Inference. A Practical Information - Theoretic Approach[M]. 2nd ed. New York: Springer - Verlag.

Burns R G, Dick R P, 2002. Enzymes in the Environment: Ecology, Activity and Applications[M]. New York: Marcel Dekker, Inc.

Condit R, Ashton P S, Baker P, et al. , 2000. Spatial patterns in the distribution of tropical tree species[J]. Science, 288(5470): 1414 - 1418.

Craine J M, Froehle J, Tilman D G, et al. , 2001. The relationships among root and leaf traits of 76 grassland species and relative abundance along fertility and disturbance gradients[J]. Oikos, 93(2): 274 - 285.

Davidson E A, Trumbore S E, Amundson R, 2000. Soil warming and organic carbon content[J]. Nature, 408(14): 789 - 790.

Ehrenfeld J G, 2003. Effects of exotic plant invasions on soil nutrient cycling processes[J]. Ecosystems, 6(6): 503 - 523.

Etienne R S, 2005. A new sampling formula for neutral biodiversity[J]. Ecology Letters, 8(3): 253 - 260.

Findlay S, Carreiro M, Krischik V, et al. , 1996. Effects of damage to living plants on leaf litter quality[J]. Ecol. Applic, 6(1): 269 - 275.

Flanagan P W, Cleve K V, 1983. Nutrient cycling in relation to decomposition and organic-matter quality in taiga ecosystems[J]. Canadian Journal of Forest Research, 13(5): 795 - 817.

Forman R T T, 1995. LandMosaies: the Ecology of Landsea Pesand Regions[M]. Cambridge: Cambridge University Press.

Frontier S, 1985. Diversity and structure in aquatic ecosystems. In: Oceanography and Marine Biology: An Annual Review[M]. Aberdeen University Press, Aberdeen, 23: 253 - 312.

Frostegard A, Tunlid A, Baath E, 1993. Phospholipid fatty acid composition, biomass and activity of microbial communities from two soil types experimentally exposed to different heavy metals[J]. Applied and Environmental Microbiology, 59(11): 3605 - 3617.

Garnier E, Cortez J, Billes G, et al. , 2004. Plant functional markers capture ecosystem properties during secondary succession[J]. Ecology, 85(9): 2630 - 2637.

Gentry A H, 1988. Changes in plant community diversity floristic composition on environmental and geographical gradients[J]. Annals of the Misouri Botanical Garden, 75(1): 1 - 34.

Gittins R, 1985. Canonical analysis, a review with applications in ecology[M]. Berlin: Springer Verlag.

Godron M, 1972. Some aspects of heterogeneity in grasslands of Cantal[J]. Stat Ecol, 3: 397 - 415.

Gopalsamy K, 1984. Global asymptotic stability in Volterra's population systems[J]. J Math Bio, 19(2): 157 - 168.

Greig - Smith P, 1983. Quantitative plant ecology[M]. 3rd edition. Oxford: Blackwell.

Greig - Smith P, 1952. The use of random and contiguous Quadrats in the study of the structure of plant communities[J]. Annu. Bot, 16(62): 293 - 316.

Grime J P, 1998. Benefits of plant diversity to ecosystems: immediate, filter and founder effects[J]. Journal of Ecology, 86(6): 902 - 910.

Grubb P J, 1977. The maintenance of species richness in plant communities: the importance of the regeneration niche[J]. Biological Reviews, 52(1): 107 - 145.

Hamilton A C, Perrott R A, 1981. A study of altitudinal zonation in the montane forest belt of Mt. Elgon, Kenya/Uganda[J]. Vegetation, 45(2): 107 - 125.

Han B H, Cho H S, Song K S, 1999. Vegetation management planning and plant community structure of Camellia japonica forest at Hakdong, Kojedo, Hallyo - Haesang National Park[J]. Korean Journal of Environment and Ecology,

12(4): 345 -360.

Hegyi F, 1974. A simulation model for managing jack - pine stands[C]//Fries G. ed. Growth Models for Tree and Stand Simulation. Royal College of Forestry[M]. Stockholm, Sweden, 74 -90.

Hoorens B, Aerts R, Stroetenga M, 2003. Does initial litter chemistry explain litter mixture effects on decomposition [J]. Oecologia, 137(4): 578 -586.

Hornsby D C, Lockaby B G, Chappelka A H, 1995. Influence of microclimate on decomposition in loblolly pine stands: a field microcosm approach[J]. Canadian Journal of Forest Research, 25(10): 1570 -1577.

Hu Y H, Sha L Q, Blanchet F G, et al., 2012. Dominant species and dispersal limitation regulate tree species distributionsin a 20 -ha plot in Xishuangbanna, Southwest China[J]. Oikos, 121(6): 952 -960.

Hubbell S P, Ahumada J A, Condit R, et al., 2001. Local neighbourhood effects on long term survival of individual trees in a neotropical forest[J]. Ecological Research, 16(5): 859 -875.

Hubbell S P, Borda-de-Água L, 2004. The unified neutral theory of biodiversity and bio - geography: reply [J]. Ecology, 85(11): 3175 -3178.

Hubbell S P, 1986. Commonness and rarity in a neotropical forest: implications for tropical tree conservation [J]. Conservation Biology the Science of Scarcity & Diversity, 8: 205 -231.

Hurlbert S H, 1978. The measurement of niche overlap and some relatives[J]. Ecology, 59(1): 67 -77.

Joergensen R G, Potthoff M, 2005. Microbial reaction in activity, biomass and community structure after long term continuous mixing of a grassland soil[J]. Soil Biology & Biochemistry, 37(7): 1249 -1258.

Johansen A, Olsson S, 2005. Using phospholipid fatty acid technique to study short term effects of the biological control agent Pseudomonas fluorescens DR54 on the microbial microbiota in barley rhizosphere[J]. Microbial Ecology, 49(2): 272 -281.

John R, Dalling J W, Harms K E, et al., 2007. Soil nutrients influence spatial distributions of tropical tree species [J]. Proceedings of the National Academy of Sciences, 104(3): 864 -869.

Kembel S W, Cowan P D, Helmus M R, et al., 2010. Picante: R tools for integrating phylogenies and ecology [J]. Bioinformatics, 26(11): 1463 -1464.

Kembel S W, Hubbell S P, 2006. The phylogenetic structure of a neotropical forest tree community[J]. Ecology, 87 (sp7): 586 -599.

Kershaw K A, Looney J H H, 1985. Quantitative and dynamic plant ecology[M]. Third edition. London: Edward Arnold, 50 -127.

Lan G Y, Getzin S, Wiegand T, et al., 2012. Spatial distribution and interspecific associations of tree species in a tropical seasonal rain forest of China[J]. Plos One, 7(9): e46074.

Lenhart S M, Travis C C, 1986. Global stability of a biolog -ical model with time delay[J]. Proc Amer Math Soc, 96 (1): 75 -78.

Levins R, 1968. Evolution in changing environments: some theoretical explorations[M]. Princeton: Princeton University Press.

Li L J, Zeng D H, Yu Z Y, et al., 2011. Impact of litter quality and soil nutrient availability on leaf decomposition rate in a semi -arid grassland of Northeast China[J]. Journal of Arid Environments, 75(9): 787 -792.

Li X Y, Zhang S W, Wang Z M, et al., 2004. Spatial variability and pattern analysis of soil properties in Dehui City, Jilin Province[J]. Journal of Geographical Sciences, 14(4): 503 -511.

Liao C, Luo Y, Jiang L, et al., 2007. Invasion of Spartina alterniflora enhanced ecosystem carbon and nitrogen stocks in the Yangtze Estuary, China[J]. Ecosystems, 10(8): 1351 -1361.

Lin Y C, Chang L W, Yang K C, et al., 2011. Point patterns of tree distribution determined by habitat heterogeneity and dispersal limitation[J]. Oecologia, 165(1): 175 -184.

Liu X B, Liang M X, Etienne R S, et al., 2012. Experimental evidence for a phylogenetic Janzen -Connell effect in a subtropical forest[J]. Ecology Letters, 15 (2): 111 – 118.

Ma C J, Kim S R, Kim J, et al., 2005. Meso – dihydroguaiaretic acid and licarin A of Machilus thunbergii protect against glutamate – induced tox – icity in primary cultures of a ratcortical cells[J]. Br J Pharmacol, 146(5): 752 – 759.

Ma C J, Lee M K, Kim Y C, 2006. Meso – dihydroguaiaretic acid attenuates the neurotoxic effect of staurosporine in primary rat cortical cultures[J]. Neuropharmacology, 50(6): 733 – 740.

Magurran A E, 1988. Ecological diversity and its measurement[M]. New Jersey: Princeton University Press.

Manning P, Saunders M, Bardgett R D, et al., 2008. Direct and indirect effects of nitrogen deposition on litter decomposition[J]. Soil Biology & Biochemistry, 40(3): 688 – 698.

Mazzarino M J, Bertilller M B, Sain C, et al., 1998. Soil nitrogen dynamics in northeastern Patagonia steppe under different precipitation regines[J]. Plant and Soil, 202(1): 125 – 131.

Meiners S J, Steward T A P, 1999. Changes in community and population responses across a forest field gradien [J]. Ecography, 22(3): 261 – 267.

Mueller – Dombois D, Ellenberg H, 1974. Aims and methods of vegetation[M]. New York: John Wiley & Sons.

Nakashizuka T, 2001. Species coexistence in temperate, mixed deciduous forests[J]. Trends in Ecology & Evolution, 16(4): 205 – 210.

Nilsson M C, Wardle D A, Dahlberg A, 1999. Effects of plant litter species composition and diversity on the boreal forest plant – soil system[J]. Oikos, 86(1): 16 – 26.

Olson J S, 1963. Energy storage and the balance of producers and decomposers in ecological systems[J]. Ecology, 44 (2): 322 – 331.

Paijmans K, 1970. An analysis of four tropical rain forest sites in New Guinea[J]. Journal of Ecology, 58(1): 77 – 101.

PartonW, Silver W L, Burke I C, et al., 2007. Global – scale similarities in nitrogen release patterns during long – term decomposition[J]. Science, 315(5810): 361 – 364.

Peilou E C, 1985. Mathematical ecology[M]. New York: Wiley interscience.

Peilou E C, 1991. 数学生态学[M]. 2 版. 卢泽愚, 译. 北京: 科学出版社.

Piirainen S, Finér L, Mannerkoski H, et al., 2002. Effects of forest clear – cutting on the carbon and nitrogen fluxes through podzolic soil horizons[J]. Plant and Soil, 239(2): 301 – 311.

Ponder Jr F, Tadros M, Loewenstein E F, 2009. Microbial properties and litter and soil nutrients after two prescribed fires in developing savannas in an upland Missouri Ozark Forest[J]. For Ecol Manag, 257(2): 755 – 763.

Post W M, Kwon W M, 2000. Soil carbon sequestration and land – use change: processes and potential[J]. Global Change Biology, 6(3): 317 – 327.

Raunkiaer C, 1934. The life forms of plants and statistical plant geography[M]. New York: Oxford University Press.

Ricklefs R E, 1987. Community diversity: relative roles of local and regional processes[J]. Science, 235(4785): 167 – 171.

Rovira P, Kurz – Besson C, Couteaux M M, et al., 2008. Changes in litter properties during decomposition: a study by differential thermogravimetry and scanning calorimetry[J]. Soil Biology & Biochemistry, 40(1): 172 – 185.

Rovira P, Rovira R, 2010. Fitting litter decomposition datasets to mathematical curves: towards a generalised exponential approach[J]. Geoderma, 155(3 – 4): 329 – 343.

Shi L, Fan S h, Jiang Z H, et al., 2015. Mixed leaf litter decomposition and N, P release with a focus on Phyllostachys edulis (Carrière) J. Houz. forest in subtropical southeastern China[J]. Acta Societatis Botanicorum Poloniae, 84(2): 207 – 214.

Simbolon H, Togawa H, YuKawa J, et al., 1995. Early process of gap recovery after clear cutting of Lithocarpus edulis forest[J]. Journal Biology of Indonesia, 1(3): 81 – 90.

Singh K P, Singh P K, Tripathi S K, 1999. Litterfall, litter decomposition and nutrient release patterns in four native tree species raised on coal mine spoil atSingrauli, India[J]. Biology and Fertility of Soil, 29(4): 371 -378.

Song X Z, Jiang H, Zhang Z T, et al., 2014. Interactive effects of elevated UV - B radiation and N deposition on decomposition of Moso bamboo litter[J]. Soil Biology & Biochemistry, 69(1): 11 -16.

Song X Z, Peng C H, Zhou G M, et al., 2013. Climate warming - induced upward shift of Moso bamboo population on Tianmu Mountain, China[J]. Journal of Mountain Science, 10(3): 363 -369.

Song X, Zhou G, Jiang H, et al., 2011. Carbon sequestration by Chinese bamboo forests and their ecological benefits: assessment of potential, problems, and future challenges[J]. Environment Review, 19(1): 418 -428.

SU Song - jin, LIU Jin - fu, HE Zhong - sheng, et al., 2015. Ecological species groups and interspecific association of dominant tree species in Daiyun Mountain National Nature Reserve[J]. Journal of Mountain Science, 12(3): 637 -646.

Swanson F J, Kratz T K, Caine N, et al., 1988. Landform effects on ecosystem patterns and processes [J]. Bioscience, 38(2): 92 -98.

Swenson N G, Enquist B J, Thompson J, et al., 2007. The influence of spatial and size scale on phylogenetic relatedness in tropical forest communities[J]. Ecology, 88(7): 1770 -1780.

Tang J B, Xiao Y, An S Q, 2010. Advance of studies on rhizomatous clonal plants ecology[J]. Acta Ecologica Sinica, 30 (11): 3028 -3036.

Tang X L, Fan S H, Qi L H, et al., 2015. Soil respiration and carbon balance in a Moso bamboo (Phyllostachys heterocycla (Carr.) Mitford cv. Pubescens) forest in subtropical China[J]. Forest - Biogeosciences and Forestry, 8: 606 -614.

Tarah S S, Mary E S, Mark W P, 2006. Parallel shifts in plant and soil microbial communities in response to biosolids in a semi - arid grassland[J]. Soil Biology & Biochemistry, 38(3): 449 -459.

The PARI Group. PARI/GP (Version 2. 3. 4.). http: //pari. math. u - bordeaux. fr/download. html, 2015 -02 -24.

Thom R, 1972. Catastrophe theory[C]. //Thom R. Structural Stability and Morphogenesis[M]. Benjamin: Reading Mass.

Vitousek P M, Turner D R, Parton W J, et al., 1994. Litter decomposition on the Mauna Loa environmental matrix, Hawai'i: patterns, mechanisms, and models[J]. Ecology, 75(2): 418 -429.

Vitousek P M, 1994. Beyond global warming: ecology and global change[J]. Ecology, 75(7): 1903 -1910.

Wang G H, Zhou G S, Yang L M, et al., 2002. Distribution, species diversity and life - form spectra of plant communities along an altitudinal gradient in the norhern slopes of Qilianshan Moutains, Gansu, China[J]. Plant Ecology, 165(2): 169 -181.

Wang R Zh, 1997. The niche breadths and niche overlaps of main plant populations inLeymus chinensis grassland for grazing[J]. Acta Phytoecologica Sinica, 21(4): 304 -311.

Wang S H, Tian H Q, Liu J Y, et al., 2003. Pattern and change of soil organic carbon storage in China: 1960s - 1980s[J]. Tellus, 55(2): 416 -217.

Wang X G, Ye J, Li B H, et al., 2010. Spatial distributions of species in an old - growth temperate forest, northeastern China[J]. Canadian Journal of Forest Research, 40(6): 1011 -1019.

Wardle D A, Nilsson M C, Zackrisson O, et al., 2003. Determinants of litter mixing effects in a phylogenetic relatedness forest[J]. Soil Biology and Biochemistry, 35(6): 827 -835.

Webb C O, Ackerly D D, Kembel S W, 2008. Phylocom: software for the analysis of phylogenetic community structure and character evolution (Version 4. 0. 1.). http: //phylodiversity. net/phylocom/.

Webb C O, Donoghue M J, 2005. Phylomatic: tree assembly for applied phylogenetics[J]. Molecular Ecology Notes, 5(1): 181 -183.

Wei S G, Li L, Chen Z C, et al., 2014. Which models are appropriate for six subtropical forests: Species - Area and

Species – Abundance models[J]. Plos One, 9(4): e95890.

Weiher E, Keddy P A, 1999. Relative abundance and evenness patterns along diversity and biomass gradients [J]. Oikos, 87(2): 355 – 361.

Whittaker R H, Niering W A, 1975. Vegetation of the Santa Catalina Mountains, Arizona V. Biomass, production, and diversity along the elevation gradients[J]. Ecology, 56(4): 771 – 790.

Whittaker R H, 1970. Communities and ecosystems[M]. New York: Macmillan Company.

Whittaker R H, 1972. Evolution and measurement of species diversity[J]. Taxon, 21(2/3): 213 – 251.

Wiegand T, Huth A, Getzin S, et al., 2012. Testing the independent species' arrangement assertion made by theories of stochastic geometry of biodiversity[J]. Proceedings of the Royal Society B: Biological Sciences, 279(1741): 3312 – 3320.

Wijesinghe D K, John E A, Hutchings M J, 2005. Does pattern of soil resource heterogeneity determine plant community structure? An experimental investigation[J]. Journal of Ecology, 93(1): 99 – 112.

Wikström N, Savolainen V, Chase M W, 2001. Evolution of the angiosperms: calibrating the family tree [J]. Proceedings of the Royal Society of London, Series B: Biological Sciences, 268(1482): 2211 – 2220.

Williams M A, Rice C W, Owensby C E, 2000. Carbon dynamics and microbial activity in tall grass prairie exposed to elevated CO_2 for 8 years[J]. Plant and soil, 227(1): 127 – 137.

Wretten S D, Fry G L A, 1980. Field and Laboratory Exercises in Ecology[M]. London: Edward Arnad Publishers Limited.

XU Dao – wei, LIU Jin – fu, Peter MARSHALL, et al., 2017. Leaf litter decomposition dynamics in unmanaged Phyllostachys pubescens stands at high elevations in the Daiyun Mountain National Nature Reserve[J]. Journal of Mountain Science, 14(11): 2246 – 2256.

Xuluc – Tolosa F J, Vester H F M, Ramírez – Marcial N, et al., 2003. Leaf litter decomposition of tree species in three successional phases of tropical dry secondary forest in Campeche, Mexico[J]. Forest Ecology and Management, 174(1 – 3): 401 – 412.

Yang Y S, Guo J F, Chen Y X, et al., 2004. Comparatively study on litter decomposition and nutrient dynamics between plantations of Fokienia hodginsii and Cunninghamia lanceolata[J]. Scientia Silvae Sinicae, 40(3): 19 – 25.

Yu D S, Zhang Z Q, Yang H, et al., 2011. Effect of soil sampling density on detected spatial variability of soil organic carbon in a red soil region of China[J]. Pedosphere, 21(2): 207 – 213.

Zhang C S, MeGrath D, 2004. Geostatistical and GIS analyses on soil organic carbon concentrations in grassland of southeastern Ireland from two different periods[J]. Geoderma, 119(3): 261 – 275.

Zhang X, Zhao X, Zhang M, 2012. Functional diversity changes of microbial communities along a soil aquifer for reclaimed water recharge[J]. Fems Microbiology Ecology, 80(1): 9 – 18.

Zhang Z H, Hu G, Ni J, 2013. Effects of topographical and edaphic factors on the distribution of plant communities in two subtropical karst forests, southwestern China[J]. Journal of Mountain Science, 10(1): 95 – 104.

Zhou Y, Clark M, Su JQ, et al., 2014. Litter decomposition and soil microbial community composition in three Korean pine (Pinus koraiensis) forests along an altitudinal gradient[J]. Plant Soil, 386(1 – 2): 171 – 183.

Zhu Y, Getzin S, Wiegand T, et al., 2013. The Relative importance of Janzen – Connell effects in influencing the spatial patterns at the Gutianshan subtropical forest[J]. Plos One, 8(9): e74560.

附　录　植物中名学名对照表

中名	学名
艾蒿	*Artemisia argyi* H. Léveillé & Vaniot
爱玉子	*Ficus pumila* var. *awkeotsang*（Makino）Corner
安息香猕猴桃	*Actinidia styracifolia* C. F. Liang
八角莲	*Dysosma versipellis*（Hance）M. Cheng ex T. S. Ying
巴东栎	*Quercus engleriana* Seemen
巴豆	*Croton tiglium* Linnaeus
巴戟天	*Morinda officinalis* F. C. How
菝葜	*Smilax china* Linnaeus
白背叶	*Mallotus apelta*（Loureiro）Müller Argoviensis
白桂木	*Artocarpus hypargyreus* Hance
白果香楠	*Alleizettella leucocarpa*（Champion ex Bentham）Tirvenga－dum
白花败酱	*Patrinia villosa*（Thunberg）Dufresne
白花泡桐	*Paulownia fortunei*（Seemann）Hemsley
白蜡树	*Fraxinus chinensis* Roxburgh
白前	*Cynanchum glaucescens*（Decaisne）Handel－Mazzetti
白檀	*Symplocos paniculata*（Thunberg）Miquel
百日青	*Podocarpus neriifolius* D. Don
板栗	*Castanea mollissima* Blume
半枫荷	*Semiliquidambar cathayensis* H. T. Chang
半夏	*Pinellia ternata*（Thunberg）Tenore ex Breitenbach
薄叶山矾	*Symplocos anomala* Brand
北江荛花	*Wikstroemia monnula* Hance
笔管草	*Equisetum ramosissimum* subsp. *debile*（Roxburgh ex Vaucher）Hauke
薜荔	*Ficus pumila* Linnaeus
扁担藤	*Tetrastigma planicaule*（J. D. Hooker）Gagnepain
扁枝石松	*Lycopodium complanatum* Linnaeus
变叶树参	*Dendropanax proteus*（Champion ex Bentham）Bentham
波叶红果树	*Stranvaesia davidiana* var. *undulata*（Decaisne）Rehder & E. H. Wilson
菜蕨	*Callipteris esculenta*（Retzius）J. Smith ex Moore et Houlst.

（续）

中名	学名
草珊瑚	*Sarcandra glabra* (Thunberg) Nakai
茶	*Camellia sinensis* (Linnaeus) Kuntze
茶绒杜鹃	*Rhododendron apricum* P. C. Tam
檫木	*Sassafras tzumu* (Hemsley) Hemsley
菖蒲	*Acorus calamus* Linnaeus
沉水樟	*Cinnamomum micranthum* (Hayata) Hayata
齿叶冬青	*Ilex crenata* Thunberg
赤车	*Pellionia radicans* (Siebold & Zuccarini) Weddell
赤楠	*Syzygium buxifolium* Hooker & Arnott
翅柃	*Eurya alata* Kobuski
垂柳	*Salix babylonica* Linnaeus
春兰	*Cymbidium goeringii* (Rchb. f.) Rchb. f.
刺槐	*Robinia pseudoacacia* Linnaeus
刺毛杜鹃	*Rhododendron championiae* Hooker
刺头复叶耳蕨	*Arachniodes aristata* (G. Forster) Tindale
刺叶栎	*Quercus spinosa* David ex Franchet
刺叶樱	*Laurocerasus spinulosa* (Siebold & Zuccarini) C. K. Schneider
粗齿桫椤	*Alsophila denticulata* Baker
大萼杨桐	*Adinandra glischroloma* var. *macrosepala* (F. P. Metcalf) Kobuski
大果马蹄荷	*Exbucklandia tonkinensis* (Lecomte) H. T. Chang
大花枇杷	*Eriobotrya cavaleriei* (H. Léveillé) Rehder
大毛蕨	*Cyclosorus grandissimus* Ching et Shing
大血藤	*Sargentodoxa cuneata* (Oliver) Rehder & E. H. Wilson
大叶冬青	*Ilex latifolia* Thunberg
单耳柃	*Eurya weissiae* Chun
淡竹叶	*Lophatherum gracile* Brongniart
德化假卫矛	*Microtropis dehuaensis* Z. S. Huang & Y. Y. Lin
德化鳞毛蕨	*Dryopteris dehuaensis* Ching
德化毛蕨	*Cyclosorus dehuaensis* Ching et Shing
灯心草	*Juncus effusus* Linnaeus
地耳草	*Hypericum japonicum* Thunberg
地菍	*Melastoma dodecandrum* Loureiro
吊钟花	*Enkianthus quinqueflorus* Loureiro
东方古柯	*Erythroxylum sinense* Y. C. Wu
东南石栎	*Lithocarpus harlandii* (Hance ex Walpers) Rehder
冬青	*Ilex chinensis* Sims
杜虹花	*Callicarpa formosana* Rolfe
杜茎山	*Maesa japonica* (Thunberg) Moritzi & Zollinger

（续）

中名	学名
杜英	*Elaeocarpus decipiens* Hemsley
短萼黄连	*Coptis chinensis* var. *brevisepala* W. T. Wang & P. K. Hsiao
短梗新木姜子	*Neolitsea brevipes* H. W. Li
短尾越橘	*Vaccinium carlesii* Dunn
短叶茳芏	*Cyperus malaccensis* subsp. *monophyllus*（Vahl）T. Koyama
短柱茶	*Camellia brevistyla*（Heyata）Coh. St.
多花黄精	*Polygonatum cyrtonema* Hua
多花山竹子	*Garcinia multiflora* Champion ex Bentham
多脉青冈	*Cyclobalanopsis multinervis* W. C. Cheng & T. Hong
峨眉鼠刺	*Itea omeiensis* C. K. Schneider
峨掌柴	*Schefflera heptaphylla*（Linnaeus）Frodin
鹅掌楸	*Liriodendron chinense*（Hemsley）Sargent.
二列叶柃	*Eurya distichophylla* Hemsley
飞龙掌血	*Toddalia asiatica*（Linnaeus）Lamarck
肥皂荚	*Gymnocladus chinensis* Baillon
枫香	*Liquidambar formosana* Hance
枫杨	*Pterocarya stenoptera* C. de Candolle
福建柏	*Fokienia hodginsii*（Dunn）A. Henry & H. H. Thomas
福建含笑	*Michelia fujianensis* Q. F. Zheng
福建莲座蕨	*Angiopteris fokiensis* Hieronymus
福建青冈	*Cyclobalanopsis chungii*（F. P. Metcalf）Y. C. Hsu & H. W. Jen ex Q. F. Zheng
福建山樱花	*Cerasus campanulata*（Maximowicz）A. N. Vassiljeva
福建酸竹	*Acidosasa notate*（Z. P. Wang & G. H. Ye）S. S. You
福建细辛	*Asarum fukienense* C. Y. Cheng & C. S. Yang
福建樱桃	*Prunus fokienensis* Yu
岗柃	*Eurya groffii* Merrill
格氏栲	*Castanopsis kawakamii* Hayata
格药柃	*Eurya muricata* Dunn
葛藤	*Pueraria montana*（Loureiro）Merrill
钩栲	*Castanopsis tibetana* Hance
狗脊蕨	*Woodwardia japonica*（Linnaeus f.）Smith
构树	*Broussonetia papyrifera*（Linnaeus）L' Héritier ex Ventenat
牯岭藜芦	*Veratrum schindleri* Loesener
瓜馥木	*Fissistigma oldhamii*（Hemsley）Merrill
观光木	*Michelia odora*（Chun）Nooteboom & B. L. Chen
光里白	*Diplopterygium laevissimum*（Christ）Nakai
光亮山矾	*Symplocos lucida*（Thunberg）Siebold & Zuccarini
光叶山矾	*Symplocos lancifolia* Siebold & Zuccarini

（续）

中名	学名
光叶山黄麻	*Trema cannabina* Loureiro
海芋	*Alocasia odora* (Roxburgh) K. Koch
寒兰	*Cymbidium kanran* Makino
杭州榆	*Ulmus changii* W. C. Cheng
何首乌	*Fallopia multiflora* (Thunberg) Haraldson
褐叶青冈	*Cyclobalanopsis stewardiana* (A. Camus) Y. C. Hsu & H. W. Jen
黑壳楠	*Lindera megaphylla* Hemsley
黑莎草	*Gahnia tristis* Nees
黑松	*Pinus thunbergii* Parlatore
黑锥	*Castanopsis nigrescens* Chun & C. C. Huang
黑紫藜芦	*Veratrum japonicum* (Baker) Loesener f.
黑足鳞毛蕨	*Dryopteris fuscipes* C. Christensen
红淡比	*Cleyera japonica* Thunberg
红豆树	*Ormosia hosiei* Hemsley. & E. H. Wilson
红盖鳞毛蕨	*Dryopteris erythrosora* (D. C. Eaton) Kuntze
红海榄	*Rhizophora stylosa* Griff.
红楠	*Machilus thunbergii* Siebold & Zuccarini
红皮糙果茶	*Camellia crapnelliana* Tutcher
红色新月蕨	*Pronephrium lakhimpurense* (Rosenstock) Holttum
红松	*Pinus koraiensis* Siebold & Zuccarini
红腺悬钩子	*Rubus sumatranus* Miquel
红叶树	*Helicia cochinchinensis* Loureiro
红锥	*Castanopsis hystrix* J. D. Hooker & Thomson ex A. de Candolle
猴欢喜	*Sloanea sinensis* (Hance) Hemsley
猴头杜鹃	*Rhododendron simiarum* Hance
厚壳桂	*Cryptocarya chinensis* (Hance) Hemsley
厚皮香	*Ternstroemia gymnanthera* (Wight & Arnott) Beddome
胡枝子	*Lespedeza bicolor* Turczaninow
虎皮楠	*Daphniphyllum oldhamii* (Hemsley) K. Rosenthal
虎杖	*Reynoutria japonica* Houttuyn
花榈木	*Ormosia henryi* Prain
花葶薹草	*Carex scaposa* C. B. Clarke
花叶开唇兰	*Anoectochilus roxburghii* (Wallich) Lindley
华东润楠	*Machilus leptophylla* Handel – Mazzetti
华杜英	*Elaeocarpus chinensis* (Gardner & Champion) J. D. Hooker ex Bentham
华丽杜鹃	*Rhododendron eudoxum* I. B. Balfour & Forrest
华南桂	*Cinnamomum austrosinense* Hung T. Chang
华南龙胆	*Gentiana loureiroi* (G. Don) Grisebach

（续）

中名	学名
华中瘤足蕨	*Plagiogyria euphlebia*（Kunze）Mettenius
华重楼	*Paris polyphylla* var. *chinensis*（Franchet）H. Hara
化香树	*Platycarya strobilacea* Siebold & Zuccarini
画眉草	*Eragrostis pilosa*（Linnaeus）P. Beauvois
黄背越橘	*Vaccinium iteophyllum* Hance
黄丹木姜子	*Litsea elongate*（Wallich ex Nees）Bentham et Hooker f.
黄花倒水莲	*Polygala fallax* Hemsley
黄连木	*Pistacia chinensis* Bunge
黄毛猕猴桃	*Actinidia fulvicoma* Hance
黄楠	*Machilus grijsii* Hance
黄瑞木	*Adinandra millettii*（Hooker & Arnott）Bentham & J. D. Hooker ex Hance
黄山木兰	*Yulania cylindrica*（E. H. Wilson）D. L. Fu
黄山松	*Pinus taiwanensis* Hayata
黄檀	*Dalbergia hupeana* Hance
黄甜竹	*Acidosasa edulis*（T. H. Wen）T. H. Wen
黄栀子	*Gardenia jasminoides* J. Ellis
火炬树	*Rhus typhina* Nutt
鸡桑	*Morus australis* Poiret
积雪草	*Centella asiatica*（Linnaeus）Urban
戟叶堇菜	*Viola betonicifolia* Smith
檵木	*Loropetalum chinense*（R. Brown）Oliver
加拿大一枝黄花	*Solidago canadensis* Linnaeus
荚蒾	*Viburnum dilatatum* Thunberg
尖叶菝葜	*Smilax arisanensis* Hayata
尖叶假蚊母树	*Distyliopsis dunnii*（Hemsley）P. K. Endress
坚荚树	*Viburnum sempervirens* var. *trichophorum* Handel – Mazzetti
建兰	*Cymbidium ensifolium*（Linnaeus）Swingle
姜黄	*Curcuma longa* Linnaeus
绞股蓝	*Gynostemma pentaphyllum*（Thunberg）Makino
接骨草	*Sambucus javanica* Blume
金鸡脚	*Selliguea hastata*（Thunberg）Fraser – Jenkins
金毛耳草	*Hedyotis chrysotricha*（Palibin）Merrill
金毛狗	*Cibotium barometz*（Linnaeus）J. Smith
金荞麦	*Fagopyrum dibotrys*（D. Don）Hara
金丝桃	*Hypericum monogynum* Linnaeus
金叶含笑	*Michelia foveolata* Merrill ex Dandy
金樱子	*Rosa laevigata* Michaux
金珠柳	*Maesa montana* A. de Candolle

（续）

中名	学名
荩草	*Arthraxon hispidus* (Thunberg) Makino
九仙莓	*Rubus yanyunii* Y. T. Chang & L. Y. Chen
九仙山薹草	*Carex jiuxianshanensis* L. K. Dai ex Y. Z. Huang
桔梗	*Platycodon grandiflorus* (Jacquin) A. Candolle
榉树	*Zelkova serrata* (Thunberg) Makino
蕨	*Pteridium aquilinum* (L.) Kuhn var. *latiusculum* (Desv.) Underw. ex Heller
空心泡	*Rubus rosifolius* Smith
苦楝	*Melia azedarach* Linnaeus
阔叶猕猴桃	*Actinidia latifolia* (Gardner & Champion) Merrill
阔叶十大功劳	*Mahonia bealei* (Fortune) Carrière
腊莲绣球	*Hydrangea strigosa* Rehder
蜡子树	*Ligustrum leucanthum* (S. Moore) P. S. Green
榄绿粗叶木	*Lasianthus japonicus* var. *lancilimbus* (Merrill) Lo
狼尾草	*Pennisetum alopecuroides* (Linnaeus) Sprengel
榔榆	*Ulmus parvifolia* Jacquin
老鼠矢	*Symplocos stellaris* Brand
乐东拟单性木兰	*Parakmeria lotungensis* (Chun & C. H. Tsoong) Y. W. Law
了哥王	*Wikstroemia indica* (Linnaeus) C. A. Meyer
雷公藤	*Tripterygium wilfordii* J. D. Hooker
里白	*Diplopterygium glaucum* (Thunberg ex Houttuyn) Nakai
连蕊茶	*Camellia cuspidata* (Kochs) H. J. Veitch
镰羽瘤足蕨	*Plagiogyria falcata* Copeland
亮叶桦	*Betula luminifera* H. Winkler
亮叶水青冈	*Fagus lucida* Rehder & E. H. Wilson
鳞苞锥	*Castanopsis uraiana* (Hayata) Kanehira & Hatusima
柳杉	*Cryptomeria japonica* var. *sinensis* Miquel
六角莲	*Dysosma pleiantha* (Hance) Woodson
龙师草	*Eleocharis tetraquetra* Nees
芦苇	*Phragmites australis* (Cavanilles) Trinius ex Steudel
鹿角杜鹃	*Rhododendron latoucheae* Franchet
鹿角栲	*Castanopsis lamontii* Hance
鹿蹄草	*Pyrola calliantha* Andres
罗浮栲	*Castanopsis fabri* Hance
罗浮柿	*Diospyros morrisiana* Hance
络石	*Trachelospermum jasminoides* (Lindley) Lemaire
马齿苋	*Portulaca oleracea* Linnaeus
马尾松	*Pinus massoniana* Lambert
马银花	*Rhododendron ovatum* (Lindley) Planchon ex Maximowicz

（续）

中名	学名
马醉木	*Pieris japonica*（Thunberg）D. Don ex G. Don
满山红	*Rhododendron mariesii* Hemsley & E. H. Wilson
芒	*Miscanthus sinensis* Andersson
芒萁	*Dicranopteris pedata*（Houttuyn）Nakaike
毛冬青	*Ilex pubescens* Hooker & Arnott
毛花猕猴桃	*Actinidia eriantha* Bentham
毛堇菜	*Viola thomsonii* Oudemans
毛瑞香	*Daphne kiusiana* var. *atrocaulis*（Rehder）F. Maekawa
毛山鸡椒	*Litsea cubeba* var. *formosana*（Nakai）Yang et. P. H. Huang
毛叶石楠	*Photinia villosa*（Thunberg）Candolle
毛硬叶冬青	*Ilex ficifolia* f. *daiyunshanensis* C. J. Tseng
毛竹	*Phyllostachys edulis*（Carrière）J. Houzeau
茅栗	*Castanea seguinii* Dode
梅叶冬青	*Ilex asprella*（Hooker & Arnott）Champion ex Bentham
米饭花	*Vaccinium mandarinorum* Diels
米槠	*Castanopsis carlesii*（Hemsley）Hayata
密花树	*Myrsine seguinii* H. Léveillé
密花梭罗	*Reevesia pycnantha* Y. Ling
闽槐	*Sophora franchetiana* Dunn
闽楠	*Phoebe bournei*（Hemsley）Yen C. Yang
闽粤栲	*Castanopsis fissa*（Champion ex Bentham）Rehder & E. H. Wilson
魔芋	*Amorphophallus rivieri* Durieu
木荷	*Schima superba* Gardner & Champion
木姜叶石栎	*Lithocarpus litseifolius*（Hance）Chun
木蜡树	*Toxicodendron sylvestre*（Siebold & Zuccarini）Kuntze
南方红豆杉	*Taxus wallichiana* var. *mairei*（Lemée & H. Léveillé）L. K. Fu & Nan Li
南方荚蒾	*Viburnum fordiae* Hance
南岭黄檀	*Dalbergia balansae* Prain
南岭栲	*Castanopsis fordii* Hance
南酸枣	*Choerospondias axillaris*（Roxburgh）B. L. Burtt & A. W. Hill
南天竹	*Nandina domestica* Thunberg
南五味子	*Kadsura longipedunculata* Finet & Gagnepain
牛耳枫	*Daphniphyllum calycinum* Bentham
牛筋草	*Eleusine indica*（Linnaeus）Gaertner
刨花润楠	*Machilus pauhoi* Kanehira
披针叶茴香	*Illicium lanceolatum* A. C. Smith
枇杷叶紫珠	*Callicarpa kochiana* Makino
平颖柳叶箬	*Isachne truncata* A. Camus

（续）

中名	学名
铺地黍	*Panicum repens* Linnaeus
朴树	*Celtis sinensis* Persoon
七叶一枝花	*Paris polyphylla* Smith
青冈	*Cyclobalanopsis glauca*（Thunberg）Oersted
青钱柳	*Cyclocarya paliurus*（Batalin）Iljinskaya
青榨槭	*Acer davidii* Franchet
秋茄	*Kandelia obovata* Sheue et al.
球兰	*Hoya carnosa*（Linnaeus f.）R. Brown
球穗扁莎	*Pycreus flavidus*（Retzius）T. Koyama
忍冬	*Lonicera japonica* Thunberg
绒毛山胡椒	*Lindera nacusua*（D. Don）Merrill
榕叶冬青	*Ilex ficoidea* Hemsley
乳源木莲	*Manglietia yuyuanensis* Law
瑞木	*Corylopsis multiflora* Hance
箬竹	*Indocalamus tessellatus*（Munro）P. C. Keng
三花冬青	*Ilex triflora* Blume
三尖杉	*Cephalotaxus fortunei* Hooker
三角槭	*Acer buergerianum* Miquel
三颗针	*Berberis diaphana* Maximowicz
三脉紫菀	*Aster trinervius* subsp. *ageratoides*（Turczaninow）Grierson
伞花木	*Eurycorymbus cavaleriei*（H. Léveillé）Rehder & Handel – Mazzetti
桑树	*Morus alba* Linnaeus
山苍子	*Litsea cubeba*（Loureiro）Persoon
山杜英	*Elaeocarpus sylvestris*（Loureiro）Poiret
山矾	*Symplocos sumuntia* Buchanan – Hamilton ex D. Don
山胡椒	*Lindera glauca*（Siebold & Zuccarini）Blume
山黄麻	*Trema tomentosa*（Roxburgh）H. Hara
山橘	*Fortunella hindsii*（Champion ex Bentham）Swingle
山腊梅	*Chimonanthus nitens* Oliver
山乌桕	*Triadica cochinchinensis* Loureiro
杉木	*Cunninghamia lanceolata*（Lambert）Hooker
扇叶铁线蕨	*Adiantum flabellulatum* Linnaeus
少叶黄杞	*Engelhardtia fenzlii* Merrill
蛇足石杉	*Huperzia serrata*（Thunberg）Trevisan
深绿卷柏	*Selaginella doederleinii* Hieronymus
深山含笑	*Michelia maudiae* Dunn
石斑木	*Rhaphiolepis indica*（Linnaeus）Lindley
石栎	*Lithocarpus glaber*（Thunberg）Nakai

（续）

中名	学名
石生毛蕨	*Cyclosorus rupicola* Ching
石松	*Lycopodium japonicum* Thunberg
石仙桃	*Pholidota chinensis* Lindley
柿	*Diospyros kaki* Thunberg
疏花卫矛	*Euonymus laxiflorus* Champion ex Bentham
薯豆	*Elaeocarpus japonicus* Siebold & Zuccarini
薯蓣	*Dioscorea polystachya* Turczaninow
树参	*Dendropanax dentiger*（Harms）Merrill
栓皮栎	*Quercus variabilis* Blume
水蕨	*Ceratopteris thalictroides*（Linnaeus）Brongniart
水青冈	*Fagus longipetiolata* Seemen
水松	*Glyptostrobus pensilis*（Staunton ex D. Don）K. Koch
水团花	*Adina pilulifera*（Lamarck）Franchet ex Drake
睡莲	*Nymphaea tetragona* Georgi
丝栗栲	*Castanopsis fargesii* Franchet
松叶蕨	*Psilotum nudum*（Linnaeus）P. Beauvois
粟米草	*Mollugo stricta* Linnaeus
酸模	*Rumex acetosa* Linnaeus
算盘子	*Glochidion puberum*（Linnaeus）Hutchinson
台湾冬青	*Ilex formosana* Maximowicz
唐竹	*Sinobambus atootsik*（Makino）Makino
藤槐	*Bowringia callicarpa* Champion ex Bentham
天门冬	*Asparagus cochinchinensis*（Loureiro）Merrill
天名精	*Carpesium abrotanoides* Linnaeus
甜槠	*Castanopsis eyrei*（Champion ex Bentham）Tutcher
突脉青冈	*Cyclobalanopsis elevaticostata* Q. F. Zheng
土茯苓	*Smilax glabra* Roxburgh
瓦韦	*Lepisorus thunbergianus*（Kaulfuss）Ching
弯蒴杜鹃	*Rhododendron henryi* Hance
网络崖豆藤	*Callerya reticulata*（Bentham）Schot
葨芝	*Maclura cochinchinensis*（Loureiro）Corner
微毛柃	*Eurya hebeclados* Y. Ling
乌饭树	*Vaccinium bracteatum* Thunberg
乌冈栎	*Quercus phillyreoides* A. Gray
乌桕	*Triadica sebifera*（Linnaeus）Small
乌蕨	*Odontosoria chinensis*（Linnaeus）J. Smith
乌蔹莓	*Cayratia japonica*（Thunberg）Gagnepain
乌毛蕨	*Blechnum orientale* Linnaeus

（续）

中名	学名
乌药	*Lindera aggregate* (Sims) Kosterm
无患子	*Sapindus saponaria* Linnaeus
五节芒	*Miscanthus floridulus* (Labillardière) Warburg ex K. Schumann & Lauterbach
五岭龙胆	*Gentiana davidii* Franchet
溪畔杜鹃	*Rhododendron rivulare* Handel – Mazzetti
喜树	*Camptotheca acuminata* Decaisne
细柄蕈树	*Altingia gracilipes* Hemsley
细齿叶柃	*Eurya nitida* Korthals
细叶青冈	*Cyclobalanopsis myrsinifolia* (Blume) Oersted
细枝柃	*Eurya loquaiana* Dunn
狭叶楼梯草	*Elatostema lineolatum* Wight
显齿蛇葡萄	*Ampelopsis grossedentata* (Handel – Mazzetti) W. T. Wang
显脉冬青	*Ilex editicostata* Hu & T. Tang
线蕨	*Leptochilus ellipticus* (Thunberg) Nooteboom
香冬青	*Ilex suaveolens* (H. Léveillé) Loesener
香榧	*Torreya grandis* Fortune ex Lindley
香粉叶	*Lindera pulcherrima* var. *attenuata* C. K. Allen
香附子	*Cyperus rotundus* Linnaeus
香桂	*Cinnamomum subavenium* Miquel
香果树	*Emmenopterys henryi* Oliver
香叶树	*Lindera communis* Hemsley
蘘荷	*Zingiber mioga* (Thunberg) Roscoe
肖梵天花	*Urena lobata* Linnaeus
小二仙草	*Gonocarpus micranthus* Thunberg
小果南烛	*Lyonia ovalifolia* var. *elliptica* (Siebold & Zuccarini) Handel – Mazzetti
小叶石楠	*Photinia parvifolia* (E. Pritzel) C. K. Schneider
新木姜子	*Neolitsea aurata* (Hayata) Koidzumi
星宿菜	*Lysimachia pumila* (Baudo) Franchet
蕈树	*Altingia chinensis* (Champion) Oliver ex Hance
鸭脚茶	*Bredia sinensis* (Diels) H. L. Li
岩柃	*Eurya saxicola* Hung T. Chang
沿海紫金牛	*Ardisia lindleyana* D. Dietrich
沿阶草	*Ophiopogon bodinieri* H. Léveillé
盐肤木	*Rhus chinensis* Miller
羊舌树	*Symplocos glauca* (Thunberg) Koidzumi
杨桦	*Betula platyphylla* Sukaczev
杨梅	*Myrica rubra* Siebold & Zuccarini
杨梅叶蚊母树	*Distylium myricoides* Hemsley

（续）

中名	学名
野百合	*Lilium brownii* F. E. Brown ex Miellez
野古草	*Arundinella anomala* Steudel
野菊	*Chrysanthemum indicum* Linnaeus
野牡丹	*Melastoma malabathricum* Linnaeus
野木瓜	*Stauntonia chinensis* de Candolle
野漆	*Toxicodendron succedaneum* (Linnaeus) Kuntze
野青茅	*Deyeuxia pyramidalis* (Host) Veldkamp
野山楂	*Crataegus cuneata* Siebold & Zuccarini
野茼蒿	*Crassocephalum crepidioides* (Bentham) S. Moore
一枝黄花	*Solidago decurrens* Loureiro
异色猕猴桃	*Actinidia callosa* var. *discolor* C. F. Liang
益母草	*Leonurus japonicus* Houttuyn
薏苡	*Coix lacryma-jobi* Linnaeus
阴香	*Cinnamomum burmanni* (Nees et T. Nees) Blume
淫羊藿	*Epimedium brevicornu* Maximowicz
映山红	*Rhododendron simsii* Planchon
硬斗石栎	*Lithocarpus hancei* (Bentham) Rehder
油茶	*Camellia oleifera* C. Abel
油杉	*Keteleeria fortunei* (A. Murray bis) Carrière
油柿	*Diospyros oleifera* Cheng
油桐	*Vernicia fordii* (Hemsley) Airy Shaw
鱼腥草	*Houttuynia cordata* Thunberg
玉叶金花	*Mussaenda pubescens* W. T. Aiton
芫花	*Daphne genkwa* Siebold & Zuccarini
越南山矾	*Symplocos cochinchinensis* (Loureiro) S. Moore
云南桤叶树	*Clethra delavayi* Franchet
云山青冈	*Cyclobalanopsis sessilifolia* (Blume) Schottky
皂荚	*Gleditsia sinensis* Lamarck
窄基红褐柃	*Eurya rubiginosa* var. *attenuata* Hung T. Chang
漳平石栎	*Lithocarpus chrysocomus* Chun et Tsiang var. *zhangpingensis* Q. F. Zheng
樟树	*Cinnamomum camphora* (Linnaeus) J. Presl
长苞铁杉	*Tsuga longibracteata* W. C. Cheng
长耳玉山竹	*Yushania longiaurita* Q. F. Zheng & K. F. Huang
长梗薹草	*Carex glossostigma* Handel – Mazzetti
长尖莎草	*Cyperus cuspidatus* Kunth
长叶冻绿	*Rhamnus crenata* Siebold & Zuccarini
长叶猕猴桃	*Actinidia hemsleyana* Dunn
柘树	*Maclura tricuspidata* Carrière

（续）

中名	学名
浙江桂	*Cinnamomum chekiangense* Nakai
浙江红山茶	*Camellia chekiangoleosa* Hu
浙江润楠	*Machilus chekiangensis* S. Lee
浙江新木姜子	*Neolitsea aurata* var. *chekiangensis*（Nakai）Yang et P. H. Huang
针毛桫椤	*Alsophila metteniana* Hance
枳椇	*Hovenia acerba* Lindley
中华里白	*Diplopterygium chinense*（Rosenstock）De
中华猕猴桃	*Actinidia chinensis* Planchon
中华薹草	*Carex chinensis* Retzius
肿节少穗竹	*Oligostachyum oedogonatum*（Z. P. Wang & G. H. Ye）Q. F. Zheng & K. F. Huang
朱砂根	*Ardisia crenata* Sims
竹柏	*Nageia nagi*（Thunberg）Kuntze
竹节草	*Chrysopogon aciculatus*（Retzius）Trinius
苎麻	*Boehmeria nivea*（Linnaeus）Gaudichaud – Beaupré
锥栗	*Castanea henryi*（Skan）Rehder & E. H. Wilson
紫金牛	*Ardisia japonica*（Thunberg）Blume
紫楠	*Phoebe sheareri*（Hemsley）Gamble
酢浆草	*Oxalis corniculata* Linnaeus

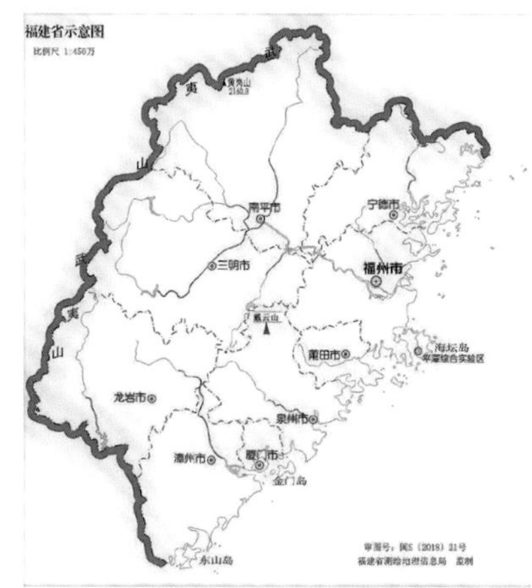

(a) 在福建省位置　　　　(b) 在泉州市德化县位置

图1-1 戴云山国家级自然保护区地理位置图

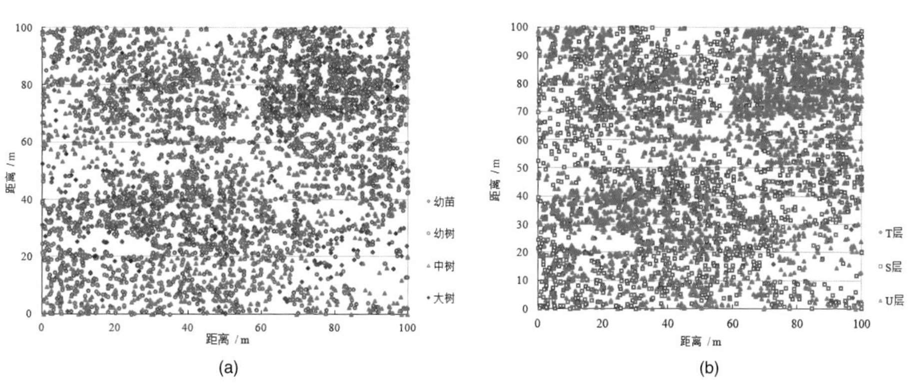

(a)　　　　(b)

图8-3 黄山松林不同发育阶段和不同林层植株个体分布点位图

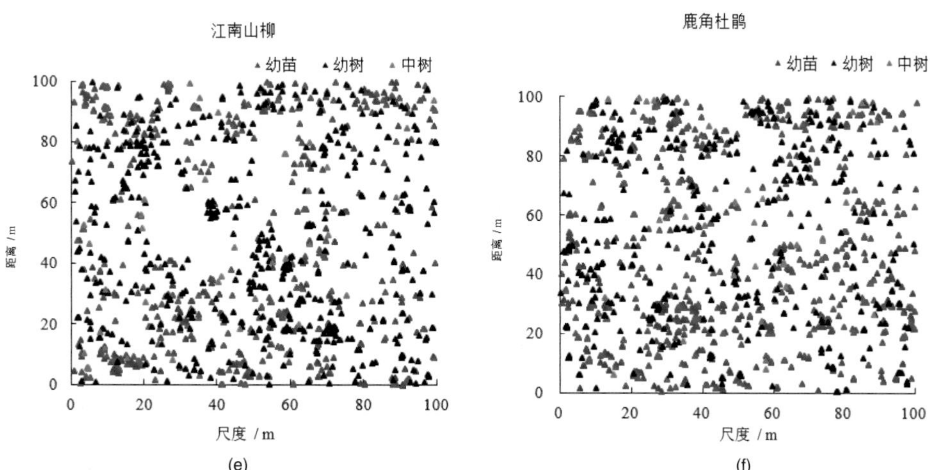

(e)　　　　(f)

图8-4 黄山松林不同树种各发育阶段植株个体分布点位图

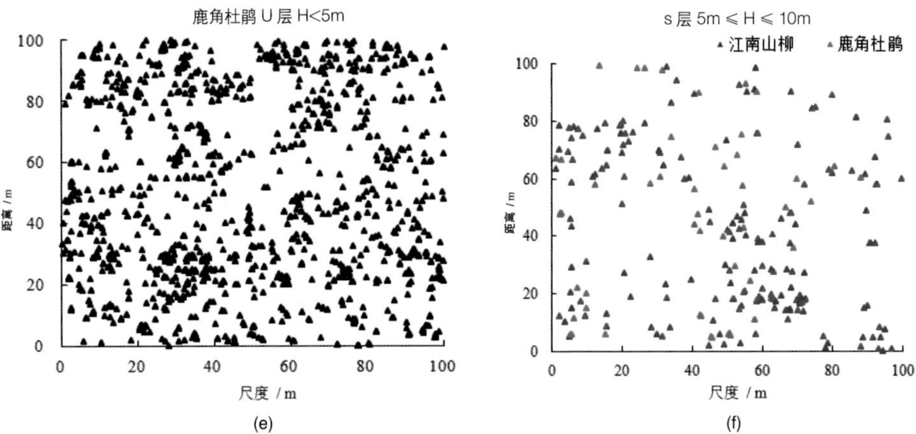

图8-5 黄山松林主要树种不同林层植株个体分布点位图

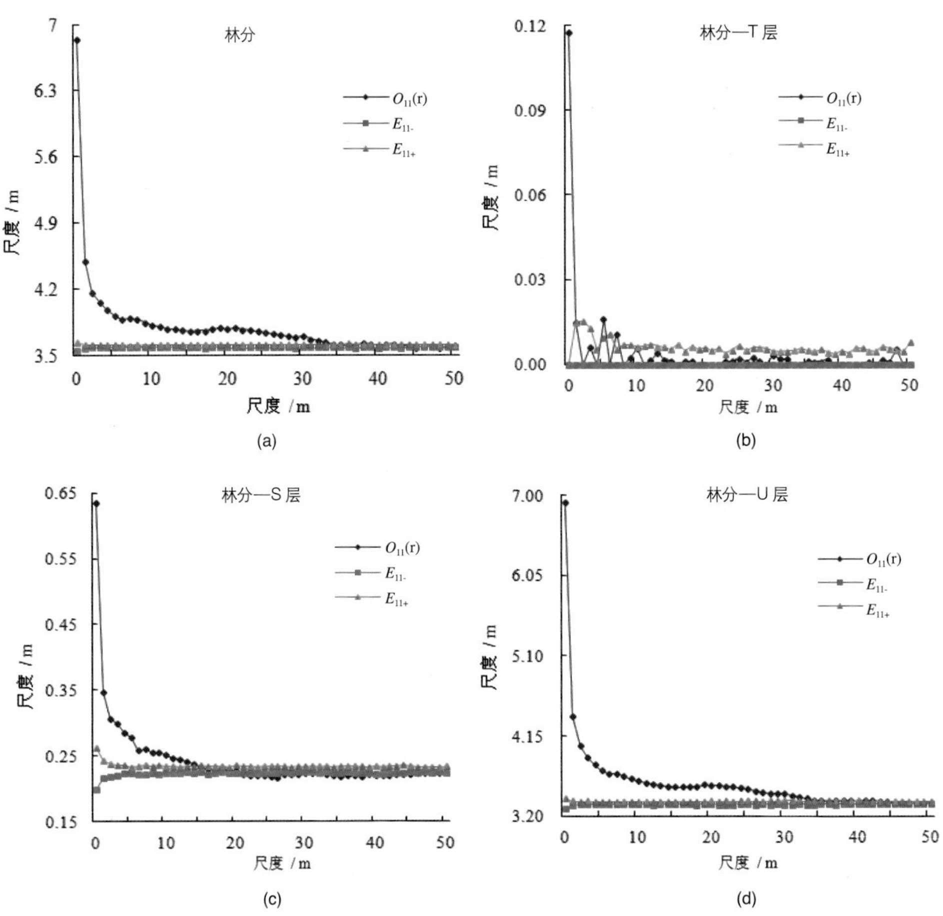

图8-6 黄山松林不同高度层树种空间分布格局

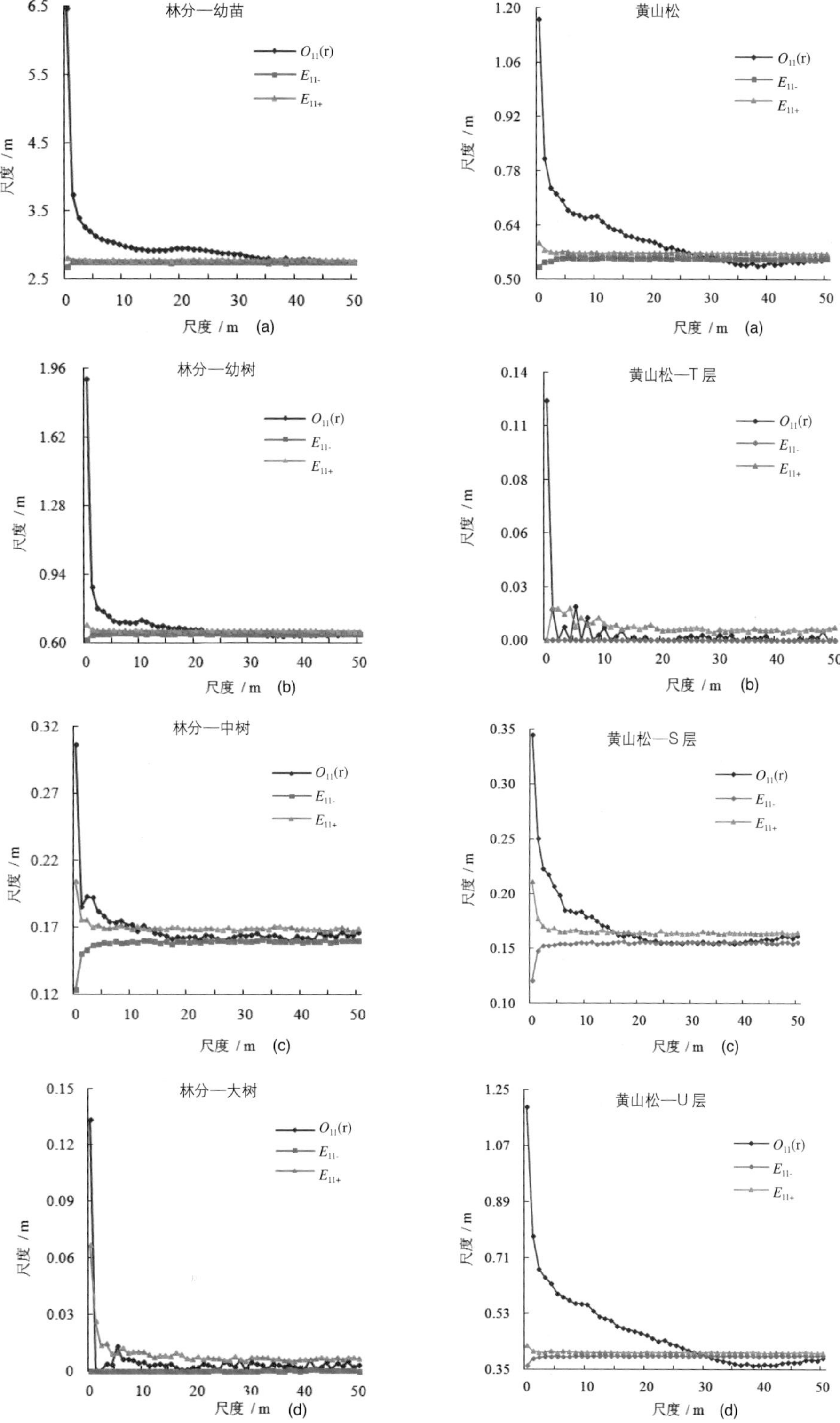

图8-7 黄山松林不同生长发育阶段树种空间分布格局

图8-8 黄山松林不同林层空间分布格局

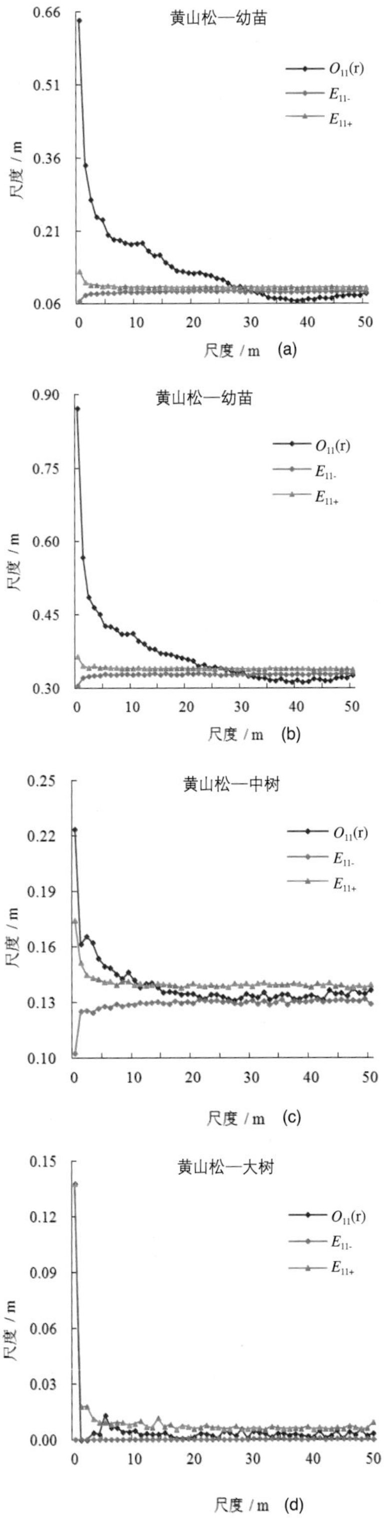

图8-9 黄山松林不同生长发育阶段空间分布格局

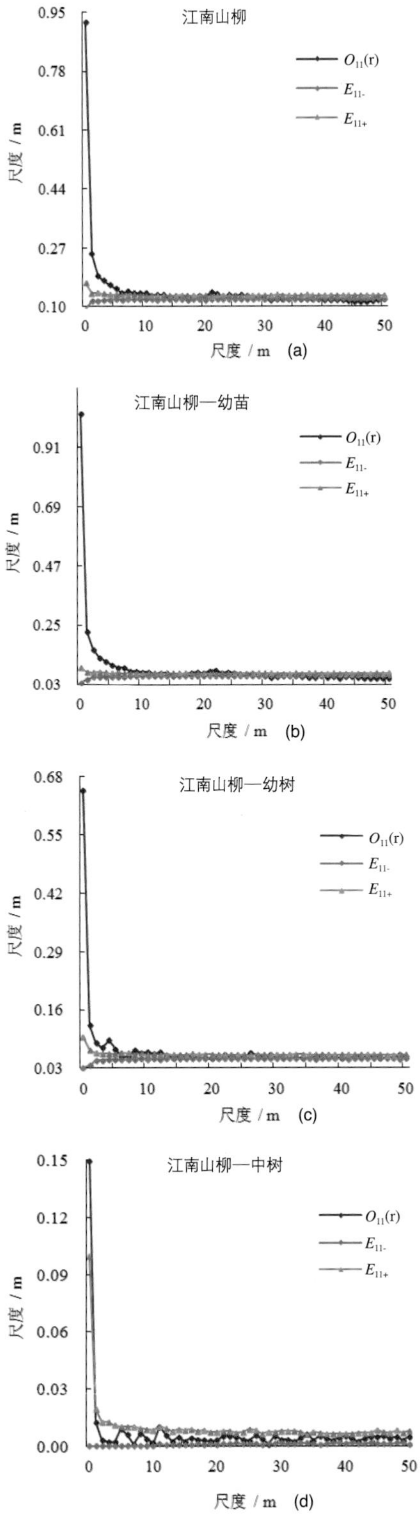

图8-10 江南山柳不同生长发育阶段空间分布格局

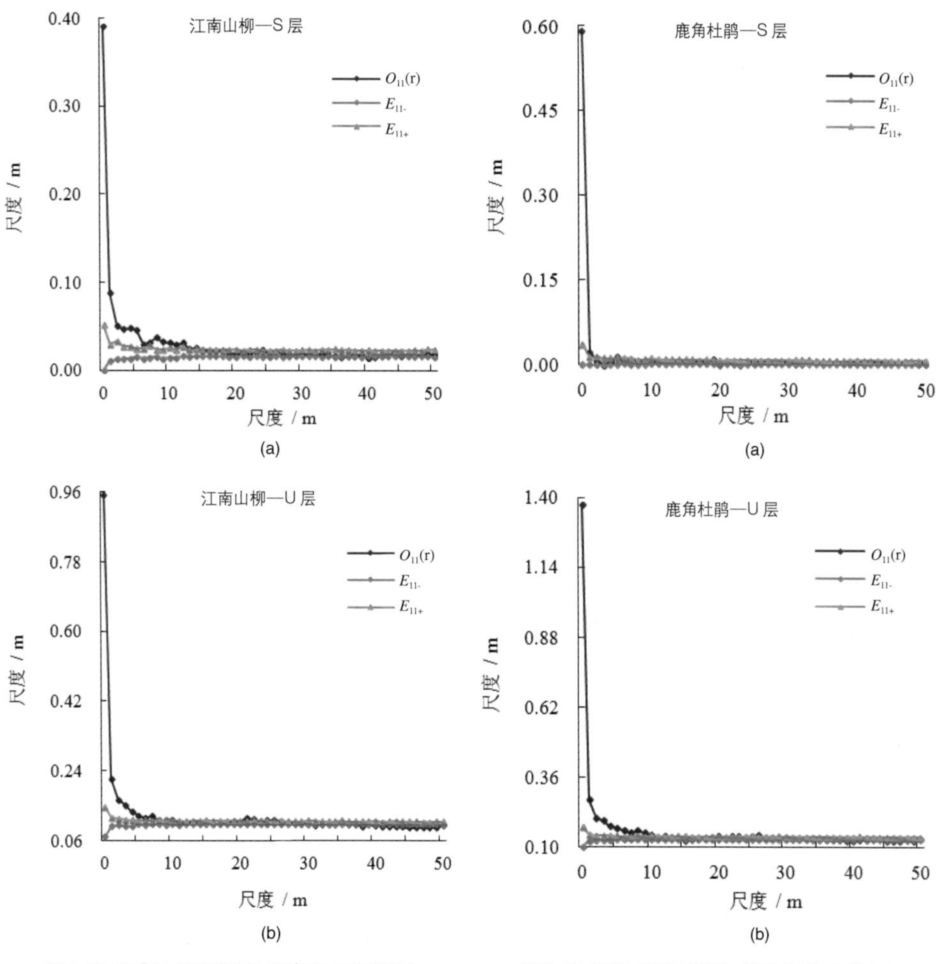

图8-11 江南山柳不同林层空间分布格局

图8-12 鹿角杜鹃不同林层空间分布格局

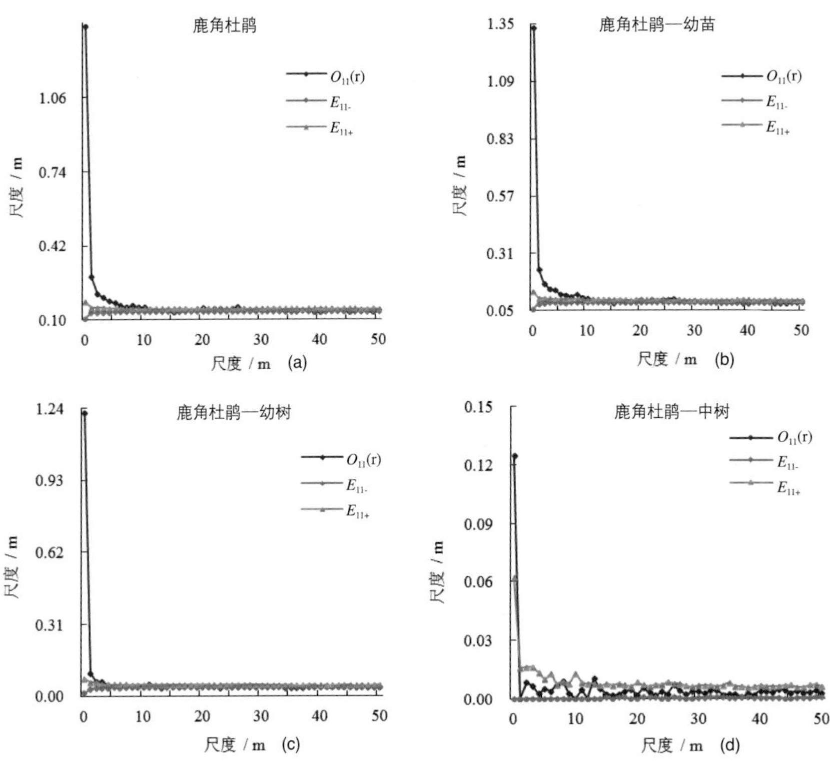

图8-13 鹿角杜鹃不同生长发育阶段空间分布格局

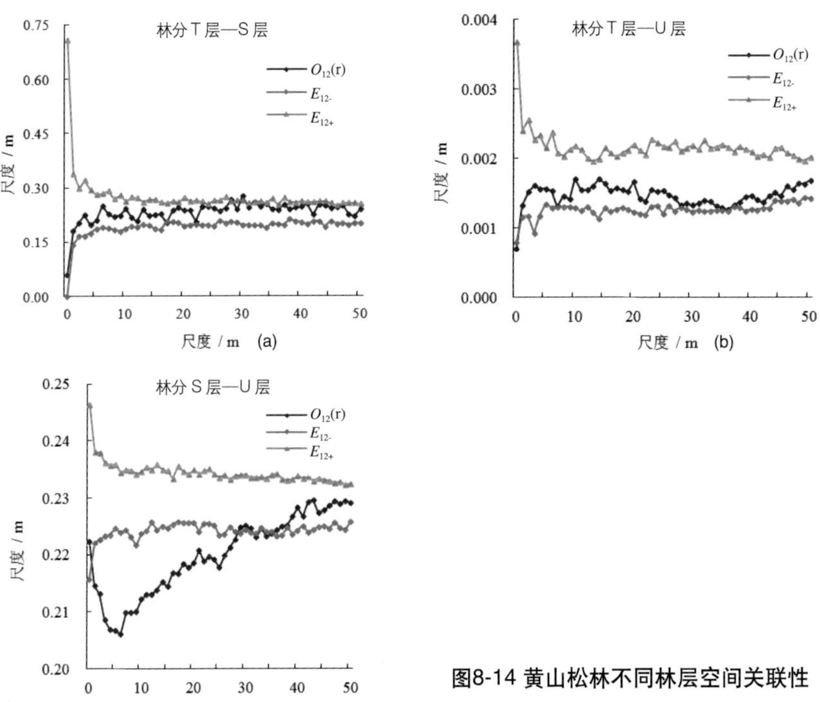

图8-14 黄山松林不同林层空间关联性

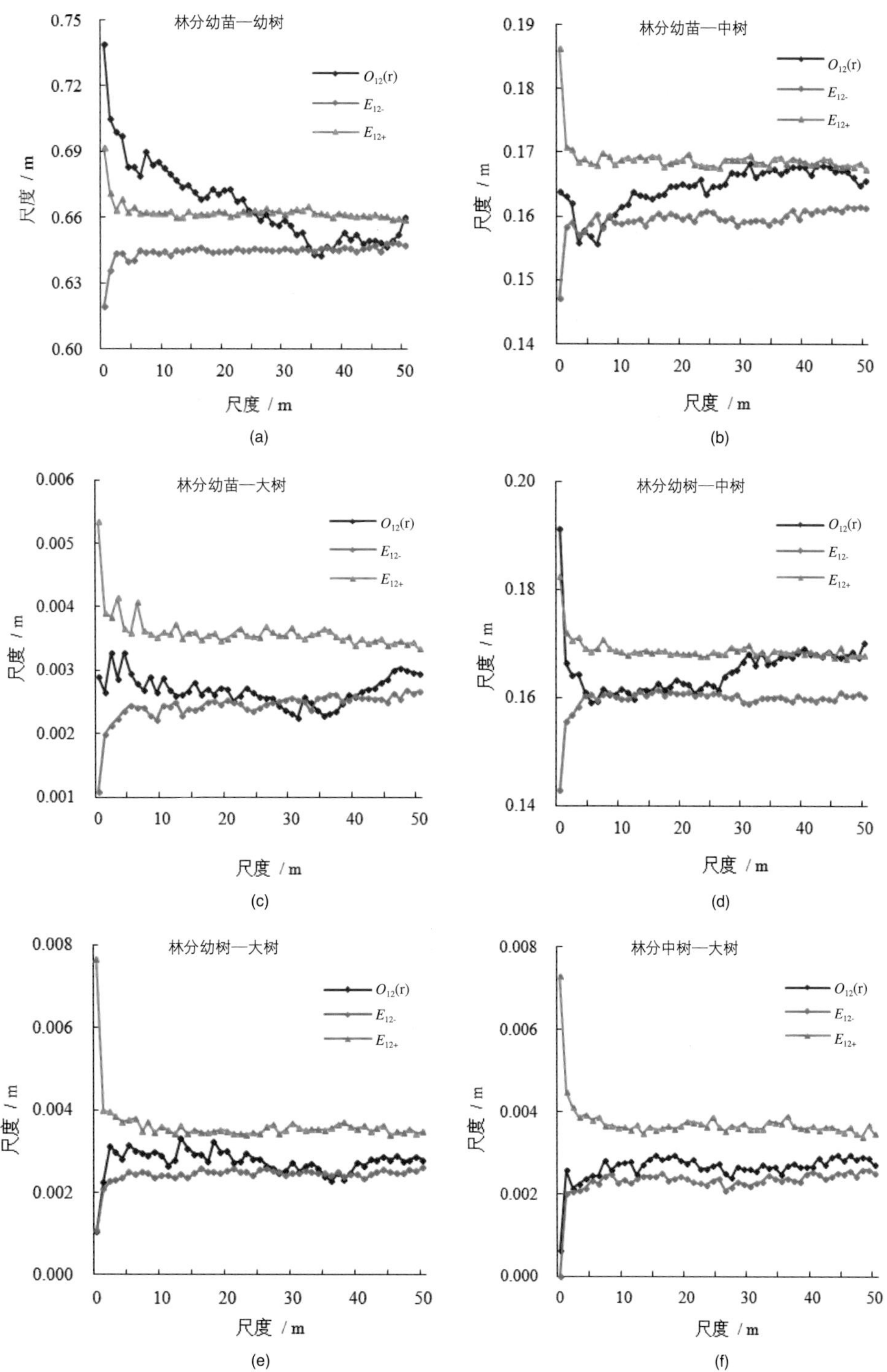

图8-15 黄山松林不同生长阶段树种空间关联性

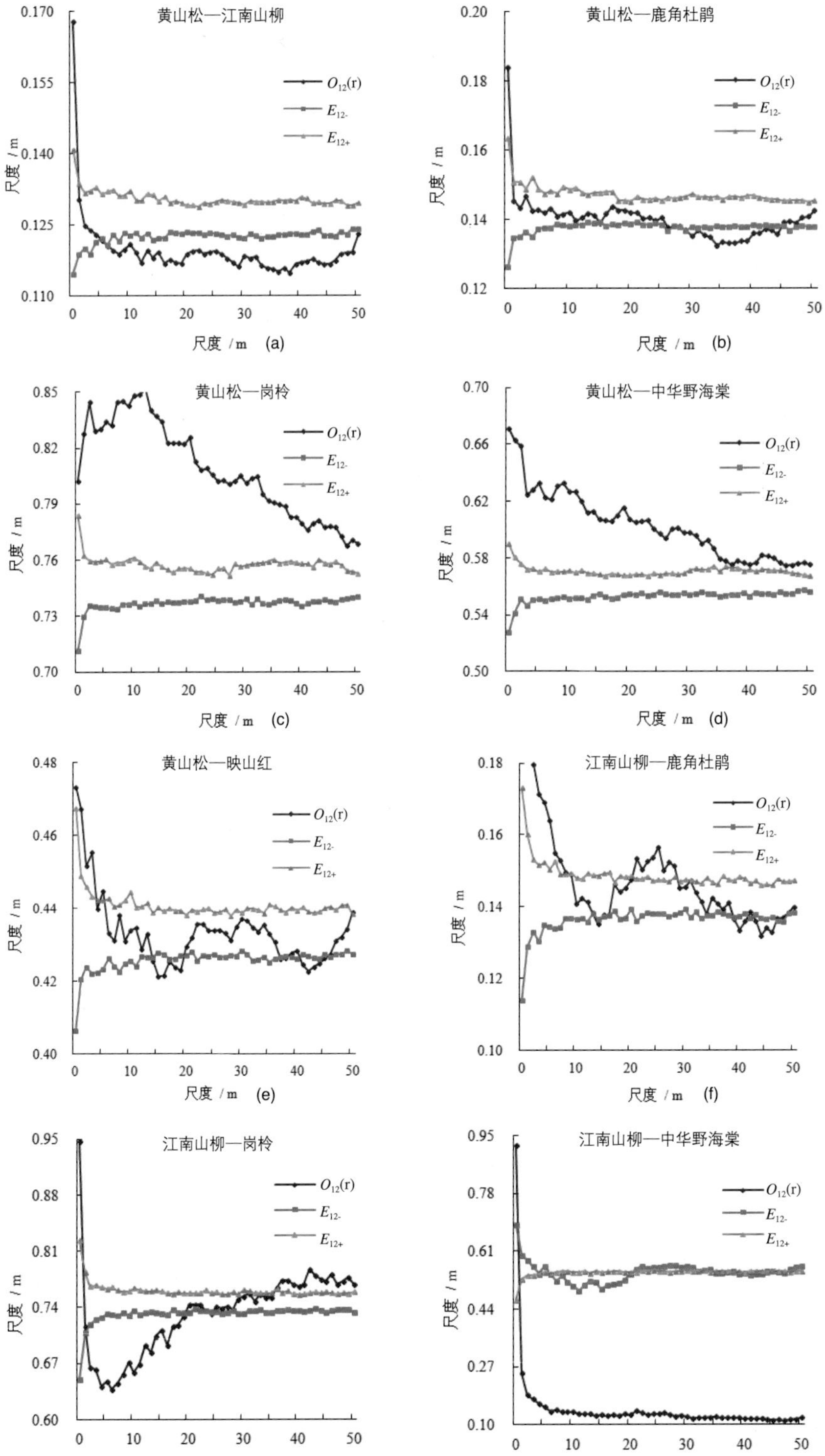

黄山松—江南山柳

$O_{12}(r)$ E_{12-} E_{12+}

尺度 / m　(a)

黄山松—鹿角杜鹃

$O_{12}(r)$ E_{12-} E_{12+}

尺度 / m　(b)

黄山松—岗柃

$O_{12}(r)$ E_{12-} E_{12+}

尺度 / m　(c)

黄山松—中华野海棠

$O_{12}(r)$ E_{12-} E_{12+}

尺度 / m　(d)

黄山松—映山红

$O_{12}(r)$ E_{12-} E_{12+}

尺度 / m　(e)

江南山柳—鹿角杜鹃

$O_{12}(r)$ E_{12-} E_{12+}

尺度 / m　(f)

江南山柳—岗柃

$O_{12}(r)$ E_{12-} E_{12+}

尺度 / m　(g)

江南山柳—中华野海棠

$O_{12}(r)$ E_{12-} E_{12+}

尺度 / m　(h)

图8-16 黄山松林优势乔木、优势灌木间树种的空间分布格局（1）

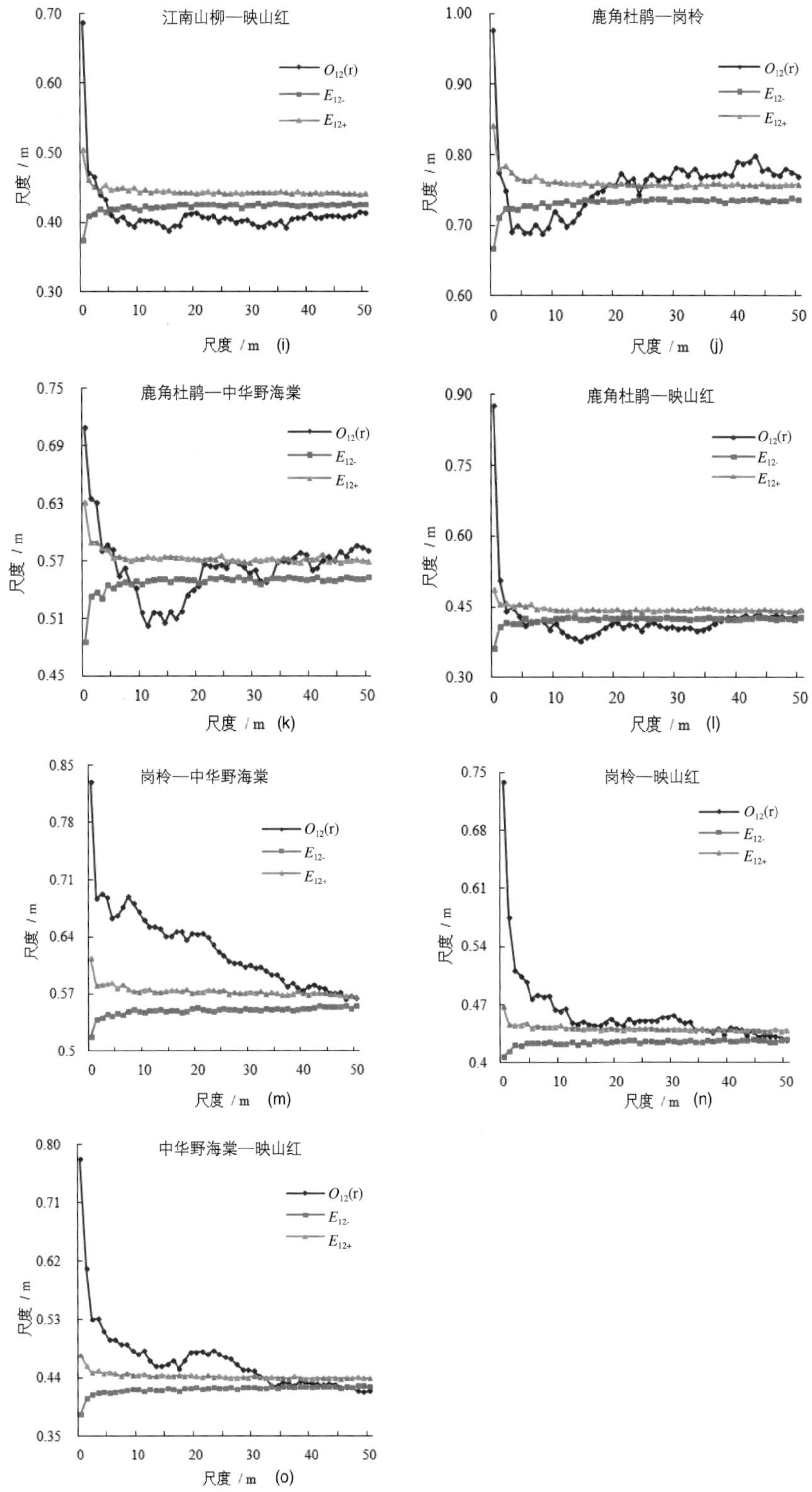

图8-16 黄山松林优势乔木、优势灌木间树种的空间分布格局（2）

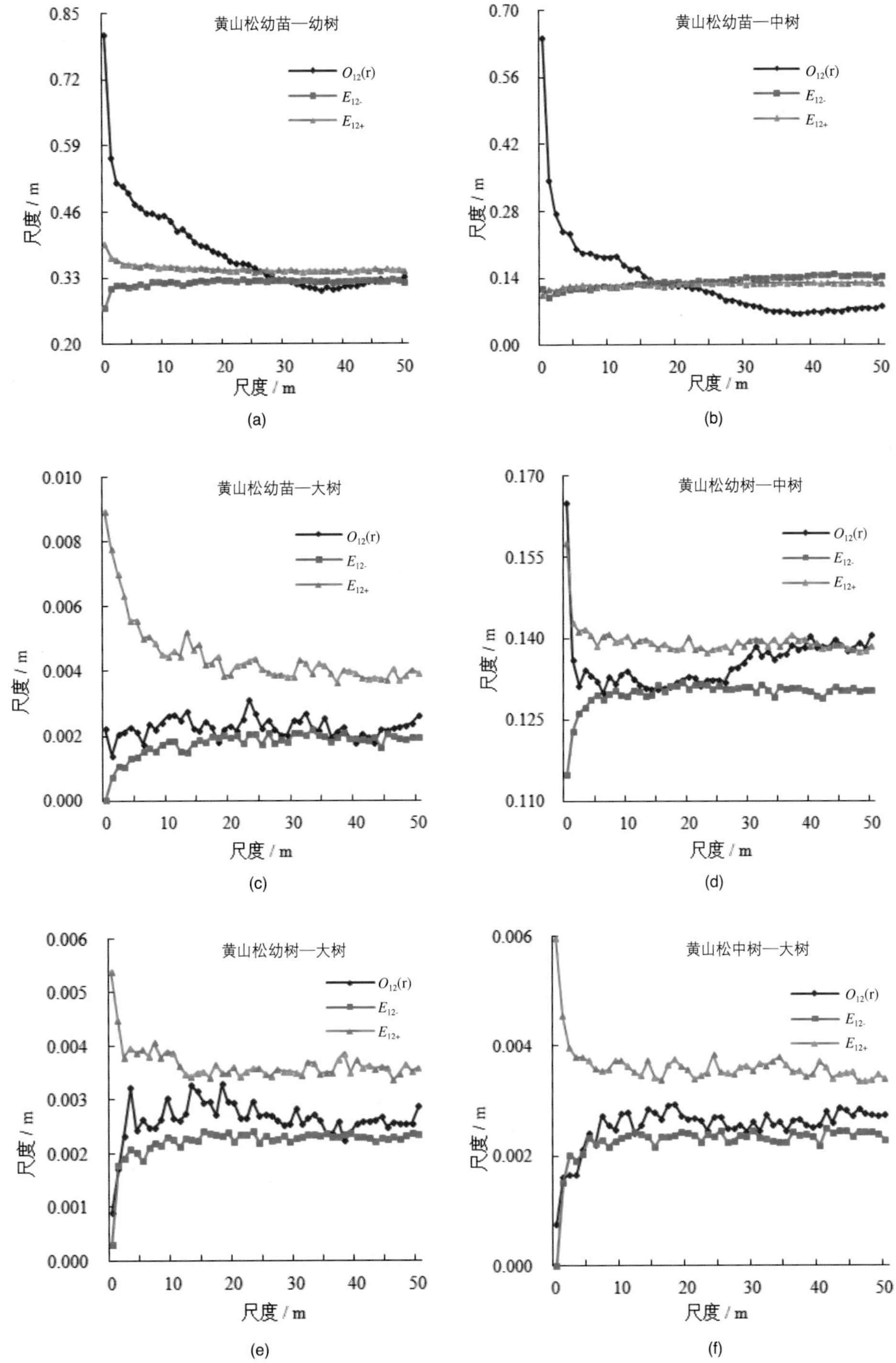

黄山松幼苗—幼树

(a)

黄山松幼苗—中树

(b)

黄山松幼苗—大树

(c)

黄山松幼树—中树

(d)

黄山松幼树—大树

(e)

黄山松中树—大树

(f)

图8-17 不同生长阶段黄山松空间关联性

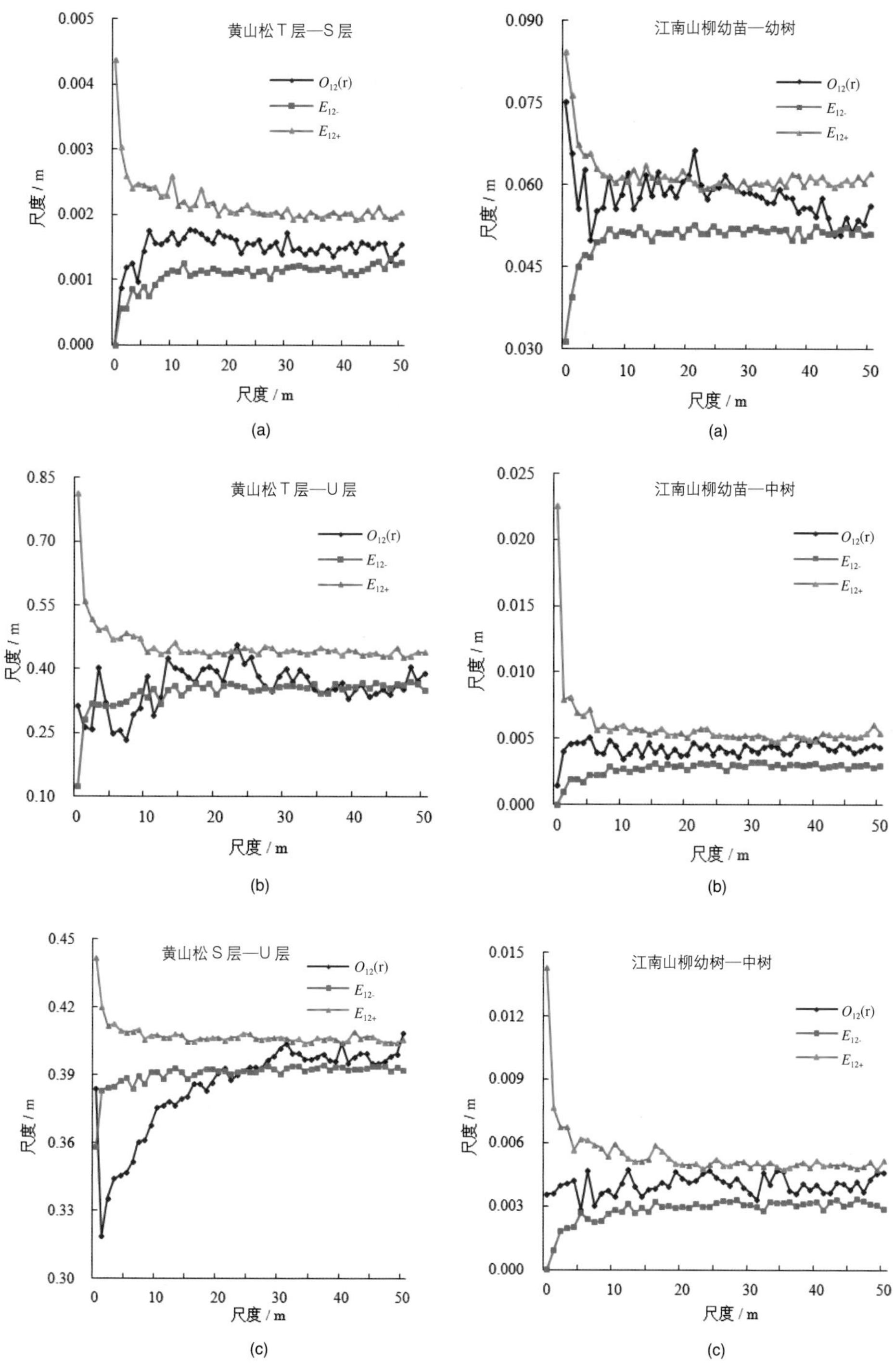

图8-18 不同林层黄山松空间关联性

图8-19 不同生长阶段江南山柳空间关联性

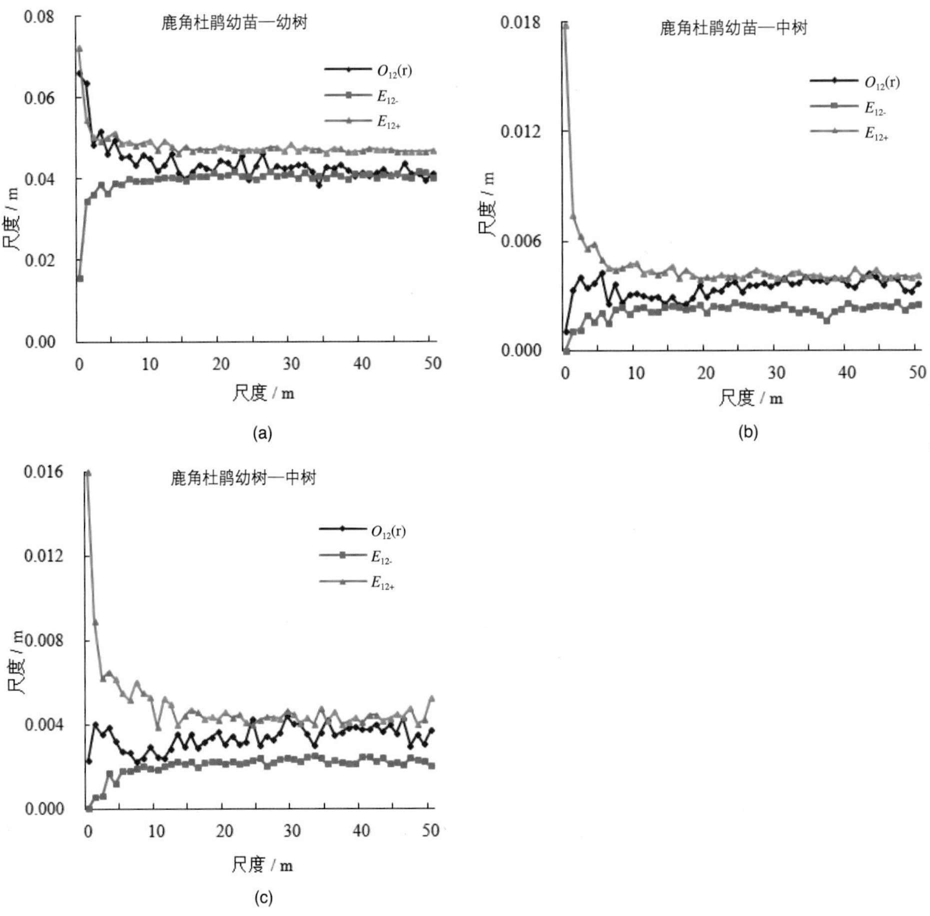

图8-20 不同生长阶段鹿角杜鹃空间关联性

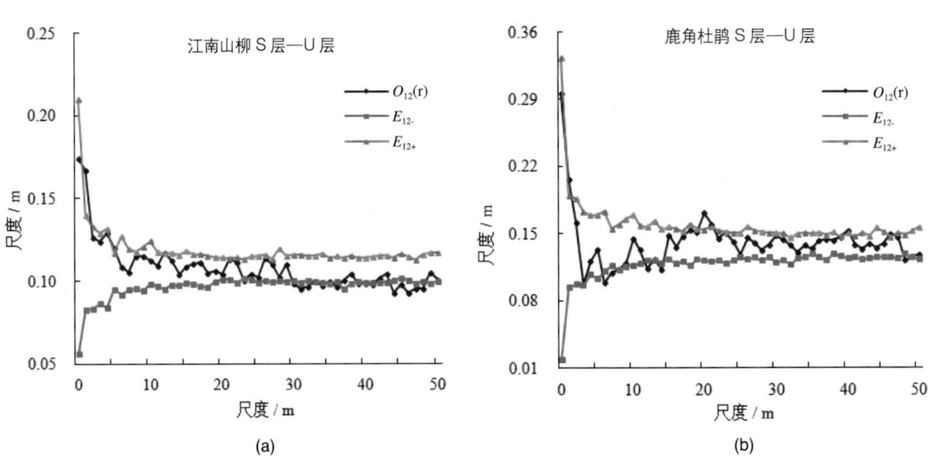

图8-21 江南山柳与鹿角杜鹃各自S层与U层空间关联性

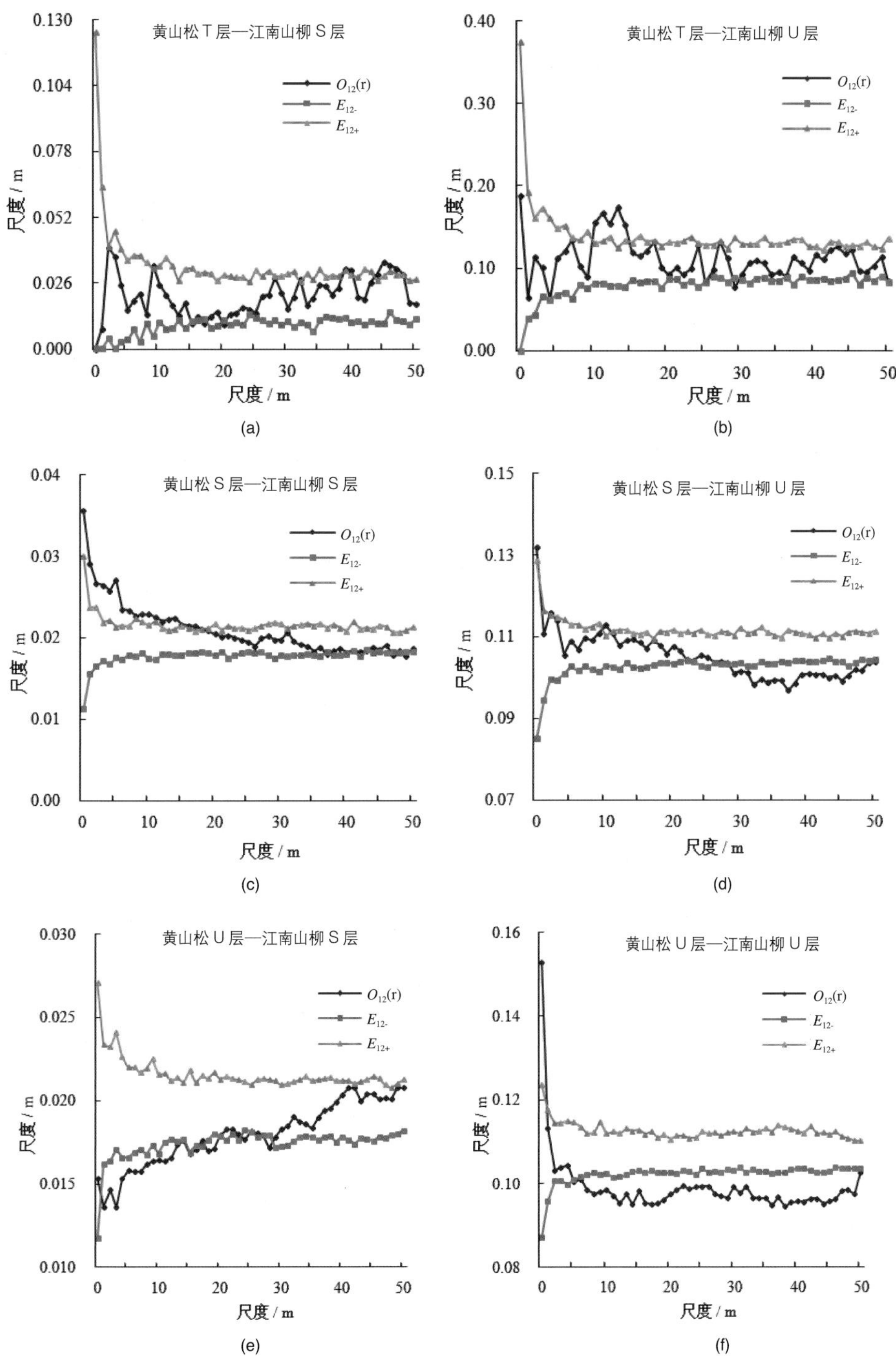

图8-22 黄山松与江南山柳不同林层空间关联性

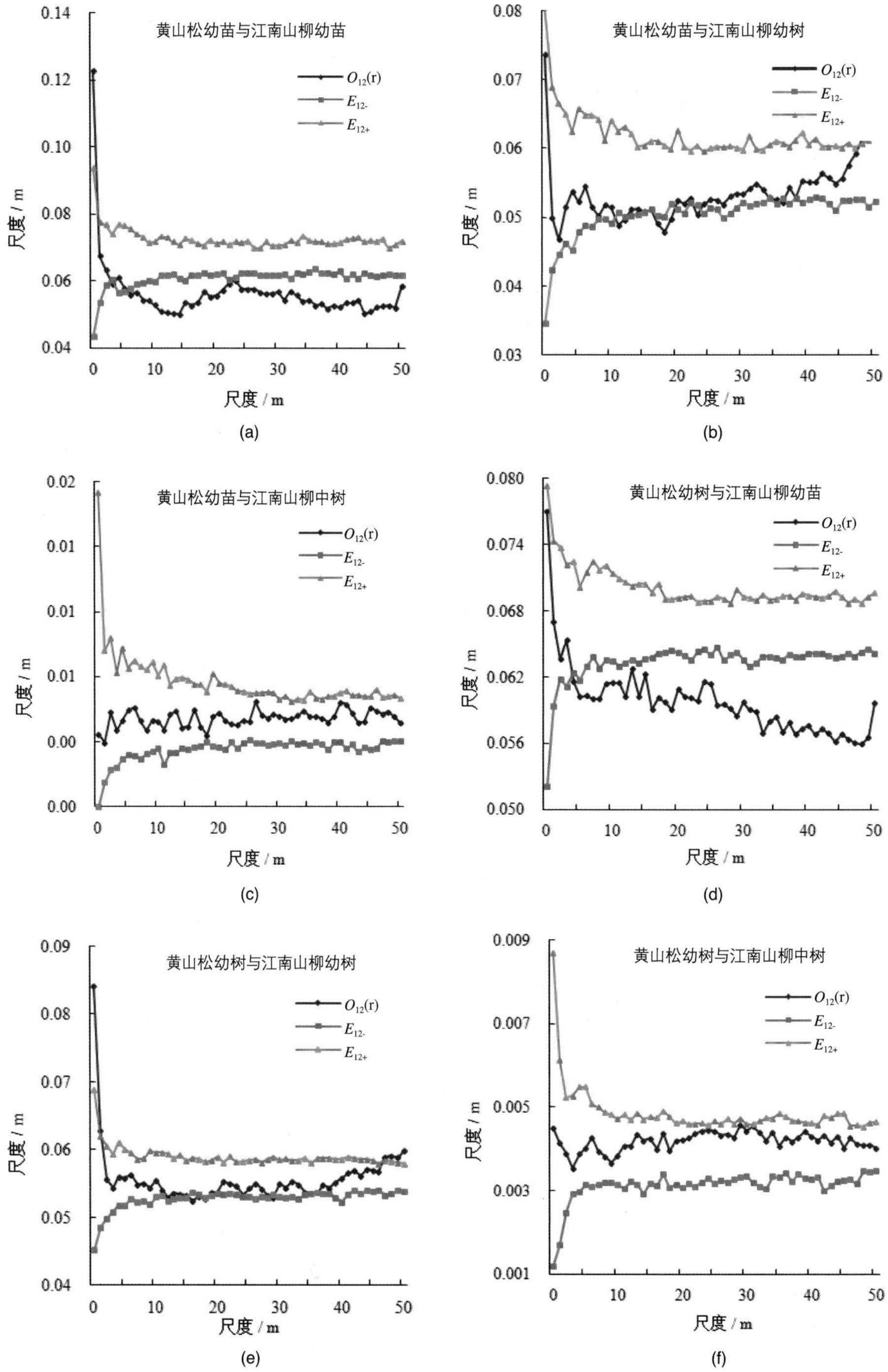

黄山松幼苗与江南山柳幼苗

(a)

黄山松幼苗与江南山柳幼树

(b)

黄山松幼苗与江南山柳中树

(c)

黄山松幼树与江南山柳幼苗

(d)

黄山松幼树与江南山柳幼树

(e)

黄山松幼树与江南山柳中树

(f)

图8-23 黄山松与江南山柳不同生长阶段空间关联性 (1)

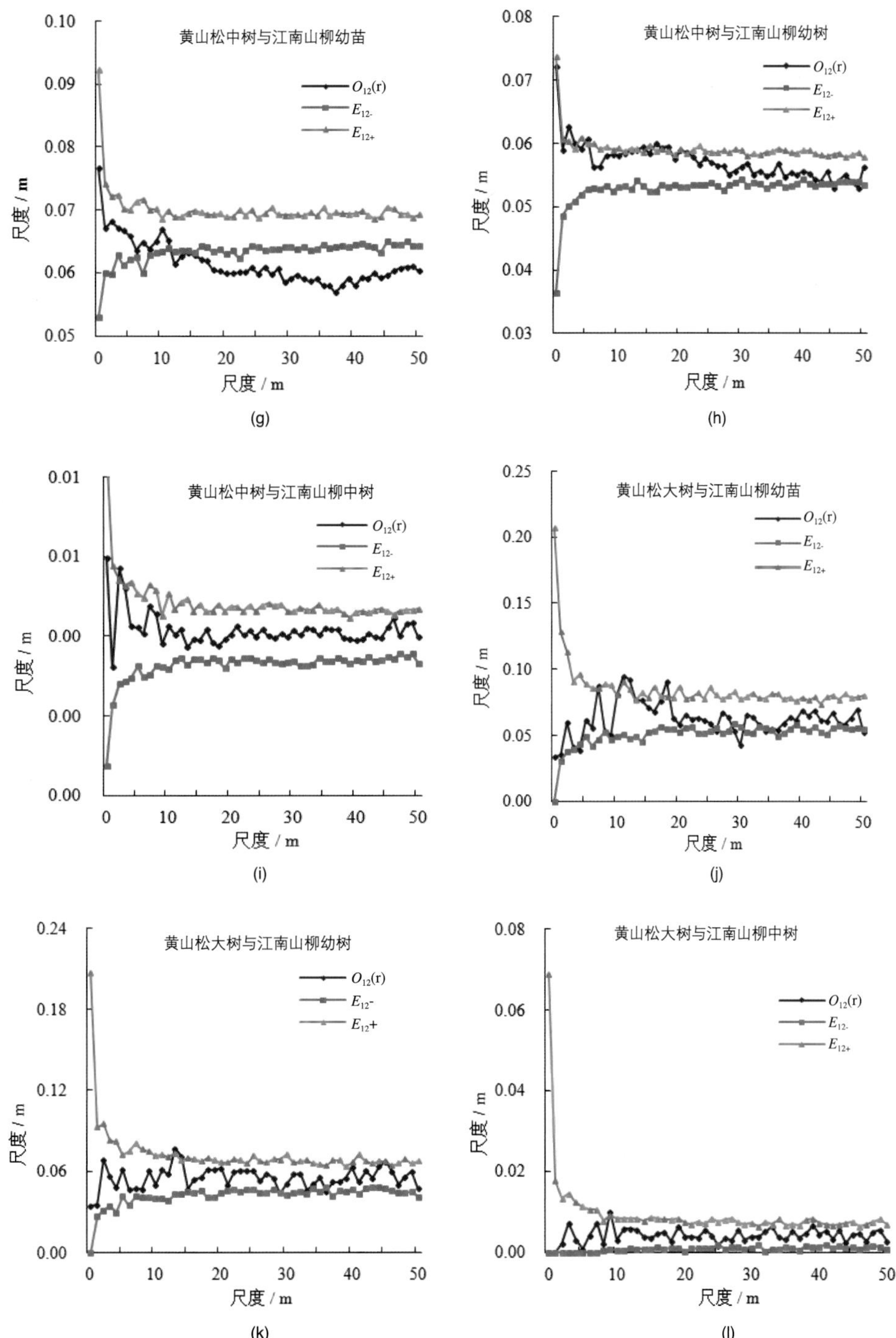

图8-23 黄山松与江南山柳不同生长阶段空间关联性 (2)

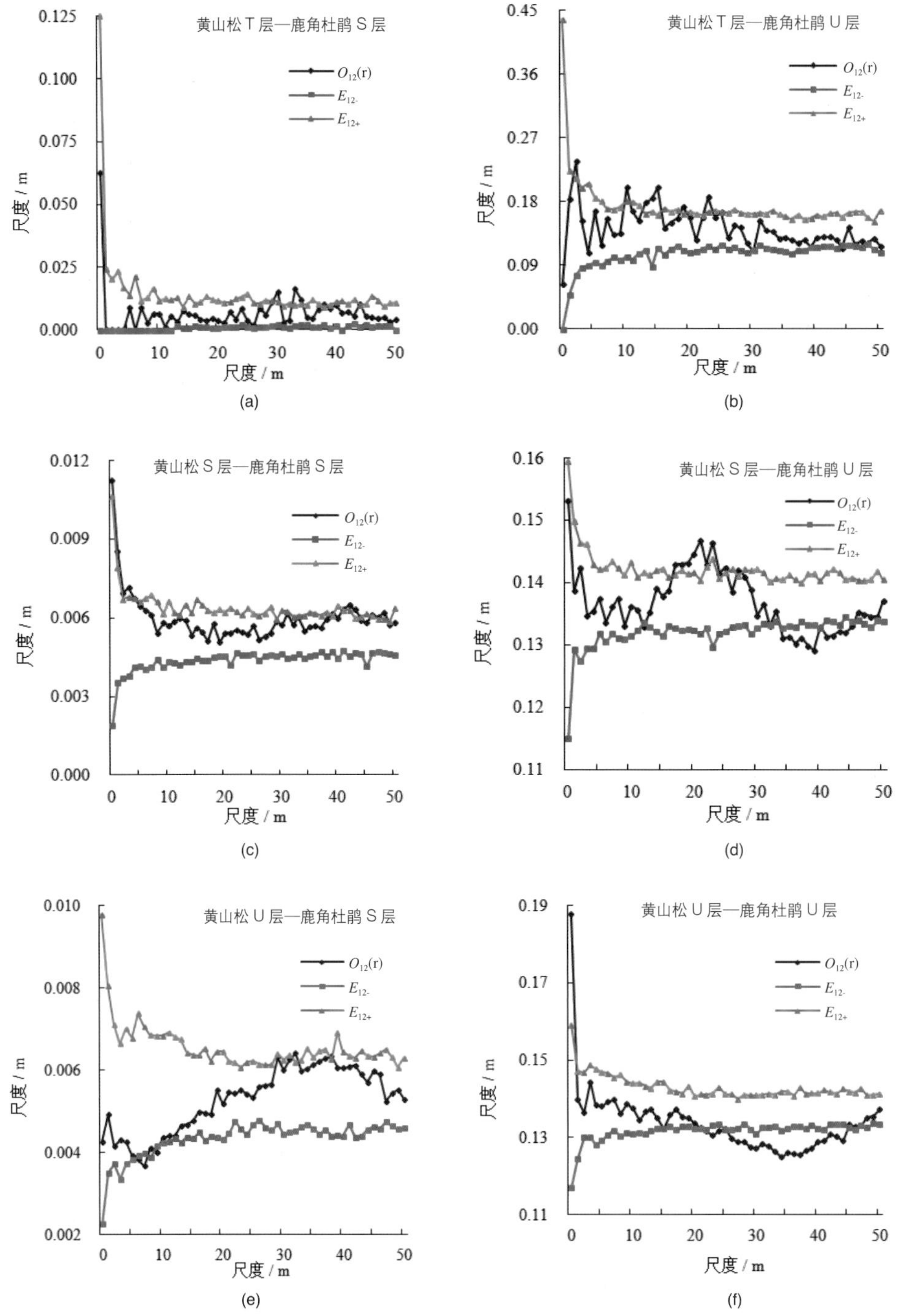

黄山松T层—鹿角杜鹃S层

(a)

黄山松T层—鹿角杜鹃U层

(b)

黄山松S层—鹿角杜鹃S层

(c)

黄山松S层—鹿角杜鹃U层

(d)

黄山松U层—鹿角杜鹃S层

(e)

黄山松U层—鹿角杜鹃U层

(f)

图8-24 黄山松与鹿角杜鹃不同林层空间关联性

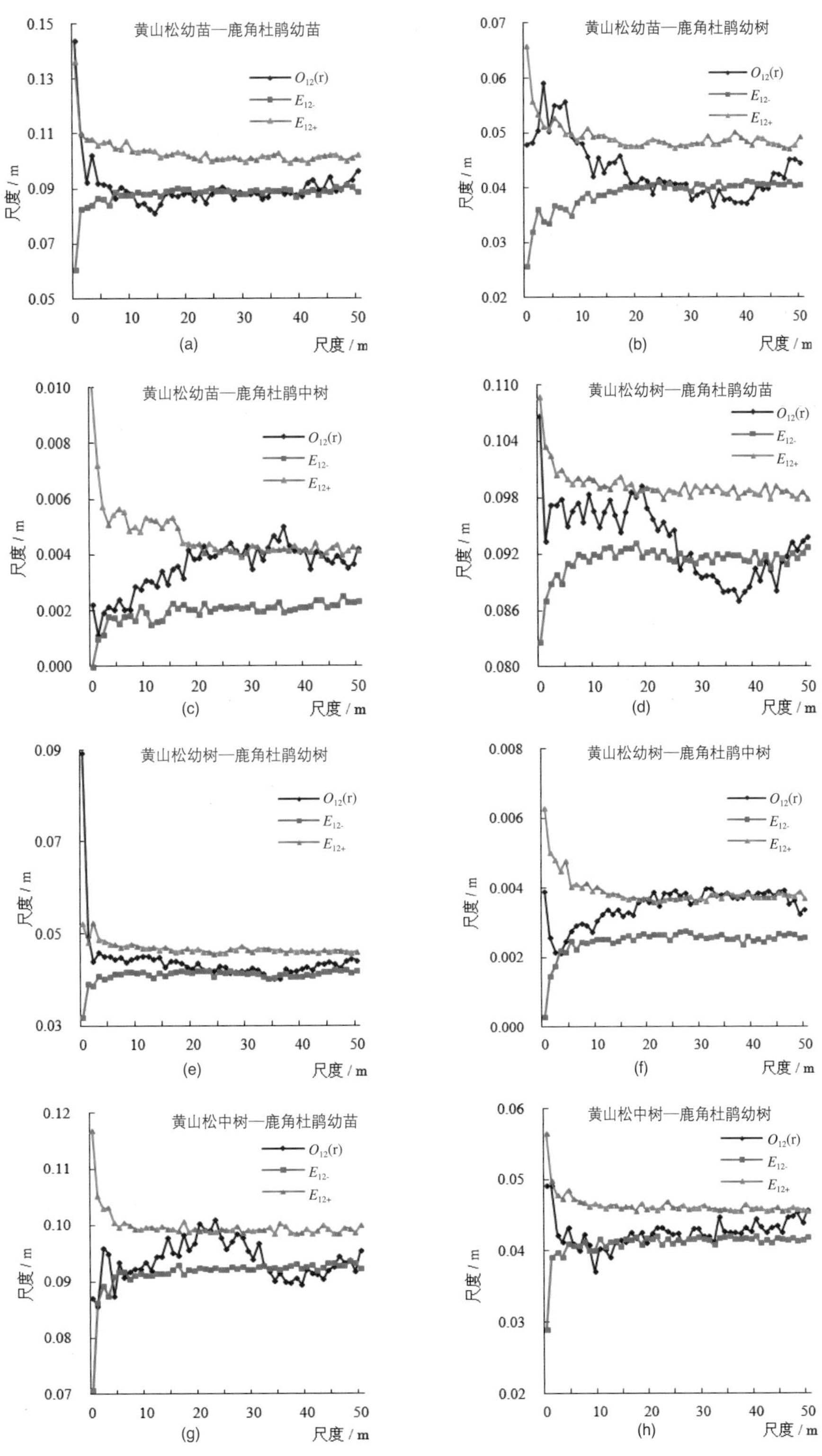

图8-25 黄山松与鹿角杜鹃不同生长阶段空间关联性 (1)

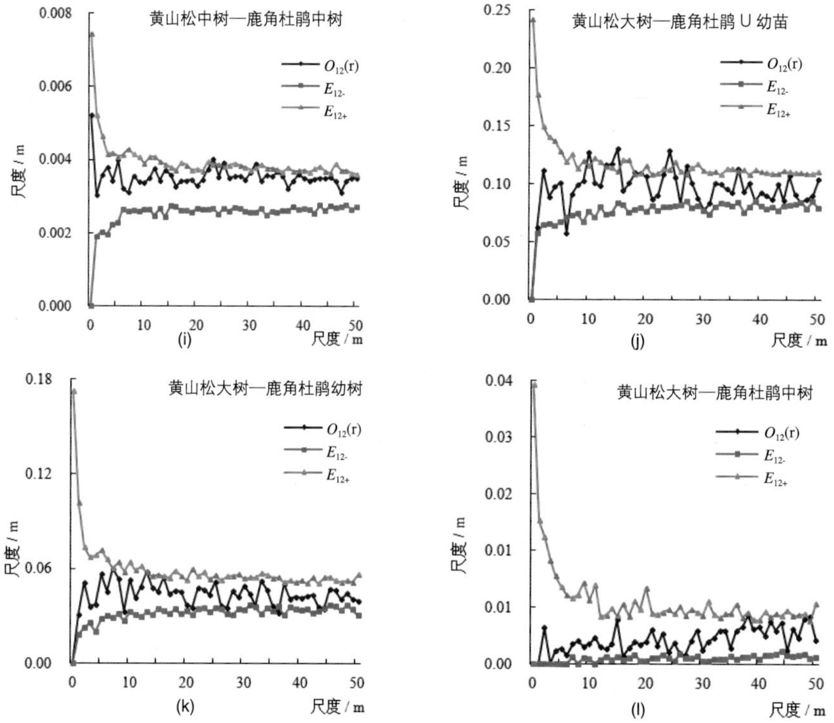

黄山松中树—鹿角杜鹃中树 (i)

黄山松大树—鹿角杜鹃 U 幼苗 (j)

黄山松大树—鹿角杜鹃幼树 (k)

黄山松大树—鹿角杜鹃中树 (l)

图8-25 黄山松与鹿角杜鹃不同生长阶段空间关联性 (2)

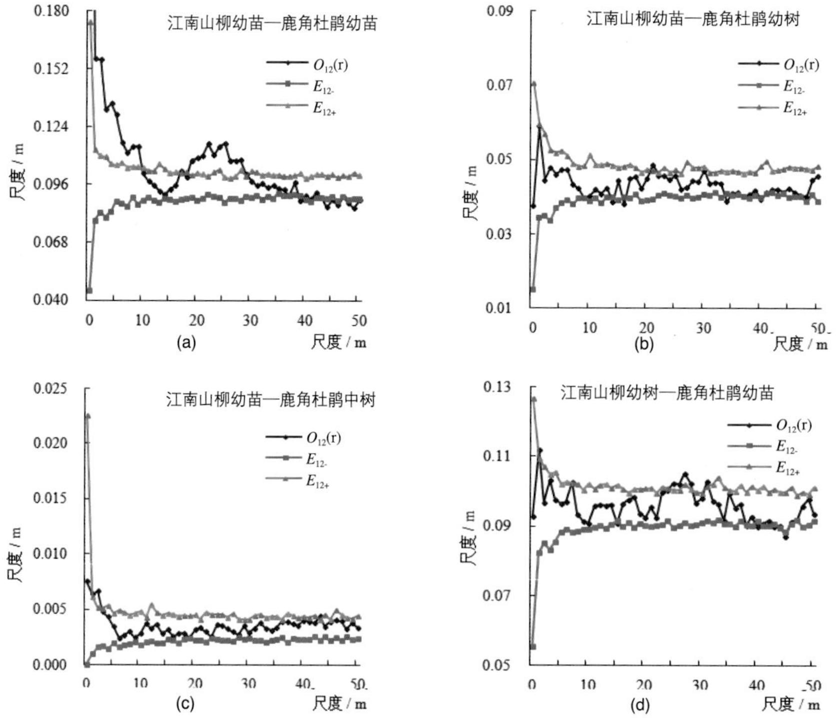

江南山柳幼苗—鹿角杜鹃幼苗 (a)

江南山柳幼苗—鹿角杜鹃幼树 (b)

江南山柳幼苗—鹿角杜鹃中树 (c)

江南山柳幼树—鹿角杜鹃幼苗 (d)

图8-26 江南山柳与鹿角杜鹃不同生长阶段空间关联性 (1)

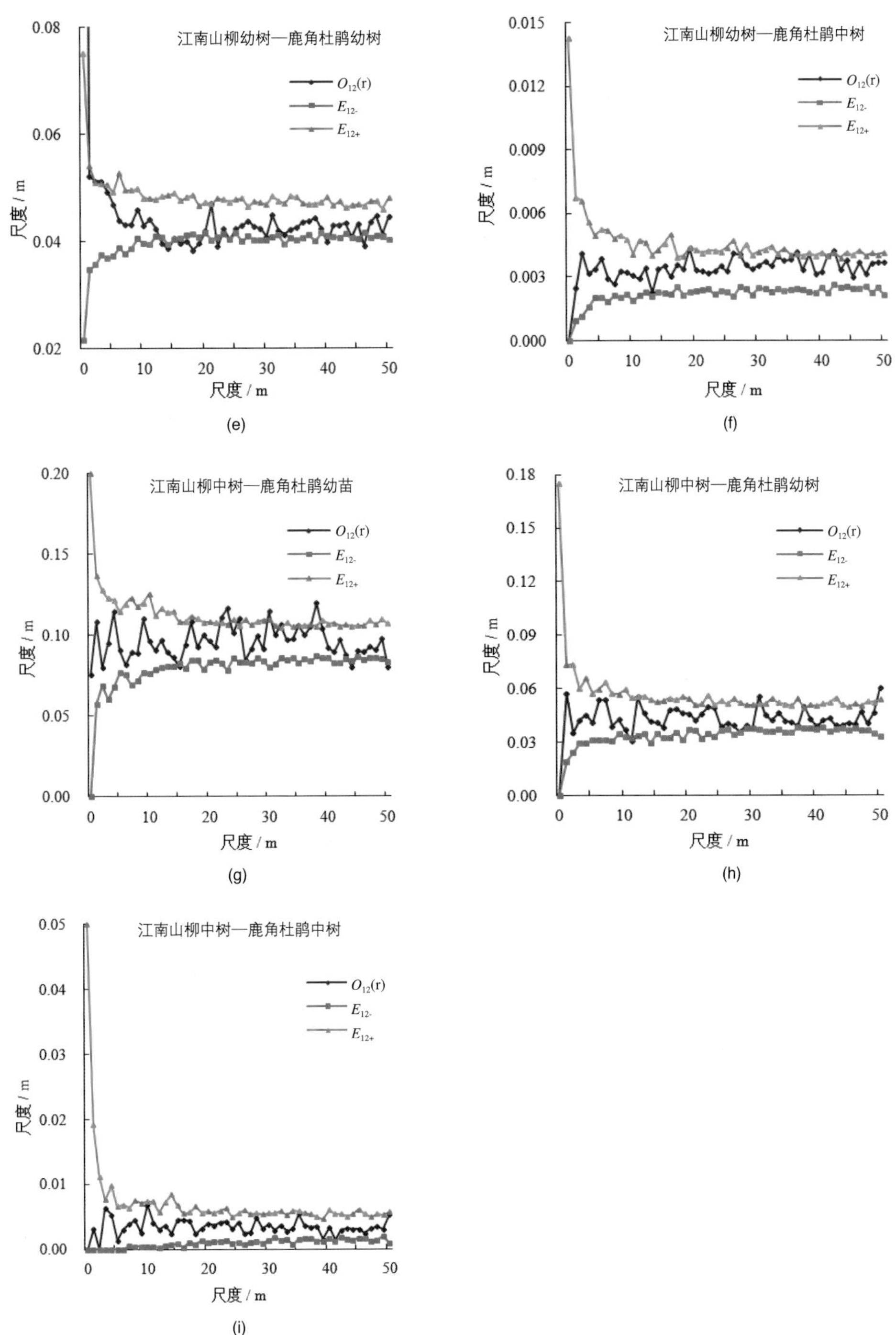

图8-26 江南山柳与鹿角杜鹃不同生长阶段空间关联性 (2)

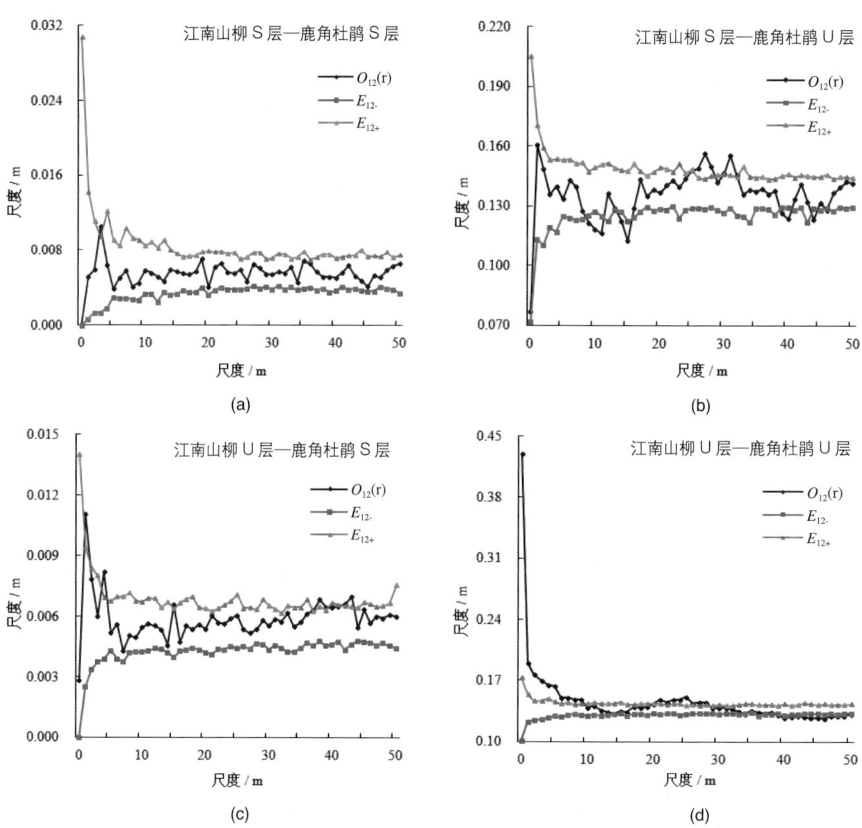

图8-27 江南山柳与鹿角杜鹃不同林层空间关联性

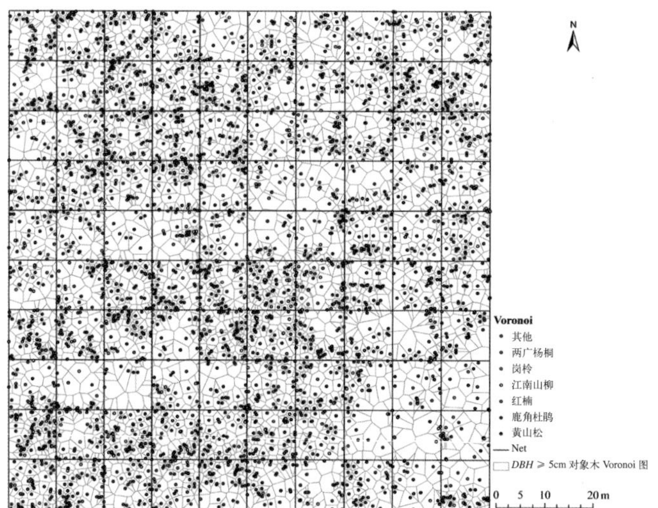

图8-32 研究区*DBH*≥5 cm对象木的Voronoi图

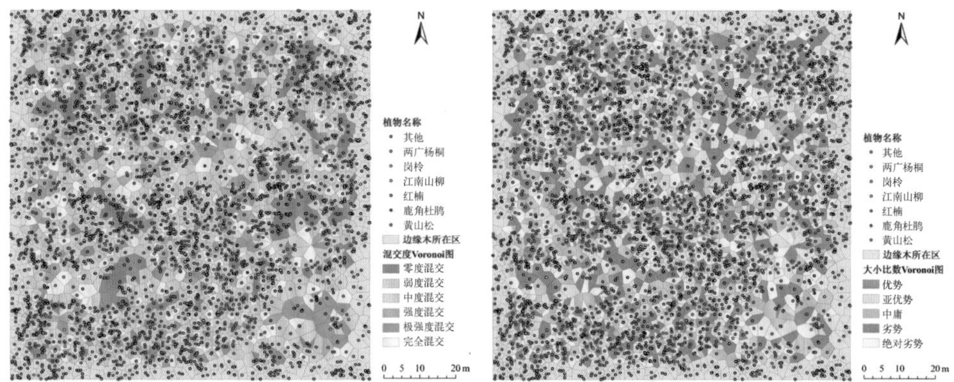

图8-36 黄山松林不同等级混交度Voronoi图

图8-39 黄山松林不同等级大小比数Voronoi图

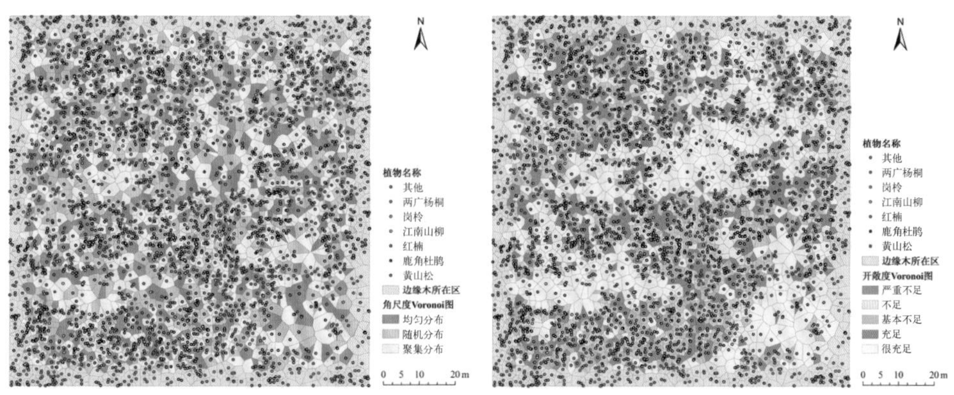

图8-42 黄山松林不同等级角尺度Voronoi图

图8-45 黄山松林不同等级开敞度Voronoi图

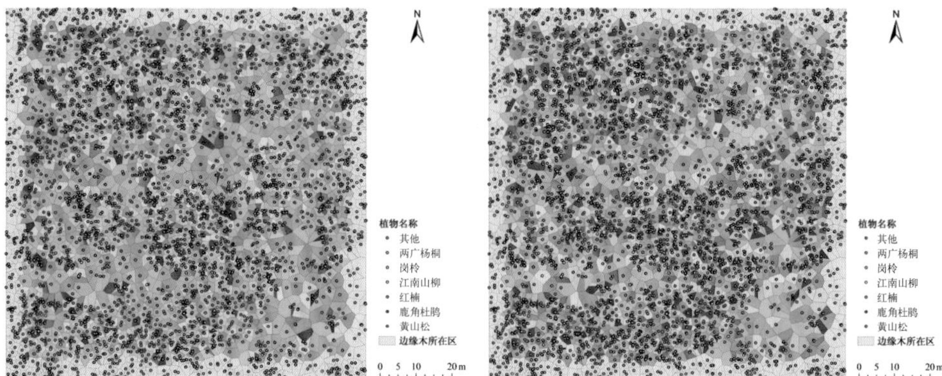

图8-49 黄山松林不同等级Hegyi竞争指数Voronoi图

图8-50 研究样地林木基于交角竞争指数V_u_a_CI_i的Voronoi图

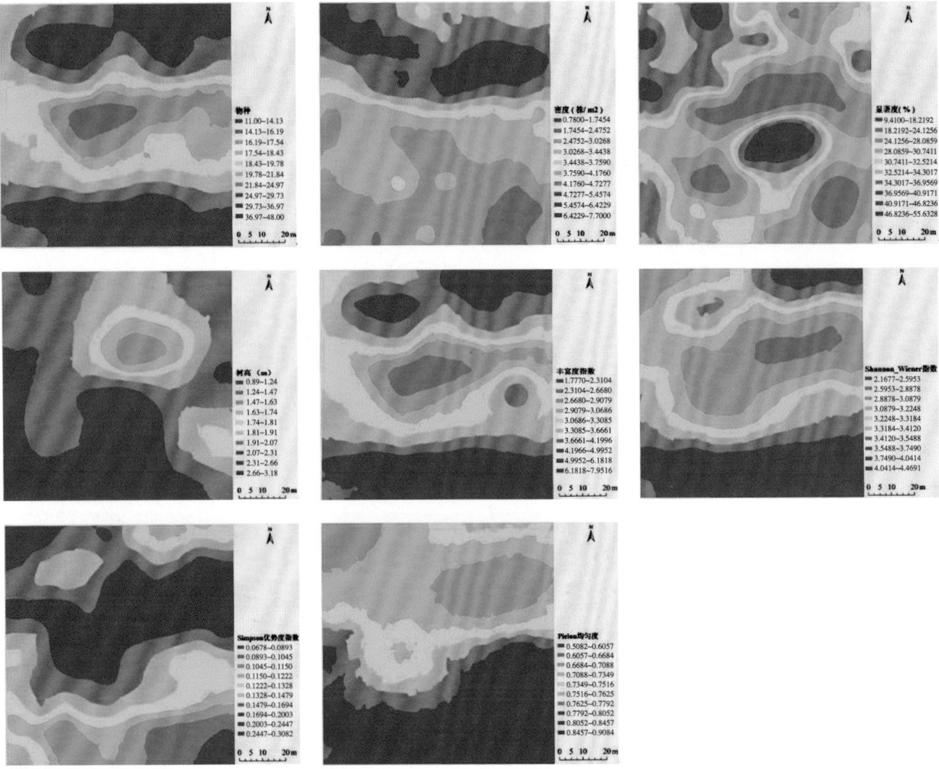

图8-58 黄山松林植被特征变量空间分布图

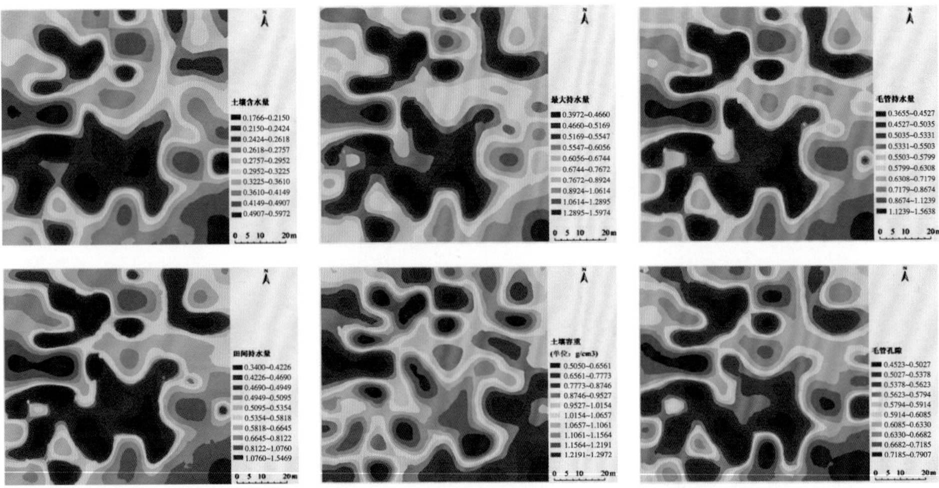

图8-61 黄山松林土壤水分—物理性质各指标空间分布图 (1)

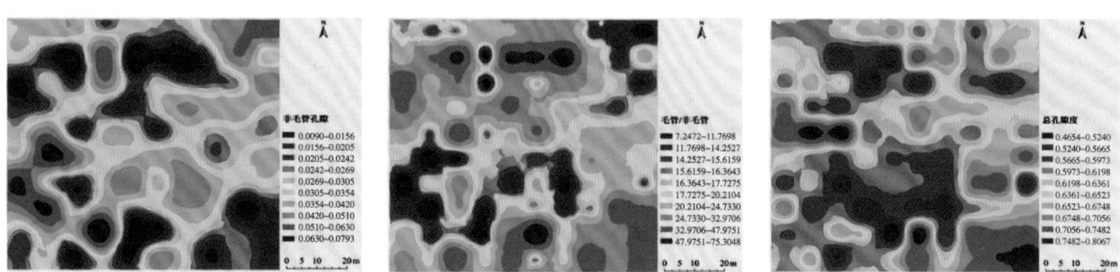

图8-61 黄山松林土壤水分—物理性质各指标空间分布图 (2)

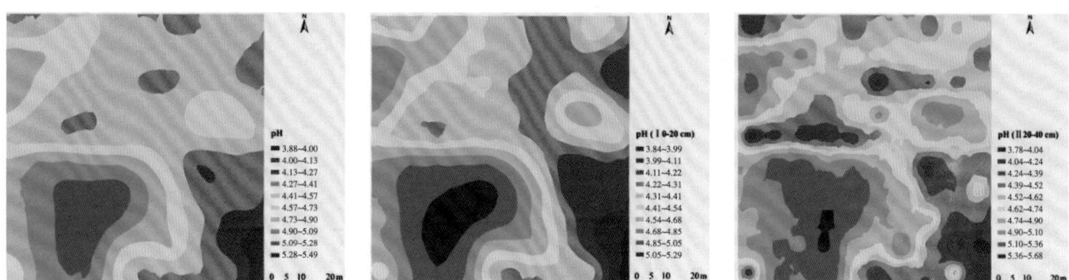

图8-65 黄山松林土壤pH空间分布图

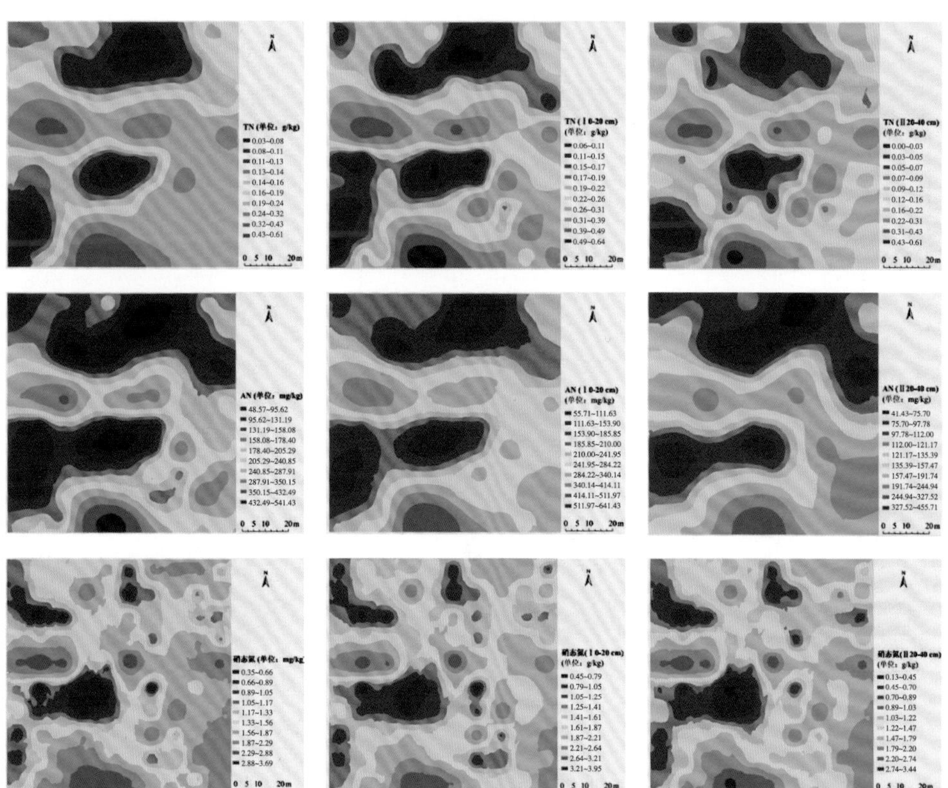

图8-69 黄山松林土壤养分Kriging插值图 (1)

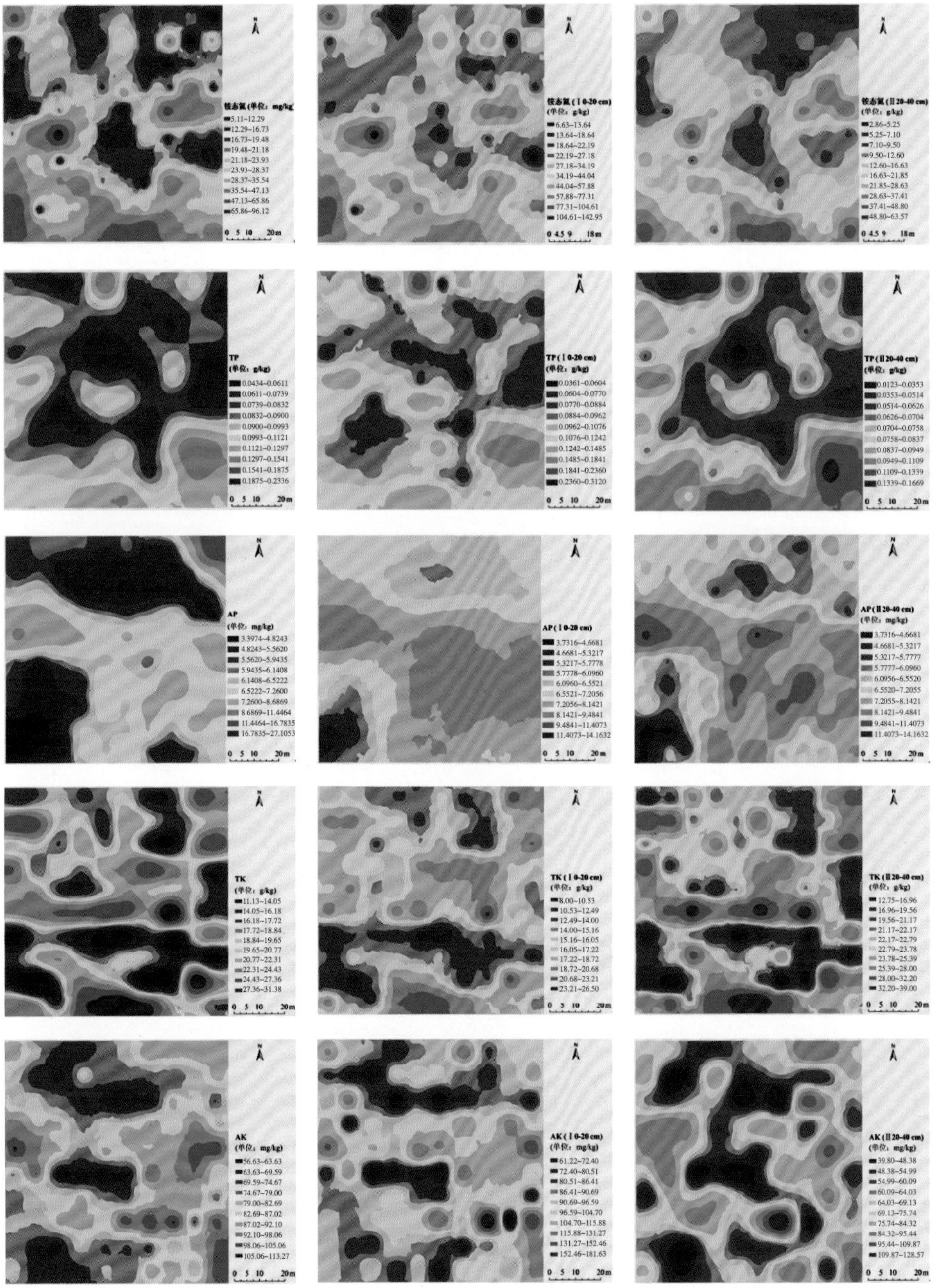

图8-69 黄山松林土壤养分Kriging插值图 (2)

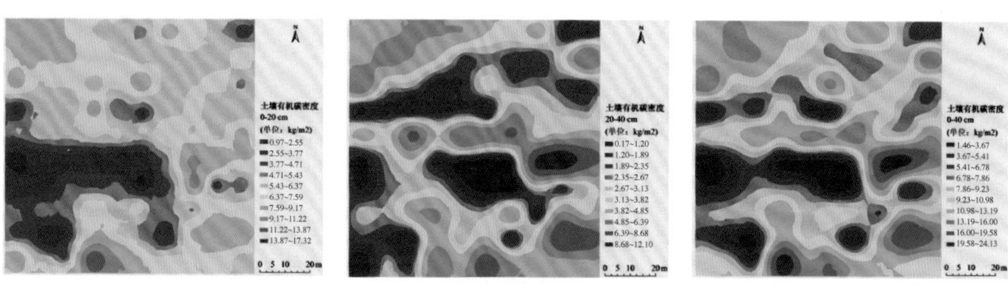

图8-73 黄山松林土壤有机碳密度空间分布预测图

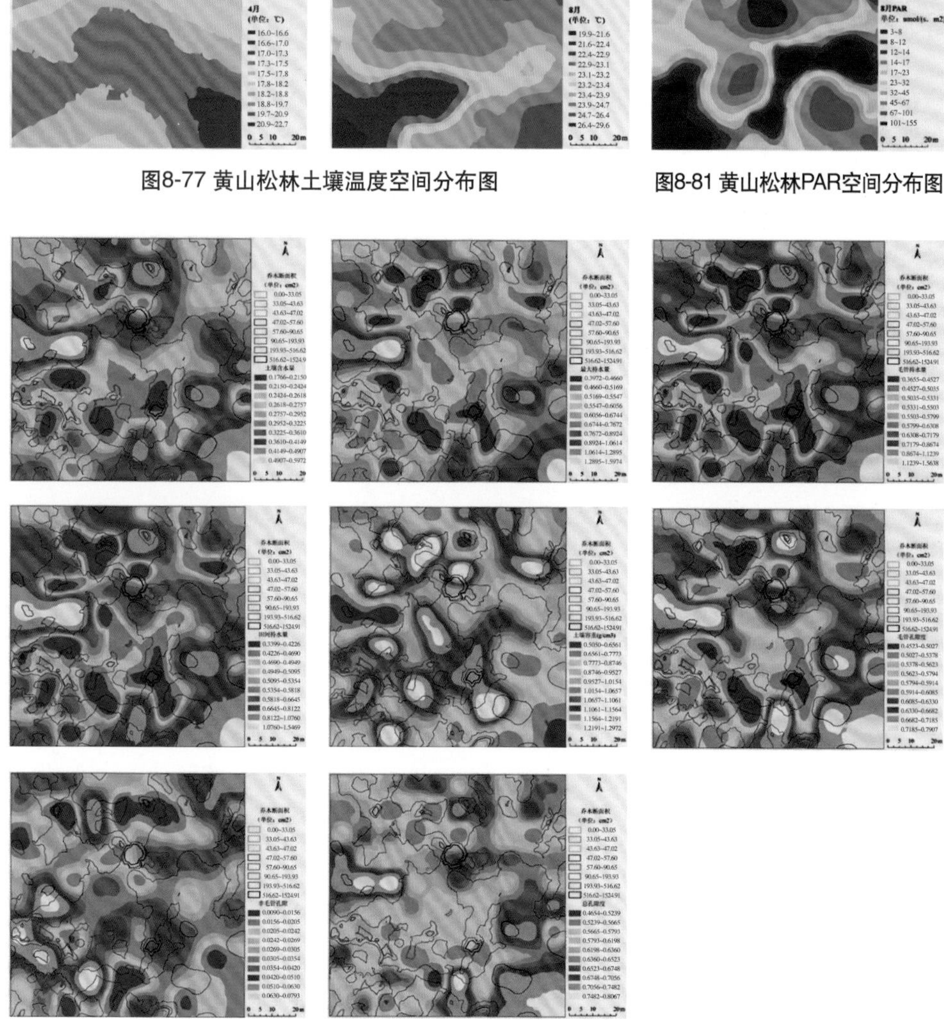

图8-77 黄山松林土壤温度空间分布图

图8-81 黄山松林PAR空间分布图

图8-83 乔木断面积与土壤水分—物理性质空间分布格局叠加图

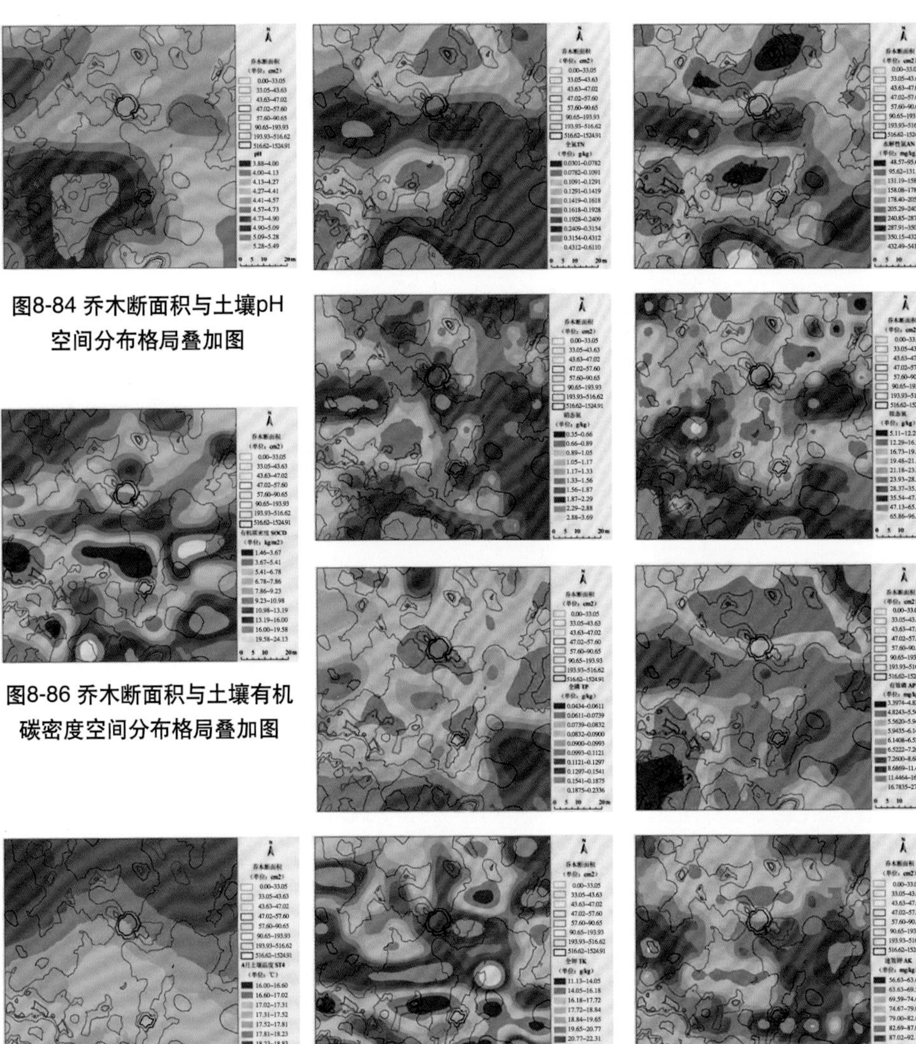

图8-84 乔木断面积与土壤pH空间分布格局叠加图

图8-86 乔木断面积与土壤有机碳密度空间分布格局叠加图

图8-85 乔木断面积与土壤养分空间分布格局叠加图

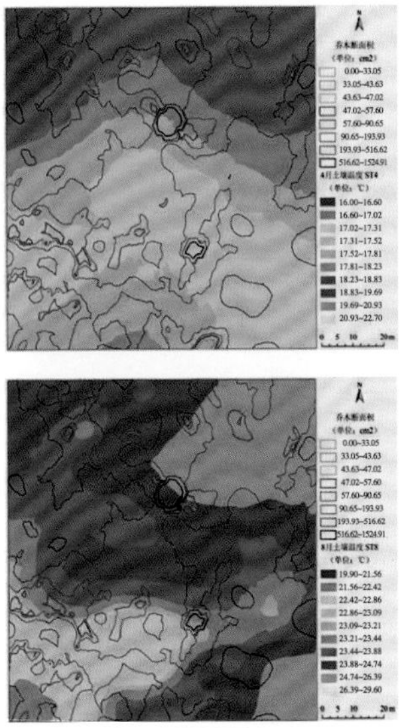

图8-87 乔木断面积与土壤温度空间分布格局叠加图

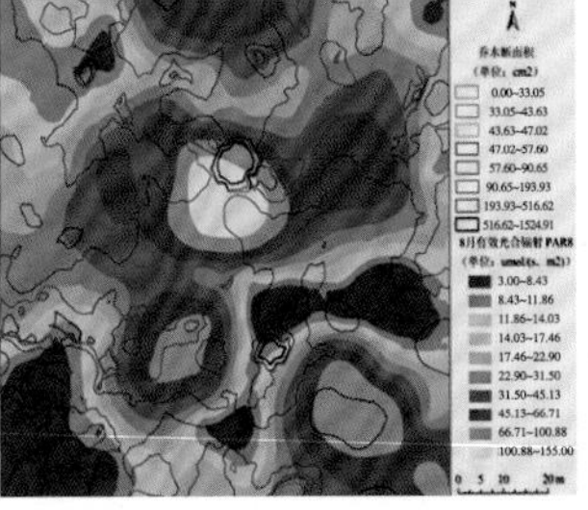

图8-88 乔木断面积与有效光合辐射空间分布格局叠加图

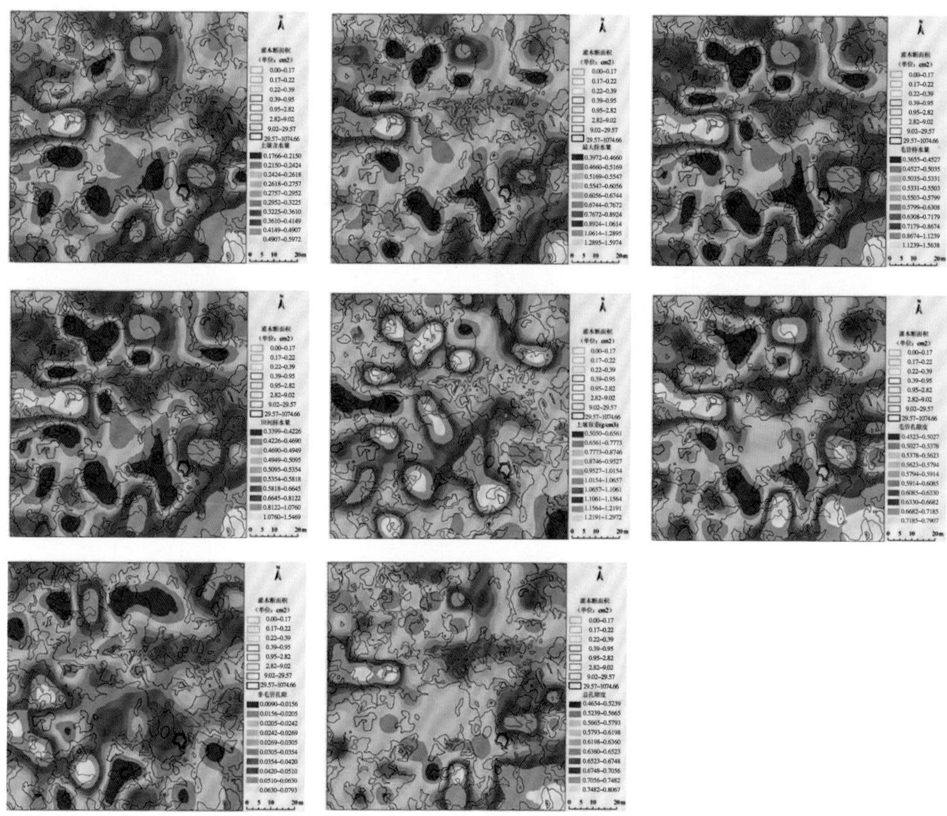

图8-89 灌木断面积与土壤水分—物理性质空间分布格局叠加图

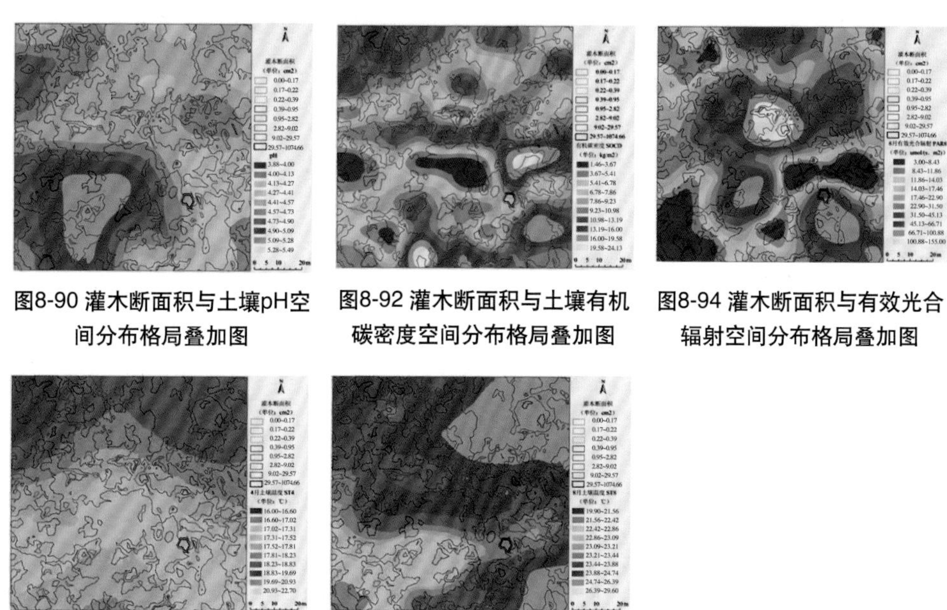

图8-90 灌木断面积与土壤pH空间分布格局叠加图

图8-92 灌木断面积与土壤有机碳密度空间分布格局叠加图

图8-94 灌木断面积与有效光合辐射空间分布格局叠加图

图8-93 乔木断面积与土壤温度空间分布格局叠加图

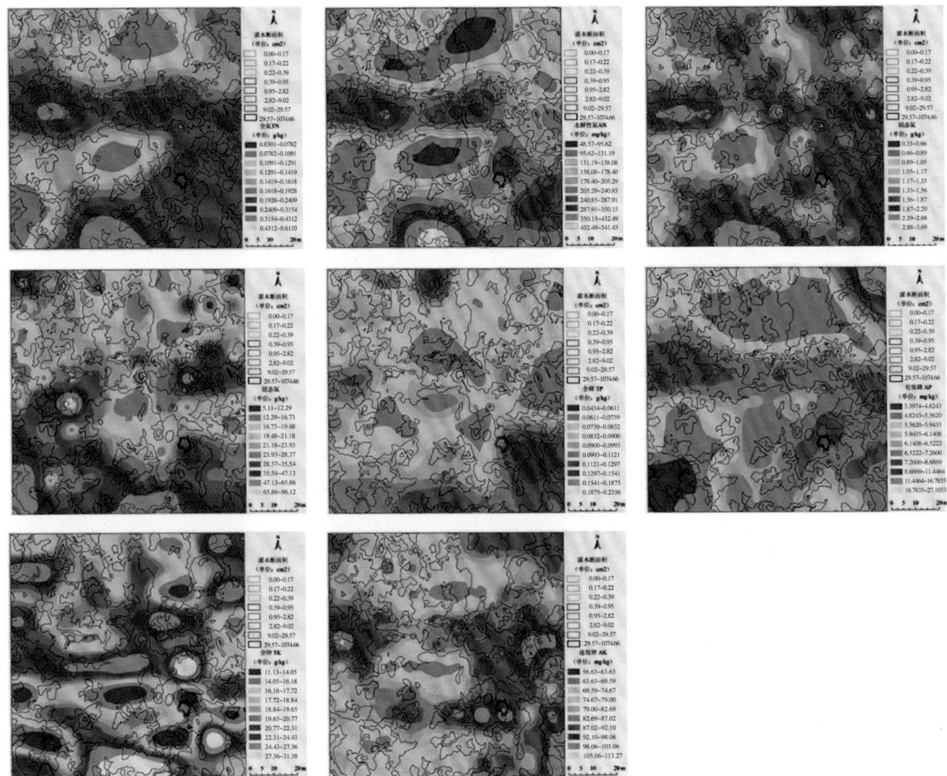

图8-91 灌木断面积与土壤养分空间分布格局叠加图